Walter Schottky

Thermo-dynamik

Reprint

Springer-Verlag
Berlin Heidelberg New York 1973

ISBN-13: 978-3-642-98249-1 e-ISBN-13: 978-3-642-99060-1
DOI: 10.1007/978-3-642-99060-1

Softcover reprint of the hardcover 1st edition 1929
Library of Congress Catalog Card Number 72-91893

THERMODYNAMIK

DIE LEHRE VON DEN KREISPROZESSEN DEN PHYSIKALISCHEN UND CHEMISCHEN VERÄNDERUNGEN UND GLEICHGEWICHTEN

EINE HINFÜHRUNG ZU DEN THERMODYNAMISCHEN PROBLEMEN
UNSERER KRAFT- UND STOFFWIRTSCHAFT

VON

DR. W. SCHOTTKY
WISSENSCHAFTLICHEM BERATER DER SIEMENS- & HALSKE-A.-G.
FRÜHER ORDENTLICHEM PROFESSOR FÜR THEORETISCHE PHYSIK
AN DER UNIVERSITÄT ROSTOCK

IN GEMEINSCHAFT MIT

DR. H. ULICH
PRIVATDOZENT UND ASSISTENT
FÜR PHYSIKALISCHE CHEMIE
AN DER UNIVERSITÄT ROSTOCK

UND

DR. C. WAGNER
PRIVATDOZENT UND ASSISTENT
AM CHEMISCHEN LABORATORIUM
DER UNIVERSITÄT JENA

MIT 90 ABBILDUNGEN UND 1 TAFEL

BERLIN
VERLAG VON JULIUS SPRINGER
1929

MAX PLANCK

UND

WALTHER NERNST

IN EHRERBIETUNG UND DANKBARKEIT

GEWIDMET

Vorwort.

Die Zeit des unbedenklichen Wirtschaftens mit den Energiequellen und Stofflagern, die uns die Natur zur Verfügung gestellt hat, wird wahrscheinlich schon für unsere Kinder nur noch die Bedeutung einer vergangenen Wirtschaftsepoche haben. Daß die Optimisten recht behalten, die auf die Erschließung ungeahnter neuer Wege zur Energiegewinnung und Stoffumwandlung hoffen, wollen wir wünschen; als vorsichtige Wirte stehen wir aber vor der Aufgabe, uns heute auf lange Sicht mit den vorhandenen Mitteln einzurichten: mit unserem Einkommen, bestehend aus den unveränderlich fließenden Energiequellen, vor allem den Wasserkräften, und mit unserem Vermögen, den Kohle- und Öllagern und den hochwertigen Rohprodukten.

Kostbare Rohstoffe kann man, wir haben es erfahren, für fast jeden Verwendungszweck durch ein als Rohstoff mehr oder weniger wertloses Material ersetzen; Energie ist unersetzbar. Arbeitsfähige Energie ist absolutes Gut, ist absoluter volkswirtschaftlicher Reichtum; sie vermag nicht nur unsere Lasten zu heben, unsere mechanischen Arbeiten zu verrichten, unsere Fahrzeuge zu bewegen, sie schafft uns auch aus wertloser, überall vorhandener Substanz begehrteste Edelstoffe und höchstwertige Verbindungen. Der potentielle Reichtum eines Landes, die landwirtschaftlichen Produktionsmöglichkeiten in gewissem Sinne eingeschlossen, hängt heute fast ausschließlich von der ihm zur Verfügung stehenden freien, arbeitsfähigen Energie ab.

Denken wir uns diesen ganzen potentiellen Reichtum erschlossen, alle Wasserkräfte ausgebaut, die Kohlen- und Öllager in einem vernünftigen Tempo ausgewertet. Dann steht aber vor dem dadurch gegebenen Brutto-Wohlstand immer noch ein Faktor, der erst den wirklichen, den effektiven Reichtum bestimmt: der *Wirkungsgrad* der freien Energie, der in der Ausnutzung von Brennstoffen zur Erzeugung mechanischer Arbeit, in der Ausnutzung der Energiequellen zur Erzeugung hochwertiger Stoffe und Verbindungen erreicht wird. Eine Erhöhung dieses Wirkungsgradfaktors um 10% steigert die wirtschaftlichen Hilfsmittel jedes Bürgers um 10%. Er stellt eine Intelligenzprämie dar, die die Natur uns gewährt.

„Intelligenzprämie" ist natürlich nicht ganz richtig. Damit ein Volk von den ihm verliehenen energetischen Hilfsmitteln den sachlich günstigsten Gebrauch macht, muß zunächst eine Reihe von rein menschlichen und sozialen Voraussetzungen erfüllt sein; und unendlich viele glückliche Einfälle im großen und kleinen, viel intuitive Hingabe an rein handwerkliche und fabrikatorische Probleme und vor allem noch eine Unsumme intensiver Arbeit wird nötig sein, ehe das Schwergewicht der weiteren Entwicklung auf die rein geistige Seite verlegt ist.

Immerhin befinden wir uns heute schon auf dem Wege zu einer solchen Entwicklung, und so spielt die intellektuelle Komponente, die rechnerische Vorabschätzung zu erwartender Effekte auf gegebener Grundlage oder das Aufsuchen der optimalen Bedingungen einer gestellten technischen Aufgabe, bei der Frage der Ausnutzung unserer Hilfsmittel schon heute eine bedeutende Rolle. Die mechanischen und elektrodynamischen Probleme des Wirtschaftslebens sind schon weitgehend in der Hand der Mathematiker und Theoretiker. Die Probleme unserer Wärmekraftmaschinen, der Abwandlungen der Dampfmaschinen, des Gas-, Benzin- und Ölmotorbaues sind es zum Teil; für die Aufgaben der ökonomischen und zweckmäßigen Herstellung von Edelstoffen und wichtigen chemischen Verbindungen werden aber die Möglichkeiten einer quantitativen Vorausberechnung und einer Vorhersage der günstigsten Bedingungen noch ungenügend ausgenutzt. Nun sind die Fragen der Brennstoffverwertung zur Arbeitserzeugung, ebenso wie die der ökonomischen Stoffumwandlung, in ihren quantitativ zugänglichen Teilen, an denen sich die menschliche Intelligenz eigentlich zu erproben hat, tief verwurzelt in den Lehren der Thermodynamik. Es ist kaum möglich, außerhalb der verbindenden und ordnenden Gedankengänge der Thermodynamik ein Problem der energetischen Auswertung oder wirtschaftlichen Umwandlung der Stoffe mit Sicherheit zu lösen; ja, es ist nicht einmal möglich, das Material richtig zu sammeln und zu ordnen, das zur Vorausberechnung der zu erwartenden Effekte bei neu auftretenden Problemen dienen kann. Die freie Handhabung dieser so hervorragend wichtigen intellektuellen Waffe ist jedoch heute nur einem kleinen Bruchteil der Männer möglich, die sie eigentlich in Gebrauch haben müßten.

Ein Beispiel: Das Eisen der Großtransformatoren unserer Kraftwerke hat immer noch zu viel Verluste. Der Kohlenstoffgehalt des Eisens ist schuld; er dürfte nicht $^2/_{100}$ %, er dürfte nur $^2/_{1000}$ % betragen. Wieviel freie Energie muß günstigstenfalls aufgewandt werden, um diese Edelraffination hervorzurufen, und wie sind die Aussichten, mit Sauerstoff- oder Wasserstoffeinwirkung zu diesem Ziel zu gelangen? Kann man auf Grund der über das Eisen-Kohlenstoff-Gleichgewicht bekannten Daten sowie auf Grund der Gleichgewichte Kohle-Wasserstoff-Kohlenwasserstoff oder Kohle-Sauerstoff-Kohlensäure etwas über die Aussichten der verschiedenen Verfahren voraussagen und daraufhin ganz bestimmte Wege einschlagen?

Die meisten unserer in der Praxis tätigen Wissenschaftler werden hierauf antworten: „Ja, hier müßte aus den thermochemischen Daten wahrscheinlich etwas zu schließen sein. Man müßte sich da mal an einen thermodynamischen Spezialisten werden. Aber es ist ja noch einfacher, wenn wir einen direkten Versuch aufbauen.“ Die Versuchsbedingungen sind jedoch zu mannigfaltig, der Versuch bleibt in den Anfängen stecken.

Auf ungezählten vorgeschobenen Posten unserer Industrie werden ähnliche Fälle an der Tagesordnung sein. So ist denn auch, wie der Unterzeichnete in den vergangenen Jahren vielfach zu beobachten Gelegenheit hatte, das Bedürfnis allgemein nach einer „*Thermodynamik, die man versteht*“, einer „*Thermodynamik, die man anwenden kann*“. Amerika hat uns in dem schönen Werk von LEWIS und RANDALL eine solche moderne Thermodynamik geschenkt, mit wichtigen neuen Begriffsbildungen und Methoden, und schon mit dem dringenden Hinweis, daß Thermodynamik *kein* Luxus, kein Spezialgebiet der Theoretiker ist, sondern eine Sache, die jeden praktisch tätigen Physiker und Chemiker, jeden Frontkämpfer an der Phalanx unseres Wirtschaftslebens auf das dringendste angeht.

In Deutschland sind wir nicht arm an klar und umfassend denkenden, produktiven und schulebildenden Thermodynamikern. Ich brauche nur auf drei unter den Lebenden hinzuweisen, auf MAX PLANCK, den klassischen Thermodynamiker der verdünnten Lösungen, der galvanoelektrischen und thermoelektrischen Prozesse, des Entropiebegriffes und der charakteristischen Funktionen; auf WALTHER NERNST, den Entdecker des Wärmetheorems, den Thermodynamiker des Massenwirkungsgesetzes, der Lösungstension und Verteilungskoeffizienten; endlich auf FRITZ HABER, der durch seine Thermodynamik der technischen Gasreaktionen ein wissenschaftliches Standardwerk geschaffen, gleichzeitig aber auch an der Entwicklung unserer heutigen Stickstoffindustrie bahnbrechend mitgewirkt hat.

Wenn trotz solcher Namen und Werke und trotz manch anderer moderner Darstellungen von hohem Rang die Anwendung der Thermodynamik bei uns nur in beschränkter Form und auf wenigen Gebieten eigentlich populär geworden ist; wenn, über die gedanklich-sachlichen Schwierigkeiten hinaus, für unsere jungen Leute das Eindringen in dies Gebiet zu einem so dornenreichen Wege wird, so lassen sich dafür vielleicht doch einige Gründe angeben. Einer der Gründe ist ohne Zweifel der *Zwiespalt der verschiedenen thermodynamischen Richtungen*. Einer Thermodynamik der Kreisprozesse, der chemischen Reaktionen, Arbeitswerte und Wärmetönungen, die auf Gasreaktionen und manche Lösungs- und Festkörperumsetzungen so gut anwendbar ist, steht die Thermodynamik der charakteristischen Funktionen und chemischen Potentiale sowie neuerdings der „Aktivitäten" gegenüber, die im Grunde auf GIBBSsche Gedankengänge zurückgeht. Wenn zu diesem Dualismus dann noch als Tertium eine moderne Axiomatik hinzutritt, die in der Untersuchung statistischer Gesamtheiten oder in der Diskussion von PFAFFschen Differentialausdrücken das Heil erblickt, so wird sich der Lernende nur allzu leicht entmutigt von dem verwirrenden Bilde abwenden.

Dieses Neben- und Gegeneinander der verschiedenen Richtungen ist zum größten Teil historisch bedingt; man kann sagen, daß die Entwicklung einfach bisher noch nicht zu einer entscheidenden Auswahl und Synthese des Vorhandenen geführt hat. Aber bei dem in Wirklichkeit vorliegenden großen Bedarf nach einer solchen Synthese müssen wir doch wohl noch nach einem anderen Grunde suchen, der auch die jüngste Generation einen allgemein brauchbaren Ausweg aus diesen Schwierigkeiten noch nicht hat finden lassen; und da spielt, wie mir scheint, der alte *Zwiespalt von Über- und Unterordnung* hinein. Die Lehren der Thermodynamik stellen ein so umfangreiches und mannigfach in sich gegliedertes architektonisches Kunstwerk dar, daß die gedankliche Beschäftigung damit den Forschern, die sich darin zurechtzufinden oder gar das Werk noch weiter auszubauen gelernt haben, zwar zu einer Königswürde in den einsamen Gefilden des Geistes verhelfen, aber damit zugleich auch einer Einstellung zuführen kann, der die Forderungen des allgemeinen technischen und wirtschaftlichen Fortschrittes als Fragen von minderer Bedeutung erscheinen. Der lebensfreundlich gesinnte junge Wissenschaftler und Forscher sträubt sich jedoch instinktiv, hier die Rechte einer absoluten „Herrscherin Thermodynamik" anzuerkennen, während er doch bereit wäre, einer Helferin und Dienerin auch auf schwierigem Wege zu folgen.

Wenn ich nach dieser Einleitung behauptete: „In der Thermodynamik, die wir hier vorlegen, sind alle diese Fehler vermieden, alle diese Wünsche erfüllt", so wäre das weder sehr bescheiden noch sehr einsichtsvoll. Zunächst haben diese Gedankengänge nur das mit unserem Werk zu tun, daß sie uns, meine beiden Mitarbeiter und mich, durch schwere Jahre der Arbeit hindurch bei der Stange gehalten und ermutigt haben, wenn wir unsere schöne Arbeitszeit Stunde um Stunde und Jahr um Jahr dahinrinnen sahen. Wie weit uns eine mehr als formale Synthese der bisherigen Behandlungsmethoden, wie weit uns eine rein sachlich orientierte, keine Schwierigkeiten verschleiernde und doch auf dem geradesten Wege zu den Anforderungen der Praxis hinführende Darstellung gelungen ist, werden die älteren und jüngeren Männer der Technik und der Hochschulen zu entscheiden haben, die das Buch lesen und daraus Nutzen ziehen oder es verwerfen, ebenso wie die, die es nicht lesen und verwerfen. Über einige methodisch oder sachlich wichtige Punkte sowie über die Lücken des Buches werde ich nachher noch Einiges sagen müssen. Vorher aber möchte ich hervorheben, daß unsere Arbeit wenigstens insofern eine wirkliche Gemeinschaftsarbeit darstellt, als jeder von uns sich für das Ganze kaum weniger verantwortlich fühlte als für die Beiträge, die ursprünglich seiner eigenen Feder entflossen waren.

Damit bin ich bei der Aufgabe angelangt, den *Anteil meiner beiden Mitarbeiter*, HERMANN ULICH und CARL WAGNER, an der Entstehung, Durchführung und Vollendung des Buches zu schildern. ULICH, Schüler und Assistent von WALDEN in Rostock, hatte im Sommer 1923 eben seine Doktorpromotion hinter sich, als wir uns durch meine thermodynamische Vorlesung kennenlernten und gemeinsam den Plan zu einer Buchveröffentlichung faßten, für die uns in dem ursprünglich geplanten engen Rahmen durch Vermittlung ULICHs sogleich ein Verlagsangebot von TH. STEINKOPFF, Dresden, zuging. Es folgen vier Arbeitsjahre in Rostock bis September 1927, in denen jeder von uns seine ganze Arbeitszeit, die Dienst und gelegentliche eigene Veröffentlichungen übrigließen, an unsere Aufgabe wandte, eine Aufgabe, die sich besonders in der Bearbeitung der chemischen Thermodynamik als weit umfangreicher erwies, als wir gedacht hatten. ULICH war mir in dieser Zeit zugleich Schüler und Lehrer. Er ersetzte durch seine Sach- und Literaturkunde meine fehlenden chemischen Kenntnisse; da er mit den Rostocker Chemiestudenten dauernd in engster Fühlung war, ihr Wissen, ihre Fähigkeiten, ihre Standpunkte kannte, stellte er zugleich die vox populi dar, die auf unsere Soli antwortete. Wo es noch an Klarheit fehlte, wo unnötige Abweichungen von üblichen brauchbaren Formulierungen vorlagen, konnte er auch als unerbittlicher Kritiker und Opponent auftreten; wie oft sanken ganze Kapitel, ja zweite und dritte Bearbeitungen auf diese Weise wieder in sich zusammen! Am wertvollsten waren aber wohl die Aussprachen mit ULICH über noch schwebende Fragen; das „Denken zu Zweien" ist ja etwas kaum zu Ersetzendes.

An schriftlichen Formulierungen verdankt das Buch ULICH die erste Fassung der meisten Paragraphen des II. Teiles (Physikalische Thermodynamik), ferner verschiedener Teile von Kapitel A, D und E des III. Teiles sowie endlich die Zusammenstellung und größtenteils neue Durchrechnung sämtlicher chemischen Anwendungsbeispiele in III, Kapitel H.

Auch von der anstrengenden und verantwortungsvollen Arbeit des Korrekturlesens hat ULICH die Hauptlast auf sich genommen. Endlich kann ich an dieser Stelle erwähnen, daß Herr Dr. ULICH im Verlage TH. STEINKOPFF eine etwas kürzere, noch mehr auf die Anwendungen zugeschnittene Fassung unserer gemeinsamen Arbeit herausbringen wird, während das Hauptwerk an den Verlag JULIUS SPRINGER übergegangen ist.

CARL WAGNER wurde mein Mitarbeiter in Berlin, nachdem ich im Oktober 1927 den Übergang vom Rostocker Katheder zum Schreibtisch des Industriewissenschaftlers vollzogen hatte. Damals war unsere Thermodynamik im großen ganzen fertig bis auf die beiden schwersten Kapitel der chemischen Thermodynamik: die Lehre von den Gleichgewichtsbedingungen höherer Ordnung und von den „Veränderungen bei währendem Gleichgewicht" koexistenter Phasen. Da ich diese Teile nicht mehr selbst schreiben konnte, hatte ich die Aufgabe, in Berlin einen jungen Wissenschaftler zu finden, der Spezialkenntnisse auf diesem Gebiet, ferner aber größte Anpassungsfähigkeit, Freude an klaren Formulierungen und vor allem neben seinen eigenen Arbeiten die nötige Zeit hatte, um sich der selbständigen Bearbeitung dieser Teile auf Grund von Rücksprachen und skizzierten Unterlagen widmen zu können. Ich bin heute noch glücklich über den Zufall, der uns beide, WAGNER und mich, im Kolloquium bei HABER in Dahlem zusammenführte. Eine Diskussionsbemerkung WAGNERS zu einem Vortrag über Schmelzkurven binärer Systeme veranlaßte mich, ihm nach dem Kolloquium sogleich meinen Antrag zu machen, ohne daß ich von seiner Stellung — er war damals in München für angewandte Chemie habilitiert und für ein Jahr an das BODENSTEINsche Institut in Berlin beurlaubt — oder von seinen Veröffentlichungen (auf dem Gebiet der Gleichgewichtsbeeinflussung binärer Systeme durch dritte Stoffe, der Reaktionskinetik und der analytischen und angewandten Chemie) etwas gewußt hätte. Nach einigem Schwanken entschloß sich WAGNER und sagte zu. Auch er hat sich in der Folge für das ganze Werk eingesetzt und mitverantwortlich gefühlt; vor allem aber griff er die vorhandenen Ansätze über die Thermodynamik geordneter Mischphasen auf und übertrug sie von den geordneten Gitterphasen auf Molekülphasen (§§ 21 und 22 des III. Teils). In den von ihm verfaßten Kapiteln F und G des III. Teils, die dann selbstverständlich wieder von ULICH und mir zensuriert wurden, wird man immerhin noch deutlich die WAGNERsche Art erkennen: Neigung zu allgemeinen Überlegungen, die mathematisch elegant formuliert sind, aber intensives Mitdenken vom Leser verlangen, ebenso aber Anpassungsfähigkeit der ausgebildeten Methoden an die gestellten Spezialprobleme. Die symmetrische Ableitung und Formulierung der Gleichgewichtsbedingungen höherer Ordnung für benachbarte Zustände, ihre ebenso allgemeine Anwendung zur Ableitung des LE CHATELIER-BRAUNschen Prinzips sind in diesen Kapiteln wissenschaftliche Beiträge WAGNERS; ferner graphische Darstellungen der Phasenstabilitätskriterien und der Restarbeiten der geordneten Mischphasen. Einige weitere Beiträge WAGNERS sind in dem weiter unten angeschlossenen Verzeichnis der Originaluntersuchungen enthalten.

Es bleibt mir jetzt noch übrig, über den *Aufbau des Werkes* einiges Notwendige zu sagen. Es kann sich dabei nicht um eine gedrängte Zusammenfassung des Gedankenganges handeln; hierüber orientiert wohl am besten das dem Buch vorangestellte ausführliche Inhaltsverzeichnis. Ich möchte nur einige Punkte hervorheben, besonders wo Abweichungen von üblichen Darstellungen zu begründen sind.

Einen Wanderer, den wir zum freien Durchstreifen und Beherrschen eines reizvollen, aber schwierigen und unübersichtlichen Geländes ermutigen wollen, dürfen wir nicht mit verbundenen Augen an verschiedene der landschaftlich schönsten Punkte führen und ihm dabei die dazwischenliegenden unwegsamen Strecken verbergen. Wir dürfen ihn auch nicht auf einem oder einigen ausgetretenen Pfaden das Gelände durchqueren lassen, auf denen er sich an nichts zu halten braucht als an die Fußtapfen seiner Vorgänger. Wenn wir ihm Freiheit und Sicherheit geben wollen, müssen wir ihn vielmehr mit Zweierlei bekannt machen: mit dem Grund und Boden, auf dem er steht, auf dem er zu marschieren hat, und mit dem Ziel oder den Zielen, die erreichbar sind, die erreicht werden müssen.

Der Grund und Boden, auf dem jede exakte Wissenschaft und auch die Thermodynamik steht, ist natürlich die *Erfahrung*. Erfahrungen kann man nur sammeln, indem man handelt; tut man das nicht in Wirklichkeit, so muß man es wenigstens in Gedanken tun, und dazu ist es nötig, daß man unmißverständliche Vorschriften oder sagen wir Befehle erhält, was man zu tun, was man zu beobachten hat. Nur die auf diese Weise gewonnene Erfahrung ist etwas, worauf man sich verlassen, auf der man weiterbauen kann. Wir haben uns bemüht, die ganze Thermodynamik in dieser Weise aufzubauen; indem wir jedoch die zugrunde liegenden Erfahrungen sogleich in ihrer vollen Allgemeinheit formulieren und suggerieren, sind wir nicht genötigt, mit Analogieschlüssen und Verallgemeinerungen weiterzubauen, die mitzumachen oder nicht von dem guten Willen des Lesers abhängt.

Bei dem Versuche eines solchen Aufbaus ergab sich von selbst eine Abspaltung der als „*äußere Thermodynamik*" zu bezeichnenden Begriffe und Sätze von den Begriffsinhalten der „*inneren Thermodynamik*". Für die äußere Thermodynamik grundlegend sind die als reine Erfahrungsergebnisse zu wertenden thermodynamischen Hauptsätze in ihrer Kreisprozeßformulierung; für die Prozesse der Wärmekraftmaschinen und der Kraftkältemaschinen ziehen sie die Bilanz zwischen den Arbeitseffekten eines vollzogenen Kreisprozesses, den ausgetauschten Wärmemengen und den zu diesen Wärmemengen gehörigen „Austauschtemperaturen". Dies sind denn auch im Grunde die drei einzigen Begriffe, die hier gebraucht werden, die so erläutert werden müssen, daß jeder lernt, wo sie anwendbar und wie sie meßbar sind.

Der Übergang zu den *inneren* Veränderungen der thermodynamischen Systeme zwingt sodann von selbst dazu, die weiteren Voraussetzungen über die inneren Bestimmungsgrößen dieser Systeme (Systemtemperatur, Arbeitskoordinaten usw.) herzuleiten, die für die Anwendung der beiden Hauptsätze auf nicht kreisförmig geschlossene Prozesse notwendig sind. Bei der Anwendung auf chemische Systeme, z. T. aber schon bei der Formulierung eines allgemeinen Ablaufsatzes (I, § 3), der die Begriffe der Irreversibilität, der zeitlich ablaufenden Veränderungen und des thermischen Gleichgewichtszustandes miteinander koppelt, erwies sich hierbei eine neue Herausarbeitung des Begriffes der *Hemmung* als notwendig; nur von dem Satz ausgehend, daß Systeme mit inneren chemischen Veränderungsmöglichkeiten stets gehemmte Systeme sind (III, § 2), kann man den üblichen Begriff der *virtuellen* chemischen Veränderungen und Gleichgewichtsbedingungen auf eine ganz klare empirische Basis stellen.

Fast noch mehr Schwierigkeiten als die Erkennung der Grundlage pflegt dem Lernenden die Erkennung des *Zieles* der thermodynamischen Überlegungen und aufgestellten Gesetze zu bieten. Als allgemeines Ziel der inneren Thermodynamik haben wir das herausgestellt: aus einem Mindestmaß von vorzunehmenden Messungen eine vollständige Voraussage über das Verhalten von materiellen Gleichgewichtssystemen bei ihren physikalischen oder chemischen Veränderungen abzuleiten. Das Ziel ist also eine Ersparnis an Meßarbeit; dazu dient letzten Endes die Anwendung aller Differentialbeziehungen, aller inneren Gleichgewichtsbedingungen der Thermodynamik. In der *Physikalischen Thermodynamik* (II. Teil), die die Vorgänge bei Veränderungen innerlich ungehemmter oder unveränderlich gehemmter Systeme untersucht, ergibt sich so eine ganz klare Richtlinie für die Behandlung der thermodynamischen Eigenschaften der Gase und festen Körper; je nach den am beqemsten zugänglichen Ausgangsdaten ist es eine Angabe über die Zustandsgleichung und eine über die spezifische Wärme, oder ein „wesentlich thermisches Bestimmungsschema", das zur vollständigen Voraussage aller Arbeits- und Wärmeeffekte des Systems die Grundlage liefert. Besonderen Wert legten wir darauf, nicht nur Druck und Volum als Indikatoren thermodynamischer Arbeitsleistungen erscheinen zu lassen; vielmehr sind die Grundüberlegungen so allgemein gehalten, daß sich die vollständige thermodynamische Untersuchung von Systemen mit (physikalischen) Oberflächenveränderungen, von Systemen mit elektrischem Stromdurchgang und von einer Kombination beider, den elektrokapillaren Systemen, völlig zwanglos an die Untersuchung der homogenen Systeme anreiht.

Auf *chemischem* Gebiet erfährt das aufgestellte Ersparnisprinzip insofern noch eine Erweiterung, als die thermodynamische Diskussion überhaupt erst zu einem vollen Überblick über die möglichen Veränderungen der Systeme, über die *zu untersuchenden Meßgrößen* führt und so zu einer Sammlung, Tabellierung und Fruchtbarmachung der an vielen Stellen gemachten Erfahrungen erst die notwendigen Richtlinien liefert. Hier haben wir des großen Einflusses zu gedenken, den das 1923 erschienene Buch von LEWIS und RANDALL, auf das wir zu gelegener Zeit aufmerksam wurden, auf unsere Überlegungen gewonnen hat; gern sind wir den Vorschlägen dieser Autoren zu einer Standardisierung der wichtigsten thermodynamischen Reaktionsgrößen gefolgt und haben weitere schon vorhandene Ansätze im engeren Anschluß an die amerikanischen Verfahren weiter verfolgt. So den Aufbau der Reaktionsgrößen bei vom Standard abweichenden Temperaturen und Drucken; vor allem aber die Behandlung der Mischphasen, der verdünnten und konzentrierten Lösungen, der Legierungen und sog. „festen chemischen Verbindungen". Hier erwies sich überall die von LEWIS in etwas spezieller Form propagierte *Abtrennung der konzentrationsabhängigen Glieder* als das natürliche, das erlösende Ordnungsprinzip; statt jedoch die konzentrationsabhängigen Glieder im Anschluß an die Theorie der verdünnten Lösungen durchweg durch „*Aktivitäten*" zu erfassen, haben wir auch hier die Reaktionsgrößen selbst, die Arbeits- und Wärmeeffekte der sich abspielenden Reaktionen, als Bestimmungsgrößen eingeführt und jene konzentrationsabhängigen Glieder als „Restgrößen" von den auf Normalzustände der Konzentration bezogenen „Grundgrößen" abgetrennt. In der konsequenten Auseinanderhaltung von *konzentrations*abhängigen und *nur druck*abhängigen Restgliedern, in der Vermeidung des etwas schillernden Begriffes der „Fugazität", glauben wir einer in Deutschland schon unbewußt vollzogenen Auslese aus dem Reichtum der LEWISschen Begriffsbildungen entgegengekommen zu sein. Alles in allem erscheint jetzt in der chemischen Thermodynamik als das Ziel der Forschung die empirische Bestimmung jener Standard-Reaktionsgrößen, die zugleich die Rolle der chemischen Konstanten in den Reaktionsgleichungen und Gleichgewichten spielen, nebst der Untersuchung von deren Temperatur- und Druckabhängigkeit, sowie endlich die Bestimmung der konzentrationsabhängigen Restglieder. Ein für alle wichtigen Reaktionen zusammengestelltes *Archiv dieser Daten*, zu dem in den physikalisch-chemischen Tabellen unserer Konstantensammlungen nur eben die ersten Ansätze vorliegen, wird eins der wichtigsten theoretischen Besitztümer der Menschheit darstellen; unter Benutzung dieser Angaben und mit Hilfe der exakten Beziehungen der Thermodynamik sowie unter Heranziehung von erprobten Annäherungsgesetzen wird es möglich sein, die energetischen Effekte und chemischen Ausbeuten auch noch nicht direkt untersuchter Stoffumsetzungen vorauszusagen und so auf wirtschaftlich fruchtbarem Wege vorwärts zu schreiten.

Soviel in kurzen Andeutungen über die Grundlage und die proklamierten Ziele unserer Darstellung. Ich komme jetzt zu einer Frage, die praktisch fast die wichtigste ist: der Frage der Eingliederung unserer Formulierungen in die der bisher ausgebildeten Systeme und damit auch zu der Frage der *Bezeichnungen*. Hier muß ich etwas näher auf einige fachliche Zusammenhänge eingehen. Wie schon erwähnt, gibt es besonders in der chemischen Thermodynamik zwei ganz verschiedene Darstellungsweisen und Sprachen. Die eine ist die der *Reaktionsthermodynamiker*, die mit den Begriffen der Wärmetönung, der maximalen Arbeit, allenfalls der HELMHOLTZschen Freien Energie operieren und deren wichtigstes thermodynamisches Handwerkszeug der Kreisprozeß zwischen unendlich benachbarten Temperaturen ist (HELMHOLTZ-VAN'T HOFF-NERNSTsche Schule). Auf der anderen Seite stehen die *Stoffthermodynamiker*, denen die Existenz einer von den unabhängigen Bestandteilen des Systems abhängigen Entropie, Energie und der daraus abgeleiteten chemischen Potentiale und charakteristischen Funktionen eine Selbstverständlichkeit ist (CLAUSIUS-GIBBS-PLANCKsche Schule). Hier verwischen sich freilich dem unerfahrenen Adepten allzu leicht die Unterschiede zwischen wirklich meßbaren und nur gedanklich konstruierten Größen, zwischen prüfbaren Folgerungen und mathematischen Selbstverständlichkeiten. Und doch sind diese Begriffsbildungen zum Studium aller allgemeineren und höheren Fragen, vor allem zur Ableitung der allgemeinen Typeneigenschaften von Koexistenzkurven sowie zur bequemen Einordnung statistischer und quantenstatistischer Ergebnisse außerordentlich zweckmäßig, ja fast unentbehrlich.

Wir haben durchweg danach gestrebt, uns auf einer *noch* vollkommen anschaulichen und *schon* ganz allgemeinen Basis zu bewegen, indem wir die *Arbeits-* und *Wärmekoeffizienten* der thermodynamischen Systeme als allgemeinste und anschaulichste Meßgrößen der inneren Thermodynamik unserer Darstellung zugrunde gelegt haben. Der Arbeitskoeffizient K^x, multipliziert mit der Änderung dx der betreffenden Variabeln, gibt die bei der Änderung von x (z. B. dem Volum) an dem System geleistete Arbeit an; er ist eine (verallgemeinerte) „Kraft". Der Wärmekoeffizient L^x gibt entsprechend die bei der Änderung dx aufgenommene Wärme („latente Wärme") an. K^T ist gleich Null, L^T ist der Wärmekoeffizient nach der Temperatur, d. h. die Wärmekapazität des Systems, proportional der spezifischen Wärme. Die quantitativen Beziehungen der inneren Thermodynamik stellen sich dar als *Beziehungen zwischen den ersten und zweiten Differentialquotienten der Arbeits- und Wärmekoeffizienten zueinander und zu der Temperatur.* Diese Differentialbeziehungen, ihrer quantitativen Bedeutung nach für jeden mit den Anfängen der höheren Mathematik Vertrauten unumstritten, sind es, die die sonst im ganzen Umfange notwendige Messung der Arbeits- und Wärmekoeffizienten zum Teil ersparen, die die besprochene ökonomische Mission der Thermodynamik erfüllen.

Die Diskussion der allgemeinen Differentialbeziehungen zwischen den K und L würde sich kaum lohnen, wenn sie nur, außer auf die Veränderungen von Volum und Temperatur, auf Änderungen der Oberfläche oder den Durchgang einer elektrischen Ladung durch das System angewandt werden sollten. Wir haben aber mit größter Deutlichkeit die Konsequenzen aus der an sich nicht unbekannten Tatsache herauszuarbeiten gesucht, daß auch auf *chemischem* Gebiet die Arbeits- und Wärmekoeffizienten eines Systems die zur Charakterisierung seines thermodynamischen und stofflichen Verhaltens am besten geeigneten, anschaulichsten und allgemeinsten Größen sind. In der Tat erweisen sich diese Größen mit den chemischen Arbeiten und Wärmetönungen der Reaktionsthermodynamiker als vollkommen identisch, wenn man — und dieses „Wenn" hat uns zur Einführung einer neuen Art von Variabeln ermutigt — diese Größen als Arbeits- und Wärmekoeffizienten nach der *„Laufzahl"* chemischer Reaktionen auffaßt. Diese Laufzahl λ ist nichts anderes, als der in Mol gerechnete Umsatz der betreffenden Reaktion; die Division durch $d\lambda$ bedeutet also die bekannte Bezugnahme auf den einfach molaren Umsatz gemäß einer gegebenen Reaktionsformel, und im übrigen kann man mit Veränderungen von einer oder mehreren voneinander unabhängigen Laufzahlen in chemischen Systemen jetzt genau so operieren wie mit Veränderungen des Volums oder der Oberfläche in physikalischen Systemen; auch die Differentialbeziehungen zwischen und zu den neuen Arbeits- und Wärmekoeffizienten sind genau dieselben, demgemäß auch die möglichen Ersparnisse bei der vollständigen Durchmessung des Systems und die verschiedenen möglichen Bestimmungsschemata.

Die Arbeits- und Wärmekoeffizienten K und L, die wir für chemische Reaktionen mit deutschen Buchstaben $\mathfrak{K}$ und $\mathfrak{L}$ bezeichnen, stehen aber nicht nur zu den Rechengrößen der Reaktionsthermodynamiker in engster Beziehung, sondern auch zu denen der *Funktional-* und *Stoff-Thermodynamiker.* Die Existenz einer Freien Energie und anderer charakteristischer Funktionen, aus denen sich alle

Arbeits- und Wärmekoeffizienten durch Differentiation nach den Variabeln ableiten lassen, folgt unmittelbar aus den als gültig nachgewiesenen Differentialbeziehungen zwischen diesen Koeffizienten. Ist z. B. die Bedeutung der Freien Energie als Funktion von Volum, Temperatur und den Laufzahlen der möglichen Reaktionen auf diese Weise klargestellt, so erscheinen die Bestimmungsschemata für sämtliche Arbeits- und Wärmekoeffizienten als Anweisung, *eine Funktion aus einem Minimum von Angaben über ihre partiellen Differentialquotienten zu bestimmen*; umgekehrt sind jedoch die je nach ihren Variabeln verschieden zu wählenden charakteristischen Funktionen die *bequemsten mnemotechnischen Hilfsmittel, um sämtliche Differentialbeziehungen zwischen den Arbeits- und Wärmekoeffizienten mit einem Schlage zu übersehen* (Tabelle für den *F*- und *G*-*„Stammbaum“* am Ende des Buches). Die chemischen Arbeits- und Wärmekoeffizienten schlagen aber auch eine Brücke zu den Gibbsschen *chemischen Potentialen* der Einzelstoffe in einem zusammengesetzten Stoff, zu den partiellen molaren Entropie- und Wärmeeffekten; alle diese Größen stellen die Arbeiten oder Wärmemengen dar, die man zuführen muß, um Teilchen einer bestimmten Sorte von einem passend gewählten Zwischenzustand auf bestimmtem Wege in die Mischphase zu bringen. Die dadurch bestimmten *Arbeitskoeffizienten nach den Teilchenzahlen* sind aber gerade die Gibbsschen chemischen Potentiale, die entsprechenden Wärmekoeffizienten aber die mit der Temperatur multiplizierten partiellen molaren Entropien. Durch die doppelte Parallele: „Teilchenzahlen = Laufzahlen einer bestimmten Zwischenreaktion“ und „Laufzahl = Arbeitskoordinate“ ist es nun möglich, ohne gedankliche Schwierigkeiten auch die *Teilchenzahlen* neben dem Volum, der Temperatur usw. *als thermodynamische Variabeln* eines Systems zu betrachten, die dazugehörigen charakteristischen Funktionen aufzustellen und die Differentialbeziehungen zwischen allen physikalischen und chemischen Arbeits- und Wärmekoeffizienten nach den Teilchenzahlen, dem Volum, der Temperatur usw. abzuleiten.

Eine derartige effektmäßige Präzisierung in der Deutung der chemischen Potentiale, der partiellen molaren Entropien sowie der ihnen übergeordneten charakteristischen Funktionen hat jedoch noch eine besondere Bedeutung infolge einer neben der klassischen Thermodynamik einhergehenden modernen Entwicklung, die die Begriffe der Energie und Entropie auf dem Boden *statistischer Gesamtheitsbetrachtungen* in unabhängiger und schärfster Weise zu definieren gestattet und hierdurch mit den „unbestimmten Konstanten“ der früheren Stoffthermodynamik in erwünschtester Weise aufräumt. Diese statistischen Resultate gestatten, z. T. über das Nernst*sche Theorem* hinaus, eine theoretische Bestimmung gewisser chemischer Konstanten, die Bestandteile der erwähnten Reaktionskonstanten sind, und haben somit, ähnlich wie die empirischen Gesetze über ideale Gase, verdünnte Lösungen usw. die Mission, weitere thermodynamische Messungen an den untersuchten Systemen zu ersparen. Um nun diese statistischen Resultate mit einem Minimum von mathematischem Aufwand begründen und für unsere Zwecke nutzbar machen zu können, haben wir uns bemüht, zu zeigen, daß man den obenerwähnten, für die Zwischenreaktion eingeführten Bezugszustand der betrachteten Stoffe so wählen kann, daß er im Sinne der Statistik und Atomphysik zu einem *absoluten Bezugszustand* wird; einem Zustand völliger Ordnung mit der Entropie 0, und andererseits einem Zustand mit der physikalisch wohldefinierten Energie 0. In Verfolgung derartiger Gedankengänge gelingt es verhältnismäßig leicht, den *Zusammenhang* zwischen den theoretisch wichtigsten *Entropiekonstanten* und den *Quantengewichten* und *Termdarstellungen* der Atome und Moleküle einschließlich der Elektronen- und Kerndralleffekte zu konstruieren (III, § 13).

Die Rolle der PLANCKschen *charakteristischen Funktion* Φ, die im wesentlichen eine Freie Energie dividiert durch die absolute Temperatur darstellt, läßt sich in unserer Ausdrucksweise dahin festlegen, daß diese Funktion sich als Mutterfunktion eines Stammbaumes und als Leitfaden zur Aufstellung eines zweckmäßigen Bestimmungsschemas dann von selbst darbietet, wenn unter den gegebenen chemischen Reaktionsgrößen vorwiegend solche sind, die Messungen *irreversibler Wärmetönungen* bei konstantem Druck (oder konstantem Volum) enthalten. In dem Φ-Stammbaum tritt nämlich überall da, wo sonst die Entropie steht, die durch T^2 dividierte GIBBSsche Wärmefunktion W auf, deren Änderung pro Änderung $d\lambda$ einer Reaktionslaufzahl die bekannte irreversible Wärmetönung der Reaktion bedeutet, die im Sinne einer Wärmeaufnahme von uns mit $\mathfrak{W}$ (in Analogie zu $\mathfrak{K}$ und $\mathfrak{L}$) bezeichnet wird. $\mathfrak{W}$ ist mit $\mathfrak{K}$ und $\mathfrak{L}$ durch die Beziehung $\mathfrak{W} = \mathfrak{K} + \mathfrak{L}$ verbunden; es ist neben $\mathfrak{K}$ die am meisten direkt gemessene und tabellierte Größe.

Wir sind scheinbar von unserem letzten Thema: Stellungnahme zu bisher üblichen Begriffsbildungen und Bezeichnungen, abgewichen. Doch mußten wir diese Zusammenhänge hier schon aus dem Grunde in ihren wichtigsten Momenten hervorheben, weil wir darauf angewiesen sind, daß der Leser den neuen Begriffen und Bezeichnungen unserer Darstellung eine innere Berechtigung zuerkennt. Die Einführung neuer Bezeichnungen in eine schon weit durchgebildete und erprobte Wissenschaft bedeutet ja an sich eine ungeheuerliche Zumutung an die schon an andere Bezeichnungen gewöhnten älteren wie an die auf frühere Literatur angewiesenen jüngeren Leser, und nur das *effektive Fehlen einheitlicher und universell brauchbarer Bezeichnungen* kann einen solchen Schritt rechtfertigen. In dieser Lage aber, so glauben wir, befindet sich die heutige chemische Thermodynamik in der Tat; und wir wüßten wirklich nicht, wie wir anders als durch Einführung neuer Begriffe und Bezeichnungen die außerordentliche Vereinfachung in die Literatur einführen könnten, die uns die einheitliche Zurückführung aller thermodynamischer Effekte auf die physikalischen und chemischen Arbeits- und Wärme*koeffizienten* darzustellen scheint. Keines z. B. der für den chemischen Arbeitskoeffizienten $\mathfrak{K}$ bisher benutzten Symbole, sei es die „chemische Arbeit" A, sei es die Änderung der Freien Energie ΔF, seien es Spezialisierungen A_v, A_p, $\Delta F_{(v)}$ usw., bringt die doppelte Eigenschaft dieses Koeffizienten zum Ausdruck: einerseits unabhängig von jeder Wahl der Variabeln und jeder gewählten charakteristischen Funktion den rein chemischen Anteil der bei dieser Reaktion zu leistenden (maximalen) Arbeit zu bestimmen, andererseits nicht eine Arbeit selbst darzustellen, sondern eine Arbeit bei einer unendlich kleinen chemischen Änderung, dividiert durch die Änderung der für die chemische Reaktion charakteristischen Variabeln, unserer Laufzahl λ. Die physikalische und chemische Thermodynamik läßt sich nur dann einheitlich zusammenfassen, wenn man die chemischen Arbeiten ebenso wie die physikalischen durch das Produkt aus einem Arbeitskoeffizienten K^x mit der Änderung einer Arbeitskoordinate (dx) darstellt, analog der Darstellung ($-p \,.\, d\mathfrak{V}$) für die Volumarbeit. In diesem Sinne hat man es bei den chemischen Reaktionsgrößen nicht mit „Arbeiten", sondern mit „Kräften", nicht mit Wärmeeffekten, sondern mit Wärmekoeffizienten ($\mathfrak{W}$ oder $\mathfrak{L}$) zu tun. (Vgl. zu den Bezeichnungsfragen auch S. 173—176.)

Nicht ohne Bedenken haben wir uns zu der Einführung von Bezeichnungen entschlossen, die ihren mnemotechnischen Zusammenhängen und Buchstabentypen nach vorwiegend für deutsche Leser berechnet sind. Doch fanden wir keine irgendwie einheitliche internationale Bezeichnungsweise vor, der wir uns hätten anschließen können; wir hoffen, daß bei einer etwaigen Übernahme in die ausländische Literatur geeignete Transponierungen unserer Zeichen gefunden werden[1].

Ich muß jetzt noch von verschiedenen *Lücken unserer Darstellung* sprechen. Zunächst von den sicher sehr zahlreichen und bedenklichen Lücken, die wir bei der *Autoren-Zitierung* vieler bei uns wiedergegebener Gedankengänge gelassen haben. Soweit wir deren Urheber kannten, haben wir sie angeführt; ein vollständiges Studium der bisherigen Quellen- und Lehrbuchliteratur überstieg unsere Kräfte, und wir bitten von vornherein wegen solcher Unterlassungssünden um Entschuldigung.

In sachlicher Beziehung ist unsere Arbeit insofern ein Torso geblieben, als wir im wesentlichen nur die Thermodynamik homogener und aus homogenen Phasen zusammengesetzter Systeme bringen konnten. Die schon bei GIBBS ausführlich behandelten Systeme, in denen die *Einwirkung der Schwerkraft* eine Rolle spielt, ebenso wie die Systeme, in denen resultierende *elektrische Ladungsverschiebungen* stattfinden, konnten wir nicht mehr angliedern; allerdings hatte ich in der Zwischenzeit Gelegenheit, gemeinsam mit HORST ROTHE im WIEN-HARMSschen Handbuch der Experimentalphysik (Bd. XIII, 2) eine schon mit den Begriffsbildungen unserer Thermodynamik operierende *Elektrothermodynamik* in ihren Grundzügen festzulegen und auf die Verdampfung von Elektronen und Ionen im Vakuum anzuwenden. Am meisten bedaure ich, daß die wichtige *chemische Thermodynamik der Oberflächenvorgänge* an Phasengrenzflächen und Oberflächen kolloidaler Teilchen, für die ebenfalls GIBBS die Fundamente gegeben hat, nicht verarbeitet werden konnte. Hier können wir jedoch auf gute moderne Spezialdarstellungen verweisen: so z. B. auf H. FREUNDLICH, Kapillarchemie (Leipzig 1923); E. HÜCKEL, Adsorption und Kapillarkondensation (Leipzig 1928) und für den Zusammenhang mit Elektrokapillarvorgängen auf die Monographie von A. FRUMKIN in den Erg. der exakten Naturw., 7, 235—273, Springer, Berlin 1928.

Jeder von uns hat während der jahrelangen Beschäftigung mit dem Buch hier und da Überlegungen und Berechnungen in den Text verarbeitet, die nach wohlbegründetem wissenschaftlichen Brauch den Fachgenossen in kleinen, nur das Neue und Wesentliche enthaltenden *Publikationen* in einer der Fachzeitschriften hätten vorgelegt werden müssen. Um für diese Sonderdarstellungen, zu denen uns die Zeit fehlte, eine Art von Ersatz zu schaffen und um auch von dem gebrachten Gesamtmaterial nicht mehr für uns zu beanspruchen, als was unseres Wissens bisher noch nicht in dieser Form vorgetragen worden ist, geben wir hier eine Zusammenstellung der nach unserer Ansicht originalen Teiluntersuchungen unseres Buches.

Zurückführung der Theoreme von CLAUSIUS und THOMSON auf einen allgemeinen Ablaufsatz für thermodynamische Systeme (S. 18—27, 29—30).

Die verschiedenen Bestimmungsmöglichkeiten eines thermodynamischen Systems aus thermodynamischen Messungen (S. 77—78, 102—103, 126—127, 171—172).

Allgemeingültigkeit der Elektrokapillarbeziehung, Einschränkung ihrer Bedeutung für die Berechnung von Einzelpotentialen (S. 121—123).

Die „Stammbäume" thermodynamischer Funktionen (S. 127, 129, 160, 162, 171, 172 und Schlußtafel).

[1] Gewisse Abweichungen von unseren Druckbezeichnungen werden auch wohl bei der Übertragung in die *Schrift*form notwendig sein, z. B. werden die fetten Typen für die „Grund"-Größen (S. 227) wohl durch andere Hervorhebungen (z. B. durch Unterstreichen, Einklammern [ ] oder dergleichen) zu ersetzen sein. Uns erschien jedoch eine sinnfällige Zeichenwahl im Druck für den Leser zunächst als das Allerwichtigste.

Der Begriff der „resistenten Gruppe“ als thermodynamischer Ersatz des Molekülbegriffes (S. 140—144, 179, 192—195).

Die „Reaktionslaufzahlen“ als Arbeitskoordinaten chemisch veränderlicher Systeme (S. 151—154).

Phasenregel und Variationsmöglichkeiten in engeren und erweiterten Systemen (S. 200—202).

Über die Absolutbedeutung und Effektbedeutung der thermodynamischen Funktionen (S. 205—212).

Eine Zerlegung der chemischen Reaktionen in Grund- und Restreaktionen (S. 226—228).

Zur statistischen Deutung des NERNSTschen Theorems (S. 240—250).

Quantengewichte, Elektronen- und Kerndrall bei ein- und zweiatomigen Gasmolekülen (S. 262—269).

Die Rolle des Kerndralls in Gas- und Heterogengleichgewichten (S. 317—319).

Zur Aktivitätstheorie geordneter Mischphasen (S. 370—379).

Thermodynamisch bedingte Gitterfehler in unären Kristallen (S. 380).

Über die Dampfdrucke geordneter Mischphasen in Abhängigkeit von der Fehlkonzentration (S. 388—391).

Zur Theorie der liquidus- und solidus-Kurven geordneter Mischphasen (S. 399—410).

Theorie der Gleichgewichte geordneter Mischphasen mit anderen festen Phasen (S. 411—413).

Neue Formulierung der Gleichgewichtsbedingungen 2. Ordnung gegenüber unendlich benachbarten Zuständen (S. 447—458).

Stabilitätsuntersuchung geordneter Mischphasen (S. 481—484).

Ableitung des LE CHATELIER-BRAUNschen Prinzips aus den Gleichgewichtsbedingungen höherer Ordnung (S. 486—491).

Reaktionen ohne Konzentrationsänderung und CLAUSIUS-CLAPEYRONsche Gleichung in binären und ternären vollständigen Systemen (S. 520—522; 538—539).

Einfluß des nichtidealen Verhaltens komprimierter Gase auf das Ammoniakgleichgewicht (Kap. H, Beisp. 9; methodisch ähnlich auch S. 305 und Kap. H, Beisp. 3).

Ableitung einer vollständigen Gleichung für die Berechnung maximaler Verbrennungstemperaturen (Kap. H, Beisp. 11).

Zum Schluß darf ich hier noch zweier Männer gedenken, die für die Entstehung des Werkes, jeder in seiner Art, ausschlaggebend gewesen sind: meiner verehrten Berliner Universitätslehrer Geheimrat Prof. Dr. MAX PLANCK und Geheimrat Prof. Dr. WALTHER NERNST. Sie waren es, die mir in den Jahren 1905—1908 durch ihre Vorlesungen und ihre so ganz verschiedenartige Darstellung die erste Anregung zu einer intensiven Beschäftigung mit thermodynamischen und besonders thermochemischen Fragen gaben. Bei NERNST hatte ich den besonderen Vorzug, die erste einstündige Vorlesung über sein soeben entdecktes neues Wärmetheorem im Winter 1905/1906 zu hören; die dabei gewonnenen starken Eindrücke führten mich später zu der Beschäftigung mit der quantenstatistischen Deutung dieses Theorems und mit den dynamischen Quantengewichten gebundener und freier Atome. Im Einverständnis mit meinen Mitarbeitern habe ich es gewagt, unser Werk diesen beiden deutschen Meistern der Thermodynamik zu widmen; mögen ihre Namen unser Unternehmen glückvoll auf seinem Wege begleiten!

Charlottenburg, im März 1929.

WALTER SCHOTTKY.

Inhaltsverzeichnis.

Zweiter Teil.

Physikalische Thermodynamik.

Einleitung.

Entwicklung und Aufgabe der Thermodynamik.

„Jedermann weiß, daß die Wärme die Ursache der Bewegung sein kann, daß sie sogar eine bedeutende bewegende Kraft besitzt: die heute so verbreiteten Dampfmaschinen beweisen dies für jedermann sichtbar. — Indem die Natur uns allerorten Brennmaterial liefert, hat sie uns die Möglichkeit gegeben, stets und überall Wärme und die aus dieser folgende bewegende Kraft zu erzeugen. Der Zweck der Wärmemaschine ist, diese Kraft zu entwickeln und sie unserem Gebrauch anzupassen. Das Studium dieser Maschinen ist von höchstem Interesse, denn ihre Wichtigkeit ist ungeheuer und ihre Anwendung steigert sich von Tag zu Tag. Sie scheinen bestimmt zu sein, eine große Umwälzung in der Kulturwelt zu bewirken" usw.

Mit diesen Worten, die SADI CARNOT seiner 1824 veröffentlichten Abhandlung: Reflexions sur la puissance motrice du feu[1] vorausschickt, können wir auch heute noch eine der Hauptaufgaben der Thermodynamik zutreffend kennzeichnen. Thermodynamik bedeutet, ihrem Namen und ihrer Entstehung nach, zunächst die Lehre von den „Wärmekräften" (die heutige „technische Thermodynamik") die Lehre, die uns zeigt, wie man die von der Natur gelieferten Wärmequellen auszunutzen hat, um mit ihnen möglichst viel „Kraft" oder, in modernerer Ausdrucksweise, „Arbeit" zu erzeugen. Sie ist in den Köpfen von CARNOT (1824) und CLAPEYRON (1834)[2] zunächst nur eine Theorie, die den praktischen Erfolgen eines JAMES WATT nachzuhinken scheint; nach der Entdeckung der Äquivalenz von Arbeit und Wärme (1. Hauptsatz, ROBERT MAYER, L. A. COLDING, J. P. JOULE, 1840—42) erhält sie jedoch ihre endgültige wissenschaftliche Formulierung durch ROBERT CLAUSIUS (1850) und WILLIAM THOMSON (LORD KELVIN 1851), und wird dadurch zu einem gewaltigen Faktor der fortschreitenden technischen Entwicklung. Die großen technischen Thermodynamiker RANKINE, ZEUNER und HIRN sind hier die Wegbereiter. Von der Dampfmaschine mit ihren verschiedenen Verbesserungen zur Dampfturbine, von der Dampfturbine zum Verbrennungsmotor mit flüssigem Brennstoff (Dieselmotor) geht die Entwicklung weiter, ständig kontrolliert und beherrscht von der Idee des thermodynamischen Idealprozesses. Auch heute ist die für feste Brennstoffe noch bestehende Spannung zwischen dem praktisch erreichten und dem thermodynamisch idealen Arbeitsgewinn ein Hauptansporn für die Erfinder auf diesem für die Weltwirtschaft so fundamental wichtigen Arbeitsgebiet. Noch ausschließlicher als die Wärmekraftmaschine steht ihr jüngeres Gegenstück, die Kraftkältemaschine, vom Anfang ihrer Entwicklung an unter dem Einfluß der technischen Thermodynamik. Die von C. LINDE 1875 veröffentlichte Abhandlung

[1] Deutsch: OSTWALDS Klassiker, Nr. 37.

[2] „Sur la puissance motrice de la chaleur."

„Theorie der Kälteerzeugung", in der der günstigste Arbeitsprozeß der Kompressionskältemaschine aus thermodynamischen Prinzipien abgeleitet wird, findet sogleich ihre praktische Nutzanwendung und Bestätigung in der danach konstruierten Ammoniakkompressionsmaschine; ebenso bedeutet die auf einem älteren thermodynamischen Versuch aufgebaute Luftverflüssigungsmaschine von LINDE einen unmittelbaren Erfolg der *„technischen Thermodynamik"*.

Gleichwohl ist mit allen diesen Stichworten nur die eine, weniger umfassende Seite des Anwendungsgebietes der modernen Thermodynamik gekennzeichnet. Sind es doch im Grunde nur die drei Begriffe „Arbeit", „Wärmemenge" und „Temperatur" sowie die zwischen ihnen geltenden allgemeinen Beziehungen, die den Inhalt dieses Teils der Thermodynamik ausmachen. Wir können diesen Teil als *„Äußere Thermodynamik"* bezeichnen, die nur nach den Arbeits- und Wärmewirkungen der Körper auf die Außenwelt fragt, aber nicht nach den inneren Veränderungen, die in den Körpern vor sich gehen und die Ursache dieser Wirkungen sind. Schon in der technischen Anwendung tritt jedoch sogleich die Frage nach dem individuellen thermodynamischen Verhalten ganz bestimmter in den Wärmekraftmaschinen verwendeter Körper auf; es wird erörtert, wie sich der Wasserdampf oder ein überhitztes Gas ausdehnen muß, um eine gewisse Quantität von Arbeit zu leisten, wie weit sich seine Temperatur erniedrigen muß, um eine bestimmte Wärmemenge abzugeben und ähnliches. Sobald die Thermodynamik auch diese Fragen in ihr Untersuchungsbereich einzuschließen beginnt, erweitert sich das Gebiet ihrer Begriffsbildung wie der von ihr untersuchten Erscheinungen und Gesetze mit einem Schlage zu größter Mannigfaltigkeit und Weite. Anstatt der einheitlichen Begriffe Arbeit und Wärme erscheinen jetzt die speziellen Arbeits- und Wärmeeffekte, die mit den verschiedenen individuellen Veränderungen des Systems verknüpft sind. Die allgemeinen Beziehungen zwischen den äußeren Arbeits- und Wärmeeffekten und der Temperatur erzeugen, auf verschiedene Typen von Körpern und auf verschiedene Veränderungen dieser Körper spezialisiert, eine Fülle von thermodynamischen Beziehungen zwischen diesen inneren individuellen Arbeits- und Wärmeeffekten. Sogleich zeigt sich aber, daß die thermodynamisch abzuleitenden Beziehungen zwischen diesen Größen und der Temperatur keineswegs ausreichen, um alle zur vollständigen Kenntnis des Systems notwendigen Gesetze über sein dynamisches und thermisches Verhalten bei seinen verschiedenen Veränderungen ausfindig zu machen. Wenn also die Thermodynamik die wichtigsten Gesetze über die Arbeits- und Wärmeeffekte von thermischen Systemen in vollem Umfange zum Gegenstand ihrer Untersuchung macht, so kann sie sich nicht mit den aus den beiden Hauptsätzen abzuleitenden Gesetzmäßigkeiten begnügen, sondern muß Meßergebnisse und theoretische Aussagen, die aus anderweitigen Untersuchungen stammen, in bestimmtem Umfang zu Hilfe nehmen (Zustandsgleichung von Gasen, von festen Körpern; Gesetze über spezifische Wärme usw.).

Soweit hierbei nur etwa die Temperatur, die Ausdehnung der untersuchten Systeme, gegebenenfalls ihre Oberfläche, endlich vielleicht gewisse äußere Kräfte, z. B. elektrischer Art, verändert werden, sprechen wir von *„physikalischen"* Veränderungen eines Systems und bezeichnen den Zweig der („inneren") Thermodynamik, der sich mit diesen Gesetzmäßigkeiten beschäftigt, als *„Physikalische Thermodynamik"*.

Eine im letzten Drittel des vorigen Jahrhunderts einsetzende Entwicklung hat uns jedoch gelehrt, auch *chemische* Prozesse, die nur durch Wärme- oder Arbeitsaustausch auf die Umgebung wirken, unter denselben thermodynamischen Gesichtspunkten zu betrachten; die ersten derartigen Untersuchungen stammen wohl von A. HORSTMANN (1869, 1872/77)[1]. Eine sehr allgemeine, aber zugleich etwas abstrakte Behandlung hat das mit der Frage der chemischen Arbeiten zusammenhängende Problem des chemischen *Gleichgewichts* durch WILLARD GIBBS 1876/78[2] erfahren, und etwas später entwickelt H. v. HELMHOLTZ[3] aus Untersuchungen über die Temperaturabhängigkeit der elektromotorischen Kräfte den Begriff der Freien Energie, der sich schneller als die noch umfassenderen GIBBSschen Überlegungen auch in der Praxis Eingang verschafft.

Bei allen diesen Betrachtungen, die dann später u. a. durch VAN'T HOFF, PLANCK, NERNST mit so großem Erfolge fortgeführt wurden, handelt es sich methodologisch, gleichwie in der physikalischen Thermodynamik, um eine Anwendung der allgemeinen außenthermodynamischen Beziehungen auf individuelle Arbeits- und Wärmeeffekte des Systems. Der einzige Unterschied besteht darin, daß es jetzt die Arbeits- und Wärmeeffekte bei einer *chemischen Umsetzung*, nicht mehr nur bei einer physikalischen Veränderung, sind, die der thermodynamischen Untersuchung unterzogen werden. Jedoch, ebenso wie in der „Physikalischen Thermodynamik", liefert auch in der „Chemischen" die Anwendung der außenthermodynamischen Sätze auf die verschiedenen chemischen Veränderungen nur einen Bruchteil der zur völligen Kenntnis der Arbeits- und Wärmeeffekte benötigten Aussagen, und ebenso wie dort sieht sich der Forscher auch hier dem Problem gegenüber, die thermodynamisch nicht ableitbaren Gesetze für die spezifischen Arbeits- und Wärmeeffekte auf anderem Wege zu gewinnen: durch Empirie, molekularkinetische Betrachtungen, Statistik. Als konsequenter Pfadsucher auf diesem Gebiet ist z. B. I. P. VAN DER WAALS zu nennen[4], der immer von neuem auf die Ergänzungsbedürftigkeit der rein thermodynamischen Beziehungen hinweist. Ein Theorem, dessen allgemeiner Charakter nur durch gewisse Bedingungen in der Wahl der ihm unterworfenen Systeme eingeschränkt wird (III, § 12), verdanken wir W. NERNST[5], 1906, und in neuester Zeit ist es die statistische Mechanik und Quantentheorie, die weitere Einsichten und Aufschlüsse in Richtung des von NERNST beschrittenen Weges versprechen.

Dabei darf man nicht vergessen, daß die Begründer der chemischen Thermodynamik, voran W. GIBBS, noch einen großen Teil ihrer Gedankenarbeit einem Problem zuwenden mußten, das zwar schon in Angriff genommen, aber noch nicht gelöst worden war: dem Problem der quantitativen Erfassung chemischer Vorgänge überhaupt, dem Problem der Meßgrößen, durch welche der Fortschritt einer chemischen Umwandlung angegeben werden konnte, mathematisch gesprochen, dem Problem der „unabhängigen Variabeln" des Systems. Auch heute noch tritt die Frage nach der Wahl und Bestimmung dieser Meßgrößen an keiner anderen Stelle mit derartiger Schärfe auf, wie in der chemischen Thermodynamik, und so ist denn die Darstellung einer chemischen Thermodynamik auch noch mit diesem Problem beschwert, das nicht ohne tiefes Eingehen auf das Wesen der chemischen Umsetzungen, insbesondere vom molekulartheoretischen Standpunkt aus, gelöst werden kann.

Groß ist aber dafür auch der praktische Gewinn, den die Beherrschung einer so gründlich angefaßten chemischen Thermodynamik dem chemischen Forscher

[1] OSTWALDS Klassiker, Nr. 137. Nachträglich wird man auch den Gedankenkreis des BERTHELOTschen Prinzips (1867; ähnlich schon J. THOMSON 1854), das einen Zusammenhang zwischen Reaktionswärme und chemischer Affinität herzustellen sucht, als thermodynamisch-chemischen charakterisieren können, da, wie die spätere Forschung gezeigt hat, der Begriff der Affinität mit der Arbeitsfähigkeit der betreffenden Reaktion aufs engste zusammenhängt.

[2] Thermodynamische Studien, deutsch von W. OSTWALD. Leipzig: Engelmann 1892.

[3] Berl. Akademieber. 1882. OSTWALDS Klassiker, Nr. 124.

[4] VAN DER WAALS-KOHNSTAMM: Lehrbuch der Thermodynamik. Leipzig und Amsterdam 1908. [5] Nachr. d. Ges. d. Wiss. Göttingen, Math.-physik. Kl. 1906, H. 1.

und Praktiker bietet. Auch hier bedeutet ja Thermodynamik nicht weniger als das Studium sämtlicher Veränderungen, die überhaupt mit dem System vor sich gehen können, und der damit verbundenen Arbeits- und Wärmeeffekte, allerdings eingeschränkt, auf „unendlich langsame" Veränderungen; die Untersuchung von Reaktionsgeschwindigkeiten usw. gehört in ein anderes Gebiet. Kennt man aber z. B. den Arbeitswert einer chemischen Umsetzung, so ist damit nicht nur für den technischen Thermodynamiker, der aus der Umsetzung (etwa der Verbrennung der Kohle) das größte Maß von Arbeit herausholen will, die wichtigste Frage beantwortet, sondern auch für den Chemiker, der nur die Aufgabe hat, bestimmte Stoffe (z. B. NH_3) mit möglichst großer Ausbeute aus anderen herzustellen. Denn die Reaktion wird, wie die Anwendung der allgemeinen thermodynamischen Prinzipien zeigt, nur so weit von selbst ablaufen, als sie noch Arbeit zu leisten imstande wäre; der Arbeitswert Null bedeutet das Aufhören der Umsetzung, das Eintreten des Gleichgewichts. Dieser Zusammenhang zwischen Arbeitsfähigkeit und Reaktionsablauf führt dazu, den Arbeitswert einer Reaktion, bezogen auf die Einheit der molekularen Menge, als Maß der sie antreibenden chemischen Kraft, der sog. *chemischen Affinität*, zu betrachten. Allerdings vermag man aus der Größe dieses Arbeitswertes nicht zu folgern, ob unter gegebenen Bedingungen die Reaktion überhaupt abläuft und mit welcher Geschwindigkeit; in dieser Hinsicht ist die Art der etwa vorhandenen Reaktionshemmungen entscheidend. Jedoch kann man für den Fall, daß die betreffende Reaktion praktisch überhaupt zum Ablaufen zu bringen ist, durch das Studium ihres Arbeitswertes und seiner Abhängigkeit von den äußeren Bedingungen (Stoffmengen, Temperatur, Druck) alles Wissenswerte über die Lage des Gleichgewichtes, bei dem die Reaktion schließlich zum Halten kommt, erfahren und damit über die *mögliche* Ausbeute an Reaktionsprodukten.

Doch das ist nur ein Beispiel; überaus mannigfaltig sind die Fragestellungen und Anwendungsmöglichkeiten chemisch-thermodynamischer Untersuchungen und Erkenntnisse. Es erweist sich deshalb hier eine Darstellung als zweckmäßig, die nicht von bestimmten praktischen Fragen ausgeht, sondern zunächst die allgemeinen thermodynamischen und nichtthermodynamischen Gesetzmäßigkeiten des Gebietes in systematischer Übersicht darstellt; von hier aus kann dann leicht zu den Einzelfragen fortgeschritten werden.

Gliederung des Stoffes.

Die Einteilung des Stoffes, soweit wir ihn in diesem Werke behandeln können, ergibt sich aus der vorausgeschickten Darstellung mit einer gewissen Notwendigkeit. Wir werden in einem ersten Teil, den wir „*Allgemeine Thermodynamik*" überschreiben wollen, vorzugsweise solche Größen untersuchen, die die thermodynamischen Wirkungen eines Systems auf seine Umgebung angeben, nämlich die in bestimmtem Maße und auf vorgeschriebene Weise gemessene Arbeit, Wärme und Temperatur, und zwar diese Größen nicht als individuelle Lebensäußerungen der betrachteten Systeme, sondern gleichsam losgelöst von ihnen, unpersönlich, nur beim Übergang vom System zur Umgebung gemessen.

Der zweite und dritte Teil beschäftigt sich dann mit den *inneren* Veränderungen, die in stofflich gegebenen thermodynamischen Gleichgewichtssystemen zu einem Arbeits- und Wärmeaustausch mit der Umgebung Anlaß geben, und umfaßt, in „*Physikalische*" und „*Chemische Thermodynamik*" gegliedert, die Untersuchung der Gesetzmäßigkeiten, die für die mannigfaltigen individuellen Arbeits- und Wärmeeffekte eines Systems maßgebend sind. Eine vorläufige Übersicht über die nähere Einteilung des Stoffes gibt das vorangeschickte Inhaltsverzeichnis.

Erster Teil.

Allgemeine Thermodynamik.

§ 1. Grundfeststellungen und Definitionen der äußeren Thermodynamik.

Den Ausgangspunkt für alle in diesem Teil zu behandelnden Begriffe, Meßmethoden und Gesetzmäßigkeiten bildet die Erfahrung. Von einer Theorie kann man nur insofern sprechen, als die Zusammenfassung eines sehr ausgedehnten und mannigfaltigen Beobachtungsmaterials unter einige wenige Begriffe und Gesetzmäßigkeiten eine theoretische Leistung darstellt.

Das thermodynamische System. Wir beginnen mit einer Grundfeststellung, die zugleich aus der ungeheuren Fülle der physikalischen und chemischen Vorgänge eine gewisse Gruppe herausgreift, mit der wir uns vorderhand (§ 1 und 2) allein beschäftigen.

Grundfeststellung: „*Es gibt in der Natur Systeme, deren Wirkung auf ihre Umgebung nur in der Form von Arbeits- und Wärmeabgabe oder -aufnahme vor sich geht.*" Solche Systeme bezeichnen wir als „*thermodynamische Systeme*".

Beispiel: ein zusammengepreßtes heißes Gas in einem Metallzylinder, der durch einen verschiebbaren Stempel abgeschlossen wird. Wird der Metallzylinder mit kalter Luft oder mit Wasser in Berührung gebracht, so wird dem Gas Wärme entzogen; wird der Gegendruck auf den Stempel verringert, so wird von dem Gas Arbeit geleistet.

Gegenbeispiel: die Antikathode einer in Betrieb befindlichen Röntgenröhre. Auf die Front der Antikathode treffen Elektronen auf, die infolge ihrer Entstehungsart eine gewisse ungeordnete Geschwindigkeit, außerdem aber auch eine große „geordnete Geschwindigkeit" besitzen. Die Wirkung, die die Front der Antikathodenplatte erfährt, ist, auch abgesehen davon, daß ein Austausch von materiellen Teilchen mit der Umgebung stattfindet, keineswegs eine reine Wärmezufuhr; ebensowenig läßt sie sich (man denke an die katastrophalen Vorgänge in den von den Elektronen getroffenen Atomen) als Summe von Arbeits- und Wärmezufuhr auffassen. Ferner wird in den Atomen der Oberfläche Röntgenstrahlung verschiedener Wellenlänge ausgelöst, die die Antikathode wieder verläßt; diese Energieabgabe ist keineswegs als Wärmeabgabe zu deuten.

Um in allen Fällen eine sichere Entscheidung darüber zu ermöglichen, ob ein System ein thermodynamisches ist oder nicht, bedienen wir uns eines Verfahrens, das uns ganz von selbst dazu führt, genau anzugeben, was wir unter „Arbeit" und „Wärme" verstehen und wie wir diese Größen messen wollen. Wir stellen uns in Gedanken Vorrichtungen her, mit denen wir alle vom System auf seine Umgebung ausgeübten Wirkungen gewissermaßen „filtrieren". Wir schaffen uns so ein „Arbeitsfilter", das zugleich zum Messen der Arbeit benutzt werden kann, und ein ebensolches „Wärmefilter". Wirkungen des Systems auf seine Umgebung, die, nicht durch Vermittlung dieser beiden Filter ebensogut wie auf direktem Wege übertragen werden können, fallen außerhalb des Rahmens unserer Betrachtungen, lassen uns erkennen, daß das System in bezug auf seine Wechselwirkungen mit der Umgebung kein „thermodynamisches" ist.

Das „Arbeitsfilter". Die Frage, wann eine von einem stofflichen System auf seine Umgebung ausgeübte Wirkung als Arbeit aufzufassen und wie diese Arbeit rationell zu messen ist, wird der mit den Begriffen der Mechanik Vertraute auch ohne die im folgenden zu Hilfe genommene Gedankenkrücke beantworten können. Wer aber im allgemeinen oder zur Beurteilung zweifelhafter Fälle diese Fragen mit einem möglichst handgreiflichen Gedankenexperiment zu entscheiden wünscht, dem wird eine solche kleine Hilfe doch vielleicht gute Dienste leisten, um so mehr, als ihre allgemeine Verwendbarkeit den *stets gleichen Charakter* und die *Existenz eines gemeinsamen Maßes* für alle Arten von ausgetauschter Arbeit unmittelbar erkennen läßt.

Die gebräuchlichsten Effekte, an die man denkt, wenn man es sinnfällig machen will, daß bei irgendeinem Prozeß Arbeit geleistet worden ist, sind das Heben eines Gewichtes oder das Spannen einer Feder. Um einen beliebigen arbeitleistenden Mechanismus zum Heben eines Gewichtes zu verwenden, sind Rollenübertragungen nötig, die auch für das Gedankenexperiment etwas unbequem sind; wir wählen daher lieber als Vorrichtung zur Aufnahme und Übertragung von Arbeit eine Spiralfeder, die mittels eines durch ihre Achse hindurchgehenden Hebels H gespannt werden kann[1], während der Stützpunkt St der Feder und die Lagerpunkte A', A'' der Achse festgehalten werden (Abb. 1).

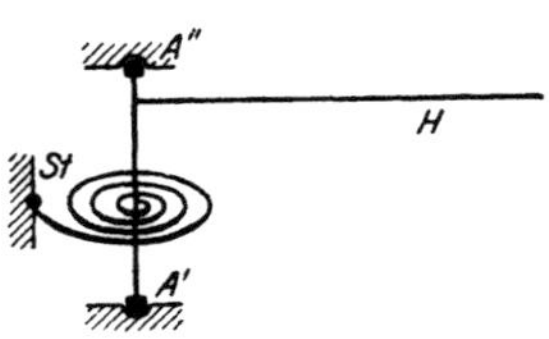

Abb. 1. Arbeitsfilter.

Wir setzen willkürlich eine Einheit der Arbeitsleistung fest, die durch eine bestimmte Drehung der Achse und des Hebels, etwa um 1^0, dargestellt werden möge[2]. Haben wir nun ein System vor uns, das wir auf seine Arbeitsleistung hin prüfen wollen, z. B. ein heißes Gas, das auf einen beweglichen Stempel drückt, so verbinden wir die Achse $A'A''$ und den Stützpunkt St unserer Feder fest mit dem das Gas einschließenden Zylinder, lassen den Kolben in solcher Entfernung von der Achse auf den Hebel drücken, daß er die Gegenkraft der Feder gerade aufhebt, und lassen so die Feder um die Einheit (1^0) vom Stempel zurückdrücken (Abb. 2).

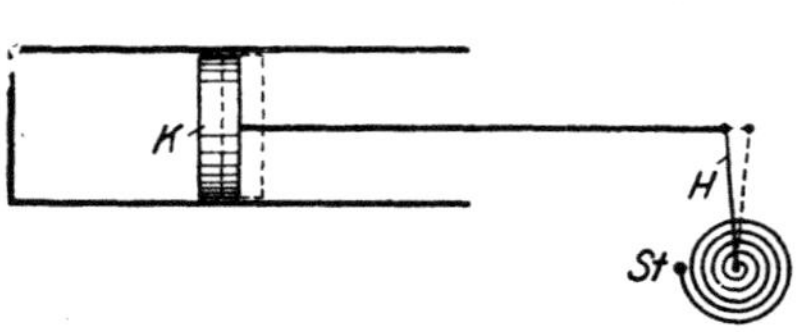

Abb. 2. Übertragung einer Arbeitseinheit von einem komprimierten Gas auf das Arbeitsfilter.

Ist auf diese Weise eine Arbeitseinheit geleistet, so lassen wir die Feder sich wieder unter Arbeitsleistung entspannen; hierbei können wir sie — bei geeigneter Angriffsweise — dieselben Wirkungen auf die „Umgebung" ausüben lassen, die andernfalls der Stempel unmittelbar ausgeübt hätte. Wir setzen nun fest, *daß wir alle Äußerungen eines Systems, die sich durch Vermittlung einer derartigen Vorrichtung mit demselben Endresultat übertragen lassen, wie bei direkter Einwirkung des Systems auf seine Umgebung, als „Arbeit" bezeichnen wollen.*

Als Nebenresultat bei Anwendung unseres Apparates erhalten wir übrigens einen aus der Mechanik bekannten Satz. Wenn das Gas mit großer Kraft auf

[1] Den Zusammenhang einer bestimmten Drehung mit einer bestimmten Arbeitsleistung möge man sich etwa durch Drehen am Knopf seiner Taschenuhr versinnbildlichen.

[2] Die Dimensionen dieses Apparates sind ganz beliebig zu denken; doch besteht eine natürliche *untere* Grenze für die Größe des Apparates und die übertragbaren Arbeitseffekte insofern, als bei extrem kleinen Dimensionen die spontanen thermischen Schwankungen den zu messenden Effekt überdecken. Das ist jedoch eine naturgegebene Grenze für die Anwendbarkeit der klassischen Thermodynamik überhaupt.

den Stempel drückt, müssen wir nämlich, um den richtigen Widerstand gegen diesen Druck zu haben, den Stempel sehr nahe der Achse am Hebel angreifen lassen. Eine ganz geringe Verschiebung des Hebels genügt, um die Achse um 1° zu drehen. Wenn aber das Gas schon weit entspannt ist, müssen wir es, um den richtigen Gegendruck der Feder zu haben, an einem langen Hebelarm wirken lassen; der Kolben muß dann verhältnismäßig weit verschoben werden, bis die Achse die verlangte Drehung ausgeführt hat. Wir können aus dieser Erfahrungstatsache entnehmen, daß das, was wir Arbeit genannt haben und was wir durch die Drehung der Federachse maßen, dem Produkt aus Kraft und Weg proportional ist: je kleiner die Kraft, desto größer der Weg, längs dessen sie wirken muß, um ein bestimmtes Arbeitsquantum zu leisten, und umgekehrt.

Mit Hilfe des Arbeitsfilters können wir nun, ohne weitere Begriffe und Kenntnisse zu benötigen, feststellen, daß zahlreiche Vorgänge mit Arbeitsabgabe oder -aufnahme verbunden sind und daß viele Systeme arbeitsfähig sind. Arbeit wird z. B. offenbar von jedem gasförmigen, flüssigen oder festen Körper geleistet oder aufgenommen, der sich gegen Druck oder einseitige Spannungen ausdehnt oder zusammenzieht. Aber auch ohne Volumänderung ist Arbeitsleistung möglich; z. B. kann eine Flüssigkeitslamelle, die innerhalb eines rechteckigen Rahmens ausgespannt ist, von dem nur eine Querseite beweglich ist, beim Zusammenziehen (unter Konstanthaltung des Volums) eine Wirkung auf ihre Umgebung ausüben, die mit Hilfe des Arbeitsfilters übertragen und auch gemessen werden kann (Oberflächenarbeit, II § 7). Ebenso läßt sich mit Hilfe eines kleinen Kunstgriffes zeigen, daß der Durchgang eines elektrischen Stromes durch ein galvanisches Element in der Umgebung des Elementes keine Wirkungen hervorruft, die nicht auch durch das Arbeitsfilter übertragen werden könnten (Elektrische Arbeit, vgl. II § 8).

Die praktisch benutzten Einheiten der Arbeitsmenge, deren es entsprechend der mannigfaltigen Art Arbeit abgebender Systeme eine ganze Anzahl gibt, lassen sich aus verschiedenen Gründen nicht in unmittelbarem Anschluß an das eben beschriebene Gerät zur Arbeitsmessung definieren. Wir werden sie erst in § 2 besprechen.

Das „Wärmefilter". Um zu prüfen, ob die Wirkung eines körperlichen Systems auf seine Umgebung als Wärmeübergang aufzufassen ist, lassen wir die betreffende Wirkung durch ein „Wärmefilter" hindurchgehen und untersuchen, ob durch Zwischenschaltung dieses Filters eine Änderung des ganzen Vorganges, in seiner Wirkung auf die Umgebung und seiner Rückwirkung auf das System, hervorgerufen wird oder nicht. Bei völliger Gleichheit der Wirkungen mit und ohne Wärmefilter sprechen wir von Wärmeübergang, andernfalls nicht.

Das Wärmefilter denken wir uns folgendermaßen konstruiert. Wir benutzen einen festen Stoff oder eine durch feste Wände begrenzte Flüssigkeit (z. B. Wasser) von bestimmtem Gewicht (speziell 1 g) als Übertragungskörper und versehen diesen Körper außerdem mit einem in beliebiger Weise geeichten Thermometerchen, dessen Masse verschwindend klein sei gegen die des Übertragungskörpers. Wir bringen nun diesen Übertragungskörper erst mit dem System und dann mit seiner Umgebung in Berührung. Bei der Berührung mit dem System wird hierbei im allgemeinen ein schnelles Auf- oder Abschießen des Thermometerfadens stattfinden. Wir vermeiden dies jedoch bei unserem Übertragungsversuch, indem wir durch vorherige Berührung unseres Übertragungskörpers mit anderen (sonst unbeteiligten) Körpern bewirken, daß keine merkliche Verschiebung des Thermometerfadens bei erstmaligem Kontakt mit dem System stattfindet. (Die Erfahrung zeigt, daß das immer möglich ist.) Wird nun bei der jetzt folgenden Berührung mit der „Umgebung" die Fadenlänge

z. B. ein wenig[1] verkürzt, so sagen wir, nachdem der Übertragungskörper durch nochmalige Berührung mit dem „System" seine alte Fadenlänge wieder angenommen hat, es habe eine (kleine) *Wärmeabgabe* des Systems an die Umgebung stattgefunden. Und in jedem Fall, wo durch eine geeignete Zahl von derartigen Hin- und Hergängen mit dem Probekörper dieselbe Wirkung vom System auf die Umgebung übertragen wird, wie ohne Zwischenschaltung des Übertragungskörpers, sprechen wir von Wärmeübergang an die Umgebung, im anderen Falle nicht. Wird bei jedesmaliger Berührung mit der Umgebung der Thermometerfaden nicht um kleine Beträge verkürzt, sondern *verlängert*, so sprechen wir von einem Wärmeübergang *von* der Umgebung *an* das System.

Eine allgemeinere Begründung für die in dieser Weise festgesetzte Definition von „Wärmeübergang" werden wir erst in anderem Zusammenhang geben können (s. § 4, S. 38ff.). Hier möge man diese Definition zunächst als reine Untersuchungsvorschrift, als ein Rezept auffassen; in allen naturwissenschaftlichen Disziplinen muß ja die Einführung der zweckmäßigsten Meßgrößen (kartesische Koordinaten, elektrische und magnetische Feldstärke usw.) durch derartige rezeptartige Vorschriften erfolgen, wenn beabsichtigt ist, die Gesetzmäßigkeiten des betreffenden Gebietes sogleich in ihrer einfachsten Formulierung hervortreten zu lassen. Durch die Einfachheit und Allgemeinheit der auftretenden Gesetzmäßigkeiten wird dann hinterher die Einführung der Prüf- und Meßvorschriften gerechtfertigt.

Wir wollen also zunächst ohne weitere Kritik mit der angegebenen Definition des Wärmeüberganges arbeiten und Teilinhalte dieser Definition noch in etwas anderer Ausdrucksweise formulieren. Wir wollen *durch die Einstellung des Thermometerfadens*, die zu einem bestimmten Wärmeübergang gehört und die, bis auf kleine Unterschiede, für System und Umgebung gleich sein muß, eine für den Wärmeübergang charakteristische Größe festlegen, die wir als „*Temperatur* des Wärmeüberganges" oder „*Austauschtemperatur*" bezeichnen wollen[2]. Die Erfahrung zeigt, daß diese (System und Umgebung gemeinsame) Austauschtemperatur in verschiedenen Fällen verschiedene Werte haben kann. Wie sie zur einfachsten Formulierung der auftretenden Gesetzmäßigkeiten am günstigsten quantitativ zu definieren ist, d. h. welche Meßzahlen den verschiedenen Einstellungen des Thermometerfadens theoretisch am zweckmäßigsten zuzuordnen sind, werden wir erst später (§ 4) besprechen; vorläufig wollen wir uns der üblichen, wie bekannt rein konventionellen, Celsiusskala bedienen. [Diese Skala stellt man sich bekanntlich in folgender Weise her: man bringt ein Thermometer, in dem Quecksilber als Thermometersubstanz benutzt wird, erst in gefrierendes, dann in (bei Atmosphärendruck) siedendes Wasser, markiert die erste Stellung mit 0, die zweite mit 100 und teilt den Volumunterschied oder, bei gleichem Kapillarenquerschnitt, den Längenunterschied zwischen diesen Stellungen in 100 gleiche Teile, welche Einteilung man dann noch nach oben und unten fortsetzt. Wenn der Quecksilberfaden dann auf dem xten Skalenteile steht, sagt man, das Thermometer zeige eine „Temperatur von x^0 C" an.]

---

[1] *Wie* wenig, werden wir erst später diskutieren.

[2] Wir sind uns bewußt, mit dieser Art der Einführung des Wärme- und Temperaturbegriffes von der neueren Axiomatik abzuweichen, die die Temperatur zunächst als innere Eigenschaft eines Systems, speziell als Funktion von Druck und Volum eines homogenen Körpers einführt (vgl. z. B. die Darstellung bei K. F. HERZFELD: Handb. d. Physik IX, S. 6—8. Berlin 1926). Wir begründen diese Abweichung mit dem Wunsche, den von den *inneren Systemeigenschaften unabhängigen Charakter* des ersten und zweiten Hauptsatzes möglichst klar hervortreten zu lassen (vgl. hierzu auch § 8, S. 76), wobei wir noch auf die obige Bemerkung über den rezeptartigen Charakter aller solcher Vorschriften hinweisen, durch die in einer Disziplin eine vorher unbekannte Größe eingeführt wird; es genügt in solchem Fall vollkommen, wenn angegeben wird, durch welche Manipulation man sich über die Meßwerte der neu einzuführenden Größen zu orientieren hat.

Mit dem Begriff der Austauschtemperatur läßt sich ein Teil unseres Kriteriums des Wärmeaustausches folgendermaßen formulieren: *„Jeder Wärmeübergang ist durch eine bestimmte Austauschtemperatur charakterisiert.“*

Das Maß der Wärmemenge. Wir besprechen nunmehr die *Meßvorschrift* für die übergehende *Wärmemenge.* Wir können diese Meßvorschrift zunächst nur für eine bestimmte Austauschtemperatur geben; um den Anschluß an die übliche Definition der Wärmeeinheiten zu finden, wählen wir hierfür die Austauschtemperatur von 15^0 C.

Wir setzen dann *die bei einem Übertragungsprozeß übergegangene Wärmemenge proportional der (kleinen) Fadenlängenänderung des Thermometerchens des Übertragungskörpers.* Speziell setzen wir fest, daß die *Einheit der übergegangenen Wärme durch eine Fadenlängenänderung des Quecksilberthermometerchens von $14^1/_2$ auf $15^1/_2{}^0$ C definiert sei, wenn als Übertragungskörper 1 g Wasser* (mit verschwindend kleiner Wand- und Thermometermasse) *gewählt wird.* Auf dem Wasser ruhe dabei ein konstanter äußerer Druck von einer Atmosphäre. Diese Wärmeeinheit bezeichnen wir als *kleine Kalorie* oder *Grammkalorie* (abgekürzt cal).

Würde sich die Thermometereinstellung bei dem Übertragungsprozeß wirklich um 1^0 C ändern, so wären die beiden Kontakttemperaturen von System und Umgebung endlich verschieden, wir könnten dann nicht von einer bestimmten Austauschtemperatur und nach unserer Definition auch nicht streng von einem Wärmeübergang sprechen. Das hindert uns aber nicht, bei Übergängen, wo die Änderung der Thermometereinstellung wirklich genügend klein ist, diese Einheit zu benutzen; denn da wir für kleine Fadenlängendifferenzen die übertragene Wärmemenge der Fadenlängenänderung proportional setzen wollten, würden wir z. B. bei einer solchen Fadenlängenänderung um $^1/_{100}{}^0$ C $^1/_{100}$ cal übertragen haben usw.[1]. Haben wiederholte Übergänge des Übertragungskörpers stattgefunden, so setzen wir die gesamte übertragene Wärmemenge gleich der Summe der übertragenen Einzelmengen.

Wenn diese Definition einer übertragenen Wärmemenge brauchbar sein soll, so muß sie natürlich die Bedingung erfüllen, daß in allen Fällen, wo es sich um Wärmeübergang (bei 15^0 C) handelt, und wo eine bestimmte Wirkung vom System auf die Umgebung übertragen worden ist, bei den verschiedenen nach unserer Vorschrift noch möglichen Zählmethoden auch die gleiche Meßzahl herauskommt. Die Erfahrung zeigt, daß dies in der Tat der Fall ist; es wird z. B. dieselbe Wirkung übertragen, wenn 1000 Übergänge mit je $^1/_{1000}{}^0$ C Längenänderung stattgefunden haben, wie bei 100 Übergängen mit je $^1/_{100}{}^0$ C Längenänderung. Doch zeigt es sich, daß die Substanz des Probekörpers hierbei nicht beliebig gewählt werden kann; würde man z. B. 1 g Kupfer statt 1 g Wasser als Übertragungskörper nehmen, so würde bei derselben Fadenlängenänderung des

---

[1] In dieser ganzen Betrachtung stecken zwei verschiedene Unsicherheiten bezüglich der noch zulässigen Temperaturdifferenz, die der Übertragungskörper bei dem Austausch zeigen darf. Einmal wäre anzugeben, innerhalb welcher Grenze Proportionalität zwischen übertragener Wärmemenge und Fadenlängenänderung des Thermometers angenommen wird; diese Grenze hängt, wie wir später sehen werden, von dem Temperaturgang der spezifischen Wärme des Übertragungskörpers und dem Temperaturgang des Ausdehnungskoeffizienten der Thermometerflüssigkeit ab. Ferner wäre aber auch festzusetzen, innerhalb welches Bereiches der Fadenlängenänderung des Übertragungskörpers wir unserer Definition nach noch von einem Wärmeübergang sprechen wollen und wann hier die zulässigen Grenzen überschritten sind. Diese zweite Frage hängt mit der Frage der Umkehrbarkeit eines Wärmeübergangs zwischen verschieden temperierten Körpern zusammen und kann ebenfalls erst später besprochen werden. Als praktische Angabe möge hier genügen, daß in bezug auf beide Fragen ein Temperaturunterschied von 1^0 C bei 15^0 C noch zulässig ist, d. h. bei den Genauigkeitsgrenzen thermischer Messungen kaum zu beobachtbaren Fehlresultaten führen wird.

Thermometerchens eine andere Wirkung übertragen werden. Wir müssen also die einmal gewählte Übertragungssubstanz in allen Fällen beibehalten.

Um *das Vorzeichen der ausgetauschten Wärmemengen* festzulegen, bestimmen wir, daß die vom System aus der Umgebung *aufgenommenen* Wärmemengen, also solche, bei denen das Probethermometerchen in Verbindung mit der *Umgebung* die größere Länge gezeigt hat, *positiv* zu zählen sind. Abgegebene Wärmemengen versehen wir mit negativem Vorzeichen; sind bei einer bestimmten Austauschtemperatur x Wärmeeinheiten von dem System aufgenommen und y abgegeben, so sagen wir also, es sei die Wärmemenge $x - y$ Kalorien aufgenommen oder $y - x$ Kalorien abgegeben.

Wie sollen wir nun aber Wärmemengen bei *verschiedenen Austauschtemperaturen* vergleichen? Da das Thermometer des Probekörpers sich hierbei an anderen Stellen seiner Skale befindet, können wir nicht daran denken, mit den bisherigen Differenzstellungen des Thermometerfadens zu arbeiten. Versuchen wir aber, die Wärmeeinheit auch für die neue Austauschtemperatur nach denselben Gesichtspunkten festzulegen wie bisher, nämlich durch eine Längenänderung des Thermometerfadens, die einer bestimmten Längeneinheit, speziell einem Grad der Celsiusskala entspricht, so erweist sich unsere Wärmemessung, die doch für alle Wärmemengen ein universelles Maß festlegen soll, als belastet mit zwei ganz speziellen zufälligen Eigenschaften unseres Probekörperchens, nämlich: einerseits der sog. spezifischen Wärme des Probekörpers (vgl. § 8), andererseits dem sog. thermischen Ausdehnungskoeffizienten der Thermometerflüssigkeit (des Quecksilbers, vgl. II § 4). Nun ist allerdings prinzipiell nicht einzusehen, warum man bei *einer* Temperatur in der Definition der Wärmeeinheit willkürliche Eigenschaften des Probekörpers gelten lassen soll und bei der ganzen Skala der übrigen Temperaturen nicht. In der Tat wäre auch eine Formulierung der außenthermodynamischen Gesetzmäßigkeiten möglich unter Zugrundelegung eines für jede Temperatur willkürlich festzulegenden Maßes für die Wärmeeinheit (vgl. § 2, S. 15, Anm.). Wir wollen uns jedoch den Gedankengang vereinfachen, indem wir schon hier eine Vorschrift geben, wie wir von einer bei *einer* Temperatur willkürlich festgelegten Wärmeeinheit aus zu rationellen Festsetzungen der Wärmeeinheit bei *allen übrigen* Austauschtemperaturen gelangen können. Die Zweckmäßigkeit dieser Vorschrift wird sich hinterher offenbaren durch die besonders einfache Formulierung des 1. Hauptsatzes, die sich bei ihrer Innehaltung ergibt.

Wir benutzen einen Prozeß, bei dem das betrachtete System nur bei zwei Temperaturen Wärme austauscht, keine Arbeit abgibt und sich schließlich wieder in demselben Zustand befindet wie am Anfang. Ein solcher Prozeß liegt vor, wenn wir einen Metallstab mit seinem einen Ende in ein Bad von der ursprünglichen Temperatur (15° C), mit seinem anderen Ende in ein Bad von der neuen Austauschtemperatur tauchen und den stationären Zustand abwarten, d. h. denjenigen, in dem an jeder einzelnen Stelle des Stabes keinerlei beobachtbare Zustandsänderungen mehr vor sich gehen, was nach einiger Zeit der Fall sein wird. Gleichwohl nimmt der Stab dauernd am einen Ende Wärme auf und gibt sie am andern Ende wieder ab; und wir definieren die Wärmeeinheit bei der neuen Austauschtemperatur so, daß wir jedesmal dann bei dieser Austauschtemperatur den Übergang einer Wärmeeinheit annehmen, wenn an dem anderen Ende, bei der ursprünglichen Austauschtemperatur (15° C), eine Wärmeeinheit (der ursprünglich festgesetzten Art) im umgekehrten Sinne übergegangen ist. Führen wir in diesem Prozeß beide Wärmeübergänge mit Hilfe unseres Übertragungskörpers aus, so ist durch diese Festsetzung auch die Fadenlängenänderung des Probethermometers, die bei der neuen Temperatur dem Übergang einer Wärmeeinheit entspricht, festgelegt. Eine erste Rechtfertigung für diese Festsetzung ergibt sich dadurch, daß diese neue Wärmeeinheit unabhängig davon ist, aus welchem Material, von welcher Form und Länge wir den wärmeleitenden Stab nehmen. Ferner stellen wir fest, daß, wenn wir mittels dieses Verfahrens von der ursprünglichen Temperatur zu einer neuen und dann mit demselben Verfahren von der neuen zu einer dritten Temperatur übergehen, die Wärmeeinheit durch dieselbe Meßgröße (Fadenlängendifferenz) festgelegt wird wie bei direkter Anwendung des Verfahrens zwischen der ursprünglichen und der dritten Temperatur. Alles weist also schon auf den rationellen Charakter dieser Meßvorschrift hin.

Um die Übersicht gleich etwas zu erweitern, wollen wir noch bemerken, daß man statt dieses Verfahrens auch noch ein anderes wählen kann, das darin besteht, daß man eine bestimmte Menge von Reibungsarbeit, z. B. durch Umdrehen eines Rührers, an einem mit Flüssigkeit gefüllten System aufwendet und dabei die Arbeitsmenge so wählt, daß sie in einem Gefäß von der ursprünglich zugrunde gelegten Temperatur (15° C) gerade die Wärmeeinheit liefert (d. h. das System soll nach Zufuhr der betreffenden Arbeit und Abgabe der Wärmemenge 1 cal wieder in dem ursprünglichen Zustand sein). Setzt man dann die Wärmemenge, die durch dieselbe Arbeit in Gefäßen mit anderer Temperatur „erzeugt" wird, als Wärmeeinheit für die neue Austauschtemperatur fest, so gelangt man wieder zu denselben rationellen Einheiten, wie bei dem oben von uns gewählten Verfahren, und die produzierte Wärmemenge erweist sich, ebenso wie dort, als unabhängig von der Art des Rührens, der Rührflüssigkeit usw. All dies verstärkt weiter das Zutrauen zu dem rationellen Charakter der gewählten Einheiten.

Im Einklang mit den hier ausgeführten Gedankengängen steht es auch, daß die kalorische Einheit, wie sie speziell durch die Erwärmung eines Probekörpers von 1 g Wasser um 1° C dargestellt wird, in der Praxis auf *eine* genau bestimmte Temperatur, jetzt meist 15° C, bezogen wird. Für alle anderen Temperaturen gilt eine solche autonome Festsetzung, wie sie die „15°-Kalorie" definiert, nicht mehr; es handelt sich hier nicht mehr um die Wärmemenge, die 1 g Wasser von der neuen Temperatur bei Erwärmung um 1° C aufnimmt, sondern immer wieder um die 15°-Kalorie, auf die die neue Wärmemenge durch Vergleichung mit Hilfe eines Prozesses der erwähnten Art bezogen wird.

Übrigens gibt es eine, nach unseren Überlegungen zwar theoretisch anfechtbare, aber praktisch sehr einfache Festsetzung, wie man die Wärmeeinheit bei einer von 15° abweichenden Temperatur festlegen kann: man bringt einfach zwei gleiche Probekörper, den einen von 15°, den anderen von der zu untersuchenden Temperatur, für einen Moment in Berührung, und zwar so lange, daß, nach Trennung und Wiedererreichen des Gleichgewichtszustandes, das Thermometer des 15°-Körpers gerade die Aufnahme bzw. Abgabe einer Wärmeeinheit anzeigt; die Änderung der Fadenlänge, die in dem anderen Probekörper als Endergebnis eingetreten ist, bestimmt dann die Wärmeeinheit bei der anderen Austauschtemperatur. Daß dieser Prozeß zu derselben Einheit führt, wie der oben angewendete, vorsichtigere, der mit Zwischenschaltung eines wärmeleitenden Körpers arbeitet, beruht darauf, daß in diesem Falle zwischen den beiden Probekörpern zwar nicht reine „Wärme" übergeht, aber doch eine Wirkung, welche sich nach sehr kurzer Zeit (gewissermaßen zufällig) in Wärme *umwandelt* und als solche — nach einiger Zeit — wie eine aufgenommene oder abgegebene reine Wärmemenge wirkt.

Wie bei dem Arbeitsfilter, hätten wir zum Schluß auch für das Wärmefilter noch eine Übersicht über die wichtigsten Fälle zu geben, in denen ein reiner Wärmeübergang stattfindet. Eine solche Übersicht ist jedoch in rationeller

Weise nicht ohne Eingehen auf den inneren Zustand der Systeme und ihrer Nachbarschaft möglich; es stellt sich heraus, daß System und Umgebung in der Nähe der Übergangsstelle in sich und auch (nahezu) untereinander im „Wärmegleichgewicht" sein müssen, welchen Begriff wir erst später (§ 3) allgemeiner einführen können. Wir denken uns also vorläufig die Frage, ob Wärmeübergang oder nicht, durch die angegebene Prüfungsvorschrift rein experimentell von Fall zu Fall entschieden und wenden uns nunmehr der Frage zu, welches die wichtigsten speziellen Prozesse sind, die auftreten können, wenn es erwiesen ist, daß die Wechselwirkungen eines Systems mit seiner Umgebung als rein thermodynamische, also entweder als Arbeitsaustausch oder als Wärmeübergang aufzufassen sind.

Thermodynamische Prozesse spezieller Art. Kreisprozesse. Gewisse Vorgänge spezieller Art, die teils praktische, teils theoretische Bedeutung haben, werden aus der Menge der möglichen thermodynamischen Vorgänge durch besondere Bezeichnungen herausgehoben.

Adiabatische Prozesse nennt man solche, die ohne Wärmeaustausch mit der Umgebung vor sich gehen, also „*wärmelose*". Die Bezeichnung „adiabatisch" bedeutet, daß in diesen Fällen keine Wärme durch die Begrenzung des Systems „hindurchschreitet". Allgemeiner spricht man von adiabatischen Prozessen auch dann, wenn zwar Wärme „hindurchschreitet", aber nur in solcher Weise, daß bei jeder Austauschtemperatur die Zahl der abgegebenen jeweils gleich der Zahl der aufgenommenen Wärmeeinheiten ist. Adiabatische Vorgänge sind unter anderem alle Prozesse der reinen Mechanik, in der Natur also namentlich die elastische Formänderung (Zerrung, Pressung) eines Körpers durch seine Umgebung oder seine Beeinflussung durch Gravitationswirkungen oder elektrische Fernkräfte.

Arbeitslose Prozesse sind z. B. Wärmeleitung und Wärmestrahlung. Da in der Thermodynamik Arbeitsleistung meist in Form von Volumausdehnung auftritt, kann man die arbeitslosen Prozesse auch spezieller als „*isochore*" („mit gleichbleibendem Volumen") bezeichnen.

Isotherme Prozesse sind solche, bei denen Wärme nur bei einer einzigen Austauschtemperatur umgesetzt wird. Das kann entweder an einer oder gleichzeitig an verschiedenen Stellen des Systems geschehen, und zwar in gleichem oder entgegengesetztem Sinn; ferner kann gleichzeitig Arbeit von dem System aufgenommen oder abgegeben werden.

Eine besondere Art von Prozessen, der eminente Bedeutung zukommt, sind die „*Kreisprozesse*". Wir sagen, *ein System habe einen thermodynamischen Kreisprozeß durchlaufen, wenn es nach Arbeits- und Wärmeaustausch mit seiner Umgebung wieder in den Anfangszustand zurückgekehrt ist.* Hierbei soll die Einschränkung gelten, daß der zweite Teil des Prozesses nicht in einer einfachen Rückgängigmachung des ersten Teiles bestehen soll. Der Zustand der Umgebung nach Ablauf des Vorganges ist gleichgültig, soweit nicht etwa die aus der Umgebung herüberwirkenden Fernkräfte eine Änderung erfahren haben, die unser System beeinflußt. Wenn also keine Fernkräfte wirksam sind (oder das in Betracht kommende Kraftfeld homogen ist), so können Ortsveränderungen, die der betrachtete Körper durchgemacht hat, uns nicht daran hindern, von einem Kreisprozeß zu sprechen[1]. Wir wollen ferner festsetzen, daß die Vertauschung völlig

---

[1] Wenn Wechselwirkungen von Systempunkten mit entfernten Außenpunkten vorhanden sind, erfordert die Abgrenzung des Systems gegen die Außenwelt besondere Festsetzungen; insbesondere muß man sich darüber klar sein, ob man in der Ausdrucksweise der Mechanik die „potentielle Energie zwischen System und Außenwelt" noch mit zum System rechnen will oder nicht. In den Festsetzungen des obigen Textes ist diese Energie *nicht* mit zum System gerechnet, es kommt nur die kinetische und die potentielle Wechselenergie der Systempunkte selbst in Betracht.

gleichartiger Teilchen innerhalb des Systems oder Ersatz solcher durch völlig gleichartige aus der Umgebung ebenfalls nicht als Verschiedenheit zwischen dem neuen und dem alten Zustand aufgefaßt werden soll. Diese Festsetzung ist übrigens mit dem Sprachgebrauch in Einklang, sofern wir unter „verschiedenen" Zuständen nur solche zu verstehen pflegen, die auf unsere Sinne oder Meßinstrumente irgendwie verschieden wirken[1].

Kreisprozesse sind erfahrungsgemäß z. B. folgende: das Umrühren einer Flüssigkeit (unter Arbeitsleistung), falls gleichzeitig für Wärmeausgleich mit der Umgebung unter Konstanthaltung der Austauschtemperatur gesorgt wird (isothermer Kreisprozeß); dann der ebenfalls schon betrachtete Fall eines Metallstabes, der mit seinen beiden Enden in verschieden heiße Flüssigkeiten eintaucht und dabei Wärme an der einen Seite aufnimmt und an der anderen abgibt, ohne seinen Zustand dabei zu verändern (arbeitsloser Kreisprozeß). Endlich als allgemeineres, technisch wichtiges Beispiel: der fortwährende Umlauf des Dampfes einer Dampfmaschine, wobei siedendes Wasser unter Wärmeaufnahme bei hoher Temperatur verdampft, dann unter Ausdehnung Arbeit leistet, im Kondensator bei tieferer Temperatur Wärme abgibt und sich kondensiert, dann wieder erwärmt wird usw., ohne nach vollständigem Durchlaufen des Prozesses irgendeine dauernde Änderung seines Zustandes erlitten zu haben.

§ 2. Die beiden Hauptsätze der äußeren Thermodynamik.

Der 1. Hauptsatz für Kreisprozesse. Nachdem wir sowohl den Begriff eines thermodynamischen Systems wie bestimmte Meßvorschriften für die mit der Umgebung ausgetauschten Arbeits- und Wärmemengen kennengelernt haben, können wir den allgemeinen Tatsachenkomplex, der unter dem Namen des ersten Hauptsatzes (für Kreisprozesse) zusammengefaßt wird, sogleich in Form einer zahlenmäßigen Gesetzmäßigkeit aussprechen. Als Ergebnis einer ungezählten Reihe von Versuchen unter den verschiedenartigsten Bedingungen ergibt sich die Aussage:

„Wenn ein thermodynamisches System einen Kreisprozeß durchlaufen hat, so steht die Gesamtzahl der dabei aufgenommenen Arbeitseinheiten zu der Gesamtsumme der aufgenommenen Wärmeeinheiten (beide in willkürlichem Grundmaß) in einem stets gleichen, und zwar negativen Verhältnis, das von der Art des Prozesses unabhängig und nur durch die Wahl der willkürlichen Einheiten bestimmt ist."

Die bei einem Prozeß von dem System aufgenommene Arbeit, genauer die Zahl der bei dem Prozeß auf das System übertragenen Arbeitseinheiten, bezeichnen wir künftig mit A, die Zahl der aufgenommenen Wärmeeinheiten mit Q. Abgegebene Arbeits- und Wärmeeinheiten zählen wir negativ. Die Gesamtzahl der bei einem Kreisprozeß aufgenommenen Arbeitseinheiten (die aufgenommenen zueinander addiert, die abgegebenen davon subtrahiert, sog. „algebraische Summe") bezeichnen wir mit $\sum A$, wobei wir durch das Summenzeichen ausdrücken, daß die Arbeit für gewöhnlich in verschiedenen Stufen des Prozesses aufgenommen wird. Ebenso bezeichnen wir die algebraische Summe der aufgenommenen Wärmeeinheiten mit $\sum Q$[2]. Dann drückt sich unser Gesetz durch die zahlenmäßige Beziehung aus:

$$\sum A = -\alpha \sum Q,$$

[1] Wodurch der „Zustand" eines Systems im einzelnen charakterisiert wird, kann erst später (§ 6) besprochen werden.

[2] Wir denken uns hierbei, falls die Austauschtemperatur sich bei dem Wärmeaustausch stetig ändern sollte, die Einzelbeträge der aufgenommenen Wärmemenge so weit unterteilt, daß jeder Betrag sich nur auf eine einzige Austauschtemperatur bezieht.

wobei α die von der Wahl der Arbeits- und Wärmeeinheiten abhängige Verhältniszahl ist (α positiv).

Der Faktor α läßt sich nach Festlegung willkürlicher Arbeits- und Wärmeeinheiten durch einen einzigen Kreisprozeß, bei dem die Arbeit und Wärme in diesen Einheiten gemessen wird, feststellen; jeder andere Kreisprozeß, unter Benutzung der gleichen Einheiten, würde nach dem ersten Hauptsatz die gleiche Verhältniszahl ergeben.

Die grundlegenden Experimente, die den Wert dieser Verhältniszahl α für das Meterkilogramm als Arbeitseinheit und die große Kalorie (gleich 1000 kleine Kalorien) als Wärmeeinheit festgelegt haben, stammen von JOULE und sind unter anderem mittels des Rührverfahrens (s. S. 11 und 16) ausgeführt. Es ergab sich, daß nach Umrühren unter Arbeitsleistung und Rückkehr in den Anfangszustand unter Wärmeaustausch mit der Umgebung jedesmal 426,9 mkg Arbeit zugeführt werden mußten, um eine große Kalorie an Wärme abgeben zu können. Es wird also bei diesen Einheiten:

$$426{,}9 = \alpha \cdot 1$$

$$\alpha = 426{,}9\,\frac{\text{mkg}}{\text{kcal}}\,.$$

Man kann demnach die Größe α auch als das „Mechanische Äquivalent der betreffenden Wärmeeinheit“, kürzer als „*Mechanisches Wärmeäquivalent*“ für die betreffenden Einheiten bezeichnen[1].

Werden andere Arbeits- und Wärmeeinheiten zugrunde gelegt, so ändert sich der Faktor α entsprechend.

Es liegt nun offenbar nahe, die Arbeits- und Wärmeeinheiten speziell so zu wählen, daß dieser Faktor α gerade $= 1$ wird; man erreicht das beispielsweise, indem man nach Feststellung des Faktors α bei Messung mit willkürlichen Arbeits- und Wärmeeinheiten die Wärmeeinheit α mal kleiner wählt, wobei die Zahl, die die aufgenommenen Wärmeeinheiten angibt, und die wir jetzt etwa mit Q' bezeichnen, α mal größer wird:

$$\sum Q' = \sum \alpha Q = \alpha \sum Q\,.$$

Die in diesen neuen Einheiten gemessene Wärmemenge bezeichnet man als die in „mechanischem Maß gemessene Wärmemenge“, wobei natürlich die Zahl Q', die die bei einem bestimmten Prozeß übergegangene Wärmemenge in diesen Einheiten angibt, noch davon abhängt, was für eine Arbeitseinheit der Messung zugrunde gelegt wurde.

Wir kehren nunmehr zu der Grundgleichung des ersten Hauptsatzes zurück, die, wenn man $\alpha \sum Q$ durch $\sum Q'$ ersetzt, die Form erhält:

$$\sum A = -\sum Q'\,.$$

Bezeichnen wir jetzt die in den neuen Wärmeeinheiten gemessene Austauschzahl wieder mit Q statt Q' und bringen $\sum Q$ auf die linke Seite, so erhalten wir:

$$\sum A + \sum Q = 0\,. \tag{1}$$

Wir können demnach den ersten Hauptsatz für Kreisprozesse auch folgendermaßen aussprechen:

Wenn ein thermodynamisches System einen Kreisprozeß ausgeführt hat, so ist, falls die Wärme in der angegebenen Weise in mechanischem Maße gemessen wird, die algebraische Summe der gesamten abgegebenen Arbeits- und Wärmemengen gleich Null.

---

[1] Die in der Literatur üblichen Buchstabenbezeichnungen dieser Größe schwanken. Sie wird oft als „JOULEsche Zahl“ mit J bezeichnet. 426,9 ist der jetzt angenommene beste Wert.

Um anzudeuten, daß wir A und Q in unendlich viele sehr kleine Teilbeträge zerlegen oder zerlegt denken können, schreiben wir auch manchmal:

$$\oint \mathfrak{d}A + \oint \mathfrak{d}Q = 0\,, \tag{2}$$

wobei wir das gotische $\mathfrak{d}$ verwenden, da es sich hier, wie wir später sehen werden, nicht um Differentiale irgendwelcher Funktionen, sondern einfach um sehr kleine Größen handelt. Durch das Symbol $\circlearrowleft$ geben wir zu erkennen, daß sich die Summierung über den ganzen Kreisprozeß zu erstrecken hat.

Anwendung des 1. Hauptsatzes auf spezielle Kreisprozesse. Wir wollen nun zunächst solche Kreisprozesse näher betrachten, bei denen im ganzen keine Arbeit ausgetauscht worden ist, also $\sum A = 0$ ist. Dann muß nach dem 1. Hauptsatz $\sum Q = 0$ sein. Einen Spezialfall eines solchen Kreisprozesses haben wir in dem Beispiel des Wärme aufnehmenden und am anderen Ende abgebenden Wärmeleiters vor uns, wenn wir einen bestimmten Zeitabschnitt, z. B. 1 sec, herausgreifen. (Bei einem solchen Kreisprozeß ist offenbar nicht nur $\sum A = 0$, sondern auch in jedem Einzelmoment $A = 0$.) Bei diesem Prozeß wird Wärme nur bei zwei Temperaturen, sagen wir T_1 und T_2, ausgetauscht (T_2 sei die „höhere" Temperatur, die dem längeren Quecksilberfaden entspricht). Bezeichnen wir die während 1 sec übertragenen Wärmemengen bei diesen Temperaturen mit Q_1 und Q_2, beide als aufgenommene Wärmemenge gezählt, so muß also gelten: $Q_1 + Q_2 = 0$, $Q_1 = -Q_2$. (Das gilt auch unabhängig davon, ob wir die Wärme in mechanischem Maß messen oder nicht.) Die aus dem 1. Hauptsatz folgende Allgemeingültigkeit dieser Beziehung — unabhängig von Material und Form des Wärmeleiters und der Bäder — rechtfertigt nachträglich unsere Methode, die Wärmeeinheiten bei verschiedenen Temperaturen mit Hilfe dieses Prozesses festzulegen (§ 1)[1].

Für *wärmelose* Kreisprozesse ($\sum Q = 0$) folgt in derselben Weise aus dem 1. Hauptsatz: $\sum A = 0$. Und zwar gilt diese Aussage nicht nur, wenn bei jeder einzelnen Austauschtemperatur im Effekt kein Wärmeaustausch stattfindet (adiabatische Prozesse), sondern auch für Prozesse, bei denen nur in Summa bei den verschiedenen Austauschtemperaturen ebensoviel Wärme abgegeben wie aufgenommen wurde. Beispiele für den ersten Fall, adiabatische Kreisprozesse, sind in beliebiger Zahl aus der reinen Mechanik zu entnehmen; z. B. stellt die Ver-

[1] Übrigens ist es hinterher auch nicht schwierig, die Formulierung des 1. Hauptsatzes anzugeben, die er bei für alle Temperaturen *willkürlich* festgesetzten Wärmeeinheiten annehmen würde. Wir würden dann offenbar schreiben müssen

$$\sum A + \sum \alpha_{(T)} \cdot Q_{(T)} = 0\,,$$

wobei die Temperaturindizes bei α und Q darauf hinzuweisen hätten, daß α für jede Austauschtemperatur einen anderen Wert hat, und daß die Meßzahl für die jeweils bei einer Temperatur ausgetauschte Wärmemenge (in willkürlichen Einheiten) immer mit der Verhältniszahl α *für die betreffende Temperatur* multipliziert in die Gesamtbilanz einzusetzen ist. Die Gesetzmäßigkeit würde dann darin bestehen, daß man bei den *verschiedensten* Prozessen, die man mit den eingeführten willkürlichen Wärmeeinheiten mißt, eine Erfüllung der obigen Bilanzgleichung immer mit *den gleichen* Verhältniszahlen $\alpha_{(T)}$ erreicht. Eine einmalige Versuchsreihe, bei der Wärme jeweils nur bei einer Normaltemperatur und einer anderen Temperatur ausgetauscht wird, würde genügen, um das Verhältnis von $\alpha_{(T)}$ zu einem $\alpha_{(T_0)}$ für alle diese anderen Temperaturen festzustellen; damit ist aber zugleich die Festlegung einer rationellen Einheit relativ zu der ursprünglich gewählten Einheit bei T_0 gegeben. Und es ist damit z. B. auch die Fadendifferenz des Quecksilbers, die, bei Wasser als Probesubstanz und Zugrundelegung der 15^0-Kalorie, der rationellen Einheit bei den anderen Temperaturen entspricht, gegeben. — Man erkennt, daß unsere Eichvorschrift für „Wärmeeinheiten bei verschiedenen Temperaturen" (S. 10/11) als direkte Anwendung dieser aus der allgemeinen Formulierung des 1. Hauptsatzes sich ergebenden Vorschrift anzusehen ist.

größerung der Oberfläche einer Flüssigkeit unter Konstanthaltung des Volums, darauffolgende Vergrößerung des Volums unter Konstanthaltung der Oberflächengröße und Rückgängigmachung beider Prozesse in umgekehrter Reihenfolge einen solchen adiabatischen Kreisprozeß dar. Prozesse der zweiten Art können z. B. durch Zusammensetzung von adiabatischen Kreisprozessen mit reinen Wärmeaustauschprozessen erhalten werden.

Im allgemeinen Falle endlich wird weder ΣA noch $\Sigma Q = 0$ sein, sondern diese Summen werden beliebig groß, aber, bei mechanischem Wärmemaß, entgegengesetzt gleich sein, d. h. wenn bei einem Kreisprozeß im ganzen Arbeit vom System geleistet wird (ΣA negativ), so muß ebensoviel Wärme aufgenommen sein, und wenn Arbeit aufgenommen ist, so muß ebensoviel Wärme abgegeben sein. Man kann also in diesem allgemeinen Fall von einer „Verwandlung" von Wärme in Arbeit, und umgekehrt von Arbeit in Wärme, durch den Kreisprozeß eines thermodynamischen Systems sprechen, wodurch offenbar die Vorstellung von dem stofflichen Charakter (d. h. der Unzerstörbarkeit) der Wärme, die noch von Carnot festgehalten wurde, dahinfällt.

Ein Beispiel für die „Verwandlung" von Arbeit in Wärme bietet das schon erwähnte Umrühren einer Flüssigkeit mit nachfolgender Wärmeabgabe. Wir bemerkten schon (S. 11), daß wir auch diesen Prozeß zur temperaturunabhängigen Eichung der Wärmeeinheit verwenden können, indem wir die Wärmemenge, die beim Umrühren verschieden temperierter Flüssigkeiten unter dem jeweiligen Aufwand der Arbeitseinheit zur Wiederherstellung des Anfangszustandes abgegeben werden mußte, als Wärmeeinheit (dann gleich in „mechanischem Maß") einführten.

Die Bedingungen, unter denen umgekehrt Wärme in Arbeit verwandelt werden kann, werden wir später kennenlernen.

Die Behauptung, daß dort, wo Arbeit verschwindet, Wärme entsteht, und zwar immer in äquivalentem Betrage, hat als erster der Arzt J. R. Mayer 1842 klar ausgesprochen; den experimentellen Nachweis erbrachte unabhängig von Mayer der Engländer Joule 1843—1849.

Zum Schluß noch eine Bemerkung. Der 1. Hauptsatz der Thermodynamik kann als eine Verallgemeinerung des aus der Mechanik bekannten Satzes von der „*Unmöglichkeit eines Perpetuum mobile*" aufgefaßt werden: des Satzes, daß es unmöglich ist, mit Hilfe von Kreisprozessen Arbeit „aus nichts" zu gewinnen. In der Tat verlangt der 1. Hauptsatz für jede bei einem Kreisprozeß vom System nach außen abgegebene Arbeit die Aufnahme einer äquivalenten Wärmemenge aus der Umgebung, und wenn im ganzen, gleichviel auf welchem Umweg, bei dem Kreisprozeß ebensoviel Wärme wieder abgegeben wie aufgenommen wurde, so ist auch $\Sigma A = 0$, es resultiert keine Arbeit. Im Gegensatz zu einer noch weiter reichenden Folgerung des 2. Hauptsatzes spricht man hier von der Unmöglichkeit eines „*Perpetuum mobile erster Art*", und man kann auch umgekehrt diese Feststellung zum Ausgangspunkt nehmen, um, durch Vergleich der Bilanz mehrerer Kreisprozesse, die allgemeine Form des 1. Hauptsatzes abzuleiten. An dessen empirischem Charakter wird natürlich durch diese Ableitung aus einer negativen Formulierung des gleichen Tatbestandes nichts geändert.

Die Beziehung des 1. Hauptsatzes und der darin auftretenden Arbeits- und Wärmequantitäten zu der „Energie" des Systems werden wir erst später (§ 6), bei Diskussion seiner inneren Eigenschaften, zu besprechen haben.

Der 2. Hauptsatz für Kreisprozesse. Dem Erfahrungsergebnis $\oint \mathfrak{d} A + \oint \mathfrak{d} Q = 0$ des 1. Hauptsatzes steht eine weitere erfahrungsmäßige Beziehung zwischen A, Q und den Austauschtemperaturen zur Seite, die allerdings in Form einer

Gleichung nur für eine gewisse Klasse von Kreisprozessen, sog. umkehrbare Kreisprozesse, gilt. Diese Beziehung läßt sich, wie wir später, § 4 und 5, sehen werden, ebenfalls zu einem gewissen Grade aus etwas einfacheren negativen Aussagen „ableiten"; nichtsdestoweniger trägt sie, ebenso wie der 1. Hauptsatz, rein erfahrungsmäßigen Charakter, und wir wollen sie daher, unbeschadet der späteren mehr analytischen Untersuchungen, hier schon einmal formulieren. Sind bei einem Kreisprozeß die Wärmemengen $\mathfrak{d}Q$ bei jeweils verschiedenen Austauschtemperaturen aufgenommen, so gilt, falls der Kreisprozeß *umkehrbar* ist, und falls die Austauschtemperaturen in einer bestimmten, später noch festzulegenden Weise („absolute" Temperatur T) gemessen werden, die Beziehung:

$$\oint \frac{\mathfrak{d}Q}{T} = 0 . \qquad (3)$$

Für Kreisprozesse, dei denen nur bei zwei Temperaturen T_1 und T_2 Wärme ausgetauscht wird — solche Prozesse werden den Ausgang unserer „Ableitung" des 2. Hauptsatzes bilden — spezialisiert sich diese Form auf:

$$\frac{Q_2}{T_2} + \frac{Q_1}{T_1} = 0 .$$

und in diese Gleichung kann durch die Beziehung des 1. Hauptsatzes auch die Arbeit $A = -(Q_2 + Q_1)$ eingeführt werden, so daß man in der Tat eine zweite Beziehung zwischen A, den ausgetauschten Wärmemengen und den Austauschtemperaturen erhält, die der des 1. Hauptsatzes zur Seite tritt.

Eine dritte allgemeingültige Beziehung zwischen A, Q und T, die durch das NERNSTsche Theorem gegeben ist, werden wir mit Rücksicht auf die nur vom innerthermodynamischen Standpunkt verständlichen Vorschriften, die bei ihrer Anwendung geboten sind, erst im dritten Teil (§ 12) dieses Buches behandeln.

Die Maßeinheiten für Arbeit und Wärme. Nach der historischen Entwicklung gibt es für Arbeits- und Wärmemengen mehrere voneinander unabhängige Einheiten. An der Spitze steht das „wissenschaftliche" Maßsystem (cgs-System).

Arbeitseinheiten. Durch Spiralfedern definierte Arbeitseinheiten, wie wir sie bei unseren Gedankenexperimenten verwandten, wurden wegen ihrer ungenügenden Konstanz und Reproduzierbarkeit nicht benutzt.

Die *„wissenschaftliche"* Einheit ist das *erg*. 1 erg ist diejenige Arbeit, die auf 1 cm Weg von einer Kraft geleistet wird, welche einer Masse von 1 g in 1 sec einen Geschwindigkeitszuwachs von 1 cm/sec erteilen würde. Die hierbei verwendete Kraft ist zugleich die wissenschaftliche Krafteinheit, genannt 1 dyn.

Die *„technische"* Einheit ist das *Meterkilogramm* (mkg). 1 mkg ist die Arbeit, die auf einem Weg von 1 m von einer Kraft geleistet wird, die gleich der im mittleren Schwerefelde der Erde auf eine Masse von 1000 g ausgeübten Kraft ist. 1 mkg ist also gleich $981 \cdot 1000 \cdot 100$ dyn $\times$ cm $= 9{,}81 \cdot 10^7$ erg (genauer $9{,}80665 \cdot 10^7$), da das mittlere Schwerefeld der Erde in 1 sec jedem frei beweglichen Körper einen Geschwindigkeitszuwachs von 981 cm pro Sekunde erteilt, die Kraft, die das Schwerefeld auf die Masse 1 g ausübt, demnach 981 dyn beträgt.

Die *elektrotechnische* Einheit ist 1 *Wattsekunde* = 1 *Joule* (Wattsec oder j). 1 Wattsec oder 1 j ist die Arbeit, die an einem elektrischen System geleistet wird, wenn bei einer Spannungsdifferenz von 1 Volt die Elektrizitätsmenge von 1 Coulomb = 1 Ampsec durch die Grenzfläche des Systems hindurchgegangen ist. Diese Arbeit ergibt sich, der Definition der elektrotechnischen Einheiten nach, zu 10^7 erg (genauer $1{,}0005 \cdot 10^7$ erg).

Für die Technik wichtiger als die Arbeit ist vielfach die *Leistung*, d. h. die Arbeitsmenge, die in der Zeiteinheit abgegeben wird. Die hier gebräuchlichen Einheiten sind die *Pferdestärke* (PS; 1 PS = 75 mkg/sec) und das *Watt* (1 W

= 1 Voltamp), sowie das Kilowatt gleich 1000 W. Von diesen werden rückwärts wiederum die Arbeitseinheiten *Pferdekraftstunden* und *Kilowattstunde* abgeleitet, auch die obengenannte Einheit *Wattsekunde*.

Eine in der Wissenschaft oft gebrauchte Arbeitseinheit ist ferner die *Literatmosphäre*, d. h. die Arbeit, die geleistet wird, um einen leeren Hohlraum gegen den Druck der Atmosphäre von dem Volumen 0 auf 1 Liter auszudehnen. Diese Arbeit könnten wir entweder mit einem in erg geeichten Arbeitsfilter messen oder aus dem Produkt Kraft × Weg berechnen, wobei dann als Kraft das Produkt Druck × Oberfläche einzusetzen wäre, so daß im ganzen die Arbeit auch als Produkt von Druck und Volumen (= Oberfläche × Höhe) zu berechnen ist. Der Druck (Kraft pro Quadratzentimeter) der Atmosphäre ist gleich dem Druck einer Quecksilbersäule von 76 cm Höhe und beträgt etwa $1{,}013 \cdot 10^6$ dyn, eine Literatmosphäre ist also $= 1{,}013 \cdot 10^6 \cdot 1000$, $= 1{,}013 \cdot 10^9$ erg (genauer $1{,}01325 \cdot 10^9$).

Wärmeeinheiten. Für die in „mechanischem Maß" gemessene Wärme kann jede der soeben definierten Arbeitseinheiten als Einheit benutzt werden. Die „*wissenschaftliche*" Einheit ist auch hier das *erg*.

Die technisch bequeme, aber sonst willkürliche sog. „*kalorische*" Einheit ist die *kleine Kalorie* oder *Grammkalorie* (cal). 1 cal ist diejenige Wärmemenge, die den Effekt hat, 1 g Wasser von 14,5 auf 15,5° C zu erwärmen. Eine *große Kalorie* oder *Kilogrammkalorie* (kgcal oder Cal) ist diejenige Wärmemenge, die 1000 g Wasser von 14,5° C auf 15,5° C zu erwärmen vermag. Es ist also 1 Cal = 1000 cal.

Die Versuche von JOULE und späteren Beobachtern haben, wie erwähnt, ergeben, daß 1 cal 0,4269 mkg $= 4{,}186 \cdot 10^7$ erg entspricht.

§ 3. Irreversible Vorgänge und thermisches Gleichgewicht.

Das thermische Gleichgewicht als Ziel der Naturprozesse. Obgleich die Betrachtungen unseres I. Teiles sich im wesentlichen auf die thermodynamischen Effekte an der Grenze zwischen System und Umgebung beziehen sollen, ist es doch notwendig, daß wir jetzt einmal diese Betrachtungsweise verlassen und unser Augenmerk auf die Gesamtheit der Vorgänge *innerhalb* des Systems richten.

Über den Ablauf der Vorgänge in materiellen Systemen machen wir eine allgemeine Wahrnehmung, deren Inhalt für die Wärmetheorie, insbesondere für die Axiomatik des 2. Hauptsatzes, von grundlegender Bedeutung ist, die aber nicht auf das Bereich der Thermodynamik beschränkt ist, sondern für ganz beliebige Vorgänge gilt. Denken wir uns zunächst ein materielles System, das bis zu einem gewissen Zeitpunkt beliebigen Einwirkungen von außen unterworfen war, dann aber sich selbst überlassen bleibt, z. B. eine in Zirkulation versetzte Flüssigkeit, ein einseitig erhitztes Metallstück, ein eben zur Explosion gebrachtes Gasgemisch in einem festen Hohlzylinder usw. Bei einem solchen System beobachten wir eine ausgesprochene Einseitigkeit der ablaufenden Vorgänge: die Flüssigkeit kommt zur Ruhe und erwärmt sich dabei ein wenig, das Metall gleicht seinen Wärmezustand aus, das Gas erfüllt schließlich in gleichmäßiger Zusammensetzung und Temperatur den ganzen Hohlraum. Eine freiwillige Umkehr solcher in einem abgeschlossenen System, ohne weitere äußere Einwirkung, von selbst ablaufender Vorgänge beobachten wir nie, wenigstens nicht in makroskopisch sichtbaren Dimensionen. Andererseits schreiten aber auch die beobachteten Vorgänge nicht ständig zu neuen Veränderungen fort, sondern nach kürzerer oder längerer Zeit bietet das abgeschlossene System äußerlich das Bild der Ruhe: es sind dann keine sichtbaren Bewegungen mehr vorhanden, alle Eigenschaften des Systems bleiben unverändert, und die Untersuchung der Temperatur mit einem an verschiedenen Stellen angelegten Probethermometer zeigt uns auch eine überall gleiche Fadenlänge des Thermometers, eine überall gleiche Temperatur. Diesen Endzustand bezeichnen wir als *thermischen Gleichgewichtszustand* des Systems. Wir können dann die gesamten Erfahrungsergebnisse in folgender Weise formulieren:

„*Jedes sich selbst überlassene System strebt unter einseitig ablaufenden Vorgängen einem thermischen Gleichgewichtszustand zu.*"

Um, besonders von seiten der Chemiker, keinem Widerspruch zu begegnen, müssen wir allerdings darauf hinweisen, daß ein solcher endgültiger Gleichgewichtszustand in manchen Fällen, z. B. bei sich selbst überlassenen höheren organischen Verbindungen, nur außerordentlich langsam erreicht wird; es können hier nach Jahrzehnten und Jahrhunderten, ja selbst nach geologischen Zeiträumen noch fortschreitende Veränderungen nachweisbar sein. Solche Effekte gehören in das Gebiet der *unvollkommenen* (chemischen) *Hemmungen*, von denen in § 7 ausführlich die Rede sein wird. Sind die durch solche unvollkommenen Hemmungen verursachten Einstellzeiten des Gleichgewichts kurz gegen die Beobachtungsdauer der beabsichtigten Versuche, so wird man erst nach Ablauf der betreffenden Vorgänge das System als thermisches Gleichgewichtssystem betrachten können; sind sie dagegen lang gegen die Versuchsdauer, so wird man in jedem Augenblick das System als „thermisches Gleichgewichtssystem mit (praktisch) vollkommenen inneren Hemmungen" ansehen können. Solche Systeme benehmen sich, solange nicht künstlich durch innere Eingriffe die Hemmungen aufgehoben werden, wie Systeme *ohne* jede inneren Variationsmöglichkeiten (vgl. den folgenden Abschnitt). Schwierig sind nur die Übergangsfälle, die jedoch durch geeignete Wahl der Beobachtungszeiten vermieden werden können.

Wir fügen für das Folgende noch hinzu, daß wir hier zunächst von Hemmungen absehen, die sich auf den Wärmeaustausch innerhalb des Systems beziehen; da alle Wärmeübertragungsvorgänge verhältnismäßig schnell vor sich gehen, wird man ja bei Systemen, die man als einheitliche und gegen ihre Umgebung abgeschlossene zu betrachten Anlaß hat, den Endzustand des inneren Wärmeausgleichs ohne großen Zeitaufwand abwarten können. Doch steht prinzipiell nichts im Wege, auch den Wärmeaustausch zwischen verschiedenen Teilen des Systems während kürzerer Beobachtungsarten als vollkommen gehemmt anzunehmen. Dann würde die gleich zu besprechende eindeutige Charakterisierung durch die Systemtemperatur sich jeweils auf einen einzelnen in dieser Weise wärmeisolierten Teil des Systems beziehen.

Bestimmungsgrößen des thermischen Gleichgewichtszustandes. Die nunmehr auftretende Frage ist: wieviel verschiedener thermischer Gleichgewichtszustände ist ein sich selbst überlassenes System fähig? Ist es nur einer, ist es eine einfache oder mehrfache Mannigfaltigkeit? Die Erfahrung lehrt, daß, unbeschadet der viel größeren Mannigfaltigkeit der Anfangszustände, ein sich selbst überlassenes System, an dem keine äußeren Kräfte angreifen, und in dem keine unvollkommenen inneren Hemmungen oder Wärmeisolationen vorhanden sind, nur einer einfachen Mannigfaltigkeit von verschiedenen Endzuständen fähig ist. Das bequemste Unterscheidungsmerkmal dieser verschiedenen Zustände ist die durch unser Gefühl für „warm" und „kalt", genauer durch die Fadenlänge eines angelegten Thermometers, meßbare, an allen Punkten des Systems gleiche Temperatur, die wir nunmehr als „*Temperatur des Systems*" bezeichnen wollen[1]. Zugleich

[1] Auch hier haben wir, wie in § 1, S. 8, darauf hinzuweisen, daß unsere Darstellung, in dem Wunsche nach Vermeidung von unnötigen Spezialisierungen, von der jetzt vielfach üblichen Axiomatik abweicht, welche die Temperatur als Funktion zweier anderer, unabhängig gegeben gedachter, Variabeln des Systems, z. B. Volum und Druck, einführt.

mit der Temperatur sind allerdings auch andere Eigenschaften des Systems je nach dem gewählten Anfangszustand im Endzustand verschieden, so z. B. die Raumerfüllung, ferner elastische, dielektrische, auch chemische Eigenschaften des Systems[1]. Alle diese Eigenschaften sind aber, solange keine unvollkommenen Hemmungen innerhalb des Systems vorhanden sind (wir kommen hierauf gleich zurück), bei einem und demselben System durch die Temperatur eindeutig bestimmt; es kommt bei einem gegebenen ungehemmten oder vollkommen gehemmten System nicht vor, daß die Temperatur gleich einem früher beobachteten Wert, irgendwelche andere Eigenschaften aber verschieden gefunden werden.

Diese eindeutige Bestimmtheit des thermischen Gleichgewichtszustandes eines sich selbst überlassenen Systems durch die Temperatur ist wohl die wichtigste Grundtatsache der inneren Thermodynamik, auf der wir später zu fußen haben. Man hat für diese Tatsache eine mechanisch-statistische Erklärung gesucht und auch gefunden, indem man darauf hinwies, daß die kleinsten Teilchen des materiellen Systems, die gegeneinander frei beweglich sind, innerhalb kurzer Zeit alle überhaupt möglichen Arten von Bewegungen und gegenseitigen Anordnungen (Konfigurationen) durchlaufen werden[2], so daß das beobachtete Gesamtbild bereits einen Mittelwert aus einer sehr großen Mannigfaltigkeit von Einzelbildern darstellt[3]. Verschiedene Gesamtbilder sind nach dieser Vorstellung nur dadurch möglich, daß etwas verändert wird, was sich bei dem gegenseitigen Bewegungsaustausch der kleinsten Teilchen im ganzen nicht ändern kann, nämlich die Summe von kinetischer, potentieller (und Strahlungs-) Energie des Systems. Die einfache Mannigfaltigkeit der verschiedenen Energiewerte ist es also, welche hier zu der von uns durch die Temperatur charakterisierten Mannigfaltigkeit in Parallele zu setzen ist; und in der Tat werden wir nach Einführung des Energiebegriffs bestätigen können (§ 7 und 8), daß mit der Veränderung der Energie eines abgeschlossenen Systems eine Veränderung der Temperatur Hand in Hand geht und umgekehrt.

Nach diesen nur zur Erläuterung eingefügten Bemerkungen statistischer Art wollen wir nun von dem „sich selbst überlassenen" System zu den — uns schon bekannten — Systemen übergehen, die mit ihrer Umgebung in rein thermodynamischer Wechselwirkung stehen und auch für diese Systeme zunächst die Frage nach der möglichen Mannigfaltigkeit der Endzustände zu beantworten suchen. An einem solchen System greifen nach unserer Definition nur an gewissen Stellen des Systems äußere Kräfte an, und außerdem ist die Möglichkeit einer Wärmeübertragung durch Wärmeübertragungskörper gegeben. Man sieht zunächst, daß bei festgehaltener Lage der von äußeren Kräften angegriffenen Stellen des Systems (Stempel in einem Zylinder, beweglicher Rahmen einer Flüssigkeitslamelle, gegenseitige Lage größerer fester Teile des Systems) alle sonst beliebig gegebenen

---

[1] Man denke etwa an Joddampf, der infolge teilweiser Dissoziation der Jodmoleküle teils aus J_2-Molekülen, teils aus freien J-Atomen besteht; der Dissoziationsgrad ist eine Funktion der Temperatur.

[2] Ähnlich die in dem System vorhandene Strahlung.

[3] Bei der sog. Brownschen Bewegung mikroskopisch kleiner fester Teilchen in einer Flüssigkeit ist es bekanntlich möglich gewesen, die von der statistischen Theorie angenommene Mannigfaltigkeit der Einzelbilder, aus denen sich das Gesamtbild des thermischen Gleichgewichtszustandes zusammensetzt, der Beobachtung zugänglich zu machen; ebenso — indirekt — durch die Opaleszenz von Gasen in der Nähe des kritischen Punktes (Einstein). Für derartige Zustände und Beobachtungsmethoden trifft der oben ausgesprochene Satz von der Eindeutigkeit des Endzustandes, seiner zeitlichen Unveränderlichkeit und der Einseitigkeit aller ablaufenden Vorgänge nicht zu; es müssen dann diese Aussagen mehr im Sinne der Statistik formuliert werden. Beschränken wir uns jedoch auf gröbere Untersuchungen, so gelten die obigen Sätze allgemein zu Recht.

Anfangszustände des Systems (bei fehlenden oder „vollkommenen" Hemmungen) derselben einfachen, nur durch die verschiedene Temperatur charakterisierten Mannigfaltigkeit von Endzuständen zusteuern müssen wie in einem sich selbst überlassenen System. Denn man kann das System ja z. B. durch starre, mit äußeren Fixpunkten verankerte Verbindungen mit beliebig kleiner Masse, die die Lage der Kraftangriffspunkte fixieren, zu einem sich selbst überlassenen ergänzen und nach Ablauf des Prozesses diese Stützen, ohne weitere Wirkung auf den Systemzustand, wieder durch von außen angreifende Kräfte passender Größe ersetzen. Die Tätigkeit der Wärmeübertragungskörper, die unserer Festsetzung nach erst dann in Tätigkeit treten können, wenn die Temperatur des Systems und die der angrenzenden Umgebung sich beliebig wenig unterscheiden, kann an dieser Tatsache — der eindeutigen Bestimmtheit aller Eigenschaften des Systems durch die Temperatur — auch nichts ändern; die Wärmeübertragungskörper können zwar durch Wärmeentziehung oder -zufuhr die Temperatur des Systems ändern, aber nachdem dies geschehen ist, hat ihre Entfernung ebenfalls keinen Einfluß auf den Zustand des Systems, es kann als sich selbst überlassen angesehen und demnach durch die Temperatur eindeutig charakterisiert werden.

Eine weitere Mannigfaltigkeit der thermischen Gleichgewichtszustände nicht abgeschlossener thermodynamischer Systeme der betrachteten Art kommt nun aber offenbar dadurch zustande, daß die Lage der Angriffsstellen der äußeren Kräfte verschieden gewählt wird, und offenbar sind hier so viel unabhängige Veränderungen möglich, als voneinander unabhängige Verschiebungen der Angriffspunkte äußerer Kräfte vorhanden sind. Wir kommen darauf im § 6 zurück und stellen hier nur fest:

„Ein nicht abgeschlossenes thermodynamisches System (mit fehlenden oder vollkommenen inneren Hemmungen) ist in seinem thermodynamischen Gleichgewichtszustand durch seine Temperatur und durch die Lage der Angriffsstellen der äußeren Kräfte eindeutig bestimmt."

Irreversible Prozesse. Den Satz: „Jedes sich selbst überlassene System strebt unter einseitig ablaufenden Vorgängen einem thermischen Gleichgewicht zu" kann man, mit etwas anderer Betonung, zum Ausgangspunkt einer weiteren Reihe von Überlegungen machen, die diesen Satz auch für die äußere Thermodynamik fruchtbar zu machen gestatten. Man kann etwa folgende Formulierung wählen:

„Vorgänge, die in einem sich selbst überlassenen System von selbst ablaufen, sind einseitige, verlaufen (solange das System sich selbst überlassen bleibt) nie von selbst im entgegengesetzten Sinne."

(Statt „sich selbst überlassen" können wir hier auch sagen: in einem System „unter konstanten äußeren Bedingungen", indem wir hierunter die Festhaltung der Angriffspunkte der äußeren Kräfte verstehen und an jene Hilfskonstruktion denken, die ein solches System zu einem sich selbst überlassenen macht.)

Durch diese Formulierung wird eine Eigenschaft der auf dem Wege zum thermischen Gleichgewicht ablaufenden Vorgänge in den Mittelpunkt des Interesses gerückt, die bei den meisten sonstigen physikalischen Betrachtungen keine Rolle spielt, ja sogar ihnen zu widersprechen scheint: die Einseitigkeit, das nicht Rückwärtslaufen der in diesem Falle eintretenden Vorgänge. Der Versuch, dies Verhalten für ein System von Teilchen, die mechanischen Sätzen gehorchen, aus den mechanischen Bewegungsgesetzen abzuleiten, hat in der Tat der Forschnng lange Zeit Schwierigkeiten bereitet[1], und die Lösung ist schließlich in der Weise gefunden worden, daß im strengen Sinne eine Einseitigkeit der Vorgänge in der

[1] Über deren Aufklärung durch BOLTZMANN, EHRENFEST, SMOLUCHOWSKI u. a. siehe Näheres in den Darstellungen der statistischen Mechanik von P. und T. EHRENFEST: Enz. d. math. Wiss., Bd. 4; HERZFELD: Müller-Pouillets Lehrb. d. Physik, Bd. 3, 2 usw.

Tat nicht besteht. Eine Übersicht über die Chance, die der thermische Gleichgewichtszustand gegenüber den davon abweichenden Zuständen hat, ergibt jedoch, daß (von gewissen Extremfällen abgesehen) die Wahrscheinlichkeit des Rückwärtslaufens der thermischen Ausgleichprozesse praktisch zu vernachlässigen ist, wenn man es mit Systemen zu tun hat, deren beobachtbare Eigenschaften als *Mittelwerte über eine große Zahl von Elementareigenschaften oder Elementarakten* anzusehen sind. Mit solchen Systemen hat es aber die Thermodynamik zu tun, sobald sie sich mit materiellen Körpern beschäftigt, die aus sehr vielen molekularen Bestandteilen zusammengesetzt sind, oder mit Strahlungsvorgängen, die eine große Anzahl verschiedener Elementarvorgänge enthalten[1].

Wir wollen nun zunächst zeigen, daß diese Einseitigkeit der von selbst ablaufenden Prozesse etwas ist, was nicht nur irgendein betrachtetes System, sondern in gewissem Sinne das ganze Universum betrifft und demnach eine recht ernste Angelegenheit ist. Man könnte nämlich zunächst daran denken, den betreffenden Vorgang dadurch ungeschehen zu machen, daß man ohne nennenswerten Aufwand, durch geschickte Veränderung der äußeren Bedingungen des Systems, es wieder in den ursprünglichen Anfangszustand zurückführt, also die umgerührte Flüssigkeit wieder abkühlt und in Rotation versetzt, den gleichmäßig temperierten Metallkörper wieder auf ungleiche Temperatur bringt, das explodierte Gas in seinen Anfangszustand unmittelbar nach der Zündung zurückversetzt. Wenn dies jedoch ganz ohne Aufwand, d. h. ohne rückbleibende Veränderung in der Umgebung, möglich wäre, so hieße das, daß für ein System, welches aus dem ursprünglichen System und seiner Umgebung zusammen besteht, ein Zurücklaufen von selbst abgelaufener Vorgänge doch möglich wäre, und da System und Umgebung zusammen dann wieder ein sich selbst überlassenes System darstellen, so widerspricht das unserer Grundaussage.

Es kann sich also nicht um die Frage handeln, *ob* überhaupt ein Aufwand seitens der Umgebung für die Rückversetzung in den alten Zustand notwendig ist, sondern nur — falls die Rückversetzung überhaupt gelingt — *wie groß* dieser Aufwand sein muß. Auf diese Frage läßt sich zwar keine ganz allgemeine Antwort geben; wohl aber ist, wie wir sehen werden, eine solche Antwort unter gewissen Bedingungen für thermodynamische Systeme möglich — es ist möglich, hier ein Maß für den zum Rückgängigmachen irreversibler Prozesse notwendigen Aufwand anzugeben, das mit den thermodynamischen Effekten des Systems im Zusammenhang steht (§ 7).

Vorderhand genüge jedoch die Feststellung, daß die Einseitigkeit der unter konstanten Bedingungen von selbst ablaufenden Vorgänge auch unter Zuhilfenahme der Umgebung auf keine Weise aus der Welt zu schaffen ist. Solche Prozesse sind, wie man sagt, „nichtumkehrbar" oder „*irreversibel*".

Da man ferner *jeden* zeitlich ablaufenden Vorgang durch Hinzunahme eines geeigneten Teils seiner Umgebung zu einem zeitlichen Vorgang „unter konstanten äußeren Bedingungen" ausgestalten kann, so können wir allgemein behaupten:

„*Jeder überhaupt zeitlich ablaufende Vorgang ist irreversibel.*"

Reversible Veränderungen. Damit ergibt sich von selbst die Frage: gibt es überhaupt Veränderungen in der Natur, die umkehrbar, „reversibel", sind? Wenn

[1] Da die Körper und Erscheinungen, mit denen die anderen physikalischen Disziplinen arbeiten, meist von derselben Art sind, kann der Unterschied zwischen der thermodynamischen und nichtthermodynamischen Untersuchung nicht eigentlich auf den Eigenschaften der untersuchten Systeme beruhen, sondern er liegt mehr in der Art der Abgrenzung (atomistische und makroskopische Betrachtungsweise) oder in der Untersuchung verschiedener Phasen der sich abspielenden Prozesse. Die Thermodynamik untersucht vorzugsweise Systeme, die genügend lange Zeit unter bestimmten unveränderlichen äußeren Bedingungen stehen, und untersucht sie speziell im Endzustand des thermischen Gleichgewichts.

es solche Veränderungen gibt, dürfen sie nach dem zuletzt aufgestellten Satz offenbar nicht „zeitlich ablaufen“, sie können also nur unendlich langsam (oder wenigstens „genügend langsam“) erfolgen. Da ferner jedes nicht im thermischen Gleichgewicht befindliche System unter zeitlich ablaufenden Vorgängen in den Gleichgewichtszustand übergeht, könnte es sich nur um Veränderungen handeln, bei denen *in jedem Moment das betreffende System im thermischen Gleichgewicht ist.*

Das ist zunächst allerdings nur eine negative Feststellung. Daß aber unter diesen Bedingungen reversible Veränderungen positiv möglich sind, ergibt sich ohne Zuhilfenahme wesentlich neuer Erfahrungstatsachen. Beschränkt man sich auf thermodynamische Systeme und betrachtet ausschließlich Veränderungen, die durch Veränderungen der äußeren Bedingungen, also durch Wirkungsübertragung mittels Arbeits- und Wärmefilter hervorgerufen werden, so folgt hier die Reversibilität aller durch *Arbeitsaustausch* hervorgerufenen Veränderungen schon aus den Eigenschaften mechanischer Gleichgewichtssysteme. Wir betrachten ein thermodynamisches System, das mit seiner Umgebung im Gleichgewicht ist, so daß es mit dieser zusammen ein abgeschlossenes System bildet, welches keiner äußeren Kräfte bedarf, um im Gleichgewicht zu bleiben. Insbesondere heben sich auch an den Angriffsstellen der auf das thermodynamische System wirkenden Kräfte die inneren Kräfte des Systems und die äußeren Gegenkräfte gerade auf. Nun kann man bekanntlich den Angriffspunkt von Kräften, die sich gegenseitig gerade aufheben, zunächst ohne irgendwelchen äußeren Aufwand verschieben, da hierbei im ganzen keine Arbeit geleistet zu werden braucht. Es ist also vom Gleichgewichtszustand mit den äußeren Kräften ausgehend eine Verschiebung und Rückverschiebung der Angriffsstellen dieser äußeren Kräfte ohne weiteren Aufwand möglich, d. h. solche Verschiebungen sind reversibel. Um dasselbe für den reinen *Wärmeaustausch* zu zeigen, würde es genügen, eine einzige Vorrichtung nachzuweisen, mit der ein solcher Wärmeübergang in einem Gleichgewichtssystem dadurch bewirkt werden kann, daß primär eine Verschiebung von Arbeitspunkten, an denen sich die Kräfte gegenseitig aufheben, in die Wege geleitet wird. Derartige Vorrichtungen existieren in der Tat; z. B. kann ein Gas, dessen Druck durch eine äußere Kraft kompensiert wird, und das einen Teil des im obigen Sinne ergänzten thermodynamischen Systems bildet, eine Wärmeabgabe und -wiederaufnahme aus einem anderen Teil des Gesamtsystems durch im ganzen aufwandlose Verschiebung und Rückverschiebung seines Druckstempels hervorrufen.

Es gibt jedoch noch eine andere, auf W. GIBBS zurückgehende Betrachtungsweise, welche die Umkehrbarkeit von kleinen Änderungen, die in Gleichgewichtssystemen vor sich gehen können, in viel allgemeinerem Umfange zu behaupten gestattet. GIBBS betrachtet[1] in einem sich selbst überlassenen thermodynamischen Gleichgewichtssystem *alle überhaupt möglichen* (kleinen) *Veränderungen,* d. h. alle Änderungen, die ohne Eingriff von außen und ohne Durchbrechung der „Hemmungen“ des Systems möglich sind. Zu diesen möglichen Veränderungen gehören nach GIBBS nicht nur Verschiebungen von kräftefreien Arbeitspunkten oder Wärmeübergang zwischen verschiedenen (gleich temperierten) Teilen des Systems, sondern jede Art von Massentransport oder von chemischer Umsetzung innerhalb des Systems, soweit nicht diese Vorgänge durch Hemmungen („passive Widerstände“, wie GIBBS sagt), wie Wände, Unverschiebbarkeit der Teilchen oder chemische Reaktionshemmungen unterbunden sind. Daß alle diese „möglichen“ Veränderungen reversibel sein müssen, ergibt sich einfach daraus, daß, wenn sie es nicht wären, und wenn sie zufällig einmal stattgefunden hätten, eine Rückkehr in den früheren Zustand nicht möglich wäre; der Ausgangszustand

[1] Thermodynamische Studien, übersetzt von OSTWALD, S. 66ff.

wäre also nicht der endgültige thermische Gleichgewichtszustand, sondern würde sich noch, äußerlich wahrnehmbar, zeitlich verändern müssen. Kurz gesagt: alle *möglichen* Veränderungen in einem Gleichgewichtssystem müssen deshalb reversibel sein, weil sie gemäß der Definition des Gleichgewichtszustandes nicht irreversibel sein können.

Dieser außerordentlich allgemeinen Argumentation liegt offenbar schon die in der Molekulartheorie und Statistik später noch weiter ausgebaute Vorstellung zugrunde[1], daß ein thermodynamisches Gleichgewichtssystem kein wirklich unveränderliches Gebilde ist, sondern nur das mittlere Resultat einer sehr hohen Zahl von Einzellagen und Einzelbewegungen der molekularen Teilchen usw. Nach dieser Vorstellung wird das System, auch wenn es im Gleichgewicht ist. gelegentlich jede Veränderung, die mit den Elementargesetzen der Bewegung (und Strahlung) verträglich ist, einmal durchmachen und von selbst wieder rückgängig machen. Damit ist aber gesagt, daß diese Veränderungen, auch wenn sie durch einen äußeren Anstoß hervorgerufen werden, von selbst, d. h. ohne äußeren Aufwand wieder zurückgehen können, d. h. also, daß sie reversibel sind. Übrigens führt diese Vorstellung, wenn man sie speziell auf thermodynamische Veränderungen anwendet, z. B. dazu, für ein Gas, dessen Stempel durch äußeren Druck im Gleichgewicht gehalten wird, eine gelegentliche kleine Verschiebung des Stempels unter Arbeitsleistung und darauffolgende Rückverschiebung unter Arbeitsaufnahme seitens des Gases anzunehmen, ebenso einen gelegentlichen Wärmeübergang zwischen gleich temperierten Teilsystemen. Alle diese Folgerungen sind in der Tat von der modernen Statistik in der Theorie der „thermodynamischen Schwankungen" gezogen worden und haben z. B. in der Theorie der BROWNschen Bewegung und ähnlichem experimentell prüfbare Ergebnisse gezeitigt[2].

Über die „Hemmungen", die in einem materiellen System vorliegen können, wird später (§ 7) noch mehr zu sagen sein. Zunächst brauchen wir von den allgemeinen Schlüssen, zu denen die GIBBSsche Betrachtungsweise führt, nur den schon oben anders abgeleiteten, der sich auf äußere thermodynamische Veränderungen bezieht. Soweit wir es hier mit beweglichen Arbeitspunkten des Systems und mit wirklichem Wärmekontakt mit der Umgebung zu tun haben, handelt es sich ja offenbar um ungehemmte Änderungsmöglichkeiten, auf die also die GIBBSsche Argumentation anwendbar ist. Wir haben also den Satz:

„Kleine thermodynamische Veränderungen eines thermischen Gleichgewichtssystems sind reversibel."

Wenn wir nun nach jeder kleinen reversiblen thermodynamischen Änderung des Systems die äußeren Bedingungen in jedem Moment von neuem so wählen, daß das System im Kraft- und Wärmegleichgewicht mit seiner Umgebung ist, so ist es möglich, nicht nur unendlich kleine, sondern schließlich beliebig große Zustandsänderungen des thermischen Gleichgewichtssystems unter gleichzeitigem endlichen Arbeits- und Wärmeaustausch mit der Umgebung hervorzurufen; es ist möglich, sämtliche Variablen des Systems (nämlich seine Temperatur und die Lage der Angriffsstellen der äußeren Kräfte) reversibel zu verändern, das System aus jedem möglichen Gleichgewichtszustand in jeden anderen auf reversiblem Wege überzuführen. Speziell ist es auch möglich, das System auf solche Weise einen *Kreisprozeß* durchlaufen zu lassen. Wir kommen so zu dem Begriff des *reversiblen Kreisprozesses.*

---

[1] GIBBS benutzt diese Vorstellung nicht ausdrücklich.

[2] Vgl. z. B. EINSTEIN: Untersuchungen über die Theorie der „BROWNschen Bewegung". OSTWALDS Klassiker, Bd. 199. — VON SMOLUCHOWSKI: Abhandlungen über die BROWNsche Bewegung und verwandte Erscheinungen. OSTWALDS Klassiker, Bd. 207. Ferner auch neuere Arbeiten, namentlich dieser beiden Forscher.

Reversibilität und Irreversibilität thermodynamischer Effekte. Hieran schließen sich Überlegungen, welche die große Bedeutung des Reversibilitätsbegriffes gerade für thermodynamische Systeme, d. h. Systeme, die nur Arbeit und Wärme mit ihrer Umgebung austauschen, dartun sollen.

Wir kehren damit wieder zu Betrachtungen zurück, bei denen die inneren Eigenschaften der thermodynamischen Systeme und die sie charakterisierenden Variabeln nicht in den zu entwickelnden Gesetzmäßigkeiten vorkommen. Wir betrachten also *Kreis*prozesse, bei denen das System schließlich in den Anfangszustand zurückgeführt ist. Es läßt sich zeigen, daß die Frage, ob ein solcher Kreisprozeß reversibel ist oder irgendwelche irreversible Folge gehabt hat, schon allein aus der Art der mit ihm verbundenen thermodynamischen Effekte beantwortet werden kann. Man kann folgendermaßen schließen: die bei einem thermodynamischen Kreisprozeß mit der Umgebung ausgetauschten Arbeits- und Wärmeeffekte können wir uns ihrer Definition nach der Umgebung reversibel zugeführt denken; speziell könnten wir sie uns in Arbeits- und Wärmereservoiren (die etwa in der Art der Übertragungskörper konstruiert gedacht werden mögen) aufgespeichert denken, ohne daß die sonstige Umgebung dabei eine Veränderung erfährt. Die Gesamtheit der in dieser Weise verursachten Änderungen in den Speichern bezeichnen wir als den „*Effekt* des thermodynamischen Kreisprozesses". Gelingt es nun, einen gegebenen derartigen Effekt (der natürlich dem 1. Hauptsatz unterworfen ist) mit Hilfe eines Kreisprozesses zustande zu bringen, in dessen Verlauf in dem thermodynamischen System irgendwann zeitlich von selbst ablaufende Vorgänge (bei konstanten äußeren Bedingungen) stattgefunden haben, so tragen diese Effekte notwendig den Stempel der Irreversibilität an sich; denn das System selbst ist nach dem Kreisprozeß ja in seinen Anfangszustand zurückgekehrt, und *wenn* etwas Irreversibles vorhanden ist, so muß es in den bei dem Kreisprozeß in Arbeits- und Wärmereservoiren (bzw. in der Umgebung) aufgespeicherten thermodynamischen Effekten stecken. *Es müssen also die bei einem Kreisprozeß ausgetauschten Arbeits- und Wärmemengen, nebst den zu diesen Wärmemengen gehörigen Austauschtemperaturen, irgendwie das Kriterium der Reversibilität oder Irreversibilität in sich tragen.*

Dadurch, daß wir, von einfacheren zu komplizierteren Fällen fortschreitend, dies Kriterium der Reversibilität für Kreisprozesse aufdecken, gelangen wir zu der schon früher (S. 17) als Erfahrungssatz formulierten Beziehung zwischen den durch die Temperatur dividierten Wärmemengen, die die Aussage des 2. Hauptsatzes für *umkehrbare* Kreisprozesse enthält (§§ 4, 5); zugleich ergibt sich aber eine Abweichung von dieser Bilanz als Kriterium der Irreversibilität der betreffenden Kreisprozesse, so daß neben der Gleichheitsbeziehung hier eine Ungleichheitsbeziehung steht. Zuletzt (§ 7) werden wir dann sehen, wie diese Kriterien von den *Kreisprozessen* auf *Prozesse* zu übertragen sind, die zwischen einem gehemmten und einem nicht oder in geringerem Grade gehemmten thermischen Gleichgewichtszustand als Anfangs- und Endzustand ablaufen.

§ 4. Die thermodynamische Bilanz der Kreisprozesse zwischen zwei Temperaturen; die absolute Temperaturskala.

Einfache Beispiele irreversibler Effekte; Clausius und Thomson. Dem Gedankengang der großen Thermodynamiker (R. Clausius, W. Thomson u. a.) folgend, pflegt man bei der Ableitung des allgemeinen Kriteriums der Reversibilität thermodynamischer Effekte von gewissen einfachsten Effekten auszugehen, deren Irreversibilität allerdings gewöhnlich als Theorem an die Spitze der Betrachtung gestellt wird, während wir sie hier bereits als Folgerung der vorausgestellten allgemeinen Sätze anzusehen haben.

Die beiden benutzten Grundtypen von Kreisprozessen mit irreversiblen Effekten sind: die Verwandlung von Wärme höherer in solche tieferer Temperatur und die Verwandlung von Arbeit in Wärme bei konstanter Temperatur. R. CLAUSIUS benutzt den ersten, W. THOMSON (LORD KELVIN) den zweiten Grundtyp als Ausgangspunkt seiner Überlegungen. Wir schließen uns zunächst dem Gedankengang von CLAUSIUS an.

Einseitigkeit des Wärmeaustauschs zwischen Körpern verschiedener Temperatur. Die Fassung des CLAUSIUSschen Theorems, die für die anzuknüpfenden Folgerungen am bequemsten ist, lautet:

„Es ist unmöglich, durch einen mit einem thermodynamischen System vorgenommenen Kreisprozeß einen thermodynamischen Effekt hervorzubringen, der *nur* darin besteht, daß Wärme der Umgebung bei einer *tieferen* Austauschtemperatur entzogen und bei *höherer* Austauschtemperatur zurückgegeben worden ist."

Dieser Satz läßt sich als Folge unseres Satzes von der Irreversibilität aller zeitlich ablaufenden Veränderungen auffassen, wenn bekannt ist, daß ein Kreisprozeß, bei dem Wärme bei höherer Temperatur aufgenommen und bei tieferer abgegeben wird, von Vorgängen begleitet ist, die von selbst ablaufen. Man überzeugt sich leicht, daß dies tatsächlich der Fall ist. Nehmen wir als Kreisprozeßsystem einen Metallstab in demselben Zustand, wie wir ihn schon früher (S. 10/11) zur Vergleichung von Wärmemengen bei verschiedenen Temperaturen verwendeten, und betrachten wir diesen Metallstab am Anfang und Ende einer bestimmten Zeit, z. B. einer Sekunde, so hat er, da er sich am Ende in demselben Zustand befindet wie am Anfang, einen Kreisprozeß durchlaufen, bei dem ihm ein gewisses Quantum Wärme Q_2 bei einer höheren[1] Temperatur ϑ_2 (in willkürlicher Skala) zugeführt und ein gleiches Quantum Q_1 bei tieferer Temperatur ϑ_1 entzogen wurde. Dieser Vorgang ist in dem Metallstab mit einem einseitig ablaufenden Prozeß verbunden, nämlich dem Fließen eines Wärmestromes. Allerdings vermag bei dieser Art der Führung des Prozesses nur die molekulartheoretische Betrachtung zu zeigen, daß es sich wirklich um einen „Prozeß" handelt, man kann diesen Prozeß jedoch auch der Makrobeobachtung zugänglich machen, wenn man nicht einen wärmeleitenden Stab, sondern zwei voneinander isolierte Metallstücke mit den Temperaturen ϑ_2 und ϑ_1 nimmt und nach Zuführung der Wärmemenge Q_2 bei ϑ_2 zu dem einen und Entziehung der Wärmemenge Q_1 bei ϑ_1 von dem anderen die beiden Metallstücke (ohne irgendwelchen äußeren Aufwand) vorübergehend miteinander in Berührung bringt, dadurch gerade den Wärmeaustausch herbeiführt, der den Anfangszustand der beiden Metallstücke wiederherstellt, und sodann die Stücke, ebenfalls ohne Aufwand, wieder voneinander entfernt. In dem Moment der Berührung der beiden verschieden temperierten Metallstücke vollziehen sich dann deutlich meßbare Veränderungen in der Nähe der Grenzfläche der beiden Körper, die bei konstant gehaltenen äußeren Bedingungen ablaufen und somit das Kennzeichen der Irreversibilität nachweisbar an sich tragen.

Damit ist festgestellt: „*Jeder Kreisprozeßeffekt, der nur in einer Wärmeaufnahme bei höherer Temperatur und Wärmeabgabe bei tieferer Temperatur besteht, ist irreversibel.*" Also kann der entgegengesetzte Effekt — Wärmetransport „von

[1] Als „höhere" Temperatur bezeichnen wir hier, von unseren Sinneswahrnehmungen ausgehend, die Temperatur des „heißeren" Stabendes. Physikalisch brauchten wir jedoch bei dem hier besprochenen Versuch nur eine „Aufnahmetemperatur" und eine „Abgabetemperatur" zu unterscheiden und zu sagen: die Aufnahmetemperatur *nennen* wir die höhere, die Abgabetemperatur die tiefere.

unten nach oben" ohne irgendwelche andere Effekte — nicht realisiert werden, wie es das CLAUSIUSsche Theorem behauptet.

Die thermodynamische Bilanz der CARNOTschen Kreisprozesse nach CLAUSIUS. Auf Grund dieses Satzes treten wir nun an die thermodynamische Bilanz *reversibler* Kreisprozesse heran, bei denen Wärme bei (einheitlicher) höherer Temperatur aufgenommen, bei (einheitlich) tieferer abgegeben wird (CARNOTsche Kreisprozesse). Derartige reversible Kreisprozesse, die nach dem früheren nur mit im thermischen Gleichgewicht befindlichen oder, wie wir auch sagen wollen, quasistatischen Systemen realisierbar sind, lassen sich z. B. mit einem Gas durchführen, das man bei höherer Temperatur isotherm ausdehnt, dann durch adiabatische Expansion abkühlt, bei tieferer Temperatur isotherm komprimiert und wieder durch adiabatische Kompression auf die Temperatur des Anfangszustandes erwärmt (vgl. II, § 1). Man wolle aber unter CARNOTschem Kreisprozeß nicht nur dieses spezielle Beispiel verstehen. Ebensogut könnten solche Kreisprozesse auch, wenn auch mit bedeutend geringerem Absoluteffekt, mit festen oder flüssigen Körpern ausgeführt werden; es könnte Verdampfung und Kondensation dabei eine Rolle spielen usw.

Da ein Wärmeaustausch bei diesem reversiblen Kreisprozeß auch nur bei den beiden Temperaturen ϑ_1 und ϑ_2 stattfinden soll, und da beim Fehlen von Arbeitseffekten wieder ein Kreisprozeß resultieren würde, der nur in einer Wärmeaufnahme bei höherer und einer nach dem 1. Hauptsatz gleichen Wärmeabgabe bei tieferer Temperatur besteht, also irreversibel wäre, so muß sich der thermodynamische Effekt des reversiblen CARNOTschen Kreisprozesses von dem CLAUSIUSschen irreversiblen offenbar dadurch unterscheiden, daß *gleichzeitig ein Arbeitsaustausch mit der Umgebung stattfindet*. Und zwar muß es sich bei dem angegebenen Umlaufssinn des Prozesses um eine Arbeits*abgabe* an die Umgebung, und demnach bei dem — wegen der Reversibilität ebenfalls durchführbaren — umgekehrten Umlaufssinn um eine Arbeits*aufnahme* von der Umgebung her handeln. Denn verliefe der letztere Prozeß, der von einem Wärmetransport „von unten nach oben" begleitet ist, unter gleichzeitiger Arbeits*abgabe* an die Umgebung (die man z. B. in einer gespannten Feder aufspeichern könnte), so wäre es möglich, diese Arbeit nachträglich, ohne äußeren Aufwand, mit Hilfe des früher (S. 11) besprochenen Rührprozesses oder ähnlicher Vorgänge in Wärme von jeder beliebigen Temperatur, z. B. ϑ_2, umzusetzen, so daß der gesamte Kreisprozeßeffekt in nichts anderem bestände als in einem Wärmetransport von unten nach oben, womit die vorhin festgestellte Irreversibilität des entgegengesetzten Kreisprozesses durchbrochen wäre.

In der Tat sind denn auch alle reversiblen Kreisprozesse, bei denen Wärme von oben nach unten transportiert wird, von einem Arbeitsgewinn für die Umgebung begleitet, die umgekehrten Kreisprozesse aber erfordern einen Arbeitsaufwand. Die ersteren Kreisprozesse sind die Idealprozesse der „Wärmekraftmaschinen", die Kreisprozesse der zweiten Art dagegen die der „Kraftkältemaschinen", bei denen unter Arbeits*leistung* einem kühlen Körper weiter Wärme entzogen und bei höherer Temperatur abgegeben wird. Prinzipiell können die letzteren Kreisprozesse einfach dadurch realisiert werden, daß man den Kreisprozeß der Wärmekraftmaschine umkehrt; in praxi sind jedoch die Grenztemperaturen, zwischen denen die Wärmekraft- und Kraftkältemaschinen arbeiten, verschieden, so daß sich z. B. für die Wärmekraftmaschine verdampfendes und wieder kondensiertes Wasser als Kreisprozeßsubstanz eignet (Dampfmaschine), während die LINDEsche Kühlmaschine mit Ammoniak arbeitet, schon aus dem Grunde, weil bei den in Frage kommenden tiefen Temperaturen Wasser bereits gefroren wäre.

Nachdem so der Richtungssinn des Arbeits- und Wärmeaustauschs bei reversiblen CARNOTschen Kreisprozessen festgestellt ist, wollen wir im folgenden vorübergehend die Bezeichnungen Q_2, Q_1 für die bei ϑ_2 und ϑ_1 ausgetauschten Wärmemengen sowie die Bezeichnung A für die Arbeit ohne Vorzeichenbedeutung benutzen; diese Größen sollen im ersten Teil dieses Paragraphen immer die absoluten Beträge der betreffenden Wärme- und Arbeitsmengen angeben. Die Wärme denken wir uns in mechanischem Maß gemessen. Der Index 2 bezieht sich immer auf die höhere Temperatur.

Wir fragen nach der Beziehung zwischen Q_2, Q_1, ϑ_2, ϑ_1 und A, die den reversiblen *Kreisprozeß* charakterisiert. Zunächst stellen wir fest, daß Q_1 und Q_2 ihrem Absolutbetrage nach verschieden sein müssen, da ja nach dem 1. Hauptsatz ihre Differenz $= A$ sein soll. Bei dem Wärmekraftmaschinenprozeß muß speziell Q_2 größer als Q_1 sein, da Q_2 hier eine aufgenommene, Q_1 eine abgegebene Wärmemenge bedeutet und, wie wir sahen, außer der Wärme auch Arbeit abgegeben wird. Wir haben also hier nach dem 1. Hauptsatz:

$$Q_1 = Q_2 - A \,. \tag{1}$$

Hiernach ist die thermodynamische Bilanz des reversiblen CARNOTschen Kreisprozesses bereits dann vollständig bestimmt, wenn z. B. Q_2 und A (sowie ϑ_1 und ϑ_2) gegeben sind, denn Q_1 läßt sich ja nach (1) sofort als Differenz von Q_2 und A angeben.

Wir behaupten nun auf Grund der Reversibilität des Vorganges und auf Grund der Irreversibilität des reinen Wärmeausgleichsprozesses, daß die Arbeit, die sich bei einem derartigen Kreisprozeß gewinnen läßt, durch die Austauschtemperaturen ϑ_1 und ϑ_2 sowie die aufgenommene Wärmemenge Q_2 vollständig bestimmt, d. h. *unabhängig von der speziellen Art des Kreisprozesses ist.* Dieser Satz, der uns zugleich die gesuchte Beziehung für die reversiblen Kreisprozeßeffekte in diesem Falle liefert, wird indirekt bewiesen.

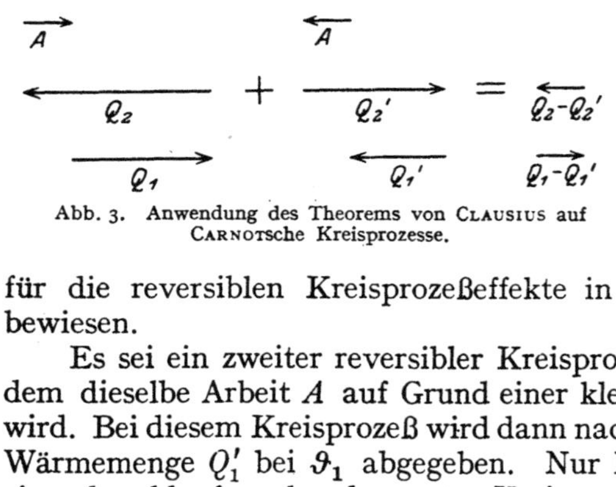

Abb. 3. Anwendung des Theorems von CLAUSIUS auf CARNOTsche Kreisprozesse.

Es sei ein zweiter reversibler Kreisprozeß zwischen ϑ_2 und ϑ_1 gegeben, bei dem dieselbe Arbeit A auf Grund einer kleineren Wärmeaufnahme Q_2' gewonnen wird. Bei diesem Kreisprozeß wird dann nach dem 1. Hauptsatz auch eine kleinere Wärmemenge Q_1' bei ϑ_1 abgegeben. Nur lassen wir beide Kreisprozesse nacheinander ablaufen, aber den ersten Kreisprozeß in umgekehrtem Sinne, was wegen seiner Reversibilität möglich ist, so daß dabei die Wärmemenge Q_1 bei ϑ_1 *aufgenommen*, Q_2 bei ϑ_2 *abgegeben* und die Arbeit A aus der Umgebung aufgenommen wird. Dann ist die im ganzen mit der Umgebung ausgetauschte Arbeit $= 0$. Die ausgetauschten Wärme- und Arbeitsmengen stellen wir uns (Abb. 3) durch Pfeile dar, deren Längen den Wärme- und Arbeitsmengen proportional sind, während ihr Richtungssinn die Aufnahme oder Abgabe bezeichnet: Pfeil nach rechts bedeutet aufgenommene Wärmemenge, Pfeil nach links abgegebene.

Wie man sieht, ergibt sich als Gesamtresultat dieser kombinierten Kreisprozesse, die man auch als einen einzigen Kreisprozeß betrachten kann, ein Transport der Wärmemenge $Q_2 - Q_2' = Q_1 - Q_1'$ von tieferer zu höherer Temperatur ohne Arbeitsleistung und ohne weitere Veränderung in der Umgebung, also ein Effekt, der nach dem CLAUSIUSschen Theorem unmöglich ist. Es kann also Q_2' nicht kleiner als Q_2 sein. In entsprechender Weise läßt sich zeigen, daß Q_2' nicht größer als Q_2 sein kann. Da sich ferner bei Umkehr des Umlaufsinnes nur alle

Vorzeichen, aber nicht die Absolutbeträge ändern, so gilt dasselbe auch für den im Sinne der Kraftkältemaschine durchlaufenen CARNOTschen Kreisprozeß.

Also: *Bei einem reversiblen Kreisprozeß, der sich zwischen den Temperaturen ϑ_2 und ϑ_1 abspielt, gehört zu einer bestimmten Arbeit A immer ein und dieselbe Wärmemenge* Q_2 (und nach dem 1. Hauptsatz auch Q_1). Also ist auch die Arbeit A durch Q_2 vollständig bestimmt, d. h. *es besteht eine Gleichung zwischen A und Q_2 und den beiden Austauschtemperaturen ϑ_1 und ϑ_2.* Nach dem 1. Hauptsatz ist dann auch Q_1 durch Q_2 vollständig bestimmt, *es besteht also auch eine Gleichung zwischen Q_1, Q_2, ϑ_1 und ϑ_2*, unabhängig von der speziellen Art der (reversiblen) Kreisprozesse.

Wenn es gelingt, die Art dieser universellen Beziehung zwischen (A), Q_1, Q_2, ϑ_1 und ϑ_2 aufzufinden, so ist damit offenbar, wenigstens für Kreisprozesse zwischen zwei Temperaturen, das gesuchte Kriterium der Reversibilität eines Kreisprozesses, rein aus den dabei ausgetauschten thermodynamischen Effekten gegeben. Und zugleich damit, wenn wir uns auf reversible Kreisprozesse beschränken, eine weitere Beziehung zwischen den thermodynamischen Effekten, die der Gleichung des 1. Hauptsatzes an die Seite tritt.

Irreversibilität der Verwandlung von Arbeit in Wärme (THOMSON). Bevor wir jedoch den näheren Charakter dieser Beziehung studieren, die sich dann leicht für reversible Kreisprozesse mit beliebig vielen Austauschtemperaturen verallgemeinern läßt, wollen wir noch auf eine andere Art der Ableitung der aufgestellten Behauptung eingehen, die sich an den Namen W. THOMSON knüpft. W. THOMSON, dessen Überlegungen unabhängig von CLAUSIUS angestellt und nur kurze Zeit nach diesen veröffentlicht worden sind, geht von der Irreversibilität eines anderen, ebenfalls sehr einfachen Kreisprozesses aus, um zu der soeben formulierten Behauptung zu gelangen. Sein Theorem lautet, auf einfachste Form gebracht:

„Es ist unmöglich, mit Hilfe von Kreisprozessen, bei denen nur bei einer Temperatur Wärme aus der Umgebung aufgenommen wird, Arbeit zu leisten."

Auch dieses Theorem, das man oft als den *Satz von der „Unmöglichkeit eines Perpetuum mobile 2. Art"* bezeichnet, läßt sich als Folge unserer allgemeineren Sätze darstellen, wenn es gelingt, einen Kreisprozeß zu finden, bei dem Arbeit aufgenommen, Wärme bei einer Austauschtemperatur abgegeben wurde, und bei dem sich in dem Kreisprozeßsystem zeitlich ablaufende Vorgänge abgespielt haben. Ein solcher Kreisprozeß ist nun z. B. das Umrühren einer Flüssigkeit unter Arbeitsaufwand und mit darauffolgender Wärmeabgabe; in den Zwischenstadien dieses Prozesses spielen sich in der umgerührten Flüssigkeit jene von selbst ablaufenden, einseitig auf das thermische Gleichgewicht hin gerichteten Vorgänge ab, die wir am Anfang unserer Irreversibilitätsbetrachtungen (§ 3) erwähnten. Es muß also die Arbeitsaufnahme und Wärmeabgabe bei konstanter Austauschtemperatur ein irreversibler Effekt eines Kreisprozesses sein, womit die Gültigkeit des THOMSONschen Theorems bewiesen ist.

Ehe wir zeigen, wie man diese Aussage zum Nachweis der oben formulierten Behauptung benutzen kann, wollen wir darauf hinweisen, daß sie sich bereits als Folge des Satzes von der Irreversibilität des Wärmeaustausches zwischen verschiedenen Temperaturen und der Existenz CARNOTscher Kreisprozesse ergibt. In der Tat, kombinieren wir einen reversiblen CARNOTschen Kraftkälteprozeß mit einem einfachen irreversiblen Wärmeausgleichprozeß, bei dem die im CARNOT-Prozeß bei höherer Temperatur abgegebene Wärmemenge Q_2 nunmehr auf die tiefere Temperatur ϑ_1 irreversibel wieder „zurückgebracht" wird, so ist das Endresultat dieses kombinierten (irreversiblen) Kreisprozesses eine Arbeitsaufnahme A aus der Umgebung und eine Wärmeabgabe $Q_2 - Q_1$ bei der Temperatur ϑ_1. Die Kreisprozeßsysteme sind am Ende wieder im gleichen Zustand wie zu Anfang; dieser thermodynamische Effekt muß also das Merkmal der Irreversibilität in sich tragen. Das ist aber die Aussage des THOMSONschen Theorems.

Bilanz der CARNOTschen Prozesse nach THOMSON. Nun zur THOMSONschen Überlegung. Es werden hier zwei CARNOTsche Kreisprozesse miteinander verglichen, bei denen dieselbe Wärmeaufnahme Q_2 bei ϑ_2 stattfindet, bei denen jedoch die Arbeit in beiden Fällen zunächst als verschieden angenommen wird. Beide seien reversibel. Die Kreisprozesse werden nun so kombiniert, daß derjenige mit dem größeren Arbeitsgewinn A (und der kleineren Wärmemenge Q_1) im Sinne des Wärmekraftprozesses, der andere aber (kleinere Arbeit A', größere Wärmemenge Q_1') im Sinne des Kraftkälteprozesses abläuft. In analoger Darstellung wie Abb. 3 erhalten wir dann das Schema der Abb. 4.

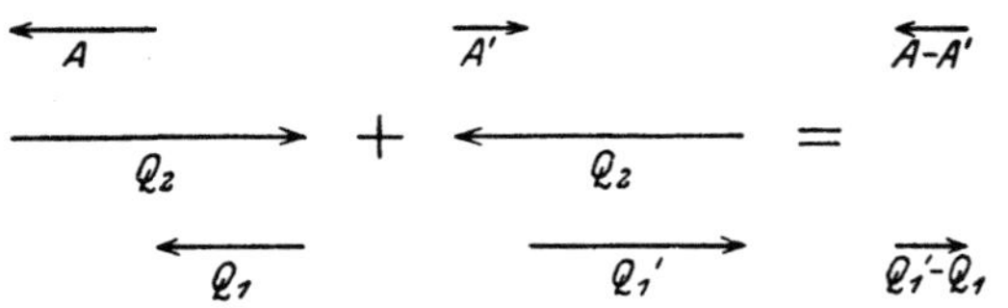

Abb. 4. Anwendung des THOMSONschen Theorems auf CARNOTsche Kreisprozesse.

Das Endergebnis des Gesamtkreisprozesses ist also eine Wärmeaufnahme bei konstanter Temperatur ϑ_1, der eine Arbeitsabgabe $A - A' = Q_1 - Q_1$ entspricht. Das ist nach dem THOMSONschen Theorem unmöglich, also kann A nicht größer als A' sein. Ebensowenig kann aber, wenn beide Prozesse reversibel sind, $A' < A$ sein. Es folgt also die eindeutige Bestimmtheit der Arbeit durch Q_2, ϑ_2 und ϑ_1 bei reversiblen CARNOTschen Kreisprozessen, mithin dieselbe Behauptung wie bei dem CLAUSIUSschen Gedankengang.

Mathematische Formulierung der Bilanz der CARNOTschen Kreisprozesse. Um die Art der Beziehung, die bei einem umkehrbaren Kreisprozeß der betrachteten Art zwischen der geleisteten Arbeit A, den Wärmemengen Q_2 und Q_1 und den Temperaturen ϑ_2 und ϑ_1 besteht, mathematisch zu formulieren, gehen wir am besten von einem im Sinne der Wärmekraftmaschinen durchlaufenen Kreisprozeß aus und legen eine in der Praxis dieser Maschinen ausschlaggebende Fragestellung zugrunde. Wir wissen aus dem 1. Hauptsatz, daß die Differenz der aufgenommenen und abgegebenen Wärmemenge, also die Größe $Q_2 - Q_1$ (in mechanischem Maß) als Arbeitsleistung in Betracht kommt. Je größer diese Differenz im Verhältnis zu Q_2 ist, desto besser wird die bei der höheren Temperatur ϑ_2 aufgenommene Wärmemenge „ausgenutzt", desto besser ist der „Wirkungsgrad" der betreffenden Wärmekraftmaschine. Wir werden also den Wirkungsgrad definieren durch das Verhältnis

$$\eta = \frac{A}{Q_2} = \frac{Q_2 - Q_1}{Q_2} \tag{2}$$

und nach der Abhängigkeit dieses Wirkungsgrades von den in dem umkehrbaren Kreisprozeß auftretenden Größen fragen.

Eines wissen wir schon: A ist durch Q_2, ϑ_2 und ϑ_1 vollständig bestimmt, also kann auch das Verhältnis $\frac{A}{Q_2} = \eta$ nur von diesen drei Größen abhängen. Es läßt sich aber sogleich weiter beweisen, daß A, die geleistete Arbeit, der aufgenommenen Wärmemenge Q_2 einfach proportional sein muß, so daß also $\frac{A}{Q_2}$ für alle Kreisprozesse mit gleichen Austauschtemperaturen gleich, also nur noch von ϑ_2 und ϑ_1 abhängig ist. Denn wäre A nicht der aufgenommenen Wärmemenge Q_2 proportional, so würde die Zusammensetzung einer Reihe von kleineren, zwischen ϑ_2 und ϑ_1 spielenden Kreisprozessen, bei denen *im ganzen* die Wärmemenge Q_2 bei ϑ_2 aufgenommen wäre, ein anderes Arbeitsergebnis liefern als der einzige größere Kreisprozeß. Die Summe der kleineren Kreisprozesse könnte man nun wieder als einen einzigen Kreisprozeß auffassen, und da es sich immer um umkehrbare Kreisprozesse handelt, so wäre hier der Satz, daß A durch Q_2, ϑ_2 und ϑ_1 vollständig bestimmt ist, durchbrochen. Also folgt Proportionalität von A mit Q_2, d. h. wir haben

$$\eta = g(\vartheta_2, \vartheta_1)\,, \tag{3}$$

wobei g eine „Funktion" der beiden Größen ϑ_2 und ϑ_1 bedeutet, d. h. eine Zahl, deren Größe vollständig bestimmt ist, wenn die Temperaturen ϑ_2 und ϑ_1 physikalisch festgelegt sind.

Aus Gleichung (3) folgt nun sogleich auch eine entsprechende Aussage für das Verhältnis $\frac{Q_1}{Q_2}$, denn dies Verhältnis ist nach (2) gleich $1 - \eta$, also ebenfalls durch ϑ_1 und ϑ_2 vollständig bestimmt; das gleiche gilt für $\frac{Q_2}{Q_1}$; dies Verhältnis ist eine Funktion von ϑ_2 und ϑ_1, die wir mit f bezeichnen:

$$\frac{Q_2}{Q_1} = f(\vartheta_2, \vartheta_1) = \frac{1}{1 - \eta}\,. \tag{4}$$

Es ist am übersichtlichsten, wenn wir die weitere Entwicklung an die Bestimmung dieser Funktion f anknüpfen, die das „Wärmeverhältnis" $\frac{Q_2}{Q_1}$ bestimmt. Besprechen wir aber zunächst die physikalische Bedeutung der Gleichungen (3) und (4). Sie beziehen sich auf beliebige umkehrbare Kreisprozesse (z. B. den S. 27 geschilderten Prozeß mit dem ausgedehnten und wieder komprimierten Gas) und sagen aus, daß für je zwei physikalisch (z. B. durch Schmelz- oder Siedepunkte bestimmter Substanzen) festgelegte Temperaturen, zwischen denen sich diese Kreisprozesse abspielen, der Wirkungsgrad und das Wärmeverhältnis immer die gleichen sind, gleichviel mit welchem System (z. B. welcher Art von Gas) der Kreisprozeß vorgenommen wurde, gleichviel welche Wärmemengen bei dem einzelnen Kreisprozeß umgesetzt wurden. Dabei ist, wie wir wissen, die bei tieferer Temperatur ausgetauschte Wärmemenge immer kleiner als die bei höherer Temperatur, das Wärmeverhältnis $\frac{Q_2}{Q_1}$ ist also, wenn ϑ_1 die tiefere Temperatur ist, immer eine Zahl größer als 1. Je größer diese Zahl ist, desto mehr aufgenommene Wärme wird bei dem Wärmekraftprozeß in Arbeit umgesetzt, desto mehr Arbeit wird aber auch bei dem umgekehrten, dem Kraftkälteprozeß, gebraucht[1]. Die günstigste Wärmekraftmaschine wäre offenbar die, bei welcher das Wärmeverhältnis f unendlich groß ist, der Wirkungsgrad wäre dann $= 1$. Wie groß nun in Wirklichkeit das Wärmeverhältnis bei bestimmten physikalisch gegebenen Austauschtemperaturen ist, darüber sagen uns die bisherigen Betrachtungen nichts. Aber da wir wissen, daß wir jedesmal von neuem Arbeit gewinnen (also Wärme verbrauchen) können, wenn wir von einem erreichten unteren Temperaturniveau mit Hilfe eines Kreisprozesses, der die dort abgegebene Wärme wieder aufnimmt, zu einem noch tieferen unteren Temperaturniveau übergehen, so können wir sicher sein, daß das *Wärmeverhältnis* $\frac{Q_2}{Q_1}$ und damit auch der *Wirkungsgrad* desto *größer* wird, *je weiter sich die obere Temperatur von der unteren entfernt*[2].

[1] Über den Zusammenhang dieser Tatsache mit der Unerreichbarkeit des absoluten Nullpunktes vgl. S. 34/35.

[2] Hierbei sind, im Sinne der Anmerkung S. 26, die Begriffe „oben", „unten" und „weiter unten" immer dadurch definiert, daß diejenige Temperatur, von der aus Wärmeabgabe nach einer anderen (irgendwie gemessenen) hin „von selbst" möglich ist, relativ zu dieser als obere bezeichnet wird.

Temperaturzwischenstufen. Die Zuhilfenahme von Temperaturzwischenstufen ist es nun auch, die uns noch eine weitere Aussage über die Abhängigkeit des Wärmeverhältnisses von den beiden Temperaturen, also über den Charakter der Funktion $f(\vartheta_1, \vartheta_2)$ gestattet. Denken wir uns einen umkehrbaren Kreisprozeß einmal zwischen den Temperaturen ϑ_2 und ϑ_0, das andere Mal zwischen ϑ_1 und ϑ_0 spielend, und in beiden Fällen die gleiche Wärmemenge bei ϑ_0 abgegeben. Es sei $\vartheta_0 < \vartheta_1 < \vartheta_2$. Dann haben wir zwei dazugehörige Wärmeverhältnisse $\frac{Q_1}{Q_0}$ und $\frac{Q_2}{Q_0}$. Wir behaupten dann, daß wir für die Bestimmung des Wärmeverhältnisses eines Kreisprozesses, der zwischen ϑ_2 und ϑ_1 spielt, keine neue Messung brauchen, sondern dies Verhältnis aus den beiden anderen Bestimmungen voraussagen können, indem es gleich dem Verhältnis $\frac{Q_2}{Q_1}$ bei diesen beiden Kreisprozessen mit gleichem Q_0 zu setzen ist. Wäre das nämlich nicht der Fall, so würde, wie man sich leicht überzeugt, bei einem in zwei Treppenabsätzen durchgeführten Kreisprozeß zwischen ϑ_2 und ϑ_1 sowie ϑ_1 und ϑ_0 ein anderes Wärmeverhältnis herauskommen als bei dem in *einem* Absatz durchgeführten Kreisprozeß zwischen ϑ_2 und ϑ_0. Das ist aber nach unserer allgemeinen Regel unmöglich; aus der Möglichkeit der Einschiebung einer thermischen Zwischenstufe folgt also, daß sich jedes Wärmeverhältnis zwischen je zwei Temperaturen ϑ_1 und ϑ_2 feststellen läßt, wenn man *für sämtliche Temperaturen ϑ einmal das Wärmeverhältnis für einen Kreisprozeß zwischen der betreffenden Temperatur ϑ und einer Normaltemperatur ϑ_0 festgestellt hat.*

Normaltemperatur; „Bestimmungswärmen". Arbeitet man bei dieser Meßreihe immer mit derselben bei ϑ_0 aufgenommenen oder abgegebenen Wärmemenge Q_0 (der Sinn der benutzten Kreisprozesse ist gleichgültig), so erhält man für jede (physikalisch definierte) Temperatur eine bestimmte zu dieser Temperatur gehörige Wärmemenge $Q(\vartheta)$ und für ganz beliebige umkehrbare Kreisprozesse zwischen zwei Temperaturen ϑ_1 und ϑ_2 wird das Wärmeverhältnis immer gleich dem Verhältnis dieser „Bestimmungswärmen":

$$\frac{Q_2}{Q_1} = \frac{Q(\vartheta_2)}{Q(\vartheta_1)}.$$

Damit ist aber festgestellt, daß die Funktion $f(\vartheta_2, \vartheta_1)$, die wir vorhin eingeführt hatten, sich immer als Verhältnis zweier nur von ϑ_2 und ϑ_1 abhängiger Größen $Q(\vartheta_2)$ und $Q(\vartheta_1)$ darstellen lassen muß. Es wird also

$$f(\vartheta_2, \vartheta_1) = \frac{Q(\vartheta_2)}{Q(\vartheta_1)}; \tag{5}$$

ebenso wird allgemein der Wirkungsgrad:

$$\eta = 1 - \frac{1}{f} = 1 - \frac{Q(\vartheta_1)}{Q(\vartheta_2)}. \tag{6}$$

Die absolute Temperaturskala. Um etwas Näheres über die Abhängigkeit der Bestimmungswärme $Q(\vartheta)$ von ϑ aussagen zu können, müssen wir uns vergegenwärtigen, daß der mathematische Ausdruck für diese Abhängigkeit offenbar von der Art, in der wir ϑ messen, abhängen wird. Denn $Q(\vartheta)$, oder wenigstens das Verhältnis $\frac{Q(\vartheta)}{Q(\vartheta_0)}$, ist ja der oben besprochenen Bedeutung nach etwas von der Temperaturmessung *Unabhängiges*, während ϑ für ein und dieselbe physikalisch gegebene Temperatur verschiedene Werte annehmen kann, je nach der Meßvorschrift, die wir der Temperaturmessung zugrunde legen.

So sind wir also, um über die Beziehung zwischen $Q(\vartheta)$ und ϑ etwas aussagen zu können, gezwungen, uns mit den Meßvorschriften für ϑ zu beschäftigen. Es ist bekannt, daß die meisten dieser Meßvorschriften auf der Messung der Volumausdehnung beruhen, die irgendeine Probesubstanz, z. B. Quecksilber, Alkohol oder ein Gas unter Konstanthaltung des äußeren Druckes bei Änderung des Zustandes erfährt, den wir als Temperaturzustand bezeichneten und der für uns mit den Empfindungen „warm" oder „kalt" verknüpft ist. Insbesondere beruht ja die Eichung des Celsiusthermometers auf der Volumausdehnung des Quecksilbers. Man setzt fest, daß jeder Volumausdehnung, die den hundertsten Teil der zwischen Schmelz- und Siedepunkt des Wassers eintretenden Volumausdehnung beträgt, eine Temperaturerhöhung um 1^0 der Celsiusskala entsprechen soll, wobei noch der Nullpunkt dieser Skala auf den Schmelzpunkt des Wassers bei Atmosphärendruck festgelegt wird. Wendet man dieselbe Vorschrift auf andere Substanzen an, so erhält man für den gleichen physikalischen Temperaturzustand gewisse — allerdings meistens ziemlich kleine — Abweichungen gegenüber den Angaben des Celsiusthermometers, und nur das Gasthermometer zeigt insofern ein besonders einfaches Verhalten, als hier die Maßangaben für verschiedenartige und verschieden dichte Gasfüllungen desto mehr einander ähnlich werden, je weiter von seinem Sättigungspunkt entfernt das Gas ist. Die experimentelle Bestimmung der Funktion $Q(\vartheta)$ (durch eine einmalige Meßreihe für das Wärmeverhältnis) ergibt nun in der Tat auch den einfachsten Charakter der Funktion $Q(\vartheta)$, wenn ϑ mit dem Gasthermometer, und zwar mit einem Gase der bezeichneten Art, derart gemessen wird, daß das von dem Gase bei konstantem Druck eingenommene Volum der Temperatur ϑ proportional gesetzt wird. Man findet dann, daß $Q(\vartheta)$ mit außerordentlich großer Annäherung proportional mit ϑ wächst, während nur bei Temperaturen, wo die verwendeten Gase ihrem Sättigungszustand sich nähern, Abweichungen von dieser Proportionalität auftreten.

Diese Verhältnisse haben schon früh dazu geführt, das hier vorliegende Problem umzukehren und die rein thermodynamisch feststellbare und vor allen von speziellen Eigenschaften einer Thermometersubstanz unabhängigen *Bestimmungswärmen* $Q(\vartheta)$ ihrerseits zur Festlegung einer „*thermodynamischen*" oder „*absoluten*" *Temperaturskala* zu benutzen.

Man verfährt hierbei so, daß man das Verhältnis zweier in dieser Weise definierten absoluten Temperaturen T einfach dem Verhältnis der dazugehörigen Bestimmungswärmen gleichsetzt. Insbesondere setzt man:

$$\frac{T}{T_0} = \frac{Q(\vartheta)}{Q(\vartheta_0)} \tag{7}$$

und denkt bei der gewählten Normaltemperatur ϑ_0 bzw. T_0 speziell an die Schmelztemperatur des Eises. In dieser Gleichung ist die rechte Seite (durch einmalige Kreisprozeßuntersuchungen zwischen ϑ und ϑ_0) vollkommen bestimmt; auf der linken Seite ist aber der Wert von T_0 noch willkürlich zu wählen. Würde man $T_0 = 0$ setzen, so würde, da die rechte Seite erfahrungsgemäß immer einen endlichen (positiven) Wert hat, T auch immer $= 0$ sein müssen, die Skala wäre also auf ein unendlich kleines Zahlengebiet zusammengedrängt. Würde man T_0 negativ setzen, so wäre auch T immer negativ, eine offenbar unzweckmäßige Festsetzung. Innerhalb aller positiven Werte *zwischen* 0 und ∞ kann man aber offenbar T_0 beliebig wählen.

Aus teils praktischen, teils historischen Gründen wählt man nun T_0 und damit auch die Einheit für die absolute Temperaturskala so, daß auf den Temperaturbereich zwischen Schmelz- und Siedepunkt des Wassers, wie bei der Celsiusskala, gerade 100 Temperatureinheiten entfallen. Dann muß, wenn wir mit T_s die absolute Temperatur des Siedepunktes (mit T_0 die des Schmelzpunktes) bezeichnen, nach der reziprok geschriebenen obigen Gleichung sein:

$$\frac{T_0}{T_s} = \frac{T_0}{T_0 + 100} = \frac{Q\,(0^0\,\mathrm{C})}{Q\,(100^0\,\mathrm{C})}.$$

Das Wärmeverhältnis der rechten Seite können wir aus einem umkehrbaren Kreisprozeß zwischen 0 und 100° C bestimmen; es ergibt sich experimentell[1] zu 0,732, so daß sich T_0 aus:

$$\frac{T_0}{T_0 + 100} = 0{,}732$$

zu etwa 273 (genau 273,20) berechnet. Demnach erhält der Gefrierpunkt in absoluter Skala die Temperaturzahl 273,20, der Siedepunkt 373,20 usw. Für alle anderen physikalisch gemessenen Temperaturen ist die dazugehörige absolute Temperatur T dann prinzipiell offenbar in der Weise zu bestimmen, daß man irgendeinen beliebigen umkehrbaren Kreisprozeß zwischen der zu untersuchenden Temperatur und einer bereits festgelegten Temperatur, z. B. T_0, durchführt, die aufgenommene und abgegebene Wärmemenge mißt und $T = T_0 \cdot \frac{Q\,(T)}{Q\,(T_0)}$ setzt. Irgendeine durch ein willkürliches Meßverfahren gegebene Temperaturskala kann man dann nachträglich an diese absolute Skala anschließen, indem man für die ganze Skala der physikalisch gegebenen Temperaturen sowohl T wie ϑ bestimmt und so eine Funktion $T = \varphi(\vartheta)$ erhält, die das Umrechnen jederzeit gestattet[2].

Die zugänglichen T-Werte. Der absolute Nullpunkt. Unabhängig von der zugrunde gelegten willkürlichen Temperaturskala (ϑ-Werte) kann man jedoch nach dem Bereich der in der Natur realisierten T-Werte fragen; dieser Bereich ist ja nach unserer Bestimmungsmethode der T gegeben durch die Gesamtheit der verschiedenen Wärmeverhältnisse, die bei CARNOTschen Kreisprozessen zwischen den in der Natur beobachteten (physikalischen) Temperaturen und der gewählten Fixtemperatur T_0 möglich sind. Eine bestimmte obere Grenze für T hat sich hierbei bekanntlich nicht ergeben; auf der Erde sind Absoluttemperaturen bis etwa 10000° realisierbar, und die Astronomie kennt noch 1—2 Zehnerpotenzen höhere Temperaturen[3]. Für Temperaturen unterhalb des Fixpunktes T_0, wo das Wärmeverhältnis $\frac{Q}{Q_0} < 1$ ist, liegt der Fall insofern ähnlich, als man zwar $T = 0$ nicht erreichen, aber ebenfalls keine bestimmte untere Grenze des aus dem Wärmeverhältnis $\frac{Q}{Q_0}$ berechneten T-Wertes angeben kann, die nicht durch größere experimentelle Hilfsmittel noch unterschritten werden könnte. Die bisher erreichte Tiefsttemperatur ist etwa 0,6° absolut. Man glaubte übrigens allein aus der grundsätzlichen Irreversibilität der von selbst ablaufenden Prozesse, also z. B. aus der grundsätzlichen Unmöglichkeit, Arbeit nur auf Kosten von Wärmeentziehung bei konstanter Temperatur zu gewinnen, folgern zu können, daß eine wirkliche Erreichung des Punktes $T = 0$, des sog. „absoluten Nullpunktes", nicht möglich ist. Für $T = 0$ wäre nämlich nach (6) der Wirkungsgrad eines reversiblen CARNOTschen Kreisprozesses mit beliebiger oberer Temperatur T:

$$\eta = 1 - \frac{0}{T} = 1,$$

[1] Das Experiment ist in Wirklichkeit nicht in dieser Form gemacht worden, man kann aber aus der Kombination anderer Beobachtungen schließen, daß es dieses Ergebnis haben würde (II, § 1 und 6).

[2] Über die praktische Ausführung von Methoden zur absoluten Temperaturmessung vgl. z. B. F. HENNING: Temperaturmessung. Handb. d. Physik Bd. 9, S. 521. Berlin 1926.

[3] Die sehr hohen Temperaturen sind in der Absolutskala nicht mehr durch Kreisprozesse festzulegen; hier treten Strahlungsbeobachtungen und strahlungstheoretische Überlegungen dafür ein.

d. h. es wäre vollständige Verwandlung von Wärme der Temperatur T in Arbeit möglich. Umgekehrt können bei einem Kraftkälteprozeß in der Nähe des absoluten Nullpunktes immer nur sehr kleine Wärmemengen durch verhältnismäßig große Arbeitsleistungen aufgenommen werden; im Grenzfall für $T = 0$ ist das Verhältnis der entzogenen Wärme zur aufgewendeten Arbeit sogar gleich Null, es ist also nicht möglich, mit Einsatz endlicher Arbeitsleistung einen Körper durch einen CARNOTschen Kraftkälteprozeß auf den absoluten Nullpunkt abzukühlen. Diese Begründungen für die Unerreichbarkeit des absoluten Nullpunktes versagen aber, wenn die spezifischen Wärmen der abgekühlten Körper bei $T = 0$ unendlich klein werden, wie in § 12 des dritten Teiles besprochen werden wird.

Endgültige Formulierung. Das Reversibilitätskriterium. Mit Einführung der absoluten Temperatur können wir die Aussagen (4) und (6) über die Beziehungen bei reversiblen Kreisprozessen zwischen zwei Temperaturen in ihre bekannte klassische Form bringen, indem wir $\frac{Q(\vartheta_2)}{Q(\vartheta_1)} = \frac{T_2}{T_1}$ setzen. Es wird dann:

$$\frac{Q_2}{Q_1} = \frac{T_2}{T_1}, \tag{8}$$

$$\eta = \frac{A}{Q_2} = \frac{T_2 - T_1}{T_2}, \qquad \frac{A}{Q_1} = \frac{T_2 - T_1}{T_1}. \tag{9}$$

„*Die Wärmemengen, die bei einem umkehrbaren, zwischen zwei Temperaturen spielenden Kreisprozeß zur Umgebung übergehen, verhalten sich wie die absoluten Temperaturen, bei denen diese Übergänge stattfinden; der Wirkungsgrad ist durch das Verhältnis der absoluten Temperaturdifferenz zur oberen absoluten Temperatur gegeben.*" (Das gilt sowohl für Wärmekraft- wie für Kraftkälteprozesse.)

Diese Beziehungen bilden für den betrachteten speziellen Fall den Inhalt des 2. *Hauptsatzes für reversible Kreisprozesse.*

Umgekehrt können wir die Erfüllung dieser Gleichungen bei dem thermodynamischen Effekt eines zwischen zwei Temperaturen spielenden Kreisprozesses als *Kriterium der Reversibilität* dieses Kreisprozesses ansehen. Es ist unmöglich, daß ein Kreisprozeß, bei dem diese Beziehungen gelten, mit irgendwelchen irreversiblen Vorgängen verknüpft gewesen ist, da ja solche Effekte durch einen reversiblen Kreisprozeß rückgängig gemacht werden können und somit, im ganzen, ohne äußeren Aufwand der status quo ante wiederhergestellt werden kann.

Spezielle CARNOTsche Kreisprozesse. a) *Isotherme Kreisprozesse.* Eine besondere Rolle spielen noch die isothermen CARNOTschen Kreisprozesse, bei denen $T_2 = T_1$ ist. Hier ist $Q_2 = \frac{T_1}{T_1} \cdot Q_1 = Q_1$, $\frac{A}{Q_2} = \frac{T_1 - T_1}{T_1} = 0$, $A = 0$. Es hat also hier im Endergebnis weder ein Arbeits- noch ein Wärmeaustausch mit der Umgebung stattgefunden: bei *isothermen* umkehrbaren Kreisprozessen ist (entsprechend dem THOMSONschen Theorem) überhaupt keine Umwandlung von Wärme in Arbeit oder von Arbeit in Wärme möglich, es muß also nach dem 1. Hauptsatz ΣA und ΣQ auch einzeln $= 0$ sein.

b) *Der dT-Prozeß.* Eine andere, z. B. von W. NERNST viel benutzte Abart der zwischen nur zwei Temperaturen spielenden Kreisprozesse ist der Kreisprozeß mit endlichem Wärmeaustausch zwischen zwei unendlich benachbarten Temperaturen. Diese Prozesse sind deshalb besonders wichtig, weil die meisten, besonders die chemischen, Anwendungen des 2. Hauptsatzes sich an diese Form am engsten anschließen.

Wir erhalten für einen derartigen umkehrbaren Kreisprozeß, den wir im Sinne des Wärmekraftmaschinenprozesses verlaufend annehmen wollen, und bei dem die endliche Wärmemenge $Q_2 = Q$ bei $T_2 = T$ absorbiert werden soll, aus Gleichung (9) die Beziehung

$$\frac{(\mathfrak{d}A)_{dT}}{Q} = \frac{dT}{T} \quad \text{oder} \quad (\mathfrak{d}A)_{dT} = Q\,\frac{dT}{T}, \tag{10}$$

wobei die Bezeichnung $(\mathfrak{d}A)_{dT}$ ausdrücken soll, daß es sich um eine infinitesimale Arbeit handelt, die bei einem Kreisprozeß zwischen infinitesimal verschiedenen Temperaturen als Endresultat erhalten wurde. $\mathfrak{d}A$ ist hierbei als Absolutwert der ausgetauschten Arbeit aufzufassen. Für $T_2 - T_1$ ist dT gesetzt. Den Inhalt dieser Gleichung pflegt man mit den Worten auszudrücken: „bei Senkung einer Wärmemenge Q um den Betrag dT wird der Bruchteil $\frac{dT}{T}$ dieser Wärmemenge in Arbeit verwandelt." Wir bezeichnen diesen Prozeß künftig als „dT-Prozeß[1]".

Wir haben davon abgesehen, einen solchen Prozeß als Ausgangspunkt unserer allgemeinen Grundbetrachtung zu wählen, einmal weil eine Infinitesimalbetrachtung, die bei den meisten physikalischen Grundbetrachtungen zum Wesen der Sache gehört, hier in der Tat entbehrlich ist, und andererseits, weil wir zur Festlegung der absoluten Temperaturskala sowie zur Ableitung des Wirkungsgrades von Prozessen mit endlich verschiedenen Austauschtemperaturen dann nur durch ein Integrationsverfahren hätten gelangen können.

Irreversible Kreisprozesse zwischen zwei Temperaturen. Die maximale Arbeit. Wir wollen jetzt das erhaltene Resultat unter Beibehaltung der absoluten Temperatur als Temperaturmaß verallgemeinern, indem wir zunächst *irreversible Kreisprozesse* zwischen zwei Temperaturen in den Bereich unserer Betrachtung ziehen.

Dafür wird es jetzt zweckmäßig, wenn wir die Größe Q wieder als Vorzeichengröße auffassen und verwenden, derart, daß Q *positiv* gerechnet wird, wenn es sich um aus der Umgebung *aufgenommene*, *negativ*, wenn es sich um *abgegebene* Wärme handelt. Wir erhalten dann für die bisher betrachteten Wärmemengen Q_1 und Q_2 (bei umkehrbaren Prozessen) verschiedene Vorzeichen, je nachdem wir den Kraftkälteprozeß betrachten (Q_1 positiv, Q_2 negativ) oder den Wärmekraftprozeß (Q_1 negativ, Q_2 positiv); immer aber haben die beiden Wärmemengen entgegengesetztes Vorzeichen. Da nun $\frac{T_2}{T_1}$ immer positiv ist, müssen wir mit der neuen Bedeutung von Q_1 und Q_2 jetzt schreiben:

$$\frac{Q_2}{Q_1} = -\frac{T_2}{T_1},$$

und das können wir umformen in:

$$\frac{Q_1}{T_1} + \frac{Q_2}{T_2} = 0. \tag{11}$$

In Worten: „*Bei einem zwischen zwei Temperaturen spielenden umkehrbaren Kreisprozeß ist die algebraische Summe der aufgenommenen Wärmemengen, jedesmal dividiert durch die zugehörige Austauschtemperatur, gleich Null.*"

Dieser Satz bildet, in entsprechend verallgemeinerter Form, die mathematisch bequemste Form des 2. Hauptsatzes (und zugleich das Reversibilitäts-

[1] Aus den graphischen Darstellungen des folgenden Kapitels liest man ohne weiteres ab, daß Gl. (10) nicht nur für die Fälle gilt, wo Wärme in Strenge nur bei T und $T + dT$ ausgetauscht wurde, also die Veränderung *zwischen* diesen Austauschtemperaturen adiabatisch erfolgte, sondern auch bei nicht adiabatischem Durchschreiten dazwischen gelegener Austauschtemperaturen, da die hierbei ausgetauschten Wärmemengen im Verhältnis zu den — endlichen — isothermen Wärmeeffekten immer unendlich klein sind.

kriterium) für umkehrbare Kreisprozesse, bei denen ein Wärmeaustausch bei beliebig vielen Temperaturen stattfindet (s. den folgenden Paragraphen). Die Arbeit kommt in dieser Formulierung gar nicht vor, doch kann man sie ja immer leicht als die Differenz der aufgenommenen und abgegebenen Wärmemenge berechnen.

Ehe wir jedoch zu der angegebenen Verallgemeinerung fortschreiten, haben wir uns mit der Arbeits- und Wärmebilanz *nicht umkehrbarer* CARNOTscher Kreisprozesse zu beschäftigen. Es läßt sich leicht zeigen, daß ihre Arbeitsbilanz immer ungünstiger sein muß als die umkehrbarer Prozesse.

Um das einzusehen, brauchen wir nur den Beweis, den wir oben für die Eindeutigkeit der Bilanz *reversibler* Kreisprozesse führten, ein wenig abzuändern. Es sei der erste der beiden auf S. 28 (Abb. 3) betrachteten Kreisprozesse reversibel, der zweite dagegen nicht, und es werde, wie wir auch dort annahmen, bei diesem zweiten eine kleinere Wärmemenge Q_2 bei ϑ_2 benötigt, um den gleichen Arbeitsgewinn zu erzielen wie bei dem reversiblen Kreisprozeß. Dann würde die Kombination der beiden Prozesse in demselben Sinne, wie wir sie dort vorgenommen haben, wiederum zu einem arbeitslosen Übergang der Wärme $Q_1' - Q_1$ von ϑ_1 nach ϑ_2 führen, im Widerspruch mit dem CLAUSIUSschen Theorem. Nehmen wir dagegen an, daß bei dem zweiten, nicht umkehrbaren Prozeß bei gleichem Arbeitsresultat die Wärmemenge $Q_2' - A$, die von ϑ_1 nach ϑ_2 gebracht wurde, größer ist als bei dem ersten, umkehrbaren Prozeß, so erhalten wir durch die entsprechende Kombination der beiden Prozesse nur einen Vorgang, dessen Endresultat in einer Wärmeaufnahme bei höherer, einer Wärmeabgabe bei tieferer Temperatur besteht, was ja durchaus möglich ist. Wir müssen also damit rechnen, daß der Wirkungsgrad des nicht umkehrbaren Kreisprozesses *schlechter*, aber nicht besser sein kann als der des umkehrbaren, indem das gleiche Arbeitsresultat von einem größeren Wärmetransport von oben nach unten begleitet ist.

Ganz in derselben Weise läßt sich zeigen, daß bei einem Kraftkältekreisprozeß zwischen zwei Temperaturen die zur Entziehung einer bestimmten Wärme Q_1 benötigte Arbeit im irreversiblen Falle nicht kleiner, aber wohl größer sein kann als im reversiblen Fall. Auch hier erscheint also der Wirkungsgrad des Prozesses verschlechtert[1].

Allgemein läßt sich also ein günstigerer Wirkungsgrad als bei den reversiblen Kreisprozessen durch alle irreversiblen Kreisprozesse nicht erreichen, die reversiblen Kreisprozesse sind mit dem *maximalen Arbeitsgewinn* und dem *minimalen Arbeitsaufwand* verbunden. Das ist der Grund, weshalb die reversiblen Kreisprozesse, trotzdem man eine gewisse Mühe aufwenden muß, um sie zu verwirklichen, in der Technik aller Wärmekraft- und Kraftkältemaschinen als das anzustrebende Ideal eine so große Rolle spielen.

Wir wollen nun untersuchen, welche Gleichung bei *irreversiblen* Kreisprozessen zwischen zwei Temperaturen an Stelle der Gleichung (11) tritt. Bei Kraftkälteprozessen gehört, wie wir sahen, zu der gleichen aufgewendeten Arbeit im Falle der Irreversibilität eine kleinere aufgenommene Wärmemenge Q_1, also zu der gleichen Wärmemenge Q_1 eine *größere* aufgewendete Arbeit als bei reversiblen Prozessen. Infolgedessen ist auch Q_2 (welches dem Vorzeichen nach negativ ist) bei gleichem Q_1 den absoluten Betrage nach größer als beim reversiblen Prozeß. Es ist also $\frac{(Q_2)_{irr}}{T_2} + \frac{(Q_1)_{irr}}{T_1}$ algebraisch kleiner als im reversiblen Fall, also nach (11) negativ. Ebenso ist beim irreversiblen Wärmekraftkreisprozeß bei gleicher aufgenommener Wärme Q_2 die Arbeitsleistung geringer, also die (negative) Wärme-

[1] Der Absolutwert von η ist hier natürlich größer. Das bedeutet aber, eben weil es sich um *aufzuwendende* Arbeit handelt, eine Verschlechterung.

menge Q_1 (absolut genommen) größer als beim reversiblen Prozeß. Infolgedessen ist auch hier $\frac{(Q_2)_{irr}}{T_2} + \frac{(Q_1)_{irr}}{T_1}$ kleiner als im reversiblen Falle, also kleiner als Null. Es tritt also der reversiblen Gleichung (11) für Kreisprozesse, die zwischen zwei Temperaturen spielen, die irreversible Ungleichung zur Seite:

$$\frac{(Q_1)_{irr}}{T_1} + \frac{(Q_2)_{irr}}{T_2} < 0. \tag{12}$$

Diese Ungleichung ist zugleich das Irreversiblitätskriterium für Kreisprozesse, über deren Reversibilitätseigenschaften man nichts weiß, und von denen man nur die thermodynamischen Effekte kennt; denn, wie wir sahen, müssen ja bei einem Kreisprozeß die thermodynamischen Effekte allein das Merkmal der Reversibilität oder Irreversibilität an sich tragen. Übrigens kann man aus einem beliebigen Kreisprozeß, der Gleichung (12), nicht Gleichung (11) erfüllt, durch Hinzufügen eines geeigneten reversiblen Kreisprozesses immer auf ein notorisch irreversibles Gesamtresultat, z. B. den Wärmetransport von T_2 nach T_1 ohne Arbeitsleistung, kommen.

Rückblick. Mit Aufstellung der Gleichungen (11) und (12) sind zwei Aufgaben, die uns bei dem bisher verfolgten Wege entgegentraten, partiell gelöst. Es ist, wenigstens für den Fall der nur zwischen zwei Temperaturen spielenden Kreisprozesse, gelungen, der außerthermodynamischen Beziehung des 1. Hauptsatzes die entsprechende des 2. Hauptsatzes gegenüberzustellen, und es ist zugleich gelungen, die Eigenart der thermodynamischen Systeme, für deren Veränderungen diese Fassung des 2. Hauptsatzes gilt, zu kennzeichnen (thermische Gleichgewichtssysteme oder „quasistatische" Systeme). Andererseits ist das in § 3 aufgetauchte Problem, bei irreversiblen Prozessen ein Maß für den Aufwand zu finden, der zur Wiederherstellung des Anfangszustandes notwendig ist, wenigstens in Angriff genommen; es ist gelungen, für Kreisprozesse zwischen zwei Temperaturen einen Ausdruck zu finden, der bei reversiblen Kreisprozessen verschwindet, bei irreversiblen aber negativ ist. Wie sich, nach Verallgemeinerung dieses Ausdrucks für beliebige Kreisprozesse, von hier aus ein Maß für Irreversibilität des Übergangs aus einem thermischen Gleichgewichtszustand in einen anderen finden läßt, wird sich in unserer Darstellung allerdings erst später (§ 7) ergeben.

Ferner sind wir aber jetzt an einem Punkt angelangt, wo schon eine nachträgliche Rechtfertigung der in § 1 eingeführten Vorschriften und Definitionen, insbesondere der etwas enger als üblich gefaßten Definition eines Wärmeübergangs, möglich ist. Wir sagten, daß wir nur solche Wirkungen eines Systems auf seine Umgebung als Wärmeübergang bezeichnen wollten, die bei sehr wenig verschiedenen Temperaturen der Systemgrenze und der Umgebung vor sich gehen, die also durch eine einheitliche Austauschtemperatur zu charakterisieren wären. Wir erkennen jetzt, daß wir mit dieser Bedingung die Forderung gestellt haben, daß der Wärmeübergang an der Grenze eines thermodynamischen Systems (ebenso wie wir es vom Arbeitsaustausch wissen) in *reversibler* Weise vor sich gehen soll; würde der Wärmeübertragungskörper die Wärme bei einer höheren Temperatur aufnehmen und bei einer wesentlich tieferen abgeben, so hätten wir offenbar, wenn der Übertragungskörper sich am Anfang und Ende auf einer gleichen (mittleren) Temperatur befände, einen irreversiblen Kreisprozeß vor uns. Den Grad der Irreversibilität können wir uns etwa durch die Arbeit $A = Q_2 \cdot \frac{T_2 - T_1}{T_2}$ gemessen denken, die zur Rückgängigmachung des Wärmeaustausches bei verschiedenen Temperaturen T_2 und T_1 des Systems und der Umgebung notwendig wäre. Und von hier aus können wir auch die früher noch unbestimmt gelassenen zulässigen Temperaturunterschiede festlegen, bei denen wir noch von einem (reversiblen)

Wärmeübergang sprechen wollen, indem wir verlangen, daß der hier durch das Verhältnis $\frac{A}{Q_2}$ auszudrückende Grad der Irreversibilität unter einem gewissen mit den Genauigkeitsgrenzen der Beobachtungen zusammenhängenden Mindestmaß, etwa 1% bis 1‰, bleibt. Dementsprechend dürfte sich bei 15° C (ca. 300° abs.) die Temperaturdifferenz bis auf maximal 3 bzw. 0,3° erstrecken.

Ist es nun aber für die thermodynamische Begriffsbildungen zweckmäßig, den Begriff des Wärmeübergangs auf den des praktisch reversiblen Wärmeübergangs zu beschränken? Wir möchten diese Frage mit aller Entschiedenheit bejahen, denn nur bei dieser Definition des Wärmeübergangs tritt automatisch jene Zuordnung der übergehenden Wärmemenge zu einer bestimmten Austauschtemperatur auf, die in allen mathematischen Formulierungen des 2. Hauptsatzes sowohl für reversible wie irreversible Prozesse als bisher meist unausgesprochene Voraussetzung enthalten ist. Über die reversiblen Prozesse, die ja quasi statische Prozesse sind, braucht in diesem Zusammenhang gar nicht weiter gesprochen zu werden. Aber auch bei irreversiblen Vorgängen innerhalb des Systems bietet die Thermodynamik nur dann ein Mittel, über das Maß der Irreversibilität dieser Vorgänge eine Aussage zu machen, wenn die bei dem Prozeß ausgetauschten Wärmemengen *und die dazugehörigen Austauschtemperaturen* bekannt sind (vgl. § 6 und 7). Legt man einen Teil der Irreversibilität in die thermodynamische Wechselwirkung des Systems mit seiner Umgebung, so versagt diese Methode, weil die Beobachtung den reversiblen und irreversiblen Teil der an der Grenze ausgetauschten Wirkungen nicht zu sondern vermag.

Endlich kann noch darauf hingewiesen werden, daß man bei unserer Definition des Wärmeübergangs im Grunde auch mit den molekulartheoretischen Vorstellungen von „Wärme" völlig im Einklang ist. Molekulartheoretisch ist ja der Begriff der Wärme an den Begriff der molekularen Unordnung, eines gegenseitigen Ausgleichs aller molekularen Bewegungen, das Fehlen eines Richtungssinnes in den Molekularbewegungen, geknüpft; ein „Wärmeübergang" zwischen endlich verschieden temperierten Körpern würde aber teilweise noch geordnete Bewegungselemente der kleinsten Teilchen enthalten, einseitige Impulse in Richtung des Wärmegefälles, die in gewissen Fällen, z. B. beim KNUDSEN-Effekt, zu sichtbaren Wirkungen verwendet werden können.

Der Grund, weshalb man in vielen Fällen auch die Wirkungen, die bei der Berührung verschieden temperierter Körper ausgetauscht werden, einem Wärmeübergang äquivalent setzen und auch zu Meßzwecken benutzen kann (s. S. 11), liegt in der gewissermaßen zufälligen Tatsache, daß sich *nach* Ablauf des betreffenden, teilweise irreversiblen Vorgangs bei allen einigermaßen dichten Körpern nach sehr kurzer Zeit, und *während* des Ablaufs schon in sehr geringer Entfernung von der Übergangsstelle, ein vollkommener oder annähernder thermischer Gleichgewichtszustand einzustellen pflegt, so daß die Wirkung nach kurzer Zeit die gleiche ist, *als ob* ein reversibler Wärmeaustausch stattgefunden hätte. Gleichwohl scheint es aus dem erwähnten Grunde nicht angebracht, einen solchen Vorgang ebenfalls als Wärmeübergang zu bezeichnen.

Endlich mag hier noch eine abgekürzte Formulierung der thermodynamischen Beziehungen bei Kreisprozessen erwähnt werden, aus der die enge Verbindung der Begriffe „Wärmemenge" und „Austauschtemperatur" besonders klar wird. Nach den Beziehungen des 1. Hauptsatzes für Kreisprozesse pflegt man von der gegenseitigen „Verwandlung" von Arbeit in Wärme und umgekehrt zu sprechen. Arbeiten können nun, wie sie mit demselben Übertragungskörper übertragen und aufgenommen werden können, so auch mit Hilfe von Kreisprozessen beliebig ineinander „verwandelt" werden; für die „Verwandlung verschiedener Wärmemengen ineinander" bestehen jedoch nach dem 2. Hauptsatz Einschränkungen. So stellt sich die Verwandlung von „Wärme höherer Austauschtemperatur" in solche tieferer Austauschtemperatur (ohne Arbeitsgewinn) als ein irreversibler Prozeß dar; Wärmemengen bei verschiedenen Austauschtemperaturen sind *nicht* beliebig ineinander verwandelbar, nicht beliebig miteinander vertauschbar. *Eine Wärmemenge ist etwas anderes, je nach der Austauschtemperatur, bei der sie übertragen wird.* Mit diesem Satze ist wohl am klarsten die Notwendigkeit begründet, Wärmemengen nur im Zusammenhang mit einer bestimmten Austauschtemperatur einzuführen, also „irreversible Wärmeübergänge" von der Betrachtung auszuschließen.

§ 5. Thermodynamische Kreisprozesse zwischen beliebigen Temperaturen.

Ableitung der verallgemeinerten Beziehungen. Wie verallgemeinern sich die Sätze über den Wirkungsgrad und das Wärmeverhältnis und damit die Reversibilitäts- und Irreversibilitätskriterien bei solchen Kreisprozessen, bei denen Wärme nicht nur bei zwei verschiedenen, sondern bei einer beliebigen Folge von Austauschtemperaturen aufgenommen oder abgegeben wird?

Die Antwort auf diese Frage erhalten wir aus unseren bisherigen Sätzen ohne weiteres, wenn es uns gelingt, den thermodynamischen Effekt eines solchen Kreisprozesses durch eine Summe von Einzelprozessen darzustellen, von denen jeder einzelne umkehrbar ist und nur zwischen je zwei Temperaturen spielt. Ob, wann und in welcher Weise dies möglich ist, erkennen wir mühelos aus einer graphischen Darstellungsweise, die bei vielen thermodynamischen Prozessen, besonders in der technischen Thermodynamik, mit Erfolg benutzt wird.

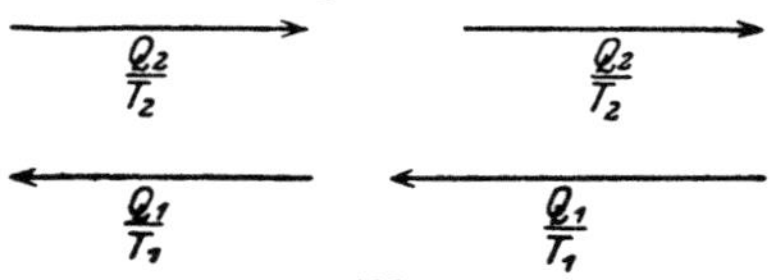

Abb. 5.
Reversibler Irreversibler
Wärmekraft-Kreisprozeß zwischen zwei Temperaturen.

Diese Darstellungsweise beruht darauf, daß man nicht die aufgenommenen oder abgegebenen Wärmemengen selbst, sondern die „reduzierten", d. h. durch die zugehörige Austauschtemperatur dividierten Wärmemengen als Strecken untereinander aufträgt, und zwar wieder wie früher mit einem Richtungspfeil versehen, so daß beispielsweise positive (aufgenommene) Wärmemengen durch einen Pfeil nach rechts, negative durch einen Pfeil nach links bezeichnet werden. Für einen nur zwischen zwei Temperaturen spielenden umkehrbaren Kreisprozeß erhält man so zwei bis auf den Richtungssinn gleiche Striche, während sich für einen ebensolchen nichtumkehrbaren Kreisprozeß zwei ungleiche Striche ergeben, deren richtungsmäßige Summierung entsprechend § 4 (12) einen Überschuß in der Linksrichtung ergibt (s. Abb. 5, wo die Pfeilrichtungen einem Wärmekraftprozeß entsprechen). Ein noch besseres Bild erhält man, wenn man den senkrechten Abstand der beiden kennzeichnenden Strecken voneinander und von einer Nullinie in bestimmter Weise wählt, nämlich numerisch gleich $T_2 - T_1$ bzw. T_1 und T_2 macht, sich die Nullinie selbst einzeichnet und von den Endpunkten der Strecken $\frac{Q_2}{T_2}$ und $\frac{Q_1}{T_1}$ das Lot auf die Nullinie fällt (Abb. 6). Es werden nämlich dann die nach rechts oben bzw. links oben schraffierten Rechtecke direkt numerisch gleich den Größen $\frac{Q_2}{T_2} \cdot T_2 = Q_2$ bzw. $\frac{Q_1}{T_1} \cdot T_1 = Q_1$, und zwar mögen die nach rechts oben schraffierten Rechtecke die von dem System aufgenommenen, die nach links oben schraffierten die von dem System abgegebenen Wärmemengen bezeichnen. Die Differenz dieser beiden Arten von Flächen ist nun aber weiter nach dem 1. Hauptsatz gleich der negativen aufgenommenen oder gleich der positiven abgegebenen Arbeit. So bedeutet also z. B. das linke Schaubild in Abb. 6 einen umkehrbaren Kreisprozeß zwischen T_2 und T_1, der im Sinne des Wärmekraftmaschinenprozesses verläuft. Es bezeichnet das größere (nach rechts schraffierte) Rechteck die bei T_2 aufgenommene, das kleinere (nach links schraffierte) Rechteck die bei T_1 abgegebene Wärmemenge, das kleinste zwischen den beiden kennzeichnenden Strecken liegende Rechteck den Betrag der geleisteten Arbeit. Man liest aus der Figur ohne weiteres die Folgerung ab:

$$Q_2 : (-Q_1) : A = T_2 : T_1 : (T_2 - T_1)$$

im Einklang mit den Gleichungen (8) und (9) des § 4. Im rechten Bild der Abb. 6, die einem irreversiblen Wärmekraftkreisprozeß zwischen T_1 und T_2 entspricht, ist das Bild nicht ganz so einfach. Die Arbeit berechnet sich hier als die Differenz des oberen und seitlichen Überschusses der beiden Wärmerechtecke, und man sieht ohne weiteres, daß hier bei gleichem $\frac{Q_2}{T_2}$ die Arbeit kleiner, also der Wirkungsgrad schlechter sein muß als bei dem reversiblen Prozeß.

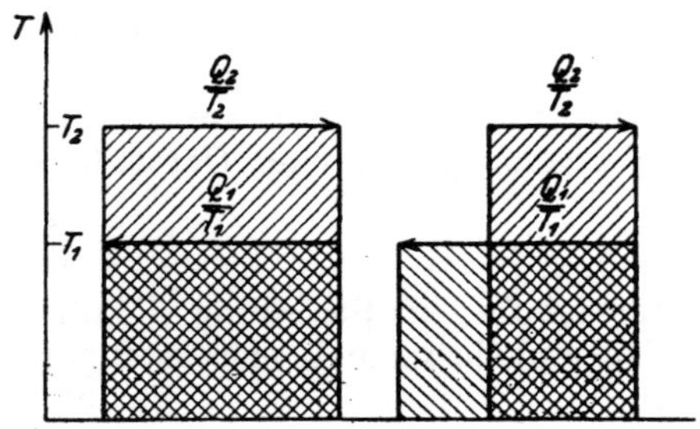

Abb. 6.
Reversibler Irreversibler
Wärmekraft-Kreisprozeß zwischen zwei Temperaturen.

Nun gehen wir gleich zu allgemeinen — reversiblen oder irreversiblen — Kreisprozessen mit Wärmeaustausch bei stetig veränderlicher Temperatur über, die wir uns folgendermaßen graphisch veranschaulichen. Wir legen in einer Ebene, in der zunächst nur die absolute Temperatur auf einer Ordinatenachse markiert ist, in der Höhe der (beliebigen) Anfangsaustauschtemperatur T_0 des Kreisprozesses, aber sonst in ganz beliebiger Entfernung von der Ordinatenachse einen Punkt P_0 fest (Abb. 7). Der erste (unendlich kleine) Schritt des nun beginnenden Wärmeaustausches hat zur Folge, daß eine Wärmemenge $\mathfrak{d}Q$ bei der Temperatur T_0 aufgenommen und zugleich — in der Regel — die Austauschtemperatur, bei der die nächste Wärmeaufnahme stattfindet, um eine unendlich kleine Größe dT geändert wird. (Um den Zusammenhang zwischen $\mathfrak{d}Q$ und dT, der noch von der etwaigen gleichzeitig geleisteten Arbeit abhängen kann, brauchen wir uns hierbei nicht zu kümmern.) Diesen ersten Schritt markieren wir uns dadurch, daß wir von dem Punkt P_0 gleichzeitig um dT nach oben und um den Betrag $\frac{\mathfrak{d}Q}{T_0}$ nach rechts fortschreiten, falls $\mathfrak{d}Q$ und dT positiv sind; sonst nach unten bzw. nach links. Von dem nunmehr erreichten Punkt aus markieren wir den zweiten unendlich kleinen Wärmeschritt in derselben Weise, und so fort für den ganzen Kreisprozeß; zum Schluß werden wir, wenn die letzte Austauschtemperatur wieder gleich T_0 war, wieder in derselben Höhe wie P_0 angekommen sein, wissen aber nicht, ob wir dabei eine geschlossene Kurve (Abb. 7 links) oder eine offene (Abb. 7 rechts) zurückgelegt haben. (Die Abszisse haben wir bei dieser

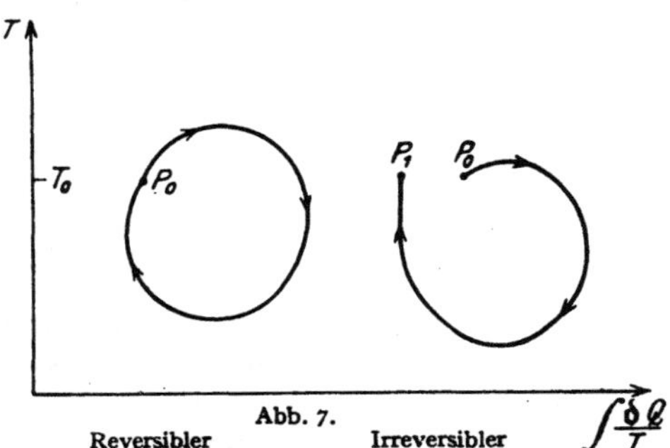

Abb. 7.
Reversibler Irreversibler
Wärmekraft-Kreisprozeß bei stetig veränderter Temperatur.

Darstellung mit $\int \frac{\mathfrak{d}Q}{T}$ zu bezeichnen, da wir bei jedem Einzelschritt in der Abszissenrichtung um $\frac{\mathfrak{d}Q}{T}$ vorwärts gegangen sind.) Wir beweisen nun, daß die linke Figur in Abb. 7 dem umkehrbaren Fall entspricht, und erhalten dabei zugleich die allgemeine Formulierung des 2. Hauptsatzes für beliebige umkehrbare Kreisprozesse. Wir schneiden zunächst aus der umschlossenen Fläche der Figur durch zwei benachbarte zur T-Achse parallele Gerade einen unendlich schmalen Streifen heraus (Abb. 8). Betrachten wir den Wärmeaustausch in dem durch diesen Streifen ausgeschnittenen Gebiet, so sehen wir, daß hier nur bei *einer* höheren Temperatur T_2 eine (unendlich kleine) Wärmemenge $\mathfrak{d}Q_2$ aufgenommen und bei *einer* tieferen Temperatur T_1 eine andere Wärmemenge $\mathfrak{d}Q_1$ abgegeben ist, und zwar stehen diese Wärmemengen unserer Darstellungsweise zufolge in der Beziehung

$$\frac{\mathfrak{d}Q_2}{T_2} + \frac{\mathfrak{d}Q_1}{T_1} = 0 .$$

Das ist aber die Beziehung, die für einen zwischen nur zwei Temperaturen spielenden umkehrbaren Kreisprozeß gelten würde, bei dem die Wärmemenge $\mathfrak{d}Q_2$ bei T_2 aufgenommen und nur bei T_1 Wärme abgegeben wird. Diesen Prozeß können wir also mit Hilfe eines Kreisprozesses rückgängig, ungeschehen, machen und damit diesen Teilwärmeeffekt unseres allgemeinen Kreisprozesses aus der Welt schaffen. Da wir nun aber unseren Streifen beliebig an jede Stelle der Kurve legen können, können wir auf diese Weise den ganzen Wärmetransport von oben nach unten, der mit unserm allgemeinen Kreisprozeß verbunden war, durch neue elementare Kreisprozesse wieder rückgängig machen und haben somit schließlich einen Gesamtkreisprozeß ohne jeden Wärmeaustausch mit der Umgebung. Dann muß aber nach dem 1. Hauptsatz auch die Gesamtarbeit $= 0$ sein, d. h. in dem durch die Kurve Abb. 8 dargestellten Kreisprozeß ist außer den Wärmewirkungen auch die Arbeitswirkung mit Hilfe von Kreisprozessen wieder rückgängig gemacht, d. h. es besteht vollkommene Umkehrbarkeit seiner thermodynamischen Effekte.

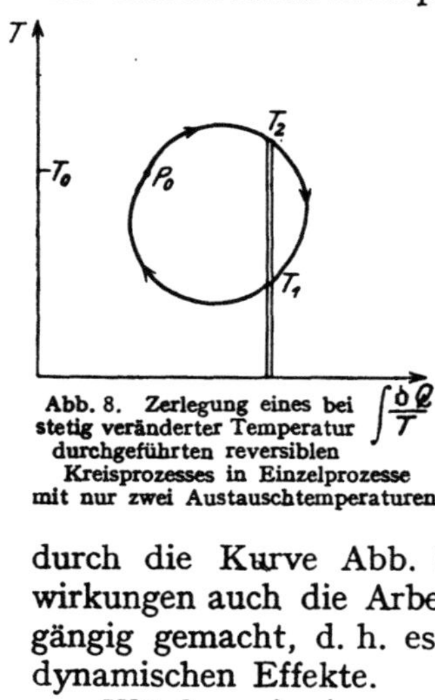

Abb. 8. Zerlegung eines bei stetig veränderter Temperatur durchgeführten reversiblen Kreisprozesses in Einzelprozesse mit nur zwei Austauschtemperaturen. $\int \frac{\mathfrak{d}Q}{T}$

Würden wir dagegen dasselbe Verfahren auf den zweiten Kreisprozeß der Abb. 7 anwenden, so würden wir zwar überall dort Teile der Kurve „weglöschen" können, wo ein oberer und ein unterer Ast übereinanderliegen. Im übrigen würde es uns durch elementare umkehrbare Kreisprozesse zwischen zwei Temperaturen aber nur gelingen, die zwischen der Abszisse von P_0 und P_1 aufgenommenen (in unserer Zeichnung negativen) Wärmemengen auf eine andere Temperatur (beispielsweise die Temperatur T_0) zu bringen und so die Effektkurve in bezug auf die Höhenlage der Wärmeeffekte umzuformen, z. B. in eine horizontale Gerade zwischen P_0 und P_1 zu verwandeln; dagegen könnten wir den horizontalen Abstand $P_0 \rightarrow P_1$ so auf keine Weise aus der Welt schaffen oder auch nur verändern.

Wir zeigen nun noch, daß der Punkt P_1, wie in Abb. 7 gezeichnet, immer links von P_0 liegen muß, wenn die von dem System *aufgenommenen* Wärmen nach rechts aufgetragen werden. In der Tat, läge P_1 rechts von P_0, so könnten wir mit Hilfe der geschilderten elementaren Kreisprozesse als Gesamteffekt einer Reihe von Kreisprozessen (die wieder als ein einziger Kreisprozeß aufgefaßt werden können) eine horizontale Kennlinie in Richtung von P_0 nach P_1 (d. i. nach rechts), also eine Wärmeaufnahme bei konstanter Temperatur, erhalten. Dem würde nach dem 1. Hauptsatz eine ebenso große an die Umgebung abgegebene Arbeitsleistung entsprechen, was dem THOMSONschen (und damit dem CLAUSIUSschen) Prinzip zuwider ist. P_1 kann also nur links von P_0 liegen und der Effekt des Gesamtkreisprozesses (Kreisprozeß Abb. 7 rechts + Elementarkreisprozesse, die die übereinanderliegenden Kurventeile weglöschen) würde dann eine Verwandlung von Arbeit in Wärme von konstanter Temperatur bedeuten. Da dies ein irreversibler Vorgang ist, und da die zu Hilfe genommenen Elementarkreisprozesse reversibel waren, so muß also schon der ursprüngliche Kreisprozeß, der nicht wieder in der Abszisse von P_0 endigte, irreversibel gewesen sein.

Was bedeutet nun der Abszissenunterschied, der horizontale Abstand von P_0 und P_1, der nach diesen unseren Betrachtungen für die Frage der Reversibilität oder Irreversibilität des allgemeinen Kreisprozesses maßgebend ist? Dieser Abstand hat sicherlich mit den *inneren* Eigenschaften des betreffenden Systems gar nichts zu tun, denn wir nehmen ja in beiden Fällen einen *Kreis*prozeß an, das System befindet sich also in P_0 und P_1 in völlig gleichem inneren Zustande. Dagegen besteht offenbar zwischen dem reversiblen und irreversiblen Fall der Unterschied, daß die Summe der $\frac{\mathfrak{d}Q}{T}$-Schritte verschieden ist. Im Falle der geschlossenen Kurve ist die Summe oder, wie wir besser schreiben, das Integral $\oint \frac{\mathfrak{d}Q}{T}$ der reduzierten Wärmemengen bei dem ganzen Kreisprozeß gleich Null, da im ganzen ebensoviel $\frac{\mathfrak{d}Q}{T}$-Schritte nach rechts wie nach links getan sind; im zweiten irreversiblen Falle ist dagegen $\oint \frac{\mathfrak{d}Q}{T}$ negativ, kleiner als Null, also $-\oint \frac{\mathfrak{d}Q}{T}$ immer positiv. (Der Kreis unter dem Integralzeichen bedeutet, wie schon S. 15 bemerkt, Integration über einem *Kreisprozeß*.) Und zwar ist offenbar der absolute Betrag des Integrals $\oint \frac{\mathfrak{d}Q}{T}$, also der Abszissenabstand zwischen Anfangs- und Endpunkt, für den Grad der Irreversibilität des Kreisprozesses maßgebend, da sich diese Größe durch keinen reversiblen Kreisprozeß verringern und durch irreversible Kreisprozesse nur vermehren läßt. Wir erhalten also die quantitativen Aussagen des 2. Hauptsatzes für allgemeine Kreisprozesse in der Form:

„*Bei umkehrbaren Kreisprozessen ist immer das Integral der vom System aufgenommenen und abgegebenen reduzierten Wärmemengen* $\oint_{rev} \frac{\mathfrak{d}Q}{T} = 0$.

„*Bei irreversiblen Kreisprozessen ist immer* $\oint_{irr} \frac{\mathfrak{d}Q}{T} < 0$ *oder* $-\oint_{irr} \frac{\mathfrak{d}Q}{T} > 0$.

Allgemein:

$$-\oint_{irr} \frac{\mathfrak{d}Q}{T} > 0\,, \tag{1}$$

$$\oint_{rev} \frac{\mathfrak{d}Q}{T} = 0\,. \tag{2}$$

Gleichungen (11) und (12), § 4, erweisen sich als Spezialfälle dieser Gleichungen, wie es sein muß.

Arbeitsbedeutung des Irreversibilitätsmaßes der Kreisprozesse. Wir wollen uns die Effektbedeutung (im Sinne der Definition eines „Kreisprozeßeffektes“

nach S. 25) des hier gefundenen Irreversibilitätsmaßes $-\int\limits_{\mathfrak{O}_{irr}} \frac{\mathfrak{d}Q}{T}$ noch etwas zu veranschaulichen suchen. Das gelingt am besten, wenn wir die vom Kreisprozeßsystem ausgetauschten Arbeits- und Wärmeeffekte nicht zu ferneren Wirkungen in der Umgebung verwandt denken (bei denen von neuem irreversible Prozesse vorkommen könnten), sondern aufgespeichert in Arbeits- und Wärmespeichern. Die Aussage, daß das Integral $-\int\limits_{\mathfrak{O}_{irr}} \frac{\mathfrak{d}Q}{T}$ auf keine Weise zu vermindern oder aus der Welt zu schaffen ist, bedeutet dann, daß sich in den Wärmespeichern ein Rest von abgegebenen oder entzogenen Wärmemengen vorfinden muß, der in keiner Weise durch Kreisprozesse wieder zu beseitigen ist. Wohl aber kann man diese Resteffekte, wie schon bemerkt, durch reversible Kreisprozesse verlagern und auf eine Form bringen, die sich im Wärmediagramm als eine von der Abszisse von P_0 nach der Abszisse von P_1 in beliebiger Höhe T_a parallel zur Abzissenachse verlaufende Gerade darstellt, deren Länge durch $-\int\limits_{\mathfrak{O}_{irr}} \frac{\mathfrak{d}Q}{T}$ gegeben ist. Ein solcher Endeffekt bedeutet offenbar Aufspeicherung der Wärmemenge $T_a \cdot \int\limits_{\mathfrak{O}_{irr}} \frac{\mathfrak{d}Q}{T}$ bei einer einzigen (willkürlichen) „Aufspeicherungstemperatur" T_a; nach dem 1. Hauptsatz muß die entsprechende Arbeit dabei den Arbeitsspeichern entnommen sein. Der ganze irreversible Effekt läßt sich also immer auf eine Endform bringen, bei der nur Arbeit aufgenommen und Wärme bei einer Temperatur abgegeben wurde. Wäre diese Arbeit von der Aufspeicherungstemperatur unabhängig, so würde sie offenbar selbst das anschaulichste Maß für die Irreversibilität des Vorgangs darstellen; sie wäre der Aufwand, der dem ganzen System (Kreisprozeßsystem plus Speichern) *von außen* zugeführt werden müßte, um (unter gleichzeitiger entsprechender Wärmeentziehung) hier alles wieder in den alten Zustand zu bringen. Wie uns der obige Ausdruck zeigt, ist jedoch diese Arbeit nicht eindeutig, sondern der Aufspeicherungstemperatur proportional; nur $\frac{A_{T_a}}{T_a}$ ist eindeutig gleich dem oben eingeführten Irreversibilitätsmaß. Als anschaulichstes Effektmaß der Irreversibilität eines Kreisprozesses können wir also vielleicht diese, durch die (willkürliche) Aufspeicherungstemperatur *reduzierte Arbeit* ansehen, die entweder den Arbeitsspeichern oder, falls diese wieder in den Anfangszustand gebracht sein sollen, der weiteren Umgebung entnommen sein muß. Die wirkliche Arbeit ergibt sich hiernach durch Multiplikation mit der Aufspeicherungstemperatur der entsprechenden Wärmemenge.

Die Arbeit bei allgemeinen Kreisprozessen. Wir sehen jetzt von nachträglichen Zusatzkreisprozessen wieder ab und fragen nach der Gesamtarbeit, die bei den in Abb. 7 dargestellten allgemeinen Kreisprozessen gewonnen oder aufgewandt worden ist. Eine einfache mathematische Verallgemeinerung der Wirkungsgradgleichung (9), § 4, oder eine Zurückführung auf die Integrale der Gleichung (1) ist jedoch hier nicht möglich, da nach dem 1. Hauptsatz die Arbeit $\int \mathfrak{d}A = -\int \mathfrak{d}Q$ zu setzen ist. (Wir wollen von jetzt an auch unter A und $\mathfrak{d}A$ wieder den (positiven oder negativen) Wert der vom System *aufgenommenen* Arbeit verstehen.) Jedoch gestattet wieder die graphische Darstellung der Abb. 7 eine direkte Übersicht. Fällen wir bei der linken Kurve in Abb. 7, die einen reversiblen Kreisprozeß darstellt, von den beiden seitlichsten Punkten der Kurve das Lot auf die Nullinie (Abb. 9a), so gibt bei dem eingezeichneten Pfeilsinn die nach rechts oben schraffierte Fläche die im ganzen aufgenommene, die nach links schraffierte die im ganzen abgegebene Wärmemenge an, da jede dieser Flächen sich als das Integral der Elementarflächen $\frac{\mathfrak{d}Q}{T} \cdot T = \mathfrak{d}Q$ darstellt. Die Differenz dieser Flächen ist die von der Kurve eingeschlossene Fläche; bei reversiblen Kreisprozessen ist also die im ganzen geleistete Arbeit unmittelbar aus der benutzten graphischen Darstellung abzulesen. (Dagegen besteht kein ablesbarer Zusammenhang zwischen der Einzelarbeit $\mathfrak{d}A$ und den Wärmen und Austauschtemperaturen $\mathfrak{d}Q$ und T bei jedem Einzelschritt!) Nach Abb. 9a wäre die aufgenommene Wärmemenge größer als die abgegebene, das Ganze also ein Wärmekraftprozeß. Würde der Kreisprozeß im umgekehrten Sinne durchlaufen (Kraftkälteprozeß), so würden die beiden Wärmeintegrale und demnach auch die Gesamtarbeit ihr Vorzeichen vertauschen. Allgemein zeigt eine nach rechts umlaufene Kurve eine nach außen *geleistete*, eine nach links umlaufene eine von dem System *aufgenommene* Arbeit an.

Bei nicht umkehrbaren Kreisprozessen (Abb. 9b) liegt die Sache wieder etwas komplizierter. Wieder bedeuten die nach rechts und links oben schraffierten Gebiete die aufgenommene und abgegebene Wärmemenge, doch ist hier die geleistete Arbeit als Differenz eines oberen und eines seitlichen nur in einer Richtung schraffierten Flächenstückes zu berechnen. — Eine Umkehrung des Umlaufsinnes in Abb. 9b ist natürlich nicht möglich; vielmehr würde ein irreversibler Kraftkälteprozeß durch eine Figur wie Abb. 9c charakterisiert sein. Die aufgewandte Arbeit ist hier größer als im reversiblen Fall; sie ist durch die nur in einer Richtung schraffierte Fläche gegeben.

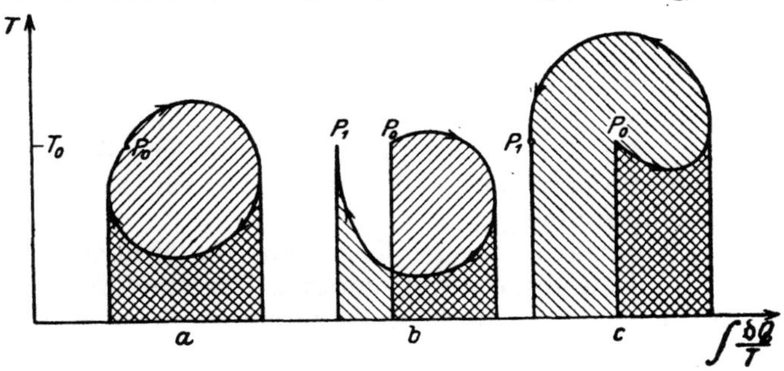

Abb. 9. Darstellung allgemeiner Kreisprozesse im Wärmediagramm.

Die hier benutzte Darstellung bezeichnet man als Darstellung durch „*Wärmediagramm*", und zwar speziell, wenn es sich um geschlossene Kurven, d. h. reversible Prozesse handelt. Es hat dann die Abszisse eine besondere Bedeutung, auf die wir weiter unten zu sprechen kommen (Entropie des Systems!). Die Darstellung irreversibler Prozesse durch offene Kurven wird praktisch im allgemeinen nicht benutzt; man sucht dann vielmehr die Systemgrenze so zu wählen, daß die irreversiblen Vorgänge sich außerhalb des Systems abspielen und dafür die thermodynamischen Effekte gegenüber denen des irreversiblen Prozesses in gewisser Weise reduziert erscheinen, also eine gewisse Schrumpfung des ursprünglich irreversiblen Wärmediagramms eintritt[1].

Die Problemstellung der technischen Thermodynamik. *1. Die Wärmekraftmaschine.* Als Wärmequelle für den arbeitleistenden Kreisprozeß sei ein „Feuer" gegeben, das so heiß sei, daß es die in ihm chemisch erzeugte Wärme (wie bei den Heizungen der Dampfmaschinen) bei jeder beliebigen praktisch erreichbaren Austauschtemperatur an das Kreisprozeßsystem (Wasserdampf bzw. flüssiges Wasser) abzugeben vermag. Für die Wärmeentziehung sei als tiefste Temperatur die Temperatur T_1 der Umgebung (ca. 300° absolut) gegeben. Wie ist der Kreis-

[1] Vgl. z. B. die Darstellung der technischen Thermodynamik von M. Schröter und L. Prandtl: Enz. d. math. Wiss. Bd. 5, 1, S. 232—286.

prozeß zu führen, um die vom Feuer abgegebene Wärme zu einem möglichst hohen Betrag in Arbeit zu verwandeln?

Wir wissen zunächst, daß nur reversible Kreisprozesse in Frage kommen können, da diese den höchsten Arbeitsertrag liefern. Der fragliche Kreisprozeß muß also bei unserer graphischen Darstellung durch eine geschlossene Kurve dargestellt sein. Es ist nun leicht einzusehen, daß der günstigste Prozeß durch ein Rechteck dargestellt wird, das unten durch die Linie $T = T_1$, oben durch die höchste praktisch erreichbare Temperatur $T = T_2$ begrenzt ist. Denn für jede *innerhalb* dieses Rechtecks liegende geschlossene Kurve (Abb. 10) ist das Verhältnis der eingeschlossenen Fläche (Arbeit) zu der aufgenommenen Wärmemenge (Fläche zwischen oberer Grenzkurve und Nullinie) schlechter, und zwar sowohl, wenn der obere Ast der Kurve unter T_2, wie wenn der untere Ast der Kurve über T_1 liegt. Wir erhalten also als Idealfall den nur zwischen zwei Temperaturen spielenden umkehrbaren (CARNOTschen) Kreisprozeß, wobei noch die obere Temperatur so hoch wie möglich zu wählen ist. Bei der Dampfmaschine ist dies allerdings wegen der mit der Temperatur rasch zunehmenden Spannung des Wasserdampfes bisher normalerweise nur bis zu etwa $T_2 = 430^0$ möglich gewesen, so daß $\eta = \frac{430 - 300}{430} =$ ca. 30 % die theoretische, $\eta =$ ca. 20 % (wegen verschiedener „Schrumpfungs"ursachen) die praktische Grenze des thermodynamischen Wirkungsgrades darstellt. (Dazu kommen dann noch Verluste durch verlorengehende Brennstoffwärme und Maschinenreibung[1].)

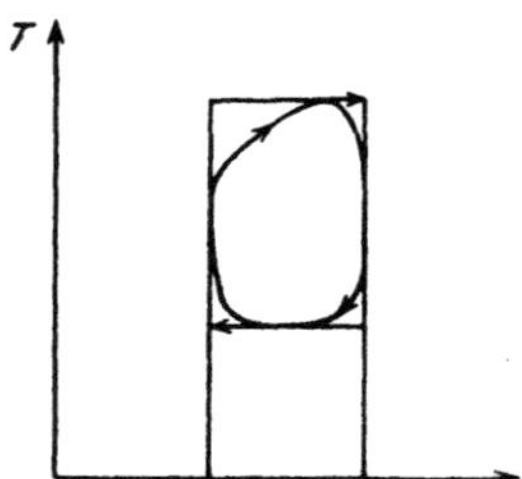

Abb. 10. Prozeß der Wärmekraftmaschine, im Wärmediagramm dargestellt.

Wesentlich günstiger liegen die Verhältnisse bei Maschinen mit gasförmiger Kreisprozeßsubstanz (Gasmotoren, Dieselmotoren). Hier sind die verwendbaren Temperaturen so hoch, daß die entsprechenden Wirkungsgrade ca. 60 % und 40 % sind[2].

Eine Verallgemeinerung und Verfeinerung der Problemstellung ergibt sich, wenn man als obere und untere Begrenzung des Kreisprozesses nicht zwei Linien konstanter Höchst- und Tiefsttemperatur annimmt, sondern gewisse allgemeinere Kurven, die, wie wir später sehen werden, durch die Eigenschaft der Kreisprozeßsubstanz und der Maschinenteile (z. B. einen zulässigen Höchstdruck) gegeben sein können (Kurve 1 und 2, Abb. 11). Der Prozeß mit dem günstigsten Wirkungsgrad ist offenbar in diesem Falle ein solcher, der durch Teile dieser Kurven und im übrigen durch lotrechte Stücke (also Übergang von einer Austauschtemperatur zur anderen ohne Wärmeaufnahme bzw. -abgabe, d. h. adiabatische Erwärmung oder Abkühlung der Substanz durch Kompression bzw. Expansion) begrenzt wird. Denn jede *innerhalb* dieses Streifens verlaufende geschlossene Kurve hat ja einen geringeren Wirkungsgrad. — Seitlich ist dann noch, soweit die äußeren Bedingungen dies zulassen, das Arbeitsgebiet

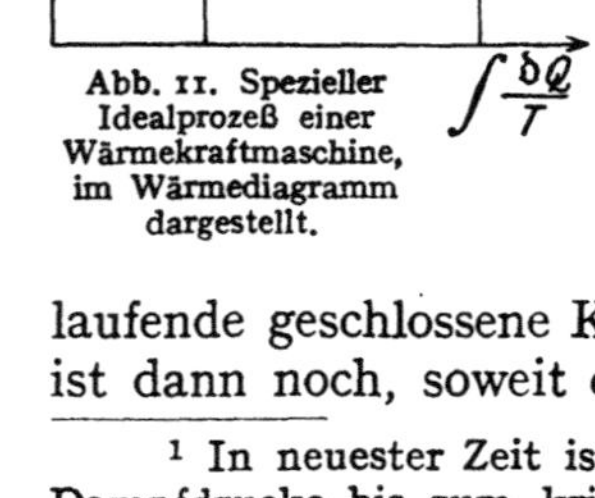

Abb. 11. Spezieller Idealprozeß einer Wärmekraftmaschine, im Wärmediagramm dargestellt.

[1] In neuester Zeit ist es jedoch gelungen, in den sogenannten BENSONkesselanlagen Dampfdrucke bis zum kritischen Druck des Wasserdampfes, 224,2 at, und Temperaturen bis ca. 700^0 abs zu verwenden. Die Gesamtwirkungsgrade, einschließlich aller Verluste, übersteigen dabei 35 %. Freilich handelt es sich hier nicht um CARNOTsche Kreisprozesse, sondern z. B. um Erwärmung bei in der Hauptsache konstantem Druck; s. w. u.

[2] Neuerdings sind hier Nettowirkungsgrade bis 80 % erzielt worden.

des Kreisprozesses an diejenige Stelle zu legen, wo das günstigste Verhältnis $\frac{T_2 - T_1}{T_2}$ erreicht wird; in gewissen wichtigsten Fällen (Maximal- und Minimaldruck gegeben) erweist sich jedoch dies Verhältnis an allen Stellen konstant, so daß der Wirkungsgrad primär auch von der Breite des Streifens nicht abhängt (vgl. II, § 1, S. 87).

Eine letzte prinzipielle Verbesserung der Fragestellung besteht schließlich darin, daß man die Abhängigkeit der maximal erreichbaren Arbeit von der Art des „Feuers", d. h. von der chemischen Umsetzung der Verbrennungsstoffe miteinander, in Betracht zieht. Auch hier ergibt sich eine Grenze des Wirkungsgrades, die sich darin äußern würde, daß die bei der Verbrennung erzeugte Wärme *doch* nicht bei jeder beliebigen Austauschtemperatur in vollem Betrage abgegeben werden kann, weil bei allzu hohen Temperaturen die Verbrennung nur unvollständig stattfindet. Die Frage ist dann so zu stellen: Welches ist die maximale Arbeit, die bei einem chemischen Umsatz mit gegebenen Anfangs- und Endprodukten, ohne Rücksicht auf die Benutzung irgendwelcher bestimmter Kreisprozeßsubstanzen, günstigstenfalls geleistet werden kann? Auf diese Frage können wir jedoch erst im dritten Teil zurückkommen.

2. *Kraftkältemaschinen.* Bei der Kühlung von Kühlräumen, bei der künstlichen Herstellung von Eis usw. handelt es sich meist darum, mit Hilfe einer Kreisprozeßsubstanz einer gekühlten Umgebung fortwährend die einströmende oder durch den Gefrierprozeß erzeugte Wärmemenge zu entziehen, d. h. es sind Wärmemengen bei einer konstanten Tiefsttemperatur T_1 vom Kreisprozeßsystem aufzunehmen und durch Arbeitsleistung auf eine höhere Temperatur, die Normaltemperatur der nichtgekühlten Umgebung, zu bringen. Wir können also unseren Kreisprozeß, der natürlich wieder reversibel sein muß, durch die Linien $T_1 = \text{const}$ und $T_2 = \text{const}$ begrenzt ansehen (Abb. 12). Hier haben nun Prozesse, die Wärme bei Temperaturen über der Tieftemperatur T_1 entziehen und bei Temperaturen unter der Hochtemperatur T_2 abgeben, keinen Sinn, da ein System, das an seiner Grenze mit diesen Temperaturen arbeitete, gar nicht zu einem Wärmeaustausch in dem gewünschten Sinn fähig wäre. Dagegen läßt sich zeigen, daß Kreisprozesse, die mit unnötig tiefen ($T_1' < T_1$) und unnötig hohen ($T_2' > T_2$) Austauschtemperaturen arbeiten, einen schlechteren Wirkungsgrad haben, indem relativ mehr Arbeit notwendig wird, um eine bestimmte Wärmemenge bei tieferer Temperatur zu entziehen und bei höherer abzugeben. (Der Ausgleich $T_2' \to T_2$ und $T_1' \to T_1$ findet dabei durch einen irreversiblen Wärmeleitungsprozeß außerhalb des Systems statt.) Ist also bei Wärmekraftmaschinen eine möglichste „Dehnung" des Wärmediagramms anzustreben, so bei den Kraftkältemaschinen im Gegenteil eine möglichste „Quetschung".

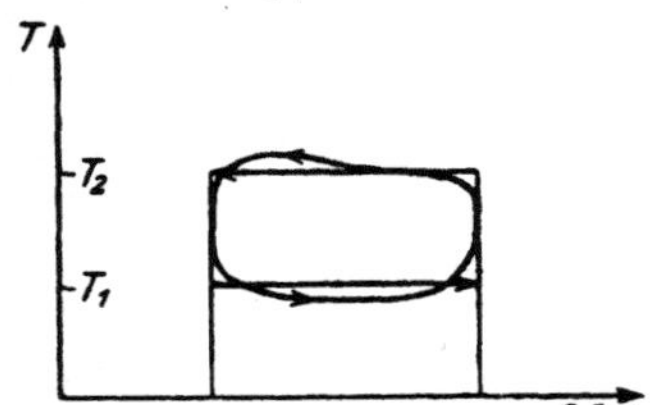

Abb. 12. Prozeß der Kraftkältemaschine, im Wärmediagramm dargestellt.

§ 6. Der Energie- und Entropiesatz für thermische Gleichgewichtssysteme.

Vorbemerkung. Wir kommen jetzt zu den Schlüssen, welche, aus den beiden Hauptsätzen der Außenthermodynamik folgend, Aussagen über ***innere Eigenschaften*** thermodynamischer Systeme zu machen gestatten. Wir beschränken uns in diesem Paragraphen dabei auf thermodynamische Gleichgewichtssysteme und deren reversible Veränderungen. Für die noch offenstehende Frage (§ 3) nach dem Aufwand, der für die Rückgängigmachung eines irreversiblen thermodynamischen *Prozesses* (nicht Kreisprozesses!) notwendig ist, oder nach dem „Maß der Irreversibilität" dieses Prozesses ergibt sich dann auf Grund der entsprechenden Überlegungen für Kreisprozesse und der in diesem Paragraphen abzuleitenden Resultate von selbst eine Antwort (§ 7).

Daß die Kreisprozeßaussagen der äußeren Thermodynamik notwendig zu Aussagen über innere Eigenschaften thermodynamischer Systeme führen müssen, erkennt man, wenn man die innere Bedingtheit der von dem System bei einer Veränderung ausgetauschten Arbeits- und Wärmeeffekte berücksichtigt. Jede für diese Effekte aufgestellte Gesetzmäßigkeit erscheint bei dieser Auffassung ohne weiteres als eine Beziehung zwischen verschiedenen inneren Eigenschaften des Systems.

Um diese inneren Gesetzmäßigkeiten aus den Kreisprozeßaussagen der äußeren Thermodynamik abzuleiten, gibt es zwei Wege: den Weg über den Energie- und Entropiebegriff und den direkteren der elementaren Kreisprozesse. Wir beschreiten hier zunächst den ersten Weg, der eine übersichtlichere Zusammenfassung aller Gesetzmäßigkeiten gestattet. In beiden Fällen ist jedoch Voraussetzung für alle quantitativen Formulierungen die Einführung von Meßgrößen, die den Zustand des Systems festlegen, von sog. Zustandsvariabeln.

Die Zustandsvariabeln eines thermischen Gleichgewichtssystems. Ein wesentlicher Unterschied unserer Betrachtungen gegenüber denen der äußeren Thermodynamik ist nämlich der, daß jetzt *verschiedene Zustände* eines thermodynamischen Systems betrachtet werden müssen; es werden nicht mehr nur die gesamten Arbeits- und Wärmeeffekte bei einem *Kreisprozeß* untersucht, sondern bei Übergang aus einem Zustand in einen anderen. Um diese verschiedenen Zustände charakterisieren zu können, müssen wir in jedem Fall so viel (direkt oder indirekt meßbare) voneinander unabhängige Eigenschaften des Systems angeben, daß der Zustand des Systems (d. h. die Gesamtheit aller seiner überhaupt meßbaren Eigenschaften) dadurch vollständig bestimmt ist. Diese Aufgabe würde bei einem ganz beliebigen, nicht im thermischen Gleichgewicht befindlichen System im allgemeinen sehr kompliziert und kaum lösbar sein. Für thermische Gleichgewichtssysteme können wir uns jedoch auf den in § 3 gefundenen Satz stützen, daß der Zustand eines solchen Systems *durch seine Temperatur und durch die Angriffsstellen der äußeren an dem System angreifenden Kräfte* vollkommen bestimmt ist. Von diesen Größen ist die Temperatur durch Berührung mit einem (in absoluter Skala geeichten) Thermometer leicht zu messen; es bleibt also nur noch etwas über die Größen zu sagen, die den Angriffsort der äußeren Kräfte bestimmen. Solche Größen, die also z. B. die Lage des beweglichen Stempels in einem gasgefüllten Zylinder, die Lage der verschiebbaren Randlinie einer Flüssigkeitsoberfläche (vgl. II, § 7), die Lage einer im System beweglichen elektrischen Ladung oder eines dem Einfluß der Schwere unterworfenen starren Körperteils anzugeben hätten, bezeichnet man als „Koordinaten" des Systems, und da bei ihrer Veränderung Arbeit geleistet wird, speziell als „Arbeitskoordinaten". Wir werden sie, wenn es sich um allgemeine Betrachtungen handelt, immer mit x, y, z bezeichnen.

[Im Sinne der allgemeinen Mechanik handelt es sich um die „generalisierten Koordinaten" des Systems, d. h. diejenigen Größen, die an Stelle der gewöhnlichen Lagenkoordinaten treten, wenn die freie Bewegung des angegriffenen Punktes durch feste Bedingungen eingeschränkt ist. Während also z. B. für einen frei beweglichen materiellen Punkt des Systems die drei (kartesischen) Koordinaten dieses Punktes als voneinander unabhängige Arbeitskoordinaten auftreten würden, wäre es bei einem zwischen festen Wänden beweglichen Stempel nur etwa dessen

Abstand von der Grundfläche, bei einem um eine feste Achse drehbaren Teil des Systems dessen Drehwinkel; die dazugehörige (generalisierte) Kraft wäre im letzteren Falle das auf diesen Teil des Systems ausgeübte Drehmoment.]

„Thermodynamisch abgekürzte" Koordinaten. Bei homogenen Körpern, die, wie Gase und Flüssigkeiten, keine einseitigen Verzerrungen zulassen, sondern jede an einer Stelle eingetretene Kompression oder Dilatation sofort nach allen Orten und Richtungen in gleicher Weise übertragen, wird thermodynamisch (neben der Temperatur) in den meisten Fällen nur *eine* Arbeitskoordinate eingeführt, nämlich das Volum. In solchem Falle kann man zwar nicht behaupten, daß das ganze Verhalten des betreffenden Körpers durch das Volum (und die Temperatur) vollkommen bestimmt ist; denn für den groben Anblick wird es beispielsweise sehr viel ausmachen, ob man das betreffende Gas in einem breiten kurzen oder in einem schmalen langen Zylinder von gleichem Volum einschließt. Doch erweist sich ein solcher tatsächlich vorhandener und optisch auffallender Unterschied für das *thermodynamische* Verhalten derartiger Systeme als völlig bedeutungslos; es zeigt sich, daß, eben wegen des erwähnten Ausgleichs der Wirkungen, die *spezifischen* Eigenschaften des Systems (Dichte, Druck, Farbe usw.) an irgendeiner Stelle in seinem Innern immer in derselben Weise geändert werden, gleichgültig an welcher Stelle und auf welche Weise die Volumänderung einsetzt, und, damit im Zusammenhang, daß bei weiteren Veränderungen auch immer dieselbe Arbeit geleistet, dieselbe Wärme zugeführt werden muß, um irgendeine Temperatur- und Volumänderung hervorzurufen, gleichgültig auf welche Weise diese Volumänderung stattgefunden hat. Das Gegebene ist also in solchem Falle, von den nicht thermodynamisch bedeutungsvollen Eigenschaften des Systems überhaupt abzusehen und seinen Zustand, außer durch die Temperatur, als vollkommen bestimmt anzusehen durch das *Volum.*

Auch in anderen Fällen erweist sich eine derartige „thermodynamische Abkürzung" der äußeren Beeinflussungsmöglichkeiten durch Zurückführung auf eine mehr summarische Größe als zweckmäßig. So braucht man sich z. B. in vielen Fällen, wo Trennungsflächen zwischen zwei homogenen Körpern (z. B. Gas und Flüssigkeit) durch äußere Kräfte aus ihrer natürlichen Lage entfernt werden, nicht um die Form, sondern nur um die *Größe* der Oberfläche zu kümmern und kann sie neben dem Volum als einzige Arbeitskoordinate einführen.

Übergang zu anderen Variabeln. Diese „Abkürzungen" werden zur Folge haben, daß unter den übrigen Eigenschaften des Systems einige, die jedoch thermodynamisch bedeutungslos sind, nicht durch $x, y \ldots T$ eindeutig bestimmt erscheinen. Andere, insbesondere die spezifischen Eigenschaften, die sich auf die Volum- oder Oberflächeneinheit beziehen, werden jedoch auch in diesen Fällen vollständig durch die $x, y \ldots T$ bestimmt sein. Beschränken wir uns nun auch bei den abhängigen Eigenschaften[1], die durch die Größen ξ, η usw. bezeichnet sein mögen, nur auf die in diesem Sinne thermodynamisch wichtigen, so können wir immer eine eindeutige Bestimmtheit aller „abhängigen" Variabeln durch die unabhängigen Variabeln $x, y \ldots$ und T annehmen; und umgekehrt: zu bestimmten Werten der ξ, η usw. werden immer ganz bestimmte Werte von $x, y \ldots T$ gehören. Diese vollständige gegenseitige Bedingtheit erlaubt es, statt der zunächst als unabhängig eingeführten Zustandsvariabeln $x, y \ldots T$ auch irgendwelche von den $\xi, \eta \ldots$ als Bestimmungsgrößen für den Zustand des Systems einzuführen[2]; insbesondere spielt in homogenen Systemen die Einführung des

[1] Zum Beispiel Dichte, Druck, Oberflächenspannung, Dielektrizitätskonstante usw.

[2] Statt irgendwelcher direkt gemessener Größen $\xi, \eta \ldots$ kann man auch andere, nicht direkt meßbare Funktionen der $x, y \ldots T$ als unabhängige Variable einführen; so benutzt z. B. GIBBS häufig die später zu betrachtenden thermodynamischen Funktionen als unabhängige Variable.

Druckes statt des Volums eine große Rolle. Übrigens ist das, da der Druck nicht nur überall im Innern herrscht, sondern auch die zur Fixierung des Systems notwendige äußere Kraft bestimmt, als Spezialfall jener später noch öfter auftretenden Bestimmungsweise anzusehen, wo nicht die Lagen der Angriffsstellen der äußeren Kräfte, sondern die Größen der Kräfte selbst zur Bestimmung des Systemzustands verwendet werden, Doch gleichviel, welcher Art die zur Bestimmung des Zustands verwendeten Größen sind, immer hat man dafür zu sorgen, daß erstens ebensoviel Bestimmungsstücke da sind, wie unabhängige Veränderungen $x, y \ldots T$ vorhanden sind, und zweitens, daß die gewählten Bestimmungsstücke auch voneinander unabhängig sind (d. h. daß man z. B. in einem homogenen Körper nicht etwa zwei durch das Volum vollständig bestimmte Eigenschaften einführt und keine, aus der sich die Temperatur ergeben würde).

Über die besonderen Verhältnisse, die in Systemen mit inneren Hemmungen vorliegen, wird im folgenden Paragraphen gesprochen.

Der Energiesatz. Wir betrachten jetzt bei einem thermodynamischen System, dessen Zustand wir auf Grund der vorbeschriebenen allgemeinen Untersuchung im Falle des inneren Gleichgewichts durch zwei oder mehr unabhängige Variable kennzeichnen können, zwei verschiedene Zustände, die durch verschiedene Werte dieser unabhängigen Variabeln charakterisiert werden. Beispielsweise betrachten wir bei einem heißen Gas zwei Zustände mit endlich verschiedener Temperatur und endlich verschiedenem Volumen.

Dann ist es immer möglich, das System aus dem Zustand 1 in den Zustand 2 durch eine stetige Folge von Gleichgewichtszuständen auf verschiedene Weise, also mit verschiedenen Zwischenwerten der unabhängigen Variabeln zu überführen. Wir behaupten dann auf Grund des 1. Hauptsatzes der äußeren Thermodynamik: *Das Integral*

$$\int_1^2 (\mathfrak{d} A + \mathfrak{d} Q)$$

ist vom Wege unabhängig.

Denken wir uns nämlich das System auf irgendeinem Wege aus dem Zustand 2 in den Zustand 1 wieder zurückgeführt und halten wir dann diesen Rückweg fest, während wir den Hinweg von 1 nach 2 beliebig variieren, so ist nach dem 1. Hauptsatz für Kreisprozesse für jeden dieser Wege von 1 nach 2 das Integral $\int_1^2 (\mathfrak{d} A + \mathfrak{d} Q)$ gleich dem stets gleichen Rückwegintegral $\int_2^1 (\mathfrak{d} A + \mathfrak{d} Q)$. Infolgedessen sind die Integrale $\int_1^2$ bei beliebig verschiedenen Wegen einander gleich, womit unsere Behauptung bewiesen ist.

Aus der Art der Beweisführung geht zugleich hervor, daß dieses Resultat (im Gegensatz zu dem entsprechenden des 2. Hauptsatzes) auch dann noch gilt, wenn innerhalb des Systems bei dem Übergang von 1 nach 2 irreversible Vorgänge stattgefunden haben, wie z. B. beim Umrühren einer Flüssigkeit unter Arbeitszufuhr mit dadurch bedingter Temperaturerhöhung; das zugeführte Integral $\int_1^2 (\mathfrak{d} A + \mathfrak{d} Q)$ muß in diesem Fall das gleiche sein wie bei Erreichung desselben Endzustandes durch bloße Wärmezufuhr. Bedingung für die Arbeits-Wärme-Formulierung des 1. Hauptsatzes ist nur, daß Arbeit und Wärme an der Grenze des Systems wirklich unterscheidbar und meßbar sind, d. h. daß die irreversibeln Vorgänge nicht in die Grenze des Systems selbst verlegt sind.

Wir erhalten also den Satz: „Wird ein thermodynamisches System auf einem beliebigen thermodynamischen Wege, mit oder ohne irreversible Vorgänge in seinem

Innern, aus einem statischen Zustand 1 in einen anderen statischen Zustand 2 überführt, so ist in allen Fällen das Integral $\int_1^2 (\mathfrak{d}A + \mathfrak{d}Q)$ das gleiche, also vom Wege unabhängig."

Um aus diesem Satz die gewünschten mathematischen Folgerungen ziehen zu können, führen wir jetzt die Zustandsvariabeln $x, y \ldots T$ des Systems ein. Diese Werte für den Zustand 1 bezeichnen wir mit $x_1, y_1 \ldots T_1$, für den Zustand 2 mit $x_2, y_2 \ldots T_2$. Dann folgt daraus, daß das Integral $\int_1^2 (\mathfrak{d}A + \mathfrak{d}Q)$ vom Wege unabhängig ist, ohne weiteres, daß es nur vom Zustand 1 und 2, also von den Zustandsvariabeln $x_1, y_1 \ldots T_1$; $x_2, y_2 \ldots T_2$ abhängig sein kann. Weiter läßt sich aber zeigen, daß dies Integral auch immer darstellbar sein muß als Differenz zweier Größen, von denen die eine nur von den Werten $x_1, y_1 \ldots T_1$ und die andere nur von $x_2, y_2 \ldots T_2$ abhängt. Denn gehen wir von 1 über unseren Zustand 2 hinaus zu irgendeinem ebenfalls auf thermodynamischem Wege erreichbaren Zustand 3, so gelten für den Übergang von 1 nach 3 ganz dieselben Folgerungen, die wir für den Übergang $1 \to 2$ gezogen hatten. Das Integral $\int_1^3 (\mathfrak{d}A + \mathfrak{d}Q)$ muß vom Wege unabhängig sein, darf also insbesondere nicht von den Größen $x_2, y_2 \ldots T_2$ abhängen. Da nun aber das Integral $\int_1^3$ insbesondere auch gleich $\int_1^2 + \int_2^3$ sein muß, so folgt daraus, daß die Summe $\int_1^2 + \int_2^3$ nicht von $x_2, y_2 \ldots T_2$ abhängen darf, während, wie wir wissen, jedes einzelne dieser Integrale von x_2, $y_2 \ldots T_2$ abhängt. Das ist aber offenbar nur dann möglich, wenn die Abhängigkeit von $x_2, y_2 \ldots T_2$ sich bei der Summation heraushebt, d. h. wenn ein nur von $x_2, y_2, \ldots T_2$ abhängiges Glied in den beiden Integralen $\int_1^2$ und $\int_2^3$ mit gleicher Größe, aber entgegengesetzten Vorzeichen auftritt. Das gleiche läßt sich für das von 1 abhängige Glied zeigen, und daraus folgt notwendig, daß sich das Integral $\int_1^2$ in der Form darstellen lassen muß:

$$\int_1^2 (\mathfrak{d}A + \mathfrak{d}Q) = U(x_2, y_2 \ldots T_2) - U(x_1, y_1 \ldots T_1), \tag{1}$$

wobei U eine nur von den speziellen Werten von $x, y \ldots T$ abhängige Größe, also eine „Funktion" der $x, y \ldots T$ bedeutet. Über die Art dieser Funktion, also über die Art der Abhängigkeit der Größe U von $x, y \ldots T$ können wir von vornherein gar nichts sagen. Wohl aber können wir diese Funktion für alle Werte von $x, y \ldots T$ empirisch feststellen, indem wir, etwa von einem Zustand x_0, $y_0 \ldots T_0$ ausgehend, durch Messung von $\mathfrak{d}A$ und $\mathfrak{d}Q$ die Differenz $U - U_0$ für jeden beliebigen Endzustand $x, y \ldots T$ feststellen. Fixieren wir dann noch den Wert von U_0 in irgendeiner willkürlichen Weise, so erhalten wir in der Tat zu jedem Wertesystem $x, y \ldots T$ einen bestimmten Wert von U, wir können also die „Funktion" U tabellieren und wissen dann, daß die Differenz $U_{(2)} - U_{(1)}$ zwischen zwei beliebigen Zuständen uns das Arbeits- und Wärmeintegral angibt, das der Erreichung des Zustands 2 vom Zustand 1 aus auf *beliebigem* (reversiblem oder irreversiblem) Wege entspricht, also nicht nur, wie bei unserer Messung, auf dem Umweg über den Zustand 0.

Der Name und die Bedeutung der Funktion, zu der wir auf diesem Wege gelangten, ist bekannt: es ist die *Energiefunktion*, die den Wert der (*Gesamt*-)

„Energie“ oder „*Inneren Energie*“ des Systems angibt. Man weiß, daß andere Betrachtungsarten möglich sind, bei denen man auf physikalisch einleuchtendere Weise zu diesem Begriff und seiner Bedeutung für die Arbeits- und Wärmeeffekte eines Systems vordringen kann; so geht z. B. v. HELMHOLTZ bei seiner 1847 veröffentlichten Abhandlung „Zur Erhaltung der Kraft[1]“ von der Vorstellung aus, daß jedes materielle System aus einer Anzahl von Teilchen besteht, die einander mit zentralen Kräften anziehen, und die deshalb schon infolge der mechanischen Gesetze eine „Energie“ besitzen, welche sich zusammensetzt aus der potentiellen und kinetischen Energie dieser Teilchen.

Diesen Vorstellungen gegenüber, welche in der modernen Statistik in verallgemeinerter und verfeinerter Form wiederkehren, hat die Einführung des Energiebegriffs von Kreisprozeßbetrachtungen aus den Vorzug, daß hierbei der unmittelbare Zusammenhang mit der Erfahrung nie verlassen wird. In allen Fällen, wo der 1. Hauptsatz der äußeren Thermodynamik gilt und wo zwei Zustände auf thermodynamischem Wege ineinander überführbar sind, gilt für beliebige (auch irreversible) Überführung dieser Zustände ineinander der Energiesatz in der Form:

„*Die Summe (das Integral) aller aus der Umgebung aufgenommenen*[2] *Arbeits- und Wärmeeffekte ist für ein thermodynamisches System, das aus dem Zustand 1 in den Zustand 2 übergeführt wird, unabhängig vom Wege und gleich der Differenz einer Zustandsfunktion* $U(x_2, y_2 \ldots T_2) - U(x_1, y_1 \ldots T_1)$. *Diese Zustandsfunktion wird als ‚Energie‘ des Systems bezeichnet*[3].“

Da bei Ableitung dieses Satzes die Bedeutung der $x, y, z \ldots$ als Arbeitskoordinaten keine Rolle gespielt hat, gelten sie in genau der gleichen Weise für andere unabhängige Variabeln ($\xi, \eta, \ldots$); auch kann die Temperatur durch eine andere Variable ersetzt werden. Es ist eben allgemein die Energie als (bei festgesetztem Nullpunkt) physikalisch bestimmte Größe durch den ebenfalls physikalisch bestimmten „Zustand“ des Systems eindeutig bestimmt, unabhängig davon, welche der meßbaren Eigenschaften man zur eindeutigen Bestimmung des Zustands wählt.

Der Entropiesatz. Alle hier aus dem 1. Hauptsatz gezogenen Folgerungen lassen sich nun ohne weiteres auch auf den 2. Hauptsatz übertragen, nur daß hier die entsprechende Betrachtung ausschließlich auf reversible Vorgänge beschränkt wird. Nur für solche Vorgänge ist ja nach § 5 (2) bei einem Kreisprozeß $\oint \frac{\delta Q}{T} = 0$; infolgedessen ist für alle reversibeln Zustandsänderungen, und nur für diese, $\int_1^2 \frac{\delta Q}{T}$ vom Wege unabhängig, und es läßt sich ebenso wie vorhin zeigen, daß dieses Integral als Differenz zweier Größen ausdrückbar sein muß, die nur von $x_2, y_2 \ldots T_2$ bzw. $x_1, y_1 \ldots T_1$ abhängen[4]. Über die Abhängigkeit dieser Größen von den Zustandsvariabeln läßt sich jedoch wieder von vornherein thermodynamisch nichts aussagen, sondern diese Abhängigkeit muß ebenso wie vorher bei der Energiefunktion empirisch — oder auf Grund irgendwelcher anderer Theorien — bestimmt werden, wobei wir uns wiederum das Resultat tabelliert denken können. Diese neue Funktion pflegt man nach dem Vorgang

[1] OSTWALDS Klassiker, Nr. 1.

[2] Wie immer werden abgegebene Arbeits- und Wärmeeffekte hierbei mit dem negativen Vorzeichen versehen.

[3] Statt des Symbols U, welches am häufigsten gebraucht wird, schreiben GIBBS: ε, LEWIS und RANDALL: E.

[4] Auch hier können natürlich statt $x, y \ldots T$ beliebige andere unabhängige Variabeln eingeführt werden.

von CLAUSIUS *Entropie* zu nennen und durch den Buchstaben S (nach GIBBS η) zu kennzeichnen. Also:

$$\int_1^2 \frac{\mathfrak{d}Q}{T} = S(x_2, y_2 \ldots T_2) - S(x_1, y_1 \ldots T_1)\,. \tag{2}$$

In Worten: „*Die Summe (das Integral) aller aus der Umgebung aufgenommenen Wärmemengen, jeweils dividiert durch die absolute Austauschtemperatur* T, *ist für ein thermodynamisches System, das auf reversiblem Wege aus dem Zustand 1 in einen anderen Zustand 2 übergeführt wird, unabhängig vom Wege und gleich der Differenz einer Zustandsfunktion* $S(x_2, y_2 \ldots T_2) - S(x_1, y_1 \ldots T_1)$. *Diese Zustandsfunktion bezeichnet man als ‚Entropie' des Systems.*"

Auch die Existenz und Bedeutung der Entropie hat man, wenn auch bedeutend später als die der Energie, von innen heraus, aus den elementaren Eigenschaften von Systemen mit vielen Teilchen, zu begreifen versucht LUDWIG BOLTZMANN[1] (etwa von 1870 an) und später besonders W. GIBBS[2] haben den Zusammenhang der Entropie mit der statistischen Häufigkeit, oder, wie man sich auch ausdrückt, der „Wahrscheinlichkeit" von Elementarzuständen eines aus vielen Teilchen bestehenden Systems theoretisch klarzustellen versucht. Auch hier sind jedoch die Voraussetzungen dieser Betrachtungsweise bisher noch mehr mit Hypothesen belastet, als wenn man von einfachen und allgemeinen Erfahrungstatsachen der äußeren Thermodynamik ausgeht.

Wichtig für den Thermodynamiker ist an diesen Betrachtungen zunächst nur, daß es der Statistik unter gewissen, immerhin ziemlich allgemeinen Voraussetzungen gelungen ist, für Systeme im inneren Gleichgewicht den Zusammenhang der Entropie mit dem inneren Zustand des Systems — falls dieser in allen Einzelheiten bekannt wäre — anzugeben. Durch dieses Ergebnis wird jedenfalls die Feststellung der Thermodynamik wirksam unterstützt, daß die Entropie nicht nur als Integral $\int \frac{\mathfrak{d}Q}{T}$ in Abhängigkeit von reversibeln Austauscheffekten bestimmbar, sondern direkt durch den Zustand des betrachteten Systems, ohne Berücksichtigung irgendwelcher anderen Zustände, gegeben ist. Daß in neuerer Zeit die Statistik aus dieser Hilfsrolle herausgetreten ist, indem sie Entropieunterschiede bei Übergängen, die in praxi nicht reversibel durchlaufbar sind, theoretisch zu bestimmen und auch für die Wahl des Nullpunktes der Entropie zweckmäßige Festsetzungen zu treffen gestattete, werden wir im dritten Teil (§§ 12 und 13) bei Besprechung des NERNSTschen Theorems erkennen.

§ 7. Irreversibilitätsmaß und innere Gleichgewichtsbedingungen.

Die Bedeutung der Energie- und Entropiefunktion für die Ableitung der am Eingang des vorigen Paragraphen erwähnten thermodynamischen Beziehungen zwischen den inneren Eigenschaften thermischer Gleichgewichtssysteme wird im letzten Paragraphen (8) dieses ersten Teiles behandelt. Diese Beziehungen werden die einzigen sein, die wir im zweiten Teil (physikalische Thermodynamik) zu verwenden haben, und insofern könnten die hier folgenden Betrachtungen, die die Bedingungen des „inneren Gleichgewichts" mit meßbaren Größen der äußeren

---

[1] Vorlesungen über thermodynamische Gastheorie, Teil I, § 6. Leipzig 1895.
[2] Elementare Grundlage der statistischen Mechanik, deutsch von ZERMELO. Leipzig 1905.

Thermodynamik in Beziehung bringen, auch erst an den Anfang der chemischen Thermodynamik gesetzt werden, wo sie eine grundlegende Bedeutung haben. Ihres allgemeinen Charakters wegen gehören sie aber an diese Stelle; denn ihre Anwendbarkeit ist nicht auf chemisch veränderliche Systeme beschränkt, sondern immer dann gegeben, wenn neben dem (stabilsten) thermischen Gleichgewichtszustand noch andere Zustände des Systems der thermodynamischen Berechnung oder Untersuchung zugänglich sind (was allerdings bei chemisch veränderlichen Systemen vorzugsweise der Fall ist). Ferner hängen aber diese Betrachtungen auch aufs engste zusammen mit der wiederholt zurückgestellten Frage nach dem Aufwand, der zum Rückgängigmachen irreversibler Veränderungen in thermodynamischen Systemen notwendig ist, oder nach dem *Maß der Irreversibilität* von Vorgängen, die keine Kreisprozesse sind.

Das Irreversibilitätsmaß einseitig abgelaufener Prozesse. Diese Frage können wir nämlich auf Grund der Resultate der §§ 5 und 6 jetzt ohne Schwierigkeit beantworten, da wir ein Irreversibilitätsmaß für *Kreis*prozesse in dem Integral $-\oint \frac{\mathfrak{d}Q}{T}$ (S. 43f.) besitzen. Es ist dazu nur noch nötig, daß wir das thermodynamische System, das unter irreversibeln Vorgängen (aber, wie wir annehmen wollen, nur unter Arbeits- und Wärmeaustausch mit der Umgebung) in den Endzustand gelangt ist, von diesem Endzustand auf reversiblem Wege in den Anfangszustand zurückzubringen vermögen. Dann können wir sicher sein, daß das Irreversibilitätsmaß $-\oint_{irr} \frac{\mathfrak{d}Q}{T}$ dieses Kreisprozesses (wobei jetzt die auf dem Rückweg reversibel ausgetauschten Wärmemengen mit zu berücksichtigen sind) uns zugleich das Irreversibilitätsmaß des ursprünglichen, irreversibel abgelaufenen Prozesses angibt. Denn das Irreversibilitätsmaß für den Kreisprozeß setzt sich zusammen aus dem entsprechenden Integral über die reduzierten Wärmen auf dem irreversiblen Hinweg von dem Anfangszustand 1 in den Endzustand 2 und dem reversiblen Integral über die reduzierten Wärmen auf dem Rückweg:

$$-\oint_{irr} \frac{\mathfrak{d}Q}{T} = -\int_{1\,irr}^{2} \frac{\mathfrak{d}Q}{T} - \int_{2\,rev}^{1} \frac{\mathfrak{d}Q}{T}. \tag{1}$$

Das letztere Integral aber ist, wie wir im vorigen Paragraphen abgeleitet haben, unabhängig vom Wege, und gleich $S_1 - S_2$. Es wird also immer, wenn man nach Ablauf des irreversiblen Prozesses $1 \rightarrow 2$ den ursprünglichen Zustand des Kreisprozeßsystems reversibel wiederherstellt, sein:

$$-\oint_{irr} \frac{\mathfrak{d}Q}{T} = -\int_{1\,irr}^{2} \frac{\mathfrak{d}Q}{T} - (S_1 - S_2).$$

Die linke Seite ist hier, da es sich um einen (teilweise) irreversiblen Kreisprozeß handelt, nach (1), § 5, immer positiv. Wir erhalten also als Kriterium eines irreversiblen Ablaufs des Prozesses $1 \rightarrow 2$ die Gleichung:

$$S_2 - S_1 - \int_1^2 \frac{\mathfrak{d}Q}{T} > 0 \text{ bei Irreversibilität.} \tag{2}$$

„Bei einem irreversiblen Prozeß ist die Entropiezunahme des Systems, vermindert um das Integral der aus der Umgebung aufgenommenen reduzierten Wärmemengen, immer positiv[1]*.“*

Abgeschlossene Systeme[2]**.** Besonders einfach wird die Irreversibilitätsbedingung und das Irreversibilitätsmaß für einseitig abgelaufene Prozesse in den Fällen, wo mit der Umgebung überhaupt keine Wärme ausgetauscht wurde. In solchen Fällen, wo also die thermodynamische Wechselwirkung mit der Umgebung auf adiabatische Arbeitsleistung beschränkt sein oder überhaupt verschwinden muß, verschwindet das Integral der reduzierten Wärmen auf dem Hinwege, das Irreversibilitätsmaß wird einfach gleich der Entropiedifferenz, und die Bedingung, die bei irreversiblem Ablauf immer erfüllt ist, lautet:

$$S_2 - S_1 > 0\,. \tag{3}$$

„In einem nur adiabatisch veränderlichen oder ganz abgeschlossenen System nimmt bei jedem irreversiblen (d. h. zeitlich von selbst ablaufenden) Prozeß die Entropie des Systems zu; die Zunahme der Entropie stellt das Irreversibilitätsmaß des betreffenden Prozesses dar[3, 4]*.“*

Faßt man das ganze Universum als ein abgeschlossenes System auf, so kann man mit CLAUSIUS den Satz formulieren:

„Die Entropie der Welt strebt einem Maximum zu.“

Diese Formulierung geht allerdings in verschiedener Hinsicht über die zugängliche Erfahrung hinaus; einerseits ist die Frage der Abgeschlossenheit eines uns zugänglichen Teiles der Welt schwer zu entscheiden, andererseits ist die Entropieänderung, wenigstens thermodynamisch, nur dadurch zu bestimmen, daß man das System reversibel in seinen Anfangszustand wieder überführt. Wir bemerkten schon früher, daß die Einführung eines Irreversibilitätsmaßes für einen abgelaufenen Vorgang auf Grund thermodynamischer Betrachtungen nur in gewissen thermodynamisch zugänglichen Fällen möglich ist.

Hemmungen. Es ist nunmehr nötig, auf einen scheinbaren Widerspruch einzugehen, der in den Voraussetzungen der soeben durchgeführten Betrachtungen

---

[1] Als Aufwandsmaß haben wir, nach den Ausführungen S. 44, hier eine reduzierte Arbeit $\frac{A_{T_a}}{T_a} = S_2 - S_1 - \int_1^2 \frac{(\mathfrak{d}\,Q)}{T}$. Durch Entnahme dieser Arbeit aus einem besonderen Fond und Abgabe der entsprechenden reduzierten Wärmemenge bei der Aufspeicherungstemperatur T_a an die Wärmespeicher kann der Anfangszustand inklusive des Zustands der vorher benutzten Arbeits- und Wärmespeicher wiederhergestellt werden.

[2] Zu den folgenden Betrachtungen vgl. W. GIBBS: Thermodynamische Studien, OSTWALDS Übersetzung, S. 66ff.

[3] Die für die Rückgängigmachung des ganzen Vorgangs hier aufzuwendende äußere reduzierte Arbeit ist $\frac{A_{T_a}}{T_a} = (S_2 - S_1)$. Diese Bedeutung der Entropie ist es, der sie ihren Namen (etwa zu deuten als *„Maß eines einseitigen Ablaufs“*) verdankt. Die Statistik erklärt dieses Verhalten, indem sie die Entropie mit der relativen Häufigkeit eines Zustands in einem abgeschlossenen System in Zusammenhang bringt und den Satz von der Zunahme der Entropie deutet als Übergang des (abgeschlossenen) Systems aus einem statistisch weniger häufigen Zustand in einen anderen statistisch häufigeren.

[4] Auf diese Form kann übrigens auch die Irreversibilitätsbedingung für Kreisprozesse und für Prozesse mit Wärmeaustausch gebracht werden, wenn man die von der Umgebung oder den Wärmespeichern aufgenommene Wärmemenge reversibel aufgespeichert denkt und $\int_{irr} -\frac{\mathfrak{d}\,Q}{T}$ demnach gleich der Entropie*zunahme* der Umgebung setzt, die man dann mit zu dem abgeschlossenen System rechnet. ($-\,\mathfrak{d}\,Q$ ist hier offenbar die *von der Umgebung aufgenommene Wärmemenge.*)

liegt. Es wurde angenommen, daß der Endzustand reversibel in den Anfangszustand zurückzuführen sei; das ist nach dem Früheren nur möglich, wenn das System dabei eine Reihe von thermischen Gleichgewichtszuständen durchläuft. Insbesondere muß auch der Anfangs- und Endzustand ein thermischer Gleichgewichtszustand sein, was übrigens in den wirklich zu diskutierenden Fällen schon deshalb nötig ist, weil sonst der Zustand und damit die Entropie nicht durch eine verhältnismäßig kleine Zahl von unabhängigen Variabeln zu charakterisieren wäre.

Andererseits sollte der Anfangszustand in den Endzustand unter irreversibeln, zeitlich ablaufenden Vorgängen übergehen, ohne daß an den äußeren Bedingungen — es handelt sich ja um abgeschlossene Systeme — etwas geändert wurde. Es müßte also hier ein thermisches Gleichgewichtssystem imstande sein, *von selbst* Veränderungen zu zeigen, die es irreversibel in einen anderen Zustand überführen, es wäre also unserer Definition nach in Wirklichkeit *kein* thermisches Gleichgewichtssystem.

Eine Lösung dieses Widerspruchs und damit die Möglichkeit der Anwendung dieser ganzen Betrachtungen ist offenbar nur dann gegeben, wenn es sich in dem anfangs betrachteten Zustand um ein partiell *gehemmtes System* handelt, um ein System, das dem irreversibel erreichbaren Endzustand deshalb nicht zustrebt, weil es durch irgendwelche Hemmungen an dem Durchlaufen der dazu nötigen Schritte gehindert wurde. Wären nun diese Hemmungen absolute, niemals aufzuhebende, so würde die ganze Betrachtung kein Interesse haben; ihre Anwendbarkeit beschränkt sich vielmehr auf *Hemmungen, die* (ohne merklichen thermodynamischen Aufwand) *willkürlich aufgehoben werden können.* Solche Hemmungen können z. B. zustande kommen durch (Ruh-) Reibung von Systemteilen, die der Einwirkung von Kräften ausgesetzt sind (z. B. Festklemmen eines Stempels, der zwei Gase von verschiedenem Druck trennt), oder durch mangelnde gegenseitige Verschiebbarkeit der kleinsten Teile des Systems (die bei allen festen Körpern eine Rolle spielt; vgl. II. Buch, § 4), durch Hemmungen in der chemischen Umsetzbarkeit der Molekül- und Atombestandteile (Beispiel: Nichtauftreten der Knallgasreaktion in einem kalten Gemisch von O_2 und H_2), endlich durch Hemmungen im Wärmeaustausch zwischen verschiedenen Unterteilen des Systems[1]. In allen diesen Fällen, die sich noch beliebig vermehren ließen, ist jedoch noch eine weitere Bedingung zu erfüllen, damit den irreversibeln inneren Veränderungen eine angebbare Entropievergrößerung, im Sinne von Gleichung (3), korrespondiert: es muß möglich sein, nicht nur die genannten Hemmungen aufzuheben und dadurch den Übergang in den Zustand 2 zu veranlassen, sondern auch nach Aufhebung der Hemmungen und Ablauf des Prozesses eine *reversible, nur durch äußere thermodynamische Wirkungen in die Wege geleitete Rückgängigmachung des ganzen Vorganges zu bewirken.* (Nur in diesem Falle ist ja eine thermodynamische Definition und Bestimmung der Entropie möglich.) Das ist nun für die uns interessierenden Fälle, in denen der gehemmte Gleichgewichtszustand 1 und der ungehemmte(re) Zustand 2 durch relativ wenige Variabeln charakterisiert sind, meist leicht durchführbar (z. B. bei chemischen Umsetzungen in homogenen Körpern), und es zeigt sich (S. 60), daß hierbei die betreffende Hemmung, wie im Falle des geklemmten Stempels, stets als Hemmung einer *möglichen Arbeitskoordinate des Systems* aufgefaßt werden kann.

Von dem Wortsinn der Forderung der reversiblen Rückführbarkeit kann in solchen Fällen abgegangen werden, wo der Entropieunterschied der beiden unter-

[1] Dasselbe wie mit willkürlicher Aufhebung von Hemmungen, erreicht man in vielen Fällen durch genügend langes Warten. Es handelt sich in diesen Fällen um die unvollkommen gehemmten Systeme, von denen in § 3 die Rede war; man geht hierbei von „kurzen" zu „langen" Beobachtungszeiten (verglichen mit der Zeitdauer der inneren Veränderungen) über.

suchten Zustände nicht durch thermodynamische Messungen, sondern unter Zuhilfenahme theoretischer Überlegungen festgestellt werden kann, wie z.B. bei idealen Gasgemischen. Wenn man aber in solchen theoretischen Fällen nicht wenigstens prinzipiell die Möglichkeit einer willkürlichen Aufhebung von Hemmungen und reversiblen Überführung aus einem Zustand in den anderen zeigt, verläßt man damit offenbar den Boden der rein thermodynamischen Betrachtungsweise.

Die Bedingungen des inneren Gleichgewichts in abgeschlossenen Systemen. Die Bedeutung der vorangehenden Betrachtungen liegt darin, daß es möglich ist, mit ihrer Hilfe zu entscheiden, *ob ein System, dessen Entropieunterschied gegenüber anderen Zuständen ermittelbar ist, sich bei Aufhebung seiner Hemmungen zeitlich verändern würde,* oder ob es schon im definitiven thermischen Gleichgewichtszustand ist. Wir betrachten zunächst ein System, das keinerlei thermodynamische Einwirkungen von seiten seiner Umgebung erfährt, das also entweder ganz von der Umgebung abgeschlossen oder äußeren Kräften ausgesetzt ist, deren Angriffspunkte festgehalten werden, so daß von ihnen keine Arbeit (z.B. Volumarbeit) geleistet wird. Jede zeitliche Veränderung eines solchen, unter konstanten äußeren Bedingungen stehenden Systems bedeutet einen irreversibeln Vorgang (§ 3, S. 21), bei dem nach (3) die Entropie zunehmen müßte; sind nun alle Werte der Entropie bekannt, deren das System, auch nach Aufhebung der Hemmungen, ohne Arbeits- oder Wärmeaustausch mit der Umgebung, d. h. bei unveränderter Energie, fähig ist, und stellt sich heraus, daß keiner dieser Entropiewerte größer ist als der betrachtete, so ist offenbar eine zeitliche Veränderung des Systems (die immer irreversibel sein müßte) nicht möglich, da ja das Irreversibilitätsmaß einer jeden Veränderung kleiner oder gleich Null ist.

Einen Zustand, in dem diese Bedingung für die nach Aufhebung einer bestimmten Hemmung mögliche Veränderung des Systems erfüllt ist, bezeichnet man in Übertragung mechanischer Begriffe als einen in bezug auf diese Veränderung *stabilen* Gleichgewichtszustand. Ist dagegen die genannte Bedingung für die untersuchte Veränderung nicht erfüllt, so spricht man von einem (in bezug auf diese Veränderung) *unstabilen* Gleichgewicht. Noch deutlicher sind wohl die Ausdrücke: *ungehemmtes* Gleichgewicht und *gehemmtes* Gleichgewicht (in bezug auf die betreffende Veränderung). Endlich kann der Fall eintreten, daß sich bei gewissen endlichen Veränderungen des Zustandes bei konstanter Energie der gleiche Entropiewert ergeben würde wie im Anfangszustand; in diesem Falle spricht man von *indifferentem* Gleichgewicht. Bezeichnen wir mit GIBBS (nur mit den Buchstaben S und U statt η und ε) den Unterschied der Entropie der in Frage kommenden anderen Zustände gleicher Energie gegenüber dem untersuchten Zustand mit $\Delta S_{(U)}$, so haben wir also für diese drei Fälle bei abgeschlossenen Systemen folgende Bedingungen:

$$\begin{aligned} &\text{Ungehemmtes Gleichgewicht:} && \Delta S_{(U)} < 0 \\ &\text{Indifferentes Gleichgewicht:} && \Delta S_{(U)} = 0 \\ &\text{Gehemmtes Gleichgewicht:} && \Delta S_{(U)} > 0\text{[1]}. \end{aligned} \tag{4}$$

Dabei wollen wir (GIBBS faßt dies, etwas unübersichtlich, in den Bedingungsgleichungen schon zusammen) noch bemerken, daß ein Gleichgewicht in bezug

[1] Eigentlich wäre hierbei das Fehlen äußerer Arbeit noch besonders in der Bezeichnung anzudeuten; die primäre Bedingung, daß ΔS das Irreversibilitätsmaß darstellt, ist ja das Fehlen eines Wärmeaustausches, und nur, wenn gleichzeitig kein Arbeitsaustausch stattfindet, ist diese Bedingung durch $U = \text{const}$ gegeben. — Es ist vielleicht nicht überflüssig, hier noch einmal hervorzuheben, daß unter diesen äußeren Bedingungen die durch Δ bezeichneten Nachbarzustände von dem Ausgangszustand aus überhaupt nicht reversibel erreichbar sind, sondern im 3. Fall nur irreversibel, im 1. Fall überhaupt nicht, und nur in umgekehrter Richtung irreversibel.

auf gewisse Veränderungen ein ungehemmtes und gleichzeitig in bezug auf andere ein indifferentes oder gehemmtes sein kann. Eine besondere Bedeutung kommt natürlich demjenigen Zustand zu, in dem in bezug auf *alle* möglichen Veränderungen ungehemmtes Gleichgewicht herrscht. Doch hat uns die neuere Forschung gelehrt, diese Behauptung auch immer noch relativ aufzufassen und nur auf die in einem festgesetzten Versuchsbereich zu beseitigenden Hemmungen zu beziehen; haben wir es doch z. B. bei allen radioaktiv zerfallenden Atomen offenbar nicht mit stabilsten Konfigurationen zu tun, sondern mit Veränderlichkeiten, die jedoch wegen der Kürze der Beobachtungszeiten bei einer ganzen Reihe von physikalischen und chemischen Versuchen als vollkommen gehemmt betrachtet werden können.

Nichtabgeschlossene Systeme. Für Systeme, die sich im (innerlich gehemmten oder ungehemmten) thermischen Gleichgewicht befinden, die jedoch eines (ungehemmten) Arbeits- und Wärmeaustausches mit der Umgebung fähig sind, braucht man die Bedingungen des ungehemmten inneren Gleichgewichts nicht von neuem aufzustellen, da offenbar ein bei festgehaltenen äußeren Arbeitskoordinaten möglicher irreversibler Vorgang auch dann ablaufen wird, wenn diese Arbeitskoordinaten unter dem Einfluß der betreffenden inneren Veränderung noch eine nachträgliche Verschiebung erleiden können. Und umgekehrt, wenn bei festgehaltenen äußeren Arbeitskoordinaten mit einer bestimmten inneren Veränderung keine endliche Entropiezunahme verbunden ist, so wird dies auch nicht der Fall sein bei den kleinen Verschiebungen, die die (ungehemmten) Arbeitskoordinaten spontan im thermischen Gleichgewicht erfahren (S. 24). Die Aufhebung innerer Hemmungen wird also in beiden Fällen das gleiche Resultat haben; und das Kriterium dafür, ob dann eine Veränderung des Systems eintritt oder nicht, ist in beiden Fällen durch die Entropieunterschiede bei konstanten äußeren Arbeitskoordinaten gegeben. Für die äußere Wärmezufuhr gilt ganz Ähnliches.

Obgleich demnach die Berücksichtigung der äußeren Veränderungen nichts Neues zur Frage der Stabilität des inneren Gleichgewichts liefert, steht natürlich nichts im Wege, die untersuchten Zustände mit solchen Zuständen zu vergleichen, die aus den gegebenen durch gleichzeitige innere Veränderungen (unter Aufhebung der Hemmungen) und äußere thermodynamische Einwirkungen hervorgehen. In diesem Falle ist für die Irreversibilität des betreffenden Vorgangs das allgemeine Kriterium Gleichung (2), S. 54, anzuwenden, und es ist das Gleichgewicht in bezug auf solche Veränderungen als stabil zu betrachten, die nicht mit einer Vergrößerung des Ausdrucks (2) verbunden sind. Auf Formeln dieser Art kommen wir bei Besprechung unendlich kleiner Veränderungen zurück.

Werden speziell solche Veränderungen betrachtet, bei denen *keine äußere Arbeit* geleistet, aber ein Wärmeaustausch mit der Umgebung zugelassen wird, und wird dieser Wärmeaustausch gerade so gewählt, daß die mit einer irreversibeln inneren Veränderung verbundene Entropiezunahme dadurch wieder ausgeglichen wird, so findet dann offenbar eine *Energieabnahme* des Systems statt, da ja zur Verminderung der Entropie Wärme *abgeführt* werden muß (vgl. die Darstellung im Wärmediagramm). In diesen Fällen entspricht also einer irreversibeln Veränderungsmöglichkeit ein Zustand kleinerer Energie bei konstanter Entropie. Sind keine irreversibeln inneren Vorgänge möglich, so existiert offenbar auch kein Zustand kleinerer Energie bei gleicher Entropie. Die Existenz oder Nichtexistenz solcher Zustände kleinerer Energie bei gleicher Entropie des Systems kann also ebensogut als Kriterium des inneren Gleichgewichts angesehen werden (GIBBS l. c.), und die Bedingungen des ungehemmten, indifferenten und gehemmten Gleichgewichts, jedesmal für eine bestimmte zu untersuchende innere Veränderung, lauten dann:

$$\begin{aligned} &\text{Ungehemmtes Gleichgewicht:} && \Delta U_{(S)} > 0 \\ &\text{Indifferentes Gleichgewicht:} && \Delta U_{(S)} = 0 \qquad (5) \\ &\text{Gehemmtes Gleichgewicht:} && \Delta U_{(S)} < 0. \end{aligned}$$

Auch in diesen Gleichungen ist wie in (4) die Bedingung des Fehlens äußerer Arbeit zu betonen sowie die Unerreichbarkeit der Δ-Zustände auf reversiblem Wege, bei Aufrechterhaltung dieser äußeren Bedingungen.

Gleichgewicht in bezug auf nahe benachbarte Zustände. Zu besonders einfachen und wichtigen Resultaten führt die Anwendung der Gleichgewichtsbedingungen, wenn man sie auf Zustände anwendet, die sich von dem untersuchten Zustand nur durch unendlich kleine Beträge aller (gehemmten und ungehemmten) Zustandsvariabeln unterscheiden.

Man kann nämlich eine Beziehung zwischen den *Arbeiten* aufstellen, welche erlaubt, aus der bei einer stattgefundenen Veränderung wirklich geleisteten Arbeit im Vergleich mit der reversibeln Arbeit direkt auf irreversibeln Ablauf des Prozesses zu schließen. Da nämlich nach dem 1. Hauptsatz:

$$(\mathfrak{d} Q)_{rev} = dU - (\mathfrak{d} A)_{rev}$$

und

$$(\mathfrak{d} Q)_{irr} = dU - (\mathfrak{d} A)_{irr}$$

ist, erhält die Irreversibilitätsbedingung bei Berücksichtigung von (1), wo die linke Seite ja immer positiv ist, einfach die Form:

$$(-\mathfrak{d} A)_{irr} < (-\mathfrak{d} A)_{rev}. \qquad (6)$$

„Eine infinitesimale Systemänderung ist immer dann und nur dann irreversibel abgelaufen, wenn die dabei nach außen abgegebene Arbeit kleiner gewesen ist als die zu der Änderung gehörige reversible Arbeit.“

Anders gewendet:

„Um irreversible, zeitlich von selbst ablaufende Vorgänge in einem thermodynamischen System veranlassen zu können, muß man in der Lage sein, einen thermodynamischen Nachbarzustand unter einer geringeren Arbeitsabgabe[1] erreichen zu lassen als bei dem reversibeln Prozeß.“

Anwendung auf äußere (physikalische) und innere (gehemmte) Veränderungsmöglichkeiten. Um diese Sätze zur Aufstellung von Gleichgewichtsbedingungen für die inneren Veränderungen eines thermodynamischen Systems fruchtbar zu machen, wollen wir uns jetzt mit der Art der bei solchen Systemen auftretenden Arbeiten näher beschäftigen. Fassen wir zunächst den reversibeln Übergang in den Nachbarzustand ins Auge, so ist es möglich, zunächst nur solche Veränderungen zu betrachten, bei denen alle äußeren, physikalischen Arbeitskoordinaten (Volum, Oberfläche usw.) unverändert geblieben sind, während nur die gehemmten Veränderungsmöglichkeiten des Systems (speziell die chemischen, vgl. III, § 1) unter zeitweiliger Aufhebung der Hemmung um kleine Beträge reversibel verändert wurden. Die zu diesen Veränderungen gehörige Arbeit, die, bei gemeinsamer Temperatur T und Vermeidung von Wärmeumwegen, durch den Anfangs- und Endzustand vollkommen bestimmt ist, bezeichnen wir als *gehemmte Arbeit* $\mathfrak{d} A_h$, weil sie bei Änderung der gehemmten Variabeln des Systems geleistet wird. Lassen wir nun zum Schluß noch die physikalischen Arbeitskoordinaten (und gegebenenfalls die Temperatur) eine unendlich kleine reversible Änderung erfahren, so kommt noch ein weiterer Arbeitsertrag hinzu, den wir als physikalische Arbeit $\mathfrak{d} A_{ph}$ bezeichnen; diese Arbeit ist mit der in der physikalischen Thermo-

[1] Oder einem größeren Arbeitsaufwand. Man hat stets daran festzuhalten, daß sowohl $\mathfrak{d} A$ wie $-\mathfrak{d} A$ algebraische Größen sind, die sowohl positiv wie negativ sein können.

dynamik (II. Teil) allein betrachteten identisch. Aus diesen beiden Beträgen $\mathfrak{d} A_h$ und $\mathfrak{d} A_{ph}$ setzt sich die reversible Arbeit $(\mathfrak{d} A)_{rev}$ zusammen, und zwar auch dann, wenn die Reihenfolge, in der die gehemmten und ungehemmten Änderungen vorgenommen wurden, beliebig ist, da bei den angenommenen unendlich kleinen Veränderungen $\mathfrak{d} A_h$ nicht von der gleichzeitigen Änderung der ungehemmten Arbeitskoordinaten abhängt und umgekehrt.

Wenden wir nun unsere Irreversibilitätsbedingung (6) nacheinander auf diese beiden Arten von Systemänderungen an, so gelangen wir zu folgenden Resultaten.

Bei festgehaltenen inneren Hemmungen ist $(\mathfrak{d} A)_{rev} = \mathfrak{d} A_{ph}$, und ein infinitesimaler irreversibler Vorgang ist nur dann möglich, wenn es gelingt, die Änderung der physikalischen Arbeitskoordinaten in einer Weise durchzuführen, bei der $(-\mathfrak{d} A)_{irr} < -\mathfrak{d} A_{ph}$ ist. Diese Aussage ist ziemlich trivial; sie bezieht sich auf Fälle, bei denen die äußeren Arbeitskoordinaten oder Kräfte so rasch geändert werden, daß das System ihnen nicht quasistatisch zu folgen vermag und infolgedessen, nach neuer Fixierung der physikalischen Bedingungen, noch irreversible zeitlich ablaufende Prozesse zeigt. Ein einfachstes Beispiel ist hier die plötzliche Volumausdehnung eines eingeschlossenen Gases um einen kleinen Betrag; das Gas vermag infolge seiner Trägheit nicht sofort zu folgen und leistet an dem vorgestoßenen Kolben nur eine geringere Arbeit, als wenn die Verschiebung unendlich langsam erfolgte. In der Tat ist hier die abgegebene Arbeit $(-\mathfrak{d} A)_{irr}$ kleiner als die normale Arbeit $-\mathfrak{d} A_{ph}$ bei quasistatischer Veränderung, und es sind mit dem Vorgang Abweichungen vom Gleichgewichtszustand, irreversible, von selbst ablaufende Prozesse verbunden. Ähnlich beim plötzlichen Zusammendrücken des Gases; hier ist die aufzuwendende Arbeit größer als bei unendlich langsamer Kompression, also die gewonnene Arbeit (algebraisch genommen) ebenfalls kleiner.

Von wesentlich größerem Interesse sind die Veränderungen bei *festgehaltenen physikalischen Arbeitskoordinaten* und *aufgehobenen inneren Hemmungen.* Dann ist nämlich die reversible Arbeit nur durch die Veränderungen der inneren, gehemmten Variabeln bestimmt: $(\mathfrak{d} A)_{rev} = \mathfrak{d} A_h$, und ein infinitesimaler irreversibler Vorgang ist nur dann möglich, wenn $(-\mathfrak{d} A)_{irr} < -\mathfrak{d} A_h$ ist. Soll speziell ein irreversibler Vorgang durch bloße auslösende Wirkungen, ohne äußere Arbeitsleistung $(\mathfrak{d} A)_{irr}$ zustande kommen können, so haben wir als notwendige Bedingung hierfür:

$$-\mathfrak{d} A_h > 0\,. \tag{7}$$

„In einem thermodynamischen Gleichgewichtssystem kann bei konstanten äußeren Bedingungen nur dann durch auslösende Wirkungen ein irreversibler, von selbst ablaufender Übergang in einen anderen Gleichgewichtszustand eingeleitet werden, wenn mit der reversiblen Überführung in diesen anderen Gleichgewichtszustand eine positive Arbeitsleistung verbunden wäre."

Mit diesem Satz, der eine früher aufgestellte Behauptung[1] bestätigt, ist zugleich das (für die chemische Thermodynamik fundamentale) „Kriterium des ungehemmten Gleichgewichts" gegeben. Man sieht, daß die (arbeitslose) Aufhebung einer Hemmung zu keinen zeitlichen Veränderungen des Systems mehr führen kann, wenn alle Nachbarzustände, die von dem betreffenden Zustand aus durch Veränderung der betreffenden gehemmten Variabeln (Verschiebung des festgeklemmten Kolbens, des Ablaufes einer gehemmten Reaktion usw.) erreicht werden können, bei reversibler Führung keine Arbeitsabgabe leisten oder sogar einen Arbeits*aufwand* erfordern würden, so daß $-\mathfrak{d} A_h \leqq 0$ ist.

„Ein System ist in bezug auf eine gehemmte Veränderungsmöglichkeit im ungehemmten Gleichgewicht, wenn die reversible Herbeiführung jeder kleinen derartigen Veränderung einen Arbeitsaufwand $\geqq 0$ erfordern würde."

[1] „Hemmung eines von selbst ablaufenden Vorgangs gleich Hemmung einer möglichen Arbeit." Vgl. S. 56.

Zum Schluß können wir die bei der Ableitung von (7) und diesen Sätzen zunächst gemachte Voraussetzung, daß die physikalischen Arbeitskoordinaten konstant gehalten werden, auch wieder fallen lassen, da ein Prozeß, der nach Aufhebung einer Hemmung von selbst ablaufen würde, offenbar nicht durch Beweglichmachen der äußeren Koordinaten daran gehindert werden kann.

Stabilität und Labilität bei unendlich kleinen inneren Veränderungen. Ähnlich wie bei der Untersuchung der Änderungen von S und U können wir auch bei der Untersuchung derjenigen reversiblen Arbeit $\mathfrak{d} A_h$, die den in 1. Ordnung unendlich kleinen Änderungen der gehemmten Variabeln des Systems entspricht, drei Fälle unterscheiden: 1. $-\mathfrak{d} A_h > 0$ (irreversible Prozesse treten nach Aufhebung der Hemmung wirklich ein: *in 1. Ordnung gehemmtes* Gleichgewicht), 2. $-\mathfrak{d} A_h = 0$ (irreversible Prozesse treten nach Aufhebung der Hemmung nicht auf, aber es ist auch keine Arbeit nötig, um eine kleine Veränderung hervorzurufen: *in 1. Ordnung indifferentes* oder, wie wir dann sagen wollen, *neutrales* Gleichgewicht), 3. $-\mathfrak{d} A_h < 0$ (irreversible Prozesse sind nach Aufhebung der Hemmung unmöglich, zu jeder Veränderung ist ein Arbeitsaufwand nötig: *rücktreibendes Gleichgewicht 1. Ordnung*).

Unter diesen drei Fällen beansprucht nun bei der Betrachtung kleiner Veränderungen der Fall 2 des neutralen Gleichgewichts noch ein besonderes Interesse. Es läßt sich nämlich aus dem Zusammenhang der Arbeiten $\mathfrak{d} A_h$ mit den Änderungen dU und dS ersehen, daß auch diese Arbeiten, ebenso wie die physikalischen Arbeiten, ihre Vorzeichen umkehren, wenn man von einem gegebenen Zustand aus die betreffenden (gehemmten) Veränderungen um einen gleichen Betrag in entgegengesetztem Sinne ablaufen läßt. Ist also für die eine Richtung der Veränderung $-\mathfrak{d} A_h$ negativ, so müßte diese Arbeit für die entgegengesetzte Richtung positiv sein; der Fall 3 des in 1. Ordnung rücktreibenden Gleichgewichts kann also in Fällen, wo innere Veränderungen in zwei entgegengesetzten Richtungen möglich sind, überhaupt nicht für beide Richtungen erfüllt sein. Es bleibt also dann als Fall des ungehemmten Gleichgewichts nur Fall 2 übrig.

Sind innere Veränderungen eines thermodynamischen Systems nach zwei entgegengesetzten Richtungen möglich, so ist der einzig mögliche ungehemmte Gleichgewichtszustand der des neutralen Gleichgewichts, $\mathfrak{d} A_h = 0$[1].

Mit dieser Feststellung gewinnt jedoch die Frage nach dem Verhalten des Systems bei etwas größeren Veränderungen der betreffenden inneren Variabeln ein bedeutendes Interesse. Bezeichnen wir die reversible Arbeit, die einer zwar immer noch sehr kleinen, aber endlichen Veränderung der gehemmten Variabeln entspricht, mit $\mathfrak{D} A_h$, so gelten für diese Arbeit genau ebenso wie für eine unendlich kleine, die oben für $\mathfrak{d} A_h$ angestellten Überlegungen; bei gleichzeitiger Veränderung der physikalischen Arbeitskoordinaten handelt es sich immer um die reversible Gesamtarbeit, abzüglich der physikalischen reversibeln Arbeit. Wenn für unendlich kleine Änderungen $\mathfrak{d} A_h = 0$ ist, kann für endliche Änderungen $\mathfrak{D} A_h$ entweder 0 oder nach beiden Seiten positiv oder nach beiden Seiten negativ oder endlich nach einer Seite der Veränderung positiv, nach der anderen negativ sein. Hier bezeichnen wird den Fall $\mathfrak{D} A_h = 0$ als Fall des *indifferenten Gleichgewichts höherer Ordnung* oder auch kurz als indifferentes Gleichgewicht. Der Fall $\mathfrak{d} A_h = 0$, $-\mathfrak{D} A_h > 0$ (in mindestens einer Richtung) bedeutet, daß trotz Erfüllung der Gleichgewichtsbedingung $\mathfrak{d} A_h = 0$ das System bei Aufhebung der betreffenden Hemmung irreversibel in einen anderen Zustand übergeht; denn da dem allgemeinen statistischen Charakter des thermischen Gleichgewichts zufolge das System alle ungehemmten inneren Veränderungen innerhalb gewisser Grenzen

[1] Die Bedingungen für U und S lauten in diesem Falle nach (4) und (5): $\delta S(U) = 0$ und $\delta U(S) = 0$, wobei die Zeichen δ unendlich kleine Änderungen 1. Ordnung bedeuten. Vgl. III, § 7, S. 187, und III, § 25.

in endlichen Zeiten einmal durchlaufen wird, wird es auch von dem Zustand, wo $\mathfrak{d} A_h = 0$ ist, bald einmal in Zustände kommen, wo wenigstens nach einer Seite $\mathfrak{d} A_h < 0$ ist, und wird sich dann in dieser Richtung von selbst irreversibel weiterverändern. Solche Zustände, die mindestens in bezug auf „Veränderungen höherer Ordnung" gehemmt sein müßten, um fortbestehen zu können, bezeichnet man als Zustände *labilen Gleichgewichts* sie entsprechen etwa dem auf einer Spitze balancierenden Würfel in der Mechanik.

Nur wenn nach beiden Richtungen jeder ungehemmten Veränderung außer der Bedingung $\mathfrak{d} A_h = 0$ auch noch die Bedingung $-\mathfrak{D} A_h < 0$ erfüllt ist, sind einseitig ablaufende Prozesse unmöglich; wir haben dann den Fall des ungehemmten Gleichgewichts höherer Ordnung oder des *stabilen Gleichgewichts*.

Wir stellen zusammen:

Fall der beiderseitigen Veränderungsmöglichkeit:

$\mathfrak{d} A_h = 0,\ \mathfrak{D} A_h < 0$ labiles Gleichgewicht,

$\mathfrak{d} A_h = 0,\ \mathfrak{D} A_h = 0$ indifferentes Gleichgewicht (höherer Ordnung),

$\mathfrak{d} A_h = 0,\ \mathfrak{D} A_h > 0$ stabiles Gleichgewicht.

Einseitige Veränderungen. Die in den letzten Betrachtungen enthaltene Annahme, daß eine innere Veränderung ebensogut in der einen wie in der anderen Richtung erfolgen kann, braucht, wie GIBBS hervorhebt, nicht immer erfüllt zu sein. Betrachten wir z. B. innere Veränderungen, die in Änderungen des chemischen Zustands des Systems durch Umgruppierungen von dessen Molekülen bestehen. Am wichtigsten ist hier der Fall, daß aus einem Teil eines homogenen Körpers Moleküle austreten, um sich in einer anderen, bisher noch nicht vorhandenen Phase[1] wieder abzuscheiden. Hierbei ist offenbar nur der Übergang alte Phase $\rightarrow$ neue Phase möglich, aber nicht umgekehrt, da die neue Phase in dem betrachteten Anfangszustand noch gar nicht existiert. Etwas Derartiges kommt vor, wenn (vgl. S. 92/93) sich z. B. spontan aus gesättigtem Dampf eine Flüssigkeitsphase zu bilden beginnt; es ist aber unter Anwendung von Hemmungen, die in solchen Fällen durch Trennungswände gegeben sind, auch von ungesättigtem oder übersättigtem Dampf aus die Bildung einer neuen Flüssigkeitsphase möglich, und zwar, wie wir sehen werden, auf thermodynamisch reversible Weise (S. 133). In solchen Fällen braucht offenbar $\mathfrak{d} A_h$ nicht $= 0$ zu sein, sondern es besteht nach Aufhebung der betreffenden Hemmung auch dann Gleichgewicht, wenn $\mathfrak{d} A_h$ schon in erster Ordnung von Null verschieden, und zwar > 0 ist (rücktreibendes Gleichgewicht 1. Ordnung). Diese Bedingung erweist sich bei überhitztem Dampf in bezug auf die Kondensation zu einer flüssigen Teilphase erfüllt; ist sie nicht erfüllt, wie bei übersättigtem Dampf, so besteht kein ungehemmtes Gleichgewicht, und es muß eine Hemmung angenommen werden, wenn in Wirklichkeit keine zeitliche Veränderung stattfinden soll (in 1. Ordnung gehemmtes Gleichgewicht). In der Tat gelingt es hier durch auslösende Wirkungen, ohne äußeren Aufwand, eine teilweise Kondensation herbeizuführen. Dazwischen gibt es Zustände des Dampfes, für die $\mathfrak{d} A_h = 0$ ist; hier findet bei fehlender Hemmung ein spontaner gelegentlicher Übergang kleiner Dampfmengen in den flüssigen Zustand und reversible Wiederverdampfung statt[2].

Bemerkungen über die allgemeinere Bedeutung der Stabilitätsbedingungen gegenüber benachbarten Zuständen. Es könnte scheinen, als ob die Spezialisierung

[1] Über die Definition des Begriffs der Phase vgl. III, § 2.

[2] Nur zur Illustration weisen wir noch auf ein analoges physikalisches Beispiel hin: ein in einem Zylinder eingeschlossenes Gas, auf dessen Stempel keine Kräfte wirken, wo jedoch die Bewegung des Stempels nur bis zu einer festen Widerlage möglich ist. Hier herrscht nach dem Anstoßen des Stempels gegen die Widerlage Gleichgewicht, obwohl $\mathfrak{d} A$ bei einer Verschiebung des Stempels nach innen > 0 ist; auch hier haben wir (für die mögliche Verschiebung) ein rücktreibendes Gleichgewicht 1. Ordnung.

der Stabilitätskriterien auf *Nachbar*zustände eine Einschränkung bedeutete und als ob Systeme, die in bezug auf Nachbarzustände stabil sind, noch nicht in bezug auf *beliebig große* Veränderungen ihres inneren Zustands stabil zu sein brauchen. Es würde zu weit führen, diese Frage näher zu untersuchen; hier soll nur darauf hingewiesen werden, daß die bekannten derartigen Fälle der Mechanik (Massenpunkt in einem relativen Potentialminimum, starrer Körper, auf einer Schmalseite aufgestellt) in der Thermodynamik, die es praktisch immer mit Systemen aus sehr vielen Teilchen zu tun hat, nicht ganz in ähnlicher Weise wiederkehren; mindestens scheint es durch Veränderungen, die nur insofern unendlich klein sind, als eine sehr kleine Menge von Teilchen eine endliche Veränderung erfährt (z. B. in eine andere Phase oder auf einen endlich verschiedenen Potentialwert übergeht), immer möglich zu sein, jeden derartigen Zustand zu einem (partiell) unendlich benachbarten zu machen. So ergibt sich also bei genügender Variation der Veränderungsmöglichkeiten des Systems anscheinend immer die Möglichkeit, mit der Betrachtung der Nachbarzustände auszukommen bei der Entscheidung, ob nur relative oder absolute Stabilität vorhanden ist.

Eine weitere Einschränkung unserer Stabilitätsbedingungen scheint die zu sein, daß durch sie nur die Unmöglichkeit des Übergangs in benachbarte *Gleichgewichts*zustände nachgewiesen wird, während der irreversible Übergang in benachbarte, vom Gleichgewicht abweichende Zustände noch nicht ausgeschlossen erscheint. Auch diese Einschränkung ist jedoch nur scheinbar; in Wirklichkeit würden ja die Nichtgleichgewichtszustände sich spontan weiter bis zu Gleichgewichtszuständen verändern, und wenn diese nicht erreichbar sind, so ist auch der angenommene primäre Übergang zu Nichtgleichgewichtszuständen nicht möglich.

Zur Frage der Hemmungen und ihrer Aufhebung. Da der irreversible Übergang von einem gehemmten Zustand zu einem ungehemmteren, stabileren in der Regel das System über Zwischenstufen führen wird, die keiner Art von thermischem Gleichgewicht entsprechen, und da die reversible Überführung in den Endzustand (z. B. bei homogenen Gasreaktionen komplizierterer Art) im allgemeinen über verschiedenartige Zwischenstufen möglich ist, darf man die Aussage, daß eine *bestimmte* Veränderung des Systems gehemmt ist, meist nicht allzu wörtlich nehmen. Zunächst festzustellen ist nur, daß das betreffende System, neben der Veränderung seiner äußeren Koordinaten und der Temperatur, noch einer oder einiger voneinander unabhängiger innerer Zustandsänderungen fähig ist, und daß diese abgeänderten Zustände mit geeigneten Mitteln thermodynamisch reversibel ineinander überzuführen sind. Man wird dann per definitionem die Anzahl der voneinander unabhängigen inneren Hemmungen des Systems gleich der Zahl der in dieser Weise voneinander unabhängigen inneren Veränderlichkeiten setzen, aber man kann nicht erwarten, durch Zuordnung der verschiedenen Hemmungen zu den, ja nur für (relative) thermische *Gleichgewichts*zustände maßgebenden, inneren Variabeln den näheren Mechanismus der Hemmung aufgedeckt zu haben. (So kann z. B. bei der gehemmten Knallgasreaktion die primäre Hemmung sich auf die Aufspaltung von H_2 und O_2 in Atome beziehen, demnach Vorgänge betreffen, die bei der bloßen Betrachtung verschiedener in bezug auf die Reaktion gehemmter *Gleichgewichtszustände* überhaupt keine Rolle spielen, da im Gleichgewicht H- und O-Atome nicht in merklicher Zahl auftreten.) Infolgedessen ist auch die willkürliche Aufhebung der Hemmung einer bestimmten inneren Veränderung kein Gleichgewichts-, sondern ein Reaktionsproblem, das bei derartigen Umsetzungen in homogenen Systemen noch ein besonderes Studium erfordert (Frage der spezifischen Katalysatoren für chemische Umsetzungen). Die Thermodynamik muß sich demgegenüber darauf beschränken, aus der zeitlichen Unveränderlichkeit der vom stabilsten Gleichgewicht abweichenden Zustände auf die *Existenz* von Hemmungen zu schließen und spontane Veränderungen des gehemmten Systems nach Aufhebung der Hemmungen in allen vom stabilsten Gleichgewicht abweichenden Fällen vorauszusagen, ohne aber im einzelnen die Mittel angeben zu können, um diese Hemmungen überhaupt oder in auswählender Weise aufzuheben.

Fiktive Hemmungen und „theoretische" Zustände. Wir haben bisher, um den von GIBBS bei Aufstellung der Gleichgewichtskriterien verwendeten Begriff der *„möglichen"* Veränderungen eine recht prägnante Bedeutung zu verleihen, neben den ungehemmten Gleichgewichtszuständen nur solche betrachtet, die *im gehemmten Zustand des Systems wirklich realisierbar* und durch reversible Maßnahmen in Gleichgewichtszustände des ungehemmten Systems überzuführen sind. Wir wollen jetzt zum Schluß sehen, wie weit man bei der Anwendung der thermodynamischen Gleichgewichtskriterien auf Systeme, bei denen man sich *nur für ungehemmte Zustände interessiert*, von dieser Voraussetzung abgehen kann, ohne in leere Spekulationen zu geraten, denen keine in der Wirklichkeit brauchbaren Aussagen entsprechen.

Allgemein zulässig ist natürlich, statt der direkten Realisierung und thermodynamischen Bestimmung der benutzten, nichtstabilen Gleichgewichtszustände, die Verwendung von *empirisch genügend sichergestellten Gesetzen*, aus denen die Realisierbarkeit und die thermodynamischen Eigenschaften der für die Untersuchung benutzten nichtstabilsten Gleichgewichtszustände hervorgehen. So wird man z. B. bei der Untersuchung eines Systems, das aus zwei verschiedenen homogenen Stoffen (Phasen) besteht, eine unabhängige Veränderungsmöglichkeit dieser beiden Stoffe in bezug auf Druck und Temperatur (realisierbar durch eine zwischen diese beiden Stoffe eingeführte hemmende Zwischenwand) allgemein annehmen können, und auch bei der Berechnung der mit Änderung dieser beiden Drucke und Temperaturen verbundenen Energie- und Entropieunterschiede des Gesamtsystems von der gegenseitigen Unabhängigkeit dieser Änderungen, also von der additiven Zusammensetzung der Energie- und Entropiedifferenzen aus den Teilbeträgen für den einzelnen Stoff (Phase) Gebrauch machen können. Spezialfolgerungen dieses Satzes, wie die über die Proportionalität gewisser thermodynamischer Effekte mit der Masse eines homogenen (d. h. aus gleichen Einzelteilen zusammensetzbar zu denkenden) Stoffes, gestatten — soweit nicht Oberflächeneffekte in Frage kommen — die Zurückführung der Energie- und Entropieänderung eines homogenen Körpers auf Änderungen der *spezifischen* Energie und Entropie dieser Stoffe (vgl. III, § 10). Die Benutzung aller derartiger Sätze bedeutet offenbar nur die Zuhilfenahme allgemeinerer, genereller Erfahrungsergebnisse an Stelle von nach diesen Ergebnissen vorauszusagenden Einzelerfahrungen.

Einen etwas gewagteren Schritt bedeutet schon die Einführung von solchen unstabilen Zuständen, deren Existenzfähigkeit und thermodynamische Zugänglichkeit nicht aus direkter Erfahrung, sondern nur aus Analogieschlüssen gefolgert wird. So ist z. B. erfahrungsgemäß sichergestellt, daß man gewisse Gase, die miteinander vermischt sind, reversibel durch semipermeable Wände (s. S. 133) voneinandertrennen kann, und auf diesen Prozeß gründet sich (soweit er nicht durch statistische Spekulationen ersetzt wird) die Bestimmung des chemischen Gleichgewichts in Gasen, die im gehemmten Zustand nebeneinander existenzfähig sind (z. B. H_2, O_2, H_2O). Diese von allgemeinen Gasgesetzen Gebrauch machende Berechnungsart wird nun aber nicht nur auf andere Gasgemische übertragen, die im gehemmten Zustande existenzfähig sind, und bei denen nur die reversible Trennung mangels eines geeigneten semipermeablen Materials in Wirklichkeit nicht möglich ist, sondern auch bei Gemischen verschiedener Molekülarten, die (wie vielfach bei einfachen Assoziationen und Dissoziationen) ohne jede Hemmung ineinander überzugehen vermögen, so daß vom ungehemmten Gleichgewicht abweichende Zustände hier überhaupt nicht bekannt sind. Ja sogar das Gleichgewicht zwischen verschiedenen Anregungsstufen eines und desselben Gasatoms oder Gasmoleküls wird auf Grund entsprechender Berechnungen ermittelt, wobei man sich allerdings auf gewisse Fälle von wirklichen Hemmungen, die in solchen Fällen auftreten (etwa metastabiles He), stützen kann. Wir wollen bei derartigen thermodynamischen Überlegungen von *fiktiven Hemmungen* sprechen, die man sich bei der thermodynamischen Behandlung des betreffenden Systems eingeführt denkt, um auf Grund der in analogen wirklich zugänglichen Fällen ermittelten thermodynamischen Gesetzmäßigkeiten die Bedingungen des inneren Gleichgewichts festlegen zu können. Derartige Berechnungen besitzen nicht mehr die Beweiskraft, die der Anwendung direkter erfahrungsmäßiger Daten und der ebenso direkten erfahrungsmäßigen Gesetzmäßigkeiten der Thermodynamik innewohnt, und fordern eine nähere Untersuchung und Kritik der verwendeten Analogieschlüsse heraus. Es ist bekannt, daß ein solches Verfahren sich bei *Gas*gleichgewichten immer durch den Erfolg gerechtfertigt hat; dagegen wird sowohl die Begründung der Analogieschlüsse wie die Nachprüfung der gemachten Aussagen viel schwieriger in dichteren Körpern, also z. B. in der Theorie der Lösungen.

Eine dritte Stufe der Emanzipation von der rein thermodynamisch fundierten Betrachtungsweise wird endlich erreicht, wenn für die fiktiv gehemmten und die ungehemmten Zustände des Systems die Berechnung der Energie und Entropie oder der aufzuwendenden inneren Arbeit nicht auf Grund von Analogien mit entsprechenden wirklich gehemmten Fällen vorgenommen wird, sondern auf rein *statistisch-molekulartheoretischer oder -strahlungstheoretischer Grundlage.* Ist das ganze untersuchte System, auf Grund einer Kenntnis der Elementargesetze und Elementareigenschaften seiner kleinsten Teilchen, der statistischen Behandlung zugänglich, so ist die gesonderte Verwendung jeder thermodynamischen Gesetzmäßigkeit überhaupt unnötig[1]; vielmehr lassen sich in solchem Falle die Gleichgewichtsbedingungen der Thermodynamik als Folgerungen allgemein anwendbarer Gesetzmäßigkeiten auffassen, es ist möglich, den Entropiebegriff auf dem Wege über den Wahrscheinlichkeits- oder Häufigkeitsbegriff (BOLTZMANNsches Prinzip) auf Zustände auszudehnen, die man als thermodynamische Partialgleichgewichte zu bezeichnen kaum mehr den Mut haben würde. (Hierher gehört z. B. die Ableitung der MAXWELLschen Geschwindigkeitsverteilung von Gasmolekülen und die Ableitung der Spektralverteilung der „schwarzen Strahlung" aus Wahrscheinlichkeitsbetrachtungen.) Es ist kein Zweifel, daß diese Betrachtungsweise tiefer in die innersten Vorgänge eindringt und zugleich in ihren Aussagen über die Thermodynamik hinausgeht. Ihre Nachteile sind, daß sie erstens die Kenntnis von Elementarzuständen und Gesetzen erfordern, die nur in ganz seltenen Fällen (innere Molekularzustände idealer Gase; Nullpunktsverhalten fester Körper) genügend erforscht sind; zweitens ist jedoch die statistische Behandlung der Gleichgewichtsbedingungen in zusammengesetzten Systemen mit einem mathematischen Ballast beschwert, der die Übersicht über etwas kompliziertere Fälle fast unmöglich macht. Es hat sich daher als das Zweckmäßigste erwiesen, ein gegebenes Gesamtsystem im allgemeinen unter rein thermodynamischen Gesichtspunkten zu behandeln und insbesondere die Gleichgewichtsbedingungen zwischen *verschiedenen* Phasen des Systems (III, § 2) auf rein thermodynamischer Grundlage abzuleiten; nur bei der Berechnung innerer Gleichgewichtszustände, speziell in idealen Gasen und in festen Körpern bei tiefen Temperaturen spielt die Statistik schon heute eine wichtige Rolle.

---

[1] C. G. DARWIN u. R. H. FOWLER: Phil. Mag. Bd. 44, S. 450 u. 823, 1922; Bd. 45, S. 1, 1923.

§ 8. Die Arbeits- und Wärmekoeffizienten und die Differentialbeziehungen der Thermodynamik.

Vorbemerkung. Wir kehren nunmehr zur Behandlung von Systemen zurück, bei denen alle Änderungen reversibel erfolgen. Es brauchen das nicht Systeme zu sein, in denen überhaupt keine Hemmungen vorhanden sind; es sollen aber die betreffenden Hemmungen bei allen betrachteten Änderungen des Systems in gleicher Weise bestehen bleiben. (Z. B. bei festen Körpern die Hemmungen, die die freie Beweglichkeit der kleinsten Teilchen verhindern und dadurch, bei nicht zu großen Kräften, eine reversible Formelastizität gewährleisten; oder in einem Knallgasgemisch die chemischen Hemmungen, die die Wasserbildung verhindern, so daß nur Änderungen des Druckes und der Temperatur betrachtet werden dürfen, die nicht an die Zündgrenze führen.) Die folgenden Überlegungen sind zwar, wie wir später sehen werden (III. Teil), in gleicher Weise auch auf die im vorigen Paragraphen betrachteten inneren, z. B. chemischen, Veränderungen von Systemen anwendbar, wenn hierbei, unter vorübergehender Aufhebung einer Hemmung, eine reversible Überführung des Systems aus einem gehemmten Anfangszustand in einen gehemmten oder ungehemmten Endzustand möglich ist; wir wollen aber von solchen Änderungen zunächst absehen. Dann ist, nach den Überlegungen des § 3, der Zustand des Systems vollkommen durch die äußeren Arbeitskoordinaten $x, y \ldots$ und die Temperatur T bestimmt. Statt dessen können aber, wie wir gesehen haben (S. 49/50), auch andere Variable ($\xi, \eta \ldots$) gewählt werden, die ohne oder mit der Temperatur den Gesamtzustand des Systems bestimmen. Wir beschränken uns im folgenden auf den praktisch wichtigsten Fall, daß die Temperatur die eine Variable ist. Die anderen beiden Fälle fassen wir zusammen, indem wir von der Eigenschaft der $x, y \ldots$ als Arbeitskoordinaten zunächst keinen Gebrauch machen und erst später sehen, was aus dieser speziellen Annahme folgt.

Differentialform des Energie- und Entropiesatzes. Die hier abzuleitenden Gesetzmäßigkeiten beruhen, wie wir schon im Eingang von § 6 erwähnten, darauf, daß die äußeren Arbeits- und Wärmeeffekte, für die durch beide Hauptsätze Beziehungen aufgestellt werden, durch die *inneren Eigenschaften des Systems bedingt* sind. Da sich die einfachsten Beziehungen ergeben, wenn man unendlich kleine Veränderungen betrachtet, wenden wir den Energie- und Entropiesatz, die ja alle Aussagen über Kreisprozeßresultate bereits in einer auf die Betrachtung innerer Veränderungen zugeschnittenen Form enthalten, auf solche unendlich kleine Veränderungen an. Wir gelangen so auf allgemeinem Wege zunächst zu der passendsten und allgemeinsten Definition der für die Arbeits- und Wärmewirkungen des Systems bestimmenden Eigenschaften (Arbeits- und Wärmekoeffizienten) des Systems und später zu den Differentialbeziehungen, welche zwischen ihnen bestehen müssen. Schließlich leiten wir dieselben Beziehungen, ohne Zuhilfenahme des Energie- und Entropiesatzes, direkt aus den beiden Hauptsätzen der äußeren Thermodynamik durch elementare Kreisprozesse ab.

Betrachten wir eine (unendlich) kleine Zustandsänderung eines thermischen Systems, so haben wir in Gleichung (1) und (2), § 6, die betrachteten Zustände 1 und 2 (unendlich) benachbart anzunehmen. Dann können wir das Integralzeichen weglassen und die Differenzen der Zustandsfunktionen U und S als Differentiale schreiben. Wir erhalten so die Ausgangsgleichung:

$$\mathfrak{d} A + \mathfrak{d} Q = d U, \tag{1}$$

$$\frac{\mathfrak{d} Q}{T} = d S. \tag{2}$$

Die Arbeits- und Wärmekoeffizienten. Die erste Folgerung, die wir aus diesen Gleichungen ziehen werden (Ableitung in dem nächsten Abschnitt) und deren physikalische Bedeutung wir gleich diskutieren, ist folgende:

Die (mit dem Arbeits- bzw. Wärmefilter übertragbaren und meßbaren) Größen $\mathfrak{d}A$ und $\mathfrak{d}Q$ bei der betrachteten Zustandsänderung lassen sich, wie wir behaupten, in der Form darstellen:

$$\mathfrak{d}A = K^x dx + K^y dy + \ldots + K^T dT, \tag{3}$$

und

$$\mathfrak{d}Q = L^x dx + L^y dy + \ldots + L^T dT. \tag{4}$$

Hierbei bedeuten $dx, dy \ldots dT$ die Änderungen der unabhängigen Variabeln, durch die man vom Zustand 1 in den benachbarten Zustand 2 gelangt. Die $K^x \ldots$ und $L^x \ldots$ sind Größen, die durch den Anfangszustand vollständig bestimmt, also *Funktionen von* $x, y \ldots T$ sind, und deren Bedeutung als „*Arbeitskoeffizienten*" und „*Wärmekoeffizienten*" wir gleich kennenlernen werden.

Was ist nun der Sinn dieser Gleichungen? Sind sie selbstverständlich oder nicht? Und wenn nicht, was bedeuten sie und wie beweist man sie?

Wir überzeugen uns zunächst, daß eine Darstellung der Größen $\mathfrak{d}A$ und $\mathfrak{d}Q$, wie die durch die Gleichungen (3) und (4), keineswegs a priori selbstverständlich ist. Betrachten wir z. B. eine Zustandsänderung, wo nur x und y sich ändert, so sagt Gleichung (3) aus, daß die (im Arbeitsfilter gemessene) Arbeit, die bei Veränderung von y aufgenommen wird, unabhängig davon ist, wie groß die gleichzeitige Veränderung von x ist. Das wäre nicht der Fall, wenn z. B. in den obigen Gleichungen K^x außer von $x, y \ldots T$ noch von dem Verhältnis $\frac{dy}{dx}$ bei der Veränderung abhängig wäre. Die Aussage, daß in den Gleichungen (3) und (4) die K und L Funktionen von $x, y \ldots T$ allein, also durch den Zustand, nicht durch die Art der Veränderung bestimmt sind, hat also einen ganz bestimmten Sinn.

Die Bedeutung der Größen K und L ergibt sich dann von selbst. $K^x dx$ ist offenbar die aufgenommene Arbeit, wenn von allen Variabeln nur x geändert wird; bezeichnen wir die hierbei aufgenommene Arbeit mit $(\mathfrak{d}A)^x$, so ist:

$$(\mathfrak{d}A)^x = K^x dx, \qquad K^x = \frac{(\mathfrak{d}A)^x}{dx} \tag{5}$$

und ganz entsprechend:

$$(\mathfrak{d}Q)^x = L^x dx, \qquad L^x = \frac{(\mathfrak{d}Q)^x}{dx} \quad \text{usw.} \tag{6}$$

$$(\mathfrak{d}Q)^T = L^T dT \qquad L^T = \frac{(\mathfrak{d}Q)^T}{dT} \quad \text{usw.} \tag{6^1}$$

Die K und L sind also die Teilarbeiten bzw. Wärmeaufnahmen, wenn nur *eine* Variable geändert wird, dividiert durch die Änderung der entsprechenden Variabeln oder die „*Arbeits-* bzw. *Wärmekoeffizienten* nach x, y usw." Speziell ist L^T der Wärmekoeffizient nach der Temperatur bei konstanten x, y usw., also die *Wärmekapazität* des Systems unter diesen Bedingungen. Die Gleichungen (3) und (4) sagen dann aus, daß bei gleichzeitiger Änderung von $x, y \ldots T$ die Arbeits- und Wärmeeffekte sich aus einzelnen Gliedern zusammensetzen lassen, von denen jedes einzelne so groß ist, als ob nur die betreffende Variable in den entsprechenden Beträgen geändert und alle anderen Variabeln konstant gehalten wären.

Die Bezeichnung mit hochgestellten Indizes wählen wir deshalb, weil der Index die Variable angibt, mit deren *Veränderung* der betreffende Koeffizient in einfacher Weise zusammenhängt, während tiefgestellte Indizes vorzugsweise zur Bezeichnung *konstant gehaltener* Variabeln Verwendung finden sollen.

Die Existenz der Arbeits- und Wärmekoeffizienten als Folgerung aus den beiden Hauptsätzen. Der Beweis der Gleichungen (3) und (4) ergibt sich aus den elementaren Hauptsatzgleichungen (1) und (2) der inneren Thermodynamik ohne weiteres. Dabei erfahren wir gleich, wie die K und L mit den Funktionen U und S und der Temperatur zusammenhängen. Für die beiden Funktionen U und S von $x, y \ldots T$ gilt die Grundgleichung der Differentialrechnung für Funktionen von mehreren Variabeln:

$$dU = \frac{\partial U}{\partial x} dx + \frac{\partial U}{\partial y} dy + \ldots \frac{\partial U}{\partial T} dT \tag{7}$$

$$dS = \frac{\partial S}{\partial x} dx + \frac{\partial S}{\partial y} dy + \ldots \frac{\partial S}{\partial T} dT. \tag{8}$$

Hierbei bedeutet $\frac{\partial U}{\partial x}$ usw. und $\frac{\partial S}{\partial x}$ usw. die „partiellen Differentialquotienten" oder „partiellen Ableitungen" der Funktion U bzw. S nach x usw., und diese Größen sind gemäß dem Bildungsgesetz dieser partiellen Differentialquotienten durch den Anfangswert der Variabeln $x, y \ldots T$ vollständig bestimmt, also Funktionen dieser Variabeln. Setzen wir nun diese Darstellung in die Grundgleichungen (1) und (2) ein, die wir vorher noch so umformen, daß wir $\mathfrak{d} Q$ in der ersten Gleichung mittels der zweiten durch $T\,dS$ ausdrücken und auf die andere Seite bringen, so erhalten wir die Gleichungen:

$$\mathfrak{d} A = \left(\frac{\partial U}{\partial x} - T\frac{\partial S}{\partial x}\right) dx + \left(\frac{\partial U}{\partial y} - T\frac{\partial S}{\partial y}\right) dy + \ldots + \left(\frac{\partial U}{\partial T} - T\frac{\partial S}{\partial T}\right) dT \tag{9}$$

$$\mathfrak{d} Q = T\frac{\partial S}{\partial x} dx \qquad + T\frac{\partial S}{\partial y} dy \qquad + \ldots + T\frac{\partial S}{\partial T} dT. \tag{10}$$

Das ist aber genau die Darstellung, die uns zu der Aussage der Gleichungen (3) und (4) führte; denn sowohl $\mathfrak{d} A$ wie $\mathfrak{d} Q$ sind durch eine Summe von Ausdrücken dargestellt, in denen jedesmal das Differential der Variabeln dx, dy usw. mit einer Größe multipliziert auftritt, die eine reine Funktion des Zustands, d. h. durch $x, y \ldots T$ vollkommen bestimmt ist. Wir sehen zugleich, daß die von uns eingeführten Größen K und L mit den Ableitungen von U und S sowie der Temperatur T auf folgende Weise zusammenhängen:

$$\left.\begin{aligned} K^x &= \frac{\partial U}{\partial x} - T\frac{\partial S}{\partial x} \\ K^y &= \frac{\partial U}{\partial y} - T\frac{\partial S}{\partial y} \\ &\ldots\ldots\ldots\ldots\ldots \\ K^T &= \frac{\partial U}{\partial T} - T\frac{\partial S}{\partial T} \end{aligned}\right\} \tag{11}$$

$$\left.\begin{aligned} L^x &= T\frac{\partial S}{\partial x} \\ L^y &= T\frac{\partial S}{\partial y} \\ &\ldots\ldots\ldots \\ L^T &= T\frac{\partial S}{\partial T} \end{aligned}\right\} \tag{12}$$

Durch paarweise Addition von (11) und (12) ergibt sich noch weiter:

$$K^x + L^x = \frac{\partial U}{\partial x} \quad \text{usw.} \tag{13}$$

Die Aussage, daß die K und L Zustandsfunktionen sind, können wir als „Folgerung nullter Ordnung" aus den Gleichungen (1) und (2) ansehen, während die aus den Darstellungen (11) und (12) sich ergebenden Beziehungen zwischen den partiellen Differentialquotienten der K und L nach $x, y \ldots T$, die wir im folgenden zu besprechen haben, als Folgerungen höherer Ordnung bezeichnet werden können.

Es ist darauf hinzuweisen, daß man schon diese Folgerung nullter Ordnung statt durch Benutzung der Funktionen U und S und deren Entwicklung nach $x, y \ldots T$ auch durch einen elementaren Kreisprozeß beweisen kann, indem man je zwei Variable in umgekehrter Reihenfolge, als man sie vorher verändert hat, wieder auf ihren alten Wert bringt. Wären dabei die K und L nicht durch den Zustand allein bestimmt, sondern z. B. noch von $\frac{dy}{dx}$ abhängig, so wären bei dem betrachteten Kreisprozeß $\int(\mathfrak{d}A + \mathfrak{d}Q)$ und $\int\frac{\mathfrak{d}Q}{T}$ nicht $= 0$, im Widerspruch zu den Hauptsätzen der äußeren Thermodynamik.

Bedeutung der Wärmekoeffizienten. Die spezifische Wärme. Wir suchen uns jetzt die physikalische Bedeutung der Größen K und L noch etwas mehr zu veranschaulichen. Betrachten wir beispielsweise ein heißes komprimiertes Gas, das im thermischen Gleichgewicht ist, so können wir seinen Zustand etwa durch seine „abgekürzte Arbeitskoordinate", das Volum V, und seine Temperatur vollständig bestimmen (S. 49). Es wäre also hier $x = V$, die y usw. sind nicht vorhanden. Dann bedeutet $L^x = L^V$ den Wärmekoeffizienten nach dem Volum bei konstanter Temperatur; $L^x dx = L^V dV$ gibt die bei einer isothermen Ausdehnung aufgenommene Wärmemenge an, die auch als *„latente Volumwärme"* bezeichnet wird, wie man ja überhaupt jeden Wärmeeffekt, der zu keiner Temperaturänderung führt, als einen „latenten" bezeichnet. Dieser Bezeichnungsweise ist der Buchstabe L entlehnt; wir verwenden jedoch der Übersichtlichkeit halber denselben Buchstaben auch für die *„Wärmekapazität"* L^T des Systems, d. h. den Wärmekoeffizienten nach der Temperatur bei konstanten x, y usw., für unser Gas speziell bei konstantem Volum. Diese Wärmekapazität ist für homogene Stoffe wegen der Additivität der Wärmekapazitäten der verschiedenen Teile des Stoffes offenbar gleich der Masse des Stoffes, multipliziert mit der (auf die Masseneinheit bezogenen) *„spezifischen Wärme bei konstantem Volum"* c_V. Im allgemeinen ist unsere Masseneinheit das Mol; vielfach unterscheidet man zwischen „spezifischer Wärme" (pro Gramm) und „Molwärme" (eigentlich „spezifische Wärme pro Mol"), so wie ja auch der übliche Sprachgebrauch zwischen „spezifischem Volum" und „Molvolum" unterscheidet. Da bei uns Wärmekapazitäten auf das Gramm als Masseneinheit bezogen, ganz vermieden werden können, ist eine Verwechslung nicht zu befürchten, wenn wir das Wort „spezifische Wärme" auch im Sinne von „Molwärme" gebrauchen. (Es ist von Vorteil, das Wort „Molwärme" ganz zu vermeiden, da dieses der Mißdeutung als Reaktionswärme ausgesetzt ist.) Ist n die Anzahl der Mole des betrachteten Stoffes, so ist $L^T = n \cdot c_V$. Für L^T werden wir in solchen Fällen auch C_V schreiben; c_V ist ohne weiteres durch C_V oder L^T gegeben und umgekehrt.

Bedeutung der Arbeitskoeffizienten. Zusammenhang mit den (generalisierten) Kräften. Was bedeutet nun in unserem Beispiel K^V? Es soll $K^V dV$ gleich der Arbeitsaufnahme $(\mathfrak{d}A)^V$ bei isothermer Änderung des Volums sein. Nun wissen wir, daß bei einem komprimierten Gas $(\mathfrak{d}A)^V = -p\,dV$ ist, wo p der auf dem Stempel lastende äußere Druck ist; es ist also in diesem speziellen Falle $K^V = -p$, der Arbeitskoeffizient nach dem Volum ist gleich dem negativen Druck. Eine solche Beziehung zwischen Arbeitskoeffizienten und Druckkräften oder anderen

Kräften (Oberflächenkräften, elektrischen Kräften) besteht nun, wie schon die direkte Betrachtung zeigt (§ 3), in sehr vielen Fällen und ist der Grund, weshalb wir diese Arbeitskoeffizienten gleich mit dem Kraftsymbol K bezeichnet haben. Das führt zu der Frage, ob die „Arbeitskoeffizienten" nicht ganz allgemein als die verschiedenen auf das System wirkenden „generalisierten Kräfte" (S. 48/49) anzusprechen sind, und ob die Gleichung (3), die wir durch eine „Folgerung nullter Ordnung" aus dem 1. und 2. Hauptsatz der inneren Thermodynamik abgeleitet haben, sich nicht direkter und mit viel weitergehender und anschaulicherer Bedeutung ableiten ließe, wenn man von dem für mechanische Gleichgewichtssysteme stets geltenden Ansatz ausgeht:

$$\mathfrak{d} A = \mathfrak{X} d x + \mathfrak{Y} d y + \ldots, \tag{14}$$

wobei die $\mathfrak{X}$, $\mathfrak{Y}$ die auf das System wirkenden generalisierten äußeren Kräfte bedeuten.

Der Arbeitskoeffizient K^T. In der Tat ist Gleichung (14) weitgehend mit (3) äquivalent; nur müßten wir noch, wenn wir von (14) ausgehen wollten, in (3) $K^T = 0$ setzen. Diese Aussage folgt jedoch *nicht* aus dem allgemeinen Ansatz (1) und (2) für den 1. und 2. Hauptsatz der inneren Thermodynamik; unsere Gleichung (3) ist allgemeiner als (14)[1], indem sie als unabhängige Variable (außer der Temperatur) nicht nur solche einzuführen gestattet, die als *Arbeitskoordinaten* eines mechanischen Systems aufzufassen sind, sondern auch beispielsweise den Druck oder die Oberflächenspannung, und in diesem Falle braucht K^T nicht zu verschwinden, sondern liefert z. B. bei Konstanthaltung des Druckes und veränderter Temperatur diejenige Arbeit, die der Volumänderung mit der Temperatur bei konstantem Druck entspricht usw. Aber auch insofern ist Gleichung (3) allgemeiner als (14), als unter den x, y usw. nicht nur äußere (physikalische), sondern auch innere (z. B. chemische) Zustandsvariable verstanden werden können; davon werden wir im dritten Teil Gebrauch machen. Die Verallgemeinerungsmöglichkeit unserer Betrachtungen auf diese Fälle ist der Hauptgrund, weshalb wir hier nicht von vornherein von der Darstellung der Arbeit durch die einzelnen Produkte Kraft $\times$ Weg, die bei der Veränderung auftreten, ausgegangen sind.

Die Frage: Wann ist in Gleichung (3) $K^T = 0$ zu setzen? können wir allgemein so beantworten: wenn bei bloßer Änderung der Temperatur und Konstanthaltung sämtlicher übriger Zustandsvariabeln keine Arbeit geleistet wird. Denn die Arbeit bei Konstanthaltung aller übrigen Zustandsvariabeln ist allgemein $= K^T d T$, und das Verschwinden dieser Größe bei Änderung von T bedeutet das Verschwinden von K^T. Bei Systemen, bei denen *sämtliche* $x, y \ldots$ (nicht etwa nur eine dieser Größen) als generalisierte Koordinaten eines mechanischen Systems anzusprechen sind, ist diese Bedingung erfüllt; sie ist aber auch, wie wir im dritten Teil sehen werden, für gewisse chemische Zustandsvariable erfüllt. In allen diesen Fällen (wo also $K^T = 0$ ist) bezeichnen wir die unabhängigen Variabeln $x, y \ldots$ (in etwas allgemeinerem Sinn als S. 48, insofern, als später auch innere Veränderungen darunter verstanden werden sollen) als „*Arbeitskoordinaten*". Bei dieser Definition erhalten wir den Satz:

„*Werden als unabhängige Variable eines thermodynamischen Systems außer der Temperatur ausschließlich Arbeitskoordinaten eingeführt, so ist* $K^T = 0$, *oder nach* (11):

$$\frac{\partial U}{\partial T} = T \frac{\partial S}{\partial T}\text{.“} \tag{15}$$

[1] Gleichung (14), soweit die K^x usw. als Zustandsfunktionen angenommen werden, kann *auch* als eine Folgerung des Energiesatzes, aber des Energiesatzes der reinen Mechanik, die keine Veränderungen durch Änderung der Temperatur kennt, angesehen werden.

Im folgenden wollen wir die Bezeichnung L^x usw. und K^x usw. für die Wärme- und Arbeitskoeffizienten *auf diesen Fall beschränken* und bei Einführung des Druckes usw. als unabhängige Variable andere Bezeichnungen ($l^x \ldots$, $k^x \ldots$) wählen. (Im III. Teil werden wir allerdings aus besonderem Grunde das Symbol l wieder zugunsten der großen Buchstaben fallen lassen.) Es sei noch die Formulierung des 1. und 2. Hauptsatzes hervorgehoben, wie sie sich mit $K^T = 0$ ergibt:

$$(K^x + L^x)\,dx + (K^y + L^y)\,dy + \ldots + L^T\,dT = dU \tag{16}$$

und

$$\frac{L^x}{T}\,dx + \frac{L^y}{T}\,dy + \ldots + \frac{L^T}{T}\,dT = dS\,. \tag{17}$$

Schließlich stellen wir am Schluß dieses Abschnitts fest:

Die Arbeits- und Wärmeeffekte bei beliebigen (reversiblen) Veränderungen eines thermodynamischen Systems sind vollständig bekannt, wenn die Arbeits- und Wärmekoeffizienten als Funktionen der Zustandsvariabeln bekannt sind. Die Aufgabe, solche Effekte zu bestimmen, ist also mit der Bestimmung dieser Koeffizienten in ihrer Abhängigkeit von den Zustandsvariabeln gelöst.

Die thermodynamischen Beziehungen zwischen den Arbeits- und Wärmekoeffizienten. Da die K und L vermöge der Gleichungen (11) und (12) durch die Differentialquotienten der Funktionen U und S nach der betreffenden unabhängigen Variabeln ausgedrückt werden können, müssen zwischen ihnen Differentialbeziehungen bestehen. Indem wir diese aufstellen, kommen wir zu den „Folgerungen 1. Ordnung" aus den Hauptsatzgleichungen (1) und (2), die wir ebenfalls später durch elementare Kreisprozesse bestätigen werden.

Da nach (16) $K^x + L^x = \frac{\partial U}{\partial x}$ ist usw., und da

$$\frac{\partial}{\partial y}\left(\frac{\partial U}{\partial x}\right) = \frac{\partial}{\partial x}\left(\frac{\partial U}{\partial y}\right), \quad \frac{\partial}{\partial T}\left(\frac{\partial U}{\partial x}\right) = \frac{\partial}{\partial x}\left(\frac{\partial U}{\partial T}\right)$$

ist usw., so muß gelten:

$$\frac{\partial}{\partial y}(K^x + L^x) = \frac{\partial}{\partial x}(K^y + L^y)\,, \tag{18a}$$

$$\frac{\partial}{\partial T}(K^x + L^x) = \frac{\partial}{\partial x}L^T\,, \tag{18b}$$

usw. ($K^T = 0$ angenommen). Ebenso folgt aus dem 2. Hauptsatz wegen $\frac{L^x}{T} = \frac{\partial S}{\partial x}$ usw.

$$\frac{\partial}{\partial y}\left(\frac{L^x}{T}\right) = \frac{\partial}{\partial x}\left(\frac{L^y}{T}\right), \quad \frac{\partial L^x}{\partial y} = \frac{\partial L^y}{\partial x}\,, \tag{19a}$$

$$\frac{\partial}{\partial T}\left(\frac{L^x}{T}\right) = \frac{\partial}{\partial x}\left(\frac{L^T}{T}\right) \quad \text{usw.} \tag{19b}$$

Diese Gleichungen haben jedoch, bis auf die 2. Form der Gleichung (19a), noch nicht die einfachste und praktisch wichtigste Form; diese erhalten wir erst, indem wir die Gleichungssysteme (18) und (19) miteinander kombinieren. Wir erhalten so aus (18a) und (19a):

$$\frac{\partial K^x}{\partial y} = \frac{\partial K^y}{\partial x} \quad \text{usw.} \tag{20}$$

und aus (19b)

$$\frac{\partial}{\partial T}\left(\frac{L^x}{T}\right) = -\frac{L^x}{T^2} + \frac{1}{T}\frac{\partial L^x}{\partial T} = \frac{1}{T}\frac{\partial L^T}{\partial x}\,, \qquad L^x = T\left(\frac{\partial L^x}{\partial T} - \frac{\partial L^T}{\partial x}\right).$$

Also wegen (18b):

$$L^x = -T\frac{\partial K^x}{\partial T}, \quad \text{ebenso} \quad L^y = -T\frac{\partial K^y}{\partial T} \text{ usw.} \tag{21}$$

Die Gleichungen (20) und (21) sind die fundamentalen Differentialbeziehungen 1. Ordnung der inneren Thermodynamik. Sie gelten unter der zunächst immer beibehaltenen Voraussetzung, daß die Arbeitskoordinaten und die Temperatur als die unabhängigen Variabeln gewählt sind. Gleichung (20) sagt aus, daß in diesen Fällen die Arbeitskoeffizienten, die dann die Bedeutung von (generalisierten) Kräften haben, aus einem Potential ableitbar sind. Die Gleichungen (21) stellen den Zusammenhang her zwischen den Wärmeeffekten bei Veränderung der Arbeitskoordinaten und der Änderung der betreffenden Arbeitskoeffizienten mit der Temperatur. So erhält z. B., wenn das Volum eine dieser Arbeitskoordinaten ist, Gleichung (21) die Form:

$$L^v = +T\frac{\partial p}{\partial T} \tag{21a}$$

und sagt aus, daß die Wärmeaufnahme bei Volumänderung (unter Konstanthaltung der Temperatur und etwaiger weiterer Arbeitskoordinaten des Systems) proportional dem Temperaturkoeffizienten des Druckes (bei konstantem Volum und konstanten übrigen Arbeitskoordinaten) und der absoluten Temperatur ist.

Für L^T erhalten wir, da $K^T = 0$ ist, nicht eine entsprechende Gleichung wie für L^x, L^y usw. Hier werden jedoch Differentialbeziehungen wichtig, die wir erhalten, indem wir $\frac{L^x}{T}$ vermöge (21) durch $\frac{K^x}{T}$ ausdrücken und nochmals nach T differenzieren. In Kombination mit den Gleichungen (19b) erhalten wir dann als Folgerung 2. Ordnung die Gleichungen:

$$\frac{\partial L^T}{\partial x} = -T\frac{\partial^2 K^x}{\partial T^2}, \quad \frac{\partial L^T}{\partial y} = -T\frac{\partial^2 K^y}{\partial T^2} \text{ usw.} \tag{22}$$

Diese Gleichungen gestatten die bei Änderung der Arbeitskoordinaten eintretenden Änderungen der Wärmekapazität des Systems, also bei homogenen Körpern der spezifischen Wärme (bei konstantem Volum) aus den 2. Differentialquotienten der Arbeitskoeffizienten nach der Temperatur zu berechnen und umgekehrt.

Alle Beziehungen (20) bis (22) lassen sich viel übersichtlicher ableiten und einordnen mit Benutzung einer aus den Funktionen U und S in bestimmter Weise zusammengesetzten neuen Zustandsfunktion, der „Freien Energie". Wir kommen später (§ 10 des II. Teiles) darauf zurück; hier sollte nur gezeigt werden, daß diese Gleichungen eine direkte Folge der Gleichungen (1) und (2), also der auf die innere Thermodynamik angewandten beiden Hauptsätze sind.

Ableitung der gleichen Beziehungen aus Kreisprozessen. Um die Beziehungen (18) und (19) und die aus ihnen folgenden (20) bis (22) aus Kreisprozessen abzuleiten, ist es nur nötig, jedesmal einen elementaren Kreisprozeß zu betrachten, bei dem die Veränderung je zweier unabhängiger Variabeln in umgekehrter Reihenfolge rückgängig gemacht wird. Ändern wir z. B. zunächst die Variable x des Systems um dx, dann y um dy und machen hierauf erst die Änderung von x, dann die von y wieder rückgängig, so muß nach dem 1. Hauptsatz der äußeren Thermodynamik $\int (\mathfrak{d} A + \mathfrak{d} Q) = 0$ sein. Diese Summe setzt sich wegen der Koeffizientendarstellung von $\mathfrak{d} A$ und $\mathfrak{d} Q$ zusammen aus vier Gliedern:

$$(K^x + L^x)_{(\bar{x}, y)} \cdot dx + (K^y + L^y)_{(x + dx, \bar{y})} \cdot dy - (K^x + L^x)_{(\bar{x}, y + dy)} \cdot dx -$$
$$- (K^y + L^y)_{(x, \bar{y})} \cdot dy .$$

Hierbei bedeuten die angehängten eingeklammerten Bezeichnungen immer die Werte der Variabeln, für die die Arbeits- und Wärmekoeffizienten zu bilden sind; $\bar{x}$ und $\bar{y}$ bedeuten Mittelwerte zwischen x und $x + dx$ bzw. $y + dy$. Indem man gemäß der Definition des partiellen Differentialquotienten setzt:

$$(K^x + L^x)_{(\bar{x}, y)} - (K^x + L^x)_{(\bar{x}, y + dy)} = - \frac{\partial}{\partial y} (K^x + L^x)_{(\bar{x}, y)} \cdot dy$$

und

$$(K^y + L^y)_{(x + dx, \bar{y})} - (K^y + L^y)_{(x, \bar{y})} = \frac{\partial}{\partial x} (K^y + L^y)_{(x, \bar{y})} \cdot dx ,$$

erhält man, da beide Ausdrücke schließlich mit $dx\, dy$ multipliziert auftreten, beim Grenzübergang zu dx und $dy = 0$ (d. h. $\bar{x}$ und $\bar{y}$ gleich x bzw. y) die Gleichungen (18a). Ebenso erhält man bei entsprechender Variation von x und T Gleichung (18b) und unter Benutzung des 2. statt des 1. Hauptsatzes (19a) und (19b), mithin auch alle aus diesen abgeleiteten Gleichungen.

Direktere Ableitung der Beziehungen (21) aus dem Wirkungsgrad eines Kreisprozesses. Bei den bisherigen Kreisprozessen ist, wie in unserer an die Spitze gestellten Beweisführung, der 2. Hauptsatz in der Form verwandt, die nur die Beziehungen zwischen den reduzierten Wärmemengen angibt. Infolgedessen können mit diesen Überlegungen, ebenso wie vorher, die wichtigen Beziehungen (21), die den Zusammenhang zwischen L^x und $\frac{\partial K^x}{\partial T}$ angeben, nur durch Kombination mit einer Kreisprozeßfolgerung des 1. Hauptsatzes ermittelt werden. Man kann jedoch, unter Benutzung eines dx, dT-Kreisprozesses, zu diesen Beziehungen auch direkt gelangen, wenn man von vornherein von einer Aussage ausgeht, die sich auf den Arbeitswirkungsgrad reversibler thermischer Kreisprozesse bezieht. Da diese Aussage, wie wir bei der Betrachtung allgemeiner Prozesse (S. 41/42) gesehen haben, sich jedoch im allgemeinen nicht in mathematisch geschlossener Form wiedergeben läßt, tun wir am besten, wenn wir hierbei auf die graphische Darstellung durch das Wärmediagramm zurückgehen. Wir ändern, wie vorher, zunächst isotherm x um dx, erwärmen das System um dT, machen die Änderung von x bei $T + dT$ rückgängig und erniedrigen schließlich wieder die Temperatur um dT. Dann stellt sich dieser ganze Prozeß in einem T, S-Diagramm[1] (§ 5) als kleines Parallelogramm dar (s. Abb. 13), da die isothermen Änderungen sich zwar als Strecken parallel zur Abszissenachse markieren, die Änderungen bei konstantem x jedoch eine gleichzeitige Änderung von T und $\int \frac{\mathfrak{d} Q}{T} = S$ bewirken werden. Die von diesem Parallelogramm eingeschlossene Fläche ist nun durch das Pro-

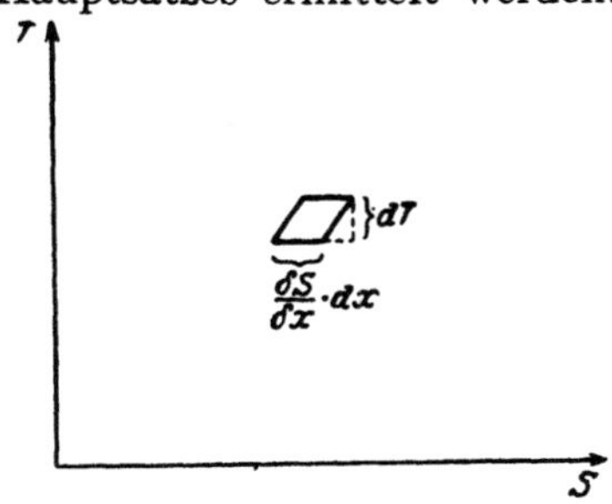

Abb. 13. Infinitesimaler Kreisprozeß im Wärmediagramm.

[1] Es handelt sich um dieselbe Darstellung wie in unserem früheren T, $\int \frac{\mathfrak{d} Q}{T}$-Diagramm, nur daß wir uns jetzt auf reversible Vorgänge beschränken und deshalb jede Änderung von $\int \frac{\mathfrak{d} Q}{T}$ als eine Änderung der Entropie des Systems betrachten und bezeichnen dürfen.

dukt von Grundlinie mal Höhe, also durch $\left(\frac{L^x}{T} \cdot dx\right) dT$ gegeben. Die bei dem Prozeß aufgenommene Arbeit ist $K^x{}_{(x,T)} \cdot dx - K^x{}_{(x,T+dT)} \cdot dx$, d. h. bis auf Glieder höherer Ordnung:

$$-\frac{\partial K^x}{\partial T} dx \cdot dT.$$

Da nun nach dem allgemeinen Satze über den thermischen Wirkungsgrad die aufgenommene Arbeit gleich der im TS-Diagramm eingeschlossenen Fläche ist, so folgen auf diese Weise direkt die Beziehungen (21).

Wenn K^x und L^x von x unabhängig sind, kann man zur Ableitung von (21) auch endliche Arbeitsprozesse benutzen, die bei um dT verschiedener Temperatur rückgängig gemacht werden. Man kann dann auch die Wärmeeffekte bei der Änderung um dT gegenüber den isothermen Wärmeeffekten vernachlässigen und demnach ohne merklichen Fehler die seitlichen Begrenzungen des Prozesses im Wärmediagramm als Adiabaten, parallel zur T-Achse, annehmen. Dann kann man aber direkt von unserem „dT-Prozeß" (S. 35/36) ausgehen und die Gleichung benutzen [nach (10), § 4]:

$$(A)_{dT} = Q\frac{dT}{T}.$$

Hierbei ist zu setzen:

$$(A)_{dT} = K^x \cdot \Delta x - K^x{}_{(T+dT)} \cdot \Delta x$$

(Δx eine endliche Veränderung von x) und $Q = L^x \cdot \Delta x$, und $K^x{}_{(T+dT)}$ ist nach dT zu entwickeln, wobei man wieder (21) erhält. Das ist das Verfahren, auf das die meisten Kreisprozesse der Thermodynamik (bei Bestimmung der Dampfdruckabhängigkeit in der CLAUSIUS-CLAPEYRONschen Gleichung, verschiedenen chemischen Reaktionen, Bestimmung des Temperaturkoeffizienten der elektromotorischen Kraft usw.) hinauslaufen. Wenn man jedoch die unabhängigen Veränderungsmöglichkeiten des Systems (also die Art der Variabeln x, y usw.) genügend übersieht, und wenn man sich ein für allemal klargemacht hat, daß alle hier aufgestellten Differentialbeziehungen als direkte notwendige Folge der beiden Hauptsätze der äußeren Thermodynamik für Systeme mit reversiblen Zustandsänderungen aufzufassen sind, so ist es nicht nötig, den mathematischen Prozeß, der in dem Übergang von der Differenzenbildung zum Differentialquotienten usw. liegt, jedesmal von neuem zu wiederholen, sondern man kann die Formeln (20) bis (22) gleich in der Form von Differentialgleichungen benutzen.

Zu den Formeln (22) sei noch bemerkt, daß, wenn man hier die nochmalige Differentiation der Gleichung (21) umgehen wollte, man einen Kreisprozeß mit nächsthöherem Genauigkeitsgrad auszuführen hätte.

Die Temperatur als integrierender Nenner; CARATHÉODORYs Thermodynamik. Die Behauptung, daß $\mathfrak{d}A$ und $\mathfrak{d}Q$ sich bei beliebigen reversibeln Veränderungen eines thermodynamischen Systems als Summe von Einzeleffekten darstellen, die voneinander unabhängig und jeweils der Änderung der betreffenden Variabeln proportional sind [Gleichung (3)], folgt bei unserer Deduktionsweise als „Folgerung nullter Ordnung" aus der Kombination von Energie- und Entropiesatz. Dieses Aufgebot beider Hauptsätze, das bei Systemen ohne innere Hemmungen als unnötig erscheint (man kann ja hier den Ausdruck für $\mathfrak{d}A$ aus der einfachen Annahme einer ungestörten Superposition der direkt angebbaren Teilarbeiten ableiten), scheint es doch schon weniger in Fällen, wo man, wie bei (gehemmten) chemischen Veränderungen, den Charakter der dabei zu leistenden Arbeits- und Wärmeeffekte nicht ohne weiteres übersehen kann. Läßt man jedoch solche unübersichtlicheren Fälle beiseite, nimmt also den Ausdruck (3) für $\mathfrak{d}A$ als von vornherein gegeben an, so kann man offenbar den entsprechenden Schluß (4) für $\mathfrak{d}Q$ durch Anwendung der Gleichung $\mathfrak{d}Q = dU - \mathfrak{d}A$ ziehen, wo man sich U nach den unabhängigen Variabeln $x, y \ldots T$ entwickelt denkt. Durch nachträgliche Einführung anderer Variabeln folgt dann, daß diese Additivität der Teilwärmen nicht auf die Arbeitskoordinaten und die Temperatur als unabhängige Variable beschränkt ist, sondern für beliebige unabhängige Variabeln gilt.

Schreiben wir diese Darstellung für $\mathfrak{d}Q$, die also auch dann gilt, wenn die Temperatur nicht explizit, sondern nur indirekt in den gewählten Systemvariabeln auftritt, im Anschluß an eine gleich zu zitierende Abhandlung in der Form

$$\mathfrak{d}Q = X\,dx + Y\,dy + Z\,dz + \ldots \tag{23}$$

($X, Y, Z \ldots$ allgemeine Wärmekoeffizienten), so läßt sich die Aussage des Entropiesatzes, $\frac{\mathfrak{d}Q}{T} = dS$, in die Form kleiden:

$$\frac{X\,dx + Y\,dy + Z\,dz + \ldots}{T} = dS\,, \tag{24}$$

d. h. der Ausdruck $X dx + Y dy + \ldots$ läßt sich nach Division mit einer durch die $x, y, z \ldots$ vollständig bestimmten Größe (hier der absoluten Temperatur) darstellen als Differential einer Funktion der Zustandsvariabeln $(x, y, z \ldots)$. Oder: Der „PFAFFsche Differentialausdruck[1]", $X dx + Y dy + \ldots$, durch den die Wärmeaufnahme eines thermischen Gleichgewichtssystems dargestellt wird, besitzt einen „*integrierenden Nenner*", der zudem für alle verschiedenen Systeme, die sich miteinander im thermischen Gleichgewicht befinden, derselbe ist.

Diese letzte Aussage, die sich in der Tat mit der Behauptung $\frac{\mathfrak{d}Q}{T} = dS$ vollständig deckt[2], wird von manchen Autoren als kürzeste und mathematisch präziseste Form des 2. Hauptsatzes in den Vordergrund gestellt. In neuerer Zeit ist der 2. Hauptsatz für reversible Prozesse in dieser Form von C. CARATHÉODORY auf Grund einer originellen Formulierung der Eigenschaften thermischer Gleichgewichtssysteme abgeleitet worden[3]. CARATHÉODORY zeigt, daß man, wenn der Ausdruck (23) für $\mathfrak{d}Q$ gegeben ist, den Beweis dieser Form (24) des 2. Hauptsatzes auf folgende Behauptung stützen kann:

„*In beliebiger Nähe jedes Zustands* (eines thermischen Gleichgewichtssystems mit den allgemeinen Variabeln $x, y, z \ldots$) *gibt es* (ebenfalls durch die $x, y \ldots$ vollständig bestimmte) *Nachbarzustände, die durch adiabatische Vorgänge von dem ersten Zustand aus nicht erreichbar sind*"[4].

Da vorausgesetzt wird, daß außer den Arbeitskoordinaten nur *eine* andere Bestimmungsvariable da ist (vgl. unsere Eindeutigkeit des thermischen Gleichgewichtszustands, S. 21f.), so müssen die hier ins Auge gefaßten Nachbarzustände durch Wärmezufuhr zustande gekommen sein; denn, wenn n Variable

---

[1] So werden alle Differentialausdrücke der obigen Form bezeichnet, von denen nicht feststeht, ob sie sich als Differential einer Funktion der $(x, y, z, \ldots)$ darstellen lassen.

[2] Auch gemäß unserer Ableitung ist ja von der Funktion S nichts bekannt, als daß sie eben eine Funktion der unabhängigen Variabeln (hier $x, y, z \ldots$) ist. Ist man mit Hilfe der ausgesprochenen Behauptung, die als Integralnenner noch eine beliebige Funktion $\lambda(T)$ der absoluten Temperatur zuläßt, zunächst auf eine andere Funktion φ geraten, so kann man leicht zeigen, daß auch eine Funktion $S = \frac{\lambda(T)}{T} \cdot \varphi$ der Zustandsvariabeln existiert, die der Gl. (24) genügt.

[3] Untersuchungen über die Grundlagen der Thermodynamik. Math. Ann., Bd. 61, S. 335, 1909. In mehr physikalischer Form wiedergegeben von M. BORN: Kritische Betrachtungen zur Thermodynamik. Physik. Z., Bd. 22, S. 218, 1921.

[4] BORN, M.: a. a. O., S. 282.

vorhanden sind, so sind $n-1$ voneinander unabhängige Veränderungen durch die $n-1$ voneinander unabhängigen Arbeitsleistungen an dem System gegeben, und die einzige Wirkung, die dann (bei reversiblen Veränderungen) noch möglich ist, ist eine Wärmezufuhr. Daraus, daß diese Wärmezufuhr aber nur noch *eine* von den anderen Veränderungen unabhängige Veränderung bewirken kann, läßt sich folgern, daß der Differentialausdruck (23), durch den die Wärmezufuhr bestimmt ist, längs $(n-1)$ -dimensionaler Flächen (Adiabatenflächen) in dem n-dimensionalen Zustandsraum verschwinden muß. Das bedeutet aber, wie die nähere Überlegung zeigt, daß sich der Differentialausdruck für $\mathfrak{d}Q$ von dem Differential einer Funktion φ, die längs dieser Flächen konstant ist, nur durch einen von $x, y, z \ldots$ abhängigen *Faktor* λ unterscheiden kann, d. h. es muß $\mathfrak{d}Q = \frac{d\varphi}{\lambda}$ sein, $\mathfrak{d}Q$ besitzt einen integrierenden Nenner. Aus der Additivität von Wärmeeffekten zusammengesetzter Systeme und der Gleichheit ihrer Temperaturen folgert man schließlich, daß λ nur von T abhängig sein kann, also die obige allgemeine Aussage[1].

Nach diesem Gedankengang würde also z. B. die bei dem CLAUSIUSschen Beweis unter Benutzung des Begriffs der irreversibeln thermodynamischen Effekte abgeleitete Aussage über die Eindeutigkeit des Wärmeverhältnisses bei reversibeln CARNOTschen Kreisprozessen zwischen gegebenen Temperaturen einfach aus der Form der Abhängigkeit der Wärmeaufnahme $\mathfrak{d}Q$ von den Variabeln des Systems und aus einer Übersicht über die Zahl der durch Arbeits- und Wärmezufuhr möglichen Veränderungen des Systems abzuleiten sein; es tritt so der innere Zusammenhang der reversibeln Wärmeeffekte mit den (Eindeutigkeits-) Eigenschaften thermischer Gleichgewichtssysteme in den Vordergrund der Betrachtung. Gleichwohl halten wir es nicht für sicher, daß die künftige Thermodynamik diesen Ausgangspunkt bevorzugen wird. Einerseits sind die Erkenntnisse, die man auf dem von CARNOT und CLAUSIUS beschrittenen Weg sammelt, von so direkter Bedeutung, besonders für die technische Thermodynamik, daß ein Weg zur Ableitung des 2. Hauptsatzes, der das Studium des Wirkungsgrades von CARNOTschen Kreisprozessen umgeht, von diesem Standpunkt aus eher als Umweg erscheinen würde. Ferner scheint der (in unserer Darstellung besonders hervorgehobene) gewissermaßen unpersönliche Charakter der Arbeits- und Wärmeeffekte, der Zusammenhang von Wärmemenge und Temperatur, der reversible oder irreversible Charakter, der den bei einem Kreisprozeß ausgetauschten Wärmeeffekten, ganz unabhängig von der Art des Kreisprozeßsystems, innewohnt, und damit auch der absolute Charakter des eingeführten Irreversibilitätsmaßes, bei einer Darstellung verdeckt, die die Beziehungen des 2. Hauptsatzes ausschließlich aus den inneren Eigenschaften von Gleichgewichtssystemen ableitet.

Die verschiedenen Bestimmungsschemata eines thermodynamischen Systems. Wir wollen — nach dieser Abschweifung — jetzt die Beziehungen (20) bis (22) benutzen, um nach verschiedenen Methoden, unter einem möglichst geringen Aufwand von Messungen oder anderweitig bekannten Gesetzmäßigkeiten, alle Arbeits- und Wärmekoeffizienten für alle Werte der Zustandsvariabeln anzugeben; vorläufig immer unter der Voraussetzung, daß eine Zustandsvariable die Temperatur ist, und daß die übrigen Zustandsvariabeln die Eigenschaften von Arbeitskoordinaten haben. Wir nehmen der Einfachheit halber nur zwei Arbeitskoordinaten x und y an; die Verallgemeinerung liegt auf der Hand.

1. *Das Zustandsgleichungsschema.* Wir setzen voraus, daß K^x als Funktion der x, y, T für alle Werte dieser Variabeln durch direkte Messung oder durch

[1] Bezüglich des strengen Beweises sei auf das Original oder auf Handb. d. Physik, Bd. 9, Artikel LANDÉ, verwiesen.

(nichtthermodynamische) Gesetze bekannt sei. Dann ist auch $\frac{\partial K^x}{\partial y}$ bekannt, folglich nach Gleichung (20) auch $\frac{\partial K^y}{\partial x}$. Um K^y als Funktion aller Variabeln zu bestimmen, braucht man also K^y nur noch für alle Werte von y und T und einen einzigen Wert von x, etwa $x = x_0$ zu geben, was auch wieder entweder durch Messungen oder durch (nichtthermodynamische) Gesetze erreicht werden kann. Dieser Wert x_0 kann übrigens, je nach Bequemlichkeit, für alle noch zu untersuchenden Wertepaare y, T der gleiche sein oder mit einer dieser Größen oder auch mit beiden variieren. Nur braucht man, für ein Wertepaar y, T, die Größe K^y nicht für mehrere (oder alle) x-Werte zu bestimmen. — L^x und L^y sind dann durch (21) ohne weitere Messungen bestimmbar. K^T ist definitionsgemäß $= 0$, es fehlt also nur noch L^T, die Wärmekapazität bei konstanten Arbeitskoordinaten (speziell: spezifische Wärme bei konstantem Volum). Auch für diese ist jedoch die Abhängigkeit von x und y vermöge (22) gegeben; es genügt also, für irgendein Wertepaar $x = x_0$, $y = y_0$ die Wärmekapazität L^T als Funktion von T zu messen oder die entsprechenden Gesetzmäßigkeiten zu kennen.

Wir können dieses Bestimmungsschema kurz folgendermaßen zum Ausdruck bringen:

Zustandsgleichungsschema.

	Bekannt	Festzustellen
K^x:		für alle x, y, T.
K^y:	$\frac{\partial K^y}{\partial x} = \frac{\partial K^x}{\partial y}$ nach (20)	für x_0 und alle y, T.
L^x:	$L^x = -T\frac{\partial K^x}{\partial T}$ nach (21)	—
L^y:	$L^y = -T\frac{\partial K^y}{\partial T}$ nach (21)	—
L^T:	$\left\{\begin{array}{l} \frac{\partial L^T}{\partial x} = -T\frac{\partial^2 K^x}{\partial T^2} \\ \frac{\partial L^T}{\partial y} = -T\frac{\partial^2 K^y}{\partial T^2} \end{array}\right\}$ nach (22)	für x_0, y_0 und alle T.

Eine Beziehung, die einen Arbeitskoeffizienten mit den Arbeitskoordinaten und der Temperatur verbindet, nennen wir (thermische) *Zustandsgleichung*. Das wichtigste Beispiel ist die Zustandsgleichung der homogenen Körper, insbesondere der Gase, in der Form $p = f(V, T)$, $[x = V,\ K^x = -p]$. Infolgedessen können wir das Schema, das von derartigen Gleichungen ausgeht, als das Zustandsgleichungsschema bezeichnen. Man erkennt aus unserem Schema, daß, wenn von vornherein keine weitere Angaben über die Arbeits- und Wärmekoeffizienten eines Systems bekannt sind, oder wenn nur, wie bei uns, L^T als Funktion von T bei konstantem x, y gegeben ist, auf Grund thermodynamischer Überlegungen *überhaupt keine Einschränkung* in bezug auf die Abhängigkeit der Größe K^x von x, y und T (bzw. der Größe p von V und T) gemacht werden kann, daß also die Bestimmung dieser Abhängigkeit dann eine ganz selbständig in Angriff zu nehmende Aufgabe ist.

Ganz anders liegt diese Frage, wenn ein umfangreicheres Material über die Wärmekoeffizienten bekannt ist. Wir besprechen, als möglichst entgegengesetzten Fall:

2. *Das* (wesentlich) *thermische Schema.* Es sei L^T für alle x, y, T gegeben. Dann ist es wegen (19b) möglich, die Abhängigkeit von $\frac{L^x}{T}$ von der Temperatur

zu bestimmen, desgleichen von $\frac{L^y}{T}$; es braucht also für $\frac{L^x}{T}$ nur noch die Abhängigkeit von x und y bei irgendeiner konstanten Temperatur T_0 gegeben zu sein und für $\frac{L^y}{T}$ wegen (19a) sogar nur noch die Abhängigkeit von y. Dann sind nach (21) auch $\frac{\partial K^x}{\partial T}$ und $\frac{\partial K^y}{\partial T}$ bekannt, man braucht also auch K^x nur bei einer konstanten Temperatur T (die mit T_0 identisch oder von T_0 verschieden sein kann) als Funktion von x und y, und K^y wegen (20) nur als Funktion von y zu geben, um das vollständige System aller Arbeits- und Wärmekoordinaten in Abhängigkeit von x, y und T zu kennen.

Wegen des Zusammenhangs (12) von L^x usw. mit $\frac{\partial S}{\partial x}$ usw. kann hierbei (wie in der folgenden Tabelle vermerkt) auch statt L^x und L^y die Entropie S bei konstantem T_0 für alle Werte von x und y gegeben sein. Hierbei spielt die Temperatur $T = 0$ eine ausgezeichnete Rolle, da sich hier S durch theoretische (statistische oder axiomatische) Überlegungen in vielen Fällen als Funktion der Arkeitskoordinaten bestimmen läßt; nach dem NERNSTschen Theorem wäre sogar stets $\frac{\partial S}{\partial x}$, $\frac{\partial S}{\partial y}$ und damit $\frac{L^x}{T}$ und $\frac{L^y}{T}$ für $T = 0$ gleich Null. Diesen Überlegungen werden wir später bei der Bestimmung *chemischer* Arbeitskoeffizienten aus thermischen Messungen noch öfters begegnen.

Tabellenmäßig dargestellt sieht dieses Bestimmungsschema folgendermaßen aus:

Wesentlich thermisches Schema.

	Bekannt	Festzustellen
L^T:		für alle x, y, T.
L^x:	$\frac{\partial}{\partial T}\left(\frac{L^x}{T}\right) = \frac{\partial}{\partial x}\left(\frac{L^T}{T}\right)$ nach (19b)	für T_0 und alle x, y [oder S für T_0 und alle x, y wegen (12)]
L^y:	$\frac{\partial}{\partial T}\left(\frac{L^y}{T}\right) = \frac{\partial}{\partial y}\left(\frac{L^T}{T}\right)$ nach (19b) $\frac{\partial L^y}{\partial x} = \frac{\partial L^x}{\partial y}$ nach (19a)	für x_0, T_0 und alle y [oder S für x_0, T_0 und alle y wegen (12)]
K^x:	$\frac{\partial K^x}{\partial T} = -\frac{L^x}{T}$ nach (21)	für T_0 und alle x, y.
K^y:	$\frac{\partial K^y}{\partial T} = -\frac{L^y}{T}$ nach (21) $\frac{\partial K^y}{\partial x} = \frac{\partial K^x}{\partial y}$ nach (20)	für x_0, T_0 und alle y.

In III, § 5 werden wir auch ein Schema kennenlernen, bei dem die Untersuchung der Arbeitskoeffizienten (bis auf den äußeren Druck) in Abhängigkeit von den Variabeln y, z usw. bei konstanter Temperatur durch die Messung irreversibler Wärmeeffekte ersetzt wird. Erst dann können wir offenbar von einem „rein thermischen" Bestimmungsschema sprechen; daher die Bezeichnung „wesentlich thermisch" für das zuletzt betrachtete Schema.

Zweiter Teil.

Physikalische Thermodynamik.

Die Systeme, auf die in diesem Teil die Gesetzmäßigkeiten der allgemeinen Thermodynamik angewandt werden sollen, brauchen sich in keiner Weise von denen des nächsten Teils (Chemische Thermodynamik) zu unterscheiden; wohl aber sind die Veränderungen, die wir hier mit den Systemen vorgenommen denken, andere als dort. Es sollen hier solche Veränderungen thermischer Gleichgewichtssysteme betrachtet werden, die durch Verschiebung der Angriffsstellen der äußeren auf das System wirkenden Kräfte (also durch äußere Arbeit) und durch Wärmeaustausch zustande kommen, dagegen keine etwa weiter in dem System möglichen unabhängigen inneren Veränderungen, die nach dem Satz von der Eindeutigkeit des thermischen Gleichgewichtszustands (S. 21) nur infolge Aufhebung von *Hemmungen* möglich sein können. Das heißt: innere Hemmungen sollen in dem System entweder nicht vorhanden sein oder bei allen betrachteten äußeren Veränderungen in gleicher Weise bestehen bleiben, so daß in keinem Fall irreversible, zeitlich ablaufende innere Vorgänge als Folge der (unendlich langsam herbeigeführt zu denkenden) äußeren Veränderungen auftreten sollen.

Ist diese *Innehaltung der Hemmungsgrenzen* durch die Versuchsbedingungen gewährleistet (z. B. bei einem Knallgasgemisch durch Beschränkung auf gewisse Grenzen in der Variation von Volum und Temperatur, bei festen Körpern durch Innehaltung der Elastizitätsgrenzen), so ist nach dem Früheren (S. 21) ein System in der betrachteten Reihenfolge von thermischen Gleichgewichtszuständen, die es bei Änderung seiner äußeren Bedingungen durchläuft, vollständig bestimmt durch seine Arbeitskoordinaten $x, y \ldots$ und seine Temperatur T oder durch ebenso viele andere unabhängige Variable, die durch diese eindeutig bestimmt sind. Die Thermodynamik dieser „äußeren" Veränderungen bezeichnen wir als „physikalische Thermodynamik" im Gegensatz zu der später zu betrachtenden Thermodynamik der inneren Veränderungen eigentlich nur deshalb, weil alle praktisch wichtigen inneren Hemmungen eben solche sind, die sich auf die Bewegung oder chemische Umsetzung der kleinsten Teilchen des Systems beziehen. Rein systematisch würde jedoch eine Einteilung in Systeme ohne und mit unabhängigen inneren Veränderungen oder in Systeme mit unveränderten und veränderten Hemmungen noch reinlicher sein, weil ja die inneren Hemmungen z. B. auch durch Ruh-Reibung (Festklemmen) von unter Arbeit verschiebbaren Teilen des Systems (z. B. eines Stempels, der zwei Gase trennt) zustande kommen können. Derartige innere physikalische Hemmungen und unabhängige Veränderungsmöglichkeiten schließen wir hier ebenso aus wie unabhängige chemische Veränderungen. (Dagegen ist jede Art von stofflicher Veränderung zugelassen, die den äußeren Veränderungen in eindeutiger Weise folgt.)

Kapitel A.

Homogene Körper.

Wir beschäftigen uns zunächst mit solchen Körpern, die den ihnen zur Verfügung stehenden Raum (das gegebene Volum) in allen Fällen vollkommen gleichmäßig ausfüllen, so daß ihre Eigenschaften überall die gleichen sind. Solche Körper bezeichnet man als homogen. Homogenität ist offenbar in allen solchen Körpern gewährleistet, deren kleinste[1] Teilchen frei gegeneinander beweglich sind, und in denen alle diese Teilchen aufeinander nur über sehr kurze Entfernungen wirken und keinen (merklichen) äußeren Fernkräften unterworfen sind. Solche Systeme werden ein ihnen zur Verfügung stehendes Volum innerhalb gewisser Grenzen (Bildung verschiedener Phasen, vgl. III. Teil, S. 137 f.) immer gleichmäßig ausfüllen, überall die gleichen Eigenschaften zeigen und — innerhalb ihrer etwaigen Hemmungsgrenzen — in ihren spezifischen und thermodynamischen Eigenschaften durch das Volum (als „abgekürzte Arbeitskoordinate") und die Temperatur vollkommen bestimmt sein.

Auch wenn die „kleinsten Teilchen" eines Körpers nicht frei gegeneinander beweglich sind, genügt jedoch in gewissen Fällen Volum und Temperatur zur vollständigen Bestimmung des (thermodynamisch wichtigen) Zustands. Wir kommen hierauf bei der Besprechung des „festen Zustands" zurück und beschäftigen uns zunächst mit Körpern der ersten Art, mit Gasen und Flüssigkeiten. Als unabhängige Variable wählen wir bis auf weiteres immer die eine Arbeitskoordinate, nämlich das Volum, und die Temperatur.

Zur Bestimmung sämtlicher thermodynamischer Effekte eines solchen Systems gehen wir von dem Zustandsgleichungsschema (S. 77) aus, das die vollständige Kenntnis der Zustandsgleichung $K^x = f(x, y \ldots T)$ voraussetzt. Da in unserem Falle $x = V$, $K^x = -p$, $L^x = L^V$, $L^T = C_V = n c_V$ zu setzen ist (über die Bedeutung von C_V und c_V vgl. S. 69), nimmt das Schema folgende Form an:

	Bekannt	Festzustellen
p:	—	für alle V und T.
L^V:	$L^V = T \cdot \frac{\partial p}{\partial T}$ nach I, § 8 (21)	—
L^T:	$\frac{\partial L^T}{\partial V} = n \frac{\partial c_V}{\partial V} = T \frac{\partial^2 p}{\partial T^2}$ nach I, § 8 (22)	für V_0 und alle T.

§ 1. Das ideale Gas.

Die Zustandsgleichung. Für ideale Gase lautet die Zustandsgleichung:

$$p \cdot V = n R T, \tag{1}$$

wo n die Gesamtmasse M dividiert durch das Molgewicht $\mathbf{M}$, also die Zahl der vorhandenen Mole, R eine universelle Konstante bedeutet[2]. Die Gleichung wurde empirisch entdeckt; die einzelnen in ihr zusammengefaßten Gesetzmäßigkeiten sind bekannt als Gesetz von BOYLE-MARIOTTE, 1. GAY-LUSSACsches Gesetz

[1] Wie groß diese „kleinsten Bestandteile" (innerhalb deren keine freie Beweglichkeit mehr vorhanden ist) sein können, hängt bis zu einem gewissen Grade von den angewandten Meßmethoden ab. Für die gewöhnlichen Meßapparate thermodynamischer Effekte sind z. B. auch kolloidal gelöste Teilchen von 10^{-4} bis 10^{-3} cm Durchmesser noch im einzelnen unbeobachtbar, fallen also unter den Begriff der „kleinsten Bestandteile".

[2] Vgl. Anm. folg. Seite.

und AVOGADROsche Regel. Alle Gase gehorchen ihr bei hohen Temperaturen bis zu mäßig hohen Drucken, und bei niedrigen Drucken bis zu gewissen tiefen Temperaturen, vorausgesetzt, daß keine chemische Veränderung in ihnen vorgeht. Bei gewöhnlicher Temperatur und Drucken von 1 Atm. und darunter sind vor allem die Edelgase, ferner Wasserstoff, Stickstoff, Sauerstoff, Kohlenoxyd usw. teils exakt (d. h. soweit die Genauigkeit unserer feinsten Meßmethoden reicht), teils mit sehr großer Annäherung als ideale Gase zu betrachten. Die kinetische Gastheorie (CLAUSIUS, MAXWELL, BOLTZMANN) vermochte später Gleichung (1) auch auf theoretischem Wege aus den Grundgesetzen der Mechanik abzuleiten.

Die universelle Konstante R, die *Gaskonstante*, besitzt, wie die Formel zeigt, die Dimension $\frac{[\text{Energie}]}{[\text{Temperatur}]}$. Ihr empirisch gefundener Wert ist

$$R = 8{,}313 \cdot 10^7 \frac{\text{erg}}{\text{grad}} = 0{,}08204 \frac{\text{Literatmosphären}}{\text{grad}} = 1{,}986 \frac{\text{cal}}{\text{grad}}.$$

Aus der Zustandsgleichung leiten sich die folgenden Differentialbeziehungen ab:

Bei konstant gehaltener Temperatur:

$$\frac{\partial p}{\partial v}_{(T)} = -\frac{nRT}{v^2} = -\frac{p}{v}.$$

Man bezeichnet den Ausdruck $v\frac{\partial p}{\partial v}$ als den „kubischen Elastizitätskoeffizienten" des Gases; dieser ist also gleich $-p$. Sein reziproker Wert wird als (kubische) Kompressibilität bezeichnet.

Bei konstantem Volum erhält man:

$$\frac{\partial p}{\partial T}_{(v)} = \frac{nR}{v} = \frac{p}{T}.$$

Hieraus folgt der „thermische Spannungskoeffizient" $\frac{1}{p}\frac{\partial p}{\partial T} = 1/T$. Endlich bei konstantem Druck:

$$\frac{\partial v}{\partial T}_{(p)} = \frac{nR}{p} = \frac{v}{T}.$$

Hieraus folgt der „kubische Ausdehnungskoeffizient" $\frac{1}{v}\frac{\partial v}{\partial T}$ ebenfalls gleich $1/T$. Auf Grund dieser Beziehung stellt das ideale Gas das bequemste Instrument zur Messung der absoluten Temperatur dar.

Nach den Regeln der Differentialrechnung besteht (für alle Systeme, die durch v und T bestimmt sind, oder bei denen die etwaigen sonstigen Variabeln konstant gelassen werden) die Beziehung

$$dp = \frac{\partial p}{\partial v}_{(T)} \cdot dv + \frac{\partial p}{\partial T}_{(v)} \cdot dT,$$

wobei wiederum der Übersichtlichkeit wegen die jeweils konstant gehaltene Variable bei den partiellen Differentialquotienten vermerkt ist. Bleibt jetzt p konstant ($dp = 0$), so folgt hieraus:

$$\frac{\partial p}{\partial v}_{(T)} \cdot \frac{\partial v}{\partial T}_{(p)} + \frac{\partial p}{\partial T}_{(v)} = 0. \tag{2}$$

[1] Es ist hierbei, zum Teil im Gegensatz zu der historischen Entwicklung, das Molgewicht **M** als unabhängig von der Gasgleichung gegeben angenommen. Über den Zusammenhang von **M** in Gasen mit dem Molgewicht „resistenter Gruppen" vgl. Teil III, § 6 und § 13.

Diese ganz allgemein gültige Geleichung verknüpft die eben abgeleiteten Koeffizienten miteinander.

Wärmeeffekte. Die latente Volumwärme L^v erhalten wir nach der Gleichung

$$L^v = T \frac{\partial p}{\partial T}: \tag{3}$$

$$L^v = p = \frac{nRT}{v}.$$

Durch Einsetzen in die Gleichung I, § 8 (13): $L^x + K^x = \frac{\partial U}{\partial x}$, erhalten wir also (da $K^x = -p$):

$$\frac{\partial U}{\partial v} = 0.$$

Diese hier thermodynamisch aus der Zustandsgleichung abgeleitete Eigenschaft der idealen Gase ist schon längst durch das Experiment [Messung der Wärmetönung bei arbeitsloser (irreversibler) Ausdehnung] erwiesen und als 2. GAY-LUSSACsches Gesetz bekannt.

Da ferner nach I, § 8 (22)

$$\frac{\partial L^T}{\partial v} = T \cdot \frac{\partial^2 p}{\partial T^2} \tag{4}$$

ist, $\frac{\partial p}{\partial T} = \frac{nR}{v}$ aber von T nicht abhängt, so folgt:

$$\frac{\partial L^T}{\partial v} = \frac{\partial C_v}{\partial v} = 0,$$

d. h. *die spezifische Wärme idealer Gase ist unabhängig vom Volum.*

Unser Bestimmungsschema (S. 77) lehrt, daß wir aus der Zustandsgleichung auf thermodynamischem Wege nichts weiter folgern können. Um die Abhängigkeit von C_v (oder c_v) auch von T zu erfahren, brauchen wir entweder empirisches Material oder neue, nicht thermodynamische, theoretische Ansätze. Experimentelle Beobachtungen liegen in reichlicher Menge vor, doch stehen hier auch die Formeln der kinetischen Gastheorie wiederum zur Verfügung, welche, soweit nicht Quanteneffekte in Frage kommen, für die spezifische Wärme (pro Mol) eines idealen Gases, welches aus Molekülen mit ξ Freiheitsgraden besteht, die Beziehung liefern:

$$c_v = \frac{C_v}{n} = \frac{\xi}{2} R = \xi \cdot 0{,}993 \frac{\text{cal}}{\text{grad}}. \tag{5}$$

Über den Wert der Zahl ξ ist unter gewissen Voraussetzungen zu sagen: einatomige Gase sollten die Minimalzahl von 3 Freiheitsgraden besitzen, nämlich nur die der fortschreitenden Bewegung. Für sie wäre also $c_v = 2{,}979 \frac{\text{cal}}{\text{grad}}$. Bei mehratomigen Molekülen kommen die Freiheitsgrade der Rotation hinzu, so daß zweiatomige Gase 5, drei- und mehratomige 6 Freiheitsgrade erhalten, woraus für c_v ein Betrag von $\frac{5}{2} R$ bzw. $\frac{6}{2} R$ folgen würde. Dies gilt aber nur für starre Moleküle; sind die Atome im Molekül gegeneinander beweglich, so wird die Zahl der Freiheitsgrade größer (Freiheitsgrade der inneren Schwingungen). Endlich kann eine weitere Erhöhung der spezifischen Wärme durch die im Molekül enthaltenen Elektronen bedingt sein. Nach der Quantentheorie kommen diese Freiheitsgrade jedoch z. T. erst bei höheren Temperaturen ins Spiel. Aus allem geht hervor, daß die spezifische Wärme bei konstantem Volum nicht, wie die obige Formel (5) verlangt, ihren konstanten Wert bei allen Temperaturen behalten wird, sondern wir dürfen erwarten, daß sie bei hohen Temperaturen anwächst. Daß bei sehr tiefen Temperaturen Abweichungen vom Wert der Gleichung (5) nach *unten* eintreten müssen, ist eine weitere Folgerung der Quantentheorie.

Diese theoretischen Folgerungen werden durch ein ausgedehntes Erfahrungsmaterial unterstützt. Für die einfacher zusammengesetzten Gase ergeben sich wirklich bei mittleren Temperaturen konstante spezifische Wärmen, die, je nach der Atomzahl ihrer Moleküle, nahe bei $\frac{3}{2}$, $\frac{5}{2}$ und $\frac{6}{2}$ R liegen. Der Abfall von diesen Werten bei tiefen Temperaturen, der Anstieg über sie hinaus bei hohen Temperaturen sind experimentell bekannte Tatsachen. Daß Dämpfe komplizierter zusammengesetzter, z. B. organischer Stoffe schon bei mittleren Temperaturen häufig sehr hohe spezifische Wärmen besitzen, erklärt sich aus den schon frühzeitig angeregten inneren Schwingungen ihrer Atome oder Atomgruppen.

Allgemeine Arbeits- und Wärmeausdrücke. Nachdem über die Arbeits- und Wärmekoeffizienten der idealen Gase das Nötige besprochen worden ist, können die Ausdrücke für $\mathfrak{d}A$, $\mathfrak{d}Q$, dU und dS für reversible Veränderungen des Systems aufgestellt werden. Es ist zunächst:

$$\mathfrak{d}A = K^v \cdot dv = -p\,dv = -\frac{nRT}{v}\,dv\,, \tag{6}$$

$$\mathfrak{d}Q = L^v \cdot dv + L^T \cdot dT = p\,dv + nc_v\,dT = \frac{nRT}{v}\,dv + nc_v\,dT\,. \tag{7}$$

Für dU und dS ergeben sich hieraus die Beziehungen:

$$dU = \mathfrak{d}A + \mathfrak{d}Q = nc_v\,dT\,, \tag{8}$$

$$dS = \frac{\mathfrak{d}Q}{T} = nR\frac{dv}{v} + nc_v\frac{dT}{T}\,. \tag{9}$$

Mittels der Ausdrücke (6) und (7) ist es möglich, die Arbeits- und Wärmeeffekte eines jeden beliebigen Prozesses zu berechnen.

Spezielle Veränderungen. Wir betrachten die folgenden Spezialfälle, die sich gleich auf endliche Änderungen beziehen.

1. *Isotherme Änderung.* $T = \text{const.}$

Es folgt dann für die isotherme Zufuhr einer endlichen Wärmemenge Q nach (7):

$$Q_{(T)} = \int_1^2 nRT\frac{dv}{v} = nRT\ln\frac{v_2}{v_1}\,,$$

ähnlich für die Zufuhr von Arbeit, nach (6):

$$A_{(T)} = -\int_1^2 nRT\frac{dv}{v} = -nRT\ln\frac{v_2}{v_1}\,.$$

Die Zahlen 1 und 2 beziehen sich auf den Anfangs- und Endzustand des Gases.

Bei einer isothermen Ausdehnung eines idealen Gases ändert sich, wie der Vergleich dieser Ausdrücke oder auch Gleichung (8) oder die oben (S. 82) abgeleitete Gleichung $\frac{\partial U}{\partial v} = 0$ zeigt, der Energieinhalt nicht, es wird die gesamte geleistete Arbeit in Form von Wärme der Umgebung entnommen. Natürlich ist das kein Widerspruch gegen das THOMSONsche Prinzip (S. 29), da das System hierbei seinen Zustand geändert hat.

2) *Isochore Änderung.* $v = \text{const.}$

Wir erhalten:

$$Q_{(v)} = \int_1^2 nc_v\,dT\ \left[= nc_v\,(T_2 - T_1)\right].$$

Das eingeklammerte Resultat bezieht sich hier und im folgenden immer auf den Spezialfall daß c_v in dem betrachteten Temperaturbereich als konstant angesehen werden darf. Ferner:

$$A_{(v)} = 0 .$$

3. *Isobare Änderung.* $p = \text{const.}$
Aus der Zustandsgleichung $pV = nRT$ erhält man durch totale Differentiation:

$$p\,dV + V\,dp = nR\,dT ,$$

also für $dp = 0$:

$$dV = \frac{nR}{p}\,dT = \frac{V}{T}\,dT .$$

Es folgt dann, wenn man diesen Wert von dV in unsere Formeln (6) und (7) einsetzt:

$$Q_{(p)} = \int_1^2 (nR\,dT + nc_v\,dT) , \qquad \left[= n(R + c_v)\,(T_2 - T_1)\right],$$

und

$$A_{(p)} = -\int_1^2 p\,dV = -p(V_2 - V_1) = -nR\,(T_2 - T_1) .$$

Bemerkenswert ist, daß für $\mathfrak{d}Q_{(p)}$ erhalten wird:

$$\mathfrak{d}Q_{(p)} = n\,(R + c_v)\,dT .$$

Wegen der engen Analogie mit c_v, das ja durch $\mathfrak{d}Q_{(v)} = n\,c_v\,dT$ definiert ist, pflegt man $(R + c_v)$ als die „*spezifische Wärme bei konstantem Druck*" c_p zu bezeichnen (für nc_p, die Wärmekapazität eines homogenen Körpers bei konstantem Druck, werden wir auch C_p schreiben). — Es wird dann:

$$\mathfrak{d}Q_{(p)} = nc_p\,dT ,$$

$$\left[\text{bei konstantem } c_v \text{ also: } Q_{(p)} = nc_p\,(T_2 - T_1)\right].$$

4. *Adiabatische Änderung.* $\mathfrak{d}Q = 0$, also auch $dS = 0$.
Aus der besonderen Eigenschaft dieser Veränderung folgt nach (7) oder (9):

$$n\frac{RT}{V}\,dV + nc_v\,dT = 0 \tag{10}$$

also nach (6):

$$A_{(S)} = n\int_1^2 c_v\,dT , \qquad \left[= nc_v(T_2 - T_1)\right].$$

Ferner ergibt sich aus der Adiabatenbedingung (10):

$$\frac{dV}{V} = -\frac{c_v}{R}\frac{dT}{T} ,$$

also durch Integration, falls c_v konstant ist,

$$\left[\ln V = -\frac{c_v}{R}\ln T + \text{const}\right]$$

$$\left[V = \text{const} \cdot T^{-\frac{c_v}{R}}\right] \tag{10'}$$

oder, da $p = \frac{nRT}{V}$,

$$\left[p = \text{const}' \cdot T^{\left(1 + \frac{c_v}{R}\right)} = \text{const}' \cdot T^{\frac{c_p}{R}}\right].$$

Andererseits erhält man aber aus (10′) durch Bildung der $\frac{c_p}{c_v}$ ten Potenz:

$$\left[v^{c_p/c_v} = \text{const}'' \cdot T^{-\frac{c_p}{R}}\right],$$

und somit durch Multiplikation der beiden letzten Gleichungen:

$$p \cdot v^{c_p/c_v} = \text{Const}'''. \tag{11}$$

Diese letzte Gleichung ist übrigens auch ohne die Voraussetzung: c_v unabhängig von T, gültig, man kann sie direkt ableiten, indem man in der Adiabatenbedingung (10) mittels der Zustandsgleichung dT durch dp und dv ausdrückt und integriert. Der Quotient $\frac{c_p}{c_v}$ ist am größten für einatomige Gase und beträgt hier $\frac{\frac{3}{2}R + R}{\frac{3}{2}R} = 1{,}67$; er nimmt ab bei zunehmender Zahl der Freiheitsgrade. Während sich also bei isothermer Kompression das Volumen umgekehrt proportional dem Druck ändert $\left(v \sim \frac{1}{p}\right)$, ändert es sich hier im Fall des einatomigen Gases nur proportional dem Ausdruck $\sqrt[1{,}67]{\frac{1}{p}}$. Es ist verhältnismäßig einfach, durch Vornahme einer adiabatischen Kompression und Bestimmung der Anfangs- und Enddrucke den Quotienten $\frac{c_p}{c_v}$ für ein Gas zu bestimmen, während die direkte Messung von c_p und namentlich von c_v erheblich schwieriger ist. Mit Hilfe der Beziehung $c_p - c_v = R$ kann man jedoch auch c_p und c_v einzeln aus dem Verhältnis $\frac{c_p}{c_v}$ berechnen.

Durch totale Differentiation von (11) erhält man:

$$\frac{dp}{dv_{(s)}} = -\frac{c_p}{c_v} \cdot \frac{p}{v},$$

und somit für den „adiabatischen Elastizitätskoeffizienten" des Gases $v\frac{\partial p}{\partial v}$ den Wert $-\frac{c_p}{c_v} \cdot p$ (auch wenn c_v und c_p nicht konstant sind).

Diagrammdarstellungen. Die vier besprochenen speziellen Prozesse $T = \text{const}$, $v = \text{const}$, $p = \text{const}$, $S = \text{const}$, seien in einem T, v- und einem p, v-Diagramm abgebildet (Abb. 14 und 15). Es ist immer ein und derselbe Grundzustand angenommen, von dem aus die betreffende Veränderung in beiden Richtungen ausgeführt wird, und zwar wird sie in einer Richtung durch eine ausgezogene,

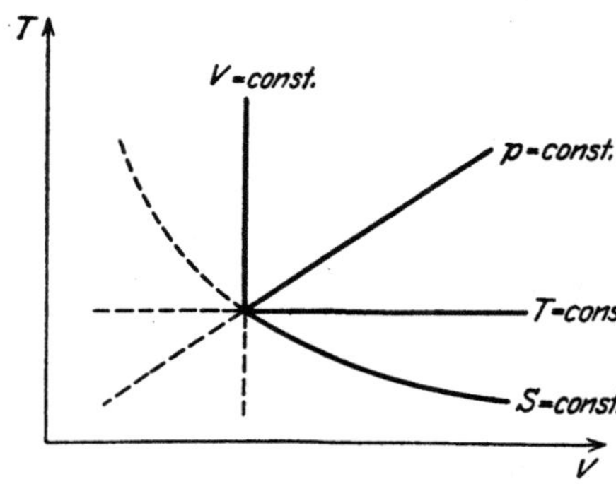

Abb. 14. Spezielle Prozesse idealer Gase im p, v-Diagramm.

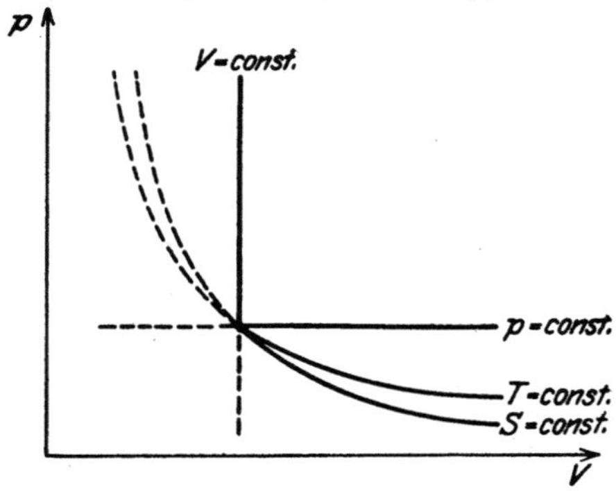

Abb. 15. Spezielle Prozesse idealer Gase im T, v-Diagramm.

in der entgegengesetzten durch eine gestrichelte Kurve dargestellt. Man erkennt in Abb. 14, daß die den isobaren Vorgang ($p = \text{const}$) kennzeichnende Kurve eine Gerade ist, deren Verlängerung den Nullpunkt des Diagramms schneiden würde, entsprechend der Formel V proportional T. Die Adiabatenkurven [$S = \text{const}$, Gleichung (10′)] zeigt, daß sich bei Kompression die Temperatur erhöht. In Abb. 15 ist die Isotherme ($T = \text{const}$) eine Hyperbel, entsprechend der Formel $pV = \text{const}$, die Adiabate ist stärker geneigt als diese Hyperbel, da V nur proportional einer Wurzel von $\frac{1}{p}$ zunimmt [Gleichung (11)]. Die Darstellung im p, V-Diagramm gestattet für jeden Schritt die zugeführte Arbeit $A = -p\,dV$ ohne weiteres abzulesen; die Gesamtarbeit bei einem Kreisprozeß ist, wie im Wärmediagramm, gleich der eingeschlossenen Fläche. Wärmeeffekte sind aus diesen Darstellungen nicht ohne weiteres abzulesen.

Die Energie- und Entropiefunktion. Es bleibt noch übrig die Aufstellung der Ausdrücke für U und S. Wir erhalten aus Gleichung (8) durch Integration:

$$U = U_{(T=0)} + n\int_0^T c_v\,dT \qquad (12)$$

$$[U = U_{(T=0)} + n c_v \cdot T],$$

wobei $U_{(T=0)}$ den (willkürlich festzusetzenden) Wert von U für $T = 0$ bedeutet. Für $c_v = \frac{3}{2}R$ (einatomiges Gas ohne innere Freiheitsgrade) wird $U - U_{(0)}$ pro Mol $= \frac{3}{2}RT$. Nach der kinetischen Gastheorie ist dieser Ausdruck zu deuten als Summe der kinetischen (Fortbewegungs-) Energien aller Einzelmoleküle bzw. Atome. Die mittlere kinetische Energie des einzelnen Gasmoleküls ist demnach $\frac{3}{2}\frac{R}{N}T$, wenn N die (nach AVOGADRO stets gleiche) Zahl der Einzelmoleküle im Mol bedeutet (LOSCHMIDTsche Zahl). Den Quotienten $\frac{R}{N}$ pflegt man als BOLTZMANNsche Konstante k zu bezeichnen.

Wir erhalten ferner nach (9):

$$S - S_{(0)} = n\int_{V_0}^{V} R\frac{dV}{V} + n\int_{T_0}^{T} c_v\frac{dT}{T} = n\left\{R\ln\frac{V}{V_0} + \int_{T_0}^{T} c_v\frac{dT}{T}\right\} \qquad (13)$$

$$\left[= n\left\{R\ln\frac{V}{V_0} + c_v\cdot\ln\frac{T}{T_0}\right\}\right],$$

oder, falls man alle Konstanten in eine einzige zusammenzieht:

$$\left[S = n\{R\ln V + c_v\ln T + C\}\right]. \qquad (13')$$

(Die eingeklammerten Ausdrücke immer für $c_v = \text{const.}$) Wenn man hier nach der Zustandsgleichung V durch p ersetzt, so folgt:

$$\left[S - S_{(0)} = n\left\{-R\ln\frac{p}{p_0} + c_p\ln\frac{T}{T_0}\right\}\right]$$

oder

$$\left[S = n\{-R\ln p + c_p\ln T + C'\}\right], \qquad (14)$$

wobei C' um $R\cdot\ln(nR)$ größer ist als C in (13′). Die Größe der Konstanten C und C' hängt von der Wahl des Zustandes ab, für den man (willkürlich) $S = 0$ setzt. Für verschiedene ideale Gase, die durch reversible chemische Veränderung ineinander umgesetzt werden können, bestehen jedoch Beziehungen zwischen den Konstanten C bzw. C'. Hierauf sowie damit im Zusammenhang auf die zweckmäßigste Wahl des Zustandes, für den man $S = 0$ setzt, kommen wir im III. Teil (§ 13) zurück.

Darstellung im Wärmediagramm. Bei einem isochoren bzw. isobaren Prozeß ist nach (14) (bei konstantem c_v bzw. c_p)

$$S = \text{const} + n c_v \cdot \ln T$$

bzw.

$$S = \text{const} + n c_p \cdot \ln T.$$

Da für die obigen Prozesse 1 und 4 T bzw. $S = \text{const}$ ist, haben wir damit für sämtliche Prozesse 1—4 eine Darstellung im T, S-Diagramm gewonnen (Abb. 16). Daraus ergibt sich jedoch sogleich die uns noch fehlende graphische Darstellung der Wärmeeffekte, da, bei jedem Fortschreiten längs einer der Kurven, $dS \cdot T$, also die unter dem betreffenden Kurvenstück liegende, bis zur Abszissenachse gerechnete Fläche (schraffiert) die aufgenommene Wärme $\mathfrak{d}Q$ bedeutet (vgl. auch I, § 4). Die Isochore verläuft im T, S-Diagramm steiler als die Isobare, da $c_v < c_p$ und $dS_{(v)} = \frac{n c_v}{T} dT$ und $dS_{(p)} = \frac{n c_p}{T} dT$, also $\left(\frac{dT}{dS}\right)_v > \left(\frac{dT}{dS}\right)_p$ ist. Die Isotherme und Adiabate sind gerade Linien.

In Abb. 17 ist ein Kreisprozeß gezeichnet, der sich aus zwei Isobaren und zwei Adiabaten zusammensetzt. Derartige Prozesse sind in der Technik sehr

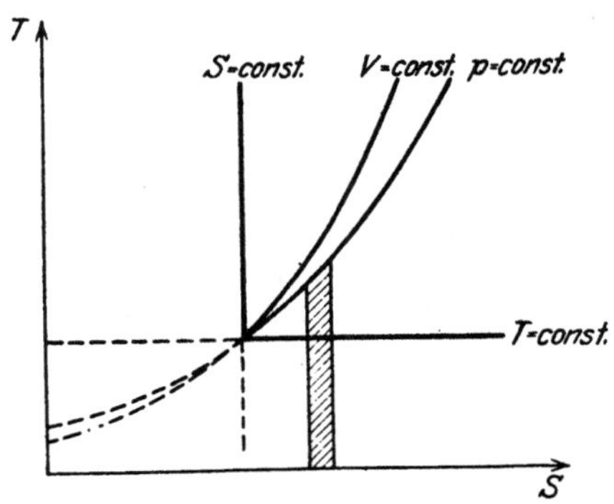

Abb. 16. Spezielle Prozesse idealer Gase im T, S-Diagramm.

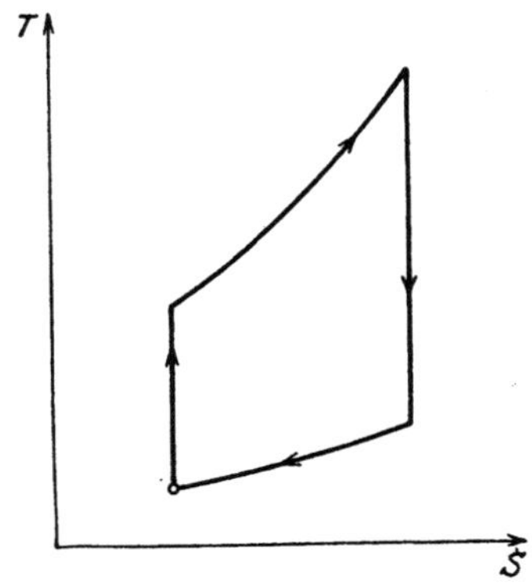

Abb. 17. Idealprozeß des Dieselmotors im Wärme-Diagramm.

wichtig, da dort vielfach ein zulässiger Höchstdruck und ein Tiefstdruck (Atmosphärendruck) gegeben sind, während Volum und Temperatur in weiten Grenzen variiert werden können (Prozeß des *Dieselmotors*). Es ist (vgl. S. 46) klar ersichtlich, daß zwei gegebene Isobaren am günstigsten durch Adiabaten verbunden werden, wenn der höchste Wirkungsgrad erzielt werden soll. Da nach der S und T verknüpfenden Gleichung (14) alle zu gleichen Wertepaaren S_1 und S_2 gehörigen, auf Isobaren liegenden T-Werte in konstantem Verhältnis zueinander stehen:

$$\frac{T''_{(S_2)}}{T''_{(S_1)}} = e^{\frac{S_2 - S_1}{n c_p}},$$

so ist der Wirkungsgrad dieses Prozesses von der speziellen Lage und dem Abstand der beiden Adiabaten unabhängig, worauf schon S. 47 hingewiesen wurde.

Es werde ferner der für Theorie und Praxis (*Dampfmaschine*) so wichtige CARNOTsche Kreisprozeß, durchgeführt mit einem idealen Gas von konstantem c_v, graphisch dargestellt (Abb. 18). Er besteht aus zwei Adiabaten und zwei Isothermen. Nach unseren Formeln beträgt die vom System aufgenommene Arbeit auf der Adiabaten $P_1 P_2$:

$$A_{12} = n c_v (T_2 - T_1),$$

auf der anderen $P_2' P_1'$:

$$A_{2'1'} = n c_v (T_1 - T_2).$$

Die Summe beider ist null. Für die Isothermen gilt:

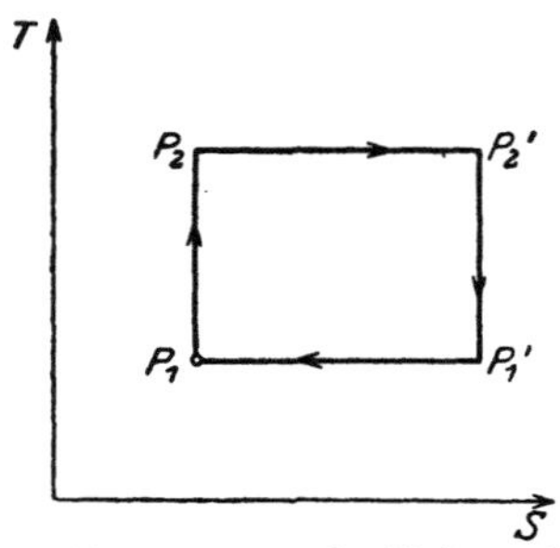

Abb. 18. CARNOTscher Kreisprozeß im Wärme-Diagramm.

$$A_{22'} = -Q_{22'} = -n R T_2 \cdot \ln \frac{v_{2'}}{v_2}$$

und

$$A_{1'1} = -Q_{1'1} = -n R T_1 \cdot \ln \frac{v_1}{v_{1'}}.$$

Nun stehen die Volume $v_{2'}$ und v_2 sowie v_1 und $v_{1'}$ in dem durch die Adiabatengleichung vorgeschriebenen Verhältnis. Es ist nämlich:

$$v = \text{const} \cdot T^{-\frac{c_v}{R}},$$

also

$$\frac{v_2}{v_1} = \left(\frac{T_2}{T_1}\right)^{-\frac{c_v}{R}} = \frac{v_{2'}}{v_{1'}} \quad \text{oder} \quad \frac{v_{2'}}{v_2} = \frac{v_{1'}}{v_1}.$$

Demnach ergibt die Summation aller A:

$$A = -n R (T_2 - T_1) \ln \frac{v_{2'}}{v_2} = -\frac{T_2 - T_1}{T_2} Q_2,$$

wobei wir noch, wie früher, Q_2 für die auf der oberen Isotherme aufgenommene Wärme $Q_{22'}$ gesetzt haben. Das Minuszeichen steht wegen der jetzt eingeführten Bedeutung von A als *aufgenommene* Arbeit. Wir übersehen also jetzt, wie sich das nach S. 35, Gleichung (9) allgemeingültige Resultat für den Wirkungsgrad eines reversiblen CARNOTschen Kreisprozesses bei idealen Gasen (mit konstantem c_v) aus den Einzeleffekten zusammensetzt.

Zur weiteren Information über die technische Bedeutung und Realisierung der beiden hier besprochenen Prozesse verweisen wir u. a. auf die Lehrbücher der technischen Thermodynamik von ZEUNER (Leipzig 1900) und SCHÜLE (Berlin 1921), sowie auf die Darstellungen von SCHRÖTER und PRANDTL in der Enz. d. math. Wiss. V, 5 und von ZERKOWITZ in Müller-Pouillets Lehrbuch der Physik, Bd. III, 1.

§ 2. Mischungen idealer Gase.

Die Zustandsgleichung. Läßt man k verschiedene ideale Gase, die bei einer gewissen gemeinsamen Temperatur T sämtlich unter dem gleichen Druck p stehen und getrennt die Volume $V^{(1)}, V^{(2)} \ldots V^{(i)} \ldots V^{(k)}$[1] erfüllen, zusammentreten, und zwar so, daß ihnen das Volum $V = V^{(1)} + V^{(2)} + \ldots V^{(i)} + \ldots V^{(k)}$ von nun an gemeinsam zur Verfügung steht, so zeigt es sich erfahrungsgemäß, daß nach genügend langer Zeit, wenn sich die einzelnen Gase miteinander völlig vermischt haben, der Druck p und die Temperatur T die gleichen geblieben sind wie am Anfang[2]. Aus dieser Aussage können wir nun die Zustandsgleichung des

[1] Eigenschaften reiner Stoffe (Phasen) bezeichnen wir, wo Unterscheidung nötig ist, durch hochgestellte eingeklammerte Indizes.

[2] Wo diese Regel durchbrochen ist, hat man anzunehmen, daß die vermischten Gase miteinander chemische Verbindungen eingegangen sind; man findet das durch die sonstigen Kennzeichen chemischer Umsetzungen (Wärmeentwicklung, Änderung der Absorptionsspektren usw.) bestätigt.

homogenen Systems, das durch die Mischung idealer Gase dargestellt wird, ohne weiteres ableiten. Da nämlich für jedes einzelne, mit n_i Molen vertretene Gas gilt:

$$V^{(i)} = \frac{n_i R T}{p},$$

und da $V = \sum_{i=1}^{k} V^{(i)}$ und p in allen Fällen dasselbe und gleich dem Enddruck ist, so gilt auch:

$$V = \frac{\sum n_i \cdot R T}{p},$$

oder

$$p V = \sum n_i \cdot R T. \tag{1}$$

Diese Gleichung ist die Zustandsgleichung eines idealen Gasgemisches. Sie bringt zum Ausdruck, daß die Mischung genau in derselben Weise dem idealen Gasgesetz folgt wie ein Einzelgas, und daß auch die Molzahl, die hier $= \sum n_i$ ist, genau die gleiche Rolle spielt wie bei einem einheitlichen Gas. Man bezeichnet diese Erfahrungstatsachen als DALTONS Gesetz.

Die Wärmekoeffizienten. Thermodynamisch folgt dann wegen (3) und (4), § 1:

$$L^V = T \cdot \frac{\partial p}{\partial T} = \frac{\sum n_i R}{V} = p,$$

$$\frac{\partial L^T}{\partial V} = 0$$

Auch bei Mischungen idealer Gase ist also — soweit die obige Zustandsgleichung gilt — die latente Volumwärme (in mechanischem Maß) gleich dem Druck und die spezifische Wärme vom Volum unabhängig. Darüber hinaus zeigt die Erfahrung — und im III. Teil, § 14, werden wir es auch aus dem Fehlen einer irreversiblen Wärmetönung beim Vermischen ableiten können —, daß L^T sich einfach aus den Wärmekapazitäten der Einzelgase additiv zusammensetzt:

$$L^T = \sum n_i c_v^{(i)}.$$

Definieren wir die spezifische (Mol-) Wärme des Gemisches durch $c_V = \frac{L^T}{n}$, wobei $n = \sum n_i$ ist, so wird:

$$c_V = \frac{\sum n_i c_v^{(i)}}{\sum n_i}.$$

Arbeit, Wärme, Energie, Entropie. Für $\mathfrak{d}A$, $\mathfrak{d}Q$, dU und dS finden wir aus diesen vollständigen Angaben über die Arbeits- und Wärmekoeffizienten:

$$\mathfrak{d}A = -\frac{\sum n_i R T}{V} dV;$$

$$\mathfrak{d}Q = \frac{\sum n_i R T}{V} dV + \sum n_i c_v^{(i)} dT;$$

$dU = \sum n_i c_v^{(i)} dT$, also wieder U unabhängig vom Volum;

$$dS = \sum n_i R \frac{dV}{V} + \sum n_i c_v^{(i)} \frac{dT}{T}.$$

Die Integration unter der Annahme der Konstanz sämtlicher c_V ergibt:

$$U = U_{(T=0)} + \sum n_i c_v^{(i)} \cdot T; \tag{2}$$

$$S = \sum n_i R \cdot \ln V + \sum n_i c_v^{(i)} \cdot \ln T + C; \tag{3}$$

oder nach (1):

$$S = -\sum n_i R \cdot \ln p + \sum n_i c_p^{(i)} \cdot \ln T + C', \tag{4}$$

wobei $c_p^{(i)} = c_v^{(i)} + R$ die spezifische Molwärme bei konstantem Druck der Einzelgase ist, und für C' gilt:

$$C' = C + \sum n_i R \cdot \ln\left(\sum n_i R\right).$$

Additivitätssätze. Es ist von Interesse, die Arbeits- und Wärmeeffekte der Gasmischungen mit denjenigen Arbeits- und Wärmeeffekten zu vergleichen, die die Einzelgase zeigen würden, *wenn jedes von ihnen allein das ganze Volumen V ausfüllte.* Für das i-te Gas wäre dann z. B.

$$\mathfrak{d} A_i = -\frac{n_i R T}{V} dV$$

$$\mathfrak{d} Q_i = \frac{n_i R T}{V} dV + n_i c_v^{(i)} dT.$$

Hieraus sieht man sofort, daß sich $\mathfrak{d} A$ und $\mathfrak{d} Q$ ausdrücken läßt in der Form:

$$\mathfrak{d} A = \sum \mathfrak{d} A_i$$

$$\mathfrak{d} Q = \sum \mathfrak{d} Q_i,$$

d. h. *die Arbeits- und Wärmeeffekte, die bei Änderung von V und T auftreten, setzen sich bei einer Mischung idealer Gase additiv zusammen aus den Partialarbeits- und Wärmeeffekten, die die Einzelgase zeigen würden, wenn sie allein in dem Volumen vorhanden wären.*

Das gleiche gilt dann natürlich auch für die entsprechenden Arbeits- und Wärme*koeffizienten.* Bezeichnen wir die *Partial*koeffizienten der einzelnen Gasarten mit p_i, L_i^v, L_i^T [1], so wird also:

$$\left.\begin{aligned} p &= \sum p_i \\ L^v &= \sum L_i^v \\ L^T &= \sum L_i^T \end{aligned}\right\} \tag{5}$$

Von diesen Gleichungen ist besonders die erste wichtig; sie sagt aus:

„*Der Gesamtdruck einer Mischung idealer Gase setzt sich additiv zusammen aus den einzelnen Partialdrucken.*"

Die kinetische Gastheorie vermag diese Tatsache verständlich zu machen, indem sie auch im Einzelgas den Druck bereits als resultierende Wirkung der Einzelstöße der Gasatome ansieht, und zeigt, daß die kinetische Energie der Gasmoleküle durch Mischen mit einem anderen Gas von derselben Temperatur nicht geändert wird.

Aus Gleichung (5) in Verbindung mit den Zustandsgleichungen lesen wir ab:

$$\frac{p_i}{p} = \frac{p_i}{\sum p_i} = \frac{n_i}{\sum n_i} = \frac{n_i}{n}. \tag{6}$$

Diesen letzten Ausdruck, der das Verhältnis der Einzelmolenzahl (bzw. Molekülzahl) n_i zu der gesamten Molenzahl (bzw. Molekülzahl) n der Gasmischung angibt, bezeichnet man als „Molenbruch". Gleichung (6) sagt aus, daß das Verhältnis des Partialdruckes zum Gesamtdruck in Mischungen idealer Gase gleich dem betreffenden Molenbruch ist.

Aus der Darstellung der Arbeits- und Wärmeeffekte als Summe der entsprechenden Partialeffekte oder auch direkt aus den obigen Ausdrücken für U und S [Gleichung (2) und (3)] folgt ferner:

„*Alle Energie- und Entropiedifferenzen, soweit sie durch bloße Änderung von Volum und Temperatur zustande kommen, setzen sich in Mischungen idealer Gase*

[1] Partielle Eigenschaften von Stoffen in Mischungen bezeichnen wir mit tiefgestellten Stoffindizes.

additiv aus den entsprechenden partiellen Energie- und Entropiedifferenzen der Einzelgase zusammen."

Diesen Satz werden wir später auch auf Vorgänge, bei denen die Teilchenzahlen n_i sich ändern, und bei geeigneter Fixierung der Konstanten, auf die Funktionen U und S selbst verallgemeinern können (dritter Teil, § 14).

Was man unter Entropieänderungen bei Änderung der n_i zu verstehen hat, werden wir ebendort besprechen. Zur Orientierung sei nur noch bemerkt, daß der erwähnte Mischungsprozeß mit einer Entropieänderung ohne Wärmeeffekte verbunden, also ein irreversibler Vorgang ist. Wie man Einzelgase *reversibel* mischen kann, wird später zu untersuchen sein.

§ 3. Nichtideale Gase.

Die VAN DER WAALSsche Zustandsgleichung. Gase unter höherem Druck und bei tieferen Temperaturen (nahe ihrem Verflüssigungspunkt) zeigen Abweichungen von dem idealen Gasgesetz. Um sie zu erfassen, sind zahlreiche Formeln vorgeschlagen worden. Von ihnen ist historisch die wichtigste und für die Entwicklung dieses Gebietes grundlegend die von VAN DER WAALS (1873), die auf Grund molekulartheoretischer Überlegungen aufgestellt worden ist. Sie lautet in ihrer allgemeinsten (auch für Gasmischungen gültigen) Form:

$$p = \frac{CT}{V - b} - \frac{a}{V^2}. \tag{1}$$

Beim Vergleich mit der Zustandsgleichung der idealen Gase $p = \frac{nRT}{V}$ fallen drei Veränderungen auf: 1. der Druck des Gases auf die Wand erscheint verkleinert um das Glied $\frac{a}{V^2}$; dieses trägt der Anziehung Rechnung, die die Moleküle aufeinander ausüben. In seiner Wirkung auf das Volumen des Gases ist dieses Glied äquivalent einer Vermehrung des äußeren Druckes um $p' = \frac{a}{V^2}$; man bezeichnet p' daher auch als „Binnendruck" oder „Kohäsionsdruck". Dieser Binnendruck wächst mit Annäherung der Moleküle aneinander (kleines V) stark an. 2. das Volum im ersten Gliede erscheint verkleinert um die Größe b; diese bringt die Raumbeanspruchung der Moleküle zum Ausdruck. 3. ist statt nR geschrieben C, wobei C eine empirisch zu ermittelnde Größe ist, die entweder konstant sein oder auch eine gewisse (meist geringe) Veränderlichkeit mit V und T zeigen kann. Molekulartheoretisch würde zwar auch hier $C = nR$ zu setzen sein, wobei $n = \sum n_i$ die Summe der Molenzahlen der verschiedenen Molekülarten darstellt. Diese Summe ist jedoch in vielen Fällen, wo man die Art der gebildeten Moleküle nicht kennt, nicht von vornherein anzugeben; und außerdem kann sich, durch (reversible) chemische Veränderungen, die mit einer Änderung von V und T Hand in Hand gehen, n mit V und T ändern (z. B. Polymerisation oder Dissoziation von Molekülen). a und b sind der Theorie nach Konstanten[1], und zwar hat b die Bedeutung, daß es bei einheitlichen Molekülen gleich dem vierfachen Eigenvolum der Moleküle pro Mol ist. — Wie man sieht, geht die Gleichung für sehr große V und $C = nR$ in die ideale Gasgleichung über.

Mehrdeutigkeit der Zustandsgleichung. Der kritische Punkt. Die VAN DER WAALSsche Zustandsgleichung ist (bei konstantem C) für V eine Gleichung 3. Grades. Sie liefert daher für einen gewissen Bereich der Wertepaare p, T drei reelle Werte für V, die jedoch bei einem bestimmten p, T in einen einzigen zu-

[1] Über Verfeinerungen der Theorie, bei denen auch a und b veränderlich angenommen werden, vgl. H. KAMERLINGH ONNES u. W. H. KEESOM: Die Zustandsgleichung, Enz. d. math. Wiss. V, 10 und VAN DER WAALS jr.: Handb. d. Physik, Bd. 10.

sammenfließen (Abb. 19). Jenseits dieses ausgezeichneten p, T-Wertepaares existiert nur noch *ein* reeller $\mathfrak{V}$-Wert (die beiden anderen sind komplex). Tragen wir für verschiedene (konstant gehaltene) T die $\mathfrak{V}$ auf der Abszisse, die p als Ordinaten auf, so erhalten wir schematisch das Bild der Abb. 19, in dem die Buchstaben T_1 bis T_5 fünf verschiedene Isothermen bezeichnen. Die Abbildung zeigt, daß für alle Isothermen unterhalb T_3 zu jedem Druck drei mögliche Volume existieren, oberhalb T_3 nur ein einziges. Mit wachsender Temperatur nähern sich die Kurven zunehmend der Gestalt gleichseitiger Hyperbeln, also der Formel $p \cdot \mathfrak{V} = \text{const}$, d. i. der idealen Gasgleichung. Die Isotherme T_3, die das Gebiet mit drei reellen Werten für $\mathfrak{V}$ von dem mit einem reellen Werte trennt, bezeichnet man als die kritische, speziell den Punkt K, bei dem die drei Werte zu einem zusammenfließen, als den *kritischen Punkt*. Ihm entsprechen eine kritische Temperatur, ein kritischer Druck und ein kritisches Volum.

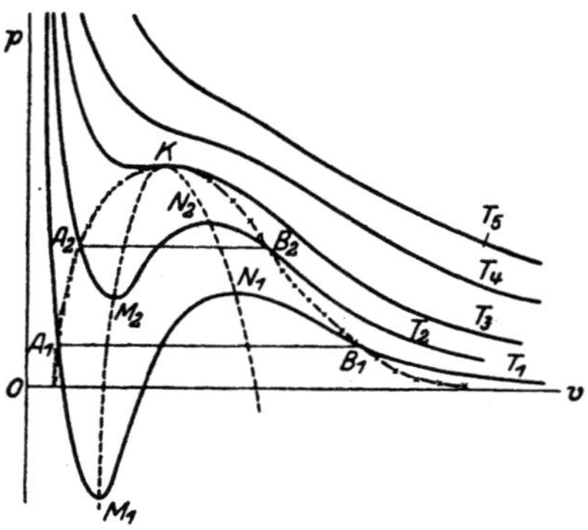

Abb. 19. Isothermen eines VAN DER WAALSschen Gesetzes.

Labilität des „aufsteigenden Astes". Betrachten wir zunächst das Gebiet unterhalb der kritischen Isotherme. Hier kann ein VAN DER WAALSsches Gas bei gegebener Temperatur (z. B. T_2) und gegebenem Druck drei verschiedene Volume einnehmen. Von diesen entspricht jedoch das mittlere einem labilen Gleichgewichtszustand und ist nicht realisierbar. Man erkennt nämlich, daß für alle Zustände zwischen den Punkten M_2 und N_2 (oder M_1 und N_1) der Druck sich nach der VAN DER WAALSschen Gleichung mit abnehmendem Volum verkleinern würde. Würde man nun das Gas einem konstanten (von $\mathfrak{V}$ unabhängigen) äußeren Druck unterwerfen, der im ersten Moment gerade dem Druck des Gases entspricht, so würde doch bei einer (zufälligen) kleinen Verminderung von $\mathfrak{V}$ der Druck des Gases kleiner als der äußere Druck werden, das Volum würde durch den äußeren Überdruck weiter verkleinert und so fort. Es kann also, bei von $\mathfrak{V}$ unabhängigem äußerem Druck kein Punkt eines absteigenden Astes NM der Kurve einem stabilen Zustand entsprechen. Wie diese Überlegung zu verallgemeinern und an die allgemeinen Sätze des I. Teiles anzuschließen ist, werden wir im III. Teil sehen.

Flüssigkeit und Dampf. Aber auch wenn der mittlere Zustand ausfällt, sind immer noch bei gegebenem p und T zwei Zustände, die verschiedenen Volumwerten, also verschiedenen Dichten des VAN DER WAALSschen Gases entsprechen, möglich. Der Zustand B_2 entspricht großer Raumerfüllung, kleiner Dichte, der Zustand A_2 kleiner Raumerfüllung, großer Dichte. Wir haben es hier mit den beiden Zuständen zu tun, die man gewöhnlich als den Gas- oder Dampfzustand und als den flüssigen Zustand zu bezeichnen pflegt. Eine strenge Definition dieser Zustände und ihrer Unterscheidungsmerkmale läßt sich jedoch nicht geben, und man sieht auch aus Abb. 19, daß ein stetiger Übergang aus dem einen in den anderen Zustand möglich ist, indem man unter Erhöhung der Temperatur und gleichzeitiger Veränderung des Druckes das Gebiet des kritischen Punktes umkreist und dabei die labilen Stellen der Isothermen, an denen ein unstetiger Übergang einsetzt (s. weiter unten), vermeidet.

Koexistenz von Flüssigkeit und Dampf. Eine Zustandsgleichung, die sowohl den dampfförmigen wie den flüssigen Zustand, wie auch das dazwischen von den gestrichelten M- und N-Kurven der Abb. 19 umschlossene labile Gebiet umfaßt, gestattet auch, eine Frage zu beantworten, deren allgemeine Diskussion eigentlich in das Gebiet der chemischen Thermodynamik (Systeme mit veränderlichen Teilchenzahlen) gehört. Man kann aus einer solchen Zustandsgleichung, durch Rechnung oder graphische Methoden, ermitteln, welche Werte die Volume oder Dichten der Flüssigkeit und des Dampfes haben, die bei gegebenem (für beide Zustände gleichem) p und T in Berührung nebeneinander existieren können, sog. „koexistente Phasen" (GIBBS) bilden.

Denken wir uns in Abb. 19 statt der Volume einer gegebenen Substanzmenge des betreffenden Gases die spezifischen Volume $v = \frac{V}{n}$ (n Gesamtmolenzahl einer Phase) als Abszisse aufgetragen, so können wir der Flüssigkeit und dem mit ihr koexistenten Dampf, gleichviel wie groß ihre Mengen sind, je einen Punkt in demselben v, p-Diagramm zuordnen. Diese Punkte müssen wegen der gleichen T-Werte auf derselben Isotherme (z. B. T_2), wegen der gleichen p-Werte auf einer Horizontalen A_2B_2 liegen. Wie ist nun aber die Höhenlage dieser Horizontalen, d. h. der Druck, bei dem die beiden Phasen miteinander im Gleichgewicht nebeneinander existieren können, bestimmt?

Wir betrachten den Vorgang der Umwandlung eines Mols der dampfförmigen Phase (Volum = spez. Volum = v_B) in ein Mol der flüssigen Phase (spez. Volum v_A). Wir denken uns einen vom Volum unabhängigen äußeren Druck p_A wirkend. Die äußere Arbeit bei der Kompression v_B auf v_A würde dann $= p_A(v_B - v_A)$ sein. An dem Gas jedoch, wenn es, seiner Zustandsgleichung folgend, längs der Isotherme $B_2N_2M_2A_2$ reversibel von v_B auf v_A komprimiert wäre, wäre die Arbeit $\int_B^A p\,dv$ zu leisten gewesen. Ganz ähnlich wie in der Betrachtung über die Labilität des absteigenden Astes schließt man nun hier, daß alle Zustände instabil sind, bei denen die „innere Arbeit" $\int_B^A p\,dv$ bei der Kompression kleiner ist als die äußere, $p_A(v_B - v_A)$. Solche Dampfzustände dagegen, bei denen die erste Arbeit größer ist als die zweite, können nur unter zusätzlichem Arbeitsaufwand verflüssigt werden; und nur in den Fällen, wo

$$\int_B^A p\,dv = p_A(v_B - v_A)$$

ist, ist Gleichheit von innerer und äußerer Arbeit bei der untersuchten Veränderung und damit, wie die chemische Gleichgewichtslehre zeigt (III, § 7), Gleichgewicht zwischen den beiden Phasen vorhanden. Dies ist dann der Fall, wenn in dem S-förmigen Kurvenstück, das die Punkte A und B verbindet, der Flächeninhalt der oberen und unteren durch die Gerade AB abgeschnittenen Schleife gleich ist.

Die Kurvenstücke AM und BN sind, wenn auch instabil, so doch bei vorsichtiger Kompression oder Abkühlung (BN) bzw. Ausdehnung oder Erwärmung (AM) realisierbar; sie entsprechen den Zuständen eines sog. „übersättigten (unterkühlten) Dampfes" und einer „überhitzten Flüssigkeit". Eine geringe auslösende Wirkung genügt jedoch, um den Stoff zum Verlassen dieser Kurvenstücke und zur direkten Verwandlung in Flüssigkeit bzw. Dampf zu veranlassen. Das Kurvenstück rechts von B bezeichnet man auch als Gaszustand oder Zustand des „ungesättigten" oder „überhitzten" Dampfes. Dieser Dampf ist nämlich heißer als der bei demselben Druck gesättigte, da man ja, von der Sättigungskurve B_1B_2K nach rechts fortschreitend, höhere Isothermen schneidet. Die Bedeutung der ebenfalls eingezeichneten Kurve A_1A_2K als Verdampfungsgrenzkurve der Flüssigkeit ergibt sich ohne weiteres; die Kurven M_1M_2K und N_1N_2K hüllen das Gebiet der oben als vollkommen labil gekennzeichneten Zustände ein.

Kritischer Punkt und reduzierte Zustandsgleichung. Der *kritische Punkt* ist, wie aus der Abb. 19 ohne weiteres hervorgeht, bestimmt durch drei Forderungen: 1. durch die Zustandsgleichung; 2. und 3. durch die Bedingung, daß im p-v-Diagramm (v = Volumen eines Mols) ein Maximum und ein Minimum zusammenfallen, daß also $\frac{\partial p}{\partial v} = 0$ und $\frac{\partial^2 p}{\partial v^2} = 0$ ist. Aus den drei Bestimmungsgleichungen, die man so erhält, ergeben sich, bei konstanten a, b, C, für die kritischen Größen, die mit dem Index k bezeichnet seien, die Ausdrücke:

$$T_k = \frac{8a}{27bC}$$

$$p_k = \frac{a}{27b^2}$$

$$v_k = 3b.$$

Man kann nun umgekehrt die drei VAN DER WAALSschen Konstanten C, a und b durch die drei neuen Konstanten T_k, p_k, v_k ersetzen. Bezeichnet man dann das Verhältnis $\frac{p}{p_k}$ mit π („reduzierter" Druck), $\frac{v}{v_k}$ mit φ, $\frac{T}{T_k}$ mit τ, so nimmt die VAN DER WAALSsche Gleichung folgende Form an:

$$\pi = \frac{8\tau}{3\varphi - 1} - \frac{3}{\varphi^2}, \tag{2}$$

in welcher man sie als *reduzierte Zustandsgleichung* bezeichnet. Die Eigentümlichkeiten der einzelnen Substanzen, die in den verschiedenen a und b, sowie den verschiedenen kritischen Größen zum Ausdruck kam, ist in dieser Gleichung völlig verschwunden. Sie sagt vielmehr aus, daß ungeachtet der Verschiedenartigkeit der Gase und Flüssigkeiten in allen Fällen, wo zwei der reduzierten Größen bei verschiedenen Stoffen gleich sind, auch die dritte übereinstimmen soll. Z. B. sollen für alle Substanzen beim reduzierten Druck $\pi = 0{,}92$ und der reduzierten Temperatur $\tau = 0{,}97$ die beiden äußeren (stabilen) Werte für das reduzierte Volum gegeben sein durch $\varphi = 0{,}75$ und $1{,}50$, d. h. die Volume der Flüssigkeit und des Dampfes sollen sich verhalten wie $1:2$.

Gesetz der übereinstimmenden Zustände. Eine Beziehung der allgemeinen Form $\pi = f(\varphi, \tau)$, wie sie sich aus jeder Zustandsgleichung mit nur drei Konstanten ableiten läßt, bezeichnet man als *Gesetz der übereinstimmenden Zustände.* Ob ein solches Gesetz besteht, kann leicht am empirischen Material nachgeprüft werden und bewahrheitet sich mit gewissen Einschränkungen. Substanzen mit variabler Molekülgröße, wie Wasser, erfüllen es nicht; außerdem treten große systematische Abweichungen auf bei Stoffen mit sehr niedrigem Siedepunkt.

Was die Gültigkeit der VAN DER WAALSschen Gleichung selbst anbelangt, so ergibt der empirische Befund, daß die VAN DER WAALSsche Gleichung (mit konstanten a, b und C) die wirklichen Verhältnisse oft, namentlich bei sehr hohen Drucken, nur recht annäherungsweise wiedergibt. Andere Zustandsgleichungen, die aber sämtlich komplizierter sind, leisten mehr. Ihre Besprechung sei jedoch den Lehrbüchern der physikalischen Chemie überlassen.

Die übrigen thermodynamischen Effekte. Das Bestimmungsschema ist bei Anwendung der VAN DER WAALSschen Gleichung das gleiche wie bei den idealen Gasen (s. S. 80). Wir haben wiederum:

$$K^v = -p;$$

für $L^v = T\frac{\partial p}{\partial T}$ folgt

$$L^v = \frac{CT}{v - b},$$

also nicht $= p$. Diese Tatsache bedingt besondere Effekte, die bei idealen Gasen nicht vorhanden sind (JOULE-THOMSON-Effekt, § 6). Umgekehrt können Untersuchungen über die mit der Volumänderung verbundenen Wärmeeffekte nach S. 78 zum Aufbau der Zustandsgleichung dienen. In dieser Hinsicht hat die Messung des JOULE-THOMSON-Effekts schon eine erhebliche Rolle gespielt.

Wir finden ferner:

$$\frac{\partial L^T}{\partial v} = T \frac{\partial^2 p}{\partial T^2} = 0,$$

solange a, b und C temperaturunabhängig sind, also z. B. keine Polymerisation oder Dissoziation (Änderung von C mit der Temperatur) eintritt. Schließlich erhalten wir unter den gleichen Voraussetzungen:

$$\frac{\partial c_v}{\partial v} = 0,$$

d. h. die spezifische Wärme bei jedem Volum ist die gleiche wie bei unendlich großem Volum, für das die VAN DER WAALSsche Gleichung in die ideale übergeht. Die Betrachtungen über die spezifische Wärme der idealen Gase gelten also in diesem Falle noch unverändert.

Was die auch hier praktisch wichtige „spezifische Wärme bei konstantem Druck" und deren Zusammenhang mit c_v betrifft, so vgl. hierzu die allgemeinen Ausführungen des § 5.

Die Berechnung der Größen $\mathfrak{d}A$, $\mathfrak{d}Q$, dU und dS bietet prinzipiell nichts Neues gegenüber den idealen Gasen und kann übergangen werden.

§ 4. Kondensierte Stoffe.

Definition des „festen" Zustandes. Die einzige eindeutige Definition des festen Zustandes ist die, daß die kleinsten Teilchen des betreffenden Körpers nicht frei gegeneinander beweglich sind, sondern sich in stabiler Anordnung befinden, welche sie nach Aufheben einer Störung wieder einnehmen. Diese Definition ist jedoch, wie G. TAMMANN hervorhebt[1], in keiner Weise eine grundsätzliche; es kommen alle Übergänge von freier Beweglichkeit bis zur festen Bindung an stabile Gleichgewichtslagen vor, und es ist eigentlich nur die Größe der inneren Reibung, die diese Fälle unterscheidet[2].

Gleichwohl kann die physikalische Thermodynamik alle Arten von Körpern, die sich von den Gasen, sowie von den Flüssigkeiten in der Nähe des kritischen Punktes, unterscheiden, unter einem einheitlichen Gesichtspunkt behandeln, es sind *die* (homogenen) *Stoffe, deren relative Volumänderungen immer klein gegen* 1 *sind.* Diese Definition, die bei willkürlicher Beschränkung der Volumänderungen natürlich auch auf Gase und leicht komprimierbare Flüssigkeiten anwendbar wäre, ist bei kompakteren Körpern eine naturgegebene; um in solchen Fällen relativ große Volumänderungen herbeizuführen, sind nämlich ungeheure Druck- oder Zugkräfte erforderlich, bei deren Anwendung aber vielfach die Hemmungsgrenzen überschritten werden, so daß irreversible Vorgänge resultieren oder gar der Körper in der betreffenden Form zu existieren aufhört und in einen anderen Aggregatzustand übergeht.

---

[1] TAMMANN, G.: Aggregatzustände. Leipzig: L. Voß 1922.

[2] Im Sinne unserer Überlegungen I, § 7 haben wir diese innere Reibung als Hemmung (in der gegenseitigen Bewegung der „kleinsten Teilchen") aufzufassen, die, wie alle Hemmungen, bei gewissen Beanspruchungen überschritten werden kann und dann zu irreversiblen Prozessen führt. Reversible Veränderungen in „festen" Körpern aller Grade sind also nur bei Innehaltung gewisser Druck- und Temperaturgrenzen möglich.

Zwischen schwer komprimierbaren Flüssigkeiten und wirklichen „festen" Körpern ist aber aus diesem Kriterium kein Unterschied abzuleiten. Und in der Tat beziehen sich die folgenden Beziehungen auf beide Arten von Körpern in gleicher Weise. Das ist jedoch nur dadurch möglich, daß wir aus den bei festen Körpern möglichen allgemeineren reversiblen Veränderungen in diesem Kapitel nur diejenigen herausgreifen, die den bei einem Gas *allein* möglichen Veränderungen entsprechen, nämlich solche, bei denen die Volumänderungen keine einseitigen Spannungen oder Scherungskräfte bewirken, sondern wie bei den Stoffen mit frei beweglichen Teilchen, nur Veränderungen eines *in allen Richtungen gleichen Druckes.* Dies ist nach der Elastizitätstheorie dann der Fall, wenn der betreffende feste Körper an seiner Oberfläche einem überall gleichen Druck unterworfen wird, und wenn er homogen ist, d. h. an allen Stellen die gleichen Eigenschaften besitzt.

Beschränken wir uns aber auf derartige Veränderungen der kondensierten Körper, so ist es gleichgültig, ob wir es mit dichten Flüssigkeiten zu tun haben, die keiner anisotropen Spannungszustände fähig sind, oder mit mehr oder weniger „festen" Körpern, die anisotrope Verschiebungen wegen ihrer mehr oder weniger starken Beweglichkeitshemmungen längere Zeit beizubehalten vermögen. Es kommt dann nur die beiden Fällen gemeinsame Tatsache in Frage, daß — innerhalb gewisser Grenzen — jeder Druck- (und Temperatur-) Änderung eine bestimmte Volumänderung und jeder Volum- (und Temperatur-) Änderung eine bestimmte Druckänderung entspricht. Da ferner diese Beziehungen erfahrungsgemäß (wegen der relativen Kleinheit der Oberflächenwirkungen) bei Körpern von normaler Größe und Oberflächengestaltung unabhängig von der Form des Körpers sind, und dasselbe für die Wärmeeffekte gilt, so können wir auch hier neben der Temperatur das Volum als einzige („abgekürzte") thermodynamische Variable beibehalten.

Die Zustandsgleichung. Die Aufstellung einer Zustandsgleichung wird sich gemäß unserer Annahme, daß überhaupt nur relativ kleine Volumänderungen möglich sind, nicht auf alle V- und T-Werte zu erstrecken haben, sondern nur auf solche V-Werte, die gewissen Normalwerten V_0, z. B. den für jede Temperatur bei $p = 0$ oder bei Atmosphärendruck eingenommenen, *benachbart* sind (Abb. 20). Derartige Zustandsgleichungen sind in den beiden letzten Jahrzehnten von verschiedener Seite auf Grund von molekularkinetischen Annahmen aufgestellt worden[1]. G. Mie behandelte (1903) den einatomigen festen Körper unter der Annahme einer mit verschiedenen Potenzen der Entfernung variierenden Anziehungs- und Abstoßungskraft zwischen den Atomen. E. Grüneisen (1912) verallgemeinerte diese Überlegungen und führte die Eigenschwingungszahl der Atome im Kristallgitter in die Theorie ein. Quantentheoretische Betrachtungen wurden bald darauf u. a. von P. Debye angestellt, der z. B. zeigte, daß eine thermische Ausdehnung nur dann möglich ist, wenn die Atomschwingungen nicht genau symmetrisch sind. Versuche, diese bisher im wesentlichen auf einatomige Körper angewandten Betrachtungen für das Ionengitter durchzuführen, sind von M. Born und E. Brody gemacht worden; man ist jedoch hier wegen der Kompliziertheit des Problems noch nicht sehr über formale Ansätze hinausgekommen.

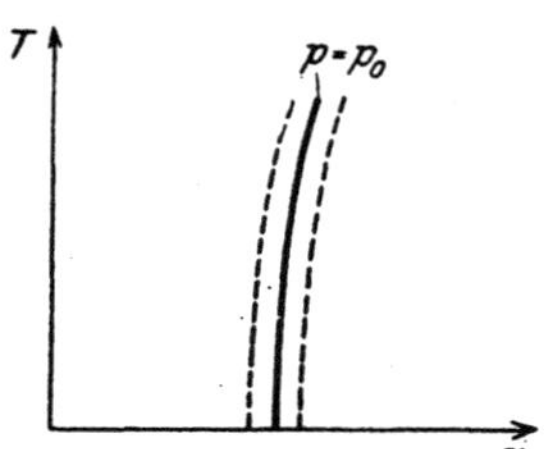

Abb. 20. Zustandsgebiet kondensierter Stoffe.

[1] Eine Zusammenfassung bei M. Born: Atomtheorie des festen Zustandes. Enz. d. math. Wiss. V, 25, insbesondere S. 652—682.

Die Zustandskoeffizienten. Ohne uns mit den verschiedenen in geschlossener Form vorliegenden Zustandsgleichungen näher zu beschäftigen, wollen wir hier zeigen, daß sich in allen dem praktischen Bedürfnis entsprechenden Fällen die Frage nach der Zustandsgleichung auf die Untersuchung der — meist nur für einen Normaldruck anzugebenden — „Zustandskoeffizienten" $\frac{\partial p}{\partial v}$ und $\frac{\partial v}{\partial T}$ in Abhängigkeit von der Temperatur reduziert.

In der Tat kann man für Körper, die nur relativ kleiner Volumänderungen fähig sind, das Aufsuchen der Zustandsgleichung in zwei Teilaufgaben zerlegen: einerseits wird der Zusammenhang zwischen v_0 und T für den gewählten Normaldruck p_0 aufzusuchen sein, andererseits die Änderung von p mit v bei jeder Temperatur innerhalb eines kleinen v-Intervalls. Da, bei konstantem Druck p_0, v sich in Abhängigkeit von der Temperatur darstellen läßt durch

$$v = v_{(p_0\,,\,T_0)} + \int_{T_0}^{T} \frac{\partial v}{\partial T}\, dT\,,$$

genügt zur Bewältigung der ersten Aufgabe, außer einem Normalvolumen $v_{(p_0\,,\,T_0)}$ die Kenntnis von $\frac{\partial v}{\partial T}$ bei konstantem Druck p_0 für alle Temperaturen. Die Änderung von p mit v andererseits ist durch den Ausdruck $\frac{\partial p}{\partial v}$ für $p = p_0$ in Abhängigkeit von T gegeben; wenn dieser Ausdruck stark mit p variiert, müssen allerdings entweder noch die höheren Differentialquotienten $\frac{\partial^2 p}{\partial v^2}$ für $p = p_0$ gegeben sein, oder es muß $\frac{\partial p}{\partial v}$ als Funktion von v oder p über das Meßbereich dieser Größen hin verfolgt werden. Übrigens wird man bei diesen Betrachtungen meist p als unabhängige, v als abhängige Größe betrachten und demnach die zu $\frac{\partial p}{\partial v}$ reziproke Größe $\frac{\partial v}{\partial p}$ (bei konstanter Temperatur) einführen.

$\frac{\partial v}{\partial T}$ und $\frac{\partial v}{\partial p}$ sind für eine gegebene Substanzart ihrer Menge oder ihrem unter irgendwelchen festen Bedingungen gemessenen Volum proportional. Man wird diese Größen also auf die Einheit eines solchen Normalvolums beziehen; d. h. durch dieses Volum dividieren. Die Größe $\frac{\partial v}{\partial T} \cdot \frac{1}{v}$ bezeichnet man (vgl. S. 81) als kubischen *thermischen Ausdehnungskoeffizienten* α:

$$\alpha = \frac{1}{v} \cdot \frac{\partial v}{\partial T} \tag{1}$$

Direkt meßbar sind immer nur endliche Volumänderungen bei endlichen Temperatur- oder Druckänderungen. So kommt es, daß in den Tabellen (z. B. Landolt-Börnstein) statt α die meist auf 0^0 C als eine Grenze bezogenen Größen:

$$\alpha_{0,t} = \frac{1}{v_{(0)}} \cdot \frac{v_{(t)} - v_{(0)}}{t}$$

angegeben werden (t Celsiustemperatur). Diese Größe bezeichnet man als (mittleren) *thermischen Ausdehnungskoeffizienten zwischen* 0 *und* t^0 *C* (bei einem bestimmten Druck p_0). Für Gase ist $\frac{v_{(t)} - v_{(0)}}{v_{(0)}} = \frac{t}{T_{(0)}}$, also $\alpha_{0,t} = \frac{1}{T_{(0)}}$, entsprechend der in § 1 schon gemachten Bemerkung. Beim absoluten Nullpunkt ist für feste Körper nach dem Nernstschen Satz $\alpha = 0$ (III, § 12). Auch Angabe der Koeffizienten, die in der Entwicklung $v_{(t)} = v_{(0)}(1 + at + bt^2 + \ldots)$ oder allgemeiner $v_{(t)} = v_{(t_0)}[1 + a(t - t_0) + b(t - t_0)^2 + \ldots]$ auftreten, ist gebräuchlich.

Die Größe:

$$-\frac{1}{v}\cdot\frac{\partial v}{\partial p}=\varkappa \tag{2}$$

bezeichnet man als Kompressibilitätskoeffizienten. In den Tabellen ist statt dessen angegeben die Größe:

$$\varkappa_{1,2}=\frac{1}{v_{(1)}}\cdot\frac{v_{(1)}-v_{(2)}}{p_2-p_1}$$

als *mittlerer Kompressibilitätskoeffizient* einer Substanz zwischen den Drucken p_1 und p_2 bei einer bestimmten Temperatur T oder t (statt $\varkappa$ auch β).

Der reziproke Wert von $\varkappa$ wird als (kubischer) *Elastizitätskoeffizient* E bezeichnet.

Die relative Druckänderung $\frac{1}{p}\cdot\frac{\partial p}{\partial T}$ mit der Temperatur bei konstantem Volumen, den sog. *Spannungskoeffizienten*, kann man im allgemeinen schwerer direkt bestimmen als die genannten beiden Größen; man setzt daher nach der allgemeinen Beziehung § 1 (2):

$$\frac{\partial p}{\partial T}=-\frac{\partial p}{\partial v}\cdot\frac{\partial v}{\partial T}, \text{ d. h. nach (1) und (2):}$$

$$\frac{\partial p}{\partial T}=\frac{\alpha}{\varkappa}. \tag{3}$$

Die Wärmeeffekte. Indem wir wieder das Bestimmungsschema S. 80 verfolgen, benutzen wir zur Ableitung von L^v die Formel $L^v = T\frac{\partial p}{\partial T}$ und erhalten:

$$L^v = T\frac{\partial p}{\partial T}=-T\frac{\partial p}{\partial v}\cdot\frac{\partial v}{\partial T}=T\frac{\alpha}{\varkappa}. \tag{4}$$

L^v ist, wie nochmals erwähnt sei, die Wärme, die der Körper aufnimmt, wenn er sich bei konstanter Temperatur unter Druckänderung ausdehnt (latente Wärme bei Volumvergrößerung).

Gesetze für die spezifische Wärme. Experimentell ist die spezifische Wärme bei konstantem Volum für kondensierte Körper nur schwer zugänglich. Thermodynamisch können wir nach Gleichung (3) und I, § 8 (22) wieder folgern:

$$\frac{\partial L^T}{\partial v}=\frac{\partial C_v}{\partial v}=T\frac{\partial^2 p}{\partial T^2}=-T\frac{\partial\left(\frac{\alpha}{\varkappa}\right)}{\partial T}. \tag{5}$$

Um hieraus die Änderung von C_v mit V oder von c_v mit dem spezifischen Volum v zu bestimmen, wäre also die Abhängigkeit der α und $\varkappa$ von der Temperatur bei konstantem Volum zu bestimmen, was noch gewisse Umrechnungen der meist nur bei einem bestimmten (Anfangs-) Druck tabellierten experimentellen α- und $\varkappa$-Werte erfordert. Über eine praktisch wichtigere Beziehung zwischen spezifischen Wärmen und Zustandskoeffizienten vgl. § 5, Gleichung (12″).

Als empirische Gesetzmäßigkeit für C_v ergibt sich für mittlere Temperaturen bei kristallinischen festen Körpern in vielen Fällen das DULONG-PETITsche Gesetz:

$$C_v = 3\,n_A\cdot R = 5{,}9\,n_A. \tag{6}$$

Hierbei bedeutet n_A die Zahl der in dem festen Körper vorhandenen Gramm*atome*, gleichviel welcher Art. Soweit dies Gesetz gültig ist, verlangt es auch die Unabhängigkeit der spezifischen Wärme von der Art der chemischen Bindung, also für einen festen Körper, der aus mehreren anderen durch Reaktion entstanden ist, die additive Zusammensetzung seiner Wärmekapazität aus den Wärmekapazitäten der Komponenten (KOPPsches Gesetz). Man kann Gleichung (6), wenn man $c_v = \frac{LT}{n_A}$ als „Atomwärme" des festen Stoffes einführt, auch so formulieren:

$$c_v = 3\,R\,,$$

d. h.

„Die Atomwärme aller festen Körper ist gleich und hat den Betrag $3\,R$."

Die theoretische Deutung dieses Gesetzes sieht die molekularkinetische Theorie in der freien Schwingungsfähigkeit jedes Atoms (bzw. Ions) des festen Körpers und in dem quasielastischen Charakter der auftretenden Schwingungen. In solchem Falle, lehrt die statistische Mechanik, ist die mittlere potentielle Energie jedes Freiheitsgrades gleich seiner mittleren kinetischen Energie, und da die letztere pro Freiheitsgrad $= \frac{k\,T}{2}$, also für das in allen drei Raumrichtungen bewegliche Atom $\frac{3\,k\,T}{2}$ beträgt, ist die Summe von potentieller und kinetischer Energie $= \frac{6\,k\,T}{2} = 3\,k\,T$, oder für das Grammatom $3\,kNT = 3\,RT$, mithin die spezifische Wärme pro Grammatom $= 3\,R$, unabhängig von der Art des Atoms.

Abweichungen. Verhalten beim absoluten Nullpunkt. Die Abweichungen vom DULONG-PETITschen Gesetz zeigen die Gesetzmäßigkeit, daß die spezifische Wärme pro Grammatom bei hohen Temperaturen zu groß, bei tiefen Temperaturen — die bei verschiedenen Körpern sehr verschieden beginnen — zu klein wird. Die Deutung der Abweichungen nach oben ist schwierig und zum Teil strittig; sie können in dem Versagen der quasielastischen Bindungsgesetze begründet sein, können aber auch in dem Auftreten neuer Bewegungsmöglichkeiten (Freiheitsgrade), sei es der Atome als Ganzes (Drehungen der Atomachsen), sei es einzelner Elektronen (z. B. der Leitungselektronen) ihren Grund haben.

Besser ist die theoretische Klärung der Abweichungen nach unten gelungen, seitdem W. NERNST gezeigt hat, daß die spezifische Wärme aller festen Körper in ähnlicher Weise nach dem absoluten Nullpunkt hin abfällt und sich bei $T = 0$ dem Werte Null nähert. Die Quantentheorie erklärt diesen Effekt durch die endliche Größe des Energieunterschiedes zwischen den untersten und den nächsthöheren möglichen „Quantenstufen" des schwingenden Atoms und setzt die Größe dieser Energiestufen zu den auch auf andere Weise zugänglichen Eigenfrequenzen der Atomschwingungen in Beziehung (EINSTEIN).

Für sehr tiefe Temperaturen ergeben diese Gesetze eine Zunahme von c_v proportional T^3 (Formel von DEBYE).

A. EUCKEN[1] bezeichnet den Gültigkeitsbereich des NERNSTschen Grenzgesetzes und der DEBYEschen Formel als das Existenzgebiet des „idealen festen Körpers". Bemerkenswert ist, daß auch der Ausdehnungskoeffizient α in diesem Gebiet T^3 proportional ist und wahrscheinlich in unmittelbarer Nähe des absoluten Nullpunktes den Wert 0 annimmt. Man kann daher die wohlbegründete Vermutung aussprechen, daß überhaupt alle mechanischen und thermischen Eigenschaften der festen Körper im idealen Grenzzustand von der Temperatur unabhängig werden, eine Annahme, die einen Spezialfall des NERNSTschen Wärmetheorems (III, § 12) darstellt.

Beziehungen zwischen spezifischer Wärme und Ausdehnungskoeffizienten. Schon die MIEsche Theorie liefert auf Grund der von ihr geforderten Beziehung zwischen p und der mittleren kinetischen Energie der Atome einen nahen Zusammenhang zwischen α und c_v. Es ist nämlich nach MIE:

$$v \cdot \frac{\partial p}{\partial T} = \gamma \cdot c_v\,, \tag{7}$$

[1] Grundriß der physikalischen Chemie. Leipzig 1922.

wobei v und c_v auf eine Grammatom des festen Körpers bezogen sind und γ eine Konstante ist, die auch mit der Art des Körpers, wenigstens in der großen Gruppe der Metalle mit einem Atomgewicht über 100, kaum wechselt. (Es ist hier $\gamma = 2$ bis 3). Wegen $\frac{\partial p}{\partial T} = \alpha \cdot E = \frac{\alpha}{\varkappa}$ folgt aus (7):

$$\alpha = \gamma \cdot \frac{\varkappa}{v} \cdot c_v .$$

Nach der MIEschen Theorie ist hierbei c_v und demnach auch α (bis auf den geringfügigen Gang von $\frac{\varkappa}{v}$) von der Temperatur unabhängig.

E. GRÜNEISEN konnte jedoch experimentell zeigen und bis zu einem gewissen Grade theoretisch erklären, daß eine solche Beziehung in weiteren Grenzen gültig ist, als man nach den MIEschen Voraussetzungen erwarten sollte. Er fand, daß bei vielen Metallen zwischen — 150 und 1000° C, also in einem Bereich, wo c_v meist schon sehr stark variiert, folgender Satz (GRÜNEISENsches Gesetz) gilt:

„Der Quotient aus dem Ausdehnungskoeffizienten und der spezifischen Wärme eines Metalls ist von der Temperatur nahezu unabhängig."

DEBYE, der diesen Satz auf die Tatsache zurückführt, daß bei einem anharmonischen Oszillator die Verlagerung des Schwingungsmittelpunktes seiner Schwingungsenergie proportional ist, diskutiert auch eingehend die quantentheoretische Formulierung des Abfalls von c_v (und α) beim absoluten Nullpunkt und führt statt der einzelnen Atomschwingung (EINSTEIN) hierbei das ganze „elastische Spektrum" der im festen Körper möglichen Schwingungen ein. Das gleichzeitige Verschwinden von c_v und α bei $T = 0$, das oben als Spezialfall des NERNSTschen Theorems bezeichnet wurde, ergibt sich hierbei aus der Eindeutikeit des „Quantenzustandes" beim absoluten Nullpunkt[1].

§ 5. Übergang zu anderen unabhängigen Variabeln: Druck und Temperatur.

Bevor weitere spezielle thermodynamische Systeme besprochen werden, sei erörtert, wie sich die grundlegenden thermodynamischen Beziehungen ändern, wenn statt Volum und Temperatur Druck und Temperatur als unabhängige Variable angesehen werden. Die hier aufzustellenden Beziehungen sind zunächst unabhängig davon, ob es sich um homogene oder um heterogene Systeme handelt (etwa Wasser mit seinem Dampf); ferner sei zunächst wiederum (im Hinblick auf spätere Anwendung) die Möglichkeit offengelassen, daß auch noch andere Variable $y, z \ldots$ den Zustand des Systems bestimmen, und es sei entsprechend x für V, K^x für $-p$ gesetzt.

Einführung anderer Wärmekoeffizienten. Mit $x, y \ldots T$ als unabhängigen Variabeln hatten wir für Arbeit und Wärme folgende Darstellung:

$$đA = K^x\,dx + K^y\,dy + \ldots . \tag{1}$$

$$đQ = L^x\,dx + L^y\,dy + \ldots + L^T dT . \tag{2}$$

Wir wollen nun zunächst $đQ$ aus Einzeleffekten zusammensetzen, die sich ergeben, wenn man erstens $y, z \ldots T$ konstant läßt und nur K^x (also p) ändert, zweitens $K^x, z \ldots T$ konstant läßt und nur y ändert usw., schließlich $K^x, y, z \ldots$ konstant läßt und nur T ändert. Man erhält dann eine neue Darstellung von $đQ$ in der Form

$$đQ = l^{K^x} \cdot dK^x + l^y\,dy + \ldots l^T\,dT . \tag{3}$$

[1] Näheres siehe bei E. GRÜNEISEN: Handb. d. Physik Bd. 10, S. 1; E. SCHRÖDINGER: Ebenda Bd. 10, S. 275 und M. BORN: Enz. d. math. Wiss. V, 25.

Hierbei sind die l^{K^x}, $l^y \dots l^T$ wieder Größen, die durch den Zustand vollkommen bestimmt sind; das folgt aus den allgemeinen Überlegungen S. 67f., da das System der Größen K^x, y, $z \dots T$ ein System von Zustandsvariabeln darstellt, durch das der Zustand vollkommen bestimmt wird, und an andere Voraussetzungen ist die Möglichkeit einer Darstellung von $\mathfrak{d}Q$ in Form der Gleichung (3) nicht geknüpft[1].

Die Größen l^{K^x}, $l^y \dots l^T$ haben wieder die Bedeutung von Wärmekoeffizienten; es ist jedoch nicht nur l^{K^x} von L^x, sondern auch l^y von $L^y, \dots l^T$ von L^T verschieden; die Beziehungen werden wir weiter unten notieren. Den Koeffizienten l^T haben wir (für homogene Körper) schon in § 1 kennengelernt. Es ist nämlich

$$\frac{\mathfrak{d}Q}{dT_{(p)}} = l^T = n c_p = C_p .$$

Kombinieren wir die Darstellungen von $\mathfrak{d}A$ durch Gleichung (1) mit der Darstellung von $\mathfrak{d}Q$ durch Gleichung (3), so erhalten wir eine neue Darstellung für dU von der Form:

$$dU = K^x\,dx + l^{K^x}\,dK^x + (K^y + l^y)\,dy + \dots + l^T\,dT. \tag{4}$$

Ziehen wir hier auf beiden Seiten $d(x \cdot K^x)$ ab, so ergibt sich

$$d(U - xK^x) = (-x + l^{K^x})\,dK^x + (K^y + l^y)\,dy \dots + l^T dT. \tag{5}$$

Hier steht auf der linken Seite das Differential einer Funktion, die, wie die Energie selbst, durch den Zustand vollkommen bestimmt ist; wir werden sie später (III, §5) als „Wärmefunktion" W kennenlernen. Fügen wir nun zu dieser Beziehung die des 2. Hauptsatzes hinzu, indem wir $\mathfrak{d}Q$ durch (3) ausdrücken:

$$dS = \frac{l^{K^x}}{T}\,dK^x + \frac{l^y}{T}\,dy + \dots + \frac{l^T}{T}\,dT, \tag{6}$$

so erhalten wir zusammen mit (5) ein Gleichungspaar, das vollkommen den Gleichungen I § 8, (16 und 17), entspricht, nur daß K^x statt x als unabhängige Variable auftritt. Wir können daher aus diesen Gleichungen, da über die Art der Zustandsfunktion U nichts vorausgesetzt war, ganz die analogen Schlüsse über Differentialbeziehungen zwischen den Koeffizienten der rechten Seite ziehen wie früher.

Die neuen Differentialbeziehungen. Wir erhalten jetzt

statt $\frac{\partial K^y}{\partial x} = \frac{\partial K^x}{\partial y}$ [I, § 8 (20)]:

$$\frac{\partial K^y}{\partial K^x} = -\frac{\partial x}{\partial y}, \tag{7}$$

statt $\left\{\begin{aligned} L^x &= -T\frac{\partial K^x}{\partial T} \\ L^y &= -T\frac{\partial K^y}{\partial T} \end{aligned}\right\}$ [I, § 8 (21)]:

$$\left\{\begin{aligned} l^{K^x} &= +T\frac{\partial x}{\partial T} \\ l^y &= -T\frac{\partial K^y}{\partial T} \end{aligned}\right\}, \tag{8}$$

[1] Hierbei ist allerdings nicht mit der Möglichkeit gerechnet, daß der Druck oder, allgemeiner, der Arbeitskoeffizient K^x in einem ganzen Bereiche von V- bzw. x-Werten konstant bleibt, wie das in Wirklichkeit in gewissen heterogenen Systemen, z. B. Wasser mit gesättigtem Wasserdampf (bei Vernachlässigung der Oberflächeneffekte), der Fall sein wird. Es entspricht dann einer Änderung von V bei konstantem T keine Änderung von p oder einer unendlich kleinen Änderung von p eine endliche Änderung von V, d. h. es würde z. B., wenn L^x endlich ist, l^{K^x} unendlich groß werden. In solchen Fällen wird man selbstverständlich eine Zerlegung von $\mathfrak{d}Q$ in der Art von (3) nicht vornehmen, sondern sich entweder auf die Zerlegung nach T und den Arbeitskoordinaten beschränken oder doch wenigstens nur solche neuen Variabeln (z. B. die Entropie!) einführen, die mit den T und x, y, z in eindeutiger Weise zusammenhängen (vgl. hierzu III, Kapitel B, F und G).

statt
$$\left\{\begin{aligned}\frac{\partial L^T}{\partial x} &= -T\frac{\partial^2 K^x}{\partial T^2}\\ \frac{\partial L^T}{\partial y} &= -T\frac{\partial^2 K^y}{\partial T^2}\end{aligned}\right\}\ [\mathrm{I}, \S\, 8\,(22)]:$$

$$\left\{\begin{aligned}\frac{\partial l^T}{\partial K^x} &= +T\frac{\partial^2 x}{\partial T^2}\\ \frac{\partial l^T}{\partial y} &= -T\frac{\partial^2 K^y}{\partial T^2}\end{aligned}\right\}. \tag{9}$$

Dabei werden in den neuen Gleichungen natürlich andere Variable bei den partiellen Differentiationen konstant gehalten als in den alten; beispielsweise bedeutet $\frac{\partial x}{\partial y}$ die Änderung von x mit y bei konstantem $K^x, z \ldots T$[1]. Spezialisieren wir diese Gleichungen jetzt für den Fall mit zwei Variabeln, nämlich Druck und Temperatur, indem wir für K^x: $-p$, für x: v setzen, so folgen aus (8) und (9) die Beziehungen[2]:

$$l^p = -T\frac{\partial v}{\partial T}, \tag{8'}$$

$$\frac{\partial l^T}{\partial p} = n\frac{\partial c_p}{\partial p} = -T\frac{\partial^2 v}{\partial T^2}. \tag{9'}$$

In diesen Gleichungen bedeuten die l die Wärmekoeffizienten bei konstantem Druck; die Differentiationen nach T sind bei konstantem Druck auszuführen.

Bestimmungsschemata mit den neuen Variabeln. Stellen wir mit Hilfe obiger Differentialbeziehungen wieder Bestimmungsschemata auf, und zwar zunächst das Zustandsgleichungsschema (vgl. S. 77), so ist hier als Zustandsgleichung eine Formel anzusehen, die uns v für alle Werte von $p, y \ldots T$ angibt. Das Zustandsgleichungsschema in tabellarischer Form (s. ebenda) wird dann folgendermaßen aussehen:

	Bekannt		Festzustellen
v:			für alle $p, y, \ldots, T$
K^y:	$\frac{\partial K^y}{\partial p} = \frac{\partial v}{\partial y}$	nach (7)	für p_0 und alle y und T
l^p:	$l^p = -T\frac{\partial v}{\partial T}$	nach (8')	—

[1] Man kann von I, § 8 (20) usw. auch auf andere Weise zu (7) usw. gelangen. Aus der bei konstantem $z, \ldots T$ selbstverständlich geltenden Gleichung

$$dx = \frac{\partial x}{\partial K^x}_{(y,z,T)} \cdot dK^x + \frac{\partial x}{\partial y}_{(K^x,z,T)} \cdot dy$$

folgt, wenn man $dx = 0$ setzt und durch dy dividiert, die ähnlich schon mehrfach [z. B. § 1 (2)] benutzte Beziehung zwischen den drei partiellen Differentialquotienten

$$\frac{\partial K^x}{\partial y}_{(x,z,T)} \cdot \frac{\partial x}{\partial K^x}_{(y,z,T)} = -\frac{\partial x}{\partial y}_{(K^x,z,T)}.$$

Ersetzt man in diesem Ausdruck $\frac{\partial K^x}{\partial y}$ gemäß I, § 8 (20) durch $\frac{\partial K^y}{\partial x}$, so erhält man nach Kürzung der linken Seite mit dx unmittelbar Gleichung (7).

Den direktesten Weg zur Ableitung auch der Gleichungen (7) bis (9) bildet natürlich immer die Betrachtung und geeignete Kombination elementarer Kreisprozesse, bei denen in diesem Fall die Arbeits- und Wärmeeffekte beispielsweise bei der Änderung dK^x, dy mit den Effekten bei der Änderung dy, dK^x gleichgesetzt werden usw.

[2] Das negative Vorzeichen tritt in (8') auf, weil $K^x = -p$ ist. l^p bedeutet die Wärmeaufnahme bei (konstanter Temperatur und) zunehmendem Druck, d. h. abnehmendem Volum.

	Bekannt		Festzustellen
l^y:	$l^y = -T \frac{\partial K^y}{\partial T}$	nach (8)	—
l^T:	$\frac{\partial l^T}{\partial p} = -T \frac{\partial^2 v}{\partial T^2}$ $\frac{\partial l^T}{\partial y} = -T \frac{\partial^2 K^y}{\partial T^2}$	nach (9)	für p_0, y_0 und alle T

Ist keine unabhängige Variable y vorhanden, so genügt, analog wie früher, neben der Zustandsgleichung eine Messung der spezifischen Wärme bei konstantem Druck (für je einen Druck bei jeder Temperatur), um alle thermodynamischen Äußerungen eines solchen Systems zu bestimmen.

Bei den mehr auf thermischen Messungen beruhenden Bestimmungsmethoden ist es das Auftreten der spezifischen und latenten Wärmen bei konstantem Druck, das den $p, y \ldots T$-Schematen eine bevorzugte Stellung vor den $v, y \ldots T$-Schematen einräumt. Wir kommen auf diese Fragen nach Einführung der thermodynamischen Funktionen (§ 10) zurück.

Beziehungen zwischen den Wärmeeffekten bei konstantem Druck und bei konstantem Volum. Man gelangt zu den Beziehungen zwischen den l und L am einfachsten von ihren Definitionsgleichungen aus. Wir haben für die Wärmeaufnahme $\mathfrak{d}Q$ bei einer kleinen Veränderung, wenn wir außer p (oder v) und T noch eine Arbeitskoordinate y berücksichtigen, die beiden Darstellungen:

$$\mathfrak{d}Q = L^v dv + L^y dy + L^T dT$$

und

$$\mathfrak{d}Q = l^p dp + l^y dy + l^T dT\,.$$

Nun können wir die erste dieser Gleichungen in der Form schreiben:

$$\mathfrak{d}Q = L^v\left(\frac{\partial v}{\partial p}_{(y,T)} \cdot dp + \frac{\partial v}{\partial y}_{(p,T)} \cdot dy + \frac{\partial v}{\partial T}_{(p,y)} dT\right) + L^y dy + L^T dT\,.$$

Fassen wir hier die Glieder mit dp, dy und dT zusammen und vergleichen sie mit unserer zweiten Darstellung, so erhalten wir neue Ausdrücke für die Wärmeeffekte, die bei bloßer Veränderung von p, y und T auftreten. Es ergibt sich:

$$l^p = L^v \frac{\partial v}{\partial p}_{(y,T)} \tag{10}$$

$$l^y = L^y + L^v \frac{\partial v}{\partial y}_{(p,T)} \tag{11}$$

$$l^T = L^T + L^v \frac{\partial v}{\partial T}_{(p,y)} \tag{12}$$

Der Sinn dieser Gleichungen ist einleuchtend: es ist bei bloßer Volum- bzw. Druckänderung (Gleichung 10) der Volumwärmeeffekt mit dem Verhältnis der Volumänderung zur Druckänderung zu multiplizieren, und bei Änderung der übrigen Variabeln (Gleichung 11 und 12) kommt in den l zu den entsprechenden Wärmeeffekten L bei konstantem Volum noch ein Glied hinzu, das die Volumwärme bei der betreffenden Volumänderung berücksichtigt.

Diese Gleichungen erleiden bei heterogenen Systemen ohne Oberflächeneffekte dieselben, auf S. 101, Anm., erwähnten Einschränkungen wie die Beziehungen (1) bis (9'). Wendet man sie auf homogene Körper an, wobei wir gleich den Fall betrachten wollen, daß ihr Verhalten, außer durch v bzw. p und T, noch durch eine weitere unabhängige Arbeitskoordinate y, z. B. die Oberfläche, bestimmt sei, so lassen sich noch gewisse für die Praxis wichtige Umformungen angeben. Es wird nämlich meistens nicht L^V direkt bekannt sein, wohl aber der Zustandskoeffizient $\frac{\partial p}{\partial T}_{(V)}$ direkt oder indirekt $\left(=\frac{\alpha}{\varkappa}, \S\, 4, (3)\right)$ gemessen sein. Dann kann man mittels I, § 8 (22) L^V durch $T \cdot \frac{\partial p}{\partial T}_{(V)}$ ausdrücken [s. § 4 (4)]. Führt man noch $-\frac{1}{V} \cdot \frac{\partial V}{\partial p} = \varkappa$ [§ 4 (2)] oder $\frac{\partial V}{\partial p}_{(y,)T} = -V\varkappa$ ein, sowie $\frac{\partial V}{\partial T}_{(p,y)} = \alpha \cdot V$ [§ 4 (1)], so erhält man die drei Beziehungen:

$$l^p = -\alpha V T \tag{10'}$$

$$l^y = L^y + \frac{\alpha}{\varkappa} \cdot \frac{\partial V}{\partial y}_{(p,T)} \cdot T \tag{11'}$$

$$l^T = L^T + \frac{\alpha^2}{\varkappa} \cdot V T . \tag{12'}$$

Von diesen Beziehungen hat besonders die dritte Interesse, da sie eine *Umrechnung der spezifischen Wärmen* ermöglicht. Dividieren wir nämlich mit der Atomzahl n_A des homogenen Körpers, so haben wir

$$\frac{l^T}{n_A} = c_p$$

als die *spezifische Wärme des Körpers bei konstantem Druck* (bezogen auf 1 Grammatom als Masseneinheit) zu bezeichnen; entsprechend wird $\frac{L^T}{n_A} = c_V$ und $\frac{V}{n_A}$ gleich dem spezifischen Volumen v (pro Grammatom). Wir erhalten also

$$c_p = c_V + \frac{\alpha^2}{\varkappa} \cdot v T \tag{12''}$$

(Dieselbe Formel würde natürlich auch resultieren, wenn wir c_p, c_V und v auf 1 g als Masseneinheit bezögen.) In diesen wichtigen Umrechnungsbeziehungen spielt das zweite Glied (das nötigenfalls noch von mechanischen auf kalorische Einheiten umzurechnen ist) bei flüssigen und festen Körpern nur die Rolle eines Korrektionsgliedes, da v und $\frac{\alpha^2}{\varkappa}$ relativ kleine Größen sind[1]. Bei idealen Gasen dagegen hat das Zusatzglied, wie wir schon in § 1 besprachen, dieselbe Größenordnung wie c_V; nach (12) ist dieses Glied ja, für ein Mol eines Gases, gleich $L^V \cdot \frac{\partial V}{\partial T}_{(p)} = p \cdot \frac{V}{T} = R$, während L^T für ein Mol eines einatomigen Gases den Wert $\frac{3}{2} R$ hat.

§ 6. Der JOULE-THOMSON-Effekt.

Beschreibung des Effekts. Die Bedeutung der jetzt zu besprechenden Erscheinung liegt einerseits darin, daß sie, wie schon erwähnt, die Größe l^p für alle Gase zu ermitteln gestattet; andererseits liegt sie der Technik der Verflüssigung tiefsiedender Gase zugrunde. Der experimentelle Befund ist folgender. Ein Rohr ist durch eine Wand, die von feinen Poren durchsetzt ist (Diaphragma), in zwei Teile geteilt. Das Gas, das das Rohr erfüllt, wird auf der einen Seite unter

---

[1] Die Größenordnungen sind bei festen Körpern: $\alpha \cong 5 \cdot 10^{-5}$ grad^{-1}, $\varkappa \cong 1 \cdot 10^{-6}$ Atm.$^{-1}$, $v \cong 20$ cm³; setzen wir $T = 300^0$, so finden wir $\frac{\alpha^2}{\varkappa} \cdot v T \cong 10 \frac{\text{cm}^3/\text{Atm.}}{\text{grad}} \cong 0{,}3 \frac{\text{cal}}{\text{grad}}$, während wir früher (S. 99) c_V zu $\sim 6 \frac{\text{cal}}{\text{grad}}$ fanden. Bei höheren Temperaturen und bei Flüssigkeiten wird der Einfluß des Korrektionsgliedes und damit die Differenz $c_p - c_V$ größer.

höheren Druck gesetzt, so daß es durch die Poren hindurch in den anderen Teil des Rohres gepreßt wird und sich dabei ausdehnt. Dieser Vorgang ist (falls durch die Seitenwände des Rohres hindurch kein Wärmeausgleich mit der Umgebung möglich ist) im allgemeinen von einer Temperaturveränderung, und zwar unter normalen Verhältnissen fast immer von einer Abkühlung, begleitet. Eine bekannte Ausnahme ist der Wasserstoff, der sich, falls man die Anfangstemperatur über -80^0 C hält, beim Hindurchpressen erwärmt, falls die Anfangstemperatur tiefer liegt, abkühlt. (Diese „Inversionstemperatur" ist vom Anfangsdruck abhängig, siehe unten). Ein Umkehrpunkt ist auch beim *He* beobachtet worden, und man nimmt an, daß er allgemein existiert, jedoch bei den anderen Gasen oberhalb des gewöhnlich zugänglichen Temperatur- und Druckgebietes liegt.

Man sieht sofort, daß es sich hier um einen irreversibeln Vorgang handelt, denn die beiden stationären Zustände zu beiden Seiten des Diaphragmas sind nicht durch eine Reihe von Gleichgewichtszuständen verknüpft. Im Gegenteil muß innerhalb der Poren das hindurchtretende Gas außerordentlich plötzlichen, einseitig ablaufenden Veränderungen unterliegen, so daß bedeutende Abweichungen vom thermischen Gleichgewichtszustand auftreten. Gleichwohl kann man den Vorgang zur Bestimmung reversibler Effekte nutzbar machen.

Berechnung reversibler Größen aus dem Effekt. Zur genaueren Erörterung nehmen wir an, daß unter der Wirkung zweier Stempel P_1 und P_2 eine gewisse Menge Gas durch das Diaphragma D hindurchgeströmt sei (Abb. 21). Im Anfangszustand habe dabei der Stempel P_2 an D angelegen, P_1 aber im linken Teilraum seinen größten Abstand von D gehabt, im Endzustand sei P_1 bis D vorgeschoben, P_2 in die größte Entfernung rechts hinausgeschoben. Dann ist im Verlauf des Vorgangs eine gewisse Gasmenge vom Volum V_1 auf das (größere) Volum V_2 expandiert und gleichzeitig vom Druck p_1 auf den Druck p_2 abgesunken.

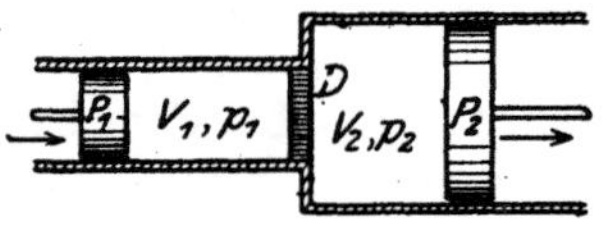

Abb. 21. Schematische Vorrichtung zum Studium des JOULE-THOMSON-Effekts.

Der Unterschied $V_2 - V_1$ werde $= \Delta V$, der (negative) Druckunterschied $p_2 - p_1 = \Delta p$ gesetzt; beide Größen seien klein im Verhältnis zu V bzw. p.

Wird ein Wärmeaustausch mit der Umgebung vermieden, so stellt sich das Ganze als ein (irreversibler) thermodynamischer Prozeß dar, bei dem nur Arbeit vom System aufgenommen wurde, und zwar die Arbeit $p_1 V_1 - p_2 V_2$. Nach dem 1. Hauptsatz ist diese Arbeit gleich der Energieänderung, die das Gas beim Durchtritt durch das Diaphragma erlitten hat (denn der Zustand innerhalb des Diaphragmas ist unverändert geblieben); bezeichnen wir also die Energie des Gases vor dem Durchtritt mit U_1, nachher mit U_2, die Differenz $U_2 - U_1$ mit ΔU, so ist

$$\Delta U = p_1 V_1 - p_2 V_2 = -\Delta(pV) = -p \cdot \Delta V - V \cdot \Delta p, \qquad (1)$$

da wir wegen der angenommenen Kleinheit von ΔV und Δp statt p_1 oder p_2 einen Mittelwert p, statt V_1 oder V_2 einen Mittelwert V setzen können.

Nun ist die bei dem Prozeß eingetretene Energieänderung nach dem 1. Hauptsatz nur vom Anfangs- und Endzustand abhängig, aber unabhängig von der Art des Prozesses. Wir können ΔU also z. B. auch gleich der Energieänderung setzen, die eingetreten wäre, wenn wir das Gas auf irgendeinem *reversibeln* Wege aus dem Zustand 1 in den Zustand 2 gebracht hätten. Hierbei wäre sowohl ΔU wie ΔV und Δp ebenso groß wie bei dem irreversibeln Prozeß, ebenso die Temperaturänderung ΔT; nur hätte ΔU nicht mehr die Bedeutung einer Arbeit, sondern allgemeiner der Summe $A_{12} + Q_{12}$, wobei die Einzelwerte A_{12} und Q_{12} im allgemeinen noch von dem gewählten Weg abhängen würden.

Wird jedoch speziell die Umwandlung 1 → 2 so vorgenommen, daß keine größeren Änderungen von T vorkommen, so sind die reversibeln Arbeits- und Wärmeeffekte einzeln unabhängig vom Wege, da dann immer $A = \Delta U - T\Delta S$, $Q = T\Delta S$ gesetzt werden kann. In unserem Fall ist:

$$A_{12} = -p \cdot \Delta V$$

$$Q_{12} = L^V \cdot \Delta V + L^T \cdot \Delta T, \quad \text{oder} \quad = l^p \cdot \Delta p + l^T \cdot \Delta T.$$

Bestimmen wir nun, wie wir es vorhatten, die reversible Arbeits- + Wärmezufuhr $A_{12} + Q_{12}$ für diejenige Zustandsänderung des Gases, die bei dem JOULE-THOMSON-Versuch (irreversibel) von selbst eintritt, so fällt der ΔU-Wert, der sich aus $A_{12} + Q_{12}$ berechnet, mit dem Wert von ΔU nach (1) zusammen, und wir erhalten

$$A_{12} + Q_{12} = \Delta U = -p \cdot \Delta V - V \cdot \Delta p,$$

und da $A_{12} = -p \cdot \Delta V$ ist, bleibt

$$Q_{12} = -V \cdot \Delta p.$$

Hiernach wäre (wegen $\Delta p < 0$) die Wärme, die bei der *reversiblen* Führung des im Endergebnis mit dem JOULE-THOMSONschen-Prozesse äquivalenten Prozesses aufgenommen werden würde, immer positiv. Die Zustandsänderung bei dem *irreversiblen* JOULE-THOMSON-Prozeß entspricht also der bei einem reversiblen Prozeß, bei dem mehr Arbeit nach außen abgegeben, dafür aber noch eine gewisse Wärmemenge aus der Umgebung aufgenommen wurde; offenbar bedeutet $-V \cdot \Delta p$ den Teil der bei dem irreversiblen Prozeß (algebraisch) zugeführten Arbeit, der dabei „in Wärme verwandelt" wurde. Daß trotzdem bei dem irreversiblen Prozeß eine Temperaturerniedrigung eintreten kann, erklärt sich einerseits daraus, daß bei reversibler adiabatischer Ausdehnung eine Druckarbeit $p \cdot \Delta V$ vom Gase geleistet wird, die auf Kosten der Wärmeenergie der Gasmoleküle geht ($L^V = p$), und die bei idealen Gasen gerade die Wärmezufuhr $-V \cdot \Delta p$ zur Aufrechterhaltung der Temperatur verbrauchen würde; andererseits kommt aber, bei Gasen mit Kohäsionskräften, noch als abkühlende Ursache der Energieaufwand zur Überwindung der Kohäsionskräfte hinzu, der ebenfalls auf Kosten der Wärmeenergie der Gasmoleküle geleistet werden muß und in vielen Fällen sogar groß gegen die Einzelglieder $p \cdot \Delta V$ und $V \cdot \Delta p$ ist. Dieser Effekt ist es also, der wesentlich für das Auftreten einer Temperaturerniedrigung verantwortlich zu machen ist.

Setzen wir jetzt für die reversible Wärmeaufnahme Q_{12} bei der betrachteten Zustandsänderung den stets gültigen Ausdruck $l^p \cdot \Delta p + l^T \cdot \Delta T$ ein, so ergibt sich

$$-V \cdot \Delta p = l^p \cdot \Delta p + l^T \cdot \Delta T$$

und hieraus die Beziehung des (differentiellen) JOULE-THOMSON-Effekts:

$$\Delta T = \frac{-l^p - V}{l^T} \cdot \Delta p, \tag{2}$$

wo man noch alle Größen der rechten Seite auf ein Mol reduzieren kann und dann $l^T = c_p$, $V = v$ zu setzen hat.

Diese Formel verknüpft die gut meßbaren Größen V, Δp und ΔT mit dem Wärmekoeffizienten nach dem Druck l^p und der spezifischen Wärme bei konstantem Druck c_p. Insbesondere kann, wenn c_p bekannt ist, auch l^p durch den JOULE-THOMSON-Versuch ermittelt werden.

Da nach § 5 (8') $l^p = -T\frac{\partial v}{\partial T}$ ist, folgt aus (2) auch, daß

$$\Delta T = \frac{T\frac{\partial v}{\partial T} - v}{l^T} \cdot \Delta p \tag{3}$$

ist. Bei idealen Gasen ist $\frac{\partial v}{\partial T} = \frac{v}{T}$, also $\Delta T = 0$, der Effekt verschwindet. Im übrigen wird, je nachdem $T \frac{\partial v}{\partial T}$ größer oder kleiner als $\mathfrak{V}$ ist, bei dem Druckabfall eine Abkühlung oder Erwärmung stattfinden.

Anwendung des Effekts. 1. *Zum Aufsuchen der Zustandsgleichung.* Ist l^T bzw. c_p für alle p und T eines nichtidealen Gases bekannt (speziell gleich dem idealen Grenzwert), so liefert die Messung der Δp und ΔT des Effekts bei allen Drucken und Temperaturen die Kenntnis von $T \frac{\partial \mathfrak{V}}{\partial T} - \mathfrak{V} = \frac{\partial}{\partial T}(\mathfrak{V} T)$. Es braucht also $\mathfrak{V}$ oder $\mathfrak{V} \cdot T$ nur noch für einen T-Wert in Abhängigkeit von p bekannt zu sein, was bei hohen Temperaturen die ideale Gasgleichung leistet. Dann kann man ohne direkte Volummessungen zur vollständigen Zustandsgleichung gelangen. l^p ist nach § 5 (8') dann ebenfalls bekannt.

Dies Bestimmungsschema mag als ein Beispiel dafür gelten, daß die Kenntnis aller Arbeits- und Wärmeeffekte keineswegs nur aus Angaben über die Koeffizienten L oder l und K oder $\varkappa$ (in Abhängigkeit von K^x) erschlossen zu werden braucht, sondern daß man auch mit Messungen, die diese Größen in irgendwelchen passenden Kombinationen liefern, zum Ziele kommen kann.

2. *Zur Prüfung der* VAN DER *Waals schen Gleichung.* Aus dieser Zustandsgleichung folgt, mit einigen Vernachlässigungen, für 1 Mol:

$$T \frac{\partial v}{\partial T} - v \cong \frac{2a}{RT} - b .$$

Hiernach ist der Joule-Thomson-Effekt derartiger Gase, außer durch R, durch die beiden Konstanten a und b bestimmt. a spielt bei tieferen Temperaturen die überwiegende Rolle im Sinne einer Abkühlung bei Druckminderung (wegen des Energieverbrauchs zur Überwindung der Kohäsionskräfte); b wirkt im entgegengesetzten Sinn und überwiegt bei hohen Temperaturen (Erwärmungseffekt bei Druckminderung, der damit zusammenhängt, daß wegen des Eigenvolums der Moleküle bei kohäsionslosen Gasen der in Wärme verwandelte Anteil $\mathfrak{V} \cdot \Delta p$ der aufgewandten Arbeit die Ausdehnungswärme $L^{\mathfrak{V}} \cdot \Delta \mathfrak{V}$, die hier $= p \cdot \Delta \mathfrak{V}$ ist, überwiegt: $\frac{\Delta p}{\partial \mathfrak{V}} > \frac{p}{\mathfrak{V}}$).

Die van der Waalssche Theorie liefert also tatsächlich eine *Inversionstemperatur*, für die die genauere Formel lautet:

$$T_i = \frac{2a}{Rb} \cdot \frac{(v-b)^2}{v^2} .$$

Ersetzt man in dieser Formel v durch p und T, so kann man Formeln für T_i als Funktion von p oder für den Inversionsdruck p_i als Funktion von T aufstellen. Wir wollen uns nicht auf ihre ausführliche Diskussion einlassen[1], sondern nur einige Resultate mitteilen. Es folgt aus diesen Formeln, daß innerhalb eines Temperaturgebietes, das von etwa $\frac{3}{4}$ der kritischen Temperatur bis zur etwa siebenfachen reicht, in einem gewissen Druckgebiet stets ein Abkühlungseffekt auftritt; jedoch ist es durch genügende Drucksteigerung möglich, *jede* Temperatur zu einer Umkehrtemperatur zu machen. Andererseits kann man bei *jedem* vorgegebenen Druck im allgemeinen zwei Inversionspunkte finden, einen unteren bei tiefen Temperaturen (meist schon im Gebiet des flüssigen Zustandes) und einen oberen bei hohen Temperaturen ($> 3\,T_k$). (Im dazwischenliegenden Bereich findet ein Kühleffekt statt.) Die Prüfung dieser die Inversionstemperatur be-

[1] Genaueres s. bei W. Schüle: Technische Thermodynamik, Bd. 2. Berlin: Julius Springer 1923.

treffenden Aussagen ergab gute Bestätigungen; so erhält man aus den Versuchen von NOELL (s. unten) an Luft durch Extrapolation für 10^0 C einen Inversionsdruck $p_i = 311$ Atm., während die VAN DER WAALSsche Gleichung 323 Atm. erwarten läßt.

Man kann nach der VAN DER WAALSschen Formel auch die *Größe des „Drosselungseffektes"* $\frac{\Delta T}{\Delta p}$ voraussagen. Die so berechneten Werte stimmen mit den beobachteten innerhalb der Fehlergrenzen überein. Wir geben hier noch in der Abb. 22 die wohl bisher genauesten Messungen des differentiellen JOULE-THOMSON-Effektes von NOELL (Diss. München 1914) wieder. Sie beziehen sich auf Luft. Die Abbildung zeigt, wie sich mit zunehmender Temperatur der Effekt (Temperaturerniedrigung in Grad pro Atmosphäre Druckunterschied) verringert, da sich das Gas dem idealen Verhalten nähert. Es fällt ferner auf, daß die den tieferen Temperaturen zugehörigen Kurven mit steigendem Druck der Abszisse sehr steil zustreben, und daß sich alle Kurven bei höheren Drucken offenbar kreuzen werden, was theoretisch vorauszusehen ist. Nach der VAN DER WAALSschen Formel müßte die Isotherme $3\,T_k = 399^0$ abs. $= +126^0$ C die Abszissenachse im entferntesten Punkte, bei $p = p_k = 364$ Atm. schneiden, alle anderen bei niedrigeren Drucken.

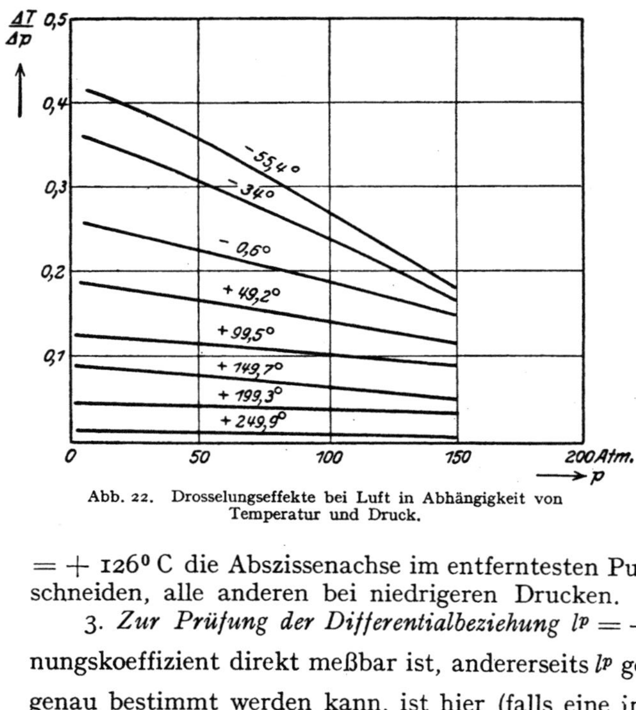

Abb. 22. Drosselungseffekte bei Luft in Abhängigkeit von Temperatur und Druck.

3. *Zur Prüfung der Differentialbeziehung* $l^p = -T \cdot \frac{\partial v}{\partial T}$. Da der Ausdehnungskoeffizient direkt meßbar ist, andererseits l^p gemäß (2) aus $\frac{\Delta T}{\Delta p}$, v und l^T genau bestimmt werden kann, ist hier (falls eine in absoluten Graden geeichte Skala vorliegt, s. u.) eine besonders günstige Möglichkeit zur Prüfung einer aus den beiden Hauptsätzen fließenden Differentialbeziehung gegeben.

4. *Zur Festlegung der absoluten Temperaturskala.* Umgekehrt kann man durch gleichzeitige Messungen von $\frac{\partial v}{\partial T}$ und l^p an einem nicht idealen Gas besonders bequem eine beliebige Temperaturskala in absolutem Maß eichen. Mit Einführung einer solchen beliebigen Skala (Temperatur ϑ) würde sich Gleichung (3) folgendermaßen schreiben lassen:

$$n c_p' \cdot \Delta\vartheta = \left(T \frac{\partial v}{\partial \vartheta} \cdot \frac{d\vartheta}{dT} - v\right) \Delta p, \tag{3'}$$

wobei $c_p' = c_p \cdot \frac{dT}{d\vartheta}$ die spezifische Wärme für die ϑ-Skala bedeutet. Aus (3') folgt durch Auflösung nach $\frac{dT}{T}$:

$$\frac{dT}{T} = \frac{\frac{\partial v}{\partial \vartheta} \cdot d\vartheta}{v + n c_p' \cdot \frac{\Delta\vartheta}{\Delta p}}. \tag{4}$$

Hier sind nun auf der rechten Seite alle Größen bequem meßbar, es gelingt also, von einem Temperaturpunkt aus die zu $d\vartheta$ gehörige relative Änderung der absoluten Temperatur festzustellen. Führt man dies für genügend viele Punkte der ϑ-Skala durch, so kann man Gleichung (4) auch integrieren und erhält dann aus $\ln \frac{T_2}{T_1}$ das Verhältnis der zu zwei Skalenpunkten ϑ_2 und ϑ_1 gehörigen absoluten Temperaturen. Legt man schließlich noch (s. S. 33/34) die Einheit der absoluten Skala fest, so ist für irgendeinen Ausgangspunkt ϑ_1 die absolute Temperatur festgelegt, $= T_1$, und man kann dann zu jedem ϑ-Wert das zugehörige T bestimmen.

5. *Praktische Anwendung*[1]. *Gasverflüssigung.* In den LINDEschen Gasverflüssigungsmaschinen wird das betreffende Arbeitsgas (Sauerstoff, Stickstoff, Luft usw.) durch irreversible Expansion des vorher komprimierten Gases unter sehr hohen Druckunterschieden (etwa von 200 auf 16 Atm.) zu starker Abkühlung oder Wärmeaufnahme aus der Umgebung gezwungen. Indem diese Wärme zum Teil dem neu einströmenden komprimierten Gas entzogen wird, wird im Lauf einiger Arbeitsgänge die Temperatur des Arbeitsgases soweit erniedrigt, daß sich von nun an immer ein Teil in flüssiger Form abscheidet.

Thermodynamisch kann man den Prozeß auffassen als Differenz zweier Prozesse, von denen der eine ein (irreversibler) Kreisprozeß ist. Es handelt sich dabei um einen Kraftkältemaschinenprozeß, bei dem die Kreisprozeßsubstanz (das Arbeitsgas) unter Arbeitsaufwand und Wärmeabgabe bei Zimmertemperatur komprimiert, dann (isobar) abgekühlt, bei der Tieftemperatur isotherm und irreversibel (ohne Arbeitsgewinn, aber unter Wärmeaufnahme, falls man unterhalb des Umkehrpunktes arbeitet) expandiert und schließlich wieder isobar erwärmt wird. Der irreversible Effekt, der wiederum einer Verwandlung der Ausdehnungsarbeit in Wärme, also einer Verkleinerung der Abkühlungswärme bei der Tieftemperatur entspricht, fällt hierbei nicht entscheidend ins Gewicht gegenüber den bei den hohen Drucken erheblichen Wärmeeffekten, die mit der Überwindung der Kohäsionskräfte verbunden sind. Man hat es ja bei der Überwindung dieser Kohäsionskräfte mit einer ähnlich wirksamen Kälte- oder Wärmequelle zu tun wie bei der Verdampfung oder Kondensation des Dampfes in einer Dampfmaschine.

Von diesem Kreisprozeß hat man nun, um zu dem (allerdings immer noch idealisierten) LINDEschen Prozeß zu kommen, noch einen Teilprozeß abzuziehen, der, bei dem Kreisprozeß, der isobaren Wiedererwärmung des in Wirklichkeit als Flüssigkeit zurückgelassenen Teils des bei Tieftemperatur expandierten Arbeitsgases entspricht. Um diesen Betrag ist das „Wärmeentziehungsvermögen" des LINDEschen Prozesses geringer als das des geschilderten Kreisprozesses.

Man erkennt bei dieser Zergliederung des Prozesses deutlich, daß die *irreversible* Durchführung der Entspannung eine Verminderung des Kühleffektes zur Folge hat. In der Tat ist der thermodynamische Idealprozeß der Gasverflüssigung eigentlich der einer adiabatischen *arbeitsleistenden* Expansion des vorher isotherm komprimierten Gases. Würde man Druckluft von 100 Atm. mit einer Anfangstemperatur von 0° C in solcher Weise auf 1 Atm. expandieren lassen, so würde man bereits einige Prozente flüssiger Luft erhalten, jedoch nur in feiner Nebelform und also schwer abscheidbar. Technisch brauchbar wäre dieses Idealverfahren nur, wenn sich ein sehr erheblicher Teil der beteiligten Luft verflüssigte, wozu wiederum sehr hohe, schwierig herzustellende Anfangsdrucke notwendig wären, und vor allem Arbeitszylinder, deren Organe bei den tiefen Temperaturen

[1] Die hier geschilderten Prozesse decken sich nicht ganz mit dem oben geschilderten JOULE-THOMSON-Prozeß; das Gemeinsame ist nur die Benutzung einer irreversibeln Expansion mit dem Erfolg eines Wärmeverbrauchs, wobei die auch für den JOULE-THOMSON-Prozeß maßgebende Größe lv die ausschlaggebende Rolle spielt.

noch beweglich bleiben. Damit wachsen aber die Schwierigkeiten, eine wirklich adiabatische, reversible Expansion durchzuführen, so daß technisch ein solcher Prozeß bisher nicht rationell durchführbar gewesen ist.

Für eingehenderes Studium dieser interessanten Fragen sowie des LINDEschen und (hier nicht erörterten) CLAUDEschen Gasverflüssigungsverfahrens verweisen wir auf die schon zitierte Technische Thermodynamik von SCHÜLE.

Kapitel B.

Inhomogene Systeme.

§ 7. Systeme mit Oberflächenkräften.

Die Rolle der Oberflächenwirkungen. An der Oberfläche eines Körpers oder an seiner Berührungsfläche mit anderen Stoffen herrschen stets andere Verhältnisse als in seinem Inneren, da für die an der Oberfläche liegenden Moleküle einerseits ein Teil des Einflusses der im Innern wirksamen Nachbarmoleküle fehlt, andererseits der Einfluß von Molekülen des anstoßenden Mediums an diese Stelle tritt. Man müßte daher strenggenommen immer bei der Charakterisierung des Zustandes eines Systems seine Oberflächenentwicklung berücksichtigen. Wenn man in den meisten Fällen davon absehen kann, so beruht dies darauf, daß zumeist die Zahl der in der Oberfläche besonderen Einflüssen ausgesetzten Moleküle gegenüber den im Innern sich unter „normalen" Verhältnissen befindenden verschwindend klein ist. Die Äußerungen eines Systems werden durch die Oberflächenentwicklung erst dann erheblich beeinflußt, wenn diese außerordentlich groß ist, wie z. B. bei dünnen Lamellen oder sehr fein verteilten (namentlich in kolloidalem Zustand befindlichen) Substanzen.

Unabhängig davon, ob ein Oberflächeneffekt in dem zu untersuchenden Falle quantitativ in Betracht kommt oder nicht, wollen wir uns hier mit der Frage nach dem thermodynamischen Charakter und den thermodynamischen Gesetzmäßigkeiten solcher Effekte beschäftigen. Wir werden zu dem Zwecke das System und die an ihm angreifenden Kräfte so wählen, daß die zu untersuchende Oberfläche unabhängig von anderen Größen (z. B. Volum oder Druck) verändert werden kann; wäre das nicht der Fall, so würden sich zwar diese Effekte in dem thermodynamischen Verhalten des Systems auch geltend machen, aber nur, indem sie die Zustandsgleichung $p = f\ (V,\ T)$ und die Wärmeeffekte des Systems in gewisser Weise komplizieren.

System mit unabhängiger Veränderung der Oberfläche. Als Beispiel eines thermodynamischen Systems, an dem man Oberflächeneffekte gedanklich bequem untersuchen kann, betrachten wir eine Flüssigkeitsschicht F (Abb. 23), die in einem rechteckigen Rahmen R mit einer beweglichen Querwand W (schwerefrei) ausgespannt ist. Die Schicht sei außerdem in ein Druckgefäß eingeschlossen, das das Gesamtvolum und den Druck des Systems mit Hilfe eines Stempels St zu verändern gestattet. (In der Abbildung ist die Vorderwand des Druckgefäßes weggenommen gedacht.) Der übrige Raum in dem Druckgefäß sei entweder mit einem Gas oder einer anderen Flüssigkeit oder speziell auch mit dem gesättigten Dampf der Flüssigkeitsschicht erfüllt; in

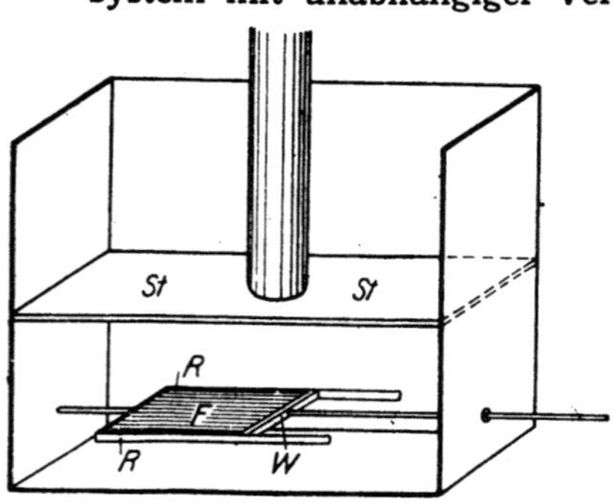

Abb. 23. Schema eines Systems mit unabhängiger Veränderung der Oberfläche.

diesem letzten Fall ist allerdings normalerweise (III. Teil, § 16) der Druck durch die Temperatur eindeutig bestimmt.

Im allgemeinen Fall haben wir jedoch ein System vor uns, in dem nun das Volum, die Temperatur und die Oberfläche der Flüssigkeitsschicht unabhängig voneinander verändert werden können[1]. Die erste Frage wird sein, ob die hier neu hinzukommende Veränderung des Systems auf rein thermodynamischem Wege, nur durch Arbeits- und Wärmeaustausch mit der Umgebung, bewirkt werden kann. Diese Frage ist ohne weiteres zu bejahen; wir können die Lage von W unter Benutzung des Arbeitsfilters verändern und die dabei geleistete oder aufgenommene Arbeit in derselben Einheit wie die Volumarbeit messen. Etwaige mit der Verschiebung von W verknüpfte Temperaturänderungen können wir durch Wärmeaustausch mit der Umgebung wieder ausgleichen.

Weiter sehen wir, daß die zur Bestimmung der Lage von W dienende Koordinate, etwa die Entfernung zwischen W und der rechten Außenwand, neben $\mathfrak{V}$ als unabhängige Variable auftritt, und daß diese Koordinate y die Eigenschaft einer Arbeitskoordinate hat, da bei festgehaltenem y und konstantem Volum keine Arbeit geleistet wird ($K^T = 0$, vgl. S. 70f.). Statt dieser etwas speziellen Arbeitskoordinate y können wir jedoch sogleich, wie beim Volum, eine allgemeinere „abgekürzte Koordinate" einführen, nämlich die Größe der Oberfläche, ω. Denn die Erfahrung zeigt, daß in den hier zu behandelnden Fällen alle thermodynamischen Wirkungen des Systems bei Veränderung der Oberfläche, und auch alle Zustandsänderungen des Systems, die für sein weiteres thermodynamisches Verhalten maßgebend sind (Druck, Volum, Temperatur, chemischer Zustand) nur von der Änderung der gesamten Oberflächengröße, aber nicht von dem Ort und der Form der Oberflächenänderung abhängen. Voraussetzung ist hierbei allerdings, daß in beiden aneinandergrenzenden Medien keine Formelastizität, sondern freie Beweglichkeit der kleinsten Teilchen vorhanden ist, und daß die etwaigen Krümmungsradien der Oberflächen nicht in molekulare Größenordnungen fallen; in diesen beiden Fällen würde es nicht nur auf die Größe, sondern auch auf die Form der Oberfläche ankommen.

Die Arbeits- und Wärmekoeffizienten. Wir erhalten für $\mathfrak{d}A$ folgende Zerlegung:

$$\mathfrak{d}A = -p \cdot d\mathfrak{V} + K^{\omega} d\omega .$$

Hierbei ist K^{ω} der „Arbeitskoeffizient nach der Oberfläche", d. h. die Arbeit, die, unter Konstanthaltung des Gesamtvolums, bei Vergrößerung der Oberfläche um die zugrunde gelegte Flächeneinheit, speziell 1 cm², geleistet wird. Diese Arbeit ist bei allen von Gleichgewichtszuständen ausgehenden Oberflächen*vergrößerungen* immer positiv, da sonst eine irgendwie mit Grenzlinien ihrer Oberfläche festgelegte Flüssigkeit von selbst ihre Oberfläche (unter Arbeitsabgabe) vergrößern (aufblasen), sich also schließlich beliebig fein verteilen würde. Man hat also bei Vergrößerung der Oberfläche eine Zugkraft zu überwinden, und K^{ω} bedeutet offenbar die Größe dieser Zugkraft pro Längeneinheit einer durch die Oberfläche gelegten Querschnittlinie. Denn um ein Längenelement ds einer solchen Linie senkrecht zu seiner Richtung um das Stück dx vorwärtszuziehen, muß, wenn die Kraft pro Längeneinheit der Querschnittslinie $= \sigma$ ist, die Arbeit $\sigma \cdot ds \cdot dx = \sigma \cdot d\omega$ geleistet werden. Also $K^{\omega} \cdot d\omega = \sigma \cdot d\omega, K^{\omega} = \sigma$. Die Größe σ bezeichnet man bekanntlich als *Oberflächenspannung* oder auch als „Kapillarkonstante", da die Oberflächenerscheinungen in Konkurrenz mit der Schwerewirkung besonders in dünnen mit Flüssigkeit gefüllten Röhren, Kapillaren, gut beobachtbar sind.

[1] In unserem System ist die Veränderung der Grenzfläche der Flüssigkeitsschicht gegen die andere Flüssigkeit oder den Dampf noch zwangsweise gekoppelt mit veränderter Benetzung der Rahmenwände. Diesen Einfluß kann man jedoch beliebig weit zurückdrängen, wenn man die Länge und Breite der Schicht genügend groß gegen ihre Dicke wählt.

Wir haben also:

$$\mathfrak{d}A = -p \cdot dV + \sigma \cdot d\omega. \qquad (1)$$

Entsprechend zerlegt sich die allgemeine Wärmeaufnahme des Systems:

$$\mathfrak{d}Q = L^V dV + L^\omega d\omega + L^T dT.$$

Neu ist hierbei der Wärmekoeffizient nach der Oberfläche (bei konstantem Volumen), L^ω. Diese „Oberflächenwärme", die zugeführt werden muß, um bei Veränderung von ω die Temperatur konstant zu halten, ist, wie wir sehen werden, stets positiv, eine Oberflächenvergrößerung bei konstanter Temperatur *verbraucht* Wärme.

Wählen wir p statt V als unabhängige Variable, so erhalten wir die entsprechende Zerlegung:

$$\mathfrak{d}Q = l^p dp + l^\omega d\omega + l^T dt. \qquad (2)$$

Hierbei bedeutet l^ω die Oberflächenwärme bei konstantem Druck. Diese Größe hat vor L^ω den Vorzug, daß sie von den Gesamtmassen der beiden Medien unabhängig ist. Man kann sich nämlich den Prozeß der Oberflächenvergrößerung bei konstantem Druck so geführt denken, daß die zur Bildung der Oberflächenschicht notwendigen kleinen Bruchteile beider Medien zunächst abgetrennt, dann unter entsprechender Volumänderung in „Oberfläche" verwandelt und schließlich mit den übrigen unverändert gebliebenen Phasen wieder vereinigt werden[1]. Bei Veränderung unter konstantem Volum wird dagegen, falls die Oberflächenvergrößerung an sich mit einer Volumänderung verbunden wäre, der Druck der Medien verändert und damit innerhalb der beiden Medien eine Zustandsänderung herbeigeführt, die mit einem von der Masse der Medien abhängigen Wärmeeffekt verbunden wäre. Dieser Wärmeeffekt würde in L^ω mit enthalten sein. Wir erkennen dies auch bei Anwendung der Beziehung (11), § 5. Danach ist:

$$l^\omega = L^\omega + L^V \cdot \frac{\partial V}{\partial \omega}_{(p,T)}.$$

In diesem Ausdruck hat zwar $\frac{\partial V}{\partial \omega}_{(p,T)}$ einen spezifischen, nur auf die Oberflächenbildung bezüglichen Charakter, jedoch nicht L^V, da (im allgemeinen Fall) schon die Verteilung einer gegebenen Volumänderung auf die beiden Medien ganz von dem Massen- und Volumverhältnis sowie den Kompressibilitäten dieser beiden Medien abhängig sein wird. Um die spezifischen Wirkungen zu isolieren, ist es also notwendig, Oberflächenänderungen unter konstantem Druck zu untersuchen.

Die Zustandsgleichungen. Verwenden wir p, ω und T als unabhängige Veränderliche, so haben wir die Formeln des § 5 zu benutzen. Es kann dann ohne weiteres das von den Zustandsgleichungen ausgehende Bestimmungsschema S. 102/103 übernommen werden, wo an Stelle von $y:\omega$, von $K^y:\sigma$, von $l^y:l^\omega$ zu setzen wäre. Anwendung der Differentialbeziehung § 5 (7) führt unter Berücksichtigung von $K^x = -p$ zu folgendem neuen Resultat:

$$\frac{\partial \sigma}{\partial p}_{(\omega,T)} = \frac{\partial V}{\partial \omega}_{(p,T)}. \qquad (3)$$

Man sieht, daß bei konstantem p und T mit der Ausbildung neuer Oberflächenteile eine Kontraktion der Materie $\left(\frac{\partial V}{\partial \omega} < 0\right)$ verbunden ist, falls die Oberflächen-

[1] Diese Betrachtung gilt, falls die Oberfläche nicht gewisse Stoffe aus beiden Medien selektiv anreichert. Tritt ein solcher Effekt auf, so kann der Prozeß in die Bildung einer Oberfläche gleicher spezifischer Zusammensetzung wie die Einzelmedien und die nachträgliche reversible Überführung der selektiv angereicherten Teilchen unter konstantem Druck zerlegt werden. Auch bei diesem zweiten Effekt ist, wie man leicht einsieht, der Wärmeeffekt von der Gesamtmasse der beiden Medien unabhängig.

spannung σ mit wachsendem Druck abnimmt, im anderen Fall eine Dilatation. Gleichung (3) würde, bei vollständiger Kenntnis der Zustandsgleichung $\mathfrak{V} = f.(p, \omega, T)$ die Untersuchung der Druckabhängigkeit von σ ersparen, und umgekehrt.

Was die Abhängigkeit der Oberflächenspannung von ω betrifft, so versteht man, daß σ von ω unabhängig ist, solange durch Vergrößerung der Oberfläche (bei konstantem Druck) die Eigenschaften der in der Oberfläche sich berührenden Flüssigkeiten nicht geändert werden. (Eine Ausnahme würde z. B. bei Mischflüssigkeiten eintreten, falls die Oberfläche die Eigenschaft hätte, irgendwelche Teilchen, die in den Flüssigkeiten nur spärlich vorhanden sind, in sich aufzuspeichern, oder wenn nur sehr wenig Flüssigkeit im Verhältnis zur Oberfläche vorhanden ist.) Beschränken wir uns hier auf chemisch homogene Flüssigkeiten und Oberflächenschichten, so bleibt als wichtigste Frage der Zustandsgleichung für σ die nach der Temperaturabhängigkeit zurück; bei Flüssigkeiten im Gleichgewicht mit ihrem gesättigten Dampf ist sie sogar die einzige, da hier p durch T vollkommen mitbestimmt ist[1]. In diesem Fall existieren nun für Flüssigkeiten, die im flüssigen und Dampfzustand sowie in der Oberfläche nur aus einer stets gleichen Molekülsorte gebildet werden (insbesondere also die sog. nicht assoziierten Flüssigkeiten), theoretische Überlegungen von R. Eötvös[2], die sich auf das Gesetz der übereinstimmenden Zustände stützen und die zu einer in weiten Grenzen gut bestätigten Formel für σ geführt haben. Bedeutet v das von einem Mol der Flüssigkeit eingenommene Volum, dann sind $v_1^{\frac{2}{3}}$ und $v_2^{\frac{2}{3}}$ korrespondierende Flächengrößen bei korrespondierenden Zuständen zweier verschiedener derartiger Substanzen 1 und 2. $\sigma_1 \cdot v_1^{\frac{2}{3}}$ und $\sigma_2 \cdot v_2^{\frac{2}{3}}$ sind also korrespondierende Oberflächenarbeiten. Diese müssen nun zu irgendwelchen anderen korrespondierenden Größen gleicher Dimension in beiden Substanzen im gleichen Verhältnis stehen, also z. B. zur kinetischen Fortschreitungsenergie der Moleküle, die gleich $\frac{3}{2} RT$ ist. Es müssen sich also $\sigma_1 v_1^{\frac{2}{3}}$ und $\sigma_2 v_2^{\frac{2}{3}}$ verhalten wie die korrespondierenden Temperaturen T_1 und T_2. Die Änderungen von $\sigma v^{\frac{2}{3}}$ bei *korrespondierenden* Temperaturschritten müssen sich also verhalten wie $dT_1 : dT_2$, daher die Änderungen mit den *absoluten* Temperaturschritten wie $\frac{dT_1}{T_{k_1}} : \frac{dT_2}{T_{k_2}} = 1 : 1$. $\frac{d(\sigma v^{\frac{2}{3}})}{dT}$ ist also für alle Flüssigkeiten in übereinstimmenden Zuständen gleich, und durch Untersuchung einer einzigen Substanz (Eötvös wählte Äthyläther) zu bestimmen. Es ergab sich in weiten Grenzen Temperaturkonstanz von $\frac{d(\sigma v^{\frac{2}{3}})}{dT}$, so daß Eötvös folgendes Gesetz aufstellen konnte:

$$\sigma v^{\frac{2}{3}} = k\,(T'_k - T) \tag{4}$$

wobei T'_k eine Temperatur in der Nähe (meist 6^0 unter) der kritischen ist (hier verschwindet also die Oberflächenspannung) und k ein nach der Theorie und auch in Wirklichkeit in vielen Fällen für verschiedene Substanzen gleicher Wert, etwa 2,1.

Um die Abhängigkeit des σ selbst von der Temperatur zu erhalten, hat man noch den Temperaturgang des Molekularvolums beim Sättigungsdruck theoretisch oder experimentell zu ermitteln. Beim Übergang von einer Substanz zur anderen ist nach (4) bei übereinstimmenden Temperaturen die Oberflächenspannung proportional $v^{-\frac{2}{3}}$, also proportional der molekularen Besetzungsdichte korrespondierender Flächen, z. B. der Oberflächen.

---

[1] Abgesehen von dem Fall sehr kleiner Tröpfchen, den wir hier nicht behandeln können.
[2] Wied. Ann., Bd. 27, S. 448—459, 1886.

Oberflächenwärme. Zur Bestimmung von l^ω, bei bekannten Zustandsgleichungen, kann die Beziehung § 5 (8) dienen, die hier lautet:

$$l^\omega = - T \frac{\partial \sigma}{\partial T}_{(p,\,\omega)} . \tag{5}$$

Das Auftreten einer Oberflächenwärme ist hiernach von der Existenz eines Temperaturkoeffizienten von σ abhängig, der nach der Gleichung von Eötvös ohne Zweifel vorhanden und zwar negativ ist. l^ω hat also positives Vorzeichen, die Oberflächenvergrößerung *verbraucht* Wärme.

Oberflächenenergie. Bezeichnet man mit Oberflächen*energie* U^ω die Summe des Arbeits- und Wärmeaufwandes, der nötig ist, um bei sonst unverändertem inneren Zustand beider Medien 1 cm² Oberfläche neu zu bilden, so haben wir offenbar zu setzen:

$$U^\omega = \frac{\partial U}{\partial \omega}_{(p,\,T)} .$$

Diese Größe ist aber nicht etwa gleich $\sigma + l^\omega$, sondern, da hierbei für die Gesamtarbeit $\mathfrak{d} A$ eine Zerlegung angenommen werden muß, in der außer einer dp proportionalen Arbeit ausschließlich Arbeitseffekte k^v bei konstantem Druck auftreten, so wird:

$$U^\omega = \frac{\partial U}{\partial \omega}_{(p,\,T)} = k^\omega + l^\omega = K^\omega + K^v \cdot \frac{\partial v}{\partial \omega}_{(p,\,T)} + l^\omega = \sigma - p \cdot \frac{\partial v}{\partial \omega}_{(p,\,T)} + l^\omega .$$

(Der für k^ω eingesetzte Ausdruck ist ganz entsprechend gebildet wie der Ausdruck für l^ω in Gleichung (11) § 5, S. 103.)

Außer der Oberflächenarbeit σ, die gegen die Oberflächenspannung aufgewendet wird, und der Oberflächenwärme l^ω, ist also in der Oberflächenenergie noch ein Arbeitsglied enthalten, das immer dann auftritt, wenn mit dem Übergang innerer Teilchen in die Oberfläche eine Kontraktion oder Dilatation der Materie (bei konstantem Druck) verbunden ist. Und zwar wird bei Kontraktion die Oberflächenenergie größer, bei Dilatation kleiner.

Drücken wir $\frac{\partial v}{\partial \omega}$ durch (3), l^ω durch (5) aus, so wird auch:

$$U^\omega = \sigma - p \frac{\partial \sigma}{\partial p}_{(\omega,\,T)} - T \frac{\partial \sigma}{\partial T}_{(p,\,\omega)} \tag{6}$$

Diese Gleichung zeigt, daß erstens nicht, wie die mechanische Kapillartheorie wohl annahm, $U^\omega = \sigma$ gesetzt werden darf; ferner genügt aber in Fällen, wo p von Null verschieden ist, streng genommen auch nicht die Berücksichtigung eines Zusatzgliedes $- T \cdot \frac{\partial \sigma}{\partial T}$, sondern es muß noch der Druckeffekt $- p \cdot \frac{\partial \sigma}{\partial p}$ berücksichtigt werden. Die bisherige Literatur hat dieses letzte Glied unterschlagen, wegen der relativen Geringfügigkeit der Druckeffekte wohl in den meisten Fällen ohne merklichen Fehler[1].

Die ganzen hier gebrachten Überlegungen gelten unter der eingangs hervorgehobenen Annahme, daß sich Temperatur, Volum bzw. Druck und innere Ober-

[1] Die Größenordnung von $\frac{\partial v}{\partial \omega}$ und damit von $\frac{\partial \sigma}{\partial p}$ läßt sich aus der molekularen Ausdehnung der Oberflächenschicht zu ca. $3 \cdot 10^{-8}$ cm, also das Glied $p \cdot \frac{\partial \sigma}{\partial p}$ bei Atmosphärendruck ($\sim 10^6$ dyn/cm²) zu $\sim 0{,}03$ erg/cm² abschätzen. Das ist in der Tat klein gegen σ (z. B. Wasser bei 18° C: $\sigma = 75$ erg/cm²). Über Messungen von $\frac{\partial \sigma}{\partial p}$ an Quecksilber in Wasser vgl. C. J. Lynde, Phys. Rev. [1] **22** 181 (1906).

fläche des betrachteten Systems unabhängig voneinander verändern lassen. Trifft diese Annahme nicht zu, wie etwa in dem Fall einer sich selbst überlassenen Quecksilberkugel in Wasser (die wir uns der Einfachheit halber hier dem Einfluß der Schwere entzogen denken wollen), so sind durch äußere Messungen an dem System keine Oberflächeneffekte festzustellen. Die Oberfläche der Kugel wird zwar zugleich mit dem Volum bzw. Druck sowie bei konstantem Druck mit der Temperatur geändert, jedoch die Arbeits- und Wärmeeffekte, die von der Oberfläche herrühren, erscheinen nur als kleine Zusatzeffekte in der Druck-Volum-Beziehung und in der Volumwärme und der Wärmekapazität des Systems. Eine andere Spezialisierung kann dadurch entstehen, daß zwar für eine unabhängige Veränderlichkeit der Oberfläche gesorgt wird, jedoch der Druck sich nicht mit dem Volum ändert. Dieser Fall ist z. B. bei der Koexistenz zweier Phasen eines reinen Stoffes (vgl. III, B, E und G) verwirklicht und spielt besonders bei Bestimmung der Oberflächenspannung einer Flüssigkeit gegen ihren eigenen Dampf eine Rolle. In diesen entarteten Fällen ändert sich bei ebenen Begrenzungsflächen[1] die Oberflächenspannung nicht mit dem Volum; es tritt zwar Materie durch die Oberfläche in das zweite Medium über, aber die spezifischen Eigenschaften und der Druck bleiben ungeändert und damit auch alle Eigenschaften der Oberfläche. Ändert man jedoch bei konstantem Gesamtvolum und konstanter Oberfläche die Temperatur, so wird damit zugleich der Gleichgewichtsdruck der beiden Phasen geändert. Neben dem damit verbundenen Übertritt von Materie und der Temperaturänderung ändert sich der Druck, so daß die Totaländerung von σ mit T bei konstantem Volum zwei spezifische Ursachen hat, eine Temperaturänderung und eine Druckänderung. Beide sind aber in $\frac{\partial \sigma}{\partial T}_{(v,\,\omega)}$ nicht zu trennen. Ebensowenig ist eine strenge Bestimmung der in unserem Sinn definierten spezifischen Energiegröße U^{ω} nach (6) möglich, da p sich nicht ohne T verändern läßt und in dem beobachteten $\frac{d\sigma}{dT}$ zwar ω, aber nicht p konstant gehalten werden kann. Vielmehr wird hier gemessen:

$$\frac{d\sigma}{dT}_{(\omega)} = \frac{\partial \sigma}{\partial T}_{(p,\,\omega)} + \frac{\partial \sigma}{\partial p}_{(\omega,\,T)} \cdot \frac{dp}{dT}.$$

Also erhält die in diesem Falle gewöhnlich für U^{ω} angenommene Größe $U^{\omega'} = \sigma - T\frac{d\sigma}{dT}_{(\omega)}$ den Wert:

$$U^{\omega'} = \sigma - T\frac{\partial \sigma}{\partial T}_{(p,\,\omega)} - T\frac{dp}{dT}\cdot\frac{\partial \sigma}{\partial p}_{(\omega,\,T)}. \tag{6'}$$

Man erkennt, daß sich diese Größe von der wahren spezifischen Energie U^{ω} nach (6) durch das Glied:

$$\left(p - T\frac{dp}{dT}\right)\frac{\partial \sigma}{\partial p}_{(\omega,\,T)}$$

unterscheidet, eine Größe, die nach III, E, § 16 ihrem absoluten Betrage nach etwa 10 mal größer als $p\cdot\frac{\partial \sigma}{\partial p}_{(\omega,\,T)}$ ist, aber auch dann im allgemeinen nur wenige Prozent von σ ausmachen wird.

[1] Der Fall gekrümmter Begrenzungsflächen erfordert besondere Betrachtungen, da dann durch die Oberflächenspannung ein von der Krümmung abhängiger Druckunterschied in den beiden Medien auftritt, so daß das Verhalten des Systems nicht nur von der Größe, sondern auch von der Form der Oberfläche abhängig wird. Wir haben diese Komplikation hier beiseite gelassen, da es sich bei der Behandlung der Oberflächeneffekte mehr um eine Illustration zu der Anwendung der allgemeineren thermodynamischen Beziehungen als um eine vollständige Erfassung aller physikalischen Oberflächeneffekte handeln sollte.

Wärmekapazität. Für die Wärmekapazität l^T bei konstantem Druck gilt nach (9), § 5:

$$\frac{\partial l^T}{\partial p} = -T \frac{\partial^2 V}{\partial T^2}_{(\omega, p)} \tag{7}$$

$$\frac{\partial l^T}{\partial \omega} = -T \frac{\partial^2 \sigma}{\partial T^2}_{(p, \omega)} \tag{8}$$

Hier können die rechten Seiten aus den Zustandsgleichungen für V und σ ermittelt werden. Neu ist die — erstmalig von EINSTEIN aufgestellte[1] — Beziehung (8). Die linke Seite drückt hier die Vergrößerung der Wärmekapazität durch Einschießen neuer Flüssigkeitsteilchen in die Oberfläche aus, oder die Differenz der Wärmekapazität der Oberflächenteilchen gegenüber ihrer Wärmekapazität als innere Teilchen. Diese Differenz verschwindet nach Gleichung (8) solange, als σ (bei konstantem Druck) linear mit T variiert und umgekehrt.

Sind die Zustandsgleichungen bekannt, so bleibt nach dem Schema S. 102/103 als Restmessung für l^T die Messung bei je einem p- und ω-Wert für alle Temperaturen übrig. Es wird dann natürlich am einfachsten sein, die spezifische Wärme der Materie „in Masse" (gewissermaßen für $\omega = 0$) zu benutzen[2].

§ 8. Systeme mit elektrischen Arbeitskoordinaten.

Beschreibung der Systeme. Wir betrachten ein galvanisches Element oder eine elektrolytische Zelle mit zwei Elektroden E_1 und E_2, die mit 2 Drähten D_1 und D_2, welche wir der Einfachheit halber aus gleichem Material annehmen, mit der Außenwelt in elektrischer Verbindung stehen (Abb. 24). Die rechten Enden von D_2 und D_1 seien über irgendeine zur Aufnahme von elektrischer Arbeit befähigte Einrichtung geschlossen. Die Trennung zwischen P_2 und P_2' sowie P_1 und P_1' sei nur eine ideelle; wir denken uns an diesen Punkten die Abgrenzung des Systems gegen die Umgebung. Wir nehmen an, das System sei derart, daß keine zeitliche Veränderung in ihm vor sich geht, wenn kein Strom durch die Drähte fließt, und dasselbe gelte, wenn durch — genügend schwache — Ströme in dem System Veränderungen bewirkt sind und die Ströme dann unterbrochen werden[3]. Sind diese Bedingungen erfüllt, so haben wir es offenbar in jedem Moment mit einem (gehemmten oder ungehemmten) thermischen Gleichgewichtssystem zu tun, und alle derart mit ihm vorgenommenen Veränderungen sind nach unseren allgemeinen Anfangsbetrachtungen (I, § 3) umkehrbar, reversibel.

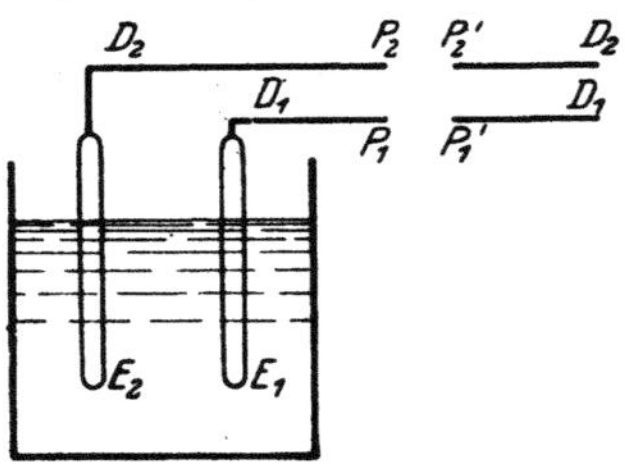

Abb. 24. System mit elektrischer Arbeitskoordinate.

Wann ein derart elektrisch reversibles System vorliegt, hat die Erfahrung nebst den durch sie gebotenen theoretischen Gesichtspunkten zu entscheiden. Wir wollen im folgenden diese Frage als positiv beantwortet annehmen und nach den thermodynamischen Gesetzmäßigkeiten eines solchen Systems fragen, in dem wir uns, ähnlich wie bei den Oberflächenerscheinungen, außerdem noch den Druck beliebig variierbar denken.

---

[1] Ann. d. Physik, Bd. 4, S. 513, 1901.

[2] Über molekularkinetische Theorien der Oberfläche siehe namentlich VAN DER WAALS-KOHNSTAMM: Lehrbuch der Thermodynamik I, Leipzig 1908 und H. FREUNDLICH: Kapillarchemie, Leipzig 1922.

[3] In dieser Voraussetzung soll auch die enthalten sein, daß keine merkliche Erzeugung JOULEscher Wärme stattfinden soll. In der Tat läßt sich die Umsetzung der zugeführten Stromenergie in Wärme als ein, wenn auch in sehr kurzer Zeit, zeitlich von selbst ablaufender Vorgang auffassen.

Die elektrische Arbeitskoordinate. Die durch die beiden Drähte mit der „Umgebung" auszutauschenden Wirkungen bestehen primär in einem Austausch elektrischer Teilchen, wobei nach elektrostatischen Gesetzen ebensoviel Teilchen (Elektronen) in den einen Draht eintreten müssen wie aus dem anderen austreten und umgekehrt. Wir fragen zunächst, ob dieser Vorgang als ein thermodynamischer aufgefaßt und speziell durch das Arbeitsfilter übertragen werden kann.

Wir zeigen das, indem wir den Vorgang durch einen anderen ersetzen, dessen Effekt sich nur durch Vertauschung artgleicher Teilchen von dem hier betrachteten unterscheidet. Anstatt nämlich die Elektronen von P_2 in die Umgebung (P_2') und von der Umgebung (P_1') bei P_1 in das System hineinwandern zu lassen (Abb. 24), bringen wir die aus P_2 austretenden Teilchen selbst nach P_1. Damit der Effekt auf die Umgebung — bis auf die Vertauschung gleicher Teilchen — der gleiche bleibt, müssen wir aber zugleich die entsprechende Menge Elektronen von P_1' nach P_2' bringen. Es fragt sich, ob diese beiden Vorgänge in der Weise miteinander zu koppeln sind, daß nunmehr alle Wechselwirkungen zwischen System und Umgebung durch das Arbeitsfilter ausgetauscht werden können.

Daß dies in der Tat der Fall ist, kann man auf verschiedene Weise einsehen. Technisch etwa, indem man P_2 und P_1 über einen Motor verbindet, der mechanisch mit einer gleichen zwischen P_2' und P_1' angeschlossenen als Dynamo laufenden Maschine gekoppelt ist. Bei idealem Wirkungsgrad beider Maschinen ist dann die Wirkung des Systems auf die Umgebung und die der Umgebung auf das System die gleiche wie bei direktem galvanischen Kontakt, und man erkennt, daß es sich dabei um Übertragung einer Arbeitsleistung (vom Motor in die Dynamomaschine) handelt.

Einen theoretisch noch weiterführenden Einblick erhalten wir, wenn wir den angenommenen Elektrizitätsübergang zwischen P_2 und P_1 bzw. P_2' und P_1' unter dem Gesichtspunkt der Elektrostatik untersuchen. Bezeichnet E den Potentialunterschied in Volt zwischen P_2 und P_1[1], der auch gleich dem zwischen P_2' und P_1' ist, so wird, wenn eine (in Coulomb gemessene) kleine Elektrizitätsmenge de von P_2 nach P_1 gebracht wird, die Arbeit $\mathrm{E} \cdot de$ (in Wattsekunden) geleistet. Diese Arbeit kann zur Spannung einer Feder, also zur Betätigung unseres Arbeitsfilters verwendet werden. Um die entsprechende Ladung de von P_1' nach P_2' zu bringen, muß diese Arbeit vom Arbeitsfilter wieder abgegeben werden. Schließlich hat also das Arbeitsfilter nur dazu gedient, um die Wirkung des Systems auf seine Umgebung ungeändert zu übertragen und gegebenenfalls zu messen. Die untersuchte elektrische Wirkung ist also eine thermodynamische, und zwar eine Arbeitswirkung, und die elektrische Arbeit entspricht dabei einer Anzahl von Wattsekunden, die gegeben ist durch:

$$\mathfrak{d}A = \mathrm{E}\,de\,,$$

wenn E in Volt, de in Coulomb gemessen wird.

Soll unter $\mathfrak{d}A$ speziell die vom System *aufgenommene* Arbeit verstanden werden, und soll unter E der absolute Betrag der Potentialdifferenz zwischen den beiden Polen P_1 und P_2 des Systems verstanden werden, so ist de für diejenige Durchgangsrichtung positiv zu rechnen, in der von dem Potential an den (negativen) Elektronen Arbeit *geleistet* werden würde.

Betrachten wir nun statt dieser Ersatzprozesse, bei denen kein Teilchenaustausch zwischen System und Umgebung stattfindet, die wirklichen Prozesse,

[1] Genauer: den Unterschied der räumlichen Mittelwerte des Potentials im Innern der beiden Leiter bei P_1 und P_2. Bei der von uns betrachteten Überführung der Elektronen von P_1 nach P_2 wird dann, allerdings strenggenommen, nicht nur die Arbeit $\mathrm{E} \cdot e$ geleistet, sondern es kommen noch die Effekte beim Aus- und Eintritt der Elektronen aus und in die Drähte hinzu. Diese Effekte heben sich aber bei gleichem Leitermaterial heraus.

deren Effekte sich von diesen durch Vertauschung gleichartiger Teilchen unterscheiden, so gelten gleichwohl die beiden Kreisprozeß- und damit auch die Zustandshauptsätze der Thermodynamik, da, wie wir allgemein feststellten, Vertauschung gleichartiger Teilchen nichts an einer thermodynamischen Bilanz ändert.

Nehmen wir noch die Volumarbeit dazu und denken wir uns alle Arbeits- (und Wärme-) Effekte in gleichen Einheiten gemessen — sonst muß entweder in E oder in den anderen Größen noch ein Umrechnungsfaktor berücksichtigt werden —, so erhalten wir für die gesamte Arbeit den Ausdruck:

$$\delta A = -p \cdot dV + \mathrm{E} \cdot de .$$

Aus dieser Darstellung geht hervor, daß V und e für unser System die Bedeutung von Arbeitskoordinaten haben, da ohne Volumänderung und ohne Ladungsdurchgang keine Arbeit geleistet wird. Neben $-p$ tritt also hier ein neuer „Arbeitskoeffizient nach dem Ladungsdurchgang" auf, $K^e = \mathrm{E}$, und dieser Arbeitskoeffizient ist nach unserer Definition die „Klemmspannung" des stromlosen Systems, oder die „elektromotorische Kraft" (EMK.) des Systems.

Die Zustandsvariabeln des Systems. Da außer der Veränderung von V und e und der Änderung der Temperatur durch Wärmeaustausch keine unabhängige Beeinflussungsmöglichkeiten des betrachteten Systems existieren, und da alle diese Beeinflussungen reversibel angenommen werden, so ist der Zustand durch V (oder p), e und T vollständig bestimmt. e bedeutet hier die seit einem beliebigen Normalzustand in positiver Richtung (d. h. unter Arbeitsaufnahme) durch das System hindurchgegangene Elektrizitätsmenge[1].

Für die Wärmezufuhr erhalten wir, diesen Variabeln entsprechend, folgende beiden Zerlegungen:

$$\delta Q = L^V \cdot dV + L^e \cdot de + L^T \cdot dT$$

und

$$\delta Q = l^p \cdot dp + l^e \cdot de + l^T \cdot dT .$$

Hier bedeutet z. B. l^e die Wärmeaufnahme des Systems, die nötig ist, um bei Durchgang der Ladung 1 bei konstantem Druck die Temperatur auf ihrem Anfangswert zu halten.

Innere Effekte in Leitern 1. Klasse. In sog. „Leitern 1. Klasse" ändert sich bekanntlich der Zustand des Systems mit dem (reversiblen) Elektrizitätsdurchgang nicht. Hier ist also z. B. $\frac{\partial U}{\partial e}_{(V,T)} = 0$, d. h. $L^e + \mathrm{E} = 0$, und da es sich um einen isothermen Kreisprozeß handelt, auch L^e und E einzeln $= 0$ (S. 35). Das gilt aber nur, wenn die Endpole P_1 und P_2 des Systems — das wir uns jetzt ganz aus Leitern 1. Klasse zusammengesetzt denken — aus dem gleichen Material bestehen, und auch dann heißt es nicht, daß nirgends innerhalb des Systems mit dem Stromdurchgang eine Arbeits- oder Wärmeleistung verbunden ist, sondern nur, daß diese Effekte sich einzeln gegenseitig aufheben. So bedeutet E die Summe der elektromotorischen Einzelkräfte an den verschiedenen Grenzflächen der Kette, L^e die Summe der PELTIERwärmen. Die Aussage $\mathrm{E} = 0$ enthält also das sog. „Gesetz der elektromotorischen Spannungsreihe in Leitern 1. Klasse"; die — nur thermodynamisch ableitbare — Aussage $L^e = 0$ formuliert jedoch das entsprechende Gesetz auch für die Wärmeeffekte an den Grenzflächen: die algebraische Summe der PELTIERwärmen in einer Kette von Leitern 1. Klasse mit gleichem Endmaterial an beiden Polen ist gleich null.

---

[1] In gewissem Sinne ist auch e als „abgekürzte" Koordinate aufzufassen, da die genaueren Nebenumstände des Ladungsaus- und -eintritts dabei nicht zur Geltung kommen. In der Tat erweisen sich denn auch alle thermodynamischen Effekte und inneren Veränderungen des Systems von solchen Nebenumständen unabhängig.

Innere Effekte in Leitern 2. Klasse. An der Elektrizitätsleitung in den verschiedenen Teilen einer aus Leitern 1. und 2. Klasse gebildeten Kette sind verschiedene Arten von Elektrizitätsträgern beteiligt, in den Leitern 1. Klasse (Metallen und gewissen Metallverbindungen) die Elektronen, in Lösungen und Salzen (Leitern 2. Klasse) die Ionen. Der Elektrizitätsdurchgang ruft also eine Verlagerung und meist auch eine chemische Umsetzung materieller Teilchen hervor, der Zustand des Systems ändert sich mit dem Elektrizitätsdurchgang, $\frac{\partial U}{\partial e}$ ist nicht gleich null. Sind die Metalle und Elektrolyte der Kette in sich homogen, so beschränkt sich jedoch die Veränderung des Systems auf Veränderungen an den Grenzflächen[1], und so treten denn auch nur dort die Energieänderungen, Wärmeffekte und elektromotorischen Kräfte auf, deren algebraische Summe dann den Gesamteffekten $\frac{\partial U}{\partial e}$, E und L^e oder l^e des Systems entspricht.

Von noch größerem Interesse als bei Leitern 1. Klasse ist hier die Frage nach der Verteilung dieser Größen auf die Einzelvorgänge an den einzelnen Grenzflächen, besonders die Frage nach den einzelnen Potentialsprüngen E_{LM} zwischen Lösungen und metallischen Elektroden, den sog. „Einzelpotentialen". Diese Einzelpotentiale sind definiert als Unterschiede der Potentialmittelwerte in den angrenzenden Leitern; maßgebend für ihre Größe ist die Ausbildung einer elektrostatischen Doppelschicht an der Grenze beider Leiter. Summiert man solche Potentialsprünge in einer Kette algebraisch über die verschiedenen nacheinander zu durchlaufenden Grenzflächen, so ist ihre algebraische Summe gleich der entsprechend Anm. S. 117 streng definierten Klemmspannung und im übrigen bei gleichen Klemmleitern auch gleich der zwischen den äußeren Oberflächen dieser Leiter wirkenden sog. Voltadifferenz.

Die Elektrothermodynamik lehrt nun[2], daß die in der obigen Weise definierten Einzelpotentiale sich aus den chemischen Affinitäten (chemischen Potentialen, vgl. III. Teil) derjenigen Ionengattungen in Metall und Lösung berechnen lassen, für die an der betreffenden Grenzfläche ungehemmtes Gleichgewicht besteht (z. B. für die Zn-Ionen in einer Grenzfläche Zn gegen verdünnte $ZnSO_4$-Lösung). Eine praktische Auswertung dieser Erkenntnis ist aber bisher deshalb nicht gelungen, weil es schlechterdings unmöglich zu sein scheint, den Unterschied des chemischen Potentials eines elektrisch geladenen Teilchens getrennt von dem elektrischen Potentialsprung festzustellen. Auch die in § 9 zu erwähnenden Bemühungen, mit Hilfe der Elektrokapillarkurve zu einem solchen Ergebnis zu gelangen, scheinen heute noch durchaus nicht zu einer Entscheidung geführt zu haben. Es hat sich deshalb bei der Behandlung elektrochemischer Vorgänge bisher immer noch als das Zweckmäßigste erwiesen, von diesen Einzelpotentialen abzusehen und nur die gesamten elektromotorischen Kräfte zu betrachten. Auf einer ganz anderen Linie liegt die in III, § 6 zu besprechende Einführung von „Normalpotentialen", die immer als Differenz einer gemessenen EMK. gegen eine unter gewissen Normalbedingungen gemessene EMK. aufzufassen sind.

Die Zustandsgleichungen. Nehmen wir p, e, T als unabhängige Variabeln, so wäre in der Zustandsgleichung für V noch die Abhängigkeit von e, d. h. von der durch den Elektrizitätsdurchgang bedingten chemischen Umsetzung und

---

[1] Unter Umständen findet allerdings eine Diffusion ausgeschiedener Produkte von den Grenzflächen ins Innere der angrenzenden Phasen statt. Dieser Vorgang ist aber, wenn man durch Anwendung genügend kleiner Ströme merkliche Abweichungen vom Gleichgewicht vermeidet, weder mit Arbeits- noch mit Wärmeeffekten verbunden.

[2] SCHOTTKY u. ROTHE: Physik der Glühelektroden. Artikel in Wiens Handb. d. Experimentalphysik, Bd. 13, 2. Teil, insbesondere S. 18. Leipzig: Akad. Verlagsges. 1928.

Grenzflächenveränderung zu studieren, um alle Volum- und Druckfragen für das System beantworten zu können.

Für die Zustandsgleichung $E = f(p, e, T)$ würde diese Untersuchung die Anwendung der Beziehung (7), § 5:

$$\frac{\partial E}{\partial p} = -\frac{\partial v}{\partial e}$$

gestatten und umgekehrt. Druckabhängigkeit von E ist also nur dann vorhanden, wenn sich das Volum mit dem Elektrizitätsdurchgang ändert.

Für die Abhängigkeit der EMK. vom Ladungsdurchgang (e) ist es bekanntlich ausschlaggebend, ob die infolge des Stromdurchgangs an den Grenzflächen neu auftretenden Substanzen dort neue Schichten bilden (Polarisation) oder sich zu Substanzen umsetzen, die in größerer Menge schon im Inneren der verschiedenen Leiter enthalten sind (wie beim Akkumulator). Im ersten Fall ist die Abhängigkeit groß, im zweiten gering, bei genügend schwachen Strömen praktisch null.

Die Frage der Abhängigkeit von E von der Art des Systems und von der hervorgerufenen chemischen Umsetzung wird uns in der chemischen Thermodynamik beschäftigen.

Die Abhängigkeit von der Temperatur gehört auch hier zu den meiststudierten Fragen. Die Mannigfaltigkeit der Verhältnisse ist aber zu groß, um hier allgemeine einfache Gesetzmäßigkeiten erkennen zu lassen.

Wärmetönung bei Stromdurchgang. Der mit isotherm isobarem Elektrizitätsdurchgang verbundene Wärmekoeffizient l^e läßt sich aus der Zustandsgleichung für E berechnen:

$$l^e = -T\frac{\partial E}{\partial T}_{(p,e)}. \tag{1}$$

„Die Wärmeaufnahme bei reversiblem Durchgang der Elektrizitätseinheit durch ein elektrisches Gleichgewichtssystem ist proportional der absoluten Temperatur und dem negativen Temperaturkoeffizienten der EMK."

Energieänderung bei Stromdurchgang. In der Form [nach I, § 8 (16)]:

$$L^e = \frac{\partial U}{\partial e}_{(v,T)} - E = -T\cdot\frac{\partial E}{\partial T}_{(v,e)}$$

oder

$$\frac{\partial U}{\partial e}_{(v,T)} = E - T\cdot\frac{\partial E}{\partial T}_{(v,e)} \tag{2}$$

stammt die Gleichung für die Energieänderung bei Stromdurchgang von HELMHOLTZ. Früher nahm man statt dessen die Gültigkeit der Gleichung:

$$\frac{\partial U}{\partial e}_{(v,T)} = E$$

an, wonach also die gesamte Änderung der Energie beim Durchgang der Elektrizitätseinheit (bei konstantem T und V), d. h. die gesamte Energie der durch den Strom bedingten chemischen Umsetzung, in Form von Arbeit gewinnbar sein sollte. Diese Meinung wurde anfänglich dadurch unterstützt, daß zufällig die zuerst untersuchten Elemente, z. B. das DANIELL-Element, bei Zimmertemperatur einen Temperaturkoeffizienten $\frac{\partial E}{\partial T} \cong 0$ hatten.

Die Wärmekapazität. Als neue Gleichung für l^T kommt hinzu [nach § 5 (9)]:

$$\frac{\partial l^T}{\partial e} = -T\frac{\partial^2 E}{\partial T^2} \tag{3}$$

entsprechend der EINSTEINschen Gleichung [§ 7 (8)] für den Einfluß der Oberfläche auf die Wärmekapazität des Systems.

Nach Gleichung (3) ist ein nicht linearer Gang der EMK. mit der Temperatur nur dann vorhanden, wenn die durch den Elektrizitätsdurchgang chemisch umgesetzten Teilchen in ihrer spezifischen Wärme (d. h. in ihren Freiheitsgraden oder in der Form ihrer Kraftgesetze) wesentlich geändert werden.

§ 9. Elektrokapillare Erscheinungen.

Beschreibung des Systems. Ein verhältnismäßig einfaches System, in dem Oberflächenspannung und EMK. in gegenseitiger Wechselwirkung stehen, ist das LIPPMANNsche Kapillarelektrometer, das wir in folgender Form studieren (Abb. 25). Auf dem Boden eines mit verdünnter Schwefelsäure gefüllten Gefäßes befindet sich Quecksilber mit der Oberfläche ω', während sich in einer konisch ausgezogenen Kapillare Quecksilber mit der gegen ω' kleinen (von der Schwefelsäure benetzten) Oberfläche ω befindet. P_1 und P_2 sind die Polpunkte zweier mit den beiden Quecksilbermassen verbundener Drähte aus gleichem Material. Durch einen Stempel *St* kann der Luftdruck über dem Kapillarenquecksilber verändert und dadurch eine (unabhängige) Änderung $d\omega$ von ω bewirkt werden[1]. Im übrigen stehe das System während der ganzen Versuche unter konstantem (Atmosphären-) Druck. Schickt man Elektrizität in der Richtung hindurch, daß H-Ionen nach ω hinwandern, so tritt eine reversible Gegen-EMK. auf, die gleichzeitig die Oberflächenspannung beeinflußt, so daß man den Druck des Stempels *St* verändern muß, um die Oberfläche konstant zu halten, und umgekehrt, nach Eichung des Systems, durch Messung des hierfür notwendigen Gegendrucks auch eine außen angelegte EMK messen kann.

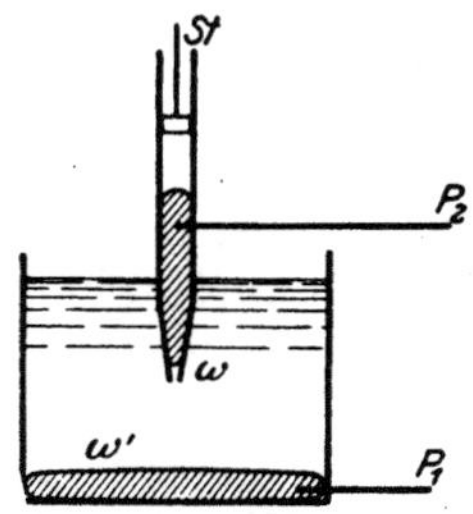

Abb. 25. Schema des Kapillarelektrometers.

Die Variabeln des Systems. Unabhängige Variabeln sind hier offenbar ω, e und T, und zwar sind die beiden ersten Größen Arbeitskoordinaten. Die entsprechenden Arbeitskoeffizienten sind σ und E. Wichtig ist noch, daß alle bei Variation von ω und e auftretenden Veränderungen von E als allein durch die Vorgänge an ω bedingt angesehen werden können, da das Lösungsvolum und die Fläche ω' so groß gegen ω gewählt ist, daß ihre spezifischen Veränderungen stets klein sind gegen die an ω.

Die Elektrokapillarbeziehung. Statt der allgemeinen Untersuchung des Systems soll nur die hier neu auftretende Differentialbeziehung zwischen σ. E, ω und e diskutiert werden. Wir stellen sie gleich in einer Form auf, in der E und ω statt e und ω als unabhängige Variabeln erscheinen; das bedeutet die Einführung eines K^x statt x als unabhängige Variable. Wenn wir e mit x, ω mit y identifizieren, so wird nach § 5 (7):

$$\frac{\partial \sigma}{\partial E}_{(p,\,\omega,\,T)} = -\frac{\partial e}{\partial \omega}_{(p,\,E,\,T)} \qquad (1)$$

Hier läßt sich nun die Beziehung zwischen σ und E leicht empirisch feststellen, da man E messen und σ aus der Krümmung der Fläche ω und dem auf ω lastenden Überdruck bestimmen kann. Es ergibt sich der in Abb. 26

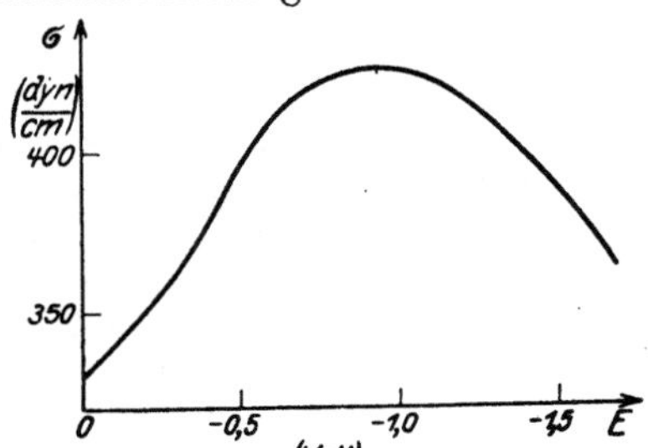

Abb. 26. Elektrokapillarkurve (Quecksilber in Schwefelsäure).

[1] Für die thermodynamische Diskussion sehen wir von diesem speziellen Mechanismus ab und nehmen einfach ω als unabhängig veränderlich an

dargestellte Verlauf. (Mit E ist in der Abbildung der Potentialunterschied von P_2 gegen P_1 bezeichnet.)

Hierbei hat nun das Auftreten eines Maximums, besonders im Anschluß an eine von HELMHOLTZ gegebene Theorie, lebhafte Diskussion hervorgerufen. HELMHOLTZ geht davon aus, daß die an beiden Seiten der Hg-Oberfläche angesammelten Ladungen, die dort den Potentialsprung hervorrufen, wie die Ladungen eines Kondensators das Bestreben haben, sich seitlich auszudehnen. Sie verringern also die (als Zug wirkende) Oberflächenspannung, und deren Maximum tritt gerade dann ein, wenn keine derartige Doppelschicht vorhanden ist. Der Umstand, daß nach Gleichung (1) für das Maximum von σ der Wert von $\frac{\partial e}{\partial \omega}$ gerade $= 0$ ist, wird als Bestätigung dieser Behauptung aufgefaßt; in der Tat, wenn keine Doppelschicht vorhanden ist, braucht auch keine Ladung bei Vergrößerung der Oberfläche zu ihrer Ausbildung herangeführt zu werden. Daß σ mit wachsendem E zunächst ansteigt, um nachher wieder abzufallen, wird so gedeutet, daß zuerst ein Überschuß von $SO_4^{=}$-Ionen in der äußeren Grenzfläche vorhanden ist; mit wachsender H^+-Konzentration vor der Oberfläche nimmt dieser Ladungsüberschuß ab und geht beim Maximum von σ durch Null hindurch in einen Überschuß positiver Ladungen über.

Aus der obigen Elektrokapillarbeziehung, die thermodynamisch von PLANCK abgeleitet wurde, läßt sich jedoch eine derartig weitgehende Folgerung nicht ableiten. Was diese Beziehung für den Maximalpunkt $\frac{\partial \sigma}{\partial E} = 0$ aussagt, ist vielmehr zunächst nur die Behauptung $\frac{\partial e}{\partial \omega} = 0$, d. h. für $\sigma = \sigma_{max}$ ist eine Vergrößerung der Kapillarfläche (bei konstantem Druck und konstanter elektrischer Spannung an den Polklemmen des Systems) nicht mit einem Ladungsdurchtritt *durch die Polklemmen* P_1 und P_2 des Systems verbunden. Da ferner die Kapillarfläche ω die einzige Stelle der Anordnung ist, an der überhaupt merkliche Veränderungen, speziell Ladungsansammlungen, auftreten können, kann man allerdings noch weiter schließen, daß auch zwischen den Polklemmen P_1 und P_2 und den ihnen jeweils zugekehrten Seiten der Oberfläche ω unter diesen Umständen keine Ladungsverschiebungen erfolgen. Jedoch ist hiermit noch nicht gesagt, daß bei $\sigma = \sigma_{max}$ bei einer Vergrößerung der Oberfläche ω keine Doppelschicht aufgebaut wird; die elektrische Doppelschicht an einer chemischen Grenzfläche braucht nämlich keineswegs wie die Doppelschicht eines gewöhnlichen Plattenkondensators aus Ladungen zu bestehen, die den beiden Belegungen der Schicht von außen zugeführt werden, sondern sie kann sich durch spontan geordnete Verteilung der Ladungen unter Wirkung der an der Grenze der Phasen wirkenden *chemischen* Kräfte von selbst, autogen, ausbilden. Das deutlichste Beispiel für die Möglichkeit einer derartigen autogenen Entstehung sind die bei Vergrößerung der Oberfläche von *Isolatoren* auftretenden Doppelschichten. Kaum weniger plausibel erscheint jedoch eine autogene Ausbildung von Doppelschichten in solchen wässerigen Lösungen, wo die lösungsseitige Belegung der Doppelschicht praktisch nur aus den Ionen des betreffenden Elektrodenmetalls zusammengesetzt ist. So werden z. B. bei einer Zn-Elektrode in wässeriger $ZnSO_4$-Lösung bei einer Vergrößerung der Zn-Oberfläche vorwiegend Zn-Ionen in Lösung gehen und mit den im Metall zurückbleibenden Elektronen eine Doppelschicht bilden können, ohne daß es einer merklichen Ladungsverschiebung durch entferntere Teile der Lösung hindurch bedarf.

Mehr vom Standpunkt der chemischen Adsorptionstheorie hat neuerdings H. FREUNDLICH in einer zusammenfassenden Darstellung[1] die Elektrokapillar-

[1] Kapillarchemie, S. 391—419. Leipzig 1923.

frage behandelt. Er weist (ebenfalls im Gegensatz zu der einfacheren HELMHOLTZschen Vorstellung) darauf hin, daß neben der Anreicherung elektrischer Ladungen auch die spezifischen (kapillaraktiven) Eigenschaften der betreffenden Ionen sowie die Änderung des Gehalts der Oberflächenschichten an ungeladenen Teilchen verschiedener Art die Oberflächenspannung beeinflussen können; dementsprechend möchte er die Elektrokapillarbeziehung überhaupt nur bei Lösungen mit „kapillar inaktiven" gelösten Stoffen angewandt wissen. Er weist ferner auf die Rolle dielektrisch polarisierter Schichten an der Oberfläche hin. Ist hiermit der Zweifel an dem Zusammentreffen von maximaler Oberflächenspannung und verschwindender Doppelschicht auch vom molekulartheoretischen Standpunkt gerechtfertigt, so ergibt sich andererseits auf Grund unserer thermodynamischen Betrachtung die Aufgabe, auch diese Einflüsse auf den Unterschied zwischen autogen und heterogen entstehenden Doppelschichten zurückzuführen; denn daran, daß auch in kapillar*aktiven* Lösungen das Maximum der Oberflächenspannung den Zustand der Oberfläche charakterisiert, in dem sie bei ihrer Vergrößerung keines Zuflusses von Ladungen aus ihrer weiteren Umgebung bedarf, besteht wohl kein Zweifel.

Von besonderem Interesse ist diese ganze Frage im Hinblick auf die Versuche zur Bestimmung der in § 8 erwähnten *Einzelpotentiale* an der Grenze von Elektrolyten gegen Metalle. Diese Einzelpotentiale, dort definiert als Unterschiede der mittleren elektrostatischen Potentiale in den angrenzenden Leitern, hängen ja mit der Ladungsverteilung in der Grenzschicht aufs engste zusammen; sie werden gleich 0, sobald in der Grenzfläche keine elektrische Doppelschicht mehr vorhanden ist[1]. Dürfte man nun daraus, daß bei Vergrößerung der Oberfläche kein Zufluß von Ladung erfolgt, auf das Fehlen einer resultierenden Doppelschicht schließen, so würde nach der Beziehung (1) ohne weiteres die Stelle der Elektrokapillarkurve, für welche $\frac{\partial \sigma}{\partial E} = \frac{\partial e}{\partial \omega} = 0$ ist, denjenigen Zustand der Oberfläche ω charakterisieren, bei dem der Potentialsprung E_{ML} zwischen Metall (M) und Lösung (L) verschwindet. In der Tat hat man diese Annahme speziell für die Hg-Elektrode in verdünnter Schwefelsäure lange Zeit aufrechterhalten. Man stellte sich etwa vor, daß die lösungsseitige Belegung der Doppelschicht in diesem Falle praktisch ausschließlich durch überschüssige freie $SO_4^{=}$-Ionen bzw. H^+-Ionen gebildet sei, die bei einer Vergrößerung der Oberfläche einen entsprechenden Ladungszufluß durch die ganze Lösung hindurch verlangen. Es steht jedoch wohl außer Zweifel, daß wir keine irgendwie schlüssigen Beweise für diese Annahme haben; es ist z. B. sehr wohl möglich, daß sich bei Vergrößerung der Oberfläche irgendwelche in der Nähe befindlichen H^+- und $SO_4^{=}$-Ionen zu einer Adsorptionsdoppelschicht gruppieren, ohne Zufluß freier Ladungen auf der Metallseite (und entsprechenden Elektronenzufluß oder Abfluß auf der Metallseite) zu bewirken[2].

[1] Genauer: keine Schicht mit einem resultierenden Dipolmoment; dagegen ist über das etwaige Auftreten von geordneten Ladungsverteilungen *ohne* Dipolmoment, z. B. also das Auftreten zweier hintereinander liegender Schichten mit entgegengesetzt gleichem Dipolmoment, damit nichts ausgesagt.

[2] Wir befinden uns hier anscheinend in voller Übereinstimmung mit dem Urteil, zu dem A. FRUMKIN in einer inzwischen erschienenen Monographie über die Elektrokapillarkurve gelangt (Erg. d. exakten Naturw., 7, 235—273, Berlin 1928). In dieser Monographie, die übrigens durch das Eingehen auf die chemischen Effekte, im Sinne von GIBBS, GOUY, FREUNDLICH u. a., viel mehr in die Einzelheiten der Vorgänge eindringt als unsere summarische physikalische Betrachtung, findet sich auf S. 272 folgende Bemerkung zur Frage der Einzelpotentiale:

„Die Existenz von Potentialsprüngen, die ohne Ionen-Austausch etwa durch Adsorption von gelösten Substanzen entstehen oder durch den Bau der Grenzflächenschicht Metall-Lösung selbst bedingt sind, bringt es mit sich, daß aus dem Nullpunkt der Ladung in keinem Fall auf den Nullpunkt der totalen Potentialdifferenz gefolgert werden kann."

Kapitel C.

Die thermodynamischen Funktionen.

Mit dem gleichen, im Grunde nur sehr geringen Aufwand von Begriffen und Formeln, den wir bisher benutzt haben, nämlich im wesentlichen nur gestützt auf den Begriff der Arbeits- und Wärmekoeffizienten und die Differentialbeziehungen I, § 8 (20) bis (22) bzw. II, § 5 (7) bis (9) zwischen diesen Größen wäre es uns möglich, jetzt sogleich zur Behandlung von Systemen mit chemischen Änderungen (wozu wir auch den Übergang von einem Aggregatzustand in den anderen rechnen) fortzuschreiten. Wenn wir statt dessen erst noch ein Kapitel über die thermodynamischen Funktionen einfügen, so hat das zwei Gründe. Erstens gestatten die thermodynamischen Funktionen die bisherigen Beziehungen in noch übersichtlicherer Form zusammenzufassen, zu ergänzen und zugleich die Übersicht über die verschiedenen Methoden zur vollständigen Bestimmung aller thermodynamischen Effekte eines Systems zu erleichtern. Zweitens aber hat man bei Einführung beliebiger thermodynamischer Funktionen denselben Vorteil, der für die Energie- und Entropiefunktion geltend gemacht wurde (S. 52 und 63): es lassen sich die Gleichgewichtsbedingungen und Stabilitätskriterien für innere Veränderungen mit Hilfe dieser Funktionen aufstellen und diskutieren, ohne daß man die inneren Variabeln des Systems in bestimmter Weise zu wählen braucht. Dies sind die beiden Gründe, aus denen wir in der chemischen Thermodynamik nicht nur wie bisher, von den Arbeits- und Wärmekoeffizienten, sondern auch von den hauptsächlich durch HELMHOLTZ, GIBBS und PLANCK in die Thermodynamik eingeführten thermodynamischen Funktionen Gebrauch machen.

§ 10. Die Freie Energie und das GIBBSsche thermodynamische Potential.

Die Freie Energie. Man erinnert sich, daß wir zu den bisher hauptsächlich wichtigen Beziehungen I, § 8 (20) bis (22) zwischen den Arbeits- und Wärmekoeffizienten nicht direkt von den Hauptsatzgleichungen I, § 8 (1) und (2) der inneren Thermodynamik durch Umkehrung der Reihenfolge zweier Differentiationen gelangten, sondern daß das direkte Ergebnis dieses Verfahrens die Gleichungen (18) und (19), ebenda, waren, aus denen wir dann erst durch gewisse Kombinationen die Gleichungen (20) bis (22) erhielten. Wir werden jetzt sehen, daß man diese letzteren Gleichungen auch direkt durch passende Zusammenfassung der beiden Hauptsatzgleichungen (1) und (2) erhalten kann. Unsere Betrachtung beschränkt sich wieder auf reversible Veränderungen von Systemen, die eine Folge von inneren Gleichgewichtszuständen durchlaufen.

Indem wir $\mathfrak{d} Q = T \cdot dS$ in Gleichung I, § 8 (1) einsetzen, erhalten wir:

$$\mathfrak{d} A + T \cdot dS = dU .$$

Ziehen wir nun auf beiden Seiten dieser Gleichung die Änderung $d(TS)$ ab, die die mit der absoluten Temperatur multiplizierte Entropie des Systems bei der betrachteten Veränderung der unabhängigen Variabeln erfährt, so erhalten wir wegen $d(TS) = TdS + SdT$:

$$\mathfrak{d} A - S \cdot dT = dU - d(TS) = d(U - TS) . \tag{1}$$

Hierzu sei zunächst eine Zwischenbemerkung gemacht. Wie man aus der Darstellung von $d(TS)$ sieht, bringt die Einführung dieses Differentials in die thermodynamischen Gleichungen es mit sich, daß jetzt, im Gegensatz zu allen früheren

Beziehungen, der Absolutwert von S für die bei Veränderung der Temperatur des Systems betrachteten Größen eine Rolle spielt. Wir müssen also, um unter Gleichung (1) etwas Bestimmtes verstehen zu können, diesen Absolutwert in irgendeiner Weise festgestellt denken, die von vornherein völlig willkürlich ist, aber dann bei allen Veränderungen des Systems festgehalten werden muß. Auf die zweckmäßigste Art der Festlegung des „Nullpunktes der Entropie" werden wir später (III, § 10) zurückkommen. Daß auch für die Energie U, wenn man nicht nur ihre Änderungen betrachten will, bei irgendeinem Wert der Zustandsvariabeln der Wert willkürlich festgelegt werden muß, haben wir schon früher betont. Auch auf die zweckmäßigste Festlegung dieses Nullpunktes werden wir a. a. O. eingehen.

Denken wir uns die Nullpunkte von U und S so fixiert, so hat auch der Ausdruck $U - TS$ für jeden Wert der Zustandsvariabeln einen ganz bestimmten Wert, $U - TS$ ist ebenfalls *eine Funktion der Zustandsvariabeln*. Diese Funktion hat nun bei der Ableitung der Beziehungen I, § 8 (20) bis (22) für Systeme, in denen die Temperatur und Arbeitskoordinaten als unabhängige Variable gewählt werden, eine fundamentale Bedeutung; zugleich liefert ihre Änderung, wie man aus (1) ohne weiteres sieht, bei isothermen Veränderungen direkt das Maß der von außen aufgenommenen (reversibeln) Arbeit. Wir bezeichnen diese neue Funktion mit H. v. HELMHOLTZ als *Freie Energie* F des Systems[1].

Wir erhalten also, indem wir dF durch seine partiellen Ableitungen ausdrücken:

$$\mathfrak{d}A - S\,dT = dF = \frac{\partial F}{\partial x}dx + \frac{\partial F}{\partial y}dy + \cdots + \frac{\partial F}{\partial T}dT. \tag{2}$$

Diese Gleichung gilt allgemein, für beliebige Bedeutung der $x, y \ldots$ Haben diese Größen jetzt speziell die Bedeutung von „Arbeitskoordinaten", d. h. soll bei Konstanthaltung von $x, y \ldots$ und bloßer Veränderung von T keine Arbeit geleistet werden, so muß für diesen Fall:

$$(\mathfrak{d}A)^T = \left(\frac{\partial F}{\partial T} + S\right) dT = 0,$$

also

$$S = -\frac{\partial F}{\partial T} \tag{3}$$

sein, woraus sich gemäß der Definition von F wieder die Gleichung $\frac{\partial U}{\partial T} = T\frac{\partial S}{\partial T}$ ergibt, die wir früher [I, § 8 (15)] aus der Annahme $(\mathfrak{d}A)^T = 0$ direkt abgeleitet hatten.

Dann folgt aber:

$$\mathfrak{d}A = \frac{\partial F}{\partial x}dx + \frac{\partial F}{\partial y}dy + \cdots,$$

woraus sich wieder die Existenz von Arbeitskoeffizienten als Zustandsfunktion ergibt; und zwar ist:

$$\left.\begin{aligned} K^x &= \frac{\partial F}{\partial x}, \\ K^y &= \frac{\partial F}{\partial y} \text{ usw.} \end{aligned}\right\} \tag{4}$$

Es treten also, wenn die Arbeitskoordinaten und die Temperatur als Zustandsvariabeln gewählt werden, die Arbeitskoeffizienten und die negative Entropie als Ableitungen von F nach den Arbeitskoordinaten und der Temperatur auf.

[1] HELMHOLTZ selbst verwendet den Buchstaben H, GIBBS ψ, NERNST sowie LEWIS und RANDALL A. Sonst ist vielfach F_v üblich zur Unterscheidung von dem weiter unten eingeführten „thermodynamischen Potential", das dann mit F_p bezeichnet wird (bei uns G).

Sämtliche Beziehungen I, § 8 (20) bis (22) der Arbeitskoeffizienten unter sich und mit den Wärmekoeffizienten sowie der Wärmekoeffizienten unter sich ergeben sich nun aus dieser Tatsache ohne weiteres nach den Regeln der Vertauschbarkeit der Differentiationen, wenn man noch die Beziehungen $\frac{\partial S}{\partial x} = \frac{L^x}{T}$ usw. [I, § 8 (12)] dazunimmt. In dem Schema der Tafel I (am Schluße des Buches) ist dieser „thermodynamische Stammbaum" für zwei Arbeitskoordinaten x und y und die Temperatur als Variable in der Weise angedeutet, daß in jeder „Generation" die Art und Reihenfolge der Differentiationen, durch die ein Glied sich aus der Funktion F ableitet, über dem betreffenden Glied vermerkt ist. Sämtliche Differentialbeziehungen ergeben sich dann dadurch, daß man diejenigen Glieder gleichsetzt, die sich nur durch die *Reihenfolge* der über ihrem Kopfe stehenden Variabeln unterscheiden.

Man erkennt aus dem Schema, daß die Beziehungen I, § 8 (20) und (21) der zweiten Generation angehören, dagegen die Gleichungen (22) und ebenso die Beziehungen (19a) und (19b) zwischen den Wärmekoeffizienten erst in der dritten Generation erscheinen. Ebendort erscheinen als Differentialbeziehungen zweiter Ordnung zwischen den Arbeitskoeffizienten Beziehungen, die man auch als Differentialbeziehungen erster Ordnung zwischen den ersten Ableitungen der Arbeitskoeffizienten nach $x, y \ldots T$, d. h. zwischen den früher von uns eingeführten „Zustandskoeffizienten" (Elastizitätskoeffizient, thermischer Spannungskoeffizient usw.) auffassen kann; diese sind als verhältnismäßig unwichtig nicht ausdrücklich angeführt.

Der „thermodynamische Stammbaum" ermöglicht nun aber auch eine rasche und vollständige Übersicht über die verschiedenen, zur vollständigen Bestimmung der Arbeits- und Wärmekoeffizienten eines Systems möglichen Schemata, die sich auf Untersuchungsreihen mit partiell konstant gehaltenen Arbeitskoordinaten oder konstanter Temperatur aufbauen. Nachdem die Art der unabhängigen Variabeln eines thermodynamischen Systems festgestellt ist und unter diesen solche ausgewählt sind, die die Eigenschaft von Arbeitskoordinaten haben, ist es offenbar zur Kenntnis aller Arbeits- und Wärmekoeffizienten hinreichend, daß man die Funktion F in Abhängigkeit von allen Variabeln kennt. Für die K^x geht das ohne weiteres aus dem Schema oder den Gleichungen (4) hervor; die $L^x, \ldots L^T$ aber sind, wie man sieht, ebenfalls Abkömmlinge von F, wenn auch in der zweiten Generation, beispielsweise:

$$L^x = -T \cdot \frac{\partial^2 F}{\partial x \, \partial T} \text{ usw.}$$

Die Aufgabe der vollständigen Bestimmung aller L und K aus einem Mindestmaß von Messungen läuft also auf die Aufgabe der Bestimmung von F aus einem Mindestmaß von Messungen heraus, wobei noch der Energie- und Entropienullpunkt willkürlich gegeben sein muß, wenn F vollständig bestimmt sein soll.

Die Aufgabe, F aus einem Mindestmaß von K- und L-Messungen zu bestimmen, läßt sich aber zurückführen auf die (unter Umständen zweimal wiederholte[1]) Aufgabe, eine Funktion mehrerer Variabeln aus dem Mindestmaß von Angaben über ihre ersten Ableitungen zu ermitteln. Eine solche Aufgabe wird wegen der zwischen den Ableitungen bestehenden Differentialbeziehungen dadurch gelöst, daß man eine beliebige dieser Ableitungen als Funktion *aller* Variabeln gibt, eine andere für einen konstanten Wert der ersten Variabeln und sämtliche Werte der übrigen, eine dritte für konstante Werte der ersten und zweiten Variabeln und alle Werte der übrigen usw. bis zur letzten, die dann nur für die

[1] Da S auch erst aus seinen Ableitungen bestimmt werden muß; s. u.

Werte der Variabeln, nach der sie abgeleitet ist, gegeben zu werden braucht[1]. Wählen wir in diesem Bestimmungsschema eine der Arbeitskoordinaten als erste Variable und die Temperatur als letzte, so gelangen wir offenbar zu unserem „Zustandsgleichungsschema" (S. 77), da sich die thermischen Messungen dann auf diejenigen beschränken, die man zur Ermittlung von S bei konstanten Arbeitskoordinaten braucht; das ist aber eine einfache Meßreihe von $\frac{\partial S}{\partial T}$ oder L^T bei konstanten Arbeitskoordinaten.

Tritt dagegen die Temperatur nicht als letzte Variable auf, so ist S noch als Funktion mehrerer Variabeln zu bestimmen, und da nur die Differentialquotienten von S direkt meßbar sind, wiederholt sich bei dieser Bestimmung von S noch einmal die bei der Bestimmung von F aus seinen Ableitungen vorliegende Aufgabe und das dabei benutzte Verfahren, d. h. man hat die Differentialquotienten von S oder die Größen L für alle nicht bereits konstant gehaltenen Variabeln in einer abnehmenden Mannigfaltigkeit von Wertreihen zu messen. Die dabei benutzte Reihenfolge ist natürlich wieder beliebig; am häufigsten wird man die Temperatur als erste Variable nehmen und L^T, d. h. die spezifische Wärme (bei konstanten Arbeitskoordinaten) für die größte Mannigfaltigkeit der Werte messen, da dann die übrigen Wärmekoeffizienten (oder Entropieunterschiede) nur noch bei konstanter Temperatur gegeben zu sein brauchen. Ist diese Temperatur $T = 0$, so gelangen wir wieder in das Anwendungsgebiet des NERNSTschen Theorems.

Ist die Temperatur schon bei der Bestimmung der Ableitungen von F die erste Variable, so haben wir es offenbar mit unserem früheren (wesentlich) thermischen Bestimmungsschema (S. 78) zu tun; alle Arbeitskoeffizienten brauchen dann nur bei einer Temperatur bekannt zu sein.

Bei Systemen mit chemischen Arbeitskoordinaten, die gewöhnlich gehemmt und schwer reversibel veränderlich sind, kann auch noch eine andere Reihenfolge wichtig sein: Angabe von p für alle Variabeln, Angabe von S (aus Wärmemessungen) bei konstantem Volum, Bestimmung der chemischen Arbeitskoeffizienten bei konstantem $\mathfrak{V}$ und T. Auf die hierbei wichtige Benutzung irreversibler Wärmeeffekte zur Bestimmung der Arbeitskoeffizienten von chemischen Veränderungen kommen wir später (III, § 5) zurück.

Effektbedeutung der Funktion F. Jetzt wollen wir zum Schluß der Besprechung des F-Schemas noch versuchen, diese Funktion aus der bloßen Rolle eines mathematischen Hilfsmittels zu einem etwas anschaulicheren Begriff zu erheben, wodurch viele Überlegungen erleichtert werden.

Wir behaupten: F ist die (reversible) *Arbeit*, die von dem System aufgenommen wird, wenn es aus einem Zustand, in dem (gemäß willkürlicher Festsetzung) $U = 0$ und $S = 0$ angenommen wird, auf irgendeinem Wege in den Zustand mit der Energie U und der Entropie S gebracht wird; auf irgendeinem Wege, der nur der Beschränkung unterliegt, daß die Entropiezunahme und damit die Wärmezufuhr nur bei einer einzigen Temperatur, nämlich der Endtemperatur T erfolgt. Dann ist nämlich die im ganzen aufgenommene Wärmemenge $Q = \int_0^S T dS = TS$; die reversible Arbeit ist gleich $U - Q = U - TS$, also F. Graphisch stellt sich dieser Vorgang in einem T, S-Diagramm als eine hakenförmige Kurve dar, die von der Ausgangstemperatur T_0 (bei der $U = 0$ und

[1] Man macht sich dies für 3 Variabeln am besten geometrisch klar, indem man die Integration vom Nullpunkt aus nacheinander längs der 3 Koordinaten jedes Zustandspunktes ausgeführt denkt. Unter den obigen Annahmen kann man offenbar jeden Zustandspunkt auf bekanntem Integrationswege erreichen.

$S = 0$ festgesetzt wurde) längs der Achse $S = 0$ bis zu der Systemtemperatur T_1 und sodann auf dem horizontalen Teil, bei konstanter Temperatur T_1, bis zu dem Punkt $S = S_1$ der Systementropie führt (Abb. 27, untere Gerade). Wir bezeichnen einen solchen Wärmeweg, der in bezug auf andere Systemvariable natürlich noch recht vieldeutig sein kann, gelegentlich als einen „T, S-Haken".

Von der so festgelegten allgemeinen Effektbedeutung von F (als Arbeit längs eines T, S-Hakens) kann man dann zu verschiedenen Spezialfällen übergehen. Führt man ein System aus dem Zustand $U = 0$, $S = 0$ über einen Zustand 1 mit der Temperatur T_1 und $U = U_1$, $S = S_1$ zu einem anderen Zustand 2 weiter[1], in dem $U = U_2$ und $S = S_2$, T jedoch unverändert ist, so bedeutet $F_2 - F_1$ die Differenz zweier Arbeiten, die bis auf das zwischen den Zuständen 1 und 2 zurückgelegte Stück identisch sind; $F_2 - F_1$ ist also die Arbeit, die man dem System zuführen muß, um es isotherm und reversibel aus dem Zustand 1 in den Zustand 2 zu bringen. Da hierbei der Weg zwischen 1 und 2 zwar isotherm, aber im übrigen beliebig ist, hat man hiermit eine Aussage über die Gleichheit der Arbeiten auf verschiedenen isothermen Wegen $\left(\oint \mathfrak{d} A = 0 \text{ bei isothermen Kreisprozessen}\right)$.

Was ist jedoch die Arbeitsbedeutung von dF, wenn nur die Temperatur verändert wird? Um das festzustellen, betrachten wir wieder die Spur dieser Veränderung in einem T, S-Diagramm (s. Abb. 27). Es möge sich die Entropie, die bei konstanten Arbeitskoordinaten ja eindeutig durch T bestimmt ist, dabei in der Weise ändern, daß das kleine direkte Stück $1 \to 2$ der Figur dabei zurückgelegt wird. Die hierbei aufgenommene Arbeit $\mathfrak{d} A$ ist $= 0$, dF ist jedoch nicht gleich 0, sondern nach (2) oder auch direkt wegen (3) $= -S\,dT$; dF kann also hier nicht die auf dem direkten Wege $1 \to 2$ aufgenommene Arbeit bedeuten. Nun ist aber $-S\,dT$ nach der Figur, bis auf das Vorzeichen, gleich der schraffierten Fläche zwischen den zu 1 und 2 gehörigen Isothermen bis zur Abszisse $S = 0$, also nach den allgemeinen Eigenschaften des Wärmediagramms die bei einem um diese Fläche umschriebenen Kreisprozeß geleistete Arbeit. Diese Bedeutung ergibt sich nun in der Tat auch aus der obigen Arbeitsbedeutung von F. $dF = F_2 - F_1$ ist nämlich als Differenz der Arbeiten zu deuten, die aufgewandt werden müssen, um das System aus einem gemeinsamen Nullzustand, der durch die Entropie $S = 0$ und eine nach Belieben festzusetzende Nulltemperatur T_0 (speziell die absolute Temperatur Null) charakterisiert sei, auf einem Wege in den Endzustand 1 bzw. 2 überzuführen, dessen Spur im T, S-Diagramm der Darstellung in der Figur (durch Pfeile angedeutet) entspricht: d. h. die Temperatur muß dabei zwischen T_0 und T_1 bzw. T_2 adiabatisch verändert werden, und Entropieänderungen dürfen nur bei isothermen Veränderungen auftreten (T,S-Haken). Nun kann speziell der adiabatische Weg zwischen T_0 und T_1 in beiden Fällen gleich gewählt werden; $F_2 - F_1$ ist dann gegeben als Differenz der Arbeiten auf den Wegen $T_1 \to T_2 \to 2$ und $T_1 \to 1$. Das ist aber zugleich die Arbeit auf dem Wege $1 \to T_1 \to T_2 \to 2$, oder, da $\mathfrak{d} A$ auf dem direkten Wege $1 \to 2 = 0$ ist, auch die dem System zugeführte Arbeit auf einem die schraffierte Fläche umschreibenden und im Sinne des Uhrzeigers umlaufenden Kreisprozeß.

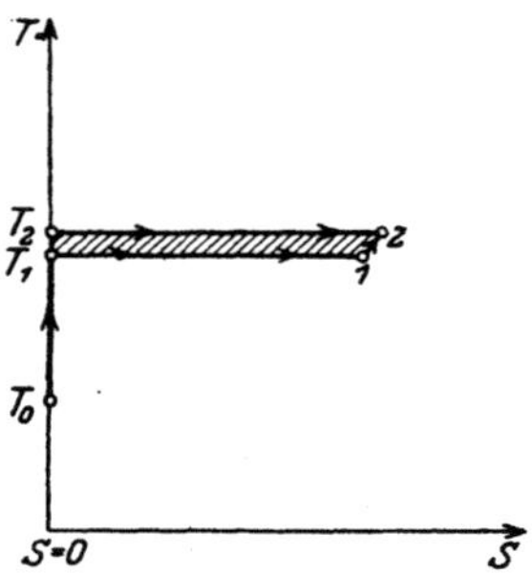

Abb. 27. Zur Erläuterung der Effektbedeutung der Freien Energie.

So erkennen wir also aus der allgemeinen Arbeitsbedeutung von dF die Kreisprozeßbedeutung der Gleichung (3) wieder; es ist die Beziehung für die

[1] Dieser Vorgang ist in der Abb. nicht dargestellt.

maximale Arbeit bei einem Kreisprozeß mit Wärmeaustausch zwischen zwei benachbarten Temperaturen [unserem früheren „dT-Prozeß“, I, § 4 (10)], auf den Fall spezialisiert, daß jedesmal dem System so lange Wärme isotherm entzogen wird, bis es die Entropie erreicht, der (willkürlich, aber ein für allemal) der Wert Null zugeschrieben wurde. $S\,dT = S\,T_2 - S\cdot T_1$ ist natürlich die Differenz der hierbei aufgenommenen Wärmemengen.

Das GIBBSsche thermodynamische Potential. Neben den Beziehungen I, § 8 (20) bis (22) für die Arbeitskoordinaten und die Temperatur als unabhängige Variabeln stehen die Beziehungen II, § 5 (7) bis (9), in denen statt einer der Arbeitskoordinaten der betreffende Arbeitskoeffizient, insbesondere statt des Volums der Druck als unabhängige Variable gewählt ist, nach der differenziert wird, und die bei der Differentiation nach anderen Variabeln konstant gehalten wird. Zu diesen Beziehungen gelangen wir mit einer schon in der früher gegebenen Ableitung (S. 101) ähnlich verwendeten Methode sehr übersichtlich durch Benutzung einer anderen thermodynamischen Funktion.

Ziehen wir von der Gleichung (2):

$$\mathfrak{d}A - S\cdot dT = dF\,,$$

oder, ausgeschrieben:

$$K^x dx + K^y dy + \cdots - S\cdot dT = dF \tag{5}$$

auf beiden Seiten $d(xK^x)$ ab, so erhalten wir links statt $K^x dx: -x\,dK^x$, und rechts statt $dF: d(F - xK^x)$, also wiederum das Differential einer Zustandsfunktion, die sich beispielweise nach $K^x, y \ldots T$ entwickeln läßt, da der Zustand durch diese Variabeln, ebenso wie durch $x, y \ldots T$ vollständig bestimmt ist. Diese neue Zustandsfunktion, als Funktion der Variabeln $K^x, y \ldots T$ gebraucht, bezeichnen wir als GIBBSsches thermodynamisches Potential G[1]. Die Gleichung:

$$-x\cdot dK^x + K^y\cdot dy + \cdots - S\cdot dT = dG \tag{6}$$

hat nun für die thermodynamischen Beziehungen, in denen $K^x, y \ldots T$ als unabhängige Variabeln auftreten, ganz dieselbe Bedeutung wie die Gleichung (2) für $x, y \ldots T$ als unabhängige Variabeln. Wir können wieder einen Stammbaum aufstellen, in dem die Funktion G als Ausgangspunkt erscheint, während in der ersten Generation als Ableitungen nach $K^x, y \ldots T$ die Größen $-x, K^y \ldots S$ auftreten und in der zweiten und dritten Generation die partiellen Differentialquotienten dieser Größen nach $K^x, y \ldots$ usw. unter jeweiliger Konstanthaltung der übrigen Variabeln. So bedeutet also in diesem Schema beispielsweise $\frac{\partial K^y}{\partial T}$ *nicht* die Änderung des Arbeitskoeffizienten K^y mit der Temperatur bei konstanter Arbeits*koordinate* x, sondern bei konstantem Arbeits*koeffizienten* K^x, — speziell für $x = V$, *nicht* die Änderung bei konstantem *Volum*, sondern *bei konstantem Druck*. Ebenso bedeutet $T\frac{\partial S}{\partial y}$ die Wärmezufuhr bei Änderung von y unter konstantem K^x, also speziell unter konstantem Druck [außerdem natürlich bei Konstanthaltung der übrigen Variabeln $(z \ldots T)$].

In Tafel II (am Schlusse des Buches) ist der G-Stammbaum für ein System mit p, T und zwei Arbeitskoordinaten y, z als unabhängigen Variabeln dargestellt, indem gleich auf $x = V$, $K^x = -p$ spezialisiert, also ein System be-

[1] GIBBS selbst bezeichnet diese Funktion in der Spezialisierung auf $x = V$, $K^x = -p$, mit ζ, andere Autoren mit F_p (s. S. 125, Anm. 1), während G von HELMHOLTZ für die Funktion TS, die auch als „gebundene Energie“ eingeführt wird, gewählt wird. Wir schließen uns jedoch hier der von A. EUCKEN (Grundriß der physikalischen Chemie) eingeführten Bezeichnung an, einerseits wegen der Beziehung auf den Namen GIBBS, andererseits wegen der nahen Verwandtschaft mit der Funktion F.

trachtet wurde, das durch ein gemeinsames Volum und einen gemeinsamen Druck charakterisiert ist. Die Wärmekoeffizienten sind entsprechend mit l^p, $l^y \ldots l^T$ bezeichnet. Man sieht, wie sich alle früher abgeleiteten Differentialbeziehungen ebenso wie in dem F-Stammbaum durch Vertauschung der Differentiation ergeben; wieder ist über jedem Glied die Art und Reihenfolge der Variabeln angegeben, durch die das betreffende Glied aus G abgeleitet wird. Man erkennt, daß die Ableitungen von G nach den von der Veränderung nicht betroffenen Arbeitskoordinaten (also z. B. der Oberfläche, elektrischen Ladung und, wie wir später sehen werden, gewissen chemischen Variabeln) *dieselben* geblieben sind *wie im F-Stammbaum*, daß also beispielsweise K^y nach wie vor gemäß seiner Definitionsgleichung I, § 8 (5) den *Arbeitskoeffizienten der Koordinate y* (bei Konstanthaltung aller übrigen *Arbeitskoordinaten*, speziell des Volums) bedeutet. Dies von der Wahl der unabhängigen Variabeln und der dazugehörigen thermodynamischen Funktionen unabhängige Auftreten der „Arbeitskoeffizienten der verschiedenen Arbeitskoordinaten" ist ein Grund mehr, weshalb wir diese Arbeitskoeffizienten, auch bei den folgenden chemischen Betrachtungen, nicht nur als Ableitungen der thermodynamischen Funktionen, sondern als individuelle Größen von unmittelbarster thermodynamischer Bedeutung einführen.

Aus der Analogie des F- und G-Stammbaums erkennt man auch ohne weiteres, daß die verschiedenen für $x, y \ldots T$ als unabhängige Variable diskutierten Bestimmungsschemata zur vollständigen thermodynamischen Erforschung eines Systems sich in dem G-Schema ganz entsprechend wiederfinden; nur daß hier die „Zustandsgleichungen" nach p als unabhängiger Variabler, $\mathfrak{V}$ als abhängiger Variabler aufgelöst erscheinen, und bei den Wärmeeffekten die Wärmekoeffizienten bei konstantem Druck, speziell die spezifische Wärme bei konstantem Druck als Elemente des Meßschemas auftreten.

Das besonders wieder für die chemische Thermodynamik wichtige Bestimmungsschema, in dem $\mathfrak{V}$ für alle Werte von p, T und den übrigen Arbeitskoordinaten, S für konstantes p und alle übrigen Variabeln gegeben ist und die Größen K^y, $K^z \ldots$ nur noch für konstantes p und T gegeben zu sein brauchen, hat noch größere Bedeutung als das entsprechende F-Schema (III, § 4).

Dritter Teil.

Chemische Thermodynamik.

Kapitel A.

Anwendung der Thermodynamik auf chemische Reaktionen.

§ 1. Anwendbarkeit der Thermodynamik. Fragestellungen.

Ein spezielles Beispiel. Kann eine chemische Reaktion als thermodynamischer Vorgang aufgefaßt und den Folgerungen aus dem 1. und 2. Hauptsatz unterworfen werden? Um diese Frage zu beantworten, greifen wir ein charakteristisches Beispiel einer chemischen Reaktion heraus, z. B. die Verbindung von gasförmigen Wasserstoff und gasförmigem Sauerstoff zu Wasserdampf.

Wir denken uns 1 Mol O_2 und 2 Mol H_2 in einem Gefäß mit festen Wänden eingeschlossen, leiten die Knallgasexplosion ein und warten den Temperaturausgleich mit der Umgebung ab. Sorgen wir während dieses Vorganges dafür, daß keine turbulenten, halbgeordneten Vorgänge die Gefäßwand durchdringen, so wird der einzige Effekt auf die Umgebung in einer Wärmeabgabe, in der Regel bei verschiedenen Austauschtemperaturen, bestehen. Wir haben also einen rein thermodynamischen Vorgang vor uns.

Lassen wir die Verbrennung nicht bei konstantem Volum, sondern etwa im Explosionszylinder eines Gasmotors erfolgen, so wird nicht nur Wärme durch die Wand des Zylinders nach außen dringen, sondern es wird auch möglich sein, dabei den Stempel des Zylinders unter erheblicher Arbeitsleistung vorwärtszustoßen. Betrachten wir dabei etwa als Anfangszustand den des komprimierten Gemisches vor der Zündung, als Endzustand den der größten Volumausdehnung des verbrannten Gases, so haben wir auch hier einen Prozeß vor uns, der offenbar von rein thermodynamischen Wechselwirkungen mit der Umgebung begleitet ist.

Anwendbarkeit der beiden Hauptsätze. Nach dieser Feststellung steht es außer Frage, daß zunächst der *1. Hauptsatz* in der Form „$\int_1^2 (\mathfrak{d} A + \mathfrak{d} Q)$ vom Wege unabhängig" (S. 50) auf den betrachteten Vorgang anwendbar ist. Gleichgültig, welche Kräfte und Wärmeeinflüsse zwischen Anfangs- und Endzustand auf den Zylinder und den beweglichen Stempel gewirkt haben: ist nur der Anfangs- und Endzustand in jeder Beziehung in den verschiedenen Fällen genau identisch, so wird auch die Arbeits- und Wärmesumme, die mit der Umgebung ausgetauscht wurde, stets den gleichen Betrag haben müssen.

Praktisch verwendbar sind die Folgerungen aus dem 1. Hauptsatz auch bei der hier betrachteten Veränderung natürlich nur dann, wenn die „Zustände" am Anfang und Ende sich durch eine verhältnismäßig geringe Anzahl von Bestimmungsstücken beschreiben und festlegen lassen, und man kommt, wie in der physikalischen Thermodynamik, im allgemeinen damit aus, daß man sich auf *thermische Gleichgewichtszustände* (I, § 3) als Anfangs- und Endzustände beschränkt. Wir würden also thermodynamisch bei unserem Beispiel nur solche Zustände betrachten, bei denen das Knallgas vor der Zündung und nach der Explosion und Expansion sich in Ruhe und in einem gleichmäßigen Temperaturzustande befindet. Ebenso wie in I, § 6 wäre dann aus der Unabhängigkeit von $\int_1^2 (\mathfrak{d}A + \mathfrak{d}Q)$ vom Wege die Existenz einer Energiefunktion zu folgern, die jetzt jedoch außer von der Temperatur und dem Angriffsort der äußeren Kräfte auch von dem „chemischen Zustand" des Gasgemisches abhängt, und zwar *nicht* nur so, daß bei verschiedenen in chemischer Beziehung konstant gehaltenen Zuständen den Änderungen der physikalischen Variabeln (Volum, Temperatur) verschiedene Arbeits- und Wärmeeffekte entsprechen (chemischer Zustand als „Parameter"), sondern, wie wir sahen, auch in der Weise, daß *Veränderungen des chemischen Zustandes* von thermodynamischen Außeneffekten begleitet sind (chemischer Zustand als „Variable"). Ob und wie allerdings bei dem betrachteten Explosionsprozeß die chemischen Arbeits- und Wärmeeffekte von den physikalischen zu trennen sind, übersehen wir hier noch nicht; unmittelbar einleuchtend ist nur, daß die Umwandlung des chemischen Zustandes zu solchen Effekten Anlaß gibt, Effekten, die, wie die Erfahrung lehrt, sogar vielfach von höherer Größenordnung sind als die physikalischen Arbeits- und Wärmeeffekte.

Wenden wir uns jetzt der Frage der Anwendbarkeit des 2. *Hauptsatzes* zu, so werden wir sogleich vor die Frage des Rückgängigmachens der betrachteten chemischen Umsetzung durch rein thermodynamische Hilfsmittel gestellt; denn sowohl die Kreisprozeßform des 2. Hauptsatzes wie die Benutzung und Bestimmung der Entropiefunktion verlangt ja, daß man den betrachteten Prozeß thermodynamisch rückgängig machen bzw. sogar in jedem Zwischenzustand reversibel soll leiten können.

Die Aufgabe, Wasserdampf nur unter Arbeits- und Wärmeaufwand wieder in Wasserstoff und Sauerstoff zurückzuwandeln, erscheint nun praktisch recht wenig aussichtsreich. Daß jedoch prinzipiell ein solcher Vorgang immer möglich ist, ist seit HELMHOLTZ und VAN'T HOFF eine der Grunderkentnisse der chemischen Thermodynamik. Wir wissen jetzt, daß das Rückgängigmachen von Reaktionen, die unter gewöhnlichen Bedingungen spontan nur in *einer* Richtung verlaufen, auf verschiedene Weise unter Benutzung rein thermodynamischer Hilfsmittel möglich ist. Speziell beim Wasserdampf würden wir unser Ziel z. B. durch reversible elektrolytische Zersetzung des zu Wasser kondensierten Wasserdampfes, also unter bloßem Aufwand von (elektrischer) Arbeit (II, § 8) erreichen können. Eine allgemeinere prinzipielle Methode, um stoffliche Umsetzung nicht nur auf thermodynamischem, sondern auch auf reversiblem Wege rückgängig zu machen, ist die VAN'T HOFFsche Methode, die mit Stoffentziehung durch semipermeable Wände und Reaktion in einem „Gleichgewichtskasten" arbeitet. Wegen seiner generellen Bedeutung für die Frage der reversiblen Durchführbarkeit einer chemischen Reaktion wollen wir dieses Verfahren zunächst besprechen.

Der VAN'T HOFFsche Prozeß. Der VAN'T HOFFsche Gedankenprozeß macht, wie erwähnt, Gebrauch von der Existenz sog. *semipermeabler* Wände, das sind, wie der Name (= halbdurchlässig) ausdrücken soll, Wände, die für *einen* Stoff durchlässig, für alle anderen anwesenden Stoffe aber undurchdringlich sind. Mit ihrer Hilfe kann man einem chemischen System irgendeinen seiner reagierenden Bestandteile in Dampfform auf reversible Weise folgendermaßen entziehen: man legt diese semipermeable Wand an irgendeine Stelle der Systemoberfläche an, dahinter (an ihrer Außenseite) einen zunächst unmittelbar aufliegenden Stempel, der sich in einem Zylinder bewegen kann (s. Abb. 28). Die Substanz, für die die Wand durchlässig ist, übt dann einen gewissen Dampfdruck auf den Stempel aus, dem durch einen gleichen Gegendruck (≷ Atmosphärendruck) das Gleichgewicht gehalten wird[1]. Läßt man nun den Stempel etwas nachgeben, so verdampft die Teilsubstanz aus dem System unter gleichzeitiger Arbeitsleistung und Wärmeaufnahme, und zwar ist dieser Prozeß, wenn er unendlich langsam und immer mit dem richtigen Gegendruck vollzogen wird, reversibel, da ein Zurückdrücken des Stempels den alten Zustand unter Umkehr des Arbeits- und Wärmeaustausches wiederherstellt. Nach dem Abdampfen der gewünschten Teilsubstanzmenge wird die semipermeable Wand durch eine undurchlässige ersetzt und damit die Verbindung zwischen System und Zylinder aufgehoben.

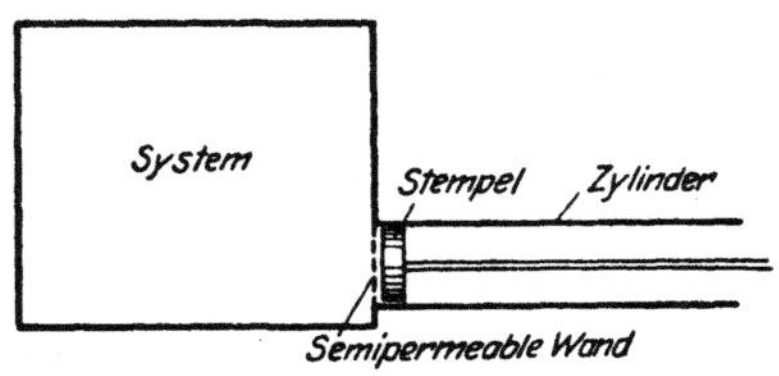

Abb. 28. Zur Erläuterung des VAN'T HOFFschen Gedankenprozesses.

(Trotzdem einigermaßen vollkommene halbdurchlässige Wände in praktisch anwendbarer Form nur für die wenigsten Substanzen zur Verfügung stehen, besitzen die Gedankengänge, bei denen solche Wände benutzt werden, doch hinreichende Überzeugungskraft, da die Eigenschaften dieser Wände im Endresultat des mit ihnen ausgeführten Prozesses nicht auftreten und man demnach dieses Endresultat nicht von der zufälligen Existenz oder Nichtexistenz geeigneter semipermeabler Stoffe abhängig machen wird.)

Diejenigen Bestandteile des chemischen Systems, die reversibel miteinander reagieren sollen, werden sodann nach passender Volum- und nötigenfalls Temperaturänderung wiederum durch semipermeable Wände auf reversible Weise einem „Gleichgewichtskasten" zugeführt, in dem die Anfangs- und Endprodukte der betreffenden Reaktion miteinander in einem dynamischen Gleichgewicht sind, so daß die Reaktion zwischen den einzelnen Teilnehmern fortwährend spontan sowohl in dem einen wie in dem anderen Sinne stattfindet[2]. In einem solchen System kann man durch Hinzufügen und Entfernen der Komponenten eine reversible Umsetzung in dem einen oder anderen Sinne durchführen. Die gewünschten Reaktionsprodukte werden dann wieder semipermeabel entfernt und dem ursprünglich betrachteten chemischen System durch halbdurchlässige Wände reversibel zurückgegeben. Das Endresultat ist ebenso, als ob die Reaktion nur innerhalb dieses Systems stattgefunden hätte. Da der „Gleichgewichtskasten" schließlich wieder in seinem Anfangszustand zurückgelassen und nur Volumarbeit geleistet und Wärme ausgetauscht worden ist, stellt der ganze Prozeß einen rein thermodynamischen Vorgang dar, der wegen der Umkehrbarkeit seiner Einzelschritte im ganzen ebenfalls umkehrbar ist.

Bei dem hier beschriebenen Prozeß war eine Reaktion zwischen verschiedenen Bestandteilen eines einheitlichen (homogenen) Stoffsystems (wie etwa eines Knallgas- und Wasserdampfgemisches) ins Auge gefaßt. Noch einfacher sind diejenigen später (§ 3) ebenfalls als chemische Reaktionen aufgefaßten Vorgänge auf diese Weise reversibel zu führen, bei denen ein Übertritt gewisser Systemteilchen aus

[1] Kräfte, die nicht durch die Stange des Arbeitszylinders fortgeleitet werden, wie etwa den äußeren Atmosphärendruck, müssen wir uns hierbei natürlich wegdenken.

[2] Bei VAN'T HOFF werden die Reaktionsteilnehmer im Gleichgewichtskasten speziell im idealen Gaszustand angenommen, doch ist diese Annahme für unseren Zweck unwesentlich. Der Gleichgewichtskasten dürfte sogar auch — evtl. katalytisch beteiligte — Stoffe enthalten, die in dem eigentlichen System nicht vorkommen.

einem (im Anfangszustand vielleicht durch Wände abgeschlossenen) Systemteil (Phase) in einen anderen solchen Systemteil stattfindet („Übergangsreaktionen"). Hier ist es nur nötig, die betreffenden Stoffteilchen durch eine semipermeable Wand dem ersten Raumteil reversibel zu entziehen, sie von dem Druck und der Temperatur, die sie in halbdurchlässiger Verbindung mit dem ersten Raumteil haben, reversibel auf Druck und Temperatur des anderen Systemteils zu bringen und sie sodann durch eine halbdurchlässige Wand in diesen eintreten zu lassen.

Existenz einer Entropiefunktion bei chemischen Veränderungen. Da, wie wir sehen werden, sich jede beliebige chemische Reaktion in thermischen Gleichgewichtssystemen entweder als Homogen- oder als Übergangsreaktion auffassen läßt (§ 3), gelangen wir so zu dem Schluß, daß eine thermodynamische reversible Durchführung aller chemischen Reaktionen in solchen Systemen prinzipiell immer möglich ist. Mithin gilt auch der 2. Hauptsatz mit seinen *Kreisprozeß-* und *Prozeßfolgerungen,* die verschieden sind, je nachdem ob der untersuchte Übergang reversibel oder irreversibel (wie im Beispiel der Knallgasexplosion) stattgefunden hat. Es existiert für die Gesamtheit aller Gleichgewichtszustände, die ein chemisches System durchlaufen kann, eine Entropiefunktion S, die, ebenso wie die Energiefunktion U, unabhängig vom Übergangswege und durch das Integral $\int\limits_{1\,\mathrm{rev}}^{2} \frac{\mathfrak{d} Q}{T}$ bestimmt ist.

Chemische Arbeits- und Wärmeeffekte. Auf Grund dieser Feststellung ist es jetzt zunächst möglich, den Begriff der chemischen Arbeit und der chemischen Wärmeeffekte klarzustellen und eine Trennung von physikalischen und chemischen Arbeits- und Wärmeeffekten vorzunehmen. Werden zwei benachbarte, physikalisch und stofflich verschiedene Zustände 1 und 2 desselben Systems untersucht, so ist durch ihre Energiedifferenz dU die Summe der Arbeits- und Wärmemengen gegeben, die dem System zugeführt (oder entzogen) werden müssen, um es von 1 nach 2 zu bringen; durch dS ist die Summe der reduzierten Wärmemengen gegeben, die (bei reversiblem Übergang von 1 nach 2) zugeführt (oder entzogen) werden müssen. Setzen wir nun, durch Konvention, fest, daß nur solche Übergänge von 1 nach 2 betrachtet werden sollen, bei denen die Systemtemperatur T die einzige Temperatur ist, bei der ein Wärmeaustausch stattfindet[1], so besteht die Summe der reduzierten Wärmemengen aus dem einzigen Glied $\frac{\mathfrak{d} Q}{T}$ wobei $\mathfrak{d} Q$ die im ganzen bei T ausgetauschte Wärme ist; dU ist gleich $\mathfrak{d} A + \mathfrak{d} Q$ zu setzen, wobei $\mathfrak{d} Q$ die gleiche (spezielle) Bedeutung hat. Dann ist aber stets

$$\mathfrak{d} A = dU - T dS$$
$$\mathfrak{d} Q = T dS,$$

gleichgültig, ob nur physikalische oder auch chemische Veränderungen mit dem System vorgenommen sind, und es lassen sich durch Differentialentwicklung der Funktionen U und S nach ihren verschiedenen, physikalischen und stofflichen unabhängigen Veränderlichen partielle Arbeits- und Wärmeeffekte isolieren, die jeweils nur von einer einzigen — physikalischen oder chemischen — Veränderung herrühren. *Diejenigen Arbeits- und Wärmeeffekte, die bei Festhaltung der physi-*

---

[1] Diese Festsetzung ist deshalb notwendig, weil die reversible Durchführung auch beliebig kleiner stofflicher Veränderungen an sich manchmal auf Umwegen vor sich gehen wird, die über andere Temperaturen führen können. Vgl. hierzu die Bemerkungen über innere Arbeitskoordinaten und innere Arbeit, I, § 7, die mit dieser Frage ja aufs engste zusammenhängen, und § 4 dieses Teiles.

kalischen Veränderlichen (Temperatur, Volum usw.) durch bloße Änderung des chemischen Zustandes bedingt sind, werden wir dann als chemische Arbeits- und Wärmeeffekte zu bezeichnen haben. Auf die Knallgasreaktion angewendet hätten wir in diesem Falle zwei benachbarte Zustände zu betrachten, die sich nur dadurch voneinander unterscheiden, daß im Endzustand etwas mehr Knallgas in Wasserdampf umgesetzt ist als im Anfangszustand; Volum und Temperatur sollen sich bei diesem Übergang entweder überhaupt nicht geändert haben oder, nötigenfalls, nachträglich wieder auf ihre ursprünglichen Werte zurückgeführt sein. Wäre auf irgendeinem reversibeln Wege (bzw. Umwege) die Bestimmung des Unterschiedes dU und dS für diese beiden Zustände gelungen, so würde die Arbeit $\mathfrak{d}A$ und die Wärmemenge $\mathfrak{d}Q$, die in der obigen Weise mit diesen Größen zusammenhängen, den chemischen Arbeits- und Wärmeeffekt bei isotherm-reversibler Überführung des Anfangszustandes in den Endzustand bedeuten. Kommen noch Änderungen der Temperatur und des Volums dazu, so setzen sich die betreffenden Arbeits- und Wärmeeffekte, die in alter Weise durch $\left(\frac{\partial U}{\partial V} - T \cdot \frac{\partial S}{\partial V}\right) dV = K^v\, dV$ usw. definiert sind, mit diesen chemischen Effekten deshalb additiv zusammen, weil die totalen Differentiale dU und dS diesen Charakter der additiven Zusammensetzung aus Partialeffekten besitzen.

Die unabhängigen chemischen Veränderungen als gehemmte Veränderungen. Aus der Tatsache, daß die hier betrachteten chemischen Veränderungen gerade dadurch charakterisiert sind, daß sie neben den physikalischen Veränderungen (Temperatur, Volum usw.) und unabhängig von ihnen auftreten und bestehen können, ergibt sich sofort, daß wir es hier, im Sinne von I, § 7 und II, Einleitung, mit *gehemmten* Veränderungen zu tun haben. Es sollen ja bei der gleichen Temperatur und bei gleichen physikalischen Bedingungen (in unserem Beispiel V oder auch p) verschiedene Gleichgewichtszustände desselben Systems möglich sein, was nach dem Satz von der Eindeutigkeit des thermischen Zustandes (I, § 3) nur auf Grund von Hemmungen im Ablauf der betreffenden Veränderung (hier der Knallgasumsetzung) zustande kommen kann. Das trifft nun in der Tat, wie man weiß, in unserem Beispiel zu; die Umsetzung $2\,H_2 + O_2 \rightarrow 2\,H_2O$ ist bei gewöhnlichen Temperaturen in der Regel eine gehemmte Reaktion, und es genügt ein katalytischer oder thermischer Auslösungsvorgang (Entflammung), um das System unter den lebhaftesten Erscheinungen zum Verlassen seines scheinbaren thermischen Gleichgewichtszustandes zu veranlassen.

Das gilt nun nach den gemachten Bemerkungen ganz allgemein; wir können sagen: *die chemische Thermodynamik ist eine Thermodynamik der gehemmten Gleichgewichtszustände.* Bei gegebenen äußeren Bedingungen gibt es für jedes System nach dem Satz von der Eindeutigkeit des thermischen Gleichgewichts nur einen einzigen Zustand, bei dem die Aufhebung der Hemmung keine weitere innere Veränderung zur Folge hat, das ist der Zustand des vollständigen, ungehemmten Gleichgewichts. Wie dieser Zustand in der Reihe der gehemmten Zustände thermodynamisch ausgezeichnet ist, werden wir bei den chemischen Gleichgewichtsbetrachtungen (Kapitel B) zu besprechen haben, wo wir darauf fußen werden, daß die chemische Arbeit im Sinne von I, § 7 eine bestimmte Art *innerer Arbeit* ist.

Physikalisch bedingte chemische Veränderungen. Hier wollen wir nur noch eine kurze Bemerkung einflechten über chemische Veränderungen in Systemen, in denen keine Reaktionshemmungen bestehen, und die infolgedessen nur dadurch eintreten, daß die physikalischen Bedingungen, z. B. Temperatur und Druck, geändert werden. In solchen Fällen ist das System durch seine physikalischen Variabeln eindeutig bestimmt; jeder Arbeits- und Wärmeeffekt ist einer bestimmten Veränderung der äußeren Bedingungen zugeordnet, wir haben es also im Sinne unseres zweiten Teiles nur mit physikalischen Arbeits- und Wärmeeffekten zu tun. Die chemischen Umsetzungen (z. B. Dissoziation und Assoziation bei Ausdehnung und Kompression von Gasen) haben nur die Wirkung, die Arbeits- und Wärmeeffekte bei der physikalischen Änderung anders zu machen, als wenn die betreffende chemische Umsetzung nicht stattfände; aber es ist ganz unmöglich, in solchem Falle auf rein thermodynamischer Grundlage und ohne die Einführung künstlicher Hemmungen den physikalischen und chemischen „Anteil" der bei der betreffenden Änderung auftretenden Arbeits- und Wärmeeffekte zu trennen. (Man denke z. B. an die hohe Wärmekapazität des flüssigen Wassers oder an den eigenartigen Gang seines thermischen Ausdehnungskoeffizienten. Beide Besonderheiten werden mit der Bildung bzw. Auflösung von Mehrfachmolekülen in Verbindung gebracht, ohne daß aus ihnen irgendwelche direkten thermodynamischen Folgerungen inbetreff dieser Reaktionen gezogen werden könnten.) Überall, wo dieser Satz durchbrochen scheint, liegen unauffällig sich einschleichende Zusatzannahmen vor über das Verhalten, das das System unter den Bedingungen seines ungehemmten Zustandes zeigen *würde*, wenn die betreffende Reaktion *gehemmt wäre*. Hier ist auch das Gebiet, wo die „fiktiven Hemmungen und theoretischen Zustände" von I, § 7 ihre Hauptrolle spielen. Solange man aber mit rein thermodynamischen Methoden und Argumenten arbeitet, ist es unmöglich, chemische Arbeits- und Wärmeeffekte zu isolieren und zu definieren, ohne daß die betreffenden Reaktionen als hemmbar angenommen werden. Wir wollen also vorläufig diesen Standpunkt nicht verlassen.

Eine didaktische Bemerkung. Die Frage, ob chemische Reaktionen überhaupt auf thermodynamischem Wege durchführbar sind, hat in der Geschichte und in dem bisherigen gedanklichen Aufbau der chemischen Thermodynamik nicht die Aufmerksamkeit erregt, die wir ihr hier glaubten zuwenden zu müssen.

Historisch sind stoffliche Umsetzungen zunächst bei solchen Veränderungen in die thermodynamische Betrachtung einbezogen worden, die wir als „Veränderungen bei währendem Gleichgewicht" (Kapitel G) bezeichnen, Veränderungen, bei denen durch primäre Beeinflussung von Volum und Temperatur des Gesamtsystems sekundär Übergänge eines Stoffes aus einem Aggregatzustand in den anderen (CLAUSIUS-CLAPEYRON) oder chemische Dissoziation in einer gasförmigen Phase (HORSTMANN) bewirkt werden. In diesen Fällen ergab sich der thermodynamische Charakter der Gesamtänderung von selbst, und das Hypothetische lag nur in den — in diesen Spezialfällen außerordentlich plausibeln — Annahmen, die über das Verhalten der Systeme bei gehemmter „chemischer Umsetzung" gemacht wurden. (Es wird bei CLAUSIUS-CLAPEYRON jede Phase für sich, bei HORSTMANN jede Gasart für sich als fiktiv gehemmtes System betrachtet.)[1]

Für GIBBS, der unabhängige stoffliche Veränderungen ausdrücklich einführt, hat der Begriff der thermodynamischen Funktionen (Energie, Entropie usw.) offenbar eine solche innere Evidenz besessen, daß er von vornherein nicht daran zweifelte, daß solche Funktionen nicht nur für alle auch stofflich verschiedenen Zustände (chemischen Parameterwerte) eines gegebenen Systems existieren, sondern auch beim Eintreten stofflicher Veränderungen (Änderung chemischer Variabeln) dieselbe Bedeutung für den Arbeits- und Wärmeaustausch

[1] Soweit wir übersehen, werden chemische Umsetzungen wirklich gehemmter Systeme zum erstenmal diskutiert in den grundlegenden HELMHOLTZschen Arbeiten (1882) über die Arbeitsfähigkeit galvanischer Elemente (OSTWALDS Klassiker Nr. 124), wo die chemische Arbeit als elektrische Arbeit direkt meßbar in Erscheinung tritt; daß es sich hierbei um gehemmte Zustände handelt, ist übrigens wohl erst viel später erkannt worden.

haben wie bei bloßer Veränderung der physikalischen Variabeln. So fruchtbar und glücklich sich diese, zum Teil schon in der allgemeineren Bedeutung des Energieprinzips und in der CLAUSIUSschen Konzeption des Entropiebegriffs vorbereitete Verallgemeinerung in der Folge auch erwiesen hat: für den Lernenden ist es doch von größter Wichtigkeit, zu erkennen, daß hier, vom Standpunkt der empirisch begründeten Thermodynamik, etwas Neues vorliegt.

§ 2. Der chemische Zustand und seine Charakterisierung

Problemstellung. Um die mathematischen Beziehungen aufstellen zu können, die den beiden Hauptsätzen zufolge die (reversibeln) chemischen Arbeits- und Wärmeeffekte eines Systems miteinander und mit den physikalischen Arbeits- und Wärmeeffekten verknüpfen, müssen wir den chemischen Zustand und den Grad der eingetretenen Änderung dieses Zustandes zahlenmäßig charakterisieren können. Die Art der hierzu geeigneten Zahlengrößen ist in einfachen konkreten Fällen, wie etwa im Falle der Knallgasreaktion, nicht schwer anzugeben: der chemische Zustand ist hier offenbar vollkommen bestimmt, wenn man die Menge oder das Gewicht der vorhandenen Wasserstoff- und Sauerstoffmoleküle sowie dasjenige der Wasserdampfmoleküle kennt. Immerhin lassen sich schon bei diesem Prozeß die möglichen Schwierigkeiten andeuten. Es kann z. B. die Frage auftreten, ob es etwa notwendig ist, auch die Menge der zu Doppelmolekülen assoziierten Wasserdampfmoleküle $(H_2O)_2$ zu kennen und ob diese Menge unter sonst gleichen Verhältnissen in verschiedenen Fällen verschieden sein kann. Da nun die in der Praxis auftretenden Systeme meist noch wesentlich komplizierter sind, ist es notwendig, über Richtlinien zu verfügen, welche die zur Bestimmung des chemischen Zustandes notwendigen Zahlenangaben und Messungen in jedem Falle anzugeben gestatten.

Diese Aufgabe ist natürlich durch rein thermodynamische Betrachtungen nicht lösbar; es müssen Erfahrungsergebnisse und Erkenntnisse anderer Art zuhilfe genommen werden, deren Erörterung übrigens nicht nur vom thermodynamischen Gesichtspunkt aus wichtig ist.

Stoffliche Homogenität. Phasenbegriff. Grundlegend sind hier zwei empirisch festgestellte Eigenschaften chemischer Gleichgewichtssysteme: einmal die Eigenschaft der *Homogenität*, des in jeder Beziehung gleichartigen stofflichen Charakters größerer zusammenhängender Gebiete, und sodann die Tatsache, daß in vielen Fällen *verschiedene solche homogene Stoffgebiete* unvermittelt aneinandergrenzen und nebeneinander bestehen können, die ein voneinander ganz verschiedenes Verhalten zeigen (Lösung und Dampf, Wasser und Eis usw.). Man spricht in solchen Fällen von verschiedenen „Phasen" des Stoffsystems, wobei man jedoch, nach dem Vorgange von GIBBS, nur soviel verschiedene Phasen unterscheidet, wie *stofflich verschiedene* homogene Körper in dem System vorhanden sind; zwei Stücke Eis in Wasser würden nur *eine* Phase Eis in der Phase Wasser darstellen.

Die molekulartheoretische Deutung der Homogenität ist verhältnismäßig einfach; sie beruht auf der freien Beweglichkeit der kleinsten Stoffteilchen (Atom, Atomgruppe, Ion). Wenn diese kleinsten Teilchen in einem gegebenen Raum überall hinkommen können und keine Stelle des Raumes durch irgendwelche äußeren physikalischen Einflüsse vor der anderen bevorzugt ist, so muß schließlich überall derselbe mittlere Zustand herrschen. Schwieriger ist die anscheinend mit dieser Behauptung in Widerspruch stehende Tatsache der Heterogenität, des Nebeneinanderbestehens verschiedener homogener Phasen, molekulartheoretisch zu erklären. Man kommt hier zu einem gewissen Verständnis, wenn man sich den ganzen zur Verfügung stehenden Raum zunächst homogen mit den frei beweglichen Teilchen der vorhandenen Stoffe ausgefüllt vorstellt und dann an die Anziehungskräfte zwischen den Teilchen denkt, die diesen Zustand aufzuheben streben, indem entweder eine Anzahl der Teilchen unter Einbuße ihrer Beweglichkeit sich zu einem enger zusammenhängenden homogenen Komplex zusammenballt und den übrigen Raum dann für eine durch das Wechselspiel von Anziehungskräften und Eigenbewegungen der Teilchen bestimmte beweglichere und meist weniger dichte Phase zur Verfügung stellt (Wasser und Dampf, Metall und Schmelze usw.), oder indem auf Grund verschieden starker Anziehungskräfte zwischen *verschiedenen Arten* frei beweglicher Teilchen eine Entmischung herbeigeführt wird, bei der die verschiedenen einander besonders stark anziehenden Stoffteilchen jeweils zu verschiedenen Phasen vereinigt werden, die sich durch ihre stoffliche Zusammensetzung unterscheiden. Aus dieser Betrachtung geht auch hervor, daß in Räumen oder Raumteilen, wo die verschiedenen Stoffteilchen überhaupt keine merkliche Anziehung (oder Abstoßung) aufeinander ausüben, keine Möglichkeit einer gesonderten Gliederung besteht; jedes Teilchen hält sich im Mittel an allen Stellen eines solchen Raumes gleich lange auf, die Konzentration der Teilchen ist an allen Stellen eines solchen Raumes dieselbe. Solche Verhältnisse liegen in der Gasphase vor, solange sie sich nicht allzuweit vom idealen Gaszustande entfernt hat; infolgedessen ist ein freiwilliges Nebeneinanderbestehen *mehrerer* Gasphasen nicht möglich. Sobald jedoch die Kräfte zwischen den Gasmolekülen eine größere Rolle zu spielen beginnen, kann man diesen Schluß nicht mehr mit voller Sicherheit ziehen. Die Grenze, von der an eine Trennung in Phasen möglich ist, ist daher ebenso fließend wie die Unterscheidung zwischen dem flüssigen und gasförmigen Zustande einer reinen Substanz, eine Unterscheidung, die ja im kritischen Zustand vollständig verschwindet.

Einschränkende Bemerkungen zum Homogenitätsprinzip. Unsere kurze molekulartheoretische Betrachtung läßt uns auch sogleich eine Anzahl wichtiger Einschränkungen erkennen, die der Möglichkeit der Verteilung eines Stoffsystems in eine oder verschiedene homogene Phasen in den Weg treten können. Solche Einschränkungen sind:

1. *Gehinderte Beweglichkeit der „kleinsten Teilchen“.* Wenn, wie es in der Natur sehr häufig vorkommt, die kleinsten Teilchen der Materie (wir kommen auf die genauere Bestimmung dieses Ausdruckes noch zurück) zwischen ihren Nachbarteilchen so fest eingeklemmt sind, daß sie ihre Stellung überhaupt nicht wechseln können, so fällt damit unsere molekulartheoretische Begründung der Homogenität (innerhalb größerer Raumgebiete). In der Tat sind die meisten festen Körper der Natur (Steine, Holz usw.) nicht homogen, sondern zeigen eine makroskopische oder mikroskopische „Struktur“, meist von fein durcheinandergelagerten Gemengteilen verschiedener Zusammensetzung. Auf den näheren Charakter und die Begründung eines solchen Verhaltens, das sich vielfach aus der Entstehungsgeschichte dieser Stoffzustände erklären läßt, können wir hier nicht eingehen; wir scheiden diese Fälle ganz aus und nehmen ungehinderte Beweglichkeit der kleinsten Teilchen an. Damit haben wir auch zugleich alle *anisotropen Zwangszustände* durch ungleichmäßig angreifende Kräfte ausgeschieden, da die Teilchen solchen Kräften wegen ihrer Beweglichkeit beliebig ausweichen können; der einzige Zwang, der auf ein solches System von außen ausgeübt werden kann, ist ein allseitig gleicher Druck oder, in gewissen Fällen, Zug.

2. *Physikalische Inhomogenitäten des zur Verfügung stehenden Raumes.* Starke elektrische Ladungen, an bestimmte Stellen des Stoffraumes gebracht, werden auch in nicht leitenden Stoffgemischen in ihrer Nähe Veränderungen hervorrufen

(Konzentrationsänderungen, elektrische Polarisation, Erhöhung des Druckes), die mit wachsender Entfernung abnehmen und den stofflichen Zustand inhomogen machen. Auch von außen in das Gebiet hineingreifende elektrische und magnetische Felder werden solche Wirkung haben. Die Schwerkraft verursacht eine Anreicherung spezifisch schwererer Stoffe und eine Druckzunahme im unteren Teil eines im übrigen homogenen Systems. Alle Fälle, in denen solche Effekte eine wesentliche Rolle spielen, schalten wir aus.

3. *Fernwirkungen der beweglichen Stoffteilchen selbst* (*elektrische Ladungen*). Eine notwendige Bedingung dafür, daß innerhalb einer Phase von beobachtbarer Größe Homogenität herrscht, ist die, daß die Kraftwirkungen aller beweglichen Teilchen sich nur auf Entfernungen geltend machen, die klein gegen die Abmessungen der Phase sind. Das ist bei den gewöhnlichen Kräften zwischen im ganzen ungeladenen Atomen und Atomgruppen der Fall; solche Kräfte haben, wie wir jetzt wissen, Wirkungsbereiche von kaum mehr als $5 \cdot 10^{-8}$ cm. Von den „Fernkräften" zwischen den Teilchen kommt die Schwerkraft nicht merklich in Frage, wohl aber ihre elektrische Ladung. Tritt irgendwo (besonders an den Grenzen der Phasen kommt dies vor) ein Überschuß oder eine geordnete Lagerung der elektrischen Ladungen der kleinsten beweglichen Teilchen auf, so kann sich diese Wirkung in Nichtleitern auf große Entfernungen erstrecken und elektrische Felder hervorrufen, die zu Ungleichmäßigkeiten in der Verteilung und dem Zustand sowohl der ungeladenen (vgl. 2.) wie der geladenen Teilchen führen. Die Diskussion solcher Effekte geht über den hier gegebenen Rahmen hinaus[1]. Wir werden Systeme mit unabhängig beweglichen, *geladenen* Teilchen nur so weit in den Kreis unserer Betrachtungen ziehen, als keine Ladungsverteilungen, die zu Feldwirkungen Anlaß geben würden, auftreten.

4. *Oberflächenwirkungen.* Auch beim Fehlen von Fernkräften zwischen den kleinsten Teilchen stehen die in unmittelbarer Nähe der Grenzflächen liegenden Teilchen unter besonderen Bedingungen, die sich z. B. im Auftreten besonderer Oberflächenspannungen und, bei Mehrstoffsystemen, in Anreicherungen oder Verarmungen der Oberfläche an bestimmten Stoffarten bemerkbar machen. Auch von diesen Effekten sehen wir ab, indem wir voraussetzen, daß alle betrachteten Phasen in solcher Masse vorhanden sind, daß die thermodynamischen Effekte und die Konzentrationsverhältnisse durch diese Oberflächenwirkungen nicht merklich mitbedingt werden. Wir nehmen nur zur Kenntnis, daß die Oberflächenspannung die Wirkung haben wird, etwa getrennt vorhandene Teile derselben Phase, sobald sie einander berühren, zur Verschmelzung zu bringen (vgl. II, § 7). Wir können also, wenn wir freie Beweglichkeit der Teilchen annehmen, von vornherein damit rechnen, daß im Gleichgewichtszustand jede Phase nur in einem zusammenhängenden Stück vertreten sein wird.

Die allgemeinsten hier betrachteten Systeme. Infolge der gemachten Einschränkungen scheinen unsere Betrachtungen nur für solche Stoffsysteme zuzutreffen, die entweder den zu ihrer Verfügung stehenden Raum vollständig gleichmäßig ausfüllen oder in denen verschiedene solche homogene Phasen im thermischen Gleichgewicht nebeneinander bestehen können (koexistente Phasen nach GIBBS; vgl. Kapitel B). Es ist jedoch eine einfache und wichtige Erweiterung möglich. Wir können Systeme betrachten, die aus mehreren Teilen bestehen, welche durch zunächst ganz beliebig gezogene Wände gegeneinander abgesperrt sind, so daß ein Stoffübertritt, gegebenenfalls auch ein Wärmeübertritt

[1] Eine prinzipielle Diskussion dieser Fälle z. B. bei W. SCHOTTKY und H. ROTHE: Wiens Handbuch Bd. 13, 2. Teil, S. 11, 1928.

und Temperaturausgleich, dadurch verhindert wird, und an denen schließlich verschiedene unabhängige äußere Kräfte, in unserem Fall verschiedene Drucke, angreifen können. Diese Festsetzung vereinfacht zunächst die Betrachtungsweise in hohem Maße; wir können uns nämlich Wände überall da gezogen denken, wo in dem gegebenen Stoffsystem zwei verschiedene Phasen aneinandergrenzen. Dadurch erreichen wir, daß unsere Trennungswände *jeweils nur eine homogene Phase* (oder einen Teil einer solchen) *umschließen*. An den thermodynamischen Eigenschaften des Systems wird durch das Anbringen solcher Wände nichts Wesentliches geändert, da wir ja die besonderen Oberflächeneffekte ohnehin vernachlässigen wollten. Es wird jedoch durch diese „Grenzflächenwände" neben einer Vereinfachung der Betrachtung auch eine wesentliche Verallgemeinerung der hier zu behandelnden Systeme erzielt; kann man doch jetzt, durch (vorzugsweise reversible) Umwegsprozesse, Stoffteilchen aus der einen Phase in die andere übertreten lassen und so eine vom Gleichgewicht abweichende stoffliche Verteilung bewirken, die bei ungehemmtem Stoffaustausch durch Rückdiffusion von Teilchen in die frühere Phase sogleich wieder zum ursprünglichen Zustand zurückkehren würde. Wie durch das Studium des thermodynamischen Verhaltens eines in dieser Weise durch Grenzflächenwände am Stoffaustausch *gehemmten* Systems die stoffliche Verteilung bei *ungehemmtem* Stoffaustausch bestimmt werden kann, wird sich im folgenden Abschnitt ergeben.

In allen Fällen haben wir es also jetzt nur noch mit Systemen zu tun, die aus homogenen, von Wänden umschlossenen Teilen bestehen. Wir können uns nun weiter auch Wände gezogen denken innerhalb von Stoffgebieten, die *keine* inneren Phasengrenzflächen aufweisen, die aber trotzdem verschiedene, stetig veränderliche (Temperatur- oder) stoffliche Zusammensetzung haben, was beim Fehlen von Wänden und wenn wir uns auf physikalisch homogene Räume ohne Fernkraftwirkungen beschränken, nur infolge von Hemmungen in der Beweglichkeit der kleinsten Teilchen möglich ist. Die (allerdings meist fiktive) Einführung solcher Wandhemmungen innerhalb stetig veränderlicher Stoffgebiete hat den Vorteil, daß man einen großen Komplex von Zuständen noch als thermodynamisch auffassen und der thermodynamischen Behandlung unterwerfen kann, die sonst wegen ihres Nichtgleichgewichtcharakters außer Betracht bleiben müßten; so z. B. die Zustände, die sich einstellen, wenn von einer Seite her in einen festen Körper, eine Flüssigkeit oder ein (dichtes) Gas ein Fremdstoff genügend langsam hineindiffundiert.

Der Vorteil gegenüber der üblichen äquivalenten Auffassungsweise, die jedem Raumelement einfach in jedem Zustande eine gewisse Energie und Entropie zuschreibt, besteht darin, daß man den thermodynamisch-empirischen Charakter der zu benutzenden Gesetzmäßigkeiten und die Erfüllung ihrer Voraussetzungen wenigstens gedanklich in jedem Falle sofort nachzuprüfen imstande ist. Übrigens werden wir Systeme mit stetigen Inhomogenitäten im folgenden nicht betrachten; es sollte jedoch auf den weitreichenden Charakter der hier betrachteten thermodynamischen Systemtypen hingewiesen werden.

Charakterisierung des chemischen Zustandes durch die Mengen der „resistenten Gruppen". Der *physikalische* Zustand der geschilderten Systeme ist vollständig bestimmt, wenn für jedes durch Wände eingeschlossene homogene Gebiet die Temperatur und das Volum oder der Druck gegeben ist. Was den *chemischen* Zustand betrifft, so genügt es, wenn wir angeben, wie dieser für ein einzelnes solches homogenes Gebiet zu bestimmen ist; für alle anderen Teilgebiete ist das Verfahren das gleiche.

Ohne uns mit Allgemeinheiten aufzuhalten, wollen wir sogleich diejenige Charakterisierung des chemischen Zustandes einer homogenen Stoffmasse geben, die nach unseren heutigen Kenntnissen die zweckmäßigste ist. Wir sprachen schon davon, daß die Homogenität eines Stoffgebietes dadurch zustande kommt (oder bei der ursprünglichen Bildung zustande gekommen ist), daß gewisse „kleinste Teilchen" innerhalb des zur Verfügung stehenden Raumes überall hinkommen können. Dieser Tatsache steht die andere Tatsache gegenüber, daß diese „kleinsten Teilchen", die sich überall hinbewegen können, in vielen Fällen keine absolut unteilbaren Elementargebilde sind, sondern nur fest zusammenhängende Atomgruppen (NH_3 in wässeriger Lösung, H_2, O_2 im Gaszustand usw.), die unter den Versuchsbedingungen praktisch nie von selbst gebildet oder aufgelöst werden, unter veränderten Bedingungen jedoch sehr wohl voneinander trennbar oder ineinander überführbar sind. Solche Atomgruppen bezeichnen wir als (unter den gegebenen physikalischen und stofflichen Bedingungen) *„resistente Gruppen"*. Der Einfachheit halber dehnen wir diese Bezeichnung auch auf solche Teilchen aus, die nach unserer jetzigen Erkenntnis mit thermodynamischen Mitteln überhaupt nicht teilbar sind, wie Elektronen, Atomkerne usw. Wir können dann behaupten: *Der chemische Zustand eines homogenen Stoffes ist vollkommen bestimmt, wenn die Mengen der verschiedenen in ihm vorkommenden resistenten Gruppen gegeben sind.* In der Tat, wäre eine von diesen resistenten Atomgruppen ihrer Menge nach nicht gegeben, so würde man aus den übrigen Angaben auf ihr Vorkommen in keiner Weise schließen können, da die anderen resistenten Gruppen sich nicht in die betreffende Atomgruppe umsetzen und somit auch ihre Menge nicht bestimmen können. Andererseits, wären mehr Mengenangaben gemacht worden, als resistente Gruppen vorhanden sind, so wäre von diesen eine Anzahl zur vollständigen Bestimmung des Zustandes nicht mehr nötig, da alle nicht resistenten Atomkonfigurationen sich ungehindert bilden und wieder auflösen können, also ungehemmt sind. Das bedeutet aber nach dem Satz von der Eindeutigkeit des thermischen Gleichgewichts (I, § 3), daß ihre Mengen durch die übrigen Stoffmengen vollständig bestimmt sind.

So sind z. B. im Knallgas-Wasserdampfgemisch bei tiefen Temperaturen und bei Abwesenheit von Katalysatoren die Atomgruppen H_2, O_2 und H_2O als die resistenten Gruppen anzusehen, da sie sich (nahezu) bei keinem vorkommenden Elementarvorgang in ihre Bestandteile aufzulösen oder umzugruppieren vermögen. Dagegen sind oberhalb der Entflammungstemperatur oder bei Gegenwart von Katalysatoren nur noch die O und H-Atome „resistente Gruppen", da jedes O-Atom mit jedem anderen O-Atom oder mit jedem H-Atom zu einer Gruppe zusammenzutreten oder sich wieder von ihm zu trennen vermag. Andererseits könnte es bei tiefen Temperaturen und Fernhalten katalytisch wirkender Stoffe vorkommen, daß neben H_2, O_2 und H_2O auch noch H_2O_2 in dem System zugegen ist. Sobald nun durch die Versuchsbedingungen die freie Umsetzbarkeit des H_2O_2 in die anderen drei Stoffe oder seine Bildung aus diesen ausgeschlossen ist, ist dieses als die vierte resistente Gruppe des Systems anzusprechen und seine Mengenabgabe zu dessen vollständiger chemischer Charakterisierung unentbehrlich. Dagegen würden Doppelmoleküle des Wassers oder vielleicht vorhandene Anlagerungen von Wasser an H_2O_2, die sich unter den gleichen Bedingungen ungehemmt bilden und aufspalten könnten, nicht als neue unabhängige Bestimmungsgrößen auftreten; diese Mengen sind wegen der ungehemmten Umsetzungen und der Annahme des thermischen Gleichgewichtszustandes durch die anderen mitbestimmt.

Die „Mengen" der vorhandenen resistenten Gruppen kann man zahlenmäßig durch ihre Gewichte oder Massen M_1, M_2 . . . bestimmen. Besitzt man genauere chemische Kenntnisse der betreffenden resistenten Gruppen, so daß sich ihre Zusammensetzung aus den chemischen Grundstoffen formelmäßig angeben läßt, so kann man auch anstatt der Massen die „*Molenzahlen*" n_1, n_2 usw. angeben, und zwar gewinnt man die Molenzahl eines Stoffes durch Division seiner Masse M durch sein „*Molekulargewicht*" $\mathbf{M}$. Es ist also $n = \frac{M}{\mathbf{M}}$, wobei unter „Molekulargewicht" im vorliegenden Falle die Summe der Atomgewichte $\mathbf{A}$ aller die betreffende resistente Gruppe aufbauenden Einzelatome zu verstehen ist: $\mathbf{M} = \sum \mathbf{A}$. Willkürlich ist hierbei noch die Zahl der Atome, aus denen man sich die betreffende Gruppe aufgebaut denkt; die chemische Analyse ergibt z. B. nur, daß im Ammoniak immer auf ein Atom Stickstoff 3 Atome Wasserstoff kommen, gestattet aber nicht, zu entscheiden, ob seine Formel NH_3 oder N_2H_6 usw. zu schreiben ist. Bei gasförmigen und gelösten Stoffen wird man zweckmäßigerweise die Formel so festsetzen, daß die „resistente Gruppe" mit den *längere Zeit selbständig existenzfähigen Einzelteilchen*, den *Molekülen*, identisch wird. Im allgemeinen kann man aber diese Festsetzung nicht treffen, denn es ist zu bedenken, daß es in einem gegebenen System viel mehr Molekülarten als resistente Gruppen geben kann; es sei nur an die im Wasser vorkommenden und in ungehemmtem Austausch miteinander stehenden Mehrfachmoleküle erinnert. Bei Stoffen, die nicht in hinreichend verdünntem gasförmigem oder gelöstem Zustand vorliegen, läßt sich überdies die Größe der selbständig beweglichen Einzelteilchen (Moleküle) überhaupt nicht sicher angeben. Die verschiedenen Teilchen sind gewissermaßen in dauerndem Zusammenstoß begriffen, und handelt es sich dabei um umsetzungsfähige Gebilde, so können sogar während nicht zu vernachlässigender Zeiten über die Zugehörigkeit eines Atoms zu dem einen oder anderen Atomkomplex Zweifel bestehen[1]. In solchen Fällen verliert der Begriff des Moleküls, aber nicht der der resistenten Gruppe, seine ursprüngliche Bedeutung; gelingt es in solchem Falle nicht, die Elementargröße einer resistenten Gruppe direkt festzustellen, so wird die Wahl jenes multiplen Faktors, der das Molekulargewicht und damit die Molenzahl der resistenten Gruppen eindeutig festlegt, häufig nur von dem Gesichtspunkt möglichster Einfachheit bestimmt sein können, denn die prüfbaren thermodynamischen Folgerungen sind von der Formelgröße unabhängig.

Alle in dieser Weise, evtl. mit einer willkürlichen Festsetzung des Größenfaktors, definierten *resistenten Gruppen* können ihrer Menge nach in dem betrachteten homogenen Raumgebiet stetig verändert werden, sie sind, in diesem Sinne, voneinander unabhängige *Zustandsvariabeln des Systems*.

Zum Schluß ist aber noch zu erwähnen, daß unter Umständen der Zustand eines Systems durch Angabe von T, V (oder p) und den Mengen M oder den Molenzahlen n der resistenten Gruppen noch nicht eindeutig festgelegt ist und also eine weitere Angabe hinzutreten muß. Man beobachtet nämlich, daß ein

---

[1] Noch ausgesprochener ist dies Verhalten in kristallinisch aufgebauten festen Körpern, wo, wie die neuere Forschung gezeigt hat, das einzelne Atom (Ion) in vielen Fällen seinen sämtlichen Nachbarn in enger, systematischer Weise verbunden ist. In allen diesen Fällen ist es unseres Wissens nicht gelungen, den Molekülbegriff mit einer allgemeinen und rationellen Definition beizubehalten. Der röntgenographisch erschlossene Begriff des „Festkörpermoleküls", der auf der Entdeckung der besonders engen Zusammenballung gewisser Atomkomplexe im Kristallgitter beruht (WEISSENBERG), sagt zunächst nur etwas über die räumliche Lagerung der verschiedenen Atome, nichts über die Kräfte, die sie zusammenhalten und ihre gegenseitige Beweglichkeit aus. Im allgemeinen wird allerdings mit „enger Packung" ein besonders starker Zusammenhalt einhergehen, der diese Atomgruppen in sich geschlossen bleiben läßt, auch wenn Diffusionsvorgänge im Kristall sich abspielen oder gar ein partieller Stoffübertritt in andere Phasen stattfindet. Wir kommen dann jedoch sogleich wieder auf unseren Begriff der resistenten Gruppe zurück; dieser Begriff einer Gruppe, deren Unterbestandteile stets vereinigt bleiben und sich innerhalb gewisser Versuchsbedingungen jedem Austausch mit anderen Gruppen widersetzen, ist ohne Schwierigkeit auch bei beliebig dicht gepackten Stoffen verständlich und anwendbar.

so bestimmtes homogenes Stoffgemisch gelegentlich mit zwei oder mehr verschiedenen Gesamteigenschaften auftreten kann; 1 g H_2O kann bei irgendeiner Temperatur unter 0° C und bei Atmosphärendruck entweder als (unterkühltes) Wasser oder als Eis vorliegen. Solche Zustandsmannigfaltigkeiten sind aber nicht stetig veränderlich, sondern nur unstetig; sie betreffen nicht die Zahl und Zusammensetzung der resistenten Gruppen, sondern die Lagerung und Bewegungsart dieser Atomgruppen, die hiernach bei gegebenen äußeren und inneren Bedingungen noch mehrdeutig sein kann. Es handelt sich hier um die bekannte Erscheinung der *Allotropie*. GIBBS hat dieser Frage besondere Aufmerksamkeit zugewendet und gezeigt, daß von den verschiedenen in dieser Weise möglichen Gesamtzuständen eines Stoffes — auch diese Zustandsverschiedenheiten werden als verschiedene *Phasen* desselben Stoffes oder Stoffgemisches bezeichnet — immer gewisse Phasen die stabilsten sind und daß es nur einer auslösenden Wirkung bedarf, um die weniger stabilen Phasen in die stabilsten überzuführen (Kapitel F). Gleichwohl sind auch die nicht stabilen Phasen in gewissen Fällen experimentell und in manchen anderen Fällen wenigstens theoretisch auf reversiblem thermodynamischen Wege erreichbar und demnach den thermodynamischen Gesetzmäßigkeiten unterworfen. Wir wollen sie also durchaus in unseren Betrachtungen zulassen und benutzen und haben darum, wenn mehrere Phasen unter den gleichen Bedingungen möglich sind, noch anzugeben, in welcher von diesen Phasen sich das System befindet. Erst dann ist der Gesamtzustand des betreffenden homogenen Stoffes in allem, was für die meßbaren Eigenschaften in Frage kommt, eindeutig charakterisiert.

Methoden zur Bestimmung der Art und Menge der resistenten Gruppen. Die resistenten Atomgruppen eines Stoffes kennen, heißt offenbar, seinen ganzen Chemismus mit einer Gründlichkeit und Vollständigkeit beherrschen, die — von dem in vielen Fällen zweifelhaften Molekularbegriff abgesehen — bereits das letzte Ziel der chemischen Erforschung des betreffenden Zustandes überhaupt darstellt. Diese Sachlage ist die naturgegebene; erst wenn man die verschiedenen chemischen Zustände, die auf thermodynamischen Wege ineinander übergeführt werden sollen, so genau untersuchen und bestimmen kann, daß zwei Zustände, die man ihrer chemischen Zusammensetzung nach für gleich erklärt, nicht in Wirklichkeit verschieden sind, kann man sicher sein, auf Gesetzmäßigkeiten in den Arbeits- und Wärmeeffekten zu stoßen, die in *jedem Falle* erfüllt sind. Ehe man zu einer so vollständigen Kenntnis des chemischen Zustandes vorgedrungen ist, kann man unter Umständen mit der Anwendung der Thermodynamik Glück haben, in anderen Fällen aber auch fehlgreifen. Andererseits kann man natürlich in solchen Fällen aus der scheinbaren Ungültigkeit der thermodynamischen Gesetze (abweichende Reaktionswärmen usw.) darauf schließen, daß man es in Wirklichkeit mit zwei verschiedenen Zuständen zu tun hat.

Methodisch steht jedoch die chemische Untersuchung *vor* der thermodynamischen und die gründliche Diskussion des gestellten Themas bildet ein wichtiges Kapitel der reinen Chemie, die durch die bekannten Methoden chemischer Abtrennung die resistenten Gruppen voneinander zu sondern oder wenigstens durch kennzeichnende physikalische Eigenschaften nachzuweisen sucht.

Eine bedeutend einfachere Angelegenheit ist die Bestimmung der Phase, die meist schon nach einfachen physikalischen Eigenschaften (Elastizität usw.) möglich ist. Allerdings wird von manchen Forschern, wohl mit Recht, darauf hingewiesen, daß viele bisher als einheitlich aufgefaßte Stoffe in Wirklichkeit ein Gemenge von zwei verschiedenen Phasen (Modifikationen) darstellen. Bei reinen Phasen, mit denen wir es hier zu tun haben, wird aber die Unterscheidung nicht schwierig sein.

Die betrachteten stofflichen Veränderungen sind gehemmte Veränderungen. Nachdem wir den stofflichen Zustand und die Art seiner Bestimmung für unsere aus homogenen Teilen zusammengesetzten chemischen Systeme diskutiert haben, können wir uns überzeugen, daß eine schon wiederholt gemachte Bemerkung auf diese Systeme Anwendung findet, daß nämlich *eine von den äußeren Bedingungen unabhängige Mannigfaltigkeit des inneren* (hier des chemischen) *Zustandes nur dadurch möglich ist, daß der Übergang dieser inneren Zustände ineinander ein gehemmter Vorgang ist.* Jede andere Mannigfaltigkeit bei gegebenen äußeren Bedingungen würde dem Satz von der Eindeutigkeit des thermischen Gleichgewichtes widersprechen (I, § 3, § 7; II, Einleitung; III, § 1). In der Tat ist uns bei den verschiedenen besprochenen Möglichkeiten der stofflichen Veränderung (bei konstanten physikalischen Variabeln V und T oder p und T) überall der Hemmungsbegriff entgegengetreten: die Möglichkeit verschiedener Stoffgruppierungen innerhalb derselben homogenen Phase bei gegebenen V und T beruht auf der Existenz resistenter Gruppen, deren Umgruppierung zu anderen dieselben Atome enthaltenden Gebilden ein gehemmter Vorgang ist (z. B. kann nur bei Abwesenheit von Katalysatoren H_2, O_2 und H_2O bei Zimmertemperatur in beliebigen Verhältnissen gemischt werden). Und die Möglichkeit einer wechselnden Verteilung der vorhandenen resistenten Gruppen auf verschiedene Phasen des Systems besteht nur dann, wenn diese durch stoffundurchlässige Wände gegeneinander abgetrennt sind.

Phasen zerstreuter Energie, letzte Bestandteile. Die Aufgabe, unter dieser Mannigfaltigkeit der gehemmten Zustände auf Grund der thermodynamischen Effekte diejenigen Zustände herauszufinden, die dem ungehemmten Gleichgewicht entsprechen, ist wohl die wichtigste Aufgabe der chemischen Thermodynamik überhaupt. Handelt es sich hierbei nur um die Aufhebung der *Reaktionshemmungen innerhalb einer abgeschlossenen homogenen Phase*, so bezeichnet man solche Systeme mit Gibbs als „*Phasen zerstreuter Energie*", d. h. Phasen im inneren Gleichgewicht. Solche Phasen haben offenbar die Eigenschaft, daß in ihnen keine Gruppen als resistent auftreten können, die sich aus anderen vorhandenen stofflich zusammensetzen lassen. Für das Wasserdampf-Knallgasgemisch im Zustand zerstreuter Energie würden z. B. die H- und O-Atome solche nicht auseinander zu bildenden Bestandteile darstellen. Gibbs spricht in solchen Fällen von *letzten Bestandteilen* (ultimate components), während er die nach Aufhebung der Hemmungen noch umgruppierbaren resistenten Gruppen als proximate components bezeichnet. Er macht schon darauf aufmerksam, daß der Begriff „ultimate" unter Umständen nur ein relativer ist und sich auf Gruppen beziehen kann, die nur in bezug auf gewisse Umwandlungen nicht mehr gehemmt sind, während sie in anderer Hinsicht vielleicht noch Hemmungen unterliegen. Wollten wir wirklich konsequent zum Letzten fortschreiten, so hätten wir vielleicht in allen Fällen nur die Elektronen und die positiven Wasserstoffkerne, die Protonen, als „letzte Bestandteile" jedes Stoffsystems zu betrachten, nachdem neuerdings die Ansicht gestützt werden konnte, daß die Umwandlung der Atomkerne ineinander nur deshalb nicht stattfindet (wenigstens in einer Richtung), weil es sich um einen gehemmten Prozeß der Kernchemie handelt. Ebenso ist dann auch der Begriff der „Phasen zerstreuter Energie" ein mehr oder weniger relativer, der sich immer nur auf die Aufhebung gewisser vorhandener Hemmungen beziehen wird. Man sollte also immer nur *in bezug auf bestimmte Reaktionen* gehemmte und nichtgehemmte Stoffsysteme miteinander vergleichen.

Katalysatoren. Die Einführung von Reaktionshemmungen ist hierbei im Sinne von I, § 3 stets so zu verstehen, daß innerhalb der *Beobachtungszeit*, die zur Gleichgewichtseinstellung der übrigen Reaktionen genügt, der Umsatz der als gehemmt betrachteten Reaktionen praktisch zu vernachlässigen ist (praktisch *vollkommene Hemmungen*). Die Aufhebung der Hemmung kann demnach auch aufgefaßt werden als Ausdehnung der Beobachtungszeit auf Zeiträume, innerhalb deren das Gleichgewicht praktisch eingestellt ist. Wenn die Geschwindigkeit der Gleichgewichtseinstellung erhöht wird, verkürzen sich diese Zeiträume entsprechend. Dies ist möglich durch die Zugabe sog. *Katalysatoren*, die nach Wi. Ostwald eben dadurch charakterisiert sind, daß ihre Gegenwart die Einstellung des Gleichgewichts beschleunigt, ohne die Lage des Gleichgewichts praktisch zu ändern.

Koexistente Phasen, semipermeable Wände. Für verschiedene Phasen desselben Systems, die auch nach Entfernung aller trennenden Wände miteinander im thermischen Gleichgewicht sind, prägt Gibbs den Begriff „koexistente Phasen". Hier sind alle Hemmungen aufgehoben, die dem Austausch von Teilchen von einer Phase in die andere entgegenstehen, und die Verteilung der verschiedenen Stoffe zwischen die vorhandenen Phasen ist eindeutig bestimmt. Resistenz von Atomgruppen ist wegen der Freizügigkeit dieser Gruppen durch alle Phasen hindurch nur dann möglich, wenn sie in allen miteinander kommunizierenden Phasen gilt; andernfalls wirkt die eine Phase auf die andere im Sinne einer (indirekten) Aufhebung der betreffenden Reaktionshemmung, also als Katalysator. Beispiele für koexistente Phasen werden wir bei Besprechung der Gibbsschen „Phasenregel" (Kapitel B) zur Genüge erörtern.

Eine auch für die experimentelle Chemie wichtige Vorstufe der vollständigen Aufhebung einer Wandhemmung ist ihre *teilweise Aufhebung*, indem *„halbdurchlässige Wände"* als Trennungsflächen dienen. Solche „semipermeablen Membranen" haben die Eigenschaft, für einen Teil der resistenten Gruppen der beiden Phasen den Austausch zu hemmen, für einen anderen Teil nicht. Die Frage, wie sich bei solch teilweiser Aufhebung einer Durchgangshemmung die Stoffe und Drucke auf die in dieser Weise getrennten Phasen verteilen, führt zu der thermodynamischen Theorie des osmotischen Druckes (§ 20).

Die Zahl der wirklichen stofflichen Variabeln eines Systems hängt von den vorgenommenen Eingriffen ab. Wie der äußere Zustand eines thermodynamischen Systems, außer den Veränderungen mit der Temperatur, noch soviele unabhängige Veränderungen durchmacht, wie Mannigfaltigkeiten in der Veränderung der äußeren Kraftwirkungen bestehen, so ist auch die chemische Zustandsmannigfaltigkeit ganz davon abhängig, welche von den gehemmten Stoffaustausch- und Umwandlungsvorgängen durch äußere Maßnahmen zum Ablauf gebracht werden (vollständig oder schrittweise). Es ist also ganz unmöglich, aus einer einmaligen Untersuchung eines chemischen Zustandes eines Systems einen Aufschluß über die wirklichen chemischen „unabhängigen Variabeln" des Systems zu erhalten; es muß vielmehr immer bekannt sein, welche Hemmungen bei den im ganzen betrachteten Veränderungen bestehen bleiben, und welche aufgehoben werden. Das wird man von vornherein bei einem chemischen Versuch nicht immer mit Sicherheit sagen können. Sind jedoch die Maßnahmen, durch die der chemische Zustand des Systems, im Rahmen der gegebenen Versuche, verändert wird, durch eindeutige Experimentiervorschriften festgelegt, so wird es offenbar durch die Analyse sämtlicher Endzustände immer möglich sein, die Art und Zahl der resistenten Gruppen, die in den verschiedenen homogenen Teilen des Systems eine Änderung erfahren haben, anzugeben. Handelt es sich dabei um eine stetige Mannigfaltigkeit von stofflichen Zuständen, so wird es ferner immer möglich sein, festzustellen, welche von diesen Mengen sich überhaupt verändern und welche konstant bleiben. Endlich wird es durch eine Zusammenstellung der vorkommenden Zahlenwerte aller veränderlichen Mengen immer möglich sein, festzustellen wieviele von diesen Stoffmengen „unabhängig veränderlich“ sind. (Eine gewisse Stoffmenge ist abhängig veränderlich, wenn bei gegebenen Werten aller anderen Stoffmengen immer nur *ein* Wert dieser Stoffmenge vorkommt, unabhängig veränderlich, wenn ihr in diesem Falle noch ein stetiges Gebiet von Zahlenwerten zur Verfügung steht.)

Engere und erweiterte Systeme; Auftreten neuer Phasen. Diese ganz allgemeine, aber für den Gebrauch zu abstrakte Definition der unabhängigen stofflichen Veränderlichen eines Systems werden wir im folgenden Paragraphen durch bedeutend konkretere Feststellungen ersetzen. Hier wollen wir nur noch zwei Bemerkungen machen. Erstens, daß es unter Umständen (z. B. bei der Diskussion der Phasenregel) vorkommen kann, daß man eine Gesamtheit von Systemzuständen betrachtet, die nur das gemeinsam hat, daß die *Arten* der dabei auftretenden resistenten Gruppen in allen Fällen gleich sind, während die *Mengen* in jedem homogenen Systemteil ganz beliebig variieren können. In einem solchen „*erweiterten System*“, wie wir es nennen wollen, ist keineswegs jeder Zustand von einem anderen aus durch thermodynamische Mittel erreichbar, denn es treten dabei auch solche Veränderungen auf, die ein Anwachsen oder Absinken der Menge der „letzten Bestandteile“ voraussetzen, was nur durch *Stoffaustausch* mit der Umgebung möglich ist. Zustände, die auseinander ohne Stoffaustausch mit der Umgebung hervorgehen können, bezeichnen wir im Gegensatz dazu manchmal als zu einem „*engeren System*“ gehörig. Die zweite Bemerkung betrifft diejenigen Veränderungen, bei denen in den beiden miteinander vergleichbaren Zuständen die *Zahl und Art der Phasen eine verschiedene ist* (gleichgültig, auf welche Weise, z. B. in engeren Systemen, die Bildung dieser neuen Phase zustande gekommen ist). Es scheint, als ob man in solchem Falle nicht umhin könnte, auch die Änderung des Phasenzustandes als (unstetige) Zustandsänderung in die Betrachtung einzuführen. Das kann man jedoch vermeiden, indem man sich von vornherein alle in dem gegebenen Versuchsbereich möglichen Phasen vorhanden denkt, jedoch einige von diesen mit dem Volum und der Teilchenzahl Null. Das Auftreten neuer Phasen kann man sich dann in stetiger Weise dadurch vollzogen denken, daß Teilchen aus einer schon vorhandenen Phase (oder, bei erweitertem System, aus der Umgebung) in diese Phase übertreten und sie allmählich auffüllen.

Vakuumphase und Wärmestrahlung. Eine besondere Rolle spielt unter Umständen eine Phase mit endlichem Volum und endlicher Energie (Temperatur), aber ohne Stoffteilchen; eine solche Phase bezeichnet man als *Vakuumphase* oder *Wärmestrahlungsphase*, weil die Energie und die Wärme- und Arbeitseffekte hier nur durch das Vorhandensein einer statistischen Wärmestrahlung innerhalb des betreffenden Hohlraumes bedingt sind. In homogenen Phasen mit Substanzinhalt treten die Wärmestrahlungseffekte allerdings auch auf, spielen aber, bei nicht zu hohen Temperaturen und nicht zu geringer Substanzdichte, im allgemeinen gegenüber den Substanzeffekten keine merkbare Rolle. Wieweit man im Austausch der Wärmestrahlung verschiedener Wellenlängen im Vakuum Hemmungen annehmen und damit die Mannigfaltigkeit der thermodynamisch zu betrachtenden Zustände vergrößern kann, wieweit ferner in dem substanzerfüllten Raum Hemmungen in dem Austausch zwischen Substanzenergie und Strahlungsenergie angenommen werden können, ist eine Frage, die nur bei bestimmten, allerdings grundlegenden strahlungstheoretischen Betrachtungen von Bedeutung ist[1]. Wir nehmen im folgenden das Strahlungsgleichgewicht in bezug auf Wellenlänge und Energieaustausch mit der Substanz immer als ein ungehemmtes an,

---

[1] EINSTEIN: Ann. d. Physik [4], Bd. 17, 137 (1905).

so daß unabhängige Veränderungen hier nicht in Frage kommen und nur die Arbeits- und Wärmekoeffizienten der übrigen (physikalischen und chemischen) Veränderungen unter Umständen durch das Vorhandensein der Wärmestrahlung mit beeinflußt werden können.

Elektrisch geladene Teilchen. Hier muß noch eine Einschränkung hervorgehoben werden, welche unsere Behauptung erfährt, daß die Mengenangabe aller resistenten Gruppen zur Kennzeichnung des Gesamtzustandes notwendig sei. Das trifft nicht mehr zu, wenn die wirklich resistenten Gruppen elektrisch geladene Gebilde sind. In solchen Fällen haben wir, entsprechend der Voraussetzung, daß die kleinsten Teilchen der betrachteten homogenen Phase keine Fernkraftwirkungen aufeinander ausüben dürfen, darauf zu achten, daß die *Bedingung der Elektroneutralität* bestehen muß; wäre ein Überschuß einer elektrisch geladenen Teilchenart über die andere in dem betrachteten Raum vorhanden, so würden Raumladungen auftreten, die die angenommene Homogenität stören würden. Nehmen wir die Neutralitätsbedingung als erfüllt an, so ergibt sich dann aber die Konsequenz, daß die Menge der geladenen Teilchen nicht für jedes Elementargebilde oder jede resistente Gruppe unabhängig gegeben sein kann, sondern wenn die Mengen der geladenen Teilchen, mit Ausnahme der Menge einer Gattung, gegeben sind, so ist damit diese letzte Menge schon vollständig bestimmt, da ihre Ladung gerade die der übrigen neutralisieren muß.

Rechnerisch können wir die Einschränkung, welcher die unabhängige Veränderung der Menge der verschiedenen resistenten Gruppen durch die Neutralitätsbedingung unterworfen wird, in derselben Weise behandeln wie die Einschränkung durch die Konstanz der letzten Bestandteile, die „Summenbedingung" (§ 3), nämlich als „Nebenbedingung", welche die unabhängige Veränderung der M oder n einschränken; weshalb wir hier wie dort ein Verfahren vorziehen, bei dem von vornherein nur Vorgänge (Reaktionen) betrachtet werden, die automatisch den gestellten Nebenbedingungen genügen, wird im folgenden Paragraphen zu erörtern sein.

Andere Wahl der chemischen Zustandsgrößen. Wir haben bisher so getan, als ob die Mengen der verschiedenen resistenten Gruppen „die" Bestimmungsgrößen des chemischen Zustandes par excellence wären, als ob überhaupt keine andere Bestimmung des chemischen Zustandes möglich wäre. Das trifft natürlich, mathematisch genommen, nicht zu; man kann beispielsweise ebensogut, wenn man fünf resistente Gruppen hat, fünf voneinander unabhängige (algebraische) Summen von zwei oder mehreren dieser primären Bestimmungsmengen zur eindeutigen Bestimmung des chemischen Zustandes verwenden. Der Nachteil einer solchen allgemeineren Festsetzung ist jedoch, daß man dann, sobald man die Mengen der resistenten Gruppen über gewisse Grenzen hinaus variiert, immer einmal zu ***negativen Werten*** dieser neuen Zustandsgrößen kommen wird. Trotzdem kann man natürlich in Fällen, wo nur eine beschränkte Variation der Bestimmungsmengen ins Auge gefaßt wird, ohne Nachteil derartige Zusammenfassungen machen und etwa die Gewichtsmenge eines Radikals in Verbindung mit einer bestimmten Menge Kristallwasser, anstatt der bloßen Gewichtsmenge des Radikals selbst, zur Bestimmung der Zusammensetzung benutzen, auch wenn Radikal und Kristallwasser keine resistente Gruppe bilden[1].

[1] W. Gibbs, der den Begriff der „resistenten Gruppe" nicht ausdrücklich in dieser Schärfe anwendet, bringt hier das Beispiel einer wässerigen Schwefelsäurelösung, in der $H_2SO_4 + x$ aq als die eine, H_2O als die andere Bestimmungsmenge verwendet werden könnte. Sobald jedoch Konzentrationen in Frage kommen, die geringer sind als dem „x aq" entspricht, insbesondere im Falle einer wasserfreien Schwefelsäurephase, wird diese Wahl der Bestimmungsgröße unzweckmäßig, man benutzt dann besser die Gewichtsmenge H_2SO_4 selbst als eine der Bestimmungsgrößen.

Verfahren bei unbekanntem Chemismus. Ist die Anwendung thermodynamischer Beziehungen auch dann möglich, wenn der Chemismus des betreffenden Stoffes überhaupt nicht erforscht ist oder wenn nur die letzten Bestandteile, nicht aber die resistenten Gruppen bekannt sind? Denken wir etwa an langsame organische Reaktionen in Lösungen, bei denen in jedem Moment thermisches Gleichgewicht angenommen werden kann. Es kann vorkommen, daß man einen derartigen Zwischenzustand von einem Anfangszustand aus, bei dem die Reaktionsteilnehmer noch getrennt waren, auf verschiedenen Wegen hinreichend reversibel erreichen kann; ist es möglich, in solchen Fällen Beziehungen zwischen den reversiblen Arbeits- und Wärmeeffekten auf den verschiedenen Wegen aufzustellen? Die Antwort ist bei dieser schon auf *Kreisprozeß*überlegungen zugeschnittenen Formulierung ohne weiteres gegeben: wenn der beobachtete Anfangs- und Endzustand wirklich derselbe ist, müssen, bei reversibler Führung, die Integrale $\int_1^2 (\mathfrak{d}A + \mathfrak{d}Q)$ und $\int_1^2 \frac{\mathfrak{d}Q}{T}$ auf allen Wegen die gleichen Werte haben. Wir wollen jedoch darauf hinweisen, daß in solchen Fällen auch die Bestimmung chemischer Zustandsvariabeln sowie die Bestimmung von *Zustandsfunktionen* U und S in Abhängigkeit von diesen und den physikalischen Zustandsvariabeln prinzipiell möglich ist, ohne daß man etwas über die wirklichen chemischen Vorgänge zu wissen braucht. Der chemische Zustand könnte in solchen Fällen durch eine genügende Reihe von physikalischen Messungen eindeutig festgelegt werden; man wird sich darauf verlassen können, daß bei Gleichheit aller meßbaren Eigenschaften chemische Verschiedenheiten nicht vorhanden sind. Unter den physikalischen Messungen in chemisch schwer zugänglichen Fällen spielen neuerdings Absorptionsmessungen im spektral zerlegten Licht eine große Rolle; jede andere Untersuchung (Dielektrizitätskonstante, Leitfähigkeit, Drehung des polarisierten Lichtes, Elastizität, spezifische Wärme, manchmal auch ein chemisches Kriterium: Anlagerungsfähigkeit von Jod usw.) kann aber ebenso herangezogen werden und hat wohl schon irgendeinmal in solchem Falle eine Rolle gespielt. Alle diese Verfahren liefern primär irgendwelche Meßgrößen, die zur zahlenmäßigen Charakterisierung des chemischen Zustandes verwendet werden können; um nun die verschiedenen *voneinander unabhängigen* chemischen Veränderungen herauszufinden, hat man jedoch noch zu untersuchen, wie viele von den im ganzen untersuchten Eigenschaften voneinander unabhängig sind. Wenn etwa die Messungen von vier Größen in zwei zu vergleichenden Systemen dieselben Werte ergeben und die fünfte noch alle möglichen Werte liefert, so ist außer den durch die ersten vier Meßwerte gekennzeichneten Veränderungen noch eine fünfte davon unabhängige Veränderung möglich. Nach diesem Prinzip kann man sich die Mindestzahl von physikalischen Meßgrößen heraussuchen, die zur vollständigen Bestimmung des Zustandes nötig ist, und diese Meßgrößen dann einfach als chemische Zustandsvariabeln (im erweiterten Sinne) benutzen. Abgesehen von ihrer Unanschaulichkeit und der Unmöglichkeit, über die den Summenbeziehungen für die letzten Bestandteile (§ 3) analogen Einschränkungsgleichungen unserer Systeme ohne weiteres verfügen zu können, sind diese allgemeinen chemischen Zustandsvariabeln zur Charakterisierung eines stofflichen Zustandes und zur zahlenmäßigen Verwendung thermodynamischer Beziehungen genau ebensogut brauchbar wie die auf der Angabe von Stoffmengen, insbesondere der resistenten Gruppen, aufgebauten.

§ 3. Chemische Reaktionen und ihre Laufzahlen.

Die Einzelmengen der unabhängigen Bestandteile sind keine thermodynamischen Variabeln. Wir haben nun (§ 2) sämtliche unabhängigen Bestimmungsgrößen des Systems bestimmt, wir haben vorher (§ 1) die Gültigkeit der beiden Hauptsätze für thermodynamisch-reversible Änderungen aller dieser (physikalischen und chemischen) Variabeln des Systems nachgewiesen; es scheint nichts im Wege zu stehen, gemäß den beiden Hauptsätzen die beiden Größen U und S als Funktionen aller dieser unabhängigen Variabeln einzuführen und wie früher (I, § 8, II, §§ 5 und 10) alle Arbeits- und Wärmeeffekte sowie die Differentialbeziehungen zwischen ihnen aus diesen beiden Funktionen abzuleiten.

Dieses Verfahren begegnet jedoch zunächst einer unerwarteten Schwierigkeit. Die Mengenangaben M_1, M_2 ... (in Gramm) oder n_1, n_2 ... (in Molen) für die resistenten Gruppen — wir wollen bei dieser Bestimmungsart als der einfachsten im allgemeinen stehenbleiben —, erweisen sich nämlich zwar als zweckmäßig und ausreichend, um den stofflichen Zustand nach jeder Veränderung, also auch nach einer thermodynamisch und reversibel durchgeführten stofflichen Veränderung, zu charakterisieren, jedoch sind sie selbst keineswegs thermodynamische Variable in dem Sinne, daß eine Änderung irgendeiner dieser Größen rein thermodynamisch, d. h. nur unter Arbeits- und Wärmeaustausch mit der Umgebung, vollzogen werden könnte. Eine Änderung von n_1 bei konstant gehaltenem n_2 usw. bedeutet ja eine Vermehrung oder Verminderung der Stoffmenge des Systems, also einen Austausch von *Stoff*, nicht nur von *Arbeit* und *Wärme*, mit der Umgebung.

Nun gibt es zwar, wie wir in Kapitel C sehen werden, gleichwohl eine Möglichkeit, Einzeländerungen von n_1, n_2 usw. als rein thermodynamische Vorgänge aufzufassen und Arbeits- und Wärmeleistungen zu definieren, die diesen Änderungen entsprechen. Man bedient sich dabei des Kunstgriffs, daß man die betreffenden Stoffmengen nicht ganz aus dem System entfernt denkt, sondern nur den betreffenden homogenen Körpern entzogen und in einen Normalzustand gebracht oder aus einem stets gleichen Normalzustand auf bestimmtem Wege dem homogenen Körper zugeführt.

Viel natürlicher ist es jedoch zunächst, überhaupt nur solche Veränderungen des Gesamtsystems zu betrachten, die wirklich innerhalb des untersuchten Systems verlaufen; nur für solche Änderungen konnten wir ja den Nachweis führen, daß sie thermodynamisch (und reversibel) durchführbar sind. Um die thermodynamischen Beziehungen für diese inneren Umsetzungen aufzustellen, haben wir nun Meßgrößen aufzufinden, die den Grad der Umsetzung (oder der verschiedenen voneinander unabhängigen Umsetzungen) in dem betrachteten System zahlenmäßig bestimmen. Erst solche Zahlengrößen — und nicht die Mengen der resistenten Gruppen — werden wir als *chemisch-thermodynamische Variable* des Systems betrachten und den physikalischen Variabeln des Systems an die Seite stellen können.

Art der inneren Umsetzungen. Summenbedingung. Eine chemische Umsetzung in einem aus homogenen Teilen bestehenden System kann entweder dadurch zustande kommen, daß die resistenten Gruppen eines homogenen Teiles, unter zeitweiser Aufhebung ihrer Resistenz, sich miteinander umsetzen, oder dadurch, daß resistente Gruppen aus einem homogenen Teil des Systems in einen anderen übergehen. Änderungen, die sich nicht durch eine oder mehrere solcher Elementarreaktionen entstanden denken ließen, gibt es nicht, wenn wir das Auftreten neuer Stoffe oder neuer Phasen dadurch formal vermieden denken, daß diese Stoffe oder Phasen in dem Anfangszustand mit der Menge bzw. dem

Volum 0 bereits angenommen werden. Reaktionen der ersten Art bezeichnen wir als *Homogenreaktionen*, die der 2. Art als *Übergangsreaktionen*. Die Aufgabe läuft also darauf hinaus, Meßzahlen zu finden, welche den Grad des Ablaufs dieser beiden Reaktionsarten in einem gegebenen System charakterisieren. Solche Meßzahlen direkt zu finden, ist durch bloße Untersuchung eines einzigen stofflichen Zustandes des Systems nicht möglich, da eine Eigenschafts- oder analytisch-chemische Untersuchung nicht zu unterscheiden vermag zwischen Stoffen, die durch eine Reaktion innerhalb des Systems erst entstanden sind, und solchen, die bei der ursprünglichen Zusammenstellung des Systems schon in dem betreffenden Zustand übernommen wurden. Was sich, für jeden stofflichen Zustand, direkt feststellen läßt, sind immer nur die Mengen M oder n der resistenten Gruppen in allen seinen Teilen, oder äquivalente Eigenschaftsangaben, deren Werte durch diese Mengen bedingt sind. Es ist also nötig, die Meßzahlen der betrachteten Reaktionen ebenfalls durch diese Mengen M oder n auszudrücken, und zwar handelt es sich dabei, nach dem oben Gesagten, um die *Änderungen* dieser Mengen beim Übergang von einem stofflichen Zustand in den anderen.

Richten wir unsere Aufmerksamkeit auf die Forderung, daß es sich nur um Vorgänge handeln soll, die *innerhalb* des Systems, ohne Stoffaustausch mit der Umgebung, vor sich gehen können, so sehen wir, daß die allgemeinsten Veränderungen aller M oder n dadurch eingeschränkt werden, daß die Gesamtmengen $M_{\underline{k}}$ oder $n_{\underline{k}}$ aller „letzten Bestandteile" $\underline{1}, \underline{2}, \ldots \underline{k}$ des Systems (s. S. 144) nicht verändert werden dürfen. Denn da diese Mengen definitionsgemäß nicht durch Reaktionen innerhalb des Systems entstehen können, könnten sie nur aus der Umgebung zugeflossen sein, was nicht zugelassen wird. Da die $n_{\underline{k}}$ (wir wollen uns der Einfachheit halber jetzt auf diese Molenzählung beschränken) gleich der Summe der $n_1, n_2, \ldots n_i$ aller resistenten Gruppen in allen Phasen sind, jede dieser Zahlen n noch mit der Äquivalentzahl $a_{i\underline{k}}$ multipliziert, die die Zahl der in dieser resistenten Gruppe enthaltenen letzten Bestandteile der betreffenden Art angibt[1], so stellen die Bedingungsgleichungen:

$$\sum^i a_{i\underline{k}} n_i = n_{\underline{k}}$$

ebenso viele einschränkende Bedingungen für die resistenten Gruppen dar, wie verschiedene Arten von letzten Bestandteilen vorhanden sind.

Behandlung als „Variationsproblem mit Nebenbedingungen". Diese Sachlage scheint fast zwangläufig auf eine mathematische Behandlung hinzuweisen, die in der Tat auch von GIBBS gewählt worden ist, die Behandlung als „Variationsproblem mit Nebenbedingungen". Man behält sämtliche Größen $n_1, n_2 \ldots$ nach wie vor als stoffliche Variabeln des Systems bei, fügt jedoch zu den für die Veränderungen dieser Größen aufzustellenden Gesetzmäßigkeiten (in unserem Fall den beiden Hauptsätzen und speziell den aus ihnen folgenden Gleichgewichtsbedingungen) die Nebenbedingungen $\sum a_{i\underline{k}} n_i = n_{\underline{k}}$ hinzu und löst dann das ganze sich ergebende Gleichungssystem in symmetrischer Weise auf.

Bedenken hiergegen. Diese Behandlungsweise ist formal zweifellos die eleganteste. Gleichwohl begegnet sie verschiedenen Bedenken, die bei manchen Forschern so stark gewesen sind, daß sie die ganze von GIBBS geleistete Arbeit beiseitegestellt und die chemische Thermodynamik auf anderer Grundlage neu aufgebaut haben (VAN'T HOFF, NERNST). Die Bedenken richten sich, soviel wir beurteilen können, zum Teil gegen die bei dieser Methode doch primär ein-

[1] Z. B. ist in einem aus n_1 Molen H_2O, n_2 Molen H_2 und n_3 Molen O_2 bestehenden System die Molenzahl $n_{\underline{H}}$ des letzten Bestandteils H gleich $2 \cdot n_1 + 2 \cdot n_2$, da die Äquivalentzahlen, die angeben, wieviel H in jeder der resistenten Gruppen enthalten ist, für H_2O und H_2 je 2, für O_2 aber 0 ist. $n_{\underline{O}}$ ergibt sich natürlich zu $n_1 + 2n_3$.

geführte Anwendung der beiden Hauptsätze auf Vorgänge, die mit Stoffaustausch mit der Umgebung verbunden sein würden; zum größten Teil wird aber einfach die Unanschaulichkeit der Methode für die ablehnende Haltung maßgebend gewesen sein

Einführung von Variabeln, die sich direkt auf die verschiedenen Reaktionen beziehen. Da wir uns selbst diesen Bedenken nicht verschließen können, andererseits aber die ständig wiederholte Ableitung von thermodynamischen Differentialbeziehungen aus Kreisprozessen, wie sie die VAN'T HOFF-NERNSTsche Schule der Anschaulichkeit und Sicherheit halber durchführt, nicht für zweckmäßig halten, sehen wir uns hier genötigt, uns von den bisher üblichen Gedankengängen etwas zu entfernen, oder vielmehr einen Mittelweg einzuschlagen zwischen der GIBBS-PLANCKschen und VAN'T HOFF-NERNSTschen Darstellungsweise, einen Mittelweg, von dem aus sich dann leicht der Übergang zu beiden findet.

Zunächst: wir stellen alle in dem System zustande gekommenen stofflichen Veränderungen von vornherein als das Resultat von *Reaktionen* dar; damit entfällt die nachträgliche Berücksichtigung der Summenbeziehungen, da für jede Reaktion, sei es nun eine Homogenreaktion oder Übergangsreaktion, die Bedingung der Konstanz der letzten Bestandteile von selbst gewahrt bleibt. Weiter ist nur noch anzugeben, wie der Ablauf der Reaktionen zahlenmäßig verfolgt, d. h. auf die meßbaren Bestimmungsgrößen des stofflichen Zustandes, insbesondere die Mengen der resistenten Gruppen zurückgeführt werden kann, endlich, wie die Zahl und Art der *voneinander unabhängigen Reaktionen* zu bestimmen ist.

Reaktionslaufzahlen. Die erste Aufgabe lösen wir durch Einführung einer „Reaktionslaufzahl" λ für jede Reaktion. Handelt es sich um eine Übergangsreaktion, so hat diese Zahl einfach anzugeben, wie viele Mole einer bestimmten resistenten Gruppe bei einer betrachteten Veränderung des Systems aus einem (ev. durch Wände abgeschlossenen) homogenen Teil des Systems in einen anderen übergetreten sind; handelt es sich dagegen um eine Homogenreaktion zwischen resistenten Gruppen, deren Formel gegeben ist, so bestimmt die Änderung von λ, welcher Teil oder welches Vielfache einer „Umsetzung nach der betreffenden Formel" (eines „Formelumsatzes") stattgefunden hat. In beiden Fällen haben wir bei einer Änderung von λ um 1 soviel Mole jeder einzelnen resistenten Gruppe umgesetzt, wie die Äquivalenzzahl der betreffenden Gruppe in der benutzten Reaktionsformel beträgt; in der Reaktion der Wasserbildung $2\,H_2 + O_2 \rightarrow 2\,H_2O$ also -2 Mol H_2, -1 Mol O_2 und $+2$ Mol H_2O, wenn man dagegen die Reaktionsgleichung $H_2 + \frac{1}{2}\,O_2 \rightarrow H_2O$ benutzt, -1 Mol H_2, $-\frac{1}{2}\,O_2$ und $+1\,H_2O$ (bei entgegengesetzter Reaktion würden sich die Vorzeichen umkehren). Jedenfalls ist durch die gegebene Reaktionsgleichung und die gegebenen chemischen Formeln der resistenten Gruppen immer die sich umsetzende Molenzahl der verschiedenen resistenten Gruppen bestimmt. Für diesen Umsatz (eben den „Formelumsatz") setzen wir die Änderung von λ gleich 1, und für jeden Bruchteil oder jedes Vielfache dieses Umsatzes gleich dem entsprechenden Bruchteil oder Vielfachen von 1. Bezeichnet ν die positive oder negative Äquivalenzzahl eines Stoffes in der gegebenen Reaktionsgleichung — wir setzen sie *positiv*, wenn der Stoff bei der Reaktion *gebildet* wird, also auf der *rechten* Seite der Reaktionsgleichung steht, *negativ*, wenn er *verschwindet*, auf der *linken* Seite steht —, so gilt demnach für einen Stoff 1: $\Delta n_1 = \nu_1$ für $\Delta\lambda = 1$; für einen Stoff 2: $\Delta n_2 = \nu_2$ für $\Delta\lambda = 1$ usw. Für einen infinitesimalen Fortschritt der Umsetzung gilt entsprechend:

$$\frac{d n_1}{d\lambda} = \nu_1\,; \quad \frac{d n_2}{d\lambda} = \nu_2 \quad \text{usw.}$$

Sind mehrere Reaktionen λ^{I}, λ^{II} usw. gleichzeitig abgelaufen, bei denen zum Teil dieselben resistenten Gruppen auftreten, so haben wir an Stelle von $\frac{dn_1}{d\lambda}$ zu setzen: $\frac{\partial n_1}{\partial \lambda^{I}}$, $\frac{\partial n_1}{\partial \lambda^{II}}$ usw., und die Äquivalenzzahl ν_1 ebenfalls durch den Index der betreffenden Reaktion von den Äquivalenzzahlen derselben resistenten Gruppe für andere Reaktionen zu unterscheiden: ν_1^{I}, $\nu_1^{II} \dots \nu_2^{I} \dots$ usw. Es gilt dann $\frac{\partial n_1}{\partial \lambda^{I}} = \nu_1^{I}$ usw., und die gesamte Änderung der n_1 drückt sich aus durch:

$$dn_1 = \nu_1^{I}\, d\lambda^{I} + \nu_1^{II}\, d\lambda^{II} + \dots$$

$$dn_2 = \nu_2^{I}\, d\lambda^{I} + \nu_2^{II}\, d\lambda^{II} + \dots$$

Sind nun nur solche Reaktionen betrachtet und durch ihre Reaktionslaufzahlen eingeführt, die voneinander unabhängig sind, so bedeutet das (darüber gleich das Nähere), daß es nicht möglich ist, eine bestimmte Änderung aller n auf verschiedene Arten, also durch verschiedene $d\lambda$-Werte zu erreichen; infolgedessen müssen alle $d\lambda$ in den obigen Gleichungen durch die dn eindeutig bestimmt sein, und es muß immer möglich sein, sie aus den direkt meßbaren und zahlenmäßig gegebenen dn, allgemein aus den Unterschieden der n bei endlich verschiedenen Zuständen, zu berechnen. Damit ist aber gezeigt, daß die Reaktionslaufzahlen Größen sind, deren Änderung durch die Änderung des meßbaren Zustandes vollkommen bestimmt ist. Meist wird übrigens nur eine einzige Reaktion zu betrachten sein; dann ist dieser Satz ohne weiteres klar. Bei Übergangsreaktionen ist, wie man sogleich erkennt, $\frac{dn_1}{d\lambda}$ gleich -1 für die Phase, der eine resistente Gruppe entzogen wird. Ist diese Gruppe in der anderen Phase ebenfalls resistent, so ist für diese Phase $\frac{dn_1'}{d\lambda} = \nu_1'$ gleich $+1$; zerfällt dagegen diese Gruppe in mehrere in dieser Phase resistente Untergruppen n_2', n_3' usw., so ist $\frac{dn_2'}{d\lambda} = \nu_2'$ und $\frac{dn_3'}{d\lambda} = \nu_3'$ gleich der Zahl resistenter Untergruppen, in die die resistente Gruppe dort zerfällt.

Definition der voneinander unabhängigen Reaktionen. Die hier auftretende Schwierigkeit beruht darauf, daß die beobachtete stoffliche Änderung des Zustandes (Änderung aller n in den homogenen Teilen) in vielen Fällen durch *verschiedene* Reaktionen entstanden gedacht werden kann. Enthält das System z. B. Eis, Wasser und Wasserdampf (im Phasengleichgewicht oder nicht), so kann eine Änderung der Eisphase auf Kosten des Wassers entweder durch eine Übergangsreaktion vom Wasser nach dem Eis entstanden sein oder durch eine solche vom Wasser nach dem Dampf und eine zweite, mit gleichen Mengen, vom Dampf nach dem Eis. Ähnlich bei manchen Homogenreaktionen. Solche Reaktionen, deren Ergebnis aus anderen, schon eingeführten, zusammengesetzt werden kann, werden wir als abhängige, solche, bei denen das nicht der Fall ist, als unabhängige bezeichnen. Welche Reaktionen man aber als unabhängige *einführt* und welche danach als abhängige erscheinen, ist, wenn nur der stoffliche Anfangs- und Endzustand gegeben ist, vollkommen willkürlich. Man kann nicht etwa sagen: Alle „direkten" Reaktionen sind unabhängige, alle „indirekten" sind abhängige. Denn eine Übergangsreaktion (für eine bestimmte resistente Gruppe) von einer Phase I nach einer Phase II und von I nach III sind zwar sowohl direkte als voneinander unabhängige Reaktionen; jedoch ist, nach Einführung dieser beiden Reaktionen, die Übergangsreaktion für denselben Stoff von II nach III oder umgekehrt eine abhängige, obwohl sie ebenso eine direkte ist wie die beiden anderen.

Dem geschilderten Nachteil bei der Verwendung der Reaktionslaufzahlen als Zustandsvariabeln stehen jedoch ebenso unleugbare Vorteile gegenüber. Wenn man sich unseren Satz ins Gedächtnis zurückruft, daß die stoffliche Mannigfaltigkeit bei gegebenen äußeren Bedingungen auf der Hemmung von Reaktionen beruht, so ist damit gesagt, daß alle äußeren Eingriffe, die den stofflichen Zustand unabhängig von den physikalischen Bedingungen ändern, auf die zeitweise Aufhebung solcher Hemmungen hinausläuft, und man wird in vielen Fällen ohne weiteres angeben können, *welche* Reaktionen zum Ablauf gebracht werden; selbstverständlich sind diese Reaktionen dann bei der Wahl der Reaktionslaufzahlen anschaulich bevorzugt. So wird z. B. die Anwendung gewisser katalytischer Mittel in einem (H_2, O_2, H_2O, H_2O_2)-Gemisch die Umsetzung $2H_2O_2 \rightarrow 2H_2O + O_2$ möglich machen, während die äquivalente Umsetzungsfolge $2H_2O_2 \rightarrow 2H_2 + 2O_2$, $2H_2 + O_2 \rightarrow 2H_2O$ durch Hemmungen ausgeschaltet bleibt. (Ob dies der Fall ist, kann man leicht am Konstantbleiben der H_2-Menge erkennen.) Solche Fälle gibt es öfters, und auch in der Praxis der chemischen Thermodynamik liegt es meist so, daß eine bestimmte „Reaktion," und nicht eine durch Nebenbedingungen eingeschränkte Veränderung der verschiedenen Teilchenzahlen der Betrachtung zugrunde gelegt wird. Es entspricht also nur einer praktischen Anforderung, wenn die theoretische Thermodynamik, sofern sie Bestimmungsgrößen zur Kennzeichnung der stofflichen Veränderungen einführt, eben solche Größen benutzt, die den Ablauf einer Reaktion kennzeichnen.

Zahl der voneinander unabhängigen Reaktionen. Wir betrachten als wichtigstes Beispiel ein System, in dem alle Reaktionen zwischen den resistenten Gruppen (einer oder mehrerer homogener Phasen), die *mit dem stofflichen Charakter der resistenten Gruppe verträglich sind,* auftreten, in dem also wahlweise alle Hemmungen für den Übergang der resistenten Gruppen in andere Phasen oder in andere (schon vorhandene) resistente Gruppen aufgehoben werden können. Dann ist die Zahl der unabhängigen dn und damit, bei der geforderten eindeutigen Zuordnung, auch der unabhängigen $d\lambda$, nur durch die Konstanz der Mengen der letzten Bestandteile eingeschränkt, also gleich der Zahl der resistenten Gruppen (in den verschiedenen homogenen Teilen zusammen), vermindert um die Zahl der letzten Bestandteile, von denen jeder zu einer solchen einschränkenden Bedingung Anlaß gibt. Ein Beispiel: es seien verschiedene Phasen gegeben, die alle dieselben resistenten Gruppen, nur in verschiedener Menge, enthalten können. Dann sind, wenn wir nur Übergangsreaktionen in Betracht ziehen, die resistenten Gruppen zugleich letzte Bestandteile, die Zahl der unabhängigen Veränderungen ist gleich der Zahl der resistenten Gruppen einer Phase mal der Zahl der Phasen, jedoch vermindert um 1 mal Zahl der resistenten Gruppen, weil durch die Bedingungsgleichungen der Summenbedingung gerade so viele Variabeln wegfallen. Es ist nun leicht, in diesem Beispiel eine gleiche Zahl voneinander unabhängiger *Reaktionen* (willkürlich) festzulegen. Unabhängig sind offenbar die Übergänge aller resistenten Gruppen von der Phase I in die Phase II, von I in III, von I in IV usw.; abhängig dagegen alle Übergänge von II nach III usw., da sie aus Übergängen (I → III) — (I → II) zusammengesetzt werden können. Da Übergänge von I nach I nicht gerechnet werden, erhält man also als unabhängige Übergänge auch wieder die Zahl der resistenten Gruppen einer Phase, multipliziert mit der um 1 verminderten Zahl der Phasen. Ähnlich liegen die Verhältnisse, wenn noch Homogenreaktionen in einer oder in mehreren Phasen dazu kommen oder eine Teilung beim Übergang stattfindet. Immer findet man, wie es sein muß, daß die Zahl der stofflich voneinander unabhängigen Reaktionen gleich der um die Zahl der letzten Bestandteile verminderten Zahl der resistenten Gruppen (in allen Phasen zusammen) ist.

Solche Abzählungen spielen in der GIBBSschen Phasenregel eine ausschlaggebende Rolle. Charakteristisch ist, daß hier Systeme betrachtet werden, bei denen alle Übergangshemmungen aufgehoben sind; die Mitwirkung von gehemmten oder ungehemmten Homogenreaktionen bedingt dabei allerdings noch eine kleine Komplikation der Betrachtung (§ 7).

Wir erinnern schließlich an die frühere Bemerkung (§ 2), daß die unabhängigen Veränderungsmöglichkeiten chemisch gehemmter Systeme direkt durch die Versuchsbedingungen gegeben sein müssen; es ist klar, daß das in viel direkterer und anschaulicherer Weise geschehen kann, wenn man die dabei möglichen stofflichen Reaktionen kennzeichnet, als wenn man sich des Systems der unabhängigen Molenzahlen plus Summenbedingungen bedient.

Bezeichnungen der verschiedenen Reaktionen. Viele thermodynamische Überlegungen lassen sich bei Homogen- und Übergangsreaktionen sowie beliebigen Kombinationen solcher Einzelreaktionen in ganz gleicher Weise anwenden. In solchen Fällen werden wir die den Ablauf der Reaktion kennzeichnende Variable allgemein mit dem Buchstaben λ (Laufzahl) bezeichnen. Sowie jedoch speziell eine Homogenreaktion oder eine Übergangsreaktion betrachtet werden, wollen wir für beide Fälle besondere Buchstaben anwenden, und zwar charakterisieren wir die Laufzahl einer

Homogenreaktion durch den Buchstaben γ,
Übergangsreaktion durch den Buchstaben ξ.

Ein schon erwähnter wichtiger Spezialfall ist der, wo die unabhängigen Bestandteile in jedem Stoff zugleich „letzte Bestandteile" sind; dann entfällt die Möglichkeit der Homogenreaktionen, es bleiben bloß die Übergangsreaktionen ξ übrig. (Viele Reaktionen mit Lösungen, Verdampfen eines Stoffes in seine reine Gasphase usw.)

Reaktionen zwischen reinen Substanzen. Ein anderer praktisch wichtiger Grenzfall ist der der „Reaktion zwischen reinen Substanzen", wie die Dissoziation von $CaCO_3$ in festes CaO und gasförmiges CO_2, oder ihre Umkehrung. Hier ist jeder der drei reagierenden homogenen Stoffe praktisch durch eine einzige Atomzusammenstellung charakterisiert, die zudem in jedem Stoff eine andere ist. Dieser Fall wäre theoretisch als System mit den zwei resistenten Gruppen CaO und CO_2 zu behandeln, die jedoch — aus irgendwelchem Grunde — die Bedingung erfüllen, daß (wenigstens soweit das gröbere Unterscheidungsvermögen chemisch-analytischer Verfahren reicht) in der einen Phase die eine, in der anderen die andere resistente Gruppe nicht vertreten ist, und in der dritten beide in einer äquivalenten Zusammensetzung. Praktisch braucht man jedoch in solchen Fällen nur die eine Reaktion zwischen den verschiedenen Stoffen, welche nach dem Schema:

$$\sum \nu\, dn = 0$$

verläuft, zu betrachten (ν ist hier, wenn die Reaktion im Sinne der Dissoziation vorwärtsschreitet, für $CaCO_3 = -1$, für CaO und $CO_2 = +1$); eine Zusammensetzung aus γ- und ξ-Reaktionen ist in solchem Falle zwar zulässig, aber nicht immer zweckmäßig.

Diese Reaktionen erhalten übrigens, wie wir später sehen werden, eine erweiterte Bedeutung dadurch, daß auch Reaktionen in (idealen) Gasgemischen sich nach diesem Schema behandeln lassen, da hier die Arbeits- und Wärmeeffekte dieselben sind, wie wenn die verschiedenen reagierenden Gase vorher und nachher als reine Substanzen von ihrem Partialdruck nebeneinander auftreten.

Reaktionen mit elektrisch geladenen Teilchen. Eine besondere Besprechung verlangen noch die Reaktionen, in denen elektrisch geladene Teilchen vorkommen, wie etwa bei der Umsetzung von festem Natrium mit Wasser, die zur Bildung von Na^+-Ionen in wässeriger Lösung führt, während dem Wasser H^+-Ionen entzogen werden, die unter Aufnahme von zwei Elektronen in gasförmiges H_2, z. B. von Atmosphärendruck, übergehen. Einen solchen Übergang könnte man in zwei Einzelreaktionen zerlegen, von denen z. B. die Reaktion Na (fest) $\rightarrow$ Na^+ (gelöst) $+ e^-$ (im Metall) (e = Symbol von 1 Mol Elektronen) als Übergangsreaktion für das Na^+-Ion zu deuten wäre, während das Elektron im Na-Metall zurückbleibt; entsprechend im umgekehrten Sinne für die H_2-Bildung. Bei diesen Einzelreaktionen wäre zwar die Bedingung der Erhaltung der letzten Bestandteile gewahrt; gleichwohl kann man diese Reaktionen nicht als selbständig in merklichem Grade durchführbare betrachten (und auch in praxi nicht messen oder auf ihre Arbeits- und Wärmewerte hin untersuchen), weil sie der Neutralitätsbedingung widersprechen[1], indem sie die elektrische Ladung in den verschiedenen Phasen verändern. Man wird also immer nur solche Reaktionen dieser Art wirklich untersuchen können, die aus Einzelreaktionen so zusammengesetzt sind, daß die Ladung schließlich in allen Phasen ungeändert bleibt. In der Tat ist das bei der anfangs betrachteten Kombinationsreaktion der Fall, wo man sich vorstellen kann, daß die frei werdenden H^+-Ionen die beim Austritt von Na^+-Ionen im festen Na zurückbleibenden Elektronen aufnehmen.

Beschränkt man sich auf solche im Effekt neutrale Reaktionen, so spielen alle die Betrachtungen, die beim Übertritt *geladener* Teilchen durch Phasengrenzflächen sonst so große Komplikationen ergeben, keine Rolle; wir können also Reaktionen dieser Art ruhig in derselben Weise behandeln wie Reaktionen zwischen wirklich neutralen Teilchen. In der Theorie der elektrolytischen Dissoziation ist ja auch die Chemie und chemische Thermodynamik schon immer unbekümmert diesen Weg gegangen.

Chemische Arbeiten und elektromotorische Kräfte. Ließe man den Prozeß der Wasserzersetzung durch Natrium, anstatt auf direktem irreversibelm Wege, in einer reversibel arbeitenden Zelle ablaufen, in der durch den Strom Na^+-Ionen aus dem festen Na in die Lösung geführt werden, während als andere Elektrode eine Wasserstoffelektrode von Atmosphärendruck dient, an der durch den Strom H^+-Ionen niedergeschlagen werden, welche sich dann unter Elektronenaufnahme in H_2-umsetzen, so wäre es möglich, die mit diesem Prozeß verbundene reversible Arbeit direkt aus der auftretenden elektromotorischen Kraft (EMK) der Zelle zu bestimmen. (Wir nehmen hier der Einfachheit halber an, daß dieser Prozeß in so einfacher Form realisierbar sei, während er in Wirklichkeit nur auf Umwegen durchgeführt werden kann.) In der Tat ist der Endeffekt nach Durchgang eines elektrochemischen Ladungsäquivalents ($1 F = 1$ Faraday-Äquivalent $= 96494$ Coulomb) ganz derselbe wie bei der direkten Entwicklung eines halben Moles H_2 durch 1 Mol Na[2]; bei der reversibeln elektrolytischen Zelle ist aber die (in Wattsekunden gerechnete) Arbeit, die pro hindurchgegangene Elektrizitätseinheit (1 Coulomb) geleistet wird, numerisch gleich der in Volt gemessenen elektromotorischen Kraft E. Mithin ist für unsere Reaktion, wenn wir sowohl die che-

[1] Anders liegen die Verhältnisse beim Übergang der Bestandteile von Natrium ins Vakuum, das bei nicht zu hohen Temperaturen als „Verarmungsphase", nicht als „Neutralitätsphase" zu betrachten ist. Hier ist eine getrennte Bestimmung der Arbeiten möglich, die zur Verdampfung von Elektronen und positiven Teilchen anzuwenden sind.

[2] In Wirklichkeit hat sich allerdings das H^+-Ion nicht, wie bei der direkten Zersetzung mit den zurückgebliebenen Elektronen des Na-Metalls neutralisiert, sondern mit Elektronen, die der H_2-Elektrode von außen zugeführt wurden, während die frei gewordenen Na-Elektronen an anderer Stelle nach außen abgegeben wurden. Daß jedoch ein derartiger „Stoffaustausch mit der Umgebung" thermodynamisch unterschlagen werden kann, wurde schon früher auseinandergesetzt.

mische wie die elektrisch berechnete Arbeit auf 1 Mol Umsatz beziehen und die chemische Arbeit unter Vorausnahme eines im folgenden Paragraphen (S. 159) eingeführten Symbols mit $\mathfrak{K}$ bezeichnen,

$$\mathfrak{K} = \mathfrak{F} \cdot E \text{ Wattsec/Mol}$$

oder allgemein, wenn z elektrochemische Äquivalente zur Herbeiführung des molaren Umsatzes gehören:

$$\mathfrak{K} = z\mathfrak{F}E.$$

E ist für unseren Prozeß auf einem geeigneten Umwege — bei direktem Zusammenbringen von Natrium mit Wasser läßt sich ja die irreversible Zersetzung nicht vermeiden — von G. N. LEWIS und KRAUS[1] zu 2,7125 V bestimmt worden (bei $T = 298^0$ und einer gewissen idealisierten Normalkonzentration der Na^+- und H^+-Ionen in der Lösung); für $\mathfrak{K}$ ergibt sich daraus $2{,}7125 \cdot 96494 = 261740$ Wattsec pro Mol. Üblicher als diese Angabe ist bei chemischen Prozessen das kalorische Arbeitsmaß; für dieses Maß ist das elektrochemische Äquivalent (in 15^0-Kalorien) 4,1842 mal kleiner, da die Kalorie in diesem Verhältnis größer ist als die Wattsekunde: $\mathfrak{F} = 23062 \frac{\text{cal}}{\text{Volt}}$ pro Äquivalent. Für unseren Prozeß finden wir hiermit: $\mathfrak{K} = -62554$ cal; das negative Vorzeichen für die in Richtung der Wasserstoff*entwicklung* verlaufende Reaktion entspricht der Tatsache, daß diese Reaktion unter Arbeits*abgabe* verläuft. Analog lassen sich die Arbeitskoeffizienten bestimmen, die dem in Lösunggehen einer großen Anzahl anderer Metalle unter gleichzeitigem Entladen von Wasserstoffionen an der anderen Elektrode entsprechen (§ 6).

Einzelpotentiale. Ein enger Zusammenhang besteht zwischen der Neutralitätsbedingung und der Unmöglichkeit einer direkten experimentellen Bestimmung der „Einzelpotentiale" an den verschiedenen (Gas- oder Metall-) Elektroden (II § 8). Die Bestimmung eines Einzelpotentials würde nämlich die Bestimmung der chemischen Arbeitsleistung bei einem nicht elektroneutralen Prozeß verlangen, etwa beim Übergang eines Na^+ oder Zn^{++}-Ions aus dem festen Metall in die Lösung, ohne daß gleichzeitig die im Metall zurückgelassenen Elektronen sich mit einem anderen positiven Bestandteil der Lösung vereinigen. Um einen solchen nicht elektroneutralen Vorgang in meßbarem Betrage durchzuführen, besitzen wir, eben wegen des damit verbundenen Auftretens enormer Überschußladungen, kein Mittel; und wenn wir es besäßen oder die geleistete Gesamtarbeit von vornherein theoretisch angeben könnten[2], so würden wir immer noch vor der weiteren Aufgabe stehen, die bei einem solchen Prozeß geleistete chemische Arbeit von der elektrischen (Überwindung der Differenz zwischen den elektrostatischen Potentialmittelwerten in Metall und in der Lösung) zu trennen, was auf keine Weise möglich scheint[3]. Die elektrochemische Praxis hat hieraus die Konsequenz gezogen und gibt nur noch elektromotorische Kräfte von im ganzen elektroneutralen Reaktionen an. Allerdings wird in einem gewissen Sinne der Begriff des Einzelpotentials dadurch gerettet, daß man die EMK der betrachteten Elektrodenvorgänge *immer für eine Kombination angibt, bei der als andere Elektrode eine stets gleiche Bezugselektrode* (und zwar eine Wasserstoffelektrode bestimmter Beschaffenheit) *eingesetzt wird.* Die in dieser Kombination

---

[1] LEWIS und RANDALL: Thermodynamics, S. 416. New York 1923. Deutsche Ausgabe von O. REDLICH. Wien: Julius Springer 1927.

[2] Im Gleichgewicht zwischen Metall und Lösung ist die gesamte Übergangsarbeit für die den Übergang vermittelnde Ionenart gerade = 0; vgl. z. B. W. SCHOTTKY und H. ROTHE, (zitiert S. 119, Anm. 2), S. 18ff.

[3] Auch der gelegentlich vorgeschlagene Umweg über das Vakuum: Bestimmung der „Austrittsarbeit" des positiven Ions aus dem Metall, der Eintrittsarbeit in die Lösung, führt nicht zum Ziel, weil an den Grenzen gegen das Vakuum Potentialsprünge auftreten können, die ganz anderer Art sind und sich für Metall und Lösung nicht gegenseitig aufheben.

auftretenden elektromotorischen Kräfte, die allerdings meist nicht durch eine direkte derartige Zusammenstellung, sondern durch Addition der elektromotorischen Kräfte verschiedener Kombinationen erschlossen werden, bezeichnet man als *Einzelpotentiale* im elektrochemischen Sinne. Die $\mathfrak{K}$, die diesen E-Werten entsprechen, beziehen sich demnach immer auf Reaktionen des Typus

$$Na + H^+ \rightarrow \tfrac{1}{2} H_2 + Na^+$$

oder

$$\tfrac{1}{2} Cl_2 + \tfrac{1}{2} H_2 \rightarrow Cl^- + H^+$$

oder, wie man auch schreiben kann, auf die Kombination zweier Einzelreaktionen:

$$(Na \rightarrow Na^+) - (\tfrac{1}{2} H_2 \rightarrow H^+)$$

$$\text{bzw.}\ (\tfrac{1}{2} Cl_2 \rightarrow Cl^-) + (\tfrac{1}{2} H_2 \rightarrow H^+)\,.$$

Die zu diesen Reaktionen gehörigen E- und $\mathfrak{K}$-Werte sind verschieden je nach der Konzentration der Ionen in der betreffenden Lösung; als „*Normalpotentiale*" **E** (und entsprechende Normalarbeiten $\boldsymbol{\mathfrak{K}}$) bezeichnet man speziell die Werte von E und $\mathfrak{K}$ in den Fällen, wo außer „normaler"[1] Konzentration der H^+-Ionen an der H_2-Elektrode, auch „normale" Konzentration der Metall-Ionen an der Metallelektrode bzw. der Cl- an der Cl_2-Elektrode vorhanden ist. Außerdem sind auch die neutralen Reaktionsteilnehmer in gewissen Normalzuständen anzunehmen; z. B. Na in reiner fester Form (evtl. einer bestimmten Kristallart), Cl_2 und H_2 als reine ideale Gase von Atmosphärendruck.

§ 4. Thermodynamik chemischer Reaktionen.

Energie und Entropie als Funktionen der neuen Variabeln. Wir sind jetzt imstande, sämtliche thermodynamischen Beziehungen abzuleiten, die für (thermodynamisch und reversibel geführte) Reaktionen in und zwischen homogenen Phasen aus dem 1. und 2. Hauptsatz folgen.

Bringen wir das aus einer Anzahl von homogenen Phasen bestehende System reversibel aus einem beliebigen Anfangszustand 1 durch Änderung der physikalischen Variabeln (V und T oder p und T der einzelnen Teile) und durch chemische Umsetzung (innerhalb der homogenen Phasen oder durch Übergang von Materie von einer Phase in die andere) in einen Endzustand 2, so gelten die beiden Hauptsatzgleichungen:

$$\int_1^2 (\mathfrak{d} A + \mathfrak{d} Q) = U_{(2)} - U_{(1)} \tag{1}$$

$$\text{und} \quad \int_1^2 \frac{\mathfrak{d} Q}{T} = S_{(2)} - S_{(1)} \tag{2}$$

unabhängig von dem Wege, auf dem der Übergang stattgefunden hat.

Die Funktionen U und S sind für ein gegebenes System durch die physikalischen Variabeln und den stofflichen Zustand, also die Laufzahlen des gegebenen Systems, vollständig bestimmt, also Funktionen aller dieser Größen. Außerdem hängen U und S allerdings auch noch von der Zusammensetzung des Systems ab, d. h. von den Gesamtmengen der in dem System vorhandenen „letzten Bestandteile". Doch gelten die beiden Hauptsatzgleichungen nach allen unseren bisherigen Betrachtungen zunächst nur für Änderungen der physikalischen Variabeln und der Reaktionslaufzahlen, nicht der Mengen der „letzten Bestandteile", die wir mathematisch als „Parameter" des Systems betrachten könnten.

[1] Hierüber in §§ 6, 15 und 20.

Gleiche Temperatur. Ehe wir nun die Existenz von Arbeits- und Wärmekoeffizienten chemischer Reaktionen und die Differentialbeziehungen zwischen ihnen in Analogie zu dem Verfahren bei physikalischen Veränderungen aus den beiden Hauptsätzen ableiten, erweist es sich als zweckmäßig, das betrachtete System der homogenen Stoffe noch etwas zu spezialisieren, indem nur Zustände betrachtet werden, in denen die verschiedenen homogenen Stoffe gleiche Temperatur (aber im allgemeinen nicht gleichen Druck) haben. Sollen nämlich nicht nur chemische Energie- und Entropieänderungen, sondern chemische Arbeiten und Wärmewirkungen einzeln definiert werden, so muß, wie wir wissen, dabei der „Wärmeweg" vorgeschrieben werden, es müssen die Austauschtemperaturen, bei denen Wärme in allen Zwischenzuständen übergeht, angegeben werden, da sonst die Arbeits- und Wärmeeffekte nicht eindeutig bestimmt sind. Würde nun ein (unendlich kleiner) Stoffaustausch zwischen homogenen Stoffen von verschiedener Temperatur auf thermodynamisch-reversiblem Wege eingeleitet werden, so würde sich keine ungezwungene Festsetzung dieses Wärmeweges ergeben, und die Frage nach der dabei auftretenden Arbeit hat infolgedesssen auch kein praktisches Interesse. Dagegen hat die Frage der chemischen Arbeitsfähigkeit bei konstanter Temperatur eine unmittelbare praktische Bedeutung, sowohl für die Bestimmung von Stoffgleichgewichten wie von maximalen Arbeiten (z. B. bei der Frage nach dem Arbeitswert der Brennstoffe).

Die chemischen Arbeits- und Wärmekoeffizienten; Affinitäten. Nehmen wir Temperaturgleichheit in allen Systemteilen an, so ist für jede unendlich kleine reversibel durchgeführte physikalische oder chemische Veränderung, die nicht auf Temperaturumwegen durchgeführt wird (§ 1):

$$\mathfrak{d}A = dU - T\,dS \tag{3}$$

$$\mathfrak{d}Q = T\,dS\,. \tag{4}$$

Auf Grund dieser Gleichungen, die ebenso wie in der physikalischen Thermodynamik den Ausgangspunkt für alle abzuleitenden Beziehungen (zunächst bei unendlich kleinen Änderungen) bilden, können wir jetzt die reversibeln Arbeits- und Wärmekoeffizienten definieren, die dem Fortschritt der verschiedenen möglichen Reaktionen entsprechen. Werden alle Reaktionslaufzahlen bis auf eine, und ferner T und sämtliche Teilvolumina V', V'' usw. konstant gehalten, so ist:

$$(\mathfrak{d}A)^{\lambda} = \left(\frac{\partial U}{\partial \lambda} - T\frac{\partial S}{\partial \lambda}\right) d\lambda$$

und

$$(\mathfrak{d}Q)^{\lambda} = T\frac{\partial S}{\partial \lambda}\, d\lambda\,.$$

Die durch $d\lambda$ dividierte chemische Arbeit $(\mathfrak{d}A)^{\lambda}$ bei Ablauf der betreffenden Reaktion λ um $d\lambda$ bedeutet. entsprechend wie in der physikalischen Thermodynamik, den Arbeitskoeffizienten K^{λ} der betreffenden Reaktion, $\frac{(\mathfrak{d}Q)^{\lambda}}{d\lambda}$ bedeutet den reversibeln Wärmekoeffizienten L^{λ} der Reaktion. Wir haben also, entsprechend wie in der physikalischen Thermodynamik:

$$K^{\lambda} = \frac{\partial U}{\partial \lambda} - T\frac{\partial S}{\partial \lambda},$$

$$L^{\lambda} = T\frac{\partial S}{\partial \lambda}.$$

Werden alle λ und V konstant gehalten, so wird bei bloßer Änderung von T keine Arbeit geleistet, es gilt wieder $\frac{\partial U}{\partial T} = T\frac{\partial S}{\partial T}$, und die λ sind, nach unserer früheren Definition, als *Arbeitskoordinaten* des Systems aufzufassen.

Um die Indexbezeichnung in allen Fällen, wo es angeht, zu vermeiden, schreiben wir für die K^λ in Zukunft einfach $\mathfrak{K}$, für L^λ: $\mathfrak{L}_{(v)}$, für $\frac{\partial S}{\partial \lambda}_{(v)}$: $\mathfrak{S}_{(v)} = \mathfrak{L}_{(v)}/T$, für $\frac{\partial U}{\partial \lambda}_{(v)}$: $\mathfrak{U}$. Verschiedene chemische Arbeitskoeffizienten, die sich auf verschiedene Laufzahlen λ^{I}, λ^{II} usw. beziehen, bezeichnen wir mit $\mathfrak{K}^{\mathrm{I}}$, $\mathfrak{K}^{\mathrm{II}}$ usw. Entsprechend schreiben wir $\mathfrak{L}^{\mathrm{I}}_{(v)}$, $\mathfrak{L}^{\mathrm{II}}_{(v)}$ usw. für $L^{\lambda^{\mathrm{I}}}_{(v)}$, $L^{\lambda^{\mathrm{II}}}_{(v)}$ usw. Ganz allgemein sollen durch deutsche Buchstaben diejenigen thermodynamischen Größen gekennzeichnet werden, die sich auf chemische Zustandsänderungen beziehen. Der Index $(\mathfrak{V})$ wird bei $\mathfrak{L}$ und $\mathfrak{S}$ ausdrücklich angemerkt, um die indexfreien Symbole $\mathfrak{L}$ und $\mathfrak{S}$ später für die weitaus wichtigeren Größen $\frac{(\mathfrak{d}Q)^\lambda}{d\lambda}$ und $\frac{\partial S}{\partial \lambda}$ bei konstantem *Druck* frei zu haben. $\mathfrak{K}$ und $\mathfrak{U}$ kommt *nicht* in anderer Bedeutung vor.

Also:

$$\mathfrak{K} = \frac{(\mathfrak{d}A)^\lambda}{d\lambda}_{(v)} = \mathfrak{U} - T\mathfrak{S}_{(v)}\,, \tag{5}$$

$$\mathfrak{L}_{(v)} = \frac{(\mathfrak{d}Q)^\lambda}{d\lambda}_{(v)} = T\mathfrak{S}_{(v)}\,, \tag{6}$$

$$\mathfrak{U} = \frac{(\partial U)}{d\lambda}_{(v)}\,, \tag{7}$$

$$\mathfrak{S}_{(v)} = \frac{\partial S}{\partial \lambda}_{(v)}\,. \tag{7'}$$

Da die Größen $\mathfrak{K}$ sich auf den Ablauf der betreffenden Reaktionen um eine molare Einheit beziehen, sind sie identisch mit den auf solche Umsetzungen bezogenen Größen A, ΔF usw. anderer Autoren. Sie sind also auch identisch mit den diesen Größen per definitionem gleichgesetzten *chemischen Affinitäten* der betreffenden Stoffe füreinander; allerdings ist das Vorzeichen so, daß positive $\mathfrak{K}$ Arbeitsaufnahme bei der betreffenden Umsetzung bedeuten, negative Arbeitsabgabe an die Umgebung. Die Affinität einer Reaktion ist also gleich $-\mathfrak{K}$. Vielfach ist übrigens die Affinität einer Reaktion durch deren stöchiometrische Gleichung sowie Druck und Temperatur noch nicht bestimmt, sondern hängt außerdem ab von den jeweils vorhandenen Mengen der Reaktionsteilnehmer (also von λ) und von der Anwesenheit sonstiger Stoffe, z. B. eines Lösungsmittels (somit auch von den Laufzahlen λ^{II} ... anderer Reaktionen).

In allen Gleichungen, wo Arbeits- und Wärmeeffekte nebeneinander auftreten, sind natürlich, wie immer, beide Größen (und ebenso die Energie und die Entropie = Energie/Grad) im gleichen, mechanischen oder kalorischen, Maß zu messen. Wir denken uns dieses Maß vorläufig noch nicht in bestimmter Weise festgelegt, weisen aber schon darauf hin, daß in der chemischen Thermodynamik das kalorische Maß bevorzugt wird, so daß z. B. alle Arbeiten $p\,d\mathfrak{V}$ bei wirklichen Zahlenrechnungen in dieses Maß umzurechnen sind.

Die Differentialbeziehungen des *F*-Stammbaumes. Zur Ableitung der Differentialbeziehungen zwischen den $\mathfrak{K}$ und $\mathfrak{L}$ unter sich sowohl wie mit den physikalischen K und L sowie der Temperatur T, bedienen wir uns am besten einer der thermodynamischen Funktionen. Werden alle Eigenschaften des Systems in Abhängigkeit von T und den Arbeitskoordinaten (den Teilvolumen und den Reaktionslaufzahlen) untersucht, so ist hierzu am geeignetsten die Freie Energie $F = U - TS$ des Systems. F ist, ebenso wie U und S, Funktion aller voneinander unabhängigen λ, ferner, bei durch Wände gehemmten Systemen, der voneinander unabhängigen Teilvolume $\mathfrak{V}'$, $\mathfrak{V}''$ usw., endlich der Temperatur T. Es gilt wieder, weil $\frac{\partial U}{\partial T} = T\frac{\partial S}{\partial T}$ ist: $\frac{\partial F}{\partial T} = -S$; die Ableitungen nach $\mathfrak{V}'$, $\mathfrak{V}''$ usw.

sind, da bei $\lambda = \text{const}$ das System sich wie ein physikalisches verhält, die negativen Drucke $-p'$, $-p''$ usw. der verschiedenen Teilvolume; die Ableitungen nach λ^{I}, λ^{II} usw. sind nach den soeben aufgestellten Beziehungen die Größen $\mathfrak{K}^{\mathrm{I}}$, $\mathfrak{K}^{\mathrm{II}}$ usw.[1]. Wir haben also folgenden „Stammbaum", der für zwei Volume $\mathcal{V}'$ und $\mathcal{V}''$ und für zwei unabhängige Reaktionen λ^{I} und λ^{II} (gleichviel, ob Homogen-, Durchgangs- oder kombinierte Reaktionen) nach Analogie des Schemas der Tafel I (am Schluß des Buches) bis zur zweiten „Generation" durchgeführt ist (die beiden aus drucktechnischen Gründen untereinandergesetzten Teile des Stammbaums möge man sich dabei nebeneinandergesetzt denken):

F-Stammbaum.

Variable	$\mathcal{V}'$					$\mathcal{V}''$				
1. Generation	$-p'$					$-p''$				
Variable	$\mathcal{V}'\mathcal{V}'$	$\mathcal{V}'\mathcal{V}''$	$\mathcal{V}'\lambda^{\mathrm{I}}$	$\mathcal{V}'\lambda^{\mathrm{II}}$	$\mathcal{V}'T$	$\mathcal{V}''\mathcal{V}'$	$\mathcal{V}''\mathcal{V}''$	$\mathcal{V}''\lambda^{\mathrm{I}}$	$\mathcal{V}''\lambda^{\mathrm{II}}$	$\mathcal{V}''T$
2. Generation	$-\frac{\partial p'}{\partial \mathcal{V}'}$	$-\frac{\partial p'}{\partial \mathcal{V}''}=0$	$-\frac{\partial p'}{\partial \lambda^{\mathrm{I}}}$	$-\frac{\partial p'}{\partial \lambda^{\mathrm{II}}}$	$-\frac{\partial p'}{\partial T}$	$-\frac{\partial p''}{\partial \mathcal{V}'}=0$	$-\frac{\partial p''}{\partial \mathcal{V}''}$	$-\frac{\partial p''}{\partial \lambda^{\mathrm{I}}}$	$-\frac{\partial p''}{\partial \lambda^{\mathrm{II}}}$	$-\frac{\partial p''}{\partial T}$

Variable	λ^{I}					λ^{II}					T				
1. Generation	$\mathfrak{K}^{\mathrm{I}}$					$\mathfrak{K}^{\mathrm{II}}$					$-S$				
Variable	$\lambda^{\mathrm{I}}\mathcal{V}'$	$\lambda^{\mathrm{I}}\mathcal{V}''$	$\lambda^{\mathrm{I}}\lambda^{\mathrm{I}}$	$\lambda^{\mathrm{I}}\lambda^{\mathrm{II}}$	$\lambda^{\mathrm{I}}T$	$\lambda^{\mathrm{II}}\mathcal{V}'$	$\lambda^{\mathrm{II}}\mathcal{V}''$	$\lambda^{\mathrm{II}}\lambda^{\mathrm{I}}$	$\lambda^{\mathrm{II}}\lambda^{\mathrm{II}}$	$\lambda^{\mathrm{II}}T$	$T\mathcal{V}'$	$T\mathcal{V}''$	$T\lambda^{\mathrm{I}}$	$T\lambda^{\mathrm{II}}$	TT
2. Generation	$\frac{\partial \mathfrak{K}^{\mathrm{I}}}{\partial \mathcal{V}'}$	$\frac{\partial \mathfrak{K}^{\mathrm{I}}}{\partial \mathcal{V}''}$	$\frac{\partial \mathfrak{K}^{\mathrm{I}}}{\partial \lambda^{\mathrm{I}}}$	$\frac{\partial \mathfrak{K}^{\mathrm{I}}}{\partial \lambda^{\mathrm{II}}}$	$\frac{\partial \mathfrak{K}^{\mathrm{I}}}{\partial T}$	$\frac{\partial \mathfrak{K}^{\mathrm{II}}}{\partial \mathcal{V}'}$	$\frac{\partial \mathfrak{K}^{\mathrm{II}}}{\partial \mathcal{V}''}$	$\frac{\partial \mathfrak{K}^{\mathrm{II}}}{\partial \lambda^{\mathrm{I}}}$	$\frac{\partial \mathfrak{K}^{\mathrm{II}}}{\partial \lambda^{\mathrm{II}}}$	$\frac{\partial \mathfrak{K}^{\mathrm{II}}}{\partial T}$	$-\frac{L^{\mathcal{V}'}}{T}$	$-\frac{L^{\mathcal{V}''}}{T}$	$-\frac{\mathfrak{L}^{\mathrm{I}}_{(\mathcal{V})}}{T}$	$-\frac{\mathfrak{L}^{\mathrm{II}}_{(\mathcal{V})}}{T}$	$-\frac{L^{T}}{T}$

Auch bei Systemen mit chemischen Veränderungen genügt also die Kenntnis der Freien Energie (in Abhängigkeit von den physikalischen Variabeln und den chemischen Laufzahlen), um die reversibeln Arbeits- und Wärmeeffekte innerhalb des ganzen Bereiches, für den die funktionale Abhängigkeit bekannt ist, durch einfache Differentiation nach den betreffenden Variabeln (bzw. zweifache Differentiation nach T und den Arbeitskoordinaten) zu bestimmen. Neue Differentialbeziehungen der „zweiten Generation" sind:

$$\frac{\partial \mathfrak{K}^{\mathrm{I}}}{\partial \mathcal{V}'} = -\frac{\partial p'}{\partial \lambda^{\mathrm{I}}}_{(\mathcal{V})} \tag{8}$$

und drei analoge Beziehungen für $\frac{\partial \mathfrak{K}^{\mathrm{I}}}{\partial \mathcal{V}''}$, $\frac{\partial \mathfrak{K}^{\mathrm{II}}}{\partial \mathcal{V}'}$, $\frac{\partial \mathfrak{K}^{\mathrm{II}}}{\partial \mathcal{V}''}$.

„*Die Abhängigkeit eines chemischen Arbeitskoeffizienten vom Teilvolum einer an der Reaktion beteiligten Phase ist (bis auf das Vorzeichen) dieselbe wie die Abhängigkeit des Druckes in diesem Teilsystem von dem Ablauf der betreffenden Reaktion.*" Spielt sich die Reaktion innerhalb einer Phase ab (Homogenreaktion), so ist etwa $\frac{\partial \mathfrak{K}^{\mathrm{I}}}{\partial \mathcal{V}''} = 0$, und $\mathcal{V}'$ bedeutet dann für diese Reaktion nicht ein Teilvolum, sondern das Volum schlechthin, in dem sich die reagierenden Stoffe befinden.

Ferner:

$$\frac{\partial \mathfrak{K}^{\mathrm{I}}}{\partial \lambda^{\mathrm{II}}}_{(\mathcal{V})} = \frac{\partial \mathfrak{K}^{\mathrm{II}}}{\partial \lambda^{\mathrm{I}}}_{(\mathcal{V})}. \tag{9}$$

---

[1] Nach unserem Bezeichnungssystem könnten wir für $\mathfrak{K} = \frac{\partial F}{\partial \lambda}_{(\mathcal{V})}$ auch das Symbol $\mathfrak{F}$ verwenden. Doch empfiehlt sich dies nicht, da $\mathfrak{K}$ als Arbeitskoeffizient eine von allen thermodynamischen Funktionen unabhängige Bedeutung besitzt und auch, wie wir gleich sehen werden, als 1. Ableitung nach λ im G-**Stammbaum** auftritt.

„*Der Arbeitskoeffizient einer Reaktion hängt von dem Fortschreiten einer anderen Reaktion in derselben Weise ab wie der Arbeitskoeffizient der zweiten Reaktion von dem Fortschreiten der ersten.*" Spezialfall:

$$\frac{\partial \mathfrak{K}^{\mathrm{I}}}{\partial \lambda^{\mathrm{II}}} = 0; \text{ dann ist auch } \frac{\partial \mathfrak{K}^{\mathrm{II}}}{\partial \lambda^{\mathrm{I}}} = 0.$$

Aus der S. 159 gemachten Bemerkung über die Abhängigkeit der Affinität von den Stoffmengen geht aber hervor, daß dieser Spezialfall keineswegs allgemeingültig ist.

Endlich:

$$\mathfrak{L}^{\mathrm{I}}_{(v)} = -T \frac{\partial \mathfrak{K}^{\mathrm{I}}}{\partial T}_{(v)}, \text{ entsprechend für } \mathfrak{L}^{\mathrm{II}}_{(v)}. \tag{10}$$

„*Die reversible Reaktionswärme bestimmt den Temperaturkoeffizienten der chemischen Arbeit.*"

Unter den Differentialbeziehungen der dritten Generation, die genau nach dem Schema der Tafel I (am Schluß des Buches) zu bestimmen sind, heben wir hervor:

$$\frac{\partial L^{T}}{\partial \lambda^{\mathrm{I}}}_{(v)} = T \frac{\partial}{\partial T}\left(\frac{\mathfrak{L}_{(v)}}{T}\right)_{(v)}, \text{ entsprechend für } \lambda^{\mathrm{II}}. \tag{11}$$

„*Die Wärmekapazität eines chemischen Systems (bei konstanten Arbeitskoordinaten) ist in ihrer Abhängigkeit von dem Verlauf einer bestimmten Reaktion λ gegeben, wenn die Temperaturabhängigkeit der betreffenden reversibeln Reaktionswärme bekannt ist, und umgekehrt.*"

Ferner:

$$\frac{\partial \mathfrak{L}^{\mathrm{I}}_{(v)}}{\partial v'} = \frac{\partial L^{v'}}{\partial \lambda^{\mathrm{I}}}_{(v)}, \text{ analog für } \frac{\partial \mathfrak{L}^{\mathrm{I}}_{(v)}}{\partial v''} \text{ sowie für } \frac{\partial \mathfrak{L}^{\mathrm{II}}_{(v)}}{\partial v'} \tag{12}$$

und $\frac{\partial \mathfrak{L}^{\mathrm{II}}_{(v)}}{\partial v''}$

„*Die reversible Reaktionswärme hängt von dem Volum einer der beteiligten Phasen* (bei Homogenreaktionen: von dem Gesamtvolum des homogenen Systems) *in derselben Weise ab, wie die Volumwärme der betreffenden Phase* (bei gehemmter Reaktion gemessen) *von dem* (unter Aufhebung der Hemmung vollzogenen) *Ablauf dieser Reaktion abhängt.*"

Ebenso:

$$\frac{\partial \mathfrak{L}^{\mathrm{I}}_{(v)}}{\partial \lambda^{\mathrm{II}}}_{(v)} = \frac{\partial \mathfrak{L}^{\mathrm{II}}_{(v)}}{\partial \lambda^{\mathrm{I}}}_{(v)}. \tag{13}$$

„*Die reversible Reaktionswärme einer Reaktion* λ^{I} (bei gehemmtem λ^{II} gemessen) *wird durch den Fortschritt der Reaktion* λ^{II} *in genau derselben Weise beeinflußt wie die reversible Reaktionswärme der Reaktion* λ^{II} (bei $\lambda^{\mathrm{I}} = \text{const}$) *durch den Fortschritt der Reaktion* λ^{I}."

Spezialfall: $\frac{\partial \mathfrak{L}^{\mathrm{I}}_{(v)}}{\partial \lambda^{\mathrm{II}}} = 0$, dann ist auch $\frac{\partial \mathfrak{L}^{\mathrm{II}}_{(v)}}{\partial \lambda^{\mathrm{I}}} = 0$.

Dazu kommen die Beziehungen zwischen Wärme- und Arbeitseffekten:

$$\frac{\partial L^{T}}{\partial \lambda^{\mathrm{I}}}_{(v)} = -T \frac{\partial^2 \mathfrak{K}^{\mathrm{I}}}{\partial T^2}_{(v)}, \text{ entsprechend für } \frac{\partial L^{T}}{\partial \lambda^{\mathrm{II}}}. \tag{14}$$

„*Die Änderung der Wärmekapazität eines chemischen Systems* (bei konstanten Arbeitskoordinaten) *mit dem Ablauf einer Reaktion* λ^{I} *ist gegeben durch den zweiten Temperaturkoeffizienten der reversiblen Arbeit, und umgekehrt.*"

Die weiteren Beziehungen der dritten Generation sind schon in denen der zweiten enthalten, haben also, wie in der physikalischen Thermodynamik, geringeres Interesse.

G-Stammbaum.

G

Variable	p				λ^{I}				λ^{II}				T			
1. Generation	$\mathfrak{V}$				$\mathfrak{K}^{I}$				$\mathfrak{K}^{II}$				$-S$			
Variable	pp	$p\lambda^{I}$	$p\lambda^{II}$	pT	$\lambda^{I}p$	$\lambda^{I}\lambda^{I}$	$\lambda^{I}\lambda^{II}$	$\lambda^{I}T$	$\lambda^{II}p$	$\lambda^{II}\lambda^{I}$	$\lambda^{II}\lambda^{II}$	$\lambda^{II}T$	Tp	$T\lambda^{I}$	$T\lambda^{II}$	TT
2. Generation	$\frac{\partial \mathfrak{V}}{\partial p}$	$\mathfrak{V}^{I}$	$\mathfrak{V}^{II}$	$\frac{\partial \mathfrak{V}}{\partial T}$	$\frac{\partial \mathfrak{K}^{I}}{\partial p}$	$\frac{\partial \mathfrak{K}^{I}}{\partial \lambda^{I}}$	$\frac{\partial \mathfrak{K}^{I}}{\partial \lambda^{II}}$	$\frac{\partial \mathfrak{K}^{I}}{\partial T}$	$\frac{\partial \mathfrak{K}^{II}}{\partial p}$	$\frac{\partial \mathfrak{K}^{II}}{\partial \lambda^{I}}$	$\frac{\partial \mathfrak{K}^{II}}{\partial \lambda^{II}}$	$\frac{\partial \mathfrak{K}^{II}}{\partial T}$	$-\frac{l^{p}}{T}$	$-\mathfrak{S}^{I} = -\frac{\mathfrak{Q}^{I}}{T}$	$-\mathfrak{S}^{II} = -\frac{\mathfrak{Q}^{II}}{T}$	$-\frac{l^{T}}{T}$

Die Differentialbeziehungen des *G*-Stammbaums. Durch Einführung einer Funktion $F + p'\mathfrak{V}' + p''\mathfrak{V}'' + \ldots$ würde man allgemein zu einer charakteristischen Funktion des Gesamtsystems in Abhängigkeit von $p', p'' \ldots$, $\lambda^{I}, \lambda^{II} \ldots$, T gelangen, deren Ableitungen die Teilvolume $\mathfrak{V}'$, $\mathfrak{V}''$ …, ferner die chemischen Arbeitskoeffizienten $\mathfrak{K}^{I}$, $\mathfrak{K}^{II}$ usw., endlich die negative Entropie S wären. Diese Funktion (mit ihren Differentialbeziehungen) ist dann bequemer als F, wenn für ein oder mehrere Teilsysteme der Druck als konstant oder wenigstens als primär gegeben angenommen wird.

Da jedoch die ganze Behandlung vollkommen analog der des F-Schemas ist, wollen wir uns damit begnügen, hier den Spezialfall $p' = p''$ näher auszuführen, der dann gegeben ist, wenn die Wände, die die Teilsysteme trennen, ungehemmt gegeneinander verschiebbar sind. Als äußere Arbeitskoordinate tritt dann nur das Gesamtvolum $\mathfrak{V}$, als Arbeitskoeffizient der negative gemeinsame Druck $-p$ auf. Als charakteristische Funktion ist in diesem Falle das GIBBSsche thermodynamische Potential $F + p\mathfrak{V} = G$ in Abhängigkeit von p, T, λ^{I}, λ^{II} usw. verwendbar (vgl. II, § 10). Wir geben die auftretenden Differentialbeziehungen an Hand des „*G*-Stammbaums" für zwei voneinander unabhängige Reaktionen λ^{I} und λ^{II}.

Wir setzen hier, nach der früher (S. 159) getroffenen Abmachung:

$$\mathfrak{V} = \frac{\partial \mathfrak{V}}{\partial \lambda}_{(p)}, \quad \mathfrak{S} = \frac{\partial S}{\partial \lambda}_{(p)}, \quad \mathfrak{Q} = \frac{(\mathfrak{d} Q)^{\lambda}}{d\lambda}_{(p)} = T \cdot \mathfrak{S}, \tag{15}$$

und zwar *ohne* die Konstanthaltung des Drucks besonders anzumerken. Da für die praktische Anwendung die bei konstantem p gebildeten Differentiale weitaus die wichtigeren sind, sollen diese überall ohne Index (p) geschrieben werden; dagegen führen die bei konstantem $\mathfrak{V}$ gebildeten Differentiale den tiefgestellten Index $(\mathfrak{V})$. Die Symbole $\mathfrak{K}$ und $\mathfrak{U}$ sind eindeutig durch die Gleichungen (5) und (7) $\left(\text{bzw. } \mathfrak{K} = \frac{\partial G}{\partial \lambda}_{(p)}\right)$ definiert und brauchen somit keinen Index. An Stelle des Buchstaben $\mathfrak{Q}$ hätten wir entsprechend der Bezeichnungsweise S. 101 eigentlich $\mathfrak{l}$ schreiben müssen; jedoch ist die Bezeichnungsweise homogener, wenn *alle* auf chemische Veränderungen schlechthin bezüglichen Größen durch *große* deutsche Buchstaben wiedergegeben werden. *Kleine* deutsche Buchstaben bleiben für später einzuführende, namentlich bei Lösungen eine große Rolle spielende Teileffekte bestimmter Art reserviert (s. §§ 11, 14, 15).

Die Differentialbeziehungen, deren Bedeutung man sich, ebenso wie bei dem F-Schema, durch Sätze klarmachen möge, lauten in der „zweiten Generation":

$$\frac{\partial \mathfrak{K}^{\mathrm{I}}}{\partial p} = \mathfrak{V}^{\mathrm{I}} \quad \text{usw.} \tag{16}$$

$$\frac{\partial \mathfrak{K}^{\mathrm{I}}}{\partial \lambda^{\mathrm{II}}} = \frac{\partial \mathfrak{K}^{\mathrm{II}}}{\partial \lambda^{\mathrm{I}}} \quad \text{(bei konstantem } p\text{!)} \tag{17}$$

$$\frac{\partial \mathfrak{K}^{\mathrm{I}}}{\partial T} = -\frac{\mathfrak{L}^{\mathrm{I}}}{T} \quad \text{usw.} \tag{18}$$

Aus der „dritten Generation" (vgl. Tafel II am Schluß des Buches):

$$\frac{\partial l^{T}}{\partial \lambda^{\mathrm{I}}} = T\frac{\partial \mathfrak{S}^{\mathrm{I}}}{\partial T} = T\frac{\partial}{\partial T}\left(\frac{\mathfrak{L}^{\mathrm{I}}}{T}\right) \quad \text{usw.} \tag{19}$$

$$\frac{\partial \mathfrak{L}^{\mathrm{I}}}{\partial p} = \frac{\partial l^{p}}{\partial \lambda^{\mathrm{I}}} \quad \text{usw.} \tag{20}$$

$$\frac{\partial \mathfrak{L}^{\mathrm{I}}}{\partial \lambda^{\mathrm{II}}} = \frac{\partial \mathfrak{L}^{\mathrm{II}}}{\partial \lambda^{\mathrm{I}}}, \tag{21}$$

$$\frac{\partial l^{T}}{\partial \lambda^{\mathrm{I}}} = -T\frac{\partial^2 \mathfrak{K}^{\mathrm{I}}}{\partial T^2} \quad \text{usw.} \tag{22}$$

Von besonderer praktischer Bedeutung sind hier die in den Gleichungen (16) und (18) enthaltenen Richtungsaussagen für die Veränderung von $\mathfrak{K}$ mit p und T. Nach (16) wird der Arbeitskoeffizient einer Reaktion, die bei konstantem Druck mit Volumvermehrung verbunden ist, mit zunehmendem Druck zunehmen; die Affinität $-\mathfrak{K}$ einer solchen Reaktion wird also mit wachsendem Druck abnehmen. Nach (18) wird die Affinität $-\mathfrak{K}$ einer Reaktion, die mit reversibler Wärme*aufnahme* (bei konstantem Druck) verbunden ist, mit der Temperatur zunehmen, bei reversibler Wärme*abgabe* dagegen abnehmen.

Es ist darauf zu achten, daß, der Definition der Funktion G nach, $\mathfrak{K}$ hier ebenso wie früher den chemischen Arbeitskoeffizienten bei konstant gehaltenem Volum bedeutet; die Volumarbeitseffekte, die bei Ablauf der Reaktion unter konstantem Druck zu diesen rein chemischen Arbeitseffekten dazukommen, sind in $\mathfrak{K}$ auch hier nicht enthalten. Dagegen sind alle betrachteten Änderungen $\frac{\partial \mathfrak{K}}{\partial T}$, $\frac{\partial \mathfrak{K}}{\partial \lambda}$ usw. bei konstant gehaltenem Druck gemeint[1].

§ 5. Chemische Wärmetönungen und charakteristische Funktionen.

Irreversible Wärmetönungen bei konstantem Volum. Die bisher besprochenen Schemata zur Aufstellung von Differentialgleichungen und zur vollständigen Bestimmung der thermodynamischen Eigenschaften eines Systems, das sich bei allen Veränderungen der untersuchten Variabeln im gehemmten Gleichgewicht befindet, haben gemeinsam, daß in ihnen als Elemente der Messung und Untersuchung nur die reversibeln Wärmeeffekte und Wärmekoeffizienten auftreten. Nun sind aber gerade bei gehemmten Gleichgewichtssystemen nach den früheren allgemeinen Betrachtungen (I, § 3, § 7) irreversible Übergänge in andere benach-

[1] Nach unserem Bezeichnungssystem könnten wir für $\mathfrak{K}$, da es im G-Stammbaum die Bedeutung $\frac{\partial G}{\partial \lambda}_{(p)}$ besitzt, auch das Symbol $\mathfrak{G}$ benutzen. Aus welchen Gründen wir das Symbol $\mathfrak{K}$ beibehalten, ist schon in Anm. 1, S. 160, gesagt.

barte Gleichgewichtszustände möglich, und es ist weiter bei geeigneten Grenzbedingungen des Systems möglich, die Wechselwirkung mit der Umgebung, die hierbei auftritt, auf einen reinen Wärmeaustausch zu beschränken, indem man etwa das System mit festen, stoff- und strahlungsundurchlässigen, jedoch die Wärme gut leitenden Wänden umgibt (kalorimetrische Bombe). Die hierbei auftretenden Wärmeeffekte, die wir, im Sinne der *abgegebenen* Wärmen, als „*irreversible Wärmetönungen* (bei konstantem Volum)" bezeichnen, spielen nun (neben den entsprechenden Wärmetönungen bei konstantem Druck) in der chemischen Thermodynamik eine große Rolle, teils direkt, indem sie den „Heizwert" einer chemischen Umsetzung, die von selbst (irreversibel) abläuft, bestimmen, teils indirekt, wegen ihres Zusammenhanges mit den reversibeln Arbeits- und Wärmeeffekten.

Für einen irreversibeln Vorgang, der ohne Volumarbeit und Temperaturänderung vor sich geht und nur um einen kleinen Betrag abläuft, gilt nämlich nach dem 1. Hauptsatz, wegen $\mathfrak{d}A = 0$:

$$dU = (\mathfrak{d}Q)_{\text{irr}}.$$

Besteht nun die Änderung nur in dem Ablauf einer (gehemmten) Reaktion um $d\lambda$, so ist speziell:

$$dU = \frac{\partial U}{\partial \lambda}_{(v,\,T)} \cdot d\lambda = (\mathfrak{d}Q)_{\text{irr}}.$$

$\frac{\partial U}{\partial \lambda}_{(v,\,T)}$ hat also hier die Effektbedeutung eines „irreversibeln Wärmekoeffizienten" $\frac{(\mathfrak{d}Q)_{\text{irr}}}{\partial \lambda}$ bei konstantem Volum, der, ebenso wie U selbst, eine Zustandsfunktion ist; wir bezeichnen, wie schon in § 4, $\frac{\partial U}{\partial \lambda}_{(v,\,T)}$ mit $\mathfrak{U}$, $\frac{\partial U}{\partial \lambda^{\text{I}}}_{(v,\,T)}$ mit $\mathfrak{U}^{\text{I}}$ usw.[1]. Da nun bei *reversiblem* Übergang aus dem Anfangs- in den Endzustand $dU = (\mathfrak{d}A)_{\text{rev}} + (\mathfrak{d}Q)_{\text{rev}} = (\mathfrak{K} + \mathfrak{L}_{(v)})\,d\lambda$ ist, gilt die Beziehung [vgl. § 4, Gleichung (5) und (6)]:

$$\mathfrak{U} = \mathfrak{K} + \mathfrak{L}_{(v)}. \tag{1}$$

$\mathfrak{U}$ ist seiner Definition nach gleich der bei dem irreversibeln Ablauf der Reaktion *aufgenommenen* Wärme (bezogen auf molaren Umsatz nach der betreffenden Reaktionsgleichung); es hat also das entgegengesetzte Vorzeichen wie die in der Thermochemie gewöhnlich angegebenen irreversibeln Wärmetönungen bei konstantem Volum.

Irreversible Wärmekoeffizienten $\mathfrak{U}$ haben zwar für chemische Änderungen ihre wichtigste Bedeutung, sind aber, wie nebenbei bemerkt werden mag, für jede beliebige gehemmte innere Veränderung (bei konstantem Gesamtvolum) definierbar und meßbar. So z. B. für das mehrfach erwähnte Beispiel der Verschiebung eines sich klemmenden Stempels, der zwei unter verschiedenem Druck stehende Substanzen in einem Zylinder voneinandertrennt. Läßt man einen solchen Stempel einen Augenblick los, um ihn dann durch Reibung wieder festzuklemmen, so ist, nachdem die entwickelte kinetische Energie in Wärme umgesetzt und abgeführt worden ist, die gesamte irreversible Wärmetönung ebenfalls gleich der gesamten Energieänderung bei konstanter Temperatur und dem-

[1] Sind in diesem System mehrere voneinander getrennte Teilvolumina V', V'' vorhanden, die unter verschiedenen Drucken p', p'' stehen können, so wollen wir unter $\mathfrak{U}$ die Größe $\frac{\partial U}{\partial \lambda}$ bei konstanten V', V'' usw. verstehen. Ist jedoch speziell $p' = p''$, so ist durch die Angabe $V = \text{const}$ alles gesagt, da eine (kleine) Vergrößerung von V' auf Kosten von V'' und umgekehrt ohne Energieaufwand durchführbar ist. Es ist dann immer $\frac{\partial U}{\partial \lambda}_{(v)} = \frac{\partial U}{\partial \lambda}_{(v',\,v'')}$.

nach gleich der Summe der reversibeln Arbeits- und Wärmeeffekte, die zu der betreffenden Verschiebung gehören.

Die HELMHOLTZsche Gleichung. Mit Einführung von $\mathfrak{U}$ läßt sich aus § 4 (10) eine neue Gleichung ableiten, die den Temperaturgang des chemischen Arbeitskoeffizienten $\mathfrak{K}$ mit der Differenz zwischen $\mathfrak{K}$ und $\mathfrak{U}$ in Beziehung setzt und die in früherer Zeit gemachte Annahme, daß der chemische Arbeitskoeffizient $\mathfrak{K}$ gleich dem gesamten Energieunterschied $\mathfrak{U}$ sei (THOMSEN, BERTHELOT), durch eine thermodynamisch strenge Beziehung ersetzt. Indem wir in § 4 (10) $\mathfrak{L}_{(v)}$ nach (1) durch $\mathfrak{U} - \mathfrak{K}$ ausdrücken, erhalten wir:

$$\mathfrak{K} - \mathfrak{U} = T \frac{\partial \mathfrak{K}}{\partial T}_{(v)} \tag{2}$$

Diese Gleichung spielt [neben der praktisch noch wichtigeren Gleichung (14) s. u.] in der Thermodynamik chemischer Reaktionen und Gleichgewichte eine sehr bedeutsame Rolle; sie gestattet, aus der irreversibeln Wärmetönung einer Reaktion (z. B. der NH_3-Bildung aus N_2 und H_2) und dem für *eine* Temperatur bekannten Arbeitskoeffizienten $\mathfrak{K}$ auf den Temperaturgang dieses Arbeitskoeffizienten bei konstantem Volum zu schließen. Die Gleichung ist identisch mit der (auf Reaktionen bei konstantem Volum spezialisierten; s. Schluß dieses Paragraphen) sog. HELMHOLTZschen Gleichung in der vielfach, insbesondere von NERNST, benutzten Schreibweise:

$$A - U = T \frac{\partial A}{\partial T},$$

wo alle Größen (auch U, das hier nicht mit der Gesamtenergie U zu verwechseln ist) die entsprechende Bedeutung, nur mit umgekehrtem Vorzeichen, haben (A entspricht unserem $-\mathfrak{K}$, U unserem $-\mathfrak{U}$).

Durch Division mit T^2 und Zusammenziehung der Glieder mit $\mathfrak{K}$ kommt man noch auf eine andere wichtige Gleichung, die wir weiter unten direkter ableiten werden:

$$\frac{\partial}{\partial T}\left(\frac{\mathfrak{K}}{T}\right)_{(v)} = -\frac{\mathfrak{U}}{T^2}. \tag{3}$$

Diese Gleichung erlaubt, die besonders für die Bestimmung von Reaktions*gleichgewichten* bedeutsame Größe $\frac{\mathfrak{K}}{T}$ in ihrem Temperaturgang bei konstantem Volum des reagierenden Systems zu berechnen, wenn nur die irreversible Wärmetönung $-\mathfrak{U}$ gegeben ist. Ist die Reaktion *exotherm*, d. h. mit Wärmeabgabe verbunden ($-\mathfrak{U}$ positiv), so wächst $\frac{\mathfrak{K}}{T}$ mit der Temperatur, $-\frac{\mathfrak{K}}{T}$ nimmt mit der Temperatur ab, die Affinität $-\mathfrak{K}$ wächst — wenn sie nicht sogar abnimmt — mit der Temperatur langsamer als proportional T. Im entgegengesetzten Fall der *endothermen* Reaktionen wächst $-\mathfrak{K}$ schneller als proportional T; in beiden Fällen bei konstantem Gesamtvolum des Systems und konstantem λ, also gehemmten Reaktionen.

Wegen der Beziehung (1) ist es klar, daß bei der thermodynamischen Gesamtdurchforschung eines chemischen Systems Angaben über $\mathfrak{K}$ oder $\mathfrak{L}$ durch solche über $\mathfrak{U}$ ersetzt werden können, wenn eine der Größen $\mathfrak{K}$ und $\mathfrak{L}$ bereits bekannt ist.

Temperaturgang von $\mathfrak{U}$; KIRCHHOFFsche Gleichung. Hier sei nur noch eine unmittelbar sich ergebende Beziehung für $\frac{\partial \mathfrak{U}}{\partial T}$ besprochen, die für die Integration von (3) wichtig ist. Es ist:

$$\frac{\partial \mathfrak{U}}{\partial T}_{(v)} = \frac{\partial}{\partial T}\left(\frac{\partial U}{\partial \lambda}\right)_{(v)} = \frac{\partial}{\partial \lambda}\left(\frac{\partial U}{\partial T}\right)_{(v)} = \frac{\partial L^T}{\partial \lambda}, \tag{4}$$

da ja bei konstanten Arbeitskoordinaten $\mathfrak{v}$ und λ gilt $\frac{\partial U}{\partial T} = L^T$ [nach I, § 8 (16)].

Hier ist $\frac{\partial L^T}{\partial \lambda}$ in solchen Fällen, wo es sich um *Reaktionen zwischen idealen Gasen* oder voneinander getrennten, bei der Reaktion *spezifisch unverändert bleibenden Substanzen* [etwa $CaCO_3$ (fest) → CaO (fest) + CO_2 (Gas)] handelt, aus der Differenz der spezifischen Wärmen der gebildeten und der verbrauchten Substanzen zu berechnen, da die Wärmekapazität des übrigen Systems unverändert bleibt. Wir haben also:

$$\frac{\partial L^T}{\partial \lambda} = \sum \nu c_v\,, \tag{5}$$

wenn ν die (positiven oder negativen) Äquivalentzahlen der Reaktionsteilnehmer, c_v ihre Molwärme bei konstantem Volum bedeutet. Einsetzen in (4) ergibt:

$$\frac{\partial \mathfrak{U}}{\partial T}_{(v)} = \sum \nu c_v\,. \tag{4'}$$

Das ist die sog. KIRCHHOFFsche Gleichung, in ihrer Formulierung für konstantes Volum.

Ist $\mathfrak{U}$ für eine Temperatur direkt gemessen und für die anderen Temperaturen durch Bestimmung von $\frac{\partial L^T}{\partial \lambda}$ oder $\sum \nu c_v$ ermittelt, so kann man Gleichung (3) über endliche Temperaturintervalle integrieren. Solche Integrationen spielen, neben den noch wichtigeren der Gleichung (16') bei konstantem Druck, in der modernen Thermodynamik eine große Rolle (Kapitel C, D, E und H).

Irreversible Wärmetönungen bei konstantem Druck. Die Wärmefunktion. Lassen wir das System eine kleine irreversible Änderung seines chemischen Zustandes durchmachen, während gleichzeitig der äußere Druck konstant bleibt und das Volum sich so langsam verändert, daß bei der Änderung dV, die mit der betreffenden Veränderung des Systems verknüpft ist, die Arbeit $p\,dV$ nach außen abgegeben wird, so haben wir es mit einer partiell irreversibeln Veränderung zu tun, bei der nur die Arbeit $-\mathfrak{K}^{I} d\lambda^{I}$, $-\mathfrak{K}^{II} d\lambda^{II}$ usw., die bei der reversibeln Führung des Prozesses abgegeben werden würde, verlorengeht, während die Volumarbeit dieselbe ist wie bei reversibler Führung.

Nachdem der Prozeß durch das Erreichen eines neuen thermischen Gleichgewichtes (bei der gleichen Temperatur, wie wir annehmen wollen) sein Ende gefunden hat, ist die im ganzen aus der Umgebung aufgenommene Wärme (die bei irreversibeln chemischen Reaktionen meist negativ sein wird) offenbar gleich der Wärme, die aufgenommen worden wäre, wenn *alle* Variabeln des Systems arbeitslos verändert wären (d. h. gleich dU), vermindert um einen Betrag, der davon herrührt, daß die Arbeit $-p\,dV$ reversibel aufgenommen, also nicht in Wärme verwandelt ist. Also ist hier im ganzen $(\mathfrak{d}Q)_{\mathrm{irr}} = dU + p\,dV$ oder, da der Druck konstant geblieben ist, auch:

$$(\mathfrak{d}Q)_{\mathrm{irr}} = d(U + pV)\,.$$

Wir gelangen so zur Einführung einer (schon von GIBBS benutzten) neuen Funktion:

$$W = U + pV\,, \tag{6}$$

der GIBBSschen *Wärmefunktion*.

Diese Funktion hat für die irreversibeln chemischen Wärmeeffekte bei konstantem Druck (und reversibler Volumänderung) dieselbe Bedeutung wie U für die irreversibeln Wärmeeffekte bei konstantem Volum. Betrachten wir nämlich die bloße Änderung einer Reaktionslaufzahl bei konstantem Druck — wir beschränken uns hier auf gleichen Druck aller Systemteile —, so wird $dW = \frac{\partial W}{\partial \lambda}_{(p,T)} \cdot d\lambda = (\mathfrak{d}Q)_{\mathrm{irr}}$; $\frac{\partial W}{\partial \lambda}_{(p,T)}$ hat also hier die Effektbedeutung eines irreversibeln Wärmekoeffizienten $\frac{(\mathfrak{d}Q)_{irr}}{\partial\lambda}$ bei konstantem Druck. Wir schreiben:

$$\frac{\partial W}{\partial\lambda}_{(p,T)} = \mathfrak{W}, \tag{7}$$

$\frac{\partial W}{\partial\lambda^{I}}_{(p,T)} = \mathfrak{W}^{I}$ usw. Diese Größen $\mathfrak{W}$ sind für die überwiegende Zahl der chemischen Reaktionen die praktisch am meisten in Frage kommenden und in den Tabellenwerken angegebenen chemischen Reaktionswärmen oder Wärmetönungen oder vielmehr deren *negative* Werte. Auf welche umgesetzten Quantitäten sich hierbei eine Änderung $\Delta\lambda = 1$ bezieht, hängt natürlich von der Form der benutzten Reaktionsgleichung (z. B. $H_2 + \frac{1}{2}O_2 \rightarrow H_2O$ oder $2H_2 + O_2 \rightarrow 2H_2O$) ab. Im allgemeinen sind diese $\mathfrak{W}$ (ebenso wie die $\mathfrak{U}$, $\mathfrak{K}$ usw.) durch die Angabe der sich umsetzenden resistenten Gruppen (bei Homogen- oder Übergangsreaktionen) noch nicht bestimmt, sondern, außer von p und T, auch noch von den Mengen der jeweils vorhandenen Reaktionsteilnehmer (somit von λ^{I}, λ^{II} usw.) und von der Anwesenheit sonstiger Stoffe (etwa eines Lösungsmittels) abhängig.

Die zu (1) analoge Beziehung für $\mathfrak{W}$ finden wir z. B. auf folgende Weise: es ist

$$\mathfrak{W} = \frac{\partial W}{\partial\lambda}_{(p,T)} = \frac{\partial}{\partial\lambda}(W - TS)_{(p,T)} + \frac{\partial}{\partial\lambda}(TS)_{(p,T)}$$

Hier hat das erste Glied der rechten Seite nach der Definition von W und G[1] die Bedeutung $\frac{\partial G}{\partial\lambda}_{(p,T)} = \mathfrak{K}$, das zweite ist gleich $T\frac{\partial S}{\partial\lambda}_{(p,T)} = \mathfrak{L}$ [nach (15) § 4]. Also wird:

$$\mathfrak{W} = \mathfrak{K} + \mathfrak{L}. \tag{8}$$

„*Die chemische Wärmetönung bei konstantem Druck ist* (*mit negativem Vorzeichen*) *gleich dem chemischen Arbeitskoeffizienten* $\mathfrak{K}$ (*bei konstantem Volum!*) *plus dem reversiblen Wärmekoeffizienten bei konstantem Druck.*"

Von hier aus ist der Zusammenhang zwischen $\mathfrak{U}$ und $\mathfrak{W}$ durch Vergleich mit (1) ohne weiteres angebbar; es ist derselbe wie zwischen den reversibeln Wärmekoeffizienten $\mathfrak{L}_{(v)}$ und $\mathfrak{L}$, wie sogleich besprochen werden wird.

Beziehungen zwischen chemischen Wärmeeffekten bei konstantem Druck und bei konstantem Volumen. Die Beziehungen zwischen den $\mathfrak{L}$ und $\mathfrak{L}_{(v)}$ für *homogene* Systeme können wir ohne weiteres aus den allgemeinen Ansätzen II, § 5, entnehmen, wenn wir für die dort eingeführte Arbeitskoordinate y eine Reaktionslaufzahl λ und für l^y : $\mathfrak{L}$, für L^y : $\mathfrak{L}_{(v)}$ einsetzen. Wir erhalten dann aus II, § 5 (11):

$$\mathfrak{L} = \mathfrak{L}_{(v)} + L^v \frac{\partial v}{\partial\lambda}_{(p,T)}. \tag{9}$$

Zu derselben Gleichung führt natürlich der Zusammenhang der $\mathfrak{L}$ mit $\frac{\partial S}{\partial\lambda}_{(p,T)}$ und der $\mathfrak{L}_{(v)}$ mit $\frac{\partial S}{\partial\lambda}_{(v,T)}$, da nach einer bekannten Regel der Differentialrechnung $\frac{\partial S}{\partial\lambda}_{(p,T)} = \frac{\partial S}{\partial\lambda}_{(v,T)} + \frac{\partial S}{\partial v}\cdot\frac{\partial v}{\partial\lambda}_{(p,T)}$ ist.

Demnach finden wir aus (1), (8) und (9) für irreversible Reaktionswärmen in homogenen Systemen (etwa Gasgemischen):

$$\mathfrak{W} = \mathfrak{U} + L^v \frac{\partial v}{\partial\lambda}_{(p,T)} = \mathfrak{U} + L^v \cdot \mathfrak{V} \tag{10}$$

für jede Einzelreaktion λ^{I}, λ^{II} usw.

Mit Hilfe dieser Gleichung kann man aus gemessenen Wärmetönungen $\mathfrak{U}$ die $\mathfrak{W}$-Werte und damit z. B. $\frac{\partial}{\partial T}\left(\frac{\mathfrak{K}}{T}\right)$ bei konstantem Druck (Gleichung 15) be-

[1] $G = F + pv = U - TS + pv = W - TS$.

stimmen, wenn man die Volumwärme des homogenen Systems (bei gehemmter Reaktion!) und die Volumänderung bei der Reaktion kennt. Besonders einfach liegt hier der Fall bei resistenten Gruppen, die als *einzelne Gasmoleküle ohne gegenseitige Beeinflussung* (idealer Gaszustand) auftreten. Es ist dann (II, § 1) $L^V = p$ und $\frac{\partial V}{\partial \lambda}$ wird, da $V = \frac{nRT}{p}$ ist (n Gesamtzahl der vorhandenen Mole), gleich $\frac{\partial n}{\partial \lambda} \cdot \frac{RT}{p}$, wobei $\frac{\partial n}{\partial \lambda} = \Sigma \nu$, d. h. gleich der algebraischen Summe der auftretenden und verschwindenden Äquivalente (nach der betreffenden Reaktionsgleichung) ist. Also wird in diesem Spezialfall:

$$\mathfrak{W} = \mathfrak{U} + \Sigma \nu RT. \tag{11}$$

Bei Umsetzungen in flüssigen und festen Körpern ist die Differenz zwischen $\mathfrak{U}$ und $\mathfrak{W}$ dagegen meist zu vernachlässigen; auch kommen dann Messungen bei konstantem Volum kaum in Frage.

Bei Reaktionen in *heterogenen* Systemen mit gemeinsamem Druck (nur dieser Fall kommt wohl für eine direkte kalorimetrische Bestimmung von $\mathfrak{U}$ oder $\mathfrak{W}$ in Frage) ist der Zusammenhang zwischen $\mathfrak{L}$ und $\mathfrak{L}_{(V)}$ und somit zwischen $\mathfrak{W}$ und $\mathfrak{U}$ zwar an sich derselbe wie nach Gleichung (10), jedoch ist die theoretische Umrechnung dadurch kompliziert, daß L^V, der Wärmeeffekt nach V bei konstanten λ^{I}, λ^{II}, T hier aus den Einzelvolumwärmen der homogenen Teile nicht ermittelt werden kann, ohne daß die Änderungen von V' und V'' mit dem Gesamtvolum bei gehemmten λ^{I}, λ^{II} und konstantem T bekannt sind. Bei Anwesenheit einer Gasphase — und nur dann wird man ja die Reaktion bei konstantem Volum ablaufen lassen können — entfällt jedoch diese Schwierigkeit insofern, als sich praktisch allein das Volum der Gasphase bei Änderung des Gesamtvolums und Konstanthaltung aller Teilchenzahlen ändern wird.

Beispiel: Knallgasumsetzung zu flüssigem H_2O, wenn am Anfang schon gesättigter H_2O-Dampf vorhanden war. Gemessen wird $\mathfrak{U}$ für den Vorgang $H_2 + {}^1/_2 O_2 \rightarrow H_2O$ (flüssig) bei $V = \text{const}$. Es ist $\mathfrak{W} = \mathfrak{U} + \left\{ L^{V'} \frac{\partial V'}{\partial V} + L^{V''} \frac{\partial V''}{\partial V} \right\} \frac{\partial V}{\partial \lambda}_{(p)}$. Hier ist $\frac{\partial V'}{\partial V} \cong 0$, $\frac{\partial V''}{\partial V} \cong 1$. Der zweite Summand der rechten Seite wird also in Übereinstimmung mit (11): $L^{V''} \frac{\partial V}{\partial \lambda} \cong p \frac{\partial V''}{\partial \lambda} = -\Delta n \cdot RT$, wenn Δn die Zahl der verschwindenden Gasmole ist. $\mathfrak{W}$ stellt die irreversible Reaktionswärme dar, wenn [unter bestimmtem Gesamtdruck in einem gegebenen Gemisch von H_2, O_2 und H_2O-Dampf, der mit H_2O (flüssig) im Gleichgewicht ist] H_2O (flüssig) gebildet wird.

Reversible Änderungen von W. Aus der Definitionsgleichung für W: $dW = dU + p\,dV$ (bei konstantem Druck) folgt, daß in allen Fällen, wo die bei einer reversibeln Veränderung des Systems (bei konstantem Druck) geleistete Arbeit nur in einer Volumarbeit besteht ($\mathfrak{d}A = -p\,dV$), dW gleich $dU - \mathfrak{d}A$, also gleich der reversibeln Wärmeaufnahme $(\mathfrak{d}Q)_{\text{rev}}$ ist. Das gilt erstens für Temperaturänderungen bei konstantem Druck und konstantem λ; es folgt daraus, da dann nach II, § 5, Gleichung (3) $(\mathfrak{d}Q)_{\text{rev}} = l^T dT$, $dW = \frac{\partial W}{\partial T}_{(p,\lambda)} \cdot dT$ ist, die wichtige, übrigens auch anders ableitbare Beziehung:

$$\frac{\partial W}{\partial T}_{(p,\lambda)} = l^T. \tag{12}$$

Ferner gilt diese Aussage aber auch für reversible Änderungen der λ, *falls* $\mathfrak{K} = 0$ *ist*; es ist dann $dW = \frac{\partial W}{\partial \lambda}_{(p,T)} \cdot d\lambda = (\mathfrak{d}Q)^{\lambda}_{\text{rev}}$ bei konstantem p und T, oder, wegen (15), § 4:

$$\mathfrak{W} = \mathfrak{L}. \tag{13}$$

Da $\mathfrak{K} = 0$, wie wir in § 7 besprechen werden, den Fall des ungehemmten Gleichgewichts für die betreffende Reaktion bedeutet, sagt Gleichung (13) aus, daß für alle chemischen Umsätze, die sich unter konstantem Druck vom Gleichgewichtszustand aus abspielen, $\mathfrak{W}$ mit dem reversibeln Wärmekoeffizienten $\mathfrak{L}$ zusammenfällt. Wichtige Beispiele derartiger Umsetzungen sind das Schmelzen oder Verdampfen reiner Substanzen; $\mathfrak{W}$ oder $\mathfrak{L}$ wird dann die Schmelz- bzw. Verdampfungswärme bei konstantem Druck[1].

Die Tatsache, daß man zu allen Werten von W, die bei einem bestimmten Drucke und bei stets reversibeln Volumänderungen möglich sind, immer durch Summation der ausgetauschten — reversibeln ($\mathfrak{K} = 0$) oder irreversibeln ($\mathfrak{K} \neq 0$) — Wärmemengen $\mathfrak{d}Q$ gelangen kann, ist der Grund für die Bezeichnung „*Wärmefunktion*" (englisch: heat content, auch mit H bezeichnet). Bei Änderung des Druckes tritt jedoch das Glied $V\,dp$ auf, welches diesen Zusammenhang aufhebt.

Die zweite HELMHOLTZsche Gleichung. Die stets gültige Beziehung (8) wollen wir jetzt benutzen, um aus (18), § 4, die zu (2) analoge Gleichung abzuleiten. Wir erhalten, indem wir $\mathfrak{L}$ durch $\mathfrak{W} - \mathfrak{K}$ ausdrücken:

$$\mathfrak{K} - \mathfrak{W} = T \frac{\partial \mathfrak{K}}{\partial T}_{(p)} \,. \tag{14}$$

Diese zweite HELMHOLTZsche Gleichung erlaubt den meist allein in Frage kommenden Temperaturgang von $\mathfrak{K}$ *bei konstantem Druck* aus einem bekannten $\mathfrak{K}$-Wert und der direkt meßbaren Reaktionswärme $\mathfrak{W}$ zu bestimmen. Es sei besonders darauf hingewiesen, daß, der Ableitung von § 4 (18) nach, in den Fällen, wo $\mathfrak{K}$ mit λ^{I}, λ^{II} usw. sich ändert, durch (14) die Temperaturänderung von $\mathfrak{K}$ bei *gehemmten* Reaktionen (also bei konstanter Zusammensetzung des Systems) und nicht etwa bei „währendem Gleichgewicht" (Kapitel G) bestimmt wird. Ist bei der Ausgangstemperatur $\mathfrak{K} = 0$, so ist natürlich $\frac{\partial \mathfrak{K}}{\partial T}_{(p)} = -\frac{\mathfrak{W}}{T}$.

Durch Division mit T^2 und Zusammenziehung der Glieder mit $\mathfrak{K}$ erhält man die zu (3) analoge Gleichung:

$$\frac{\partial}{\partial T}\left(\frac{\mathfrak{K}}{T}\right)_{(p)} = -\frac{\mathfrak{W}}{T^2} \,. \tag{15}$$

Hieraus kann man den Temperaturgang der wichtigen Größe $\frac{\mathfrak{K}}{T}$ bei konstantem Druck aus der direkt meßbaren Größe $\mathfrak{W}$ erschließen; für den Richtungssinn der Temperaturänderung von $\mathfrak{K}$ gelten entsprechende Aussagen, wie sie bei Besprechung von (3) diskutiert wurden.

Analog dem Ersatz von $\mathfrak{K}$-Messungen durch $\mathfrak{U}$-Messungen (bei bekannten $\mathfrak{L}_{(v)}$-Werten) kann man bei thermodynamischen Gesamtuntersuchungen oder indirekten $\mathfrak{K}$-Bestimmungen die $\mathfrak{K}$ auch aus $\mathfrak{L}$- oder $\mathfrak{S}$-Angaben und gemessenen $\mathfrak{W}$-Werten berechnen.

Temperaturgang von $\mathfrak{W}$; die 2. KIRCHHOFFsche Gleichung. Analog Gleichung (4) erhalten wir aus (12):

$$\frac{\partial \mathfrak{W}}{\partial T}_{(p)} = \frac{\partial l^T}{\partial \lambda}_{(p)} \,; \tag{16}$$

speziell bei Additivität der spezifischen Wärmen der Reaktionsteilnehmer im System (wegen des Zusammenhangs von l^T und c_p nach II, § 5):

$$\frac{\partial \mathfrak{W}}{\partial T}_{(v)} = \sum \nu c_p \,. \tag{16'}$$

[1] Für den Fall $\mathfrak{K} = 0$, $\mathfrak{W} = \mathfrak{L}$ werden wir später die neue gemeinsame Bezeichnung A für $\mathfrak{W}$ und $\mathfrak{L}$ einführen.

Diese Gleichungen ermöglichen die Bestimmung der Temperaturabhängigkeit von $\mathfrak{W}$ und damit die Integration der Gleichung (15) über größere Temperaturgebiete.

Plancks charakteristische Funktion Φ. Es schließt sich hier zwanglos die Besprechung einer weiteren thermodynamischen Funktion an, die ebenso wie F und G die Eigenschaft hat, alle reversibeln Arbeits- und Wärmeeffekte eines Systems zu liefern, die aber andererseits zu unseren letzten Betrachtungen über W und $\mathfrak{W}$ in besonders engem Zusammenhang steht, da sie diese Größen an Stelle der Entropie und der reversibeln Reaktionswärmen als primäre Bestimmungsstücke ihres Aufbauschemas enthält und alle Differentialbeziehungen zwischen den $\mathfrak{W}$ und $\mathfrak{V}$ oder $\mathfrak{R}$ direkt abzuleiten gestattet. Daß diese Funktion nicht die Größen $\mathfrak{R}$ selbst, sondern die $\frac{\mathfrak{R}}{T}$ unter ihren Ableitungen enthält, könnte zunächst als Komplikation und Nachteil gegenüber den F und G erscheinen; dem steht aber gegenüber, daß in den funktionalen Ausdrücken der $\mathfrak{R}$ für Reaktionen in Gasen und Lösungen T als Faktor aufzutreten pflegt, so daß die Division mit T die Ausdrücke vereinfacht. So ist auch der Zusammenhang der $\frac{\mathfrak{R}}{T}$ mit den „Gleichgewichtskonstanten" derartiger Reaktionen (Kapitel E) ein einfacherer als für die $\mathfrak{R}$ selbst.

Wir betrachten wieder ein System, dessen Teile unter gemeinsamen Druck stehen; nur dann haben ja die $\mathfrak{W}$ die Bedeutung direkt meßbarer Wärmeeffekte. Für ein solches System bilden wir die Funktion $\frac{G}{T}$, die wir in Anlehnung an M. Planck, der diese Funktion vorzugsweise benutzt, mit $-\Phi$ bezeichnen. Was haben die Ableitungen dieser Funktion nach p, λ^{I}, λ^{II}, T — wir betrachten der Einfachheit halber wieder nur zwei voneinander unabhängige Reaktionen λ^{I} und λ^{II} — für eine Bedeutung?

Aus dem G-Schema folgt, daß die Ableitungen von $\frac{G}{T}$ nach p, λ^{I} und λ^{II} die Größen $\frac{V}{T}$, $\frac{\mathfrak{R}^{\mathrm{I}}}{T}$ und $\frac{\mathfrak{R}^{\mathrm{II}}}{T}$ sind. Die Ableitung nach T aber ist:

$$\frac{\partial}{\partial T}\left(\frac{G}{T}\right) = \frac{1}{T}\frac{\partial G}{\partial T} - \frac{G}{T^2} = -\frac{S}{T} - \frac{U + pV - TS}{T^2} = -\frac{W}{T^2}. \tag{17}$$

Damit tritt an der Stelle, wo im F- und G-Schema die Entropie steht, die (durch T^2 dividierte) Wärmefunktion W auf, so daß in der nächsten Generation Verwandtschaftsbeziehungen zwischen den Änderungen von W und den Änderungen von V, $\mathfrak{R}^{\mathrm{I}}$ und $\mathfrak{R}^{\mathrm{II}}$ resultieren. Man liest diese Differentialbeziehungen ohne weiteres aus dem hier auch nur bis zur zweiten Generation durchgeführten Φ-Stammbaum ab, den wir, um die Parallele mit dem G-Stammbaum hervortreten zu lassen, für $-\Phi = \frac{G}{T}$ aufstellen (siehe Tabelle auf S. 171, wo wieder die beiden Teile des Stammbaumes nebeneinander angeordnet zu denken sind).

Hier findet man durch Differentiationsvertauschung (λT) und $(T\lambda)$ direkt unsere Beziehung (15) wieder; die Beziehung $(\lambda p) = (p\lambda)$ ist Gleichung (16), § 4, äquivalent; man wird die Form:

$$\frac{\partial}{\partial p}\left(\frac{\mathfrak{R}}{T}\right) = \frac{\mathfrak{V}}{T}$$

jedoch stehenlassen, wenn man die Bestimmung von $\frac{\mathfrak{R}}{T}$ anstatt von $\mathfrak{R}$ als die gegebene Aufgabe betrachtet. Die Beziehung $(pT) = (Tp)$:

$$\frac{\partial W}{\partial p} = -T^2 \frac{\partial}{\partial T}\left(\frac{V}{T}\right),$$

ist zwar neu, hat aber nicht solche Bedeutung, wie die entsprechende im weiter unten zu besprechenden Ψ-Schema. Ihr entspricht in der 3. Generation die Beziehung $(T\lambda p) = (p\lambda T)$:

$$\frac{\partial \mathfrak{W}}{\partial p} = - T^2 \frac{\partial}{\partial T}\left(\frac{\mathfrak{W}}{T}\right), \qquad (18)$$

welche die Druckabhängigkeit von Wärmetönungen aus Volumeffekten zu bestimmen gestattet. Daß alle Differentiationen nach λ^{I}, λ^{II} und T bei konstantem Druck vollzogen zu denken sind, braucht wohl nicht noch einmal hervorgehoben zu werden.

Bestimmungsschemata zu der Funktion Φ. Wegen ihres Zusammenhanges mit G gestattet die Funktion Φ, wenn sie in Abhängigkeit von p, λ^{I}, λ^{II}, T bekannt ist, alle reversibeln thermodynamischen Effekte [und natürlich auch die nach (8′) mit ihnen zusammenhängenden Größen $\mathfrak{W}$] zu berechnen. Z. B. ist S durch $-\frac{\partial G}{\partial T} = + \frac{\partial (T \cdot \Phi)}{\partial T} = \Phi + T \frac{\partial \Phi}{\partial T}$ in Funktion von p, λ^{I}, λ^{II}, T gegeben, woraus alle reversibeln l und L ohne weiteres folgen.

Andererseits liefert die Funktion Φ, ebenso wie sie bestimmte Differentialbeziehungen in direktester Weise abzuleiten gestattet, auch Hinweise auf gewisse vollständige thermodynamische Bestimmungsschemata (vgl. I, § 8), die dann als übersichtlichste benutzt werden können, wenn die als Ableitungen von Φ oder $-\Phi$ auftretenden Größen als primär gegeben erscheinen. Hier kommen Untersuchungen in Frage, bei denen vorzugsweise die Bausteine zum Aufbau der Funk-

Φ-Stammbaum.

$$-\Phi = \frac{G}{T}$$

Variable	p				λ^{I}			
1. Generation	$\frac{v}{T}$				$\frac{\mathfrak{K}^{\mathrm{I}}}{T}$			
Variable	pp	$p\lambda^{\mathrm{I}}$	$p\lambda^{\mathrm{II}}$	pT	$\lambda^{\mathrm{I}}p$	$\lambda^{\mathrm{I}}\lambda^{\mathrm{I}}$	$\lambda^{\mathrm{I}}\lambda^{\mathrm{II}}$	$\lambda^{\mathrm{I}}T$
2. Generation	$\frac{\partial \frac{v}{T}}{\partial p} = \frac{1}{T}\frac{\partial v}{\partial p}$	$\frac{\partial \frac{v}{T}}{\partial \lambda^{\mathrm{I}}} = \frac{\mathfrak{V}^{\mathrm{I}}}{T}$	$\frac{\partial \frac{v}{T}}{\partial \lambda^{\mathrm{II}}} = \frac{\mathfrak{V}^{\mathrm{II}}}{T}$	$\frac{\partial \frac{v}{T}}{\partial T}$	$\frac{\partial \frac{\mathfrak{K}^{\mathrm{I}}}{T}}{\partial p} = \frac{1}{T}\frac{\partial \mathfrak{K}^{\mathrm{I}}}{\partial p}$	$\frac{\partial \frac{\mathfrak{K}^{\mathrm{I}}}{T}}{\partial \lambda^{\mathrm{I}}} = \frac{1}{T}\frac{\partial \mathfrak{K}^{\mathrm{I}}}{\partial \lambda^{\mathrm{I}}}$	$\frac{\partial \frac{\mathfrak{K}^{\mathrm{I}}}{T}}{\partial \lambda^{\mathrm{II}}} = \frac{1}{T}\frac{\partial \mathfrak{K}^{\mathrm{I}}}{\partial \lambda^{\mathrm{II}}}$	$\frac{\partial \frac{\mathfrak{K}^{\mathrm{I}}}{T}}{\partial T}$

Variable	λ^{II}				T			
1. Generation	$\frac{\mathfrak{K}^{\mathrm{II}}}{T}$				$-\frac{W}{T^2}$			
Variable	$\lambda^{\mathrm{II}}p$	$\lambda^{\mathrm{II}}\lambda^{\mathrm{I}}$	$\lambda^{\mathrm{II}}\lambda^{\mathrm{II}}$	$\lambda^{\mathrm{II}}T$	Tp	$T\lambda^{\mathrm{I}}$	$T\lambda^{\mathrm{II}}$	TT
2. Generation	$\frac{\partial \frac{\mathfrak{K}^{\mathrm{II}}}{T}}{\partial p} = \frac{1}{T}\frac{\partial \mathfrak{K}^{\mathrm{II}}}{\partial p}$	$\frac{\partial \frac{\mathfrak{K}^{\mathrm{II}}}{T}}{\partial \lambda^{\mathrm{I}}} = \frac{1}{T}\frac{\partial \mathfrak{K}^{\mathrm{II}}}{\partial \lambda^{\mathrm{I}}}$	$\frac{\partial \frac{\mathfrak{K}^{\mathrm{II}}}{T}}{\partial \lambda^{\mathrm{II}}} = \frac{1}{T}\frac{\partial \mathfrak{K}^{\mathrm{II}}}{\partial \lambda^{\mathrm{II}}}$	$\frac{\partial \frac{\mathfrak{K}^{\mathrm{II}}}{T}}{\partial T}$	$-\frac{1}{T^2}\frac{\partial W}{\partial p}$	$-\frac{\mathfrak{W}^{\mathrm{I}}}{T^2}$	$-\frac{\mathfrak{W}^{\mathrm{II}}}{T^2}$	$-\frac{\partial}{\partial T}\left(\frac{W}{T^2}\right)$

tion $\frac{W}{T^2}$ oder W selbst, an Stelle der zum Aufbau von S gegeben sind. Am wichtigsten ist wohl die Reihenfolge $V(p, \lambda^I, \lambda^{II}, T)$, $W(p_0, \lambda^I, \lambda^{II}, T)$, $\mathfrak{K}^I(p_0, T_0, \lambda^I, \lambda^{II})$, $\mathfrak{K}^{II}(p_0, T_0, \lambda_0^I, \lambda^{II})$, in der W etwa bei Atmosphärendruck in Abhängigkeit von T und λ zu bestimmen ist. Hierzu wird wieder vorzugsweise die Reihenfolge $\frac{\partial W}{\partial T} = l^T$ in Abhängigkeit von λ^I, λ^{II}, T und $\frac{\partial W}{\partial \lambda} = \mathfrak{W}^I$ und $\mathfrak{W}^{II}$ in Abhängigkeit von λ^I und λ^{II} für eine Temperatur (etwa Reaktionswärmen bei der Zimmertemperatur) von Bedeutung sein. Dabei fällt, wie wir noch sehen werden, bei idealen Gasen und Lösungen wie bei reinen Substanzen die Abhängigkeit von λ^I und λ^{II} fort. In diesem Schema wäre dann auch $\mathfrak{K}^I$ und $\mathfrak{K}^{II}$ durch Messung bei einer Temperatur, z. B. aus elektromotorischen Kräften noch zu geben; sucht man stattdessen indirekte Angaben für $\mathfrak{L}^I$ und $\mathfrak{L}^{II}$ zu verwenden, so hat man schon wieder ein Mischverfahren, bei dem das reine Φ-Schema durchbrochen wird. Ein solches wäre insbesondere das „rein thermische" Schema, auf das schon in I, § 8 (S. 78) hingewiesen wurde.

Diese Andeutungen mögen genügen, da wir uns im Kapitel C noch ausführlich mit dem Aufbau der Reaktionsgrößen aus meßbaren Daten beschäftigen werden.

Eine andere charakteristische Funktion Ψ. Nur der Vollständigkeit halber sei der Funktion $\Phi = -\frac{G}{T}$ die für p, λ^I, λ^{II}, T als unabhängige Variabeln brauchbar ist, die Funktion $\Psi = -\frac{F}{T}$ an die Seite gestellt, die verwendbar ist, wenn (in Systemen mit gemeinsamem Druck) V als unabhängige Variable benutzt wird und Wärmeeffekte $\mathfrak{U}$ bei konstantem Volum als thermodynamische Bestimmungsstücke auftreten. Wir haben dann den zu $-\Phi$ ganz analogen Stammbaum, der auf dieser Seite dargestellt ist.

Ψ-Stammbaum.

$$-\Psi = -\frac{F}{T}$$

Variable	1. Generation	Variable	2. Generation
v	$-\frac{p}{T}$	vv	$-\frac{\partial \frac{p}{T}}{\partial v}$
		$v\lambda^I$	$-\frac{\partial \frac{p}{T}}{\partial \lambda^I}$
		$v\lambda^{II}$	$-\frac{\partial \frac{p}{T}}{\partial \lambda^{II}}$
		vT	$-\frac{\partial \frac{p}{T}}{\partial T}$
λ^I	$\frac{\mathfrak{K}^I}{T}$	$\lambda^I v$	$\frac{\partial \frac{\mathfrak{K}^I}{T}}{\partial v}$
		$\lambda^I\lambda^I$	$\frac{\partial \frac{\mathfrak{K}^I}{T}}{\partial \lambda^I}$
		$\lambda^I\lambda^{II}$	$\frac{\partial \frac{\mathfrak{K}^I}{T}}{\partial \lambda^{II}}$
		$\lambda^I T$	$\frac{\partial \frac{\mathfrak{K}^I}{T}}{\partial T}$
λ^{II}	$\frac{\mathfrak{K}^{II}}{T}$	$\lambda^{II} v$	$\frac{\partial \frac{\mathfrak{K}^{II}}{T}}{\partial v}$
		$\lambda^{II}\lambda^I$	$\frac{\partial \frac{\mathfrak{K}^{II}}{T}}{\partial \lambda^I}$
		$\lambda^{II}\lambda^{II}$	$\frac{\partial \frac{\mathfrak{K}^{II}}{T}}{\partial \lambda^{II}}$
		$\lambda^{II} T$	$\frac{\partial \frac{\mathfrak{K}^{II}}{T}}{\partial T}$
T	$-\frac{U}{T^2}$	Tv	$\frac{1}{T^2}\frac{\partial U}{\partial v}$
		$T\lambda^I$	$-\frac{\mathfrak{U}^I}{T^2}$
		$T\lambda^{II}$	$-\frac{\mathfrak{U}^{II}}{T^2}$
		TT	$-\frac{\partial}{\partial T}\left(\frac{U}{T^2}\right)$

Von den ebenso wie beim Φ-Schema fast durchweg schon anders abgeleiteten Differentialbeziehungen der zweiten Generation sei hier nur auf die in dieser Form noch nicht diskutierte Beziehung $(VT) = (TV)$ hingewiesen:

$$\frac{\partial}{\partial T}\left(\frac{p}{T}\right) = \frac{1}{T^2}\frac{\partial U}{\partial V}$$

Diese Beziehung kann für die Ableitung von Zustandsgleichungen aus theoretischen Angaben über $\frac{\partial U}{\partial V}$ von Bedeutung sein[1].

[1] DEBYE: Physik. Ztschr. 21, 178 (1920).

Im übrigen gelten für die thermodynamische Rolle der Funktion Ψ und die zu ihr gehörigen Bestimmungsschemata ganz die entsprechenden Aussagen wie für Φ; nur ist Ψ wegen der geringeren Bedeutung des konstanten Volums (in U und L^T) weit minder wichtig als Φ.

Verzicht auf bestimmte chemische Variable. Die Anwendung der besprochenen Differentialbeziehungen ist nur dann die sich von selbst darbietende einfachste Form der chemischen Thermodynamik, wenn eine stetige Folge von physikalisch und chemisch benachbarten Zuständen untersucht werden soll. Handelt es sich dagegen um Reaktionen mit eindeutig bestimmtem Anfangs- und Endzustand — es seien etwa die Anfangsprodukte und die Abgase einer Kraftanlage gegeben, gefragt wird nach der *bei diesem Prozeß* möglichen maximalen Arbeit —, so ist die Einführung von Arbeits- und Wärme*koeffizienten* (nach bestimmten Variabeln λ^I, λ^{II} usw.) nicht zweckmäßig; man studiert dann die Arbeits- und Wärmeeffekte am besten durch Bestimmung der Änderung der beiden Hauptsatzfunktionen U und S selbst. Meist wird nach der isothermen Arbeit $\Delta U - T \cdot \Delta S$ gefragt, die bei konstantem Volum bereits die chemische Arbeit darstellt, während bei konstantem Druck und reversibeln Volumänderungen noch der Betrag der aufgenommenen Arbeit $(-p \cdot \Delta V)$ abzuziehen ist, so daß $\Delta W - T \cdot \Delta S$ die rein chemische Arbeit darstellt.

Um diese Arbeit indirekt zu bestimmen, hat man offenbar nach Methoden zur Bestimmung von ΔW (bzw. ΔU) und ΔS zu suchen. ΔW gewinnt man einfach durch Untersuchung der irreversibeln Wärmetönung bei konstantem Druck (bei konstantem Volum wäre ΔU auf diese Weise zu gewinnen), während zur Bestimmung von ΔS irgendein Wärmeumweg, bei dem die Reaktion auf reversibelm Wege geführt wird, herangezogen werden muß, nötigenfalls unter Zuhilfenahme theoretischer Zwischenglieder (bei $T = 0$ oder sehr großem T). Wird etwa auf diesem Wärmeumweg das System im Anfangszustand auf $T = 0$ abgekühlt und im Endzustand von $T = 0$ an erwärmt gedacht, so hat der Verzicht auf spezielle Variabeln den Vorteil, daß die Kondensations- und Ausfriervorgänge, Entmischungen usw. die Bestimmung von ΔS prinzipiell in keiner Weise erschweren; es ist ΔS einfach durch die außenthermodynamische Definition $\int \frac{\mathfrak{d}Q}{T}$ auf dem gewählten Wege gegeben. So würde es z. B. möglich sein, auf dem Wärmeumwege zur Bestimmung von ΔS für den Kohlenverbrennungsprozeß das auftretende Gasgemisch (in seinem Anfangs- und Endzustand) dadurch auf $T = 0$ gebracht zu denken, daß man es bei konstantem Druck abkühlt und dabei die verschiedenen Gase bei verschiedenen Temperaturen sich reversibel kondensieren läßt; die Kondensationswärmen würden dann bei der jeweiligen Kondensationstemperatur zu dem $\int \frac{\mathfrak{d}Q}{T}$ bestimmte Beiträge liefern, die in Rechnung zu stellen wären. Bei $T = 0$ würde das Gasgemisch dann als Festkörper vorhanden sein und die Aussage über die Entropieänderung bei der Umsetzung mit fester Kohle wäre hier besonders durchsichtig. In der Tat führt die Anwendung des NERNSTschen Wärmetheorems meist über derartige Kondensationsprozesse bei Abkühlung der Reaktionsteilnehmer.

Bemerkungen zu den Bezeichnungen und Definitionen. Der Wunsch, bei der Behandlung chemischer Systeme die Einführung spezieller unabhängiger Variabeln zu vermeiden, ist wohl auch maßgebend dafür gewesen, daß man bisher die Differentialbeziehungen der chemischen Thermodynamik, in denen unsere Arbeitskoeffizienten auftreten — vor allem handelt es sich um die Beziehungen (10) und (18) des § 4, (3), (15) dieses Paragraphen und die HELMHOLTZschen Gleichungen (2) und (14) — nicht in dieser Form aufgestellt hat, sondern in einer

Form, bei der jeweils bei einer Temperatur 2 endlich verschiedene Zustände betrachtet werden, die auf beliebige Weise charakterisiert sein konnten[1], zwischen denen aber, nach dem Satz von der Eindeutigkeit reversibler isothermer Arbeiten, eine ganz bestimmte Arbeit A bei isothermem Übergang aufgenommen oder abgegeben wird. Betrachtungen dieser Art scheinen in der Tat vor der unseren den Vorzug zu haben, daß man keine bestimmten physikalischen oder chemischen Variabeln, noch bestimmte thermodynamische Funktionen einzuführen braucht, um die angegebenen Beziehungen abzuleiten. Es scheint sich nämlich eine von allen speziellen Voraussetzungen unabhängige Aussage über die Temperaturabhängigkeit dieser endlichen isothermen reversibeln Arbeit aus der Gleichung des dT-Prozesses, I, § 4 (10), zu ergeben:

$$(\mathfrak{d}A)_{dT} = \frac{Q}{T}\,dT.$$

Indem man diese Gleichung auf einen Prozeß anwendet, der bei T mit der Arbeitsaufnahme A, bei $T + dT$ dagegen, unter irgendwelchen Nebenbedingungen (z. B. konstantem Volum, konstantem Druck, adiabatischem Übergang) mit der Arbeitsaufnahme $A + dA$ verknüpft ist, scheint man, unter Vernachlässigung der Arbeiten bei der Temperaturerhöhung und unter Berücksichtigung der Vorzeichen von A und Q, zu der allgemeinen Gleichung zu gelangen:

$$\frac{dA}{dT} = -\frac{Q}{T}. \tag{19}$$

Diese Gleichung ist jedoch, was wohl nicht immer beachtet worden ist, in dieser allgemeinen Form nicht richtig, da die Differenz der Arbeiten bei der Temperaturerhöhung und -erniedrigung im allgemeinen einen Beitrag zu $(\mathfrak{d}A)_{dT}$ liefern wird, der von der gleichen Größenordnung (nämlich dT) ist, wie der Unterschied der isothermen Arbeiten, dA.

Die allgemeinste Form der Gleichung (19), die noch richtig ist, ist vielmehr die:

$$\frac{\partial A}{\partial T}\,(\text{bei arbeitsloser Temperaturänderung}) = -\frac{Q}{T}. \tag{19'}$$

Diese Gleichung ist aber nicht allgemeiner als die mit Einführung der Freien Energie F geschriebene Gleichung:

$$\frac{\partial(\Delta F)}{\partial T} = -\Delta S = -\frac{Q}{T}, \tag{20}$$

wobei F im allgemeinsten Falle als Funktion beliebiger Arbeitskoordinaten und der Temperatur zu denken ist und bei Differentiation nach T die Arbeitskoordinaten festgehalten werden.

Diese Gleichung, die durch Anwendung der Gleichung (3), II, § 10, auf zwei Zustände mit endlich verschiedenen Werten der Arbeitskoordinaten oder auch aus der dort besprochenen „Effektbedeutung" der Freien Energie folgt, zerfällt aber, wenn man sie auf unendlich kleine Änderungen und jedesmal nur auf die Änderung einer Arbeitskoordinaten anwendet, sofort in die von uns benutzten Differentialbeziehungen von der allgemeinen Form:

$$\frac{\partial K^x}{\partial T} = -\frac{L^x}{T},$$

wobei x eine beliebige (physikalische oder chemische) Arbeitskoordinate ist.

[1] Es kann sich um Systeme handeln, deren homogene Teile verschiedene Drucke haben und in denen beliebig viele Reaktionen möglich sind; beim Übergang vom einen Zustand zum anderen können die Teildrucke oder Teilvolume beliebig geändert und alle Reaktionen in beliebigem Betrage abgelaufen sein.

Durch Spezialisierung etwa auf $x = \mathfrak{V}$, $x = \omega$ und $x = \lambda$ erhält man hieraus die oft benutzten Beziehungen zwischen den Arbeits- und Wärmekoeffizienten.

In der Literatur wird der Gleichung (19) häufig eine ähnliche Gleichung vollkommen parallel gestellt, die in unserer Schreibweise lauten würde:

$$\frac{\partial (\Delta G)}{\partial T}_{(p)} = -\Delta S = -\frac{Q}{T}. \tag{21}$$

Diese Gleichung, die aus dem Zusammenhang zwischen S und $\frac{\partial G}{\partial T}$ bei konstantem p und konstanten chemischen Arbeitskoordinaten folgt, steht jedoch an Allgemeinheit hinter der Gleichung (20) beträchtlich zurück; erstens wird ein gemeinsamer Druck als Arbeitskoeffizient nach dem Volum vorausgesetzt (bei im übrigen beliebigen Arbeitskoordinaten), und zweitens muß man, falls man mit (21) einen analogen Sinn wie mit (19′) oder (20) verbinden will, sich auf Änderungen $\Delta G_{(p)}$ und $\Delta S_{(p)}$ beschränken, bei denen (schon während des isothermen Vorgangs) der *Druck konstant geblieben ist*, da sonst $\Delta G = \Delta F + p\Delta\mathfrak{V} + \mathfrak{V}\Delta p$ überhaupt nicht die Bedeutung einer Arbeit besitzt. Es spezialisiert sich dann die an sich auch für isotherme Änderungen ΔG und ΔS mit *variablem* Druck gültige Gleichung (21) auf:

$$\frac{\partial (\Delta G_{(p)})}{\partial T}_{(p)} = -\Delta S_{(p)} = -\frac{Q_{(p)}}{T}. \tag{21'}$$

Zu dieser Gleichung steht jedoch nicht Gleichung (20) parallel, sondern die auf konstantes (gemeinsames) Volum spezialisierte Gleichung (20):

$$\frac{\partial (\Delta F_{(v)})}{\partial T}_{(v)} = -\Delta S_{(v)} = -\frac{Q_{(v)}}{T}. \tag{20'}$$

Beide Gleichungen (21′) und (20′) werden praktisch angewendet nur auf chemische Veränderungen, wobei $\Delta F_{(v)}$ die Bedeutung unseres $\mathfrak{K} \cdot \Delta\lambda$ hat. Es läuft also die Anwendung von Gleichung (21) auf nichts anderes als auf unsere Gleichung (18), § 4, hinaus, in der die Beziehung auf eine spezielle thermodynamische Funktion (G) überhaupt vermieden ist, und in der die Berücksichtigung der Gleichung: $\frac{\partial G}{\partial \lambda}_{(p)} = \frac{\partial F}{\partial \lambda}_{(v)} = \mathfrak{K}$ von vornherein durch die Wahl der Bezeichnung unnötig gemacht wird.

Die Möglichkeit zu einer solchen von der Wahl der benutzten Funktionen unabhängigen Formulierung beruht allerdings wesentlich auf der Einführung chemischer Arbeitskoeffizienten, die wieder an die Einführung der Reaktionslaufzahlen als chemischer Variabeln gebunden ist.

Zur Bezeichnungsfrage ist zu bemerken, daß neuerdings von NERNST und seinen Schülern[1] die Bezeichnungen A_v und A_p für unser ΔF und ΔG verwendet werden; da dann, je nach der Wahl der benutzten Funktion und Gleichung (20) oder (21), meist $\mathfrak{V}$ oder p konstant gehalten wird, gehen diese Größen A_p und A_v in die in beiden Fällen gleiche Größe $A = \mathfrak{K} \cdot \Delta\lambda$, die dann die chemische Arbeit darstellt, über[2].

Die Bezeichnung A wird wieder von anderen Forschern (z. B. LEWIS und RANDALL) für die Freie Energie selbst verwandt; die Funktion G erhält dort die Bezeichnung F, da sie die praktisch wichtigere, zu der Freien Energie parallele Funktion darstelle. Unser $\mathfrak{K}$ wird entsprechend mit ΔF (hier bei konstantem

---

[1] NERNST: Einführung zu POLLITZER, „Berechnung chemischer Affinitäten" usw.; SIMON: Handb. d. Physik, Bd. X.

[2] Im ganzen halten wir jedoch diese Bezeichnungen nicht für sehr glücklich, da man sich unter A_p ebenso wie unter A_v unwillkürlich eine Arbeit vorstellen wird, während, wie wir sahen, wohl ΔF, nicht aber ΔG im allgemeinen Fall die Bedeutung einer Arbeit hat.

Druck!) bezeichnet. Für unser A (Arbeit ohne Rücksicht auf bestimmte Variabeln) wird der Buchstabe W (work) benutzt. Die chemische Arbeit [unser $\mathfrak{K} \cdot d\lambda$ oder $\sum(\mathfrak{K} \cdot d\lambda)$] wird als „net work" bezeichnet.

In der GIBBSschen Thermodynamik spielt die Frage der zu einer chemischen *Reaktion* gehörigen Arbeit keine Rolle, weil von vornherein eine Aufteilung dieser Arbeit auf die bei der Reaktion entstehenden und verschwindenden Teilchenarten vorgenommen wird. Die hierbei auftretenden Einzelgrößen μ, die „chemischen Potentiale" der entstehenden und verschwindenden Stoffe, haben jedoch für die Einzelstoffe genau die gleiche Bedeutung wie unsere Größe $\mathfrak{K}$ für die gesamte Reaktion (vgl. Kapitel C).

In der PLANCKschen Thermodynamik treten ebenfalls die Arbeitsgrößen hinter den thermodynamischen Funktionen und ihren Ableitungen sehr zurück. An Stelle der GIBBSschen Einzelgrößen μ spielen die Größen $-\frac{\mu}{T}$, die von PLANCK mit φ bezeichnet werden, eine große Rolle; ihnen entsprechen, für die ganze Reaktion, unsere Größen $\frac{\partial \Phi}{\partial \lambda} = -\frac{\mathfrak{K}}{T}$.

Eine Aufzählung der sonst noch auftretenden Bezeichnungen für die thermodynamischen Funktionen, für unser W, $\mathfrak{W}$, $\mathfrak{U}$ usw. würde zu weit führen.

§ 6. Standardwerte chemischer Arbeits- und Wärmeeffekte.

Tabellierung der $\mathfrak{K}$ und $\mathfrak{W}$. Zwei Größen sind es, die in der Thermodynamik chemischer Reaktionen eine überragende Rolle spielen und deren Kenntnis im allgemeinen zu der gewünschten Beurteilung dieser Reaktionen vollkommen ausreicht: die Größen $\mathfrak{K}$ und $\mathfrak{W}$, der Arbeitskoeffizient oder die (negative) Affinität der Reaktion, und ihre (negative) irreversible Wärmetönung bei konstantem Druck, die in manchen Fällen (Gasreaktionen) auch durch die bei konstantem Volum, also durch $\mathfrak{U}$, ersetzt wird. Wären die Größen $\mathfrak{K}$ und $\mathfrak{W}$ (bzw. $\mathfrak{U}$) für alle in der Praxis wichtigen Reaktionen bekannt und tabelliert, und zwar für alle Temperaturen und Drucke sowie für alle stofflichen Zusammensetzungen der Systeme, die praktisch wichtig sein können, so wäre eine Anwendung der thermodynamischen Ergebnisse auf chemische und technische Fragen fast ohne thermodynamische Kenntnisse und Gedankenarbeit möglich. Dem Chemiker bliebe nur die Aufgabe, die aus der Kenntnis der $\mathfrak{K}$ erschlossenen günstigsten Bedingungen (p, T und Zusammensetzung) für den möglichst vollständigen Ablauf einer gewünschten Reaktion praktisch herzustellen und die Mittel zur Aufrechterhaltung oder Beseitigung von Hemmungen (Katalysatorenfrage) zu studieren; der Ingenieur würde über die Arbeitsfähigkeit und den Heizwert jeder Reaktion unter beliebigen Bedingungen ohne weiteres Bescheid wissen und seine Maschinenprozesse danach einrichten können.

Eine vollständige Verwirklichung dieses Programms („Anwendung der Thermodynamik ohne thermodynamische Vorkenntnisse") scheitert allerdings schon an dem Umfang und der damit verbundenen Unhandlichkeit, den ein solches Tabellenwerk der $\mathfrak{K}$ und $\mathfrak{W}$ haben würde. Daß jedoch eine vernünftige Auswahl der $\mathfrak{K}$ und $\mathfrak{W}$, sowohl was die Art der betrachteten Reaktionen, wie die Bedingungen, unter denen sie stattfinden („Normalbedingungen") betrifft, zu äußerst wertvollen kurzen Zusammenstellungen führen kann, die schon viel des praktisch Wichtigen enthalten, zeigt die Ordnungstätigkeit hervorragender amerikanischer Chemiker auf diesem Gebiet; LEWIS und RANDALL (s. Zitat auf S. 156) geben am Schluß ihrer Thermodynamik eine zwei Seiten lange Tabelle von $\mathfrak{K}$-Werten unter Normalbedingungen (dort ΔF^0 genannt), die einen Ausschnitt der für die Praxis wichtigen bisherigen thermodynamischen Ergebnisse in knappster Form zusammenfaßt. Für die Wärmetönungen liegen weit umfangreichere Tabellierungen schon seit längerer Zeit vor in den zusammenfassenden Veröffentlichungen der großen Thermochemiker THOMSEN und BERTHELOT. Neuere Zusammenstellungen sind allgemein zugänglich in den Tabellen von LANDOLT-BÖRNSTEIN, im Chemiker-Kalender und anderwärts.

Bedeutung der Standardwerte für energiereiche und -arme Reaktionen. Die Angabe der Standardwerte der $\mathfrak{K}$ und $\mathfrak{W}$ hat einen etwas verschiedenen Sinn für energiereiche und energiearme Reaktionen. Bei energiereichen Reaktionen sind die $\mathfrak{K}$ und $\mathfrak{W}$ wesentlich durch *die Art der in die Reaktion eingehenden resistenten Gruppen,* also durch innere chemische Kräfte und Energien, bedingt, während Temperatur, Druck und stoffliche Zusammensetzung — *in dem Rahmen, wie wir diese Größen laboratoriumsmäßig und technisch zu ändern gewöhnt sind* — nur relativ kleine Änderungen ergeben. Z. B. entspricht bei $T = 300^0$ der Reaktion $2\,H_2 + O_2 \rightarrow 2\,H_2O$, bei Atmosphärendruck des H_2 und O_2 und mit flüssigem H_2O als Endprodukt, die Leistung einer reversibeln Arbeit von 112970 cal, bei $^1/_{10}$ Atmosphärendruck der reagierenden Gase aber eine Arbeit von 108880 cal. Die Wärmetönung $\mathfrak{W}$ bleibt bei dieser Druckänderung um eine Zehnerpotenz sogar praktisch ungeändert. Auch die relativen Temperaturänderungen sind für kleinere Intervalle gering, und zwar nimmt im vorliegenden Fall die geleistete Arbeit pro Grad Temperaturerhöhung um nur 78 cal ab. Als ganz rohe Schätzung kann gelten, daß die Einflüsse von Temperatur-, Druck- und Konzentrationsänderungen in den gebräuchlichen Grenzen Variationen von $\mathfrak{K}$ und $\mathfrak{W}$ um die Größenordnung von RT, d. h. mit $R \cong 2$ cal/Grad, Änderungen von der Größenordnung 600—6000 cal ergeben. Für Reaktionen, deren $\mathfrak{K}$- und $\mathfrak{W}$-Werte unter Normalbedingungen größer als etwa 30000 cal sind, geben also die Standardwerte zugleich die Größenordnung der $\mathfrak{K}$ und $\mathfrak{W}$ an, die unter allen nicht zu extremen Bedingungen gültig sein wird.

Für diejenigen Homogenreaktionen, bei denen die chemischen Energien bedeutend geringer sind, oder für Reaktionen, die dem Übergang resistenter Gruppen in einigermaßen ähnlich konstituierte Phasen entsprechen (Verdünnungs-, Schmelzvorgänge usw.), ergeben sich wesentlich andere Verhältnisse; hier sind in der Tat die äußeren Bedingungen, nicht nur die Art der resistenten Gruppen selbst, für Größenordnung und Vorzeichen der $\mathfrak{K}$ und $\mathfrak{W}$ ausschlaggebend. In solchen Fällen hat die Angabe von Standardwerten zunächst die Bedeutung, die $\mathfrak{K}$ und $\mathfrak{W}$ wenigstens für einen gewissen besonders häufig benutzten Bereich der äußeren Bedingungen festzulegen oder auf die Notwendigkeit der genaueren Untersuchung hinzuweisen, falls man sich aus diesem Bereich entfernt; weiter liefern die Standardwerte hier die Basis, von der die Berechnung der Druck-, Temperatur- und Konzentrationseinflüsse auszugehen hat.

Vereinfachung durch die Gesetze der konstanten Arbeits- und Wärmesummen. Als weitere für das Umgehen mit $\mathfrak{K}$- und $\mathfrak{W}$-Daten außerordentlich wichtige Vereinfachung kommt hinzu, daß die $\mathfrak{K}$- und $\mathfrak{W}$-Werte einer großen Anzahl der zu betrachtenden Reaktionen sich *aus den $\mathfrak{K}$- und $\mathfrak{W}$-Werten verhältnismäßig weniger einfacher Reaktionen* (deren Teilnehmer allerdings unter denselben äußeren Bedingungen stehen müssen wie in der betrachteten Reaktion) *additiv zusammensetzen lassen.* Für die $\mathfrak{W}$-Werte ist diese Tatsache als „*Gesetz der konstanten Wärmesummen*“ (HESSsches Gesetz) bekannt — eine einfache Folge des ersten Hauptsatzes, da die $\mathfrak{W}$-Werte die Energieunterschiede der Anfangs- und Endzustände angeben, vermindert um die aufgenommene Volumarbeit, die bei konstantem äußeren Druck und gegebenem Anfangs- und Endvolum ebenfalls vom Wege unabhängig ist. Für die $\mathfrak{K}$-Werte ist die Unabhängigkeit vom Wege aus der Aussage: „$\int_1^2 \mathfrak{d} A$ bei isothermen reversibeln Prozessen vom Wege unabhängig" zu folgern oder aus der Existenz der Funktionen F oder G, deren Änderung (bei konstantem V bzw. p) in jedem Falle die Summe der isothermen reversibeln chemischen Arbeiten angibt, gleichviel auf welchem Wege die Änderung erfolgt ist.

Wahl der Standardbedingungen. Man wird den Zustand, in dem sich die reagierenden Stoffe vor und nach einer Standardreaktion befinden, im allgemeinen so wählen, daß er sich den üblichen Bedingungen möglichst annähert, damit möglichst selten große Extrapolationen erforderlich sind. Demgemäß bezieht man alle Standardreaktionen auf Atmosphärendruck und Zimmertemperatur ($t = 25^0$ C, $T = 298{,}2^0$ bei LEWIS und RANDALL). Für reine[1] feste und flüssige Substanzen sind damit alle Bedingungen festgelegt.

Bei Reaktionen, in denen *Gase* mitwirken, wird als Anfangs- und Endzustand immer ein solcher angenommen, in dem sich die gasförmigen Reaktionsteilnehmer in getrennten Behältern unter Atmosphärendruck befinden. Die Arbeits- und Wärmeeffekte, die auftreten, wenn in Wirklichkeit die *Gemische* der betreffenden Gase (bei Atmosphärendruck) im Anfangs- und Endzustand der Reaktionen vorliegen, lassen sich bei idealen Gasen hieraus ohne weiteres ausrechnen, indem man die betreffende Mischungsarbeit (§ 14) hinzufügt; in den $\mathfrak{W}$-Werten tritt überhaupt kein Unterschied auf. Bei nicht idealen Gasen sind natürlich empirisch ermittelte Zusatzarbeiten und -wärmen hier zu berücksichtigen. Solche empirischen Korrektionen spielen auch schon bei der Definition des Normalzustandes der *reinen* Gase bei Atmosphärendruck eine Rolle. Soweit nämlich dieser Zustand aus dem bei unendlicher Verdünnung immer herrschenden idealen Gaszustand nicht nach dem Gesetz der idealen Gase hervorgeht, sondern merkliche Abweichungen vom idealen Zustand zeigt (infolge der Raumerfüllung und Wechselwirkung der Moleküle, durch Assoziation usw.), wird aus praktischen Gründen nicht der wirkliche Zustand bei Atmosphärendruck, sondern der idealisierte, der aus dem Zustand bei unendlicher Verdünnung nach dem idealen Gasgesetz hervorgeht, als Bezugszustand gewählt (Näheres in § 14).

Ein ähnliches Verfahren wird bei der Bestimmung des Normalzustandes eines Stoffes in einer *verdünnten Lösung* eingeschlagen. Für die Rechnung und Umrechnung am bequemsten ist hier ein Normalzustand, der 1 Mol der gelösten Substanz in 1000 g der lösenden Substanz (meist Wasser) enthält. Von einer solchen Lösung sagt man, sie habe die Gewichts- oder Kilogramm-Molarität 1, zum Unterschied von Lösungen, die 1 Mol in 1000 cm³ Lösung enthalten, in welchem Falle wir von der Litermolarität 1 sprechen. Vielfach bezeichnet man solche Lösungen auch als „1-normale". Gleichwohl beziehen sich die $\mathfrak{K}$- und $\mathfrak{W}$-Werte der Standardreaktionen nicht auf einen solchen Anfangs- oder Endzustand, sondern auf eine idealisierte molare Lösung, die aus der unendlich verdünnten Lösung durch Anwendung theoretischer Grenzgesetze (ähnlich den idealen Gasgesetzen; vgl. dazu § 15) hervorgeht, während das wirkliche Verhalten beim Übergang zu der Normalkonzentration von diesen Gesetzen abweichen kann. — Eine derartige Festsetzung des Standardzustandes verdünnter Lösungen ist natürlich ganz willkürlich, es kann jedoch nicht bezweifelt werden, daß sie bei weitem die praktischste ist, was sich aber erst im weiteren Verlauf der Darstellung zeigen kann.

Normalzustand des *Lösungsmittels* einer verdünnten Lösung ist das reine Lösungsmittel selbst.

Die Standardreaktionen, die unter den hier gekennzeichneten Standardbedingungen ablaufen, sind Spezialfälle der später (§ 11) als *Grund-* oder *Normalreaktionen*

---

[1] Das heißt solche, die entweder nur ein Element enthalten oder praktisch immer in der gleichen Elementarzusammensetzung auftreten.

bezeichneten Reaktionen, deren Effekte wir durch fette Buchstaben bezeichnen werden (S. 227). Dementsprechend bezeichnen wir[1] auch hier schon die Arbeiten und Wärmetönungen von Standardreaktionen mit den Buchstaben $\mathfrak{K}$ und $\mathfrak{W}$.

Molekularbedeutung der resistenten Gruppen unter den Normalbedingungen. Die geschilderte, in ähnlicher Weise in der ganzen chemischen Theorie übliche Wahl des Normalzustandes für Gase und verdünnte Lösungen gestattet, wenigstens für diesen Normalzustand, einen engeren Zusammenhang von „Molekülen" und „resistenten Gruppen" zu behaupten, als uns bisher als möglich erschienen war. Unendliche Verdünnung eines Gases bedeutet nach der Theorie der Gasdissoziation (§§ 14, 17) das Verschwinden aller nicht resistenten Atomgruppen, da in diesem Zustande alle Moleküle, die noch dissoziieren können (und das sind alle nicht resistenten Atomgruppen), verschwunden sind. Damit ist aber für alle resistenten Atomgruppen, die man im verdünnten Gaszustand kennt, ihre Identität mit den dann vorhandenen Gasmolekülen erwiesen; und da man in diesem Falle durch einfache Untersuchung des Druckes die Zahl der vorhandenen Moleküle feststellen kann, wird auch über die Formel, die man der resistenten Gruppe zu geben hat (etwa NH_3 oder N_2H_6) keine Unklarheit mehr bestehen. Selbstverständlich wird man dann, um die Molenzahl der resistenten Gruppe zugleich zur Molenzahl ihrer Moleküle in verdünnten Gaszustand zu machen (und nicht etwa ein Vielfaches oder Bruchteile davon), das Äquivalentgewicht der resistenten Gruppe ebenso festsetzen wie das des betreffenden Moleküls.

Etwas Ähnliches gilt für die „unendlich verdünnten" Lösungen, die in diesem Falle die Grundlage der Bestimmung des Normalzustandes bilden. Auch hier ist (aus osmotischem Druck, Gefrierpunktserniedrigung usw., § 20) die Zahl der wirklich gegeneinander frei beweglichen Fremdteilchen in der Lösung zu bestimmen; und da bei unendlicher Verdünnung, in der Lösung ebenso wie im Gas, alle nicht resistenten Kombinationen der Fremdteilchen untereinander verschwunden sind, wird die in diesem Falle auftretende Atomgruppe, deren absolute atomare Zusammensetzung sich aus der Menge der gelösten Substanz und der Zahl dieser Teilchen bestimmen läßt, die wirkliche resistente Gruppe sein. Auch hier wird man dann die Molenzahl der resistenten Gruppe selbstverständlich mit dieser Molenzahl der frei beweglichen Teilchen zusammenfallen lassen.

Dagegen kann man hier schon nicht mehr behaupten, daß diese resistente Gruppe zugleich das normalerweise vorhandene Molekül (oder Ion) bestimmt; wir haben anzunehmen, daß manche, besonders in geladene Ionen zerfallende, Fremdstoffarten einige Lösungsmittelmoleküle so fest an sich gebunden haben, daß sie bei der Bewegung der fremden Atomgruppe fast ebenso konsequent mitgeführt werden wie die Angehörigen eines Moleküls mit diesem selbst (sog. „chemische" oder „stabile" Solvatation bzw. Hydratation). Erst recht verliert sich der hervorgehobene Zusammenhang zwischen Molekül und resistenter Gruppe in sehr dichten Gasen, konzentrierten Lösungen, flüssigen oder festen „reinen Substanzen".

Die Standard-Bildungsreaktionen. Unter den denkbaren Standardreaktionen, d. h. Reaktionen, an denen nur Stoffe in ihrem Standardzustand beteiligt sind, nehmen eine bevorzugte Stellung solche Reaktionen ein, an denen außer dem zu bildenden, aus mehreren Elementen zusammengesetzten Stoff nur chemische Grundstoffe beteiligt sind [z. B. H_2 (Gas) $+ \frac{1}{2} O_2$ (Gas) $\rightarrow H_2O$ (flüssig) oder Na (fest) $+ \frac{1}{2} Cl_2$ (Gas) $\rightarrow$ NaCl (fest)]. Wir bezeichnen derartige Reaktionen (mit dem in den Beispielen angedeuteten Ablaufsinn) als *Standard-*

[1] Die großen fetten Buchstaben sollen allerdings später durchweg nur die Bezugnahme auf einen ausgezeichneten *Konzentrations*zustand von beteiligten Mischphasen bedeuten. Hier markieren wir damit vorübergehend auch einen hervorgehobenen p, T = Bezugszustand *reiner* Phasen.

bildungsreaktionen der betreffenden chemischen Verbindungen, die zu ihnen gehörigen $\mathfrak{A}$- und $\mathfrak{W}$-Werte als *Standardbildungsarbeiten* und *-wärmen* dieser Verbindungen. Wären diese Größen für alle chemischen Verbindungen bekannt, so könnte man aus ihnen nach dem Gesetz der konstanten Arbeits- und Wärmesummen die $\boldsymbol{\mathfrak{A}}$ und $\boldsymbol{\mathfrak{W}}$ aller denkbaren Standardreaktionen kombinieren. Es genügt darum, diese *Standardbildungsgrößen*, die wir durch die Symbole $\boldsymbol{\mathfrak{a}}$ und $\boldsymbol{\mathfrak{w}}$ bezeichnen wollen, allein zu tabellieren. Sind uns z. B. die $\boldsymbol{\mathfrak{a}}$ und $\boldsymbol{\mathfrak{w}}$ folgender Standardbildungsreaktionen bekannt:

(I) H_2 (Gas) + $^1/_2 O_2$ (Gas) $\rightarrow$ H_2O (flüssig)
(II) C (Graphit) + $^1/_2 O_2$ (Gas) $\rightarrow$ CO (Gas),

so können die $\mathfrak{A}$ und $\mathfrak{W}$ der Wassergasreaktion unter Standardbedingungen:

(III) C (Graphit) + H_2O (flüssig) $\rightarrow$ CO (Gas) + H_2 (Gas)

aus diesen ohne weiteres gewonnen werden. Es ist nämlich:

$$\boldsymbol{\mathfrak{A}}^{III} = \boldsymbol{\mathfrak{a}}^{II} - \boldsymbol{\mathfrak{a}}^{I} ,$$
$$\boldsymbol{\mathfrak{W}}^{III} = \boldsymbol{\mathfrak{w}}^{II} - \boldsymbol{\mathfrak{w}}^{I} ,$$

wie man durch Kombination der Reaktionsformeln leicht einsieht. Unter Standardbildungsreaktionen *gelöster Stoffe* hat man zweckmäßigerweise Vorgänge zu verstehen, bei denen der gelöste Stoff in idealisierter 1-molarer Lösung aus den Elementen unter Normalbedingungen entsteht. Bei der Bildung von gelöstem Ammoniak hätte man also im Ausgangszustand Stickstoff- und Wasserstoffgas von Atmosphärendruck im idealen Gaszustand sowie eine große Menge[1] idealisierter 1-kilogrammolarer wässeriger NH_3-Lösung anzunehmen. Im Endzustand hat dann die Menge der beiden Gase um $1^1/_2$ Mol H_2 bzw. $^1/_2$ Mol N_2 abgenommen, die Menge des gelösten Ammoniaks hat (ohne merkliche Konzentrationsänderung der Lösung) um 1 Mol zugenommen. Man schreibt dann:

$^1/_2 N_2$ (Gas) + $^3/_2 H_2$ (Gas) $\rightarrow$ NH_3 (in Wasser gelöst).

Treten chemische Elemente unter Normalbedingungen (298° abs. und Atmosphärendruck) in mehreren Modifikationen auf (z. B. S, C), so setzt man in den Standardbildungsreaktionen, an denen diese Elemente beteiligt sind, die unter Normalbedingungen stabilste Modifikation voraus, also S (rhombisch), C (Graphit)[2] usw. Daß für Brom und Quecksilber der flüssige Zustand, für Jod der feste, für Chlor der gasförmige (als Cl_2) die Ausgangszustände bei Standardbildungsreaktionen darstellen, bedarf hiernach kaum einer Erwähnung.

An sehr vielen Reaktionen sind die Stoffe in anderen Formen beteiligt, als unter Normalbedingungen bekannt oder stabil sind [z. B. in der technischen Wassergasreaktion Kohle und Wasserdampf anstatt C (Graphit) und H_2O (flüssig)]. Man würde dann beim Übergang von den Standard-$\boldsymbol{\mathfrak{A}}$ und -$\boldsymbol{\mathfrak{W}}$ der oben mit (III) bezeichneten Reaktion zu technisch interessierenden $\mathfrak{A}$ und $\mathfrak{W}$ nicht nur Temperatur- und evtl. Druckänderungen sondern auch noch Phasenverwandlungen, nämlich den Übergang Graphit $\rightarrow$ Kohle und die Verdampfung des Wassers berücksichtigen müssen. Bequemer ist es dann, schon in die Tabelle der Standardbildungsgrößen diejenigen für Wasserdampf und Kohle mit aufzunehmen, die also den Bildungsreaktionen:

---

[1] Wir schließen uns bei dieser Ausdrucksweise dem üblichen Gedankengang des Chemikers an, der 1-molare Umsetzungen zu betrachten gewöhnt ist. Wissenschaftlich zweckmäßiger wäre es, stets unendlich kleine Umsetzungen $d\lambda$ zu betrachten und die $\mathfrak{A}$ und $\mathfrak{W}$ als Arbeits- und Wärme*koeffizienten* dieser unendlich kleinen Umsetzung aufzufassen. Dann brauchte man über die Menge eines Stoffes, der, wie im obigen Fall, durch die betrachtete Umsetzung keine merkliche Zustandsänderung erfahren soll, nichts vorauszusetzen, als daß seine Menge nicht unendlich klein ist.

[2] Nach Roth (Z. angew. Chem. Bd. 41, S. 275, 1928) hat man noch zwischen α- und β-Graphit zu unterscheiden. Die Form, die man gewöhnlich meint, ist der β-Graphit.

(IV) H_2 (Gas) + $^1/_2$ O_2 (Gas) → H_2O (ideales Gas, 1 Atm., 298°)

und

(V) C (Graphit) → C (Kohle)

entsprechen. Nun ist zwar ein solcher Standardzustand des Wasserdampfes gar nicht realisierbar, da bei Zimmertemperatur schon Dampf von viel niedrigerem Druck sich spontan kondensiert. Jedoch kann man die Eigenschaften eines solchen Dampfes, wenigstens in dem hier vorausgesetzten idealen Gaszustand, leicht extrapolatorisch bestimmen, wie in Kapitel H, 2. Beispiel, auch zahlenmäßig ausgeführt wird. Für die Standardbildungsreaktion (V) lassen sich allerdings Zahlenwerte der $\mathfrak{K}$ und $\mathfrak{W}$ nicht angeben, schon deshalb nicht, weil Existenz und Eigenschaften des „amorphen Kohlenstoffs" noch umstritten sind[1] — ganz abgesehen davon, daß der technische Begriff „Kohle" und der chemische „amorpher Kohlenstoff" keineswegs identisch sind. Man hilft sich vorläufig, indem man statt „Kohle" allgemein β-Graphit, der ihr energetisch nahesteht, einsetzt. Man würde dann das Standard-$\mathfrak{K}$ der „technischen" Wassergasreaktion:

C (Graphit) + H_2O (Gas) → H_2 (Gas) + CO (Gas)

aus den Standardbildungsarbeiten der Reaktion (II) und (IV) zusammensetzen können nach:

$$\mathfrak{K} = \mathfrak{K}^{II} - \mathfrak{K}^{IV}.$$

Eine andere Standardreaktion, den Übergang flüssiges Wasser → Wasserdampf unter Standardbedingungen, würde man erhalten aus (IV) — (I).

Zur Abkürzung der in den Reaktionsformeln und zur Phasenbezeichnung oft vorkommenden Bezeichnungen „Gas", „flüssig", „fest", „in Wasser gelöst", sollen in Zukunft die Buchstaben g (= gasförmig), l (= liquidus, flüssig), s (= solidus, fest)[2] und aq (= gelöst) dienen. In Fällen, wo Kristallsysteme (wie bei Schwefel) oder Namen verschiedener Modifikationen (wie bei Kohlenstoff) zur Kennzeichnung nötig sind, werden wir ebenfalls nach Möglichkeit Abkürzungen verwenden.

Da die Ausgangsstoffe von Standardbildungsreaktionen durch unsere Festsetzungen eindeutig bestimmt sind, können wir diese Reaktionen einfach durch die Formel des Endprodukts symbolisch andeuten. Es bedeutet also z. B. „H_2O (g)" die Reaktion (IV), „H_2O (l)" die Reaktion (I). Das Symbol „CH_4(g)" bedeutet die Reaktion:

C (graph.) + 2 H_2(g) → CH_4(g),

und zwar bei 298° abs. und Atmosphärendruck, die Gase in idealisiertem Zustand. „H(g)" ist die Abkürzung für die Reaktion $^1/_2 H_2$(g) → H(g), d. h. die Bildung von atomaren Wasserstoffgas von Atmosphärendruck bei 25° C, also ebenfalls in einem extrapolierten Zustand. Eine Spezialstellung nehmen die Stoffe ein, die selbst als Ausgangssubstanzen dienen: „H_2(g)" würde z. B. die Reaktion bedeuten, bei der gasförmiges H_2 aus gasförmigem H_2 (beides unter Normalbedingungen) gebildet wird; für diese „Reaktion" ist $\mathfrak{K}$ und $\mathfrak{W} = 0$.

Elektrolytische Standardreaktionen. Für die Substanzen, die in wässeriger Lösung in Ionenform auftreten, wie H^+, Na^+, Cu^{++} (wir betrachten zunächst positive Ionen), ist durch die besprochenen Festsetzungen der Ausgangszustand der Standardbildungsreaktionen bereits festgelegt: H_2(g), Na(s), Cu(s) usw. Da auch der Zustand der Lösung (als idealisierte Lösung der Konzentration 1) fest-

[1] Die neuen Resultate von W. A. Roth (Z. angew. Chem. Bd. 41, S. 275, 1928) lassen hoffen, daß in Zukunft hier Klarheit geschaffen werden kann.

[2] Es empfiehlt sich aus sachlichen Gründen, daß wir uns in diesen Symbolen der angloamerikanischen Schreibweise anschließen, weil die Unterscheidung von „flüssig" und „fest" Doppelbuchstaben erfordern würde.

gelegt ist, würde den Reaktionssymbolen $H^+(aq)$, $Na^+(aq)$ usw. eine eindeutige Reaktionsbedeutung zukommen: es würde sich um Reaktionen handeln, bei denen am Anfang gasförmiges H_2 von Atmosphärendruck, festes Na usw. neben der Normallösung vorhanden sind, während im Endzustand H^+, Na^+-Ionen usw. aus diesen Substanzen ausgetreten und in die Lösung übergegangen sind. Das Reaktionssymbol $NH_4^+(aq)$ würde die Reaktion bedeuten, bei der aus $\frac{1}{2}$ Mol $N_2(g)$ und 2 Molen $H_2(g)$ N- und H-Atome zusammengetreten und unter Zurücklassung eines Elektrons in die Normallösung übergegangen sind. Da es, besonders im letzten Fall, für die $\mathfrak{K}$- und $\mathfrak{W}$-Werte nicht gleichgültig ist, wo die zurückgelassenen Elektronen geblieben sind (bei N_2, H_2 oder als getrennte „Gasphase"), so würde man, nach dem sonst angenommenen Gebrauch, die zurückbleibenden Elektronen immer in ihrer eigenen Standardgasphase auftretend zu denken haben[1], also z. B. die letzte Reaktion schreiben:

$$\tfrac{1}{2} N_2(g) + 2 H_2(g) \rightarrow NH_4^+(aq) + e^-(g) .$$

Ein solches Schema wird in der Tat zweifellos in Zukunft eine Rolle spielen, wenn auch wohl nicht für in Wasser gelöste Ionen, so doch für Gasionen; haben doch in der Diskussion der Gasgleichgewichte bei höheren Temperaturen solche Reaktionen wie $Na(s) \rightarrow Na^+(g) + e^-(g)$ bereits eine große Bedeutung gewonnen.

Die praktische Durchführung solcher Schemata wird jedoch, soweit die Bildung von Ionen in wässeriger Lösung in Frage kommt — und das ist vorläufig der wichtigste Fall —, durch die Neutralitätsbedingung verhindert, der die eingeführten Elementarreaktionen [schon der Übergang $Na(s) \rightarrow Na^+(aq)$] widersprechen. Man hat also hier von Kombinationsreaktionen auszugehen, die im ganzen elektroneutral sind; es sind das für alle elektrolytischen Vorgänge in wässerigen Lösungen die schon in § 3 besprochenen Reaktionen, deren Arbeits- und Wärmeeffekte als Kombinationen zweier elektrischer Elementarreaktionen auftreten, wobei die zweite Reaktion immer der Übergang von 1 Mol H^+ aus einer $H_2(g)$-Phase von Atmosphärendruck in eine wässerige Normallösung von H^+-Ionen ist. Die Normalarbeitseffekte $\mathfrak{K}$ dieser Reaktionen und die Normalpotentiale **E** der betreffenden Ketten beziehen sich auf idealisierte molare Konzentration (1 Mol pro 1000 g Wasser) der übergehenden Ionen an beiden Elektroden; beide Größen sind durch die Beziehung $\mathfrak{K} = z\mathcal{F}\mathbf{E}$ verbunden, wobei z die Zahl der elektrochemischen Äquivalente bedeutet, die mit 1 Mol des betreffenden Ions in Lösung gehen, d. h. die (positiven) „Wertigkeiten" dieser Ionen (z. B. $z = 2$ für Cu^{++} usw.). Dabei sind, da $\mathfrak{K}$ die aufgenommene Arbeit bedeutet, die **E** dann *positiv* zu rechnen, wenn bei dem Ablauf des betreffenden Auflösungsvorganges in einer galvanischen Zelle elektrische Arbeit *zugeführt* werden muß. (Dies entspricht der in Deutschland festgesetzten Vorzeichengebung der „Einzelpotentiale"; nach amerikanischem Gebrauch hätten wir $\mathfrak{K} = -z\mathcal{F}\mathbf{E}$ zu setzen, da **E** dort im entgegengesetzten Sinne gerechnet wird.) Befinden sich die Ausgangsstoffe in ihrem Standardzustand, und beziehen sich die Werte auf 25° C, so können diese $\mathfrak{K}$ unmittelbar als Standardbildungsarbeiten $\mathfrak{k}$ der betreffenden Ionen aufgefaßt werden. Die entsprechenden Wärmetönungen haben geringeres Interesse und sind zum Teil nur ungenau bekannt.

Nach diesen Festsetzungen bedeutet also z. B. das kurze Symbol „$Na^+(aq)$" die Reaktion:

$$[Na(s) \rightarrow Na^+(aq)] - [\tfrac{1}{2} H_2(g) \rightarrow H^+(aq)] .$$

Das Reaktionssymbol „$NH_4^+(aq)$" bedeutet:

$$[\tfrac{1}{2} N_2(g) + 2 H_2(g) \rightarrow NH_4^+(aq)] - [\tfrac{1}{2} H_2(g) \rightarrow H^+(aq)] .$$

---

[1] „Elektronengas" bei Zimmertemperatur und Atmosphärendruck ist allerdings nur in außerordentlich kleinen Volumen als homogenes Gas existenzfähig.

Die Reaktion „$H^+(aq)$" endlich bedeutet:

$$[\tfrac{1}{2} H_2(g) \rightarrow H^+(aq)] - [\tfrac{1}{2} H_2(g) \rightarrow H^+(aq)] .$$

Diese Reaktion hat keinen resultierenden Effekt, ihre Arbeits- und Wärmekoeffizienten sind gleich Null.

Für *negative Ionen* (OH^-, Cl^- usw.) ist durch diese Festsetzung die Bedeutung der entsprechenden Standardbildungsreaktions-Symbole [„$OH^-(aq)$", „$Cl^-(aq)$" usw.] schon eindeutig festgelegt. Die Bedingung der Elektroneutralität fordert in diesem Falle eine *additive* Zusammensetzung mit der $H^+(aq)$-Reaktion, so daß also $Cl^-(aq)$ bedeutet:

$$[\tfrac{1}{2} Cl_2(g) \rightarrow Cl^-(aq)] + [\tfrac{1}{2} H_2(g) \rightarrow H^+(aq)] .$$

Die $\mathfrak{A}$ und $\mathfrak{W}$ dieser Reaktion sind, wie man sieht, identisch mit der Bildung wässeriger Salzsäure (in idealisierter Normalkonzentration, wobei vollständige Dissoziation anzunehmen ist) aus gasförmigem Cl_2 und H_2 (unter Atmosphärendruck).

Man erkennt, daß bei dem Aufbau der $\mathfrak{A}$- und $\mathfrak{W}$-Werte aller elektroneutralen Reaktionen, bei denen ein Übergang von H^+-Ionen in die Lösung oder aus der Lösung nicht wirklich auftritt, die $\mathfrak{A}$- und $\mathfrak{W}$-Werte dieser (nicht elektroneutralen) $H^+(aq)$-Reaktion herausfallen. So liefert z. B. die Addition der $\mathfrak{A}$- und $\mathfrak{W}$-Werte von $Cd^{++}(aq) + 2\,Cl^-(aq)$ die Werte der $\mathfrak{A}$ und $\mathfrak{W}$ bei der Reaktion:

$$Cd(s) + Cl_2(g) \rightarrow Cd^{++}(aq) + 2\,Cl^-(aq) ,$$

also die Effekte, die man bei der Reaktion von festem Cd und gasförmigem Cl_2 zu $CdCl_2$ und der Auflösung dieses Stoffes in einer (idealisierten) $CdCl_2$-Lösung der Konzentration 1 beobachten würde. Dabei mag nochmals daran erinnert sein, daß für alle gelösten Stoffe, die sich im Wasser in Ionen spalten können, die also gegen ihre Trennung in elektrisch geladene Bestandteile nicht resistent sind, der „Standardzustand" wegen der Extrapolation aus unendlicher Verdünnung derjenige ist, bei dem diese Dissoziation als vollständig durchgeführt und aufrechterhalten angenommen wird.

Die $\mathfrak{A}$- und $\mathfrak{W}$-Tabelle. Nach diesen Vorbemerkungen ist zur Erläuterung der folgenden Tabelle nicht mehr viel zu sagen. Angaben wie: Na(s), $\mathfrak{A} = 0$, $\mathfrak{W} = 0$ sind für sämtliche Metalle weggelassen, da bei ihnen über die Wahl des Standardzustandes nach den vorangegangenen Bemerkungen kein Zweifel sein kann. Nur die Standardzustände der Nichtmetalle und $H^+(aq)$ als Bezugsreaktion aller Ionenbildungsreaktionen sind durch die Werte 0 besonders hervorgehoben. Alle Zahlenwerte sind in kleinen Kalorien ausgedrückt. Die $\mathfrak{A}$-Werte sind dem zitierten Werke von LEWIS und RANDALL entnommen[1], nur in einigen in Kapitel H behandelten Fällen wurden infolge Berücksichtigung neuerer Messungen Abänderungen angebracht. Auch viele $\mathfrak{W}$ sind, um möglichste Homogenität zu erzielen, dem Buche von LEWIS und RANDALL entnommen; soweit sie dort nicht angeführt werden, stammen sie aus den Tabellen von LANDOLT-BÖRNSTEIN. Ionenbildungswärmen sind nicht angegeben worden, da sie vielfach nur sehr ungenau bekannt sind und geringeres Interesse haben. Die $\mathfrak{W}$ (und $\mathfrak{A}$) der Anionen sind übrigens, wie schon bemerkt, identisch mit den Bildungswärmen (und -arbeiten) der zugehörigen vollständig dissoziierten Säuren, die man, soweit es sich um starke Säuren handelt, durch Messungen in sehr verdünnten Lösungen ermitteln kann. Einige dieser gelösten Säuren sind unter den Verbindungen der Nichtmetalle nochmals aufgeführt, dort sind dann auch ihre $\mathfrak{W}$ angegeben. Im Falle schwacher Säuren muß man die Lage des Disso-

[1] Die Tabelle dieser Autoren ist noch etwas umfangreicher.

ziationsgleichgewichtes kennen, um 𝔄- und 𝔚-Messungen an den Lösungen auswerten zu können. Man kann dann zwei Standardbildungsreaktionen aufstellen: die der vollständig dissoziierten und die der undissoziierten Säure, beide auf idealisierte (als gehemmt angenommene) molare Lösungen der betreffenden Form bezogen. So finden wir in unserer Tabelle identische Werte für Cl^-(aq) und HCl(aq), SO_4^{--}(aq) und H_2SO_4(aq) und andere starke Säuren, aber verschiedene Werte für H_2S(aq), HS^-(aq) und S^{--}(aq), sowie H_2CO_3(aq), HCO_3^-(aq) und CO_3^{--}(aq). Die Differenzen zwischen diesen Werten stellen die Dissoziationsarbeiten bzw. -wärmetönungen der betreffenden Säuren dar.

Tabelle der Standard-Bildungsarbeiten und -wärmen (𝔄 und 𝔚).

Kationen.

	𝔄		𝔄
H^+(aq)	0	Cd^{++}(aq)	— 18348
Li^+(aq)	— 68248	Hg^{++}(aq)	+ 36854
Na^+(aq)	— 62588	Tl^+(aq)	— 7760
K^+(aq)	— 67431	Sn^{++}(aq)	— 6276
Rb^+(aq)	— 67473	Pb^{++}(aq)	— 5630
Cu^{++}(aq)	+ 15912	Fe^{++}(aq)	— 20350
Ag^+(aq)	+ 18448	Fe^{+++}(aq)	— 3120
Zn^{++}(aq)	— 34984	NH_4^+(aq)	— 18930

Anionen.

OH^-(aq)	— 37455	HSO_3^-(aq)	— 123920
Cl^-(aq)	— 31367	SO_3^-(aq)	— 116680
ClO_3^-(aq)	— 250	SO_4^{--}(aq)	— 176500
Br^-(aq)	— 24595	NO_2^-(aq)	— 8500
BrO_3^-(aq)	+ 2300	NO_3^-(aq)	— 26500
J^-(aq)	— 12361	HCO_3^-(aq)	— 140000
JO_3^-(aq)	— 31580	CO_3^{--}(aq)	— 125760
HS^-(aq)	+ 2980	CN^-(aq)	+ 39370
S^{--}(aq)	+ 23450		

Metallverbindungen.

	𝔄	𝔚		𝔄	𝔚
NaCl(s)	— 91792	— 97800	TlCl(s)	— 44164	— 48450
$KClO_3$(s)	— 69250	— 94800	Tl_2O(s)	— 32410	— 42140
AgCl(s)	— 26237	— 30500	TlOH(s)	— 45400	— 56900
Ag_2O(s)	— 2395	— 6940	$PbCl_2$(s)	— 74990	— 85700
HgCl(s)	— 25137	— 31840	PbO(s)	— 41000	— 52800
HgO(s)	— 13808	— 21600			

Verbindungen der Nichtmetalle.

	𝔄	𝔚		𝔄	𝔚
H_2(g)	0	0	S_2(g)	+ 18280	+ 29690
			S(monokl.)	+ 18	+ 82
			S(rhomb.)	0	0
O_2(g)	0	0	H_2S(g)	— 7840	— 4760
O_3(g)	+ 32400	+ 34000	H_2S(aq)	— 6490	— 9320
H_2O(g)	— 54508	— 57836	SO_2(g)	— 69660	— 69000
H_2O(l)	— 56560	— 68330	SO_2(aq)	— 69770	— 77700
H_2O(s)	— 56419	— 69991	SO_3(g)	— 85890	— 91600
H_2O_2(l)	— 28230	— 46840	H_2SO_4(aq)	— 176500	— 212400
			N_2(g)	0	0
			NH_3(g)	— 3910	— 10980
Cl_2(g)	0	0	NH_3(aq)	— 6300	— 19350
Cl_2(l)	+ 1146	+ 4600	NO(g)	+ 20850	+ 21600
HCl(g)	— 22692	— 22000	NO_2(g)	+ 11920	+ 6840
HCl(aq)	— 31367	— 39310	HNO_3(g)	— 18210	— 34400
HClO(aq)	— 19018	— 30500	HNO_3(aq)	— 26500	— 48950

Verbindungen der Nichtmetalle.

	$\mathfrak{K}$	$\mathfrak{W}$
$Br_2(g)$	+ 755	+ 7590
$Br_2(l)$	0	0
$HBr(g)$	— 12540	— 8300
$HBr(aq)$	— 24595	— 28380
$HBrO_3(aq)$	+ 2300	— 12450
$J_2(g)$	+ 4630	+ 15100
$J_2(l)$	+ 920	+ 3600
$J_2(s)$	0	0
$HJ(g)$	+ 315	+ 6200
$HJ(aq)$	— 12361	— 13000
HJO_3	— 31580	— 57000

	$\mathfrak{K}$	$\mathfrak{W}$
C (Graphit)	0	0
C (Diamant)	+ 390	+ 204
$CH_4(g)$	— 12800	— 18300
$C_6H_6(l)$	+ 27100	+ 11700
$CO(g)$	— 32510	— 26150
$CO_2(g)$	— 94260	— 94250
$H_2CO_3(aq)$	— 148810	— 168740
$HCOOH(l)$	— 84040	— 99700
$HCOOH(aq)$	— 87920	— 101600
$C_2H_5OH(l)$	— 45100	— 66700
$HCN(l)$	+ 28870	+ 24800

Anwendungsbeispiele. Um die Bedeutung dieser Tabelle nach ihrem vollen Wert würdigen zu können, sind unsere Überlegungen an dieser Stelle des Buches noch nicht weit genug vorgeschritten. Immerhin können wir einige einfachste Anwendungsbeispiele für die Verwendung der $\mathfrak{K}$-Werte schon jetzt diskutieren, wenn wir an die I, § 7 besprochene Tatsache erinnern, daß innere Veränderungen (hier chemische Reaktionen), die einen äußeren *Arbeitsaufwand* erfordern würden, um reversibel ablaufen zu können, nicht von selbst ablaufen, wenn dieser äußere Aufwand fehlt. Irgendwelche aus der Tabelle zusammengesetzten Reaktionen werden also, unter den Normalbedingungen, nach Aufhebung ihrer Hemmungen, nicht in dem gewünschten Sinne verlaufen, wenn dabei $\mathfrak{K}$ positiv herauskommt; vielmehr wird der Reaktionsablauf dann entgegen dem gewünschten Sinn erfolgen. Ergibt sich dagegen $\mathfrak{K}$ negativ, so kann die Reaktion zwar, unter Anwendung katalytischer Hilfsmittel, in dem gewünschten Sinne erfolgen; doch ist dann in jedem Falle genau die Frage zu diskutieren, welche andere Reaktionen sonst noch möglich sind, und ob eine weitere Umsetzung der gewünschten Produkte in Frage kommt, die ebenfalls mit negativen $\mathfrak{K}$-Werten verbunden ist, also von selbst ablaufen kann. In solchen Fällen ist die Wahl der Katalysatoren dafür entscheidend, welches Produkt man erhält. Wir greifen zunächst ein Beispiel[1] mit positivem $\mathfrak{K}$ heraus, sodann besprechen wir ein Beispiel, bei dem mehrere Reaktionen mit negativem $\mathfrak{K}$ möglich sind.

Hydrolyse von Stickstoff. Es soll die Frage beantwortet werden, ob unter den Normalbedingungen eine Reaktion von $N_2(g)$ mit flüssigem Wasser in dem Sinne verlaufen kann, daß N_2 sich mit $2\,H_2O$ zu einem $NH_4^+(aq)$-Ion und einem $NO_2^-(aq)$-Ion umsetzt, also eine Ammoniumnitritlösung bildet. Das $\mathfrak{K}$ der Reaktion findet man durch Zusammensetzung der elementaren $\mathfrak{K}$-Symbole:

$$\mathfrak{K}_{NH_4^+} + \mathfrak{K}_{NO_2^-} - 2\,\mathfrak{K}_{H_2O(l)}\,.$$

Denn die beiden ersten Glieder bedeuten hier nach den Festsetzungen den Übergang der betreffenden Ionen in ihre (idealisierten) Normallösungen aus einem Anfangszustand, in dem $N_2(g)$, $2\,H_2(g)$ und $O_2(g)$ unter Normalbedingungen vorhanden sind. (Die $H^+(aq)$ - Reaktion, die in $NH_4^+(aq)$ und $NO_2^-(aq)$ enthalten ist, hebt sich schon bei Zusammensetzung dieser beiden Größen heraus.) Da nun der wirklich betrachtete Anfangszustand der ist, wo $2\,H_2O$ in flüssiger Form vorhanden waren, so ist noch die Arbeit beim Übergang von $2\,H_2$ und O_2 in $2\,H_2O(l)$ abzuziehen. Aus der Tabelle entnimmt man:

$$\mathfrak{K} = -18930 - 8500 + 113120 = +85690 \text{ cal.}$$

Die Reaktion verläuft also unter den Normalbedingungen nicht in dem gewünschten Sinne von selbst, es ist sogar eine sehr starke Tendenz zum Ablauf in

[1] LEWIS und RANDALL, a. a. O.

entgegengesetzter Richtung (Rückbildung des N_2) vorhanden, da die gefundene Zahl sehr groß ist (im Vergleich zu der Kalorienzahl von $RT \cong 600$, die bei allen diesen Fragen, wie wir schon erwähnten, eine Art Normalmaß darstellt). Nach dem, was oben (S. 177) über die mögliche Variation der $\mathfrak{R}$-Werte gesagt wurde, ist es auch ausgeschlossen, durch die üblicherweise möglichen Abänderungen der p-, T- und Konzentrationsbedingungen gegenüber den hier angenommenen Normalzuständen diesen $\mathfrak{R}$-Wert auf Null zu reduzieren; man wird keine Bedingungen herstellen können, unter denen die Reaktion von selbst in merklichem Betrage in dem gewünschten Sinne abläuft.

Arbeits- und Wärmewert der Bildung von Ameisensäure aus Methan. Für die Reaktion:

$$CH_4(g) + \tfrac{3}{2}\,O_2(g) \rightarrow HCOOH(l) + H_2O(l)$$

finden wir durch Summation der entsprechenden $\mathfrak{R}$- und $\mathfrak{W}$-Werte unserer Tabelle:

$$\mathfrak{R} = +\,12800 - 0 - 84040 - 56560 = -\,127800 \text{ cal},$$

$$\mathfrak{W} = +\,18300 - 0 - 99700 - 68330 = -\,149730 \text{ cal}.$$

Es können hier also sehr große Arbeits- und Wärmemengen abgegeben werden. Insbesondere beweist der stark negative $\mathfrak{R}$-Wert, daß die Reaktion prinzipiell, bei Anwendung geeigneter Katalysatoren, von selbst ablaufen kann. Jedoch haben wir hier den schon angedeuteten Fall vor uns, daß andere Reaktionen wie:

$$CH_4(g) + \tfrac{3}{2}\,O_2(g) \rightarrow CO(g) + 2\,H_2O(l)$$

($\mathfrak{R} = -\,132830$ cal), oder, mit etwas mehr Sauerstoffverbrauch:

$$CH_4(g) + 2\,O_2(g) \rightarrow CO_2(g) + 2\,H_2O(l)$$

($\mathfrak{R} = -\,194580$ cal) mit noch stärker negativem $\mathfrak{R}$ verbunden sind; es würde sich also, wollte man den Prozeß durchführen, hier darum handeln, selektive Katalysatoren zu finden, die wohl die erste, nicht aber sonst mögliche Reaktionen zum Ablauf bringen.

Nach derselben Kombinationsmethode können unserer Tabelle natürlich auch die Verbrennungswärmen (unter Normalbedingungen) einiger organischer Verbindungen entnommen werden. Man hat dann von dem $\mathfrak{W}$-Wert der betreffenden Verbindung einfach die $\mathfrak{W}$-Werte der Verbrennungsprodukte [H_2O(l), CO_2(g) usw.] abzuziehen. Umgekehrt kann man natürlich auch die hier tabellierten $\mathfrak{W}$-Werte aus den bekannten Tabellen der Verbrennungswärmen durch eine entsprechende kleine Umrechnung ohne weiteres entnehmen (im Deutschen Chemikerkalender sind sehr bequeme Tabellen hierzu gegeben).

Weitere Aufgaben der chemischen Thermodynamik. Mit der Aufstellung der beiden Hauptsätze für chemisch veränderliche Systeme, mit der Einführung der geeigneten Variabeln und der entsprechenden chemischen Arbeits- und Wärmekoeffizienten und mit der Diskussion der Differentialbeziehungen zwischen diesen Koeffizienten ist der Inhalt der chemischen Thermodynamik, soweit er sich auf rein thermodynamisch ableitbare Gesetzmäßigkeiten beschränkt, schon im wesentlichen erschöpft. *Ein* gedanklich neues Moment kommt allerdings noch ins Spiel durch die Anwendung unserer allgemeinen Irreversibilitäts- und Gleichgewichtsbetrachtungen (I, § 7) auf chemische Veränderungen, deren Hemmungen aufgehoben sind; diese Betrachtungen werden wir in zwei Stufen in Kapitel B und G dieses Teiles durchführen. Im übrigen handelt es sich jedoch nur noch um Folgerungen von allerdings sehr allgemeinem Charakter, die sich aus den thermodynamischen Beziehungen und Gleichgewichtsbedingungen ergeben, wenn man sie mit den Aussagen kombiniert, die auf den besonderen Charakter der betrachteten Systeme Rücksicht nehmen, die aus lauter homogenen, einander **nicht**

beeinflussenden Teilen bestehen sollen. Folgerungen dieser Art sind die GIBBSsche Phasenregel (Kapitel B) und die Reduktion der thermodynamischen Aufgabe auf die Untersuchung der einzelnen homogenen Teile (Kapitel C). Was sonst noch dazu kommt, sind nicht thermodynamische Betrachtungen und Gesetzmäßigkeiten, welche, genau wie in der physikalischen Thermodynamik, hier die theoretischen Aussagen der Thermodynamik zu ergänzen haben. Dabei spielen besonders die gaskinetische und die statistische Betrachtungsweise eine Rolle; in diesem Zusammenhang wird jedoch auch (wegen seiner Ergänzungsfähigkeit durch statistisch-quantentheoretische Betrachtungen) das NERNSTsche Wärmetheorem zu diskutieren sein, das sich seinem sonstigen Charakter nach ebensogut, wie jetzt vielfach schon üblich, als eine *dritte thermodynamische* Gesetzmäßigkeit darstellen ließe (Kapitel D; Reaktionsanwendungen Kapitel E). Schließlich werden, nach Diskussion der Gleichgewichtsbedingungen höherer Ordnung, noch die inneren und äußeren Veränderungen in Systemen zu studieren sein, die sich bei diesen Veränderungen, in bezug auf gewisse Reaktionen, dauernd im ungehemmten Gleichgewicht befinden. Hier spielen die Vorzeichenaussagen der höheren Gleichgewichtskriterien eine dominierende Rolle; wir befinden uns auf dem klassischen, aber schwierigen Boden der GIBBSschen Gedankengänge (Kapitel G). In Kapitel H endlich werden zahlenmäßig durchgeführte Beispiele die praktische Anwendung der chemischen Thermodynamik erläutern.

Kapitel B.

Gleichgewichtsbedingungen und Phasenregel.

§ 7. Die Bedingungen des ungehemmten Gleichgewichts.

Die Gleichgewichtsbedingungen. Es sei ein stoffliches System von der in § 2 betrachteten Art gegeben: bestehend aus einer Anzahl homogener Teile, die durch Wände gegeneinander abgeschlossen sind; für jeden dieser Teile sei die stoffliche Zusammensetzung durch Angabe der Molenzahlen gewisser resistenter Gruppen gegeben, Temperatur und Druck seien in jedem dieser Teile beliebig. Was geschieht, wenn wir die Hemmungen im Wärmeaustausch, die Hemmungen im Druckausgleich und schließlich die Hemmungen der homogenen oder Durchgangsreaktionen zwischen diesen einzelnen Teilen ganz oder für einzelne von diesen Veränderungen aufheben?

Was der ungehinderte Wärmeaustausch zwischen ungleich temperierten Teilen bedeutet, wissen wir schon aus unseren Grundfeststellungen über den thermischen Gleichgewichtszustand (I, § 3): die Temperatur der miteinander kommunizierenden Teile wird gleich[1], und wenn zwischen allen Teilen Wärmeaustausch besteht, nimmt das System im Gleichgewicht eine überall gleiche Temperatur an, die Systemtemperatur.

Daß bei Abwesenheit von Zusatzkräften oder Hemmungen an den inneren Trennungswänden des Systems Gleichgewicht nur dann vorhanden ist, wenn auf

[1] Eine „Ableitung" dieser Aussage aus der Bedingung des neutralen Gleichgewichts für unendlich kleine Veränderungen, $\delta S = 0$ (I, § 7 S. 57, Anm. 1 und III, § 25) gewinnt man, indem man davon ausgeht, daß bei einem Wärmeübergang die Energie des einen Teiles um denselben Betrag $\delta U'$ (algebraisch) wächst, wie die Energie des anderen Teiles $\delta U''$ abnimmt: $\delta U'' = -\delta U'$. Werden alle Arbeitskoordinaten des Systems bei dem Wärmeaustausch festgehalten, so ist $\delta U' = T' \cdot \delta S'$, $\delta U'' = T'' \cdot \delta S''$, also $\delta S = \delta S' + \delta S'' = \frac{\delta U'}{T'} + \frac{\delta U''}{T''} = \delta U' \left(\frac{1}{T'} - \frac{1}{T''}\right)$. Soll $\delta S = 0$ sein, während $\delta U'$ nicht gleich 0 ist, so muß $\frac{1}{T'} - \frac{1}{T''} = 0$, $T' = T''$ sein.

beiden Seiten der betreffenden Wand gleicher Druck herrscht, braucht nicht näher begründet zu werden. Dagegen führen uns unsere früheren Gleichgewichtsüberlegungen (I, § 7) zu einer nicht ganz so trivialen Aussage, wenn wir uns der Frage nach dem ungehemmten Gleichgewicht in bezug auf die chemischen Reaktionen λ^{I}, λ^{II} usw. zuwenden, die in dem gehemmten System durchführbar und mit einem bestimmten reversibeln Arbeitsaufwand verknüpft sind. Welches ist die Bedingung dafür, daß nach Aufhebung der Hemmung einer solchen Reaktion keine spontane Veränderung des Systems mehr eintritt?

Um diese Frage zu beantworten, brauchen wir nur zu bemerken, daß die früher (S. 59f.) betrachtete gehemmte Arbeit $\mathfrak{d} A_h$, die bei einer kleinen isothermen Änderung des inneren Zustandes aufgenommen werden sollte, für die hier von uns betrachteten Systeme mit der chemischen Arbeit $\mathfrak{K}^{I} \cdot d\lambda^{I} + \mathfrak{K}^{II} \cdot d\lambda^{II} + \ldots$ zusammenfällt. Nun hatten wir als Gleichgewichtsbedingung erster Ordnung für Veränderungen, die nach zwei entgegengesetzten Richtungen möglich sind, gefunden (S. 61):

$$\mathfrak{d} A_h = 0\,,$$

für jede Veränderung, deren Hemmung aufgehoben ist. Infolgedessen muß für jedes der Glieder $\mathfrak{K} d\lambda$ bei Systemzuständen, in denen die betreffende Reaktion ungehemmt nach beiden Seiten ablaufen kann, als Bedingung des ungehemmten Gleichgewichtes gelten:

$$\left.\begin{array}{l} \mathfrak{K}^{I} = 0 \\ \mathfrak{K}^{II} = 0 \\ \text{usw.} \end{array}\right\} \begin{array}{l}\text{falls Veränderungen nach zwei entgegen-} \\ \text{gesetzten Richtungen möglich sind.}\end{array} \qquad (1)$$

Verhältnisse an den Grenzen einer Reaktion. Der Fall des Gleichgewichts bei einer nur nach einer Seite möglichen Veränderung kommt hierbei für alle Reaktionen, in denen nicht eine Phase neu gebildet wird oder verschwindet, praktisch nicht in Frage; denn da es sich bei diesen übrigen Reaktionen immer um Vorgänge handeln wird, bei denen die Menge gewisser resistenter Gruppen in einer oder mehreren Phasen vermehrt oder vermindert wird, so wäre hierbei der Fall einer nur einseitig möglichen Veränderung nur dann gegeben, wenn eine der betreffenden resistenten Gruppen in einer der Phasen in Strenge die Konzentration Null hätte. Dieser Fall ist aber, wie die Theorie der verdünnten (gasförmigen, flüssigen oder festen) Mischphasen zeigt (III, §§ 14 und 15), niemals ein Fall $\mathfrak{d} A_h > 0$, sondern immer ein Fall $\mathfrak{d} A_h < 0$ für den Ablauf der Reaktion in der Richtung, in der eine Vermehrung der betreffenden resistenten Gruppenart in der betrachteten Phase stattfindet. Wir haben also hier an den Grenzen der betreffenden Reaktion (um es kurz auszudrücken) keinen Fall eines ungehemmten Gleichgewichts vor uns; die Gleichungen (1) sind somit für alle Reaktionen, die nicht mit der Bildung einer neuen Phase verknüpft sind, ganz allgemein die Vorbedingungen des ungehemmten Gleichgewichts.

Das Gleichgewicht liegt nicht an einer der Grenzen. Daraus, daß an allen Grenzen der betreffenden Reaktion (d. h. in allen Fällen, wo in einer der mitwirkenden Phasen eine der mitwirkenden resistenten Gruppen verschwindet) Abweichungen vom ungehemmten Gleichgewichtszustande vorhanden sind, also nach Aufhebung der Hemmungen ein Ablauf der betreffenden Reaktion bis zu endlichen (wenn auch unter Umständen außerordentlich kleinen) Konzentrationen aller resistenten Gruppen in allen Phasen eintritt, folgt, daß bei jedem p und T eine (endliche) Konzentration aller gebildeten Gruppen in allen Phasen existieren muß, bei der die Gleichgewichtsbedingung $\mathfrak{K} = 0$ für die betreffende Reaktion erfüllt ist. Denn da die möglichen $d\lambda$ an den entgegengesetzten Grenzen der Reaktion (d. h. wenn auf der linken oder rechten Seite der Reaktionsgleichung einer der Teilnehmer verschwindet) entgegengesetztes Vorzeichen haben, und da in beiden Fällen $\mathfrak{d} A_h = \mathfrak{R} d\lambda < 0$ sein muß, folgt daß die $\mathfrak{R}$ an diesen entgegengesetzten Grenzen der Reaktion entgegengesetztes Vorzeichen haben müssen; da sich nun die $\mathfrak{R}$ mit der Konzentration, solange keine neuen Phasen auftreten, nur stetig ändern können, muß zwischen den Grenzen der Reaktion mindestens[1] eine Stelle liegen, wo $\mathfrak{R} = 0$ ist. Daraus folgt der für die neuere chemische Reaktionslehre fundamentale Satz, daß *Reaktionen, bei denen keine Phase verschwindet oder neu auftritt, nach Aufhebung ihrer Hemmungen nie ganz in dem einen oder anderen Sinne verlaufen können, sondern immer bei einer bestimmten Gleichgewichtskonzentration der Reaktionsteilnehmer zum Stillstand gelangen.*

Alle Reaktionen, bei denen dieser Satz durchbrochen scheint, sind in Wirklichkeit solche, bei denen nicht die Menge einer der reagierenden resistenten Gruppen wirklich bis auf Null reduziert wird, sondern bei denen nur *eine oder mehrere Phasen,* die vielleicht die betreffende resistente Gruppe rein oder in großer Konzentration enthalten konnten, *im Verlauf der Reaktion aufgelöst werden.* So z. B. bei der Zersetzung von $CaCO_3$ in CaO und CO_2. Hier sind CaO und CO_2 die resistenten Gruppen, die in allen drei Phasen [$CaCO_3$(s), CaO(s) und CO_2(g)] im ungehemmten Gleichgewicht mit einer gewissen, wenn auch zum Teil außerordentlich kleinen Konzentration vertreten sind [CaO(s) absorbiert etwas CO_2, in den Gasraum verdampft etwas CaO]. Die vollständige Zersetzung des $CaCO_3$ (z. B. durch Aufrechterhaltung eines Unterdruckes der abdissoziierenden Kohlensäure) führt zu einem ungehemmten Gleichgewicht, in dem wohl die feste Phase $CaCO_3$ verschwunden, aber in keiner der anderen Phasen die Konzentration einer der resistenten Gruppen vollständig auf Null abgesunken ist. Ähnlich bedeutet die Bildung von festem AgJ aus äquivalenten Mengen Ag(s) und J_2(s) zwar das Verschwinden dieser beiden Phasen, aber nicht das Verschwinden der resistenten Gruppen (hier Ag und J) in der neugebildeten Phase; AgJ enthält vielmehr dann die Einzelteile Ag und J in einer zwar praktisch stöchiometrischen, aber nicht resistenten Zusammensetzung.

Gleichgewicht in homogenen Systemen. Wird die Hemmung einer in einem homogenen System möglichen Reaktion, z. B. der Wasserdampfbildung in einem H_2, O_2-Gasgemisch, aufgehoben, so gilt nach (1) für die betreffende Reaktion, eine Homogenreaktion, deren Laufzahl wir mit γ bezeichnen, die Bedingung:

$$\mathfrak{R}^{\gamma} = 0. \tag{2}$$

Da, wie wir sahen, bei jedem p und T ein Wert von λ (hier γ) zwischen den Grenzen der Reaktion existieren muß, bei der diese Bedingung erfüllt ist, so kann man Gleichung (2) dazu benutzen, um den Grad des Ablaufes der Reaktion γ zu bestimmen, bei dem ungehemmtes Gleichgewicht herrscht. Dieser durch einen bestimmten Wert von γ charakterisierte Gleichgewichtszustand wird jedoch nicht bei allen Drucken und Temperaturen derselbe sein, sondern von p und T sowie unter Umständen noch von dem Grad des Ablaufes anderer gehemmter Reaktionen γ^{I}, γ^{II} usw. abhängig sein; da nämlich $\mathfrak{R}^{\gamma}$ eine Funktion von $p, \gamma, \gamma^{\mathrm{I}}, \gamma^{\mathrm{II}} \ldots T$ ist, ergibt die Bedingung $\mathfrak{R}^{\gamma} = 0$ einen funktionellen Zusammenhang zwischen γ und den übrigen Variabeln.

Wird, etwa durch die ständige Anwesenheit von Katalysatoren, die Bedingung des ungehemmten Gleichgewichtes für die betrachtete γ-Reaktion auch bei Veränderungen der p, T und übrigen γ dauernd aufrechterhalten, so ist das System dadurch um eine Veränderungsmöglichkeit ärmer geworden, da der Wert von γ

[1] Wir wollen bei den folgenden Betrachtungen zunächst annehmen, daß es nur *eine* solche Stelle gibt; die Frage einer etwaigen Mehrdeutigkeit des Zustandes $\mathfrak{R} = 0$ gehört in das Kapitel der allgemeinen Gleichgewichtsuntersuchungen (Kap. F).

nicht mehr unabhängig gegeben werden kann, sondern durch die übrigen Variabeln bestimmt ist. Das gleiche gilt bei Aufhebung der Hemmung für die weiteren möglichen Homogenreaktionen γ^{I}, γ^{II} usw. bis, nach Aufhebung aller Reaktionshemmungen, nur p und T als bestimmende Veränderliche der betrachteten homogenen Phasen übrigbleiben, während der stoffliche Zustand des gegebenen Systems durch diese äußeren Variabeln schon vollkommen betimmt ist.

Diese Betrachtungen erhalten dadurch eine erhöhte Bedeutung, daß sie auch auf homogene Systeme, in denen Abweichungen vom ungehemmten Gleichgewichtszustand überhaupt nicht beobachtbar sind, mit Erfolg angewendet werden können, um aus theoretischen Aussagen über die $\mathfrak{K}$-Werte irgendwelcher in Wirklichkeit ungehemmter Reaktionen den Grad des Ablaufs für jeden Wert von p, T und der übrigen Stoffe zu bestimmen. So ist z. B. die Dissoziation von J_2(g) in J(g) eine ungehemmte Reaktion; durch theoretische Aussagen über die Abhängigkeit der Dissoziationsarbeit von dem Konzentrationsverhältnis der J_2 und J gelingt es jedoch, die Änderungen des Dissoziationsgrades von J_2 bei Änderungen von p und T vorauszusagen und andererseits Dissoziationswärmen aus dem beobachteten Dissoziationsgrad zu bestimmen. Ähnliches gilt in der Theorie der elektrolytischen Dissoziation, wo sich allerdings die längere Zeit geltenden theoretischen Annahmen in neuerer Zeit als nicht immer ausreichend erwiesen haben. In allen diesen Fällen beruht die thermodynamische Behandlungsmöglichkeit auf der Annahme, daß diese Systeme auch außerhalb des betreffenden Reaktionsgleichgewichtes existenzfähig und thermodynamisch zugänglich seien; wir befinden uns hier in dem Gebiet, das wir in I, § 7 als das Gebiet der „fiktiv gehemmten Systeme" bezeichneten (Näheres in Kapitel D und E).

Gleichgewicht in heterogenen Systemen. In Systemen, die aus mehreren Phasen bestehen, betrachten wir zunächst nur solche Reaktionen, die sich durch Übergang gewisser resistenter Gruppen aus einer Phase in die andere darstellen lassen, während die Resistenz der einzelnen Gruppen in jeder Phase bestehen bleibt (keine Homogenreaktionen durch Aufhebung von Resistenzeigenschaften). Beispiele sind: Verdampfen oder Schmelzen reiner Stoffe; Destillation des Alkohols aus einer wässerigen Lösung; Dissoziation von $CaCO_3$(s) in CaO(s) und CO_2(g) usw.

Dann sind alle zu betrachtenden Reaktionen in dem — zunächst durch Trennungswände gehemmten — System reine Durchgangsreaktionen, deren Laufzahl wir mit ξ, ξ^{I}, ξ^{II} usw. bezeichnen wollten. Dabei können wir diese Laufzahlen so wählen, daß sie immer nur den Durchgang einer bestimmten resistenten Gruppe aus einer Phase in die andere bezeichnen und nicht etwa bereits Kombinationen solcher Durchgänge. Heben wir nun die Hemmung einer solchen ξ-Reaktion auf, indem wir die Trennungswand für die betreffende resistente Gruppe durchlässig (semipermeabel) machen[1], so gilt nach unseren allgemeinen Betrachtungen nach Erreichung des ungehemmten Gleichgewichtes (in bezug auf diese Reaktion) die Bedingung:

$$\mathfrak{K}^{\xi} = 0\,. \tag{3}$$

Da $\mathfrak{K}^{\xi}$ (für das gehemmte System) von den p', p'' ... T und dem stofflichen Zustand (also auch den ξ^{I}, ξ^{II} usw.) abhängen wird, liefert diese Gleichung, analog (2) einen funktionellen Zusammenhang zwischen dem Grad des Ablaufs dieser Durchgangsreaktionen, also dem Wert von ξ und den übrigen physikalischen und chemischen Variabeln des Gesamtsystems. Durch die Aufhebung weiterer Hemmungen scheiden in entsprechender Weise weitere Durchgangslaufzahlen ξ^{I}, ξ^{II}

[1] Der Druck in den beiden hervorgehobenen Phasen sowie in allen übrigen kann hierbei, da überall noch feste Wände angenommen werden, noch beliebig sein: p', p'' usw.

usw. aus den unabhängigen Veränderlichen des Systems aus; sind schließlich die Trennungsflächen zwischen den Phasen im ganzen verschiebbar[1], so kommen noch die Beziehungen $p' = p'' = p'''$ usw. hinzu, so daß schließlich nur die beiden Variabeln p und T übrigbleiben, durch die bei dauernder Aufhebung der betreffenden Hemmungen sowohl der physikalische Zustand wie die stoffliche Zusammensetzung der verschiedenen Phasen vollkommen bestimmt ist[2]. In diesem Zustand muß, wie wir noch hervorheben wollen, in jeder Phase jede resistente Gruppe mit einer, wenn auch unter Umständen sehr kleinen Menge vertreten sein, da sonst, entsprechend unseren allgemeinen Bemerkungen, die ξ-Reaktion die die betreffende resistente Gruppe aus einer anderen Phase in diese reine Phase überführte, mit Arbeitsgewinn, $-\mathfrak{d} A_h > 0$, verbunden wäre.

Fall zusätzlicher Homogenreaktionen. Sind in dem gehemmten System zwar alle resistenten Gruppen in allen Phasen existenzfähig, jedoch in einer oder mehreren Phasen wahlweise durch katalytische Hilfsmittel ineinander umsetzbar, so treten zu den unabhängigen ξ-Reaktionen, die den Austausch sämtlicher Gruppen zwischen allen Phasen vermitteln, noch gewisse davon unabhängige γ-Reaktionen, bei denen die resistenten Gruppen ineinander verwandelt werden. Dabei sind jedoch nur solche γ-Reaktionen als voneinander unabhängig zu betrachten, bei denen die Art der resistenten Gruppen verschieden ist; Reaktionen zwischen gleichen resistenten Gruppen in verschiedenen Phasen können aus einer solchen Reaktion in *einer* Phase durch Hinzufügung von ξ-Reaktionen realisiert werden.

Ist nun nicht nur für alle ξ-Reaktionen, sondern auch für alle γ-Reaktionen ungehemmtes Gleichgewicht, so kommen zu den $\mathfrak{K}^{\xi}$-Gleichungen, die den Grad des Ablaufs der voneinander unabhängigen ξ-Reaktionen bestimmen, noch diejenigen $\mathfrak{K}^{\gamma}$-Gleichungen hinzu, die den Ablauf der weiteren, von den ξ und voneinander unabhängigen γ-Reaktionen bestimmen. Auch hier sind also ebenso viele Gleichungen vorhanden wie unabhängige Reaktionslaufzahlen, und der innere Zustand des Systems ist schließlich wieder durch p und T vollkommen bestimmt.

Eine etwas andere Betrachtungsweise ist am Platze, wenn für gewisse in einer Phase resistente Gruppen die resistente Existenz in einer anderen Phase überhaupt nicht beobachtbar ist. Man kann sich dann mit der Einführung fiktiver Hemmungen helfen und die vorgenannte Eindeutigkeitsbilanz in derselben Weise zu beweisen suchen. Man kann aber auch anders vorgehen. Betrachtet man z. B. glühendes Platin mit absorbiertem Wasserstoff als die eine Phase, ein gleichtemperiertes Gemisch von H_2- und H-Gas als zweite Phase, so würde die Annahme von H_2-Molekülen im Platin und die Fiktion einer γ-Reaktion, bei der sich im Platin H_2 in H umsetzt, ein unnötiges hypothetisches Element enthalten, wenn in Wirklichkeit der Zustand des im Pt gelösten Wasserstoffs bei Glühtemperaturen nur von der Gesamtmenge des aufgenommenen Wasserstoffs abhängt. In solchem Falle wird man vielmehr nur die Homogenreaktion $H_2 \rightarrow H + H$ im Gas und die Übergangsreaktion $^1/_2 H_2(g) \rightarrow H(Pt)$ und $H(g) \rightarrow H(Pt)$ als wirklich durchführbare Reaktionen im gehemmten System ansehen. Von diesen Reaktionen sind aber nur zwei unabhängig, da z. B. die Homogenreaktion im Gas durch Kombination der beiden Übergangsreaktionen herbeigeführt werden kann. Man braucht also hier nur zwei Reaktionen ξ^{I} und ξ^{II} mit ihren dazugehörigen $\mathfrak{K}^{\xi}$-

[1] Diese Bedingung ist thermodynamisch von der „Volldurchlässigkeit" der Wände zu trennen. Praktisch wird jedoch die Aufhebung der Durchgangshemmung für die letzten resistenten Gruppen einer Phase meist mit der Aufhebung des Druckunterschiedes zusammenfallen, da die Phase sonst durch die Wand hindurchquellen und in dem Nachbarraum eine ähnliche Phase geringeren Druckes bilden würde. Ein Gegenbeispiel in § 16, S. 306/7.

[2] Vgl. hierzu III § 8, wo auf die hier absichtlich noch nicht berührte Frage der Abhängigkeit der $\mathfrak{K}$ von den *spezifischen* Eigenschaften der Einzelphasen eingegangen wird.

Werten zu betrachten; wird für beide die Hemmung aufgehoben, so erhält man zwei Gleichungen, die den Grad des Ablaufs der ξ-Reaktionen und damit auch der γ-Reaktion im Gas feststellen, also ist wieder alles durch p und T bestimmt. Allgemein wird man daher für gehemmte Homogenreaktionen, deren Teilnehmer in irgendeiner Phase nicht gegeneinander resistent sind, sowohl bei Hemmung wie bei Zulassung von Durchgangsreaktionen keine neuen Laufzahlen als unabhängige Variablen einzuführen haben, sondern diese Homogenreaktionen aus ξ-Reaktionen zusammensetzen können. Dann sind aber die Verhältnisse, was die Zahlen der unabhängigen Veränderungen und der Gleichgewichtsbedingungen betrifft, nicht anders, als wenn die betreffende Homogenreaktion überhaupt nicht vorkäme, sie fällt als abhängige Reaktion aus der Betrachtung heraus. Sind speziell alle ξ-Hemmungen, die die Reaktionen auf einem Umweg herbeiführen können, aufgehoben (alle $\mathfrak{K}^{\xi} = 0$), so gilt wegen $\mathfrak{K}^{\gamma} = \sum \nu_i \mathfrak{K}^{\xi_i}$ zugleich mit $\mathfrak{K}^{\xi_i} = 0$ auch $\mathfrak{K}^{\gamma} = 0$, auch dann, wenn der homogene Ablauf der Reaktion (wie in dem betrachteten Beispiel) gehemmt bleibt.

§ 8. Die Phasenregel.

Die $\mathfrak{K}$ sind nur von den spezifischen Bestimmungsgrößen des Systems abhängig. Mit den bisherigen Überlegungen haben wir nur eine schon bekannte allgemeine Eigenschaft thermodynamischer Gleichgewichtssysteme im einzelnen verifiziert: daß im thermischen Gleichgewicht jede nicht gehemmte innere Veränderung bis zu einem Grade abgelaufen ist, der durch die äußeren Bedingungen und gegebenenfalls den Grad des Ablaufs weiterer gehemmter innerer Veränderungen (gehemmte λ) vollständig bestimmt ist. Sind gar keine Hemmungen im Druckausgleich oder in der Stoffumsetzung mehr vorhanden, so ist ein gegebenes System also durch die äußeren Bedingungen eindeutig bestimmt.

Diese Aussagen enthalten noch nichts über die Zahl der unter gegebenen stofflichen und äußeren Bedingungen möglichen Phasen; diese könnte nach den bisherigen Betrachtungen noch beliebig groß sein. Zu den Einschränkungen, welche nach den grundlegenden Untersuchungen von W. GIBBS[1] in dieser Hinsicht bestehen müssen, gelangen wir, indem wir eine fundamentale, auf der Ausscheidung von Oberflächenkräften und Fernwirkungen beruhende Aussage über die Abhängigkeit der $\mathfrak{K}$ von den Eigenschaften der einzelnen Phasen hinzunehmen. Diese Aussage lautet: „Wenn Oberflächenkräfte und Fernwirkungen nicht berücksichtigt zu werden brauchen, so ist die Arbeit, die mit irgendwelchen stofflichen Veränderungen homogener Phasen verbunden ist, unabhängig von der Gesamtmenge der beteiligten Phasen." Das ist unmittelbar einleuchtend, da bei den gemachten Einschränkungen die Anfügung gleicher Phasenstücke an die Phase auf die betreffende Arbeit ohne Einfluß ist. Aus dieser Unabhängigkeit der Arbeit und damit auch der Arbeitskoeffizienten $\mathfrak{K}$ von den Gesamtmengen der beteiligten Phasen folgt nun, daß die $\mathfrak{K}$ außer von p und T (wir beschränken uns hier auf Systeme mit *gleichen* p und T in allen Phasen) nur von den Mengen*verhältnissen* der in den homogenen Phasen vorhandenen Stoffe (resistenten Gruppen) abhängen können. Diese Mengenverhältnisse kann man entweder durch Angabe der Menge relativ zu der Menge einer besonderen hervorgehobenen Stoffart charakterisieren oder durch Angabe des Verhältnisses jeder einzelnen Stoffmenge zu der Gesamtmenge aller in der Phase vorhandenen Stoffe. Wir wählen die zweite, praktisch wichtigere Darstellungsart und denken uns außerdem die Menge der verschiedenen resistenten Gruppen durch ihre Molenzahl ge-

[1] Thermodynamische Studien III, S. 115, übersetzt von WI. OSTWALD.

geben. Das Mengenverhältnis jeder Teilchenart wird dann durch die sog. „*Molenbrüche*“

$$x_1 = \frac{n_1}{n_1 + n_2 + \ldots + n_\alpha}$$

$$x_2 = \frac{n_2}{n_1 + n_2 + \ldots + n_\alpha}$$

usw. angegeben, wobei $n_1, n_2 \ldots n_\alpha$ die Molenzahlen der in der Phase vorhandenen verschiedenen resistenten Gruppen bedeuten; es seien α verschiedene solcher resistenten Gruppen in der betrachteten Phase vorhanden. Zwischen den α Molenbrüchen jeder Phase bestehen die Beziehungen $\sum x_i = 1$, so daß nur $\alpha - 1$ Molenbrüche angegeben zu werden brauchen, um den spezifischen Zustand vollkommen zu bestimmen. Wir nehmen an, die Molenbrüche x_1 bis $x_{(\alpha-1)}$ seien diese unabhängigen Bestimmungsgrößen.

Die GIBBSsche Phasenregel. Es gilt also die Behauptung, das sowohl in den gehemmten wie ungehemmten Systemen die $\mathfrak{K}$ nur von p, T und den unabhängigen Molenbrüchen (in den an der Reaktion beteiligten Phasen) abhängen. (Die nicht an der Reaktion beteiligten Phasen spielen natürlich ebensowenig eine Rolle wie zusätzliche Stücke der gleichen Phase.) Haben wir im ganzen ein System von β verschiedenen Phasen und bezeichnen wir die Größen der ersten Phase mit einem Strich $'$, die der zweiten mit zwei Strichen $''$ usw., so können wir also behaupten, daß die $\mathfrak{K}$ aller in dem (gehemmten) Gesamtsystem möglichen Reaktionen Funktionen der $p, T, x_1' \ldots x_{(\alpha-1)}', x_1'' \ldots x_{(\alpha-1)}'', \ldots, x_1^{(\beta)} \ldots x_{(\alpha-1)}^{(\beta)}$ sind; wir vereinfachen dann unsere Betrachtung zunächst noch dadurch, daß wir Homogenreaktionen ausschalten und annehmen, daß die resistenten Gruppen in allen Phasen die gleichen seien. Die Größen p, T und x bezeichnen wir, da sie nicht von den Gesamtmengen der Phasen abhängen, als die *spezifischen Bestimmungsgrößen* des Systems. Zu den Aussagen der Phasenregel gelangen wir dann, indem wir alle voneinander unabhängigen Reaktionen, die unter unseren Annahmen reine Durchgangsreaktionen sind, als ungehemmt annehmen und die Zahl der aus dieser Annahme fließenden Gleichgewichtsbedingungen $\mathfrak{K}^{\xi \mathrm{I}} = 0$, $\mathfrak{K}^{\xi \mathrm{II}} = 0$ usw. mit der Zahl der spezifischen Bestimmungsgrößen p, T, x vergleichen, von denen diese $\mathfrak{K}^{\xi}$ abhängen.

Die Zahl der voneinander unabhängigen ξ-Reaktionen ist, wie schon besprochen, gleich der Zahl der ξ-Reaktionen, die von *einer* Phase aus den Übergang aller (α) resistenten Gruppen in alle übrigen ($\beta - 1$) Phasen vermitteln, da alle übrigen ξ-Reaktionen auf Umwegen aus diesen darstellbar sind. Wir haben also

$$\alpha \cdot (\beta - 1) \text{ unabhängige } \xi\text{-Reaktionen}$$

und ebenso viele Gleichungen $\mathfrak{K}^{\xi} = 0$.

Die Zahl der spezifischen Bestimmungsgrößen, von denen alle diese $\mathfrak{K}^{\xi}$ abhängig sind, ist:

$$2 + \beta\,(\alpha - 1),$$

da außer p und T in jeder Phase $\alpha - 1$ Molenbrüche den Zustand und damit den Wert von $\mathfrak{K}$ bestimmen.

Durch Vergleich dieser beiden Ausdrücke folgt, daß im ungehemmten Gleichgewicht $\alpha(\beta - 1)$ von den $2 + \beta(\alpha - 1)$ spezifischen Bestimmungsgrößen des gehemmten Systems festgelegt sind; *es können also nur noch* $2 + \beta\,(\alpha - 1) - \alpha\,(\beta - 1) = \alpha + 2 - \beta$ *von den spezifischen Bestimmungsgrößen willkürlich gegeben werden,* während eine willkürliche Wahl der übrigen nicht dem Zustand des ungehemmten Gleichgewichts entsprechen, also bei Abwesenheit von Hemmungen zu einer spontanen Veränderung des Zustandes führen würde. Mit dieser Aussage ist die allgemeinste Form der GIBBSschen Phasenregel gegeben, deren Bedeutung wir nach verschiedenen Richtungen und Spezialisierungen hin verfolgen wollen (§ 9). Vorher wollen wir jedoch noch nachweisen, daß der gefundene Satz unabhängig von den bisher noch gemachten einschränkenden Aussagen gilt.

Besprechung einiger Komplikationen. a) Kann eine der resistenten Gruppen, entgegen der bisherigen Annahme, in einer der Phasen nicht auftreten, so vermindert sich sowohl die Zahl der Konzentrationen x wie die Zahl der unabhängigen Reaktionen, also auch der $\mathfrak{K}^{\xi}$-Gleichungen um eins; die Bilanz bleibt dieselbe. Da übrigens ein vollkommenes Fehlen einer der resistenten Gruppen in einer der Phasen nach Aufhebung der Durchgangshemmungen in Wirklichkeit nach unseren früheren Bemerkungen (S. 188, § 7) nicht möglich ist, so ist es sachlich richtiger, diese Fälle in der normalen Weise zu behandeln und nur damit zu rechnen, daß im Gleichgewicht unter Umständen die Konzentration bestimmter resistenten Gruppen in einer oder mehreren Phasen außerordentlich klein sein kann.

b) Sind in einer oder mehreren Phasen des Systems zwischen den resistenten Gruppen noch *Homogenreaktionen* möglich, die wahlweise gehemmt und katalytisch in die Wege geleitet werden können, so verhält sich das System verschieden, je nachdem, ob diese Homogenreaktionen gehemmt oder nicht gehemmt sind. Bleiben, nach Aufhebung der ξ-Hemmungen, alle γ-Reaktionen gehemmt, so bestehen von dieser Seite her für die Konzentrationsverhältnisse x in jeder Phase keine Einschränkungen, man kann über dieselbe Zahl von spezifischen Bestimmungsgrößen und dieselbe Zahl von $\mathfrak{K}^{\xi}$-Reaktionen verfügen, wie wenn die resistenten Gruppen überhaupt nicht ineinander umsetzbar wären. Beispiel: H_2, O_2, H_2O als resistente Gruppen in einem Gemisch von flüssigem Wasser mit absorbiertem H_2 und O_2, im Gleichgewicht mit einer Dampfphase, bestehend aus Wasserdampf, dem H_2- und O_2-Gas beigemischt ist. $\alpha = 3$, $\beta = 2$; $\alpha + 2 - \beta = 3 + 2 - 2 = 3$ von den Größen p, T und x können willkürlich gegeben sein, die anderen sind dadurch bestimmt. Sind etwa die Verhältnisse der O_2 und H_2 zu den Gesamtmolenzahlen beider Phasen die $2 \times 2 = 4$ unabhängigen relativen Konzentrationen (Molenbrüche), so kann also z. B. bei jeder Temperatur noch die relative Konzentration von O_2 und H_2 im Dampfraum beliebig gegeben werden; die Relativkonzentration dieser Stoffe *im Wasser* sowie der Gesamtdruck sind jedoch dadurch bestimmt.

Wird dagegen in einer Phase eine Reaktionshemmung zwischen resistenten Gruppen aufgehoben — wir bezeichnen in diesen Fällen die Zahl der ursprünglich resistenten Gruppen mit α' — so kommt für diese Phase im ungehemmten Gleichgewicht noch eine Bedingung $\mathfrak{K}^{\gamma} = 0$, ebenfalls zwischen den p, T und x, hinzu, so daß jetzt nur noch $(\alpha' - 1) + 2 - \beta$ spezifische Bestimmungsgrößen willkürlich gegeben sein können. Beispiel: katalytisches Knallgasgleichgewicht im Dampfraum des obigen Beispiels; $2 + 2 - 2 = 2$ von den Größen p, T und x können nur noch willkürlich gegeben sein, z. B. ist bei gegebener Temperatur und gegebener relativer O_2-Konzentration im Dampfraum die relative O_2-Konzentration im Wasser, die relative H_2-Konzentration im Dampfraum und Wasser und der Druck vollständig bestimmt; die relative H_2O-Konzentration ist natürlich wieder durch die beiden anderen gegeben.

Die gleiche Bilanz würde gelten, wenn für die gleiche Reaktion auch noch in weiteren Phasen die Hemmung aufgehoben wäre, denn da diese γ-Reaktionen sich aus der ursprünglichen γ-Reaktion und gewissen ξ-Reaktionen zusammensetzen lassen, handelt es sich dabei um keine unabhängige Reaktion, es tritt keine neue

Gleichgewichtsbedingung $\mathfrak{R} = 0$ hinzu, die nicht schon durch die bisherigen Gleichungen $\mathfrak{R}^{\gamma} = 0$ und $\mathfrak{R}^{\xi} = 0$ erfüllt wäre[1].

Also gleichviel, ob die Hemmung einer bestimmten Homogenreaktion in einer oder mehreren Phasen aufgehoben wird, die Zahl der unabhängigen Veränderungsmöglichkeiten der p, T und x in einer gegebenen Zahl von Phasen wird dadurch immer um eins reduziert, anscheinend im Widerspruch mit der GIBBSschen Formulierung. Man kann diese Formulierung jedoch auch hier beibehalten, wenn man, bei Aufhebung der Hemmung einer Homogenreaktion, die Wahl der „resistenten Gruppen" sogleich mit abändert und nur solche resistenten Gruppen als „unabhängige Bestandteile" gelten läßt, die *in keiner einzigen Phase* in ungehemmtem Umsatz miteinander stehen. Bei GIBBS wird die Notwendigkeit einer solchen Einschränkung der noch als voneinander unabhängig zu betrachtenden Atomgruppen nicht besonders hervorgehoben; GIBBS spricht vielmehr nur allgemein von „unabhängigen Bestandteilen" eines Systems und läßt in der Wahl dieser unabhängigen Bestandteile eine gewisse Freiheit, die zu Unklarheiten in der Auffassung und Deutung der Phasenregel geführt hat. Bezeichnen wir als „unabhängige Bestandteile" in einer gewissen Umkehrung der GIBBSschen Formulierung solche, für deren Zahl α die GIBBSsche Phasenregel gilt, so haben wir hier den Satz zu formulieren:

Die Zahl der „unabhängigen Bestandteile" eines heterogenen Systems in der GIBBSschen Phasenregel ist gleich der Gesamtzahl der irgendwo auftretenden resistenten Gruppen, vermindert um die Zahl der voneinander unabhängigen Homogenreaktionen, die in irgendeiner Phase oder in mehreren Phasen zugleich ungehemmt sind.

c) Sind gewisse resistente Gruppen einer Phase in irgendwelchen anderen Phasen überhaupt nicht in resistentem Zustande bekannt (Beispiel des H_2 und H in glühendem Platin), so wird gleichwohl die Zahl der voneinander unabhängigen spezifischen Bestimmungsgrößen und die Zahl der voneinander unabhängigen Reaktionen dadurch in genau der gleichen Weise beeinflußt, als wenn eine Gleichung $\mathfrak{R}^{\gamma} = 0$ bestünde, die die betreffende resistente Gruppe im Mengenverhältnis zu ihren Komponenten für die betreffende Phase bestimmt. Es ist also nicht nötig (obwohl ohne Schwierigkeit möglich), diesen Fall entsprechend der im vorigen Paragraphen gegebenen Auffassung selbständig zu behandeln, sondern wir können den soeben gefundenen Satz sogleich in folgender Weise abwandeln:

„*Sind gewisse resistente Gruppen einer Phase in einer oder mehreren anderen Phasen nicht resistent, so ist in der GIBBSschen Phasenregel für die Zahl der ‚unabhängigen Bestandteile' eines heterogenen Systems die Zahl derjenigen resistenten Gruppen zu setzen, deren Resistenz nicht in irgendeiner Phase aufgehoben ist.*"

Damit sind wohl alle möglichen Fälle besprochen, die natürlich auch gleichzeitig auftreten können. Man erkennt, daß die GIBBSsche Phasenregel sich unter den allgemeinsten Aussagen über das Auftreten und die Aufhebung von Hemmungen, über Resistenz und Nichtresistenz der vorhandenen Atomgruppen aufrechterhalten läßt, wenn man nur die Definition der unabhängigen Bestandteile immer in der angegebenen Weise vornimmt.

Bilanz bei anderer Wahl der spezifischen Bestimmungsgrößen. Statt einen homogenen Stoff durch p, T und die Molenzahlen seiner resistenten Gruppen zu

[1] Ist als unabhängige γ-Reaktion ursprünglich nicht die in der Phase gewählt, wo die Hemmung aufgehoben wird, sondern die in einer anderen Phase, γ', wo die Hemmung erhalten bleibt, so ist die Gleichgewichtsbedingung bei Aufhebung der Hemmung γ nicht in der Form $\mathfrak{R}^{\gamma} = 0$ zu schreiben, sondern $\mathfrak{R}^{\gamma}$ ist durch $\mathfrak{R}^{\gamma'}$ und gewisse $\mathfrak{R}^{\xi}$ auszudrücken und diese $\mathfrak{R}$-Summe gleich Null zu setzen. Das ist aber genau ebenso eine Beziehung zwischen den p, T und x, als wenn eines der primär eingeführten $\mathfrak{R}$ gleich Null gesetzt würde.

charakterisieren, kann man ihn auch durch V, T und diese Molenzahlen bestimmen. An diese letzte Bestimmungsart schließt sich eine neue Wahl der spezifischen Bestimmungsgrößen an, die fast ebenso häufig verwendet wird wie die bisher betrachtete. Dividiert man alle Molenzahlen $n_1, n_2, \ldots, n_\alpha$ durch das Gesamtvolum, so erhält man die „*molaren Volumkonzentrationen*" c der verschiedenen resistenten Gruppen:

$$c_1 = \frac{n_1}{V}$$

$$c_2 = \frac{n_2}{V}$$

$$\cdots\cdots\cdot$$

$$c_\alpha = \frac{n_\alpha}{V}.$$

Durch diese und die Temperatur sind alle von der Gesamtgröße der Phase unabhängigen Eigenschaften eines homogenen Stoffes ebenso charakterisiert wie durch p, T und die Molenbrüche; es handelt sich ebenso wie bei p, T und den $\alpha - 1$ unabhängigen Molenbrüchen um $\alpha + 1$ spezifische Bestimmungsgrößen der betreffenden Phase.

Für β Phasen erhält man, da die Temperatur für alle Phasen gemeinsam ist, $\beta\alpha + 1$ spezifische Bestimmungsgrößen. (Es werde hier wieder auf den einfachsten Fall, wo die resistenten Gruppen in allen Phasen die gleichen sind, zurückgegriffen.) Diesen stehen wie früher $\alpha(\beta - 1)$ $\mathfrak{R}^{\xi}$-Bedingungen gegenüber. Dazu kommen aber noch, nach Aufhebung aller Durchgangshemmungen, die Bedingungen des in allen Phasen gleichen Druckes, die hier als Beziehungen zwischen den c (und T) von je zwei Phasen auftreten, während sie in der früheren Bilanz einfach eine Reduktion der anfänglichen Variabeln p', p'' usw. auf die eine Variable p bewirkten. Diese Gleichungen $p' = p''$, $p' = p''$ usw. treten so den $\mathfrak{R}^{\xi}$-Bedingungen vollständig äquivalent zur Seite; es sind noch $\beta - 1$ neue Gleichungen. Im ganzen handelt es sich also um $\alpha(\beta - 1) + \beta - 1 = \alpha\beta + \beta - \alpha - 1$ Bedingungen für die $\alpha\beta + 1$ spezifischen Bestimmungsgrößen; es sind also $\alpha + 2 - \beta$ mehr spezifische Bestimmungsgrößen als Gleichungen, wie bei der früheren Ableitung. Die Berücksichtigung der behandelten Komplikationen ergibt natürlich bei dieser Betrachtungsweise auch genau dasselbe Resultat wie früher.

Im folgenden wollen wir wieder p, T und die x als unabhängige spezifische Bestimmungsgrößen gewählt denken.

§ 9. Anwendungen der Phasenregel.

Die Phasenregel bezieht sich auf erweiterte Systeme. Bei der Aufstellung der Phasenregel sind wir zwar von engeren Systemen ausgegangen, in denen nur innere Reaktionen stattfinden können, während die Gesamtmenge der *bei keiner Reaktion aufgelösten resistenten Gruppen* (der „*letzten Bestandteile*") konstant bleibt. Die Aussagen der Phasenregel beziehen sich jedoch auf *jedes* engere System, also z. B. auch auf die Gesamtheit von engeren Systemen, in denen wohl die Art dieser letzten Bestandteile sowie der vorkommenden resistenten Gruppen, aber nicht die Menge der letzten Bestandteile die gleiche ist. Die Gesamtheit solcher Systeme hatten wir aber (§ 2, S. 146) als erweitertes System bezeichnet, da sie auseinander im allgemeinen nur durch Stoffaufnahme oder Stoffabgabe an die Umgebung hervorgehen können.

In der Tat liegt schon in unserer Ableitung und Formulierung der Phasenregel („bei Anwesenheit von β Phasen und α unabhängigen Bestandteilen können noch $\alpha + 2 - \beta$ spezifische Bestimmungsgrößen willkürlich gegeben werden") der klare Hinweis, daß es sich hier um eine Zusammenfassung aller Systeme mit gleichen Phasen und unabhängigen Bestandteilen handelt, bei denen keine Einschränkungen in bezug auf die Gesamtmenge der letzten Bestandteile gemacht werden; haben wir doch, außer den Einschränkungen durch die $\mathfrak{K}$-Bedingungen, alle spezifischen Bestimmungsgrößen als voneinander unabhängig angenommen, was im allgemeinen durchaus nicht der Fall wäre, wenn wir engere Systeme betrachteten, bei denen durch die Summenbedingung noch weitere Beschränkungen in dieser Hinsicht hinzukommen. Die Aussagen der Phasenregel beziehen sich also nicht auf die unabhängigen Veränderungsmöglichkeiten und die Zahl der auftretenden Phasen in einem engeren System mit gegebenen Gesamtmengen, sondern auf die unabhängigen Veränderungsmöglichkeiten (und die Zahl der Phasen) in einem erweiterten System, in dem man durch Stoffzufuhr von außen jede beliebige Zusammensetzung des Systems würde realisieren können. Wie in einem engeren System Art und Zahl der auftretenden Phasen im ungehemmten Gleichgewicht bei gegebenen p und T bestimmt wird und wie sich die Zahl der unabhängigen Veränderungsmöglichkeiten in engeren Systemen zu der in erweiterten Systemen verhält, das sind Fragen von ganz anderer Art, auf die wir erst später (Kap. F und G) eingehen.

$\alpha + 2$ Phasen: Die Übergangspunkte. Wären mehr als $\alpha + 2$ Phasen vorhanden, so würden mehr Gleichungen zur Bestimmung der spezifischen Bestimmungsgrößen existieren, als solche Größen vorhanden sind; von den gewissermaßen unendlich unwahrscheinlichen Fällen abgesehen, in denen die p, T und x zufällig noch weiteren $\mathfrak{K}$-Bedingungen genügen als denen, durch die sie bereits vollständig festgelegt sind, ist also im Falle von mehr als $\alpha + 2$ Phasen ein ungehemmtes ξ-Gleichgewicht zwischen allen Phasen ausgeschlossen. Wir erhalten so die Aussage, die mitunter auch als Hauptinhalt der GIBBSschen Phasenregel angesehen wird:

„Es ist kein aus α unabhängigen Bestandteilen bestehendes System denkbar, in dem mehr als $\alpha + 2$ Phasen im ungehemmten Gleichgewicht nebeneinander existieren können."

Die „unabhängigen Bestandteile" sind dabei nach § 8 alle irgendwo auftretenden resistenten Gruppen, vermindert um diejenigen, die wegen des Auftretens einer ungehemmten Homogenreaktion in irgendeiner Phase zwar existieren, aber nicht resistent sind oder die in irgendeiner Phase überhaupt nicht in der betreffenden Gruppierung bekannt sind.

Systeme aus $\alpha + 2$ Phasen sind dagegen möglich; in ihnen sind alle spezifischen Bestimmungsgrößen p, T und x auf bestimmte Werte festgelegt („*Übergangspunkt*"). So haben wir bei einem unabhängigen Bestandteil maximal drei Phasen, für die der Druck und die Temperatur vollständig bestimmt ist (Koexistenz von Wasser, Eis und Wasserdampf nahe bei 0^0 C unter einem Druck, der dem Dampfdruck des Wassers und des Eises bei dieser Temperatur entspricht. „Tripelpunkt" des Wassers, s. Beispiel 1 in Kapitel H). Bei zwei unabhängigen Bestandteilen treten im Übergangspunkt vier verschiedene Phasen auf, für die p, T und die Molenbrüche x der beiden unabhängigen Bestandteile in jeder Phase vollständig festgelegt sind. (Beispiel: System aus Fe_2Cl_6 und H_2O als unabhängigen Bestandteilen, wo neben der flüssigen und gasförmigen Phase zwei feste Phasen mit verschiedenem H_2O-Gehalt nebeneinander existenzfähig sein können.) Für $\alpha = 3$ sind in den Übergangspunkten 5 Phasen möglich usw. — Phasen, die im ungehemmten Gleichgewicht nebeneinander bestehen können, werden von GIBBS als *koexistente Phasen* bezeichnet.

Nichtkoexistente Phasen. Selbstverständlich gelten diese Einschränkungen für die Zahl der im ungehemmten Gleichgewicht nebeneinander existenzfähigen Phasen nicht für die Zahl der überhaupt bzw. bei *gehemmtem* Durchgangsgleichgewicht möglichen Phasen; hierüber ist anscheinend keine allgemeine Aussage möglich. Es scheint sogar, daß bei der Beurteilung verschiedener homogener Stoffe aus den gleichen resistenten Gruppen eine bestimmte Aussage darüber, daß es sich um gleichartige Phasen handelt, überhaupt nur dann möglich ist, wenn man zwei solche Stoffe bei gleicher Temperatur so miteinander in Verbindung bringen kann, daß wenigstens für einen ihrer Bestandteile ungehemmtes Gleichgewicht (z. B. durch eine semipermeable Wand hindurch) eintreten kann[1].

$\alpha + 1$ Phasen: „Vollständiges Gleichgewicht". In diesem Falle sind in dem erweiterten System alle spezifischen Bestimmungsgrößen p, T, sowie die x aller Phasen, durch eine von ihnen bestimmt (monovariantes Gleichgewicht). Am häufigsten denkt man sich T gegeben; dann gehört zu jedem T-Wert ein ganz bestimmter „Gleichgewichtsdruck" p des Systems, den wir in solchen Fällen mit π bezeichnen und der durch T vollständig gegeben, also eine reine Funktion von T ist:

$$\pi = f(T).$$

Ebenso sind alle Molenbrüche in allen Phasen eindeutig durch T gegeben. Man spricht in einem solchen Falle auch von einem „*vollständigen Gleichgewicht*", weil die Zahl der Phasen „vollständig" ist in dem Sinne, daß eine größere Zahl von Phasen innerhalb ganzer Temperatur*bereiche* (nicht bloß für einen Temperaturpunkt, den Übergangspunkt) nicht koexistenzfähig ist. Bei *einem* unabhängigen Bestandteile besteht das vollständige Gleichgewicht aus $1 + 1 = 2$ Phasen; handelt es sich dabei um die Koexistenz von einer flüssigen oder festen und einer gasförmigen Phase, so bezeichnet man den zugehörigen Gleichgewichtsdruck als *Dampfdruck*, bei Koexistenz einer flüssigen und festen Phase als *Schmelzdruck*, bei Koexistenz zweier verschiedener fester Modifikationen wie S (rhomb) und S (monoklin) als *Koexistenzdruck*. Den Dampf, der mit einer flüssigen oder festen Phase im Gleichgewicht ist, bezeichnet man als „gesättigten Dampf".

Bei *zwei* unabhängigen Bestandteilen besteht das vollständige Gleichgewicht aus $2 + 1 = 3$ Phasen, z. B. fest, fest, flüssig; fest, flüssig, gasförmig; fest, fest, gasförmig (Beispiel eine Modifikation des $Fe_2\,Cl_6$ mit gewissem stöchiometrischen H_2O-Gehalt, wässerige Fe_2Cl_6-Lösung, Wasserdampfphase). Hier sind nicht nur die Gleichgewichtsdrucke, sondern auch die Gleichgewichtskonzentrationen in jeder Phase vollständig bestimmt, wenn die *Temperatur* und daneben die *Art* (Modifikation) der drei koexistenten Phasen angegeben ist. Die letzte Angabe ist im allgemeinen unbedingt notwendig; so ist z. B. der Gleichgewichtsdruck und die Konzentration des Fe_2Cl_6 (sowohl in der Flüssigkeit wie im Dampf) verschieden für die beiden Fälle, wo Gleichgewicht mit einer wasserreicheren und wasserärmeren festen Modifikation des $Fe_2Cl_6 + z\,H_2O$ herrscht. In dem schon gelegentlich gestreiften Fall, bei dem in Systemen mit zwei unabhängigen Be-

[1] Die Tatsache, daß man Stoffe mit *magnetischen Umwandlungspunkten* bisher nicht im Gleichgewicht ihrer verschiedenen magnetischen Modifikationen, sondern immer nur entweder in verschiedenen Temperaturbereichen oder im gehemmten Zustand gleichzeitig bei derselben Temperatur realisieren konnte, hat es in der Tat in diesem Fall bisher unmöglich gemacht, darüber zu entscheiden, ob es sich hier wirklich um verschiedene Phasen handelt oder nicht. Das ist aber nach den obigen Bemerkungen kein Zufall; alle thermodynamischen Überlegungen, in denen der Phasenbegriff im GIBBSschen Sinne eine Rolle spielt, beziehen sich auf koexistente Stoffe, zwischen denen mindestens für eine Art von resistenten Gruppen ein ungehemmter Stoffaustausch stattfindet. Solange dieser Fall bei magnetischen Stoffen nicht versuchsmäßig realisiert ist, ist die Phasenfrage hier eine reine Wortfrage.

standteilen eine oder zwei von den Phasen praktisch nur einen der unabhängigen Bestandteile enthalten [$CaCO_3$(s), CaO(s), CO_2(g)] bezeichnet man den Gleichgewichtsdruck auch als *Zersetzungsdruck*.

Natürlich kann man auch den *Druck* primär gegeben denken und dann die Gleichgewichts*temperatur* $\vartheta = f(p)$ aufsuchen, bei der $\alpha + 1$ Phasen bei dem betreffenden Druck koexistent sind. So gehört bei reinen Substanzen ($\alpha = 1$) zu jedem Druck eine *Schmelztemperatur* (fest-flüssig), eine *Siedetemperatur* (flüssig-gasförmig), eine *Sublimationstemperatur* (fest-gasförmig). Bei zwei unabhängigen Bestandteilen oder, wie man auch sagt: in Zwei-Komponenten-Systemen, gehört zu jeder Kombination von *drei* Phasen bei jedem Druck eine bestimmte Gleichgewichtstemperatur, bei der die betreffenden Phasen nebeneinander koexistent sind. Handelt es sich dabei um das Gleichgewicht zwischen einer Lösung und zwei (praktisch) reinen festen Phasen, so bezeichnet man die Temperatur, bei der dieses vollständige Gleichgewicht herrscht, als Temperatur des *eutektischen Punktes* (für Metallschmelzen) oder des *kryohydratischen Punktes* (für Salzlösungen).

Endlich könnte man bei Mehrkomponentensystemen natürlich auch in einer der $\alpha + 1$ Phasen, die im vollständigen Gleichgewicht miteinander koexistieren sollen, einen der *Molenbrüche* willkürlich geben; dann würde dazu eine ganz bestimmte Gleichgewichtstemperatur und ein Gleichgewichtsdruck gehören, ebenso wie alle anderen Molenbrüche dadurch festgelegt wären.

α Phasen: Unvollständiges Gleichgewicht. Hier sind in erweiterten Systemen *zwei* von den spezifischen Bestimmungsgrößen beliebig wählbar. Es können z. B. bei jedem Druck und jeder Temperatur α Phasen nebeneinander existieren; allerdings sind dann alle Mischungsverhältnisse in diesen Phasen durch p und T eindeutig bestimmt. Für $\alpha = 1$ haben wir einen reinen homogenen Körper, der, solange er in der betreffenden Form stabil oder phaseninstabil existiert (Kapitel F), beliebigen Variationen von p und T unterworfen werden kann. Für $\alpha = 2$ sind zwei koexistente Phasen unter beliebigen Bedingungen des Druckes und der Temperatur existenzfähig (mit derselben Einschränkung). Die Mischungsverhältnisse sind dann fest gelegt; z. B. existiert für verdünnten wässerigen Alkohol in einem gewissen Temperaturbereich (unterhalb $t = 0^0$ C) bei jeder Temperatur und jedem Druck z. B. Atmosphärendruck, ein bestimmtes Mischungsverhältnis der alkoholischen Lösung, bei der eine feste Phase (es handelt sich um praktisch reines Eis) mit der Lösung im Gleichgewicht ist. Umgekehrt ist bei jeder Temperatur durch ein Mischungsverhältnis der Druck bestimmt; so läßt sich also der Dampfdruck über einer wässerigen Alkohollösung bei gegebener Temperatur durch Variation des Alkoholgehaltes der Lösung in gewissen Grenzen stetig variieren. Für $\alpha = 3$ sind in einem stetigen Bereich der p und T drei koexistente Phasen möglich, in denen alle Mischungsverhältnisse durch die Wahl von p und T festgelegt sind usw. Auch in diesen Fällen spricht man bei Anwesenheit einer koexistenten Dampfphase von einem Dampfdruck der anderen Phase oder der anderen Phasen; dieser Dampfdruck ist jedoch nicht mehr eine reine Funktion der Temperatur, sondern ist von dem in einer Phase willkürlich zu gebenden Mischungsverhältnis abhängig (Partialdruck). Ebenso ist der Schmelzpunkt einer festen Phase von dem Mischungsverhältnis in der Lösung und, falls die feste Phase ihrer Zusammensetzung nach merklich variabel ist, von dem in der festen Phase selbst abhängig usw.

Weniger als α Phasen. Jede weitere Reduktion der Phasen gegenüber dem vollständigen Gleichgewicht ($\beta = \alpha + 1$) erhöht die Zahl der willkürlich zu wählenden spezifischen Bestimmungsgrößen um eine Einheit. In *einer* Phase mit *zwei* unabhängigen Bestandteilen sind p, T und die Konzentration willkürlich wählbar (man sieht hier besonders deutlich, daß es sich um erweiterte Systeme handelt!); in zwei Phasen mit drei unabhängigen Bestandteilen, in drei Phasen mit vier unabhängigen Bestandteilen usw. besteht die gleiche Zahl von unabhängigen Variationsmöglichkeiten $\alpha + 2 - (\alpha - 1) = 3$. So existiert etwa zu einer aus drei unabhängigen Bestandteilen gemischten Lösung bei jeder Temperatur und jedem der beiden unabhängigen Mischungsverhältnisse eine koexistente Dampfphase, deren Druck und Mischungsverhältnisse allerdings festgelegt sind. Für $\beta = \alpha - 2$ hat man vier unabhängige Bestimmungsgrößen; das trifft zu für eine Phase mit drei unabhängigen Bestandteilen, zwei Phasen mit vier, drei Phasen mit fünf usw. Die gegebenen Spezialfolgerungen werden jedoch zu einer Übersicht über die Anwendung der Phasenregel in allen denkbaren Fällen genügen.

Variationsmöglichkeiten in engeren und erweiterten Systemen. Um die Frage der Phasenbildung in Systemen von gegebener stofflicher Zusammensetzung (engeren Systemen) zu studieren, ist es zunächst sehr instruktiv, die Zahl der totalen Veränderungsmöglichkeiten eines engeren Systems mit der der spezifischen Veränderungsmöglichkeiten eines erweiterten Systems von gleicher Phasenzahl zu vergleichen. Die Gesamtzahl der in einem engeren ungehemmten Gleichgewichtssystem von beliebiger gegebener Phasenzahl möglichen Veränderungen ist immer gleich 2; es kann p und T oder eine Reaktionslaufzahl und T, usw., in einem gewissen Bereich willkürlich variiert werden. Andererseits ist die Zahl der *spezifischen* Veränderungsmöglichkeiten eines solchen Systems $\alpha + 2 - \beta$; also sind *allgemein $\alpha - \beta$ mehr spezifische Veränderungsmöglichkeiten im erweiterten System als totale Veränderungsmöglichkeiten im engeren System,* wobei allerdings $\alpha - \beta$ sowohl größer als auch kleiner als 0 (nach der Phasenregel allerdings nicht kleiner als -2) sein kann.

Ist $\alpha > \beta$, so ist dieser Satz besonders klar, wenn man sich p und T als willkürlich festzulegende Variable im engeren sowie im erweiterten System denkt. Im engeren System ist der ganze Zustand, also auch alle Mischungsverhältnisse x durch p und T eindeutig gegeben; im erweiterten System existieren noch $\alpha - \beta$ voneinander unabhängige Mischungsverhältnisse, die man willkürlich festlegen kann (z. B. eine Phase, zwei unabhängige Bestandteile: ein Mischungsverhältnis; ebenso bei zwei Phasen, drei Bestandteilen; dagegen bei einer Phase, drei Bestandteilen: zwei Mischungsverhältnisse usw.). Man sieht hier besonders deutlich: einerseits, daß die von der Phasenregel angegebenen Variationsmöglichkeiten sich auf die erweiterten, nicht auf engere Systeme beziehen (Variation des Mischungsverhältnisses *einer* Phase!) und zweitens, daß in allen diesen Fällen *$\alpha > \beta$ durch Variation der äußeren Bedingung in gegebenen engeren Systemen unmöglich alle spezifischen Zustände des betreffenden erweiterten Systems erreicht werden können.*

Im Fall $\alpha = \beta$ ist dagegen durch p und T sowohl der Grad des Ablaufs aller Reaktionen in einem engeren System und dadurch die Zusammensetzung aller Phasen des engeren Systems gegeben, als auch alle Mischungsverhältnisse in einem erweiterten System mit denselben Phasen und Bestandteilen. Durch *Variation* der p- und T-Werte erhält man also alle in dem *erweiterten* System möglichen Mischungsverhältnisse. Da nun in dem engeren System p und T (in gewissem Bereich) beliebig variiert werden können, *muß man schon in dem engeren System* (innerhalb eines gewissen Bereiches) *alle Mischungsverhältnisse erhalten können, die in dem erweiterten System* (bei den gleichen p- und T-Werten) *möglich sind.* Beispiel: eine wässerige Alkohollösung mit ihrem Dampf, $\alpha = 2$, $\beta = 2$. Die mögliche Alkoholkonzentration im Wasser ist im *erweiterten* System durch Änderung von p oder T variierbar, die dazugehörige Dampfkonzentration ist dann ebenfalls gegeben. Im engeren System kann man durch Veränderung von p (oder T) ebenfalls in einem gewissen Bereich die Alkoholkonzentration des

Wassers (und die dazugehörige der Dampfphase) variieren, indem man unter Vergrößerung des Gesamtvolums und entsprechender Verminderung des Druckes vorzugsweise Alkohol aus der Lösung in die Dampfphase überführt, so daß die zurückbleibende Lösung alkoholärmer wird. [Allerdings ist hier nur die *Zahl* der unabhängig zu realisierenden Konzentrationsänderungen (in unserem Fall 1) die gleiche wie im erweiterten System, aber nicht, im allgemeinen, die *Grenze* der realisierbaren Konzentrations*bereiche*. Ist z. B. für das engere System ein Gesamtverhältnis Alkohol: Wasser wie 1:2 gegeben, so gelingt es zwar, durch Temperatursteigerung oder Druckerniedrigung immer mehr Alkohol in die Dampfphase übergehen zu lassen und so den Alkoholgehalt des Wassers bis zu einer gewissen Grenze herabzudrücken; es gelingt aber weder, nahezu reines Wasser in Koexistenz mit dem (alkoholhaltigen) Dampf zu erhalten, noch, bei Temperaturerniedrigung oder Druckerhöhung, durch Kondensation des Alkohols ein Mischungsverhältnis größer als 1:2 in der flüssigen Phase herzustellen.]

Wieder andere Verhältnisse treffen wir an, wenn $\alpha < \beta$ ist, also im Fall der vollständigen Gleichgewichte (z. B. Wasser-Wasserdampf) oder Übergangspunkte (Wasser-Dampf-Eis) heterogener Systeme. Hier ist nach der gegebenen Regel die Zahl der Variationsmöglichkeiten im engeren System *größer* als die Zahl der spezifischen Veränderungen der erweiterten Systeme, d. h. es müssen in diesem Falle bei vollständigen Systemen noch eine und in den Übergangspunkten sogar noch zwei voneinander unabhängige (unspezifische) Veränderungen des engeren Systems (z. B. Menge des in Dampf übergegangenen Wassers bzw. Wassers und Eises) möglich sein, wenn alle spezifischen Bestimmungsgrößen p, T und x festgehalten werden[1].

Betrachten wir zunächst die *vollständigen Systeme*, $\beta = \alpha + 1$. Der einfachste Fall ist hier ein Zweiphasensystem einer reinen Substanz, $\alpha = 1$, $\beta = 2$, etwa Wasser in Koexistenz mit seinem Dampf. Ein solches System ist bei gegebenem p oder T keiner spezifischen Veränderung mehr fähig. Dagegen ist wohl noch eine unspezifische Veränderungsmöglichkeit vorhanden: es kann sich bei konstantem p und T eine ξ-Reaktion (Übergang von Wasser in den Dampfraum) abspielen, die die Gesamtmenge der Dampfphase auf Kosten der Wasserphase vergrößert oder umgekehrt. Jedoch auch bei allgemeineren „vollständigen Systemen" ($\alpha = 2$, $\beta = 3$; $\alpha = 3$, $\beta = 4$ usw.) liegt der Fall ähnlich; es ist zwar hier bei gegebenem p oder T in jeder Phase jedes Mischungsverhältnis völlig bestimmt, doch können in engeren Systemen dieser Art noch diejenigen stofflichen Übergänge eintreten, die (bei gegebenem p und T) die relative Zusammensetzung aller Phasen unverändert lassen. Da $\beta - \alpha = 1$ ist, handelt es sich um *eine* derartige Veränderungsmöglichkeit. In der Tat, entfernt man etwa in einem Dreiphasensystem (mit den unabhängigen Bestandteilen 1 und 2) die Menge dn_1' aus der 1. Phase, so muß zwar zur Aufrechterhaltung des Mischungsverhältnisses zugleich eine bestimmte Menge dn_2' entfernt werden; die Verteilung dieser Menge

---

[1] Diese Behauptung bedeutet eine Einschränkung der früheren (§ 7), wonach in ungehemmten engeren Systemen durch p und T alles, also z. B. auch der Ablauf aller Reaktionen, eindeutig bestimmt sein sollte. Nun kann man jedoch in engeren Systemen ebensogut p und ξ oder T und ξ oder auch zwei ξ-Werte als unabhängig zu gebende Variabeln betrachten und durch die Gleichungen $\mathfrak{K} = 0$ alle übrigen bestimmen. Man erkennt dann, daß es sich hier um Fälle handelt, wo eine oder zwei von den abhängigen Größen p und T in einem kontinuierlichen Bereich der unabhängigen ξ konstante Werte behalten; dann ist das System durch p und T nicht eindeutig festgelegt. Eben dieser Fall liegt bei den vollständigen Gleichgewichten und in den Übergangspunkten stets vor. — In III, § 25f. werden wir zu diesem Befund noch die allgemeinere Feststellung treffen, daß es sich bei den p und T um *Intensitäts*variabeln handelt, und daß derartige Unbestimmtheiten bei Angabe der Werte aller *Extensitäts*variabeln (zu denen auch die ξ gehören) fortfallen.

auf die 2. und 3. Phase kann jedoch immer so vollzogen werden, daß die Mischungsverhältnisse dieser beiden Phasen unverändert bleiben. Statt der ursprünglichen Änderung dn'_1 könnte man sich, wie man leicht einsieht, auch eine ξ-Reaktion, z. B. den Übergang $1' \rightarrow 1''$ willkürlich vollzogen denken; alle anderen ξ-Reaktionen ($1' \rightarrow 1'''$, $2' \rightarrow 2''$ usw.) wären dann durch die Bedingung der konstanten Zusammensetzung aller Phasen bestimmt. Entsprechend ist auch für $\alpha = 3$, $\beta = 4$ usw. noch eine ξ-Reaktion frei usw. Da derartige Reaktionen mit ihrem Gefolge von abhängigen Veränderungen primär durch Volumänderung des Gesamtsystems eingeleitet werden können (einem bestimmten dn'_1 oder $d\xi^{1' \rightarrow 1''}$ ist ja im engeren System eine ganz bestimmte Änderung des Gesamtvolums als abhängige Größe zugeordnet, also ruft diese Änderung umgekehrt auch die betreffende innere Übergangsreaktion hervor), so geht hieraus eine wichtige *Eigenschaft der vollständigen Systeme hervor, nämlich die, ihre Phasenzusammensetzung bei Volumänderungen unverändert zu lassen* (solange nicht eine Phase aufgebraucht ist). Bei der Gelegenheit kann übrigens noch bemerkt werden, daß ein engeres vollständiges System natürlich auch dann bei gegebenem p und T in seiner Zusammensetzung erhalten bleiben kann, wenn es durch eine Stoffmenge „erweitert" wird, die das Mischungsverhältnis einer der vorhandenen Phasen besitzt oder ein Mischungsverhältnis, das sich durch Zusammenbringen gewisser Mengen der einzelnen Phasen herstellen läßt. Wird aber *ein Stoff in anderem Mischungsverhältnis zugesetzt* (z. B. ein Stoff in dem Mischungsverhältnis einer Phase plus einem Überschuß eines unabhängigen Bestandteiles), *so muß sich durch diesen Zusatz das ganze vollständige System auflösen* und in ein unvollständiges übergehen, da dann die Konstanz der Zusammensetzung der Phasen nicht mehr aufrechterhalten werden kann.

In den *Übergangspunkten*, wo $\beta - \alpha = 2$ ist, bestehen nach unserem allgemeinen Satz zwei voneinander unabhängige unspezifische Veränderungsmöglichkeiten im engeren System, während alle spezifischen Größen hier ja keiner Variation mehr fähig sind. Es genügt, auf das Beispiel $\alpha = 1$ hinzuweisen, etwa die Koexistenz von Wasser, Eis und Wasserdampf nahe bei 0^0 C, wo die beiden unabhängigen Übergänge Wasser $\rightarrow$ Eis und Wasser $\rightarrow$ Dampf noch möglich sind, die in einem gegebenen engeren System die Menge der drei Phasen willkürlich gegeneinander zu verändern gestatten. Hier sind also entweder zwei ξ-Reaktionen willkürlich, oder es ist, wenn man nicht diese Größen als unabhängige Variable beibehalten will, die Angabe von zwei anderen (abhängigen) Größen erforderlich, um den Zustand festzulegen; es können etwa die Teilvolume zweier Phasen oder das Gesamtvolum und die Energie oder Entropie (durch Zuführung von Schmelzwärme usw.) als die zwei voneinander unabhängigen primären Bestimmungsgrößen für die Veränderung angesehen werden.

Verteilung gegebener Stoffmengen auf verschiedene Phasen. Nehmen wir zunächst an, daß die Zahl und Art der Phasen gegeben ist, so kann in unserer Terminologie die Untersuchung der Verteilung der Stoffe auf die verschiedenen Phasen bezeichnet werden als die Aufgabe einer Bestimmung aller Durchgangsreaktionsabläufe, also aller ξ-Werte, in einem ungehemmten engeren Gleichgewichtssystem. Für $\alpha \geqq \beta$ sind, wie es dem allgemeinen Satz entspricht, durch die $(\alpha - 1) \cdot \beta$ $\mathfrak{K}^{\xi}$-Bedingungen alle $(\alpha - 1) \cdot \beta$ ξ-Werte in Abhängigkeit von p und T für jedes engere System vollkommen bestimmt; hier muß also die Angabe von p und T genügen, um die Stoffverteilung auf die Phasen zu bestimmen, wenn die Art des engeren Systems durch die Angabe der Gesamtmengen der unabhängigen Bestandteile festgelegt ist. Man verfährt dann etwa so, daß man sich zunächst über die „spezifischen Zustandsgleichungen", d. h. die Abhängigkeit der $\mathfrak{K}^{\xi}$ von den p, T, x' und x'' der jedesmal beteiligten beiden Phasen orientiert;

diese Aufgabe läßt sich, wie in Kapitel C besprochen wird, noch reduzieren auf die Bestimmung der „chemischen Potentiale“ für je eine Phase in Abhängigkeit von diesen Variabeln. Die Gleichungen $\mathfrak{K}^{\xi} = 0$ liefern dann für jeden Wert von p und T die Beziehungen zwischen den abhängigen und den unabhängig zu gebenden Mischungsverhältnissen; es bleiben immer $\alpha + 2 - \beta - 2 = \alpha - \beta$ solche unabhängigen Mischungsverhältnisse übrig. Man hat also erstens diese $\alpha - \beta$ unabhängigen Mischungsverhältnisse und zweitens die β Gesamtmengen oder Gesamtmolenzahlen n', n'' usw. der einzelnen Phasen, zusammen α Unbekannte, aus den α gegebenen Gesamtmengen N_1, $N_2 \ldots N_\alpha$ der unabhängigen Bestandteile zu bestimmen. Das geschieht durch Gleichungen von der Form:

$$n_1' + n_1'' + \ldots n_1^{(\beta)} = N_1$$

oder

$$x_1' n' + x_1'' n'' + \ldots = N_1,$$

von denen in der Tat α vorhanden sind.

Für die spezifisch vollbestimmten Systeme $\alpha < \beta$ sind durch die $\mathfrak{K}^{\xi}$-Gleichungen alle x eindeutig festgelegt, desgleichen eine oder zwei von den Größen p und T. Es bleiben, wenn die p und T vorgeschriebene, unter den betreffenden Bedingungen mögliche Werte haben, noch die n', $n'' \ldots n^{(\beta)}$, im ganzen also β verschiedene Größen zu bestimmen, wozu die α N-Gleichungen nicht ausreichen; es fehlen in vollständigen Systemen ($\beta = \alpha + 1$) eine und in den Übergangspunkten ($\beta = \alpha + 2$) zwei Gleichungen zur Bestimmung der n. Das entspricht ganz der Tatsache, daß in engeren Systemen eine bzw. zwei ξ-Reaktionen in diesen Fällen durch p und T nicht festgelegt sind. Die zusätzlichen Gleichungen erhält man, ebenso wie bei der Festlegung der noch unbestimmt bleibenden ξ-Werte, durch Angabe von $\mathfrak{V}$ oder U oder S oder (bei $\beta = \alpha + 2$) durch je zwei von diesen Größen. Daß diese Bedingungen ganz ähnliche Formulierungen zulassen wie die obigen N-Gleichungen, werden wir später (Kapitel C, F) sehen; ebenso werden wir graphische Verfahren zur Bestimmung der Verteilung der Stoffe auf die Phasen später besprechen (§§ 26, 27, 31). Hier konstatieren wir nur, daß, wenn die Zahl und Art der Phasen gegeben ist, zur Verteilung der unabhängigen Bestandteile auf die verschiedenen Phasen in jedem Fall die genügende Anzahl von Gleichungen vorhanden ist.

Die weitere Frage, wie viele und welche von den im gehemmten Zustand bekannten Phasen eines Stoffgemisches unter gegebenen äußeren Bedingungen gleichzeitig auftreten, können wir hier noch nicht beantworten; hierzu sind Betrachtungen über die Stabilität eines Systems gegenüber der Bildung neuer Phasen in seinem Inneren erforderlich, die nach dem Vorgange von Gibbs durch Untersuchung der Gleichgewichtsbedingungen höherer Ordnung gewonnen werden. Wir verschieben diese Betrachtungen auf ein späteres Kapitel (F) und nehmen jetzt wieder die Betrachtung der Reaktionsgrößen $\mathfrak{K}$, $\mathfrak{W}$ usw. auf, um die allgemeinen Verfahren zu ihrer Bestimmung kennenzulernen. Dabei wird uns zunächst (§ 10) eine zweckmäßige Vereinfachung und Zerlegung unserer bisherigen „$\mathfrak{K}$-Thermodynamik“ beschäftigen, bei der die thermodynamische Untersuchung beschränkt wird auf die bloße Untersuchung der thermodynamischen Eigenschaften je eines Stoffes in je einer homogenen Phase.

Kapitel C.

Theoretische und praktische Methoden zum Aufbau von Reaktionseffekten aus thermodynamischen Daten.

Vorbemerkung.

Aufgabe dieses Kapitels wird es sein, die wichtigsten Methoden anzugeben, nach denen für ein gegebenes System in jedem physikalischen und stofflichen Zustand, der reversibel erreichbar ist, die Arbeits- und Wärmekoeffizienten der möglichen chemischen Reaktionen, also vor allem die Größen $\mathfrak{K}$ und $\mathfrak{W}$, bestimmt werden können. Die Bedeutung der Kenntnis dieser Größen für chemische Arbeits- und Gleichgewichtsprobleme (Ausbeutebestimmungen usw.) ist ja genügend erörtert. Ausgegangen wird bei den ganzen Betrachtungen dieses Abschnittes von der schon wiederholt hervorgehobenen Tatsache, daß die direkte experimentelle Bestimmung der Reaktionsarbeiten meist auf Schwierigkeiten stößt (seltener auch die der Wärmetönungen), und daß deshalb theoretische Aussagen oder thermodynamische Beziehungen (§ 4) möglichst weitgehend zu Hilfe genommen werden sollen.

Unsere Betrachtungen werden beherrscht sein von dem Grundsatz „divide et impera", Zurückführung der $\mathfrak{K}$- und $\mathfrak{W}$-Bestimmungen auf möglichst einfache Elementarangaben, d. h. in stofflicher Beziehung: Bezugnahme nur auf je eine Phase, und im übrigen: Abtrennung der Temperatur- und Druckabhängigkeit von den Abhängigkeiten der stofflichen Zusammensetzung (die wir künftig vorzugsweise durch die Molenbrüche charakterisieren werden).

Zwei Hauptverfahren sind es, die wir zu schildern haben. Die Bedeutung des ersten liegt mehr auf theoretischem Gebiet; es gestattet, die Reaktionseffekte und auch die thermodynamischen Funktionen U, S, G usw. des Gesamtsystems zu zerlegen in Teile, die ihrem Absolutwert nach völlig bestimmt sind und die sich nur auf je eine Phase beziehen. Es handelt sich dabei um eine Darstellung bei der nicht die *Reaktion*, sondern der an der Reaktion beteiligte *Stoff* die letzte Bezugsgröße ist; eine Darstellung, die den Gegensatz zwischen engeren und erweiterten Systemen überbrückt, indem sie auch Vorgängen, die mit Änderungen der Teilchenzahlen verbunden sind, eine physikalische Bedeutung zuweist. Dabei treten neue, einfachere, nur auf einzelne Stoffänderungen bezogene thermodynamische Beziehungen auf, von denen die am Ende von § 10 besprochenen [Gleichung (22) und folgende] die wichtigsten sind. Abgesehen von einer solchen Rationalisierung der thermodynamischen Differentialgleichungen leistet diese Betrachtungsweise aber noch das, daß sie eine Grundlage schafft für die statistische *Berechnung thermodynamischer Funktionen* (Freie Energie idealer Gase). Mindestens aber liefert sie die Grundlage für die Bestimmung von Entropiewerten ausgezeichneter Zustände (insbesondere bei $T = 0$), und damit für die Berechnung gewisser für die $\mathfrak{K}$- und $\mathfrak{W}$-Bestimmung wichtiger *Konstanten* (Entropiekonstanten, Chemische Konstanten).

Das im darauffolgenden § 11 zu besprechende Aufbauverfahren ist theoretisch weniger allgemein und interessant, praktisch aber ebenfalls sehr wichtig. Wir wenden uns in § 10 zunächst dem erstgenannten Verfahren zu.

§ 10. Thermodynamik der Einzelphasen auf Grund theoretischer Bezugszustände.

Übersicht. Wir entwickeln zunächst die Hilfsbegriffe der Aufbauenergie und -entropie einer einzelnen Phase. Diese Begriffe gestatten, durch Wahl bestimmter Nullpunkte für Energie und Entropie die Energie- und Entropiewerte einer Einzelphase mit einer thermodynamischen *Effektbedeutung* auszurüsten, die auch dann noch einen Sinn behält, wenn die Teilchenzahlen der betrachteten Phase verändert werden. Auf diese Weise gelingt es, auch den *Änderungen der Energie und Entropie mit der Teilchenzahl* eine Effektbedeutung zuzuschreiben, und es ergibt sich sogleich, daß aus diesen Einzeleffekten die Reaktionsgrößen $\mathfrak{K}$, $\mathfrak{L}$ und $\mathfrak{W}$ einer homogenen oder Übergangsreaktion in einfacher Weise zusammenzusetzen sind. Die weitere Aufgabe besteht zunächst darin, die Möglichkeit der Wahl eines Energie- und Entropienullpunktes in der in diesen Betrachtungen geforderten Art nachzuweisen; hier greifen die Grundbegriffe der klassischen und quantentheoretischen Statistik in unsere Überlegungen ein. Nach diesen Vorarbeiten ergibt sich alles Weitere von selbst: die allgemeinere Effektbedeutung der Freien Energie wird aufgezeigt, die Ableitungen der Freien Energie nach den Teilchenzahlen, die chemischen Potentiale μ, werden eingeführt, und die Bedeutung der Teilchenzahlen als Arbeitskoordinaten, der chemischen Potentiale als Arbeitskoeffizienten wird nachgewiesen, und es werden die thermodynamischen Differentialbeziehungen einer Einzelphase aufgestellt, in der das Volum und die Teilchenzahlen als Arbeitskoordinaten auftreten (μ-Thermodynamik). Die Differentialbeziehungen auf Grund von G- und Φ-Stammbäumen schließen sich an, und schließlich werden die wichtigen Beziehungen zwischen den partiellen molaren Größen aufgestellt, die sich aus den Homogenitätseigenschaften der Phase ergeben.

Aufbauenergie und -Entropie. Wir betrachten eine homogene Phase im thermischen Gleichgewichtszustand, charakterisiert etwa durch V, T und die Molenzahlen $n_1 \ldots n_\alpha$ der verschiedenartigen in ihr vorhandenen resistenten Gruppen. Wir betrachten dieselbe Phase in einem Nullzustand, in dem V, T und die Zahlen $n_1 \ldots n_\alpha$ andere sein können, die Zahl der letzten Bestandteile aber dieselbe sein soll[1]. Von dem Nullzustand (Index $_0$) aus soll der betrachtete Zustand reversibel erreichbar sein. Dann läßt sich, da es sich bei dem betrachteten Übergang um reversible physikalische und chemische Veränderungen innerhalb eines engeren Systems handelt, eine Energiedifferenz $U - U_0$ und eine Entropiedifferenz $S - S_0$ angeben, welche die Bedeutung $\int(\mathfrak{d}A + \mathfrak{d}Q)$ bzw. $\int\frac{\mathfrak{d}Q}{T}$ für den Vorgang der reversibeln Überführung aus dem einen Zustand in den anderen besitzt. Die Größen $U - U_0$ und $S - S_0$ bezeichnen wir *bei bestimmter noch näher anzugebender Wahl des Nullzustandes als Aufbauenergie* $\mathbf{U}$ *und Aufbauentropie* $\mathbf{S}$ *der betreffenden Phase.* Beide Größen sind bei festgelegtem Nullzustand ihrem Absolutbetrag nach vollkommen bestimmt und prinzipiell durch Arbeits- und Wärmemessungen feststellbar.

Jetzt betrachten wir eine Phase, die sich von den bisherigen dadurch unterscheidet, daß eine der Molenzahlen, etwa die Zahl n_1, um dn_1 geändert ist. Legen wir auch für diese Phase den Nullzustand in entsprechender Weise fest,

[1] Es wird weiter unten die Forderung auftreten, daß der Zustand der letzten Bestandteile, die die resistenten Gruppen $1 \ldots \alpha$ zusammensetzen, im Nullzustand der betrachteten Phase derart sein soll, daß Übergänge in andere Nullphasen ohne Energieänderung möglich sind. Das bedeutet, daß in der Nullphase die resistenten Gruppen in ihre letzten Bestandteile aufgelöst sind. Gleichwohl werden wir die Nullphase durch die Angabe $n_1 \ldots n_\alpha$ charakterisieren können. indem wir darunter verstehen, daß sie soviel letzte Bestandteile enthalten soll, wie zum Aufbau der $n_1 \ldots n_\alpha$ nötig sind.

so sind die Aufbaugrößen **U** und **S** auch für die um dn_1 veränderte Phase festgelegt, folglich auch die Größen $\frac{\partial U}{\partial n_1}$ und $\frac{\partial S}{\partial n_1}$. Nun untersuchen wir folgenden Vorgang: von dem System „$n_1 + dn_1$" werden in dessen Nullzustand dn_1 Teilchen abgetrennt und in einen Nullzustand des Systems „dn_1" reversibel übergeführt. Für alle drei Systeme, „n_1", „dn_1" und „$n_1 + dn_1$", treffen wir nun die Festsetzung, daß ihr Nullzustand so gewählt sein soll, *daß eine Vereinigung der Nullsysteme „n_1" und „dn_1" und ihre Überführung in den Nullzustand des Systems „$n_1 + dn_1$" ohne Energieänderung möglich ist.* Diese Wahl des Nullzustandes soll die *Bedingung* dafür sein, daß wir die **U** der verschiedenen Systeme als ihre Aufbauenergie bezeichnen. Dann können wir folgendes behaupten: Die Größe $\frac{\partial U}{\partial n_1} dn_1$ (hier bei konstantem Volum) hat die Bedeutung eines meßbaren Energieeffekts $[=\int(\mathfrak{d}A + \mathfrak{d}Q)]$ bei einer bestimmten Kombination von reversibeln thermodynamischen Prozessen. Diese Prozesse sind: „Abbau" des Systems $\mathfrak{V}, T, n_1 \ldots n_\alpha$ bis zum Nullzustand ($\mathfrak{V}_0, T_0, n_1 \ldots n_\alpha$), Hinzunahme von dn_1-Teilchen der Sorte 1 aus ihrem Nullzustand, Aufbau des Systems ($\mathfrak{V}_0, T_0, n_1 + dn_1 \ldots n_\alpha$) bis zum Zustand $\mathfrak{V}, T, n_1 + dn_1 \ldots n_\alpha$. In der Tat, die Kombination des Aufbau- und Abbauprozesses liefert $\frac{\partial U}{\partial n_1} dn_1$, und die wechselseitige Überführung der Systeme im Nullzustand trägt nichts zur Energiedifferenz bei.

An dieser Überlegung wird nichts geändert, wenn die hinzuzufügenden dn_1-Teilchen nicht einem isolierten Nullsystem „dn_1" entnommen werden, sondern irgendeinem anderen Nullsystem, das die letzten Bestandteile der Gruppe 1 enthält, sofern nur die Überführung von dn_1-Teilchen von diesem Nullsystem zu dem Nullsystem „n_1" unter Bildung des Nullzustandes „$n_1 + dn_1$" „*energielos*" erfolgt. Wir können uns also auch vorstellen, daß die Entnahme der dn_1-Teilchen, die das „n_1"-System in das „$n_1 + dn_1$"-System verwandelt, aus einem beliebig großen, evtl. auch noch beliebige andere Teilchen enthaltenden *Nullreservoir* erfolgt, immer vorausgesetzt nur, daß der ganze Nullprozeß energielos vor sich geht. Demselben Reservoir können wir dann auch Teilchen $dn_2 \ldots dn_\alpha$ und evtl. auch in der betreffenden Phase noch nicht vorhandene Teilchen der Sorten $\alpha + 1$ usw. entnehmen und, unter der Voraussetzung, daß auch alle diese Übergänge im Nullzustand energielos erfolgen, den Ausdrücken $\frac{\partial U}{\partial n_2} dn_2 \ldots \frac{\partial U}{\partial n_{\alpha+1}} dn_{\alpha+1} \ldots$ eine Effektbedeutung zuschreiben, die Bedeutung eines direkt meßbaren Wärme- und Arbeitintegrals $\int(\mathfrak{d}A + \mathfrak{d}Q)$.

Ganz die entsprechenden Überlegungen gelten für $\frac{\partial S}{\partial n_1} dn_1$, $\frac{\partial S}{\partial n_2} dn_2$ usw., vorausgesetzt, daß der Nullzustand hier so gewählt ist, daß alle Nullumsetzungen „*entropielos*" erfolgen: Die Größe $\frac{\partial S}{\partial n_1} dn_1$ z. B. bedeutet das gesamte reduzierte Wärmeintegral $\int \frac{\mathfrak{d}Q}{T}$ für einen Prozeß, der darin besteht, daß das System ($\mathfrak{V}, T, n_1 \ldots n_\alpha$) reversibel auf einem beliebigen Wege bis zum Entropienullzustand abgebaut wird, ihm dann aus einem Reservoir der betrachteten Art dn_1-Teilchen entropielos hinzugefügt werden und schließlich das System ($\mathfrak{V}_0, T_0, n_1 + dn_1 \ldots n_\alpha$) wieder reversibel bis in den ursprünglichen $\mathfrak{V}$-, T-Zustand übergeführt wird. $\mathfrak{V}_0$ und T_0 brauchen für den Entropienullzustand übrigens nicht die gleichen zu sein wie für den Energienullzustand, worüber noch zu sprechen sein wird.

Bedeutung der $\frac{\partial U}{\partial n_1}$ und $\frac{\partial S}{\partial n_1}$ für isotherme Reaktionen. Wir behaupten jetzt: die Größen $\frac{\partial U}{\partial n_1}$, $\frac{\partial S}{\partial n_1}$ usw. haben die Bedeutung, daß bei einer *isothermen Reaktion* (bei konstantem Volum) innerhalb der betrachteten Phase „$n_1 \ldots n_\alpha$" (Homogenreaktion) oder zwischen einer Phase und einer anderen Phase „$n_1' \ldots n_\alpha'$" von gleicher Temperatur (Übergangsreaktion) die Energieänderung $\mathfrak{U}$ der Reaktion bei konstanten Teilvolumen der Phasen gegeben ist durch:

$$\mathfrak{U} = \sum \nu_i \frac{\partial U}{\partial n_{i\,(v)}}, \tag{1}$$

die Summe erstreckt über die einzelnen Stoffe und Phasen, wobei ν_i die Zahl der Mole des betreffenden Stoffes i ist, die bei einem Formelumsatz der Reaktion[1] entstehen oder verschwinden (je nachdem haben die ν_i positives oder negatives Vorzeichen).

Die Wahrheit dieser Behauptung geht daraus hervor, daß beim Fortschreiten der Reaktion um $d\lambda$ jede Teilchenzahl um einen Betrag $dn_i = \nu_i d\lambda$ vermehrt oder vermindert wird. Dies Endergebnis kann nun entweder direkt durch die betrachtete isotherme Reaktion erhalten werden, oder auch durch Abbau der ursprünglichen Phasen auf den Nullzustand, Austausch der verschiedenen nötigen Teilchen der beteiligten Phase oder Phasen aus dem Reservoir (das damit im ganzen keine letzten Bestandteile aufnimmt oder verliert) und Wiederaufbau der Phase(n) mit den neuen Teilchenzahlen[2]. Gleichung (1) drückt dann einfach die Tatsache aus, daß der Energieaufwand des in beiden Fällen zum gleichen Resultat führenden Gesamtprozesses unabhängig vom Wege ist.

In derselben Weise leitet man ab:

$$\mathfrak{S}_{(v)} = \sum \nu_i \frac{\partial S}{\partial n_{i(v)}} \tag{2}$$

Die Entropieänderung $\left(\text{das reversible Wärmeintegral } \int \frac{\delta Q}{T}\right)$ pro Mol Umsatz auf dem direkten isothermen Wege ist hiernach gleich der Summe der Entropieänderungen $\left(\text{Summe der } \int \frac{\delta Q}{T}\right)$ der beteiligten Phase (oder Phasen), die dadurch entstehen, daß die Phasen mit ihrer ursprünglichen Teilchenzahl reversibel auf den Entropienullzustand gebracht und mit den veränderten Teilchenzahlen (entweder in Einzelschritten für jede Teilchenzahl oder nach schon kombiniertem Austausch) wieder aufgebaut werden.

Aus (1) und (2) folgt nun weiter für die Reaktionseffekte $\mathfrak{K}$ und $\mathfrak{L}_{(v)}$, die ja durch $\mathfrak{U} - T\mathfrak{S}_{(v)}$ und $T \cdot \mathfrak{S}_{(v)}$ definiert sind [§ 4, Gleichung (5) und (6)]:

$$\mathfrak{K} = \sum \nu_i \left(\frac{\partial U}{\partial n_{i(v)}} - T \frac{\partial S}{\partial n_{i\,(v)}}\right) \tag{3}$$

$$\mathfrak{L}_{(v)} = \sum \nu_i T \frac{\partial S}{\partial n_{i(v)}}. \tag{2a}$$

Damit sind wir von selbst auf das praktisch wichtigste Ergebnis dieser Überlegungen hingeführt worden: *der Arbeits- und Wärmekoeffizient einer chemischen Reaktion läßt sich allgemein aus einer Reihe von Einzelgliedern zusammensetzen, die jeweils nur von der Aufbauenergie und -entropie einer einzelnen Phase abhängen, und zwar in der Weise, daß nur der partielle Differentialquotient dieser Größen nach der betreffenden Teilchenzahl (bei konstantem Volum) maßgebend ist.*

---

[1] Das heißt einem Umsatz, der gerade der Reaktionsformel entspricht (s. § 3, S. 151).

[2] Hierbei ist es noch gleichgültig, ob eine Phase, in der mehrere Teilchensorten bei der betrachteten Reaktion verändert werden, jeweils zur Aufnahme bzw. Abgabe jeder einzelnen Teilchensorte einmal abgebaut und wieder aufgebaut wird oder ob dieselbe Phase mehrere Teilchensorten zugleich im Nullzustande austauscht. Die Aufbau- und Aufbaueffekte unterscheiden sich nämlich in diesen Fällen nur um Größen 2. Ordnung, die wir vernachlässigen können.

Wahl des Entropienullpunktes. Für die statistische Berechnung chemischer Arbeits- und Wärmeeffekte, die — wie erwähnt — das praktische Hauptziel dieser Betrachtungen ist, spielt die Entropie eine weit bedeutsamere Rolle als die Energie. Wir wollen uns deshalb zunächst mit der Frage beschäftigen, wie für jede gegebene Phase der Nullzustand so festgelegt werden kann, daß ein Austausch letzter Bestandteile mit einer anderen Phase oder mit dem als Vermittler eingeführten Teilchenreservoir ohne Änderung der Entropie möglich ist.

Eine empirische Lösung dieser Aufgabe liefert das NERNSTsche Theorem (§ 12), nach welchem gewisse feste Phasen bei $T = 0$ die Eigenschaft haben, einen Austausch ihrer letzten Bestandteile ohne Entropieänderung zuzulassen[1]. Um die Reichweite dieses Theorems zu beurteilen und um auch bei nicht kondensierten Phasen einen Entropienullpunkt festzulegen, muß man jedoch von der statistischen Betrachtungsweise Gebrauch machen.

Das Grundprinzip, das zu allen Folgerungen den Schlüssel liefert, ist hier der von L. BOLTZMANN aufgedeckte Zusammenhang zwischen der Entropie und dem „Ordnungszustand" eines Systems. Je geordneter ein System ist, desto kleiner ist eine Entropie, je ungeordneter, desto größer. Die Tendenz zur Zunahme der Entropie in einem abgeschlossenen System (I, § 7) entspricht nach BOLTZMANN der Tendenz eines aus vielen Teilchen bestehenden Systems, aus dem geordneten Zustand in einen Zustand größtmöglicher Unordnung überzugehen und darin zu verharren.

Um von diesem Grundprinzip aus zu einer Beurteilung der Entropie eines Systems und insbesondere zur Auffindung eines geeigneten Entropienullzustandes zu kommen, von dem Übergänge zu anderen Systemen ohne Entropieänderung möglich sind, müssen wir erstens die Möglichkeit haben, den Ordnungszustand eines solchen Teilsystems zahlenmäßig zu charakterisieren und zweitens den Zusammenhang zwischen der so gewonnenen Zahl und der Entropie kennen.

Für die zahlenmäßige Erfassung des Ordnungszustandes eines *Teil*systems ist es von grundlegender Bedeutung, ob man diese Zahl so definieren kann, daß sie bei Reaktionen des Teilsystems mit beliebigen anderen Teilsystemen die *Änderungen des Ordnungszustandes des Gesamtsystems* angibt oder nicht. Man hat früher zu der Möglichkeit einer solchen in gewissem Sinne absoluten Bestimmung des Ordnungszustandes von *Teilsystemen* kein rechtes Zutrauen gehabt und es vorgezogen, bei chemischen Reaktionen von vornherein nur für die *Gesamtheit* aller Phasen, die sich an der untersuchten Reaktion beteiligen, einen Ordnungszustand zu definieren[2]. Indem man hierbei nur *Änderungen* des Ordnungszustandes zu untersuchen brauchte, wich man der Frage nach der absoluten Kennzeichnung eines Ordnungszustandes aus. Das ist aber nicht nötig und kompliziert die Betrachtung in ungerechtfertigter Weise. Es ist sowohl nach der klassischen wie nach der quantentheoretischen Auffassung des Ordnungszustandes möglich, für jedes Teilsystem ein von jedem anderen Teilsystem unabhängiges Maß für den Ordnungszustand zu gewinnen, das die obige Bedingung erfüllt; man muß dazu nur in der Wahl der den Ordnungszustand eines Teilsystems kennzeichnenden Bedingungen, Konfigurationen und Zustände so sorgfältig vorgehen, daß kein Unterschied der Ordnungszustände, der durch Hinzufügung oder Entfernung eines Elementarteilchens in dem einen oder anderen Teilsystem hervorgerufen wird, unbeachtet bleibt. Dazu ist es nötig[3], und die moderne Entwicklung (Elektronen- und Kerndrall) hat das in zunehmenden Maße bestätigt,

[1] Unser gesuchter Nullzustand für die Entropie wäre in diesem Falle mit dem Nullpunkt der absoluten Temperatur identisch.

[2] Vgl. z. B. die Untersuchungen von C. G. DARWIN u. R. H. FOWLER: Phil. Mag. Bd. 44, S. 450 u. 823, 1922; Bd. 45, S. 1, 1923.

[3] SCHOTTKY, W.: Zur statistischen Fundamentierung der chemischen Thermodynamik. Ann. d. Physik Bd. 68, S. 481—544, insbesondere S. 507, 1922.

bei der Charakterisierung des Ordnungszustandes nicht nur das Verhalten der Moleküle oder Atome gegeneinander, sondern weiterhin das Verhalten der einzelnen Elektronen in den Atomen und das der Atomkerne gegeneinander und gegen die Elektronen zu beachten; allgemein wird man sich nur um diejenigen „Unordnungen" nicht zu kümmern brauchen, die unter allen Reaktionsbedingungen in allen Phasen in der gleichen Weise auftreten, was nur in speziellen Fällen vorkommen wird.

Die klassische Auffassung. Das Verhalten aller solcher Elementarteilchen eines Teilsystems läßt sich nach der klassischen Auffassung, die wir zunächst kurz streifen wollen, charakterisieren durch die Angabe der Koordinaten und Impulse sowie nötigenfalls der Rotationsachsen und Rotationsmomente aller in dem System vorhandenen kleinsten Teilchen (Elektronen und Atomkerne). Man denkt sich nach W. GIBBS[1] sämtliche Koordinaten und Impulse des Teilsystems als Koordinaten in einem sehr vieldimensionalen Raum, dem „GIBBS*schen Phasenraum*", abgekürzt Γ-Raum, eingetragen; dann entspricht jedem momentanen Systemzustand *ein* Punkt dieses Raumes und dem Dauerzustand eine gewisse „Erfüllung" dieses Γ-Raumes mit „Systempunkten" oder Systembahnen. Je größer die Energie des (Teil-) Systems und je mannigfaltiger die Konfigurationen und Bewegungen innerhalb desselben, desto größer ist der von dem System erfüllte Teil des Γ-Raumes[2]. Die Größe des erfüllten Γ-Raumes bei gegebenen äußeren Bedingungen ist nun nach BOLTZMANN und GIBBS das Maß für die „Menge der Realisierungsmöglichkeiten" eines gegebenen Makrozustandes, und diese „Menge der Realisierungsmöglichkeiten" ist wiederum, im genaueren Sinne, das, was wir oben als „Maß der Unordnung" (oder Maß der Ordnung) bezeichnet hatten. Um dieses Maß zu einem absoluten, von der Art des betreffenden Teilsystems unabhängigen zu machen, ist es nur noch nötig, für alle Teilsysteme erstens den „Ort" der Elementarteilchen im Γ-Raum durch gleichartige Koordinaten und Impulse zu charakterisieren, und zweitens für den auf diese Weise gewonnenen „Raum" ein Einheitsmaß einzuführen, das sich überall anwenden läßt[3]. Man kommt so bereits bei der klassischen Betrachtung auf den Begriff der „Phasenzelle", d. h. eines in eindeutiger Weise festlegbaren Elementar-„Würfels" im Γ-Raum jedes Teilsystems, der als Elementarmaßstab für die Größe des „erfüllten" Teils des Γ-Raumes und damit für die Menge der Realisierungsmöglichkeiten eines Makrozustandes brauchbar ist. Die Zahl, die angibt, wie viele solche Einheitszellen in dem erfüllten Teil des Γ-Raumes unterzubringen sind, bezeichnen wir als „*Zahl der Realisierungsmöglichkeiten*" und wählen für diese Zahl (bei einer bestimmten Wahl der Einheitszelle, s. w. u.) den Buchstaben $\mathfrak{P}$.

Nachdem so, für den klassischen Fall, der Unordnungsgrad durch die Angabe der Zahl $\mathfrak{P}$ in einer absoluten, von der Art des Systems unabhängigen Weise festgelegt ist, haben wir nur noch die Beziehung zwischen dieser Zahl und der Entropie S des Teilsystems anzugeben. Dieser Zusammenhang, den wir hier

[1] Grundlagen der statistischen Mechanik. Deutsch bei J. A. Barth. Leipzig 1905.

[2] Diese Behauptung gilt, bei streng vorgegebenem Energiewert, zunächst nur für die Größe der von dem System erfüllten Energie-„*Fläche*" im Γ-Raum. Betrachtet man jedoch, wie es den Tatsachen in Wirklichkeit besser entspricht, die Energie eines Teilsystems innerhalb gewisser enger Grenzen als variabel, so läßt sich dieser Schluß auch auf den gesamten Γ-Raum innerhalb der Energiefläche ausdehnen. Dieser Raum ist als der „von dem System erfüllte Teil" des Γ-Raumes zu betrachten.

[3] SCHOTTKY, W.: a. a. O. Auf die Forderung, daß zur Charakterisierung des Zustandes in allen Teilsystemen dieselben Koordinaten und Impulse verwendet werden sollen, kann insofern verzichtet werden, als die Größe eines Elementes des Γ-Raumes wegen gewisser Invarianzeigenschaften dieses Raumes von der speziellen Wahl der Koordinaten und Impulse eines Teilchens unabhängig ist (z. B. Polarkoordinaten statt kartesische Koordinaten usw.).

natürlich nicht ableiten können, wird durch das sog. „BOLTZMANN*sche Prinzip*" gegeben, nach welchem die Entropie dem natürlichen Logarithmus der Zahl $\mathfrak{P}$ der Realisierungsmöglichkeiten eines gegebenen Makrozustandes proportional ist:

$$S = k \ln \mathfrak{P}. \tag{4}$$

k ist hierbei die sog. BOLTZMANNsche Konstante; ihr Wert ist gleich $\frac{R}{N}$, wobei R die Gaskonstante (in dem für die Entropie gewählten Maß), N die Zahl der Moleküle im Mol (LOSCHMIDTsche Zahl) ist. Man bezeichnet $\mathfrak{P}$ auch, in einem ungenaueren und für die Auffassung etwas gefährlichen Ausdruck, als „Wahrscheinlichkeit" des betreffenden Zustandes.

Die quantentheoretische Auffassung. Die bisherige klassische Deutung der Zahl der Realisierungsmöglichkeiten (als ganze Zahl) wird bedenklich, wenn sich die Koordinaten und Impulse der Elementarteilchen eines Systems bei klassischem Verhalten nur über wenige Einheitszellen im Phasenraum hin erstrecken würden. Gerade in diesem Fall treten nun aber reale Abweichungen von dem klassischen Fall ein, die den Begriff der Phasenzelle in einem noch prägnanteren Sinne hervortreten lassen. Nach der älteren Quantentheorie war die Sachlage so, daß die Raumerfüllung eines Systems sich mit zunehmender Energie[1] nicht stetig über den Γ-Raum ausbreiten konnte, sondern daß nur sprungweise immer neue Gebiete, jedesmal von der Größe einer Einheitszelle von bestimmter quantenmäßig festgelegter Größe, erobert werden konnten. (Wie die „Verteilung" innerhalb einer Einheitszelle zu denken war, war hierbei noch eine sekundäre Frage.) So ergab sich von selbst, daß die Zahl $\mathfrak{P}$ der Realisierungsmöglichkeiten in der Quantentheorie immer eine ganze Zahl war; das BOLTZMANNsche Prinzip blieb hierbei ungeändert, und es ergab sich somit die für unser Ziel hochbedeutsame Folgerung, daß als Zustand kleinster Unordnung, mit der Zahl $\mathfrak{P} = 1$, ein Zustand übrigblieb, bei dem das ganze System sich nur noch in einer einzigen Einheitszelle des Γ-Raumes aufhielt. Dieser Zustand war der Zustand kleinster Unordnung, der Zustand größter Ordnung, und nach (4) der Zustand mit der Entropie 0. Dabei war die Größe der Einheitszelle quantentheoretisch dadurch festgelegt, daß für jede Teildimension $\int dq\,dp$ (q eine der Koordinaten eines Teilchens, p dazugehöriger Impuls) der Einheitszelle im Γ-Raum ein Beitrag von der Größe des PLANCKschen Wirkungsquantums h gerechnet werden mußte; die „Quantenzelle" des Γ-Raumes hatte also die Größe h^n, wenn n die Zahl sämtlicher Koordinaten (nicht Teilchen!) des betreffenden Systems war. Diese Quantenzelle mußte dann natürlich, um in den Grenzfällen die Stetigkeit zu wahren, auch als Einheitszelle bei der klassischen Bestimmung von $\mathfrak{P}$-Zahlen verwendet werden.

Die neuere, quantenmechanische oder wellenmechanische Auffassung hat, indem sie die Individualität der Elementarteilchen aufhob und jeweils über den ganzen Koordinatenraum „verwischte" Eigenfunktionen an Stelle der scharfen Quantenbahnen setzte, an der Auffassung dieses Ergebnisses manches geändert, das Ergebnis selbst jedoch bestehen lassen. (Wir kommen auf quantenmechanische Deutungen in §§ 12 und 13 zurück.) Hiernach existiert für jedes Gesamtsystem unter gegebenen äußeren Bedingungen immer eine bestimmte Zahl $\mathfrak{P}$ von Realisierungsmöglichkeiten, die in absolutem Maße den Unordnungszustand des Systems charakterisiert und die, beim Übergang zum klassischen Fall, der Wahl einer Einheitszelle von der Größe h^n entspricht.

So bedeutet also in allen Fällen derjenige Zustand eines Teilsystems, in dem das ganze System auf eine einzige Quantenzelle (bzw. Eigenfunktion nach der

[1] Hier wieder als mittlere Energie, mit gewissen Schwankungsamplituden, aufzufassen.

neueren Darstellung) beschränkt ist, den Zustand völliger Ordnung, und ein Übergang eines Teilchens von einer solchen stofflichen Phase in die andere (mit Aufrechterhaltung des Zustandes $\mathfrak{P} = 1$, auch nach Aufnahme des neuen Teilchens) bedeutet einen Übergang ohne Entropieänderung.

Mithin sind durch Wahl des Zustandes völliger Ordnung als Nullzustand die Bedingungen erfüllt, welche wir für diesen Nullzustand aufgestellt hatten. Die auf den Zustand völliger Ordnung bezogenen Entropien S der verschiedenen Phasen haben also für beliebige Zusammensetzung ($n_1 \ldots n_\alpha$) der Phase die Bedeutung der besprochenen Aufbauentropien $\mathfrak{S}$. Setzen wir nun, entsprechend (4), S_0 für diesen Nullzustand gleich 0, so wird $S = \mathfrak{S}$ für jede Phase, und wir können, nachdem wir diese Festsetzung getroffen haben, des Hilfsbegriffs der Aufbauentropie wieder entraten und die Formeln (2) und (3) auf die in dieser Weise definierten „Absolutentropien" S übertragen. Wir tun das, indem wir von jetzt an festsetzen, daß, wenn von der Entropie S schlechthin die Rede ist, immer als Bezugspunkt 0 der Zustand völliger Ordnung der betreffenden Phase (oder, bei mehreren Phasen, des betreffenden Phasen*systems*) gelten soll, daß wir es also immer mit der „absoluten Entropie" zu tun haben.

Der Energienullpunkt. Auf eine Absolutberechnung der Energie einer Phase wird praktisch weniger häufig zurückgegriffen; meist läßt man in Gleichung (3) den Energieumsatz $\mathfrak{U}$ der Reaktion (bzw. die Wärmetönung $\mathfrak{W}$, vgl. weiter unten) direkt auftreten, ohne die Zerlegung (1) vorzunehmen. Gleichwohl ist es, schon zur Fixierung der Vorstellungen, erwünscht, den Energienullpunkt in ähnlich bestimmter Weise festzulegen wie den Entropienullpunkt; nur dann werden ja z. B. die in der Zerlegung (3) auftretenden Einzelglieder eine vollständig definierte Bedeutung haben. Eine praktische Rolle endlich spielt die Absolutfestlegung des Energienullpunktes in solchen Fällen, wo zur Berechnung einer Umsetzungsenergie atomare, etwa spektroskopisch oder durch Elektronenstoßmessungen erschlossene Daten verwendet werden (astrophysikalische Probleme); hier sind die Einzelenergien der reagierenden Teilchen das primär Gegebene.

Wir kommen zunächst auf unsere frühere Bemerkung zurück, wonach die Annahme, daß der Nullzustand einer Phase gleichzeitig Nullzustand für die Energie *und* die Entropie sein müsse, fallengelassen werden kann; zweckmäßig und praktisch notwendig wird dies deshalb, weil die *Energie* der Phasen im Zustand völliger Ordnung ($S = 0$) meist eine komplizierte Funktion des Aufbaues dieser Phasen ist. In der Tat ist bei keiner unserer Behauptungen von der Tatsache, daß sich die Aufbauentropie und Aufbauenergie auf *denselben* Nullzustand der Phase beziehen, Gebrauch gemacht worden. Dies vorausgesetzt, bietet sich uns ein sehr einfacher Nullzustand für die Energie, der die verlangte Eigenschaft besitzt, daß sich die Umwandlung beliebiger resistenter Gruppen innerhalb der Phase oder ihr Austausch mit anderen Nullphasen oder dem Teilchenreservoir energielos vollzieht. Es ist das der als „Zustand der völligen Dissipation" bezeichnete Zustand[1], in dem alle resistenten Gruppen in ihre (bei der betrachteten Reaktion auftretenden) letzten Bestandteile zerlegt und diese in unendliche Entfernung voneinander und in Ruhe gebracht sind. In der Tat bedeutet dann weder eine Umgruppierung der letzten Bestandteile innerhalb einer solchen Nullphase, noch ein Austausch von Teilchen mit einer anderen Nullphase oder einem Teilchenreservoir von gleichen Eigenschaften einen Energieaufwand.

Als letzte Bestandteile werden in vielen Fällen die Atome oder sogar gewisse, bei allen Reaktionen resistent bleibende Atom*gruppen* genügen; beim Auftreten geladener Teilchen kann sich jedoch die Einführung ein- oder mehrfach ionisierter

[1] SCHOTTKY: Ann. d. Physik Bd. 62, S. 113, 1920.

Atomrümpfe als notwendig erweisen, bei astrophysikalischen Problemen werden sogar (wie bei der Entropie) unter Umständen die reinen Atomkerne und Elektronen als letzte Bestandteile auftreten müssen.

Es wird also die zweckmäßige Wahl der Nullphase für die Energie nicht nur von dem betrachteten Gesamtsystem, sondern auch von der Art der darin vorkommenden Reaktionen abhängig zu machen sein. Gleichwohl denken wir uns für jeden Fall den Energienullpunkt in einer der zulässigen Arten eindeutig festgelegt und verstehen unter der Energie U schlechthin von jetzt an die auf einen solchen Dissipationszustand als Nullpunkt bezogene „absolute Energie“. Mit dieser Festsetzung können wir in den Beziehungen (1) bis (3) wieder einfach U an Stelle von $\mathbf{U}$ schreiben.

[Wir bemerken schließlich noch, daß bei Mehrphasensystemen, wie leicht einzusehen, in (1) bis (3) unter U und S auch die (absolute) Gesamtenergie und -entropie aller Phasen zusammengenommen verstanden werden kann. Wir werden aber in den Ausdrücken $\frac{\partial U}{\partial n_i}$ usw. der Einfachheit halber meist nur an die (absolute) Teilenergie der betreffenden Phase denken.]

Die (absolute) Freie Energie einer Einzelphase. Durch die bisherigen Betrachtungen ist die Bestimmung der Reaktionsgrößen $\mathfrak{R}$ und $\mathfrak{L}_{(v)}$ auf die Untersuchung der Absolutenergien und -entropien der einzelnen Phasen in Abhängigkeit von ihrer Teilchenzahl zurückgeführt. Die Kenntnis von U und S in Abhängigkeit von $n_1 \ldots n_\alpha$, v und T leistet aber, wie man sofort sieht, noch mehr: für alle Änderungen der betrachteten Phase, die sich *ohne* Änderung der Teilchenzahlen abspielen, sind ja durch U und S auch alle Wärme- und Arbeitskoeffizienten (Volumwärme, Wärmekapazität, Druck) vollständig bestimmt. Es ist also möglich, die vollständige thermodynamische Untersuchung der Einzelphase in ähnlicher Weise auf der Bestimmung der Funktionen U und S in Abhängigkeit von v, T und den Teilchenzahlen aufzubauen, wie wir in § 4 die Untersuchung engerer Gesamtsysteme auf der Bestimmung von U und S in Funktion von v, T und den Reaktionslaufzahlen λ aufgebaut hatten. Dabei bietet die Untersuchung der Funktionen U $(v, T, n_1 \ldots)$ und S $(v, T, n_1 \ldots)$ gegenüber den früheren Funktionen U bzw. S $(v', v'' \ldots, T, \lambda^{I}, \lambda^{II} \ldots)$ folgende Vorteile: 1. Es wird von vornherein nur nach den Eigenschaften einer einzelnen Phase gefragt. 2. Durch die Kenntnis der Phasenfunktionen U und S in Abhängigkeit von allen n_i ist das thermodynamische Verhalten der Phase nicht nur in dem gerade betrachteten engeren System oder dem betrachteten erweiterten System (mit variierten Gesamtmengen), sondern auch bei Reaktionen der betrachteten Phase mit irgendwelchen beliebigen *anderen* bisher noch nicht betrachteten Phasen gegeben.

Wie früher, studieren wir zunächst die Differentialbeziehungen, die zwischen den thermodynamisch wichtigen Differentialquotienten von U und S bestehen. Wir können dabei nach den früheren Verfahren sogleich die Funktion U und S durch eine einzige, die absolute Freie Energie der Einzelphase, $F = U - TS$, ersetzen. Es gilt nämlich wieder $\frac{\partial F}{\partial T}_{(n,\,v)} = -S$, da $\frac{\partial U}{\partial T}_{(n,\,v)} = T\frac{\partial S}{\partial T}_{(n,\,v)}$; die n verhalten sich also in dieser Beziehung wie Arbeitskoordinaten. Die Kenntnis der Freien Energie F in Abhängigkeit von T, v und den Teilchenzahlen n_i der resistenten Gruppen liefert hiernach auch die Kenntnis von S und damit die von U in Abhängigkeit von diesen Größen.

Die Differentialbeziehungen entnehmen wir am besten wieder einem „*F-Stammbaum der Einzelphase*“. Wir haben (für zwei Arten von resistenten Gruppen; die beiden Teile des Stammbaums hat man sich wieder nebeneinander gesetzt zu denken):

F

Variable	v				n_1			
1. Generation	$-p$				μ_1			
Variable	vv	vn_1	vn_2	vT	$n_1 v$	$n_1 n_1$	$n_1 n_2$	$n_1 T$
2. Generation	$-\frac{\partial p}{\partial v}$	$-\frac{\partial p}{\partial n_1}$	$-\frac{\partial p}{\partial n_2}$	$-\frac{\partial p}{\partial T}$	$\frac{\partial \mu_1}{\partial v}$	$\frac{\partial \mu_1}{\partial n_1}$	$\frac{\partial \mu_1}{\partial n_2}$	$\frac{\partial \mu_1}{\partial T}$

Variable	n_2				T			
1. Generation	μ_2				$-S$			
Variable	$n_2 v$	$n_2 n_1$	$n_2 n_2$	$n_2 T$	Tv	Tn_1	Tn_2	TT
2. Generation	$\frac{\partial \mu_2}{\partial v}$	$\frac{\partial \mu_2}{\partial n_1}$	$\frac{\partial \mu_2}{\partial n_2}$	$\frac{\partial \mu_2}{\partial T}$	$-\frac{Lv}{T}$	$-\frac{\partial S}{\partial n_1}$	$-\frac{\partial S}{\partial n_2}$	$-\frac{C_v}{T}$

Hierbei sind die Größen μ_1 und μ_2 zunächst als bloße Abkürzungen für $\frac{\partial F}{\partial n_{1(v)}}$ und $\frac{\partial F}{\partial n_{2(v)}}$ aufzufassen; auf ihre Bedeutung kommen wir gleich zu sprechen.

Infolge der Gleichheit der durch Differentiation nach gleichen Variabeln, jedoch in umgekehrter Reihenfolge, entstandenen Größen der „2. Generation" ergeben sich wieder analoge Differentialbeziehungen, wie sie in § 4 für das engere (λ-) System erörtert wurden. Alle Differentiationen nach den n und T sind natürlich bei konstantem v auszuführen.

Ehe wir diese Differentialbeziehungen diskutieren, müssen wir jedoch die in dem F-Stammbaum eingeführten neuen Bezeichnungen μ_1 und μ_2 und ihre Bedeutung für die chemische Thermodynamik erläutern.

Die chemischen Potentiale. Die Größen μ_1 und μ_2 sind eingeführt als Bezeichnungen für die partiellen Ableitungen $\frac{\partial F}{\partial n_{1(v)}}$ und $\frac{\partial F}{\partial n_{2(v)}}$. Wir haben also, für eine Teilchensorte i:

$$\mu_i = \frac{\partial U}{\partial n_{i(v)}} - T\frac{\partial S}{\partial n_{i(v)}}. \tag{5}$$

Vergleichen wir diese Beziehung mit der Beziehung (3) für $\mathfrak{K}$, so erkennen wir die fundamentale Bedeutung der Größe: $\mu_i = \frac{\partial F}{\partial n_{i(v)}}$ für chemische Reaktionen: es ist nämlich:

$$\mathfrak{K} = \sum \nu_i \mu_i. \tag{6}$$

Der Arbeitskoeffizient $\mathfrak{K}$ jeder isothermen chemischen Reaktion läßt sich aus Einzelbeträgen $\nu_i \mu_i$ zusammensetzen, in denen außer den Reaktionsäquivalentzahlen ν_i nur noch Größen $\mu_i = \frac{\partial F}{\partial n_{i(v)}}$ auftreten, die sich auf die einzelnen Phasen und die einzelnen reagierenden Stoffe beziehen.

Diese Größen sind von W. GIBBS in die chemische Thermodynamik eingeführt worden[1]; GIBBS bezeichnet sie als *chemische Potentiale* des betreffenden Stoffes in der betreffenden Phase, da sie in ihrer Bedeutung für Arbeits- und Gleichgewichtsprobleme vielfache Parallelen zu den elektrostatischen Potentialen eines geladenen Teilchens aufweisen. Eine bestimmte Festlegung des Absolutwertes der μ ist allerdings von GIBBS ebensowenig versucht worden, wie dies im allgemeinen bei elektrostatischen Potentialen zu geschehen pflegt.

[1] Thermodynamische Studien, S. 76.

Die neuere Entwicklung hat nun, wie wir ausführten, gezeigt, daß es möglich ist, die U und S und damit auch die μ einer Einzelphase in rationeller Weise ihren Absolutwerten nach zu bestimmen. Damit wird die damalige GIBBSsche Begriffsbildung a posteriori noch tiefer gerechtfertigt; andererseits ist es aber nicht mehr nötig, sich zur Deutung der μ eines elektrostatischen Gleichnisses zu bedienen, sondern man kann jetzt die thermodynamische Effektbedeutung der μ direkt angeben, und zwar am einfachsten, indem man von der thermodynamischen Effektbedeutung der absoluten Freien Energie $F = U - TS$, ausgeht, die in engem Anschluß an die allgemeine Effektbedeutung der Freien Energie, wie wir sie in II, § 10, besprochen haben, zu definieren ist.

U bedeutet nach dem früheren die Aufbauenergie $\int(\mathfrak{d}A + \mathfrak{d}Q)$ der ganzen Phase, bezogen auf den absoluten Energienullpunkt, S die Aufbauentropie $\int\frac{\mathfrak{d}Q}{T}$ der Phase, bezogen auf den absoluten Entropienullpunkt. TS bedeutet also die Aufbauwärme Q der Phase auf einem Wärmeweg, der vom Energienullpunkt aus adiabatisch bis zur Temperatur T und dann isotherm bis zu dem betrachteten Zustand führt („T, S-Haken", vgl. II, § 10). Mithin kann $F = U - TS = A + Q - Q$ als *gesamte Aufbauarbeit der Phase* auf eben diesem Wärmeweg gedeutet werden. Hierbei sind allerdings zwei Fiktionen zu machen: erstens muß man als „Nullphase" eine Phase einführen, bei der Entropie- und Energienullpunkt zusammenfallen, und zweitens muß man Zustände $S = 0$, $T \neq 0$ voraussetzen, die in Wirklichkeit nicht realisierbar sind, weil Temperaturbewegung und Zustand völliger Ordnung zwei einander ausschließende Begriffe sind. Läßt man jedoch diese beiden für die Vorstellung bequemen und im übrigen irrelevanten Fiktionen zu, so hat F direkt die Bedeutung einer gesamten Aufbauarbeit.

Dann ist $\frac{\partial F}{\partial n_1} dn_1 = \mu_1 dn_1$ die Differenz der Aufbauarbeiten der „$n_1 + dn_1$"- und „n_1"-Phase oder auch, wie man sich leicht klarmacht, *die Aufbauarbeit, die notwendig ist, um die dn_1-Teilchen aus dem Teilchenreservoir* im absoluten Energie- und Entropienullzustand *adiabatisch* aber sonst beliebig auf die Temperatur T zu bringen und reversibel-isotherm *der Phase* $(n_1 \ldots\ v, T)$ *unter Konstanthaltung von deren Volum zuzuführen.* Bei dieser Deutung der μ (Aufbauarbeit längs eines T, S-Hakens) wird die Beziehung (6) sofort anschaulich klar; sie ist eine Folgerung des 2. Hauptsatzes, wonach die Arbeit eines Prozesses, bei dem Wärme nur bei einer Temperatur ausgetauscht wird, unabhängig vom Wege ist. Und weiter hat man den Vorteil, die μ, ganz analog den $\mathfrak{K}$, als Arbeitskoeffizienten auffassen und thermodynamisch zu den äußeren Kräften K (speziell dem negativen Druck) in direkte Parallele setzen zu können. Wir können kurz sagen: $\mathfrak{K}$ bedeutet den „Arbeitskoeffizienten nach der Reaktionslaufzahl", μ einen „Arbeitskoeffizienten nach der Teilchenzahl". Die Teilchenzahlen selbst haben hiernach thermodynamisch alle Eigenschaften einer Arbeitskoordinate.

Differentialbeziehungen für die μ aus dem F-Stammbaum. Als wichtigste aus dem F-Schema folgende thermodynamische Beziehungen für μ_1 notieren wir nunmehr folgende:

$$\frac{\partial \mu_1}{\partial v} = -\frac{\partial p}{\partial n_1}_{(v)}, \tag{7}$$

$$\frac{\partial \mu_1}{\partial n_2}_{(v)} = \frac{\partial \mu_2}{\partial n_1}_{(v)}, \tag{8}$$

$$\frac{\partial \mu_1}{\partial T}_{(v)} = -\frac{\partial S}{\partial n_1}_{(v)}. \tag{9}$$

Diese Beziehungen zeigen, daß die Untersuchung der Volum- und Temperaturabhängigkeit der μ (und damit der $\mathfrak{K}$) durch die Untersuchung der Zustandsgleichung p in Funktion von V, T, $n_1 \ldots$ des erweiterten Systems und das Studium der Entropie des erweiterten Systems ersetzt werden kann. Die wichtige Beziehung (8) gestattet, die Untersuchung der Teilchenzahlabhängigkeit der μ zu reduzieren; wir kommen auf diese Arten von Beziehungen noch zurück. Ein Blick auf den F-Stammbaum läßt auch wieder die verschiedenen Bestimmungsschemata erkennen, nach denen aus thermodynamischen Messungen (oder theoretischen Angaben) ein vollständiger Aufbau der charakteristischen Funktion F der Einzelphase möglich ist; wir gehen hierauf jedoch lieber an Hand des gleich zu besprechenden G- oder Φ-Schemas ein.

Andere thermodynamische Funktionen einer Einzelphase. Als Arbeitskoeffizienten nach der Teilchenzahl werden die μ auch bei anderer Wahl der unabhängigen Variabeln (p statt V) und entsprechend anderer Wahl der charakteristischen Funktionen ihre Bedeutung behalten. In der Tat brauchen wir nur die ganz analog wie früher definierten Funktionen $G = F + pV$, $\frac{G}{T} = -\Phi$, allenfalls auch $\frac{F}{T} = -\Psi$, zu betrachten, um durch Aufstellung der entsprechenden Stammbäume die sämtlichen Differentialbeziehungen für die μ zu erhalten, die den in §§ 4 und 5 für die $\mathfrak{K}$ abgeleiteten ganz analog sind. So leitet man z. B. aus dem $G(p, n_1, n_2 \ldots T)$-Stammbaum (vgl. den Stammbaum Tafel II am Schluß des Buches, wo an Stelle von y: n_1, an Stelle von z: n_2 und an Stelle von K^y und K^z bzw. μ_1 und μ_2 zu setzen ist) die zu (7) bis (9) analogen Beziehungen ab:

$$\frac{\partial \mu_1}{\partial p} = \frac{\partial V}{\partial n_1}, \tag{10}$$

$$\frac{\partial \mu_1}{\partial n_2} = \frac{\partial \mu_2}{\partial n_1}, \tag{11}$$

$$\frac{\partial \mu_1}{\partial T} = -\frac{\partial S}{\partial n_1}, \tag{12}$$

wobei hier alle Differentiationen (außer der nach p) bei konstantem Druck vorzunehmen sind (was wir, unseren Vereinbarungen in § 4 entsprechend, *nicht* durch Indizes besonders hervorheben). μ_1 selbst erweist sich als Differentialquotient $\frac{\partial G}{\partial n_1}$ bei konstantem Druck[1].

Die Größen $\frac{\partial V}{\partial n_1}$, $\frac{\partial S}{\partial n_1} \ldots$ sowie weitere ebenso gebildete spielen bei der rationellen thermodynamischen Untersuchung chemischer Systeme und speziell, nach den obigen Formeln, bei der Untersuchung der Druck- und Temperaturabhängigkeit der μ (und damit der $\mathfrak{K}$) eine große Rolle. Wir bezeichnen diese Größen als partielles Molvolum, partielle Molentropie usw. (LEWIS: partial molal quantities)

---

[1] Jedes $\mu_i dn_i$ hat zwar nach dem früheren zunächst die Bedeutung eines adiabatisch-isothermen Arbeitseffektes bei konstantem *Volum* der Phase (gleich der Änderung der Freien Energie der Phase bei konstantem Volum). Da jedoch bei nachfolgender Ausdehnung auf den Anfangsdruck die Freie Energie sich um $-p\frac{\partial V}{\partial n_i}$ vergrößert, läßt sich $\mu_i dn_i$ auch aus zwei Arbeiten zusammensetzen, die einerseits in der Zufuhr von dn_i Teilchen bei konstantem Druck und andererseits im Rückgängigmachen der geleisteten Druckarbeit bestehen. Man erhält dann als Gesamtresultat $\mu_i dn_i = \left(\frac{\partial F}{\partial n_{i(p)}} + p\frac{\partial V}{\partial n_i}\right) dn_i = \frac{\partial G}{\partial n_{i(p)}} \cdot dn_i$, wie es sein muß.

des betreffenden Stoffes in der betreffenden Phase und führen dafür die Bezeichnungen ein:

$$\frac{\partial V}{\partial n_1} = v_1, \qquad \frac{\partial S}{\partial n_1} = s_1 \quad \text{usw.}, \tag{13}$$

wobei die Differentiation immer bei konstantem Druck ausgeführt zu denken ist, sofern nichts anderes bemerkt wird. Die Größe $\frac{\partial G}{\partial n_1}$ könnten wir hiernach auch mit g_1 bezeichnen; wir wählen statt dessen jedoch die GIBBSsche Bezeichnung μ_1, um die von der Wahl der charakteristischen Funktion unabhängige Bedeutung des chemischen Potentials in Erscheinung treten zu lassen; gilt doch auch: $\frac{\partial F}{\partial n_1}_{(v)} = \mu_1$. Aus demselben Grunde hatten wir schon früher an Stelle der nach unserem Bezeichnungssystem auch zulässigen Symbole $\mathfrak{F}_{(v)}$ und $\mathfrak{G}_{(p)}$ den Buchstaben $\mathfrak{K}$ eingeführt.

Etwas eingehender wollen wir uns mit dem Φ ($p, n_1, n_2 \ldots T$)-Stammbaum befassen, der praktisch wohl auch die größte Bedeutung hat. Wir haben: $\frac{G}{T} = -\Phi = \frac{W}{T} - S$, wobei W hier die *absolute* Wärmefunktion $U + pV$ bedeutet; wegen $\frac{\partial W}{\partial T} = T\frac{\partial S}{\partial T}$ (bei konstanten n und p) ist wieder $\frac{\partial\left(\frac{G}{T}\right)}{\partial T} = -\frac{W}{T^2}$. Bezeichnen wir die Größen $\frac{\partial W}{\partial n_1}_{(p)}$ usw. entsprechend der obigen Festsetzung mit w_1 usw., so erhalten wir folgenden Stammbaum:

$$\frac{G}{T} = -\Phi$$

Variable	p				n_1			
1. Generation	$\frac{V}{T}$				$\frac{\mu_1}{T}$			
Variable	pp	pn_1	pn_2	pT	n_1p	n_1n_1	n_1n_2	n_1T
2. Generation	$\frac{1}{T}\frac{\partial V}{\partial p}$	$\frac{v_1}{T}$	$\frac{v_2}{T}$	$\frac{\partial}{\partial T}\left(\frac{V}{T}\right)$	$\frac{1}{T}\frac{\partial \mu_1}{\partial p}$	$\frac{1}{T}\frac{\partial \mu_1}{\partial n_1}$	$\frac{1}{T}\frac{\partial \mu_1}{\partial n_2}$	$\frac{\partial}{\partial T}\left(\frac{\mu_1}{T}\right)$

Variable	n_2				T			
1. Generation	$\frac{\mu_2}{T}$				$-\frac{W}{T^2}$			
Variable	n_2p	n_2n_1	n_2n_2	n_2T	Tp	Tn_1	Tn_2	TT
2. Generation	$\frac{1}{T}\frac{\partial \mu_2}{\partial p}$	$\frac{1}{T}\frac{\partial \mu_2}{\partial n_1}$	$\frac{1}{T}\frac{\partial \mu_2}{\partial n_2}$	$\frac{\partial}{\partial T}\left(\frac{\mu_2}{T}\right)$	$-\frac{1}{T^2}\frac{\partial W}{\partial p}$	$-\frac{w_1}{T^2}$	$-\frac{w_2}{T^2}$	$-\frac{\partial}{\partial T}\left(\frac{W}{T^2}\right)$

Hier sind die zu Gleichung (15), § 5, analogen Differentialbeziehungen:

$$\frac{\partial}{\partial T}\left(\frac{\mu_1}{T}\right) = -\frac{w_1}{T^2} \quad \text{usw.} \tag{14}$$

neben den ebenfalls direkt abzulesenden Beziehungen (10) und (11), S. 215, von Bedeutung. Die Funktionen $\frac{\mu}{T}$, die hier neben V und W als Aufbauelemente der charakteristischen Funktion Φ auftreten, haben für eine wichtige Gruppe von Phasen (ideale Gase, verdünnte Lösungen) einen einfacheren (nämlich von der

Temperatur unabhängigen) Charakter als die Funktion μ selbst; aus diesem Grunde werden sie von M. PLANCK als „charakteristische Potentiale" $-\varphi_1$, $-\varphi_2$ usw. der betreffenden Stoffe in der untersuchten Phase bezeichnet und als Hauptelemente der Untersuchung zugrunde gelegt. Die Beibehaltung der μ selbst hat den Vorteil etwas größerer Anschaulichkeit und näherer Verbindung mit der Reaktionsthermodynamik. In der amerikanischen Schreibweise endlich hat der später zu besprechende Begriff der Aktivität, der mit $e^{\frac{\mu}{RT}}$ zusammenhängt, die Größe $\frac{\mu}{T}$ z. T, ersetzt.

Wie man aus dem obigen $\frac{G}{T}$-Stammbaum abliest, ist eine vollständige Bestimmung des thermodynamischen Verhaltens einer (erweiterten) Phase möglich auf Grund folgender Untersuchungen: $\frac{\mathfrak{V}}{T}$ oder $\mathfrak{V}$ in Abhängigkeit von $p, n_1 \ldots T$; $\frac{W}{T^2}$ oder W bei konstantem Druck p_0 in Abhängigkeit von $n_1 \ldots T$; die $\frac{\mu}{T}$ oder μ bei konstantem p_0 und T_0 in Abhängigkeit von $n_1 \ldots n_\alpha$ (worauf wir noch zurückkommen). Hieran schließen wir noch drei Bemerkungen an.

Erstens: wegen $G = W - TS$ gilt auch:

$$\mu_1 = w_1 - T s_1, \tag{15}$$

so daß an Stelle der Untersuchung der μ_i, nach Bestimmung der w_i, auch die der s_i treten kann.

Zweitens: zum Aufbau der W aus den w_1 usw. sind auch Beziehungen wichtig, die aus $\frac{\partial W}{\partial T} = C_p$ folgen. Hiernach ist z. B.:

$$\frac{\partial w_1}{\partial T} = \frac{\partial C_p}{\partial n_1} = c_p, \tag{16}$$

so daß die Untersuchung der Temperaturabhängigkeit der w_i auf die vollständige Untersuchung der Wärmekapazität C_p zurückgeführt ist. Die Größen $\frac{\partial C_p}{\partial n_i}$ spielen also bei der Untersuchung erweiterter Phasen eine große Rolle; wir werden sie, nach den getroffenen Festsetzungen, als „partielle Molwärmen" mit c_{pi} bezeichnen.

Drittens: zu den Gleichungen (1), (2) und (6) treten für Reaktionen bei konstantem Druck noch die aus (1), (2) und der Additivität der Volumänderungen folgenden Beziehungen hinzu:

$$\left.\begin{aligned} \mathfrak{S} &= \frac{\mathfrak{L}}{T} = \sum \nu_i s_i \\ \mathfrak{V} &= \sum \nu_i v_i \\ \mathfrak{W} &= \sum \nu_i w_i \end{aligned}\right\} \tag{17}$$

Vereinfachungen durch die Homogenität der Einzelphasen. Nachdem wir gezeigt haben, daß die vollständige thermodynamische Untersuchung eines Mehrphasensystems auf die Bestimmung einer absoluten charakteristischen Funktion (F, G, Φ) der Einzelphasen zurückgeführt werden kann, haben wir jetzt noch eine wesentliche Vereinfachung zu besprechen, die diese Untersuchung bei den hier betrachteten, oberflächen- und fernkraftfreien Phasen durch die Tatsache ihrer Homogenität erfährt. Daß wir diese schon seit GIBBS bekannten Überlegungen, im Gegensatz zu früheren Autoren, nur auf ihrem absoluten Nullpunkt nach festgelegte thermodynamische Funktionen anwenden und somit diesem Kapitel eingliedern, entspricht dem wohl von vielen Seiten geteilten

Wunsche, bei diesen Funktionen nicht mit mathematischen Unbestimmtheiten rechnen zu müssen und insbesondere den hier wieder auftretenden partiellen molaren Größen u_i, s_i usw. eine exakte thermodynamische Bedeutung zuschreiben zu können.

Die Homogenitätseigenschaften einer Einzelphase leiten wir am einfachsten aus der Tatsache ab, daß zwei Stücke einer Phase, die gleiche Zusammensetzung $(x_1 \ldots x_\alpha)$ gleichen Druck und gleiche Temperatur haben, bei ihrer reversibeln Zusammenfügung keine Arbeits- und Wärmeeffekte, also keine Energie- und Entropieänderung, sowie keine Volumänderung ergeben. (Von Oberflächeneffekten wollten wir ja absehen.) Da auch die Nullzustände beider Phasenstücke energie- und entropielos vereinigt und getrennt werden können, ist die resultierende Aufbauenergie und -entropie und also, nach unseren Festsetzungen, auch die Absolutenergie und -entropie der vereinigten Phase gleich der Summe der Absolutenergien und -entropien der einzelnen Stücke; für das Volum ist das unmittelbar evident. Da sich dieselbe Betrachtung bei Hinzufügung beliebiger weiterer gleicher Stücke anstellen läßt, folgt daraus, das U, S und V der „Menge" der betreffenden Phase proportional sind. Messen wir die Menge durch die Gesamtmolenzahl $n = \sum n_i$ der betreffenden Phase, so können wir setzen:

$$U = nu, \quad S = ns, \quad V = nv. \tag{18}$$

Die Größen u, s und v bedeuten dann spezifische, nur von den x, p und T abhängige Größen, es sind die molare Energie, Entropie, das molare Volum der betreffenden Phase, nicht zu verwechseln mit den partiellen Molgrößen $\frac{\partial U}{\partial n_i}$ usw., S. 215/216.

Eine gleiche Proportionalität mit der Menge gilt nun offenbar auch für alle aus U, S und V zusammengesetzten Funktionen; wir haben auch:

$$F = nf, \quad W = nw, \quad G = ng, \tag{19}$$

wobei $f = u - Ts$ und $g = u + pv - Ts$ und $w = u + pv$ bzw. die molare Freie Energie $\frac{F}{n}$, die molare GIBBSsche Funktion $\frac{G}{n}$, die molare Wärmefunktion $\frac{W}{n}$ bedeuten[1], alles auf absolute Nullpunkte bezogen. (Die analog gebildeten Bezeichnungen $c_p = \frac{C_p}{n}$ und $c_v = \frac{C_v}{n}$ sind schon früher eingeführt worden.)

Besteht die betreffende Phase nur aus einem Stoff 1, so werden die Größen $u, s, v, f, w, g, c_p, c_v$ dieser Phase identisch mit den Ableitungen nach der Teilchenzahl bei konstantem Druck $\frac{\partial U}{\partial n_1}$ usw., also mit den partiellen Molgrößen u_1, s_1, v_1, f_1, w_1, $g_1 = \mu_1$; c_{p1}, c_{v1}. Man liest dies auch aus Gleichung (21) und den analogen Gleichungen für die anderen extensiven (d. h. der Menge proportionalen) Größen ab[2].

Aus den Beziehungen (19) folgt nun, daß es zur vollständigen thermodynamischen Untersuchung einer Einzelphase nicht nötig ist, die Abhängigkeit von F und G, oder der bei ihrem Aufbau verwendeten Größen p, μ, S bzw. V, μ, S, für alle Variationen der Teilchenzahlen der erweiterten Phase zu untersuchen. Es genügt vielmehr, eine Phase von der Gesamtmenge 1 Mol durch alle Variationen der physikalischen Variabeln und der Mischungsverhältnisse x zu untersuchen,

[1] Statt der molaren Freien Energie wird, entsprechend der ausgezeichneten Rolle, die das Volum in dieser charakteristischen Funktion spielt, besser die Freie Energie pro Volumeinheit betrachtet. Wir haben es im folgenden aber im wesentlichen mit der Funktion G zu tun.

[2] Eine Verwechselung partieller Größen in Mischphasen (u_1 usw.) mit spezifischen Größen (u usw.) reiner Phasen kann nicht eintreten, da die tiefgestellten Stoffindizes in reinen Phasen immer wegfallen, dagegen die Art der betreffenden reinen Phase durch einen Phasenindex (hochgestellt, eingeklammert) eindeutig gekennzeichnet wird.

denn damit ist für beliebige andere Gesamtmengen die betreffende charakteristische Funktion bereits durch (19) bestimmt. Wir bemerken hierbei, daß die Beziehungen (18), in Übereinstimmung mit der eingeführten Absolutbedeutung von U und S, auch etwaige bei dem Aufbau der charakteristischen Funktionen noch unbestimmt bleibende, von p, T und den Teilchenzahlen unabhängige Konstanten der Energie und Entropie festlegen; diese Konstanten sind, da U und S mit n verschwinden, $= 0$, — vorausgesetzt, daß es sich nicht um eine „Vakuumphase" handelt (S. 146), für die ja die Gleichungen (18) ohne Bedeutung sind.

Die Zurückführung der allgemeinen Untersuchung auf die einer Phase von gegebener Gesamtmenge, speziell der molaren Menge, wirkt sich in der Weise aus, daß nunmehr die Kenntnis des Molvolums in Abhängigkeit von p, T und den x sowie die Kenntnis der molaren Entropie und molaren Wärmefunktion, d. h. auch die Kenntnis der molaren Wärmekapazität („Molwärme") c_p bzw. c_v für die Untersuchung der Phase genügt.

Außer den extensiven Größen V, S und W treten jedoch in dem oben betrachteten Stammbaum und damit in den Bestimmungsschemata der charakteristischen Funktionen F, G, G/T noch „*intensive*" Größen auf, die schon von vornherein (auch bei Systemen mit beliebigen n) von der Gesamtmenge unabhängig sind. Es sind dies die partiellen molaren Größen μ_i, s_i, w_i. Diese Größen sind in der Tat, ähnlich wie wir es in § 7 schon für die $\mathfrak{K}$ besprochen hatten, ihrer Effektbedeutung nach von der Gesamtmenge der betreffenden Phase unabhängig; die Arbeit usw. beim Hinzufügen von dn_i Molen des Stoffes i zu der betreffenden Phase ist ja unabhängig davon, wie ausgedehnt diese Phase ist. Es fragt sich, ob für diese an sich bereits spezifischen Größen die Homogenitätsannahme für die Phase ebenfalls eine Vereinfachung in ihrem Bestimmungsschema birgt. Es zeigt sich, daß dies in der Tat der Fall ist; wir erhalten zwar keine neuen Beziehungen zwischen den μ_i usw., wohl aber zwischen dem $\frac{\partial \mu}{\partial n_i}$ usw. bzw. den $\frac{\partial \mu}{\partial x_i}$. Diese ebenfalls von Gibbs abgeleiteten Beziehungen sind von größter Wichtigkeit für die Untersuchung von Mischphasen.

Beziehungen zwischen den Veränderungen partieller molarer Größen. Wir exemplifizieren diese Beziehungen an dem wichtigsten Spezialfall, den partiellen molaren Änderungen der Gibbsschen Funktion G bei konstantem Druck, also den chemischen Potentialen μ_i. Es ist, bei konstantem p und T und bei Änderungen $dn_1 \ldots dn_\alpha$ der verschiedenen Molenzahlen, nach dem G-Stammbaum:

$$dG_{(p,T)} = \mu_1 \, dn_1 + \mu_2 \, dn_2 + \ldots \mu_\alpha \, dn_\alpha . \tag{20}$$

Baut man nun die Phase dadurch auf, daß man jeweils solche Kombinationen der dn_i hinzufügt, die in ihrem Verhältnis der endgültigen Zusammensetzung $n_1 : n_2 : \ldots n_\alpha$ der Phase entsprechen, so bleibt bei dem Aufbau die Zusammensetzung der Phase dauernd dieselbe, infolgedessen sind die μ_i konstant, und wir bekommen durch Integration von (20) von den Teilchenzahlwerten 0 bis n_i:

$$G = n_1 \mu_1 + n_2 \mu_2 + \ldots n_\alpha \mu_\alpha . \tag{21}$$

Diese an sich schon sehr wichtige Beziehung, die in derselben Weise für die Zusammensetzung von V, W und S aus den v_i, w_i und s_i (bei konstantem Druck) gilt (die entsprechenden Formeln für die U, F, C_p, C_v spielen eine geringere Rolle), zeigt, daß *das Gesamtverhalten einer Einzelphase bereits durch die Untersuchung ihrer chemischen Potentiale vollkommen bestimmt ist.* [Man kann das direkt verifizieren, indem man die außer den μ_i noch zu bestimmenden Größen V und S bzw. V und W durch Differentiation von (21) nach p bzw. T gewinnt; die sich dann ergebenden Ausdrücke entsprechen der zu (21) analogen direkten Zerlegung von V, S und W, wenn man noch die Differentialbeziehungen (10), (12) und (14) zu Hilfe nimmt.]

Ändert man in (21) G durch Änderung der n_i bei konstanten p und T, so treten in dG jeweils zwei Gliederpaare $\mu_i\,dn_i$ und $n_i\,d\mu_i$ auf. Da nun nach (20) dG bereits gleich der Summe der $\mu_i\,dn_i$ allein ist, können die $n_i\,d\mu_i$ zu der Änderung von G nichts mehr beitragen; es ist also:

$$n_1\,d\mu_1 + n_2\,d\mu_2 + \ldots + n_\alpha\,d\mu_\alpha = 0$$

und nach Division durch $n = \sum n_i$:

$$x_1\,d\mu_1 + x_2\,d\mu_2 + \ldots + x_\alpha\,d\mu_\alpha = 0 \qquad (22)$$

(Ebenso $x_1\,dw_1 + x_2\,dw_2 + \ldots + x_\alpha\,dw_\alpha = 0$ usw.)

Hiermit haben wir die allgemeinen Beziehungen gewonnen, die zwischen den Teilchenzahländerungen der μ usw. bei konstantem p und T für eine Einzelphase bestehen. Betrachten wir ein beliebiges erweitertes System, so haben wir α unabhängige Teilchenzahländerungen $dn_1 \ldots dn_\alpha$, und für jede muß eine Gleichung (22) gelten. Kürzen wir mit dn_i, so erhalten wir also α-Gleichungen von der Form:

$$n_1 \frac{\partial \mu_1}{\partial n_i} + n_2 \frac{\partial \mu_2}{\partial n_i} + \ldots n_\alpha \frac{\partial \mu_\alpha}{\partial n_i} = 0 \qquad (23)$$

(alle Änderungen bei konstantem p!). Wir bemerken noch, daß diese Beziehungen wegen (11) auch in der Form geschrieben werden können:

$$n_1 \frac{\partial \mu_i}{\partial n_1} + n_2 \frac{\partial \mu_i}{\partial n_2} + \ldots n_\alpha \frac{\partial \mu_i}{\partial n_\alpha} = 0 \quad (i = 1, 2 \ldots \alpha)\,. \qquad (23\text{a})$$

In dieser Form kann man sie auch direkt aus der Gleichung $d\mu_i = 0$ ableiten, angewandt auf solche Änderungen der Teilchenzahlen, bei denen die dn_i sich verhalten wie die n_i selbst, so daß keine spezifische Änderung der Phase eintritt.

Die Größen $\frac{\partial \mu}{\partial n_i}, \frac{\partial w}{\partial n_i}$ usw., die in den Beziehungen (11) und (23) auftreten, spielen eine große Rolle, erstens bei der Bestimmung der Konzentrationsabhängigkeit der μ, w usw. von einem Konzentrationsfixpunkt aus, zweitens bei Betrachtungen über den Richtungssinn gewisser Veränderungen (§ 4; Kap. F und G). Es wird daher eine Übersicht über die Zahl der unabhängigen $\frac{\partial \mu}{\partial n}$ bei verschiedenen Bestandteilzahlen α interessieren. Primär treten α^2 solche Größen auf; durch die Beziehungen (11) sind, wie man durch Aufzeichnung des (determinantenartigen) Schemas dieser Differentialquotienten leicht ermittelt, $\frac{\alpha(\alpha-1)}{2}$ Beziehungen zwischen ihnen gegeben, die Gleichungen (23) liefern α weitere Beziehungen. Im ganzen sind also $\alpha^2 - \frac{\alpha(\alpha-1)}{2} - \alpha = \frac{\alpha(\alpha-1)}{2}$ von diesen Größen unabhängig voneinander, d. h. bei zwei Bestandteilen 1, bei drei Bestandteilen 3, bei 4 : 6 usw.

An Stelle der $\frac{\partial \mu}{\partial n}$ werden in praxi noch häufiger gebraucht die $\frac{\partial \mu}{\partial x}$, die im Gegensatz zu den $\frac{\partial \mu}{\partial n}$ wieder spezifische, von der Gesamtmenge unabhängige Größen sind. Da von den x_i nur $\alpha - 1$ unabhängig sind (es ist ja immer $\sum x_i = 1$), muß man bei der partiellen Differentiation nach einem x_i immer genau vorschreiben, auf Kosten welches oder welcher Bestandteile die Molenbruchvergrößerung des betrachteten Bestandteils gehen soll. Wir werden uns im folgenden häufig die Änderung der x_i so vorgenommen denken, daß die anderen $x_2 \ldots x_\alpha$ dabei ungeändert bleiben, dx_1 aber $= -\,dx_i$ wird, also alle Änderungen auf Kosten des ersten unabhängigen Bestandteils (in wässeriger Lösung z. B. des Wassers) gehen. Für eine so präzisierte partielle Änderung von x_i erhalten wir dann aus (22) die Beziehung:

$$x_1 \frac{\partial \mu_1}{\partial x_2} + x_2 \frac{\partial \mu_2}{\partial x_2} + \ldots + x_\alpha \frac{\partial \mu_\alpha}{\partial x_2} = 0 \tag{24}$$

und dazu noch $\alpha - 2$ entsprechende weitere Gleichungen für die Konzentrationsänderungen der Stoffe 3 bis α. Diese Beziehungen werden später eine Rolle spielen, besonders in Phasen mit nur zwei unabhängigen Bestandteilen; wir haben dann:

$$\frac{\partial \mu_1}{\partial x_2} = -\frac{x_2}{x_1} \frac{\partial \mu_2}{\partial x_2}. \tag{24a}$$

(Ebenso für w: $\quad \dfrac{\partial w_1}{\partial x_2} = -\dfrac{x_2}{x_1} \dfrac{\partial w_2}{\partial x_2}$ usw.)

Weitere Beziehungen zwischen den $\frac{\partial \mu}{\partial x}$, die den Differentialbeziehungen (11) zwischen den $\frac{\partial \mu}{\partial n}$ entsprechen, erhält man, indem man die molare Gibbssche Funktion g bei konstantem p nach den x differenziert. Man findet zunächst, äquivalent mit (21):

$$g = x_1 \mu_1 + x_2 \mu_2 + \ldots x_\alpha \mu_\alpha. \tag{21a}$$

Durch Differentiation nach x_i ergibt sich hieraus, mit der vorgeschriebenen Bedeutung der partiellen Änderung der x, und unter Berücksichtigung von (22):

$$\frac{\partial g}{\partial x_i} = \mu_i - \mu_1,$$

also durch nochmalige Differentiation z. B.:

$$\frac{\partial (\mu_2 - \mu_1)}{\partial x_3} = \frac{\partial (\mu_3 - \mu_1)}{\partial x_2} \quad \text{usw.} \tag{25}$$

Indem man die Zahl der Gleichungen (24a) und (25) mit der Zahl der primär eingeführten $\frac{\partial \mu}{\partial x}$ vergleicht, findet man, daß ebensoviel unabhängige $\frac{\partial \mu}{\partial x}$ wie $\frac{\partial \mu}{\partial n}$ existieren, nämlich $\frac{\alpha(\alpha - 1)}{2}$. Für zwei Bestandteile sind also durch ein $\frac{\partial \mu}{\partial x}$ alle weiteren gegeben, bei drei Bestandteilen müssen drei $\frac{\partial \mu}{\partial x}$ bekannt sein usw.

Genau die gleichen Beziehungen (20) bis (25) und die gleichen Abzählungen gelten für alle anderen partiellen molaren Größen bei konstantem Druck, also z. B. die v_i, w_i, s_i, c_{pi}.

§ 11. Praktisches Verfahren beim Aufbau von Reaktionseffekten.

Vorbemerkung. Das im vorangehenden Paragraphen geschilderte Verfahren ermöglicht zwar, zugleich mit der Bestimmung der charakteristischen thermodynamischen Funktion der Einzelphase, auch die Bestimmung aller Reaktionseffekte, z. B. von $\mathfrak{K}$ und $\mathfrak{W}$, die sich ja aus den μ_i und w_i zusammensetzen lassen. Dies Verfahren verlangt jedoch, daß die thermodynamischen Funktionen, also letzten Endes U und S, in bezug auf die geschilderten absoluten Nullpunkte der Energie und Entropie bekannt sind, und das ist nur bei den wenigsten Substanzen wirklich der Fall. In den meisten Fällen ist man daher genötigt, sich die Kenntnis der $\mathfrak{K}$ und $\mathfrak{W}$ in Abhängigkeit von p, T und den x der beteiligten Phasen in anderer Weise zu verschaffen: man benutzt die thermodynamischen

Beziehungen der §§ 4 und 5, um die Druck- und Temperaturabhängigkeit der $\mathfrak{K}$ und $\mathfrak{W}$ auf Messung von Volumeffekten und Wärmekapazitäten zurückzuführen, behält aber als temperatur- und druckunabhängige „Konstanten" dann doch noch Größen übrig, die nur durch Reaktionsuntersuchungen bestimmt werden können. Wir werden dies Verfahren zunächst für Reaktionen zwischen reinen Substanzen erläutern; für die Reaktionen in und zwischen Mischphasen hat nämlich die Praxis noch eine besondere Methode herausgebildet, bei der die Untersuchung der Konzentrationsabhängigkeit der $\mathfrak{K}$ und $\mathfrak{W}$ als Sonderaufgabe abgespalten wird. Wir werden also auf die Mischphasen erst bei Besprechung dieses Verfahrens einzugehen haben.

Reaktionen zwischen reinen[1] Substanzen, Temperatur- und Druckabhängigkeiten. Für die *Temperaturabhängigkeit der Reaktionswärmen* bei konstantem Druck $\left[\mathfrak{S} = \frac{\partial S}{\partial \lambda}_{(p)}, \ \mathfrak{W} = \frac{\partial W}{\partial \lambda}_{(p)}\right.$ und $\mathfrak{L} = T\mathfrak{S} = \mathfrak{W} - \mathfrak{K}$, vgl. § 4, Gleichung (15) und § 5, Gleichung (7) und (8)$\Big]$ gelten nach Gleichung (19), § 4 und (16), § 5, allgemein die Beziehungen:

$$\frac{\partial \mathfrak{W}}{\partial T} = T\frac{\partial \mathfrak{S}}{\partial T} = T\frac{\partial}{\partial T}\left(\frac{\mathfrak{L}}{T}\right) = \frac{\partial l^T}{\partial \lambda}. \tag{1}$$

l^T bedeutet hier die Wärmekapazität des ganzen aus verschiedenen reinen Substanzen bestehenden Systems bei konstantem Druck. Diese Wärmekapazität setzt sich, wie man auch ohne Zurückgehen auf die Überlegungen des § 10 ohne weiteres erkennt, aus den Wärmekapazitäten der Einzelphasen additiv zusammen; und jede (reine) Einzelphase wird von dem Ablauf der Reaktion λ nur in der Weise betroffen, daß einer Änderung $d\lambda$ eine (positive oder negative) Änderung $dn_i = \nu_i\, d\lambda$ ihrer Teilchenzahlen entspricht. Da nun für jede reine Phase $l^{T(i)} = n_i\, c_p^{(i)}$ ist, ist die Änderung von $l^{T(i)}$ mit λ

$$\frac{\partial l^{T(i)}}{\partial \lambda} = \frac{\partial l^{T(i)}}{\partial n_i} \cdot \frac{\partial n_i}{\partial \lambda} = \nu_i\, c_p^{(i)}. \tag{2}$$

Hier bedeutet $c_p^{(i)}$ die spezifische Wärme der betreffenden reinen Phase, die vom Stoff i gebildet wird. (Wir erinneren daran, daß die hochgestellten eingeklammerten Indizes an allen Arbeits- und Wärmekoeffizienten Phasenbezeichnungen, die tiefgestellten, nicht eingeklammerten, Stoffbezeichnungen darstellen. Diese letzteren treten nur bei partiellen Eigenschaften von Stoffen in Mischphasen auf, da sie bei reinen Phasen durch die Phasenbezeichnung entbehrlich gemacht werden.)

Übertragen wir das Resultat (2) in Gleichung (1), so erhalten wir durch Integration über die Temperatur von T_0 bis T:

$$\mathfrak{W} = \mathfrak{W}_{(T_0)} + \sum \nu_i \int_{T_0}^{T} c_p^{(i)}\, dT \tag{3}$$

$$\mathfrak{S} = \mathfrak{S}_{(T_0)} + \sum \nu_i \int_{T_0}^{T} \frac{c_p^{(i)}}{T}\, dT \tag{4}$$

$$\mathfrak{L} = T \cdot \frac{\mathfrak{L}_{(T_0)}}{T_0} + T \sum \nu_i \int_{T_0}^{T} \frac{c_p^{(i)}}{T}\, dT. \tag{5}$$

---

[1] Man erinnere sich, daß „reine" Phasen (z. B. Wasser) nur eine resistente Gruppe (hier H_2O) enthalten, aber keineswegs nur aus einer Molekülart oder gar Atomart zu bestehen brauchen.

Diese Beziehungen gelten für jeden konstanten Druck; sie werden meist gebraucht für einen Normaldruck p_0, gewöhnlich eine Atmosphäre.

Für die *Temperaturabhängigkeit von* $\mathfrak{K}$ *und* $\frac{\mathfrak{K}}{T}$ gelten nach (18), § 4, und (15), § 5, bei konstantem Druck folgende Beziehungen:

$$\frac{\partial \mathfrak{K}}{\partial T} = -\mathfrak{S} = -\frac{\mathfrak{L}}{T}\,; \quad \frac{\partial}{\partial T}\left(\frac{\mathfrak{K}}{T}\right) = -\frac{\mathfrak{W}}{T^2}.$$

Hieraus ergeben sich, zusammen mit (4) bzw. (3) für den Temperaturaufbau von $\mathfrak{K}$ folgende beiden Darstellungen:

$$\mathfrak{K} = \mathfrak{K}_{(T_0)} - \int_{T_0}^{T} \mathfrak{S}\, dT = \mathfrak{K}_{(T_0)} - (T - T_0)\,\mathfrak{S}_{(T_0)} - \sum \nu_i \int_{T_0}^{T} dT \int_{T_0}^{T} \frac{c_p^{(i)}}{T}\, dT \qquad (6a)$$

$$\frac{\mathfrak{K}}{T} = \frac{\mathfrak{K}_{(T_0)}}{T_0} - \int_{T_0}^{T} \frac{\mathfrak{W}}{T^2}\, dT = \frac{\mathfrak{K}_{(T_0)}}{T_0} - \frac{\mathfrak{W}_{(T_0)}}{T_0} + \frac{\mathfrak{W}_{(T_0)}}{T} - \sum \nu_i \int_{T_0}^{T} \frac{dT}{T^2} \int_{T_0}^{T} c_p^{(i)}\, dT \qquad (6b)$$

In (6a) kann hierbei noch $\mathfrak{K}_{(T_0)} - (T - T_0)\,\mathfrak{S}_{(T_0)} = \mathfrak{W}_{(T_0)} - T\,\mathfrak{S}_{(T_0)}$, in (6b) $\frac{\mathfrak{K}_{(T_0)} - \mathfrak{W}_{(T_0)}}{T_0} = -\mathfrak{S}_{(T_0)}$ gesetzt werden.

Eine dritte Darstellung von $\mathfrak{K}$ ergibt sich, indem man $\mathfrak{K} = \mathfrak{W} - T\mathfrak{S}$ setzt und die Ausdrücke (3) und (4) entsprechend kombiniert:

$$\mathfrak{K} = \mathfrak{W}_{(T_0)} - T\,\mathfrak{S}_{(T_0)} + \sum \nu_i \left\{ \int_{T_0}^{T} c_p^{(i)}\, dT - T \int_{T_0}^{T} \frac{c_p^{(i)}}{T}\, dT \right\}. \qquad (6c)$$

Aus dem Vergleich von (6a) bis (6c) erkennt man, daß die Beziehungen bestehen müssen:

$$\int_{T_0}^{T} dT \int_{T_0}^{T} \frac{c_p^{(i)}}{T}\, dT = T \int_{T_0}^{T} \frac{dT}{T^2} \int_{T_0}^{T} c_p^{(i)}\, dT = T \int_{T_0}^{T} \frac{c_p^{(i)}}{T}\, dT - \int_{T_0}^{T} c_p^{(i)}\, dT\,, \qquad (7)$$

wovon man sich in der Tat durch direkte Umformung der Integrale überzeugen kann.

Für die Druckabhängigkeit von $\mathfrak{K}$ gilt in Systemen, deren verschiedene Phasen unter dem gleichen Druck stehen (auf welchen Fall wir uns hier beschränken), nach Gleichung (16), § 4 und (17), § 10:

$$\frac{\partial \mathfrak{K}}{\partial p} = \mathfrak{V} = \sum \nu_i v_i\,,$$

also für ein System, in dem die reagierenden Stoffe reine Phasen bilden:

$$\frac{\partial \mathfrak{K}}{\partial p} = \sum \nu_i v^{(i)}\,.$$

Hiernach gilt für eine beliebige Temperatur T:

$$\mathfrak{K} = \mathfrak{K}_{(p_0)} + \sum \nu_i \int_{p_0}^{p} v^{(i)}\, dp\,. \qquad (8)$$

Ebenso notieren wir die, im allgemeinen nur zur Umrechnung von Beobachtungswerten auf Normaldrucke gebrauchten, Beziehungen:

$$\mathfrak{W} = \mathfrak{W}_{(p_0)} - \sum \nu_i \int_{p_0}^{p} T^2 \frac{\partial}{\partial T}\left(\frac{v^{(i)}}{T}\right) dp\,, \qquad (9)$$

$$\mathfrak{S} = \mathfrak{S}_{(p_0)} - \sum \nu_i \int_{p_0}^{p} \frac{\partial v^{(i)}}{\partial T}\, dp\,. \qquad (10)$$

Einen Aufbau von $\mathfrak{K}$, in dem die Temperatur- und Druckabhängigkeit auf Messungen der $c_p^{(i)}$ und $v^{(i)}$ zurückgeführt wird, erhält man, indem man $\mathfrak{K}_{(p_0)}$ in Gleichung (10) durch eine der Gleichungen (6) als Funktion von T ausdrückt, wobei die $c_p^{(i)}$ jeweils bei dem gewählten Normaldruck p_0 zu bestimmen sind. Wir notieren diesen gesamten Aufbauausdruck für $\frac{\mathfrak{K}}{T}$ nach (6):

$$\frac{\mathfrak{K}}{T} = \frac{\mathfrak{K}_{(T_0,\, p_0)}}{T_0} - \int_{T_0}^{T} \frac{\mathfrak{W}_{(p_0)}}{T^2}\, dT + \sum \nu_i \int_{p_0}^{p} \frac{v^{(i)}}{T}\, dp\,,$$

$$\frac{\mathfrak{K}}{T} = -\,\mathfrak{S}_{(T_0,\, p_0)} + \frac{\mathfrak{W}_{(T_0,\, p_0)}}{T} - \sum \nu_i \int_{T_0}^{T} \frac{dT}{T^2} \int_{T_0}^{T} c_p^{(i)}\, dT + \sum \nu_i \int_{p_0}^{p} \frac{v^{(i)}}{T}\, dp\,. \qquad (11)$$

Darstellungen dieser Art sind praktisch von großer Bedeutung, weil in ihnen alles, was die Temperatur- und Druckabhängigkeit der $\mathfrak{K}$ angeht, auf gewisse Manipulationen mit den spezifischen Wärmen und spezifischen Volumen der einzelnen Stoffe explizit zurückgeführt ist. Wie man sieht, treten außer diesen Größen nur zwei Konstanten auf, welche die Bedeutung einer Entropieänderung und einer irreversibeln Wärmetönung unter Normalbedingungen des Druckes und der Temperatur haben.

Es erübrigt sich, näher darauf einzugehen, daß ganz analog unseren Ausdrücken für $\mathfrak{W}$, $\mathfrak{S}$, $\mathfrak{L}$ und $\mathfrak{K}$ in Abhängigkeit von T und p Darstellungen für $\mathfrak{U}$, $\mathfrak{S}_{(v)}$, $\mathfrak{L}_{(v)}$ und $\mathfrak{K}$ in Abhängigkeit von T und V (mit c_v als wesentlicher Meßgröße) gegeben werden können. Man muß zur Aufstellung dieser Formeln die Gleichungen (6), (8), (10), (11) des § 4 und (4) und (5) des § 5 heranziehen. Wegen der weit geringeren praktischen Bedeutung der so erhaltenen Ausdrücke können wir hier von ihrer Aufführung absehen.

Die Reaktionskonstanten und ihr Zusammenhang mit den Standardwerten. In Gleichung (11) und den analogen aus (6a) und 6c) entwickelten Ausdrücken begegnen uns zum ersten Male die in der Theorie der chemischen Arbeiten und Gleichgewichte so wichtigen „Reaktionskonstanten", hier zwei Konstanten $\mathfrak{S}_0$ und $\mathfrak{W}_0$ in der Verbindung $-\,\mathfrak{S}_0 + \frac{\mathfrak{W}_0}{T}$. (Wir bezeichnen vorübergehend $\mathfrak{S}_{(p_0,\, T_0)}$ mit $\mathfrak{S}_0$, $\mathfrak{W}_{(p_0,\, T_0)}$ mit $\mathfrak{W}_0$; Größen, die sich auf den absoluten Nullpunkt der Temperatur beziehen, werden in den folgenden Paragraphen mit Abkürzung des Index ($T = 0$) durch den Index (0) bezeichnet, also z. B. $\mathfrak{S}_{(T=0)} = \mathfrak{S}_{(0)}$. Eine Verwechslung mit den für beliebige Ausgangszustände p_0, T_0 geltenden Reaktionsgrößen $\mathfrak{S}_0$, $\mathfrak{W}_0$ und $\mathfrak{K}_0$ ist also bei Beachtung der Indizes ausgeschlossen.)

Die Bezeichnung „Reaktionskonstante" stammt aus einer Zeit, wo wenigstens für das von T unabhängige Glied dieses Ausdruckes (also $\mathfrak{S}_0$) die thermodynamische Bedeutung nicht immer klar hervorgehoben wurde, aus der Periode der „Thermodynamik mit unbestimmten Konstanten". Man wird jetzt vorziehen, wie es für $\mathfrak{W}_0$ wohl auch früher meistens geschehen ist, in den auftretenden Konstanten ihre thermodynamische Bedeutung, die zugleich den Hinweis auf ihre Bestimmbarkeit in sich birgt, schon durch die Bezeichnung zum Ausdruck zu bringen, also $\mathfrak{S}_0 = \mathfrak{S}_{(p_0,\, T_0)}$ anstatt einer unbestimmten Konstanten a zu schreiben. Dann ist man gezwungen, sich zu vergegenwärtigen, daß die hier auftretenden Konstanten keineswegs durch die Reaktion als solche vollkommen festgelegt sind, sondern noch von der Wahl der Normalzustände p_0 und T_0 abhängen; außerdem können aber, bei einer expliziten Entwicklung der in (11) auftretenden Integrale, aus diesen Integralen noch *weitere* temperatur- und druckunabhängige Konstanten heraustreten, die in einer geschlossenen funktionalen Darstellung zu $\mathfrak{S}_0$ oder $\frac{\mathfrak{W}_0}{T}$ hinzutreten und somit neue Konstanten von anderer Bedeutung schaffen (vgl. insbesondere die Verhältnisse bei Gasen, § 13).

Halten wir uns also bei der Diskussion der Reaktionskonstanten an die in ganz bestimmter Weise definierten Ausdrücke $\mathfrak{S}_0$ und $\mathfrak{W}_0$, so bieten sich uns zu ihrer Bestimmung verschiedene Wege. Neben der Möglichkeit, sie durch direkte Messung von je einem $\mathfrak{W}$- und $\mathfrak{K}$-Wert (oder Gleichgewicht) bei irgendeinem Temperatur- und Druckwert zu ermitteln, interessiert uns hier namentlich das Verfahren, sie aus bekannten $\mathfrak{S}_0$- und $\mathfrak{W}_0$-Werten anderer Reaktionen zu kombinieren. Hierbei erweist sich z. B. das schon in § 6 besprochene LEWIS-RANDALLsche Schema der Standardbildungswerte $\mathfrak{k}$ und $\mathfrak{w}$, soweit darin reine Substanzen[1] als Bildungsprodukte auftreten, als unmittelbar geeignet. $\mathfrak{S}_0$ ist ja durch $\frac{\mathfrak{K}_0 - \mathfrak{W}_0}{T_0}$ bestimmt, es genügt also die Kenntnis der $\mathfrak{K}_0$- und $\mathfrak{W}_0$-Werte (die man auch unmittelbar in den Ausdrücken (4), (5), (6) und (11) auftreten lassen könnte) der betreffenden Reaktion. Diese setzen sich aber nach dem Satze der konstanten Arbeits- und Wärmesummen aus den durch die $\mathfrak{k}$ und $\mathfrak{w}$ bestimmten Standardwerten der Aufbaureaktionen der einzelnen reinen Stoffe (aus vorgeschriebenen Normalzuständen) nach den schon in § 6 besprochenen Regeln

$$\mathfrak{K}_{(298^\circ,\, 1\,\text{Atm.})} = \sum \nu_i \mathfrak{k}_i \tag{12}$$

$$\mathfrak{W}_{(298^\circ,\, 1\,\text{Atm.})} = \sum \nu_i \mathfrak{w}_i \tag{13}$$

zusammen.

Ist die $\mathfrak{s}$-Tabelle ausgerechnet, so kann man hier natürlich statt $\mathfrak{K}$ auch

$$\mathfrak{S}_{(298^\circ,\, 1\,\text{Atm.})} = \sum \nu_i \mathfrak{s}_i$$

direkt benutzen.

Chemische Konstanten verschiedener Art, Entropiekonstanten. Durch die Gleichungen (12) und (13) ist für Reaktionen zwischen reinen Substanzen eine Zerlegung gewonnen, die mit der des § 10 eine gewisse Ähnlichkeit hat. Eine Reaktionsgröße ist zurückgeführt auf Einzelgrößen der an der Reaktion beteiligten Stoffe, wobei diese Einzelgrößen allerdings selbst wieder Reaktionsgrößen für die Aufbaureaktionen der betreffenden Stoffe sein können (falls der Stoff als Grundstoff des Aufbauschemas auftritt, ist allerdings $\mathfrak{k}$ usw. $= 0$). Man kann diese Parallele weiter verfolgen und feststellen, daß ein Schema, bei dem alle Phasen aus denselben Grundstoffen in denselben Grundzuständen aufgebaut werden, ebenfalls alle Bedingungen des energie- und entropielosen Stoffaustausches im Grundzustand erfüllt, eben weil der Ausgangsbezugszustand für jede Phase der gleiche ist. Wir sehen jedoch von der Verfolgung derartiger Gedankengänge ab und konstatieren nur, daß es möglich ist, die Konstanten $\mathfrak{K}_0$, $\mathfrak{W}_0$ und $\mathfrak{S}_0$ der Reaktionen zwischen reinen Phasen zurückzuführen auf *Einzelkonstanten* $\mathfrak{k}$, $\mathfrak{w}$ und $\mathfrak{s}$, die den an der Reaktion beteiligten reinen *Stoffen* eigentümlich sind. Derartige nur auf einen einzelnen Stoff bezügliche Größen, aus denen sich die Reaktionskonstanten zusammensetzen lassen, bezeichnet man allgemein mit dem Sammelnamen „*Chemische Konstanten*".

---

[1] Da sich bei Gasen die $\mathfrak{k}$- und $\mathfrak{w}$-Werte nicht auf den wirklichen Druck 1 Atm., sondern auf einen idealisierten Zustand beziehen, erfährt bei Benutzung der Standardwerte in dem Ausdruck (11) das druckabhängige Glied noch eine bestimmte, in § 14 zu besprechende kleine Korrektur, falls merkliche Abweichungen des realen Gases von den idealen Gesetzen vorliegen.

Sind die $\mathfrak{K}_0$ usw. auf eine konventionelle Ausgangstemperatur bezogen oder ist der Bezugszustand der beteiligten Stoffe, wie in dem LEWIS-Schema, in konventioneller Weise festgelegt, so wird man die dabei auftretenden Stoffkonstanten als „*konventionelle* Chemische Konstanten" bezeichnen[1]. Im Gegensatz dazu stehen die *absoluten* Chemischen Konstanten, auf die wir geführt werden, wenn wir uns jetzt der anderen, theoretischen, Möglichkeit zur Bestimmung der Reaktionskonstanten, besonders der $\mathfrak{S}_0$, zuwenden. Diese Möglichkeit beruht auf der Darstellung der $\mathfrak{K}_0$, $\mathfrak{W}_0$ und $\mathfrak{S}_0$ durch die absoluten thermodynamischen Funktionen der einzelnen an der Reaktion beteiligten reinen Phasen. Nach § 10, Gleichung (17) bzw. (6) und (15) ist, in Spezialisierung auf reine Phasen (s_i wird dann zu $s^{(i)}$, usw.):

$$\left.\begin{aligned} \mathfrak{S}_0 &= \sum \nu_i s_0^{(i)} \\ \mathfrak{W}_0 &= \sum \nu_i w_0^{(i)} \\ \mathfrak{K}_0 &= \sum \nu_i \mu_0^{(i)} = \sum \nu_i \left(w_0^{(i)} - T \cdot s_0^{(i)}\right) \end{aligned}\right\} \qquad (14)$$

wobei die $s_0^{(i)}$ usw. die *absolute* molare Entropie usw. der betreffenden reinen Phase i in dem betreffenden Nullzustand (p_0, T_0) bedeuten.

Durch (14) ist die Bestimmung der Reaktionskonstanten auf die Berechnung absoluter Energie- und Entropiekonstanten in Normalzuständen zurückgeführt. Von diesen Gleichungen sind die für $\mathfrak{W}_0$ und $\mathfrak{K}_0$ im allgemeinen weniger wichtig, weil die Absolutbestimmung der w nur in seltenen Fällen möglich ist; desto wichtiger ist jedoch die Zurückführung von $\mathfrak{S}_0$ auf die Absolutentropien s_0, besonders bei Gasen. Wir kommen hierauf in § 13 zurück, wo wir auch die mit einer speziellen Wahl des Nullzustandes zusammenhängenden „Entropiekonstanten idealer Gase" genau definieren werden.

Über die Bedeutung der $\mathfrak{S}_0$-Beziehung (14) für reine feste Körper wollen wir hier bereits bemerken, daß nach dem NERNSTschen Theorem (§ 12) für Reaktionen zwischen reinen festen Körpern $\mathfrak{S}_{(T=0)}$ gleich Null ist, in Übereinstimmung mit der Feststellung, daß alle reinen festen Körper sich bei dieser Temperatur im Zustand vollkommener Ordnung befinden ($s^{(i)}_{(T=0)} = 0$).

Auf die Spezialformen, die die Gleichungen (3) bis (6) und (11) für den Bezugszustand $T_0 = 0$ annehmen, kommen wir ebenfalls bei Besprechung des NERNSTschen Theorems zurück.

Wir bemerken schließlich noch, daß, wenn man die Beziehungen (14) in (3) bis (11) einsetzt, sich eine Zusammensetzung aller Reaktionsgrößen aus Summen über gewisse mit ν_i multiplizierte Einzelgrößen der reinen Phasen ergibt, die sich als eine Folgerung aus den Gleichungen $\mathfrak{K} = \sum \nu_i \mu_i$ usw. des § 10, nebst den Differentialbeziehungen für die μ_i usw., erweist. Wir haben jedoch hier vermieden, die Beziehungen (3) bis (11) von vornherein auf Grund einer solchen Zerlegung in absolut berechnete Einzelgrößen abzuleiten, weil es häufig nur eine unnötige Komplikation darstellt, wenn man sich die $\mathfrak{S}_0$, $\mathfrak{W}_0$ und $\mathfrak{K}_0$ aus absoluten Einzelentropien usw. zusammengesetzt denkt.

Reaktionen zwischen Mischphasen. Wenn wir nunmehr die Methoden der $\mathfrak{K}$- und $\mathfrak{W}$-Bestimmung bei Reaktionen in und zwischen Mischphasen besprechen, so würden wir fürchten den Leser durch allgemeine Betrachtungen, deren Anwendungen erst in den Spezialfällen der Gasmischungen, wässerigen Lösungen usw. Interesse gewinnt. allzusehr zu ermüden, wenn es nicht möglich wäre, die Behandlung der Mischphasen durch einen einzigen Gedanken, der in neuerer Zeit die Theorie der Mischphasenreaktionen sehr

---

[1] Vgl. hierzu § 19.

glücklich beeinflußt hat, an die Theorie der Reaktionen zwischen reinen Substanzen anzuschließen.

Dieser in ähnlicher Form hauptsächlich von G. N. LEWIS propagierte Gedanke besteht darin, daß man die Reaktionsabläufe in und mit Mischphasen, und damit nach dem Gesetz der konstanten Arbeits- und Wärmesummen auch die Reaktionsgrößen $\mathfrak{R}$, $\mathfrak{W}$, $\mathfrak{S}$ usw., *zusammensetzt* aus Normalreaktionen (wir wollen sie als *Grundreaktionen* bezeichnen), die sich in oder zwischen den betreffenden Mischphasen in gewissen *Normalzuständen der Konzentration* (*Grundzuständen*) abspielen, und aus *Restreaktionen*, bei denen der betreffende Bestandteil i *aus der normal-konzentrierten Mischphase* (kurz: *Grundmischphase*) *in die beliebig konzentrierte Mischphase übergeführt wird.* So wird z. B. beim Schmelzen von Eis in einer wässerigen Salzlösung (bei $t < 0^0$ C) die Reaktion zerlegt in den Übergang von dn Mol H_2O aus der Eisphase in die unterkühlte salzfreie Wasserphase (Konzentration 0 als Grundkonzentration) der gleichen Temperatur und den weiteren Transport der dn Mol Wasser aus dieser reinen Wasserphase in die Salzlösungsphase gleicher Temperatur. Oder die Knallgasreaktion in einer (O_2, H_2, H_2O)-Gasmischphase wird zerlegt in eine (infinitesimale) Reaktion zwischen den getrennten reinen Gasphasen O_2(g), H_2(g) und H_2O(g), jede unter dem Druck des wirklichen Gasgemisches, und die Überführung der dabei umgesetzten dn_{O_2}, dn_{H_2} und dn_{H_2O} in die wirkliche Mischphase. Dies ist übrigens ein Beispiel, in dem für die verschiedenen reagierenden Stoffe derselben Mischphase *verschiedene* Grundkonzentrationen der Phase angenommen werden, nämlich jeweils die der betreffenden *reinen* Gase; solche Festsetzungen betrachten wir allgemein als erlaubt. In unseren beiden Beispielen sind die Grundzustände der betrachteten Phasen immer reine Stoffe. Das braucht aber keineswegs allgemein der Fall zu sein, vielmehr haben für flüssige Lösungen die, in gewisser Weise auf endliche Konzentrationen extrapolierten, Zustände der „unendlich verdünnten Lösung" eine große Bedeutung; in anderen Fällen wird man Zustände mit einem gewissen einfachen Verhältnis der Molenzahlen ihrer Bestandteile als Grundkonzentrationszustände wählen (geordnete Mischphasen, §§ 21 und 22). Das wird alles in den betreffenden Spezialfällen zu besprechen sein; vorläufig genügt uns der Begriff gewisser durch alle Temperaturen und Drucke gleichmäßig festgehaltener, evtl. für die verschiedenen Stoffe derselben Phase verschiedener Konzentrationsgrundzustände der betreffenden Mischphasen, um die folgenden einfachen Erörterungen darauf aufzubauen.

Wir bezeichnen alle Reaktionsgrößen, die sich auf Reaktionen zwischen den gewählten Grundzuständen beziehen, durch fette Buchstaben: $\boldsymbol{\mathfrak{R}}$, $\boldsymbol{\mathfrak{W}}$, $\boldsymbol{\mathfrak{S}}$ usw. Die in § 6, S. 179 eingeführten Standardgrößen $\boldsymbol{\mathfrak{R}}$ und $\boldsymbol{\mathfrak{W}}$ decken sich, soweit Mischphasen an der Standardreaktion teilnehmen, mit diesen Grundreaktionsgrößen bzw. sind Spezialfälle von ihnen, da sie speziell für $T = 298^0$ und $p = 1$ Atm. gelten. Dieser Besonderheit wird nötigenfalls durch entsprechende Indizes Rechnung getragen. Die Standardbildungsgrößen $\boldsymbol{\mathfrak{R}}$, $\boldsymbol{\mathfrak{W}}$ (und $\boldsymbol{\mathfrak{S}}$) des § 6 sind noch weitergehende Spezialisierungen unserer Grundreaktionsgrößen, da sie sich nur auf „Standard-Bildungsreaktionen" beziehen. Die gewählten Standardzustände der Konzentration von Mischphasen sind in allen diesen Fällen dieselben, die als „Grundkonzentrationen" praktisch in Frage kommen. *Die Restgrößen*, die also der Überführung des betreffenden Stoffes i aus seiner Grundphase in die wirkliche Mischphase entsprechen, *bezeichnen wir mit kleinen Buchstaben*, denen der Index des betreffenden Stoffes angehängt wird, also $\mathfrak{k}_i$, $\mathfrak{w}_i$, $\mathfrak{s}_i$; da sich diese Größen auf die Überführung von 1 Mol des betreffenden Stoffes beziehen sollen, sind die zur Vervollständigung der Reaktionen hinzuzunehmenden Beträge durch $\nu_i \mathfrak{k}_i$, $\nu_i \mathfrak{w}_i$, $\nu_i \mathfrak{s}_i$ usw. gegeben. Wir haben also namentlich folgende Zerlegungen:

$$\left.\begin{aligned} \mathfrak{K} &= \boldsymbol{\mathfrak{K}} + \sum \nu_i \mathfrak{k}_i \\ \mathfrak{W} &= \boldsymbol{\mathfrak{W}} + \sum \nu_i \mathfrak{w}_i \\ \mathfrak{S} &= \boldsymbol{\mathfrak{S}} + \sum \nu_i \mathfrak{s}_i \\ \mathfrak{V} &= \boldsymbol{\mathfrak{V}} + \sum \nu_i \mathfrak{v}_i \end{aligned}\right\} \tag{15}$$

Hierbei bedeuten die $\mathfrak{k}_i$, der Definition der $\mathfrak{K}$ entsprechend, die Arbeitskoeffizienten der Grundphasen → Mischphasen-Überführung bei konstantem *Volum*, $\mathfrak{w}_i$ die irreversibeln Wärmetönungen dieser Überführung bei konstantem *Druck*, $\mathfrak{s}_i$ die Entropieänderungen, $\mathfrak{v}_i$ die Volumänderungen bei der betreffenden unter konstantem Druck vorgenommenen Überführung usw.

Wenden wir die Zerlegungen (6) und (17), § 10 auf die $\mathfrak{k}_i$, $\mathfrak{w}_i$ usw. an, so finden wir, daß sich diese Restgrößen als Differenzen der μ_i, w_i usw. der untersuchten Mischphase und der Grundphase auffassen lassen. Führen wir *auch für die partiellen Molgrößen in Grundmischphasen fette Buchstaben ein*, so schreiben sich diese Beziehungen:

$$\left.\begin{aligned} \mathfrak{k}_i &= \mu_i - \boldsymbol{\mu}_i \\ \mathfrak{w}_i &= w_i - \boldsymbol{w}_i \\ \mathfrak{s}_i &= s_i - \boldsymbol{s}_i \\ \mathfrak{v}_i &= v_i - \boldsymbol{v}_i \end{aligned}\right\}. \tag{16}$$

Der thermodynamische Aufbau der Grundgrößen. Für die $\boldsymbol{\mathfrak{K}}$, $\boldsymbol{\mathfrak{W}}$ usw. gelten nun ganz entsprechende Beziehungen wie die Beziehungen (3) bis (11) für die Reaktionsgrößen zwischen reinen Substanzen. Wenn der Grundkonzentrationszustand ein reiner Zustand ist, ist das ohne weiteres klar; wenn es sich aber um einen irgendwie normalisierten Mischzustand handelt, so ändert sich nichts, als daß für die Grundreaktionen λ statt der in (3) bis (7) benutzten Gleichung (2) die allgemeinere Gleichung zu setzen ist:

$$\frac{\partial l^T}{\partial \lambda} = \sum \nu_i \boldsymbol{c}_{p\,i}\,, \tag{2a}$$

d. h. statt der molaren Wärmekapazität der reinen Phasen i treten die partiellen Molwärmen der Stoffe i in den betreffenden Normalzuständen der Phasen auf[1]. (Für an der Reaktion etwa beteiligte reine Stoffe ist dann statt $\boldsymbol{c}_{p\,i}$ natürlich $c_p^{(i)}$ zu setzen.) Im übrigen gelten alle Beziehungen für $\frac{\partial \mathfrak{K}}{\partial T}$, $\frac{\partial \mathfrak{K}}{\partial p}$, $\frac{\partial \mathfrak{V}}{\partial T}$ usw. unverändert auch für die $\boldsymbol{\mathfrak{K}}$, $\boldsymbol{\mathfrak{V}}$ usw., wie sie ja allgemein für Veränderungen in Systemen gelten, deren Reaktionslaufzahlen bzw. Teilchenzahlen konstant gehalten werden. Wir notieren, um nur die wichtigsten Beispiele herauszugreifen, die Analoga zu (3) und (11):

$$\boldsymbol{\mathfrak{W}} = \boldsymbol{\mathfrak{W}}_{(T_0)} + \sum \nu_i \int_{T_0}^{T} \boldsymbol{c}_{p\,i}\, d\,T \tag{17}$$

$$\frac{\boldsymbol{\mathfrak{K}}}{T} = -\boldsymbol{\mathfrak{S}}_{(T_0,\,p_0)} + \frac{\boldsymbol{\mathfrak{W}}_{(T_0,\,p_0)}}{T} - \sum \nu_i \int_{T_0}^{T} \frac{d\,T}{T^2} \int_{T_0}^{T} \boldsymbol{c}_{p\,i}\, d\,T + \sum \nu_i \frac{1}{T} \int_{p_0}^{p} \boldsymbol{v}_i\, d\,p\,. \tag{18}$$

Für die hier auftretenden Konstanten $\boldsymbol{\mathfrak{S}}_{(p_0,\,T_0)} = \boldsymbol{\mathfrak{S}}_0$; $\boldsymbol{\mathfrak{W}}_0$, $\boldsymbol{\mathfrak{K}}_0$ usw. gelten dann weiter ganz ebenso wie früher die Zusammensetzungen (12) und (13) aus den entsprechenden Standardwerten der Aufbaureaktionen und die Zusammensetzungen (14) aus den absoluten molaren Entropien usw. der Stoffe i in den

[1] Die Ableitung dieser Gleichung ist der von (2) ganz analog.

einzelnen Grundphasen im Bezugszustand (p_0, T_0). Nur mit dem Unterschied, daß, wenn es sich nicht um reine Phasen handelt, die $\mathfrak{K}$-, $\mathfrak{W}$- usw. Werte sich auf die Mischphasen von Normalkonzentration beziehen müssen, und in den Beziehungen (14) die $\mathfrak{s}_{i0}$ usw. statt der $s_0^{(i)}$ usw. auftreten. Da sich Mischphasen thermisch im ungehemmten Gleichgewicht kaum bis $T = 0$ verfolgen lassen, hat hier jedoch die Bezugnahme auf den absoluten Nullpunkt und die absolute Berechnung der $\mathfrak{s}_{i(T=0)}$ keine praktische Bedeutung; um so wichtiger ist die Bestimmung der $\mathfrak{S}_0$ usw. aus Standardwerten $\mathfrak{s}$, $\mathfrak{w}$, $\mathfrak{k}$. Und wir werden später bei der Besprechung der flüssigen Lösungen sehen, daß hier die in dem LEWISschen Standardschema zugrunde gelegten Normalkonzentrationszustände der Lösungen gerade diejenigen sind, die in der Praxis für die Zerlegungen (15) gebraucht werden, so daß wir in der Tat auch hier haben:

$$\left.\begin{aligned} \mathfrak{S}_{(298^\circ,\,1\,\text{Atm.})} &= \sum \nu_i \mathfrak{s}_i \\ \mathfrak{W}_{(298^\circ,\,1\,\text{Atm.})} &= \sum \nu_i \mathfrak{w}_i \\ \mathfrak{K}_{(298^\circ,\,1\,\text{Atm.})} &= \sum \nu_i \mathfrak{k}_i \end{aligned}\right\}. \tag{19}$$

Damit ist aber die vollständige Bestimmung der $\mathfrak{K}$, $\mathfrak{W}$ usw. zurückgeführt auf gewisse Reaktionskonstanten und weiter auf Messungen von (partiellen) Wärmekapazitäten und Volumeffekten der Grundphasen.

Thermodynamische Beziehungen zwischen den Restgrößen. Ein thermodynamischer Temperatur- und Druckaufbau der Restgrößen $\mathfrak{k}$, $\mathfrak{w}$ usw. könnte, da es sich um spezielle Übergangsreaktionen handelt, genau in der gleichen Weise vorgenommen werden, wie für die $\mathfrak{K}$, $\mathfrak{W}$ usw., dazu würde dann noch ein die Konzentrationsabhängigkeit bei p_0, T_0 ausdrückendes Glied kommen müssen. Man führt jedoch solche Aufbauausdrücke für die $\mathfrak{k}$, $\mathfrak{w}$ usw. für gewöhnlich nicht explizit in die Formeln für $\mathfrak{K}$, $\mathfrak{W}$ usw. ein, sondern läßt die $\mathfrak{k}$, $\mathfrak{w}$ usw. in den Formeln stehen. Der Grund ist der, daß in den wichtigsten Grenzfällen (Gasmischungen, verdünnte Lösungen) die Ausdrücke für die $\mathfrak{k}$ theoretisch angegeben werden können und die $\mathfrak{w}$ praktisch verschwinden. In nicht so idealen Fällen betrachtet man dann die Abweichungen der wirklichen $\mathfrak{k}$- und $\mathfrak{w}$-Werte (bzw. gewisser aus den $\mathfrak{k}$ abgeleiteter Größen) vom Idealfall als Korrekturen, die in gesonderten Untersuchungen bestimmt werden.

Wir wollen uns deshalb hier mit der Aufstellung der wichtigsten Differentialbeziehungen begnügen, die bei der Untersuchung dieser Restgrößen Verwendung finden können. Für die Größe $\mathfrak{w}_i$, die z. B. bei dem Übergang von Wasser aus dem reinen Zustand in eine wässerige Salzlösung die Bedeutung einer direkt meßbaren irreversibeln Verdünnungswärme hat[1], gilt nach (16) § 5, die Beziehung:

$$\frac{\partial \mathfrak{w}_i}{\partial T} = \frac{\partial l^T}{\partial \lambda_i} = c_{pi} - \mathfrak{c}_{pi}. \tag{20}$$

Ferner nach § 5 (18):

$$\frac{\partial \mathfrak{w}_i}{\partial p} = -T^2 \frac{\partial}{\partial T}\left(\frac{\mathfrak{v}_i}{T}\right). \tag{21}$$

Für $\mathfrak{k}$ gilt, nach § 4 (18) und (15) sowie § 5 (15):

$$\frac{\partial \mathfrak{k}_i}{\partial T} = -\mathfrak{s}_i = -\frac{\mathfrak{l}_i}{T}, \tag{22}$$

$$\frac{\partial}{\partial T}\left(\frac{\mathfrak{k}_i}{T}\right) = -\frac{\mathfrak{w}_i}{T^2}, \tag{23}$$

alles bei konstantem Druck. Ferner nach § 4 (16):

$$\frac{\partial \mathfrak{k}_i}{\partial p} = \mathfrak{v}_i. \tag{24}$$

---

[1] Man notiere, daß in den hier auftretenden Restgrößen $\mathfrak{w}_i$, $\mathfrak{v}_i$, $\mathfrak{k}_i$ usw. der Index i einen bestimmten *Stoff* nur insofern kennzeichnet, als eine bestimmte (Durchgangs-) *Reaktion* eben mit *diesem* Stoff vorgenommen wird.

Hierdurch läßt sich die Untersuchung des Temperatur- und Druckganges von $\mathfrak{k}$ auf Messungen von Übergangs- (speziell: Verdünnungs-) Wärmen und -Volumeffekten zurückführen.

Noch interessanter sind die Beziehungen, die zwischen den *Konzentrations*abhängigkeiten der $\mathfrak{k}_i$ (und $\mathfrak{w}_i$ usw.) bestehen. Diese Beziehungen gewinnen wir am einfachsten, indem wir von der Gleichung (16) ausgehen. Da die μ_i usw. bei Konzentrationsänderungen der betrachteten Mischphase ungeändert bleiben, gilt beispielsweise $\frac{\partial \mathfrak{k}_1}{\partial n_i} = \frac{\partial \mu_1}{\partial n_i}$, und wir können alle in § 10 zwischen den $\frac{\partial \mu}{\partial n}$ und $\frac{\partial \mu}{\partial x}$ aufgestellten Beziehungen ohne weiteres auf die $\mathfrak{k}$ übernehmen. Insbesondere gilt nach § 10 (22) für jede beliebige Konzentrationsänderung der Mischphase:

$$x_1\, d\mathfrak{k}_1 + x_2\, d\mathfrak{k}_2 + \ldots\, x_\alpha\, d\mathfrak{k}_\alpha = 0, \tag{25}$$

[ebenso: $x_1\, d\mathfrak{w}_1 + x_2\, d\mathfrak{w}_2 + \ldots\, x_\alpha\, d\mathfrak{w}_\alpha = 0$ usw.],

Beziehungen, die davon unabhängig sind, ob für die verschiedenen Stoffe derselbe Normalzustand der Phase vorausgesetzt ist oder nicht, und die, besonders bei Phasen mit nur zwei Bestandteilen, die Konzentrationsabhängigkeit des einen $\mathfrak{k}$ usw. aus der des anderen vollkommen zu berechnen gestatten. Führt man wieder die partiellen Änderungen mit x in der in § 10 charakterisierten Weise (d. h. auf Kosten von n_1) ein, so erhält man aus § 10 (24) die Gleichungen:

$$x_1 \frac{\partial \mathfrak{k}_1}{\partial x_i} + x_2 \frac{\partial \mathfrak{k}_2}{\partial x_i} + \ldots\, x_\alpha \frac{\partial \mathfrak{k}_\alpha}{\partial x_i} = 0 \text{ usw., für } i = 2, 3, 4 \ldots, \tag{26}$$

im ganzen $\alpha - 1$ Gleichungen für die unabhängigen x_i (entsprechend für die $\mathfrak{w}$ usw.). Speziell für zwei Bestandteile, entsprechend § 10 (25):

$$\frac{\partial \mathfrak{k}_1}{\partial x_2} = -\frac{x_2}{x_1} \frac{\partial \mathfrak{k}_2}{\partial x_2}, \tag{27}$$

$$\left[\frac{\partial \mathfrak{w}_1}{\partial x_2} = -\frac{x_2}{x_1} \frac{\partial \mathfrak{w}_2}{\partial x_2} \quad \text{usw.}\right].$$

Was über die Zahl der in einer Mischphase unabhängigen $\frac{\partial \mu_i}{\partial x}$ bzw. $\frac{\partial w_i}{\partial x}$ usw. gesagt wurde, gilt auch für die $\frac{\partial \mathfrak{k}_i}{\partial x}$ und $\frac{\partial \mathfrak{w}_i}{\partial x}$ usw.

Durch die Anwendung auf die Restgrößen $\mathfrak{k}$, $\mathfrak{w}$ usw. sind die Konzentrationsbeziehungen zwischen den nur theoretisch zugänglichen μ_i, w_i, s_i in den Bereich der direkt meßbaren thermodynamischen Reaktionsgrößen gelangt, und zwar in übersichtlicherer Weise, als wenn diese Beziehungen, was ja auch möglich gewesen wäre, auf die gesamten $\mathfrak{K}$, $\mathfrak{W}$ usw. in Abhängigkeit von den Konzentrationen der Einzelphasen angewandt worden wären.

Kapitel D.

Gesetzmäßigkeiten für spezielle Zustände und Veränderungen.

Einleitung.

Wir besprechen jetzt diejenigen für die chemische Thermodynamik wichtigen Gesetzmäßigkeiten, die über die Aussagen der beiden Hauptsätze in ihrer Anwendung auf homogene Phasen *hinausgehen* und in ihrem Geltungsbereich eine weitere Ersparung direkter thermodynamischer Messungen ermöglichen. Es handelt sich dabei um Gesetze für solche Grenzzustände des Systems, die sich durch Einfachheit vor allen Zwischenzuständen auszeichnen: einerseits um Gesetze für das Verhalten beim absoluten Nullpunkt der Temperatur, bei völliger Kondensation der vorhandenen Phasen, andererseits um Gesetze, die sich auf chemische Umsetzungen gasförmiger Phasen im Zustand genügender Verdünnung beziehen; die *physikalischen* Eigenschaften solcher „idealer Gase" wurden schon früher (II § 1) besprochen. Von beiden Grenzfällen aus läßt sich mit Hilfe thermodynamischer Messungen oder gewisser Annahmen ein Übergang zu benachbarten komplizierteren Zuständen gewinnen, so vom absoluten Nullpunkt aus zu dem Verhalten erwärmter kondensierter Phasen, vom Gaszustand aus zu den flüssigen und festen Lösungen oder Mischungen, so daß die aufgestellten Grenzgesetze in beiden Fällen auch als Annäherungsgesetze für kompliziertere Zustände auftreten.

Wir werden unsere Einteilung in natürlicher Weise an die angegebenen beiden Grenzfälle anschließen. In beiden Fällen begegnen wir dabei einem Dualismus der zu verwendenden Methoden und Betrachtungsarten, der durch die Worte „Zustand" und „Veränderung" gekennzeichnet ist. Alle an rein thermodynamische Begriffe anschließenden Aussagen werden sich immer nur auf *Veränderungen* eines Systems und die dabei auftretenden Arbeits- und Wärmeeffekte beziehen; wir befinden uns hier, soweit es sich um chemische Veränderungen handelt, auf dem Boden der Reaktionsthermodynamik. Was dagegen, mit späteren thermodynamischen Konsequenzen, über die Eigenschaften eines *Zustandes* auszusagen ist, kann nur auf einer nicht thermodynamischen Auffassungsweise beruhen. In der Tat spielen hier sowohl für $T = 0$ wie für den idealen Gaszustand Berechnungen des Ordnungszustandes, also statistische Betrachtungen, eine ausschlaggebende Rolle, und die Betrachtungsweise ist die der auf einen absoluten Nullpunkt bezogenen Stoff-Thermodynamik (§ 10). Wir werden für die beiden obengenannten Grenzfälle zunächst die reaktionsthermodynamische Formulierung der Gesetzmäßigkeiten aufsuchen und dann erst feststellen, was die Stoffthermodynamik bzw. die Statistik darüber hinaus an Ergebnissen hinzufügt.

§ 12. Grenzgesetze für T = 0. Das NERNSTsche Theorem.

Die außenthermodynamische Formulierung. In der im Jahre 1905 von NERNST aufgestellten Fassung[1] stellte sich das NERNSTsche Theorem zunächst dar als eine Beziehung zwischen Arbeits- und Wärmeeffekten für chemische Umsetzungen bei $T = 0$, speziell Umsetzungen bei konstantem Druck. Mit unseren außenthermodynamischen Bezeichnungen (Q reversible aufgenommene Wärme) können wir die damalige Annahme NERNSTs so formulieren:

„*Bei jeder chemischen Umsetzung, die isotherm und reversibel beim absoluten Nullpunkt vollzogen wird, ist*

$$\lim_{T=0} \frac{Q}{T} = 0.\text{“} \tag{1}$$

Diese Formulierung ist insofern etwas kompliziert, als man darin nur eine asymptotisch feststellbare Aussage für die *Nachbarschaft* des absoluten Nullpunktes sehen kann; man hat die Wärmeaufnahme des Prozesses für sehr kleine T-Werte zu studieren und festzustellen, daß $\frac{Q}{T}$ hier sehr klein ist und mit abnehmendem T immer weiter abnimmt. Wir werden jedoch später sehen, daß die Komplikation, die in diesem Grenzübergang liegt, nicht nur formaler Art ist

[1] Über die Berechnung chemischer Gleichgewichte aus thermischen Messungen. Gött. Nachr. 1906, S. 1—40.

sondern gewisse Zusätze einschließt, die bei der an sich bequemeren Entropieformulierung des Satzes noch gesondert hervorgehoben werden müssen.

Folgerungen für Kreisprozesse. Unerreichbarkeit des absoluten Nullpunkts[1]. Vorausgeschickt sei, daß der NERNSTsche Satz später sowohl eine Erweiterung wie eine Einschränkung erfahren hat; er gilt nach der jetzigen Auffassung auch für alle *physikalischen* Veränderungen bei $T = 0$ (Volum, Oberfläche, Ladungsdurchgang, angelegtes Magnetfeld usw.), erleidet aber bei Umsetzungen zwischen „unterkühlten" Phasen eine prinzipielle Einschränkung. Wir werden die Phasen, bei deren Umsetzungen er anwendbar ist, definitionsweise als NERNSTsche Körper bezeichnen; vorläufig werden wir uns darunter kristallinische Phasen mit nur einer Atomart oder stöchiometrischem Mischungsverhältnis mehrerer Atom- bzw. Ionenarten (NaCl usw.) vorstellen.

In dem Bereich der physikalischen und chemischen Veränderungen, für die der NERNSTsche Satz gilt, folgt zunächst aus der Anwendung des 2. Hauptsatzes in der Form I § 4 (10) für einen beliebigen „dT-Prozeß" in der Nähe von $T = 0$:

$$\lim_{T=0} (\mathfrak{d}A)_{dT} = - \lim_{T=0} \left(\frac{Q}{T}\right) dT = 0 \cdot dT$$

d. h., es läßt sich kein reversibler dT-Kreisprozeß mit dem absoluten Nullpunkt als unterer Temperatur ausführen, bei dem Arbeit $(\mathfrak{d}A)_{dT}$ von der sonst üblichen Größenordnung (proportional dT) gewonnen oder geleistet werden könnte.

Diese Tatsache wird sofort anschaulich, wenn man sich einen solchen Kreisprozeß im T-$\int \frac{\mathfrak{d}Q}{T}$-Diagramm aufgetragen denkt (Abb 29). Wenn $\lim_{T=0} \frac{Q}{T} = 0$ ist, ist ein dT-Prozeß nicht in dem in Abb. 29a dargestellten Ausmaße möglich, sondern bei noch so großen isothermen Änderungen der physikalischen oder chemischen Variabeln nur in der in Abb. 29b angedeuteten Größe, wo die durch $\frac{Q}{T}$ bestimmte „Breite" sich mit abnehmendem T der Null nähert. Man sieht aus der Figur auch sofort, daß sich keine Wärmemenge (nach I § 2 gleich dem Areal der Fläche unterhalb der unteren Isotherme) von der Größenordnung T mehr durch einen solchen dT-Prozeß um dT „heben" läßt; die Größenordnung ist, da auch die Abszissenausdehnung des Areals wie T oder stärker als T verschwindet, für noch so ausgedehnte Prozesse höchstens von der Größenordnung T^2.

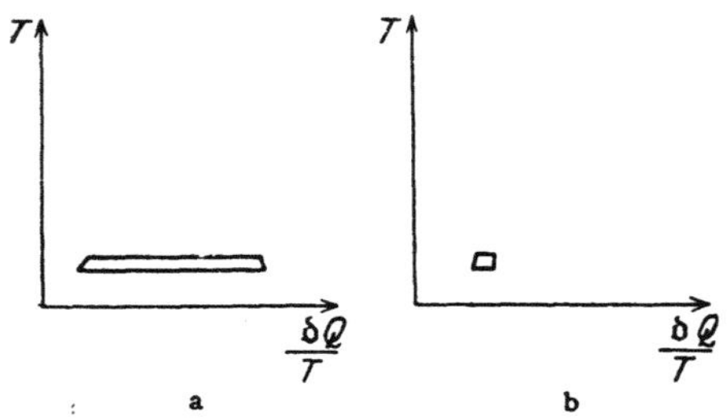

Abb. 29. Diagrammdarstellung eines dT-Prozesses beim absoluten Nullpunkt.

Dieser Umstand hat eine besondere Bedeutung für die Frage der Erreichbarkeit des absoluten Nullpunktes, und zwar im Zusammenhang mit der Tatsache (S. 35), daß die spezifische Wärme der kondensierten reinen Substanzen bei Annäherung an den absoluten Nullpunkt verschwindet. Es läßt sich nämlich zeigen, daß, diese Erfahrungstatsache als gegeben vorausgesetzt, die Abkühlung eines Körpers durch wärmeverzehrende Prozesse bis $T = 0$ möglich wäre, falls $\lim_{T=0} \frac{Q}{T}$ nicht gleich 0 wäre. Wir betrachten einen homogenen oder mehrphasigen Körper bei einer niedrigen Anfangstemperatur T. Leiten wir durch Änderung einer phy-

[1] Vgl. hierzu z. B. die Ausführungen von K. BENNEWITZ: Handb. d. Physik Bd. 9, S. 172—174, 1926.

sikalischen oder chemischen Arbeitskoordinate x des Systems adiabatisch einen wärmeverzehrenden Prozeß ein (L^x positiv), so kühlt sich der Körper ab nach dem Gesetz:

$$L^T dT + L^x dx = 0,$$

wobei L^T die Wärmekapazität bei konstanten Arbeitskoordinaten bedeutet[1]. Die zu diskutierenden Aussagen über das Verhalten von $\frac{Q}{T}$ wenden wir auf den Umsatz pro Einheitsänderung der Arbeitskoordinate, also auf den Ausdruck $\frac{L^x}{T}$ an. Wir schreiben die obige Gleichung in der Form:

$$dT = -\frac{L^x/T}{L^T} \cdot T \cdot dx.$$

Bleibt nun sowohl $\frac{L^x}{T}$ wie auch L^T bei Annäherung an $T = 0$ endlich, so wird, bei gegebenem dx, dT mit abnehmendem T immer kleiner, und es gelingt mit endlichen Änderungen von x nicht, den Punkt $T = 0$ zu erreichen[2]. Der absolute Nullpunkt bleibt also dann auch bei $\lim\limits_{T=0} \frac{Q}{T} \neq 0$ unerreichbar. Er würde aber in diesem Falle sofort erreichbar werden, wenn L^T bei Annäherung an T von gleicher oder höherer Ordnung als T *verschwände*. Damit also auch in diesem in Wirklichkeit ja zutreffenden Falle der absolute Nullpunkt nicht erreicht werden kann, muß sich für jede Veränderung x der Ausdruck $\frac{L^x}{T}$ der Null nähern, und zwar mindestens von derselben Ordnung wie die Wärmekapazität L^T des Systems. Man kann so das NERNSTsche Theorem, was NERNST hervorhebt, als eine Folgerung aus dem „*Prinzip der Unerreichbarkeit des absoluten Nullpunktes*" betrachten, wenn man die Erfahrungstatsache des Verschwindens der spezifischen Wärmen bei $T = 0$ als gegeben annimmt.

Die weiteren Formulierungen und Konsequenzen geben wir besser im engeren Anschluß an innenthermodynamische Auffassungen.

Die innenthermodynamische Formulierung. Der Aussage $\lim\limits_{T=0} \frac{Q}{T} = 0$ entspricht innenthermodynamisch die Behauptung, daß alle isothermen, durch T reduzierten, reversibeln Wärme-Koeffizienten, also etwa $\frac{L^v}{T}$, $\frac{\mathfrak{L}^{\mathrm{I}}_{(v)}}{T}$, $\frac{\mathfrak{L}^{\mathrm{II}}_{(v)}}{T}$ oder $\frac{l^p}{T}$, $\frac{\mathfrak{l}^{\mathrm{I}}}{T}$, $\frac{\mathfrak{l}^{\mathrm{II}}}{T}$ usw. (sowie etwaige Oberflächen- und galvanische Wärmeeffekte), bei Annäherung an den absoluten Nullpunkt verschwinden. Am einfachsten wird aber die Formulierung, wenn man die Entropiefunktion des Systems benutzt; hier lautet nämlich die Aussage des NERNSTschen Satzes einfach:

$$\Delta S_{(0)} = 0 \tag{2}$$

für alle möglichen Veränderungen bei $T = 0$. [Der untere Index (0) soll immer den absoluten Nullpunkt der Temperatur bedeuten!] Die Aufteilung dieser Aussage in $\frac{\partial S}{\partial v}_{(0)} = 0$, $\frac{\partial S}{\partial \lambda}_{(v)(0)} = 0$ usw., $\frac{\partial S}{\partial p}_{(0)} = 0$, $\frac{\partial S}{\partial \lambda}_{(0)} = 0$ usw. entspricht den obigen Aussagen über die Wärmekoeffizienten.

---

[1] Ganz die gleiche Überlegung läßt sich jedoch auch mit den Größen l^T und l^p bzw. l^x anstellen.

[2] Es bleibt dann $\frac{d\ln T}{dx}$ immer endlich, während es bei wirklicher Erreichung des Punktes $T = 0$ negativ unendlich groß werden müßte.

Aus den thermodynamischen Differentialbeziehungen des F- und G-Stammbaumes leitet man nun ohne weiteres ab:

$$\left.\begin{aligned} \frac{\partial p}{\partial T}_{(v)} &= 0 \qquad \text{(a)} \\ \frac{\partial v}{\partial T} &= 0 \qquad \text{(b)} \\ \frac{\partial \mathfrak{K}}{\partial T}_{(v)} &= 0 \qquad \text{(c)} \\ \frac{\partial \mathfrak{K}}{\partial T} &= 0 \qquad \text{(d)} \end{aligned}\right\} \text{ für } T = 0 . \tag{3}$$

Allgemein bleiben alle physikalischen und chemischen Arbeitskoeffizienten bei kleinen Temperaturänderungen von $T = 0$ an ungeändert, falls die Arbeitskoordinaten bei der Temperaturänderung konstant gehalten werden, und umgekehrt. Wir weisen nochmals darauf hin, daß bei einer Differentiation ohne nähere Angaben immer der *Druck* konstant gehalten gedacht wird.

Auf die Forderungen für die physikalischen Veränderungen kommen wir am Schluß dieses Paragraphen noch einmal zurück. Zunächst interessieren uns die weiteren Aussagen über die chemischen Reaktionsgrößen. Aus (2b) folgt, daß auch $\frac{\partial \mathfrak{B}}{\partial T}_{(0)} = 0$ wird. Trifft das auch für die übrigen Reaktionsgrößen $\mathfrak{L}_{(v)\,(0)}$, $\mathfrak{L}_{(0)}$, $\mathfrak{U}_{(0)}$*, $\mathfrak{W}_{(0)}$ zu? Wegen $\mathfrak{L} = T\mathfrak{S}$ ist $\frac{\partial \mathfrak{L}}{\partial T} = \mathfrak{S} + T\frac{\partial \mathfrak{S}}{\partial T}$ (zunächst bei konstantem p). Nach (2) ist $\mathfrak{S}_{(0)}$ gleich 0; $T\frac{\partial \mathfrak{S}}{\partial T}_{(0)}$ ist gleich Null, wenn $\frac{\partial \mathfrak{S}}{\partial T}_{(0)}$ nicht unendlich groß wird. Diese Frage muß aber besonders untersucht werden, da z. B. für klassisch auf $T = 0$ extrapolierte ideale Gasee $\frac{\partial S}{\partial T}_{(0)}$ und bei Reaktionen mit Veränderung der Molekülzahl auch $\frac{\partial \mathfrak{S}}{\partial T}_{(0)}$ in der Tat bei $T = 0$ unendlich wird (§ 13). Für „NERNSTsche Körper" ist dagegen das Unendlichwerden von $\frac{\partial \mathfrak{S}}{\partial T}_{(0)}$ schon durch die Formulierung $\lim\limits_{T=0} \frac{Q}{T} = 0$ ausgeschlossen[1], welche, in Anwendung auf den Einheitsumsatz der betreffenden chemischen Reaktion, $\lim\limits_{T=0} \mathfrak{S} = 0$ behauptet, also für $\mathfrak{S}$ einen stetigen Übergang nach 0 bei $T = 0$ voraussetzt.

Mit dieser Zusatzfestsetzung gewinnen wir die Beziehung

$$\frac{\partial \mathfrak{L}}{\partial T}_{(0)} = 0 \tag{3e}$$

und durch eine ganz analoge Betrachtung für $\mathfrak{L}_{(v)}$

$$\frac{\partial \mathfrak{L}_{(v)}}{\partial T}_{(v)\,(0)} = 0 \tag{3f}$$

für jede Reaktion zwischen NERNSTschen Körpern. Da nun $\mathfrak{U} = \mathfrak{K} + \mathfrak{L}_{(v)}$, $\mathfrak{W} = \mathfrak{K} + \mathfrak{L}$ ist, folgt aus (3e) und (3f) zusammen mit (3c) und (3d) auch:

$$\frac{\partial \mathfrak{U}}{\partial T}_{(v)\,(0)} = 0 \tag{4a}$$

$$\frac{\partial \mathfrak{W}}{\partial T}_{(0)} = 0 . \tag{4b}$$

---

* $\mathfrak{U}$ nach § 4 (7) immer bei konstantem v.

[1] Dagegen nicht das Unendlichwerden von $\frac{\partial S}{\partial T}$ selbst! Vgl. S. 240, Anm. 1.

Weiter ergibt sich auch wegen $\mathfrak{L}_{(0)} = T\mathfrak{S}_{(0)} = 0$ und $\mathfrak{L}_{(v)(0)} = T\mathfrak{S}_{(v)(0)} = 0$:

$$\mathfrak{U}_{(0)} = \mathfrak{K}_{(0)}, \quad \mathfrak{W}_{(0)} = \mathfrak{K}_{(0)}, \quad \mathfrak{U}_{(0)} = \mathfrak{W}_{(0)}, \tag{5}$$

Beziehungen, denen sich durch Vergleich von (4) mit (3c) und (3d) die weiteren anschließen:

$$\frac{\partial \mathfrak{U}}{\partial T}_{(v)(0)} = \frac{\partial \mathfrak{K}}{\partial T}_{(v)(0)} = 0, \quad \frac{\partial \mathfrak{W}}{\partial T}_{(0)} = \frac{\partial \mathfrak{K}}{\partial T}_{(0)} = 0, \quad \frac{\partial \mathfrak{U}}{\partial T}_{(v)(0)} = \frac{\partial \mathfrak{W}}{\partial T}_{(0)} = 0. \tag{6}$$

Die Beziehungen (6) sind, in etwas anderer Schreibweise, die zuerst von NERNST angegebenen Formulierungen seines Theorems; (5) erweist sich als Aussage des BERTHELOTschen Prinzips (§ 5, S. 165), das hiernach für Reaktionen zwischen NERNSTschen Körpern bei $T = 0$ zutreffend ist.

Verwendung des Theorems beim thermodynamischen Aufbau chemischer Reaktionsgrößen. Bei Benutzung der Aufbauausdrücke (3) bis (11) des § 11 übersehen wir mit einem Schlage die Vereinfachung, die durch das NERNSTsche Theorem in der vollständigen thermodynamischen Untersuchung eines chemischen Zustandes eintritt, wenn man als Ausgangspunkt der Temperaturentwicklung den absoluten Nullpunkt $T = 0$ benutzt. Wegen $\mathfrak{S}_{(T=0)} = 0$ erhalten wir jetzt für Reaktionen zwischen reinen Substanzen, die NERNSTsche Körper sind, die Gleichungen:

$$\mathfrak{S} = \sum \nu_i \int^T \frac{c_p^{(i)}}{T}\, dT, \tag{7}$$

$$\mathfrak{K} = \mathfrak{W}_{(0)} - \sum \nu_i \int_0^T dT \int_0^T \frac{c_p^{(i)}}{T}\, dT, \tag{8a}$$

$$\mathfrak{K} = \mathfrak{W}_{(0)} - \sum \nu_i\, T \int_0^T \frac{dT}{T^2} \int_0^T c_p^{(i)}\, dT, \tag{8b}$$

und wenn von $\mathfrak{W}_{(0)}$-Werten und c_p-Messungen bei einem Normaldruck p_0 ausgegangen wird, z. B. nach (11), § 11:

$$\mathfrak{K} = \mathfrak{W}_{(0)(p_0)} - \sum \nu_i\, T \int_0^T \frac{dT}{T^2} \int_0^T c_p^{(i)}\, dT + \sum \nu_i \int_{p_0}^{p} v^{(i)}\, dp. \tag{9}$$

Diese Formeln sind, wie mehrfach hervorgehoben, zunächst anwendbar auf „NERNSTsche Körper", die als Ganzes ohne Veränderung ihrer Beschaffenheit in die chemische Reaktion eingehen. Handelt es sich nun bei der betrachteten Reaktion um einfache Umwandlungen einer reinen Substanz [S(rhomb.) → S(monokl.)] oder um Umsetzungen wie Ag(s) + J(s) → AgJ(s) oder Pb(s) + 2AgCl(s) → $PbCl_2$(s) + Ag(s) (Kapitel H, 4. Beispiel), so ist die Wärmetönung $\mathfrak{W}_{(0)}$ dabei nicht direkt meßbar, sondern muß aus einer bei beliebiger Temperatur T gemessenen Wärmetönung $\mathfrak{W}$ ermittelt werden mit Hilfe der Gleichung:

$$\mathfrak{W}_{(0)} = \mathfrak{W} - \sum \nu_i \int_0^T c_p^{(i)}\, dT. \tag{10}$$

Wird, wie meistens, bei Atmosphärendruck p_0 untersucht, so fällt das letzte Glied in (9) fort, und es kommt also auf die Auswertung der beiden Integrale über die molaren spezifischen Wärmen an. Nernst hat für diese Integrale die Bezeichnungen eingeführt:

$$\int_0^T c_p\, dT = \boldsymbol{E}. \tag{11}$$

$$T\int_0^T \frac{dT}{T^2}\int_0^T c_p\, dT = T\int_0^T \frac{E}{T^2}\, dT = \boldsymbol{F} \tag{12}$$

und gemäß der Einsteinschen und Debyeschen Theorie der spezifischen Wärme c_v funktionelle Darstellungen für diese Funktionen (in Abhängigkeit von der Eigenschwingung ν der Atome des festen Körpers) ausführlich besprochen und tabelliert (vgl. W. Nernst, Die theoretische und experimentelle Grundlage des neuen Wärmesatzes, Halle 1918). Die Korrektion von c_v auf c_p wird dabei durch ein empirisches Potenzglied vorgenommen. Daten auf Grund unmittelbarer Messungen von c_p finden sich in den Tabellen zur Berechnung des gesamten und freien Wärmeinhalts fester Körper von H. Miething (Halle 1920).

Auftreten von Umwandlungspunkten. Es steht nichts im Wege, mit Hilfe des Nernstchen Theorems den Arbeitskoeffizienten auch solcher Reaktionen zu bestimmen, für die eine oder mehrere der an der Reaktion beteiligten (reinen) Phasen auf dem Wege vom absoluten Nullpunkt her eine oder mehrere Umwandlungen erlitten haben. So läßt sich z. B. nicht nur der Arbeitskoeffizient der Umwandlung $CaO(s) + H_2O(s) \rightarrow Ca(OH)_2(s)$ unterhalb 0^0 C mit Hilfe des Theorems aus thermischen Daten bestimmen, sondern auch bei höheren Temperaturen, wo $H_2O(l)$ auftritt. Es ist dann nur nötig, beim Aufbau von $\mathfrak{W}$ und $\mathfrak{S}$ die Zusatzeffekte mit zu berücksichtigen, die beim Umwandlungspunkt auftreten. Hierbei wird gewöhnlich für das ganze Gebiet unterhalb der Versuchstemperaturen die $\mathfrak{K}$- und $\mathfrak{W}$-Kurve als Funktion der Temperatur graphisch dargestellt (von Nernst mit A und U — mit entgegengesetzten Vorzeichen wie $\mathfrak{K}$ und $\mathfrak{W}$ — bezeichnet); Kurven, die wegen $\mathfrak{K}_{(0)} = \mathfrak{W}_{(0)}$ und $\frac{\partial \mathfrak{K}}{\partial T_{(0)}} = \frac{\partial \mathfrak{W}}{\partial T_{(0)}}$ bei $T = 0$ mit horizontaler Tangente zusammenlaufen. Bei Substanzen mit Umwandlungspunkten wird bis zu diesen mit den Formeln (8) bzw. (9) und (10) gerechnet, im Umwandlungspunkt ändert sich (bei Gleichgewicht der betreffenden Phasen) $\mathfrak{K}$ nicht, während $\mathfrak{W} = \mathfrak{K} + \mathfrak{L}$ sich um die reversible Umwandlungswärme $\mathfrak{L}_{umw.} = T_{umw.}\,\mathfrak{S}_{umw.}$ ändert und demnach einen Sprung erfährt. Oberhalb des Umwandlungspunktes tritt dann außer dem

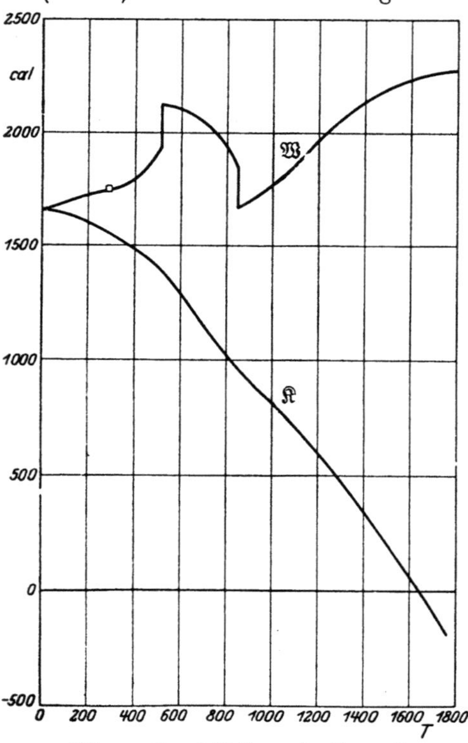

Abb. 30. $\mathfrak{K}$- und $\mathfrak{W}$-Kurve der Umwandlung Quarzkristall → Christobalit. □ beobachteter $\mathfrak{W}$-Wert.

Glied mit der spezifischen Wärme in $\frac{\partial \mathfrak{K}}{\partial T}$ noch ein durch die Entropieänderung bei der Umwandlung bedingtes Glied auf, so daß in $\mathfrak{K}$ ein Zusatzglied $\mathfrak{S}_{\text{umw.}}(T - T_{\text{umw.}})$ hinzukommt, welches die Steigung der $\mathfrak{K}$-Kurve ändert. Formal würden sich übrigens solche Effekte immer durch die Annahme eines vorübergehenden sehr starken Anwachsens der spezifischen Wärme erfassen lassen. Ein Beispiel für ein solches Kurvenpaar, das die $\mathfrak{K}$- und $\mathfrak{W}$-Werte der Umwandlung von Quarzkristall in Christobalit wiedergibt, ist in Abb. 30 dargestellt, die einer Arbeit von R. WIETZEL[1] entnommen ist[2].

Der erste Sprung entspricht einem Umwandlungspunkt des Christobalits, der zweite einem Umwandlungspunkt des Quarzes. — In Beispiel 3 des Kapitels H wird eine Anwendung des NERNSTschen Theorems mit Berücksichtigung eines Umwandlungspunktes durchgeführt.

Hohe Drucke. Weicht der Druck, bei dem der Arbeitskoeffizient einer Reaktion zwischen NERNSTschen Körpern untersucht werden soll, von dem Normaldruck p_0 ab, bei dem die spezifische Wärme gemessen wurde, so kommt in $\mathfrak{K}$ noch ein Glied $\sum \nu_i \int_{p_0}^{p} v^{(i)}\, dp$ hinzu. Dieses Glied spielt z. B. eine große Rolle für die Frage der Umwandlung des Graphits in Diamant. Man berechnet aus der Umwandlungswärme Graphit $\longrightarrow$ Diamant (die aus der Differenz der Verbrennungswärmen indirekt zu $\mathfrak{W} = 160$ cal, bei Zimmertemperatur, ermittelt wurde) sowie aus der genau bekannten spezifischen Wärme positive $\mathfrak{K}$-Werte dieser Umwandlung, die sich von dem Wert ca. 270 cal bei $T = 0$ mit zunächst wachsender, sodann ziemlich konstanter Steigung bis auf etwa 2000 cal bei $T = 2000^0$ vergrößern[3], so daß eine spontane Umwandlung unter Atmosphärendruck in diesem ganzen Temperaturgebiet ausgeschlossen ist. Da jedoch bei Erhöhung des Druckes p das (mit $\nu = +1$ auftretende) Integral $\int v\,dp$ für den Diamant kleiner ist als das entsprechende mit $\nu = -1$ auftretende Integral des Graphits, ist durch Druckzunahme eine Senkung von $\mathfrak{K}$ möglich. Aus dem spezifischen Volum der beiden Substanzen — die Änderung dieses Volums mit dem Druck spielt nur die Rolle einer kleinen Korrektur — berechnet man, daß bei 2000^0, wo man merkliche Reaktionsgeschwindigkeiten dieser Umwandlung erwarten kann, etwa 45000 Atm. nötig sind, um $\mathfrak{K}$ auf Null herabzudrücken und somit die Umwandlung thermodynamisch zu ermöglichen. Solche Ergebnisse sind als Warnung vor vergeblichen und als Hinweise auf erfolgversprechende Experimente von großer Bedeutung. Auch für geologische und astronomische Theorien spielt natürlich die Druckabhängigkeit eine große Rolle.

Prüfung des NERNSTschen Theorems. Die Aufgabe der Prüfung des NERNSTschen Theorems bei chemischen Reaktionen kann man am präzisesten in folgender Form stellen: es sind mit Hilfe der vom NERNSTschen Theorem unabhängigen Aufbaubeziehungen, § 11 (3) bis (11), die $\mathfrak{S}_{(0)}$-Werte der untersuchten Reaktionen numerisch zu bestimmen. Ergibt sich $\mathfrak{S}_{(0)}$ innerhalb der Fehlergrenze gleich 0, so trifft das NERNSTsche Theorem zu.

---

[1] Z. f. anorg. Chem. Bd. 116, S. 71, 1921. Wiedergegeben im Artikel F. SIMON: Handb. d. Physik Bd. 10, S. 374.

[2] Es konnten, trotz unseres umgekehrten Vorzeichensinnes, alle Zahlen unverändert beibehalten werden, indem die Reaktion in entgegengesetztem Sinne ablaufend angenommen wird.

[3] Vgl. MIETHING: Tabellen usw., S. 52, Halle 1920 u. F. SIMON: Handbuchartikel, S. 375. Nach den neuesten Angaben von ROTH: Z. f. angew. Chem., Bd. 41, S. 275, 1928, ist für den Übergang β-Graphit $\longrightarrow$ Diamant $\mathfrak{W}_{(0)} = 204$ cal zu setzen. An den obigen Überlegungen ändert sich dadurch praktisch nichts.

Wenden wir diese allgemeinen Gleichungen auf den Aufbau von $T = 0$ aus an und lösen nach $\mathfrak{S}_{(0)}$ auf, so erhalten wir (in Spezialisierung auf Normaldruck p_0) aus § 11 (6b) die Beziehung:

$$T\mathfrak{S}_{(0)} = \mathfrak{W}_{(0)} - \mathfrak{K} - \sum \nu_i F_i \tag{13}$$

oder differenziert:

$$\mathfrak{S}_{(0)} = -\frac{\partial \mathfrak{K}}{\partial T} - \sum \nu_i \frac{\partial F_i}{\partial T}. \tag{14}$$

Hierbei ist F die durch (12) definierte NERNSTsche Funktion der spezifischen Wärme, $\frac{\partial F}{\partial T}$ ist nach § 11 (7) gleich $\int\limits_0^T \frac{c_p}{T}\, dT$.

Da $\mathfrak{W}_{(0)}$ nach (10) durch eine $\mathfrak{W}$-Messung bei beliebiger Temperatur bestimmbar ist, ist nach (13) $\mathfrak{S}_{(0)}$, bei Kenntnis der spezifischen Wärmen, aus einer direkten $\mathfrak{W}$-Messung und einer direkten $\mathfrak{K}$-Messung (bei gleichen oder verschiedenen Temperaturen) bestimmbar und nach (14) aus einer direkten $\frac{\partial \mathfrak{K}}{\partial T}$-Messung. Man erkennt aber auch, daß, statt je einer Messung von $\mathfrak{K}$ und von $\mathfrak{W}$, zwei voneinander unabhängige $\mathfrak{K}$-Messungen bei endlich verschiedenen Temperaturen genügen, da man dann aus zwei Gleichungen der Form (13) $\mathfrak{W}_{(0)}$ und $\mathfrak{S}_{(0)}$ gesondert bestimmen kann. Liegen auf dem Wege bis zur Untersuchungstemperatur Umwandlungspunkte der NERNSTschen Phasen, so ändert sich an dieser Überlegung nichts, als daß die F_i noch die (direkt meßbaren) Umwandlungsentropien enthalten.

Das hier skizzierte prinzipielle Schema wird man in allen in Wirklichkeit durchgeführten Prüfungen des NERNSTschen Theorems wiedererkennen, die allerdings eine beinahe verwirrende Mannigfaltigkeit von Variationen zeigen. Es kann nämlich neben $\mathfrak{W}$ ein Wert $\mathfrak{K} \neq 0$ und evtl. $\frac{\partial \mathfrak{K}}{\partial T}$ direkt meßbar sein (wie in Reaktionen zwischen NERNSTschen Phasen, die sich in galvanischen Zellen abspielen), oder es kann, bei im Gleichgewicht koexistierenden Phasen, der Wert $\mathfrak{K} = 0$ und die Umwandlungswärme $\mathfrak{W} = \mathfrak{L}$ bei der Umwandlungstemperatur benutzt werden (wichtig hauptsächlich für die Untersuchung von $\mathfrak{S}_{(0)}$ für die Umwandlung zweier Modifikationen desselben Stoffes ineinander). Wird das Gleichgewicht bei von p_0 abweichendem Druck untersucht (also ein Umwandlungsdruck p bei einer vorgegebenen Temperatur bestimmt), so hat man bei der Berechnung von $\mathfrak{S}_{(0)}$ aus (13) noch das Druckglied $\sum \nu_i \int\limits_{p_0}^{p} v^{(i)}\, dp$ zu ergänzen. Die untersuchten Phasen brauchen in allen Fällen keine NERNSTschen Phasen zu sein, sofern man nur ihre Umwandlung in NERNSTsche Phasen thermisch reversibel verfolgen kann (Zusatzglied in F_i).

Eine weitere sehr häufige Komplikation ist die, daß einer der reagierenden Stoffe in der untersuchten Reaktion entweder nicht in reiner Phase auftritt oder nicht genügend sicher bis $T = 0$ verfolgt werden kann. Dann ist eine Prüfung des NERNSTschen Theorems nur möglich durch eine solche Kombination zweier verschiedener Reaktionen mit diesem Stoff, daß er aus der Reaktionsgleichung herausfällt (Chlorelektrode gegen Ag, AgCl-Elektrode und gegen Hg, HgCl-Elektrode; untersucht wird schließlich $\mathfrak{S}_{(0)}$ für Ag + HgCl $\rightarrow$ Hg + AgCl). Noch größere Abweichungen von dem einfachen Schema zeigen die Fälle, in denen *sämtliche* Reaktionsteilnehmer nicht als NERNSTsche Körper betrachtet werden können, wie bei den besonders von A. EUCKEN in diesem Zusammenhange untersuchten homogenen Gasreaktionen. Hier hat man die betreffende Reaktion mit weiteren Reaktionen zu kombinieren, bei denen jeweils außer der betreffenden

Gasart nur NERNSTsche Körper (im Spezialfalle die Kondensate der betreffenden Gase) auftreten; das, was man berechnet, ist schließlich der Wert von $\mathfrak{S}_{(0)}$ für die Kombinationsreaktion zwischen diesen NERNSTschen Körpern. Prüfungen des NERNSTschen Theorems finden sich zahlenmäßig durchgeführt in den Beispielen 4, 5, 6, 7 und 8 des Kapitel H.

Ergebnisse der Prüfung. Um die Bedeutung der nach diesen verschiedenen Methoden gewonnenen $\mathfrak{S}_{(0)}$-Werte und ihrer etwaigen Abweichungen vom Wert 0 würdigen zu können, ist es bei den meist nicht geringen Fehlergrenzen, mit denen diese Bestimmungen behaftet sind, erwünscht, über die Größe von $\mathfrak{S}_{(0)}$ irgendeine Erwartung auszusprechen, falls das NERNSTsche Theorem in Wirklichkeit oder wenigstens in der hier benutzten Anwendungsform nicht gilt. Als solche „erwarteten" Abweichungen kommen, wie weiter unten besprochen wird, $\mathfrak{S}_{(0)}$-Werte von der Größenordnung $R \ln 2$ in Frage, d. h. etwa $2 \cdot 0{,}69 = 1{,}4$ cal/grad. Die Fehlergrenzen der durchgeführten $\mathfrak{S}_{(0)}$-Bestimmungen werden von LEWIS und RANDALL[1] und F. SIMON[2], deren Diskussion des vorhandenen Materials wir uns hier anschließen, in den verschiedenen Fällen sehr verschieden bewertet: von $\pm$ 0,1 cal im Falle der Umwandlung zweier Modifikationen des Zinns ineinander, mehr als $\pm$ 0,6 cal/grad bei einer entsprechenden $CaCO_3$-Umwandlung bis zu ca. 1 cal/grad bei den meisten untersuchten Festkörperumwandlungen in galvanischen Zellen und noch größeren Werten in einer großen Reihe von weniger genau untersuchten Reaktionen. In den meisten dieser Fälle, wo Reaktionen zwischen reinen kondensierten Phasen untersucht wurden, ergaben jedoch die experimentellen Beobachtungen innerhalb ihrer Fehlergrenze den aus dem NERNSTschen Theorem folgenden Wert $\mathfrak{S}_{(0)} = 0$. Eine bisher noch nicht völlig geklärte Ausnahme bilden nach EUCKEN die Kondensate gewisser Gase (besonders des Wasserstoffs), die in den Reaktionen, wo sie auftreten, einen um etwa $\nu_i R \ln 2$ abweichenden Wert von $\mathfrak{S}_{(0)}$ zu bedingen scheinen (§ 17, S. 316).

Physikalische Konsequenzen des NERNSTschen Theorems. Die Folgerungen für den Temperaturgang der physikalischen Arbeitskoeffizienten (Druck, Oberflächenspannung usw.) und entsprechende Arbeitskoordinaten (Volum, Oberfläche usw.) sind schon in dem allgemeinen Satz auf S. 234 dieses Paragraphen ausgesprochen worden. Aus Gleichung (3b) ebenda folgt z. B. für den nach II, § 4 durch $\frac{1}{v}\frac{\partial v}{\partial T}$ definierten thermischen Ausdehnungskoeffizienten α eines beliebigen[3] festen Stoffes:

$$\alpha_{(0)} = 0$$

für jeden beliebigen Druck. Das ist der in II, § 4, S. 99 ausgesprochene Satz.

Ebenso wie bei chemischen Reaktionen werden wir aber auch bei physikalischen Veränderungen nach dem Temperaturgang der Wärme- und Energiekoeffizienten L^x, $\frac{\partial U}{\partial x}$ (usw. bei konstantem V oder p) und schließlich nach dem Temperaturgang von S oder U selbst, d. h. nach den spezifischen Wärmen bei $T \cong 0$ fragen. Hier konstatieren wir zunächst, daß wegen $\frac{\partial U}{\partial T}_{(0)} = 0$, für $T = 0$ gilt: $\frac{\partial U}{\partial T}_{(p)} = \frac{\partial U}{\partial T}_{(v)} = \frac{\partial W}{\partial T}_{(p)} = \frac{\partial W}{\partial T}_{(v)} = T\frac{\partial S}{\partial T}_{(p)} = T\frac{\partial S}{\partial T}_{(v)}$. Alle diese Größen werden gleich 0, wenn $\frac{\partial S}{\partial T}_{(0)}$ nicht unendlich groß wird; eine Folgerung, die für die

[1] Thermodynamik, Kap. 31.

[2] Handb. d. Physik Bd. 10, S. 350—404, 1926.

[3] Hier gelten keine der weiter unten zu diskutierenden Einschränkungen bezüglich der festen Stoffe. Für Gase kennen wir allerdings ihr wahres Verhalten bei $T \cong 0$ experimentell noch nicht.

klassisch extrapolierten idealen Gase nicht zutrifft und die auch in der außenthermodynamischen Limes-Formulierung des NERNSTschen Theorems nicht enthalten ist[1], die aber nach dem experimentell beobachteten Verlauf der spezifischen Wärme für feste Körper sicher richtig ist. Dies zugegeben, folgt dann sogleich auch die Temperaturunabhängigkeit von L^x, $\frac{\partial U}{\partial x}$ usw. bei $T = 0$.

Daß hier noch eine Zusatzaussage nötig ist, um das Verhalten der festen Körper beim absoluten Nullpunkt vollständig zu bestimmen, ist natürlich nicht sehr befriedigend; wenn auch oben (S. 232/33) darauf hingewiesen wurde, daß das Verschwinden der spezifischen Wärme $\left(= \text{Endlichbleiben von } \frac{\partial S}{\partial T}_{(0)}\right)$ zusammen mit dem Prinzip von der Unerreichbarkeit des absoluten Nullpunktes die vollständige Grundlage für den Gedankenkreis des NERNSTschen Theorems bildet, ist es doch erwünschter, die Aussagen, die sich auf die Koordinaten- und Temperaturabhängigkeit der Entropie beim absoluten Nullpunkt beziehen, von einem einheitlichen Gesichtspunkt aus zu verstehen. Einen solchen Gesichtspunkt liefert nun die statistische, speziell die quantenstatistische Betrachtungsweise; sie gibt zugleich Anhaltspunkte für die Grenzen des NERNSTschen Theorems bei Mischphasen oder unterkühlten flüssigen Phasen. So haben wir Anlaß, uns mit dieser Betrachtungsweise im folgenden etwas näher zu beschäftigen; auf die Frage der einheitlichen Formulierung der für $T = 0$ geltenden Aussagen kommen wir dann am Schluß dieses Paragraphen zurück.

Statistische Deutung des NERNSTschen Theorems. Wir greifen hier auf die in § 10 besprochene Auffassung zurück, bei der die Entropie eines Mehrphasensystems sich als Summe der Aufbau-, speziell der „Absolut"-Entropien der verschiedenen Einzelphasen darstellen läßt. Wir untersuchen die absoluten, d. h. die vom Zustand völliger Ordnung als Bezugszustand aus gerechneten Einzelentropien $S'_{(0)}$, $S''_{(0)}$ usw. der verschiedenen (aus je einem Stoff bestehenden) Phasen beim absoluten Nullpunkt der Temperatur. Hierbei fällt sogleich auf, daß die NERNSTschen Körper mit unseren Entropienullpunktphasen ($\mathfrak{P} = 1$) eine chemisch ausschlaggebende Eigenschaft gemeinsam haben: in beiden Fällen sind Reaktionen zwischen diesen Phasen (d. h. Übergänge letzter Bestandteile aus einer Phase in die andere) mit keiner Entropieänderung verknüpft. Kann man hieraus schließen, daß die NERNSTschen Körper nicht nur Temperaturnullpunkts-, sondern auch Entropienullpunktsphasen ($\mathfrak{P} = 1$) in dem früher definierten Sinne sein müssen?

Wir betrachten drei NERNSTsche Körper, etwa festes Ag, festes J_2 und festes AgJ. Wir wissen aus dem NERNSTschen Theorem, daß die Entfernung von 2 Ag aus dem festen Ag, von J_2 aus dem festen J_2 und die Zuführung von 2 AgJ zu AgJ(s) bei $T = 0$ keine Entropieänderung bewirkt. Es kann also keiner der Körper durch eine von seinem speziellen Aufbau bedingte Entropie, durch einen *seinem Aufbau eigentümlichen* Unordnungszustand ($\mathfrak{P} > 1$) charakterisiert sein, da sich sonst die Gesamtentropie beim Übergang ändern müßte. Mithin kann in jedem der Körper nur insofern eine Unordnung vorhanden sein, als die an der Reaktion beteiligten Atome für sich, unabhängig von ihrem Einbau, Träger verschiedener Realisierungsmöglichkeiten (z. B. durch verschiedene Einstellungen einer Kernrotation) sind. Darüber kann das NERNSTsche Theorem nichts aussagen. Sehen wir aber von diesen etwaigen inneren Unordnungen der einzelnen reagierenden Teilchen ab, so folgt aus dem NERNSTschen Theorem und dem Zu-

[1] Hieraus würde nur Unabhängigkeit von $\frac{\partial S}{\partial T}$ vom Druck und von chemischen Umsetzungen, also von der Art der Phase, folgen, es könnte noch eine für jede Atomart universelle spezifische Wärme vorliegen.

sammenhang von Entropie und Ordnungszustand, daß sich die NERNSTschen *festen Körper bei $T = 0$ im Zustand völliger Ordnung* ($\mathfrak{P}_{(0)} = 1$) *befinden müssen.* Der absolute Nullpunkt der Temperatur wäre hiernach für reine feste Substanzen zugleich der absolute Nullpunkt der Entropie.

Zahl der Realisierungsmöglichkeiten eines untersten Energiezustandes[1]. Die Folgerung $\mathfrak{P}_{(0)} = 1$ ist aus der Gültigkeit des NERNSTschen Theorems erschlossen. Die exakte experimentelle Bestätigung dieses Theorems ist auf wenige Fälle beschränkt; Erfahrungen mit unterkühlten Flüssigkeiten und Mischphasen sprechen im entgegengesetzten Sinne. Es ist deshalb von hohem Interesse, zu untersuchen, ob auf rein quantenstatistischer Grundlage Anhaltspunkte dafür bestehen, daß ein System, das sich bei gegebenen äußeren Bedingungen in dem untersten erreichbaren Energiezustande befindet — hierdurch ist ja der Punkt $T = 0$ charakterisiert —, einen Zustand völliger Ordnung, $\mathfrak{P} = 1$, darstellt.

Bei der Beantwortung dieser Frage müssen wir zunächst etwas genauer zusehen, was die Aussage bedeutet, ein Körper, eine Phase befindet sich im „untersten erreichbaren“ Energiezustande. Wir müssen hier nämlich unterscheiden zwischen „stabilen Phasen“ und anderen Phasen, die wir später als „eingefrorene Phasen“ bezeichnen werden.

Stabile Phasen[2] sind dadurch charakterisiert, daß kein anderer Zustand der betreffenden Substanz existiert, in den sie unter den gegebenen äußeren Bedingungen von selbst, d. h. bei isothermer reversibler Führung unter Arbeitsabgabe, übergehen könnte. Da beim absoluten Nullpunkt Arbeitsabgabe und Energieverlust zusammenfällt, so bedeutet das den Zustand, der die *absolut kleinste Energie* unter allen sonst etwa noch möglichen (einphasigen oder mehrphasigen) Daseinsformen der betreffenden Substanz besitzt[3]. Allerdings wollen wir den Ausdruck „absolut kleinste Energie“ so deuten, daß wir mit dem betreffenden Zustand nur solche Zustände vergleichen, in denen etwaige in dem betrachteten Zustand vorhandene *resistente Gruppen nicht zerstört* sind; wir wollen zulassen, daß es Phasen mit *anderen* resistenten Gruppen derselben Elementarbestandteile geben kann, welche eine noch kleinere Energie besitzen[4]. Einen Zustand, bei dem bei gegebenem V und T der kleinste Wert der Freien Energie (also für $T = 0$ der Gesamtenergie) realisiert ist, welcher mit den gegebenen Molekülresistenzen verträglich ist, nennen wir „phasenstabil“.

Solche Phasen können entweder aus atomaren resistenten Gruppen bestehen (feste Edelgase) oder aus Atomionen Na^+, Cl^- (bzw. Ionen plus Elektronen in einem Metall) oder aus geladenen oder ungeladenen mehratomigen Gruppen ($CaCO_3$); sie können ein (vielfach durch die Elektroneutralitätsbedingung vorgeschriebenes) eindeutiges Mischungsverhältnis ihrer resistenten Gruppen haben (NaCl) oder in verschiedenen stöchiometrischen Zusammensetzungen existieren (geordnete Mischphasen §§ 21, 22). In allen diesen Fällen wird jedoch aus der Voraussetzung, daß es sich um phasenstabile Zustände handelt, für den absoluten Nullpunkt folgen, daß der untersuchte Zustand die kleinste Energie hat, die ohne Auflösung resistenter Gruppen überhaupt erreichbar ist; infolgedessen wird — im Gegensatz zu den späteren Betrachtungen — in $\mathfrak{P}_{(0)}$ kein Zustand zu berücksichtigen sein, der irgendeiner vom absoluten Energieminimum abweichenden räumlichen Anordnung der resistenten Gruppen entspricht, mag es sich nun um

[1] Die folgenden quantenstatistischen Untersuchungen (bis S. 244, sowie 245 bis 250) können von mehr chemisch interessierten Lesern übergangen werden.

[2] Vgl. hierzu I, § 7 und III, Kap. F.

[3] Eine sehr verallgemeinerte Darstellung derartiger Gedankengänge bringen wir in III, § 25.

[4] Beispiel: ein Fall, wo eine geordnete Mischphase (s. §§ 21 u. 22) instabil ist und sich spontan in reine Phasen zerlegen würde.

die gegenseitige Lagerung oder sonst um irgendeine Wechselwirkung der betreffenden resistenten Gruppen handeln.

Die statistische Aufgabe lautet also jetzt: es ist die Zahl der Realisierungsmöglichkeiten eines Zustandes zu bestimmen, der dem untersten erreichbaren Energiezustand eines Systems von Teilchen gegebener Resistenz entspricht. Diese Aufgabe ist sicher einfacher als für den Fall höherer (mittlerer) Energie, da (nach § 10) auf alle Fälle mit einer Energieverminderung eine Verminderung in der Zahl der Realisierungsmöglichkeiten verbunden ist; immerhin muß man an sie mit den allgemeinen Mitteln der Quantenstatistik herangehen, und die Antwort hat sich mit der fortschreitenden Entwicklung der Quantentheorie bereits etwas geändert. Die vom Verfasser früher[1] festgelegte Auffassung war etwa folgende. Unter dem Einfluß der starken gegenseitigen Einwirkungen der Moleküle aufeinander, die wir im festen Körper anzunehmen haben, sind alle in der Quantentheorie unter der Rubrik der „Bahnentartung" zusammengefaßten Fälle, wie sie bei räumlicher Gleichberechtigung verschiedener Koordinaten (also z. B. in freien Atomen und Molekülen) auftreten können, ausgeschieden. Es besteht also nicht mehr, wie in entarteten Fällen, die Möglichkeit, daß ein und derselbe Energiezustand in mehreren „Quantenzellen" realisiert ist, die etwa verschiedenen Bahnorientierungen der Elektronen einer resistenten Gruppe relativ zu ihrer Umgebung entsprechen. Umgruppierungen der Moleküle gegeneinander werden aber stets zu Energieerhöhungen führen müssen, falls nicht solche Umgruppierungen gewählt werden, bei denen Teilchen gleicher Art miteinander vertauscht werden. Mannigfaltigkeiten der letzten Art spielen jedoch bei der klassischen und früheren quantentheoretischen Entropieberechnung keine Rolle; es läßt sich zeigen[2], daß man dann und nur dann zu einer richtigen thermodynamisch erfaßbaren Entropie kommt, wenn in allen Phasen die Vertauschbarkeiten gleicher Teilchen untereinander „unterschlagen" werden. Somit ist die Zahl $\mathfrak{P}_{(0)}$ der Realisierungsmöglichkeiten im untersten Energiezustande für die stabilen Phasen $= 1$, das NERNSTsche Theorem ist statistisch evident[3].

Durch die seitherige Entwicklung der Quanten- und Wellenmechanik, die sich an die Namen HEISENBERG, PAULI, DIRAC, DE BROGLIE, SCHRÖDINGER u. a. knüpft, hat sich auch auf dem Gebiet der Nullpunktsstatistik des NERNSTschen Körpers eine charakteristische Änderung in der Beurteilung vollzogen. Man hat als mögliche Lösungen der quantenmechanischen Bedingungsgleichungen nicht mehr bestimmte Bahnen der einzelnen Teilchen aufzusuchen, sondern „Eigenfunktionen" des ganzen Systems zu bestimmen, die bestimmten Operationsvorschriften (HEISENBERG) oder bestimmten Differentialgleichungen im totalen Koordinatenraum (gewissermaßen im $\frac{\Gamma}{2}$-Raum) genügen (Wellengleichungen nach SCHRÖDINGER). Zu jeder Eigenfunktion des Gesamtsystems gehört ein „Eigenwert", der die Energie des betreffenden Partialzustandes angibt. Die Eigenfunktionen entsprechen den früheren Quantenzuständen, beim festen Körper auch insofern, als zu höheren Energiewerten (wenn ein kleines Energieintervall zugelassen wird) sehr viel mehr Eigenfunktionen gehören als zu den tiefen. Man würde also wieder die Zahl der bei einer gegebenen Gesamt-

[1] Physik. Ztschr. Bd. 22, S. 1—11, insbesondere S. 6 u. 7, 1921; Bd. 23, S. 9—13, insbesondere S. 5—7, 1922.

[2] SCHOTTKY: Ann. d. Physik Bd. 68, S. 517—535, 1922.

[3] Diese Überlegungen wurden zuerst, in etwas anderer Form, für kristallinische Phasen gegeben durch O. STERN: Ann. d. Physik Bd. 49, S. 823, 1916. Die durch räumliche Drehung des ganzen Kristalls oder die Möglichkeit zur Bildung zweier optisch spiegelbildlicher Isomerer gebotenen Mannigfaltigkeiten in der Realisierung des Zustandes kleinster Energie kommen quantitativ nicht in Frage (W. SCHOTTKY: Physik. Ztschr. Bd. 22, S. 9—11, 1921).

energie des Systems möglichen verschiedenen Eigenfunktionen mit der Zahl $\mathfrak{P}$ der Realisierungsmöglichkeiten identifizieren können, zumal sich auch hier für die statistische Gleichwertigkeit der verschiedenen Eigenfunktionen (in nicht entarteten Fällen) überzeugende Gründe ergeben. Es kommen aber noch zwei charakteristische Unterschiede gegenüber der früheren Quantenstatistik hinzu. Beide hängen mit dem von HEISENBERG[1] beschriebenen Resonanzphänomen der Quantenmechanik zusammen, das immer dort auftritt, wo zwei oder mehr gleichartige Teilchen (z. B. zwei Elektronen eines Atoms) in verschiedenen[2] Zuständen vorhanden sind und das entweder als fortwährender Austausch von Strahlungsenergie oder als ein Schwebungsphänomen zwischen gekoppelten Systemen gedeutet werden kann. Durch dieses Resonanzphänomen werden die Eigenfunktionen und dadurch die Energiewerte, die „Terme" des Systems, das solche gleichartigen Teilchen enthält, in verschiedene Beträge „aufgespalten", und das Bemerkenswerte ist, daß von den derart aufgespaltenen Eigenfunktionen keine spontan oder unter der Wirkung irgendeiner äußeren Störung in die andere durch die Aufspaltung entstandene übergehen kann. So bleiben also gewisse Eigenfunktionen oder vielmehr gewisse zueinander gehörige Systeme von Eigenfunktionen oder auch „Termsysteme" ewig voneinander isoliert; wenn in der Natur eins dieser Termsysteme einmal realisiert gewesen ist, so können durch keine Eingriffe, auch nicht durch Trennung und Wiedervereinigung, die Eigenfunktionen eines anderen Termsystems daraus entstehen.

Für die Statistik sowohl der festen Körper wie der freien Moleküle ausschlaggebend ist nun die Frage, ob die in der Natur realisierten Termsysteme „einfach" oder „mehrfach" sind, d. h. verschiedene Realisierungsmöglichkeiten (Eigenfunktionslösungen) des gleichen (streng definierten) Energiezustandes haben. Der letzte Fall ist, im Gegensatz zu dem Fall der nicht entarteten (allerdings mit Unterschlagung der Vertauschbarkeit gleicher Teilchen bewerteten) Systeme in der früheren Quantentheorie, nach der neuen Theorie möglich; es gibt Termsysteme, bei denen derselbe Energiewert durch verschiedene Eigenfunktionen realisierbar ist und es auch dann bleibt, wenn noch so große Feld- und Störwirkungen angenommen werden[3]. Wären diese „grundsätzlich entarteten" Termsysteme in der Natur realisiert und würde speziell der Zustand der relativ untersten Energie eine solche Entartung zeigen, so wäre $\mathfrak{P}_{(0)} \neq 1$; allerdings wäre es auch dann noch denkbar, daß zwischen verschiedenen NERNSTschen Phasen ausgetauschte Elementarteilchen entsprechende Änderungen der $\mathfrak{P}_{(0)}$ der verschiedenen Phasen „mit sich führten", so daß trotzdem keine Änderung der Gesamtentropie beim Übergang entstände.

Eine bemerkenswerte Vereinfachung, auch in statistischer Beziehung, ist jedoch dadurch gegeben, daß die Natur, aus einem bisher noch nicht hinreichend geklärten Grunde, solche grundsätzlich entarteten Termsysteme anscheinend nicht realisiert. Es werden vielmehr von den an sich möglichen Termsystemen diejenigen herausgegriffen, die, bei Aufhebung der gewöhnlichen Entartungen, nur einfache Energiewerte, also für jeden streng definierten Energiezustand den Wert $\mathfrak{P} = 1$ ergeben; dies sind im Sinne von W. PAULI[4] solche Termsysteme, die nicht aus Termen mit völlig gleichartigen Quantenzahlen gleicher Teilchen

[1] HEISENBERG, W.: Mehrkörperproblem und Resonanz in der Quantenmechanik. Z. f. Physik Bd. 38, S. 411, 1926; Bd. 41, S. 239, 1927.

[2] Außer diesem Fall kommt auch der vor, daß zwei gleiche Teilchen sich an verschiedenen Orten im gleichen Energiezustand befinden, z. B. äquivalente Elektronen zweier gleicher Atome. Hier tritt nach der Quantenmechanik keine Resonanz, wohl aber ein „Austausch" ein, und es gelten im übrigen dieselben Folgerungen.

[3] WIGNER, E.: Z. f. Physik, Bd. 40, S. 498, 1927.

[4] Z. f. Physik Bd. 31, S. 765, 1925.

entstanden gedacht werden können, und nach HEISENBERG[1] solche, deren Eigenfunktionen im Koordinatenraum, bei Vertauschung der Rolle gleichartiger Teilchen, in ihre negativen Werte übergehen (antisymmetrische Funktionen). Aus dieser Antisymmetrie der Eigenfunktionen folgt sogleich, daß die Vertauschung gleichartiger Teilchen keine neuen Eigenfunktionen ergibt, denn alle hierdurch entstehenden neuen Eigenfunktionen unterscheiden sich nur durch einen konstanten Faktor $[(-1)^n]$ von der ursprünglichen, einen Faktor, der an der durch die Eigenfunktion ausgedrückten Verteilung im Koordinatenraum nichts ändert. Wenn man also konsequent nur jeder neuen *Verteilung* im Koordinatenraum eine neue Realisierungsmöglichkeit zuordnet, so existiert für die Zustände, die einer in gleichartigen Teilchen antisymmetrischen Eigenfunktion entsprechen, auch dann nur eine Realisierungsmöglichkeit, wenn man sich die verschiedenen gleichartigen Teilchen numeriert denkt und ihre Rolle in der Eigenfunktion miteinander vertauscht. Man kann das nach HEISENBERG so auffassen, daß bei verschiedenen gleichartigen Teilchen jedes Teilchen nacheinander die Bahn jedes anderen einmal durchläuft.

Da hiernach, bei Wechselwirkungen, die jede andere als die grundsätzliche Entartung aufheben, jedem streng definierten Energiezustand nur *eine* Realisierungsmöglichkeit zukommt, gilt dies auch speziell für den untersten Energiezustand einer stabilen Phase, und wenn wir wieder annehmen, daß für den festen Körper alle nicht grundsätzlichen Entartungen aufgehoben sind, so haben wir für den streng definierten Energiezustand $T = 0$ die Konsequenz $\mathfrak{P}_{(0)} = 1$, also eine neue statistische Bestätigung des NERNSTschen Theorems.

Die praktische Nullpunktswahrscheinlichkeit stabiler Phasen. Bei der praktischen Prüfung des NERNSTschen Theorems ist zu berücksichtigen, daß nicht die hier diskutierte Nullpunktsentropie $S_{(0)}$ und Nullpunktswahrscheinlichkeit $\mathfrak{P}_{(0)}$ in Frage kommt, die wir als „theoretische" bezeichnen wollen, sondern andere praktisch meßbare Größen $S_{(u)}$ und $\mathfrak{P}_{(u)}$, die sich von den theoretischen Größen unterscheiden können. Bei der Berechnung von $\mathfrak{S}_{(0)}$ aus Gleichung (13) oder (14) tritt nämlich, wie man für (13) aus der Beziehung (7) § 11 entnimmt, neben der Größe $\mathfrak{S}_{(0)}$ immer in genau der gleichen Weise das Integral $\sum \nu_i \int_0^T \frac{c_p^{(i)}}{T}\, dT$ auf, dessen Bestimmung in Wirklichkeit immer nur von einer unteren Grenze T_u an möglich ist, während zwischen 0 und T_u extrapoliert werden muß. (T_u wird, je nach dem meßtechnischen Aufwand, zwischen etwa 20° und 2° abs. liegen.) Wegen der kleinen T im Nenner hat aber die Art der Extrapolation den größten Einfluß auf den Wert des Integrals (im Gegensatz zu dem Integral $\int_0^T c_p\, dT$, das wir hier deshalb nicht zu berücksichtigen brauchen). Extrapoliert man, wie gewöhnlich, so, daß (nach dem DEBYEschen T^3-Gesetz) $\sum \nu_i \int_0^{T_u} \frac{c_p^{(i)}}{T}\, dT$, das in den Gleichungen für $\mathfrak{S}_{(0)}$ mit negativem Vorzeichen auftritt, bei genügend kleinen T_u-Werten zu vernachlässigen ist, während in Wirklichkeit in diesem Bereich ein (auf das Mol der Substanz bezogener) Beitrag $s_{(u)}$ durch dieses Integral geliefert wird, so würde man aus den $\mathfrak{K}$- und $\mathfrak{W}$-Beobachtungen und den falsch extrapolierten c_p-Werten (bei NERNSTschen Körpern als Reaktionsteilnehmern) einen Wert von $\mathfrak{S}_{(0)}$ errechnen, der nicht gleich 0, sondern

[1] Z. f. Physik Bd. 41, S. 239, 1927.

um $\sum \nu_i \int_0^{T_u} \frac{c_p^{(i)}}{T}\, dT$ zu groß, also $= \sum \nu_i s_{(u)}^{(i)}$ wäre, ganz so, als ob eine von o verschiedene Entropiekonstante $s_{(u)}^{(i)}$ für jede Substanz vorhanden wäre.

Quantenstatistische Aussagen über $S_{(u)}$. Wegen der experimentellen Unzugänglichkeit des Gebietes zwischen $T = 0$ und $T = T_u$ versuchen wir, im folgenden die theoretischen Aussagen zusammenzufassen, die man nach dem heutigen Stand der Erkenntnis über den Wert von $S_{(u)}$ in phasenstabilen festen Körpern in der Nähe des absoluten Nullpunkts machen kann. Allerdings werden diese Ausführungen nur für einen kleinen Leserkreis von Interesse sein, so daß wir raten, gegebenenfalls diesen Abschnitt zunächst zu überschlagen und auf S. 248 oder 250 fortzufahren. Statistisch lautet die gekennzeichnete Fragestellung so: Ist durch die Energiezufuhr, die das betrachtete System von $T = 0$ auf die Temperatur T_u bringt, schon eine solche Vermehrung der Zahl von Realisierungsmöglichkeiten dieses Systemzustandes gegeben, daß die Entropie $S_{(u)}$ eine thermodynamisch in Betracht kommende Zunahme gegenüber dem Wert $S_{(0)} = 0$ erfährt? Zunächst: thermodynamisch in Betracht kommen Entropiewerte, die pro Mol[1] des festen Körpers von der Größenordnung R sind. Wegen $S = \frac{R}{N} \ln \mathfrak{P}$ muß also $\ln \mathfrak{P}$ von der Größenordnung $N \ln g$ sein, wobei $\ln g$ eine Zahl von der Größenordnung 1 ist, d. h. $\mathfrak{P}$ muß von der Größenordnung g^N sein, was z. B. realisiert ist, wenn *pro Molekül* g Realisierungsmöglichkeiten (g eine ganze Zahl > 1) vorhanden sind[2]. Mannigfaltigkeiten niederer Größenordnung kommen praktisch nicht in Betracht.

Die gestellte statistische Aufgabe läuft also auf die Frage hinaus, ob bei $T = T_u$ außer den etwaigen verschiedenen Oszillationszuständen, die schon in dem T^3-Gesetz berücksichtigt sind, noch mehrfache Realisierungsmöglichkeiten eines Molekülzustandes innerhalb des Gesamtsystems möglich sind. Das wird nach der Quantentheorie dann der Fall sein, wenn die nächst höheren Quantenzustände des einzelnen Moleküls so geringe Energieunterschiede Δu (pro Mol) gegenüber dem untersten Quantenzustand aufweisen, daß $\Delta u \lesssim R T_u$ wird. Es läßt sich nämlich für ein kleines Teilsystem (Molekül) einer großen Gesamtheit zeigen[3], daß die Häufigkeit, mit der verschiedene Zustände 1 und 2, jeder mit der Realisierungsmöglichkeit 1, bei einer gegebenen Temperatur T angenommen werden, durch das Verhältnis $e^{-\frac{u_2}{RT}} : e^{-\frac{u_1}{RT}} = e^{-\frac{\Delta u}{RT}}$ gegeben ist. Für $\Delta u \ll RT$ sind also die beiden um Δu verschiedenen Zustände annähernd gleich häufig; es existieren praktisch zwei (oder entsprechend mehr) gleichwertige Realisierungsmöglichkeiten pro Molekül, und wir haben $S_{(u)} = R \ln g$ statt $S_{(0)} = 0$ anzunehmen. Für $g = 2$ (zwei Realisierungsmöglichkeiten pro Molekül) ist dieser Fall vom Verfasser so weit durchgerechnet worden[4], daß auch die Anomalien der spezifischen Wärme, die durch den allmählichen Übergang von $S_{(0)}$ zu $S_{(u)}$ bedingt sind, berechnet werden konnten. Anomalien der spezifischen Wärme, die in ihrem Charakter auffallend mit den auf diese Weise theoretisch berechneten übereinstimmten, sind dann einige Jahre später von F. SIMON[5] bei einer Reihe

---

[1] Das einzelne „Molekül", auf das man hier die Molenangabe bezieht, braucht natürlich nicht irgendwie gegen die andern abgeschlossen zu sein; es handelt sich nur um eine die Zusammensetzung des Körpers kennzeichnende Atomgruppe, wie NaCl, $CaCO_3$ usw.

[2] SCHOTTKY, W.: Physik. Ztschr. Bd. 22, S. 2, 1921.

[3] Vgl. hierzu auch das in § 17 über die relative Häufigkeit von Gasanregungszuständen Gesagte.

[4] Physik. Ztschr. Bd. 23, S. 448, 1922.

[5] Berl. Ber. 1926, S. 477.

von Substanzen gefunden worden; hier handelte es sich allerdings um Fälle, bei denen die Energieunterschiede Δu wesentlich größer waren und infolgedessen das Gebiet der allmählichen Ausbildung dieser Mannigfaltigkeit bei bequem zugänglichen Temperaturen ($T = 200^0$ und höher) lag. Immerhin hat damit die Wahrscheinlichkeit, daß auch in dem unzugänglichen Temperaturgebiet solche Effekte vorkommen, zugenommen[1].

Welcher Art die dem untersten Zustand benachbarten inneren Energiestufen der Einzelteile eines festen Körpers sein können, ist eine Frage, die mitten in das Gebiet der modernen Molekularforschung und Quantenmechanik hineingreift. Um zu den nächst niedrigen Energiestufen zu kommen, die sich an einen gegebenen Zustand tiefster Energie anschließen, wird man wohl vor allem nach „fast entarteten" Eigenfunktionen suchen, d. h. nach solchen Lösungen der quanten- oder wellenmechanischen Bedingungsgleichungen, die zu völlig gleichen Energiewerten führen würden, wenn gewisse bei dem nahen Zusammenbringen aller Einzelteilchen auftretende Wechselwirkungen nicht vorhanden wären. Hierbei liegt es nahe, zunächst einmal an Umpolungen des Elektronen- und Kerndralls zu denken, da die Orientierung der Drallachse, besonders bei den Kernen, nur in einem sehr losen energetischen Zusammenhang mit den übrigen Koordinaten steht. Solche Umpolungen, mit Energieunterschieden entsprechend der magnetischen Wechselenergie der Elektronen und Kerne ($\Delta u \ll R \cdot 1^0$), kämen in der Tat in Frage und würden Entropien $S_{(u)}$ von der verlangten Größenordnung ergeben, wenn es sich bei den Elementarbestandteilen des festen Körpers (Elektronen und Atomkerne) durchweg oder zum größten Teil um voneinander *verschiedene* Teilchen handeln würde. Wegen der Gleichartigkeit der Elektronen unter sich und je eines Teils der Atomkerne unter sich macht sich jedoch das Pauliverbot, die Bedingung der Antisymmetrie aller Eigenfunktionen in je zwei gleichartigen Teilchen, hier in eigentümlicher Weise bemerkbar. Befinden sich speziell, wie das bei allen abgeschlossenen Elektronenschalen der Atome und Moleküle der Fall ist, immer je zwei Elektronen in dem gleichen Quantenzustand ihrer Schwerpunktskoordinaten, so ist ihre Schwerpunktseigenfunktion symmetrisch, also muß, damit die Gesamteigenfunktion (welche in dem hier aufschlußgebenden Grenzfall gleich dem Produkt der Schwerpunkts- und Dralleigenfunktion gesetzt werden kann) antisymmetrisch wird, die Dralleigenfunktion selbst antisymmetrisch sein. Das bedeutet, daß die Elektronenachsen antiparallel stehen müssen; eine Parallelstellung ohne Änderung der Schwerpunktsbewegung würde aus dem in der Natur einzig realisierten Termsystem hinausführen. Dasselbe gilt für rotierende Atomkerne mit der Drehimpulszahl der Elektronen ($\pm \frac{1}{2}$), falls auch die Atomkerne jeweils einen Partner haben, mit dem sie zu einer in den Schwerpunktskoordinaten symmetrischen Eigenfunktion gekoppelt sind, was z. B. bei einzelnen 2atomigen Molekülen für den Rotationszustand mit den Quantenzahlen 0, 2, 4 usw. zutrifft.

Man wird also schließen, daß bei allen (phasenstabilen) festen Körpern, in denen nur (in den Schwerpunktkoordinaten) paarweise gleiche Elektronen und Atomkerne vorhanden sind, keine Energiesprünge auftreten können, die einer einfachen Umpolung der Elektronen- oder Kernachsen entsprechen würden, und denen demnach, besonders bei dem Kern, außerordentlich kleine charakteristische Temperaturen (Größenordnung $^1/_{1000}{}^0$) zugehören würden.

Wohl aber ist es denkbar, daß Drallumpolungen mit Änderungen der Schwerpunktsbewegungen oder, allgemeiner, der Schwerpunktseigenfunktionen

[1] In der Tat hat F. SIMON nunmehr Anomalien dieser Art an der unteren Grenze des Temperaturmeßbereichs festgestellt (Cu und Fe neuerdings Li, Al_2O_3 usw.). Vortrag auf der Vers. dtsch. Naturforsch. u. Ärzte. Hamburg 1928.

kombiniert auftreten. Für die Leitungselektronen von Metallen ist dieser Effekt neuerdings von F. Bloch[1] unter Berücksichtigung eines periodischen Gitter-Kraftfeldes quantitativ diskutiert worden. Seine Auswirkungen sind denen des Schottkyschen Ein-Stufen-Effektes (Anm. 4, S. 245) ähnlich; eine exakte Voraussage über die charakteristische Temperatur des Effekts war allerdings bisher nicht möglich. Ein analoger Effekt ist aber auch bezüglich der Kerndrallumpolungen zu erwarten; hier würde also in einem Kristall, der Atome mit Kerndrall enthält, eine partielle Umpolung der Kerne möglich sein, verbunden mit dem Übergang zu einer Schwerpunktseigenfunktion von anderem Symmetriecharakter in den Kernen, die bei Atomen ohne Kerndrall einem verbotenen System angehören würde. Die Größenordnung der hier maßgebenden Energieunterschiede würde sich, nach mündlicher Mitteilung von W. Heisenberg und W. Pauli, aus der Termaufspaltung des Kerntermsystems durch die Koppelungsglieder des *Austauschphänomens* gleicher Kerne ergeben; die Beträge würden vermutlich recht klein sein, so daß man hieraus sehr wohl einen Wert $S_{(u)} \neq 0$ oder wenigstens eine Anomalie der spezifischen Wärmen in dem von F. Simon letzthin untersuchten tiefen Temperaturgebieter ableiten könnte (Diskussionsbemerkung von W. Schottky zum obenerwähnten Vortrag Simon, Hamburg 1928).

Noch anders liegen die Verhältnisse, wenn die Elektronen oder Atomkerne der Atomgruppen des festen Körpers im untersten Energiezustand *nicht* paarweise gleiche Schwerpunktseigenfunktionen besitzen. Bei den Elektronen sind solche Fälle in Atomgruppen mit „unabgeschlossenen Schalen", mit „unabgesättigten Valenzen"[2] verwirklicht, die als freie Atome (z. B. Na, Fe-Atome, seltene Erden) oder in gewissen Fällen auch als freie Moleküle (O_2, NO, CN, CaH) existenzfähig sind. Es besteht kein Grund zu der Folgerung, daß eine Eigenschaft, die beim Zusammentritt von Atomen zu Molekülen erhalten bleiben kann, bei dem Zusammenschluß zu einem festen Körper, der als sehr großes Molekül aufgefaßt werden kann, prinzipiell verschwindet. Wir werden also jedenfalls unpaarig zusammengeschlossene Elektronen auch in gewissen festen Körpern nicht ausschließen können. Die dann zu erwartenden Termdifferenzen gegen den untersten Energiezustand sind den Differenzen zwischen verschiedenen Termen eines Multipletts bei freien Atomen oder Molekülen analog; als Beispiel hierfür kann der am Schluß von § 13 durchgerechnete Fall eines Eisenatoms dienen, wo die Differenz zwischen dem untersten und zweituntersten Energiezustand einer Temperatur von etwa 600^0 äquivalent ist. Wie im festen Körper die entsprechenden Energiebeträge sein würden, läßt sich wohl noch nicht abschätzen.

Für die Atomkerne kennen wir einen, allerdings noch hypothetischen Fall mit nicht paarweise symmetrischen Kernbewegungen aus einer Veröffentlichung von R. H. Fowler[3], im Anschluß an Arbeiten von F. Hund[4] und D. M. Dennison[5]. Bei festem Wasserstoff besteht die Möglichkeit, daß er aus zwei verschiedenen gegeneinander resistenten H_2-Molekülen zusammengesetzt ist, von denen der einen Art die Rotationszahl 0 und damit eine in beiden Atomen symmetrische Schwerpunkts-„Bewegung" zugeschrieben wird, der anderen Art dagegen die Rotationszahl 1 und damit eine antisymmetrische Schwerpunktsbewegung[6], also, nach dem Pauliprinzip, eine symmetrische Eigenfunktion des Kerndralls der beiden Atome. Nun gehören zu einer symmetrischen Kombination des Kerndralls zweier Atome nach Heisenberg (a. a. O.) drei verschiedene Eigen-

---

[1] Bloch, F.: Z. f. Physik Bd. 52, S. 555, 1928.
[2] London, F.: Z. f. Physik Bd. 46, S. 455, 1928; Bd. 50, S. 24, 1928.
[3] Proc. roy. Soc. A. Bd. 118, S. 52, 1928. Z. f. Physik Bd. 42, S. 93, 1927.
[5] Proc. roy. Soc. A. Bd. 115, S. 483, 1927.
[6] Heisenberg, W.: Z. f. Physik Bd. 41, S. 239, 1927.

funktionen, die sich in ihren Energiewerten nur insofern unterscheiden, als die (extrem kleine) magnetische Energie der Kernrotation zu Wechselwirkungen mit der sonstigen magnetischen Energie des Moleküls Veranlassung gibt. Die Δu-Werte sind hier also Temperaturen äquivalent, die außerordentlich kleinen Bruchteilen von 1^0 entsprechen; hier wäre also, was FOWLER hervorgehoben hat, ebenfalls ein typischer Fall einer praktischen Durchbrechung des NERNSTschen Theorems: $S_{(u)} \neq 0$[1].

Endlich mag noch auf eine weitere, vom Verfasser in ähnlicher Weise schon früher (Phys. Zs. 1921, 1922, a. a. O.) diskutierte Möglichkeit für „kleine" Termdifferenzen in festen Körpern hingewiesen werden. In einem *freien* Atom oder Molekül, dessen resultierendes Elektronenimpulsmoment nicht gleich 0 ist, sind, wie noch in § 13 zu besprechen sein wird, verschiedene Realisierungsmöglichkeiten vorhanden, die den verschiedenen möglichen Stellungen der resultierenden Elektronenimpulsachse (Drall + Schwerpunktsbewegung aller Elektronen eines Atoms) in einem schwachen elektrischen oder magnetischen Felde entsprechen. Eine Mannigfaltigkeit dieser Art wird erhalten bleiben, soweit sich durch den Zusammenschluß der Atome zu Molekülen oder der Moleküle zu einem festen Körper nicht die Elektronenimpulsmomente paarweise gegenseitig kompensieren. Über die Aufspaltung der ursprünglich gleichen Energie durch die gegenseitige Beeinflussung der betreffenden Atome ist wohl zur Zeit noch nichts Sicheres bekannt[2].

$\mathfrak{P}_{(0)}$ bei „eingefrorenen" Phasen. Das Argument, welches bei stabilen Phasen zu $\mathfrak{P}_{(0)} = 1$ (wenn auch nicht zu $\mathfrak{P}_{(u)} = 1$) führte, war das, daß der Zustand $T = 0$ für diese Phasen den untersten mit den gegebenen Teilchenresistenzen verträglichen Energiezustand darstellt, von dem aus jeder andere Mikrozustand bei gegebenen äußeren Koordinaten nur unter Energieaufwand, also beim Verlassen der Temperatur $T = 0$, erreicht werden kann. Dies Argument trifft nicht mehr zu bei solchen Phasen, in denen bei $T = 0$ der unterste mit den gegebenen Teilchenresistenzen verträgliche Zustand in Wirklichkeit gar nicht erreicht wird, wie dies bei Mischkristallen mit „eingefrorenem" Unordnungszustand und wohl in jeder unterkühlten Flüssigkeit der Fall ist. In solchen Fällen gehören zu jedem von der Phase in Wirklichkeit bei der Abkühlung erreichten („eingefrorenen") Mikrozustand eine große Zahl anderer, energetisch äquivalenter Zustände; so ergibt z. B. eine nähere Analyse, daß bei einem im Zustand völliger Unordnung „eingefrorenen" Mischkristall, dessen Bausteine sich durch ihre Kraftwirkung auf ihre Umgebung energetisch unterscheiden, außer dem der wirklichen Anordnung entsprechenden Zustande in $\mathfrak{P}_{(0)}$ alle diejenigen Zustände mitzuzählen sind, die vor dem „*Einfrieren*" der betreffenden Molekülanordnung theoretisch erreichbar waren[3], d. h. falls bei der Einfriertemperatur die Verschiedenheit der

---

[1] Außer dieser Kerndrallentropie würde bei einer Mischphase der besprochenen Art auch noch ein Mischungsglied in der Entropie zu berücksichtigen sein, das, bei kleinen Wechselwirkungsunterschieden der rotierenden und nicht rotierenden Moleküle, ebenfalls schon bei der Temperatur T_u völlig ausgebildet wäre (s. hierzu Anm. 3 S. 249).

[2] F. HUND gibt (Z. f. Physik Bd. 36, S. 661, 1926) eine Abschätzung für die elektrische Aufspaltung (quadratischer Starkeffekt) der Terme eines Atoms durch das elektrische Feld eines anderen, mit ihm zu einem Molekül verbundenen Atoms. In der unteren Grenze würde hiernach eine Energiedifferenz zu erwarten sein, die, auf RT umgerechnet, etwa 450^0 abs. entsprechen würde. Man wird vielleicht erwarten dürfen, daß diese Schätzung auch für die Aufspaltung der „Richtungsquantelung" in festen Körpern die richtige Größenordnung ergibt.

[3] Diese Zustände sind, strenggenommen, nicht mehr Zustände von durchweg gleicher Energie, sondern sie weisen eine Energie*streuung* auf, auf Kosten oder zugunsten der Wärmeschwingungsenergie der Atome, der Energie angrenzender Körper usw. Die Vergrößerung von $\mathfrak{P}$, die durch diese Energiestreuung zustande kommt, ist aber nicht wesentlich; ausschlaggebend ist vielmehr die Tatsache, daß in einem aus vielen Teilchen bestehenden System jede Vergrößerung der Energie ein außerordentlich rasches Anwachsen der verschiedenen Realisierungsmöglichkeiten eines bestimmten, nicht absolut streng definierten Energiezustandes bedingt.

Bestandteile noch keine spezielle Ordnung im Gitter herbeiführte, alle Zustände, die durch beliebige Vertauschung der *ungleichen* Teilchen im Gitter auseinander hervorgehen.

Diese Erkenntnis beruht auf folgender Überlegung. Falls man überhaupt eine Entropie von in diesem Sinne instabilen, also irgendwie unterkühlten oder in bezug auf die Teilchenanordnung eingefrorenen Phasen definieren und mit der anderer Phasenzustände vergleichen will, muß man diese Phase reversibel in einen anordnungsstabilen Zustand (und von da aus in andere Zustände) überführen können. Das muß in der Weise geschehen, daß man die betreffende Phase zunächst reversibel bis zu derjenigen Temperatur erwärmt, bei der der betreffende Anordnungs- oder Unordnungszustand der Teilchen zugleich der des ungehemmten Gleichgewichts ist. Der Übergang vom gehemmten zum ungehemmten Zustand ist aber hierbei, wenn er überhaupt reversibel möglich ist, mit keinem besonderen Wärmeeffekt, also keiner Entropieänderung, verbunden. Daraus folgt, daß man die Entropie unterkühlter Phasen aus der Zahl der wirklichen Realisierungsmöglichkeiten ihrer Mikrozustände *bei ihrer Einfriertemperatur* und, wenn für verschiedene Arten von gegenseitigen Anordnungen der Atome verschiedene Einfriertemperaturen existieren, für jede Anordnungsart bei deren spezieller Einfriertemperatur zu berechnen hat.

Da hierbei noch die Annahme, daß eine bestimmte Umordnungsmöglichkeit (z. B. der verschiedenartigen Kombinationen eines Mischkristalls) plötzlich bei einer ganz konstanten Temperatur „einfriert", in Wirklichkeit nicht erfüllt ist, vielmehr dieser Vorgang sich über ein gewisses Temperaturintervall erstrecken wird, in diesem von der Geschwindigkeit der Abkühlung oder Erwärmung abhängig und sodann immer bis zu einem gewissen Grade irreversibel sein wird, so erkennt man, daß das ganze Problem der unterkühlten bzw. eingefrorenen Phasen sowohl vom statistischen Standpunkt wie vom Standpunkt der thermodynamischen Messungen ein außerordentlich diffiziles ist und daß jedenfalls das NERNSTsche Theorem auf solche Phasen nicht anwendbar ist. Mit dieser Feststellung, die in ähnlicher Weise von G. N. LEWIS[1] sowie von F. SIMON[2] getroffen und von diesen und anderen Autoren durch experimentelle Untersuchungen (z. B. durch eine $\mathfrak{S}_{(0)}$-Bestimmung für die Umwandlung von unterkühltem flüssigem in kristallinisches Glyzerin) gestützt worden ist, verliert die thermodynamische Untersuchung derartiger Phasen wohl überhaupt ihr Interesse[3], da die $\mathfrak{R}$-Werte der

[1] LEWIS und RANDALL, Thermodynamik, Kap. 31.

[2] Handb. d. Physik Bd. 10, Kap. 7.

[3] Eine Ausnahme bilden hier vielleicht die aus sehr nahe gleichen Teilchen aufgebauten Mischphasen, die man bei gewöhnlicher Betrachtung als reine Phasen im NERNSTschen Sinne ansprechen möchte, wie die aus Isotopen zusammengesetzten (Pb, festes Cl_2 usw.) oder der weiter oben besprochene Fall des aus zwei verschiedenen Wasserstoffmolekülen aufgebauten festen Wasserstoffs. Hier stellt wahrscheinlich bis zu den tiefsten *erreichbaren* Temperaturen, der praktisch völlige Unordnungszustand noch den stabilsten Fall dar, und man kann für alle beobachtbaren Effekte so rechnen, als ob $S_{(0)} = S_{(u)}$ wäre und dem Zustand völliger Mischbarkeit entspräche. Es läßt sich dann zeigen, daß, wie bei Gasmischungen (§ 13) in den Partialentropien der beiden Isotopen 1 und 2, Mischungsglieder $R \ln x_1$ und $R \ln x_2$ auftreten; dieselben Glieder treten jedoch in der Gasphase sowie in allen übrigen Phasen, in denen die Isotopen irgendwie anders gebunden sind, ebenfalls auf, so daß, wenn das Verhältnis $\frac{n_2}{n_1}$ in allen Phasen das gleiche ist, die Gleichgewichtsbedingungen und Reaktionsarbeiten auch ohne Berücksichtigung des Mischungscharakters dieser Körper berechnet werden können. Andererseits wird, solange das Mischungsverhältnis der Isotopen nicht in allen Phasen dasselbe ist, eine Entropiezunahme unter *Ausgleichung* des Mischungsverhältnisses auftreten. So erklärt es sich, daß die aus Isotopen bestehenden Elemente in praktisch konstantem Mischungsverhältnis, das dem Mengenverhältnis der überhaupt vorhandenen Isotopen verschiedener Art entspricht, durch alle chemischen Reaktionen hindurchgehen.

Umwandlungen mit solchen Phasen wohl nur im Gebiet ihres anordnungsstabilen Zustandes interessieren werden, wo sie in Ermangelung der Anwendbarkeit des NERNSTschen Theorems ohnehin durch Bestimmung eines reversibeln $\mathfrak{K}$-Wertes oder eines Gleichgewichts ermittelt werden müssen.

Die praktische Bedeutung dieses Fragenkomplexes scheint uns also nur darin zu liegen, daß das Gebiet, auf dem das NERNSTsche Theorem wirklich anwendbar ist, nunmehr schärfer abgegrenzt werden kann. Wir sehen, daß die „NERNSTschen Körper" nicht notwendig „reine Phasen" zu sein brauchen, wenigstens nicht in dem Sinne, daß sie nur aus einer Atom- oder Molekülart bestehen dürfen. Es *kann* vielmehr auch ein mehr oder weniger kompliziert zusammengesetzter Körper durch passendes Verfahren bei seiner Herstellung und Abkühlung dem Zustand stabilster Anordnung seiner Teilchen und damit dem Wert $\mathfrak{P}_{(0)} = 1$ hinreichend nahe gebracht werden. Es wird das aber desto schwieriger und unwahrscheinlicher sein, je größere resistente Molekülgebilde der Körper aufweist (Gläser usw.) und je geringere Kräfte die frei beweglichen Teilchen in bestimmte relative Anordnungen einzuordnen streben (Mischkristalle). Daß selbst bei den nur aus einer Atomart aufgebauten Substanzen, wie etwa den Metallen, der anordnungsstabilste Zustand und damit der Wert $\mathfrak{P}_{(0)} = 1$ bei ihrer Abkühlung nicht streng erreicht wird, dürfte aus der am Schluß von § 21 gestreiften Theorie der Gitterfehler in reinen Kristallen hervorgehen.

— Der Einwand, daß bei der Existenz von Zuständen desselben Körpers mit verschiedenen $S_{(0)}$-Werten ein mit endlichem $\varDelta S$ verbundener Prozeß bei $T = 0$ möglich und dadurch nach den Betrachtungen auf S. 232/33 die Erreichung des absoluten Nullpunktes nicht mehr ausgeschlossen sei, erledigt sich nach F. SIMON[1] durch die Bemerkung, daß bei den instabilen Zuständen, um die es sich hierbei handelt, immer nur eine spontane *Vergrößerung* von $\varDelta S$ bei irgendeinem Prozeß möglich ist; man erhält also eine *Erwärmung* und nicht eine Abkühlung des betreffenden Körpers.

Bestimmung der Absolutentropie Nicht-NERNSTscher Phasen. Definieren wir, wie in § 10, die Absolutentropie einer Phase als Entropie, von einem Zustand völliger O dnung aus gerechnet, und akzeptieren wir die Erwägungen, nach welchen die NERNSTschen Körper bei $T = 0$ sich (praktisch mehr oder weniger genau) in diesem Zustand befinden, so ergibt sich eine Methode zur Absolutbestimmung der Entropie einer beliebigen Phase nach folgender Art. Man läßt die untersuchte Phase, entweder durch bloße Kristallisation oder, wenn es eine Mischphase ist, durch Zerlegung in ihre verschiedenen resistenten Gruppen und deren Kristallisation, reversibel in eine Reihe von NERNSTschen Körpern übergehen, die man dann bis $T = 0$ abkühlt. Die Gesamtentropieänderung bis $T = 0$ ist dann definitionsgemäß die Absolutentropie der Phase. Verhalten sich die Kondensate der betreffenden resistenten Gruppen praktisch nicht wie NERNSTsche Körper, so kann man sie auch mit anderen Stoffen verbinden, die sich selbst wie NERNSTsche Körper verhalten und deren Verbindung mit den untersuchten Stoffen ebenfalls die Eigenschaften eines NERNSTschen Körpers hat. So erhält man auf einem Umweg den Wert ihrer (auf den Zustand als NERNSTscher Körper bei $T = 0$ bezogenen) Absolutentropie.

Rechnerisch wird man in allen Fällen, wo ein solches Vorgehen möglich ist, die Absolutentropie der betreffenden Phasen von vornherein in die Rechnung einführen und aus derjenigen der NERNSTschen Körper zu bestimmen suchen. Gesucht wird in praxi nicht die gesamte Absolutentropie der Phase, sondern die spezifische Größe $s^{(i)}$ (bei reinen Phasen des Stoffes i) oder die molare spezifische Größe

[1] Z. f. Physik Bd. 41, S. 806, 1927.

$s_i = \frac{\partial S}{\partial n_i}$ bei Mischphasen. Diese kann man aus jeder reversibel durchführbaren Reaktion errechnen, bei der, außer dem betreffenden Stoff i, nur NERNSTsche Körper oder solche, deren Absolutentropie (in derselben Definition) bereits bekannt sind, auftreten. Man benutzt dann die Beziehung (17) § 10:

$$\mathfrak{S} = \sum \nu_i s_i ,$$

um aus den gemessenen $\mathfrak{S}\left(= \frac{\mathfrak{L}}{T} = \frac{\mathfrak{W} - \mathfrak{K}}{T}\right)$ und den übrigen bekannten s_i das unbekannte s_i zu berechnen[1]. So könnte man z. B. die mittlere spezifische Entropie einer wässerigen Kochsalzlösung aus dem $\mathfrak{K}$- und $\mathfrak{W}$-Wert des Übergangs $NaCl(s) + nHO_2(l) \rightarrow$ Kochsalzlösung und den spezifischen Absolutentropien $s^{(NaCl,\, s)}$ und $s^{(H_2O,\, l)}$ berechnen, wobei der letzte Wert wieder über $s^{(H_2O,\, s)}$ und die Schmelzwärme zu erschließen wäre. Meist ist allerdings mit solchen Feststellungen absoluter s-Werte nicht viel gewonnen, jedenfalls nicht mehr, als bei direkter Verwendung der Reaktionsgrößen $\mathfrak{K}$, $\mathfrak{W}$ und $\mathfrak{S}$, speziell ihrer Standardwerte, gewonnen werden kann; nur in solchen Fällen, wo durch Bestimmung eines absoluten $s^{(i)}$ oder s_i eine absolute Entropie*konstante* von auch theoretisch (quantenstatistisch) wichtiger und einfacher Bedeutung erschlossen werden kann, wird man sich der Mühe einer solchen Umrechnung unterziehen. Das ist z. B. der Fall bei reinen oder gemischten idealen Gasen, deren Studium wir uns im folgenden Paragraphen zuwenden[2].

Reichweite des NERNSTschen Theorems und Quantenstatistik. Wir kommen zum Schluß zurück auf die Bemerkungen S. 240, in denen wir eine Vereinheitlichung der Aussagen über die Änderungen von S bei konstantem T und bei verändertem T für den absoluten Nullpunkt auf quantenstatistischer Grundlage in Aussicht stellten. In der Tat liefert die quantenstatistische Aussage, wonach der Zustand $T = 0$ bei anordnungsstabilen Phasen der Zustand der kleinstmöglichen Energie ist und jede Veränderung im Gitterzustand dieser Phasen die Zuführung eines endlichen Energiequantums bedingt, nicht nur, wie besprochen, für die Aussagen bei konstantem T, sondern auch für das Verschwinden der spezifischen Wärme bei $T = 0$ die Begründung. Wie klein nämlich auch die Energiesprünge sein mögen, die für die Teilchen der Phase zunächst möglich sind, es wird sich immer ein Temperaturintervall finden lassen, in dem das klassische Energieäquivalent kT der betreffenden Temperatur noch klein gegen diese Energiesprünge ist. Dann wird aber, wie man sich an der Vorstellung, daß die Atome des Körpers durch freie Gasatome mit dieser klassischen Energie getroffen werden, klarmachen kann und wie es allgemeiner die Quantenstatistik ergibt, der betreffende Körper praktisch überhaupt noch keine Energie aufnehmen; das heißt aber, daß die spezifische Wärme bei Annäherung an $T = 0$ sogar von unendlich hoher Ordnung (d. h. samt ihren noch so oft nach T differentiierten Ableitungen) verschwindet.

Da sonach die Quantentheorie, ohne irgendwelche besonderen Zusatzannahmen, rein aus ihren Grundvorstellungen heraus, nicht nur die Aussagen des NERNSTschen Theorems, sondern auch die Zusatzaussagen über die spezifische Wärme bei $T = 0$ liefert und darüber hinaus die Einschränkungen zu

[1] Sind *verschiedene* solche Berechnungswerte möglich, so liefert die Übereinstimmung der berechneten s_i wiederum ein Kriterium des NERNSTschen Theorems für solche Kombinationsreaktionen der übrigen benutzten Phasen, bei denen die untersuchte Phase herausfällt. In dieser Art sind die meisten von LEWIS und RANDALL angegebenen Prüfungen des NERNSTschen Theorems aufzufassen.

[2] Im 5. Beispiel des Kap. H wird die Absolutentropie des Wasserstoffs auf diesem Wege aus dem $\mathfrak{S}$-Wert einer Reaktion mit NERNSTschen Körpern berechnet.

übersehen gestattet, welchen prinzipiell und praktisch das NERNSTsche Theorem unterworfen ist, wird man in Zukunft schwerlich eine von der Quantentheorie unabhängige Stabilierung dieses Theorems für gerechtfertigt halten. Das Verdienst NERNSTS, der diesen Fragenkomplex schon *vor* der entsprechenden Entwicklung der Quantentheorie in seinen wesentlichen Gesetzmäßigkeiten durchschaut und damit auch zu seiner quantentheoretischen Durchdringung wesentlich mit beigetragen hat, wird dadurch natürlich nicht im geringsten geschmälert.

§ 13. Chemische Gesetzmäßigkeiten idealer Gase.

Da das Verhalten der Gase bei physikalischen Veränderungen (T, p oder V) bereits im zweiten Teil besprochen worden ist, handelt es sich hier wieder nur um die Aussagen über die chemischen Arbeits- und Wärmekoeffizienten von Reaktionen, bei denen Gase zum Teil oder ausschließlich mitwirken, d. h. um den Beitrag der Gasbestandteile zu den Größen $\mathfrak{K}$, $\mathfrak{W}$, $\mathfrak{L}$ oder $\mathfrak{S}$ dieser Reaktionen. Auch hier begegnen wir dem am Eingang dieses Kapitels geschilderten Dualismus zwischen der reaktionsmäßigen und jener stofflichen Betrachtungsweise, die auf der Einführung „absoluter" Bezugszustände basiert. Ferner haben wir zwischen idealen und nicht idealen Gasen sowie zwischen reinen (ungemischten) Gasen und Gasmischungen zu unterscheiden. Dadurch ergibt sich eine große Mannigfaltigkeit von Einteilungsmöglichkeiten. Wir finden es am zweckmäßigsten, in diesem Paragraphen zunächst nur die Eigenschaften der *reinen idealen* Gase nach jeder Richtung hin zu diskutieren und von da aus dann durch Einführung von Zusatzgliedern der in § 11 besprochenen Art sowohl zu den nicht idealen Gasen wie zu den Gasmischungen überzugehen (§ 14).

Es sei noch bemerkt, daß in diesem Paragraphen die (zum Teil neuen) Ausführungen über die quantenstatistische Berechnung der inneren Entropiekonstanten von Atomen und Molekülen auf moderner Grundlage einen ziemlich breiten Raum einnehmen. Der mehr empirisch eingestellte Leser wolle über die betreffenden Seiten (261—269) hinweggehen.

Reaktionsmäßig-empirische Behandlung der reinen idealen Gase. Unter *reinen* (ungemischten) idealen Gasen wollen wir solche verstehen, die nicht nur aus einer eindeutigen Art von resistenten Gruppen bestehen, sondern aus *stets gleichen Molekülen* (deren Aufbau durch die Formel des Gases angegeben werden muß). Dann gilt die ideale Gasgleichung:

$$pV = nRT,$$

die spezifischen Wärmen werden vom Druck unabhängig und es bestehen alle im zweiten Teil, §§ 1 und 2 entwickelten Sätze.

Wir betrachten eine Reaktion, bei der Gase nur in der Weise beteiligt sind, daß die Teilchenzahl einer oder mehrerer reiner idealer Gasphasen dabei zu- oder abnimmt. Beispiele sind: Verbrennung vorher getrennter äquivalenter H_2- und O_2-Mengen zu reinem H_2O-Gas; derselbe Prozeß mit $H_2O(l)$ als Endprodukt in der Wasserstoff-Sauerstoff-Kette; Zersetzung von $CaCO_3$ in $CaO(s)$ und $CO_2(g)$ usw. Die $\mathfrak{K}$-, $\mathfrak{W}$- und $\mathfrak{S}$-Werte dieser Reaktionen setzen sich nach dem in § 11, S. 224 allgemein über Reaktionen zwischen reinen Substanzen Festgestellten aus Reaktionskonstanten $\mathfrak{K}_{(p_0,\,T_0)}$, $\mathfrak{W}_{(p_0,\,T_0)}$, $\mathfrak{S}_{(p_0,\,T_0)}$ und einer Reaktionssumme über gewisse Integralbeiträge der Einzelglieder zusammen. Interessieren wir uns zunächst für diese Zusatzglieder und zwar vor allem für die

Darstellung von $\mathfrak{K}$ etwa nach § 11 (11), wo jeder Einzelbetrag auf die Form gebracht werden kann:

$$-T\int_{T_0}^{T}\frac{dT}{T^2}\int_{T_0}^{T}c_p\,dT+\int_{p_0}^{p}v\,dp. \tag{1}$$

Hier ist durch die Tatsache, daß es sich um eine reine Gasphase handelt, nur der *druck*abhängige Teil in einfacher Weise bestimmt; wegen $v=\frac{RT}{p}$ erhalten wir:

$$\int_{p_0}^{p}v\,dp = RT\ln\frac{p}{p_0}, \tag{2a}$$

während das die spezifische Wärme enthaltende *Temperatur*glied gemäß der empirisch gefundenen spezifischen Wärme des betreffenden Gases ebenso wie bei festen Phasen von Fall zu Fall ausgewertet werden muß[1]. Rechnet man p in Einheiten desjenigen Normaldruckes p_0, auf den sich die Konstanten $\mathfrak{K}_{(p_0,\,T_0)}$ usw. beziehen, speziell bei $p_0 = 1$ at in Atmosphären, so tritt $RT\ln p$ an Stelle von $RT\ln\frac{p}{p_0}$. Das einzige bei der Mitwirkung von Gasen allgemein in geschlossener Form herauszustellende Glied in der Darstellung § 11 (11), ist also die Summe:

$$\sum\int_{1}^{p}\nu_i\,v^{(\dot{g}_i)}\,dp = RT\sum\nu_i\ln p^{(\dot{g}_i)}, \tag{2b}$$

erstreckt über alle an der Reaktion beteiligten reinen Gasphasen. (Um Gase mit idealem Verhalten von denen mit nicht idealem Verhalten zu unterscheiden, führen wir, wo nötig, die Bezeichnung ($\dot{g}$) statt (g) für die ideale Gasphase ein.) Der Druckbeitrag (2b) zu $\mathfrak{K}$ ist, wie man durch Rückwärtsverfolgen des Aufbaues von $\mathfrak{K}$ erkennt, (für die Abhängigkeit vom Druck jeder reinen Einzelphase gilt ja $\frac{\partial\mathfrak{K}}{\partial p_i}=\nu_i v^{(i)}$) nicht an einen für alle Teilnehmer gleichen Druck gebunden. Werden statt der Drucke die Volumkonzentrationen c der einzelnen Gase als Variable gewählt, so tritt wegen $p^{(\dot{g}_i)} = RTc^{(\dot{g}_i)}$ an Stelle von (2b) der Ausdruck:

$$\sum\nu_i(RT\ln R + RT\ln T) + RT\sum\nu_i\ln c^{(\dot{g}_i)}. \tag{2c}$$

Die Ausdrücke (2b) und (2c) lassen erkennen, daß die zu leistende Arbeit pro Mol Umsatz bei Reaktionen mit reinen Gasen mit dem Logarithmus des Druckes oder der Konzentration der *entstehenden* reinen Gase (ν_i positiv) wächst, mit wachsendem Druck der verschwindenden Gase (ν_i negativ) abnimmt, und zwar desto mehr, mit je größerer Äquivalentzahl sich die Gase an der Reaktion beteiligen und je höher die Temperatur ist.

Die Änderung von $\mathfrak{W}$ mit dem Druck der reagierenden Gase ist nach § 11 (9), da $\frac{v}{T}$ bei idealen Gasen von T unabhängig ist, gleich 0, die Änderung von $\mathfrak{L}$ gleich $T\mathfrak{S}$, also entgegengesetzt der von $\mathfrak{K}$. Diese Beziehungen haben im allgemeinen geringeres Interesse.

Wenn wir uns nunmehr der Frage zuwenden, welche besondere Rolle die Gaseigenschaft der Reaktionspartner bei der Bestimmung und in dem Wert der *Reaktionskonstanten* $\mathfrak{K}_{(p_0,\,T_0)}$ usw. spielt, so begegnen wir hier kaum irgendwelchen auffallenden Gesetzmäßigkeiten, wenn wir diese Konstanten nur im

[1] Daß sich auf Grund theoretischer Zerlegungen von c_p auch gewisse Temperaturglieder in (1) herausstellen lassen, werden wir bei der Behandlung nach der Einzelphasenmethode (weiter unten) besprechen.

ganzen betrachten (da dann die Eigenschaften der etwaigen nicht gasförmigen Partner ebenfalls eine Rolle spielen) oder wenn wir nur eine Zerlegung nach konventionellen Aufbaureaktionen, etwa nach dem LEWIS-Schema, vornehmen. Hier werden z. B. die $\mathfrak{K}$-, $\mathfrak{W}$- und $\mathfrak{S}$-Werte der Gase, die selbst Bezugskörper sind, gleich 0, bei anderen (z. B. Br_2) treten die Reaktionseffekte bei Bildung aus dem flüssigen Zustande auf usw. Nur bei Gasen, die aus Stoffen aufgebaut sind, welche ihrerseits, in dem Schema, Gase im Normalzustand sind, würden wir, zwar nicht in den $\mathfrak{W}$-, aber in den $\mathfrak{S}$-Konstanten, gewisse angenäherte Gesetzmäßigkeiten entdecken. Um diese Gesetzmäßigkeiten jedoch rein herauszuschälen und an theoretische Überlegungen anzuschließen, wenden wir uns nunmehr bis zum Schluß dieses Paragraphen zu einer ganz anderen Bestimmungsart der Reaktionsgrößen $\mathfrak{K}$, $\mathfrak{W}$ usw. von Reaktionen mit Gasteilnehmern, einer Bestimmung, die an die „absoluten" Begriffsbildungen des § 10 anschließt.

Behandlung von Reaktionen reiner idealer Gase nach der Methode der Einzelphasen. Wir stellen die Reaktionsgrößen jetzt nach § 10 dar durch die Reaktionssumme der entsprechenden Absolutgrößen der Einzelphasen:

$$\mathfrak{S} = \sum \nu_i s_i\,; \quad \mathfrak{W} = \sum \nu_i w_i\,; \quad \mathfrak{K} = \sum \nu_i \mu_i\,,$$

und suchen den Anteil der reinen idealen Gase an diesen Größen gesondert zu bestimmen oder wenigstens auf schematisch einfachste Größen zurückzuführen.

Da die beteiligten Gase als reine Phasen auftreten sollen, wird für sie $s_i = s^{(\mathfrak{g}_i)}$, $w_i = w^{(\mathfrak{g}_i)}$, $\mu_i = \mu^{(\mathfrak{g}_i)}$. Da ferner S und W und damit auch s und w für jede beliebige Phase durch die charakteristische Funktion G gegeben ist (§ 10) und da für Phasen mit nur einem Bestandteil $G = n \cdot \mu$ ist [Gleichung (21), § 10], so reduziert sich die Aufgabe auf die Bestimmung von μ oder G, bzw., da hier $G = F + pV = F + RT$ ist, auf die Absolutbestimmung von μ oder F. Da F die Funktion ist, die sich bei den statistischen Berechnungen, mit denen wir es sogleich zu tun haben werden, als die einfachste erweist, gehen wir zunächst von F aus; gelingt es, F in Abhängigkeit von V, T und n seiner Absolutgröße nach für jede beteiligte Gasphase zu ermitteln, so sind damit ja *sämtliche* thermodynamischen Eigenschaften gegeben, die bei Veränderungen der Gase in sich oder bei Reaktionen mit andern Phasen in Betracht kommen können.

Wir entwickeln F von einem zunächst beliebigen Zustand p_0, T_0 aus, wo wir $F = F_0 = U_0 - T_0 S_0 = n(u_0 - T_0 s_0)$ setzen[1]. Wegen $\frac{\partial F}{\partial V} = -p$, $\frac{\partial F}{\partial T} = -S$ erhalten wir (in gewisser Analogie zu dem Aufbau von $\mathfrak{K}$ nach (6c), § 11):

$$F = U_0 - TS_0 + \left\{\int_{T_0}^{T} C_V dT - T\int_{T_0}^{T} \frac{C_V}{T} dT\right\} - \int_{V_0}^{V} p dV.$$

Mit Einführung der Gasgleichung wird das letzte Glied $-nRT\ln\frac{V}{V_0}$ $= +nRT\ln\frac{c}{c_0}\left(c = \frac{n}{V} = \text{Volumkonzentration}\right)$, und mit Einführung der molaren Größen u_0, s_0, c_0 erhalten wir:

$$F = n\left\{u_0 - Ts_0 + \left[\int_{T_0}^{T} c_V dT - T\int_{T_0}^{T} \frac{c_V}{T} dT\right] + RT\ln\frac{c}{c_0}\right\}. \tag{3}$$

Die Entropiekonstante idealer Gase. Um von hier aus weiterzukommen, müssen wir im Sinne von S. 82 eine Annahme über den Verlauf der spezifischen

[1] Wir wählen diese Indexbezeichnung, damit keine Verwechselung mit den auf den absoluten Nullpunkt $T = 0$ bezüglichen Größen eintritt, die wir auch weiterhin mit $F_{(0)}$, $U_{(0)}$ usw. bezeichnen.

Wärme c_v machen. Wir behandeln zunächst den allereinfachsten Fall; wir nehmen an, daß das Gas aus Atomen besteht, die keinerlei innere Energie und auch keinen inneren Unordnungszustand besitzen. Dann wird nach II, § 1:

$$c_v = \frac{3}{2} R, \quad u_0 = \frac{3}{2} R T_0, \int_{T_0}^{T} c_v \, dT = \frac{3}{2} RT - \frac{3}{2} RT_0, \quad T \int_{T_0}^{T} \frac{c_v}{T} dT = \frac{3}{2} RT \ln \frac{T}{T_0}, \text{ also:}$$

$$F = n\left\{- Ts_0 + \frac{3}{2} RT - \frac{3}{2} RT \ln \frac{T}{T_0} + RT \ln \frac{c}{c_0}\right\}.$$

Dies schreiben wir in der Form:

$$F = n\left\{-aT + \tfrac{3}{2} RT - \tfrac{3}{2} RT \ln T + RT \ln c\right\}, \tag{4}$$

wobei gesetzt ist: $a = s_0 - \frac{3}{2} R \ln T_0 + R \ln c_0$. (5)

Dies ist die Größe, die man als *absolute Entropiekonstante idealer Gase* bezeichnet. Sie hat in der Tat die Dimension einer Entropie und bedeutet die absolute Entropie pro Mol für den Fall, daß $R \ln c_0 - \frac{3}{2} R \ln T_0 = 0$, also $c_0 = (T_0)^{\frac{3}{2}}$ oder speziell c_0 und $T_0 = 1$ ist.

Hier ist es jedoch notwendig, sogleich eine Bemerkung zu machen. Die bisherigen Annahmen (ideale Gasgleichung, spezifische Wärme $= \frac{3}{2} R$) gelten bei allen Gasen nur in einem gewissen Bereich der Konzentration und Temperatur. Geht man bei konstanter Konzentration zu genügend tiefen Temperaturen oder bei konstanter Temperatur zu genügend hohen Konzentrationen, so treten erstens die VAN DER WAALSschen Abweichungen und gegebenenfalls chemische Assoziation auf; zweitens kann man aber hier auch in Gebiete geraten, wo nach der neueren quantenstatistischen Theorie die schon früher von NERNST postulierte *Quantenentartung* des idealen Gases eintritt, die z. B. bei Helium besonders stark sein würde. Legt man also, wie wir es soeben taten, die Konzentrationen c_0 und T_0 in das nicht nur klassisch nicht ideale, sondern sogar quantenmäßig entartete Gebiet[1], so wird ganz sicher die Größe u_0 in (3) und die Größen s_0 und a in (3), (4) und (5) nicht mehr die Energie und Entropie des betreffenden Gases bei den angegebenen c_0- und T_0-Werten darstellen; dagegen wird sich in dem klassischen c, T-Gebiet das Gas *so verhalten, als ob* die freie Energie bei dauernd idealem, klassischem Verhalten diese Werte bei c_0 und T_0 annehmen *würde*. Es hat also insbesondere die Konstante a der Gleichung (4) und (5) nur die Bedeutung einer *quasiklassisch extrapolierten* Entropie; wir werden sie deshalb im Gegensatz zu den bei der quantenmäßigen Bewertung der inneren Freiheitsgrade auftretenden Konstanten) als *quasiklassische Entropiekonstante* bezeichnen.

Der extrapolatorische Charakter der Beziehungen (4) und (5) in der Nähe von $T = 0$ geht übrigens auch noch aus einer anderen Bemerkung hervor. Wenn (4) bis $T = 0$ und $c = 0$ herab gültig wäre, würde die Entropie $-\frac{\partial F}{\partial T} = S$ bei $T = 0$ negativ unendlich, bei $c = 0$ positiv unendlich werden. Während das letzte als Grenzfall verständlich wäre, erscheint das erste von vornherein unwahrscheinlich, wenigstens dann, wenn man die Beziehung § 10 (4), $S = k \ln \mathfrak{P}$, in der $\mathfrak{P}$ eine (stets positive ganze) Zahl der Realisierungsmöglichkeiten bedeutet, in irgendeiner Form auch auf die Gase bei $T = 0$ für anwendbar hält. Wir kommen auf diese Frage unter dem Titel Gasentartung S. 261 zurück.

---

[1] Das gilt nicht nur für $c_0 = 1$, $T_0 = 1$, sondern allgemein für $c_0 = (T_0)^{\frac{3}{2}}$, da die gleich zu besprechende quantenmechanische Entartung bei Konzentrationen, die höher als 1 Mol/cm³ sind, auch bei hohen Temperaturen auftritt.

Gase mit Rotationsfreiheitsgraden. Bei mehratomigen Gasen kommt zu der von der Translationsbewegung herrührenden spezifischen Wärme noch die spezifische Wärme der inneren Bewegung hinzu (S. 82), die in dem Gebiet, wo die Rotationsfreiheitsgrade voll entwickelt sind und andererseits die Rotation noch nicht so stark ist, daß sie die Atome durch Zentrifugalkraft merklich auseinanderreißt, pro Mol gleich $c_r = \frac{r}{2} \cdot R$ ist, wobei r die Zahl der Rotationsfreiheitsgrade, bei 2-atomigen Molekülen 2, bei mehratomigen Molekülen 3, bedeutet. Das gekennzeichnete Gebiet ist für die meisten Moleküle das ganze praktisch zugängliche; nur für Wasserstoffmoleküle wird ein anderer Ansatz notwendig, den wir unten besprechen.

Der zusätzlichen spezifischen Wärme entspricht eine zusätzliche Rotationsenergie $U_r = \frac{r}{2} RT$, ferner eine zusätzliche Entropie S_r[1]. Wir können also auch eine zusätzliche Freie Energie der Rotation $F_r = U_r - TS_r$ einführen, die die Eigenschaft hat, ebenso wie die inneren Bewegungen der idealen Gasmoleküle, von der Konzentration bzw. dem Druck des Gases unabhängig zu sein. Wir haben also, indem wir für F_r die Entwicklung nach (3) von einer beliebigen Temperatur T_0 aus vornehmen und die Konzentrationsglieder hierbei weglassen, analog zu (4) die Beziehungen:

$$F_r = n\left\{-a_r \cdot T + \frac{r}{2} RT - \frac{r}{2} RT \ln T\right\} \tag{6}$$

wobei

$$a_r = s_{r0} - \frac{r}{2} R \ln T_0 \tag{7}$$

eine Entropiekonstante der Rotation bedeutet, welche bei der speziellen Wahl $T_0 = 1^0$ mit der (extrapolierten) Rotationsentropie s_{r0} bei $T_0 = 1$ zusammenfällt. Auch diese Konstante ist für Gase, bei denen für $T = 1$ in Wirklichkeit schon Abweichungen von $c_r = \frac{r}{2} R$ eingetreten sind, eine quasiklassisch extrapolierte Konstante; in den meisten Fällen ist aber anzunehmen, daß $T = 1$ für die Rotationsfreiheitsgrade noch eine normale Temperatur ist. Auf die statistische Bestimmung von a_r gehen wir später ein.

Gase mit Oszillations- und Elektronenenergie und -entropie. Außer der Rotationsbewegung können in mehratomigen Molekülen noch Oszillationsbewegungen der Atome gegeneinander auftreten; ferner kann aber sowohl in Molekülen wie in einfachen Atomen eine spezifische Wärme und damit Energie und Entropie bedingt sein durch die veränderlichen Bewegungszustände der Elektronen des Atoms oder Moleküls. Ohne auf die spezielle Art dieser Oszillations- und Elektronenvorgänge einzugehen, stellen wir als ihr gemeinsames Kennzeichen das heraus, daß sie in praktisch allen Fällen durch ein quantenmäßiges Verhalten charakterisiert sind; es handelt sich um diskrete Energiezustände, deren Energieunterschiede ΔU so groß sind, daß ihre Temperaturäquivalente Θ (definiert durch $\Delta U = R\Theta$) meistens groß und kaum jemals klein gegen die normalerweise untersuchten Temperaturen sind. Das bewirkt, daß man hier nicht mit konstanten spezifischen Wärmen rechnen kann, sondern mit gewissen, experimentell zu bestimmenden oder quantenmäßig zu berechnenden spezifischen Zusatzwärmen c_z, die, wie die Quantenstatistik ergibt, bei Annäherung an $T = 0$ schneller als T verschwinden.

[1] Daß die bisher und auch hier gemachte Annahme der ungestörten Superposition von Rotations-, Translations- und Oszillationseffekten auch nach der Wellenmechanik noch in erster Näherung zutrifft, hat E. SCHRÖDINGER (Ann. d. Physik Bd. 79, S. 489, 1926) gezeigt. Soweit Rotation und Oszillation nicht mehr additiv sind, hat man natürlich beide gemeinsam als innere Freiheitsgrade des Moleküls zu behandeln.

Das hat wiederum zur Folge, daß das Entropieintegral $\int\limits_{T_0}^{T}\frac{c_z}{T}dT$ im Gegensatz zu den bisher betrachteten endlich bleibt, wenn man $T_0 = 0$ als untere Temperatur wählt. Wir werden also, indem wir eine zusätzliche Freie Energie F_z analog definieren wie F_r, für F_z eine Entwicklung von $T = 0$ an vornehmen können ($T_0 = 0$). Indem wir wieder berücksichtigen, daß F_z von p unabhängig ist, kommen wir nach (3) und der Umformung § 11 (7) zu folgender Darstellung:

$$F_z = n\left\{u_{(0)} - T\,s_{z(0)} - T\int\limits_0^T\frac{dT}{T^2}\int\limits_0^T c_z\,dT\right\}. \tag{8}$$

Hier haben wir statt der Zusatzenergie $u_{z(0)}$ bei $T = 0$ sogleich $u_{(0)}$ selbst geschrieben, indem wir unter $u_{(0)}$ die Energie der inneren Teilchenkonfigurationen und Bewegungen, abzüglich etwaiger Rotationsenergie, bei $T = 0$ verstehen. Wird $u_{(0)}$ theoretisch berechnet, so muß es, wie wir in § 10 sahen, auf einen absoluten Energienullpunkt, etwa auf den Dissipationszustand bei vorgeschriebenen Elementarbestandteilen, bezogen werden. Wir kommen darauf zurück. Über die Berechnung von $s_{z(0)}$, das bei völligem Ordnungszustand des Molekülinnern für $T = 0$ gleich 0 sein müßte, sprechen wir ebenfalls bei der theoretischen Bestimmung aller dieser Konstanten.

Eine Bemerkung ist noch zu machen über Gase mit Molekülen, deren Rotationsenergie wie bei H_2 ebenfalls bereits im zugänglichen Temperaturgebiet Quantengesetzen gehorcht. In solchem Falle (vgl. auch Kap. H, Beispiel 7) ist zwar bei genügend hohen Temperaturen, wo die Rotationsenergie nahezu quasiklassisch verteilt ist, die auf der vorigen Seite besprochene Behandlungsweise zulässig und am bequemsten. Bei tieferen Temperaturen ist es hingegen notwendig, auch die mit der Rotation zusammenhängenden Energie- und Entropieänderungen in der Form (8) und nicht in der Form (6) darzustellen, wobei übrigens nach der neuen Quantenmechanik unter Umständen $u_{r(0)} \neq 0$ wird. Überhaupt wäre es, auch im Hinblick darauf, daß bei hohen Temperaturen Rotations-, Oszillations- und Elektronenenergie nicht mehr unabhängig voneinander sind, theoretisch befriedigender, in (8) die Rotationsvorgänge von vornherein mit einzubegreifen. Dem praktischen Bedürfnis scheint man damit aber nicht gerecht zu werden.

Die Definition der „Chemischen Konstante" bei Gasen. Die μ-Werte. Als *Chemische Konstante* bezeichnet man bei Gasen diejenige, von dem speziellen Wert der gewählten Variabeln (z. B. c und T oder p und T) unabhängige Konstante, die in dem für alle Gleichgewichtsbeziehungen wichtigen Ausdruck $\frac{\mu}{RT}$ auftritt. Bilden wir zunächst für ein Gas ohne innere Freiheitsgrade aus (4) $\mu = \frac{\partial F}{\partial n}_{(v)}$, so erhalten wir unter Berücksichtigung des Umstandes, daß n, außer als Gesamtfaktor, auch in $c = \frac{n}{v}$ auftritt:

$$\mu = \frac{F}{n} + n\,RT\frac{\partial \ln c}{\partial n} = \frac{F}{n} + RT,$$

also
$$\mu = RT\left\{\ln c - \tfrac{3}{2}\ln T - \left(\frac{a}{R} - \frac{5}{2}\right)\right\}. \tag{9a}$$

Die „Chemische Konstante" bei c und T als Variabeln — wir bezeichnen sie mit γ — ist also:

$$\gamma = \frac{a}{R} - \frac{5}{2} = \frac{a - c_p}{R}. \tag{10a}$$

Diese Konstante γ hätten wir als „Konzentrationskonstante in natürlichen Logarithmen" zu bezeichnen, da sie neben $\ln c$ auftritt, im Gegensatz zu den häufiger benutzten Konstanten, die in $\frac{\mu}{RT}$ neben $\ln p$ oder, für Ausrechnungen, neben $\log p$ auftreten[1]. Diese weiteren Konstanten gewinnen wir, indem wir, um μ in Abhängigkeit von p und T zu erhalten, in (9a) $\ln c$ durch $(\ln p - \ln R_0 - \ln T)$ ausdrücken (der Grund, weshalb wir R_0 schreiben, wird gleich erläutert):

$$\mu = RT\left\{\ln p - \tfrac{5}{2}\ln T - \left(\tfrac{a}{R} - \tfrac{5}{2} + \ln R_0\right)\right\}. \qquad (9\text{b})$$

Wir erhalten also die gewöhnlich mit i bezeichnete chemische „Druckkonstante in natürlichen Logarithmen" zu

$$i = \frac{a}{R} - \frac{5}{2} + \ln R_0 = \frac{a - c_p}{R} + \ln R_0. \qquad (10\text{b})$$

Diese Konstante ist, ebenso wie γ, von der Dimension $\frac{\mu}{RT}$, also einer unbenannten Zahl, und vom Energiemaß (Kalorien, Erg, Literatmosphäre) unabhängig. Sie ändert sich jedoch um additive Beträge, wenn das Maß des Druckes verändert wird. Man versteht unter i, wegen des Zusammenhanges mit theoretischen Berechnungen, speziell die chemische Druckkonstante bei Zählung des Druckes in cgs-Einheiten, also in dyn/cm². Nehmen wir also in (4) und (9a) c in mol/cm³ gemessen an, wodurch [wegen der Beziehung zwischen a und c_0, Gleichung (5)] auch $\frac{a}{R}$ erst ganz fixiert ist, so haben wir in der Gleichung $p = cRT$, die wir zur Erreichung von (9b) benutzten, R in erg/grad zu rechnen; das soll der in der Gleichung (10b) an R angehängte Index 0 bedeuten. Es ist $R_0 = 0{,}8313_2 \cdot 10^8$ erg/grad.

Praktisch rechnet man mit der Atmosphäre als Druckeinheit und mit Briggschen (dekadischen) Logarithmen. Man erhält dann die gewöhnlich als C bezeichnete Konstante:

$$C = 0{,}4343\, i - 6{,}0057. \qquad (11)$$

Die Zahl 6,0057 bedeutet den Briggschen Logarithmus des in dyn gemessenen Atmosphärendruckes, welcher bekanntlich $1{,}0132 \cdot 10^6$ dyn/cm² beträgt.

Bei Gasen mit inneren Freiheitsgraden treten zu μ nach (9a) und (9b) noch aus (6) und (8) abgeleitete μ_r und μ_z-Werte hinzu, die gleich den durch n dividierten F_r und F_z sind. Es ist wegen der analogen Temperaturabhängigkeit von μ_r und dem μ des Gases ohne innere Freiheitsgrade zweckmäßig, die entsprechenden Ausdrücke zusammenzufassen; das anders gebaute μ_z wird aber besser als Ganzes in die übrigen Ausdrücke eingefügt. Man erhält so das Total-μ eines idealen Gases:

$$\mu^{(g)} = RT\left\{\ln c - \frac{3+r}{2}\ln T - (\gamma + \gamma_r)\right\} + \mu_z. \qquad (12\text{a})$$

Analog erhält man aus (9b) und (10b):

$$\mu^{(g)} = RT\left\{\ln p - \frac{5+r}{2}\ln T - (i + i_r)\right\} + \mu_z. \qquad (12\text{b})$$

Hierbei ist nach (8)

$$\mu_z = u_{(0)} - T s_{z(0)} - T \cdot \int_0^T \frac{dT}{T^2}\int_0^T c_z\, dT. \qquad (8\text{a})$$

---

[1] Wir bezeichnen natürliche Logarithmen durchweg mit ln, dekadische mit log.

Ferner

$$\gamma_r = i_r = \frac{a_r}{R} - \frac{r}{2}. \tag{10c}$$

γ und i sind durch (10a) und (10b) bestimmt.

Die Konstante C, in welche wir die in μ_z auftretenden Konstanten ebenfalls nicht mit aufnehmen wollen, wird im allgemeinen Fall durch eine Konstante $C_r = 0{,}4343\, i_r$ ergänzt.

Theoretische Werte der quasiklassischen Konstanten i und i_r. Die Konstanten i und i_r sind ebenso wie die ihnen nach (10b) und (10c) zugrunde liegenden Konstanten a und a_r quasiklassisch extrapolierte Konstanten in dem oben besprochenen Sinne. Ihre Berechnung ist also auf Grund der absoluten Entropieberechnung eines Systems vieler klassisch bewegter gleichartiger Teilchen möglich; und zwar von i, indem man, im Sinne von § 10, die Zahl der Realisierungsmöglichkeiten in einem System hin- und herbewegter Teilchen bestimmt, von i_r, indem man das gleiche für eine Gesamtheit von klassisch rotierenden Teilchen durchführt. Die Zahl der Realisierungsmöglichkeiten in einem quasiklassischen System wird, wie wir (§ 10, S. 209/210) ausführten, in dem hier verlangten absoluten Maße dadurch bestimmt, daß man die Größe des Γ-Raumes, der bei den gegebenen Bedingungen (Volum, Energie bzw. Temperatur) von der Gesamtheit der Teilchen erfüllt wird, in Einheiten h^n mißt, wobei n die Zahl der Koordinaten aller Teilchen zusammengenommen bedeutet. Diese Rechnung läßt sich für hin- und herfliegende und für rotierende Teilchen ohne jedes Eingehen auf quantenhafte Betrachtungen auf rein klassischer Grundlage durchführen[1]; sie ergibt, zunächst für die Konstante i:

$$i = \ln \frac{(2\pi m)^{\frac{3}{2}} k^{\frac{5}{2}}}{h^3}$$

oder:

$$\left\{ \begin{aligned} i &= i_0 + \tfrac{3}{2} \ln \mathbf{M} \\ i_0 &= \ln \frac{(2\pi)^{\frac{3}{2}} k^{\frac{5}{2}}}{N^{\frac{3}{2}} h^3} \end{aligned} \right\}. \tag{13}$$

Hierbei bedeutet m die wirkliche Masse des Moleküls, N die LOSCHMIDTsche Zahl, $k = \frac{R_0}{N}$ die BOLTZMANNsche Konstante, $\mathbf{M} = m \cdot N$ das auf $O = 16$ bezogene Molekulargewicht des Gases; h ist das PLANCKsche Wirkungsquantum $6{,}55 \cdot 10^{-27}$ erg · sec.

Die Konzentrationskonstante γ wird nach (10b) um $\ln R_0 = \ln kN$ kleiner, also:

$$\left. \begin{aligned} \gamma &= \gamma_0 + \tfrac{3}{2} \ln \mathbf{M} \\ \gamma_0 &= \ln \frac{(2\pi k)^{\frac{3}{2}}}{h^3 N^{\frac{5}{2}}} \end{aligned} \right\}. \tag{14}$$

Der numerische Wert der von $\mathbf{M}$ unabhängigen Anteile i_0 und γ_0 beträgt, wie man durch Einsetzen der Zahlenwerte der Konstanten errechnet:

$$i_0 = 10{,}17\,, \tag{15a}$$

$$\gamma_0 = -8{,}06_7\,. \tag{15b}$$

Endlich ergibt sich der nach (11) berechnete Wert für den von $\mathbf{M}$ unabhängigen Anteil von C, $C_0 = 0{,}4343\, i_0 - 6{,}0057$:

$$C_0 = -1{,}587\,. \tag{15c}$$

[1] Literatur s. z. B. K. BENNEWITZ: Handb. d. Physik Bd. 9, S. 163, Anm. 2, 1926.

Zu der Ermittlung von i nach (13) wollen wir noch bemerken, daß die statistische Berechnung der Absolutentropie (oder auch, was für die Berechnung sogar einfacher ist, direkt der Freien Energie) eines Systems translatorisch bewegter Teilchen nicht nur die *Konstanten* der Entropie und Freien Energie liefert, sondern auch die volle Temperatur- und Volum- bzw. Druckabhängigkeit für beliebige T- und c- bzw. p-Werte, natürlich immer nur im Rahmen des quasiklassischen Verhaltens. Das $RT \ln c$-Glied von (3) tritt bei dieser quasiklassischen Berechnung dadurch auf, daß man, nach der Bestimmung der Größe des gesamten erfüllten Teiles des Γ-Raumes, eine Reduktion dieses Raumes auf einen solchen Teilbetrag vornimmt[1], daß in diesem „reduzierten Γ-Raum" kein Gebiet mehr existiert, das aus einem anderen Teil dieses reduzierten Γ-Raumes durch bloße Vertauschung gleichartiger Teilchen hervorgehen könnte. Diese Reduktion bedeutet, wie sich zeigen läßt, eine Division durch $N!$, wenn N die Zahl der gleichartigen Teilchen ist, und da die Größe des Phasenraumes logarithmisch in die Entropie eingeht, tritt in dieser das Glied $\ln \frac{1}{N!}$ auf, das zu dem Auftreten eines negativen $\ln N$-Gliedes (pro Mol) und damit zu dem $\ln c$-Gliede mit negativem Vorzeichen in dem Entropieausdruck, mit positivem Vorzeichen in der Freien Energie, führt.

Die obige zur Berechnung von i führende Betrachtung hat eine ebenso große Bedeutung bei der Berechnung der Entropie und Entropiekonstanten der *quasiklassischen Rotationsbewegung* mehratomiger Gasmoleküle, also bei der Bestimmung der Konstanten i_r. Diese Bestimmung ist, ungefähr im Sinne des oben angedeuteten allgemeinen Verfahrens, von P. Ehrenfest und V. Trkal[2] durchgeführt worden; sie ergibt, je nachdem ob es sich um Moleküle aus 2 ($r = 2$) oder aus mehreren Atomen ($r = 3$) handelt, verschiedene Werte für i_r:

$$\left.\begin{aligned} i_{(r=2)} &= \ln \frac{8\pi^2 k}{\sigma h^2} + \ln J \\ i_{(r=3)} &= \frac{3}{2} \ln \frac{8\pi^2 k}{h^2} + \ln \frac{\sqrt{\pi}}{\sigma} + \frac{3}{2} \ln J \end{aligned}\right\} . \tag{16}$$

Hierbei ist J das Trägheitsmoment des betreffenden Moleküls, bei zweiatomigen Molekülen gerechnet für eine senkrecht auf der Verbindungslinie der Atome stehende Rotationsachse, für drei- und mehratomige Moleküle ein Mittelwert der in verschiedenen Körperachsen verschiedenen Trägheitsmomente. Die Größenordnung von J, das in cgs-Einheiten zu rechnen ist, ist etwa $10^{-40}\,\mathrm{g \cdot cm^2}$.

Die Bedeutung von σ kann nur unter dem oben eingeführten Gesichtspunkt des „reduzierten Phasenraumes" verstanden werden. σ bedeutet die „Symmetriezahl" des betreffenden Moleküls, z. B. bei einem aus zwei vollständig gleichen Atomen bestehenden Molekül die Zahl 2. In allgemeineren Fällen haben bei der Deutung dieser quasiklassischen Symmetriezahlen bisher noch gewisse Schwierigkeiten bestanden. Im Sinne der obigen Ausführungen liegt es jedoch nahe, anzunehmen, daß es sich um die Reduktionszahlen des Phasenraumes der Rotationsbewegung eines einzelnen Moleküls handeln muß, z. B. um die Zahl, die angibt, der wievielte Teil des gesamten Rotationsphasenraumes genügt, um durch bloße Vertauschung gleichartiger Teilchen alle übrigen Teile des Rotationsphasenraumes daraus entstehen zu lassen. Diese Reduktionszahl ist offenbar gleich der Gesamtzahl der Vertauschungsmöglichkeiten gleichartiger Teilchen in den Molekülen, die zu einer auch *durch bloße Drehung erreichbaren* Stellung der Atome im Raume führen würden[3]; also, wenn in einem Molekül 3 in einer

[1] Schottky, W.: Ann. d. Physik Bd. 68, S. 481, 1922.

[2] Ann. d. Physik Bd. 65, S. 609, 1921; weitere Literatur bei Bennewitz: a. a. O.

[3] Alle anderen ebenfalls an sich möglichen Vertauschungen sind nämlich bei der Berechnung des Rotationsphasenraumes des starren Gesamtmoleküls schon von vornherein unterschlagen.

Ebene angeordnete gleichartige Atome vorhanden sind, die Zahl (3) der zyklischen Vertauschungen dieser drei Atome usw.

Diese quasiklassischen Betrachtungen erfahren auch keine prinzipielle Änderung, wenn nicht, wie bisher angenommen, die Atome bzw. Atomkerne gleichartiger Atome wirklich ununterscheidbar sind, sondern noch durch die Richtung einer Achseneinstellung im Raume (Kerndrall) in zwei unterscheidbare Gruppen zerfallen können. Es ist nämlich anzunehmen (und die genaue quantenmechanische Diskussion führt zu dem gleichen Resultat), daß bei hohen Rotationszahlen die Rotationsfreiheitsgrade und die Kerndrallfreiheitsgrade unabhängig voneinander zu behandeln sind, so daß durch den Kerndrall einfach für jeden Atomkern, der eines solchen fähig ist, noch eine entsprechende Vervielfachung der Zahl der Realisierungsmöglichkeiten in dem Zustand des Moleküls gegeben ist. Wir kommen auf die Berechnung dieser Vervielfachung unter dem Titel: „Quantengewicht bei mehratomigen Molekülen" zurück.

Gasentartung nach EINSTEIN und FERMI-DIRAC. Wenn, nach den gemachten Bemerkungen, die Chemische Konstante idealer Gase vollständig auf dem Boden der klassischen Theorie, nur mit einer gewissen, der klassischen Statistik nicht widersprechenden Wahl der Maßeinheit für den Phasenraum, abgeleitet werden kann, so ist es klar, daß es sich dabei um eine Theorie handeln muß, die sich in allen Aussagen über die Temperatur- und Druckabhängigkeit des Gases nicht von der klassischen Theorie unterscheidet, die also z. B. auch zu dem Entropiewert $-\infty$ für $T = 0$ führt. Die erste Gastheorie, die das Gas bei $T = 0$ automatisch einem eindeutig definierten Quantenzustand, also dem Wert $\mathfrak{P}_{(0)} = 1$, $S_{(0)} = 0$ zustreben läßt, ist von A. EINSTEIN 1924 aufgestellt worden[1]. E. FERMI[2] und P. A. DIRAC[3] haben eine etwas andere Form dieser Theorie gegeben, welche aber der gleichen Bedingung genügt. Aus diesen vom prinzipiell theoretischen Standpunkt außerordentlich interessanten Überlegungen geht jedoch hervor, daß die Abweichungen von der klassischen Temperatur- und Druckabhängigkeit, welche bei idealen Gasen zu erwarten sind, nur unter solchen Bedingungen (z. B. bei Helium in der Nähe seines kritischen Zustandes) beträchtlich werden, wo bekannte andere Abweichungen, etwa von der VAN DER WAALSschen Art, bereits eine ganz ausschlaggebende Rolle spielen[4]. Es wird sich daher die Abweichung von der klassischen idealen Gastheorie nur als Abweichung in den ohnehin wohl nur experimentell zugänglichen *Korrektionsgliedern* bemerkbar machen, und es erscheint somit die Anwendung der klassischen Gastheorie als idealer Grenzfall auch durch diese Betrachtungen gerechtfertigt; auch die Konstante i wird von

---

[1] Berl. Ber. 1924, S. 261; 1925, S. 1 u. 18.

[2] Z. f. Physik Bd. 36, S. 902, 1926.

[3] Proc. Roy. Soc. Lond. A Bd. 112, S. 661 1926.

[4] Es ist neuerdings der Versuch gemacht worden, in der Gesamtheit der *Leitungselektronen* eines Metalls ein System aufzustellen, in dem die Quantenentartung die überwiegende und die (elektrostatische) Wechselwirkung zwischen den Teilchen nur eine untergeordnete Rolle spielt, so daß man hier von dem idealen entarteten Gas als Grenzfall ausgehen kann (PAULI, W.: Z. f. Physik Bd. 41, S. 81, 1927; SOMMERFELD, A.: insbesondere Naturwissenschaften Bd. 15, S. 825, 1927; dort auch weitere Literatur). Über die Zweckmäßigkeit dieses Vorgehens sind die Akten noch nicht abgeschlossen. Es sei hier aber erwähnt, daß im Sinne des PAULI-Verbotes und der HEISENBERGschen Resonanztheorie die EINSTEINsche und die DIRAC-FERMIsche Gasentartung jede unter bestimmten Bedingungen eintreten werden: die EINSTEINsche, wenn die inneren Eigenfunktionen der Gasmoleküle in je zwei Gasmolekülen symmetrisch sind, die FERMI-DIRACsche, wenn je zwei Teilchen antisymmetrisch (z. B. durch entgegengesetzten Kerndrall) einander zugeordnet sein können (PAULI, W.: Z. f. Physik Bd. 41, S. 81; Bd. 43, S. 601, 1927; WIGNER, E.: Z. f. Physik Bd. 43, S. 638, Anm. 3, 1927). Da für die Elektronen das letzte zutrifft, gilt hier im idealen entarteten Falle anscheinend die FERMI-DIRACsche Theorie zu recht. — Vgl. hierzu auch die S. 247 zitierte Arbeit von F. BLOCH.

den neuen Theorien im Gebiet des quasiklassischen Verhaltens genau in der früheren Form bestätigt.

Die Konstanten der inneren Freien Energie F_z. Es bleibt jetzt noch die theoretische Bestimmung der in (8) auftretenden Konstanten $u_{(0)}$ und $s_{z(0)}$ der inneren Freien Energie F_z zu besprechen. $u_{(0)}$ ist bei Gasmolekülen, die nicht schon selbst zu den gewählten letzten Bestandteilen des Dissipationszustandes gehören, eine Dissoziationsenergie des unangeregten Moleküls in die betreffenden letzten Bestandteile. Derartige Dissoziationsenergien sind für zweiatomige Moleküle (O_2, Cl_2 usw.) in letzter Zeit in zunehmendem Maße aus spektroskopischen Messungen ermittelt worden. Für einatomige Moleküle kommen die Dissoziationsarbeiten bei Abtrennung eines Elektrons oder mehrerer Elektronen, d. h. die Ionisierungsarbeiten, in Frage.

Theoretisch von noch größerem Interesse ist die innere Entropiekonstante $s_{z(0)}$, die die (wahre) Entropie der inneren Freiheitsgrade bei $T = 0$ bestimmt. Diese müßte, wie schon bemerkt, gleich 0 sein, wenn für die inneren Bewegungen der Atome und Moleküle das NERNSTsche Theorem gälte, d. h. wenn für den untersten Quantenzustand des betreffenden Atoms oder Moleküls nur *eine* Realisierungsmöglichkeit bestände. Das ist jedoch im allgemeinen nicht der Fall. Wenn wir die Aussagen der Quantentheorie hierüber zu Rate ziehen sollen, müssen wir zwischen ein- und mehratomigen Gasmolekülen unterscheiden. In beiden Fällen handelt es sich im Sinne von § 12, S. 245, darum, ob pro Molekül für den betreffenden, speziell den untersten Energiezustand, *mehrere* Realisierungsmöglichkeiten vorliegen. Die Zahl g derartiger Realisierungsmöglichkeiten wollen wir fortan als „Quantengewicht" des betreffenden Molekülzustandes bezeichnen. Wir wiederholen hier noch einmal die Beziehung zwischen der Entropie pro Mol s_z für einen quantenmäßig streng bestimmten inneren Energiezustand und der Zahl der Realisierungsmöglichkeiten g dieses Zustandes in jedem Molekül:

$$s_z = R \ln g. \tag{17}$$

Speziell

$$s_{z(0)} = R \ln g_{(0)}. \tag{17a}$$

Quantengewicht bei einatomigen Gasen[1]. Vorausgeschickt sei, daß es sich bei allen folgenden Diskussionen über Quantengewichte um Aussagen handelt deren *Deutung*, mindestens, mit fortschreitender Klärung und Differenzierung der quantentheoretischen Anschauungen noch manche Wandlung erfahren wird[2]. Immerhin scheint den heute zugänglichen Resultaten doch schon so viel Realitätswert zuzukommen, daß es sich lohnt, eine, wenn auch zeitbedingte, Diskussion derselben in dieses Werk aufzunehmen.

Es sind bei Atomen diejenigen Mannigfaltigkeiten zu unterscheiden, die durch verschiedene Quantelung bzw. verschiedene Eigenfunktionen der *Elektronen* bedingt sind, und solche, die durch verschiedenes Verhalten des *Atomkerns* realisiert sein können. Beide Verhaltungsweisen sind nicht völlig unabhängig voneinander, doch kann man wegen des äußerst geringen magnetischen Momentes des Atomkerns (sofern dieser nicht überhaupt kugelsymmetrisch ist) die Mannigfaltigkeiten in der Einstellung desselben bis zu den tiefsten zugänglichen Temperaturen als praktisch unabhängig von den Elektronenbewegungen annehmen.

---

[1] Vgl. hierzu W. SCHOTTKY: Dynamisches Quantengewicht, NERNSTsches Theorem und GIBBSsches Paradoxon, Physik. Ztschr. Bd. 22, S. 1—11, 1921, wo der Einfluß des Elektronenimpulsmomentes auf die chemischen Konstanten von Gasatomen zum erstenmal diskutiert wurde.

[2] Dies scheint insbesondere bezüglich der Bedeutung des Elektronen- und Kerndralls zu gelten (vgl. P. A. M. DIRAC: Physik. Ztschr. Bd. 29, S. 561, 1928).

Es sind also die Quantengewichte der Elektronenhülle und die des Atomkerns getrennt und unabhängig voneinander zu berechnen.

In einem freien Gasatom sind die *Elektronenbewegungen*, wie schon in § 12 hervorgehoben, insofern entartet, als alle Richtungen im Raume gleichberechtigt sind. Diese Entartung läßt sich z. B. durch ein schwaches äußeres Magnetfeld aufheben; dabei entstehen für jeden Elektronenzustand aus einem eindeutigen Energieterm im allgemeinen mehrere magnetisch aufgespaltete Terme, und die Zahl dieser Terme etwas verschiedener Energie ist es, die auf dem experimentell direktesten Wege die Zahl der verschiedenen Realisierungsmöglichkeiten, also das Quantengewicht des betreffenden ungestörten Ausgangszustandes zu berechnen gestattet. Bekanntlich ist eine solche direkte Ermittlung des Quantengewichtes entweder auf spektroskopischem Wege durch Untersuchung der ZEEMANN-Aufspaltung möglich oder, speziell für den tiefsten Energiezustand, durch Untersuchung der Aufspaltung gerichteter Atomstrahlen im inhomogenen Magnetfelde (STERN-GERLACH-Versuch). Beide Methoden haben, unabhängig von jeder Theorie, zu der Feststellung geführt, daß nicht nur die höheren Energiestufen, sondern auch der unterste Energiezustand eines Atoms ein von 1 verschiedenes Quantengewicht haben kann. Z. B. ist auf diese Weise für die einwertigen Metalle (Na, K, Ag usw.) das Quantengewicht 2 für den untersten Energiezustand eindeutig nachgewiesen worden.

Glücklicherweise existiert jedoch außerdem eine sehr einfache theoretische Regel, welche das Quantengewicht des Elektronenzustandes eines Atoms vorauszusagen gestattet, wenn die Art des diesen Zustand repräsentierenden Spektralterms durch die üblichen Pauschalangaben charakterisiert ist. Solche Pauschalangaben haben etwa die Form $^2P_{\frac{3}{2}}$ mit folgender Bedeutung: der Buchstabe (S), P, (D), (F) kennzeichnet die Quantenzahl „l“ des Impulsmomentes der gesamten Schwerpunktsbewegung aller Elektronen des Atoms, die oben vorgesetzte Zahl (2) kennzeichnet die „Multiplizität“ des betreffenden Terms, d. h. sie gibt an, wieviele Terme mit gleichem „l“ und gleichem resultierendem Elektronendrall „s“ (jedoch verschiedenen Orientierungen der „l“ und „s“ gegeneinander) vorhanden sind; die rechts unten angesetzte Zahl ($\frac{3}{2}$, allgemein j) endlich gibt den resultierenden Drehimpuls von Schwerpunktsbewegung + Elektronendrall an. Für die chemische Statistik ist nun, wenn es sich nur um einen (etwa den untersten) Quantenzustand handelt, allein diese letzte Angabe wichtig; ist die Impulsquantenzahl j gegeben (die wegen der Halbzahligkeit der Impulszahl des einzelnen Elektronendralls halbzahlig oder ganzzahlig sein kann), so ist damit das von den Elektronen herrührende Quantengewicht g_E des betreffenden Zustandes einfach durch die Beziehung bestimmt:

$$g_E = 2j + 1. \tag{18}$$

[Andere Autoren verwenden statt der Zahl j durchweg eine um $^1/_2$ größere Zahl $j' = j + {}^1/_2$; dann ist einfach:

$$g_E = 2j'.] \tag{18'}$$

Die Beziehung (18) ergibt sich entweder durch Untersuchung der Aufspaltung in einem Störungsfelde (theoretische Behandlung des ZEEMANN-Effektes) oder noch einfacher durch Abzählung der möglichen Einstellungen des Impulses j gegen eine feste räumliche Achse, wenn die Forderung erhoben wird, daß j entweder nur mit seinem vollen Wert oder mit einer jeweils um den Wert 1 kleineren Komponente in die betreffende Raumrichtung fallen darf[1].

---

[1] SOMMERFELD, A.: Atombau und Spektrallinien, 3. u. 4. Aufl., Kap. 4, § 7, bzw. Kap. 2, § 8. Braunschweig: Vieweg 1922 u. 1924.

Speziell gilt für das Quantengewicht g_0 des untersten Quantenzustandes[1] mit dem Impulsmoment j_0:

$$g_{E0} = 2j_0 + 1. \tag{18a}$$

Die für die Quantenstatistik einatomiger Gase ausschlaggebende Tatsache ist nun, daß j_0 zwar bei allen Atomen mit abgeschlossenen Zweierschalen (z. B. Edelgasen, Erdalkaliatomen), aber keineswegs im allgemeinen Fall gleich 0 zu setzen ist, so daß also von 1 verschiedene Quantengewichte vorkommen. Insbesondere kommt dies bei Atomen in Frage, deren Grundterm Bestandteil eines „verkehrten Multipletts" ist, d. h. eines Multipletts, dessen energetisch tiefster Term die höchste j-Zahl besitzt. Dies ist z. B. der Fall bei dem (S. 275 in einem Beispiel näher behandelten) Eisenatom; hier ist $j_0 = 4$, also $g_{E0} = 9$. Allgemeineres über diese Spektraltermfragen s. bei F. HUND, Linienspektrum und Periodisches System der Elemente, Berlin 1927, und in neueren Arbeiten von F. LONDON und anderen in der Z. f. Phys. 1927, 1928.

Das Quantengewicht g_K eines Atoms, das durch die verschiedenen Verhaltungsmöglichkeiten des *Atomkerns* zustande kommt, steht mit dem Impulsmoment s_K des Kerndralls in derselben allgemeinen Beziehung (18) wie Quantengewicht und Gesamtimpuls bei den Elektronen:

$$g_K = 2s_K + 1. \tag{18b}$$

Hiernach tragen Kerne mit dem Drall 0 nur einen Faktor 1 zu der gesamten Quantengewichtszahl bei; Kerne mit dem Drall $s_K = 1/2$ ergeben $g_K = 2$. Wenn es zutrifft, daß bei den Atomkernen, im Gegensatz zu den Elektronen, auch noch höhere Drallzahlen vorkommen können[2], so sind auch Kernquantengewichte > 2 möglich, z. B. für $s_K = 2$ wird $g_K = 5$ usw.

Da jede Realisierungsmöglichkeit einer Elektronenbewegung mit jeder Realisierungsmöglichkeit einer Kernbewegung verbunden werden kann, ist das gesamte resultierende Quantengewicht g_A eines Atoms gleich dem Produkt $g_E \cdot g_K$; insbesondere gilt für den untersten Quantenzustand (g_K ist, soviel man heute weiß, von dem Energiezustand unabhängig):

$$g_{A0} = g_{E0} \cdot g_K = (2j_0 + 1) \cdot (2s_K + 1). \tag{18c}$$

Quantengewichte bei mehratomigen Gasmolekülen. Bei mehratomigen Molekülen wird für Quantengewichtsbestimmungen wieder die Unterteilung in Gewichte, die von den Elektronen und solche, die von den Kernen herrühren, zulässig sein. Hierbei ist es allerdings, wenn auch die Rotationsbewegung gequantelt wird, nötig, die Einstellungsmöglichkeiten, die von der verschiedenen Orientierung des Elektronenumlaufimpulses im Raume abhängen, nicht zu den Quantengewichten der Elektronen zu rechnen, sondern bei der Gesamtrotation des Moleküls mit zu bewerten. Während nun für mehr als zweiatomige Moleküle die Elektronenterme noch so gut wie gar nicht durchforscht sind, verdanken wir den Untersuchungen von HEISENBERG und speziell von F. HUND schon eine ziemlich weitgehende theoretische Einsicht in die Elektronenquantentheorie der zweiatomigen Moleküle. Nur von diesen soll, was die Elektronenbewegung betrifft, im folgenden die Rede sein.

[1] Wir verwenden hier den Index 0 und nicht (0), weil wir uns die Möglichkeit offen lassen wollen, den untersten Energiezustand eines Atoms auch bei höheren Temperaturen als besondere Gasart im Gleichgewicht mit den Atomen oder Molekülen höherer Quantenzustände zu behandeln. In Fällen, wo ausdrücklich Gase bei $T = 0$ betrachtet werden, (21) usw., können wir natürlich statt g_0 auch $g_{(0)}$ schreiben.

[2] Nach R. DE L. KRONIG soll z. B. das Stickstoffatom die Drehimpulszahl $s_K = 2$ haben.

Nach HUND[1] sind für das Elektronenquantengewicht g_E eines Moleküls maßgebend: einerseits der resultierende Elektronendrall s der (nicht paarweise zu $s = 0$ gekoppelten) Elektronen des Moleküls in dem untersuchten Zustande; andererseits der resultierende Impuls i_l der Schwerpunktsbewegung der Elektronen um die Kernverbindungslinie des Moleküls[2]. Sehr einfach liegen die Verhältnisse im Falle $i_l = 0$, $s = 0$, wie er bei valenzmäßig abgesättigten Molekülen gegeben ist[3]; hier ist:

$$g_{E(i_l = 0,\ s = 0)} = 1. \tag{19}$$

In den (selteneren) Fällen, wo diese Bedingung nicht erfüllt ist, ist insbesondere der Fall $i_l = 0$, $s \neq 0$ statistisch interessant. Da nämlich die Wechselwirkung des Elektronendralls mit sämtlichen übrigen Bewegungen bei $i_l = 0$ praktisch zu vernachlässigen ist, sind hier die $2s + 1$ Einstellungsmöglichkeiten des Elektronendralls energetisch praktisch gleichwertig; wir haben also hier:

$$g_{E(i_l = 0)} = 2s + 1. \tag{19a}$$

Für $i_l \neq 0$ fallen dagegen die $2s + 1$ Einstellungen des Elektronendralls in ihren Energiewerten in ähnlicher Weise auseinander wie die Multipletterme eines Atoms, d. h. es handelt sich um Energiedifferenzen, die Hunderten oder Tausenden von Grad entsprechen. Es bleibt dann also für einen bestimmten Energiezustand (insbesondere für den tiefsten) ***nur die Mannigfaltigkeit der Einstellungsmöglichkeiten von i_l gegenüber der*** (etwa mit einem Richtungssinn $1 \to 2$ versehen gedachten) ***Kernverbindungsachse übrig;*** diese ist, da „Neigungen" der Bahn gegen die Verbindungslinie zu ganz anderen Energiewerten führen würden (bzw. in dieser Form überhaupt nicht möglich sind), nur eine zweifache, entsprechend der Umkehrung des Umlaufsinnes der i_l-Drehung relativ zur Achse $1 \to 2$.

Was die verschiedenen Einstellungsmöglichkeiten eines resultierenden Umlaufsimpulses $i_l \neq 0$, nicht gegen die Molekülachse, sondern *„im Raum"* betrifft, so wurde schon eingangs betont, daß bei quantenmäßiger Behandlung der Rotation die Atomumlaufs- und Elektronenumlaufsbewegung gemeinsam als Gesamtrotation gequantelt werden muß. Das für die Elektronen abzuspaltende Gewicht beschränkt sich also hier (unabhängig von dem Wert von s) auf den erwähnten Faktor 2:

$$g_{E(i_l \neq 0,\ \text{Quantenrotation})} = 2. \tag{19b}$$

Behandelt man dagegen die Atomumlaufsbewegung quasiklassisch (durch die Konstante i_r), so ist die Richtungsquantelung des (gesamten) Elektronendrehimpulses in g_E noch gesondert zu bewerten; es kommt dann darauf an, welcher Teilterm eines Multipletts der untersuchte Elektronenzustand ist. Der maximale Impuls wird, analog wie beim Atom, $j_l + s$, der minimale $j_l - s$ sein, und je nachdem ob es sich um ein reguläres oder verkehrtes Multiplett handelt, wird für den tiefsten Energieterm das $-$ oder $+$-Zeichen zu wählen sein. Nach der Regel: „Quantengewicht $= 2 \times$ Impulszahl $+ 1$" erhalten wir also hier für den untersten Energiezustand, indem wir noch den inneren Orientierungsfaktor 2 berücksichtigen:

$$g_{E_0(i_l \neq 0,\ \text{quasiklassische Rotation})} = 2 \cdot \{2(j_l \pm s) + 1\}. \tag{19c}$$

---

[1] Z. f. Physik Bd. 36, S. 657, 1926; Bd. 40, S. 742, 1927; Bd. 42, S. 93, 1927.

[2] Hier, wie in allen ähnlichen Fällen, wird durch die eingeführten Ziffern nur die Quantenzahl des betreffenden Drehmomentes angegeben; das Drehmoment selbst ist $\frac{h}{2\pi}$ mal so groß.

[3] LONDON, F.: a. a. O.

Zur Bestimmung der Anzahl g_K der Realisierungsmöglichkeiten infolge der *Kernbewegung* ist in den Arbeiten von F. HUND ebenfalls für zweiatomige Moleküle das vollständige Material enthalten. Wir unterscheiden zwischen Molekülen mit ungleichen und gleichen Atomen und behandeln zunächst *ungleiche* Atome. Hierbei ist dann wieder die Behandlung eine andere, je nachdem ob man mit einer quasiklassisch extrapolierten chemischen Rotationskonstante i_r rechnet, also nur das Verhalten bei höheren Temperaturen untersucht, oder ob man die Rotation ebenfalls streng quantelt und somit das Verhalten bis zu beliebig tiefen Temperaturen richtig erfassen will. Im Falle der *quasiklassischen* Behandlung (Konstante i_r) haben wir uns um Quantengewichte der Rotation nicht zu kümmern [soweit sie nicht von den Elektronen herrühren, vgl. (19c)]. Es bleiben dann allein die Kerndralleinstellungen, die, da hier kein PAULIverbot zu berücksichtigen ist, eine Mannigfaltigkeit von Termen mit praktisch verschwindendem Energieunterschied ergeben, die durch die Zahl der Einstellungsmöglichkeiten der einzelnen Kerne 1 und 2 gegeben ist; diese ergibt ein Quantengewicht g_K der Kernbewegungen:

$$g_{K\,(\text{ungleiche Atome, quasiklassische Rotation})} = (2\,s_{K_1} + 1) \cdot (2\,s_{K_2} + 1)\,, \tag{20}$$

(s_K Quantenzahl des Kerndralls je eines Atoms; meist $= 0$ oder $^1/_2$).

Bei der *quantentheoretischen* Behandlung der Molekülrotation, der wir hier zum erstenmal begegnen, haben wir, wie oben angeführt, die Rotationsbewegung wie eine innere Bewegung zu behandeln und ihre Freie Energie in F_z zu berücksichtigen, so daß die Konstante i_r fortfällt. Dann ist die von der Rotation herrührende Energie und Entropie bei $T = 0$ in den Gliedern $u_{(0)}$ und $s_{z(0)}$ mit zu berücksichtigen, also, sofern eine Rotation bei $T = 0$ stattfindet, die Energie dieser Rotation zu $u_{(0)}$ hinzuzurechnen und $s_{z(0)}$ für den untersten Quantenzustand des Gesamtmoleküls unter Berücksichtigung einer etwaigen Rotation zu berechnen. In $s_{z(0)}$ handelt es sich also hier um die Bestimmung des von der (Gesamt-) Rotation herrührenden Quantengewichtes des untersten Energiezustandes[1]. Im Fall $i_l = 0$ rührt dieses Quantengewicht allein von der Kennzahl k der Umlaufsrotation des Gesamtmoleküls her; es ist:

$$g_{R(0)\,(i_l = 0,\ \text{ungleiche Atome, Quantenrotation})} = 2\,k_{(0)} + 1\,, \tag{21}$$

also in dem gewöhnlichen (wenn auch praktisch anscheinend nicht immer!) realisierten Fall $k_{(0)} = 0$ gleich 1.

Der Fall $i_l \neq 0$ läßt sich zwar nach den Ausführungen von HUND[2] ebenfalls vollständig behandeln, doch ist bisher kein Beispiel bekannt, in dem die Verfolgung eines Gases mit $i_l \neq 0$ bis zu tiefen Temperaturen möglich gewesen wäre; und nur dann ist ja die Quantenbehandlung der Rotation am Platze.

Dagegen haben wir für den Fall $i_l = 0$ noch die Realisierungsmöglichkeiten durch verschiedene Relativeinstellung des Kerndralls der beiden (ungleichen) Atome zu berücksichtigen. Diese sind, da kein „Verbot“ zu berücksichtigen ist und die Energieterme der verschiedenen Einstellungen praktisch gleich sind, wie im quasiklassischen Fall (20):

$$g_{K\,(i_l = 0,\ \text{ungleiche Atome, Quantenrotation})} = (2\,s_{K_1} + 1)\,(2\,s_{K_2} + 1)\,. \tag{20a}$$

Interessante Abweichungen von diesen Berechnungen treten auf, wenn es sich um den Fall zweier *gleicher* Atomkerne handelt. Bei *quasiklassischer* Berücksichtigung der Rotation durch die Konstante i_r scheint zwar der Fall sehr

[1] Da kein Anlaß vorliegt, Gasmoleküle im untersten Rotationszustand bei höheren Temperaturen in Wechselwirkung mit andern Rotationszuständen als besondere Gasart zu betrachten, wählen wir hier, entsprechend Anm. 1, S. 264 sogleich den Index $_{(0)}$.

[2] HUND, F.: Z. f. Physik Bd. 42, S. 95, 1927.

einfach zu liegen; es ist dann, wie unter dem Titel „Theoretische Werte der quasiklassischen Konstanten i und i_r" S. 260/61 ausgeführt, die Gleichartigkeit der Atomkerne nur durch Division mit einer entsprechenden Symmetriezahl zu berücksichtigen[1]. Die etwaigen verschiedenen Einstellungen der Kerndralle s_K, die, wie dort hervorgehoben, voneinander und von der Molekülrotation als praktisch unabhängig zu betrachten sind, ergeben somit ein Quantengewicht:

$$g_{K\,(\text{gleiche Atome, quasiklassische Rotation})} = (2\,s_K + 1)^2. \tag{20b}$$

Geht man jedoch zu *quantentheoretischer Behandlung der Rotation von Molekülen mit zwei gleichen Atomen* über, so begegnet man hierbei den Symmetrieforderungen der Quantenmechanik; nach PAULI-HEISENBERG müssen alle in der Natur realisierten Eigenfunktionen des Moleküls im allen gleichartigen Teilchen, also insbesondere den beiden gleichen Atomkernen, antisymmetrisch sein, d. h. es muß das Produkt gebildet aus der Eigenfunktion der Elektronen, der der Molekülrotation und der des Kerndralls antisymmetrisch sein gegenüber einer Vertauschung beider Kerne. Wir nehmen zunächst an, der Kerndrall sei = 0[2]. Dann muß bei kernsymmetrischer Elektronenfunktion die Rotationsfunktion antisymmetrisch in den Kernen sein, bei kern-antisymmetrischer Elektronenfunktion symmetrisch. Elektronenzustände mit $i_l = 0$ können nach HUND sowohl symmetrisch wie antisymmetrisch in dem Kern sein; es hängt das von der näheren Quantelung der gemeinsamen Elektronen beider Atome ab. In dem im untersten Energiezustand wohl meistens (und speziell beim H_2-Molekül) realisierten Fall der Kern*symmetrie* der Elektronenbewegung muß die Rotationseigenfunktion des betreffenden (untersten) Quantenzustandes antisymmetrisch sein, d. h. die Rotationsquantenzahl p der Kernverbindungslinie muß ungerade sein, der tiefste Gesamtrotationszustand $p_{(0)} = 1$, also das Gewicht der Rotation:

$$g_{R(0)\,(i_l\,=\,0,\ \text{gleiche Atome, Quantenrotation, Elektronensymmetrie, Kerndrall }0)} = 2\,p_{(0)} + 1 = 3. \tag{21a}$$

Auf die Behandlung von $i_l \neq 0$ verzichten wir wieder.

Bei Molekülen mit zwei gleichen Atomen, die *einen Kerndrall* s_K *besitzen*, werden die Symmetrieverhältnisse grundlegend dadurch geändert, daß die Kerndralleigenfunktion ihrerseits wieder sowohl symmetrischen wie antisymmetrischen Charakter haben kann. Energetisch besteht zwischen diesen Eigenfunktionen praktisch kein Unterschied; wegen des PAULI-HEISENBERG Verbots sind aber mit beiden Arten von Eigenfunktionen verschiedene Eigenfunktionen der Elektronenbewegung + Rotation zu kombinieren: (kern-) symmetrische Elektronenfunktionen mit den antisymmetrischen Kerndrallfunktionen, (kern-) antisymmetrische mit den symmetrischen Kerndrallfunktionen. Das hat zunächst eine bemerkenswerte Auswirkung auf das Quantengewicht des betreffenden Gesamtzustandes; da (in allerdings etwas unmoderner Ausdrucksweise[3]) bei den symmetrischen Kerndrallfunktionen die Drallachsen beider Atome parallel stehen müssen, sich also zu einem resultierenden Drall $2\,s_K$ kombinieren und da wegen der geringen Koppelung des Kerndralls mit den übrigen Bewegungen dieser Drall zu $2 \cdot (2\,s_K)$

---

[1] Dadurch ist auch zugleich der Umstand berücksichtigt, daß bei der Bestimmung von g_E für $i_l = 0$ die zweifachen inneren Einstellungsmöglichkeiten nicht mehr gegen eine ausgezeichnete Richtung $1 \rightarrow 2$ orientiert werden können, sondern daß die Richtungen $1 \rightarrow 2$ und $2 \rightarrow 1$ gleichberechtigt sind. Eine besondere Reduktion von g_E gegenüber (19b) ist also nicht mehr nötig.

[2] Die Diskussion ist bei F. HUND: Z. f. Physik Bd. 42, S. 105ff., vollständig durchgeführt, allerdings ohne spezielle Anwendung auf den untersten Quantenzustand.

[3] Eine genauere quantenmechanische Diskussion vgl. bei HEISENBERG: Z. f. Physik Bd. 41, S. 239, 1927, und bei F. HUND: a. a. O.

$+ 1$ verschiedenen Stellungen „im Raum" Anlaß gibt, die sich energetisch praktisch nicht unterscheiden, haben wir hier ein Kerndrallgewicht:

$$g_{K \text{ (gleiche Atome, Quantenrotation, Kerndrallsymmetrie)}} = 4 s_K + 1, \tag{20c}$$

d. h. also speziell für $s_K = \frac{1}{2}$: $g_K = 3$. Dagegen ist bei Drallantisymmetrie der resultierende Kerndrall gleich $s_K - s_K = 0$. Also

$$g_{K \text{ (gleiche Atome, Quantenrotation, Kerndrallantisymmetrie)}} = 1. \tag{20d}$$

Das *Rotationsgewicht*, bei quantenmäßiger Behandlung von Atomen mit Kerndrall, ist im Falle der *Drallsymmetrie* durch dieselben Beziehungen (21a) gegeben, wie in dem ebenfalls symmetrischen Falle des Kerndralls 0. Insbesondere ist in dem wichtigsten Falle $i_l = 0$ nur der 1., 3., 5. . . . . Rotationszustand realisierbar, und $g_{R(0)}$ wird $= 3$. Bei *Drallantisymmetrie* dagegen ist für $i_l = 0$ nur der 0., 2., 4. . . . Rotationszustand möglich; für den untersten Rotationszustand wird also

$$g_{R(0) \text{ (gleiche Atome, Quantenrotation, Kerndrallantisymmetrie)}} = 1. \tag{21c}$$

Das Gesamtquantengewicht g_M eines Moleküls setzt sich (bei quantenmäßiger Rotationsbehandlung) aus den Einzelwerten g_E, g_R und g_K des betreffenden Zustandes multiplikativ zusammen:

$$g_M = g_E \cdot g_R \cdot g_K. \tag{22}$$

Wir führen diese Zusammensetzung nur für den praktisch interessantesten Fall des Wasserstoffmoleküls durch. Hier ist für den untersten Elektronenterm $i_l = 0$, $s = 0$, also nach (19):

$$g_E = 1.$$

Der Kerndrall s_K jedes Atoms ist gleich $\frac{1}{2}$; für den untersten Energiezustand mit der Rotationsquantenzahl 0 und antisymmetrischem Kerndrall gilt nach (21c):

$$g_{R(0)} = 1,$$

und nach (20c)

$$g_K = 1,$$

so daß also auch:

$$g_{M(0)} = 1 \text{ wird.} \tag{22a}$$

Für den (antisymmetrischen) Rotationszustand $p = 1$ muß dagegen die Kerndrallfunktion symmetrisch sein; wegen der hier (ebenso wie für den Kerndrall 0) gültigen Gleichung (21a) (mit $p = 1$) gilt:

$$g_{R(p=1)} = 3$$

und nach (20c), mit $s_K = \frac{1}{2}$:

$$g_K = 3,$$

also:

$$g_{M(p=1)} = 9. \tag{22b}$$

Allgemein stellt man nach den gegebenen Regeln fest, daß hier die Terme mit geraden Rotationsquantenzahlen p_g das Gewicht haben:

$$g_{M(p_g)} = 1 \cdot (2 p_g + 1) = 1,\ 5,\ 9,\ 13 \ldots\ldots$$

und die mit ungeraden Rotationsquanten p_{ung}

$$g_M(p_{\text{ung}}) = 3\,(2 p_{\text{ung}} + 1) = 3 \cdot (3,\ 7,\ 11,\ 15) = 9,\ 21,\ 33,\ 45 \ldots\ldots \tag{22c}$$

Bei allen bisherigen Betrachtungen über die Quantenzustände des Molekülinnern haben wir die *Oszillation der Kerne gegeneinander* noch nicht berücksichtigt. Bei der Bestimmung der Quantengewichte war das deshalb erlaubt, weil diese Oszillationen nicht zum Quantengewicht des untersuchten Zustandes beitragen und bei gleichen Kernen in dem Kern symmetrisch sind. Energetisch entsprechen andererseits die Oszillationsquanten bei allen praktisch zu untersuchenden Molekülen so hohen Energiedifferenzen Δu, daß die Berücksichtigung höherer Oszillationszustände erst bei höheren Temperaturen notwendig wird.

Innere Freie Energie und Zustandssumme. Außer den Gliedern $u_{(0)}$ und $s_{z(0)}$, für die wir im Vorangehenden theoretische Berechnungsmöglichkeiten nachgewiesen haben, tritt in F_z nach (8) noch ein Integral auf, das sich nach (12), S. 236 als NERNSTsche Funktion F_z der inneren Zusatzwärme c_z der Gasmoleküle auffassen läßt. Da die experimentelle Bestimmung von c_z häufig auf Schwierigkeiten stößt, besonders bei leicht kondensierbaren Gasen, wie den Metalldämpfen, die bei tieferen Temperaturen nur in minimalen Konzentrationen existenzfähig sind, ist es wichtig, auch zur Berechnung von F_z über quantenstatistische Formeln zu verfügen. Wir gehen bei der Berechnung dieser Beziehungen jedoch am einfachsten von der quantenstatistischen Darstellung der *ganzen* Funktion F_z bzw. μ_z aus. Für diese findet man[1] eine Darstellung durch eine Funktion Z, welche als molare Zustandssumme bezeichnet wird, in folgender Form:

$$\mu_z = -RT \ln Z. \tag{23}$$

Z ist dabei gegeben durch:

$$Z = \sum_\tau g_\tau \cdot e^{-\frac{u_\tau}{RT}}. \tag{24}$$

Hierbei kennzeichnet der Index τ die Kennziffer der nach aufsteigenden Energiewerten geordneten Quantenzustände des Moleküls (mit $\tau = 0$ beginnend); u_τ ist die Energie eines Mols von Gasmolekülen im τ-ten Quantenzustand, bezogen auf den gewählten Dissipationszustand; g_τ ist die Zahl der Realisierungsmöglichkeiten oder das Quantengewicht des τ-ten Zustandes. Für sehr kleine T reduziert sich (24) auf das Glied mit dem algebraisch kleinsten Energiewert, also auf den untersten Quantenzustand $\tau = 0$, wie es sein muß; es wird dann $\ln Z = \ln g_{(0)} - \frac{u_{(0)}}{RT}$, und (23) geht in (8) über, wenn noch (17a) berücksichtigt wird. Die Darstellung (23) und (24) ist also mit den bisherigen Spezialfeststellungen im Einklang.

Wenn die Rotationseffekte quasiklassisch behandelt werden können, kommt eine Auswertung von (24) nur in solchen Fällen in Frage, wo in dem zugänglichen Temperaturgebiet Elektronenanregungs- oder höhere Oszillationszustände in merklichen Beträgen auftreten. Das hat [nach Gleichung (15) und (16b), § 17] nur für solche Moleküle eine Bedeutung, deren erste *Oszillations*quantensprünge sich in der Größenordnung von $0{,}859 \cdot \frac{T}{10000}$ Volt bewegen, das sind bei Temperaturen bis etwa $T = 2000^0$ etwa 0, 17 Volt. (Die entsprechenden Wellenzahlen S. 323 sind 0,688 T bzw. 1380.) Soweit *Elektronen*anregungen in Frage kommen, treten so kleine Sprünge sowohl bei einatomigen Gasen wie bei mehratomigen Molekülen nur dann auf, wenn der unterste Quantenzustand Teilterm eines Multipletts ist. Das ist z. B. beim Eisenatom der Fall, für welches Z nach (24) im letzten Abschnitt dieses Paragraphen berechnet wird. Diese Berechnungen sind besonders für den Vergleich berechneter und beobachteter Chemischer Konstanten wichtig; vgl. den folgenden Titel. Auf eine scheinbare Schwierigkeit, der die Auswertung von Z wegen des rechnerisch nicht verschwindenden Betrages der hohen Quantenstufen begegnet, kommen wir in § 17, S. 326 unten zurück.

---

[1] Vgl. z. B. M. PLANCK: Ann. d. Physik Bd. 75, S. 673, 1924. Unsere Definition von Z ist nicht genau gleich, aber äquivalent der von PLANCK.

Wegen des Zusammenhanges (23) ist durch die Zustandssumme Z auch jede andere thermodynamische Größe, die sich auf den inneren Molekülzustand bezieht, gegeben. Wegen $\frac{\partial}{\partial T}\left(\frac{F}{T}\right) = -\frac{U}{T^2}$ gilt z. B.:

$$\frac{u_z}{RT^2} = -\frac{\partial \ln Z}{\partial T}$$

oder nach (24):

$$u_z = \frac{1}{Z} \cdot \sum_\tau g_\tau u_\tau e^{-\frac{u_\tau}{RT}}. \tag{25a}$$

Diese auch direkt quantenstatistisch ableitbare Formel für die innere Energie u_z findet Anwendung in Fällen, wo man aus einer gemessenen Wärmetönung $\mathfrak{W} = \sum \nu_i w^{(i)}$ die Wärmetönung bei $T = 0$, $\mathfrak{W}_{(0)} = \sum \nu_i w^{(i)}_{(0)}$ berechnen will. Für ein Gas als Reaktionsteilnehmer ist dabei als Bestandteil der Umrechnung von w auf $w_{(0)}$ die Umrechnung von $w_z = u_z$ auf $u_{z(0)} = u_{(0)}$ vorzunehmen. Indem man in (25a) auf beiden Seiten $u_{(0)}$ abzieht und Z durch (24) ausdrückt, gelangt man nach passender Umgruppierung zu der Darstellung:

$$u_z - u_{(0)} = \frac{\sum\limits_{\tau=0}^{\infty} \frac{g_\tau}{g_0}\left(u_\tau - u_{(0)}\right) e^{-\frac{u_\tau - u_{(0)}}{RT}}}{\sum\limits_{\tau=1}^{\infty} \frac{g_\tau}{g_0} e^{-\frac{u_\tau - u_{(0)}}{RT}}} \tag{25b}$$

Hierbei hat übrigens die im Nenner der rechten Seite auftretende Größe, wie man sich aus der Darstellung von μ_z nach (8a), S. 258, durch Nachrechnen mit Benutzung von (17a) überzeugt, gerade die Bedeutung der NERNSTschen Funktion F_z, S. 236, für das Molekülinnere.

Das Verhalten von Wasserstoff bei tiefen Temperaturen. Wie schon erwähnt, ist das Wasserstoffgasmolekül das einzige, bei dem (wegen seines geringen Trägheitsmomentes und seiner geringen Kondensationstendenz) die Quantelung der Rotationsfreiheitsgrade zu experimentell beobachtbaren Abweichungen von dem quasiklassischen Verhalten führt. Es ist deshalb von großem Interesse, die aus der Kenntnis der g_τ und u_τ nach (25b) berechneten Energien und die daraus sich ergebenden inneren spezifischen Wärmen c_z mit den Beobachtungen zu vergleichen. Da keine Elektronenanregungen in Betracht kommen, sind die g_τ für die verschiedenen Rotationszustände $p = 0, 1, 2 \ldots$ durch die beiden Beziehungen (22c) gegeben; die u_τ, die nach (25b) nur in der Verbindung $u_\tau - u_{(0)}$ auftreten, sind aus der Formel für die Energiestufen eines freien Rotators mit zwei Freiheitsgraden bekannt; nach SCHRÖDINGER[1] gilt:

$$u_\tau - u_{(0)} = p(p+1) \cdot \frac{h^2}{8\pi^2 J}.$$

Die Funktion $u_z - u_{(0)}$ und damit die spezifische Wärme c_z ist auf dieser Grundlage, nach vorheriger etwas allgemeinerer Diskussion durch F. HUND[2], von D. M. DENNISON[3] errechnet worden. Dieser Autor findet, daß man bei Einsetzung eines plausiblen Wertes für das Trägheitsmoment J in völligen Widerspruch mit der Erfahrung gerät, indem sich ein Gang der spezifischen Wärme mit der Temperatur ergibt, der ein ausgesprochenes Maximum bei etwa -170^0C mit darauffolgendem Wiederabfall zeigt. Um zu dem in Wirklichkeit beobachtbaren Ver-

[1] Ann. d. Physik Bd. 79, S. 489, 1926.
[2] Z. f. Physik Bd. 42, S. 117ff., 1927.
[3] Proc. Roy. Soc. Lond. (A) Bd. 115 S. 483 1927. Vgl. auch H. Beutler, Z. f. Physik Bd. 50, S. 851, 1928.

halten zu gelangen, argumentiert er folgendermaßen: die im Kerndrall symmetrischen Wasserstoffmoleküle mit ungeradem p und die kerndrall-antisymmetrischen Moleküle mit geradem p gehören nach dem PAULI-HEISENBERG-Prinzip beide zu dem in der Natur realisierten antisymmetrischen System. Vernachlässigt man jedoch die Kerndralleigenschaften, so gehören die ersten zu einem antisymmetrischen, die zweiten zu einem symmetrischen Termsystem; zwischen zwei solchen Termsystemen finden nach den HEISENBERGschen Betrachtungen, auch unter der Wirkung von äußeren Störungen, grundsätzlich keine Übergänge statt, beide Systeme sind „ewig voneinander isoliert". Da nun die Wechselwirkung des Kerndralls mit den übrigen Bewegungen zwar nicht gleich 0, aber extrem gering ist, gilt diese Behauptung vielleicht für ein Gemisch von kernsymmetrischen und kern-antisymmetrischen H_2-Molekülen wenigstens in dem Maße daß innerhalb längerer Beobachtungszeiten noch kein Übergang[1] von dem einen System in das andere stattfindet; etwas Ähnliches beobachtet man ja schon bei den in ähnlicher Weise (nur in bezug auf die Elektronen) voneinander verschiedenen Termsystemen des Ortho- und Par-Heliums, obgleich hier die Koppelung des Elektronendralls mit den übrigen Bewegungen noch außerordentlich viel größer ist als die des Kerndralls. Es wird also vielleicht erlaubt sein, die beiden Termsysteme der H_2-Moleküle auch während langer Beobachtungszeiten als zwei gegeneinander resistente Gruppen (in unserem Sinne) anzusehen; ihr Mischungsverhältnis wird dem entsprechen, das sich (bei Aufhebung der Resistenz) unter den normalen Existenzbedingungen während *sehr* langer Zeiten herstellen konnte. Dieses Mischungsverhältnis ist bei hoher Temperatur (und das ist hier schon die Zimmertemperatur) das Verhältnis 1 : 3 der kern-antisymmetrischen Moleküle (gerades p) zu den kernsymmetrischen (ungerades p). Rechnet man nun bei der Abkühlung auf tiefe Temperaturen so wie mit zwei resistenten Atomgruppen, von denen die eine nur der p_{ung}-Zustände, die andere nur der p_g-Zustände fähig ist, so kommt man zu einem Mischungsausdruck für die spezifische Wärme des Gesamtgases, und dieser Ausdruck zeigt innerhalb der Beobachtungsfehler genau den beobachteten Gang der spezifischen Wärme, wenn man das Mischungsverhältnis 1 : 3 annimmt. Überdies ergibt sich hierbei, daß man für das Trägheitsmoment J einen Wert einzusetzen hat, der mit den neuesten anderweitigen Bestimmungen sehr gut übereinstimmt.

Akzeptieren wir einmal diesen Standpunkt, dessen weitere Nachprüfung zur Zeit im Gange ist, so wird anzunehmen sein, daß bei über nicht allzu lange Zeit ausgedehnten Versuchen, bei denen dem H_2-Gas Wärme entzogen wird, ein Endzustand für $T \approx 0$ herbeigeführt wird, bei dem zwar die p_g-Moleküle auf $p_g = 0$ gebracht sind, dagegen die p_{ung}-Moleküle bei $p_{ung} = 1$ stehenbleiben. Da die p_g-Moleküle $\frac{1}{3}$ der p_{ung}-Moleküle, also $\frac{1}{4}$ der Gesamtmolekülzahl betragen, befinden sich, bei $T \approx 0$, $\frac{1}{4}$ der Moleküle in dem Rotationszustand $p = 0$, $\frac{3}{4}$ in dem Rotationszustand $p = 1$. Berechnet man nun die jeweils der Zahl der vorhandenen Moleküle proportionale Zusatzentropie $s_{z(0)}$, so ergibt sich für 1 Mol des Gesamtgases:

$$s_{z(0)} = \tfrac{3}{4} R \ln g_{(p=1)} + \tfrac{1}{4} \cdot R \ln g_{(p=0)} = \tfrac{3}{4} R \ln (2 \cdot 1 + 1) + 0 = \tfrac{3}{4} R \ln 3 = R \ln 3^{\frac{3}{4}}.$$

Das ganze Gas würde also dieselbe Rotationsentropie haben, wie wenn die Wasserstoffmoleküle einheitlich wären und ein gemeinsames Quantengewicht $3^{\frac{3}{4}} = 2{,}28$ besäßen. Falls man annehmen darf, daß auch bei allen Kondensationsprozessen die energetische Verschiedenheit der p_g und p_{ung}-Moleküle sich nicht bemerkbar macht, so daß also keine Trennung der Moleküle durch chemische Reaktion eintritt (ähnlich wie bei den Isotopen), so hat man für die chemischen

[1] Über die Versuche von BONHOEFFER vgl. Anm. 1 S. 317.

Gleichgewichte (Kondensation, Dissoziation, Reaktion mit anderen Gasen) durchweg nur mit einem Gemisch (p_g, p_{ung}) zu rechnen und kann dieses in der Tat als einheitliches Gas mit einem Rotationsquantengewicht 2,28 bei $T = 0$ behandeln[1]. Auf die Folgerungen für die Dampfdruck- und Reaktionskonstanten kommen wir auf S. 274/75 sowie in § 17, S. 318, 319 zurück.

Es sei noch bemerkt, daß etwas Ähnliches natürlich in sehr vielen Fällen vorliegen kann, aber zu thermodynamisch meßbaren Ergebnissen nur in solchen Fällen führen wird, wo der Zustand $T \approx 0$ durch Verfolgung der spezifischen Wärme der Gase bis zu extrem tiefen Temperaturen wirklich eine praktische Bedeutung gewinnt. In allen Fällen, wo man sich nur im quasiklassischen Gebiet der Gasrotation bewegt, werden alle maßgebenden Verhältnisse durch quasiklassische Berechnung der Rotations- und Kerndrallgewichte erfaßt; überdies treten keine Ursachen auf, die zu einer etwaigen Abweichung des Verhältnisses der gesamten p_g-Moleküle zu den gesamten p_{ung}-Molekülen von dem Gleichgewichtswert führen würden.

Methoden zur experimentellen Bestimmung der Konstanten *i* nach dem Nernstschen Theorem. In § 12, S. 250/51 haben wir ausgeführt, daß für beliebige reine Stoffe eine Bestimmung ihrer spezifischen Absolutentropie $s^{(i)}$ immer dann möglich ist, wenn die Entropieänderung $\mathfrak{S}$ einer Reaktion bekannt ist, bei der außer diesen Stoffen nur Nernstsche Körper mit bekannter Absolutentropie beteiligt sind. Nach diesem Schema wird nun prinzipiell auch die Absolutentropie und damit die Entropiekonstante bzw. die nach (10b) und (10c) damit zusammenhängende chemisch Konstante $i + i_r$ reiner Gase bestimmt; freilich sind dabei eine Reihe formaler Abwandlungen möglich, von denen wir die zwei wichtigsten ausführen.

1. Entropiemethode. In $\mathfrak{S} = \sum \nu_i s^{(i)}$ wird durch Messung von $\mathfrak{L}$, oder $\mathfrak{R}$ und $\mathfrak{W}$ oder $\frac{\partial \mathfrak{R}}{\partial T}$ die Größe $\mathfrak{S}$ experimentell bestimmt (speziell kann es die Verdampfungsentropie des Kondensates des betreffenden Gases sein) und hiermit das unbekannte $s^{(g)}$ aus dem bekannten $s^{(s)}$ der Nernstschen Körper dem Absolutwert nach berechnet. Zur Bestimmung der Konstanten[2] $i + i_r$ aus $s^{(g)}$ benutzt man sodann die Beziehung:

$$s^{(g)} = -R\left\{\ln p - \frac{5+r}{2}\ln T - \left(i + i_r + \frac{5+r}{2}\right)\right\} + s_z,$$

die wegen $s = -\frac{\partial \mu}{\partial T}$ für das untersuchte ideale Gas aus (12b) folgt.

Mit $s_z = s_{z(0)} + \int_0^T \frac{c_z}{T} dT$ und Gleichung (17a) erhält man:

$$s^{(g)} = R\left(i + i_r + \frac{5+r}{2}\right) + s_{z(0)} - R\ln p + \frac{5+r}{2} R\ln T + \int_0^T \frac{c_z}{T} dT. \quad (26)$$

Hier ist $s^{(g)}$ nach der obigen Methode als bestimmt anzusehen; p, T und $\int_0^T \frac{c_z}{T} dT$ sind meßbar, es läßt sich also $i + i_r$ bestimmen, wenn r und $s_{z(0)} = R\ln g_{(0)}$ bekannt sind.

---

[1] Vgl. hierzu die Untersuchung von R. H. Fowler: Proc. Roy. Soc. A Bd. 118, S. 52, 1928.

[2] Bei beobachtbarer Quantenentartung der Rotation (H_2) tritt hier bloß i auf und die Rotation ist in $s_{z(0)}$ und c_z mit enthalten.

2. $\frac{\mathfrak{K}}{RT}$-Methode. Für eine Reaktion zwischen (vorzugsweise mehreren) NERNSTschen Körpern und *einem* idealen Gas, wobei wir der Einfachheit halber gleichen Druck aller Phasen annehmen, sei $\mathfrak{K}$ gemessen (speziell, bei Gleichgewicht, $\mathfrak{K} = 0$). Wir zerlegen $\mathfrak{K}$ in die auf absolute Nullpunkte bezogenen chemischen Potentiale der einzelnen Komponenten:

$$\frac{\mathfrak{K}}{RT} = \sum \nu_i \frac{\mu^{(i)}}{RT}.$$

Für jedes der $\frac{\mu^{(i)}}{RT}$ suchen wir eine Entwicklung:

$$\frac{\mu^{(i)}}{RT} = \text{Const} + \frac{u^{(i)}_{(0)}}{RT} + \Delta^{(i)},$$

in der $\Delta^{(i)}$ eine Größe bedeutet, die in feststellbarer Weise von p, T und den spezifischen Wärmen abhängt. Für das ideale Gas haben wir nach (12b) unter Berücksichtigung des Wertes von μ_z nach (8a) und (17a):

$$\left.\begin{aligned} \frac{\mu^{(g)}}{RT} &= -(i + i_r + \ln g_{(0)}) + \frac{u^{(g)}_{(0)}}{RT} + \Delta^{(g)} \\ \Delta^{(g)} &= \ln p - \frac{5+r}{2} \ln T - \frac{1}{R} \int_0^T \frac{dT}{T^2} \int_0^T c_z\, dT \end{aligned}\right\}. \tag{27a}$$

Für die NERNSTschen Körper dagegen finden wir, da für die $\frac{\mu}{T}$ nach § 10 genau die analogen Differentialbeziehungen gelten wie für die $\frac{\mathfrak{K}}{T}$, in Analogie zu § 11 (11), die Entwicklung:

$$\left.\begin{aligned} \frac{\mu^{(s)}}{RT} &= -\frac{s^{(s)}_{(0)}}{R} + \frac{w^{(s)}_{(0)}}{RT} + \Delta^{(s)} \\ \Delta^{(s)} &= \frac{1}{RT} \int_{p_0}^{p} v^{(s)}\, dp - \frac{1}{R} \int_0^T \frac{dT}{T^2} \int_0^T c^{(s)}_p\, dT \end{aligned}\right\}. \tag{27b}$$

Als Druck p_0 ist hierbei derjenige zu wählen, bei dem die spezifischen Wärmen c_p gemessen sind und auf den sich die Größen $w_{(0)}$ beziehen. Berücksichtigen wir nun, daß für das Gas $u_{(0)} = w_{(0)}$ und daß $\sum \nu_i w^{(i)}_{(0)} = \mathfrak{W}_{(0)}$ (bei dem zugrunde gelegten Normaldruck p_0) ist, so ergibt sich durch Zusammenfassung der $\frac{\mu}{RT}$, indem wir unter $\Delta^{(i)}$ wahlweise die Größe $\Delta^{(g)}$ und $\Delta^{(s)}$ verstehen:

$$\frac{\mathfrak{K}}{RT} = \frac{\mathfrak{W}_{(0)}}{RT} + \sum \nu_i \Delta^{(i)} - \left[\nu_g (i + i_r + \ln g_0) + \sum \nu_{s_i} \frac{s^{(s_i)}_{(0)}}{R}\right]. \tag{27c}$$

Diese Gleichung liefert einerseits bei bekanntem i, i_r, g_0 und $s^{(s)}_{(0)}$ eine Methode zur Bestimmung von $\mathfrak{K}$ aus rein thermischen Messungen ($\mathfrak{W}_{(0)}$ ist wieder aus $\mathfrak{W}$ und den spezifischen Wärmen bestimmbar) und Zustandsgleichungen $v = f(p, T)$ (welche in Δ auftreten); andererseits kann man die Klammersumme der rechten Seite aus einem gemessenen $\mathfrak{K}$-Wert (speziell einem Gleichgewicht) und den $\mathfrak{W}$- und Δ-Bestimmungen errechnen und damit die absoluten Konstanten $i + i_r$ bestimmen, falls $g_{(0)}$ und die $s^{(s)}_{(0)}$ gegeben sind. Die letzten Größen sind nach der PLANCKschen Fassung des NERNSTschen Theorems für NERNSTsche

Körper = 0; wir haben jedoch, im Hinblick auf die extrapolatorische Bedeutung dieser Größen ($s_{(u)}$ statt $s_{(0)}$, § 12, S. 244) derartige Glieder hier beibehalten. In Beispiel 3 und 5 des Kapitels H sind Bestimmungen von chemischen Konstanten aus Reaktionsmessungen durchgeführt. Über eine Bestimmung eines der $g_{(0)}$ aus Gasreaktionen, wenn alle übrigen $g_{(0)}$, i und i_r bekannt sind, vgl. § 17.

Ergebnisse der experimentellen Bestimmung der i bzw. C. Experimentelle Bestimmungen von i nach den vorbeschriebenen Methoden sind hauptsächlich auf Grund von Dampfdruckmessungen (Reaktion Kondensat → Dampf; $\mathfrak{K}$ im Gleichgewicht = 0) durchgeführt worden. Es handelt sich hierbei fast durchweg um einatomige Dämpfe ($r = 0$, $i_r = 0$), so daß sich nach (27) für Reaktionen mit wirklichen NERNSTschen Körpern ($s_{(0)}^{(s)} = 0$) direkt ($i + \ln g_{(0)}$) hätte ergeben müssen oder, bei Auswertung in BRIGGschen Logarithmen und Messungen mit dem Atmosphärendruck als Einheit, die Konstante $C + \log g_{(0)} = C_0 + \frac{3}{2} \log \mathbf{M} + \log g_{(0)}$. Durch Subtraktion von $\frac{3}{2} \log \mathbf{M}$ gewinnt man hieraus $C_0 + \log g_{(0)}$, und wenn man C_0 mit seinem Sollwert (15c) = — 1,587 einsetzt, den Wert von $\log g_{(0)}$.

Die Probe auf die Theorie wird also darin bestehen, daß man den $g_{(0)}$-Wert, der sich aus diesen thermodynamischen Messungen ergibt, mit dem aus den spektroskopischen Daten direkt ermittelten $g_{(0)}$-Wert vergleicht. In der folgenden Tabelle[1], in der die betreffenden Gase und Dämpfe durchweg (nötigenfalls unter Zuhilfenahme eines Dissoziationsgleichgewichtes) auf den *einatomigen* Zustand bezogen sind, sind in der ersten Kolonne die thermodynamisch berechneten $\log g_{(0)}$-Werte angegeben (mit Fehlergrenzen); in der zweiten Kolonne die daraus folgenden $g_{(0)}$-Werte selbst; in der dritten Kolonne die aus der spektroskopischen Untersuchung des Grundterms folgenden j_0-Werte; in der vierten Kolonne endlich die hiermit aus $g_{(0)} = 2j_0 + 1$ berechneten spektroskopischen $g_{(0)}$-Werte (soweit bekannt).

Tabelle.

	$\log g_{(0)}$ (thermod.)	$g_{(0)}$ (thermod.)	$j_{(0)}$ (spektr.)	$g_{(0)}$ (spektr.)
A	—0,02 ± 0,04	0,96 ± 10 %	0	1
Hg	+0,08 ± 0,06	1,2 ± 15 %	0	1
K	+0,33 ± 0,32	1,0 bis 4,5	1/2	2
Na	+0,52 ± 0,23	1,9 bis 5,6	1/2	2
J	+0,52 ± 0,23	1,9 bis 5,6	3/2	4
Br	+0,65 ± 0,26	2,5 bis 8,1	3/2	4
Cl	+0,71 ± 0,24	3,0 bis 8,9	3/2	4
Pb	+0,77 ± 0,21	3,6 bis 9,6	0	1
W	(1,9) ± (0,7)	(11,6 bis 400)	?	?

Hiernach wären die thermodynamischen Ergebnisse mit den spektroskopischen Feststellungen verträglich für A, Hg ($g_{(0)} = 1$) und K, Na ($g_{(0)} = 2$) sowie für J, Br, Cl ($g_{(0)} = 4$). Eine bedenkliche Ausnahme bildet Pb[2]. Das W-Spektrum ist noch nicht genügend bekannt; doch wird für das bekannte Fe-Spektrum im nachfolgenden Abschnitt gezeigt, daß hier scheinbare $g_{(0)}$-Werte bis etwa 30 (bei der zur Wolframberechnung analogen Rechenmethode) herauskommen können. Bei allen diesen Berechnungen ist das $s_{(0)}$-Glied der Kondensate = 0 angenommen, was in den meisten Fällen wohl hinreichend begründet ist. Wäre auch bei den Kondensaten eine (praktische) Nullpunktsentropie $s_{(0)}^{(s)} = R \ln g_{(0)}^{(s)}$

[1] Die Daten sind entnommen aus F. SIMON: Handb. d. Physik Bd. 10, S. 387.

[2] Nach einer neueren Arbeit von P. HARTECK (Z. f. physik. Chem. Bd. 134, S. 1, 1928) wird allerdings für Pb schon der wesentlich niedrigere Wert 0,39 ± 0,36 für $\log g_{(0)}$, also 1,1 bis 5,6 für $g_{(0)}$ angegeben. Die weiteren dort für Ag, Cu und Au angegebenen Werte stimmen mit den spektroskopischen ($g_{(0)} = 2$) ebenfalls innerhalb der Fehlergrenzen überein.

anzunehmen (§ 12, S. 244—248), so würde ja nach (27c), wegen des entgegengesetzten Vorzeichens von $\nu^{(g)}$ und $\nu^{(s)}$, ln $\frac{g_0}{g_{(0)}^{(s)}}$ statt ln $g_{(0)}$ auftreten; es könnte also der thermodynamisch berechnete $g_{(0)}$-Wert nur zu klein, nicht zu groß herauskommen.

Bei *mehratomigen* Gasen tritt in i_r und C_r noch das Trägheitsmoment der Moleküle in die Rechnung ein, das selbst ungenügend bekannt ist, so daß hier ein Vergleich von statistischer Theorie und Beobachtung noch schwieriger ist. Nur für Wasserstoff, H_2, ist die Entwicklung der Rotationsfreiheitsgrade thermisch zu verfolgen und in den spezifischen Wärmen zu berücksichtigen. Das Quantengewicht $g_{M(0)}$ des H_2 war oben, unter den DENNISONschen Annahmen, im Effekt zu 2,28 bestimmt worden; nimmt man, in Übereinstimmung mit der praktischen Resistenz der p_g- und p_{ung}-Moleküle und unter Vernachlässigung etwaiger Unterschiede in deren Wechselwirkungsenergie[1], auch für den festen Wasserstoff eine Mischung von ($p = 0$)- und ($p = 1$)-Molekülen im Verhältnis 1 : 3 an, so gelten genau die gleichen Überlegungen auch für das effektive Quantengewicht $g_{(0)}^{(s)}$ eines Moleküls des festen H_2 bei $T = 0$. Es wäre also bei der $C + C_r$-Bestimmung zu erwarten ein Zusatzglied $\log \frac{2{,}26}{2{,}26} = 0$. In Wirklichkeit ergab sich ein Glied $0{,}02 \pm 0{,}03$, in Übereinstimmung hiermit.

Für eine Anzahl anderer mehratomiger Moleküle sind die thermodynamisch ermittelten Chemischen Konstanten $C + C_r \left(+ \log \frac{g_{(0)}}{g_{(0)}^{(s)}}\right)$ bei F. SIMON, a. a. O. zusammengestellt.

Die scheinbare Chemische Konstante des Eisendampfes bei 2000°. Wir wollen die Darstellung Gleichung (23) und (24) dazu benutzen, um für ein einatomiges Gas, dessen spezifische Wärme man nicht durch direkte Messungen kennt, den Einfluß des Gliedes μ_z zu untersuchen und festzustellen, welche scheinbare Änderung der Chemischen Konstanten i entstehen würde, wenn man von diesem Glied nur den konstanten Betrag $u_{(0)}$ berücksichtigt. Es handelt sich um den Fall des Eisenatoms. Dieses Atom ist schon insofern interessant, als sein unterster Quantenzustand ein Quintett-D-Term $^5D_4$ ist mit dem Impulsmoment $j_0 = 4$, so daß nach den S. 264 gemachten Bemerkungen $g_{(0)} = 2j_0 + 1 = 9$ ist. In relativ kleinem Abstand sind aber weitere Quantenniveaus (die demselben Multiplett angehören) vorhanden, die Terme $^5D_3$, $^5D_2$, $^5D_1$, $^5D_0$ mit den Gewichten 7, 5, 3, 1. Für diese Terme sind die in Wellenzahlen $\nu' = \frac{1}{\lambda} = \frac{\nu}{c}$ (ν Frequenz/sec, c Lichtgeschwindigkeit) ausgedrückten Termdifferenzen bekannt[2]; sie sind, gegen den untersten Quantenzustand gerechnet, 415,9; 704,0; 888,1; 978,0 (die nächsten Terme beginnen mit einer Differenz 6928 gegen den untersten Zustand und kommen in dem betrachteten Temperaturgebiet nicht in Frage). Wir schreiben Z in der Form:

$$Z = g_{(0)}\, e^{-\frac{u_{(0)}}{RT}} \sum_{\tau} \frac{g_\tau}{g_{(0)}} \cdot e^{-\frac{u_\tau - u_{(0)}}{RT}}.$$

Die Exponenten des Summengliedes drücken sich gemäß (17a), § 17, durch die ν' folgendermaßen aus: $\frac{u_\tau - u_{(0)}}{RT} = \frac{1{,}433\,(\nu'_\tau - \nu'_{(0)})}{T}$; es werden also die Zähler der fünf ersten Exponenten gleich 0; 600; 1010; 1270; 1410. Diese Zahlen (von

[1] FOWLER, R. H.: a. a. O.
[2] LAPORTE, O.: Z. f. Physik Bd. 23, S. 168, 1924.

der Dimension einer Temperatur) geben zugleich die Temperaturen an, bei denen der jeweils höhere Anregungszustand in erheblichem Maße vertreten ist.

Nach Gleichung (23) ist $\mu_z = -RT \ln Z$, also nach der obigen Gleichung:

$$\mu_z = u_{(0)} - RT\,(\ln g_{(0)} + \ln \sum_\tau).$$

Aus dieser Gleichung sehen wir, daß der Logarithmus der oben in Z auftretenden Summe genau in derselben Weise in μ_z und damit in die Berechnung Chemischer Konstanten von Gasen eingeht wie $\ln g_{(0)}$. Wir haben nun oben gesehen, daß $\ln g_{(0)}$ in den Rechnungen stets neben der Gaskonstanten i auftritt; wird das $g_{(0)}$-Glied rechnerisch nicht berücksichtigt, so erscheint die berechnete Konstante i um $\ln g_{(0)}$, die Konstante C um $\log g_{(0)}$ zu groß. Denselben Einfluß hat nach der obigen Gleichung nun auch das Summenglied, das wir also formal durch ein neues Quantengewicht $g'_{(0)}$ repräsentieren können.

Berechnen wir die ersten fünf Glieder der Summe etwa für $T = 2000^0$, so finden wir:

$$g'_{(0)} = \sum_\tau = (1 + 0{,}62 + 0{,}33 + 0{,}18 + 0{,}05) = 2{,}18.$$

Nun war $g_{(0)} = 9$. Die Berücksichtigung dieses Quantengewichtes g_0 bedingt eine Vermehrung der Chemischen Konstanten C um $\log 9 = 0{,}95$. Die Berücksichtigung der höheren Quantenzustände ergibt nach obiger Rechnung bei $T = 2000^0$ nochmals ein Anwachsen um $\log g'_0 = 0{,}34$. Schließlich ist aber noch eine wichtige Korrektur anzubringen für den Fall, daß zur Bestimmung von C eine Formel nach Art von (27c) (speziell eine Dampfdruckformel mit $\mathfrak{K} = 0$) angewendet wurde, in der $\mathfrak{W}_{(0)}$ aus einem gemessenen $\mathfrak{W}$ (speziell bei Gleichgewicht $\mathfrak{W} = \mathfrak{L} = \frac{\partial \mathfrak{K}}{\partial T}$ aus dem Temperaturgang des Dampfdruckes) in der Weise berechnet wurde, daß dabei das Herabsinken des Dampfes in tiefere Anregungszustände ebenfalls *nicht* in Rechnung gestellt wurde. Es ist dann nämlich $\mathfrak{W}_{(0)\,\text{richtig}}$ um den Betrag $u_z - u_{(0)}$ der inneren Energie der Gasatome kleiner als das in die Rechnung eingesetzte $\mathfrak{W}_{(0)\,\text{falsch}}$. Diese Korrektur kann man aus der Formel (25b) berechnen; sie ergibt sich, wenn $\mathfrak{W}$ ebenfalls bei 2000^0 gemessen wurde, zu $\frac{u_{z(2000)} - u_{z(0)}}{RT} = 0{,}53$. Da eine Korrektur von $\frac{\mathfrak{W}_{(0)}}{RT}$, wie man aus (27c) erkennt, ebenso in die Berechnung von i eingeht wie $\ln g_{(0)}$ und die Korrektur $\ln g'_{(0)}$, können wir diese Korrektur durch $\ln g''_{(0)}$ repräsentieren; es ergibt sich $g''_{(0)} = 1{,}7$. Das Vorzeichen ist so, daß, wenn wir in (27c) $\mathfrak{W}_{(0)\,\text{richtig}}$ durch $\mathfrak{W}_{(0)\,\text{falsch}}$ plus einem Korrekturglied ersetzen wollen, zu setzen ist:

$$\frac{\mathfrak{W}_{(0)\,\text{richtig}}}{RT} = \frac{\mathfrak{W}_{(0)\,\text{falsch}}}{RT} - \nu^{(g)} \ln g''_{(0)},$$

da ja in $\mathfrak{W}_{(0)\,\text{falsch}}$ der Energiebetrag $\nu^{(g)}(u_z - u_{(0)})$ zu wenig abgezogen ist. Es tritt also $\ln g''_{(0)}$ auch mit dem gleichen Vorzeichen wie $g_{(0)}$ und $g'_{(0)}$ auf. In BRIGGschen Logarithmen finden wir schließlich als Gesamtkorrektur: $0{,}95 + 0{,}34 + 0{,}23 = 1{,}52 = \log 33$; es ergibt sich also ein scheinbares Quantengewicht nicht von 9, sondern von 33. Diese Feststellung ist von Interesse im Hinblick auf die nach der bisherigen Berechnung auftretende Größenabweichung der Chemischen Konstante vom Normalwert bei einem anderen Schwermetall, nämlich Wolfram, die angenähert 1,5 beträgt (Tabelle S. 274). Man würde sich sträuben, solche Abweichungen durch ein Quantengewicht von etwa 30 im untersten Quantenzustand zu deuten; die Berücksichtigung höherer Quantenzustände — falls sie auch bei Wolfram in Frage kommen — läßt aber, wie man sieht, einen solchen Wert immerhin als möglich erscheinen.

§ 14. Nichtideale Gase; Gasmischungen.

Methode der Behandlung. Nach der am Eingang von § 13 gemachten Bemerkung wollten wir Reaktionen mit nichtidealen Gasen und in und mit Gasmischungen nach der in § 11 besprochenen Restgliedmethode behandeln. An Stelle einer Reaktion, bei der die Teilchenzahlen n_i von nichtidealen Gasen oder Gasmischungen entstehen oder verschwinden, setzen wir zunächst eine Reaktion, bei der alle diese Gase in reinem Zustand und mit idealen Eigenschaften beteiligt sind, und zwar jedes Gas mit einem Druck p, der gleich dem Gesamtdruck der Phase ist, der die betreffende reagierende Gasart angehört. Die Arbeits- und Wärmeeffekte zwischen diesen idealisierten Gasphasen und etwaigen anderen Grundphasen wählen wir als „Grundgrößen" $\mathfrak{K}$, $\mathfrak{W}$ usw. Als Resteffekte $\mathfrak{k}_i$, $\mathfrak{w}_i$ usw. bleiben dann, soweit die Gasteilnehmer in Frage kommen, solche übrig, bei denen das betreffende Gas aus diesem normalisierten Zustande in den wirklichen (reinen, aber nicht idealen, oder gemischten, idealen oder nichtidealen) Zustand gebracht wird, oder umgekehrt, je nach dem positiven oder negativen Vorzeichen der zugehörigen Formeläquivalentzahl ν_i. — Wir bemerken noch, daß die LEWISschen Standardreaktionsgrößen (§ 6), soweit sie sich auf Reaktionen mit Gasen beziehen, diese Gase ebenfalls in dem hier definierten Grundzustand annehmen, jedoch mit der Spezialisierung auf $p = 1$ Atm.

Daß hier idealisierte Phasen als Zwischenzustände eingeführt werden, tut der Anwendbarkeit der Beziehungen des § 11 keinen Abbruch; soweit meßbare Eigenschaften dieser Phasen (wie Druck, Temperatur, Wärmekapazität) gebraucht werden, handelt es sich überdies immer um Größen, die an den wirklichen Phasen direkt gemessen werden können. Denn p und T werden von den wirklich beteiligten Phasen übernommen, die normalisierten Molwärmen $\boldsymbol{c}_v$ und $\boldsymbol{c}_p$ sind bei idealen Gasen vom Druck unabhängig, also z. B. gleich den Molwärmen des unendlich verdünnten reinen Gases, welches aber wieder in allen Eigenschaften mit dem unendlich verdünnten realen reinen Gas übereinstimmt. Die Molekularvolume $\boldsymbol{v}$ sind, wo sie auftreten, durch die direkt gegebenen Größen p und T nach der idealen Gasgleichung ausdrückbar.

Außer diesen Größen treten in dem Aufbau der $\mathfrak{K}$, $\mathfrak{S}$ und $\mathfrak{W}$, dessen wir uns wieder zu bedienen haben werden, nur die Konstanten $\mathfrak{S}_{(p_0,\, T_0)}$ und $\mathfrak{W}_{(p_0,\, T_0)}$ auf [Gleichung (17), (18), § 11]. Wie diese Konstanten bestimmt werden können, wird sich aus den zu entwickelnden Gleichungen selbst ergeben.

Reaktionen mit nicht idealen reinen Gasen. Wir suchen zunächst die restlichen Arbeitskoeffizienten für jedes an einer solchen Reaktion beteiligte reine Gas durch meßbare Größen auszudrücken. Da durch die Temperatur- und Druckänderung eines Arbeitskoeffizienten alle übrigen Reaktionseffekte gegeben sind (§ 4, § 5), können wir aus den gefundenen $\mathfrak{k}$-Werten die $\mathfrak{w}$ und $\mathfrak{l}$ bzw. $\mathfrak{s}$ nachträglich leicht ermitteln. Wir beschränken uns daher zunächst auf die Untersuchung der $\mathfrak{k}$.

Nach (24), § 11, gilt:

$$\frac{\partial \mathfrak{k}}{\partial p} = \mathfrak{v},$$

also in unserem Falle des Überganges aus der idealisierten Grundphase in die reale Gasphase vom gleichen Druck nach (16''), § 11:

$$\frac{\partial \mathfrak{k}}{\partial p} = v - \boldsymbol{v}.$$

$\boldsymbol{v}$, das Molvolum im idealen Grundzustand, ist durch das Gasgesetz gegeben als $\boldsymbol{v} = \frac{R\,T}{p}$. Benutzt man nun die Tatsache, daß für $p = 0$ ideale und reale

Phase gleich sind, so daß alle Restglieder bei diesem Druck gleich Null werden, so erhält man offenbar für jeden von o verschiedenen Druck den Wert von $\mathfrak{k}$ usw. durch Integration dieser Gleichung von o bis p:

$$\mathfrak{k} = \int_0^p (v - \boldsymbol{v})\, dp. \tag{1}$$

Damit ist die Bestimmung der $\mathfrak{k}$ auf Untersuchung der Zustandsgleichung $v = f(p, T)$ des realen Gases oder der Abweichung dieser Zustandsgleichung von der des idealen Gases zurückgeführt; da die Untersuchung der Zustandsgleichung jedes zu chemischen Reaktionen verwendeten Stoffes die häufigste Grundlage der allgemeinen Untersuchung bildet, befinden wir uns hier auf bekanntem Gebiet. Es kann noch bemerkt werden, daß in (1) die Integration, statt von $p = 0$ an, auch von irgendeinem anderen Druck p aus vorgenommen werden könnte, unterhalb dessen sich das reale und ideale Gas noch nicht unterscheiden.

Zur Integration von (1) wird man bei empirisch gegebenen Zustandsgleichungen zweckmäßig ein graphisches Verfahren im p, v-Diagramm des Gases benutzen, indem man gleich $v - \boldsymbol{v} = v - \frac{RT}{p}$ als Funktion von p aufträgt[1]. Ist ein geschlossener Ausdruck für v, etwa in Form der VAN DER WAALSschen Gleichung, bekannt, so kann man natürlich analytische Methoden verwenden; man findet in diesem Falle, indem man in (1) $v\,dp = v\frac{\partial p}{\partial v} \cdot dv$ setzt und $\frac{\partial p}{\partial v}$ aus der VAN DER WAALSschen Gleichung berechnet (LEWIS u. RANDALL, a. a. O.):

$$\mathfrak{k} = RT \ln \frac{RT}{p(v-b)} + \frac{RTb}{v-b} - \frac{2a}{v}, \tag{1a}$$

wobei die v nach Bedarf mittels der VAN DER WAALSschen Gleichung wieder durch die p ausgedrückt werden können. Über einen empirischen Zusammenhang zwischen v und p bei kleinen Drucken vgl. ebenfalls LEWIS und RANDALL a. a. O. und Kapitel H, 2. Beispiel. Eine Anwendung der Formel (1a) findet sich in Kap. H, 9. Beispiel (Ammoniaksynthese).

Damit ist die Frage nach der Bestimmung der Restarbeit für reine nichtideale Gase vollkommen beantwortet. Es sei noch darauf hingewiesen, daß der Ausdruck (1) für die Restarbeiten auch dann gilt, wenn es sich um Reaktionen zwischen reinen Gasen handelt, die unter verschiedenem Druck stehen; für jede Gasart ist dann in (1) ihr eigener Druck einzusetzen. Werden die Volume oder Konzentrationen der beteiligten Gase als unabhängige Variabeln gewählt, so hat man den in Abhängigkeit von p und T gegebenen Ausdruck (1) einfach mittels der Zustandsgleichung auf andere Variabeln umzurechnen.

Bemerkung über den Molekularzustand der idealisierten Gase. Hierüber muß noch eine Bemerkung gemacht werden, weil Fälle vorkommen können, wo der Molekularzustand nicht in der Weise angenommen wird, wie er dem realen unendlich verdünnten Zustand eigentümlich ist. Z. B. wird man bei Reaktionen, an denen Jodgas beteiligt ist, nicht darauf Rücksicht nehmen, daß J_2 bei gewöhnlichen Temperatur- und Druckverhältnissen bereits in geringem Grade in J-Atome dissoziiert ist und infolgedessen bei unendlich kleinem Druck bei allen Temperaturen aus J-Atomen bestehen würde. Vielmehr wird man hier mit einem idealisierten gegen die Zerlegung in J-Atome resistenten J_2-Gas rechnen und allgemein in ähnlichen Fällen für den idealisierten Zustand diejenige Atomgruppe als Gasmolekül zugrunde legen, die bei den praktisch noch gut zugängichen kleinsten Drucken in dem betreffenden Temperaturgebiet das Haupt-

[1] Hierzu und zu dem weiteren vgl. LEWIS und RANDALL, Kap. XVII.

kontingent der wirklichen Gasmoleküle bildet. Sofern ein praktisch einheitlicher Molekülzustand allerdings bei so tiefen Drucken, daß im übrigen die ideale Gasgleichung gelten würde (also $\mathfrak{k} = 0$ ist), nicht erreichbar ist, stellen die v nicht direkt meßbare Größen dar, sondern müssen aus realen Messungen in Verbindung mit Berechnungen über den Molekularzustand des realen Gases extrapoliert werden.

Reaktionen mit Gasmischungen. Die Bedeutung der Grundreaktionen ist genau die gleiche wie eben besprochen (S. 277) und demnach auch der Aufbau der Grundgrößen $\mathfrak{K}$, $\mathfrak{W}$ und $\mathfrak{S}$ aus den spezifischen Wärmen der unendlich verdünnten (evtl. im Molekularzustand fixierten) Einzelgase und der idealen Zustandsgleichung. Dagegen haben die $\mathfrak{k}$, mit denen wir uns auch hier zunächst ausschließlich beschäftigen, jetzt eine andere Bedeutung; es sind die Effekte beim Übergang der idealen reinen Gase in die reale Gasmischung von gleichem Druck. Dabei braucht es sich jedoch keineswegs um die totalen Mischungsarbeiten bei Zusammensetzung der betreffenden Mischphase aus den reinen (idealisierten) Gasen zu handeln; es kann ja in einer Reaktion, z. B. der Verbrennung von Kohle mit Luft-Sauerstoff unter Umständen nur eine Komponente eines Gasgemisches mitwirken, so daß nur die Effekte bei Überführung von dn_i Mol dieser Komponente aus dem reinen idealisierten Zustand in das reale Gasgemisch zu bewerten sind. Da es sich um partielle molare Effekte handelt, werden wir jetzt $\mathfrak{k}_i$ statt $\mathfrak{k}$ usw. zu schreiben haben. Wir besprechen zunächst die Werte der Restarbeiten $\mathfrak{k}_i$ bei idealen Gasgemischen.

Das Verhalten idealer Gasmischungen. Wir haben hier zur Verfügung die halb theoretische, halb experimentelle Methode der semipermeablen Wände und die rein theoretische statistische Methode. Bei der Methode der semipermeablen Wände denken wir uns den Restprozeß für die Komponente i wirklich ausgeführt, indem wir dn_i Mole des idealen Gases i im Zustand (p, T) überführen in den Zustand der idealen Mischung (p, T). Reversibel ist das dadurch möglich, daß wir eine für alle Gasarten außer i undurchlässige Wand benutzen. Durch diese Wand, die wir als feststehende Verbindung zwischen dem Gasgemisch und dem reinen Gas i annehmen, läßt sich bei idealem Verhalten der Gase das Gas i dann reversibel hindurchpressen, wenn der *Partialdruck* des Gases i zu beiden Seiten derselbe ist, d. h. wenn der Gesamtdruck des reinen Gases gleich dem Partialdruck $p_i = p \cdot x_i$ im Gasgemisch ist. Wir führen also zunächst diesen Zustand herbei, wobei eine Änderung des chemischen Potentials eintritt im Betrag von:

$$\int_p^{p_i} v\,dp = RT\ln\frac{p_i}{p} = RT\ln x_i\,.$$

Bei dem Hindurchpressen von dn_i Molen durch die feststehende semipermeable Wand wird an dem äußeren Stempel die Arbeit $p_i\,dV = p_i v_i\,dn_i = RT\,dn_i$ geleistet; die gleiche Arbeit mit umgekehrten Vorzeichen wird aber geleistet, um die reine Gasphase, nachdem zunächst die Menge dn_i bei konstantem Druck abgetrennt worden ist, in ihrem Behälter wieder auf das anfängliche Volum zu bringen. Die Änderung des chemischen Potentials bei der Übergangsreaktion, die definitionsgemäß gleich der reversibeln Arbeit bei konstantem Volum der beteiligten Phasen ist, wird also gleich Null, und wir erhalten somit für den ganzen Prozeß das Resultat:

$$\mu_i - \mu_i = \mathfrak{k}_i = RT\ln x_i\,, \tag{2}$$

durch welches der Restarbeitskoeffizient einer Reaktion bestimmt ist, welche dn_i Mol eines idealen reinen Gases i in eine ideale Gasmischung von gleichem Druck, jedoch der Molenbruch-Konzentration x_i dieses Stoffes überführt.

Das gleiche Resultat läßt sich nun auch aus einer statistisch begründeten Aussage über die Freie Energie einer Gasmischung ableiten. Es gilt der Satz: „Die Freie Energie eines idealen Gasgemisches ist gleich der Summe der Freien Energien der reinen Einzelgase in einem Zustand, in dem jedes ein Volum von der Größe der Mischung erfüllt." Da dann die Volumkonzentrationen $c^{(i)}$ der Einzelgase die gleichen sind wie die in der Mischung ($c^{(i)} = c_i$), kann man diesen Satz folgendermaßen schreiben:

$$F = \sum_i F_{(c_i)}^{(\dot{g}_i)},$$

indem wir die Freie Energie der Mischung ohne Index schreiben, die Einzelphasen mit den Indizes $^{(\dot{g}_1)}$, $^{(\dot{g}_2)}$ usw. bezeichnen. (Der Punkt über g deutet wieder an, daß es sich um *ideale* Gase handelt.) Daraus folgt durch Differentiation nach n_i, da alle $F^{(\dot{g}_i)}$, außer dem zu n_i gehörigen, von n_i unabhängig sind:

$$\mu_i = \mu_{(c_i)}^{(\dot{g}_i)}. \tag{3}$$

Führen wir hier wieder den Druck statt der Volumkonzentration als Variable ein, so tritt bei Entwicklung der $\mu^{(\dot{g}_i)}$ nach (12b), S. 258 auf der rechten Seite p_i als Druck auf. Es unterscheidet sich also das Chemische Potential μ_i des Gases i in der idealen Gasmischung beim Druck p von dem $\mu^{(\dot{g}_i)}$ des reinen Gases beim Druck p, also von seinem Grund-μ_i, um den gleichen Betrag wie das Potential des reinen Gases beim Druck p_i von demjenigen beim Druck p, d. h. durch das Glied $RT \ln \frac{p_i}{p} = RT \ln x_i$. Definitionsgemäß ist dieser Unterschied gleich unserer Größe $\mathfrak{k}_i$, im Einklang mit (2).

Extrapolation realer Gasmischungen mittels ihrer Zustandsgleichung. Nunmehr können wir zur Bestimmung der $\mathfrak{k}_i$ realer Gasmischungen in ganz analoger Weise verfahren wie bei der Bestimmung der $\mathfrak{k}$ reiner realer Gase. Wir denken uns nämlich die Zumischung von dn_i Molen des Stoffes i im reinen idealen Gaszustand vom Drucke p (Grundzustand) zu der realen Gasmischung vom Druck p ausgeführt in drei Schritten: Expansion der Mengen dn_i der Grundphasen bis zu einem Druck $p^* \cong 0$. Hierbei wird die Arbeit $\int_p^{p^*} \mathfrak{v}\, dp \cdot dn_i = -\int_{p^*}^{p} \mathfrak{v}\, dp \cdot dn_i$ geleistet (der Index kann wegbleiben, weil $\mathfrak{v}$ eine für alle Gase gleiche Funktion ist). Sodann Zumischung zu der auf den Druck p^* expandierten Mischphase, die sich bei diesem niedrigen Druck noch ideal verhält. Dies ergibt einen Beitrag $RT \ln x_i \cdot dn_i$. Endlich Erhöhung des Druckes auf den Wert p, wobei die von der Anwesenheit der dn_i herrührende Arbeit gegeben ist durch $\int_{p^*}^{p} \frac{\partial \mu_i}{\partial p} dp \cdot dn_i$ oder, wegen $\frac{\partial \mu_i}{\partial p} = v_i$, durch $\int_{p^*}^{p} v_i\, dp \cdot dn_i$. Im ganzen wird also die Arbeit $[RT \ln x_i + \int_{p^*}^{p} (v_i - \mathfrak{v})\, dp)] \cdot dn_i$ geleistet. Da für Drucke $< p^*$ die Volumdifferenz $v_i - \mathfrak{v}$ verschwindet, können wir als untere Integrationsgrenze auch $p = 0$ nehmen und erhalten also für ein Gas in einer *realen Gasmischung*:

$$\mathfrak{k}_i = \mu_i - \mu_i = RT \ln x_i + \int_0^p (v_i - \mathfrak{v})\, dp. \tag{4}$$

Damit ist auch für nichtideale Gas*mischungen* unsere Aufgabe auf die Bestimmung der Zustandsgleichung $V = V(p, T, n_1 \ldots n_i \ldots)$ der betreffenden Gasphase zurückgeführt, die man allerdings, um die $\frac{\partial V}{\partial n_i} = v_i$ bilden zu können, für beliebige Variation aller Teilchenzahlen kennen muß (erweitertes System).

Wieder kommen graphische Integrationsverfahren oder analytische Anwendungen von Zustandsgleichungen für Gasgemische in Frage. Über die direkte experimentelle Bestimmung der $v_i - \boldsymbol{v}$ wollen wir nur noch bemerken, daß durch Vermischung einer kleinen Menge reinen Gases n_i mit einer größeren Menge des Gemischs von gleichem Druck direkt $v_i - v^{(g)}$ gewonnen wird; hieraus kann man auf $v_i - \boldsymbol{v}$ schließen, falls noch durch die Zustandsgleichung des reinen Gases $v^{(g_i)} - \boldsymbol{v}$ bekannt ist. Wird die Zustandsgleichung durch derartige direkte v_i-Bestimmungen gewonnen, so kommt natürlich die zu (22), § 10 analoge Beziehung zwischen den v_i zur Ersparung von Messungen in Frage.

Die restlichen Wärmeeffekte bei reinen realen Gasen. Die Restwärmeeffekte $\mathfrak{w}_i$ und $\mathfrak{l}_i$ bzw. $\mathfrak{s}_i$ sind nach (22) und (23), § 11, ohne weiteres aus den $\mathfrak{k}_i$ zu ermitteln.

Wir haben zunächst für die Resteffekte bei *reinen Gasen*, nach (1):

$$\mathfrak{s} = -\frac{\partial \mathfrak{k}}{\partial T} = -\int\limits_0^p \left(\frac{\partial v}{\partial T} - \frac{\partial \boldsymbol{v}}{\partial T}\right) dp, \tag{5}$$

$$\mathfrak{w} = -T^2 \frac{\partial}{\partial T}\left(\frac{\mathfrak{k}}{T}\right) = -T^2 \int\limits_0^p \left[\frac{\partial}{\partial T}\left(\frac{v}{T}\right) - \frac{\partial}{\partial T}\left(\frac{\boldsymbol{v}}{T}\right)\right] dp = -T^2 \int\limits_0^p \frac{\partial}{\partial T}\left(\frac{v}{T}\right) dp, \tag{6}$$

letzteres wegen der Temperaturunabhängigkeit von $\frac{\boldsymbol{v}}{T} = \frac{R}{p}$. Man kann also die $\mathfrak{s}$ ($\mathfrak{l}$) und $\mathfrak{w}$ entweder aus den $\mathfrak{k}$ oder auch direkt aus dem Temperaturgang der v berechnen (vgl. Kapitel H, 2. Beispiel).

Umgekehrt kann man natürlich auch den ersten Teil der Gleichungen (5) und (6) dazu benutzen, um den Temperaturgang der $\mathfrak{k}$ (und damit den der Zustandsgleichung) zu ermitteln. Eine gewisse Bedeutung hat das in der Tat bei Benutzung von (6). $\mathfrak{w}$ bedeutet nämlich hier nicht nur die irreversible Wärmetönung bei konstantem Druck beim Übergang des Gases aus dem idealen in den realen Zustand von gleichem Druck, sondern auch die Änderung $w - w_{(p=0)}$, da $w_{(p=0)}$ gleich dem vom Druck unabhängigen Wert $\boldsymbol{w}$ des idealen Gases ist. Nun ist aber die Differenz der $w = u + pv$ bei verschiedenen Drucken gerade derjenige Effekt, der (im umgekehrten Sinne) bei dem isotherm geführten Joule-Thomson-Versuch (II, § 6) als Abkühlung gemessen wird. Es ist also $\mathfrak{w}$ direkt meßbar als Abkühlungswärme des Joule-Thomson-Effektes bei Expansion auf so niedrige Drucke, daß der ideale Gaszustand erreicht ist; gehorcht das Gas in dem untersuchten Zustand bereits hinreichend den idealen Gasgesetzen, so ist $\mathfrak{w} = 0$.

Restliche Wärmeeffekte bei Gasmischungen. Die Wärmeeffekte werden hier nach (4):

$$\mathfrak{s}_i = -\frac{\partial \mathfrak{k}_i}{\partial T} = -R \ln x_i - \int\limits_0^p \left(\frac{\partial v_i}{\partial T} - \frac{\partial \boldsymbol{v}}{\partial T}\right) dp, \tag{7}$$

$$\mathfrak{w}_i = -T^2 \frac{\partial}{\partial T}\left(\frac{\mathfrak{k}_i}{T}\right) = -T^2 \int\limits_0^p \frac{\partial}{\partial T}\left(\frac{v_i}{T}\right) dp: \tag{8}$$

Hierdurch ist die Berechnung der Wärmeeffekte wieder auf die der $\mathfrak{k}_i$ oder der Zustandsgleichung der Gasmischung zurückgeführt.

Die in (8) ausgedrückte Tatsache, daß bei idealem Verhalten der Gasmischung $\mathfrak{w}_i$ verschwindet, stellt einen [hier auf dem Umweg über die Aussage (2) und (4) über die $\mathfrak{k}_i$ gefolgerten] auch experimentell bekannten Satz dar. Da nämlich in diesem Fall $\sum n_i \mathfrak{w}_i$ nach § 10 und § 11 die irreversible Mischungswärme (pro Mol) $w - \sum\limits_i w^{(g_i)}$ der gesamten idealen Gasmischung aus den reinen Komponenten gleichen Drucks bedeutet, ist darin der bekannte Satz enthalten, daß das Vermischen idealer Gase bei konstantem Druck keine Wärmetönung hervorruft. Dagegen ergibt sich die „Mischungsentropie" idealer Gase zu $-R \ln x_i$, sie hat also, da x_i immer < 1 ist, einen positiven Wert (vgl. II § 2, wo die Eigenschaften idealer Gasmischungen schon ausführlich besprochen wurden).

Für nichtideale Gasmischungen ist $\mathfrak{w}_i$ direkt meßbar durch Zusatz einer kleinen Menge des Gases i zu dem Gemisch bei konstantem Druck. Der dabei auftretende Wärmeeffekt entspricht dem Übergang des *realen* Gases in die Gasmischung; kennt man außerdem, etwa aus dem JOULE-THOMSON-Effekt, die Wärmetönung $\mathfrak{w}$ beim Übergang ideal $\rightarrow$ real, so kann man unser $\mathfrak{w}_i$ berechnen und an Stelle der Zustandsgleichung zum Aufbau der $\mathfrak{k}_i$ nach (8) verwenden.

Resteffekte und Totaleffekte. Die Zerlegungsgleichungen (15), § 11, nehmen für Reaktionen, an denen ein oder mehrere Gase bzw. Gasgemische beteiligt sind, folgende Form an:

$$\left.\begin{aligned} \mathfrak{K} &= \boldsymbol{\mathfrak{K}} + \sum \nu_i^{(g)} \mathfrak{k}_i + \sum \nu_i' \mathfrak{k}_i' \,, \\ \mathfrak{W} &= \boldsymbol{\mathfrak{W}} + \sum \nu_i^{(g)} \mathfrak{w}_i + \sum \nu_i' \mathfrak{w}_i' \,. \end{aligned}\right\} \qquad (9)$$

usw.

Die ersten Summen mit dem Phasenindex $^{(g)}$ beziehen sich hierbei auf die Restglieder der gasförmigen Reaktionsteilnehmer, die zweiten mit Phasenindex $'$ auf die übrigen Teilnehmer. Die Grundgrößen $\boldsymbol{\mathfrak{K}}$, $\boldsymbol{\mathfrak{W}}$ usw. sind Funktionen von p und T, die nach (17′) und (18′), § 11, aus zwei Konstanten und den Zustandsgleichungen und spezifischen Wärmen der beteiligten Phasen im Grundzustand aufgebaut werden; soweit es Gasphasen sind, handelt es sich nach dem vorhergehenden um die ideale Zustandsgleichung und um die spezifischen Wärmen bei unendlicher Verdünnung.

Wir nehmen nun an, die Aufgabe der Bestimmung der Restglieder, die wir für die Gasphase gelöst haben, sei für die anderen Mischphasen (nur für diese haben wir bei nicht gasförmigen Phasen Restglieder einzuführen) ebenfalls erledigt (§ 15). Dann können die Gleichungen (9) dazu benutzt werden, um aus der Messung von je zweien der Reaktionseffekte $\mathfrak{K}$, $\mathfrak{W}$ und $\mathfrak{S}$ die Grundwerte $\boldsymbol{\mathfrak{K}}$, $\boldsymbol{\mathfrak{W}}$ und $\boldsymbol{\mathfrak{S}}$ für irgendwelche p, T-Werte zu bestimmen. Damit sind aber, wenn die Zustandsgleichungen und spezifischen Wärmen der Grundzustände bekannt sind, die Konstanten $\boldsymbol{\mathfrak{K}}_{(p_0,\, T_0)}$ usw. der ganzen Reaktion bestimmt. Noch bequemer ist es natürlich, wenn diese Konstanten nicht erst bestimmt werden müssen, sondern etwa aus Standardwerten bekannter Reaktionen nach Art der Gleichungen (12) und (13), § 11, zusammensetzbar sind. Endlich kommt für $\boldsymbol{\mathfrak{S}}$, wenn es sich um Reaktionen zwischen NERNSTschen Körpern und idealen Gasen handelt, eine theoretische Bestimmung mit Hilfe der Absolutentropien $\boldsymbol{s}$ der Einzelphasen in Frage, die ja nach § 12 und 13 für NERNSTsche Körper auf Grund der $s_{(0)}^{(s)} = 0$ bzw. $= s_{(u)}^{(s)}$ und für ideale Gase auf Grund der Konstanten i, i_r und $g_{(0)}$, aus den spezifischen Wärmen und, wenn auf andere Drucke extrapoliert werden soll, der Zustandsgleichung aufgebaut werden können. Ist $\mathfrak{W}$ gemessen und daraus $\boldsymbol{\mathfrak{W}}$ und $\boldsymbol{\mathfrak{W}}_{(0)}$ bestimmt, so kann man in diesem Falle zu $\boldsymbol{\mathfrak{K}}$-Darstellungen etwa mit Hilfe von (27c), § 13 gelangen.

In Fällen, wo sich die reagierenden Gase (wie es z. B. in elektrolytischen Gasketten denkbar ist) unter ungleichen Drucken befinden, gelten die für den Übergang zum nichtidealen Fall wesentlichen Beziehungen (4) ganz unverändert für jede Gasart; nur der Aufbau und die Bestimmung der Grundreaktionsgrößen wird etwas allgemeiner. Sind als experimentelle Unterlagen $\mathfrak{U}_{(v)}$-Messungen gegeben oder sollen $\mathfrak{U}$-Werte vorausgesagt werden, so wird man sich natürlich einer zu (9) analogen Zerlegung der $\mathfrak{U}$-Werte zu bedienen haben, bei der die $\mathfrak{u}_i$ nach den zu (6) und (8) analogen Gleichungen zu berechnen sind.

Eine andere Verwendung der Gleichungen (9) wäre die, daß man durch Variation der Konzentration eine Reihe von $\mathfrak{K}$-Werten bei konstantem p und T, also konstantem $\mathfrak{K}$, direkt mißt (z. B. EMK einer Gaskette, deren wirksames Gas sich in Mischung mit einem an der Reaktion nicht teilnehmenden Gas befindet) und so auf ganz anderem Wege zu experimentellen Bestimmungen der Konzentrationsabhängigkeit der $\mathfrak{k}_i$ gelangt. Das gleiche könnte man für die $\mathfrak{w}_i$ usw. durchführen. Derartige Methoden haben in der Tat in nicht gasförmigen Mischungen eine große praktische Bedeutung; bei Gasmischungen, wo die Zustandsgleichung zur Bestimmung aller Restglieder ausreicht und die Abweichungen vom idealen Gaszustand überdies meist keine große Rolle spielen, tritt jedoch diese Untersuchungsmethode kaum in den Vordergrund.

Aktivitäten und Aktivitätskoeffizienten. Wir sagten, daß die Abweichungen von den idealen Gasgesetzen bei den realen Gasmischungen nur die Rolle einer Korrektur spielen. In solchem Falle ist es sehr bequem, in allen Gesetzmäßigkeiten, die man untersucht, die *Form* der Beziehungen des idealen Zustandes genau beizubehalten und nur die Bedeutung der in den Gesetzen auftretenden Größen etwas abzuändern, wobei man allerdings die Zusatzaufgabe hat, die Abhängigkeit dieser Ersatzgröße von den Variabeln des Problems genau anzugeben. Diese Methode wird z. B. befolgt, wenn man von einem durch den Skineffekt veränderten OHMschen Widerstand spricht (obgleich hier in den Korrekturgliedern des gewöhnlichen OHMschen Widerstandes ganz neue Gesetzmäßigkeiten auftreten); in die Thermodynamik ist sie hauptsächlich durch G. N. LEWIS eingeführt worden und hat ohne Zweifel viel zur Entwirrung der Zusammenhänge beigetragen[1].

Betrachten wir zunächst chemische Reaktionen in oder mit einer Gas*mischung*. Falls es sich um ideale Gase handelt, tritt, nach (2), ein Arbeitsglied $\sum \nu_i RT \ln x_i$ in dem Ausdruck für die Gesamtarbeit und damit auch in den Gleichgewichtsbedingungen auf. Die Abtrennung dieses Gliedes von den übrigen eliminiert die Konzentrationsabhängigkeit der Gasmischung; der Rest ist eine nur von p (bzw. den verschiedenen p weiterer Phasen) und T abhängige Größe. Um formal genau die gleichen Gesetze für nichtideale Gasmischungen zu erhalten, braucht man nur in (4) die ganze rechte Seite zu einem einzigen Ausdruck $RT \ln a_i$ zusammenzufassen, also zu setzen:

$$\mathfrak{k}_i = RT \ln x_i + \int_0^p (v_i - \mathfrak{v}_i)\, dp = RT \ln a_i; \tag{10}$$

dann tritt überall statt der Konzentration x_i einfach die „korrigierte Konzentration" a_i in den Gleichungen auf, die Konstanten $\mathfrak{K}$, $\mathfrak{W}$ usw. sind jedoch nach wie vor nur von p und T abhängig und haben sogar genau die gleiche Bedeutung wie bei idealen Gasen.

Die Größen a_i, die man auf diese Weise gewinnt, werden von LEWIS zu denen gerechnet, die er als *Aktivitäten* bezeichnet. Aktivitäten sind auch bei LEWIS immer Größen, die mit den von uns als Restarbeiten bezeichneten Größen durch die Beziehung zusammenhängen:

$$\mathfrak{k}_i = RT \ln a_i\,. \tag{11}$$

Jedoch wählt speziell bei Gasen LEWIS nicht einen idealisierten Zustand gleichen Druckes, sondern einen Zustand mit dem idealisierten Druck 1 als Ausgangspunkt für $\mathfrak{k}_i$; a_i wird dann für ideale reine Gase $= p$ und für Gase in idealen Gas-

[1] LEWIS und RANDALL, Thermodynamik, Kap. 17 u. 22, dort auch historische Zitate.

mischungen gleich ihrem Partialdruck p_i. In diesem Falle spricht LEWIS speziell, wegen der Bedeutung dieses Druckes bzw. Partialdruckes für alle Verdampfungs- und Verflüchtigungsprobleme, von *fugacity*, Flüchtigkeit, Fugazität. Uns scheint jedoch dieses Einbeziehen der Druckabhängigkeit in die Aktivität keinem unbedingten Bedürfnis zu entsprechen. Wir werden uns daher im folgenden damit begnügen, nur solche Aktivitäten (also keine „Fugazitäten") einzuführen, die mit Restarbeiten gegenüber *Ausgangszuständen gleichen Druckes* durch die Beziehung (11) zusammenhängen; wir geben daher die allgemeine Definition:

Die Aktivität eines Stoffes in einer Phase hängt durch die Beziehung (11) *zusammen mit Restarbeitskoeffizienten des Stoffes, die sich auf (eventuell idealisierte) Ausgangszustände von gleichem Druck und gleicher Temperatur, jedoch mit ausgezeichneten Werten der Konzentration, beziehen:*

$$\mathfrak{k}_{i(p)} = RT \ln a_i \,. \tag{11a}$$

Bei der Definition von a_i für Gase nach (11a) handelt es sich bei der „ausgezeichneten Konzentration" um die Molenbruchkonzentration $x_i = 1$, da wir für das betreffende Gas ja den reinen, und zwar idealisierten Zustand, bei gleichem p und T, als Grundzustand betrachten. Für *ideale* Gasmischungen fällt die Aktivität der Komponente mit ihrer Molenbruchkonzentration zusammen. Für nicht ideale Gasmischungen ist sie eine allgemeine Funktion von p, T und allen x_i, die wir jedoch nicht mehr zu bestimmen brauchen, da wir die Ausgangsgrößen $\mathfrak{k}_i$ bereits durch (4) vollkommen bestimmt und auf die Untersuchung der Zustandsgleichung der Gasmischung zurückgeführt haben.

[Die LEWISsche „Fugazität" ist bei dieser Definition der a gleich $a_i p$, denn beim Übergang des idealisierten Gases vom Druck 1 zum Druck p ändert sich μ um $RT \ln p$ [nach Gleichung (9b), § 13], beim Übergang vom selben Ausgangszustand in die reale Gasmischung vom Druck p also um $RT \ln (a_i p)$.]

Wegen der engen Beziehung zwischen a_i und x_i ist es in vielen Fällen erwünscht, das Verhältnis $\frac{a_i}{x_i}$, das sich im Idealfall der 1 nähert, einzuführen. Dieses Verhältnis wird als *Aktivitätskoeffizient* f_i bezeichnet. Es ist nach (10):

$$\int^{p} (v_i - v)\, dp = RT \ln f_i. \tag{12}$$

Der Aktivitätskoeffizient zeigt also eine noch etwas einfachere Abhängigkeit von den Meßgrößen als a_i.

(Bei Einführung des Aktivitätskoeffizienten $f_i = \frac{a_i}{x_i}$ kann man also die „Fugazität" auch durch $f_i x_i p$ oder, mit $x_i p = p_i$, durch $f_i p_i$, das Produkt von Partialdruck und Aktivitätskoeffizient, ausdrücken.)

Gleichung (12) kann auch als Ausdruck einer Restarbeit aufgefaßt werden: $RT \ln f_i$ ist die Restarbeit, die nötig ist, um Gas aus einer idealen Gasmischung der Konzentration x_i in eine reale von derselben Konzentration (und demselben Druck) überzuführen. Einer solchen Definition des Aktivitätskoeffizienten werden wir uns allgemein bedienen können; wir werden immer haben:

$$\mathfrak{k}_{i(x,p)} = RT \ln f_i \,, \tag{13}$$

wobei $\mathfrak{k}_{i(x,p)}$ die Arbeit von einem idealisierten Ausgangszustand gleichen Druckes, gleicher Temperatur und gleicher Molenbruchkonzentration aus bedeutet.

Nach den Definitionen (11a) und (13) können wir nun der Restarbeit vom idealen zum realen *reinen* Gas sowohl eine Aktivitätsbedeutung wie eine Aktivitätskoeffizientenbedeutung zuschreiben, da wir hier als Ausgangszustand einerseits einen „ausgezeichneten Wert der Konzentration" (nämlich 1) und andererseits einen Zustand *gleicher* Konzentration wie im Endzustand haben. Eine größere Homogenität in der Schreibweise der Gleichungen erreichen wir jedoch, wenn wir diesem $\mathfrak{k}$ der reinen Gase eine Aktivität a zuordnen, also nach (1) definieren:

$$\mathfrak{k} = \int_0^p (v - \boldsymbol{v})\, dp = RT \ln a \tag{14}$$

für reine Gase. Aus (9) folgt dann nämlich folgende einheitliche Darstellung für den Arbeitskoeffizienten einer Reaktion mit Gasen und Gasgemischen:

$$\mathfrak{R} = \boldsymbol{\mathfrak{R}} + R\,T \sum \nu_i^{(g)} \ln a_i \; (+ \sum \nu_i' \mathfrak{k}_i')\,, \tag{15}$$

ganz gleich, ob es sich um Gasgemische oder reine Gase handelt, nur ist a_i einmal nach (10), das andere Mal entweder nach (14) zu bestimmen oder es ist in (10) auf $x_i = 1$ zu spezialisieren.

Von der Darstellung (15) werden wir bei der Behandlung der Reaktionen mit Gasen und Gasgemischen bequemerweise Gebrauch machen können.

Beziehungen zwischen den Aktivitäten bzw. Aktivitätskoeffizienten. Die Aufstellung dieser Beziehungen macht uns keine Mühe, da wir die Beziehungen für die Größen $\mathfrak{k}$ bereits im § 11 aufgestellt haben. Wir notieren nach (24), § 11:

$$\frac{\partial \ln a_i}{\partial p} = \frac{\mathfrak{v}_i}{RT}, \tag{16}$$

nach (23):

$$\frac{\partial \ln a_i}{\partial T} = -\frac{\mathfrak{w}_i}{RT^2}, \tag{17}$$

nach (25):

$$x_1 \cdot d \ln a_1 + x_2 \cdot d \ln a_2 + \ldots x_\alpha \, d \ln a_\alpha = 0. \tag{18}$$

Da sich ferner $\ln f_i$ von $\ln a_i$ nur durch das von p und T unabhängige Glied $\ln x_i$ unterscheidet, gilt in derselben Weise:

$$\frac{\partial \ln f_i}{\partial p} = \frac{\mathfrak{v}_i}{RT}, \tag{19}$$

$$\frac{\partial \ln f_i}{\partial T} = -\frac{\mathfrak{w}_i}{RT^2}. \tag{20}$$

Endlich gilt jedoch auch (18) in genau derselben Weise für die f_i, und zwar deshalb, weil das System der $\ln x_i$ ein bei idealen Gasen verwirklichtes, also thermodynamisches System von Aktivitäten darstellt, welches für sich schon der Beziehung (18) gehorcht. Indem wir diese Gleichung von (18) abziehen, erhalten wir:

$$x_1 \cdot d \ln f_1 + x_2 \cdot d \ln f_2 + \ldots x_\alpha \cdot d \ln f_\alpha = 0\,. \tag{21}$$

Alle diese Beziehungen merken wir vorläufig nur an; bei Gasreaktionen werden wir kaum Gebrauch von ihnen machen, dagegen wohl bei Reaktionen in flüssigen Mischungen, für die sie bei entsprechender Definition ebenfalls gelten müssen. Die Behandlung von gasförmigen Systemen hat also zunächst mehr didaktisches Interesse. Darüber hinaus dürften jedoch diese Überlegungen auch unmittelbar für technische Prozesse auf dem Gebiete der Hochdrucksynthese bedeutungsvoll werden können[1].

---

[1] Vgl. Beispiel 9 in Kap. H (Ammoniaksynthese). Über Methoden zur Bestimmung von Gasaktivitäten aus Gleichgewichten mit festen oder flüssigen Phasen vgl. neben der in §§ 19—22 zitierten Literatur u. a.: F. POLLITZER u. E. STREBEL: Z. f. physik. Chem. Bd. 110, S. 768, 1924; A. EUCKEN u. F. BRESLER: Z. f. physik. Chem. Bd. 134, S. 230, 1928.

§ 15. Verdünnte Lösungen.

Nachdem wir die gasförmigen Mischungen schon besprochen haben, ist es noch notwendig, die besonderen Gesetzmäßigkeiten zu erörtern, die in nicht gasförmigen, also flüssigen oder festen Mischungen auftreten. Hier sind es vor allem die verdünnten Lösungen, die sich durch besonders einfache Verhältnisse auszeichnen und uns in diesem Paragraphen beschäftigen sollen. Im allgemeinen haben wir flüssige Lösungen im Auge, die der experimentellen Forschung leichter zugänglich sind und von ihr weitaus bevorzugt werden, doch gilt alles Folgende im Prinzip auch für verdünnte feste Lösungen. (Eine spezielle Erörterung über kristallinische Mischphasen wird in § 21 gegeben.)

Die idealen verdünnten Lösungen. Unter verdünnten Lösungen verstehen wir solche Gemische, in denen eine Komponente, der Stoff 1, das „Lösungsmittel", an Menge völlig überwiegt gegenüber den „gelösten Stoffen" 2, 3 usw. Und zwar soll deren Molenbruch so klein sein, daß die Wechselwirkung der gelösten Teilchen untereinander gering wird gegenüber ihrer Wechselwirkung mit dem Lösungsmittel. Solche Lösungen, in denen die Wechselwirkungen der gelösten Teilchen untereinander so gering sind, daß sie sowohl auf die Eigenschaften des gelösten Stoffes wie auf die Beeinflussung des Lösungsmittels durch den gelösten Stoff überhaupt keinen Effekt mehr haben, bezeichnen wir als *ideale verdünnte Lösungen.* Strenggenommen ist solches Verhalten natürlich nur in „unendlich verdünnten" Lösungen möglich; praktisch genügt es aber, wenn die Wechselwirkung der gelösten Teilchen untereinander für unsere Meßmethoden unfeststellbar klein bleibt. Unterhalb welcher Konzentration dies der Fall ist, das hängt natürlich einerseits von der Schärfe dieser Meßmethoden, andererseits von der Art der betrachteten Lösung ab. Sind z. B. die gelösten Teilchen so beschaffen, daß sie keine Fernkräfte ausüben, sondern nur dann merklich aufeinander einzuwirken vermögen, wenn sie sich in Abständen von 10^{-7} bis 10^{-8} cm voneinander befinden (sich also sozusagen „berühren"), dann wird vielfach schon eine Molenbruchkonzentration von 0,01 klein genug sein, um die Wechselwirkung der gelösten Teilchen untereinander vor unseren Meßmethoden völlig zu verbergen. Sind aber die gelösten Teilchen polar gebaut (starke Dipole) oder gar Ionen, deren Kräfte über relativ große Entfernungen merklich sind, dann werden wir häufig um mehrere Zehnerpotenzen kleinere Konzentrationen aufsuchen müssen, um in den Bereich der idealen verdünnten Lösungen zu gelangen. Beispielsweise zeigen bei Messung der sog. osmotischen Effekte (s. § 20) wässerige Mannitlösungen noch bei $x_2 = 0{,}01$ ideales Verhalten (Beispiel 13, Kapitel H), während wässerige Kochsalzlösungen schon bei $x_2 = 10^{-5}$ die Wechselwirkung der Ionen infolge elektrostatischer Anziehung und Abstoßung zu erkennen geben, wenn man genaue Meßmethoden anwendet. In Fällen, wo chemische Reaktionen zwischen den gelösten Teilchen möglich sind, wird man durch Einführung von Hemmungen, die den Ablauf dieser Reaktionen aufhalten, das Verhalten idealer Lösungen herstellen können, was namentlich für das Gedankenexperiment von großer Bedeutung ist.

Doch nicht nur von der Art des gelösten Stoffes hängt die praktische Grenze des idealen Gebietes ab, sondern auch von der Art des Lösungsmittels. Bei Elektrolytlösungen namentlich tritt es sehr auffallend in Erscheinung, daß mit abnehmender Dielektrizitätskonstante des Lösungsmittels sich das ideale Grenzgebiet in immer kleinere Konzentrationen zurückzieht, weil die Kraftwirkung der Ionen in immer größerem Umkreis merklich wird.

Auch Lösungen von Salzen in stark dissoziierten Salzschmelzen können bis in relativ hohe Konzentrationen ideales Verhalten zeigen. Durch die Ausbildung einer sog. Ionenatmosphäre aus den Ionen des Lösungsmittels um jedes gelöste Ion erfolgt hier eine besonders wirksame Abschirmung der elektrostatischen Kräfte. Gleiches gilt auch für konzentrierte Lösungen von Elektrolyten als Lösungsmittel für Salze (Näheres in § 23, S. 221/2).

Die genauere statistische Theorie zeigt, daß die mittlere Wechselwirkungsenergie der gelösten Teilchen miteinander klein gegen die Größe $\frac{RT}{N}$ (pro Teilchen) sein muß, wenn eine Lösung ideales Verhalten zeigen soll.

In ideal verdünnter Lösung sind die gelösten Stoffe völlig in ihre resistenten Gruppen (Moleküle oder Ionen) zerfallen, da ja auch chemische Wechselwirkung dieser Teilchen, die zur Bildung irgendwelcher Molekülaggregate, undissoziierter Moleküle, Komplexionen usw. führt, definitionsgemäß nur in unmerklichem Betrag stattfinden kann. Insofern liegen die Verhältnisse genau wie bei idealen Gasen. Auch hier wollen wir uns die chemische Formel der gelösten Stoffe zunächst so gewählt denken, daß sie sich mit der Konstitution dieser resistenten Gruppen deckt. Dagegen braucht der molekulare Zustand des Lösungsmittels nicht bekannt zu sein; man kann seiner Molenzahl ebensogut seine resistente Gruppe wie irgendein Vielfaches derselben zugrunde legen.

Wir wollen nun aus den so festgelegten Eigenschaften der idealen verdünnten Lösungen einige über die thermodynamischen Gesetzmäßigkeiten hinausgehende Beziehungen ableiten. Wir können zunächst feststellen, daß gewisse Eigenschaften der gelösten Stoffe, pro Mol berechnet, von der Menge, mit der sie in einem gegebenen Quantum der Lösung vertreten sind, unabhängig sein müssen. Es gehören zu ihnen namentlich die partiellen Molvolume v_i und die partiellen molaren Energien und Wärmeinhalte u_i und w_i der gelösten Stoffe ($i = 2, 3 \ldots$). In der Tat müssen die mit diesen Größen unmittelbar zusammenhängenden Volumänderungen und irreversibeln Wärmetönungen (bei konstantem Volum oder konstantem Druck), die man bei Zusetzung von einem Mol des gelösten Stoffes i zu einer unendlich großen Menge einer idealen Lösung beobachtet, unabhängig davon sein, wieviel des gelösten Stoffes schon in der Lösung vorhanden ist; denn definitionsgemäß dürfen ja diese Effekte in idealen Lösungen nur von der Wechselwirkung der gelösten Stoffteilchen mit den Lösungsmittelmolekülen, nicht aber auch von der Wechselwirkung dieser gelösten Teilchen untereinander bestimmt sein.

Die chemischen Potentiale der in idealer Verdünnung gelösten Stoffe. Denken wir uns nun — mit Planck — eine ideale verdünnte Lösung ohne Phasenumwandlung (d. h. mit Umgehung des heterogenen Gebietes auf einem Wege, der oberhalb des kritischen Punktes vorbeiführt) reversibel in den idealen Gaszustand gebracht unter Erhaltung der Resistenz der gelösten Teilchen, so daß diese schließlich als Gasmoleküle vorhanden sind, dann ist das chemische Potential eines vorher gelösten, jetzt in idealer Gasmischung [Phasenindex (g)] befindlichen Stoffes i nach § 14, Gleichung (2):

$$\mu_i^{(g)} = \mu_i^{(g)} + RT \ln x_i\,,$$

d. h. es hängt von der Konzentration nur durch das Glied $RT \ln x_i$ ab. Verwandeln wir nun die ideale Gasmischung auf dem gedachten Wege zurück in die ideale verdünnte Lösung, so ändert sich $\mu_i^{(g)}$ in das chemische Potential μ_i des Stoffes i in dieser Lösung, indem zu $\mu_i^{(g)}$ Glieder der Form $\int \frac{\partial}{\partial T}\left(\frac{\mu_i}{T}\right) dT = -\int \frac{w_i}{T^2}\, dT$ [§ 10, Gleichung (14)] oder $\int \frac{\partial \mu_i}{\partial p}\, dp = \int v_i\, dp$ [§ 10, Gleichung (10) und (13)] hinzutreten. Da aber die w_i und v_i sowohl in idealen Gasmischungen[1] als auch, wie wir eben sahen, in ideal verdünnten Lösungen von der Konzentration unabhängig sind, andere Phasen aber voraussetzungsgemäß nicht durchschritten werden, bleibt auch im chemischen Potential der gelösten Stoffe in ideal verdünnten Lösungen das Glied $RT \ln x_i$ als einziges konzentrationsabhängiges Glied erhalten, und wir können mithin das chemische Potential eines in kleiner Menge gelösten Stoffes darstellen in der Form:

$$\mu_i = [\mu_i] + RT \ln x_i, \tag{1}$$

wo $[\mu_i]$ nur von Temperatur und Druck abhängig ist, während die gesamte Konzentrationsabhängigkeit von μ_i in dem Glied $RT \ln x_i$ zusammengefaßt ist[2].

Wahl des Grundzustandes für die gelösten Stoffe. Wenn wir nun nach den in § 11 angestellten Erörterungen auch Reaktionen, an denen flüssige und feste Mischphasen beteiligt sind, gedanklich in Grundreaktionen, an denen die betreffende Mischphase in einem Normalzustand der Konzentration teilnimmt, und in Restraktionen, die dem Übergang Grundmischphase $\rightarrow$ wirklich vorhandene Mischphase entspricht, zerlegen wollen, so werden wir auch hier vielfach als Grundmischphasen die wirklichen reinen Stoffe anwenden können, so wie wir es im vorigen Paragraphen im Falle genügender Annäherung an die idealen Gasgesetze allgemein durchgeführt haben. Wir kommen darauf noch zurück. Falls wir es aber mit sehr verdünnten Lösungen und speziell mit dem chemischen Potential eines der gelösten Stoffe zu tun haben, kann es zweckmäßig sein, bei der Festlegung des Grundzustandes von der einfachen Gesetzmäßigkeit der Gleichung (1) Gebrauch zu machen. Wenn wir nämlich als Grundzustand verdünnter Lösungen für den gelösten Stoff diejenige Konzentration wählen, in der das chemische Potential dieses Stoffes gerade den Wert $[\mu_i]$ der Gleichung (1) annimmt, so hat die Restarbeit, die der Überführung von einem Mol des Stoffes i aus dieser Grundkonzentration in eine beliebige ideal verdünnte Konzentration x_i entspricht, gerade den Wert $\mathfrak{k} = \mu_i - [\mu_i] = RT \ln x_i$. Bei jeder anderen Wahl der Grundkonzentration würden wir für $\mathfrak{k}$ einen komplizierteren Ausdruck erhalten. Nun ist allerdings klar, daß dieser Grundzustand kein wirklich realisierbarer Zustand der Lösung ist. Da $[\mu_i]$ den

[1] Die w_i nach § 14, S. 281 (wegen des Verschwindens von $\mathfrak{w}$); die v_i, weil aus der Zustandsgleichung idealer Gasmischungen $\left[\text{II, § 2 (1)}: V = \frac{\sum n_i RT}{p}\right]$ die Beziehung $v_i = \frac{\partial V}{\partial n_i} = \frac{RT}{p} = v^{(i)}$, also v_i unabhängig vom Mischungsverhältnis, folgt. Übrigens könnten wir für unseren Zweck hier die ideale Gasmischung auch als Spezialfall einer ideal verdünnten Lösung betrachten.

[2] Die für diesen Beweis nötige Überführung einer verdünnten Lösung in ein ideales Gasgemisch ohne Phasenumwandlung läßt sich nicht nur als Gedankenexperiment durchführen, sondern auch in manchen Fällen verwirklichen. So könnte man z. B. verdünnte Lösungen von Alkohol, Ammoniak oder Essigsäure in Wasser, unter Umgehung des kritischen Punktes, reversibel ohne Phasenumwandlung zunächst in verdünnte Lösungen dieser Stoffe in heißem komprimierten Wasserdampf und weiter durch Entspannen in ideale Gasgemische umwandeln. Daß in anderen Fällen (z. B. Lösungen von Kochsalz in Wasser) bei diesem Prozeß das Ausfallen von Kochsalz in fester Form entweder gar nicht oder nur durch Anwendung von vielleicht unerreichbar hohen Drucken verhindert werden könnte, schmälert nicht die Beweiskraft des PLANCKschen Gedankenganges. Übrigens kommt man auch durch andere sehr plausible Überlegungen zu dem obigen, zuerst von GIBBS abgeleiteten Ausdruck, z. B. durch Betrachtung der Verteilung eines gelösten Stoffes auf eine Lösung und ihren Dampf, wobei die Dampf- und Lösungskonzentration des gelösten Stoffes einander proportional anzunehmen sind. Der Gang von μ_i mit $RT \ln x_i$ folgt dann aus der Gleichheit der chemischen Potentiale in beiden Phasen. Diese zweite Betrachtungsweise hat im Falle fester Lösungen den Vorzug, die Basis der prinzipiellen experimentellen Durchführbarkeit nicht zu verlassen, da die Überführung in ein Gasgemisch ohne Phasenumwandlung hier experimentell unmöglich wird.

Wert von μ_i bei $x_i = 1$ bedeutet, wo in Wirklichkeit Gleichung (1) schon lange nicht mehr gilt, haben wir hier vielmehr einen ideal extrapolierten Zustand[1] vor uns, der nur unter der Annahme denkbar ist, daß es gelänge, die Lösung *unter Beibehaltung ihrer idealen Eigenschaften* bis auf eine Konzentration $x_i = 1$ zu bringen, d. h. sie in den reinen gelösten Stoff zu überführen, *ohne daß die Moleküle dieses Stoffes die Eigenschaften, die sie in ideal verdünnter Lösung haben, irgendwie einbüßen.* Eine solche „reine Phase des gelösten Stoffes" wäre also in der Regel durchaus verschieden von irgendeiner realen reinen Phase dieses Stoffes, denn wir sahen schon oben, daß im allgemeinen die Wechselwirkung der gelösten Teilchen miteinander schon bei recht kleinen Konzentrationen merklich wird. Die Möglichkeit, einen Grundzustand mit den skizzierten Eigenschaften wirklich herzustellen, muß also nach den bisherigen Erörterungen gänzlich verneint werden. (Auf die Ausnahmen, in denen dies doch angenähert möglich ist, kommen wir weiter unten bei Besprechung der idealen oder vollkommenen Mischungen zurück.) Das hindert natürlich nicht, daß wir diesen Zustand tatsächlich in unsere Rechnungen einführen, gerade so, wie wir bei nicht idealen Gasen den gedachten idealisierten Zustand dieser Gase als Grundzustand benutzt haben. Analog wie dort sind uns alle Eigenschaften dieses gedachten Zustandes durch die der idealen Lösung, aus der er durch Extrapolation entsteht, gegeben.

Zur Kenntlichmachung wollen wir alle Zustandsgrößen, die einer solchen idealisierten Grundkonzentration 1 zugehören, sowie alle Restgrößen, die Übergängen aus solchen Grundzuständen in beliebig konzentrierte Lösungen zugeordnet sind, durch tiefgesetzte Punkte bezeichnen. Es ist also $\underset{\cdot}{\mu}_i$ das chemische Potential des gelösten Stoffes i in einem solchen Grundzustand, und $\underset{\cdot}{\mathfrak{k}}_i$ ist die chemische Arbeit, die zugeführt wird, wenn ein Mol des Stoffes i aus ihm isotherm und reversibel in eine ideal verdünnte Lösung der Konzentration x_i übergeht. In derselben Weise sind die Zustandsgrößen $\underset{\cdot}{w}_i$, $\underset{\cdot}{s}_i$, $\underset{\cdot}{v}_i$, $\underset{\cdot}{c}_{pi}$ usw. sowie die Resteffekte $\underset{\cdot}{\mathfrak{w}}_i$, $\underset{\cdot}{\mathfrak{s}}_i$, $\underset{\cdot}{\mathfrak{v}}_i$ usw. aufzufassen. Die Grundeffekte $\mathfrak{K}$, $\mathfrak{W}$ usw., die Übergängen zwischen Lösungen von idealisierter Grundkonzentration und reinen Phasen oder anderen Grundphasen entsprechen, brauchen wir, da Mißverständnisse kaum auftreten können, in der Regel nicht mit einem untergesetzten Punkt zu bezeichnen. Wegen der Beziehungen, die für punktierte Zustands- und Restgrößen bestehen, kann auf die Gleichungen des § 11 verwiesen werden. Wir wollen nur die Fundamentalbeziehung für die Restarbeiten der in idealer verdünnter Lösung gelösten Stoffe:

$$\underset{\cdot}{\mathfrak{k}}_i = RT \ln x_i \qquad (i = 2, 3 \ldots) \tag{2}$$

in der neuen Schreibweise noch einmal hervorheben.

Grundzustand und chemisches Potential des Lösungsmittels. Bisher haben wir uns nur mit den gelösten Stoffen beschäftigt, jetzt wollen wir uns auch dem Lösungsmittel zuwenden. Als dessen Grundzustand werden wir natürlich den des reinen Lösungsmittels ansehen, d. h. die ideale Lösung der Konzentration $x_1 = 1$ bzw. $x_2 + x_3 + \ldots = 0$. Die zu diesem Grundzustand gehörigen Größen sollen kein besonderes Zusatzzeichen haben, wir schreiben also einfach μ_1, w_1, v_1 usw. Da es sich bei diesen Größen um Eigenschaften des reinen, in dieser Form wirklich existierenden Stoffes 1 handelt, können wir sie ebensogut mit $\mu^{(1)}$, $w^{(1)}$, $v^{(1)}$ usw. bezeichnen, was wir namentlich dann bevorzugen werden, wenn es sich um leicht meßbare Größen, wie v und c_p handelt, da ihre experimentell einfache Bedeutung dann deutlicher hervortritt. Die Restgrößen, die dem Übergang von 1 Mol Lösungsmittel aus seiner Grundphase (der „reinen Lösungsmittelphase") in die Lösung zugehören, werden einfach mit $\mathfrak{k}_1$, $\mathfrak{w}_1$, $\mathfrak{v}_1$ usw. bezeichnet.

[1] In mathematischer Formulierung: $[\underset{\cdot}{\mu}_i] = \lim\limits_{x_i = 0} (\mu_i - RT \ln x_i)$.

Wir fragen nun: Läßt sich bei dieser Wahl des Grundzustandes auch für die Restarbeit $\mathfrak{k}_1$ ein einfacher Zusammenhang mit der Konzentration angeben, falls die Gesetze der idealen verdünnten Lösungen gelten? Wir können zu diesem Zwecke Gleichung (25), § 11, heranziehen, die, wie dort ausgeführt wurde, davon unabhängig ist, ob für die verschiedenen Stoffe derselbe Grundzustand der Phase vorausgesetzt ist oder nicht. Wir wollen der Einfachheit halber nur *einen* gelösten Stoff annehmen und schreiben also:

$$d\mathfrak{k}_1 = -\frac{x_2}{x_1}\, d\underset{.}{\mathfrak{k}}_2 .$$

Führen wir hier die Beziehung (2) ein, so folgt:

$$\frac{1}{RT}\, d\mathfrak{k}_1 = -\frac{x_2}{x_1}\, d\ln x_2 = -\frac{d x_2}{1 - x_2}\;;$$

und integrieren wir jetzt von $x_2 = 0$ an, so erhalten wir, da $\mathfrak{k}_{1(x_2 = 0)} = 0$ ist,

$$\frac{1}{RT}\, \mathfrak{k}_1 = \ln(1 - x_2) = \ln x_1 ,$$

d. h.:

$$\mathfrak{k}_1 = RT \ln x_1 , \tag{3}$$

speziell für sehr kleine x_2:

$$\mathfrak{k}_1 = RT \ln(1 - x_2) = -RT x_2 , \tag{3a}$$

Diese Beziehung würden wir auch bei Annahme mehrerer zu ideal verdünnter Lösung gelöster Stoffe gewonnen haben. Man sieht aus der Ableitung, daß sie unabhängig davon ist, welche Molekülgröße man dem Lösungsmittel zuschreibt, während bei Ableitung der Gleichung (1) die Resistenz der gelösten Teilchen wesentlich war. Wir erhalten also, bei dieser Wahl des Grundzustandes, für die Restarbeit des Lösungsmittels den gleichen Ausdruck wie, bei anderer Wahl ihres Grundzustandes, für die gelösten Stoffe. Für die μ einer idealen verdünnten Lösung bestehen demnach die Beziehungen:

$$\left.\begin{aligned} \mu_1 &= \mu_1 + RT \ln x_1 \\ \mu_2 &= \underset{.}{\mu}_2 + RT \ln x_2 \\ &\text{usw.,} \end{aligned}\right\} \tag{4}$$

wenn als Grundzustand des Lösungsmittels (1) das reine Lösungsmittel, als Grundzustände der gelösten Stoffe die idealisierten Konzentrationen $x_2 = 1$, $x_3 = 1$ *usw. eingeführt werden.*

Hinsichtlich der Vorzeichen der Größen $\mathfrak{k}$ sieht man, daß diese immer negativ sein müssen (die x sind kleiner als 1), daß also stets Arbeit gewonnen werden kann, wenn Lösungsmittel oder gelöster Stoff aus der betreffenden Grundphase in eine ideal verdünnte Lösung überführt wird, doch ist $\mathfrak{k}_1$ um so negativer, je konzentrierter, $\underset{.}{\mathfrak{k}}_2$, je verdünnter die Lösung ist.

Aktivitäten und Aktivitätskoeffizienten von Lösungsmittel und gelösten Stoffen in nichtidealen Lösungen. Sind die Lösungen nur bei unendlicher Verdünnung, aber nicht mehr in dem untersuchten Konzentrationsgebiet ideal, so können wir die gleichen, ja nur von den Verhältnissen bei extremer Verdünnung abhängigen Grundzustände beibehalten und, nach den Ausführungen des vorigen Paragraphen, die einfache Form der Beziehungen (4) retten, indem wir statt der x die ebenso wie bei den Gasen [§ 14, Gl. (11)] durch $\mathfrak{k}_i = RT \ln a_i$ definierten und entsprechend gekennzeichneten *Aktivitäten* a bzw. $\underset{.}{a}$ einführen und schreiben:

$$\left.\begin{aligned} \mu_1 &= \mu_1 + \mathfrak{k}_1 = \mu_1 + RT \ln a_1 \\ \mu_2 &= \underset{.}{\mu}_2 + \underset{.}{\mathfrak{k}}_2 = \underset{.}{\mu}_2 + RT \ln \underset{.}{a}_2 \\ &\text{usw.} \end{aligned}\right\}. \tag{4a}$$

Hierdurch sind die a_1, $\underset{.}{a}_2$ usw. als gewisse Funktionen der p, T und x definiert, die, wie wir später sehen werden, aus Messungen gewonnen werden können. Die Verhältnisse $\frac{a_1}{x_1}$ bzw. $\frac{\underset{.}{a}_i}{x_i}$, die bei Annäherung an das ideale Verhalten dem Wert 1 zustreben, bezeichnen wir wieder als die *Aktivitätskoeffizienten* f_i. Wegen der Beziehungen zwischen den Aktivitäten bzw. Aktivitätskoeffizienten sowie ihrer Temperatur- und Druckabhängigkeit sei auf den Schluß des vorigen Paragraphen (S. 285) verwiesen.

Ein besonderes praktisches Interesse kommt der Aufgabe zu, aus der Aktivität der einen Komponente einer aus zwei Stoffen bestehenden Lösung die der anderen zu bestimmen. Die Möglichkeit dazu liefert Gleichung (18), § 14:

$$x_1 d \ln a_1 = -x_2 d \ln \underset{.}{a}_2, \tag{4b}$$

die ebenso wie alle anderen der Gleichungen (16) bis (21) des § 14 natürlich auch auf die Aktivitäten bzw. Aktivitätskoeffizienten von Stoffen in Lösung Anwendung findet, wovon man sich an Hand der ganz allgemeinen, an die Fundamentalgleichungen des § 11 [(23) bis (25)] direkt anknüpfenden Ableitungen dieser Beziehungen überzeugen kann.

Es würde hier zu weit führen, darzustellen, wie man mittels bequemer Integrationsverfahren Gleichung (4b) praktisch verwendet. Es sei hierfür auf das Buch von LEWIS und RANDALL, Kapitel 22, verwiesen.

Grundzustand der gelösten Stoffe bei Benutzung anderer Konzentrationseinheiten. Da in verdünnten Lösungen die Konzentration meist nicht in Molenbrüchen, sondern in anderen Einheiten gemessen wird, ist noch eine kurze Bemerkung darüber nötig, wie sich die Gesetze der idealen verdünnten Lösungen dann darstellen. Mißt man die Konzentration des gelösten Stoffes beispielsweise in Kilogrammolaritäten m, d. i. in Molen auf 1000 g Solvens, so ist für wässerige Lösungen mit nur einem gelösten Stoff $x_2 = \frac{m}{55{,}50 + m}$; hier ist 55,50 die Anzahl Mole H_2O in 1000 g Wasser $= \frac{1000}{18{,}016}$. Dann wird $\underset{.}{\mathfrak{f}}_2 = RT \ln \frac{m}{55{,}50 + m}$; für sehr kleine m kann man dafür schreiben $\underset{.}{\mathfrak{f}}_2 = RT \ln m + B$, wobei die Größe $B = -RT \cdot \ln(55{,}50 + m)$ einen fast konstanten Wert annimmt. Wählen wir jetzt als Grundzustand eine Lösung von der idealisierten Konzentration $m = 1$ und bezeichnen Größen, die sich auf diesen Grundzustand beziehen, vorübergehend durch einen untergesetzten Strich, so erhalten wir $\mu_2 = \underset{.}{\mu}_2 + B + RT \ln m = \underline{\mu}_2 + \underline{\mathfrak{f}}_2$, und es wird im Falle idealen Verhaltens $\underline{k}_2 = RT \cdot \ln m$ oder $\underline{a}_2 = m$, aber nur, solange m klein, also B praktisch konstant ist (analoge Gleichungen gelten dann auch für weitere gelöste Stoffe). Trifft die Konstanz von B nicht mehr zu, dann werden die $\underline{a}_i$ von den m_i abweichen, selbst wenn in Wirklichkeit die Lösung sich noch ideal verhält. — In genügend verdünnten Lösungen ist auch die Volumkonzentration (gemessen in Molen pro Liter Lösung) dem Molenbruch proportional. Wir können dann auch die idealisierte Litermolarität $c = 1$ als Grundzustand des gelösten Stoffes annehmen und würden in sehr verdünnten idealen Lösungen c gleich der auf diesen Zustand bezogenen Aktivität finden[1]. — Wir wollen für diese beiden Fälle keine neuen Bezeichnungen einführen, sondern durch untergesetzte Punkte alle Größen bezeichnen, die sich auf idealisierte Grundkonzentrationen 1 beziehen, gleichviel, ob es sich um die Molenbruchkonzentration 1 oder die Kilogramm- oder Litermolarität 1 handelt. Welches Konzentrationsmaß gemeint ist, wird sich im speziellen Falle ergeben. Thermodynamisch rationeller ist die Molenbruchrechnung, die darum von uns überall bevorzugt wird.

---

[1] In wässerigen Lösungen ist c dann praktisch auch gleich der auf $m = 1$ bezogenen Aktivität, weil die Dichte des Wassers sehr nahe gleich 1 ist.

Es sei hier noch darauf hingewiesen, daß der „Grundzustand“ mit der idealisierten Kilogrammolarität 1 (bei 25⁰ und 1 Atm.) identisch ist mit dem „Standardzustand“ gelöster Stoffe bei LEWISschen Standardreaktionen (§ 6). Die auf diese bezüglichen „Standardreaktionseffekte“ sind also Spezialfälle unserer Grundreaktionseffekte $\mathfrak{K}$, $\mathfrak{W}$ usw., gerade wie wir es auch schon in § 14 für Gasreaktionen gefunden hatten.

Restvolumeffekte und Restwärmetönungen in verdünnten Lösungen. Nach Gleichung (23) und (24) des § 11 lassen sich aus den Restarbeiten die Restvolumeffekte und Restwärmen berechnen:

$$\frac{\partial \mathfrak{t}_i}{\partial p} = \mathfrak{v}_i \quad \text{und} \quad \frac{\partial}{\partial T}\left(\frac{\mathfrak{t}_i}{T}\right) = -\frac{\mathfrak{w}_i}{T^2}.$$

Es ist hierbei gleichgültig, ob es sich um „punktierte“ oder unpunktierte Restgrößen handelt, wenn wir nur die auf beiden Seiten stehenden Restgrößen jeweils auf denselben Grundzustand beziehen. Gelten die idealen Gesetze, dann ergibt sich $\mathfrak{v}_i$ und $\mathfrak{w}_i$ gleich Null, da $RT \ln x$ von p und $R \ln x$ auch von T unabhängig ist. Auch im Gebiet der nichtidealen verdünnten Lösungen sind die $\mathfrak{v}$ im allgemeinen nur kleine Bruchteile der partiellen Molvolume selbst; die $\mathfrak{w}$ dagegen können, namentlich wo chemische und elektrische Wechselwirkungen (Dissoziations- und Solvatationsvorgänge usw.) sich vollziehen, erhebliche Beträge annehmen. Es ist wichtig, daß die $\underset{\cdot}{\mathfrak{w}}$ und $\underset{\cdot}{\mathfrak{v}}$ ihrem Werte nach unabhängig davon sind, ob man als Grundzustand die idealisierte Konzentration $x_2 = 1$ oder m_2 bzw. $c_2 = 1$ annimmt, und zwar deshalb, weil bei jedem gedachten Übergang zwischen idealisierten Konzentrationen die $\mathfrak{w}$ und $\mathfrak{v}$ nach den Gesetzen der idealen Lösungen Null sind.

Wir wollen bei den Restwärmetönungen noch ein wenig verweilen, da sie zu den praktisch zugänglichsten und theoretisch wichtigsten Größen der flüssigen Mischphasen gehören. Die Wärme, die umgesetzt wird, wenn man zu einer Lösung von beliebiger Konzentration x_2 des gelösten Stoffes oder der gelösten Stoffe dn_1 Mol des Lösungsmittels zusetzt, bezeichnet man (nach Umrechnung von dn_1 Mol auf 1 Mol) als *„differentielle Verdünnungswärme“*. Sie ist numerisch gleich unserem $\mathfrak{w}_1$, wird aber mit der in der Thermochemie üblichen Vorzeichengebung meist im Gegensatz zu unserer Vorzeichengebung dann positiv gerechnet, wenn sie nach außen abgegeben wird (diese Vorzeichenunterschiede sind auch im folgenden zu beachten). Die Größen $\underset{\cdot}{\mathfrak{w}}_2$ sind der Messung nicht unmittelbar zugänglich, da ja die punktierten Grundphasen in der Regel nicht realisierbar sind. Für gewöhnlich untersucht man daher nicht den Zusatz von gelöstem Stoff aus irgendeiner Grundkonzentration heraus, sondern den von irgendeiner realen Phase des reinen zu lösenden Stoffs. Gibt man ein Mol des reinen Stoffes 2 zu einer unendlich großen Menge Lösung der Konzentration x_2[1], so erhält man eine *„differentielle Lösungswärme“* $\lambda_{(x_2)} = -w^{(2)} + w_2$ [nach § 10, Gleichung (17)], wofür wir auch, mit dem gedanklichen Umweg über die idealisierte Konzentration $x_2 = 1$ (bzw. m_2 oder $c_2 = 1$), schreiben können:

$$\lambda_{(x_2)} = -w^{(2)} + \underset{\cdot}{w}_2 + \underset{\cdot}{\mathfrak{w}}_2.$$

Zwei Grenzfälle von differentiellen Lösungswärmen haben besondere Bedeutung und daher eigene Namen: die Lösungswärme, die man erhält, wenn man 1 Mol des reinen zu lösenden Stoffes 2 zu einer unendlichen Menge des reinen Lösungsmittels gibt ($x_2 = 0$), heißt die *„erste Lösungswärme“*; sie ist in unserer Schreibweise, da dann gemäß den Gesetzen ideal verdünnter Lösungen $\underset{\cdot}{\mathfrak{w}}_2 = 0$ ist,

$$\lambda_{(x_2 = 0)} = -w^{(2)} + \underset{\cdot}{w}_2.$$

[1] Statt dessen könnten wir auch, wie oben, sagen: wenn man dn_2 Mol zu einer endlichen Menge n_1 gibt und die dabei aufgenommene Wärme durch dn_2 dividiert.

Dagegen heißt „*letzte Lösungswärme*“ $\lambda_{(\text{sätt})}$ die differentielle Lösungswärme, die man erhält, wenn x_2 gerade gleich der Sättigungskonzentration ist. Lösungs- wie Verdünnungswärme können positiv oder negativ sein; sie können auch bei Änderung der Konzentration ihr Vorzeichen wechseln.

Eine besonders einfache Kombination der Größen $\mathfrak{w}_1$ und $\mathfrak{w}_2$ ergibt sich, wenn man eine Lösung von den Molenkonzentrationen x_1 und x_2 mit unendlich viel Lösungsmittel verdünnt oder, was dasselbe ist, einer endlichen Menge des Lösungsmittels unendlich wenig Lösung (x_1, x_2) zuführt. Die bei diesem Vorgang aufgenommene Wärme, die — auf 1 Mol des gelösten Stoffes umgerechnet — als *integrale Verdünnungswärme* $\Phi_{(x_2)}$ bezeichnet wird, beträgt (da sich der Wärmeinhalt des zugesetzten Lösungsmittelquantums nicht ändert):

$$n_2 \Phi_{(x_2)} = n_1 \boldsymbol{w}_1 + n_2 \boldsymbol{w}_2 - n_1 w_1 - n_2 w_2 = -(n_1 \mathfrak{w}_1 + n_2 \mathfrak{w}_2)\,,$$

oder (wie man durch Division mit n_2 findet): $\Phi_{(x_2)} = -\left(\frac{1 - x_2}{x_2} \mathfrak{w}_1 + \mathfrak{w}_2\right)$.

Hier kann man mit Hilfe der Beziehung $\frac{\partial \mathfrak{w}_1}{\partial x_2} = -\frac{x_2}{x_1} \frac{\partial \mathfrak{w}_2}{\partial x_2}$ [(27), § 11] $\mathfrak{w}_1$ durch $\mathfrak{w}_2$ ausdrücken.

Da bei der praktischen Ausführung kalorimetrischer Messungen nicht unendlich kleine Änderungen dn_1 oder dn_2 bzw. unendlich große Mengen der Lösung verwandt werden können, mißt man die bisher aufgeführten Größen höchstens annäherungsweise; meist erhält man Wärmetönungen von komplizierterem Charakter. So ergibt sich, wenn man eine Lösung durch Zusatz von reinem Lösungsmittel von der Konzentration x_2 auf die Konzentration x_2' verdünnt, eine „*intermediäre Verdünnungswärme*“, die sich als Differenz zweier integraler Verdünnungswärmen darstellen läßt. Ferner wollen wir die praktisch wichtige Wärmegröße betrachten, die man beobachtet, wenn man n_2 Mol des reinen Stoffes 2 in n_1 Mol des *reinen* Lösungsmittels auflöst, wobei eine Lösung des Molenbruchs $x_2 = \frac{n_2}{n_1 + n_2}$ entsteht. Man bezeichnet diese Größe, auf 1 Mol des Stoffes 2 bezogen, als „*integrale Lösungswärme*“ $\Lambda_{(x_2)}$, da man sie sich durch einen Integrationsprozeß aus $\lambda_{(x_2)}$ ableiten kann[1]. Gibt man nämlich die zu lösende Substanz in kleinen Mengen dn_2 sukzessive zu, so wird bei jedem dieser Schritte eine Wärmetönung $\lambda\, dn_2$ auftreten; $n_2 \Lambda_{(x_2)}$ ist gleich der Summe aller dieser Schritte, wobei sich λ vom Wert der ersten Lösungswärme bis zum Wert $\lambda_{(x_2)}$ ändert. Also: $n_2 \Lambda_{(x_2)} = \int_0^{n_2} \lambda\, dn_2$. Andererseits kann man $\Lambda_{(x_2)}$ mit den bisher besprochenen Wärmetönungen in Zusammenhang bringen durch folgende Betrachtung. Die Wärmetönung $n_2 \Lambda_{(x_2)}$ des betrachteten Prozesses ist im Endeffekt $n_2 \Lambda_{(x_2)} = -n_2 w^{(2)} - n_1 w^{(1)} + W'$, wenn W' die Wärmefunktion der entstehenden Lösung ist. Nun ist aber in Analogie zu Gleichung (21), § 10: $W' = n_1 w_1 + n_2 w_2$, also:

$$n_2 \Lambda_{(x_2)} = -n_2 w^{(2)} - n_1 w^{(1)} + n_1 w_1 + n_2 w_2\,.$$

Setzen wir jetzt $w^{(1)} + \mathfrak{w}_1$ für w_1 sowie $\boldsymbol{w}_2 + \mathfrak{w}_2$ für w_2, so erhalten wir:

$$\Lambda_{(x_2)} = -w^{(2)} + \frac{n_1}{n_2} \mathfrak{w}_1 + \boldsymbol{w}_2 + \mathfrak{w}_2 = \lambda_{(x_2 = 0)} + \frac{n_1}{n_2} \mathfrak{w}_1 + \mathfrak{w}_2 = \lambda_{(x_2)} + \frac{n_1}{n_2} \mathfrak{w}_1$$
$$= \lambda_{(x_2)} + \frac{1 - x_2}{x_2} \mathfrak{w}_1\,.^{2}$$

---

[1] Es handelt sich hierbei jedoch nicht um eine reversible Übergangswärme im Sinne von S. 301!

[2] Die demnach bestehende Gleichung $\frac{1}{n_2}\int_0^{n_2} \lambda\, dn_2 = \lambda + \frac{n_1}{n_2} \mathfrak{w}_1$ kann man verifizieren, indem man das Integral partiell integriert, wodurch man es in $\lambda - \frac{1}{n_2}\int_0^{n_2} n_2 \frac{\partial \lambda}{\partial n_2} dn_2$ umformt.

In sehr verdünnten Lösungen, wo $\mathfrak{w}_1$ und $\mathfrak{w}_2$ noch annähernd gleich Null sind, wird Λ also merklich gleich der ersten Lösungswärme $\lambda_{(x_2=0)}$. Ist die entstehende Lösung gesättigt, so bezeichnet man die zugehörige integrale Lösungswärme $\Lambda_{(\text{sätt})}$ als *„ganze Lösungswärme"*. Wegen der großen Beträge, die in konzentrierteren Lösungen $\frac{n_1}{n_2}\mathfrak{w}_1$ annehmen kann, ist sie häufig von der „letzten Lösungswärme" $\lambda_{(\text{sätt})}$ stark, mitunter auch dem Vorzeichen nach, verschieden. Z. B. ist die ganze Lösungswärme für LiCl in Wasser bei 25° C + 4624 cal (positives Vorzeichen bezeichnet bei uns Wärmeaufnahme!), die letzte Lösungswärme aber nur + 600 cal.

Es gehört zu den Hauptaufgaben thermochemischer Messungen an Lösungen, aus den gemessenen komplizierteren Wärmetönungen die wichtigeren differentiellen Effekte abzuleiten, eine Aufgabe, die leider nur verhältnismäßig selten ernsthaft bearbeitet wurde. Nach welchen Methoden man sie am bequemsten auszuführen hätte, das darzustellen müssen wir uns hier versagen[1].

Ideale oder vollkommene Mischungen. In Fällen, wo die Moleküle des Lösungsmittels und eines gelösten Stoffes einander sehr ähnlich sind, kann es vorkommen, daß bei zunehmender Konzentrierung der Lösung sich die Wechselwirkung der gelösten Moleküle untereinander einfach deshalb der experimentellen Feststellung entzieht, weil der Zustand eines Moleküls der Art 2 nahezu ungeändert bleibt, wenn man Moleküle der Art 1 in seiner Umgebung durch solche der Art 2 ersetzt (Beispiel: Äthylenbromid/Propylenbromid, s. S. 360). In einem solchen Fall kann man wirklich die Moleküle des Stoffes 2 annähernd in demselben Zustand, den sie in unendlich verdünnter Lösung haben, bis auf den Molenbruch $x_2 = 1$ konzentrieren; man findet also den „punktierten Grundzustand" angenähert realisiert in der reinen Flüssigkeit 2. Es bleibt dann die Gültigkeit der Gleichung (4) im ganzen Konzentrationsgebiet $x_2 = 0 \rightarrow 1$ erhalten, die idealen Gesetze, die im allgemeinen nur in sehr verdünnten Lösungen erfüllt sind, gelten hier bei allen Mischungsverhältnissen. Man bezeichnet solche Mehrstoffsysteme als ideale oder vollkommene Mischungen. Da die Bezugszustände hier für beide Stoffe reale Phasen sind, versehen wir die auf sie bezüglichen Größen *nicht* mit Punkten, schreiben also die Gesetze der idealen Mischungen in der Form:

$$\left.\begin{aligned} \mu_1 &= \mu_1 + RT\ln x_1 = \mu^{(1)} + RT\ln x_1 \\ \mu_2 &= \mu_2 + RT\ln x_2 = \mu^{(2)} + RT\ln x_2 \end{aligned}\right\}. \tag{5}$$

Wenn diese Beziehung in einem gewissen Temperatur- und Druckbereich gelten soll, müssen natürlich die $\mathfrak{w}$ und $\mathfrak{v}$ im ganzen Mischbereich Null sein. Damit ist dann auch der Forderung der Konstanz der u_i, w_i und v_i, die wir eingangs

---

Nun ist $\frac{\partial\lambda}{\partial n_2} = \frac{\partial\mathfrak{w}_2}{\partial n_2}$; beachtet man jetzt die analog (23), § 10, gebildete Beziehung $n_1\frac{\partial\mathfrak{w}_1}{\partial n_2} = -n_2\frac{\partial\mathfrak{w}_2}{\partial n_2}$ (mit konstantem n_1), die $n_1\mathfrak{w}_1 = -\int_0^{n_2} n_2\frac{\partial\mathfrak{w}_2}{\partial n_2}\,dn_2$ ergibt, so wird die linke Seite obiger Gleichung $\lambda + \frac{n_1}{n_2}\mathfrak{w}_1$, was zu beweisen war. Eine ähnliche Betrachtung kann man über den Zusammenhang zwischen integraler und differentialer Verdünnungswärme anstellen.

[1] Verwiesen sei zur weiteren Informierung vor allem auf die Darstellung, die EUCKEN in MÜLLER-POUILLETS Lehrbuch Bd. 3 (1), Kap. 13, gegeben hat, und auf die Monographie von E. LANGE: Über Lösungs- und Verdünnungswärmen einiger starker Elektrolyte in Fortschr. d. Chem., Phys. u. phys. Chem. Bd. 19, H. 6, 1928, wo auch viel Literatur zusammengestellt ist, ferner auf den Artikel HERZFELD im Handb. d. Physik Bd. 9, S. 98 sowie auf LEWIS und RANDALL: Thermodynamik, Kap. 8.

dieses Paragraphen zur Definition der idealen verdünnten Lösungen aufgestellt hatten, Genüge getan. Wir hätten natürlich auch von der Voraussetzung ausgehend, daß diese Konstanz im ganzen Mischungsbereich erfüllt sei, die Gleichung (5) für die vollkommenen Mischungen auf demselben Wege ableiten können wie Gleichung (1) für die in idealer verdünnter Lösung gelösten Stoffe.

Das Verhalten idealer Mischungen findet sich überraschend häufig annähernd verwirklicht, wenigstens bei Anwendung relativ grober Untersuchungsmethoden. Wir werden ihm vor allem bei (flüssigen und festen) Mischungen chemisch ähnlicher Stoffe begegnen, in einem praktisch idealen Grenzfall bei der Mischung von Isotopen desselben Elements, und mit hinreichender Annäherung bei der Mischung homologer Verbindungen der organischen Chemie. Dabei werden die Anforderungen an chemische Ähnlichkeit bei den festen Mischungen mit ihrem geordneten Aufbau naturgemäß weitergehend sein als bei den flüssigen; gleicher kristallinischer Aufbau der reinen Stoffe und lückenlose Mischkristallreihen werden Vorbedingungen sein. — In § 21, S. 360/361 und in Beispiel 12 des Kapitel H werden wir uns noch eingehender mit dem Verhalten idealer Mischungen beschäftigen.

Gemische, die vom idealen Verhalten stark abweichen. Handelt es sich in solchem Falle, der ja, außer bei idealen Mischungen, *immer* bei etwas größeren x_2-Werten auftritt, um Lösungen und Gemische, die in allen Mischungsverhältnissen existenzfähig sind, so wird man in der Regel die reinen realen Stoffe 1 und 2 als Bezugszustände wählen und dann die verallgemeinerten Ausdrücke erhalten:

$$\left.\begin{aligned}\mu_1 &= \mu^{(1)} + RT \ln a_1 \\ \mu_2 &= \mu^{(2)} + RT \ln a_2\end{aligned}\right\} . \tag{6}$$

Handelt es sich aber um Lösungen, die nicht in beliebiger Zusammensetzung vorkommen, sondern wo der Stoff 2 in 1 nur begrenzt löslich ist, wie bei wässerigen Salzlösungen, so wird man meist die Bezugszustände der verdünnten Lösungen und damit Gleichung (4a) anwenden.

Im Falle flüssiger Mischphasen, die in allen Mischungsverhältnissen existenzfähig sind, ist als praktisch wichtigste Reaktionswärme die „*molare Mischungswärme*“ zu nennen, die zwar eng mit der soeben (S. 293) besprochenen integralen Lösungswärme Λ zusammenhängt, aber wegen der hier für beide Komponenten den Vorzug verdienenden „unpunktierten Bezugszustände“ eine besondere Besprechung erfordert. Diese Wärmetönung, die wir, im Sinne der vom System aufgenommenen Wärme gerechnet, mit $\bar{\mathfrak{w}}$ bezeichnen wollen, tritt auf, wenn x_1 Mol der reinen Phase 1 mit x_2 Mol der reinen Phase 2 zu $x_1 + x_2 = 1$ Mol Mischung vereinigt wird. Es ist demnach

$$\bar{\mathfrak{w}} = w' - (x_1 w^{(1)} + x_2 w^{(2)}) ,$$

wenn wir mit $w' = \frac{W'}{n}$ die molare Wärmefunktion der Mischung ($n = \sum n_i$ Gesamtmolenzahl der Mischung) bezeichnen. [Da wir oben für Λ die Gleichung fanden: $n_2 \Lambda = W' - (n_1 w^{(1)} + n_2 w^{(2)})$, ergibt sich die Beziehung $\bar{\mathfrak{w}} = x_2 \Lambda$.]

Berücksichtigen wir wieder, daß $W' = n_1 w_1 + n_2 w_2$ ist und daß bei Wahl der reinen Stoffe als Bezugszustände $\mathfrak{w}_1 = w_1 - w^{(1)}$ und $\mathfrak{w}_2 = w_2 - w^{(2)}$ wird, so folgt

$$\bar{\mathfrak{w}} = x_1 \mathfrak{w}_1 + x_2 \mathfrak{w}_2 .$$

Als Beziehungen, die vor allem die Bestimmung der $\mathfrak{w}_1$ und $\mathfrak{w}_2$ erleichtern, sind noch anzumerken:

$$\mathfrak{w}_1 = \bar{\mathfrak{w}} + (1 - x_1) \frac{\partial \bar{\mathfrak{w}}}{\partial x_1} ,$$

$$\mathfrak{w}_2 = \bar{\mathfrak{w}} + (1 - x_2) \frac{\partial \bar{\mathfrak{w}}}{\partial x_2} = \bar{\mathfrak{w}} - x_1 \frac{\partial \bar{\mathfrak{w}}}{\partial x_1} ,$$

Beziehungen, die man leicht verifiziert, wenn man die Gleichung $\bar{\mathfrak{w}} = x_1 \mathfrak{w}_1 + x_2 \mathfrak{w}_2$ nach x_1 oder x_2 differenziert. Es ergibt sich dann nämlich $\frac{\partial \bar{\mathfrak{w}}}{\partial x_1} = \mathfrak{w}_1 - \mathfrak{w}_2$, weil $x_1 \frac{\partial \mathfrak{w}_1}{\partial x_1} + x_2 \frac{\partial \mathfrak{w}_2}{\partial x_1} = 0$ ist [siehe (27), § 11].

Deutung der Abweichungen vom idealen Mischungsverhalten durch spezielle Vorstellungen über Molekularzustand und Wechselwirkungskräfte. Die Methode, die Abweichungen von den idealen Gesetzen durch Einführung der chemischen Potentiale und der Aktivitäten zu erfassen, ist eine rein formale, ein Umstand, der häufig als unbefriedigend empfunden wurde. Es hat natürlich nicht an Versuchen gefehlt, die durch Einführung der a statt der x gekennzeichneten Abweichungen auf molekulartheoretischer Grundlage zu erklären, etwa durch Annahme von speziellen *chemischen* Wechselwirkungen, die zur Bildung neuer Molekülarten führen, deren jede für sich den Gesetzen der idealen Mischungen gehorcht. Gewiß ist es schließlich möglich, auf diese Weise fast jedes Verhalten zu erklären; jedoch erscheint die Übertreibung des chemischen Standpunktes, die in der *allgemeinen* Anwendung eines solchen Verfahrens liegen würde, von thermodynamischem und molekulartheoretischem Standpunkt aus als unberechtigt, — sie wird ebenfalls zu einem Formalismus, der für die praktische Anwendung nicht einmal bequem ist. Auch der Versuch[1], flüssige Gemische mit mit Hilfe der VAN DER WAALSschen Zustandsgleichung zu behandeln, ist im Resultat, da er die Einführung empirischer Koeffizienten erfordert, mindestens gegenwärtig noch kaum weniger formal als die Methode der Aktivitäten. (Darum soll keineswegs verkannt werden, daß die VAN DER WAALSsche Gleichung häufig einen brauchbaren Ausgangspunkt zu einer analytischen Darstellung der Versuchsresultate abgeben kann, wenn auch eine Deutung der in die so erhaltenen Formeln eingehenden Konstanten schwierig, eine Voraussage sogar unmöglich ist.)

Angesichts der so vielfach bestehenden Unsicherheit, ob das Verhalten eines Gemisches vorwiegend durch Wechselwirkungen chemischer Art (Solvatation, Polymerisation u. dgl.) oder physikalischer Art (Ionenkräfte, VAN DER WAALSsche Kräfte) oder verschiedene Arten der Wechselwirkung nebeneinander diktiert wird, ist die nicht erklärende, sondern rein den thermodynamischen Befund wiedergebende Beschreibung dieses Verhaltens durch Restarbeiten bzw. Aktivitäten zunächst jedem anderen vorzuziehen. In Fällen aber, wo der Molekularzustand oder Art und Einfluß der physikalischen Kraftwirkungen durch vielseitige experimentelle Untersuchungen geklärt erscheint (zum Beispiel Bildung von Doppelmolekülen bei Carbonsäuren in nichtwässerigen Lösungsmitteln, Dissoziation starker und schwacher Elektrolyte), stellt die Voraussage der Aktivitäten auf Grund dieser genaueren Kenntnisse und ihr Vergleich mit den empirisch bestimmten Zahlenwerten eine besonders bequeme und umfassende Prüfung der speziellen molekularen Vorstellungen dar. Es darf natürlich niemals die bequeme Darstellung der Befunde durch empirische Aktivitäten zu einer geringeren Einschätzung spezieller Vorstellungen über den mutmaßlichen Molekularzustand und die herrschenden Wechselwirkungskräfte führen, deren Herausarbeitung doch immer das Endziel der Forschung bleiben muß. —

Weitverbreitete Irrtümer machen es wünschenswert, hier noch einmal zum Ausdruck zu bringen, daß durch Einführung der Aktivitäten keineswegs das Bestehen chemischer Wechselwirkungen negiert werden soll; nur der Zwang, *ungenügend begründete* spezielle Annahmen zur Grundlage jeder Darstellung zu machen, wird durch die Aktivitäten (oder die Einführung der Restarbeiten) aus der Welt geschafft. Der Aktivitätsbegriff gestattet, die Beschreibung stets

---

[1] VAN DER WAALS, KOHNSTAMM, VAN LAAR, R. LORENZ.

auf das zu beschränken, was empirisch feststeht, und stellt im übrigen, ebenso wie die Einführung der Restarbeiten $\mathfrak{f}$, eine außerordentlich zweckmäßige *Unterteilung* des gesamten Forschungsprogramms für Mischphasen dar.

Verdünnte Lösungen dissoziierender Stoffe. Im Hinblick auf die Wichtigkeit von Dissoziationsvorgängen in Lösungen müssen wir noch die Anwendung der Gesetze idealer verdünnter Lösungen erörtern für den Fall, daß man als gelösten Stoff nicht einen resistenten Stoff betrachtet, sondern einen Stoff, der bei unendlicher Verdünnung vollständig in Dissoziationsprodukte zerfällt. Wir nehmen also an, der Stoff 2, den wir der Lösung in der Molenbruchkonzentration x_2 zugeführt haben, sei zerfallen in ν_a Bruchstücke der Art a, ν_b Teile der Art b usw. Dann werden, wenn x_2 sehr klein ist neben x_1, die Molenbrüche der Dissoziationsprodukte die Werte $x_a = \nu_a x_2$, $x_b = \nu_b x_2$ usw. haben, da ja im Nenner des Molenbruchs die Molenzahl n_1 des Lösungsmittels gänzlich überwiegt, die Größe des Nenners also nicht merklich dadurch beeinflußt wird, ob und in wie viele Bruchstücke der Fremdstoff dissoziiert ist. Für jedes der Spaltprodukte können wir dann das chemische Potential (in idealer Lösung) schreiben in der Form:

$$\mu_a = \underset{\circ}{\mu}_a + \underset{\cdot}{\mathfrak{f}}_a = \underset{\circ}{\mu}_a + RT\ln \nu_a x_2$$

$$\mu_b = \underset{\circ}{\mu}_b + \underset{\cdot}{\mathfrak{f}}_b = \underset{\circ}{\mu}_b + RT\ln \nu_b x_2$$

usw.

Wird eins oder einige der Spaltprodukte nicht nur von dem dissoziierenden Stoff 2 geliefert, sondern noch aus anderen Quellen, z. B. von Stoffen 3, 4, ..., so kann natürlich der Molenbruch dieser Spaltprodukte nicht speziell gleich $\nu_j x_2$ gesetzt werden, sondern es muß x_j stehenbleiben.

Da wir als „Stoff 2“ einfach die Summe seiner Spaltprodukte auffassen und die Arbeit bei Hinzufügung des Stoffes 2 sich aus den Einzelarbeiten bei Hinzufügung seiner Spaltprodukte additiv zusammensetzt, haben wir das „*chemische Potential des Stoffes* 2“ einfach aus der Summe der Potentiale seiner Spaltprodukte zusammenzusetzen, also:

$$\mu_2 = \nu_a \mu_a + \nu_b \mu_b + \ldots, \qquad \text{oder}$$

$$\mu_2 = \nu_a \underset{\circ}{\mu}_a + \nu_b \underset{\circ}{\mu}_b + \ldots + RT(\nu_a \ln \nu_a x_2 + \nu_b \ln \nu_b x_2 + \ldots).$$

Schreiben wir nun für die konstante Summe $\nu_a \underset{\circ}{\mu}_a + \nu_b \underset{\circ}{\mu}_b + \ldots$ der Kürze halber $\sum \nu_j \underset{\circ}{\mu}_j$, und statt der Klammer $\sum \nu_j \ln \nu_j x_2$, so erhalten wir:

$$\mu_2 = \sum \nu_j \underset{\circ}{\mu}_j + RT \cdot \sum \nu_j \ln \nu_j x_2. \tag{7a}$$

Diese Gleichung benutzen wir zur Wahl eines passenden Grundzustandes für den Stoff 2, in dem nicht wie bisher $\ln x_2 = 0$, sondern $\sum \nu_j \ln \nu_j x_2 = 0$, also $x_2^\nu = \frac{1}{\prod (\nu_j^{\nu_j})}$ ist ($\nu = \nu_a + \nu_b + \ldots = \sum \nu_j$), wobei der Stoff 2 sich vollkommen dissoziiert in dieser idealisierten Konzentration in Lösung befinden würde. Wir erhalten dann $\underset{\circ}{\mu}_2 = \sum \nu_j \underset{\circ}{\mu}_j$ und

$$\mu_2 = \underset{\circ}{\mu}_2 + \underset{\cdot}{\mathfrak{f}}_2 = \underset{\circ}{\mu}_2 + RT \sum \nu_j \ln \nu_j x_2. \tag{7b}$$

Wir sehen, daß diese Gleichung den Ausdruck für undissoziiert gelöste Stoffe in sich schließt. In dem wichtigsten Fall der Dissoziation in zwei verschiedene Spaltstücke wird $\sum \nu_j \ln \nu_j x_2 = 2 \ln x_2$, der Grundzustand, für den dieser Ausdruck $= 0$ werden soll, hat dann also wie früher die idealisierte Konzentration $x_2 = 1$.

Die *Aktivität* des Stoffes 2, wie immer durch $RT \ln \underset{\cdot}{a} = \underset{\cdot}{\mathfrak{f}}$ definiert, strebt bei großer Verdünnung dem Wert $\underset{\cdot}{a}_2 = x_2^\nu \cdot \prod (\nu_j^{\nu_j})$ zu, d. i. dem Wert x_2^2 im Falle binärer Dissoziation (Typ KCl, $MgSO_4$), den Werten $4x_2^3$, $9x_2^4$, $2^2 \cdot 3^3 \cdot x_2^5$ in den Fällen $CaCl_2$, $La(NO_3)_3$, $La_2(SO_4)_3$.

Häufig zieht man vor, an Stelle des chemischen Potentials eines dissoziierenden Stoffes das ***mittlere Potential seiner Spaltprodukte*** einzuführen. Bezeichnen wir dies mit $\mu_{a,b\ldots}$, so ist es definiert durch $\mu_{a,b\ldots} = \frac{1}{\nu}(\nu_a \mu_a + \nu_b \mu_b + \cdots) = \frac{\mu_2}{\nu}$. Setzen wir den Grundzustand so fest, daß $\underset{\cdot}{\mu}_{a,b\ldots} = \frac{1}{\nu} \sum \nu_j \underset{\cdot}{\mu}_j$ wird, so erhalten wir in idealer Lösung:

$$\left.\begin{aligned} \mu_{a,b\ldots} &= \underset{\cdot}{\mu}_{a,b\ldots} + \underset{\cdot}{\mathfrak{f}}_{a,b\ldots} = \sum \frac{\nu_j}{\nu} \underset{\cdot}{\mu}_j + RT \sum \frac{\nu_j}{\nu} \ln \nu_j x_2 = \frac{1}{\nu} \underset{\cdot}{\mu}_2 + \frac{1}{\nu} \underset{\cdot}{\mathfrak{f}}_2 \\ \text{sowie} \qquad & \\ \underset{\cdot}{a}_{a,b\ldots} &= \underset{\cdot}{a}_2^{\frac{1}{\nu}}. \end{aligned}\right\} \qquad (8)$$

Die „mittlere Aktivität" der Spaltstücke strebt also bei großer Verdünnung dem Wert $x_2 \cdot \prod (\nu_j^{\nu_j})^{1/\nu}$ zu. Für $f_{a,b\ldots}$, den „mittleren Aktivitätskoeffizienten der Spaltstücke", der bei hohen Verdünnungen gegen 1 laufen soll, müssen wir also die Definition einführen:

$$f_{a,b\ldots} = \frac{\underset{\cdot}{a}_{a,b\ldots}}{x \cdot \prod (\nu_j^{\nu_j})^{\frac{1}{\nu}}}.$$

Das Produkt im Nenner nimmt für die Typen KCl, $CaCl_2$, $La(NO_3)_3$, $La_2(SO_4)_3$ die Werte an: $\prod (\nu_j^{\nu_j})^{\frac{1}{\nu}} = 1,\ 2^{\frac{2}{3}},\ 3^{\frac{3}{4}},\ (2^2 \cdot 3^3)^{\frac{1}{5}}$.

Auch hier muß zusätzlich bemerkt werden, daß in Fällen, wo das Spaltprodukt j nicht nur durch Dissoziation des Stoffes 2, sondern auch aus andern Quellen geliefert wird, an Stelle von $\nu_j x_2$ das allgemeinere x_j zu treten hat; $f_{a,b\ldots}$ wird dann $\dfrac{\underset{\cdot}{a}_{a,b\ldots}}{\prod x_j^{\frac{\nu_j}{\nu}}}$.

Diese Betrachtungen lassen sich ohne weiteres auf andere Konzentrationsmaße (Kilogramm- und Litermolaritäten) übertragen; man hat dann in den Formeln dieses Abschnitts einfach x durch m oder σ zu ersetzen.

Die *Aktivität des Lösungsmittels* strebt, wenn ein in insgesamt ν Teile dissoziierender Stoff 2 aufgelöst ist, im Falle vollständiger Dissoziation dieses Stoffes nach (3) dem Werte $a_1 = 1 - \nu x_2$ zu. Für sehr kleine x_2 erhält man nach (3a) das Grenzgesetz $\mathfrak{f}_1 = -RT\nu x_2$.

Man wird fragen, was die Betrachtung eines nicht resistenten gelösten Stoffes, dessen Moleküle und Eigenschaften uns vielleicht ganz unbekannt sind, sowie die Einführung gemittelter Größen für einen Zweck hat. Darauf ist zu antworten, daß der Nutzen überall dort gegeben ist, wo die einzelnen gelösten Molekülarten gar nicht unabhängig voneinander der Lösung zugeführt oder entnommen oder in ihr studiert werden können, also namentlich beim Vorliegen elektrolytischer Dissoziation. In Elektrolytlösungen ist es bisher noch in keinem Falle gelungen, die Aktivitäten der einzelnen Ionenarten sicher zu bestimmen, es sind immer nur die über alle Ionenarten eines Salzes gemittelten Größen bzw. die auf dieses Salz als Ganzes bezogenen Größen unmittelbar zugänglich.

Bemerkt sei noch, daß man die Formeln (7) auch unter der Annahme ableiten kann, daß undissoziierte Moleküle des Stoffes 2 mit seinen Spaltprodukten im chemischen Gleichgewicht stehen. Nach § 10, Gleichung (6) muß nämlich im Gleichgewicht $\sum \nu_i \mu_i = 0$ sein, also $-\mu_2 + \nu_a \mu_a + \nu_b \mu_b + \ldots = 0$.

Kapitel E.

Chemische Affinitäten und Gleichgewichtsbedingungen, dargestellt durch meßbare thermodynamische Größen.

Einleitung. Nachdem in den vorangehenden Kapiteln das Material zur Bestimmung chemischer Arbeitsgrößen (Affinitäten) und Gleichgewichtsbedingungen gesammelt worden ist, wollen wir jetzt für die wichtigsten Sonderfälle die Ausdrücke für die chemischen Arbeitskoeffizienten $\mathfrak{K}$ wirklich aufstellen und durch Nullsetzen dieser Ausdrücke die Gleichgewichtsbedingungen erschließen. Dabei werden wir die Aufgabe im allgemeinen so auffassen, daß wir uns die Ausdrücke für die $\mathfrak{K}$ in Abhängigkeit von den physikalischen (p, T) und chemischen (x_1, x_2...) Bestimmungsgrößen der verschiedenen an der Reaktion beteiligten Phasen aufgebaut denken aus direkt gemessenen thermischen Größen mit jeweils mehr oder weniger weitgehender Benutzung theoretisch bekannter Gesetzmäßigkeiten (NERNSTsches Theorem, Gasgesetze, Gesetze der verdünnten Lösungen usw.); speziell erhalten wir dann die Gleichgewichtsbedingungen zwischen den p, T und x durch Nullsetzen dieser Ausdrücke für die $\mathfrak{K}$. Allerdings wird sich diese Behandlungsweise der zu erörternden chemischen Probleme nicht rein durchführen lassen, und es wird häufig das Gewicht auch auf der umgekehrten Frage liegen, welche Gesetze besonders für die Konzentrationsabhängigkeit der chemischen Potentiale oder der Aktivitäten der einzelnen Stoffe aus *direkt beobachteten* Affinitäten (speziell elektromotorischen Kräften) oder Gleichgewichten zu erschließen sind. Derartige Umkehrungen der Fragestellung sind bei dem funktionalen, nicht kausalen Zusammenhang, den alle thermodynamischen Beziehungen darstellen, natürlich nicht zu vermeiden, ebensowenig der gelegentliche Hinweis auf die *Berechnung von Wärmeeffekten* aus dem *beobachteten* Temperaturgang chemischer Affinitäten oder Gleichgewichte. Das hindert aber nicht, daß wir als Richtlinie zunächst die oben gekennzeichnete Fragestellung beibehalten; in einer Schlußbemerkung zu diesem Kapitel (§ 24) werden wir dann auf die erwähnten anderen Ausgangsstandpunkte zurückkommen.

Begeben wir uns nun an die Aufgabe, die $\mathfrak{K}$-Werte der Reaktionen und damit die Gleichgewichtsbedingungen durch entweder rein thermodynamischen oder halb theoretischen „Aufbau" der $\mathfrak{K}$ oder μ zu ermitteln, so haben wir uns stets zu vergegenwärtigen, daß die allgemeine Bestimmung der $\mathfrak{K}$ aus thermodynamischen Daten die Existenz und thermodynamische Untersuchung der in bezug auf diese Reaktionen wahlweise *gehemmten* Systeme voraussetzt. Beziehungen, die für Systeme gelten, die bei allen mit ihnen vorgenommenen Veränderungen (von Druck, Temperatur und gegebenenfalls der stofflichen Zusammensetzung) ihr Gleichgewicht in bezug auf die betreffende Reaktion überhaupt nicht verlassen, sind zwar auch von großem Interesse (Kapitel G), gestatten aber nicht, die Bedingungen zwischen den Variabeln, die im Gleichgewicht erfüllt sein müssen, von vornherein vorauszusagen. Wir werden uns mit solchen „Veränderungen bei währendem Gleichgewicht" in diesem Kapitel nur ganz gelegentlich beschäftigen.

Hinsichtlich der Fälle $\mathfrak{K} \neq 0$ sei hier noch einmal daran erinnert, daß sie für die Elektrochemie eine besondere Rolle spielen (vgl. III, § 3, S. 155/157). Beispiele hierzu werden in § 16 (nur reine Phasen) und in § 20 (Mischphasen) gegeben.

§ 16. Aggregatzustände und reine Stoffe.

Wir betrachten zunächst Reaktionen und Gleichgewichte zwischen Phasen, die als Ganzes an der betreffenden Reaktion teilnehmen, so daß die Zusammensetzung jeder Phase bei der Umsetzung erhalten bleibt. Es handelt sich hier z. B. um den Übergang eines reinen Stoffes in einen anderen Aggregatzustand, um die Zersetzung eines Stoffes in zwei andere reine Stoffe usw. Wird ein gemeinsamer Druck p und eine gemeinsame Temperatur T angenommen, so ist der spezifische Zustand jeder Phase und damit auch der $\mathfrak{R}$-Wert der Umsetzung durch p und T vollkommen bestimmt; im Falle des Gleichgewichts liefert die Beziehung $\mathfrak{R} = 0$ einen Zusammenhang zwischen p und T, wir haben es also stets mit einem sog. vollständigen System zu tun.

Beim Aufbau von $\mathfrak{R}$ aus thermodynamischen Daten fallen hier alle Komplikationen fort, die durch die Konzentrationsabhängigkeit bedingt sind. Im übrigen wird man den Aufbau von $\mathfrak{R}$ verschieden wählen, je nach den zur Bestimmung vorhandenen Daten; es kommen außer den spezifischen Wärmen und den Volumbeziehungen Angaben über spezielle Werte $\mathfrak{R}_{(T_0, p_0)}$, $\mathfrak{W}_{(T_0, p_0)}$ oder $\mathfrak{S}_{(T_0, p_0)}$ in Frage oder Angaben über Entropiekonstanten der einzelnen Stoffe und eine Reaktionsenergie oder endlich Angabe der Entropie- und Energiekonstanten der einzelnen Stoffe (μ-Darstellung).

I. Zwei Aggregatzustände desselben Stoffes.

Empirische Phasen. Unter empirischen Phasen wollen wir solche verstehen, für die keine besonderen Gesetzmäßigkeiten nach Art des Nernstschen Satzes oder der idealen Gasgesetze in Anwendung kommen können. Für solche Phasen müssen zur Bestimmung von Reaktionsarbeiten oder Gleichgewichten nach § 11 je zwei von den Reaktionsgrößen $\mathfrak{W}$, $\mathfrak{R}$ und $\mathfrak{L}$ oder $\mathfrak{S}$ empirisch ermittelt (oder aus empirischen Daten ermittelbar) sein. Handelt es sich um zwei Phasen P' und P'' desselben Stoffes (z. B. Wasser und Eis), so ist die zu betrachtende Reaktion der Übergang einer Menge dn des Stoffes aus der einen Phase (P') in die andere (P''). Ist eine irreversible Übergangswärme $\mathfrak{W}$ (z. B. als Differenz der Standard-Bildungswärmen $\mathfrak{w}$ des Stoffes in beiden Phasen) gegeben und ferner ein Wert von $\mathfrak{R}$ (speziell $\mathfrak{R} = 0$ für ein Wertepaar p, T), so kann man daraus nach § 11 die Werte $\mathfrak{R}_0$, $\mathfrak{W}_0$ und $\mathfrak{S}_0$ unter gewissen Normalbedingungen p_0, T_0 ermitteln und zur allgemeinen Darstellung von $\mathfrak{R}$ z. B. Formel (11), § 11, benutzen:

$$\frac{\mathfrak{R}}{T} = -\mathfrak{S}_0 + \frac{\mathfrak{W}_0}{T} - \int\limits_{T_0}^{T} \frac{dT}{T^2} \int\limits_{T_0}^{T} (c_p'' - c_p')\, dT + \int\limits_{p_0}^{p} \frac{v'' - v'}{T}\, dp. \tag{1}$$

Durch Nullsetzen von $\frac{\mathfrak{R}}{T}$ erhält man die Gleichgewichtsbedingung zwischen p und T, also dem Gleichgewichtsdruck und der Gleichgewichtstemperatur. In § 9, S. 198, hatten wir festgesetzt, daß in einem „vollständigen Gleichgewicht“, wie es hier vorliegt (Zahl der Phasen um 1 größer als die Zahl der unabhängigen Bestandteile), die jeweils als „abhängig“ betrachtete Variable p oder T mit π (Gleichgewichtsdruck) oder ϑ (Gleichgewichtstemperatur) bezeichnet werden soll. In Formeln, in denen die Entscheidung zwischen „abhängigen“ und „unabhängigen“ Variabeln offenbleibt, gebrauchen wir π und ϑ gleichzeitig.

Die Clausius-Clapeyronsche Gleichung. Am wichtigsten ist bei Gleichgewichtsuntersuchungen nur empirisch gegebener Phasen der Übergang von einem empirisch gegebenen Gleichgewichtszustand π_0, ϑ_0 aus zu mehr oder weniger benachbarten Zuständen p, T. Für den Gleichgewichtszustand gilt $\mathfrak{K}_0 = 0$, also $\mathfrak{W}_0 = \vartheta_0 \cdot \mathfrak{S}_0 = \mathfrak{L}_0$ (reversible Übergangswärme). Es ist in der Literatur üblich, diese reversibeln Übergangswärmen, die als Schmelzwärmen, Verdampfungswärmen, Umwandlungswärmen fester Modifikationen auftreten, mit besonderen Buchstaben, z. B. r oder λ zu bezeichnen; auch in unserer Nomenklatur wird der Spezialfall $\mathfrak{L} = \mathfrak{W}$ zweckmäßig durch einen neuen Buchstaben hervorgehoben: wir wollen reversible Übergangswärmen allgemein mit Λ bezeichnen. Gleichung (1) nimmt dann die Form an:

$$\frac{\mathfrak{K}}{T} = -\frac{\Lambda_0}{\vartheta_0} + \frac{\Lambda_0}{T} - \int_{\vartheta_0}^{T} \frac{dT}{T^2} \int_{\vartheta_0}^{T} (c_p'' - c_p')\, dT + \int_{\pi_0}^{p} \frac{v'' - v'}{T}\, dp,$$

und im Falle des Gleichgewichts auch im neuen Zustand (statt p, T schreiben wir dann π, ϑ) erhält man aus $\mathfrak{K} = 0$ die Bedingung:

$$\Lambda_0 \left(\frac{1}{\vartheta_0} - \frac{1}{\vartheta} \right) + \int_{\vartheta_0}^{\vartheta} \frac{dT}{T^2} \int_{\vartheta_0}^{T} (c_p'' - c_p')\, dT = \int_{\pi_0}^{\pi} \frac{v'' - v'}{\vartheta}\, dp. \tag{1a}$$

Die c_p sind hierbei, gemäß der Ableitung von (11), § 11, bei konstantem Druck π_0 zu messen, die v für den ganzen Bereich der p und T, so daß die rechte Seite von (1a) für jede Temperatur ϑ als Funktion von π (und ϑ) auftritt.

Um die praktisch wichtige Differentialform dieser Gleichung zu erhalten, geht man jedoch einfacher von der Gleichung aus, die für die Veränderungen bei währendem Gleichgewicht (Kapitel G) später die Hauptrolle spielen wird, der Gleichung $d\mathfrak{K} = 0$, d. h. da $\mathfrak{K}$ hier nur von p und T abhängt:

$$\frac{\partial \mathfrak{K}}{\partial p} d\pi + \frac{\partial \mathfrak{K}}{\partial T} d\vartheta = 0.$$

Daraus erhält man wegen $\frac{\partial \mathfrak{K}}{\partial p} = \mathfrak{V}$ [$= v'' - v'$ wegen (17), § 10] und

$$\frac{\partial \mathfrak{K}}{\partial T} = -\mathfrak{S} \left(= -\frac{\mathfrak{L}}{T} \right):$$

oder

$$\left.\begin{aligned} \mathfrak{V}\, d\pi - \mathfrak{S}\, d\vartheta &= 0 \\ \frac{d\pi}{dT} = \frac{\mathfrak{S}}{\mathfrak{V}} &= \frac{\Lambda}{T(v'' - v')} \\ \frac{d\vartheta}{dp} &= \frac{\vartheta (v'' - v')}{\Lambda} \end{aligned}\right\}. \tag{2}$$

Hiernach ist zur Bestimmung der differentiellen Änderung des Gleichgewichtsdruckes mit der Temperatur bzw. der Umwandlungstemperatur mit dem Druck, außer dem unmittelbar meßbaren Molvolum v'' und v' der beiden Phasen (beim Gleichgewichtsdruck), nur die Kenntnis der Umwandlungswärmen bei konstantem Druck (für den Gleichgewichtsdruck) notwendig. Ist Λ eine Schmelzwärme (also positiv), so ist mit wachsendem Druck eine Erhöhung der Schmelztemperatur verbunden, wenn, wie bei den meisten Stoffen, v'' der Schmelze größer als v' des Festkörpers ist, eine Erniedrigung dagegen, wenn, wie beim System Eis — Wasser $v' > v''$ ist. Viele hundertmal größer als bei zwei dichten („kondensierten") Phasen ist jedoch die Änderung von ϑ mit p, wenn eine Phase *dampfförmig* ist, da das Molvolum des Dampfes (gegen das dann v' meist vernachlässigt werden kann) in diesem Verhältnis größer ist als das Volum und a fortiori die Volum*differenz* von kondensierten Phasen. Allerdings sind auch die Verdampfungs- oder Sublimationswärmen in der Regel wesentlich größer, aber doch nicht von ganz anderer Größenordnung als die Schmelz- und Umwandlungswärmen fester Stoffe, so daß der Einfluß des weit größeren $\mathfrak{V}$ durch den Anstieg in Δ längst nicht aufgewogen wird. Kondensierte Phasen, die mit einer relativ großen Volumänderung eine sehr kleine Umwandlungswärme verbinden, sind aus energetischen Gründen nicht zu erwarten.

Gleichung (2) ist die bekannte CLAUSIUS-CLAPEYRONsche Differentialgleichung, die schon 1834 von CLAPEYRON abgeleitet wurde[1]. Doch vermochte erst CLAUSIUS 1850 eine darin auftretende unbekannte Temperaturfunktion als unsere „absolute Temperatur" festzulegen. Beispiele zur Anwendung der CLAUSIUS-CLAPEYRON-Gleichung finden sich im Kapitel H, 1. und 2. Beispiel; über die Bedeutung von Gleichung (2) zur Aufstellung *integraler* Dampfdruckformeln vgl. das weiter unten, S. 304/305, Gesagte.

Über die Abhängigkeit der Umwandlungs-, Schmelz- und Verdampfungspunkte (bei Atmosphärendruck) von der chemischen Konstitution der Stoffe sind, ebenso wie über annähernde Zusammenhänge mit den kritischen Temperaturen ihrer Dämpfe, eine Reihe von empirischen oder annähernden Gesetzmäßigkeiten bekannt. Ihre Besprechung liegt außerhalb des hier vorgeschriebenen Rahmens.

NERNSTsche Phasen. Bei zwei Phasen desselben Stoffes, die sich beide (infolge einer Umwandlungshemmung) bis $T = 0$ verfolgen lassen und für deren Umwandlung $\mathfrak{S}_{(T=0)}$ bekannt (speziell $= 0$) ist, wird man für den Arbeitskoeffizienten ihrer Umwandlung den Ausdruck (9), § 12 wählen:

$$\mathfrak{K} = \mathfrak{W}_{(0)} (- T\,\mathfrak{S}_{(0)}) - (F'' - F') + \int_{p_0}^{p} (v'' - v')\, dp, \tag{3}$$

wobei die F die NERNSTschen Funktionen Gleichung (12), § 12, bedeuten, die ebenso wie $\mathfrak{W}_{(0)}$ nur für den Druck p_0 bestimmt zu werden brauchen[2]. Hier ist das Gleichgewicht vollständig durch die Messung eines $\mathfrak{W}$-Wertes bestimmt, von dem man vermittels Gleichung (10), § 12,

$$\mathfrak{W}_{(0)} = \mathfrak{W} - (E'' - E')$$

auf den $\mathfrak{W}_{(0)}$-Wert beim gleichen Druck p_0 extrapolieren kann.

Eine (ideale) Gasphase: Dampfdruckformeln. Bei der Aufstellung des Arbeitskoeffizienten der Verdampfung ist beim heutigen Stand der Erkenntnis schon vielfach eine absolute Zerlegung von $\mathfrak{K}$ in die μ-Werte beider Phasen geboten:

$$\mathfrak{K} = \mu^{(\dot{g})} - \mu'.$$

Wir lassen dabei den Aggregatzustand des Kondensats (Phase P') noch unbestimmt, nehmen aber für den Dampf die idealen Gasgesetze an (dies wird durch den Phasenindex ($\dot{g}$) angedeutet). Dann gelangen wir nach (12b), § 13 zu folgender Darstellung:

$$\frac{\mathfrak{K}}{RT} = \frac{\mu^{(\dot{g})} - \mu'}{RT} = \ln p - \frac{5 + r}{2} \ln T - (i + i_r) + \frac{\mu_z - \mu'}{RT}. \tag{4}$$

Hier tritt als einzige noch nicht explizit durch p und T ausgedrückte Größe der Ausdruck $\mu_z - \mu'$ von der Dimension eines Arbeitskoeffizienten auf, welchem wir die Bedeutung einer allerdings in etwas eigentümlicher Weise definierten chemischen Grundarbeit zuschreiben können. Er stellt nämlich die Arbeit dar, die nötig ist, um den Stoff aus seinem kondensierten (flüssigen oder festen) Zustand in einen anderen Aggregatzustand überzuführen, der pro Molekül eine

---

[1] OSTWALDS Klassiker Bd. 216.

[2] Der Index $_{(0)}$ steht wieder zur Abkürzung für $_{(T=0)}$.

Freie Energie besitzt, die gleich der inneren Freien Energie (ohne Rotation) der Gasmoleküle ist. Also gewissermaßen die Arbeit zum Übergang in den *inneren* Zustand des Gasmoleküls. Die Einführung dieses Begriffs hat sich besonders in der Thermodynamik der Glühelektronen als zweckmäßig erwiesen[1]; die — wegen der Attraktionskräfte der Teilchen stets positive — Größe $\mu_z - \mu'$ wird dort als *Austrittsarbeit* für die betreffenden Ionen- oder Atomart bezeichnet. Führen wir diese Normalarbeit $\mathfrak{K}$, die wir wegen ihres Zusammenhanges mit μ_z als $\mathfrak{K}_z$ bezeichnen: $\mathfrak{K}_z = \mu_z - \mu'$, in unsere Formel (4) ein, so erhalten wir für das Gleichgewicht $\mathfrak{K} = 0$ folgende Dampfdruckformel ($\mathfrak{K}$-Formel):

$$\left.\begin{aligned} \ln \pi &= \frac{5+r}{2} \ln T + (i + i_r) - \frac{\mathfrak{K}_z}{RT} \\ \pi &= e^{(i+i_r)} \cdot T^{\frac{5+r}{2}} \cdot e^{-\frac{\mathfrak{K}_z}{RT}} \end{aligned}\right\} . \tag{5}$$

Man ersieht, besonders deutlich aus der logarithmischen Darstellung, daß (wenn wir $\mathfrak{K}_z$ in erster Näherung einmal als konstant annehmen) immer ein Gebiet bei nicht zu hohen Temperaturen (und entsprechend nicht zu großen Drucken) existieren muß, in dem das Glied $\frac{\mathfrak{K}_z}{RT}$ eine ganz überwiegende Bedeutung für den Temperaturverlauf des Dampfdrucks besitzt; es ist also in diesem Gebiet der wesentliche Verlauf von π durch eine Funktion $a \cdot e^{-\frac{b}{T}}$ gegeben (a und b zwei positive Konstanten). Erst bei Temperaturen, wo $\frac{\mathfrak{K}_z}{RT}$ in die Größenordnung von $\frac{5+r}{2}$ kommt, gewinnt das $T^{\frac{5+r}{2}}$-Glied Bedeutung, wie man durch Differentiation von $\ln \pi$ nach T erkennt. Bei den schwer verdampfenden Substanzen liegt dieser Bereich jedoch in unzugänglichen Temperatur- und Druckgebieten. Das Glied, welches in $\mathfrak{K}_z$ die Temperaturabhängigkeit der μ_z und μ darstellt, beeinflußt den Gang von π meist in niederer oder gleicher Größenordnung wie das $T^{\frac{5+r}{2}}$-Glied.

Bemerkenswert ist, daß wegen des Zusammenhangs von i mit dem Molekulargewicht $\mathbf{M}$ — es ist ja nach (13), § 13, $e^i = \text{Const} \times \mathbf{M}^{\frac{3}{2}}$ — der Dampfdruck einer Substanz bei gleichen Werten der $\mathfrak{K}$ und r mit der Masse des Dampfes in der $\frac{3}{2}$-ten Potenz wächst[2], so daß es bei sehr genauer Kenntnis aller übrigen Daten sogar möglich sein muß, das Molekulargewicht des Dampfes aus dem Dampfdruck zu bestimmen.

Während bisher über die näheren Eigenschaften des Kondensats nichts vorausgesetzt wurde, betrachten wir nunmehr das Gleichgewicht zwischen einem NERNSTschen Körper [Phasenindex (s)] und seinem Dampf. Dann können wir uns bei der Bestimmung von $\mathfrak{K}$ sogleich der Formeln (27), § 13, bedienen, die für eine derartige Reaktion aufgestellt wurde. Es gilt danach:

$$\left.\begin{aligned} \frac{\mathfrak{K}}{RT} = \frac{\mathfrak{W}_{(0)}}{RT} - \left\{(i + i_r + \ln g_{(0)}) - \frac{s_{(0)}^{(s)}}{R}\right\} + \ln p - \frac{5+r}{2} \ln T - \frac{F_z}{RT} \\ + \frac{F^{(s)}}{RT} - \frac{1}{RT}\int_{p_0}^{p} v^{(s)}\, d\overset{\bullet\bullet}{p}, \end{aligned}\right\} . \tag{6}$$

[1] Vgl. hierzu den Artikel von SCHOTTKY und ROTHE in WIENS Handbuch der Experimentalphysik Bd. 13^2, Art. 1, 1928.

[2] Diese Folgerung ist nach der statistischen Ableitung daraus zu erklären, daß schwere Moleküle bei gleicher Temperatur (gleicher kinetischer Energie) einen größeren Impuls besitzen und infolgedessen größere Gebiete des Phasenraumes einnehmen, mehr Realisierungsmöglichkeiten haben. Ob man diese Folgerung durch rein kinetische Betrachtungen (Gleichgewicht zwischen kondensierenden und verdampfenden Molekülen) ableiten kann, ist uns jedoch nicht bekannt.

eine Gleichung, die wir natürlich auch aus (4) erhalten können, indem wir die Darstellung (8a), § 13, für μ_z und (27b), § 13, für $\mu' = \mu^{(s)}$ einführen. $\boldsymbol{F}$ ist dabei das NERNSTsche Symbol für das Doppelintegral $T\int\limits_0^T \frac{dT}{T^2}\int\limits_0^T c_p\,dT$ [s. Gleichung (12), § 12], das, wie die Indizes anzeigen, einmal für das ideale Gas mit c_z und das andere Mal mit $c_p^{(s)}$ für den NERNSTschen Körper zu bilden ist. Für $\ln g_{(0)}$ kann nach (17a), § 13, auch $\frac{s_{z(0)}}{R}$ geschrieben werden. $s_{(0)}^{(s)}$ wird für NERNSTsche Körper $= 0$ angenommen; $\int v^{(s)}\,dp$ ist praktisch zu vernachlässigen. Die Wärmetönung $\mathfrak{W}_{(0)} = w_{(0)}^{(g)} - w_{(0)}^{(s)}$ kann auch als reversible Verdampfungswärme $\varLambda_{(0)}$ des Körpers bei $T = 0$ aufgefaßt werden, da der Übergang von dem Drucke p_0 zum Gleichgewichtsdruck $\pi_{(0)}$ beim absoluten Nullpunkt sich sowohl für den festen Körper wie für das ideale Gas ohne Wärmeeffekt vollzieht. Setzen wir nun endlich $\mathfrak{K} = 0$, so erhalten wir die NERNST*sche Dampfdruckformel*:

$$\ln\pi = -\frac{\varLambda_{(0)}}{RT} + \frac{5+r}{2}\ln T + \frac{F_z - F^{(s)}}{RT} + (i + i_r) + \frac{s_{z(0)}}{R}\left(-\frac{s_{(0)}^{(s)}}{R}\right). \tag{7}$$

Ist hier $s_{(0)}^{(s)} = 0$, so tritt in dieser Dampfdruckgleichung nur die Chemische Konstante des Gases $\left(i + i_r + \frac{s_{z(0)}}{R}\right)$ auf; nach den § 17, S. 316 erwähnten Untersuchungen von EUCKEN wird man jedoch vorläufig davon noch die Dampfdruckkonstante $j = i + i_r + \frac{s_{z(0)}}{R} - \frac{s_{(0)}^{(s)}}{R}$ in manchen Fällen zu unterscheiden haben.

Mit Einführung von dekadischen Logarithmen und der Atmosphäre als Druckeinheit ergibt sich:

$$\log\pi_{\text{Atm}} = -\frac{\varLambda_{(0)}}{4{,}573\cdot T} + \frac{5+r}{2}\log T + \frac{F_z - F^{(s)}}{4{,}573\cdot T} + (C + C_r) + \frac{s_{z(0)} - s_{(0)}^{(s)}}{4{,}573}. \tag{7a}$$

Hierbei ist C durch (11), § 13, gegeben und $C_r = 0{,}4343\cdot i_r$. Energien und spezifische Wärmen sind in kleinen Kalorien zu rechnen.

Über die Prüfung dieser Dampfdruckgleichungen in Form einer experimentellen Bestimmung der C und s ist schon in § 13 gesprochen worden. Die $\varLambda_{(0)}$ werden dabei entweder durch Extrapolation gemessener Verdampfungswärmen mit Hilfe der spezifischen Wärmen auf den absoluten Nullpunkt [nach (10), § 12] oder aus einer Reihe von Dampfdruckmessungen nach Gleichung (7a) selbst bestimmt.

Die Aufstellung von Dampfdruckgleichungen für Phasen, die sich nur über einen Schmelz- oder Umwandlungspunkt in NERNSTsche Körper verwandeln und bis $T = 0$ verfolgen lassen, macht nach den in § 12, S. 236 gemachten Ausführungen keine Schwierigkeiten. Die Anwendung der NERNSTschen Dampfdruckformel wird in Beispiel 3, Kapitel H, gezeigt.

Anwendung der CLAUSIUS-CLAPEYRONschen Gleichung auf Dampfgleichgewichte. An Stelle der bisher besprochenen integralen Dampfdruckformeln hat lange Zeit die aus der CLAUSIUS-CLAPEYRONschen Gleichung (2) folgende differentiale Dampfdruckformel eine große Rolle gespielt, in der $\varLambda$ in diesem Falle als Verdampfungswärme bei konstantem Druck (d. i. dem jeweiligen Gleichgewichtsdruck) bei der jeweiligen Gleichgewichtstemperatur zu deuten ist, während $v'' = v^{(g)}$, $v' = v^{(l)}$ oder $v^{(s)}$ wird:

$$\frac{d\pi}{dT} = \frac{\varLambda}{T\left(v^{(g)} - v'\right)}.$$

Die Integration dieser Formel unter der Annahme $v' \cong 0$, $v^{(g)} = \frac{RT}{\pi}$ (ideales Gas) liefert:

$$\ln \pi = \int \frac{\Lambda}{RT^2} dT + \text{Const}. \tag{2a}$$

Da jedoch eine Reihe von Λ-Werten (in Abhängigkeit von T) viel schwerer direkt meßbar ist als die Dampfdrucke selbst, hat auch diese Gleichung nur insofern Anwendung zur Berechnung von Dampfdrucken gefunden, als der Temperaturgang von Λ aus der Differenz der Molwärmen von Dampf und Kondensat der einzelnen Phasen erschlossen werden konnte, wobei der Einfluß des Druckes auf Λ noch vernachlässigt, also über die spezifischen Wärmen bei konstantem Druck p_0 integriert werden konnte. Unter diesen Umständen unterscheidet sich aber (2a) nicht mehr von den Formeln, die man aus unseren Integraldarstellungen von $\mathfrak{K}$ gewinnt, wo die Temperaturintegration von vornherein bei konstantem Druck erfolgt.

Erwähnenswert ist noch die einfache Formel, die man durch Integration von (2a) erhält, wenn man Λ in erster Näherung als konstant ansieht (d. h. wenn man den Unterschied in den spezifischen Wärmen von Dampf und Kondensat vernachlässigt). Man erhält dann, bei Einführung dekadischer Logarithmen,

$$\log \pi = -\frac{\Lambda}{4{,}57 \cdot T} + \text{Const}, \tag{2b}$$

eine Formel, die häufig sehr gute Dienste leistet (s. auch § 19, S. 332/33).

Dampfdruck bei nichtidealem Verhalten des Gases. In diesem Falle, der die allgemeinere Form (2) der CLAUSIUS-CLAPEYRONschen Gleichung als Differentialgleichung voraussetzen würde, erscheint ebenfalls die Anwendung unserer integralen Darstellung als der einfachere Weg[1]. Es ändert sich, nach den Ausführungen von § 14, nichts, als daß das bisher benutzte $\mu^{(g)}$ [s. (27a), § 13] durchweg durch ein Glied:

$$\mathfrak{k}^{(g)} = \int_0^p (v^{(g)} - \boldsymbol{v})\, dp \tag{8}$$

[Gleichung (1), § 14] zu ergänzen ist oder daß, was dasselbe ist, in der Formel für $\mu^{(g)}$ der Druck mit einer Aktivität multipliziert wird, die sich aus $RT \ln a = \mathfrak{k}^{(g)}$ [Gleichung (14), § 14] bestimmt. Die übrigen in dem Ausdruck für $\mu^{(g)}$ auftretenden Größen ($\mu_{(0)}$ und spezifische Wärmen) sind dann auf den idealisierten Zustand zu beziehen, dem das Gas bei großer Verdünnung zustrebt; $\mathfrak{W}_{(0)}$ oder $\Lambda_{(0)}$ in den Gleichungen (6) und (7) stellen dann also die Normalverdampfungswärme $\mathfrak{W}$ bei unendlicher Verdünnung des Dampfes dar. Aus einer gemessenen Verdampfungswärme bei endlichem Dampfdruck π erhält man diejenige bei unendlich kleinem Druck nach $\mathfrak{W} = \Lambda_{(\pi)} - \mathfrak{w}^{(g)}$ [s. (15), § 11], wobei $\mathfrak{w}^{(g)}$ nach (6), § 14, bestimmt werden kann; man kann dann $\mathfrak{W}$ mit Hilfe der für unendliche Verdünnung des Gases geltenden spezifischen Wärme $\boldsymbol{c}_p$ nach (17), § 11 auf $T = 0$ extrapolieren. Meist wird aber $\Lambda_{(0)}$ nicht aus einem direkt gemessenen Λ, sondern aus der Dampfdruckkurve selbst ermittelt werden; dann ist eine andere Korrektur als die durch Einführung der Aktivität überhaupt nicht nötig.

Was den Wert von $\mathfrak{k}^{(g)}$ anbetrifft, so sind einerseits die VAN DER WAALSschen Korrekturen auf Attraktion und Raumerfüllung der Gasmoleküle zu berücksichtigen, andererseits kann aber bei Gasen, die zur Dissoziation oder Asso-

[1] Über die verschiedenen Abweichungen, die bei Verwendung der CLAUSIUS-CLAPEYRON-Gleichung zu berücksichtigen sind, vgl. A. EUCKEN: Z. f. Physik Bd. 29, S. 1—35, 1924.

ziation neigen, die Änderung des Molekularzustandes beim Übergang vom verdünnten zum dichten Gas eine erhebliche Rolle spielen. So ist z. B. für Wasserdampf im Gleichgewicht mit Wasser bei 200° C ($\pi = 15{,}4$ Atm.) die Korrektur, die man nach der VAN DER WAALSschen Gleichung aus den kritischen Daten des Wasserdampfes ableitet, etwa -5% des idealen Dampfdrucks, während der wirkliche Dampfdruck um ca. -13% abweicht. — Die Anwendung von Gleichung (8) bei Verdampfungsgleichgewichten wird in Beispiel 3 des Kap. H gezeigt.

Für den Dampfdruck in der Nähe des kritischen Punktes kann natürlich auch das von uns vernachlässigte Integral $\int_{p_0}^{p} v^{(s)} dp$ der Gleichung (6) eine bedeutende Rolle spielen. Es tritt mit dem entgegengesetzten Vorzeichen auf wie die Aktivitätskorrektur (8) des Dampfes.

Dampfdruckformeln auf Grund von Standarddaten. Ist in den spezifischen Wärmen des Gases oder Kondensats das Gebiet bis $T = 0$ nicht erforscht, so wird man jede Bezugnahme auf $T = 0$, aber auch auf Absolutentropien und -energien vermeiden und für den Koeffizienten der Verdampfungsarbeit etwa die Darstellung der Gleichung (1) wählen, in der die Konstanten $\mathfrak{S}_0 = \frac{\mathfrak{W}_0 - \mathfrak{K}_0}{T_0}$ und $\mathfrak{W}_0$ entweder aus Messungen von Dampfdrucken selbst oder auf anderem Wege ermittelt werden. Wir wollen hier nur kurz auf die Darstellung von Dampfdrucken eingehen, wenn sowohl für den Dampf wie für das Kondensat die Standardbildungswerte $\mathfrak{K}$ und $\mathfrak{W}$ für den Aufbau aus ihren Elementarbausteinen unter Normalbedingungen p_0, T_0 gegeben sind, so daß die Bildungsarbeiten und Bildungswärmen bei den Versuchsbedingungen p, T für jede Phase[1] einzeln aufgebaut werden können. Dabei ist zu berücksichtigen, daß $\mathfrak{K}^{(g)}$ und $\mathfrak{W}^{(g)}$ nach der Definition dieser Standardwerte auf den idealisierten Gaszustand bezogen sind. Wir können also aus ihnen mit Hilfe der für unendliche Verdünnung geltenden c_p und der idealen Gasgleichung einen Grundwert der Bildungsarbeit des Dampfes, aufbauen, zu dem dann noch eine nach (8) definierte Restarbeit $\mathfrak{k} = RT \ln a$ hinzutritt.

Gleichung (1) nimmt dann die Form an:

$$\frac{\mathfrak{K}}{T} = -\frac{(\mathfrak{W}^{(g)} - \mathfrak{W}') - (\mathfrak{K}^{(g)} - \mathfrak{K}')}{T_0} + \frac{\mathfrak{W}^{(g)} - \mathfrak{W}'}{T}$$

$$-\int_{T_0}^{T} \frac{dT}{T^2} \int_{T_0}^{T} (c_p - c_p')\, dT - \frac{1}{T} \int_{p_0}^{p} v' dp + R \ln \frac{p}{p_0} + R \ln a. \tag{9}$$

Wird der Druck in Atmosphären gerechnet und ist p_0 wie im LEWISschema $= 1$ Atm., so reduzieren sich im Gleichgewicht ($\mathfrak{K} = 0$, $p = \pi$) die beiden letzten Glieder zu $R \ln \pi a$. Zerlegt man, wie es rationell ist, die Molwärme des Gases in einen konstanten Anteil c_p^0 und einen mit der Temperatur variierenden Anteil c_p^z, so tritt aus dem Doppelintegral u. a. ein Glied $c_p^0 \ln \frac{T}{T_0}$ heraus, so daß die Analogie der so erhaltenen Dampfdruckformel mit Gleichung (7) eine vollständige wird.

Umwandlungsgleichgewicht bei ungleichem Druck beider Phasen. Es kann der Fall vorkommen, daß eine feste oder flüssige Phase durch eine Vorrichtung unter Druck (oder Zug) gesetzt wird, welche auf eine andere Phase desselben Stoffes keine derartige Wirkung ausübt, dabei aber den Übergang molekularer

[1] Der Index ′ bezeichnet wieder das Kondensat.

Bestandteile aus einer Phase in die andere nicht verhindert. Bei festen Körpern kann es sich hierbei um lokale Kräfte (z. B. durch eine zusammengezogene Drahtschlinge) handeln, bei Flüssigkeiten wird eine siebartige oder feinporige Wand nötig sein, die die Flüssigkeit (wegen der Kapillarkräfte) entweder überhaupt nicht hindurchläßt oder so langsam, daß in bezug auf den molekularen Austausch mit einer Gasphase inzwischen Gleichgewicht hergestellt sein kann. Die Folgen eines solchen Eingriffs auf die Beziehung zwischen p und T für die nicht unter Zwang gehaltene Phase übersieht man am besten, wenn man von den μ-Werten der Einzelphasen ausgeht und berücksichtigt, daß in den μ der unter dem Überdruck Δp gehaltenen Phase ein Zusatzglied $\int_p^{p+\Delta p} v\,dp$ auftritt, das bei positivem Δp immer positiv ist und somit eine Vergrößerung des Gleichgewichtsdruckes der anderen Phase oder eine Erniedrigung der Gleichgewichtstemperatur bedingt. D. h. ein fester Körper wird an Druckstellen bei niedrigerer Temperatur schmelzen als an druckfreien Stellen; ein bekanntes Beispiel ist das Schmelzen eines mit einer Drahtschlinge umschnürten Eisblockes an den Druckstellen und Wiederfestfrieren des Schmelzwassers an anderen druckfreien Stellen (das Fließen der Gletscher kann wesentlich durch derartige Vorgänge erklärt werden). Man muß diesen Effekt natürlich trennen von der Änderung der Umwandlungstemperatur mit dem *gemeinsamen* Druck beider Phasen; das Verhältnis der beiden Effekte bei kleinen Druckänderungen Δp hat offenbar den Betrag $\frac{v'}{v'-v''}$, wobei v' das Molvolum der Zwangsphase bedeutet. Für das Schmelzen von Eis hat dieses Verhältnis, das auch gleich dem Verhältnis $\frac{d''}{d''-d'}$ der spezifischen Gewichte zu setzen ist, etwa den Betrag $\frac{1{,}0}{1{,}0-0{,}9} = +10$; Zwang wirkt also hier im gleichen Sinne wie gemeinsame Druckerhöhung, aber zehnmal stärker. Bei Metallen dagegen, wo meist $d^{(l)} < d^{(s)}$ ist, ist dies Verhältnis negativ; für Blei z. B. gleich $\frac{10{,}69}{10{,}69-11.01} = -33{,}4$. Während also hier Steigerung des gemeinsamen Drucks den Schmelzpunkt erhöht, erniedrigt ihn einseitiger Druck auf das feste Blei in 33mal stärkerem Betrage.

II. Reaktionen und Gleichgewichte zwischen verschiedenen reinen Stoffen.

Umsetzungen zwischen reinen Stoffen sind sowohl für Feststoffe bekannt [$Ag(s) + J(s) \rightarrow AgJ(s)$], wie zwischen festen und flüssigen Stoffen [$CaO(s) + H_2O(l) \rightarrow Ca(OH)_2(s)$], wie endlich unter Beteiligung einer gasförmigen Phase [$2FeO(s) + \frac{1}{2}O_2(g) \rightarrow Fe_2O_3(s)$]. Im Gegensatz zu Phasenumwandlungen einer reinen Substanz sind hier irreversible Wärmetönungen und in gewissen Fällen reversible Arbeiten bei der Umwandlung verhältnismäßig leicht meßbar, weil man durch Trennung der miteinander reagierenden Stoffe viel leichter und weiter in gehemmte Zustände des Gesamtsystems vordringen (sich vom Gleichgewicht entfernen) kann als bei Zweiphasensystemen eines einheitlichen Stoffes. Für die Bestimmung eines $\mathfrak{R}$-Wertes der Umwandlung spielt die Bestimmung elektromotorischer Kräfte eine große Rolle, falls es nämlich gelingt, die Reaktion direkt oder in mehreren Stufen in galvanischen Zellen vor sich gehen zu lassen. Man hat sich natürlich stets zu vergewissern, daß man es wirklich mit „reinen Stoffen" zu tun hat, d. h. mit solchen, bei denen die $\mathfrak{R}$- oder μ-Werte nicht durch die — prinzipiell immer vorhandene — gegenseitige Löslichkeit merklich beeinflußt werden; es dürfte z. B. die Reaktion des Kalklöschens nicht unter solchen Versuchsbedingungen als

Reaktion zwischen reinen Stoffen aufgefaßt werden, wo (bei Überschuß des Wassers) merkliche Mengen $Ca(OH)_2$ in Lösung gehen[1].

Der Aufbau der $\mathfrak{K}$-Werte erfolgt im übrigen ebenso wie im Spezialfalle der Zweiphasenumsetzung nach den allgemeinen Formeln (6) und (11) des § 11, nur daß jetzt an Stelle von $\nu'' = +1$ und $\nu' = -1$, gültig für Teil I dieses Paragraphen, allgemeine ν-Werte auftreten, z. B. $\mathfrak{B} = \sum \nu v$ an Stelle von $v'' - v'$ und $\sum \nu c_p$ an Stelle von $c_p'' - c_p'$. So lautet die ganz analog zu (2) ableitbare verallgemeinerte CLAUSIUS-CLAPEYRON-Gleichung:

$$\frac{d\pi}{d\vartheta} = \frac{\Lambda_{(\pi_0, \vartheta_0)}}{T \cdot \Sigma \nu v}, \qquad (10)$$

wo Λ die reversible Umwandlungswärme im Gleichgewicht in der durch die Reaktionsgleichung vorgeschriebenen Richtung bedeutet.

Ist eine[2] ideale oder nichtideale reine Gasphase an der Reaktion beteiligt, so kann man erreichen, daß das Glied $\ln p$ oder $\ln ap$ des Gases in den Affinitäts- und Gleichgewichtsformeln in genau derselben Weise auftritt wie in den Dampfdruckformeln, indem man den Ausdruck $\frac{\mathfrak{K}}{\nu^{(g)} \cdot RT}$ ($\nu^{(g)}$ = Reaktionsformeläquivalentzahl des Gases) anstatt $\frac{\mathfrak{K}}{RT}$ bildet. In (4) tritt dann statt μ' die Kombination $\frac{\sum \nu' \mu'}{\nu^{(g)}}$ auf (die Summe über die kondensierten Phasen gebildet), in (6), (7) und (7a) $\frac{\mathfrak{W}_{(0)}}{\nu^{(g)}}$ statt $\mathfrak{W}_{(0)}$ bzw. $\Lambda_{(0)}$ (es hat hier keinen praktischen Zweck, die Identität der reversibeln und irreversibeln Wärmetönung bei $T = 0$ zu betonen), ferner $\frac{\sum \nu' F'}{\nu^{(g)}}$ statt $F^{(g)}$ $\Big[$und $\frac{\sum \nu' s'_{(0)}}{\nu^{(g)}}$ statt $s^{(g)}_{(0)}$, falls diese $s_{(0)}$ nicht verschwinden$\Big]$. Ganz das Entsprechende gilt für (9). Der Verlauf eines „Zersetzungsdruckes" (z. B. von Fe_2O_3 in FeO und O_2) in Abhängigkeit von der Temperatur ist also formal ganz derselbe wie der eines Dampfdrucks; Reinheit der Phasen natürlich immer vorausgesetzt. Das 6. Beispiel des Kapitels H (Dissoziation des Calciumcarbonats) zeigt die Anwendung der hier in Frage kommenden Formeln.

Da, wie bemerkt, für Umsetzungen zwischen ungleichartigen reinen Stoffen der Arbeitskoeffizient und die irreversible Wärmetönung von Nichtgleichgewichtssystemen eine viel größere Bedeutung besitzen als bei Phasenumwandlungen eines einheitlichen Stoffes, gewinnen hier die HELMHOLTZsche bzw. VAN'T HOFFsche Gleichung $\frac{\partial}{\partial T}\left(\frac{\mathfrak{K}}{T}\right) = -\frac{\mathfrak{W}}{T^2}$ und die Druckgleichung $\frac{\partial \mathfrak{K}}{\partial p} = \sum \nu v$ erhöhte Bedeutung.

Der Fall, daß, bei chemischem Gleichgewicht oder nicht, die verschiedenen Stoffe unter verschiedenem Druck stehen, läßt sich in $\mathfrak{K}$ durch Integration der $\int_{p_0}^{p} v\,dp$-Glieder bis zu verschiedenen p-Werten ohne weiteres berücksichtigen.

III. Elektrochemische Reaktionen.

Ein guter Teil der Reaktionen in galvanischen Zellen oder Elektrolytzellen gehört in das Gebiet der Reaktionen zwischen reinen Substanzen, nämlich alle die, bei denen nur einheitliche (feste, flüssige oder gasförmige) Stoffe an den

---

[1] Unter normalen Temperatur- und Druckverhältnissen ist die Löslichkeit des Calciumhydroxydes im Wasser ganz bedeutungslos.

[2] Mehrere Gasprodukte in einer Reaktionsformel würden das Auftreten von Gasmischungen bedingen, sind also hier nicht zu behandeln (vgl. § 18).

Elektroden ausgeschieden werden oder verschwinden, ohne daß sich die Zusammensetzung der Lösung (oder der Elektrolytschmelze) ändert. Ein Beispiel, in dem nur kondensierte Substanzen als Anfangs- und Endprodukte auftreten, ist die in Beispiel 4 des Kapitel H behandelte Reaktion

$$\mathrm{Pb(s)} + 2\,\mathrm{AgCl(s)} = \mathrm{PbCl_2(s)} + 2\,\mathrm{Ag(s)}\,;$$

ein Beispiel für die Beteiligung von reinen Gasphasen ist die Reaktion der Wasserersetzung oder -bildung:

$$\mathrm{H_2(g)} + \tfrac{1}{2}\,\mathrm{O_2(g)} = \mathrm{H_2O(l)}$$

in einer Zelle, in der je eine Platinelektrode mit reinem (abgesehen von einem geringen Wasserdampfpartialdruck) gasförmigen H_2 und O_2, z. B. von Atmosphärendruck, in Berührung steht. Eine reine Gasphase ist auch bei den in Beispiel 5 des Kapitel H behandelten komplizierteren Elementen beteiligt.

Die EMK dieser Zellen hängt, wie wir sahen (§ 3, S. 155—157), mit dem Arbeitskoeffizienten der Reaktion in der betrachteten Richtung durch die Beziehung $\mathfrak{K} = z\mathcal{F}\mathrm{E}$ zusammen, wobei z die Zahl der molaren Einheitsladungen bedeutet, die bei einem Einheitsumsatz entsprechend der Reaktionsformel durch die Zelle hindurchlaufen (in unseren beiden Beispielen ist $z = 2$[1]). E ist nach unserer Festsetzung von dem Ablaufssinn der Reaktion abhängig; es bedeutet den Potentialunterschied derjenigen Elektrode, der beim angenommenen Reaktionsablauf von außen positive Ladungen zugeführt werden, gegen die Elektrode, in die negative Ladungen eintreten. In der Tat, wenn dieser Potentialunterschied positiv ist, muß beim Stromdurchgang äußere Arbeit aufgewandt werden, sowohl $z\mathcal{F}\mathrm{E}$ wie $\mathfrak{K}$ sind dann positiv, und umgekehrt.

Zur Bestimmung von $\mathfrak{K}$ aus thermischen Daten können nun alle in diesem Paragraphen besprochenen Formeln, mit oder ohne Anwendung des Nernstschen Theorems, mit oder ohne Beteiligung von Gasphasen, angewendet werden. Neu kommt höchstens der Fall der Mitwirkung zweier verschiedener Gasphasen hinzu, der ja bisher keine Rolle spielte. Er ist ohne weiteres durch Berücksichtigung zweier verschiedener $\mu^{(g)}$-Glieder in den Formeln für $\mathfrak{K}$ zu behandeln. Für die Temperatur- und Druckabhängigkeit von E erhält man aus (15), § 5 und (16) und (18), § 4 die wichtigen Beziehungen (Gibbs-Helmholtz):

$$\frac{\partial}{\partial T}\left(\frac{\mathrm{E}}{T}\right) = -\frac{\mathfrak{W}}{z\mathcal{F}T^2}, \tag{11}$$

$$\frac{\partial \mathrm{E}}{\partial p} = \frac{\mathfrak{V}}{z\mathcal{F}}. \tag{12}$$

Der reversible Wärmeeffekt oder die Entropieänderung bei der Reaktion ist aus der Beziehung:

$$\frac{\partial \mathrm{E}}{\partial T} = -\frac{\mathfrak{S}}{z\mathcal{F}} = -\frac{\mathfrak{L}}{z\mathcal{F}\,T} \tag{13}$$

zu erschließen, bzw. kann so der Temperaturgang von E aus der beim reversibeln Ablauf der Reaktion in der Zelle direkt meßbaren oder z. B. mit Hilfe des Nernstschen Theorems aus Messungen von spezifischen Wärmen berechneten Entropieänderung $\mathfrak{S}$ ermittelt werden. Die eigentliche wichtige Verwendung

---

[1] Da bei einem Umsatz von links nach rechts an der einen Elektrode 1 Pb bzw. 1 H_2 je zwei positive Ladungen aufnehmen, die an der anderen Elektrode durch Abscheidung von 2 Ag^+-Ionen oder in Lösunggehen von 1 O^{--}-Ion (oder 2 OH^--Ionen, die nach $O^{--} + H_2O \rightarrow 2\,OH^-$ entstehend angenommen werden können) wieder in Freiheit gesetzt werden.

von EMK-Daten in der chemischen Reaktionsthermodynamik besteht allerdings, wie schon öfter bemerkt, in der Bestimmung von Reaktionskonstanten ($\mathfrak{S}_0$- oder $\mathfrak{K}_0$-Werten), welche die vollständige Bestimmung der $\mathfrak{K}$-Werte und Gleichgewichte aus im übrigen nur thermischen und volumetrischen Daten ermöglichen, wenn das NERNSTsche Theorem nicht anwendbar ist.

§ 17. Gasmischungen.

Als nächsten Sonderfall behandeln wir die Reaktionen und Gleichgewichte in Gasmischungen, zunächst ohne daß eine andere reine oder gemischte Phase an der Reaktion oder dem Gleichgewicht beteiligt ist. Von praktischer Bedeutung ist hier z. B. die Frage nach der Arbeitsfähigkeit brennbarer Gasmischungen bei verschiedenen Drucken, Temperaturen und Mischungsverhältnissen; das überwiegende chemische Interesse hat jedoch wieder die Frage des Gleichgewichts zwischen reagierenden Gasen und ihren Reaktionsprodukten, da hiervon die chemische Ausbeute bei der Herstellung dieser Produkte abhängt (Ammoniakbildung, SO_3-Herstellung usw.). Wir behandeln zunächst die chemische Thermodynamik *idealer* Gasmischungen, die dem praktischen Bedürfnis schon weitgehend genügt; sodann die Abweichungen bei nicht idealen Gasen, schließlich astrophysikalische Gleichgewichte unter Bedingungen, die außerhalb unseres direkten Experimentierbereiches liegen und die Zuhilfenahme statistischer und atomistischer Daten erfordern[1].

Ideale Gasmischungen: Gleichgewichtskonstante. Wir unterscheiden die Fälle, in denen die spezifischen Wärmen bis $T = 0$ gegeben und die absoluten chemischen Konstanten der Reaktionsteilnehmer bekannt sind, so daß der Arbeitskoeffizient $\mathfrak{K}$ der untersuchten Gasreaktion von $T = 0$ an aufzubauen ist, und solche Fälle, in denen man sich mit den Untersuchungsdaten in einem gewissen (nicht bis $T = 0$ reichenden) Temperaturgebiet begnügt und die Reaktionskonstanten aus einem gemessenen $\mathfrak{K}$-Wert empirisch bestimmen muß. Wir erinnern überdies daran, daß wir uns unter $\mathfrak{K}$ den Arbeitskoeffizienten der Reaktion bei dem betreffenden Mischungsverhältnis der Reaktionsteilnehmer (das durch Reaktionshemmungen aufrechterhalten zu denken ist) in einem gemeinsamen Raum von gegebenem Druck und gegebener Temperatur vorzustellen haben. Es handelt sich darum, die Abhängigkeit des $\mathfrak{K}$-Wertes (z. B. in einem N_2-, H_2-, NH_3-Gemisch) von p, T und der durch die Molenbrüche ausgedrückten Zusammensetzung festzustellen und die Gleichgewichtsbedingungen zwischen diesen Größen aus der Bedingung $\mathfrak{K} = 0$ zu erschließen.

Nach den Ausführungen der §§ 11 (S. 226f.) und 14 (S. 279) wollen wir die Reaktionen von Stoffen in idealen Gasmischungen in zwei Schritte zerlegt denken, und zwar in Mischungs- bzw. Entmischungsvorgänge, die ohne Ablauf chemischer Umsetzungen vorgenommen werden, und in die Reaktionen zwischen reinen Gasen, von denen jedes unter dem Druck p der betrachteten Gasmischung steht. Alle Reaktionseffekte zerfallen so in „Grund"-

---

[1] In manchen Darstellungen der physikalischen Chemie werden auch die im vorigen Paragraphen besprochenen Festkörpergleichgewichte als Gasgleichgewichte behandelt, indem man den Festkörper mit seinem Gleichgewichtsdampfdruck in der Gasphase vertreten sein läßt und z. B. den Gleichgewichtsdruck von CO_2 bei der $CaCO_3$-Zersetzung aus dem Gasgleichgewicht mit den Dämpfen von CaO und $CaCO_3$ bestimmt. Diese Methode scheint uns jedoch nur als gedankliches Hilfsmittel Bedeutung zu haben und diese zu verlieren, sobald man die für die Affinität maßgebende Größe (das chemische Potential) der kondensierten Phase auf direkterem Wege als durch Angabe des Dampfdruckes festlegen kann.

und „Rest"-Glieder. Speziell erhalten wir für $\mathfrak{K}$ nach § 11, Gleichung (15), und § 14, Gleichung (2):

$$\frac{\mathfrak{K}}{RT} = \frac{\Sigma \nu_i \mu_i}{RT} = \frac{\mathfrak{K}}{RT} + \Sigma \nu_i \ln x_i = \frac{\Sigma \nu_i \mu_i}{RT} + \Sigma \nu_i \ln x_i, \tag{1}$$

wobei unter μ_i, d. i. dem μ des Stoffes i in der Mischung von Grundkonzentration, das chemische Potential des reinen Gases i vom Druck p zu verstehen ist, das auch mit $\mu^{(\mathfrak{g}_i)}$ bezeichnet werden kann. Für die Grundarbeit können wir daher sogleich die Entwicklung (27a), § 13, übernehmen:

$$\left.\begin{aligned} \frac{\mathfrak{K}}{RT} = \frac{\Sigma \nu_i \mu^{(\mathfrak{g}_i)}}{RT} = \frac{\mathfrak{U}_{(0)}}{RT} - \sum \nu_i \frac{5 + r^{(i)}}{2} \ln T - \sum \nu_i \int_0^T \frac{dT}{RT^2} \int_0^T c_z^{(i)}\, dT \\ + \bar{\nu} \ln p - \Sigma \nu_i \left(i + i_r + \ln g_{(0)}\right)^{(i)}. \end{aligned}\right\} \tag{2}$$

Hier bedeutet $\mathfrak{U}_{(0)}$ die Reaktionsenergie beim absoluten Nullpunkt, $\bar{\nu}$ die algebraische Summe aller in der Reaktionsgleichung auftretenden Äquivalentzahlen und damit den zahlenmäßigen Überschuß der gebildeten über die verschwindenden Moleküle bei einem Formelumsatz. $\mathfrak{U}_{(0)}$, das ja für Reaktionen zwischen idealen Gasen wegen der Beziehung $\mathfrak{U} = \mathfrak{W} - \bar{\nu} R T$ und mit noch allgemeinerem Geltungsbereich auf Grund des NERNSTschen Theorems gleich $\mathfrak{W}_{(0)}$ ist, hängt mit der bei einer höheren Temperatur T gemessenen Wärmetönung $\mathfrak{U}$ bei konstantem Volum oder $\mathfrak{W}$ bei konstantem Druck durch die Beziehungen zusammen:

$$\mathfrak{U}_{(0)} = \mathfrak{U}_{(T)} - \int_0^T \Sigma \nu c_v \, dT = \mathfrak{W}_{(T)} - \int_0^T \Sigma \nu c_p \, dT.$$

Es kann hier überall auch $\mathfrak{U}$ und $\mathfrak{W}$ geschrieben werden, da ja für ideale Gase die Mischungswärmen gleich Null sind (§ 14, S. 281).

Die Eigenschaft der Normalarbeit $\mathfrak{K}$, nur mit Druck und Temperatur zu variieren, nicht aber mit dem Mischungsverhältnis, verschafft ihr im Gleichgewicht ($\mathfrak{K} = 0$) eine besondere Bedeutung. Dann gibt nämlich $\frac{\mathfrak{K}}{RT}$ den konstanten Wert an, auf den sich im Gleichgewicht die Summe $\Sigma \nu_i \ln x_i$ in anfangs beliebig zusammengesetzten Systemen stets einstellen muß. Man setzt daher:

$$\frac{\mathfrak{K}}{RT} = -\ln \mathbf{K} \tag{3}$$

und bezeichnet die Größe $\mathbf{K}$, die sich nach (2) in der Form:

$$\left.\begin{aligned} \ln \mathbf{K} = -\frac{\mathfrak{U}_{(0)}}{RT} + \sum \nu_i \frac{5 + r^{(i)}}{2} \ln T + \sum \nu_i \int_0^T \frac{dT}{RT^2} \int_0^T c_z^{(i)}\, dT - \bar{\nu} \ln p \\ + \Sigma \nu_i \left(i + i_r + \ln g_{(0)}\right)^{(i)} \end{aligned}\right\} \tag{2a}$$

darstellen läßt, als *Gleichgewichtskonstante* der Reaktion. Diese „Konstante", die in Wirklichkeit eine Funktion von p und T ist, beherrscht offenbar sowohl die Affinitäts- und Arbeitsfragen wie die Gleichgewichte in idealen Gasgemischen, so daß das Studium dieses Teiles der chemischen Thermodynamik sich auf das Studium von $\mathbf{K}$ beschränken kann.

Verzichtet man auf die Anknüpfung an absolute Nullzustände und geht von einer beliebigen anderen Normaltemperatur T_0 und einem Normaldruck p_0 aus, den wir gleich 1 annehmen wollen, so gilt für $\mathfrak{K}$ die Darstellung (11), § 11, die unter Berücksichtigung der idealen Gaseigenschaften die Form annimmt:

$$\left.\begin{aligned} \frac{\mathfrak{K}}{RT} &= \frac{\mathfrak{K}_{(T_0)}}{RT_0} - \int_{T_0}^{T} \frac{\mathfrak{W}}{RT^2}\, dT + \bar{\nu} \ln p \\ &= \frac{\mathfrak{W}_{(T_0)}}{RT} - \sum \nu_i \int_{T_0}^{T} \frac{dT}{RT^2} \int_{T_0}^{T} c_p^{(i)}\, dT + \bar{\nu} \ln p - \frac{\mathfrak{S}_{(T_0)}}{R} \end{aligned}\right\} . \tag{4}$$

Hier bedeutet $\mathfrak{W}$ sowohl die Wärmetönung pro Mol Umsatz beim Reagieren der *reinen* Gase miteinander als auch die bei jedem beliebigen Mischungsverhältnis (immer unter dem Normaldruck $p_0 = 1$).

Die aus (4) folgende neue Darstellung für $\mathbf{K}$ ist:

$$\ln \mathbf{K} = -\frac{\mathfrak{W}_{(T_0)}}{RT} + \sum \nu_i \int_{T_0}^{T} \frac{dT}{RT^2} \int_{T_0}^{T} c_p^{(i)}\, dT - \bar{\nu} \ln p + \frac{\mathfrak{S}_{(T_0)}}{R} . \tag{4a}$$

Sind die Standardbildungsgrößen der Reaktionsteilnehmer bekannt, so können die Größen $\mathfrak{W}_{(T_0)}$ und $\mathfrak{S}_{(T_0)}$ durch die $\mathfrak{w}$ und $\mathfrak{s}$ der Einzelgase in bekannter Weise ausgedrückt werden. Man kann natürlich auch nach Belieben $\mathfrak{U}_{(T_0)} + RT_0$ statt $\mathfrak{W}_{(T_0)}$ und $c_v + R$ statt c_p einführen.

Reaktionsgleichgewicht: Das Massenwirkungsgesetz. Im Gleichgewicht ist nach (1) und (3):

$$\left.\begin{aligned} \sum \nu_i \ln x_i &= \ln \mathbf{K} \\ \text{oder} \qquad x_1^{\nu_1} \cdot x_2^{\nu_2} \cdot x_3^{\nu_3} \ldots &= \mathbf{K} . \end{aligned}\right\} \tag{5}$$

Das ist die Formel des Massenwirkungsgesetzes, so genannt nach der reaktionskinetischen Ableitung, mit welcher es seine Entdecker, GULDBERG und WAAGE (1867), zuerst mitgeteilt haben[1]. Diese Ableitung, in der zunächst die Volumkonzentrationen c statt der Molenbrüche x auftreten, stützt sich darauf, daß die Zahl der für das Fortschreiten der Reaktion in Frage kommenden Zusammenstöße den Konzentrationsprodukten der reagierenden, die Zahl der für die Rückbildung der Ausgangsstoffe günstigen Zusammenstöße aber den Konzentrationsprodukten der durch die Reaktion entstandenen Stoffe proportional und schließlich beide Zahlen im Gleichgewicht einander gleich gesetzt werden[2]. In diesem Beweis ist ebenso wie in unserer thermodynamischen Ableitung (wegen der Gesetze für die Mischungsarbeiten idealer Gase, die ja in dem $\sum \nu \ln x$-Glied enthalten sind) vorausgesetzt, daß die Moleküle keine spezifische Attraktion aufeinander ausüben und sich überhaupt, außer bei dem Reaktionsvorgang selbst, gegenseitig nicht stören, womit zugleich die Beschränkungen der Anwendbarkeit des Gesetzes angedeutet sind.

Das Massenwirkungsgesetz stellt wie jede chemische Gleichgewichtsbedingung in einer Mischphase eine Beziehung zwischen p, T und den unabhängigen Mischungsverhältnissen des Systems dar. Besteht in bezug auf eine homogene Gasreaktion Gleichgewicht, so ist also z. B. eines der Mischungsverhältnisse durch die übrigen unabhängig zu gebenden sowie durch p und T bestimmbar (die Zahl der unabhängigen Variabeln ist um 1 vermindert). Wir wollen die Diskussion so führen, daß wir zunächst $\mathbf{K}$ (durch p und T) als gegeben annehmen und die

[1] Etudes sur les affinités chimiques. Christiania 1867. OSTWALDS Klassiker Nr. 104. Zur Vorgeschichte des Gesetzes vgl. NERNST: Theoretische Chemie, 8.—10. Aufl., S. 518.

[2] Eine ausführliche Darstellung dieses Beweises bei NERNST: a. a. O.

Abhängigkeit eines der Mischungsverhältnisse von den übrigen studieren, wobei wir zugleich noch andere Formen der Gleichgewichtskonstanten zu besprechen haben; sodann werden wir die verschiedenen Daten, von denen **K** abhängt, untersuchen.

Ausbeutebestimmungen. Die Bestimmung eines abhängigen Mischungsverhältnisses hängt mit der praktischen Aufgabe zusammen, die Ausbeute an einem gasförmigen Reaktionsprodukt (bei gegebenen p und T) festzustellen, wenn die nötigen Daten über anfänglich vorhandene Reaktionsteilnehmer gegeben sind. Hierbei kann man von der Berücksichtigung solcher Gase, die sich nicht an der Reaktion beteiligen, absehen, wenn man in den Reaktionsgleichungen p-Werte benutzt, die aus dem gegebenen Gesamtdruck durch Subtraktion des Partialdruckes der nichtbeteiligten Gasarten gewonnen sind, und auch die Molenbrüche nur für die reagierenden und durch die Reaktion entstehenden Stoffe bildet. In der Tat sind wegen der Additivität der Freien Energie und des Gesamtdruckes idealer Gasmischungen alle Arbeits- und Wärmeeffekte und damit auch die Gleichgewichtsbedingungen von der Anwesenheit neutraler Zusatzgase unabhängig.

Als einfachstes Beispiel wählen wir das der Dissoziation eines (zunächst resistent gedachten) zweiatomigen Moleküls, z. B. J_2, in zwei gleiche Atome, $2\,J$. Die Reaktion hat die Form:

$$J_2 \rightarrow 2\,J$$

$$\nu_1 = -1\,, \quad \nu_2 = +2\,.$$

Das Massenwirkungsgesetz für das Gleichgewicht lautet also:

$$\frac{x_2^2}{x_1} = \mathbf{K}\,,$$

wobei $x_2 = \frac{n_2}{n_1 + n_2}$, $x_1 = \frac{n_1}{n_1 + n_2}$ ist und n_1 die (Molen-) Zahl der undissoziierten Jodmoleküle, n_2 die der Jodatome bedeutet. Diese n_2 Jodatome können als Bestandteile von $n_1' = \frac{n_2}{2}$ dissoziierten Jodmolekülen betrachtet werden. Als primär gegeben sehen wir die Gesamtzahl $n_1 + n_1'$ der (teils dissoziierten, teils undissoziierten) Jodmoleküle an; gefragt wird nach der relativen Anzahl von Jodmolekülen, die im Gleichgewicht dissoziiert sind, also nach der Zahl $\frac{n_1'}{n_1 + n_1'}$, die als Dissoziationsgrad α bezeichnet wird:

$$\alpha = \frac{n_1'}{n_1 + n_1'}\,.$$

Man findet:

$$n_1 = (n_1 + n_1')\,(1 - \alpha)$$

$$n_2 = 2\,(n_1 + n_1')\,\alpha$$

$$n_1 + n_2 = (n_1 + n_1')\,(1 + \alpha)$$

$$x_1 = \frac{1 - \alpha}{1 + \alpha}\,, \quad x_2 = \frac{2\alpha}{1 + \alpha}\,, \quad \frac{x_2^2}{x_1} = \frac{4\alpha^2}{1 - \alpha^2}\,,$$

also:

$$\frac{4\alpha^2}{1 - \alpha^2} = \mathbf{K}\,.$$

Hieraus folgt die wichtige Abhängigkeit des Dissoziationsgrades von der Gleichgewichtskonstanten. Ist **K** groß gegen 1, was sich (wegen des Auftretens von $\frac{1}{p^{\bar{\nu}}}, = \frac{1}{p^{\nu_1 + \nu_2}} = \frac{1}{p}$ in unserem Falle, in **K**) bei Dissoziationsreaktionen

($\bar{\nu} > 1$) immer durch genügend geringe Drucke erreichen läßt (s. w. u., S. 315), so ist α mit beliebiger Annäherung $= 1$, alle Moleküle sind dissoziiert; für $\mathbf{K} \ll 1$ wird dagegen α ebenfalls $\ll 1$, fast nur undissoziierte Moleküle sind vertreten. Auf diese Eigenschaft von Dissoziations- und Assoziationsgleichgewichten haben wir schon früher (§ 14, S. 288) hingewiesen.

Ausbeutedefinitionen bei komplizierten Reaktionen werden wir in mehreren Anwendungsbeispielen (Kapitel H, Beispiel 7 bis 10) behandeln.

Andere Gleichgewichtskonstanten. In der Chemie ist eine andere Formulierung des Massenwirkungsgesetzes und eine andere Definition der Gleichgewichtskonstanten $\mathbf{K}$ noch gebräuchlicher. Multipliziert man in dem Molenbruchprodukt $x_1^{\nu_1} \cdot x_2^{\nu_2} \ldots$ jeden Molenbruch mit dem Gesamtdruck p sämtlicher an der Reaktion beteiligten Gasarten, so erhält man das Partialbruchprodukt, das im Verhältnis $p^{\bar{\nu}}$ mal größer als das Molenbruchprodukt ist. Man hat also:

$$p_1^{\nu_1} \cdot p_2^{\nu_2} \cdot p_3^{\nu_3} \ldots = p^{\bar{\nu}} \cdot \mathbf{K} = \mathbf{K}_p, \tag{5a}$$

wobei $\mathbf{K}_p$ wieder eine Konstante bedeutet, die noch von p und T abhängen kann. Da $\ln \mathbf{K}_p = \ln \mathbf{K} + \bar{\nu} \ln p$ ist, sieht man jedoch z. B. durch Einsetzen in (2a) sofort, daß $\mathbf{K}_p$ überhaupt nicht mehr von p abhängt, sondern eine reine Temperaturfunktion ist, auch unabhängig von $\mathfrak{V}$. [Dasselbe könnte man direkt aus Gleichung (1) und (2) ableiten, wenn man dort jedes $\ln x_i + \ln p$ zu $\ln p_i$ zusammenfaßt.] $\mathbf{K}_p$ hat somit gewissermaßen einen absoluteren Charakter als $\mathbf{K}$ (oder $\mathbf{K}_x$, wie wir auch schreiben könnten) und eignet sich in der Tat in manchen Fällen zur Diskussion chemischer Affinitäts- und Gleichgewichtsverhältnisse besser als die bisher benutzte Größe. So fällt z. B. bei Benutzung von (5a) zu Ausbeutebestimmungen die Berücksichtigung nicht beteiligter Gase von vornherein fort; ferner kann in Fällen, wo die Partialdrucke aller an der Reaktion beteiligten Gase bis auf eines etwa durch Gleichgewichte mit Kondensaten gegeben sind (§ 16), aus dem Wert von $\mathbf{K}_p$ sogleich der im Gleichgewicht vorhandene unbekannte Partialdruck bestimmt werden.

Eine dritte Gleichgewichtskonstante $\mathbf{K}_c$ erhält man, wenn man statt der Partialdrucke die Volumkonzentrationen c_i einführt, die ja bei idealen Gasen gleich $\frac{p_i}{RT}$ sind. Es gilt dann:

$$c_1^{\nu_1} \cdot c_2^{\nu_2} \ldots = \mathbf{K}_p \cdot \left(\frac{1}{RT}\right)^{\bar{\nu}} = \mathbf{K}_x \cdot \left(\frac{p}{RT}\right)^{\bar{\nu}} = \mathbf{K}_c. \tag{5b}$$

Auch $\mathbf{K}_c$ ist hiernach wie $\mathbf{K}_p$ vom Druck und vom Volum unabhängig.

Kombinationsgesetze der Gleichgewichtskonstanten. Gehen wir auf die Bedeutung von $\mathbf{K}$ nach Gleichung (3) zurück, so ergibt sich ein in manchen Fällen wichtiges Kombinationsgesetz für die Gleichgewichtskonstanten von Reaktionen, die sich aus Einzelreaktionen additiv zusammensetzen lassen [z. B. die DEACON-Reaktion $4\,HCl + O_2 \rightarrow 2\,Cl_2 + 2\,H_2O$ aus den Einzelreaktionen $2 \times (2\,HCl \rightarrow H_2 + Cl_2)$ und $-1 \times (2\,H_2O \rightarrow 2\,H_2 + O_2)$]. Bezeichnen wir die Normalarbeitskoeffizienten der Einzelreaktionen mit $\mathfrak{R}'$, die Äquivalentzahlen, mit denen sie eingesetzt werden müssen, um die Normalarbeit $\mathfrak{R}$ der Kombinationsreaktion zu ergeben, mit ν', so ist:

$$\mathfrak{R} = \sum \nu' \mathfrak{R}'.$$

Daraus folgt:

$$\ln \mathbf{K} = \sum \nu' \ln \mathbf{K}'$$

und für das Gleichgewicht:

$$x_1^{\nu_1} \cdot x_2^{\nu_2} \ldots = \mathbf{K} = \mathbf{K}'^{\nu'} \cdot \mathbf{K}''^{\nu''} \ldots \tag{6}$$

Bedeutet also im Falle des DEACON-Prozesses **K**′ die Gleichgewichtskonstante der HCl-Zersetzung, **K**″ die der H_2O-Zersetzung im Sinne der obigen Reaktionsformeln, so gilt für den Gesamtprozeß:

$$\frac{x_{Cl_2}^2 \cdot x_{H_2O}^2}{x_{O_2} \cdot x_{HCl}^4} = \frac{\mathbf{K}'^2}{\mathbf{K}''}.$$

Ganz entsprechende Kombinationsgesetze gelten für die beiden anderen Formen $\mathbf{K}_p$ und $\mathbf{K}_c$ der Gleichgewichtskonstante.

Druck- und Temperaturgang der Gleichgewichtskonstante. Während die Konstanten $\mathbf{K}_p$ und $\mathbf{K}_c$ vom *Gesamt*druck nicht abhängen, ist dies nach (2a) für die Gleichgewichtskonstante $\mathbf{K}_x$, die bei gegebenem Gesamtdruck doch die direkteste Bedeutung hat, der Fall. Es gilt:

$$\mathbf{K} \text{ prop. } p^{-\bar{\nu}}. \tag{7}$$

Die Gleichgewichte solcher Gasreaktionen, die nicht mit einer Änderung der Molekülzahl verbunden sind ($\bar{\nu} = 0$), z. B. $2\,HJ \rightarrow H_2 + J_2$, sind also vom Druck unabhängig; Reaktionen mit im Effekt assoziierendem Charakter ($\bar{\nu} < 0$) werden durch *erhöhten Druck begünstigt*, dissoziierende dagegen durch *geringen* Druck, in Verallgemeinerung der Beziehungen, die wir oben (S. 313/14) für die einfache Dissoziation eines Moleküls ableiteten (vgl. auch § 28 S. 494/95).

Die *Temperaturabhängigkeit* bei konstantem Druck ist für $\mathbf{K}_x$ und $\mathbf{K}_p$ die gleiche; das temperaturabhängige Glied von $\ln \mathbf{K}$ hat nach (2a) die Form:

$$-\frac{\mathfrak{U}_{(0)}}{RT} + \sum \nu_i \frac{5 + r^{(i)}}{2} \ln T + \sum \nu_i \int_0^T \frac{dT}{RT^2} \int_0^T c_z^{(i)}\, dT.$$

Entsprechend wie beim Dampfdruck sind die Gebiete, in denen $\frac{\mathfrak{U}_{(0)}}{RT}$ zahlenmäßig wesentlich größer oder kleiner als $\sum \nu_i \frac{5 + r^{(i)}}{2}$ ist, zu trennen; im ersten Gebiet überwiegt für **K** der exponentielle Anstieg oder Abfall mit der Temperatur ($\mathfrak{U}_{(0)}$ kann ja hier, je nach dem Sinne der Reaktion, positiv oder negativ sein), im zweiten Gebiet, das allerdings nur bei Reaktionen mit geringem Energieumsatz experimentell leicht zugänglich ist, spielen die spezifischen Wärmen die Hauptrolle und bewirken einen milderen Temperaturgang. Numerische Beispiele für den Temperaturgang von Gleichgewichtskonstanten werden in Kapitel H (Beispiel 7 bis 10) besprochen.

Dies sind die integralen Abhängigkeiten der Gleichgewichtskonstanten von p und T. Die Differentialbeziehungen werden daraus gewonnen, daß die $\ln \mathbf{K}_x$ dieselbe Temperatur- und Druckabhängigkeit zeigen müssen wie $-\frac{\mathfrak{R}}{RT}$. Wir haben also nach § 5, Gleichung (15), und § 4, Gleichung (16) (oder auch als direkte Folgerung des Φ-Stammbaums):

$$\frac{\partial \ln \mathbf{K}}{\partial T} = \frac{\mathfrak{W}}{RT^2}, \tag{8}$$

$$\frac{\partial \ln \mathbf{K}}{\partial p} = -\frac{\mathfrak{V}}{RT} = -\frac{\bar{\nu}}{p}, \tag{9}$$

beides, wie man sich überzeugt, in Übereinstimmung mit den integralen Formeln.

Für den Temperaturgang von $\mathbf{K}_p$ bei konstantem Gesamtdruck gilt das gleiche, da sich $\ln \mathbf{K}_p$ von $\ln \mathbf{K}_x$ ja nur durch das Glied $\bar{\nu} \ln p$ unterscheidet. Dagegen ist, wie bemerkt, $\frac{\partial \mathbf{K}_p}{\partial p} = 0$.

Der Temperaturgang der nur temperaturabhängigen Größe $\ln \mathbf{K}_c$, die sich nach (5b und c) von $-\frac{\mathfrak{K}}{RT}$ durch $\bar{\nu} \ln \frac{p}{RT} = \bar{\nu} \ln v$ unterscheidet, berechnet sich aus:

$$\frac{d \ln \mathbf{K}_c}{dT}_{(v)} = -\frac{1}{R} \frac{\partial \left(\frac{\mathfrak{K}}{T}\right)}{\partial T}_{(v)} = \frac{\mathfrak{U}}{RT^2} \qquad (10)$$

[nach Gleichung (3), § 5]. Gleichung (10) wird vielfach als VAN'T HOFFsche „*Reaktionsisochore*" bezeichnet.

Der Absolutwert der Gleichgewichtskonstante. Außer den temperatur- und druckabhängigen Gliedern in den $\mathbf{K}$ ist schließlich noch das absolut konstante Glied zu diskutieren, das in der Darstellung (2a) in der Form $\sum \nu_i (i + i_r + \ln g_{(0)})^{(i)}$ auftritt, das wir mit i_K bezeichnen und das auch in $\ln \mathbf{K}_p$ und $\ln \mathbf{K}_c$ den gleichen Wert besitzt[1]. Dabei hat nach (13) und (15a), § 13, jede der Konstanten i den Wert:

$$i = 10{,}17 + \tfrac{3}{2} \ln \mathbf{M}.$$

Rechnen wir aber, wie es gebräuchlich ist, in (2a) mit BRIGGschen Logarithmen und Atmosphärendruck, so tritt an Stelle von i_K eine Konstante C_K mit C-Beiträgen [s. Gleichung (11) und (15c), § 13]:

$$\left.\begin{aligned} C_K &= \sum \nu_i (C + C_r + \log g_{(0)})^{(i)}, \\ C &= 0{,}4343 \cdot i - 6{,}0057 = -1{,}587 + \tfrac{3}{2} \log \mathbf{M}, \\ C_r &= 0{,}4343 \cdot i_r. \end{aligned}\right\} \qquad (11)$$

Für Gase ohne Rotationsfreiheitsgrade, die das Quantengewicht $g_{(0)} = 1$ besitzen, wird also das konstante C_K-Glied in $\log \mathbf{K}$ gleich $\sum \nu_i C_i$, mithin um so größer, je größer das Molekulargewicht $\mathbf{M}$ der entstehenden, um so kleiner, je größer das der verschwindenden Stoffe ist. Auf jeden Fall wird also die Gleichgewichtsverteilung durch dieses konstante Glied zugunsten der schweren Moleküle beeinflußt. Treten Rotationsfreiheitsgrade auf, so ist nach (16), § 13, das Trägheitsmoment des Moleküls für den Wert von i_r maßgebend. Große Trägheitsmomente wirken dann ebenso wie große Massen.

Von hohem Interesse ist ein Vergleich der aus beobachteten Gleichgewichten und beobachteten $\mathfrak{W}$- und c_p-Werten für eine Gasreaktion erschlossenen Konstanten*summe* $i_K = \sum \nu_i (i + i_r + \ln g_{(0)})^{(i)}$ mit der Summe der aus Dampfdruckmessungen (sowie Verdampfungswärmen und c_p-Messungen) ebenfalls experimentell ermittelten Einzelwerte $j^{(i)} = (i + i_r + \ln g_{(0)})^{(g_i)} - \frac{S_{(0)}^{(i,s)}}{R}$ (s. § 16, S. 304) der an der Reaktion beteiligten Gase. Unter diesem Gesichtspunkt haben EUCKEN und FRIED[2] eine größere Anzahl von Gasreaktionen bearbeitet; sie glauben bestimmt nachgewiesen zu haben, daß sich die aus Gasgleichgewichten ermittelte Summe i_K von der berechneten Summe der Einzelwerte $\sum \nu_i j^{(i)}$ häufig um Beträge von etwa $\nu_i \cdot \ln 2$ unterscheidet. Es ist sofort einzusehen, daß diese Feststellung, wenn sie zutrifft, nichts Unmittelbares über die Chemischen Konstanten der beteiligten Gase aussagt, sondern zunächst nur die Frage der Entropiekonstanten der betreffenden *Kondensate* berührt. Bildet man nämlich die hier zur Beurteilung stehende Differenz der Dampfdruckkonstantensumme $\sum \nu_i j^{(i)}$

---

[1] Für $\ln g_{(0)}$ wird auch gelegentlich nach (17a), § 13, $\frac{S_{z(0)}}{R}$ geschrieben.

[2] Z. f. Physik Bd. 29, S. 36—70, 1924; vgl. auch die Diskussion zwischen F. SIMON und A. EUCKEN, zitiert Handb. d. Physik Bd. 10, S. 387.

minus i_K-Summe, so heben sich alle i-, i_r- und $\ln g_{(0)}$-Glieder heraus, und es bleibt nur ein Glied:

$$-\sum \nu_i \frac{s_{(0)}^{(i,s)}}{R} = -\sum \nu_i \ln g_{(0)}^{(i,s)}$$

übrig. Dieses Glied zeigt nun insbesondere dort systematische Abweichungen vom NERNSTschen Sollwert 0, wo *Wasserstoffmoleküle* an der untersuchten Gasreaktion beteiligt sind. Es ergibt sich, daß die beobachtete Differenz in diesen Fällen meist etwa $-\sum \nu_{H_2} \cdot \ln 2$ ist, so daß man dem festen Wasserstoff in Molekülform ein Gewicht zuzuschreiben hätte, das etwa doppelt so groß wäre, wie er es als Bestandteil anderer Atomgruppen (H_2O, NH_3, HCl usw.) besitzen würde.

Die Deutung dieses Befundes wäre im Sinne der Ausführungen des § 13 über H_2 bei tiefen Temperaturen möglich, wenn, wie auch bei der Diskussion der Dampfdruckkonstanten in § 13 (S. 271 f., 275) angenommen, der feste Wasserstoff bei $T = 0$ ein ebensolches Gemisch von resistenten H_2 ($p=0$)- und H_2 ($p=1$)-Molekülen im Verhältnis 1 : 3 darstellte, wie von DENNISON für das Gas bei $T \approx 0$ angenommen wurde. Es wäre dann $g_{(0)} = 2{,}28$ anzunehmen[1]. Es ist plausibel, daß ein ähnlicher Effekt bei festem HCl, H_2O, NH_3 usw. keine Rolle spielt und ebenso bei Molekülen ohne Kerndrall, wie z. B. O_2. Auf die Frage der N_2-, Cl_2-, Br_2- und J_2-Kondensate, denen EUCKEN ebenfalls im festen Zustand ein Quantengewicht ~ 2 zuschreiben möchte, kommen wir im Rahmen des nächsten Titels noch kurz zurück.

Die Rolle des Kerndralls in Gas- und Heterogengleichgewichten[2]. Diese Frage hängt mit derjenigen nach dem Absolutwert der Gasgleichgewichtskonstanten, die wir im vorigen Titel behandelten, aufs engste zusammen. Um ihre Bedeutung auf Grund der in § 12 und 13 wiedergegebenen Quantengewichtsbetrachtungen im allgemeineren Rahmen zu würdigen, wollen wir an dieser Stelle eine Zusammenfassung der Fälle geben, in denen die durch Kerndralleinstellungen bedingte Mannigfaltigkeit in den Reaktionskonstanten der Reaktionen von und mit idealen Gasen eine Bedeutung erhalten kann.

a) *Homogenreaktionen idealer Gase im quasiklassischen Gebiet.* Wir betrachten etwa die Reaktion $N_2 + O_2 \rightarrow 2\,NO$ im Gebiet mittlerer Temperaturen. Wärmetönung und klassische spezifische Wärme seien bekannt, Arbeiten und Gleichgewichte sollen mit diesen Daten aus den chemischen Konstanten i, i_r und etwaigen g_M-Gewichten berechnet werden. Geht in die resultierende Reaktionskonstante i_K außer der (bereits in i_r berücksichtigten) Symmetriezahl noch die Kerndrallmultiplizität der verschiedenen Moleküle ein? Die Antwort lautet verneinend. Nach (20) und (20a), § 13, tritt zwar in den einzelnen g_M ein Kerndrallgewicht $(2s_{K_1} + 1)(2s_{K_2} + 1)$ (für Atom 1 gleich oder ungleich Atom 2) auf. In der Kombination $\sum \nu_i \ln g_{M_i}$ heben sich jedoch dadurch, daß jedes Atom in jeder Bindungsart seine Kerndrallmultiplizität $2s_K + 1$ mit sich führt, die Kerndrallglieder sämtlich wieder heraus.

Dieses Ergebnis ist in einem speziellen Fall, dem der Joddissoziation, von G. E. GIBSON und W. HEITLER[3] durch Grenzübergang von der quantenmäßigen

---

[1] In zur Zeit noch unveröffentlichten Versuchen ist es K. F. BONHOEFFER neuerdings geglückt, die Resistenz der ungeradzahligen gegen die geradzahligen H_2 Moleküle im Gaszustand durch hohen Druck und Katalyse an Kohle aufzuheben. Mit der Prüfung der Frage, ob man es bei dem verflüssigten und gefrorenen Wasserstoff mit dem stabilen oder dem resistenten System der beiden Molekülarten zu tun hat, ist nach freundlicher persönlicher Mitteilung zur Zeit F. SIMON beschäftigt, wobei auch die Frage einer Δu-Anomalie (S. 245/46) geprüft werden soll. Erst dann wird eine völlige Klärung des EUCKEN-Befundes möglich sein.

[2] Der mit der Quantenmechanik nicht vertraute Leser wolle diesen Abschnitt überschlagen.

[3] Z. f. Phys. Bd. 49, S. 465, 1928.

zur quasiklassischen Rotationsbehandlung abgeleitet worden; es gilt nach dem obigen wahrscheinlich ganz allgemein. Voraussetzung ist, daß bei den untersuchten Temperaturen keine Abweichung von dem Gleichgewichtsverhältnis der kernsymmetrischen zu den kern-antisymmetrischen Molekülen vorhanden ist, was unter gewöhnlichen Umständen ja zutreffen wird. Würde es gelingen, in die Reaktion z. B. nur kern-antisymmetrische Stickstoffmoleküle eintreten und ohne Änderung dieses Zustandes mit den anderen Gasen reagieren zu lassen, so wäre das Gleichgewicht wegen des geringeren statistischen Gewichts der p_g-Moleküle des N_2 zugunsten der NO-Moleküle verschoben.

b) *Homogenreaktionen idealer Gase bei quantenmäßiger Rotation.* Gleichviel ob es sich hier nur um quantenmäßige Entartung der eingeführten Rotationswärme oder um Reaktionstemperaturen handelt, bei denen die Rotation nicht mehr quasiklassisch erfolgt, in beiden Fällen ist in dem maßgebenden Glied $\sum \nu_i g_{M_i}$ das Quantengewicht g_M der betreffenden Molekülart oder Molekülarten nach der strengen Quantenmethode (also z. B. auch ohne Einführung einer Symmetriezahl) zu berechnen. So würde bei allen Reaktionen mit H_2-Molekülen, auch dann, wenn sie im quasiklassischen Temperaturgebiet der Rotationswärme stattfinden, in der Reaktionskonstante i_K das Quantengewicht des untersten Rotationszustandes des Wasserstoffs unter Berücksichtigung des HEISENBERGschen Termzerfalls und des Kerndrallgewichts des betreffenden Terms einzusetzen sein, falls man den wirklichen Temperaturverlauf auch der Rotationswärme in dem c_z-Glied von Gleichung (2) dieses Paragraphen berücksichtigt. (Es fällt dann natürlich das $\nu_i \frac{r_i}{2} \ln T$-Glied und ebenso die Konstante $\nu_i i_r$ für das Wasserstoffmolekül fort.) Sowohl für die experimentelle Bestimmung von c_z wie für die von $g_{M(0)}$ kommt es dann darauf an, ob das Wasserstoffgas in seinen p_g- und p_{ung}-Zuständen bei den Messungen bei tiefen Temperaturen resistent ist oder nicht. Ist es, nach der Annahme DENNISONS, bei den gewöhnlichen c_z-Messungen resistent, so ist für $g_{M(0)}$ das in § 13 errechnete effektive Quantengewicht 2,28 einzusetzen; würde man dagegen die Abkühlung so langsam vornehmen, daß sich jeweils das Gleichgewicht zwischen p_g und p_{ung} einstellen könnte, so hätte man mit $g_{M(p=0)}$ zu rechnen. Werden hierbei Reaktionen nur im quasiklassischen Rotationsgebiet untersucht, so würde natürlich der Unterschied in dem g_M und der in dem c_z-Integral sich gerade kompensieren, und es wäre überdies für die Bewertung des H_2-Gliedes der Reaktionsgleichung ebensowohl eine quasiklassische Behandlung des H_2 mit $r = 2$, i_r nach (16), § 13, und Unterschlagung der Kerndrallmultiplizitäten möglich.

Diese zweite, an sich bequemere Behandlung würde jedoch dann unzulässig sein, wenn die Reaktion bei einer Temperatur stattfindet, die für einen oder mehrere der Reaktionsteilnehmer schon im Entartungsgebiet der Quantenrotation liegt. Hier wäre nur die Behandlung mit Einführung der wahren (quantenmäßigen) Rotationswärme im c_z-Glied und mit Benutzung des quantenmäßig berechneten $g_{M(0)}$ zulässig[1]. Es kommt dann, wie schon erwähnt, auch für das Reaktionsgleichgewicht selbst darauf an, ob man die kernsymmetrischen und kernantisymmetrischen Molekülzustände während der Reaktion als gegeneinander resistent anzusehen hat oder nicht. Wird für die Reaktion die Resistenz aufgehoben, dagegen bei der empirischen Bestimmung der c_z das der Versuchstemperatur T entsprechende (und dann schon nicht mehr genau quasiklassische)

[1] Falls man die c_z in diesem Fall nicht bis $T = 0$ hin messen oder berechnen kann, hat natürlich die Einführung von $g_{M(0)}$ keinen Sinn; man muß dann jedoch überhaupt auf eine theoretische Bestimmung der Reaktionskonstanten i_K verzichten.

Verhältnis der verschieden symmetrischen Molekülzustände beibehalten, so treten weitere Komplikationen der $g_{M(0)}$-Bestimmung im Zusammenhang mit einem je nach der Ausgangstemperatur T verschiedenem Verlauf der spezifischen Wärme ein. Immerhin gestatten die allgemeinen Überlegungen des § 13, auch solche Fälle, falls man nur entweder volle Resistenz oder volle Nichtresistenz annehmen kann, in allen Einzelheiten theoretisch zu übersehen.

c) Reaktionen von idealen Gasen mit kondensierten Phasen. Wegen der additiven Zusammensetzung der Reaktionskonstanten aus den Chemischen Konstanten der Reaktionsteilnehmer ist das einzig Neue, was bei statistischer Berechnung der Reaktionskonstanten hier hinzutritt, die Größe der Nullpunktentropie der kondensierten Phasen. Bei der praktisch fast allein in Frage kommenden quasiklassischen Rotationsbehandlung der an der Reaktion beteiligten Gasmoleküle ist für das explizite Auftreten der Kerndrallgewichte nach dem unter a) Gesagten allein die Frage maßgebend: Ist auch bei der Berechnung des $s_{(u)}$ der *festen Körper* schon die völlige Ausbildung aller Kerndrallfreiheiten anzunehmen, oder sind hier bei T_u, im strengen Sinne des NERNSTschen Theorems, noch die Achseneinstellungen der Kerndralle festgelegt? Trifft das letzte zu, so kann man nicht, wie unter a), behaupten, daß die g_K-Gewichte von jedem Reaktionsteilnehmer in jedem chemischen Zustande „mitgeführt" werden und deshalb in der Konstanten der Gesamtreaktion herausfallen; vielmehr wird dann der Gasanteil der Reaktionskonstanten in der Summe $\sum \nu_i \ln g_{M_i}$ resultierende $\ln g_K$-Bestandteile enthalten, und es wird für die Berechnung der Reaktionskonstanten einen Unterschied machen, ob der Kerndrall s_K des betreffenden Atoms gleich 0, $\frac{1}{2}$ oder größer ist. Sind im festen Körper die Kerndrallfreiheitsgrade bei $T = T_u$ bereits voll ausgebildet, so gilt zwar die Behauptung $s_{(u)} = 0$ nicht mehr, aber es ist erlaubt, die nunmehr wieder in allen Zuständen auftretenden Kerndrallfreiheitsgrade von vornherein zu unterschlagen und so zu rechnen, als ob (abgesehen von etwaigen sonstigen Unordnungsmöglichkeiten) $s_{(u)} = 0$ *wäre* und gleichzeitig in den Gasatomen und Molekülen die Mannigfaltigkeit der Kerneinstellung nicht vorhanden wäre.

Am kompliziertesten endlich liegen die Verhältnisse, wenn im festen Körper bei $T = T_u$ oder gar (wie für das metastabile feste H_2 angenommen) bei $T = 0$ die Kerndrallfreiheiten weder vollkommen unterdrückt noch vollkommen ausgebildet sind; dann treten zu dem $\sum \nu_i \ln g_{M_i}$-Glied der gasförmigen Teilnehmer in der Reaktionskonstanten noch $\sum \nu_i s_{(u)}^{(i)}$-Beiträge der festen Körper hinzu, die nur bei genauer Kenntnis der Kernquantelung im festen Körper, eventuell unter Berücksichtigung vorhandener Resistenzen in den Übergängen, ermittelt werden können. Dieses Problem ist, wie in § 12 erwähnt, noch nicht als gelöst zu betrachten. Was den im vorigen Titel offengelassenen Fall des N_2-, Cl_2- usw. Kondensats betrifft, so möge hier nur noch darauf hingewiesen werden, daß bei unvollkommener Entwicklung der Kerndrallfreiheitsgrade auch, im Gegensatz zu der quasiklassischen Behandlung im Gaszustand, ein Unterschied zwischen den verschiedenen Isotopen eines Stoffes, also etwa zwischen $Cl_{35,35}$ und $Cl_{35,37}$ bestehen kann, sofern die betreffenden Atomkerne überhaupt einen Drall besitzen und speziell wenn dieser Drall bei beiden verschieden ist.

Nichtideale Gase. Wir kehren nunmehr zu unserem Hauptthema, den Reaktionen in Gasmischungen, zurück. Nach den Ausführungen des § 11 betrachten wir eine in *nichtidealer* Gasmischung vom Druck p ablaufende Reaktion als aus zwei Teilen zusammengesetzt: einer Grundreaktion, die zwischen den reinen idealisierten Gasen, jedem vom Druck p, abläuft, und den Resteffekten, die sich beim Zusammentreten dieser idealisierten Einzelgase zum nichtidealen Gemisch abspielen. Dann setzt sich also auch wieder der $\mathfrak{K}$-Wert der betrachteten Reaktion zusammen aus einem Grundglied $\boldsymbol{\mathfrak{K}}$ und der Summe von Restgliedern $\mathfrak{k}_i$, wobei jetzt $\frac{\mathfrak{k}_i}{RT}$ nach (4) und (10), § 14 dargestellt wird durch:

$$\frac{\mathfrak{k}_i}{RT} = \ln x_i + \frac{1}{RT}\int_0^p (v_i - \boldsymbol{v})\, dp = \ln a_i\,.$$

Beim Aufbau von $\boldsymbol{\mathfrak{K}}$, der wieder nach (2) oder (4) zu erfolgen hat, sind Wärmetönungen und spezifische Wärmen zu verwenden, die bei genügender Verdünnung beobachtet wurden. $\boldsymbol{v}$ ist das Molvolum des idealen Gases $= \frac{RT}{p}$. Bei Verwendung der Aktivitäten a_i erhalten wir die Gleichung:

$$\frac{\mathfrak{K}}{RT} = \frac{\boldsymbol{\mathfrak{K}}}{RT} + \sum \nu_i \ln a_i = -\ln \mathbf{K} + \sum \nu_i \ln a_i\,, \tag{12}$$

die zu (1) vollständig analog ist. Die idealisierte Gleichgewichtskonstante $\mathbf{K}$ ist nach (2a) oder (4a) zu berechnen. Es läßt sich also (nach dem Vorgang von LEWIS) das Massenwirkungsgesetz in derselben Form und mit derselben Temperatur- und Druckabhängigkeit der Gleichgewichtskonstante beibehalten, wenn man nur statt der Molenbrüche x die Aktivitäten a einführt:

$$a_1^{\nu_1} \cdot a_2^{\nu_2} \ldots\ldots = \mathbf{K}\,. \tag{13}$$

Ebenso gelten die Partialdruckformen des Massenwirkungsgesetzes unverändert, wenn man statt der Partialdrucke p_i die mit f_i $\left[\text{definiert nach (12), § 14, durch } \ln f_i = \frac{1}{RT}\int_0^p (v_i - \boldsymbol{v})\, dp\right]$ multiplizierten Größen $f_i p_i$ einführt. [$f_i p_i = a_i p$ wird von LEWIS als „Fugazität" des betreffenden Gases mit dem Buchstaben f bezeichnet; wir schließen uns der Bezeichnung von P. DEBYE, Phys. Ztschr. Bd. 25, S. 97 (1924) an.] Dagegen führt die Gleichung $\ln \mathbf{K}_c = \sum \nu_i \ln c f_i^*$ zu einem etwas anders definierten Aktivitätskoeffizienten f_i^*. Es gilt nämlich dann, wie man durch Vergleich der Formeln für $\ln \mathbf{K}_p$ und $\ln \mathbf{K}_c$ leicht sieht [Gl. (5), (5a), (5b)], die Beziehung $p x_i f_i = RT c_i f_i^*$. Nun ist zwar für ideale Gase $p x_i = RT c_i$, wie man ohne weiteres durch Umformung der idealen Gasgleichung erkennt, aber nicht für reale; also ist $f_i^* \neq f_i$, und zwar gilt $f_i^* = f_i \frac{p x_i}{c_i RT} = f_i \frac{p \sum x_i v_i}{RT} = f_i \frac{\sum x_i v_i}{\boldsymbol{v}}$. Doch ist es ohne größeres praktisches Interesse, auf diese Dinge näher einzugehen.

Muß die in den $\boldsymbol{\mathfrak{K}}$ oder $\ln \mathbf{K}$ nach (2) (mit $\boldsymbol{\mathfrak{U}}_{(0)} = \boldsymbol{\mathfrak{U}} - \int_0^T \sum \nu\, c_v\, dT$) und (4) auftretende Wärmetönung $\boldsymbol{\mathfrak{U}}$ oder $\boldsymbol{\mathfrak{W}}$ [nach (11), § 5, $= \boldsymbol{\mathfrak{U}} + \bar{\nu} RT$] durch kalorimetrische Messung bestimmt werden und kann man den Versuch nicht so ausführen, daß die Gase vor und nach der Reaktion genügend verdünnt sind, so ist noch die Differenz $\mathfrak{U} - \boldsymbol{\mathfrak{U}} = \mathfrak{u}$ oder $\mathfrak{W} - \boldsymbol{\mathfrak{W}} = \mathfrak{w}$ zu messen oder nach § 14, Gleichung (8) aus dem Temperaturgang der f_i zu berechnen. Es lassen sich also alle Angaben, die die Bestimmung chemischer Affinitäten und Gleichgewichte mit nichtidealen Gasmischungen betreffen, auf die zusätzliche Bestimmung der f_i der einzelnen Reaktionsteilnehmer in Abhängigkeit von p, T und den Mischungsverhältnissen zurückführen. — Über die Beziehungen, die zwischen den Aktivitätskoeffizienten untereinander und für ihre Temperatur-

und Druckabhängigkeit bestehen, ist schon am Schlusse des § 14 das Nötige gesagt worden.

Gleichgewichte bei nur fiktiv gehemmten Gasreaktionen. Es wurde schon früher (I, § 7, III, § 1, S. 136) darauf hingewiesen, daß die Anwendung thermodynamischer Betrachtungen auf Reaktionen, die unter allen realisierbaren Bedingungen ungehemmt sind, zu wichtigen Aufschlüssen führen kann, falls man mit genügender Sicherheit angeben kann, wie sich sämtliche Reaktionsteilnehmer verhalten würden, wenn die Umsetzung zwischen ihnen gehemmt wäre. Einen solchen Fall haben wir nun bei einer hinreichend idealen Gasmischung, wo die einzelnen Moleküle während des ganz überwiegenden Teiles der Zeit in einer Entfernung voneinander sind, die jede stärkere gegenseitige Beeinflussung ausschließt. Die statistische Betrachtungsweise zeigt, daß die Entropie und Energie und damit die Arbeitsfähigkeit einer derartigen Gasmischung ganz unabhängig davon ist, ob bei Zusammenstößen oder unter dem Einfluß von Strahlung die einzelnen Moleküle gelegentlich miteinander reagieren oder nicht; und für die thermodynamische Betrachtung ist die gedankliche Möglichkeit, die einzelnen Molekülarten in ihrem Momentanzustand fixieren, durch semipermeable Wände trennen und in anderen Mischungsverhältnissen wieder vereinigen zu können, eine im allgemeinen hinreichende Grundlage zur Anwendung der für reale gehemmte Umsetzungen gültigen Beziehungen.

Fragen wir also nur, ob es möglich ist, die zur Bestimmung von Reaktionsarbeiten und damit der Gleichgewichtsbedingungen nötigen Unterlagen für Gasmischungen zu beschaffen, die in den vom Gleichgewicht abweichenden Zuständen nicht bekannt sind. Ohne Zweifel wird das der Fall sein für atomistisch und quantenstatistisch weitgehend erforschte Molekülarten; neuerdings durchgeführt[1] ist z. B. die Rechnung für die Dissoziation des J_2-Moleküls in J-Atome, wo aus Bandenuntersuchungen sowohl die Nullpunktsdissoziationsenergie $U_{(0)}$ wie das Trägheitsmoment J und die Kernschwingungsfrequenz ν bekannt sind. Hieraus und aus dem Atomgewicht $\mathbf{M}$ des Jods lassen sich die Chemischen Konstanten i und i_r für das Molekül sowie die spezifische Wärme des Moleküls mit großer Genauigkeit berechnen; i und $\ln g_E$ für das Atom sind ebenfalls bekannt, letzteres aus der Termdarstellung ${}^2P_{\frac{3}{2}}$ des untersten J-Terms. Man kann dann bei jeder Temperatur den Dissoziationsgrad und damit das Volum bei gegebenem Druck (oder umgekehrt) voraussagen; ferner würde man die aus spezifischen Wärmen und Dissoziationswärmen gemischte Wärmekapazität einer gegebenen Gewichtsmenge Joddampf angeben können. Für die Zustandsgleichung $p = f(V)$ stimmen die so berechneten Ergebnisse mit der tatsächlichen Erfahrung weitgehend überein; es konnte dadurch auch der Schluß bestätigt werden, daß das Kerndrallgewicht im Effekt bei derartigen Reaktionen keine Rolle spielt.

Indessen ist unsere in dieser Weise gewonnene Kenntnis der nicht resistenten Molekülarten und ihrer Einzeleigenschaften im ganzen auf relativ wenige Fälle beschränkt. Bei Atomgruppierungen, die nur in relativ dichten, nicht idealen Gasmischungen in hinreichender Menge auftreten, verhindert außerdem die Unkenntnis der Aktivitätskorrekturen und häufig auch die Fülle der möglichen Bildungen die thermodynamische Ermittlung der Einzeldaten.

Thermodynamik der seltenen Zustände und astrophysikalische Gleichgewichte. Wir wollen uns deshalb bei der Besprechung spezieller ungehemmter Gleichgewichtszustände auf theoretisch einfache Fälle beschränken, in denen die zur Berechnung nötigen Unterlagen durch atomistische und quantenstatistische Daten als gegeben angenommen werden. Wir wollen das thermodynamische Gleich-

---

[1] GIBSON, G. E., u. W. HEITLER: Z. f. Physik Bd. 49, S. 471, 1928.

gewicht zwischen verschiedenen Quantenzuständen desselben Atoms sowie Fragen der Ionisierungsgleichgewichte untersuchen, Fragen, die unter irdischen Verhältnissen meist nur bei höheren Temperaturen und durch besonders auffallende Licht- oder Ladungserscheinungen der betreffenden Gase eine Rolle spielen[1], dagegen auf anderen Gestirnen mit höheren Temperaturen den gesamten Habitus der Materie beherrschen[2].

Wir gehen von einer durch die Quantenforschung nahegelegten Erweiterung des Begriffs der fiktiv gehemmten Zustände aus[3], indem wir jeden Quantenzustand eines Atoms als eine neue isomere Form des betreffenden Atoms ansehen. Für diese Vorstellung bestehen genau die gleichen Rechtfertigungen wie bei der gedanklichen Isolierung sonstiger nicht gehemmt existierender Molekülarten; u. a. kann man auch an Trennungen durch semipermeable Wände auf Grund der verschiedenen Atomkraftfelder denken, die den verschieden angeregten Atomen eigentümlich sind. Zudem sind in neuerer Zeit immer mehr Fälle sog. metastabiler, nicht selbst strahlungsfähiger Anregungszustände bekannt geworden, welche die Brücke zu den wirklich gehemmten Atom- oder Molekülzuständen herstellen.

a) Relative Menge angeregter Atome. Wir untersuchen zunächst das Gleichgewicht zwischen zwei Quantenzuständen desselben Atoms τ^0 und τ^*, die sich durch die Energiedifferenz $u^* - u^0$ (pro Mol) voneinander unterscheiden. Da diese Atome bei allen Temperaturen, also auch bei $T = 0$, durch denselben Quantenzustand, demnach auch denselben inneren Energiewert gekennzeichnet sind, ist u^* und u^0 zugleich mit $u^*_{(0)}$ bzw. $u^0_{(0)}$ identisch; ferner sind die spezifischen Wärmen c_v gleich denen von einatomigen Gasen ohne innere Freiheitsgrade, also $r = 0$, $\gamma_r = 0$, $c_z = 0$. Es gilt also, wenn wir μ hier zweckmäßigerweise in Abhängigkeit von T und den Volumkonzentrationen c^0 bzw. c^* ausdrücken, nach (12a) und (8a), § 13:

$$\left.\begin{aligned} \frac{\mu^0}{RT} &= \frac{u^0}{RT} - \tfrac{3}{2}\ln T - \left(\gamma + \frac{s^0_{z(0)}}{R}\right) + \ln c^0 \\ \frac{\mu^*}{RT} &= \frac{u^*}{RT} - \tfrac{3}{2}\ln T - \left(\gamma + \frac{s^*_{z(0)}}{R}\right) + \ln c^* \end{aligned}\right\}. \tag{14}$$

Die γ sind nach (14), § 13, in beiden Fällen identisch; in den $\frac{s_{z(0)}}{R} = \ln g_{(0)}$ [nach (17a), § 13] treten die Quantengewichte $g^0_{(0)}$ und $g^*_{(0)}$, der beiden Gase beim absoluten Nullpunkt auf, die mit den Quantengewichten der betreffenden Zustände identisch sind.

Man findet demnach aus der Gleichgewichtsbedingung $\mu^* = \mu^0$:

$$\begin{aligned} \ln\frac{c^*}{c^0} &= -\frac{u^* - u^0}{RT} + \ln\frac{g^*}{g^0}, \\ \frac{c^*}{c^0} &= \frac{g^*}{g^0}\cdot e^{-\frac{u^* - u^0}{RT}} \end{aligned} \tag{15}$$

Dieses auch auf direktem statistischem Wege ableitbare[4] Gesetz ist u. a. zur Beurteilung des optischen Verhaltens eines glühenden Gases in Absorption und

---

[1] Allgemeines hierüber in der Abhandlung von SCHOTTKY: Thermodynamik der seltenen Zustände im Dampfraum. Ann. d. Physik Bd. 62, S. 113—169, 1920.

[2] MEGH NAD SAHA: Versuch einer Theorie der physikalischen Erscheinungen bei hohen Temperaturen mit Anwendung auf die Astrophysik. Z. f. Physik Bd. 6, S. 40—55, 1921; Phil. Mag. (6) Bd. 41, S. 267, 1921.

[3] EINSTEIN, A.: Verh. d. dtsch. physik. Ges. Bd. 18, S. 320, 1916.

[4] Eine zusammenfassende statistische Behandlung aller die Gasgleichgewichte betreffenden Fragen findet man in sehr elementarer und vollständiger Form bei R. H. FOWLER und C. G. DARWIN: Phil. Mag. Bd. 44, S. 450 u. 823, 1922; Bd. 45, S. 1, 1923.

Emission außerordentlich wichtig. Stellt man sich unter τ^0 den Normalzustand kleinster Energie vor, unter τ^* den ersten Anregungszustand, so ist meist $u^* - u^0$ so groß gegen RT, daß c^* klein gegen c^0 ist und alle noch höheren Quantenzustände fortfallen. Da das Atom bei dem Übergang von τ^* nach τ^0 (soweit dieser direkt möglich ist) Strahlung der Frequenz ν emittiert, die durch

$$h\nu = (u^* - u^0) \cdot \frac{1}{N}$$

bestimmt ist (u sind bei uns molare Energien, daher die Division durch die LOSCHMIDTsche Zahl N), ist $u^* - u^0$ in bekannter Weise aus dem Emissions- oder Absorptionsspektrum zu ermitteln; man kennt für jede Temperatur den Wert des Exponenten und daher, da c^0 gleich der Gesamtkonzentration gesetzt werden kann, die Konzentration der angeregten Atome. (Der Faktor $\frac{g^*}{g^0}$, der, wie in § 13 erörtert, ebenfalls aus spektroskopischen Daten entnommen werden kann, spielt nur bei feineren und vergleichenden Untersuchungen eine entscheidende Rolle.) Nur wenn die berechnete Konzentration c^* einen gewissen Betrag erreicht, wird man erwarten dürfen, daß das betreffende Gas (bei den spontanen strahlenden Übergängen $\tau^* \rightarrow \tau^0$) „leuchtet"; das Nichtleuchten der meisten erhitzten Gase und Dämpfe, das schon GOETHE interessierte, findet dadurch seine Erklärung, daß wegen der großen Energiedifferenzen $u^* - u^0$, welche die mit sichtbarer Emission verbundenen Quantensprünge charakterisieren, c^* meist verschwindend klein ist. Andererseits treten bei merklichen c^*-Werten neue Absorptionslinien des Gases auf, die, wenn sie sich in Sternspektren bemerkbar machen, dadurch ohne weiteres einen Rückschluß auf die Häufigkeit des Anregungszustandes τ^* und damit auf die Temperatur der äußersten Sternschichten gestatten.

Zur quantitativen Auswertung von (15) geben wir noch die Berechnung des Gliedes $\frac{u^* - u^0}{R} = \frac{\Delta u}{R}$ (von der Dimension einer Temperatur) für die beiden wichtigsten Fälle der Bestimmung aus Spektren und aus Anregungsspannungen an. Für die spektrale Bestimmung denken wir uns die Termtabelle des betreffenden Atoms in Wellenzahlen $\nu' = \frac{\nu}{c}$ gegeben (vgl. etwa LANDOLT-BÖRNSTEIN II, Abschn. 153). Dann gilt, für jeden Term τ:

$$h \cdot \nu'_\tau \cdot c = \frac{u^\tau}{R} \cdot k$$

(c bedeutet hier natürlich die Lichtgeschwindigkeit, $k = \frac{R}{N}$ die BOLTZMANNsche Konstante). Also:

$$\frac{u^\tau}{R} = \frac{h}{k} \cdot c \cdot \nu'_\tau .$$

Mit $\frac{h}{k} = 4{,}77 \cdot 10^{-11}$, $c = 2{,}998_5 \cdot 10^{10}$ ergibt das:

$$\frac{u^\tau}{R} = 1{,}432 \cdot \nu'_\tau \tag{16}$$

und für den Unterschied zweier Terme:

$$\frac{\Delta u}{R} = 1{,}432 \cdot \Delta \nu' . \tag{16a}$$

Die Wellenzahldifferenzen zweier Terme geben also schon größenordnungsmäßig die Temperatur an, bei der [nach (15)] beide Terme in annähernd gleichen Konzentrationen vertreten sind.

Werden Energieunterschiede Δu nicht aus Spektren, sondern durch Untersuchung von Anregungsspannungen bestimmt, so hat man die Δu, statt durch

$\Delta\nu'$, in Volt auszudrücken, d. h. diejenige (z. B. bei Elektronenstoßuntersuchungen direkt gemessene) Potentialdifferenz ΔV anzugeben, die ein Mol Elektronen durchlaufen muß, um die Energiedifferenz Δu eines Mols von Atomen in den Zuständen τ^* und τ^0 zu erreichen. Es wird dann:

$$\frac{\Delta u}{RT} = \frac{F_{\text{cal}}\,\Delta \text{V}}{R_{\text{cal}}\,T} = \frac{\Delta \text{V}}{0{,}859} \cdot \frac{10\,000}{T}. \tag{16b}$$

Für Potentialdifferenzen ΔV, die groß gegen 0,86 V sind, wie bei den Edelgasen, genügt also eine Temperatur von $10\,000^0$ noch nicht, um c^* neben c^0 merkbar werden zu lassen; dagegen ist bei den Alkalimetallen mit $\Delta \text{V} \cong 2$ V eine bemerkbare Konzentration c^* schon bei erreichbaren Temperaturen vorhanden.

Es sei noch erwähnt, daß man von (15) aus, indem man die Gesamtheit der verschiedenen im Gleichgewicht miteinander befindlichen Anregungszustände des betreffenden Gases thermodynamisch als ideales Gasgemisch behandelt, zu einem Ausdruck für die Freie Energie dieses Gemisches kommt, in welchem die innere Freie Energie des Gemisches von selbst in der durch Gleichung (23) und (24), § 13, dargestellten Form auftritt.

b) Ionisierungsgleichgewicht. Es sei ein ionisierbares Gas (z. B. Na-Dampf) gegeben unter Bedingungen, bei denen nur einatomige neutrale Teilchen, einfach ionisierte Atome und freie Elektronen auftreten; die Bedingungen des idealen Gaszustandes seien für alle drei Teilchenarten erfüllt. Gefragt wird nach dem Verhältnis der Konzentration der verschiedenen Teilchen im thermischen Gleichgewicht.

Bei Aufstellung der Gleichgewichtsbedingungen scheint zunächst dadurch eine Komplikation einzutreten, daß außer der chemischen Arbeit $\mathfrak{K}$ auch noch eine elektrische Arbeit zu berücksichtigen ist[1]. Es ergibt sich jedoch, daß bei Reaktionen, deren gesamter Umsatz „an Ort und Stelle" auftritt, diese elektrischen Glieder wieder herausfallen, so daß die Gleichgewichtsbedingung nach wie vor durch die chemischen Potentiale μ allein gegeben ist, ähnlich wie bei dem Dissoziationsgleichgewicht in Elektrolytlösungen. Ist $\mu^\times$ das chemische Potential des neutralen Gases, μ^+ das des ionisierten, μ^- das der Elektronen, so gilt:

$$\mathfrak{K} = \mu^+ + \mu^- - \mu^\times = 0.$$

Drückt man die μ wieder gemäß (12a), § 13, durch die Konzentrationen aus, so ergibt sich, mit $r = 0$, $\gamma_r = 0$ für alle drei Teilchenarten, und Auflösung nach den c:

$$\ln\frac{c^+ c^-}{c^\times} = \frac{3}{2}\ln T + \gamma^+ + \gamma^- - \gamma^\times - \frac{\mu_z^+ + \mu_z^- - \mu_z^\times}{RT}. \tag{17}$$

Hier ist die Auswertung der γ-Summe sehr einfach, weil, wegen der praktisch gleichen Masse, $\gamma^+ - \gamma^\times = 0$ ist; γ^- wird nach (14), § 13:

$$\gamma^- = \gamma_0 + \frac{3}{2}\ln \mathbf{M}^-,$$

wobei $\mathbf{M}^-$ das Molekulargewicht der Elektronen ist.

Das μ_z-Glied wird nach (23), § 13 gleich:

$$+\ln Z^+ + \ln Z^- - \ln Z^\times.$$

[1] Vgl. hierzu W. Schottky u. H. Rothe: Physik der Glühelektroden. Wiens Handb. d. Experimentalphysik Bd. 13 (2), insbes. Kap. 2, § 3 u. Kap. 5, § 6. Leipzig 1928.

Indem wir in den Z ebenso wie bei der Behandlung des Eisendampfes in § 13 die ersten Glieder heraussetzen, erhalten wir:

$$\ln g_{(0)}^{+} - \frac{u_{(0)}^{+}}{RT} + \ln \sum_{\tau} \left(1 + \frac{g_{\tau}^{+}}{g_{(0)}^{+}} e^{-\frac{\Delta u_{\tau}^{+}}{RT}} \right)$$

$$+ \ln g_{(0)}^{-}$$

$$- \ln g_{(0)}^{\times} + \frac{u_{(0)}^{\times}}{RT} - \ln \sum \left(1 + \frac{g_{\tau}^{\times}}{g_{(0)}^{\times}} e^{-\frac{\Delta u_{\tau}^{\times}}{RT}} \right).$$

Hierbei ist schon der Umstand berücksichtigt, daß das freie Elektron keiner höheren inneren Anregungsstufen fähig ist, und es ist ferner angenommen, daß das unbewegte (jedoch mit Drall versehene) freie Elektron als Element des Dissipationszustandes der Energie auftritt. Nehmen wir, was hier zweckmäßig ist, dasselbe für das Ion in seinem untersten Quantenzustand an, so fällt auch das $u_{(0)}^{+}$-Glied fort, und $u_{(0)}^{\times}$ hat dann direkt die Bedeutung der auf die untersten Quantenzustände des Atoms und Ions bezogenen negativen Ionisierungsarbeit pro Mol, die wir mit J bezeichnen.

Das Quantengewicht $g_{(0)}^{-} = g^{-}$ des Elektrons ist wegen $s = 1/2$ gleich $2 \cdot 1/2 + 1 = 2$. Für das freie Ion und das freie Atom sind die etwaigen Atomkerndrall-Gewichte gleich, brauchen also nicht berücksichtigt zu werden; wegen fehlender Rotation bleibt als einziges das Elektronengewicht $g_{E_{(0)}}$ des untersten Energiezustandes beider Teilchen übrig. g_E ist, wie in § 13 ausgeführt, aus dem Termcharakter des untersten Energiezustandes zu entnehmen; für das Na^+-Ion ist z. B. wegen des Edelgascharakters seiner Elektronenhülle $g_{E_{(0)}}^{+} = 2 \cdot 0 + 1 = 1$; dagegen ist für das Na-Atom, wo im Zustand $\tau_{(0)}$ der gesamte Atomimpuls gleich dem Drallimpuls des Valenzelektrons ist, $g_{E_{(0)}} = 2 \cdot 1/2 + 1 = 2$. Also würde in diesem Falle die Summe der $\ln g_{(0)}$ den Betrag $\ln 1 + \ln 2 - \ln 2 = 0$ ergeben. Natürlich gilt das jedoch nicht allgemein.

In den Restsummengliedern wären beim Na^+-Ion bis zu sehr hohen Temperaturen keine weiteren Energiestufen zu berücksichtigen, da die Anregung einer edelgasartigen Elektronenhülle Energien von der Größenordnung 10 V, entsprechend ca. 100000°, erfordert. Dagegen wäre in $Na^{\times}$ bei höheren Temperaturen mindestens der ${}^2P_{1/2}$- und der unmittelbar benachbarte ${}^2P_{3/2}$-Term zu berücksichtigen, deren durch R dividierte Energieunterschiede gegen den Grundzustand nach (16a) durch die Termwellenzahl ν' mittels der Beziehung:

$$\frac{u_{\tau} - u_{(0)}}{R} = 1{,}432\,(\nu'_{\tau} - \nu'_{(0)})$$

gegeben sind. Man erhält so für die erste Anregungsstufe ${}^2P_{1/2}$ den relativen Energiebetrag (in Grad) von 24350°; unmittelbar daneben liegt die Anregungsstufe ${}^2P_{3/2}$ mit einer nur um 22° höheren äquivalenten Temperatur. Die Quantengewichte $g_{\tau}^{\times}$ dieser beiden Stufen sind $2 \cdot 1/2 + 1 = 2$ und $2 \cdot 3/2 + 1 = 4$; für die Berechnung der Restsumme kann man mit einem resultierenden Quantengewicht 6 und einer mittleren äquivalenten Temperatur von etwa 24360° rechnen. Man erhält so als nächstes zu berücksichtigendes Glied der Restsumme für Na^+ den Betrag:

$$-\ln\left\{1 + \frac{6}{2} \cdot e^{-\frac{24360}{T}}\right\},$$

d. h. etwa für $T = 6000$ (Sonnentemperatur) den Betrag $-\ln(1 + 3 \cdot e^{-4{,}06}) = -\ln 1{,}052 = -0{,}05$. Der Effekt ist also derselbe, als wenn (für diese Temperatur) das Quantengewicht $g_{(0)}^{\times}$ 2,05 statt 2,0 wäre. Bei $T = 20\,000$ würde jedoch schon ein scheinbares Gewicht $\ln g'_{(0)} \sim \ln 2$ hinzukommen, und bei noch höheren Temperaturen wären in $\ln Z^{\times}$ auch die nächsten von dem ^2P-Term nur um etwa 7000^0 entfernten Anregungsstufen zu berücksichtigen.

Allgemein ergibt sich aus (17) in Anwendung auf die Elektronenabspaltung eines Atoms:

$$\left.\begin{aligned} \ln \frac{c^+ c^-}{c^{\times}} = \gamma_0 + \ln \frac{2\, g_{(0)}^+}{g_{(0)}^{\times}} + \frac{3}{2} \ln \mathbf{M}^- + \frac{3}{2} \ln T - \frac{J}{RT} \\ + \ln \frac{\sum \left(1 + \frac{g_\tau^+}{g_{(0)}^+} \cdot e^{-\frac{\Delta u_\tau^+}{RT}}\right)}{\sum \left(1 + \frac{g_\tau^{\times}}{g_{(0)}^{\times}} \cdot e^{-\frac{\Delta u_\tau^{\times}}{RT}}\right)}. \end{aligned}\right\} \qquad (18)$$

Das letzte Glied erhält, wie schon aus der Diskussion hervorging, nur eine Bedeutung, wenn angeregte Atome oder Ionen in einer Menge von gleicher Größenordnung vorhanden sind wie unangeregte. Man kann das bei einer etwas anderen Formulierung von (17) und (18) noch direkter sehen: stellt man die Gleichgewichtsbedingung $\mathfrak{K} = 0$ nicht für die gesamten neutralen Atome, Ionen und Elektronen auf, sondern, was nach dem vorigen Titel zulässig ist, nur zwischen den unangeregten Atomen, unangeregten Ionen und Elektronen, so fällt in (18) das Summenglied fort, und es ist nur auf der linken Seite das Konzentrationsprodukt $\frac{c_{(0)}^+ c^-}{c_{(0)}^{\times}}$ statt $\frac{c^+ c^-}{c^{\times}}$ einzuführen.

Um bei gegebenen c die Konzentrationen c^+ und c^- ausrechnen zu können, bedarf es noch einer weiteren Bestimmung, durch die entweder eine der Konzentrationen c^+ oder c^- festgelegt oder eine Beziehung (z. B. die Neutralitätsbeziehung $c^+ = c^-$) zwischen c^+ und c^- gegeben ist. Zur weiteren Diskussion dieser Fälle vgl. den zitierten Handbuchartikel, insbesondere Kapitel V, §§ 6 und 7.

Zum Schluß mag noch eine mehr theoretische als praktische Schwierigkeit erwähnt werden, die bei der Berechnung von Dissoziationsgleichgewichten unter rechenmäßiger Berücksichtigung der höheren Anregungsstufen der Teilnehmer, insbesondere des nicht dissoziierten Atoms oder Moleküls, auftritt. Diese Schwierigkeit besteht darin, daß die Zustandssumme Z aller Atome, bei denen Anregungszustände mit hohen Quantenzahlen eines Elektrons betrachtet werden, auch bei noch so niedrigen Temperaturen aus dem Grunde divergiert, weil die Quantengewichte g_τ mit hohen Werten der Hauptquantenzahl n quadratisch mit n wachsen, während die (auf den Dissipationszustand bezogenen, also negativen) Energien des neutralen Atoms sich in einer immer dichter werdenden Reihe proportional $\frac{1}{n^2}$ dem Nullwert nähern. Die vollständige Aufklärung dieser Schwierigkeit hat M. Planck[1] gegeben. Sein Ergebnis läßt sich qualitativ folgendermaßen formulieren. Die hohen Anregungsstufen haben zwar gegenüber den untersten Quantenzuständen eine überwiegende Zahl von Realisierungsmöglichkeiten, aber erst

[1] Zur Quantenstatistik des Bohrschen Atommodells. Ann. d. Physik Bd. 75, S. 673, 1924.

dann, wenn man (geschlossene) Quantenbahnen von einem Durchmesser zuläßt, der den mittleren Entfernungen der *abdissoziierten* Elektronen entspricht. Unter diesen Umständen läßt sich auch die Phasenraumerfüllung der *geschlossenen* Quantenbahnen quasiklassisch behandeln; und dabei stellt sich heraus, daß die Realisierungsmöglichkeiten dieser geschlossenen Bahnen gegenüber den offenen Bahnen der abdissoziierten Elektronen verschwindend klein sind. Man kann also ohne merklichen Fehler die Zustandssumme bei irgendeinem Anregungszustand abbrechen, bei dem der dazugehörige Bahnradius in die Größenordnung des mittleren Atomabstandes fällt; die Zustandssumme des neutralen Atoms bleibt dann endlich, und die Glieder mit den höchsten darin berücksichtigten Anregungsstufen tragen so wenig zu ihrem Gesamtwert bei, daß es auf die genaue Grenze, bei der man die Summe abbricht, überhaupt nicht ankommt.

§ 18. Gasmischungen und reine Stoffe.

Bei der Betrachtung von Reaktionen und Gleichgewichten zwischen Gasgemischen und reinen Stoffen haben wir hauptsächlich an Reaktionen mit Festkörpern zu denken, da Flüssigkeiten Fremdstoffe leichter aufnehmen. Ein Typ einer solchen Reaktion ist die Verbrennung von fester Kohle zu CO und CO_2, wobei das zu betrachtende Gasgemisch aus O_2, CO und CO_2 sowie eventuell dem Luftstickstoff usw. zusammengesetzt ist. Ein anderer Typ ist die Zersetzung von festem NH_4Cl in NH_3 und HCl. Auf die Behandlungsweise bei merklicher Unreinheit der reagierenden kondensierten Stoffe kommen wir in § 21 und 22 zurück.

Aufspaltung der $\mathfrak{R}$, Gleichgewichtskonstante, Massenwirkungsgesetz. Bei der Berechnung von $\mathfrak{R}$-Werten von Reaktionen zwischen reinen Stoffen und einem Gasgemisch spalten wir wieder in der Mischphase, hier dem Gasgemisch [Phasenindex (g)], die konzentrationsabhängigen Glieder ab, indem wir nach § 14 für jeden gasförmigen Teilnehmer setzen:

$$\mu_i^{(g)} = \mu_i^{(g)} + RT \ln a_i .$$

In $\mathfrak{R} = \sum \nu_i \mu_i$ entspricht dieser Aufteilung eine Zerlegung in:

$$\frac{\mathfrak{R}}{RT} = \frac{\boldsymbol{\mathfrak{R}}}{RT} + \sum \nu_i^{(g)} \ln a_i . \tag{1}$$

Hierbei bedeutet $\boldsymbol{\mathfrak{R}}$ die Normalarbeit der betrachteten Reaktion; die gasförmigen Teilnehmer sind dabei voneinander getrennt im idealen Gaszustand beim Druck p anzunehmen, die kondensierten Körper unter ihrem Reaktionsdruck, in der Regel dem gleichen Druck p. Für a_i kann auch $f_i x_i$ gesetzt werden, wobei der Aktivitätskoeffizient f_i in der in § 14 besprochenen Art aus der Zustandsgleichung der realen Gasmischung bestimmbar ist.

Gleichung (1) entspricht im Aufbau vollkommen den Arbeitsausdrücken für homogene Gasreaktionen (1) und (12), § 17, nur daß das Glied $\sum \nu_i^{(g)} \ln a_i$ nicht alle Reaktionsteilnehmer umfaßt, sondern bloß die gasförmigen, während in dem Normalarbeitsglied $\boldsymbol{\mathfrak{R}}$ auch die festen Teilnehmer auftreten. Man wird also, analog zu (3) und (12), § 17, eine Gleichgewichtskonstante **K** der Reaktion durch die Beziehung

$$\ln \mathbf{K} = -\frac{\boldsymbol{\mathfrak{R}}}{RT}$$

einführen können und in allen Arbeits- und Gleichgewichtsfragen diese nur vom Druck (bzw. den Drucken) und der Temperatur abhängige Größe als maßgebend ansehen; speziell gilt im Gleichgewicht der Reaktion das verallgemeinerte Massenwirkungsgesetz:

$$a_1^{\nu_1^{(g)}} \cdot a_2^{\nu_2^{(g)}} \cdots = \mathbf{K}.$$

Abtrennung der Druckabhängigkeit. Um die Verhältnisse zu beherrschen, ist also neben der Untersuchung der Aktivitätskoeffizienten, die wir uns getrennt vorgenommen denken, die Kenntnis von $\mathfrak{K}$ oder $\mathbf{K}$ nötig. Hier erweist es sich nun, wie früher, bequem, in $\mathfrak{K}$ die druckabhängigen Glieder abzutrennen und auf $p = 1$ Atm. zurückzugehen. Für die Gasteilnehmer ergibt sich hierbei das Glied $\sum \nu_{g_i} \ln p$, da die Gase ja hier als ideale zu betrachten sind. Für die Festkörper (Index s_i) erhält man ein Zusatzglied $\sum \nu_{s_i} \int_1^p v^{(s_i)} dp$. Führen wir noch den Partialdruck $p_i = x_i p$ der Gasteilnehmer als Rechnungsgröße ein, so lautet die allgemeinste Formel für $\mathfrak{K}$:

$$\frac{\mathfrak{K}}{RT} = \frac{\mathfrak{K}(p=1)}{RT} + \sum \nu_{s_i} \int_1^p \frac{v^{(s_i)}}{RT} dp + \sum \nu_i^{(g)} \ln p_i + \sum \nu_i^{(g)} \ln f_i. \tag{2}$$

Wir begnügen uns von jetzt an jedoch mit der Annahme des idealen Gasgesetzes ($f_i = 1$, $g_i = \dot{g}_i$) und vernachlässigen die Molvolume der reinen kondensierten Stoffe neben denen der Gase (Fortfall der $v^{(s_i)}$-Glieder), so daß sich schließlich ergibt:

$$\frac{\mathfrak{K}}{RT} = \frac{\mathfrak{K}(p=1)}{RT} + \sum \nu_i^{(g)} \ln p_i. \tag{2a}$$

Diese Darstellung entspricht der Einführung der Gleichgewichtskonstanten $\mathbf{K}_p$ in § 17; setzen wir:

$$\ln \mathbf{K}_p = -\frac{\mathfrak{K}(p=1)}{RT}, \tag{3}$$

so erhalten wir, analog, wie dort, Gleichung (5a):

$$p_1^{\nu_{g_1}} \cdot p_2^{\nu_{g_2}} \cdots = \mathbf{K}_p. \tag{3a}$$

Aus den Gleichungen (3) und (3a), in welchen $\mathfrak{K}_{(p=1)}$ und $\mathbf{K}_p$ von p unabhängig sind, erkennt man, daß, wie für homogene Gasreaktionen, so auch für Reaktionen von hinreichend idealen Gasmischungen mit festen Körpern die Gegenwart irgendwelcher anderer, nicht an der Reaktion beteiligter Gase für alle Arbeits- und Gleichgewichtsfragen der untersuchten Reaktion belanglos ist.

Aufbau der $\mathfrak{K}$. Über den Aufbau der $\mathfrak{K}$ brauchen wir hier keine neuen Betrachtungen anzustellen, da es sich um eine Grundarbeit bei Reaktionen zwischen reinen Substanzen, unter einem (für die Gase: idealisierten) Normaldruck p_0 (speziell $= 1$ Atm.) handelt. Wir notieren folgende beiden Formeln:

1. Entwicklung von $T = 0$ aus [s. Gleichung (27), § 13]:

$$\left.\begin{aligned} \frac{\mathfrak{K}(p_0)}{RT} = \frac{\mathfrak{W}(0)}{RT} &- \sum \nu_{s_i} \int_0^T \frac{dT}{RT^2} \int_0^T c_p^{(s_i)} dT \\ &- \sum \nu_i^{(g)} \left\{ \frac{5 + r^{(g_i)}}{2} \ln T + \int_0^T \frac{dT}{RT^2} \int_0^T c_z^{(\dot{g}_i)} dT \right\} \\ &- \left\{ \sum \nu_i^{(g)} \left(i + i_r + \ln g_{(0)}\right)^{(g_i)} + \sum \nu_{s_i} \frac{S_{(0)}^{(s_i)}}{R} \right\} \end{aligned}\right\}. \tag{4}$$

Hierbei bedeutet $\mathfrak{W}_{(0)}$ die irreversible Reaktionswärme bei $T = 0$ unter den angegebenen Normalbedingungen; es ist mit $\mathfrak{U}_{(0)}$ und $\mathfrak{K}_{(0)}$ identisch. $s_{(0)}^{(s)}$ ist nach dem NERNSTschen Theorem $= 0$. Alle $c_{(0)}^{(s)}$ und $c_{(0)}^{(g)}$ sind bei Normaldruck zu messen.

2. Entwicklung von einer Normaltemperatur T_0 an, bezogen auf Standardwerte [nach (11), § 11]:

$$\left.\begin{aligned} \frac{\mathfrak{K}_{(p_0)}}{RT} &= \frac{\mathfrak{K}_{(p_0,\,T_0)}}{RT_0} - \int_{T_0}^{T} \frac{\mathfrak{W}}{RT^2}\,dT = \frac{\mathfrak{K}_{(p_0,\,T_0)} - \mathfrak{W}_{(p_0,\,T_0)}}{RT_0} + \frac{\mathfrak{W}_{(p_0,\,T_0)}}{RT} \\ &\quad - \sum \nu_i \int_{T_0}^{T} \frac{dT}{RT_2} \int_{T_0}^{T} c_p^{(i)}\,dT\,. \end{aligned}\right\} \quad (5)$$

Hier ist die Doppelintegralsumme über alle Reaktionsteilnehmer in reinem (eventuell idealisiertem) Zustand beim Normaldruck p_0 zu erstrecken. Handelt es sich bei p_0 und T_0 um die LEWISschen Standardwerte, so werden wir die $\mathfrak{K}$ und $\mathfrak{W}$ aus Normalbildungsreaktionen zusammensetzen:

$$\mathfrak{K}_{(p_0,\,T_0)} = \sum \nu_k \mathfrak{K}_k$$

$$\mathfrak{W}_{(p_0,\,T_0)} = \sum \nu_k \mathfrak{W}_k\,.$$

Statt $\frac{\mathfrak{K}_{(p_0,\,T_0)} - \mathfrak{W}_{(p_0,\,T_0)}}{RT_0}$ kann man natürlich auch $-\frac{\mathfrak{S}_{(p_0,\,T_0)}}{R}$ schreiben und $\mathfrak{S}_{(p_0,\,T_0)}$ auf $\mathfrak{S}_k$-Werte zurückführen.

Anwendung der Phasenregel. Im Gleichgewicht zwischen einem Gasgemisch und verschiedenen reinen Phasen, unter einem gemeinsamen Druck p, wird man aus einer oder mehreren Gleichgewichtsbedingungen $\mathfrak{K} = 0$ die Molenbruchkonzentrationen x im Gasgemisch zu bestimmen haben. Sind α Arten von resistenten Gruppen im Gasgemisch vorhanden, so sind $\alpha - 1$ unabhängige Molenbrüche x_i zu bestimmen, wozu $\alpha - 1$ Gleichgewichtsbedingungen $\mathfrak{K} = 0$ notwendig sein würden, die sich entweder auf Homogenreaktionen im Gas oder auf Reaktionen des Gasgemischs mit den reinen Phasen beziehen können. Sind weniger Gleichgewichtsbedingungen vorhanden, so sind entsprechend viele Arten von Teilchenzahlen willkürlich oder durch andere Bedingungen zu bestimmen. So ist z. B. für das Verbrennungsgemisch von Luft mit Kohlenstoff $\alpha = 4$: es sind N_2-, O_2-, CO- und CO_2-Moleküle als wirklich oder fiktiv resistent zu betrachten (wenn wir die Edelgase außer Betracht lassen). Falls Gleichgewicht mit festem C in bezug auf die Verbrennung zu CO und CO_2 herrscht, sind zwei Gleichgewichtsbedingungen gegeben, von den $\alpha - 1 = 3$ unabhängigen x_i sind also zwei bestimmt, jedoch noch eines willkürlich, etwa die relative Menge N_2. Die hier noch fehlende Angabe kann etwa (wie in dem Beispiel 10, Kapitel H) dadurch gegeben sein, daß das Verhältnis der letzten Bestandteile O und N ein vorgeschriebenes, z. B. das in der atmosphärischen Luft vorhandene, ist. Die berechneten Gleichgewichtskonzentrationen x_i entsprechen dann dem realen Fall, wo eine abgeschlossene Luftmenge sich (bei verschiedenen Temperaturen und Drucken) mit fester Kohle ins chemische Gleichgewicht setzt.

Dieselbe Sachlage kann man vom Standpunkt der Gleichgewichtsbedingung (3a) vielleicht noch einfacher übersehen, indem man berücksichtigt, daß von den drei unabhängigen Partialdrucken der Verbrennungskomponenten O_2, CO und CO_2 zwei durch Gleichgewichtsbedingungen (3a) bestimmt sind. Zur vollständigen Bestimmung fehlt noch die Angabe des dritten Partialdrucks, etwa von O_2, sowie des

Gesamtdrucks, oder, was auf dasselbe hinausläuft, des vierten Partialdrucks $p\,x_{N_2}$. Da dieser aber in die Annäherungsgleichungen (2a) und (3a) überhaupt nicht eingeht, kann man das Problem des Gleichgewichts der Verbrennungskomponenten auch auf zwei Gleichungen (3a) und einer Sonderangabe aufbauen, die entweder den Partialdruck des O_2 direkt bestimmt oder eine Beziehung zwischen den Partialdrucken von O_2, CO und CO_2 herstellt. Eine solche Beziehung wäre durch Angabe des gesamten im Gasgemisch vorhandenen Sauerstoffs, also durch Angabe der ganzen mit der Kohle reagierenden Luftmenge gegeben, analog wie bei der vorigen Betrachtung.

Erörtern wir noch ein anderes Beispiel, die Zersetzung des festen Salmiaks zu gasförmigem NH_3 und HCl. Hier ist $\alpha = 2$, also nur *ein* Molenbruch x_i unabhängig, der bei gegebenem Gesamtdruck durch die *eine* Gleichung $\mathfrak{K} = 0$ für die Salmiakzersetzung vollständig bestimmt ist. Besteht nun noch eine weitere Beziehung zwischen den x_i, indem etwa das ganze Gasgemisch durch Salmiakzersetzung entstanden und somit $x_{NH_3} = x_{HCl}$ ist, so ist noch eine weitere Variable des Systems, p oder T, bestimmt, es herrscht sog. vollständiges Gleichgewicht und eine bestimmte Zersetzungsspannung des Salmiaks bei jeder Temperatur. Vom Standpunkt der Partialdrucke hätte man nach (3a) eine Beziehung zwischen beiden Partialdrucken, durch $p_{NH_3} = p_{HCl}$ eine zweite, somit jeden einzelnen Partialdruck und damit auch den Gesamtdruck in Abhängigkeit von T festgelegt. Der allgemeinere Fall, in dem etwa ein bestimmter Überschuß von NH_3 oder HCl in dem Gasgemisch vorhanden wäre, würde sich bei dieser Betrachtungsweise besonders übersichtlich gestalten, indem nämlich dann neben (3a) noch ein bekannter (mit T proportionaler) Unterschied der beiden Partialdrucke gegeben wäre; auch dadurch wären beide Partialdrucke und somit auch der Gesamtdruck vollständig bestimmt.

§ 19. Näherungsrechnungen auf Grund des NERNSTschen Theorems.

Allgemeine Fragestellung. In praktischen Fällen kommt es häufig vor, daß die Wärmetönung $\mathfrak{W}$ einer Reaktion bekannt ist, hingegen nicht ihre Affinität (Arbeitskoeffizient $\mathfrak{K}$; Gleichgewichtskonstante). Deren Kenntnis ist aber für den Chemiker zur Charakterisierung und praktischen Nutzbarmachung der betreffenden Reaktion weit bedeutungsvoller. Nun ist der strenge Zusammenhang zwischen beiden Größen $\mathfrak{K}$ und $\mathfrak{W}$ durch die Entropieänderung $\mathfrak{S}$ gegeben:

$$\mathfrak{K} = \mathfrak{W} - T\mathfrak{S}, \tag{1}$$

es ist also die Kenntnis von $\mathfrak{S}$ erforderlich, um aus dem gemessenen $\mathfrak{W}$ das gewünschte $\mathfrak{K}$ zu berechnen.

Die genaue Bestimmung von $\mathfrak{S}$ unabhängig von $\mathfrak{K}$ auf Grund des NERNSTschen Theorems sowie der Quantenstatistik ist in § 12 und § 13 besprochen worden; sie ist aber an Voraussetzungen gebunden, die keineswegs leicht zu erfüllen sind. Für feste Stoffe (NERNSTsche Körper) sind Messungen der spezifischen Wärmen bis zu sehr tiefen Temperaturen, für Gase daneben noch Bestimmungen der Quantengewichte und Trägheitsmomente, etwa aus spektroskopischen Daten, erforderlich. Daher ist der praktische Wert dieser Methoden zur $\mathfrak{S}$-Bestimmung oft genug sehr gering. Da ist es nun ein glücklicher Umstand, daß für diese Größe gewisse Gesetzmäßigkeiten bestehen, die ihre näherungsweise Angabe und damit die ungefähre Berechnung von $\mathfrak{K}$ aus $\mathfrak{W}$ ermöglichen.

Die Regelmäßigkeiten, die zur Abschätzung von $\mathfrak{S}$ dienen, können zunächst als rein empirisch angenommen werden. Man vermag sie jedoch in Zusammenhang mit der eigentlichen Bedeutung der Entropieänderung und der Einzelentropien, wie sie das NERNSTsche Theorem und die Quantenstatistik kennen gelehrt haben, theoretisch zu begründen. In diesem Sinne können die folgenden Rechnungen als Näherungsrechnungen auf Grund des NERNSTschen Theorems bezeichnet werden.

Reaktionen zwischen festen Stoffen. Die Entropieänderung für Reaktionen zwischen festen Stoffen (NERNSTschen Körpern) ist durch die spezifischen Wärmen $c_p^{(i)}$ der einzelnen Stoffe nach (7), § 12, und die Zerlegung (7), § 11, gegeben zu:

$$\mathfrak{S} = \sum \nu_i s^{(i)} = \sum \nu_i \int_0^T \frac{c_p^{(i)}}{T} \, dT = \sum \nu_i \left[\int_0^T \frac{dT}{T^2} \int_0^T c_p^{(i)} \, dT + \frac{1}{T} \int_0^T c_p^{(i)} \, dT \right]. \quad (2)$$

Gemäß dem NERNSTschen Theorem konvergiert nun der Wert von $\mathfrak{S}$ für $T = 0$ gegen Null, so daß für nicht zu hohe Temperaturen Gleichung (1) sich im Sinne des THOMSEN-BERTHELOTschen Prinzips in rohester Näherung vereinfacht zu:

$$\mathfrak{K} \cong \mathfrak{W} \quad \text{(für feste Körper)}. \quad (3)$$

Zur Beurteilung der Güte dieser Näherung ist zu beachten, daß der unterdrückte Ausdruck für $\mathfrak{S}$ die algebraische Summe der Entropien $s^{(i)}$ der Einzelstoffe in der betreffenden Reaktion ist und somit eine teilweise Kompensation der Einzelgrößen eintritt. Aus den von H. MIETHING[1] zusammengestellten Tabellen ist zu ersehen, daß bei $T = 300^0$ sich für Ts Werte in der Größenordnung von 2000 cal pro Grammatom ergeben. Als maximalen Wert für $T\mathfrak{S}$ kann man nach F. SIMON[2] etwa 1000 cal pro Grammatom für $T = 300^0$ annehmen, für höhere Temperaturen $3\,T$ bis $6\,T$ cal. Dies gilt im wesentlichen für Reaktionen zwischen anorganischen Stoffen. Für Reaktionen zwischen organischen Stoffen, bei denen verhältnismäßig große Bruchstücke des Moleküls im wesentlichen unverändert bleiben, dürften erheblich geringere Werte anzunehmen sein.

Die genannten Werte für $\mathfrak{S}$ bzw. s sind hier rein empirisch gegeben. Die Definition im Sinne von (2) erlaubt aber auch eine theoretische Abschätzung durch Anwendung der molekularstatistischen Theorie der spezifischen Wärmen, wie sie von EINSTEIN und von DEBYE entwickelt worden ist. Die spezifische Wärme eines Körpers ist hiernach bestimmt durch die Eigenfrequenzen der einzelnen Atome bzw. Atomgruppen für Schwingungen um ihre Gleichgewichtslage. Diese sind wiederum durch die Bindungskräfte sowie durch die Massen bestimmt. Da nun die beiden letzteren für verschiedene Stoffe im allgemeinen von vergleichbarer Größenordnung sind, so gilt dies auch für die Eigenfrequenzen und für die Entropien.

Die Kenntnis der Faktoren, welche die Größe einer Einzelentropie $s^{(i)}$ bedingen, ist für die Abschätzung von $s^{(i)}$ und damit von $\mathfrak{S}$ besonders dann von Bedeutung, wenn Messungen der spezifischen Wärmen ähnlicher Stoffe vorliegen[3].

Handelt es sich lediglich um die Feststellung des *Vorzeichens* von $\mathfrak{K}$, d. h. um den Richtungssinn des freiwilligen Reaktionsablaufs, so ist in Strenge das Vorzeichen von $\mathfrak{W} - T\mathfrak{S}$ maßgebend. Wenn $\mathfrak{W}$ hinreichend groß ist, so daß

[1] Tabellen zur Berechnung des gesamten und freien Wärmeinhalts fester Körper. Halle 1920.
[2] Handb. d. Physik Bd. 10, S. 398. Berlin 1926.
[3] Vgl. H. MIETHING: a. a. O.; F. SIMON: a. a. O.

nach dem oben Gesagten sicher $|T\mathfrak{S}|$ kleiner als $|\mathfrak{W}|$ bleibt, so berechtigt die Kenntnis von $\mathfrak{W}$ zu einer Aussage über das Vorzeichen von $\mathfrak{K}$.

In Beispiel 4 des Kapitel H werden wir eine Reaktion zwischen festen Stoffen ($Pb + 2AgCl \rightarrow PbCl_2 + 2Ag$) behandeln, bei der eine Anwendung der Näherungsgleichung (3) einen verhältnismäßig geringfügigen Fehler von 2350 cal ($\mathfrak{K}_{(290)} = -22530$ cal, $\mathfrak{W}_{(290)} = -24880$ cal) bedingen würde. Das sind in der Tat weniger als 500 cal pro Grammatom.

Allgemeines über die Durchführung der Rechnung, wenn Gasphasen beteiligt sind. Reaktionen, an welchen Gase, Flüssigkeiten und Mischphasen beteiligt sind, lassen sich auf Grund des Vorstehenden ebenfalls ohne weiteres näherungsweise behandeln, wenn man die $\mathfrak{K}$-Werte für die Reaktionen mit den entsprechenden festen Körpern einführt und mit Hilfe der als bekannt vorausgesetzten Verdampfungs-, Schmelz- bzw. Lösungsgleichgewichte auf die entsprechenden Phasen übergeht. Abgesehen von einer gewissen Umständlichkeit der Rechnung ist dieser Weg jedoch auch nicht immer gangbar. Z. B. würde eine Berechnung des Dissoziationsgleichgewichtes zwischen Jodmolekeln und Jodatomen so nicht ohne weiteres durchführbar sein, da nur molekulares Jod als feste Phase bekannt ist. Es besteht daher das Bedürfnis nach einer Formel, die unmittelbar auf Gasphasen anwendbar ist.

Gleichgewicht zwischen festem Stoff und Dampf. Für die Übergangsreaktion eines Körpers aus dem festen Zustand in die Gasphase interessiert speziell der Fall des Gleichgewichts, d. h. $\mathfrak{K} = 0$ oder $\mathfrak{W} = T\mathfrak{S}$, oder, da $\mathfrak{W}$ hier gleich der Verdampfungswärme Λ ist: $\Lambda = T\mathfrak{S}$. Während die Druckabhängigkeit der Entropie der festen Phase — wenigstens für die im allgemeinen in Betracht zu ziehenden Drucke — vernachlässigt werden kann, spielt der Druck für die Entropie des Gases eine große Rolle. Gemäß (26), § 13, ist zu setzen $s^{(g)} = s^{(g)}_{(p=1)} - R\ln p$, wobei $s^{(g)}_{(p=1)}$ die Entropie des Gases beim Druck von einer Atmosphäre bedeutet. Infolgedessen lautet die Gleichgewichtsbedingung ($s^{(s)}$ ist die Entropie der festen Phase, π der Dampfdruck):

$$\Lambda = T\,(s^{(g)}_{(p=1)} - s^{(s)}) - RT\ln\pi\,. \tag{4}$$

Speziell für $\pi = 1$ fällt das letzte Glied weg. Nun ist schon von Le Chatelier und Matignon die empirische Beziehung $\frac{\Lambda}{T} \cong 33$ für $\pi = 1$ gefunden worden. Dieses ist also der Wert von $s^{(g)} - s^{(s)}$ für den Sublimationspunkt bei Atmosphärendruck. Unter Vernachlässigung der Temperaturabhängigkeit von Λ, d. h. der Differenz der spezifischen Wärmen von Gas und Kondensat, ergibt sich somit folgende Näherungsformel für den Dampfdruck als Funktion der Temperatur [vgl. auch § 16, Gleichung (2b)]:

$$\ln\pi \cong -\frac{\Lambda}{RT} + \frac{33}{R} \tag{5a}$$

oder

$$\log\pi \cong -\frac{\Lambda}{4{,}57\,T} + 7{,}2\,. \tag{5b}$$

W. Nernst[1] hat, unter Benutzung eines mittleren Wertes von $\frac{7}{2}$ cal/Grad für die Differenz der spezifischen Wärmen von Gas und Kondensat, die nächstgenauere Formel gegeben:

$$\ln\pi \cong -\frac{\Lambda}{RT} + \frac{7}{2R}\cdot\ln T + C^{**}. \tag{6a}$$

[1] Die theoretischen und experimentellen Grundlagen des neuen Wärmesatzes. Halle 1918.

Für $\frac{7}{2R}$ kann 1,75 gesetzt werden, und die zunächst unbestimmt bleibende „*konventionelle Chemische Konstante*" kann im allgemeinen für Näherungsrechnungen zu $C^{**} = 6{,}9$ (bei Verwendung natürlicher Logarithmen und Zählung des Druckes in Atmosphären) angenommen werden. Für dekadische Logarithmen ergibt sich:

$$\log \pi \cong -\frac{A}{4{,}57 \cdot T} + 1{,}75 \cdot \log T + C^* \cong -\frac{A}{4{,}6 \cdot T} + 1{,}75 \cdot \log T + 3 . \qquad (6\text{b})$$

Letztere Formel unterscheidet sich bei mittleren Temperaturen nicht wesentlich von (5b). Im allgemeinen wird (6b) bevorzugt. Durch Vergleich mit (4) sieht man, daß die Näherung auf folgende Annahme über die Differenz der Einzelentropien hinausläuft:

$$s^{(g)}_{(p=1)} - s^{(s)} \cong R\,(1{,}75 \cdot \ln T + C^{**}) \cong R\,(1{,}75 \cdot \ln T + 6{,}9) . \qquad (7)$$

Diese Annahme läßt sich durch die in §§ 12 und 13 gegebenen strengeren Aussagen bis zu einem gewissen Grade begründen. Ebenso läßt sich das empirische LE CHATELIER-MATIGNONsche Ergebnis $s^{(g)}_{(p=1)} - s^{(s)} \cong 33$ statistisch ableiten, wie K. F. HERZFELD[1] gezeigt hat. Voraussetzung ist wiederum die gleiche Größenordnung der Masse der verschiedenen Molekeln, der Trägheitsmomente usw.

Näherungsformel für allgemeinere Gasgleichgewichte (NERNSTsche Näherungsformel). Es sei nunmehr eine beliebige Reaktion betrachtet, an der sowohl feste Stoffe wie Gase (rein oder in Mischung) beteiligt sein können. Der Ausdruck für $\mathfrak{S}$ sei dann in folgender Weise gespalten, derart, daß der laufende Index i für feste Phasen, der laufende Index j für gasförmige Reaktionsteilnehmer gilt:

$$\mathfrak{S} = \sum \nu_i s^{(s_i)} + \sum \nu_j s_j^{(g)} = \sum \nu_i s^{(s_i)} + \sum \nu_j s_{j\,(p=1)}^{(g)} - R \sum \nu_j \ln p_j . \qquad (8)$$

Hierbei ist berücksichtigt, daß die beim Vermischen idealer Gase auftretende Entropieänderung $\mathfrak{s}_j = -R \ln x_j$ [§ 14, Gleichung (7)] ist. Dieser Betrag ist für jedes Einzelgas mit $R \ln p$ (p ist der Gesamtdruck der Gasmischung) zu $R \ln p_j$ (p_j = Partialdruck) zusammengezogen worden. Sind die Gase getrennt zugegen, so ist s_j durch $s^{(j)}$ und p_j durch $p^{(j)}$ zu ersetzen.

Für die gasförmigen Reaktionsteilnehmer ist nun auf Grund der Gleichung (7) einzuführen:

$$s_{j\,(p=1)}^{(g)} - s^{(s_j)} \cong R\,(1{,}75 \cdot \ln T + C_j^{**}) ,$$

wobei sich $s^{(s_j)}$ auf das feste Kondensat des betreffenden Gases bezieht.

Durch Einsetzen in (8) gewinnt man:

$$\mathfrak{S} \cong \left(\sum \nu_i s^{(s_i)} + \sum \nu_j s^{(s_j)}\right) + R \sum \nu_j (1{,}75 \ln T + C_j^{**}) - R \sum \nu_j \ln p_j . \qquad (9)$$

Der erste Klammerausdruck der rechten Seite bedeutet die Entropieänderung für den Fall, daß alle Reaktionsteilnehmer (also auch diejenigen mit dem Index j) als feste Körper auftreten würden[2]. Dieser Ausdruck kann aber nach früheren Überlegungen (S. 331) näherungsweise gleich Null gesetzt werden,

---

[1] Physik. Ztschr. Bd. 22, S. 186, 1921; Bd. 23, S. 95, 1920.

[2] Teilweise werden hierbei allerdings für die Entropien der festen Phasen fiktive Größen benutzt, wenn diese Phasen nicht als stabile Phasen realisierbar sind. Das ist insofern belanglos, als die Entropiewerte der festen Körper innerhalb gewisser Grenzen vom speziellen Aufbau unabhängig sind.

so daß nur die folgenden Glieder zu berücksichtigen sind. Für den Fall des Gleichgewichts ($\mathfrak{K} = 0$) erhält man sodann aus (1) und (9) die Bedingung:

$$\sum \nu_j \ln p_j = -\frac{\mathfrak{W}}{RT} + \sum \nu_j (1{,}75 \cdot \ln T + C_j^{**}) \qquad (10a)$$

oder in dekadischen Logarithmen:

$$\sum \nu_j \log p_j = -\frac{\mathfrak{W}}{4{,}57 \cdot T} + \sum \nu_j (1{,}75 \cdot \log T + C_j^{*}). \qquad (10b)$$

Das ist die bekannte NERNST*sche Näherungsformel* für homogene und heterogene Gasgleichgewichte. Für C_j^* ist hierbei im allgemeinen 3 zu setzen. Lediglich für Wasserstoff (H_2) und freie Atome[1] verwendet man besser $C_j^* = 1{,}5$. Nach (5a), § 17, und (3a), § 18, ist die linke Seite unserer Gleichung die Gleichgewichtskonstante $\mathbf{K}_p$ der Reaktion.

Bei der Anwendung dieser Formel ist zu beachten, daß sehr weitgehende Vernachlässigungen und Verallgemeinerungen gemacht sind. Infolgedessen ist der Grad der Annäherung nicht sehr groß. Aber in vielen Fällen ist es schon von Bedeutung, die Gleichgewichtskonstante größenordnungsmäßig zu kennen, und hierfür leistet die Näherungsformel in der Tat gute Dienste. In den Beispielen 6 bis 10 des Kapitels H wird die Leistungsfähigkeit der Formel zahlenmäßig belegt.

Im besonderen tritt bei stark temperaturabhängigen Gleichgewichten mit bekannter Wärmetönung $\mathfrak{W}$ häufig die Frage auf, bei welcher Temperatur die Gleichgewichtskonstante einen vorgegebenen Wert hat, z. B. bei welcher Temperatur der Zersetzungsdruck eine Atmosphäre erreicht oder bei welcher Temperatur der Dissoziationsgrad eines homogenen Dissoziationsgleichgewichts bei vorgegebenem Gesamtdruck einen bestimmten Wert aufweist. Auch hierfür erweist sich die Näherungsformel als nützlich. In Beispiel 6 des Kapitels H wird die Zersetzungstemperatur des $CaCO_3$ nach der Näherungsformel berechnet. Für exakte Untersuchungen hat die Näherungsformel insofern Bedeutung, als man sich mit ihrer Hilfe z. B. über das Temperaturgebiet orientieren kann, in welchem genaue Messungen am zweckmäßigsten vorzunehmen sind.

Gesetzmäßigkeiten für die Entropie von Flüssigkeiten und Mischphasen. Auch für die Entropieänderungen beim Übergang zu reinen flüssigen Phasen sind gewisse Gesetzmäßigkeiten vorhanden. So ist bekannt, daß die Entropieänderung für den Schmelzvorgang innerhalb einzelner Stoffgruppen konstant ist[2]. Für Metalle gilt: $\mathfrak{S} \cong 2 - 5$, für organische Stoffe $\mathfrak{S} \cong 13{,}5$.

Ferner gilt für den Übergang von Flüssigkeit in Gasform:

$$\mathfrak{S} = s^{(g)} - s^{(l)} = (s^{(g)} - s^{(s)}) - (s^{(l)} - s^{(s)}).$$

Für den ersten Klammerausdruck ist bei Atmosphärendruck etwa 33 zu setzen (s. o.) für den zweiten bei organischen Stoffen etwa 13,5, so daß man $s^{(g)}_{(p=1)} - s^{(l)} \cong 20$ erhält. Vielfach findet man daher die Gleichung:

$$\ln \pi \cong -\frac{\Lambda}{RT} + \frac{22}{R} \quad \text{oder} \quad \log \pi \cong -\frac{\Lambda}{4{,}57 \cdot T} + 4{,}8$$

bestätigt, entsprechend $s^{(g)}_{(p=1)} - s^{(l)} \cong 22$. Die hieraus sich ergebende Konstanz von $\frac{\Lambda}{T} \cong 22$ für $\pi = 1$ Atm. wird als TROUTONsche Regel bezeichnet. Speziell für

---

[1] EUCKEN, A.: Grundriß der physikalischen Chemie, 2. Aufl., S. 298. Leipzig 1924.
[2] Vgl. u. a. H. CROMPTON: Chem. News Bd. 58, S. 237, 1907; P. WALDEN: Z. f. Elektrochem. Bd. 14, S. 713, 1908; G. TAMMANN: Z. f. physik. Chem. Bd. 85, S. 273, 1913; F. KORDES: Z. f. anorg. Chem. Bd. 160, S. 67, 1927.

tief- oder hochsiedende Stoffe, vor allem nichtorganischer Art (Metalle, Salze), gelten besondere Gesetzmäßigkeiten, auf die jedoch im einzelnen nicht näher eingegangen werden soll.

Von diesen empirischen Regelmäßigkeiten wird man mit Vorteil Gebrauch machen, wenn es sich um Reaktionen mit reinen flüssigen Phasen handelt, in Fällen, wo zunächst nur $\mathfrak{K}$-Werte für die Reaktionen mit den entsprechenden festen oder gasförmigen Phasen berechnet werden können.

Über die Entropien von Mischphasen in verwickelten Fällen ist nicht allzuviel bekannt. Insbesondere ergibt sich für den praktisch wichtigen Fall: Ionen in wässeriger Lösung eine sehr große empirische Mannigfaltigkeit[1]. Man ist daher im allgemeinen auf den auch von uns beschrittenen Weg angewiesen, zunächst den Wert von $\mathfrak{K}$ unter Beteiligung von reinen Phasen oder Grundzuständen zu bestimmen und dann mit Hilfe anderweitig bekannter oder geschätzter Restarbeiten zu den Mischphasen überzugehen.

§ 20. Lösungsvorgänge I. (Grenzfälle und Anschließendes.)

Indem wir uns jetzt den Reaktionen und Gleichgewichten in und mit beliebigen Mischphasen zuwenden, sehen wir uns durch den Umfang des zu behandelnden Stoffes zu einer Verteilung auf vier Paragraphen genötigt. In § 20 behandeln wir nur gewisse einfache Grenzfälle und die von diesen Grenzfällen aus bequem darstellbaren Fälle; es handelt sich durchweg um Zweistoffsysteme, in denen der Übergang eines Stoffes von einer Mischphase aus in eine andere Phase betrachtet wird, aber weder der andere Stoff übertreten kann (weil die zweite Phase ihn nicht in merklicher Menge aufnimmt), noch Homogenreaktionen stattfinden. Es ist also immer nur *ein* $\mathfrak{K}$-Wert zu bestimmen und im Gleichgewicht *eine* Gleichung $\mathfrak{K} = 0$ zu erfüllen. Als Grenzfall kann hierbei für die Mischphase durchweg der Fall der (unendlich) verdünnten Lösung angesehen werden. Die Spezialfälle sind: I. Verdünnte Lösung in Reaktion oder Gleichgewicht mit einer anderen Phase des reinen *Lösungsmittels* (die den Fremdstoff nicht aufnimmt): Dampfdruckänderung, Siedepunktserhöhung, Gefrierpunktserniedrigung, osmotisches Gleichgewicht (diese alle werden vielfach unter dem Namen der osmotischen Effekte zusammengefaßt); II. verdünnte Lösung in Reaktion oder Gleichgewicht mit der reinen Phase des *Fremdstoffs*: Absorption von Gasen, Löslichkeit von Salzen usw.; III. zwei verschiedene verdünnte Lösungen mit demselben Fremdstoff, aber verschiedenen, nicht mischbaren Lösungsmitteln: Verteilung eines Fremdstoffs zwischen zwei Lösungsmitteln; endlich IV. Reaktionen (elektromotorische Kräfte) zwischen verdünnten Lösungen derselben Art, aber verschiedener Konzentration, sowie zwischen einer verdünnten Lösung und mehreren Nachbarphasen. In § 21 wird das Verhalten der Phasen außerhalb dieser Grenzfälle besprochen und speziell die μ-Theorie der „geordneten Mischphasen" behandelt. In § 22 wird das allgemeine Zweiphasengleichgewicht binärer Systeme auf Grund allgemeiner einheitlicher Ansätze besprochen, § 23 endlich behandelt alle Fälle, in denen die Wechselwirkung von mehr als zwei Stoffen untersucht werden muß.

I. Verdünnte Lösung mit reiner Lösungsmittelsubstanz als Nachbarphase.

Der Grenzfall, auf den man hier alles beziehen wird, ist der zweier reiner Phasen[2] des Lösungsmittels, etwa Wasser und Eis, Wasser und Wasserdampf;

[1] Herzfeld, K. F., u. K. Fischer: Z. f. Elektrochem. Bd. 28, S. 460, 1922.

[2] Es handelt sich, außer bei den Untersuchungen über osmotischen Druck, um zwei *verschiedene* Phasen (Aggregatzustände) des reinen Lösungsmittels.

man wird untersuchen, wie in den hier zu behandelnden Fällen, wo nur eine dieser Phasen (z. B. das Wasser) den Fremdstoff (z. B. Zucker) in merklicher Menge aufnimmt, der Arbeitskoeffizient des Übergangs Wasser → Eis, Wasser → Dampf durch Beimischung des Fremdstoffs geändert wird und welche Veränderungen daraus für das *Gleichgewicht* zwischen den beiden Phasen resultieren. Hierbei handelt es sich meist um eine Beziehung zwischen p und T; ist die Menge des Fremdstoffs in der Lösung nämlich gegeben, so ist in bezug auf die Konzentrationen alles bestimmt, und die Bedingung $\mathfrak{K} = 0$ liefert, wie bei einem vollständigen Gleichgewicht (s. § 9, S. 198, § 16, S. 300), eine bestimmte Beziehung zwischen p und T.

Die Lösung braucht nicht unbedingt, wie in dem eben als Beispiel angeführten Fall, flüssig zu sein; es könnte z. B. auch an den Fall zweier fester Phasen gedacht werden, von denen die eine einen Fremdstoff in anderer Größenordnung zu lösen vermag als die andere. Der Fall der flüssigen Lösung ist aber der bei weitem wichtigere; wir wollen ihn im allgemeinen im Auge behalten.

Für die Bestimmung des Arbeitskoeffizienten $\mathfrak{K}_1$, der dem Übergang der Lösungsmittelmoleküle (Stoff 1) aus der Lösung (ohne Phasenindex) in die reine Nachbarphase [Phasenindex$^{(1)}$] entspricht — wir nehmen für beide Phasen gleiches p und T, aber zunächst kein chemisches Gleichgewicht an —, ergibt sich von selbst eine Zerlegung in zwei Größen, wenn wir den Übergang auf dem Umweg über die unendlich verdünnte Lösung (die „reine Lösungsmittelphase") vorgenommen denken. Und zwar ist nach den Ausführungen des § 15 die Arbeit des Übergangs aus dem reinen Lösungsmittel 1 in die ebenfalls reine Nachbarphase des Stoffes 1 eine „Grundarbeit" $\boldsymbol{\mathfrak{K}}_1$; für die „Restarbeit" $\mathfrak{k}_1$ wählen wir das Vorzeichen so, daß sie die zugeführte Arbeit beim Übergang des Stoffs 1 aus der unendlich verdünnten Lösung (reines Lösungsmittel 1) in die endlich verdünnte Lösung darstellt. Es wird dann:

$$\mathfrak{K}_1 = \boldsymbol{\mathfrak{K}}_1 - \mathfrak{k}_1 .$$

$\mathfrak{k}_1$ hat die Bedeutung einer Korrektur, die durch die vom reinen Zustand abweichende Aktivität des Lösungsmittels in der Lösung bedingt ist.

Zerlegen wir $\mathfrak{K}_1$ in die μ, so erhalten wir:

$$\mathfrak{K}_1 = \boldsymbol{\mathfrak{K}}_1 - \mathfrak{k}_1 = \mu^{(1)} - \mu_1 = \mu^{(1)} - \boldsymbol{\mu}_1 - \mathfrak{k}_1 .$$

Für die unendlich verdünnte Lösung haben wir hier das chemische Potential des Stoffes 1 gleich $\boldsymbol{\mu}_1$ gesetzt; wir könnten nach unseren Bezeichnungsgrundsätzen auch $\mu^{(1,1)}$ schreiben[1], da es sich ja um die reine Flüssigkeit 1 handelt. Doch entspricht die Schreibweise $\boldsymbol{\mu}_1$ mehr der Tatsache, daß diese Phase hier die Rolle eines ausgezeichneten Bezugszustandes für die Lösung spielt.

Wenn wir die Bestimmung von $\boldsymbol{\mathfrak{K}}$ durch die in § 11 besprochenen Methoden als erledigt betrachten, handelt es sich also jetzt für alle Reaktionen und Gleichgewichte in dem besprochenen Fall ausschließlich noch um die Bestimmung von $\mathfrak{k}_1$. Ist diese Größe für alle Werte von p, T und x_2 bekannt oder aus andersartigen Messungen entnommen, so lassen sich alle Reaktions- und Gleichgewichtsfragen unseres Typus beantworten; umgekehrt können aus den Untersuchungen dieser Systeme, namentlich aus den betrachteten Änderungen der Gleichgewichtsdrucke und -temperaturen, die Größen $\mathfrak{k}_1$ ermittelt und zur Voraussage weiterer Effekte verwendet werden.

Das Gesetz der Dampfdruckerniedrigung. Bei der Temperatur T sei $\pi^{(1)}$ der Gleichgewichtsdruck zweier Phasen der reinen Substanz 1 (Dampf und Flüssig-

[1] Die Bezeichnung $\mu^{(1)}$ haben wir hier dem anderen, gasförmigen oder festen, Aggregatzustand des Stoffes 1 vorbehalten.

keit). Wie ändert sich der Gleichgewichtsdruck für die gleiche Temperatur T, wenn die flüssige Phase einen nicht verdampfenden Fremdstoff in der Molenbruchkonzentration x_2 enthält?

Bei dem neuen Gleichgewichtsdruck π über der „verunreinigten" Lösungsmittelphase muß gelten (indem wir bei allen Reaktionsgrößen den stofflichen — unteren — Index 1 in dem ganzen Teil I dieses Paragraphen, wo es sich stets um Übergänge des Stoffes 1 handelt, vorübergehend als selbstverständlich weglassen):

$$\mathfrak{K}_{(\pi,\,T)} = \mathfrak{K}_{(\pi^{(1)},\,T)} + \int\limits_{\pi^{(1)}}^{\pi} \frac{\partial \mathfrak{K}}{\partial p}\, dp - \mathfrak{k}_{(\pi,\,T)} = 0$$

oder wegen $\mathfrak{K}_{(\pi^{(1)},\,T)} = 0$ und $\frac{\partial \mathfrak{K}}{d p} = \mathfrak{V}$:

$$\int\limits_{\pi^{(1)}}^{\pi} \mathfrak{V}\, dp = \mathfrak{k}_{(\pi,\,T)}, \tag{1}$$

wobei $\mathfrak{V}$ die Volumänderung bei der Verdampfung eines Mols der reinen Substanz bedeutet ($\mathfrak{V} = v^{(g)} - \boldsymbol{v}_1 = v^{(g)} - v^{(l)}$)[1].

Auch für $\mathfrak{k}_{(\pi,\,T)}$ läßt sich eine von dem Druck $\pi^{(1)}$ ausgehende Entwicklung geben; es ist nach (24), § 11:

$$\mathfrak{k}_{(\pi,\,T)} = \mathfrak{k}_{(\pi^{(1)},\,T)} + \int\limits_{\pi^{(1)}}^{\pi} \mathfrak{v}\, dp,$$

wobei $\mathfrak{v}$ ein Restglied der gesamten Volumänderung $\mathfrak{V}$, die mit dem Übergang von 1 Mol Lösungsmittel aus der Lösung in die Dampfphase verbunden ist, bedeutet. Und zwar bezieht sich $\mathfrak{v}$ auf denselben Teilübergang wie $\mathfrak{k}$, nämlich den Übergang reines Lösungsmittel $\rightarrow$ Lösung und stellt also die Differenz der partiellen Molvolume $v_1 - \boldsymbol{v}_1$ (oder $v_1 - v^{(l)}$) dar. Diese Differenz ist sehr klein, und zwar besitzt sie in Wasser bis zu Konzentrationen der Lösung von ~ 1 Mol/Liter höchstens die Größenordnung von $\boldsymbol{v}_1 \cdot 10^{-3}$. Bei der Bestimmung von *Dampfdruckänderungen* kann man diese Korrektur neben $\mathfrak{V}$ vollkommen unterschlagen, da schon $\boldsymbol{v}_1$ des Lösungsmittels selbst klein gegen das Molvolum der Dampfphase ist.

Es bietet keine Schwierigkeit, aus (1) die nach Vernachlässigung des $\mathfrak{v}$-Gliedes strenge Beziehung zwischen der Dampfdruckänderung und $\mathfrak{k}$ abzuleiten; wir begnügen uns hier mit der für die erreichbare Meßgenauigkeit meist vollkommen ausreichenden Näherung der idealen Gasgesetze für den Dampf und der Vernachlässigung des Flüssigkeitsvolums. Es wird dann, wenn man für das Lösungsmittel die Molenzahl in Übereinstimmung mit dem in Dampf wirklich vorliegenden Molekularzustand (der einheitlich sein möge) wählt, nach (1):

$$\int\limits_{\pi^{(1)}}^{\pi} v^{(g)}\, dp = RT \ln \frac{\pi}{\pi^{(1)}} = \mathfrak{k}_{(\pi^{(1)},\,T)}, \tag{2}$$

oder, ohne weitere Vernachlässigungen:

$$\frac{\Delta \pi}{\pi^{(1)}} = 1 - e^{\frac{\mathfrak{k}}{RT}}, \tag{2'}$$

wo $\Delta \pi$ die *Dampfdruckerniedrigung* $\pi^{(1)} - \pi_1$ bedeutet.

---

[1] Hier ist (g) der Phasenindex für die Dampfphase, (l) der für die reine Flüssigkeit 1.

Ist $\mathfrak{k} \ll RT$, also $e^{\frac{\mathfrak{k}}{RT}} \cong 1 + \frac{\mathfrak{k}}{RT}$, so folgt:

$$\frac{\Delta \pi}{\pi^{(1)}} = -\frac{\mathfrak{k}}{RT}; \tag{2a}$$

und gelten endlich die Gesetze der idealen verdünnten Lösungen [s. § 15, Gleichung (3)] mit hinreichender Näherung ($\mathfrak{k} = RT \ln x_1 = RT \ln (1 - x_2) \cong - RT x_2$ für $x_2 \ll 1$), so ist:

$$\frac{\Delta \pi}{\pi^{(1)}} = x_2 = \frac{n_2}{n_1 + n_2} \cong \frac{n_2}{n_1}. \tag{2b}$$

Dies ist das *Gesetz von* RAOULT: „*Die relative Dampfdruckerniedrigung eines Lösungsmittels durch einen gelösten Fremdstoff ist in idealer verdünnter Lösung gleich dem Verhältnis der Zahl der gelösten Fremdmoleküle zu der Zahl der Moleküle des Lösungsmittels, letztere nach dem Molekularzustand des Dampfes berechnet.*“

Soweit das Gesetz der idealen verdünnten Lösungen und die Bedingung $\mathfrak{k} \ll RT$ nicht mehr zutrifft, jedoch die übrigen Voraussetzungen unzweifelhaft sind, liefert (2) eine der Methoden zur Bestimmung der $\mathfrak{k}$ (und $\mathfrak{f}$) oder nach LEWIS der Aktivitäten des Lösungsmittels und des Fremdstoffes in der Lösung. Definiert man hier die Aktivität des Lösungsmittels nach § 15 (4a) durch

$$RT \ln a_1 = \mathfrak{k},$$

so ist nach (2) einfach:

$$a_1 = \frac{\pi}{\pi^{(1)}}, \tag{2c}$$

und der Aktivitätskoeffizient, der im Gültigkeitsbereich des RAOULTschen Gesetzes $= 1$ wird, ist

$$f_1 = \frac{a_1}{x_1} = \frac{\pi}{\pi^{(1)}} \cdot \frac{1}{x_1}.$$

Derart bestimmte Werte für f_1 werden von LEWIS und RANDALL[1] für Quecksilber in Thalliumamalgam bei 325° C angegeben. Bei $x_2 = 0{,}1$ ist f_1 erst auf ca. 0,98 gesunken, bei $x_2 = 0{,}8$ dagegen auf 0,82.

Aus unserer Ableitung geht hervor, daß, wenn man das Volum der Lösung vernachlässigen kann und das Verhalten der Dampfphase ein ideales ist, das RAOULTsche Gesetz und die allgemeinere Beziehung (2) auch noch Gültigkeit besitzen, wenn der gelöste Stoff mit verdampft; nur ist dann statt des Gesamtdrucks der Partialdampfdruck des Lösungsmittels einzusetzen. — In Beispiel 13 und 18 des Kapitels H werden Anwendungen der Formeln (2b) und (2c) gegeben.

Das Gesetz der Gefrierpunktserniedrigung und Siedepunktserhöhung. Hält man den Druck konstant, so muß eine Temperaturänderung gegenüber dem Umwandlungspunkt des reinen Stoffes eintreten, damit Gleichgewicht zwischen der reinen Phase und der verdünnten Lösung besteht. Aus der Dampfspannungserniedrigung, die nach dem obigen die Lösung gegenüber dem reinen Lösungsmittel auszeichnet, resultiert dann beim Übergang Lösung → Dampf eine *Erhöhung der Siedetemperatur*, die analog behandelt und ebenfalls zur Bestimmung von $\mathfrak{k}_1$ verwandt werden kann; ihre Bestimmung besitzt praktische Vorteile gegenüber der Messung der Dampfdruckerniedrigung und wird vielfach geübt. Noch genauere Messungen lassen sich jedoch am *Gefrierpunkt* anstellen; wir wollen uns daher als Beispiel einer Gleichgewichtstemperaturänderung im wesentlichen auf diesen beschränken.

---

[1] Nach HILDEBRAND und EASTMANN, J. Am. Ch. Soc. Bd. 37, S. 2452 (1915).

Indem man $\mathfrak{K}$ bei konstantem p nach T entwickelt und gleich 0 setzt, erhält man die zu (1) ganz analoge Gleichung[1]:

$$\int_{\vartheta^{(1)}}^{\vartheta} \frac{\Lambda}{T}\, dT = \mathfrak{k}_{(p,\vartheta)} \tag{3}$$

Hierbei bedeutet $\vartheta^{(1)}$ die Gefriertemperatur des reinen Lösungsmittels, ϑ die der Lösung, beide bei dem vorgegebenen Druck p; Λ ist die reversible Schmelzwärme beim Übergang des Lösungsmittels aus der festen in die (außer bei $T = \vartheta^{(1)}$ nicht mit ihr im Gleichgewicht stehende) reine flüssige Phase vom Druck p.

Für sehr kleine Konzentration des Fremdstoffs ist die *Gefrierpunktserniedrigung* $\vartheta^{(1)} - \vartheta$, die wir mit $\Delta\vartheta$ bezeichnen, eine kleine Größe, das Integral der linken Seite wird[2] $\cong -\frac{\Lambda^{(1)} \cdot \Delta\vartheta}{\vartheta^{(1)}}$ (wenn $\Lambda^{(1)}$ zur Abkürzung für $\Lambda_{(\vartheta^{(1)})}$ geschrieben wird), und die rechte Seite wird (für ideale Lösungen) $R\vartheta^{(1)} \ln x_1 \cong -R\vartheta^{(1)} \cdot x_2$, wobei (in x_2) n_2 die Molenzahl der frei gegeneinander beweglichen Fremdstoffmoleküle bedeutet. Also im ganzen:

$$\frac{\Delta\vartheta}{\vartheta^{(1)}} = x_2 \cdot \frac{R\vartheta^{(1)}}{\Lambda^{(1)}}. \tag{3a}$$

Dies ist das VAN'T HOFFsche Gesetz der Gefrierpunktserniedrigung: „*Die relative Gefrierpunktserniedrigung verdünnter Lösungen ist proportional dem Verhältnis der Zahl der gelösten Fremdmoleküle zur Gesamtmolekülzahl. Der Proportionalitätsfaktor ist die reziproke durch $R\vartheta^{(1)}$ dividierte Schmelzwärme der reinen Substanz.*" Der Molekularzustand des Lösungsmittels kann hierbei beliebig angesetzt werden, da $\Lambda^{(1)}$, als die Schmelzwärme von 1 Mol des Lösungsmittels, in demselben Maße variiert wird wie die angenommene Molenzahl des Lösungsmittels. Dagegen spielt der Molekularzustand des Fremdstoffs eine ausschlaggebende Rolle, und die Messung der Gefrierpunktserniedrigung $\Delta\vartheta$ (und entsprechend der Siedepunktserhöhung) ist somit eins der bequemsten Mittel zur Bestimmung des Molekulargewichts und etwaiger Assoziations- und Dissoziationsvorgänge der Fremdstoffe in verdünnter Lösung.

Für den Fall des Siedepunkts gelten die gleichen Beziehungen, mit dem Unterschied, daß in (3) auf der linken Seite das negative Vorzeichen zu setzen ist, wenn unter Λ die Verdampfungswärme verstanden wird. Setzt man dann aber $\Delta\vartheta = \vartheta - \vartheta_0$, also gleich der Siedepunkts*erhöhung*, so erhält man die Endformel mit (3a) gleichlautend.

Wird die Konzentration des Fremdstoffs nicht in Molenbrüchen, sondern etwa in Molen auf 1000 g Solvens angegeben (m), so gilt, wenn man als Molekulargewicht des Solvens $\mathbf{M}$ einsetzt, die Beziehung:

$$x_2 = \frac{m}{\frac{1000}{\mathbf{M}} + m}$$

oder für hinreichend kleine Konzentration:

$$x_2 = \frac{\mathbf{M}}{1000}\, m.$$

[1] Es würde zunächst auf der linken Seite das negative Vorzeichen auftreten; dies fällt aber weg, weil Λ zweckmäßig für die umgekehrte Richtung des Überganges, als Schmelzwärme, definiert wird.

[2] $$\int_{\vartheta^{(1)}}^{\vartheta} \frac{\Lambda}{T}\, dT \cong \Lambda^{(1)} \int_{\vartheta^{(1)}}^{\vartheta} \frac{dT}{T} = \Lambda^{(1)} \ln \frac{\vartheta}{\vartheta^{(1)}} = \Lambda^{(1)} \ln \left(1 - \frac{\Delta\vartheta}{\vartheta^{(1)}}\right) \cong -\Lambda^{(1)} \frac{\Delta\vartheta}{\vartheta^{(1)}}.$$

Hiernach wird für genügend verdünnte Lösungen:

$$\Delta\vartheta = \Delta_M \cdot m, \qquad (3\text{b})$$

wobei Δ_M, die „molare Gefrierpunktserniedrigung", in Wasser den Wert $\frac{18{,}02}{1000} \cdot \frac{R(\vartheta^{(1)})^2}{\Lambda^{(1)}} = 1{,}858^0$ hat.

Entsprechende Umrechnungen lassen sich leicht angeben, wenn Konzentrationsangaben anderer Art, z. B. Mole pro Liter, zugrundegelegt werden.

Molekulargewichtsbestimmungen. Ehe wir zu den genaueren Formeln für die Gefrierpunktserniedrigung übergehen, wollen wir die Bedeutung und Anwendung der Formel (3b) auf Molekulargewichtsbestimmungen etwas besprechen. Das Verhältnis $\frac{\Delta\vartheta}{m}$ müßte nach dieser Formel für alle in Wasser gelösten Substanzen immer den gleichen Wert $1{,}858^0$ besitzen. Das gleiche müßte gelten, wenn verschiedene gelöste Stoffe vorhanden sind und m die Gesamtmolenzahl der gelösten Stoffe darstellt; denn da in diesem Falle in (3) die Änderung $\mathfrak{f}$ für das gleichzeitige Vorhandensein verschiedener Fremdstoffmolenzahlen einzusetzen wäre und diese Größe auch dann, nach § 15, für verdünnte Lösungen gleich $RT \ln x_1 = RT \ln [1 - (x_2 + x_3 + \ldots)] \cong - RT \cdot (x_2 + x_3 + \ldots)$ zu setzen ist, würde statt m im Fall verschiedener gelöster Stoffe einfach $\sum m$ treten.

Löst man nun etwa Rohrzucker oder manche andere, namentlich organische Substanzen in Wasser, so findet man in der Tat bei hinreichender Verdünnung für $\frac{\Delta\vartheta}{m}$ konstante (von der Konzentration unabhängige) Zahlen nahe bei $1{,}86^0$, die befriedigend mit der obigen aus der Schmelzwärme des Wassers berechneten übereinstimmen. Dagegen zeigen alle Salze und die nicht zu schwachen Säuren und Basen höhere Werte der $\frac{\Delta\vartheta}{m}$, die in der Regel mit abnehmender Konzentration zunehmen und einem ganzzahligen Vielfachen des Wertes 1,86 zustreben. Diese Abweichung ist nur dadurch zu erklären, daß das *angenommene* Molekulargewicht nicht dem in Lösung *wirklich vorhandenen* Molekularzustand entspricht, daß also z. B. die Gruppe $La(NO_3)_3$ nicht resistent ist, sondern in vier Einzelteile zerfällt $\left(\frac{\Delta\vartheta}{m} \cong 4 \cdot 1{,}86\right)$, die nach den elektrolytischen Leitungseigenschaften nur La^{+++} und $3\,NO_3^-$ sein können. So liefert also die Gefrierpunktserniedrigung (sowie Siedepunktserhöhung, Dampfdruckerniedrigung und osmotischer Druck) zusammen mit dem Verhalten bei Durchgang von elektrischem Strom den direktesten experimentellen Beweis der elektrolytischen Dissoziation von Salzen, Säuren und Basen. Das Verhältnis der beobachteten molaren Gefrierpunktserniedrigung zu dem Standardwert 1,858 kann, gleichen Dissoziationstypus und gleiche Verdünnung vorausgesetzt, direkt als Maß der Stärke oder Schwäche der betreffenden Elektrolyte (d. h. ihrer Dissoziationstendenz) gelten. Liegt elektrolytische Dissoziation vor, so ist jedoch die elektrische Aktivitätskorrektur zu berücksichtigen, die immer eine Verkleinerung der $\mathfrak{f}$ bewirkt, also die Dissoziation zu klein erscheinen läßt, ein Effekt, der im Falle beträchtlicher Ionenkonzentration sehr erheblich werden kann (vgl. § 23, wo auch noch weitere Aktivitätskorrekturen besprochen werden).

Bei manchen Stoffen erhält man auch zu kleine $\frac{\Delta\vartheta}{m}$, die durch eine Assoziation gedeutet werden müssen. Namentlich ist dieses Phänomen bei Karbonsäuren bekannt, die — übereinstimmend mit ihrer Dampfdichte — bei nicht zu

kleinen Konzentrationen in der Regel das doppelte Molekulargewicht ergeben, als ihrer üblichen Formulierung entspricht[1].

Das Verhalten, das Elektrolyte in nichtwässerigen Lösungsmitteln, namentlich solchen von kleiner Dielektrizitätskonstante, zeigen, ist sehr kompliziert. Besonders auffällig ist, daß Salze, die beträchtliche elektrische Leitfähigkeit ergeben, also unleugbar in Ionen *dissoziiert* sind, bei Untersuchung der Gefrierpunktserniedrigung (und Siedepunktserhöhung usw.) als *assoziiert* erscheinen, und zwar scheinen dann vielfach gerade die Salze am meisten assoziiert, die die höchste Leitfähigkeit besitzen. Eine kurze Diskussion dieser Verhältnisse soll in § 23 gegeben werden[2].

Die genauen Formeln für die Gefrierpunktserniedrigung. Wenn wir jetzt zu der genaueren thermodynamischen Auswertung der allgemeinen Formel (3) übergehen[3], bei der wir von der Annahme $\mathfrak{f}$ proportional x_2 keinen Gebrauch machen, so spielt zunächst der wirkliche molekulare Zustand des Fremdstoffs in der Lösung keine Rolle; wir können seine Molenzahl auf Grund irgendeiner plausibeln Formel bestimmt denken.

Für die linke Seite von (3), die sich auf die reine Substanz bezieht, drücken wir $\frac{A}{T}$ durch $\frac{A^{(1)}}{\vartheta^{(1)}}$ (beim Schmelzpunkt des reinen Lösungsmittels) und die molaren spezifischen Wärmen $c_p^{(s)}$ und $c_{p1} = c_p^{(l)}$ des festen und des flüssigen Lösungsmittels aus; diese Größen können zunächst konstant gleich ihren Werten für $T = \vartheta^{(1)}$ gesetzt werden. Es ist dann:

$$\frac{A}{T} = \frac{A^{(1)}}{\vartheta^{(1)}} + \int\limits_{\vartheta^{(1)}}^{\vartheta} \frac{c_p^{(l)} - c_p^{(s)}}{T}\, dT = \frac{A^{(1)}}{\vartheta^{(1)}} + \left(c_p^{(l)} - c_p^{(s)}\right) \ln \frac{\vartheta}{\vartheta^{(1)}},$$

$$\left[\text{denn nach (19), § 4 ist } \frac{\partial}{\partial T}\left(\frac{A}{T}\right) = \frac{1}{T}\,\frac{\partial l^T}{\partial \lambda} = \frac{\sum \nu c_p}{T}\right].$$

Die Integration nach (3) ergibt, wenn wir zuvor wieder $\vartheta^{(1)} - \vartheta = \Delta\vartheta$ setzen und $\ln \frac{\vartheta}{\vartheta^{(1)}}$ nach $\Delta\vartheta$ entwickeln $\left(\text{s. S. 339 Anm. 2: } \ln \frac{\vartheta}{\vartheta^{(1)}} \cong -\frac{\Delta\vartheta}{\vartheta^{(1)}}\right)$:

$$\int\limits_{\vartheta^{(1)}}^{\vartheta} \frac{A}{T}\, dT = -\frac{A^{(1)}}{\vartheta^{(1)}}\,\Delta\vartheta + \frac{c_p^{(l)} - c_p^{(s)}}{2\,\vartheta^{(1)}}\,(\Delta\vartheta)^2 + \cdots, \tag{3c}$$

also eine bekannte Funktion von $\Delta\vartheta$ (in der die höheren Glieder zu vernachlässigen sind).

Die Entwicklung von $\mathfrak{f}_{(p,\vartheta)}$ nach T ergibt nach (23), § 11:

$$\mathfrak{f}_{(p,\vartheta)} = \vartheta\left\{\frac{\mathfrak{f}_{(p,\vartheta^{(1)})}}{\vartheta^{(1)}} - \int\limits_{\vartheta^{(1)}}^{\vartheta} \frac{\mathfrak{w}}{T^2}\, dT\right\},$$

wobei $\mathfrak{w}$ nach § 15 die differentielle Verdünnungswärme, d. i. die Wärmetönung beim Hinzufügen eines Mols des reinen Lösungsmittels zu einer unendlichen Menge Lösung der Konzentration x_2 (= molare differentielle Verdünnungs-

[1] Siehe z. B. P. WALDEN: Molekulargrößen von Elektrolyten, S. 314ff. Dresden u. Leipzig 1923.

[2] Ausführlicheres u. a. in einer zusammenfassenden Darstellung von ULICH u. BIRR: Der molekulare Zustand von Salzen in Lösungen. Z. f. angew. Chem. Bd. 41, S. 443, 467, 1075 u. 1141, 1928.

[3] Siehe z. B. NERNST: Theoretische Chemie, 10. Aufl., S. 169f.; LEWIS u. RANDALL: Thermodynamik, Kap. 23 u. 27.

wärme) bedeutet. Nimmt man $\mathfrak{w}$, das neben $\Lambda^{(1)}$ usw. immer nur als Korrekturglied auftritt (Größenordnung 0 — 10 cal bei Konzentrationen bis etwa 1-molar gegen $\Lambda_{(0^\circ C)} = 1436$ cal/Mol bei Wasser), als temperaturunabhängig an und integriert, so findet man:

$$\mathfrak{k}_{(p,\vartheta)} = \mathfrak{k}_{(p,\vartheta^{(1)})} - \frac{\Delta\vartheta}{\vartheta^{(1)}}\{\mathfrak{k}_{(p,\vartheta^{(1)})} - \mathfrak{w}\}. \qquad (3\,d)$$

Durch Gleichsetzen dieses Ausdrucks mit (3c) gelingt es, aus den Werten von $\mathfrak{k}$ für den Gefrierpunkt der reinen Substanz und den übrigen in den beiden Ausdrücken auftretenden direkt meßbaren thermodynamischen Größen die Gefrierpunktserniedrigung $\Delta\vartheta$ in Abhängigkeit von x_2 in selbst für große Konzentrationen ausreichender Strenge zu berechnen; umgekehrt liefern die Messungen von $\Delta\vartheta$ eines der wichtigsten Mittel zur Bestimmung der Größen $\mathfrak{k}_1$, aus denen sich, wie wir früher sahen (§ 15, S. 291), auch $\mathfrak{k}_2$ und ferner alle Größen $\frac{\partial\mu_1}{\partial x_2}$ usw. für die Werte p und $\vartheta^{(1)}$ bei variablem x_2 berechnen lassen. Wie man von hier aus auf andere Temperaturen und Drucke übergeht, ist schon in § 11 erörtert worden.

Prinzipiell auf diesem Wege, wenn auch mit einem etwas anderen Integrationsverfahren, sind von Lewis und Randall die wichtigsten genauen Daten über die Aktivität gelöster Stoffe, hauptsächlich starker Elektrolyte, gefunden worden. Als Illustration des Einflusses der Korrekturglieder in (3c) und (3d) mag dienen, daß das $(\Delta\vartheta)^2$ Glied in (3c) den Aktivitätskoeffizienten von NaCl in wässeriger Lösung bei 1 Mol/Liter um 0,3%, bei 5 Mol/Liter um 2,2% vergrößert. Die Berücksichtigung von $\mathfrak{w}$ in (3d) ergibt in den gleichen Fällen 3,2 bzw. 20%. Hierbei ist jedoch für die 5-molare Lösung eine weitere Korrektur, die die Änderung der Verdünnungswärme $\mathfrak{w}$ mit der Temperatur berücksichtigt, schon von derselben Größenordnung wie das Glied mit konstantem $\mathfrak{w}$.

Beispiele zur Anwendung der Formeln (3a) bis (3d) werden in Kapitel H, Beispiel 12 und 13 gegeben.

Die Gesetze des osmotischen Drucks. Betrachten wir nunmehr das Gleichgewicht einer verdünnten Lösung nicht mit einer anderen Phase des reinen Lösungsmittels, sondern mit der gleichen. Es ist dann unmöglich, daß bei gleichem p und T beider Phasen Gleichgewicht für das Lösungsmittel besteht, da die μ_1-Werte sich um das Glied $\mathfrak{k}$, das den Einfluß des Fremdstoffs angibt, unterscheiden. Es gelingt jedoch, Gleichgewicht für den Übergang des Lösungsmittels herzustellen, indem man die beiden Phasen unter verschiedenen Druck setzt[1]. Diese Druckdifferenz wird sich von selbst herstellen, wenn zwischen beiden Phasen eine mechanisch feste Wand angeordnet ist, die nur dem Lösungsmittel, nicht aber dem Gelösten den Durchtritt gestattet (semipermeable Membran); es wird dann solange Solvens von der einen in die andere Phase übergehen, bis durch Kompression bzw. Dilatation der beiden Phasen (bei allseitig geschlossenem Volum jeder Phase) oder durch Ausbildung einer Niveaudifferenz (bei Kommunikation mit der Atmosphäre) der geeignete Überdruck hergestellt ist. Da das partielle Hindurchdiffundieren eines Stoffes durch eine Wand als *Osmose* bezeichnet wird, nennt man den dabei entstehenden Druckunterschied den *osmotischen Druck*.

[1] Gleichgewicht für den Übergang durch eine für den *gelösten Stoff* semipermeable Wand kann man auf diese Weise nicht erreichen, da μ_2 für die reine Phase $= -\infty$ ist. Dagegen können *endliche* Unterschiede der μ_2 in beiden Phasen durch Druckdifferenzen kompensiert werden. Die Behandlung dieses Falles kann dann ganz analog dem oben behandelten erfolgen.

Die Gesetze des osmotischen Drucks erhalten wir, indem wir wieder den $\mathfrak{K}$-Wert des Lösungsmittelübergangs zwischen den zunächst als gegeneinander gehemmt angesehenen Phasen bestimmen; hier für gleiche Temperaturen, aber verschiedene Drucke und verschiedene Konzentrationen beider Phasen. Wird der äußere Druck über dem reinen Lösungsmittel als gegeben angenommen, gleich p_0, und ist $\mu_{1(p_0)}$ der Wert von μ_1 im reinen Lösungsmittel beim Druck p_0, so gilt für das Lösungsmittel mit der Fremdstoffkonzentration x_2 und dem Druck p:

$$\mu_{1(p)} = \mu_{1(p_0)} + \int_{p_0}^{p} \boldsymbol{v}_1 \, d p + \mathfrak{k}_{(p)},$$

wobei $\boldsymbol{v}_1 = v^{(1)}$ das Molvolum des reinen Lösungsmittels bedeutet. Die Gleichgewichtsbedingung $\mathfrak{K}_1 = 0$ lautet also:

$$\mathfrak{K} = \mu_{1(p)} - \mu_{1(p_0)} = \int_{p_0}^{p} \boldsymbol{v}_1 \, dp + \mathfrak{k}_{(p)} = 0,$$

oder

$$\int_{p_0}^{p} \boldsymbol{v}_1 \, dp = -\mathfrak{k}_{(p)}. \tag{4}$$

Hier ist die linke Seite bei gegebenem spezifischem Volum und gegebener Kompressibilität der reinen Flüssigkeit vollkommen bekannt; durch experimentelle Bestimmung von p und Auswertung des Integrals hat man also eine neue direkte Methode, um das Aktivitätsglied $\mathfrak{k}$ (beim Druck p und beliebiger Konzentration x_2) und damit auch die Aktivität des Fremdstoffs der Konzentration x_2 in der Lösung zu bestimmen.

In den meisten Fällen wird die Kompressibilität vernachlässigt, das molare Volum des Lösungsmittels als konstant angesehen werden können. Dann wird der Druckunterschied $P = p - p_0$ der Lösung gegen das reine Lösungsmittel gegeben durch:

$$P = -\frac{\mathfrak{k}_{(p)}}{\boldsymbol{v}_1}. \tag{4a}$$

Nun ist $\mathfrak{k}$ immer eine negative Größe[1]; die Lösung hat also im Gleichgewicht einen Überdruck P gegen das Lösungsmittel; dieser ist eben die Größe, die als *osmotischer Druck* bezeichnet wird.

Bei den Untersuchungen zur Bestimmung des osmotischen Drucks ist gewöhnlich p_0 der Atmosphärendruck, p also ein mit der Konzentration der Lösung variabler Druck. Um $\mathfrak{k}$ immer auf den gleichen Druck p_0 zu reduzieren, hat man (für jede Konzentration x_2) die Entwicklung:

$$\mathfrak{k}_{(p)} = \mathfrak{k}_{(p_0)} + \int_{p_0}^{p} \mathfrak{v} \, dp$$

zu benutzen, in der $\mathfrak{v}$ das Verdünnungsvolum der x_2-konzentrierten Lösung bedeutet (es entspricht ganz der differentiellen Verdünnungswärme $\mathfrak{w}$). Die durch dies Glied bedingte Reduktion von P ist nach (4a) von der Größenordnung $\frac{\mathfrak{v}}{\boldsymbol{v}_1}$, d. h. für 1-molare wässerige Lösungen etwa 1 pro Mille (s. S. 337), also meist zu vernachlässigen.

[1] Wenn beim Übergang Lösung ⟶ reines Lösungsmittel Arbeit gewonnen werden könnte, würde spontane Entmischung eintreten (s. auch §§ 25 u. 27).

Für unendlich verdünnte Lösungen, wo $\mathfrak{k}$ den Wert $-RTx_2$ besitzt und v_1 zugleich das Molvolum $\frac{v}{n}$ der Lösung darstellt, wird:

$$P = \frac{RT}{v} \cdot n_2. \tag{4b}$$

Dies ist das VAN'T HOFFsche Gesetz des osmotischen Drucks: „*Der osmotische Druck eines Fremdstoffs in einer hinreichend verdünnten Lösung ist ebenso groß, wie wenn der Stoff in derselben Molekülzahl das zur Verfügung stehende Volum als Gas erfüllte.*"

Hierbei kommt es natürlich wieder auf die Molekularbeschaffenheit des Stoffes in der Lösung an; die Molenzahl muß so gewählt werden, wie es den wirklich resistenten Gruppen entspricht, die nicht weiter dissoziieren. Bezeichnet n_2 die Molenzahl eines dissoziierenden Stoffs, so ist für unendliche Verdünnung statt n_2 die Summe der in Wirklichkeit vorhandenen Molenzahlen, d. h. bei der Dissoziation in insgesamt ν Bestandteile das ν-fache von n_2 in (4b) einzusetzen (wie sich das aus der leicht zu beweisenden Additivität der P-Werte verschiedener gleichzeitig in sehr kleiner Konzentration vorhandener Fremdstoffe ergibt). Es liefert also (4b) ein weiteres Mittel zur Bestimmung der molekularen Beschaffenheit gelöster Stoffe.

Die vorliegenden Messungen beziehen sich großenteils auf wässerige Lösungen; als semipermeable Membran dient meist eine auf einer porösen Wand niedergeschlagene Schicht von Ferrocyankupfer, die für Wasser durchlässig, für die meisten gelösten Stoffe undurchlässig ist. Die beobachteten Drucke zählen, wenn mittlere und größere Konzentrationen angewandt werden, nach vielen Atmosphären; 1 Mol im Liter entspricht ja bei Zimmertemperatur nach den Gasgesetzen einem Druck von etwa 24 Atm. Zu sehr genauen Messungen des Molekularzustandes (oder der Aktivitäten) hat sich der osmotische Druck aus praktischen Gründen bisher weniger geeignet erwiesen als die früher in diesem Paragraphen besprochenen Methoden. — In Beispiel 13 des Kapitels H werden die Gleichungen (4a) und (4b) zahlenmäßig auf Meßresultate an Rohrzuckerlösungen angewendet.

Dagegen hat die Vorstellung des osmotischen Drucks als eines Gasdrucks der gelösten Substanz in der Thermodynamik didaktisch eine große Rolle gespielt; nach dem Vorgang VAN'T HOFFS (1885)[1] führte man einen wesentlichen Teil der thermodynamischen Vorgänge in verdünnten Lösungen (Verdünnungs- und Verdichtungsarbeiten, Dampfdruckfragen, Dissoziations- und Verteilungsfragen, nach NERNST auch Fragen der Elektromotorischen Kräfte von Metall gegen Lösung) mit Hilfe des osmotischen Drucks auf entsprechende Vorgänge in idealen Gasen zurück. Die neuere Forschung beginnt jedoch, in dem Bestreben, auch das nichtideale Verhalten gelöster Substanz genauer zu erforschen, von dieser Vorstellungsweise etwas abzukommen und entsprechend der ursprünglichen GIBBSschen Konzeption die chemischen Potentiale des Lösungsmittels und des Gelösten als die primär charakteristischen Größen der Lösung zu betrachten. Auch von diesem Standpunkt ist es jedoch bemerkenswert, daß nach der fast streng auch für ziemlich hohe Konzentrationen gültigen Beziehung (4a) der osmotische Druck in einfacherer Weise mit dem konzentrationsabhängigen Teil $\mathfrak{k}_1$ des chemischen Potentials des Lösungsmittels zusammenhängt als irgendeine andere direkt meßbare Größe. Die Beziehungen zwischen Dampfspannungsänderung, Gefrierpunktserniedrigung, Siedepunktserhöhung einerseits, osmotischem Druck andererseits, die sich aus diesem Zusammenhang ergeben, hier

[1] OSTWALDS Klassiker Nr. 110.

näher zu diskutieren, erübrigt sich, da sie aus den gegebenen Gleichungen leicht abzuleiten sind. Aus der historischen Entwicklung ist es nun auch verständlich, daß alle diese Erscheinungen vielfach unter dem Namen der osmotischen Effekte zusammengefaßt werden, wie schon früher erwähnt wurde.

Bemerkt sei noch, daß die Annäherungsgleichung (4b) zur Darstellung der wahren Verhältnisse auch in Fällen größerer Konzentration verwandt worden ist durch Einführung eines „osmotischen Koeffizienten" (nach BJERRUM), der mit dem Aktivitätskoeffizienten in angebbarem Zusammenhang steht. Für sehr verdünnte Elektrolytlösungen erhält man diese osmotischen Koeffizienten nach DEBYE[1] in sehr direkter Weise aus der Berechnung der elektrischen Wechselenergie der Ionen.

II. Reiner Fremdstoff als Nachbarphase.

Die hier zu behandelnden Fälle (Gleichgewicht einer Salzlösung mit dem reinen Salz, einer nicht verdampfenden Flüssigkeit mit einem reinen Gas, das sich zum Teil in der Flüssigkeit löst, usw.) unterscheiden sich nicht prinzipiell von den unter I betrachteten Fällen, da die Bezeichnung „Lösungsmittel" und „Fremdstoff" ihren Sinn verlieren, wenn beliebige Mischungsverhältnisse beider zugelassen werden. Nur die zugrunde gelegten idealen Grenzfälle und demnach auch die Bezugnahme für die angrenzenden Fälle sind bei unserer neuen Betrachtungsweise andere. Der Idealfall ist jetzt der, daß sich der Stoff, für den die Gleichgewichtsbedingung aufgestellt werden soll, in der flüssigen Phase nicht wie bisher in reinem Zustand, sondern in „unendlicher Verdünnung" befindet. Dementsprechend werden wir das chemische Potential μ_2 dieses Stoffs in der Lösung nach den Auseinandersetzungen von § 15 zerlegen in $\mu_2 = \underset{\cdot}{\mu}_2 + \mathfrak{k}_2$, wobei der Grundzustand der nach dem Gesetz der unendlich verdünnten Lösung auf den Molenbruch $x_2 = 1$ extrapolierte Zustand ist. $\mathfrak{k}_2$ ist für hinreichend verdünnte, nicht dissoziierende Stoffe gleich $R\underset{\cdot}{T}\ln x_2$, wobei x_2 das Verhältnis der Zahl der Fremdmoleküle in der Lösung zu der (im übrigen irgendwie definierten) Gesamtmolekülzahl der Lösung bedeutet. Die Gleichgewichtsbedingung für den „Fremdstoff" (das „Lösungsmittel" soll nicht in merklicher Menge übergehen können) lautet dann (mit dem Phasenindex $^{(2)}$ ist die reine Fremdstoffphase bezeichnet):

$$\left.\begin{aligned} \mathfrak{K}_2 &= \mu^{(2)} - \mu_2 = \mu^{(2)} - \underset{\cdot}{\mu}_2 - \underset{\cdot}{\mathfrak{k}}_2 = \underset{\cdot}{\mathfrak{K}}_2 - \underset{\cdot}{\mathfrak{k}}_2 = 0\,, \\ \underset{\cdot}{\mathfrak{k}}_2 &= \mu^{(2)} - \underset{\cdot}{\mu}_2 = \underset{\cdot}{\mathfrak{K}}_2 \end{aligned}\right\}. \tag{5}$$

Diese letzte Gleichung, in der die rechte Seite von der Konzentration unabhängig ist, liefert eine Beziehung zwischen p, T und x_2 (bzw. $x_1 = 1 - x_2$), die entweder zur Bestimmung der Gleichgewichtskonzentration x_2 bei gegebenen p und T oder zur Bestimmung eines Gleichgewichtsdrucks, einer Gleichgewichtstemperatur bei gegebenen x_2 und T bzw. x_2 und p verwendet werden kann. Das gilt wenigstens dann, wenn die Abhängigkeit der Normalarbeit $\underset{\cdot}{\mathfrak{K}}$ von p und T und die der $\underset{\cdot}{\mathfrak{k}}$ von x_2, p und T bekannt ist (Kenntnis der Aktivitäten, nach LEWIS). Es ist wohl kaum nötig, hier noch einmal darauf hinzuweisen, daß die $\underset{\cdot}{\mathfrak{K}}$ in der in § 11 besprochenen Weise aus einem gegebenen (Standard-) Wert für p_0, T_0 und den Wärmetönungen $\underset{\cdot}{\mathfrak{W}}$ und Volumänderungen $\underset{\cdot}{\mathfrak{V}}$ beim Übergang des Fremdstoffs in die unendlich verdünnte Lösung aufgebaut werden können. Ebenso sind für jede Konzentration die p- und T-Abhängigkeiten von $\underset{\cdot}{\mathfrak{k}}$ aus den in § 15 besprochenen Wärmeeffekten $\underset{\cdot}{\mathfrak{w}}$ und Volumeffekten $\underset{\cdot}{\mathfrak{v}}$ zu gewinnen. Es ist also, unabhängig von diesen Angaben, nur noch unter gewissen Normal-

---

[1] Physik. Ztschr., Bd. 25, S. 100, 1924.

bedingungen p_0, T_0 die Abhängigkeit der $\mathfrak{f}$ oder der Aktivitäten a_2 von der Konzentration festzustellen, um die Gleichgewichtsbedingungen (5) auswerten zu können.

Umgekehrt wird man bei Kenntnis der $\mathfrak{K}_2$ in Abhängigkeit von Druck und Temperatur aus den beobachteten Gleichgewichtszusammenhängen zwischen p, T und x_2 gewisse Angaben für die $\mathfrak{f}_2$ (oder a_2 bzw. a_1) entnehmen können

Absorption eines Gases in einer Flüssigkeit; Henrysches Gesetz. Das Gas, etwa CO_2 über Wasser, Br_2 über CCl_4, soll hier als (praktisch) reine Nachbarphase auftreten. Dann ist $\mu^{(2)}$ in Abhängigkeit von p und T vollkommen bestimmbar. μ_2 hängt von p nur insofern ab, als das partielle Molvolum des Stoffes 2 in unendlicher Verdünnung vom Druck abhängig ist; das ist gegen alle Gasvolumeffekte praktisch zu vernachlässigen.

Wird der Gasdruck so gewählt, daß x_2 hinreichend klein ist, so gilt für einen in großer Verdünnung nicht dissoziierenden Bestandteil 2 die Beziehung $\mathfrak{f}_2 = RT \ln x_2$ und folglich nach (5):

$$\ln x_2 = \frac{\mu^{(2)} - \mu_2}{RT}. \tag{5a}$$

Werden für das Gas nun außerdem noch die idealen Gasgesetze angenommen, so ist die Druckabhängigkeit von $\mu^{(2)}$ durch $\mu^{(2)}_{(p=1)} + RT \ln p$ gegeben [§ 13, Gleichung (9b)], und es wird (indem wir den durch Gl. (5a) der Konzentration x_2 zugeordneten Gleichgewichtsdruck mit π_2 bezeichnen):

$$\ln x_2 = \ln \pi_2 + \frac{\mu^{(2)}_{(p=1)} - \mu_2}{RT}.$$

Setzen wir hier
$$\ln \mathbf{A}_2 = \frac{\mu^{(2)}_{(p=1)} - \mu_2}{RT},$$
so wird
$$x_2 = \mathbf{A}_2 \cdot \pi_2, \quad \pi_2 = \frac{x_2}{\mathbf{A}_2}, \tag{6}$$

wobei $\mathbf{A}$ ein nur von der Temperatur abhängiger Faktor ist, der als „*Absorptions- oder Löslichkeitskoeffizient*" der Flüssigkeit für das betreffende Gas bezeichnet wird. Sein numerischer Wert ist natürlich davon abhängig, ob wir der Grundlösung die idealisierte Konzentration $x_2 = 1$ oder m_2 oder $c_2 = 1$ zuschreiben (s. S. 291).

Gleichung (6) ist bekannt als das Gasabsorptionsgesetz von Henry: „*Ein Gas löst sich in einer Flüssigkeit proportional seinem Druck; der Gleichgewichtsdruck eines in einer Flüssigkeit gelösten Gases ist der Molenbruchkonzentration proportional.*"

Dieser Satz läßt sich ohne weiteres auf die Fälle übertragen, wo noch andere Stoffe in der Flüssigkeit ideal gelöst sind und wo im Gasraum ebenfalls weitere Stoffe vorhanden sind, die sich wie ideale Gase verhalten. Nur tritt dann nach (26), § 14, statt p in $\mu^{(2)}$ der Partialdruck $p \cdot x_2 = p_2$ des Gases auf (Daltons Gesetz). Da die gleichen Betrachtungen für die anderen Fremdstoffe 3, 4 usw. gelten, kann man hier verallgemeinernd formulieren: „*Der Partialdruck eines in kleiner Menge gelösten Fremdstoffs über einer Lösung ist proportional seinem Molenbruch in der Lösung.*"

Den Temperaturgang des Absorptionskoeffizienten $\mathbf{A}$ leitet man sich leicht aus dem von $\frac{\mathfrak{K}_2}{RT}$ ab (§ 11), wobei $\mathfrak{K}_2 = \mu^{(2)}_{(p=1)} - \mu_2$ die Arbeit beim Übergang des Stoffes 2 aus der idealen Lösung in den idealen Gaszustand vom Druck 1 bedeutet. Man findet:

$$\frac{\partial \ln \mathbf{A}}{\partial T} = -\frac{\mathfrak{W}_2}{RT^2}. \tag{7}$$

Die Größe $\mathfrak{W}_2$ ist die zuzuführende Wärme für den Übergang aus unendlich verdünnter Lösung in den Gaszustand vom Druck 1 (üblicherweise als Lösungswärme bezeichnet). Wird bei der Auflösung (unter konstantem Druck) Wärme abgegeben, so ist die rechte Seite negativ, die Löslichkeit nimmt mit steigender Temperatur ab und umgekehrt.

Zur Veranschaulichung der Konstanten $\mathbf{A}$ sei noch darauf hingewiesen, daß für $x_2 = 1$ (oder $m_2 = 1$, $c_2 = 1$, falls diese Konzentrationsmaße benutzt werden) $\pi_2 = \frac{1}{\mathbf{A}_2}$ werden würde, wenn die Gesetze der idealen verdünnten Lösungen beim Stoff 2 noch bis zu beliebig hohen Konzentrationen gelten würden. $\frac{1}{\mathbf{A}_2}$ ist also der idealisierte Dampfdruck des Stoffs 2, welcher in idealisierter Einheitskonzentration in 1 gelöst ist. Bei idealen Gemischen (§ 15, S. 294), bei denen die idealen Gesetze im ganzen Mischungsbereich gelten, wird also, wenn man in Molenbrüchen mißt, $\frac{1}{\mathbf{A}_2} = \pi^{(2)}$, das ist gleich dem beobachtbaren Dampfdruck der reinen Flüssigkeit 2. Das HENRYsche Gesetz nimmt dann die Form an $\pi_2 = x_2 \cdot \pi^{(2)}$, $\pi_1 = x_1 \cdot \pi^{(1)}$.

Abweichungen vom HENRYschen Gesetz. Diese Abweichungen wollen wir nur unter der Annahme besprechen, daß keine Dissoziation der durch die Molenzahl n_2 gekennzeichneten Fremdstoffmoleküle in der Lösung eintritt und der Gleichgewichtsdampfdruck (Partialdruck) des Fremdstoffs über der Flüssigkeit so gering ist, daß die idealen Gasgesetze noch als gültig angesehen werden können. Die Abweichungen kommen dann nur dadurch zustande, daß $\mathfrak{f}_2$ von der Form $RT\ln x_2$ im Sinne der in § 15 besprochenen Aktivitätskorrekturen abweicht, was bei solchen Substanzen der Fall sein wird, die sich in verhältnismäßig großen Konzentrationen der Flüssigkeit beimischen lassen, ohne daß dadurch ein erheblicher Dampfdruck entsteht.

Schreiben wir in diesem Falle $\mathfrak{f}_2$ in der Form $RT\ln \underset{\cdot}{a}_2$, so gilt das HENRYsche Gesetz unverändert, wenn einfach statt der Konzentration x_2 die Aktivität $\underset{\cdot}{a}_2$, bezogen auf die idealisierte Konzentration 1 des Fremdstoffes im Lösungsmittel, eingeführt wird. Insbesondere ist dann der Absorptionskoeffizient $\mathbf{A}$ nach wie vor vom Druck praktisch[1] unabhängig. Ist dieser Koeffizient aus dem Verhalten bei hinreichend großen Verdünnungen $\left(\text{also aus einem Verhältnis } \frac{x_2}{\pi_2}\right)$ bestimmt, so liefert das Gesetz

$$\underset{\cdot}{a}_2 = \pi_2 \mathbf{A}_2 \qquad \text{(6a)}$$

den Wert von $\underset{\cdot}{a}_2$ für jeden höheren Druck und die dazu gehörige (direkt beobachtbare) Konzentration x_2. Damit ist der Zusammenhang zwischen der Aktivität $\underset{\cdot}{a}_2$ und der Konzentration x_2 für die Untersuchungstemperatur gegeben, wir haben hier also einen neuen Weg, um aus der Untersuchung von Gleichgewichten zur Bestimmung von Aktivitäten bzw. Restarbeiten zu gelangen[2].

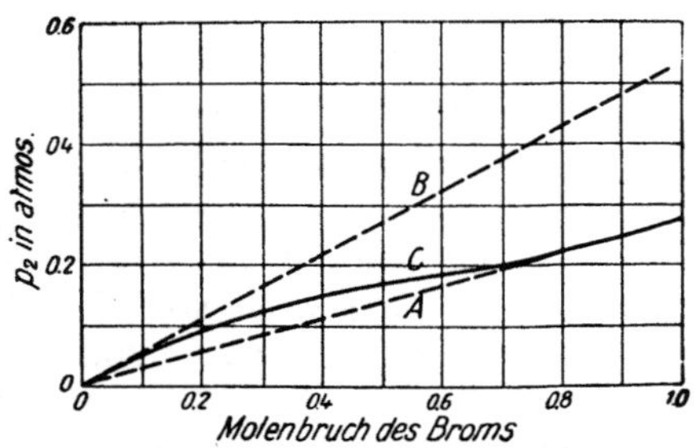

Abb. 31. Dampfdruck des Broms über Tetrachlorkohlenstofflösungen. (Nach LEWIS und RANDALL.)

Ein Beispiel für eine solche Aktivitätsbestimmung entnehmen wir dem Buch von LEWIS und RANDALL (S. 222 der deutschen Ausgabe 1927). Abb. 31 stellt den

---

[1] Über die genaue Formel vgl. § 22, S. 388.

[2] Der Druckeinfluß auf $\mathfrak{f}_2$ und $\underset{\cdot}{a}_2$ ist hier vernachlässigt; er wäre durch Bestimmung der $\mathfrak{p}$ zu berücksichtigen.

beobachteten Zusammenhang zwischen Konzentration x_2 und Partialdruck p_2 für Br_2-Gas in CCl_4 dar. Kurve C ist der gefundene Verlauf, Gerade B die Grenztangente für kleine x_2, Gerade A die für kleine x_1. Der Wert von $\mathbf{A}_2 = \lim\limits_{x_2=0}\left(\frac{x_2}{\pi_2}\right)$ ergibt sich aus der Grenzsteigung der Kurve für kleine Konzentrationen zu etwa $\frac{1}{0{,}54} = 1{,}86$. Man sieht, daß oberhalb etwa $x_2 = 0{,}05$ Abweichungen vom HENRYschen Gesetz auftreten und daß bei $x_2 = \frac{1}{2}$ eine Aktivität $a_2 = \mathbf{A}_2 \cdot \pi_2$ etwa vom Betrage $1{,}86 \times 0{,}18 = 0{,}334$ besteht, so daß der Aktivitätskoeffizient $\frac{a_2}{x_2}$ gleich 0,668 wird (für $x_2 \sim 1$ wird $\frac{a_2}{x_2}$ etwa gleich 0,52).

Löslichkeit eines reinen Festkörpers. Während zwei Flüssigkeiten selten so verschieden ineinander löslich sind, daß das hier behandelte Verfahren anwendbar ist, treffen wir bei kristallinischen Körpern in Wechselwirkung mit irgendeinem Lösungsmittel recht häufig die erforderliche Unlöslichkeit der Flüssigkeit in der „reinen Fremdstoffphase" an. Damit unsere Betrachtungen anwendbar sind, ist jedoch noch weiter zu fordern, daß der Festkörper sich nur als Ganzes zu lösen vermag und somit seine Zusammensetzung stets unverändert beibehält; sonst würden wir es mit einem System von mehr als zwei unabhängigen Bestandteilen zu tun haben. Für polar aufgebaute Stoffe mit nur je einer Ionenart (Typus NaCl oder $MgCl_2$) ist diese Einschränkung, wenn nicht aus Strukturgründen, schon durch die Neutralitätsbedingung von selbst gegeben; es können nicht positive Teilchen ohne die äquivalente Anzahl negativer in Lösung gehen.

Im Gegensatz zur Gaslöslichkeit ist die Druckabhängigkeit der Festkörperlöslichkeit praktisch meist zu vernachlässigen, da sowohl $\mu^{(2)}$ (für den Festkörper) wie auch μ_2 (für die Lösung) sehr wenig vom Druck abhängen. Entsprechend ist in (5) $\mathfrak{K}_2$ meist als reine Temperaturfunktion zu behandeln. Es folgt dann aus (5) allgemein:

$$\frac{\mathfrak{k}_2}{RT} = \frac{\mathfrak{K}_{2(T_0)}}{RT_0} - \int\limits_{T_0}^{T} \frac{\mathfrak{W}_2}{RT^2}\, dT = \frac{\mathfrak{K}_{2(T_0)}}{RT_0} + \int\limits_{T_0}^{T} \frac{\lambda_{(0)}}{RT^2}\, dT, \tag{8}$$

wo $\mathfrak{K}_{2(T_0)}$ einen Standardwert der Arbeit $\mathfrak{K}_2$ bei der beliebig festzulegenden Normaltemperatur T_0 bedeutet. $\mathfrak{W}_2$ ist bei unserer Richtungsfestsetzung des Übergangs (Lösung ⟶ Fremdstoffphase) die bei der Ausfällung aus unendlicher Verdünnung aufgenommene Fällungswärme, die entgegengesetzt gleich der „ersten Lösungswärme" $\lambda_{(0)}$ (§ 15, S. 292) ist. Der Temperaturgang von $\mathfrak{W}_2$ könnte noch durch die spezifische Wärme des Festkörpers und durch $c_{p2} = \frac{\partial C_p}{\partial n_2}$ der Lösung für unendliche Verdünnung ausgedrückt werden.

Die Verwendung der Gleichung (8) ist wieder eine verschiedene, je nachdem $\mathfrak{k}_2$ in Abhängigkeit von T und x_2 bekannt ist oder nicht. Für hinreichend verdünnte Lösungen wird man $\mathfrak{k}_2$ durch $RT \ln x_2$ oder, bei dissoziierten Fremdstoffmolekülen (§ 15, S. 297), durch $RT \sum \nu \ln(\nu x)$ auszudrücken haben und, falls die rechte Seite von (8) durch Wärmemessungen und eine einmalige Konstantenbestimmung $\mathfrak{K}_{2(T_0)}$ bekannt ist, die Menge des gelösten Stoffs voraussagen können. Ist dagegen $\mathfrak{k}_2$ nicht von vornherein bekannt, so kann man bei Kenntnis der rechten Seite die *beobachteten* x_2 dazu benutzen, um für jede Temperatur den Zusammenhang zwischen $\mathfrak{k}_2$ (oder der Aktivität a_2) und x_2 zu ermitteln. Diese Zusammenhänge gelten zunächst für verschiedene Temperaturen; über die Temperaturabhängigkeiten der $\mathfrak{k}_2$, welche sich aus den beobachtbaren $\mathfrak{w}_2$ erschließen lassen, ist jedoch die Extrapolation auf die Zusammenhänge bei konstanter Temperatur möglich.

Alle für den Fall des Gleichgewichts mit einer reinen Fremdstoffphase abgeleiteten Gesetzmäßigkeiten bleiben, wie aus den Ausführungen des § 15 folgt, ungeändert, wenn die Konzentration des gelösten Stoffs nicht in Molenbrüchen, sondern in Molaritäten m (pro Kilogramm Lösungsmittel) oder c (pro Liter Lösung) gemessen wird, wenn nur die Grundgrößen $\mathfrak{K}$ und μ auf entsprechende Einheitskonzentrationen bezogen werden. Da für sehr verdünnte wässerige Lösungen $m_2 = 55{,}5 \cdot x_2$ ist, ändert sich z. B. der Absorptionskoeffizient **A** bei der Benutzung von Kilogrammolaritäten statt Molenbrüchen nach (6) im Verhältnis 55,5 : 1. Die Größen $\mathfrak{w}$ und $\mathfrak{v}$ bleiben zahlenmäßig unberührt (§ 15, S. 292).

III. Fremde verdünnte Lösung als Nachbarphase.

Wir betrachten den Übergang eines Fremdstoffes aus einem Lösungsmittel (z. B. Wasser) in ein anderes, mit dem ersten nicht mischbares (z. B. Benzol). Variabel sind zunächst p, T und die Molenbruchkonzentrationen x_2' und x_2'' des Fremdstoffes in den beiden Lösungsmitteln; im Gleichgewicht $\mathfrak{K}_2 = 0$ ist eine von diesen vier Größen durch die drei anderen bestimmt. Das größte Interesse hat hier die Frage der „*Verteilung des Stoffes zwischen zwei Lösungsmitteln*“ (NERNST), d. h. die Beziehung zwischen x_2' und x_2'' bei gegebenem p und T.

Da hier wieder der Fall der unendlichen Verdünnung die einfachsten Gesetze liefert, zerlegen wir μ_2' und μ_2'' in $\mu + \mathfrak{k}$ und erhalten als Gleichgewichtsbedingung aus $\mathfrak{K}_2 = \mu_2'' - \mu_2' = 0$ die Beziehung:

$$\mathfrak{k}_2'' - \mathfrak{k}_2' = -(\mu_2'' - \mu_2') = -\mathfrak{K}_2\,, \tag{9}$$

wobei unter $\mathfrak{K}_2$ die Arbeit beim Übergang des Fremdstoffes aus der idealisierten Grundlösung 1 (Strichphase) in die idealisierte Grundlösung 2 (Zweistrichphase) zu verstehen ist. $\mathfrak{K}_2$ ist demnach nur von p und T abhängig. Wieder kann der übergehende Fremdbestandteil in den Lösungsmitteln dissoziiert sein oder nicht; er kann aber auch in dem einen Lösungsmittel dissoziiert sein, im anderen nicht. (Beispiel: Benzoesäure ist in Benzol vorwiegend in Form von Doppelmolekülen, in Wasser meist einfachmolekular — abgesehen von den wenigen Ionen — vorhanden; s. Kapitel H, Beispiel 14). Damit in jeder Phase nur eine Fremdstoffkonzentration als unabhängige Variable auftritt, ist es nötig, daß bei dissoziierenden Stoffen die Konzentration jedes Dissoziationsproduktes durch die Gesamtmenge x_2 des Stoffes in der betreffenden Phase vollkommen bestimmt ist, was bei elektrolytisch eindeutig dissoziierenden Substanzen durch die Neutralitätsbedingung, in anderen Fällen jedoch nur dann gewährleistet ist, wenn der gelöste Stoff nicht aus *verschiedenen* resistenten Gruppen besteht. (Sonst handelt es sich um ein Mehrstoffproblem.)

Ist $\mathfrak{k}_2$ in beiden Lösungsmitteln — bei hinreichender Verdünnung — bekannt als $RT \ln x_2$ bzw. allgemeiner $RT \sum \nu \ln(\nu x)$ [§ 15, (7b], so folgt aus (9):

$$\sum \nu'' \ln(\nu'' x_2'') - \sum \nu' \ln(\nu' x_2') = -\frac{\mathfrak{K}_2}{RT} = \varphi(p, T)\,. \tag{10}$$

Ist speziell der Fremdstoff in beiden Lösungsmitteln undissoziiert, so geht (10) über in

$$\frac{x_2''}{x_2'} = e^{-\frac{\mathfrak{K}_2}{RT}} = \mathbf{C}(p, T)\,. \tag{10a}$$

Dies ist der wesentliche Inhalt des *Verteilungssatzes von* NERNST: „***Besitzt der gelöste Stoff in beiden Lösungsmitteln das gleiche Molekulargewicht, so ist der***

„Teilungskoeffizient“ $\mathfrak{C}$ (p, T) *bei gegebener Temperatur* (und gegebenem Druck) *konstant.“* Einer Verdoppelung der Konzentration in dem einen Lösungsmittel entspricht auch eine Verdoppelung im anderen.

Derselbe Satz gilt bei hinreichender Verdünnung natürlich auch bei gleichzeitiger Anwesenheit mehrerer Fremdstoffe für jeden einzelnen. Soweit die dissoziierten Bestandteile eines zugefügten einheitlichen Fremdstoffes nicht in der oben angenommenen Weise voneinander abhängig sind, wird man für unendliche Verdünnung das Gleichgewichtsproblem der Verteilung hier durch Aufstellung der einfachen Gleichgewichtsbedingungen (10a) für jeden einzelnen Bestandteil zu lösen haben.

Die Temperatur- und Druckabhängigkeit des Teilungskoeffizienten ist nach (10) durch die von $\frac{\mathfrak{K}_2}{T}$ gegeben, also aus den Wärmeeffekten $\mathfrak{W}_2$ und den Volumeffekten $\mathfrak{V}_2$ bei unendlicher Verdünnung zu ermitteln, die hier experimentell am besten aus der Differenz der Lösungswärmen und Volumänderungen bei Auflösung des Fremdstoffes in den beiden Lösungsmitteln (bei unendlicher Verdünnung) gewonnen werden.

Ist der Zusammenhang von $\dot{\mathfrak{f}}_2$ mit der Konzentration x_2 nicht bekannt, indem entweder die Dissoziationsart des Fremdstoffes nicht feststeht oder bei höheren Konzentrationen der Dissoziationsgrad unbekannt ist oder endlich die normalen Aktivitätskorrekturen eintreten, so wird man (9) nur dazu benutzen können, die $\dot{\mathfrak{f}}_2$ oder $\dot{a}_2$-Werte des Fremdstoffes gewissen beobachteten Konzentrationen x_2'' und x_2' zuzuordnen. Da (9) jedoch nur die Differenz dieser $\dot{\mathfrak{f}}$-Werte für zwei verschiedene Lösungsmittel liefert, so wird man Aufschluß über das einzelne Lösungsmittel nur dann erhalten, wenn im anderen Lösungsmittel der Zusammenhang zwischen $\dot{\mathfrak{f}}_2$ bzw. $\dot{a}_2$ und x_2 bekannt ist. Sei dieser Zusammenhang für die Strichphase gegeben, so wird die Untersuchung der Beziehung zwischen einem aus (9) berechneten[1] $\dot{\mathfrak{f}}_2''$-Wert und der dazugehörigen beobachteten Konzentration x_2'' alle wünschenswerten Aufschlüsse über das Verhalten des Fremdstoffes in der Zweistrichphase liefern; man wird bei hinreichender Verdünnung, wo vollständige Dissoziation bei etwaiger Nichtresistenz des Fremdstoffes anzunehmen ist, die Faktoren ν des Dissoziationsproduktes feststellen und dann bei zunehmender Konzentration die Abweichungen verfolgen können, die molekulartheoretisch teils im Sinne einer chemischen Assoziation, teils im Sinne einer physikalischen Wechselwirkung zu deuten sind (§ 15, S. 296).

Auswertungen beobachteter Verteilungsgleichgewichte im Sinne der reinen Dissoziations- und Assoziationshypothese hat z. B. W. Nernst am oben erwähnten Beispiel der Benzoesäure besprochen (Kapitel H, Beispiel 14); Beispiele, die rein thermodynamisch, ohne Annahmen über spezielle Wechselwirkungen, behandelt werden, geben Lewis und Randall (Thermodynamik, Kapitel 22: Verteilung von Br_2 zwischen H_2O und CCl_4; Verteilung von J_2 zwischen Glyzerin und CCl_4).

Für den Übergang von Molenbrüchen zu Molaritäten gilt wieder das am Schluß von II. Gesagte.

IVa. Gleichartige verdünnte Lösung als 2. Phase; elektromotorische Kräfte.

In gewissen Fällen lassen sich Umsetzungen, die zum Übergang eines Stoffes aus einer Lösung in eine andere gleichartige, nur in der Konzentration abweichende

[1] Falls $\mathfrak{K}_2$ nicht explizit bekannt ist, kann man wenigstens die Abhängigkeit von $\dot{\mathfrak{f}}_2''$ von der Konzentration in dieser Weise ermitteln.

führen, reversibel leiten und die dabei auftretenden Arbeiten in besonders einfacher Weise messen. Es sei etwa ein galvanisches Element gegeben, bestehend aus Thalliumamalgam der Tl-Konzentration x_2' als 1. Elektrode, einem Tl-Salz in wässeriger Lösung als Elektrolyten und einem Tl-Amalgam der Konzentration x_2'' als 2. Elektrode. In einem solchen Element wird eine gewisse EMK herrschen, und es wird, solange sie kompensiert wird, keine Veränderung eintreten. Läßt man jedoch durch eine minimale Erhöhung oder Verminderung der von außen angelegten (kompensierenden) Spannung etwas positive Elektrizität von der 1. zur 2. Elektrode hindurchgehen, so findet ein Übergang von Tl-Ionen aus der Elektrode 1 in die Lösung und ein gleicher Übergang von Tl-Ionen aus der Lösung in die Elektrode 2 statt; da gleichzeitig durch die Zuführungen die entsprechende Menge Elektronen fortfließt bzw. in die 2. Elektrode hingelangt, besteht der ganze Prozeß ausschließlich in einem Übergang neutraler Tl-Teilchen aus der einen Elektrode in die andere, und zwar einem reversibeln Übergang, da bei Umkehr der Stromrichtung eine gleiche elektrische Arbeit im entgegengesetzten Sinne geleistet wird.

Man erkennt, daß dieses einfache Verhalten, was die Wirksamkeit der beiden Konzentrationselektroden anbetrifft, an zwei Bedingungen geknüpft ist: erstens darf der Stromtransport über die Phasengrenze Elektroden — Elektrolyt praktisch nur von einer der beiden Komponenten (hier Tl) besorgt werden, zweitens müssen die Elektroden in ihrem Innern elektronisch leiten, so daß an der Grenze des Amalgams gegen die Zuführungen keine weitere chemische Veränderung mit dem Stromtransport verbunden ist. Durch die Möglichkeit des Auftretens so einfacher Verhältnisse unterscheidet sich die Theorie dieser metallischen Konzentrationsketten von der im allgemeinen wesentlich komplizierteren Theorie der Flüssigkeitskonzentrationsketten.

Es sei der Stoff 2 der elektrolytisch übergehende, wobei es prinzipiell ohne Bedeutung ist, ob dieser Stoff in größerer oder kleinerer Menge vorhanden ist als der andere. Dann hängt die elektromotorische Kraft E der Kette mit der beim Übergang von der 1. nach der 2. Elektrode aufzuwendenden Arbeit $\mathfrak{K}_2$ nach § 3 durch die Beziehung:

$$\mathfrak{K}_2 = z \mathcal{F}\, \mathrm{E}$$

zusammen, wenn E den Potentialunterschied der 1. gegen die 2. Elektrode und $z \cdot \mathcal{F}$ das (positive oder negative) elektrische Äquivalent pro Mol übergehender Teilchen bedeutet. Hier ist darauf zu achten, daß z verschieden ist, je nach der Wertigkeit des betreffenden Salzes (z. B. Thallo- oder Thallisalz), und daß jedenfalls praktisch nur Ionen einer Wertigkeit in der Lösung auftreten dürfen.

Trennt man $\mathfrak{K}_2$ in $\mu_2'' - \mu_2'$ und die μ_2-Werte in $\dot{\mu}_2$ (bezogen auf idealisierte Molenbruchkonzentration 1) und $\dot{\mathfrak{k}}_2$, so fällt der in beiden Elektroden gleiche Wert $\dot{\mu}_2$ heraus, und man erhält:

$$\mathfrak{K}_2 = \dot{\mathfrak{k}}_2'' - \dot{\mathfrak{k}}_2' = z \mathcal{F}\, \mathrm{E}\,. \tag{11}$$

Diese Beziehung liefert ein Mittel, um die Konzentrationsabhängigkeit von $\dot{\mathfrak{k}}_2$ oder der Aktivität $\dot{a}_2$ in dem betreffenden Lösungsmittel direkt zu messen; man hält etwa die Konzentration x_2' der 1. Elektrode konstant und mißt die elektromotorische Kraft in Abhängigkeit von der Konzentration x_2''. Damit erhält man bei gegebenem p, T den Zusammenhang zwischen x_2 und $\dot{\mathfrak{k}}_2$ oder $\dot{a}_2$ bis auf eine Konstante. Die Konstante bestimmt man, indem man das — im vorliegenden Beispiel experimentell bestätigte — Grenzgesetz $\dot{\mathfrak{k}}_2 = RT \ln x_2$ für hinreichende Verdünnung benutzt.

Meßergebnisse über die EMK von Tl-Amalgamen gegeneinander bei 20° C sind von RICHARDS und DANIELS[1] gewonnen worden (vgl. LEWIS und RANDALL, Kapitel 22). Verwendet wurde ein Thallosalz als Elektrolyt ($z = 1$). Die elektromotorischen Kräfte wurden gegen eine Elektrode mit der konstanten Konzentration $x_2' = 0{,}003259$ gemessen und bewegten sich für $x_2'' \geqq x_2'$ von 0 bis 0,17387 V für den Zustand der an Tl gesättigten Hg-Lösung ($x_2'' = 0{,}428$). Das Verhältnis der Aktivitäten a_2 zu den Molenbrüchen x_2, das bei unendlicher Verdünnung gleich 1 angenommen wurde, bewegte sich hierbei zwischen 1 und 7,75; schon bei x_2 gleich etwa 0,06 ist der Aktivitätskoeffizient $= 2$.

Die Temperatur- und Druckabhängigkeit der EMK derartiger Ketten läßt sich nach (11) und § 15 durch die Größen $\mathfrak{w}_2$ und $\mathfrak{v}_2$ vollständig bestimmen, andererseits lassen sich diese Größen durch Messung der EMK bei verschiedenen p- und T-Werten indirekt ermitteln. Stehen genügend genaue Messungen der *reversibeln* Wärmetönung $\mathfrak{L}_2$ oder Entropieänderung $\mathfrak{S}_2$ bei Stromdurchgang durch die Zelle zur Verfügung, so kann man natürlich auch diese nach Gleichung (13), § 16, zur Voraussage des Temperaturganges der EMK benutzen.

IVb. Lösungsreaktionen mit mehreren reinen Phasen; Elektrolytreaktionen.

Reaktionen, deren Ergebnis der Übertritt verschiedener elektrisch *neutraler* Teilchengruppen aus der Lösung in reine Phasen der betreffenden Komponenten ist (oder umgekehrt), lassen sich immer in Einzelreaktionen zerlegen, bei denen ein Austausch mit nur je einer Phase stattfindet [Beispiel: Auskristallisieren zweier (praktisch) reiner Metalle aus einer flüssigen Legierung bestimmter Zusammensetzung; Zersetzungsvorgang oder -gleichgewicht eines in eine feste und gasförmige Komponente zerfallenden Stoffes in einer wässerigen Lösung.] Solche Reaktionen haben, bei Gleichgewicht, vom Standpunkt der Phasenregel, ein besonderes Interesse (§ 29) und wenn es sich um mehr als zwei resistente Gruppen in der Lösung handelt, vom Standpunkt der Wechselwirkung der unabhängigen gelösten Stoffe aufeinander (§ 23), bedürfen aber im übrigen keiner besonderen Behandlung.

Charakteristische Eigentümlichkeiten zeigen jedoch diejenigen Reaktionen, bei denen elektrisch *geladene* Teilchen aus einer Lösungsphase in angrenzende Fremdphasen übergeführt werden. Hier sind durch die Elektroneutralitätsbedingung immer verschiedene derartige Übergänge fest miteinander gekoppelt (§ 3, § 6); der Entfernung einer gewissen Menge positiv geladener Teilchen muß immer entweder eine Zufügung einer elektrisch äquivalenten Menge anderer positiv geladener Teilchen oder die gleichzeitige Entfernung einer äquivalenten Menge negativ geladener Teilchen entsprechen, die Einzeleffekte sind der Beobachtung nicht zugänglich. In den kombinierten Effekten haben wir jedoch einen praktisch sehr wichtigen Fall vor uns: den einer galvanischen Kette mit elektrolytischer Lösung und zwei Elektroden (als Fremdphasen), eine Kombination, die bekanntlich ebenso wie die unter IVa besprochene in vielen Fällen die Eigenschaft hat, beim Durchgang eines hinreichend schwachen elektrischen Stromes die betreffende elektrolytische Reaktion auf reversiblem Wege vor sich gehen zu lassen, unter Arbeitsaufwand oder -gewinn durch Vermittlung der an den Elektroden des Systems auftretenden elektromotorischen Kraft.

Praktisch kommen hierbei allein solche Umsetzungen in Frage, bei denen je zwei entgegengesetzt geladene Teilchen gleichzeitig die Lösung verlassen oder in Lösung gehen (Beispiel: Chlorwasserstoffkette). Der Prozeß des Ersatzes

[1] Journ. Am. Chem. Soc. Bd. 41, S. 1732, 1919.

einer Ionenart der Lösung durch eine gleichnamige (etwa Cu^{++} durch Zn^{++} in einem wässerigen $CuSO_4 - ZnSO_4$-Gemisch) ist nämlich in der Regel nicht reversibel durchführbar, da hier im Gegensatz zum ersten Fall die an den Elektroden gegen die Lösung auftretenden elektrischen Potentialdifferenzen die (irreversible) Abscheidung des gleichnamigen Partners befördern, so daß sich in dem genannten Beispiel die Zn-Elektrode momentan mit einem Cu-Überzug beschlägt[1].

Das Ergebnis der hier zu betrachtenden Prozesse wird also immer die Entfernung oder Zuführung einer polaren Verbindung, einer Säure, einer Base, eines Salzes, aus bzw. zu der Lösung sein, während gleichzeitig die Komponenten der Verbindung je einer der beiden Elektroden (die wir hier der Einfachheit halber als „reine Phasen" annehmen) zugeführt oder entnommen werden. Infolgedessen läßt sich in diesem Falle die bei dem Vorgang, etwa im Sinne einer Entfernung des Elektrolyten aus der Lösung, zu leistende chemische Arbeit durch das chemische Potential $\mu^{(+)}$ der positiven Komponente in ihrer reinen Phase, das Potential $\mu^{(-)}$ der negativen Komponente in deren reiner Phase und das Potential μ_2 der ganzen Verbindung in dem Lösungsmittel in folgender Form ausdrücken:

$$\mathfrak{K} = \nu_+ \mu^{(+)} + \nu_- \mu^{(-)} - \mu_2 . \tag{12}$$

ν_+ und ν_- sind hierbei die Äquivalentzahlen, mit denen die Komponenten in der Verbindung auftreten; $\mu^{(+)}$ und $\mu^{(-)}$ sind, da bei dem Prozeß den beiden Elektroden gleichzeitig die zur Kompensation der Ladung notwendige Elektronen zugeführt werden, natürlich für die neutralisierten Komponenten des Elektrolyten zu bestimmen.

Aus (12) ist ohne weiteres abzulesen, wie der Arbeitskoeffizient $\mathfrak{K}$ der Umsetzung und die damit durch die Beziehung $\mathfrak{K} = z\mathcal{F}\mathrm{E}$ verbundene elektromotorische Kraft E der Kette (§ 3) von dem Zustand der Elektroden und der Lösung abhängt. Für die Elektroden kommt hierbei nur die Temperaturabhängigkeit und (bei Gaselektroden) die Druckabhängigkeit der μ der reinen Phasen in Frage, über die hier wohl nicht mehr besonders gesprochen zu werden braucht; von den Eigenschaften der Lösung ist $\mathfrak{K}$ und E jedoch nur über das chemische Potential μ_2 der Elektrolytverbindung in der Lösung abhängig, und der Gang von $\mathfrak{K}$ oder E mit der Konzentration des Elektrolyten sowie mit etwaigen Fremdstoffzusätzen spiegelt genau den Gang von μ_2 mit diesen Größen wieder, ist also in vielen Fällen ein bequemes und außerordentlich wichtiges Mittel zur Untersuchung der Aktivitäten oder Restarbeiten von Elektrolyten in Abhängigkeit von diesen Variabeln.

Für die Lösung eines ein-einwertigen Elektrolyten kann man μ_2 durch die Summe $\mu_+ + \mu_-$ der chemischen Potentiale der beiden Ionenarten darstellen (vgl. § 15, S. 297), für wässerige Lösungen von hinreichender Verdünnung und ohne sonstige Fremdstoffbeimischungen wird man die Zerlegungen benutzen können:

$$\mu_+ = \underset{\cdot}{\mu}_+ + RT \ln x_+ ,$$

$$\mu_- = \underset{\cdot}{\mu}_- + RT \ln x_- ,$$

also:

$$\mu_2 = \underset{\cdot}{\mu}_2 + RT \ln x_2^2 ,$$

falls $\underset{\cdot}{\mu}_2 = \underset{\cdot}{\mu}_+ + \underset{\cdot}{\mu}_-$ gesetzt wird und $x_+ = x_- = x_2$ angenommen wird. Als Grundzustand ist dabei der Zustand der ideal konzentrierten, aber völlig disso-

[1] Dagegen kann wohl Gleichgewicht zweier verschiedener Metallionen einer Lösung mit einer *Legierung* dieser beiden Metalle bestehen (vgl. über die Behandlung dieses Falles z. B. G. TAMMANN: Heterogene Gleichgewichte, S. 200. Braunschweig 1924).

ziierten Lösung angenommen. Bei Beibehaltung desselben Grundzustandes hat man, falls man das Gebiet der idealen verdünnten Lösungen überschreitet, statt des speziellen Wertes $\underset{\cdot}{a}_2 = x_2^2$, der dem obigen Ausdruck für μ_2 entspricht, einen unbekannten, experimentell zu bestimmenden Wert von $\underset{\cdot}{a}_2$ einzusetzen; dieser Wert hängt nach (12) mit dem Arbeitskoeffizienten oder der EMK der betreffenden Kette durch die Beziehung zusammen:

$$\left.\begin{aligned} \mathfrak{K} &= \boldsymbol{\mathfrak{K}} - RT \ln \underset{\cdot}{a}_2 \\ \text{bzw.} \qquad E &= \mathbf{E} - \frac{1}{F} \cdot RT \ln \underset{\cdot}{a}_2 \end{aligned}\right\}, \tag{13}$$

wobei $\boldsymbol{\mathfrak{K}}$ bzw. $\mathbf{E}$ die auf den gewählten Zustand der Elektroden und die idealisierten Normalkonzentrationen 1 der Lösung bezogenen Normalgrößen sind; z ist hier speziell gleich 1. — Nach § 15, S. 298, führt man in solchen Fällen vielfach auch ein mittleres Ionenpotential $\mu_\pm = \frac{1}{2}\mu_2 = \frac{1}{2}\underset{\cdot}{\mu}_2 + RT \ln x_2$ bzw. $RT \ln \underset{\cdot}{a}_\pm$ ein. Statt $\underset{\cdot}{a}_2$ ist dann in (13) $\underset{\cdot}{a}_\pm^2$ einzusetzen.

Durch genaue Messungen von E bei verschiedenen Konzentrationen x und konstantem Zustand der Elektroden (z. B. an einer Chlorwasserstoffkette in wässeriger HCl-Lösung) ist es offenbar möglich, zunächst die Differenzen der E, d. h. die Verhältnisse der $\underset{\cdot}{a}_2$ bei verschiedenen Konzentrationen (oder Fremdstoffbeimengungen) genau zu bestimmen. Die Bestimmung des Normalpotentials $\mathbf{E}$ erfolgt auf Grund des hier bekannten Grenzgesetzes für unendliche Verdünnungen formal am besten mit Benutzung eines durch $\underset{\cdot}{a}_2 = f_2 x_2^2$ bzw. $\underset{\cdot}{a}_\pm = f_\pm \cdot x_2$ $(f_\pm = f_2^{1/2})$ definierten Aktivitätskoeffizienten, der für genügend kleine Konzentration $= 1$ wird. Setzt man diese Form von $\underset{\cdot}{a}_2$ in (13) ein, so kann man auf der rechten Seite eine für hinreichend kleine x_2 (d. h. $\ln f_2 = 0$) konstante Größe erhalten, indem man setzt:

$$E + \frac{RT}{F} \ln x_2^2 = \mathbf{E} - \frac{RT}{F} \ln f_2 . \tag{13a}$$

Trägt man hier die Größe der linken Seite gegen die Konzentration x (oder eine Funktion davon, vgl. § 23) auf, so kann man sowohl den Wert von $\mathbf{E}$ wie die Abhängigkeit der Größe f_2 (oder $\underset{\cdot}{a}_2$) von x aus dem Diagramm ablesen. Auf diese Weise sind z. B. für wässerige HCl-Lösungen bis zu höchsten Konzentrationen die Aktivitätskoeffizienten aus Messungen von NOYES und ELLIS sowie LINHART an Ketten mit allerdings etwas anderen Elektroden mit großer Genauigkeit ermittelt worden; es ergab sich dabei[1] für sehr kleine Konzentration ein schwacher linearer Anstieg von $-\ln f_2$ proportional $\sqrt{x}$ (vgl. § 22), dann jedoch eine Abschwächung dieses Anstieges und oberhalb etwa 0,6-molar ein immer stärkeres Absinken (s. Beispiel 17 in Kapitel H).

In Praxi wird bei wässerigen Lösungen als Bezugszustand nicht die idealisierte Molenbruchkonzentration 1 des Elektrolyten, sondern die idealisierte Kilogrammolarität m oder Litermolarität c gewählt, d. h. daß man von den Grenzgesetzen $\mu_+ = \underset{\cdot}{\mu}_+ + RT \ln m_+$ bzw. $\underset{\cdot}{\mu}_+ + RT \ln c_+$ (entsprechend für μ_-) ausgeht (vgl. § 15). Die hierbei auftretenden Normalgrößen $\mathbf{E}$ sind die Normalpotentiale der Elektrochemie (§ 3, § 6), wenn zugleich noch die eine Elektrode eine Wasserstoffelektrode ist und wenn beide Elektroden auf ihrem (bei Gasen idealisierten) Normalzustand gehalten werden. Über die experimentelle Bestimmung dieser Normalpotentiale für die verschiedensten Ketten findet man eine moderne systematische Zusammenstellung bei LEWIS und RANDALL, Kapitel 30.

---

[1] LEWIS u. RANDALL: Kap. 26, S. 335.

An Stelle der durch (12) gekennzeichneten einfachsten Elektrolyt-Elektrodenreaktionen sind, auch bei ein-einwertigen Elektrolyten, meist kompliziertere Reaktionen zu betrachten, schon deshalb, weil es nur sehr wenig Elektrolyten gibt, deren beide Komponenten gegenüber einer wässerigen Lösung als reversible Elektroden benutzbar wären. Selbst im Falle der erwähnten Chlorwasserstoffkette, wo Wasserstoff in Gasform mit einem den Übergang $H_2(g) \rightarrow 2H^+(aq) + 2e^-$ vermittelnden Platinblech sehr wohl als reversible Elektrode brauchbar ist und in ähnlicher Weise auch $Cl_2(g)$ als Elektrode direkt verwendbar gemacht werden kann, erhält man viel leichter exakte Werte, wenn man sich an Stelle der $Cl_2(g)$-Elektrode einer Zweiphasenelektrode bedient, die aus einem festen, hinreichend schwerlöslichen Salz des Anions (z. B. HgCl, AgCl) und dem Metall dieses Salzes (Hg, Ag) als leitender Elektrode zusammengesetzt ist. Analoge Elektroden lassen sich für zahlreiche Anionen, wie Br^-, J^-, SO_4^{--}, OH^- usw. mit gutem Erfolg zusammenstellen. Man bezeichnet sie vielfach als „*Elektroden zweiter Art*". Bei dem Stromdurchgang, der Anionen, z. B. Cl-Ionen, zu dieser Zweiphasenelektrode trägt, wird dann aus dem Metall ein Kation frei gemacht, das sich zusammen mit dem Cl-Ion in der festen Salzphase niederschlägt; das Metall wird natürlich durch abgeführte Elektronen wieder neutralisiert, so daß das Endergebnis die Entfernung eines Metallatoms aus der Metallphase, die Zufügung einer Salzgruppe zu der Salzphase, die Entfernung einer Elektrolytgruppe aus dem Elektrolyten und die Überführung des Elektrolytkations (hier H^+) in die Phase der anderen Elektrode (hier $H_2^{(g)}$) ist. Der Arbeitskoeffizient $\mathfrak{K}$ (und damit die EMK) drückt sich hiernach beispielsweise aus durch:

$$\mathfrak{K} = \tfrac{1}{2}\mu_{H_2}^{(g)} - \mu_{Ag} + \mu_{AgCl} - \mu_{HCl}^{(aq)}.$$

Offenbar gelten für eine solche Zelle in Abhängigkeit von der Konzentration des Elektrolyten im Wasser genau dieselben Gesetzmäßigkeiten wie für die Kette mit einfachen Elektroden; nur der Wert von **E** ist entsprechend der veränderten Normalreaktion ein anderer. Ketten dieser Art sind es, an denen die oben erwähnten Resultate über die Aktivitätskoeffizienten von HCl in wässeriger Lösung gefunden wurden (Beispiel 17, Kapitel H).

Einen anderen Typus von komplizierteren Elektrodenreaktionen stellt der Vorgang dar, der sich in der sogenannten Chinhydronelektrode abspielt, die auf Grund ähnlicher Zusammenhänge als Wasserstoffelektrode aufgefaßt werden kann, wie z. B. die Ag, AgCl-Elektrode als Chlorelektrode, und dabei ebenfalls gegenüber der mit gasförmigem Wasserstoff arbeitenden Elektrode meßtechnische Vorteile bietet. Die Chinhydronelektrode wird eingehend in Beispiel 5 des Kap. H besprochen, so daß hier von einer weiteren Diskussion abgesehen werden kann.

Daß man bei nicht ein-einwertigen Elektrolyten an Stelle des Grenzgesetzes $a_2 = x_2^2$, d. h. $\ln a_2 = 2 \ln x_2$, das allgemeinere Grenzgesetz $\ln a_2 = \sum \nu_j \ln(\nu_j x_2)$ einzusetzen hat, wenn der betreffende Elektrolyt in unendlicher Verdünnung in je ν_j-Ionen der Sorten j dissoziiert, ist schon in § 15, S. 297, besprochen worden; entsprechend wird auch der Aktivitätskoeffizient anders definiert. Fälle, in denen die ein- oder mehrphasigen Elektroden selbst zusammengesetzte Phasen darstellen, bieten keine prinzipielle Schwierigkeit, sofern sich immer nur ein Komponente der Phase an der Reaktion beteiligt[1]; es ist dann einfach das mit der Konzentration variable chemische Potential des Stoffes in der betreffenden

[1] Der Elektroneutralitätsbedingung wird hierbei in metallisch leitenden Phasen immer durch den entsprechenden Elektronenaustausch genügt.

Mischphase als μ-Wert, der in die $\mathfrak{K}$-Reaktion eingeht, einzusetzen (Amalgamelektroden).

Kombinationsketten, bei denen die Elektrolytkonzentration verschiedener Elektrolyte gleichzeitig geändert wird, ohne daß diese Elektrolyte in direkter Berührung stehen, berechnen sich einfach durch Addition bzw. Subtraktion der betreffenden $\mathfrak{K}$- und E-Werte. Handelt es sich um die Gegeneinanderschaltung zweier Ketten mit gleichen Elektroden und gleichen, aber verschieden konzentrierten Elektrolytlösungen, so ist der bei Stromfluß eintretende Vorgang im Endeffekt der Transport von Elektrolytgruppen aus einer Lösung in die andere, der Arbeitswert der Reaktion also einfach gleich der Differenz der $\mathfrak{k}$-Werte („Konzentrationsketten ohne Überführung"). Wir haben hier eine Wiederholung des unter IVa besprochenen Falles. Schwieriger sind dagegen alle Fälle, in denen man nicht von vornherein mit Sicherheit sagen kann, welche von verschiedenen vorhandenen Ionenarten sich an der Reaktion beteiligen und in welcher Menge, wie das z. B. bei Ketten zutrifft, in denen verschiedene wässerige Elektrolyte etwa durch eine poröse Wand getrennt aneinandergrenzen. Die Besprechung dieser Art von Komplikationen und ihrer Auflösung liegt außerhalb des Rahmens unseres Buches; es kam hier nur darauf an, den engen Zusammenhang zwischen meßbaren elektromotorischen Kräften und den chemischen Potentialen oder den Aktivitäten gelöster Elektrolyte zu besprechen.

Es wird sich auch erübrigen, die Beziehungen für die Temperatur- und Druckabhängigkeit der elektromotorischen Kräfte von Ketten, in denen die Konzentration eines Elektrolyten beim Stromdurchgang reversibel geändert wird, gesondert zu behandeln, da diese Beziehungen aus dem Zusammenhang der E mit den $\mathfrak{K}$ und der besprochenen Abhängigkeit der $\mathfrak{K}$ von den μ und Aktivitäten ohne weiteres hervorgehen. Hingewiesen sei nur auf die Anwendung der HELMHOLTZschen Gleichung (2) und (3) oder (14) und (15), § 5, für den Temperaturgang von $\frac{\mathfrak{K}}{T}$ bei konstantem Volum oder Gesamtdruck des Systems, aus denen gleiche, ebenfalls von HELMHOLTZ aufgestellte Zusammenhänge zwischen dem Temperaturgang der EMK der Kette und den irreversibeln Wärmetönungen der betreffenden Reaktionen folgen [s. § 16, (11)]; die Wärmetönungen $\mathfrak{U}$ und $\mathfrak{W}$ müssen dabei (wegen $\mathfrak{K} = z\mathcal{F}\,\mathrm{E}$, also Division durch $z\mathcal{F}$) auf denjenigen Umsatz bezogen werden, der dem Durchgang von einem Coulomb entspricht. Diese Beziehung ist offenbar auch identisch mit der für konstantes Volum aufgestellten, durch Betrachtung der „elektrischen Arbeitskoordinaten" des Systems abgeleiteten Beziehung (2) von § 8 des II. Teiles.

Ein Zusammenhang zwischen der Temperatur- oder Druckabhängigkeit einer EMK und der Verdünnungswärme oder dem Verdünnungsvolum eines Elektrolyten läßt sich z. B. für solche Kombinationen (oder für die Differenz solcher Einzelketten) angeben, die gleiche Elektroden, jedoch verschiedene Konzentrationen des gleichen Elektrolyten in der Lösung enthalten. Der Temperaturgang bzw. Druckgang der betreffenden EMK-Differenz bestimmt sich dann aus dem Unterschied zweier $\frac{\partial \mathfrak{k}}{\partial T}$ bzw. $\frac{\partial \mathfrak{k}}{\partial p}$, die nach Gleichung (23) und (24), § 11, mit den reversibeln Verdünnungswärmen und -volumen der betreffenden Lösung in einfachem Zusammenhang stehen. Die wichtigeren *irreversibeln* Verdünnungswärmen stehen in einfachen Beziehungen zu den Temperaturveränderungen der $\frac{\mathfrak{k}}{T}$, also hier den Temperaturveränderungen der Differenzen der $\frac{\mathrm{E}}{T}$. Bei der Schwierigkeit, Verdünnungswärmen, besonders bei großen Verdünnungen, hinreichend genau direkt zu messen, bieten diese Beziehungen häufig ein willkommenes Mittel der indirekten Bestimmung, das auch zur Prüfung der entsprechenden Aussagen der Theorie starker Elektrolyte (§ 23) verwandt werden könnte.

§ 21. Allgemeinere μ-Theorie der binären Mischphasen.

Um zu einer vollständigen Übersicht über das Verhalten von Zweistoffsystemen zu gelangen, in denen zwei Phasen miteinander in Wechselwirkung treten, müssen wir uns jetzt einen allgemeineren Einblick in das chemische Verhalten der einzelnen Zweistoffphasen zu verschaffen suchen, indem wir darauf verzichten, die Eigenschaften unendlich verdünnter Lösungen als das Normale anzusehen, dem gegenüber jedes andere Verhalten nur als Abweichung, als Korrektur, aufzufassen ist. Wir wollen also jetzt den Gang der μ-Werte oder auch der in irgendeiner Weise definierten Aktivitäten einer Phase über das ganze Mischungsbereich hin verfolgen. Dabei werden die Fälle, in denen keine vollständige Mischbarkeit vorliegt, sowie die Fälle der „geordneten Mischphasen“ besonders zu behandeln sein. Empirische Bestimmungen von μ-Werten oder Aktivitäten aus Arbeiten oder Gleichgewichten und nötigenfalls neue theoretische Gesichtspunkte sind hier zu Hilfe zu nehmen. Wir beginnen mit der Besprechung der

Aktivitäten vollständig mischbarer Flüssigkeiten. Es sei ein Zweistoffsystem gegeben, bestehend aus zwei Stoffen, wie etwa Wasser und Schwefelsäure, die sich bei gegebener Temperatur und gegebenem Druck in jedem Verhältnis mischen lassen. Es verlieren dann, bei mittleren Konzentrationen, die Begriffe „Lösungsmittel“ und „Fremdstoff“ ihren Sinn, man kann die Restarbeiten oder Aktivitäten beider Stoffe ebensogut auf den Zustand beziehen, wo der betreffende Stoff in reinem Zustand vorhanden ist, wie auf den Zustand, wo er in dem anderen Stoff in idealisierter Konzentration 1 gelöst ist, was, wie wir sahen (§ 15), in Wirklichkeit eine Bezugnahme auf die unendlich verdünnte Lösung (z. B. der Schwefelsäure im Wasser oder des Wassers in Schwefelsäure) bedeutet.

Gewisse Vorzüge hat die Bezugnahme auf reine Stoffe, also die Einteilung

$$\mu_1 = \mu_1 + \mathfrak{k}_1,$$
$$\mu_2 = \mu_2 + \mathfrak{k}_2,$$

wobei zu den $\mathfrak{k}$ die „unpunktierten“ Aktivitäten a_1 und a_2 gehören. Wir suchen uns über den Gesamtverlauf der $\mathfrak{k}$ oder a in Abhängigkeit vom Mischungsverhältnis einen Überblick zu verschaffen, indem wir, bei gegebenem p und T, die $\mathfrak{k}$ oder a gegen die Molenbrüche x_2 oder $1 - x_2 = x_1$ der beiden Stoffe auftragen; links auf der Abszisse soll der reine Stoff 1 ($x_2 = 0$, $x_1 = 1$), rechts der reine Stoff 2 ($x_2 = 1$, $x_1 = 0$) liegen. Wir beginnen damit, den Verlauf der $\mathfrak{k}$ oder a an den Grenzen $x_2 = 0$ und $x_2 = 1$ einzutragen.

Verhalten an den Grenzen $x_2 = 0$ und $x_2 = 1$. Für kleine Werte von x_2, die wir im folgenden durch ein * andeuten wollen, ist nach § 15: $\mathfrak{k}_1 = RT \ln x_1$, also

$$a_1 = x_1 = 1 - x_2^*. \tag{1}$$

Die Darstellung von $\mathfrak{k}_2$ für kleine Werte x_2^* haben wir noch nicht besprochen. Wir wissen jedoch nach § 15, daß $\underset{\cdot}{\mathfrak{k}}_2$ für die Substanzen, die bei kleinen Konzentrationen nicht dissoziieren — auf solche beschränken wir uns zunächst — den Wert $RT \ln x_2^*$, oder $\underset{\cdot}{a}_2$ den Wert x_2^* hat. Rechnen wir diesen Wert mittels der Beziehung

$$\mu_2 + \mathfrak{k}_2 = \underset{\cdot}{\mu}_2 + \underset{\cdot}{\mathfrak{k}}_2,$$
$$\mathfrak{k}_2 = \underset{\cdot}{\mathfrak{k}}_2 + \underset{\cdot}{\mu}_2 - \mu_2 \qquad (2$$

auf $\mathfrak{f}_2$ bzw. a_2 um, so finden wir:

$$\mathfrak{f}_2 = RT \ln x_2^* + \underset{\cdot}{\mu}_2 - \mu_2$$

$$a_2 = x_2^* \cdot e^{\frac{\underset{\cdot}{\mu}_2 - \mu_2}{RT}}.$$

Diese Beziehung (ebenso wie die entsprechende für a_1 bei $x_2 \sim 1$) zeigt, daß, für kleine x_2, a_2 ebenso wie $\underset{\cdot}{a}_2$ gegen Null geht, daß also $\mathfrak{f}_2$ ebenso wie $\underset{\cdot}{\mathfrak{f}}_2$ negativ unendlich wird; aus diesem Grunde tragen wir a und nicht $\mathfrak{f}$ in unsere Abbildung ein. Die (a_1, x_2)-Kurve (Abb. 32) beginnt also nach (1) am Punkt $a_1 = 1$ und geht zunächst unter 45^0 diagonal nach unten; die (a_2, x_2)-Kurve dagegen beginnt bei $x_2 = 0$ mit einer Steigung $\frac{a_2}{x_2} = e^{\frac{\underset{\cdot}{\mu}_2 - \mu_2}{RT}}$, die größer oder kleiner als 1 ist, je nachdem der Ausdruck $\underset{\cdot}{\mu}_2 - \mu_2$ positiv oder negativ ist. Dieser Ausdruck stellt die Arbeit dar, die zugeführt wird, wenn ein Mol des Stoffes 2 aus der reinen Flüssigkeit 2 in die Grundlösung des Stoffes 2 in 1 mit der idealisierten Konzentration $x_2 = 1$ reversibel übergeht; diese Grundlösung besitzt nach den Ausführungen in § 15 chemisch die Eigenschaften der unendlich verdünnten Lösung (2 in 1). Die Anfangsneigung der (a_2, x_2)-Kurve ist also größer oder kleiner als 1, je nachdem, ob der Stoff 2 zu dieser idealisierten Grundphase oder zu der realen reinen Flüssigkeit 2 eine größere Affinität besitzt. In Abb. 32 ist der Fall $\underset{\cdot}{\mu}_2 > \mu_2$ angenommen; die Verhältnisse sind dem durchgemessenen Fall einer Lösung von Schwefelkohlenstoff (Stoff 2) in Aceton (Stoff 1) entnommen, für welche die gemachte Annahme der fehlenden Dissoziation zutrifft.

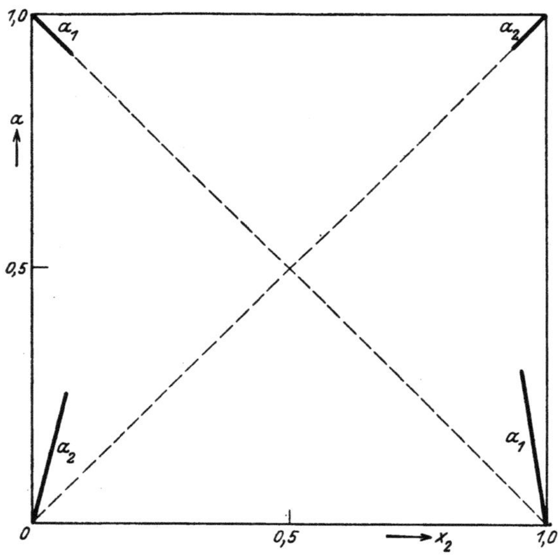

Abb. 32. Grenztangenten der Aktivitäts-Konzentrations-Kurven.

Ohne weiteres können wir jetzt das Verhalten für $x_2 \sim 1$ in entsprechender Weise charakterisieren. Es gilt dann:

$$a_2 = x_2 = 1 - x_1^* \qquad (1\text{a})$$

$$a_1 = x_1^* \cdot e^{\frac{\underset{\cdot}{\mu}_1 - \mu_1}{RT}}. \qquad (3\text{a})$$

Da die Arbeit $\underset{\cdot}{\mu}_1 - \mu_1$ unabhängig von $\underset{\cdot}{\mu}_2 - \mu_2$ ist, kann die Neigung, unter der die a_1-Kurve in den Punkt $(a_1 = 0, x_2 = 1)$ einläuft, an sich wieder beliebig größer oder kleiner als 1 sein; im Beispiel des Schwefelkohlenstoff-Aceton-Gemisches ist $\underset{\cdot}{\mu}_1 - \mu_1$ positiv und größer als $\underset{\cdot}{\mu}_2 - \mu_2$. Entsprechend sind die Endstücke der a_1- und a_2-Kurve gezeichnet.

Grenzsteigung und Flüchtigkeit. Zur empirischen Bestimmung der Größen $\underset{\cdot}{\mu}_2 - \mu_2$ (und entsprechend $\underset{\cdot}{\mu}_1 - \mu_1$) für ein gegebenes Stoffsystem kann entweder die Bestimmung von Grundarbeiten dienen, bei denen eine den Stoff 2 enthaltende Phase einmal mit dem reinen Stoff 2, sodann mit der Grundlösung von 2 in 1 in Wechselwirkung tritt[1]; auf den gewünschten p- und T-Wert wird hierbei in bekannter Weise aus gemessenen Volum- und Wärmeeffekten extrapoliert. Ein besonders einfacher Zusammenhang besteht jedoch mit der Absorptionskonstanten des HENRYschen Gesetzes einerseits, dem Dampfdruck der reinen Substanz andererseits, beides bei der Untersuchungstemperatur gemessen. Es ist nämlich nach Gleichung (6), § 20, wenn wir die (als ideal angenommene) Gasphase des Stoffes 2 mit dem Phasenindex $(\mathfrak{g}_2)$ bezeichnen:

$$\ln \mathbf{A}_2 = \frac{\mu^{(\mathfrak{g}_2)}_{(p=1)} - \underset{\cdot}{\mu}_2}{RT}$$

und nach (4), § 16 (mit $\mathfrak{K} = 0$), wenn mit $\mu^{(l_2)}$ das Potential der reinen Flüssigkeit 2, mit $\pi^{(2)}$ deren Dampfdruck bezeichnet wird:

$$\ln \pi^{(2)} = -\frac{\mu^{(\mathfrak{g}_2)}_{(p=1)} - \mu^{(l_2)}}{RT} = -\frac{\mu^{(\mathfrak{g}_2)}_{(p=1)} - \boldsymbol{\mu}_2}{RT}\,.$$

Also ist[2]:

$$\frac{1}{\mathbf{A}_2 \cdot \pi^{(2)}} = e^{\frac{\underset{\cdot}{\mu}_2 - \boldsymbol{\mu}_2}{RT}}\,. \tag{4}$$

Das heißt in Verbindung mit 3a: Die Neigung der $(a_2,\ x_2)$-Kurven für kleine x_2 ist umgekehrt proportional dem Produkt aus der HENRYschen Absorptionskonstanten $\mathbf{A}$ des Stoffes 2 (bei geringem Druck des Gases 2) und dem Dampfdruck des reinen Stoffes 2. Das Produkt $\mathbf{A}_2 \pi^{(2)}$ kann [nach Gleichung (6), § 20] auch bezeichnet werden als die Konzentration x_2 des Stoffes 2 in 1, die bei dem Dampfdruck des reinen Stoffes 2 herrschen würde, wenn der Stoff 1 den Stoff 2 bei beliebiger Konzentration entsprechend dem Gesetz bei unendlicher Verdünnung absorbierte. Eine entsprechende Gleichung wie (4) gilt natürlich für $\frac{1}{\mathbf{A}_1 \pi^{(1)}}$. Die etwaige Druckabhängigkeit der a_2 bzw. $\mathfrak{k}_2$ ist in Gleichung (4) nicht berücksichtigt; für Phasen in der Nähe des kritischen Punktes gilt also diese Gleichung nicht mehr hinreichend genau.

Der in Abb. 32 angenommene Fall $\underset{\cdot}{\mu}_2$ größer als $\boldsymbol{\mu}_2$ oder, nach (4), $\mathbf{A}_2 \pi^{(2)} < 1$ bedeutet, daß die Absorption des Lösungsmittels 1 für den Dampf 2 bei kleinen Konzentrationen (bei denen $\mathbf{A}_2$ bestimmt wird) kleiner ist als die Absorption des Dampfes 2 durch den reinen Stoff 2; denn wäre der Koeffizient $\mathbf{A}_2$ bis zu beliebig hohen Konzentrationen x_2 gültig, so müßte ja, wegen $x_2 = \mathbf{A}_2 \pi_2$, für $x_2 = 1$ gelten: $\pi_2 = \pi^{(2)}$ und also $\mathbf{A}_2 \pi^{(2)} = 1$. Eine Anfangssteigung der Kurven $a_2,\ x_2$ (und ebenso $a_1,\ x_1$) größer als 45^0 in unserem Diagramm bedeutet also, wenn man es kurz so ausdrücken darf, daß der betreffende Stoff in dem anderen Stoff flüchtiger ist, als wenn er „in sich selbst gelöst" wäre.

Die verschiedenen $(a,\ x)$-Kurventypen. Um nun die Kurven der Abb. 32 im mittleren Gebiet auszufüllen, müssen wir, da hier die Grenzgesetze versagen,

---

[1] Nach den Ausführungen in § 15 wird man in praxi eine sehr verdünnte Lösung von 2 in 1 anstatt der (nur im Falle idealer Mischungen realisierbaren) Grundlösung von 2 in 1 verwenden und die gemessenen Effekte rechnerisch nach den Gesetzen idealer Lösungen extrapolieren.

[2] Hier ist allerdings, genau genommen, darauf zu achten, daß $\underset{\cdot}{\mu}_2$ bei einem beliebigen Druck, $\boldsymbol{\mu}_2$ dagegen, bei dem angenommenen Zusammenhang mit $\pi^{(2)}$, immer bei dem Druck $\pi^{(2)}$ zu nehmen ist. Wir vernachlässigen diesen Unterschied, ebenso wie die Druckabhängigkeit von $\mathfrak{k}_2$, in diesem Paragraphen und kommen erst im folgenden darauf zurück.

empirische Aktivitätsbestimmungen zu Hilfe nehmen. Sie ergeben, nach ZAWIDSKI[1], die Kurven Abb. 33 (die aus gemessenen Partialdrucken entnommen und hier auf Aktivitäten umgerechnet sind).

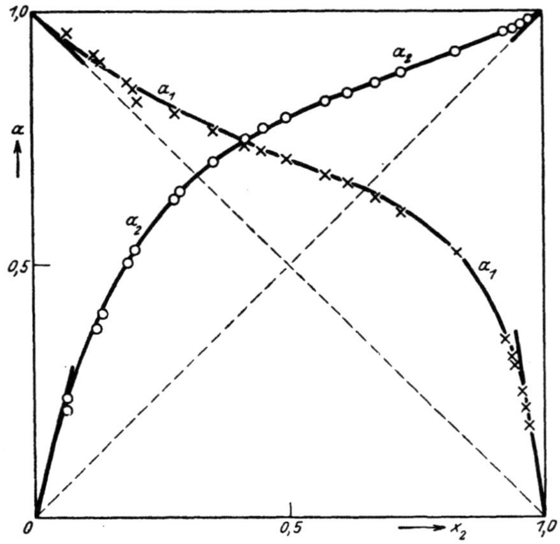

Abb. 33. Aktivitäts-Konzentrations-Kurven von Aceton (1)—Schwefelkohlenstoff (2)-Mischungen bei 35,17° C.

Eine andere Kurvenform, bei der beide (a, x)-Kurven mit Neigungen unterhalb 45^0 beginnen, zeigt die (entsprechend gewonnene) Abb. 34 für Chloroform—Aceton-Gemische. Die Flüchtigkeit jedes Stoffes in dem anderen ist hier geringer, als wenn er „in sich selbst gelöst" ist.

Den Grenzfall zwischen den Typen Abb. 33 und 34 zeigt Abb. 35, Mischungen von Äthylen- und Propylenbromid.

Dieser besonders einfache Fall ist in einer ganzen Reihe von Beispielen, wo chemisch ähnliche Stoffe miteinander gemischt werden, realisiert. Mischungen, die ihn zeigen, werden, wie schon in § 15 besprochen, als *ideale* oder *vollkommene Mischungen* bezeichnet (s. auch Kapitel H, Beispiel 12); ideal insofern, als das Gesetz der idealen verdünnten Lösungen, $a_1 = x_1^*$, $a_2 = x_2^*$ für kleine Konzentrationen, hier für das ganze Bereich gilt; die Aktivitäten sind gleich den Molenbrüchen. Für die Partialdampfdrucke gilt dementsprechend das HENRYsche Gesetz bis zu beliebig hohen Konzentrationen: der Partialdampfdruck jedes Stoffes nimmt einfach proportional seinem Molenbruch zu oder ab, die Flüchtigkeit ist (in diesem Sinne) dieselbe in der Mischung wie im reinen Stoff. Wegen $\mathbf{A}_1 \pi^{(1)} = \mathbf{A}_2 \pi^{(2)} = 1$ sind hier die Absorptionskoeffizienten den Dampfdrucken der reinen Substanzen reziprok.

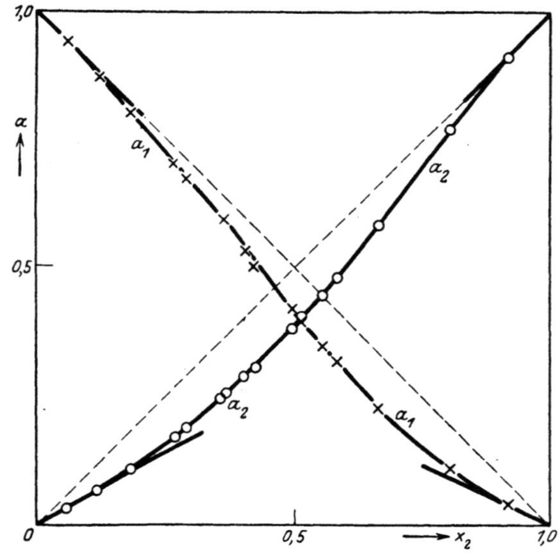

Abb. 34. Aktivitäts-Konzentrations-Kurven von Aceton (1)—Chloroform (2)-Mischungen bei 35,17° C.

Ein Fall, in dem man den Grund für ein derartiges Verhalten auf statistischer Grundlage ohne weiteres verstehen kann, ist der von zwei in allen physikalischen und chemischen Eigenschaften praktisch identischen Molekülarten. Es können aber unter den idealen Mischungen auch solche vorkommen, bei denen die reinen Dampfdrucke $\pi^{(1)}$

[1] Z. f. physik. Chem. Bd. 35, S. 129, 1900.

und $\pi^{(2)}$ verschieden sind (in unserem Beispiel ist $\pi^{(1)} : \pi^{(2)} = \frac{1}{A_1} : \frac{1}{A_2}$ etwa $= 1{,}25$), so daß etwas verschiedene Kräfte zwischen den Molekülen angenommen werden müssen, und ferner Fälle, in denen andere spezifische Eigenschaften der reinen Stoffe (Volum, spezifische Wärme) verschieden sind. Dann wird man das ideale Verhalten nicht mehr ohne weiteres statistisch begründen können.

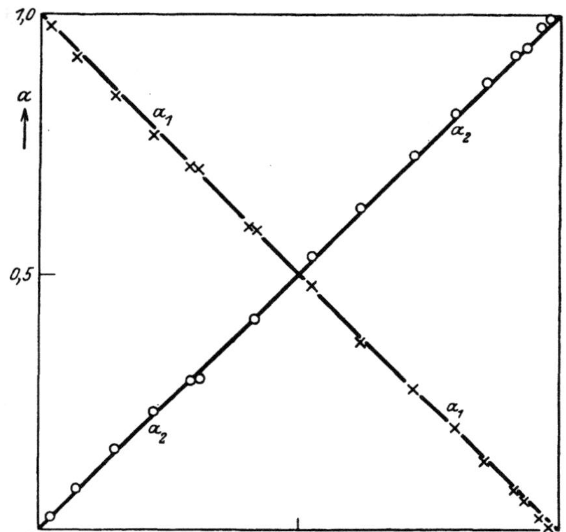

Abb. 35. Aktivitäts-Konzentrations-Kurven von Äthylenbromid (1)—Propylenbromid (2)-Gemischen bei 85,05° C.

Die besonderen Gesetzmäßigkeiten, die sich in idealen Mischungen in bezug auf Dampfdruckerniedrigung, Gefrierpunktserniedrigung, Löslichkeit der kristallisierten reinen Phase eines der Stoffe usw. ergeben, können durch Extrapolation der im vorigen Paragraphen aufgestellten Grenzgesetze auf beliebig hohe Konzentrationen ohne weiteres abgeleitet werden, wenn man beachtet, daß man die Grenzgesetze für die *Molenbrüche* (und nicht etwa für die Mischungsverhältnisse $\frac{n_1}{n_2}$) auf endliche Werte zu extrapolieren hat. Wir nehmen in Beispiel 12, Kapitel H, noch Gelegenheit, andere Eigenschaften idealer Mischungen zu besprechen[1].

Fall der Dissoziation bei großer Verdünnung. Der in dem Fall der Abb. 32 bis 35 vorhandene Anstieg von a_1 proportional x_1^* und a_2 proportional x_2^* an den beiden Grenzen ist auf die Mischungen beschränkt, deren Bestandteile zugleich resistente Gruppen sind (§ 15). Dissoziiert dagegen der Stoff 2 bei größerer Verdünnung in verschiedene Einzelteile, so ist nach § 15 für kleine Konzentrationen x_2^*

$$\mathfrak{f}_2 = RT \sum \nu_j \ln \nu_j x_2^*,$$

und demnach

$$\mathfrak{f}_2 = \mu_2 - \mu_2^* + RT \sum \nu_j \ln \nu_j x_2^*,$$

also

$$a_2 = e^{\frac{\boldsymbol{\mu}_2 - \mu_2}{RT}} \cdot \Pi (\nu_j x_2^*)^{\nu_j} \qquad (5)$$

zu setzen, entsprechend für a_1 bei kleinen x_1^*. In allen Fällen, wo eine solche Dissoziation stattfindet, läuft die entsprechende (a, x)-Kurve mit der Neigung 0 asymptotisch in die Abszissenachse ein, da dann immer $\frac{\partial a}{\partial x_{(x=0)}}$ den Wert 0 hat. In Abb. 36 ist in Kurve I der Anfang einer solchen (a_2, x_2)-Kurve gezeichnet

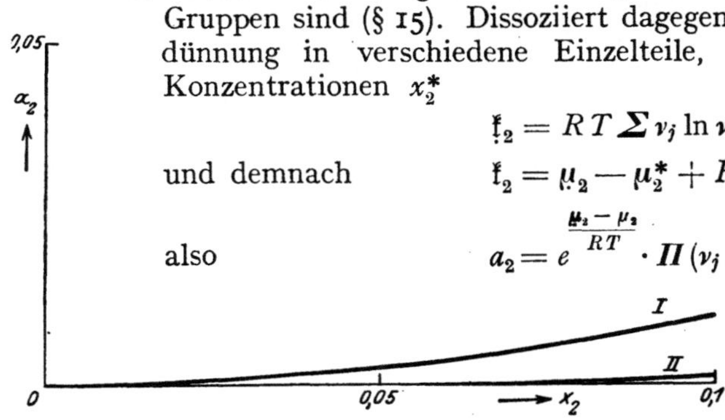

Abb. 36. Anfangsstück der (a_2, x_2)-Kurven dissoziierender Substanzen.

[1] Eine zusammenfassende Behandlung der Gesetze der idealen Mischungen siehe z. B. bei LEWIS u. RANDALL: Kap. 19.

für den Fall $\nu_a = 1$, $\nu_b = 1$ (etwa NaCl), und in Kurve II für den Fall $\nu_a = 1$, $\nu_b = 3$ [etwa $La(NO_3)_3$], beide Male unter der Annahme, daß in dem Gebiet noch vollständige Dissoziation und die Gesetze der ideal verdünnten Lösungen herrschen[1]. Der e-Faktor in Gleichung (5) ist dabei weggelassen, so daß eigentlich die (a_2, x_2)-Kurven dargestellt sind.

Beziehungen zwischen den (a_1, x_1)- und (a_2, x_2)-Kurven. Da nach § 11 für jede Zweistoffphase $\frac{\partial \mu_1}{\partial x_2}$ durch $\frac{\partial \mu_2}{\partial x_2}$ vollkommen bestimmt ist und die $\mathfrak{k}$ bzw. a die einzigen von den x abhängigen Teile der μ darstellen, ist, nach Festlegung der Nullpunkte, die $(\mathfrak{k}_1, x_2)$-Kurve vollständig durch die $(\mathfrak{k}_2, x_2)$-Kurve bestimmt oder die (a_1, x_2)-Kurve durch die (a_2, x_2)-Kurve.

Es wäre also in den Abb. 32—35 im Grunde genommen nur nötig, *eine* der (a, x)-Kurven zu zeichnen. Immerhin ist der Zusammenhang zwischen den Kurven nicht so einfach, daß eine direkte Konstruktion der einen aus der anderen möglich wäre. Es ist nämlich nach § 11 (24) und § 14 (18):

$$\left.\begin{aligned} \frac{\partial \mathfrak{k}_1}{\partial x_2} &= -\frac{x_2}{x_1}\cdot\frac{\partial \mathfrak{k}_2}{\partial x_2}, \\ \frac{\partial \ln a_1}{\partial x_2} &= -\frac{x_2}{x_1}\cdot\frac{\partial \ln a_2}{\partial x_2}, \\ \frac{\partial a_1}{\partial x_2} : \frac{\partial a_2}{\partial x_2} &= -\frac{a_1}{x_1} : \frac{a_2}{x_2}. \end{aligned}\right\} \qquad (6)$$

Das heißt: Die Neigungen beider Kurven haben immer das entgegengesetzte Vorzeichen[2] und verhalten sich wie die Tangenten der Winkel, unter denen die untersuchten Punkte der beiden Kurven von den beiden Nullpunkten $x_1 = 0$ und $x_2 = 0$ aus gesehen werden.

In der Mitte $(x_1 = x_2)$ hat also immer die höher gelegene Kurve die absolut größere Neigung, in der Nähe von $x_2 = 0$, wo $\frac{a_1}{x_1}$ merklich konstant $= 1$ angenommen werden kann, ist $d a_1 = - d a_2 \cdot \frac{a_2}{x_2}$, d. h. es sind z. B. für dissoziierende Substanzen die Abweichungen der Aktivität a_1 von 1 in noch höherer Ordnung klein als die Abweichungen der Aktivität a_2 von 0 usw. Immerhin sieht man, daß man mittels (6) die a_1-Kurve aus der a_2-Kurve (und umgekehrt) nur mittels eines von Punkt zu Punkt fortschreitenden Verfahrens bestimmen könnte; bedeutend bequemer sind graphische Integrationsverfahren, wie sie Lewis und Randall in Kapitel 22 ihres Buches angeben. Numerische Integration mittels Differenzenschema wird vielfach ebenso vorteilhaft sein. In Beispiel 17 und 18 des Kapitels H wird Anwendung von den Gleichungen (6) gemacht.

Für die Partialdampfdrucke von Mischungen folgt, wenn die Dämpfe den idealen Gasgesetzen genügen, aus (6) und (2c), § 20, eine entsprechende Beziehung auch für die Dampfdrucke:

$$\frac{\partial \pi_1}{\partial x_1} : \frac{\partial \pi_2}{\partial x_2} = -\frac{\pi_1}{x_1} : \frac{\pi_2}{x_2}. \qquad (7)$$

Die Prüfung dieser Beziehung war der Anlaß zu der zitierten Arbeit von Zawidski; es hat sich für alle untersuchten Typen volle Bestätigung dieser von Duhem aufgestellten Relation[3] ergeben.

---

[1] Das trifft allerdings für die als Beispiel angeführten Elektrolyte in dem gezeichneten Konzentrationsgebiet nicht entfernt mehr zu.

[2] Da die Aktivitäten ihrer Definition nach immer positiv sind.

[3] C. r. Bd. 102, S. 1449, 1886.

Eine spezielle Folgerung aus (6) ist, daß in dem Falle einer geradlinigen (a_2, x_2)-Kurve, der nach Abb. 32 nur für $a_2 = x_2$ realisiert sein kann, $\frac{\partial a_1}{\partial x_1} = -\frac{\partial a_1}{\partial x_2} = \frac{a_1}{x_1}$ wird, also a_1 proportional x_1, speziell $= x_1$ ist. Eine für den einen Stoff ideale Mischung ist es also auch immer für den anderen.

Darstellung durch $(\underset{.}{a},\, x)$-Kurven. Wie stellen sich die Aktivitätskurven Abb. 33—35 dar, wenn man die auf Grundlösungen der idealisierten Konzentration 1 bezüglichen Aktivitäten $\underset{.}{a}$ an Stelle der auf die reinen Stoffe bezogenen a einführt? Wegen $\mu + \mathfrak{f} = \underset{.}{\mu} + \underset{.}{\mathfrak{f}}$ gilt allgemein z. B. für den Stoff 2:

$$\underset{.}{a}_2 = a_2 \cdot e^{-\frac{\underset{.}{\mu}_2 - \mu_2}{RT}} \tag{8a}$$

oder nach (4) auch[1]:

$$\underset{.}{a}_2 = a_2 \cdot \mathbf{A}_2 \pi^{(2)}. \tag{8b}$$

Da nun für kleine x_2^* nach (3) und (4) $a_2 = \frac{x_2^*}{\mathbf{A}_2 \pi^{(2)}}$ war, zeigt sich, daß in den $(\underset{.}{a}_2, x_2)$-Kurven die Ordinaten gegenüber den (a_2, x_2)-Kurven einfach in der Weise verändert sind, daß die Anfangs*steigungen* für die $(\underset{.}{a}_2, x_2)$- [und $(\underset{.}{a}_1, x_1)$-] Kurven gleich sind und 45^0 betragen und statt dessen die End-a-Werte (für $x_2 = 1$, bzw. $x_1 = 1$) verschiedene Beträge $\pi^{(2)} \mathbf{A}_2$ und $\pi^{(1)} \mathbf{A}_1$ erhalten[2]. Beide Darstellungsarten gestatten also diese charakteristischen Größen in einfacher Weise abzulesen; die (a, x)-Darstellung wurde nur deshalb bevorzugt, weil sie sich immer in einem Quadrat 1×1 einzeichnen läßt, während die $\underset{.}{a}$-Kurven unter Umständen sehr große oder kleine Ordinatenwerte verlangen können.

Natürlich kann es auch in manchen Fällen zweckmäßig sein, eine (a_1, x_2)- und $(\underset{.}{a}_2, x_2)$-Kurve in dasselbe Diagramm einzutragen, — besonders wenn sich der Mischungszustand nur etwa von $x_2 = 0$ an bis zu begrenzten Werten von x_2 kontinuierlich verfolgen läßt. Endlich liefern, bei idealem Gasverhalten des Dampfes, die Dampfdrucke der beiden Substanzen zwei Kurven, die sich wegen $a_i = \frac{\pi_i}{\pi^{(i)}}$, $\pi_i = a_i \pi^{(i)}$ für beide Stoffe nur durch die Faktoren $\pi^{(i)}$ von den a_i, durch die Faktoren $\mathbf{A}_i$ von den $\underset{.}{a}_i$ unterscheiden.

Theoretisches über das Mittelgebiet. Eine Theorie der Restarbeiten oder Aktivitäten von flüssigen Gemischen, die über die unmittelbare Nähe der Grenzen $x_2 = 0$ und $x_1 = 0$ hinausreicht, ist bisher nicht in umfassenderer Weise gegeben worden und stellt bei der Mannigfaltigkeit der molekularen Kraftwirkungen sowohl für die klassische wie für die quantentheoretische Behandlung eine fast unlösbare Aufgabe dar. Bei direkter Inangriffnahme dieses Problems würde es sich um eine statistische Berechnung der Freien Energie F (oder der Funktion G) des Gemisches handeln, die ja bekanntlich möglich ist, wenn klassisch die Wechselenergie aller kleinsten Teilchen aufeinander, quantentheoretisch die Energien und Gewichte der Quantenzustände aller in den Systemen möglichen Gesamtfigurationen bekannt wären. Von der Kenntnis dieser Gesetzmäßigkeiten sind wir aber weit entfernt.

Eine mehr indirekte Behandlung, die sich an das Verhalten idealer Gase anschließt, wurde schon früher erwähnt; es ist der zuerst von VAN DER WAALS beschrittene Weg, der im wesentlichen von der Zustandsgleichung $p = f(\mathfrak{V}, T, x)$

---

[1] Diese zweite Gleichung gilt, wie (4), streng genommen nur bei Druckunabhängigkeit von $\mathfrak{f}_2$ allgemein, sonst ist sie auf Drucke $p = \pi^{(1)}$ beschränkt.

[2] Für ideale Mischungen, wo ja $\pi^{(1)} = \frac{1}{\mathbf{A}_1}$, $\pi^{(2)} = \frac{1}{\mathbf{A}_2}$ ist, fallen $\underset{.}{a}_1$ und a_1, $\underset{.}{a}_2$ und a_2 zusammen.

der Gemische ausgeht, wie sie sich, in einer Verallgemeinerung der VAN DER WAALSschen Zustandsgleichung für einheitliche Substanzen, darbietet. Diese Zustandsgleichung, nach V aufgelöst, liefert die Werte $\frac{\partial V}{\partial n}$ und damit $\frac{\partial \mu}{\partial p}$ für jeden der beiden Stoffe; $\frac{\partial \mu}{\partial T}$ ist in bekannter Weise durch die spezifischen Wärmen der Gemische bestimmt, und den Wert von $\frac{\partial \mu}{\partial x}$ für ein konstantes p kann man angeben, wenn man den Stoff kontinuierlich in den idealen Gaszustand überführen kann. Damit ist dann für jede Temperatur, jeden Druck und jede Zusammensetzung des Gemisches μ bestimmt, also auch die Größen $\mathfrak{k}$ oder $\dot{\mathfrak{k}}$ in Abhängigkeit von x bei konstantem p und T. Im zweiten Teil des Lehrbuchs der Thermodynamik von VAN DER WAALS-KOHNSTAMM sind mit Hilfe der Zweistoffzustandsgleichung, wenn auch auf etwas anderem Wege[1], wichtige Annäherungsresultate über das Verhalten von gasförmigen und flüssigen Zweistoffsystemen, besonders im Zweiphasengleichgewicht, abgeleitet. Wir verweisen auf diese ausgezeichnete Darstellung, versagen es uns jedoch, hier näher darauf

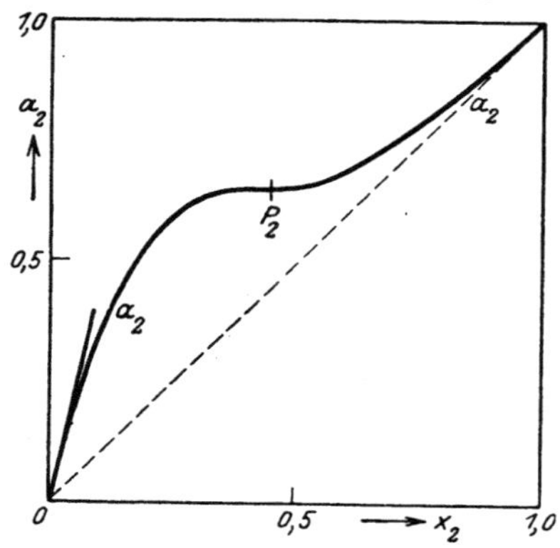

Abb. 37. (a_2, x_2)-Kurve mit Wendepunkt (kritischer Mischungspunkt).

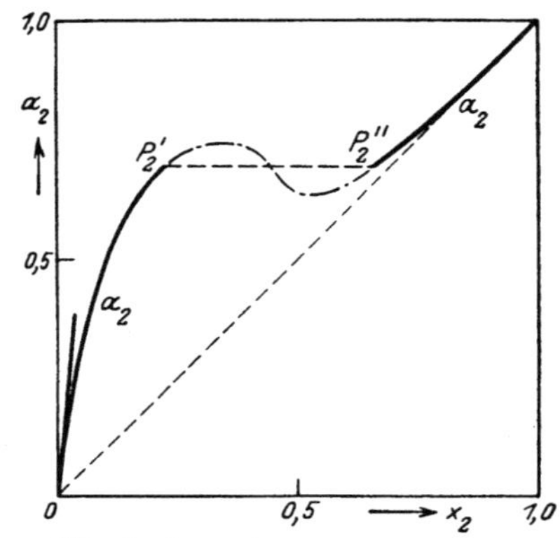

Abb. 38. (a_2, x_2)-Kurve bei Auftreten einer Mischungslücke.

einzugehen, und ziehen es vor, die Resultate über den Verlauf der μ-Werte und speziell der $(\mathfrak{k}, x)$-Kurven als rein empirisch gegeben zu betrachten.

Unvollkommen mischbare Flüssigkeiten. Den Übergang von vollkommen zu unvollkommen mischbaren Flüssigkeiten können wir auf Grund folgenden Befundes über die (μ, x)- oder (a, x)-Kurven vollzogen denken, den wir nach dem Vorhergehenden als empirisch gegeben annehmen. Wir gehen von der (a_2, x_2)-Kurve, Abb. 33, aus. Bei Abänderung des chemischen Verhaltens der gemischten Stoffe sowie beim Übergang zu anderen Druck- oder Temperaturgebieten kommt es vor, daß eine solche (a_2, x_2)-Kurve (die wir uns wieder aus Dampfdrucken oder irgendeinem anderen Gleichgewicht erschlossen denken) ihre Steigung in der Mitte immer weiter verflacht und schließlich in eine Kurve der in Abb. 37 bezeichneten Art übergeht, die in einem Punkt P_2 eine horizontale Tangente besitzt, während sie rechts und links noch einen ansteigenden Charakter zeigt, so daß P_2 ein Wendepunkt ist. [Dieselbe Bedeutung hat nach (6) der zu der gleichen Konzentration x gehörige Punkt P_1 der (a_1, x_2)-Kurve, die wir hier nicht zeichnen.] Man möchte nun erwarten, daß bei weiterer Abänderung der äußeren Bedingungen die a_2-Kurve in die in Abb. 38 dargestellte Form (ausgezogene und strichpunktierte Kurve) übergeht. Derartige Kurven sind aber

[1] Es wird im wesentlichen eine analytische oder geometrische Darstellung der Freien Energie F in Abhängigkeit von (V, T, x) benutzt (vgl. auch Kapitel F).

nicht beobachtet, sondern es zeigt sich, daß von der betreffenden Kurve dann nur die beiden Enden $0 \rightarrow P_2'$ und $P_2'' \rightarrow 1$ (ausgezogene Teile) beobachtet werden, während Konzentrationen mit dazwischenliegenden Werten überhaupt nicht mehr herstellbar sind. Die Punkte P_2' und P_2'' entsprechen gleichen a_2-, d. h. gleichen μ_2-Werten; sie liegen so, daß auch für die (a_1, x_2)-Kurve bei den entsprechenden Konzentrationen x_2' und x_2'' gerade $a_1' = a_1''$ wird. Mischt man die Flüssigkeiten 1 und 2 in einem Verhältnis, das zwischen den Konzentrationen x_2' und x_2'' liegt, so trennt sie sich von selbst in zwei koexistierende Phasen der Konzentrationen x_2' und x_2''.

Wir haben also hier den Fall einer spontanen Entmischung vor uns, in dem sich statt einer homogenen Phase zwei verschiedene koexistente Phasen ausbilden. Daß dabei die Beziehungen $\mu_2' = \mu_2''$ und $\mu_1' = \mu_1''$ gelten müssen, ist nach den Gleichgewichtsbedingungen klar; weshalb aber überhaupt die Trennung in zwei Phasen stattfindet und die dazwischenliegenden Zusammensetzungen, mit den (hypothetischen) μ- oder a-Werten der strichpunktiert gezeichneten Kurve, nicht auftreten, werden wir erst später (Kapitel F) näher untersuchen. Wir bemerken nur noch, daß man eine Phase im Zustand P_2, Abb. 37, die sich bei einer kleinen Änderung von p oder T in zwei Phasen spalten würde, entsprechend den Verhältnissen bei homogenen Substanzen als Phase im *kritischen Mischungspunkte* bezeichnet. Das Konzentrationsgebiet zwischen P_2' und P_2'' (Abb. 38) bezeichnet man als „*Mischungslücke*".

Theoretische Extrapolationen; instabile Mischphasen. Mehr als *eine* Mischungslücke ist bei Flüssigkeiten, im Gegensatz zu kristallinischen Mischungen (s. weiter unten), im allgemeinen nicht beobachtet worden[1]. Aber schon ist hier die interessante Frage, ob man es in den Zuständen P_2' und P_2'' mit „derselben Phase" zu tun hat oder mit zwei verschiedenen Phasen, nicht ganz leicht zu beantworten. Es wird das davon abhängen, ob man für die hypothetischen homogenen Phasen in der Mischungslücke den in Abb. 38 gezeichneten Verlauf der a- (oder μ-) Werte annimmt oder etwa den in Abb. 39 dargestellten, bei dem man von einer einheitlichen Phase aus dem Grunde nicht reden würde, weil für das ganze Gebiet, wo man beide Phasen gemeinsam extrapolieren kann, bei denselben Werten von p, T und x zwei Phasen mit verschiedenen a- bzw. μ-Werten, also mit verschiedenen Eigenschaften, anzunehmen wären.

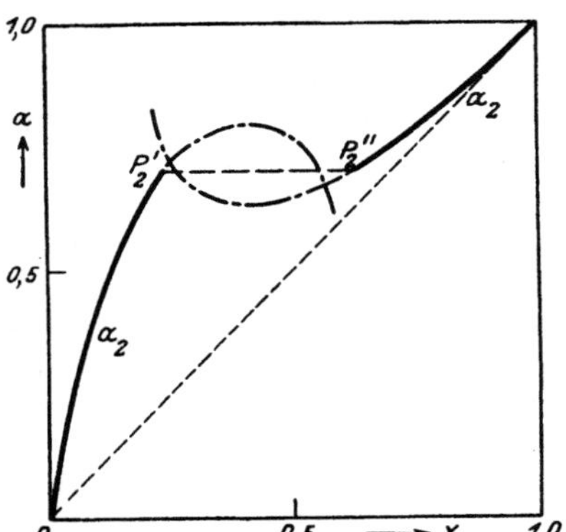

Abb. 39. Zur Frage der Extrapolation der a-Kurven in einer Mischungslücke.

Es handelt sich also um eine Frage der theoretischen Untersuchung von angenommenen thermodynamischen Gleichgewichtszuständen, die man in Wirklichkeit nicht beobachten kann. Dabei ist, wie schon hier hervorgehoben sei, noch ein wesentlicher Unterschied zwischen dem *steigenden* und *fallenden Teil* der a-Kurven zwischen P_2' und P_2'' (Abb. 38 und 39, soweit dort fallende Teile angenommen werden). In die mit wachsender Konzentration x_2 *steigenden* Teile der a_2- (oder μ_2-) Kurven ist es bei vorsichtiger Veränderung noch in vielen Fällen gelungen, bis zu einem gewissen Grade über die Punkte P_2' bzw. P_2'' hinaus vorzudringen (übersättigte bzw. unterkühlte Phasen). Hier befinden wir uns im Gebiet von Phasen, die

[1] Über einen besonderen Fall im System Methyljodid-Pyridin vgl. A. H. W. ATEN, Zeitschr. f. physik. Chemie Bd. 54, S. 124, 1906.

zwar instabil sind, aber nur instabil gegenüber der Bildung einer Phase von *endlich abweichender Beschaffenheit,* so daß es einer Art von Impfung bedarf, um aus der vorhandenen Phase die stabilere entstehen zu lassen. In dem Gebiet fallender a_2- und μ_2-Werte dagegen ist Instabilität in bezug auf die Bildung *unendlich wenig abweichender Phasen* anzunehmen; solche Phasen werden sich sofort ganz spontan in jeder Flüssigkeit bilden können und damit die Beobachtbarkeit derartiger Zustände prinzipiell ausschließen. (Es handelt sich um die Stabilitätsbedingung $\frac{\partial \mu}{\partial x} > 0$ für jeden Bestandteil, §§ 25 und 27.)

Aber gleichviel, ob es sich um Instabilität in dem einen oder anderen Sinne handelt: beim theoretischen Vordringen über die von P_2' und P_2'' noch erreichbaren Übersättigungsgebiete hinaus wird es sich immer um die Betrachtung von Zuständen handeln, in denen zwar die wirklichen Kraft- bzw. Quantengesetze zwischen den beweglichen Teilchen der Mischung gelten sollen, diese Gesetze jedoch eine andere Konfiguration der kleinsten Teilchen zustande bringen sollen, als sie sich, unter der Wirkung eben derselben Gesetze, im Gleichgewicht tatsächlich einstellt. Das ist offenbar nur auf Grund theoretischer Vernachlässigung irgendwelcher in Wirklichkeit auftretender Konfigurationen und Bewegungen möglich, und zwar haben wir es hier im Gegensatz zu den fiktiv gehemmten *Gasmolekülen,* mit der Annahme von Hemmungen zu tun, die nur durch solche Abänderung der wirklichen Gesetze gewonnen werden können, die sich auf wesentliche Zeitteile der Bewegung dieser kleinsten Teilchen erstrecken. (In Flüssigkeiten stehen ja die Teilchen, im Gegensatz zum Gase, dauernd in Wechselwirkung, und bei größeren Abweichungen von der Stabilität hat man anzunehmen, daß Gelegenheit zu einem Überwechseln in die Bewegungs- und Konfigurationsart der anderen Phase an jeder Stelle nach Ablauf von sehr kurzen Zeiträumen immer wieder von neuem geboten wird.)

Dieser Unsicherheit der theoretischen Extrapolation scheint nun die schon in § 12 besprochene experimentelle Unbestimmtheit instabiler Phasen zu entsprechen, deren Eigenschaften sich, je nach den Entstehungsbedingungen und der Abkühlungsgeschwindigkeit (bei unterkühlten Phasen), anscheinend bei gegebenen p, T und x, innerhalb gewisser Grenzen stetig *variieren* lassen. In unserer Darstellung hätten wir also — soweit diese Zustände noch reversibel erreichbar sind, was in gewissen Grenzen der Fall sein wird — an Stelle der punktierten Kurven Abb. 38 oder Abb. 39 ganze μ- bzw. *a-Gebiete* zwischen den Punkten P_2' und P_2'' anzunehmen, und es ist klar, daß dann die Frage nach der genauen Form des Kurvenverlaufs ihren Sinn verliert.

Übrigens entspricht der geschilderten statistischen Unbestimmtheit der instabilen Mischungsgebiete auch eine thermodynamische. Alle diese Zustände sind — wenigstens prinzipiell — weder reversibel erreichbar noch reversibel in stabile Zustände überführbar. Man wird stets gewisse Hysteresiseffekte beobachten (z. B. spezifische Wärme abhängig von der Geschwindigkeit und Richtung der Temperaturänderung), und diese können wohl aus prinzipiellen Gründen nicht beliebig klein gemacht werden. Infolgedessen ist es unmöglich, für diese Zustände überhaupt völlig eindeutige thermodynamische Funktionen anzugeben. Diese Funktionen haben vielmehr innerhalb des instabilen Gebietes nur dann einen Sinn, wenn lediglich Übergänge in Zustände betrachtet werden sollen, die sämtlich von dem angenommenen Ausgangszustand reversibel erreichbar sind (z. B. Volumänderungen eines Glases durch Druck innerhalb gewisser Grenzen).

Es scheint also, daß es am rationellsten ist, auf die theoretische Verfolgung instabiler Phasen überhaupt kein besonderes Gewicht zu legen und die Frage nach der etwaigen „Einheitlichkeit" zweier koexistenter Phasen in allen Fällen offenzulassen, wo eine größere unüberbrückbare Mischungslücke vorhanden ist[1]. Dagegen stößt es, wie wir sehen, auf keine Schwierigkeit, die Phase jeweils *ein wenig* (was die Änderung von p, T oder x betrifft) in das instabile Gebiet hinein zu verfolgen; das genügt aber, um unsere frühere Methode der Ableitungen der Gleichgewichtsbedingungen zwischen „fiktiv gehemmten Phasen" (Kapitel B) zu rechtfertigen.

Kristalline Mischungen. Erfahrungsgemäß gibt es nicht nur flüssig-isotrope, sondern auch kristalline, anisotrope Mischungen aus zwei (oder mehr) Bestandteilen. Substanzen, die (in reinem Zustand) in untereinander sehr ähnlicher Form kristallisieren, wie Co und Ni, AgCl und NaCl, bilden in allen Mischungsverhältnissen vorkommende Kristalle von gleichem Habitus wie die Einzelstoffe. Von ungleichartigeren Stoffen sind wenigstens gewisse Mischungsbereiche, u. a. immer die der sehr verdünnten Lösung des einen Stoffes im anderen, in kristalliner Form bekannt. Es fragt sich, wieweit auf derartige kristalline Mischungen die Überlegungen dieses (und damit des vorhergehenden) Paragraphen anwendbar sind und worin sich die kristallinen Mischungen etwa im thermodynamischen Verhalten oder auch in den sich darbietenden Methoden zur Bestimmung dieses Verhaltens von den flüssigen unterscheiden. Wir beschränken uns dabei, nach dem eben Gesagten, auf die Untersuchung von Phasen, die wenigstens bei den Bedingungen, unter denen ihre Wechselwirkung mit anderen untersucht werden soll, als stabil zu betrachten sind. Solche Phasen entstehen dann, wenn ihr Aufbau aus anderen Phasen (Schmelzen, Dampf, anderen Kristallen) so langsam erfolgt, daß sich jeder atomare Baustein erst nach wiederholtem Anlagern und Wiederloslösen endgültig festgelegt hat; dann ist das Fehlen von Bewegungshemmungen, die zur Bildung instabiler Phasen führen könnten, gewährleistet.

Ideale verdünnte kristalline Mischungen. Unter den angegebenen Entstehungsbedingungen hat der Begriff der „resistenten Gruppe" für die atomaren Bestandteile des betrachteten Kristalls einen wohlbestimmten Sinn; resistent sind solche Teilchenkomplexe, die sich bei dem wiederholten Übergang aus der anderen Phase in die Mischkristallphase nie voneinander zu trennen vermochten. Auf solche Komplexe, wenn sie in sehr geringer Zahl dem im übrigen einheitlich aufgebauten Stoff zugefügt sind (einfachster Fall: kleine Beimengung von Au zu Cu oder umgekehrt), lassen sich nun die Überlegungen, die zur Bestimmung der chemischen Potentiale in sehr verdünnter Lösung führten, ohne weiteres anwenden; man kann das Gemisch unter Beibehaltung aller Resistenzen reversibel in den idealen Gaszustand überführt denken und kommt dann auf Grund derselben Betrachtung über die fehlende Wechselwirkung zwischen den beigemischten Stoffen untereinander zu den gleichen Aussagen über die μ-Werte wie bei flüssigen verdünnte nLösungen. (Vgl. hierzu die Ausführungen in § 15, S. 287/88, insbesondere Anm. 2.)

Fälle,.in denen, wie bei AgCl + NaCl, der zugemischten Bestandteil aus zwei resistenten Teilchen Na^+ und Cl^- besteht, von denen der eine bereits in großer Menge im Kristall vorhanden ist, sind vielleicht am besten so zu betrachten, daß man das chemische Potential des NaCl aus μ_+ und μ_- der beiden Komponenten zusammensetzt und für μ_+ den Ansatz für unendlich verdünnte Bestandteile macht, während man für μ_- in kleinem Bereich Unabhängigkeit von der zugesetzten Menge annimmt. Anders etwa im Falle der Mischung AgBr + NaCl,

[1] In unmittelbarer Nähe eines kritischen Mischungspunktes nach Art von Abb. 37 wird natürlich über die Einheitlichkeit der beiden koexistierenden Phasen kein Zweifel bestehen.

wo man sowohl in dem μ_+-Wert für Na^+ wie dem μ_--Wert für Cl^- das $\ln x$-Glied zu berücksichtigen hätte. Man kommt so zu einer analogen Formel wie für eine Flüssigkeit, in der NaCl vollständig dissoziiert ist.

Unter Berücksichtigung dieser Festsetzung kann man aber, wie man sieht, ideal verdünnte Kristallgemische in bezug auf alle Gleichgewichtsbedingungen mit anderen Phasen (Dampf, Schmelze, etwaige andere Mischkristalle) genau so behandeln wie ideal verdünnte flüssige Lösungen. Die Gesetze über Dampfdruckerniedrigung, Umwandlungspunkterniedrigung (etwa gegenüber einer anderen kristallinen Phase des „Lösungsmittels", die in viel höherem Grade die Tendenz zur Reinheit besitzt), die Absorption von Dampf durch einen kristallinen Stoff, Löslichkeit „reiner" Kristalle des einen Stoffes in einer (mehr zur Aufnahme des Fremdstoffes geneigten) anderen kristallinen Form desselben Stoffes, die Verteilung eines Fremdstoffes zwischen zwei nicht ineinander lösbaren, aber den Fremdstoff bis zu gewissem Grade aufnehmenden Kristallen, elektromotorische Kräfte zwischen verdünnten kristallinen Mischungen verschiedener Konzentration — alle diese Erscheinungen folgen genau den gleichen Gesetzmäßigkeiten, die wir für verdünnte flüssige Lösungen in § 20 aufgestellt haben. Die neueren Forschungen von G. TAMMANN sowie von G. HÜTTIG und ihren Mitarbeitern über Reaktionen in festen Systemen haben gezeigt, daß solchen Vorgängen in verdünnten kristallinen Mischphasen sicherlich eine größere Wichtigkeit zukommt, als man bisher gemeinhin annahm.

Konzentriertere Mischkristalle: Benutzung des NERNSTschen Theorems nach PLANCK. Für Mischkristalle größerer Konzentration scheint ein Weg zur Bestimmung der thermodynamischen Funktionen offen zu stehen, der bei Flüssigkeiten meist nicht gangbar ist: Benutzung von Aussagen über die Entropie beim absoluten Nullpunkt, unter Zuhilfenahme von Volumeffekten und spezifischen Wärmen zum Übergang auf die Versuchstemperatur. Hier tritt jedoch folgende Schwierigkeit auf. Man hat Grund zu der Annahme, daß bei Betrachtung nur stabiler Zustände mit sinkender Temperatur Mischungslücken zwischen zwei nicht vollständig identischen kristallinischen Stoffen (auch etwa Co und Ni) auftreten, die sich immer weiter verbreitern und bei $T = 0$ nur noch reine Stoffe oder geordnete Mischphasen (s. weiter unten) existenzfähig erscheinen lassen. Wenn man also einen Mischkristall ungeordneter Zusammensetzung ohne Entmischung bis herab zu $T = 0$ verfolgen kann, so ist mit großer Wahrscheinlichkeit anzunehmen, daß man hierbei in instabile Gebiete kommt, in denen die thermodynamischen Funktionen, soweit ihre Existenz durch genügende Reversibilität der Abkühlung überhaupt gesichert ist, Werte erhalten, die von den Hemmungen gegenüber der Bildung der stabilsten Phase abhängen. In solchen Fällen wird man aber für $T = 0$ die Entropie nicht allgemein angeben können. Nur wenn man Grund zu der Annahme hat, daß bis zu den tiefsten erreichbaren Temperaturen die beobachtete Mischkristallphase dieselben Eigenschaften besitzt, die die stabilste Phase haben würde, d. h. wenn man u. a. weiß, daß auch die stabile Mischkristallphase sich bei den tiefsten Beobachtungstemperaturen noch nicht entmischt hätte, kann man den Wert, nicht für $S_{(0)}$, aber für $S_{(u)}$ (§ 12) mit hinreichender Annäherung aus den in § 12 diskutierten Vertauschbarkeitsbetrachtungen entnehmen und so die $\ln x$-Glieder für beliebige Konzentrationen sichern. Wegen der in solchen Fällen sich ergebenden Ausdrücke, für die thermodynamischen Funktionen verweisen wir auf die letzten Paragraphen von PLANCKS Thermodynamik. Bei der besprochenen Unsicherheit der Voraussetzungen und dem geringen Material, das über die spezifischen Wärmen von Mischkristallen vorliegt, verzichten wir jedoch auf eine eingehendere Behandlung dieser Methode.

Aktivitäten von Mischkristallen. Zur Bestimmung der μ-Werte oder Aktivitäten von Mischkristallen bei höheren Konzentrationen x_2 sind wir unter diesen Umständen, soweit nicht andere theoretische Überlegungen zu Hilfe kommen, auf experimentelles Material angewiesen, das durch Beobachtungen von chemischen Arbeiten (elektromotorischen Kräften) oder Gleichgewichten beim Übergang von Stoffen aus den Mischkristallen in andere Phasen gewonnen ist. Es steht hierbei nichts im Wege, die Aktivitäten a, bezogen auf die beiden reinen Stoffe, einzuführen und bei vollständig mischbaren Kristallen aus dem experimentellen Material vollständige (a, x)-Kurven nach Art der Abb. 33 bis 35 zu konstruieren. Anfang und Ende dieser Kurven muß nach dem über unendlich verdünnte Mischkristalle Gesagten ebenso aussehen wie für Flüssigkeiten (Abb. 32); bei Dissoziierbarkeit der zugesetzten Stoffe werden Kurvenanfänge der in Abb. 36 dargestellten Art auftreten. Der Fall der ***idealen Mischung*** kann natürlich auch hier mit hinreichender Annäherung erfüllt sein.

Auftreten einer Mischungslücke; „Unmischbarkeit“. Das *allmähliche* Auftreten von *Mischungslücken* unter Durchgang durch den ***kritischen Mischungspunkt*** (Abb. 37, 38) ist bei Mischkristallen, wahrscheinlich wegen der relativ geringen Anzahl der überhaupt untersuchten Fälle völliger Mischbarkeit, nur in vereinzelten Fällen beobachtet worden[1]. In den meisten Fällen konstatiert man das Auftreten von sehr großen Mischungslücken, ohne daß man die Verbindung zwischen den verschiedenen Zuständen herzustellen vermöchte. Es steht natürlich trotzdem nichts im Wege, die Restarbeit der beiden Komponenten jeweils auf den reinen Stoff 2 bzw. 1 als Normalzustand zu beziehen (unpunktierte Aktivitäten), und wir würden dann, bei einer größeren Mischungslücke, etwa folgendes Kurvenbild (Abb. 40) erhalten, in dem die Punkte P'_2, P''_2 und P'_1, P''_1 diejenigen darstellen, wo für beide Komponenten die a-Werte, d. h. die μ-Werte, gleich werden, so daß innerhalb des zwischen diesen Punkten liegenden Konzentrationsintervalls nur noch instabile Phasen existenzfähig sind.

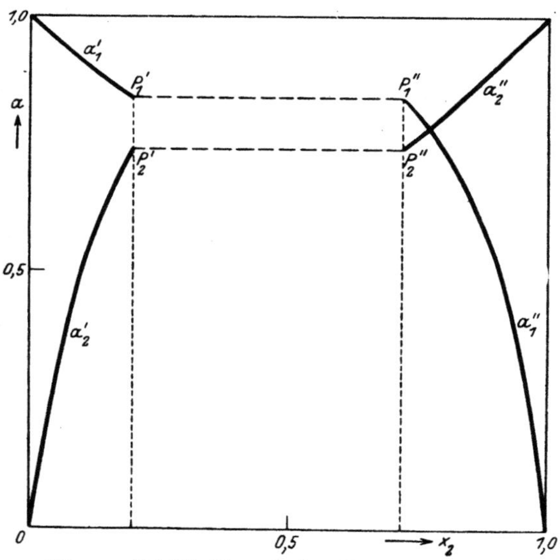

Abb. 40. Aktivitäts-Konzentrations Kurven bei Auftreten einer größeren Mischungslücke.

Die Flüchtigkeit $\frac{1}{\mathbf{A}\pi}$ des 2. Stoffes in 1, d. h. die Steigung der a'_2-Kurve für kleine x_2, ist etwas geringer angenommen als die von 1 in 2; demgemäß liegt das Gleichgewicht bei größeren Konzentrationen x'_2 als x''_1.

Denkt man sich in Abb. 40 die a'_2 und a''_1-Kurve immer steiler gegen die x_2-Achse geneigt, d. h. die Flüchtigkeiten $\frac{1}{\mathbf{A}\pi}$ des einen im anderen Stoff immer größer [oder, was nach Gleichung (4) dasselbe ist, die Arbeiten $\underset{\cdot}{\mu}_2 - \mu_2$ und $\underset{\cdot}{\mu}_1 - \mu_1$ zur Überführung des reinen Stoffes in die Grundlösung im anderen

[1] Siehe TAMMANN: Lehrbuch der heterogenen Gleichgewichte, S. 153. Braunschweig 1924.

Stoff immer mehr anwachsend], so kommen die Punkte P' und P'' den Achsen $x_1 = 1$ und $x_2 = 1$ immer näher (sie ziehen sich auf die Punkte $a_1' = 1$, $x_2 = 0$ und $a_2'' = 1$, $x_2 = 1$ zusammen), und die Mischungslücke erstreckt sich praktisch über das ganze Konzentrationsgebiet, die beiden Stoffe sind, wie man sagt, *unmischbar*. Dies Verhalten zeigen die meisten Stoffe, die im reinen Zustand chemisch und kristallographisch wesentlich verschieden sind. Von einer Unmischbarkeit im strengen Sinne kann jedoch hierbei, wie man schon aus der graphischen Konstruktion sieht, nicht die Rede sein, da die Kurven a_2' und a_1'' nicht streng mit der Ordinatenachse zusammenfallen können; dann müßten nämlich die für die Flüchtigkeit oder das ,,Hinausdrängen" maßgebenden Differenzen $\underset{\cdot}{\mu}_2 - \mu_2$ und $\underset{\cdot}{\mu}_1 - \mu_1$ unendlich groß sein, was bei dem energetischen Charakter dieser Normalgrößen ausgeschlossen ist. In ähnlicher Weise wird es uns gelingen, das anscheinend starre Verhalten gewisser Mischkristallbildungen aufzulösen, die sich anscheinend nur in ganz bestimmten einfachen Zusammensetzungen bilden, und die man aus diesem Grunde gewöhnlich als ,,chemische Verbindungen" zu bezeichnen pflegt.

Auftreten ,,chemischer Verbindungen". Mischungen von metallischem Mg und Ni, aus der Schmelze abgekühlt, trennen sich in anscheinend reine Kristalle von folgender Zusammensetzung: Mg rein, $NiMg_2$, Ni_2Mg, Ni rein; welche von diesen Kristallen auftreten, hängt von der Zusammensetzung der ursprünglichen Schmelze ab. Hier bezeichnet man die $NiMg_2$- und Mg_2Ni-Kristalle als ,,chemische Verbindungen"; die Mischungslücke zwischen dem reinen Mg und reinen Ni ist zwar nicht mehr vollständig, aber sie ist anscheinend nur an singulären Konzentrationspunkten ausgefüllt, und zwischen den Kristallen der Verbindungen unter sich und mit den reinen Stoffen besteht anscheinend völlige Unmischbarkeit.

Solche Fälle kehren in der Natur in allen Varianten wieder, vor allem im Verhalten der Metallegierungen und der binären anorganischen Salzgemische (Landolt-Börnstein, Abschn. 114, 118, 120—122). Es kommt vor, daß nur *eine* solche Verbindung beobachtet wird, wie bei der Mischung von Fe und Si die Verbindung FeSi, meist sind aber die auftretenden Verbindungen mehr oder weniger zahlreich, so etwa bei der Hydratbildung von Salzen; von Fe_2Cl_6 sind die Hydrate mit 12aq, 7aq, 5aq, 4aq beobachtet. In manchen von diesen Fällen zeigen die ,,reinen Stoffe" eine gewisse Zugänglichkeit für den anderen Fremdstoff, so daß die Mischungslücken vom Rande her auf gewisse *Bereiche* hin ausgefüllt werden. Ebenso zeigt sich in den meisten Fällen bei näherem Zusehen auch für die ,,Verbindungen" die Starrheit des ,,chemischen" Verhaltens gemildert, indem um die Konzentrationen x_2 herum, die den einfachen Verhältniszahlen einer Verbindung entsprechen, gewisse Bereiche Δx_2 nach beiden Seiten (in manchen Fällen auch vorwiegend nur nach einer Seite) abgrenzbar sind, die von der an der einen Komponente angereicherten Verbindung erfüllt werden.

Das Auftreten derartiger Übergangstypen läßt zwei prinzipiell verschiedene Deutungen zu. (Alle Zwischenfälle zwischen diesen entsprechen nicht einem stabilen Gleichgewicht.) Entweder: die Stoffe von der bei Kristallisation bevorzugt auftretenden Zusammensetzung ($NiMg_2$, Ni_2Mg) sind aus entsprechenden resistenten Gruppen aufgebaut. Diese müssen, nach dem über die Entstehung der stabilen Kristallphasen Gesagten, auch in der Schmelze bzw. dem Dampf in gleichfalls resistenter Form vorhanden sein; d. h. eine aus Ni + $NiMg_2$ bestehende Schmelze muß ganz andere Eigenschaften haben als eine aus Mg + Ni_2Mg gebildete. In diesem, wenigstens im Gebiet der anorganischen Kristalle, wahrscheinlich sehr selten realisierten Falle der ,,resistenten chemischen Verbindungen" sind die Moleküle $NiMg_2$ und Ni_2Mg in allen Phasenfragen als gesonderte Komponenten zu behandeln, deren Menge in beliebiger Weise vorgegeben werden kann. Die reine Phase $NiMg_2$ wäre dementsprechend wie ein reiner kristallinischer Stoff zu behandeln, in dem die Fremdstoffe Ni, Mg und Ni_2Mg bis zu einem gewissen Grade lösbar sein können; wir haben im ganzen ein Vierstoffsystem oder, bei nur einer resistenten chemischen Verbindung, ein Dreistoffsystem vor uns.

Ganz anders liegen die Verhältnisse in dem entgegengesetzten Extremfalle, wo die chemischen Gruppen, die in den Phasen ausgezeichneter Zusammensetzung auftreten (etwa Ni_2Mg), nicht gegenüber einer Aufspaltung in die reinen Komponenten (Ni und Mg) oder einer Umgruppierung zu einer Gruppe anderer Zusammensetzung ($NiMg_2$) resistent sind. In diesem Falle ist der Zustand der kristallinischen Mischphase und ebenso der Schmelze und des Dampfes durch die Angabe der Menge ihrer letzten Bestandteile (Ni und Mg) vollständig bestimmt; wir haben hier den Fall eines wirklichen Zweikomponentensystems vor uns, der allein in den Rahmen unserer bisherigen Betrachtungen gehört. Dieser Fall ist in der bisherigen Literatur gewöhnlich unter der Spitzmarke einer chemischen Verbindung geführt worden, welche die Eigenschaft hat, beim Übergang in die Schmelze oder den Dampfzustand in größerem oder geringerem Maße zu *dissoziieren*. Man sieht jedoch leicht ein, daß diese Kennzeichnung spezieller ist als die Aussage der Nichtresistenz, ja daß sie sogar eine prinzipiell ungenaue Behauptung über den Zustand der betreffenden „Moleküle" im festen Körper enthält. Machen wir nämlich die der früheren Auffassung noch am nächsten kommende Annahme, daß die betreffende stöchiometrische Zusammensetzung der festen Verbindung (etwa $NiMg_2$) tatsächlich auf der Bildung von $NiMg_2$-Molekülen (etwa im Sinne der modernen Auffassung homöopolarer Verbindungen) beruht, so werden wir, bei Nichtresistenz dieser Atomgruppe, bereits im festen Körper bei jeder endlichen Temperatur mit einer gewissen Dissoziation in die Unterbestandteile rechnen müssen, da ja die Bindungsenergie der betreffenden Moleküle nicht unendlich groß ist. Man kann also schon in diesem Falle nicht behaupten, daß die betreffende „Verbindung" erst beim Übergang in den flüssigen oder Gaszustand dissoziiert. Noch viel unzulässiger wird aber diese Auffassung, wenn die stöchiometrische Zusammensetzung der betreffenden Phase ($NiMg_2$) gar nicht auf Molekülbildung beruht, sondern auf kristallinische Ordnungstendenzen durch allseitig wirkende Gitterkräfte der einzelnen Atome zurückzuführen ist, ähnlich wie bei dem Aufbau eines polaren Salzes.

Wir werden also gut tun, in allen Fällen, wo wir das thermodynamisch-chemische Verhalten der *einzelnen Komponenten* einer nicht resistenten Mischphase studieren wollen, den mit der Vorstellung einer Molekülbildung allzu eng verbundenen Begriff der „festen chemischen Verbindung" überhaupt nicht mit dieser Bezeichnung in unsere thermodynamischen Überlegungen einzuführen, sondern nur von „Mischphasen ausgezeichneter Zusammensetzung" oder *„geordneten Mischphasen"* zu sprechen, deren Tendenz zur Innehaltung stöchiometrischer Mischverhältnisse sowohl durch Molekülbildung wie durch allseitig wirkende Gitterkräfte gegeben sein kann. Wollen wir die beiden genannten Arten von geordneten Mischphasen voneinander unterscheiden, so werden wir von *„geordneten Molekülphasen"* und *„geordneten Gitterphasen"* sprechen. Unterschiede in den thermodynamischen Eigenschaften beider Arten von geordneten Mischphasen werden sich jedoch nicht in den allgemeinen Ansätzen, sondern erst in den speziellen Funktionalbeziehungen zwischen den chemischen Potentialen und Konzentrationsabweichungen ergeben, und bemerkenswerterweise werden wir finden, daß das Verhalten einer geordneten Molekülphase und einer geordneten Gitterphase bei Abweichungen von der

„Ordnungskonzentration" auch noch in 2. Näherung den gleichen funktionalen Gang mit der Konzentration der Komponenten zeigt.

Die chemischen Potentiale und Aktivitäten geordneter Mischphasen. Die Tatsache, daß eine geordnete Mischphase mit einer anderen oder einem der reinen Stoffe koexistieren kann, ohne sich in wesentlichem Grade mit dieser anderen Phase zu vermischen, bedingt, daß die μ_1- und μ_2-Werte für die geordnete Mischphase gleich dem μ_1- und μ_2-Wert des reinen Stoffes oder einer anderen Phase werden können, ohne daß wesentliche Abweichungen von der Normalzusammensetzung einzutreten brauchen. Ein solches Verhalten wäre bei einer Konzentrationsabhängigkeit der chemischen Potentiale realisiert, wie es in Abb. 41, unter Einführung der auf die reinen Stoffe bezogenen Aktivitäten a_1 und a_2 auch für die Mischphase, schematisch dargestellt ist; es ist, wie bei FeSi, nur *eine* geordnete Mischphase vom Verhältnis 1 : 1 angenommen.

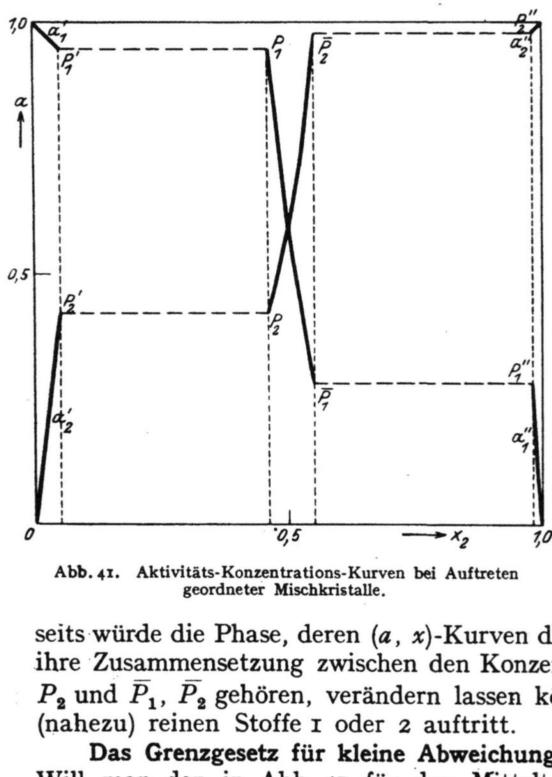

Abb. 41. Aktivitäts-Konzentrations-Kurven bei Auftreten geordneter Mischkristalle.

Die Punkte P_1' und P_1 sowie P_2'' und $\bar{P}_2$ sind aus der Bedingung gewonnen, daß die geordnete Mischphase, im einen Fall mit dem Stoff 1, im anderen Fall mit dem Stoff 2, gleiche μ_1- und μ_2-Werte oder hier: a_1- und a_2-Werte besitzen soll. Die zu den Punkten P_1, P_2 bzw. $\bar{P}_1$, $\bar{P}_2$ gehörigen Konzentrationen weichen, wie man sieht, von der Konzentration 0,5 nur sehr wenig ab und würden es noch bedeutend weniger tun, wenn wir die Steilheit der Kurven a_1 und a_2 noch größer angenommen hätten. Man kann also in der Tat das Verhalten einer geordneten Mischphase mit dem Typus der gezeichneten (a, x)-Kurve dem starren Verhalten einer unveränderlichen chemischen Verbindung beliebig nahekommen lassen. Andererseits würde die Phase, deren (a, x)-Kurven durch Abb. 41 wiedergegeben werden, ihre Zusammensetzung zwischen den Konzentrationen, die zu den Punkten P_1, P_2 und $\bar{P}_1$, $\bar{P}_2$ gehören, verändern lassen können, ohne daß Ausscheidung der (nahezu) reinen Stoffe 1 oder 2 auftritt.

Das Grenzgesetz für kleine Abweichungen von der Ordnungskonzentration. Will man den in Abb. 41 für den Mittelteil des Diagramms angenommenen Verlauf der (a, x)-Kurven rechnerisch darstellen und begründen, so ist die Beibehaltung der Aktivitäten, die vom Grundzustand der reinen Stoffe 1 und 2 aus gerechnet werden (diese Stoffe können übrigens bei dem angenommenen Kurvenverlauf ebensowohl flüssige wie feste reine Phasen sein), nicht mehr zweckmäßig; das Gegebene ist, die chemischen Potentiale und Aktivitäten auf denjenigen Normalzustand zu beziehen, welcher der stöchiometrischen Konzentration der Mischphase („*Ordnungskonzentration*"; hier 1 : 1) entspricht. Wir kommen so zu einer neuen Einteilung der μ in Grundarbeiten $\underset{..}{\mu}$ und Restarbeiten $\underset{..}{\mathfrak{k}}$:

$$\left.\begin{aligned} \mu_1 &= \underset{..}{\mu}_1 + \underset{..}{\mathfrak{k}}_1 \\ \mu_2 &= \underset{..}{\mu}_2 + \underset{..}{\mathfrak{k}}_2 \end{aligned}\right\}, \tag{9}$$

in der die doppelte Punktierung auf einen Bezugszustand hinweist, in dem beide Stoffe genau in einem bestimmten Verhältnis vertreten sind (eben in der Ordnungskonzentration). Dieser Einteilung der μ entsprechend kann man Aktivitäten $\underset{..}{a}$ einführen durch die Gleichungen:

$$\left.\begin{aligned} RT\ln \underset{..}{a}_1 = \underset{..}{\mathfrak{f}}_1 = \mu_1 - \underset{..}{\mu}_1 \\ RT\ln \underset{..}{a}_2 = \underset{..}{\mathfrak{f}}_2 = \mu_2 - \underset{..}{\mu}_2 \end{aligned}\right\}, \tag{10}$$

und die Aufgabe der Bestimmung der μ-Werte von geordneten Mischphasen ist dann zurückgeführt auf die der $\underset{..}{\mu}$ für die Ordnungskonzentration und die der Restarbeiten $\underset{..}{\mathfrak{f}}$ oder Aktivitäten $\underset{..}{a}$.

Für die Druck- und Temperaturabhängigkeit der $\underset{..}{\mathfrak{f}}$ gelten offenbar ganz analoge Zusammenhänge mit Volum- und Wärmeeffekten, wie wir für andere Normalzustände gefunden haben (§ 11), wenn auch beispielsweise die Lösungswärme des einen oder anderen reinen Stoffes in der Ordnungsphase oder die damit verbundene Volumänderung schwer direkt zu beobachten sein wird. Für die erste theoretische Untersuchung wird es in allen Fällen, wo größere Energieunterschiede wirksam sind, genügen, die $\underset{..}{\mu}$ als Konstanten zu betrachten, die entweder aus der Bestimmung von Grundarbeiten oder Gleichgewichten oder, annäherungsweise, auch manchmal aus gitterenergetischen Abschätzungen gewonnen werden können.

Dann besteht also die Aufgabe einer Theorie der Ordnungsphasen nur noch in der Bestimmung der $\underset{..}{\mathfrak{f}}$ oder $\underset{..}{a}$. Daß man diese Größen, ebenso wie die ganzen μ, für die Zustände der Koexistenz mit anderen Phasen mit bekanntem μ ohne weiteres aus beobachteten Gleichgewichten bestimmen kann, übergehen wir hier, es kommt uns auf einen theoretischen Leitfaden, entsprechend der Theorie der unendlich verdünnten Lösungen, an. Sicher wird man sagen können, daß die $\underset{..}{\mathfrak{f}}$ bei verschwindenden Δx_2 oder Δx_1 (darunter verstehen wir die Molenbruchabweichungen der betrachteten Phase vom Grundzustand, in dem $x_1 : x_2$ in einem ganzzahligen Verhältnis $\nu_1 : \nu_2$ steht) $= 0$ werden müssen, also nicht negativ unendlich werden können wie die μ sowie $\mathfrak{f}$ und $\underset{..}{\mathfrak{f}}$ der Fremdstoffe in reinen Phasen (siehe S. 358). Die Größen $\underset{..}{a}_1$ und $\underset{..}{a}_2$ dürfen also für Δx_1 und $\Delta x_2 = 0$ nicht Null werden, sondern müssen, da der Ordnungszustand Bezugszustand ist, dem Wert 1 zustreben. Andererseits wird man bei einigermaßen von der Grundkonzentration *abweichenden* Zusammensetzungen ein Anwachsen der Aktivitäten $\underset{..}{a}$ des im Überschuß vorhandenen Stoffes proportional seiner Überschußkonzentration für wahrscheinlich halten.

Unter gewissen Voraussetzungen kann dieser Verlauf für die Aktivitäten und Restarbeiten explizit berechnet werden. Es sei der spezielle Fall einer Mischphase der ausgezeichneten Zusammensetzung $x_1 = x_2 = \frac{1}{2}$ betrachtet (Verhältnis der Komponenten A und B wie 1 : 1). Für die Ableitung sei ferner zunächst angenommen, daß es sich um eine „geordnete Molekülphase" (gleichviel welchen Aggregatzustandes) handelt, in der die Atome A und B zum größten Teil zu Atomgruppen AB zusammengetreten sind, jedoch ein Dissoziationsgleichgewicht besteht, derart, daß relativ kleine[1] Mengen der Komponenten A und B „frei"[2] vorhanden sind. Dann kann das System als Lösung von A und B in viel AB aufgefaßt werden. Die Molzahlen seien mit n_A, n_B und n_{AB} be-

[1] So klein, daß die *gegenseitige* Wechselwirkung der „freien" Teilchen A und B im Mittel vernachlässigt werden kann.

[2] Damit diese Bezeichnung einen Sinn hat, muß angenommen werden, daß zwischen dem Grenzfall fehlender Wechselwirkung und demjenigen der Bindung zu AB nicht ein beliebiges Übergangsgebiet liegt. Dieses Bedenken fällt jedoch für hinreichend kleine Konzentration von freien Teilchen A und B weg.

zeichnet. Nach den Überlegungen in § 15 [Gleichung (1)] kann für die chemischen Potentiale von A und B gesetzt werden:

$$\left.\begin{aligned} \mu_A &= RT \ln \frac{n_A}{n_A + n_B + n_{AB}} + [\mu_A] \\ \mu_B &= RT \ln \frac{n_B}{n_A + n_B + n_{BA}} + [\mu_B] \end{aligned}\right\}, \tag{11}$$

wobei die $[\mu]$ nur von Temperatur und Druck, nicht aber von den Mischungsverhältnissen abhängig sind.

Diese Größen μ_A und μ_B bedeuten zunächst die chemischen Potentiale der freien Atome A und B in der dissoziierenden Mischung. Nun kann jedoch in einer Phase, die zwei Stoffe A und B im Dissoziationsgleichgewicht $A + B \rightleftarrows AB$ enthält, das chemische Gesamtpotential μ_1 des Stoffes A innerhalb dieser Phase gleich dem chemischen Potential der *freien* Atome A gesetzt werden, unabhängig davon, ob die Zufügung des Stoffes A in Wirklichkeit nur die freien Atome A vermehrt oder, im Zusammentritt mit Atomen B, zu einer Vermehrung der Moleküle AB führt; das folgt einfach aus der arbeitslosen Durchführbarkeit aller inneren Umsetzungen im Gleichgewicht. Infolgedessen stellen die μ_A und μ_B auch die chemischen Potentiale μ_1 und μ_2 der Bruttomengen A und B in der dissoziierenden Mischphase dar, eine Tatsache, von der wir weiterhin Gebrauch zu machen haben.

Weil $n_A \ll n_{AB}$ und $n_B \ll n_{AB}$ sein soll, kann näherungsweise gesetzt werden[1]:

$$\left.\begin{aligned} \frac{n_A}{n_A + n_B + n_{AB}} &\cong \frac{2\,n_A}{(n_A + n_{AB}) + (n_B + n_{AB})} = 2\,\xi \\ \frac{n_B}{n_A + n_B + n_{AB}} &\cong \frac{2\,n_B}{(n_A + n_{AB}) + (n_B + n_{AB})} = 2\,\eta \end{aligned}\right\}. \tag{12}$$

Hierin bedeuten ξ und η die Konzentrationen der *freien* Teilchen A und B, ausgedrückt als Molenbruch der Komponenten A und B. Führt man weiterhin den Molenbruch x_1 des Stoffes A ein, der, wie früher, die Bruttozusammensetzung der Mischphase, unabhängig von der Art der Bindung des Stoffes A kennzeichnen soll:

$$x_1 = \frac{(n_A + n_{AB})}{(n_A + n_{AB}) + (n_B + n_{AB})}, \tag{13}$$

so ergibt sich durch Umformung und Vergleich mit (12) die Beziehung:

$$x_1 = \tfrac{1}{2} + \ddot{\Delta}\, x_1 = \tfrac{1}{2} - \ddot{\Delta}\, x_2 = \tfrac{1}{2}\,(1 + \xi - \eta)\,. \tag{14}$$

$\ddot{\Delta} x_1$ bedeutet, wie oben eingeführt, den Überschuß der Komponente A (gleichviel in welcher Bindungsart) über das ideale Mischungsverhältnis (hier $\frac{1}{2}$) hinaus; $\ddot{\Delta}\, x_2 = -\ddot{\Delta}\, x_1$ hat die entsprechende Bedeutung für die andere Komponente.

Weiterhin ist nach § 10 (24) zu setzen[2]:

$$(1 - x_2) \cdot \frac{\partial \mu_1}{\partial x_2} + x_2 \frac{\partial \mu_2}{\partial x_2} = 0\,. \tag{15}$$

---

[1] Dieser Übergang, in dem die gegen n_{AB} kleine Größe $n_A + n_B$ im Nenner hinzugezählt ist, wäre an und für sich nicht notwendig; die betreffende Vernachlässigung könnte auch erst in (14) eingeführt werden. Allgemein beachte man, daß unsere Resultate mit relativen Fehlern von der Ordnung $\frac{n_A}{n_{AB}}$ belastet sind.

[2] Wegen der schon hervorgehobenen Bedeutung der μ_A und μ_B als chemische Potentiale der gesamten Zweistoffphase.

Da nach Voraussetzung $x_2 \cong 1 - x_2 \cong \frac{1}{2}$ ist, kann näherungsweise gesetzt werden[1]:

$$\frac{\partial \mu_1}{\partial x_2} + \frac{\partial \mu_2}{\partial x_2} = 0 \,. \tag{15a}$$

Durch Integration ergibt sich hieraus:

$$\mu_1 + \mu_2 \cong \text{konstant},$$

und daraus weiterhin wegen der Gleichheit der μ_A und μ_B mit den μ_1 und μ_2:

$$\mu_A + \mu_B \cong \text{konstant}$$

oder nach (11) und (12):

$$RT \ln \xi + RT \ln \eta = \text{Constans},$$

$$\xi \cdot \eta = \text{Constans}. \tag{16}$$

Zur Bestimmung der Konstanten in dieser Gleichung sei das System mit $\Delta x_1 = 0$ näher betrachtet. Dann muß gemäß (14) $\xi - \eta = 0$, also die Konzentration an freiem A und freiem B gleich sein; diese gleichen ξ und η-Werte für die Ordnungskonzentration seien mit α, als Symbol für den Dissoziationsgrad der Verbindung AB, bezeichnet[2]. Folglich gilt nach (16):

$$\xi \cdot \eta = \alpha^2$$

und nach (14)

$$\xi - \eta = -2 \Delta x_2 \,.$$

Die Auflösung nach ξ und η ergibt:

$$\left.\begin{aligned} \xi &= \sqrt{\alpha^2 + (\Delta x)^2} - \Delta x_2 \\ \eta &= \sqrt{\alpha^2 + (\Delta x)^2} + \Delta x_2 \end{aligned}\right\}. \tag{17}$$

[Da $\Delta x_2 = -\Delta x_1$ ist, kann in dem Ausdruck $(\Delta x)^2$ und ebenso w. u. bei den absoluten Beträgen $|\Delta x|$ immer der Stoffindex weggelassen werden.]

Als Näherungen 1. Ordnung für $|\Delta x| \ll \alpha$ ist bemerkenswert:

$$\xi \cong \alpha - \Delta x_2$$

$$\eta \cong \alpha + \Delta x_2 \,.$$

Umgekehrt lautet die Näherung[3] für $|\Delta x| \gg \alpha$:

$$\xi \cong |\Delta x| + \frac{\alpha^2}{2|\Delta x|} - \Delta x_2$$

$$\eta \cong |\Delta x| + \frac{\alpha^2}{2|\Delta x|} + \Delta x_2 \,.$$

Hier mußte bei Auflösung der Wurzeln in (17) die Näherung um einen Schritt weitergeführt werden, da in 1. Ordnung ξ für positive, η für negative Δx_2 gleich Null wird.

Durch alle diese Gleichungen sind zunächst nur die Konzentrationen ξ und η der „freien" in der geordneten Mischphase vorhandenen A und B zu den Bruttokonzentrationsabweichungen der Mengen A und B von der Ordnungskonzen-

---

[1] Die Berechtigung dieser Näherung kann durch Berücksichtigung von Gliedern höherer Ordnung gezeigt werden.

[2] Für gewöhnlich wird der Dissoziationsgrad allerdings so gerechnet, daß er das Verhältnis der Molzahlen der Dissoziationsprodukte zu der Molzahl der Verbindung bedeutet, während hier das Verhältnis zu der Molzahl der Komponenten genommen ist, das nur halb so groß ist.

[3] Auch hier muß die Voraussetzung $|\Delta x| \ll 1$ gewahrt bleiben.

tration 1 : 1 in Beziehung gesetzt. Diese Beziehungen liefern uns nun aber sogleich die für die Thermodynamik der geordneten Mischphasen wichtigste Formel, nämlich die Abhängigkeit der chemischen Potentiale μ_1 und μ_2 beider Komponenten von der Bruttoabweichung $\underset{\cdot\cdot}{\Delta} x_1$ und $\underset{\cdot\cdot}{\Delta} x_2$ der Stoffe A und B von der Ordnungskonzentration. Da nach dem früher Gesagten die durch (11) wiedergegebenen Potentiale μ_A und μ_B der freien Teilchen A und B bereits die gesuchten chemischen *Gesamt*potentiale μ_1 und μ_2 der Komponenten A und B in der Mischphase darstellen, können wir in (11) statt der μ_A und $[\mu_A]$ die mit ihnen gleichen μ_1 und $[\mu_1]$ einführen und brauchen dann nur noch die Molenbrüche ξ und η [unter Benutzung von (12) und (17)] durch die $\underset{\cdot\cdot}{\Delta} x_1$ und $\underset{\cdot\cdot}{\Delta} x_2$ auszudrücken. So erhalten wir (aus 11):

$$\mu_1 = RT\ln 2\xi + [\mu_1],$$

also, da ξ für die Ordnungskonzentration $= \alpha$ ist,

$$\mathfrak{f}_1 = \mu_1 - \underset{\cdot\cdot}{\mu}_1 = RT\ln\frac{2\xi}{2\alpha}$$

$$\text{oder}\quad \underset{\cdot\cdot}{a}_1 = \frac{\xi}{\alpha};\quad \text{ebenso}\quad \underset{\cdot\cdot}{a}_2 = \frac{\eta}{\alpha},$$

mithin nach (17):

$$\left.\begin{aligned} \underset{\cdot\cdot}{a}_1 &= \sqrt{1 + \left(\frac{\underset{\cdot\cdot}{\Delta} x}{\alpha}\right)^2} - \frac{\underset{\cdot\cdot}{\Delta} x_2}{\alpha} \\ \underset{\cdot\cdot}{a}_2 &= \sqrt{1 + \left(\frac{\underset{\cdot\cdot}{\Delta} x}{\alpha}\right)^2} + \frac{\underset{\cdot\cdot}{\Delta} x_2}{\alpha} \end{aligned}\right\}. \tag{18}$$

Statt $\underset{\cdot\cdot}{\Delta} x_2$ kann natürlich $-\underset{\cdot\cdot}{\Delta} x_1$ eintreten.

Hierzu sei auch auf die graphische Darstellung in Abb. 42 verwiesen. Es sind hier a_2-Kurven gegen $\underset{\cdot\cdot}{\Delta} x_2$ aufgetragen, und zwar ist einmal $\alpha = 0{,}01$, das andere Mal $\alpha = 0{,}001$ gesetzt worden. Je kleiner α ist, in um so kleinere x-Bereiche zieht sich das Gebiet zusammen, in dem $\underset{\cdot\cdot}{a}$ von sehr kleinen zu sehr großen Werten anwächst. Die Kurven sind Hyperbeln, deren (gleichfalls eingezeichnete) Asymptoten sich im Punkte $\underset{\cdot\cdot}{\Delta} x = 0$ und $\underset{\cdot\cdot}{a} = 0$ schneiden. Die $\underset{\cdot\cdot}{a}_1$-Kurven verlaufen zu den $\underset{\cdot\cdot}{a}_2$-Kurven genau spiegelbildlich.

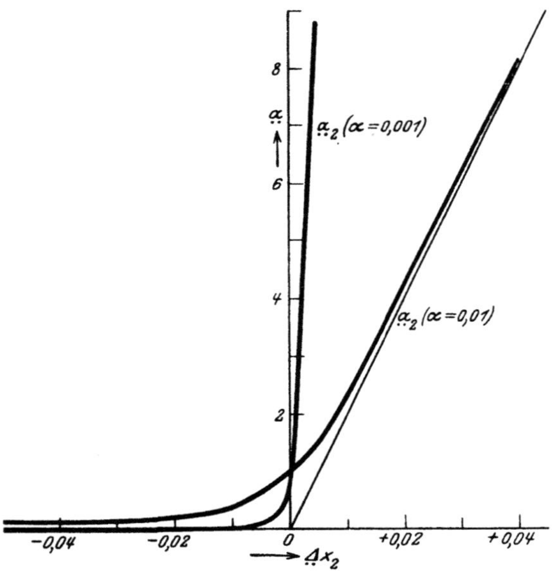

Abb. 42. Aktivitäts-Konzentrations-Kurven in geordneten Mischkristallen mit verschiedenem Fehlordnungs-(Dissoziations-) Grad.

Wird der Übergang zu Aktivitäten gewünscht, die auf die reinen Phasen der Komponenten bezogen sind, so ist zu setzen:

$$\left.\begin{aligned} a_1 &= \underset{\cdot\cdot}{a}_1 \cdot e^{-\frac{\mu_1 - \underset{\cdot\cdot}{\mu}_1}{RT}} \\ a_2 &= \underset{\cdot\cdot}{a}_2 \cdot e^{-\frac{\mu_2 - \underset{\cdot\cdot}{\mu}_2}{RT}} \end{aligned}\right\}. \tag{19}$$

Hierbei bedeuten $\mu_1 - \underset{\cdot\cdot}{\mu}_1$ und $\mu_2 - \underset{\cdot\cdot}{\mu}_2$ die Arbeiten, um den Stoff aus der Mischphase von genau der ausgezeichneten Zusammensetzung in die reine Phase gleichen Drucks und gleicher Temperatur zu bringen. Diesen

Ansätzen entsprechend ist der Verlauf der a-Kurven im Mittelgebiet der Abb. 41 gezeichnet.

Vorstehende Überlegungen erstrecken sich zunächst auf den einfachsten Fall des idealen Mischungsverhältnisses 1 : 1. Für andere Verhältnisse können analoge Berechnungen angesetzt werden. Aber schon für eine Verbindung vom Typus $A B_2$ ist mit den beiden Dissoziationsvorgängen $A B_2 \rightleftharpoons A B + B$ und $A B_2 \rightleftharpoons A + 2B$ zu rechnen. Wenn die zweite zurücktritt, kann dieser Fall nach einem analogen Schema wie vorstehend behandelt werden. Aber da vielfach selbst für die einfachsten Fälle eine genauere Durchforschung im Sinne der hier gegebenen Rechnungsweise noch nicht durchgeführt ist, erübrigt sich vorläufig ein Eingehen auf verwickeltere Fälle.

Ganz die gleichen thermodynamischen Gesetzmäßigkeiten gelten nun aber auch, wenn die geordneten Mischphasen keine „Molekülphasen", sondern „geordnete Gitterphasen" sind, in denen von bestimmten Molekülbildungen $A B$ nicht die Rede ist[1]. Die Grundlage für die Ableitung bildet in diesem Falle die Annahme eines Gitters, in welchem die einzelnen Gitterpunkte regelmäßig mit A- und B-Teilchen besetzt sind; einzelne A- und B-Teilchen sitzen aber an falschen Plätzen, und diese übernehmen die Rolle der oben als „frei" bezeichneten A- und B-Teilchen. Durch statistische Betrachtungen kommt man dann zu Formeln analog (11), und damit ist auch alles weitere gegeben. Nur die Definition von α ist neu zu geben; α bedeutet nunmehr den Bruchteil der „fehlgeordneten" A- oder B-Teilchen der Ordnungskonzentration ($\Delta x = 0$). Auf den Zusammenhang von α mit der „elementaren Fehlordnungsarbeit" wird weiter unten eingegangen.

Behandlung von geordneten Mischphasen, bei denen Konzentrationsabweichungen nicht feststellbar sind. Bei kristallinen Mischphasen ergibt die Erfahrung, daß in vielen Fällen der „Fehlordnungsgrad" α und infolgedessen die experimentell realisierbaren Abweichungen von der Ordnungskonzentration außerordentlich klein sind, und zwar so klein, daß eine Bestimmung meist bisher nicht möglich war, was allerdings teilweise auch durch relativ rohe Untersuchungsmethoden und die nicht besonders hierauf achtende Arbeitsweise mit bedingt sein mag. Diese Kleinheit erschwert aber die Feststellung der Einzelwerte der chemischen Potentiale, insbesondere auch der Einzelwerte $\underset{\cdot\cdot}{\mu}_1$ und $\underset{\cdot\cdot}{\mu}_2$ bei der Ordnungskonzentration, außerordentlich, denn die chemischen Einzelpotentiale sind gegen Zusätze der Komponenten in der hier als unmeßbar klein angenommenen Größenordnung von α sehr empfindlich (für $\underset{\cdot\cdot}{\Delta} x_2 = \alpha$ wird $\underset{\cdot\cdot}{a}_1 = 0{,}4$ und $\underset{\cdot\cdot}{a}_2 = 2{,}4$). Zu einer gröberen Charakterisierung kann man jedoch häufig auf die Einzelwerte von μ_1 und μ_2, in Abhängigkeit von $\underset{\cdot\cdot}{\Delta} x_1$ und $\underset{\cdot\cdot}{\Delta} x_2$, verzichten. Es zeigt sich nämlich, daß, wenn man auf die genaue Zusammensetzung der geordneten Mischphase nicht achtet, der Wert von $(a_1 \cdot a_2)$ oder von $(\mu_1 + \mu_2)$ zur hinreichenden Charakterisierung der geordneten Mischphase ausreicht, ein Wert, der wenigstens in der hier benützten Näherung von $\underset{\cdot\cdot}{\Delta} x$ unabhängig ist. Die Einzelwerte von μ_1 und μ_2 werden dabei aus Gleichgewichten mit anderen Phasen berechnet, ohne daß auf ihre Abhängigkeit von den $\underset{\cdot\cdot}{\Delta} x$ (die sich automatisch in passender Weise einstellen) eingegangen zu werden brauchte. In §§ 22 und 27 wird dies näher ausgeführt werden.

Der Wert $(\mu_1 + \mu_2)$ hat im Falle einer in Molekülform auftretenden chemischen Verbindung $A B$ noch die besondere Bedeutung, daß deren chemisches Potential μ_{12} wegen der schon besprochenen Bedingung des eingestellten Gleichgewichts gleich $(\mu_1 + \mu_2)$ ist. Aber auch für geordnete Gitterphasen spielt, wie

[1] (Zusatz im Nachdruck): WAGNER C. und W. SCHOTTKY, Z. physik. Chem. B Bd. 11, S. 163, 1930.

bemerkt, eine Rechengröße $\underset{..}{\mu}_{12} = \underset{..}{\mu}_1 + \underset{..}{\mu}_2 = (\mu_1 + \mu_2)$ eine ausgezeichnete Rolle (vgl. hierzu das analoge Verfahren für die Kombination von Ionen, § 15).

Handelt es sich jedoch um eine Untersuchung der x-Abhängigkeit von $(\mu_1 + \mu_2)$ oder entsprechender Kombinationen, wie $(a_1 \cdot a_1)$, die ja nach der bisherigen Rechnung in 1. Ordnung von den x_1 und x_2 unabhängig sind, so ist die Vereinfachung der Gleichung (15) zu (15a) nicht mehr statthaft. Wir wollen deshalb, wenn auch nicht für die μ_1 und μ_2 einzeln, so doch für die wichtige Größe $(\mu_1 + \mu_2)$ die Rechnung noch um eine Stufe genauer durchführen. Die Einführung von $\underset{..}{\Delta} x_2 = x_2 - \frac{1}{2}$ in (15) liefert genauer (für Ordnungskonzentrationen 1 : 1):

$$\frac{1}{2}\left(\frac{\partial \mu_1}{\partial x_2} + \frac{\partial \mu_2}{\partial x_2}\right) - \underset{..}{\Delta} x_2 \left(\frac{\partial \mu_1}{\partial x_2} - \frac{\partial \mu_2}{\partial x_2}\right) = 0.$$

Hierin stellt das 2. Glied ein Korrektionsglied dar, für das die bereits gefundenen Lösungen verwendet werden können. Mit Einsetzen von (18) in die μ_1- und μ_2-Werte des Korrektionsgliedes ergibt sich:

$$\frac{1}{2} \cdot \frac{\partial(\mu_1 + \mu_2)}{\partial x_2} = - \frac{2 \cdot \left(\frac{\underset{..}{\Delta} x_2}{\alpha}\right)}{\sqrt{1 + \left(\frac{\underset{..}{\Delta} x}{\alpha}\right)^2}} \cdot RT.$$

Die Integration liefert:

$$\mu_1 + \mu_2 \doteq (\underset{..}{\mu}_1 + \underset{..}{\mu}_2) - 4RT \cdot \left(\sqrt{\alpha^2 + (\underset{..}{\Delta} x)^2} - \alpha\right). \tag{20}$$

Dieser Ausdruck kann nach (17) sowie (12) in der Form geschrieben werden:

$$\mu_{12} = \underset{..}{\mu}_{12} - 2RT(\xi + \eta - 2\alpha) \cong \underset{..}{\mu}_{12} - RT \cdot \left(\frac{n_A + n_B}{n_A + n_B + n_{AB}} - \frac{\underset{..}{n}_A + \underset{..}{n}_B}{\underset{..}{n}_A + \underset{..}{n}_B + \underset{..}{n}_{AB}}\right). \tag{21}$$

Das heißt, die *Überschüsse* der freien bzw. fehlgeordneten Teilchen A und B über die bei der Ordnungskonzentration vorhandenen ($\underset{..}{n}$-Glied der Klammer) benehmen sich in der Beeinflussung von μ_{12} so, als ob sie fremdartige Teilchen wären.

Welche Bedingungen zwischen den μ und $\underset{..}{\mu}$ bestehen müssen, damit die Ordnungsphase überhaupt existenzfähig ist, werden wir im folgenden Paragraphen bei Besprechung der Gleichgewichte diskutieren. Hier wollen wir uns noch eine andere Frage stellen, die vorläufig anscheinend mehr auf theoretischer Basis entschieden werden muß, die des Ordnungszustandes in Phasen, die keine Mischungslücke gegenüber dem reinen Stoff aufweisen, eine Frage, die von G. TAMMANN besonders auf Grund seiner Untersuchungen über Resistenzgrenzen in Mischkristallen ausführlich diskutiert worden ist.

Ordnungszustände bei lückenloser Mischbarkeit (TAMMANN[1])? Wir fragen: Tritt im stabilsten Zustand an Stellen bestimmter rationaler Mischungsverhältnisse auch bei solchen Mischkristallen ein vollkommener Ordnungszustand auf, die bei der betreffenden Temperatur (und gegebenem Druck) stabile Mischphasen in allen Mischungsverhältnissen bilden können? Auf Grund der Überlegung, daß bei gewissen rationalen Mischungsverhältnissen eine regelmäßige Anordnung der beiden Atomarten im Gitter möglich ist, deren Störung stets einen gewissen Energieaufwand bedingen wird, beantwortet TAMMANN diese Frage in bejahendem Sinne und stützt diese Auffassung auf Beobachtungen über die Lage und Schärfe der Einwirkungsgrenzen, die bei der Untersuchung

[1] Z. f. anorg. u. allg. Chem. Bd. 107, S. 15—49, 1919; Ann. d. Phys. Bd. 75, S. 212—216, 1924. Vgl. dagegen etwa J. A. M. VAN LIEMPT: Zur Kenntnis der Resistenzgrenzen usw. Rec. Trav. chim. Pays-Bas Bd. 45, S. 508—521, 1926.

chemischer Einwirkungen auf die Mischkristallreihen bei gewissen Konzentrationen auftreten. Zu dieser Überlegung wird man zuerst bemerken müssen, daß es notwendig sein wird, eine untere Grenze für den Energieaufwand bei Erzeugung von Fehlstellungen („Fehlordnungsarbeit") anzugeben, bei der diese ordnende Wirkung noch eintritt; denn daß etwa isotope oder völlig gleichartige, etwa nur markiert gedachte Atome sich bei rationalen Mischungsverhältnissen nicht in relativ zueinander geordneten Reihen von Gitterpunkten ansiedeln werden, ist einleuchtend. Und ebenso muß ein Grund vorhanden sein, warum nicht bei unendlich vielen Mischungsverhältnissen (TAMMANN nimmt an, daß bei jedem der unendlich vielen Molenbrüche von der Form $\frac{m}{2^n}$ ein Ordnungszustand möglich ist; m und n ganze Zahlen) ein vollkommener Ordnungszustand (und damit etwa auch die Markierung einer Resistenzgrenze) auftritt.

Wenn wir diese Frage vom Standpunkt der geordneten Gitterphasen aus betrachten dürfen, so werden wir von der Bemerkung ausgehen können, daß auch bei Mischkristallen mit sehr ausgebildeten Mischungslücken und beliebig großer Fehlordnungsarbeit der Ordnungszustand bei dem genauen Mischungsverhältnis der geordneten Mischphase nie ein vollkommener sein kann, weil den Energieunterschieden, die bei den „Fehlstellungen" der Gitteratome auftreten, Entropieunterschiede wegen der Mannigfaltigkeit der Realisierungsmöglichkeiten aller Unordnungszustände gegenüberstehen, die eine vollkommene Ordnung bei endlichen Temperaturen als unendlich unwahrscheinlich bewerten lassen.

Diese Folgerung läßt sich schon aus der erwähnten vollkommenen Parallele mit der Dissoziationstheorie geordneter Molekülphasen ziehen; auch hier werden bei endlicher Dissoziationsarbeit immer dissoziierte Atome vorhanden sein. Der Zusammenhang der fehlgeordneten Atome mit der auch hier auftretenden Konstanten α ist bereits früher erwähnt; bei der Ordnungskonzentration 1 : 1 ist der Bruchteil α der Atome jeder Sorte seinen natürlichen Gitterplätzen entzogen, also fehlgeordnet.

Hier müssen wir jedoch noch auf den Zusammenhang von α in geordneten Gitterphasen mit der elementaren Fehlordnungsarbeit (pro Mol) eingehen, die wir, natürlich ohne Zusammenhang mit der gleichen Bezeichnung für die eine Teilchenart, mit B bezeichnen; es ist für unseren Fall[1]:

$$\alpha = 2 \cdot e^{-\frac{B}{2RT}}. \tag{22}$$

Sobald also B in die Größenordnung von $2RT$ herabsinkt, wird der Molenbruch der bei der genauen Ordnungskonzentration vorhandenen ungeordneten Atome von der Größenordnung $\frac{1}{e}$, d. h. dann ist ein sehr großer Prozentsatz aller Teilchen bei der Ordnungskonzentration an falschen Gitterstellen. Allgemein wird man für die Existenzfähigkeit eines geordneten Zustandes im stabilsten Gleichgewicht (nur hierauf beziehen sich unsere Betrachtungen) die Bedingung aufstellen müssen, daß die Zahl der spontan ungeordneten Atome klein ist gegen die Zahl der überhaupt vorhandenen, d. h. in unserem Fall (1 : 1), daß α klein ist gegen $x_1 = x_2 = \frac{1}{2}$ oder

$$B \gg 2RT,$$

eine Bedingung, die natürlich bei gegebenem B desto leichter erfüllt sein wird, je kleiner T ist; insbesondere ist bei $T \sim 0$ selbst bei beliebig kleinem B der vollkommene Ordnungszustand der stabilste[2]. Bei höheren Temperaturen hat man

[1] Vgl. Anmerkung 1 auf S. 377.

[2] Sofern überhaupt B positiv ist. — Sonst würde Entmischung eintreten.

jedoch, wie sich unter Verallgemeinerung der einfachen Beziehung (22) ergibt, keineswegs für alle Mischkristalle Ordnungszustände bei bestimmten einfachen Mischungsverhältnissen zu erwarten. Eine Voraussage darüber wird möglich sein, wenn die Fehlordnungsarbeit B auf anderem Wege bestimmt werden kann; es kommen dabei gitterenergetische Abschätzungen oder, da B durch α in den Ausdruck für $\ddot{\mathfrak{f}}$ eingeht, Gleichgewichtsmessungen mit anderen Phasen mit bekanntem μ in Frage (§ 22). Falls sich bei den von TAMMANN untersuchten Mischkristallen das Auftreten scharfer Resistenzgrenzen als hinreichend sicheres Kriterium eines Ordnungszustandes erweisen sollte, wird man durch gleichzeitige Berechnung der B auf einem der anderen genannten Wege eine Möglichkeit für die Prüfung der skizzierten Theorie besitzen.

Mischkristalle mit schlechter Ordnung. Bei dem eben behandelten Problem haben wir die Frage der „Mischkristalle mit schlechter Ordnung" schon berührt. Dieselbe Frage wird aber auch bei Mischkristallen mit Mischungslücken auftreten, wenn stabile Zustände beobachtet sind, die, um die Ordnungskonzentration herum, *größere Mischungsbereiche ausfüllen.* Hat die Theorie der vollständig ungeordneten und die der weitgehend geordneten Mischkristalle einige Aussicht auf gründliche theoretische Durchdringung, so wird das Problem der schlecht geordneten Mischkristalle wahrscheinlich, infolge der Mannigfaltigkeit der möglichen Gruppierungen und Energiezustände, sich noch mehr einer theoretischen Behandlung entziehen als das der konzentrierten flüssigen Mischungen. Hier wird also nur eine experimentelle Erforschung des Konzentrationsganges der μ-Werte aus reversibeln Arbeiten oder Gleichgewichten in Frage kommen.

Unordnungszustände bei unären Kristallen. Obgleich nicht ganz in den Zusammenhang gehörig, soll hier doch noch eine Bemerkung über den Ordnungszustand reiner Kristalle, etwa eines reinen Cu- oder S-Kristalls, angefügt werden. Nehmen wir einen solchen Kristall zunächst mit vollkommen geordnetem Atomgitter an, so wird die Entfernung eines Atoms aus seiner richtigen Gitterlage und die Unterbringung an einer anderen Stelle, wo das Gitter mit Atomen schon voll besetzt ist, einen recht erheblichen Energieaufwand bedeuten. Auch hier ist aber die Mannigfaltigkeit der gleichwertigen Fälle, in denen eine solche Unordnung realisiert werden kann, so groß, daß, bei endlichen Temperaturen, im Gleichgewicht notwendig eine endliche Zahl von Atomen solche Falschstellungen einnehmen muß; die Konzentration dieser ungeordneten Atome wird mit einer Fehlordnungsarbeit B in ähnlicher Weise zusammenhängen wie bei den Mischkristallen [Gleichung (22)]. In den unterkühlten, instabilen Zuständen, in denen sich wohl die meisten Einstoffkristalle bei gewöhnlichen Temperaturen befinden, wird dieser bei höheren Temperaturen (insbesondere wenig unterhalb des Schmelzpunkts) stabile Unordnungszustand mehr oder weniger beibehalten sein. So werden wir selbst bei den reinsten Einstoffkristallen gewöhnlich einen gewissen (von der thermischen Vorbehandlung abhängigen!) Grad von Gitterstörungen anzunehmen haben, der vielleicht eine der Ursachen bildet für die neuerdings von A. SMEKAL vielfach betonte „Porenstruktur" der reinen Kristalle[1].

[1] Physik. Ztschr. Bd. 24, S. 706—712, 1925. Hier sind auch Kristalle mit mehreren Komponenten behandelt. Wesentlich für die Erklärung der „porenartigen" Gitterstörungen scheint die Existenz einer Hemmung zu sein; durch reine Platzwechselvorgänge im stabilsten Gleichgewicht werden die von SMEKAL herangezogenen Tatsachen, wie er selbst betont, nicht erklärt.

§ 22. Lösungsvorgänge II.

Einleitung. Mit Hilfe der im vorigen Paragraphen gewonnenen allgemeineren Kenntnisse über die μ-Werte oder Aktivitäten binärer Mischungen werden wir in diesem Paragraphen die Berechnung von reversibeln Arbeiten und Gleichgewichten in binären Systemen, die aus zwei Phasen bestehen, in umfassenderer Weise in Angriff nehmen; zugleich lassen wir die in § 20 gemachten Voraussetzungen fallen, nach denen jeweils nur *ein* Stoff in merklicher Menge in die andere Phase übergehen konnte. Wir behandeln hier nur die Gleichgewichte; die elektrochemischen Vorgänge, bei denen reversible Arbeiten in noch chemisch aktiven Systemen direkt untersucht werden können, sollen in dem folgenden Paragraphen 23 behandelt werden.

Wir müssen dabei darauf hinweisen, daß die Untersuchungen dieses Paragraphen die eingehendsten und umfassendsten unseres Buches sind und daß insbesondere die rechnerische Behandlung aller Gleichgewichtsprobleme, die sich auf geordnete Mischphasen beziehen, hier vollständiger durchgeführt ist als in den bisherigen Darstellungen dieses Gebietes. Andererseits werden die folgenden Untersuchungen den Leser, der nicht bereits irgendein praktisches oder theoretisches Spezialinteresse an den behandelten Fragen nimmt, in der Vielheit ihrer Problemstellungen, Bezeichnungen und der zu berücksichtigenden Effekte leicht ermüden. Wir stellen deshalb eine kurze Übersicht der behandelten Probleme voran und bemerken im übrigen, daß der nicht speziell an diesen Problemen interessierte Leser die Fortführung der allgemeineren Untersuchungen, anknüpfend an das Problem der Wechselwirkungen gelöster Stoffe, im folgenden Paragraphen, S. 413 findet.

Übersicht. Der in diesem Paragraphen, § 22, zu behandelnde Stoff umfaßt vor allem die allgemeineren Dampfdruckfragen (Partialdrucke) von flüssigen oder festen Zweistoffsystemen und sodann die rechnerische Behandlung der Schmelzkurven (liquidus- und solidus-Kurven) binärer Systeme bei konstantem Druck in Abhängigkeit von der Temperatur, also die (p, x)-Kurven einerseits, die (T, x)-Kurven andererseits.

Abschnitt a) (S. 384 bis 391) behandelt die p, x-Kurven, und zwar zunächst im Anschluß an § 20 die Dampfdruckkurven fast reiner Stoffe (S. 384), die von vollständig mischbaren Systemen (S. 386) sowie endlich die der geordneten Mischphasen (S. 388 bis 391). Über die (p, x)-Kurve zweier nichtgasförmiger Phasen und die Temperaturabhängigkeit der (p, x)-Kurve sind nur allgemeine Bemerkungen angefügt (S. 391).

Abschnitt b) behandelt die Beziehungen zwischen Gleichgewichtskonzentrationen und Temperaturen bei konstantem Druck, also die (T, x)-Kurven. Soweit hierbei Konzentrationen und Gleichgewichtstemperaturen von Gasphasen mit flüssigen oder festen Mischphasen untersucht werden (S. 391 bis 393), berühren sich diese Untersuchungen noch mit den Dampfdruckuntersuchungen des Abschnittes a). Der ganze übrige Teil (S. 393 bis 413) bezieht sich jedoch auf Gleichgewichtskurven zwischen festen oder flüssigen Phasen, deren Eigenschaften ja bei kleineren Druckänderungen wenig verändert werden und bei denen also die Untersuchung der Temperaturabhängigkeit der Gleichgewichte bei konstantem Druck das ganz überwiegende Interesse besitzt. Hier knüpfen die Untersuchungen über die Gleichgewichte mit fast reinen Stoffen (S. 393 bis 398) an die entsprechenden Teile des § 20 an, nur wird jetzt die Löslichkeit des zweiten Stoffes in der fast reinen Phase mitberücksichtigt. Nach einem Überblick über den allgemeinen Fall eines (T, x)-Kurvenpaares (S. 398 f.) wird sodann der in der Metallographie, Silikatchemie, Hüttenkunde und in vielen anderen Wirtschaftszweigen wichtige

Fall der Schmelz- und Gleichgewichtskurven geordneter Mischphasen (fester „chemischer Verbindungen") rechnerisch und z. T. graphisch behandelt. Die Ausführungen S. 400 bis 405 betreffen die Form der liquidus-Kurve, also die Zusammensetzung der Schmelze in Abhängigkeit von der Gleichgewichtstemperatur; hier wird in der Umgebung des Scheitelpunktes dieser Kurve ein in erster Näherung parabolischer Charakter der Schmelzkurve festgestellt, wobei die thermodynamische Bedeutung der Konstanten dieser Parabel und die Möglichkeit ihrer Vorausberechnung diskutiert wird. Für den Fall, daß auch die Schmelze eine geordnete Mischphase (in diesem Fall eine geordnete Molekülphase) ist, wird in zweiter Näherung eine hyperbolische Form der liquidus-Kurve ermittelt und aus dem Vergleich mit der Erfahrung auf weitgehende Assoziation in gewissen Schmelzen geschlossen. Die Untersuchung der solidus-Kurve geordneter Mischphasen, welche die im allgemeinen unbeachteten Konzentrationsabweichungen in den geordneten Mischphasen betrifft, wird soweit durchgeführt, daß der Zusammenhang dieses Problems mit der Ordnungstendenz des Gitters oder der Frage der Gitterstörungen erkennbar wird (S. 405 bis 411). Graphisch ergeben sich hier ebenfalls parabolische Kurven, bei Gleichgewichten mit geordneten flüssigen Phasen jedoch, in zweiter Näherung, unsymmetrische Hyperbeln. Endlich werden noch die Gleichgewichte zwischen zwei beliebigen binären Kristallphasen behandelt unter der Annahme, daß die Gleichgewichtskurven dieser Phasen nicht bis zu ihren Scheitelstellen gleicher Konzentration verfolgbar sind. Hier sind besonders die Gleichgewichte zwischen zwei stark geordneten Mischphasen verschiedener Ordnungskonzentration (S. 411 f.) und zwischen einer stark geordneten Mischphase und einer fast reinen Phase (wie etwa im Fall des Gleichgewichts zwischen Zementit und Ferrit) von Interesse (S. 412 bis 413).

Die allgemeinen Gleichgewichtsbedingungen binärer Zweiphasensysteme, zweckmäßig aufgeteilt. Im Gegensatz zu den anscheinend sehr verschiedenartigen Ansätzen, nach denen wir in § 20 die Gleichgewichte in den Grenzfällen behandelten, werden wir in diesem Paragraphen von einem sowohl die Druck- wie die Temperaturabhängigkeiten berücksichtigenden allgemeinen Ansatz ausgehen, der zu den für die Gleichgewichte maßgebenden Ausgangsgleichungen $\mathfrak{R}_1$ und $\mathfrak{R}_2 = 0$ oder $\mu_1 = \mu_1'$, $\mu_2 = \mu_2'$ in direktester Beziehung steht. Zweckmäßigerweise erweitern wir dazu die schon bisher benutzte Aufspaltung der μ in Grundpotentiale $\boldsymbol{\mu}$ und Restarbeiten $\mathfrak{k}$, indem wir *auch noch die Druckabhängigkeiten abspalten.* Es stellt dann, genau wie bisher, die Restarbeit $\mathfrak{k}$ den *Konzentrationsrest* von μ bei einem beliebigen Druck p dar:

$$\mathfrak{k}_i = \mu_{i(p)} - \boldsymbol{\mu}_{i(p)}, \tag{1}$$

wobei der Grundzustand, dem die Größe $\boldsymbol{\mu}_{(p)}$ zugeordnet ist, sich nur durch die Festlegung einer ausgezeichneten Konzentration (eventuell mit idealisierten Eigenschaften), aber nicht hinsichtlich des Druckes und der Temperatur von dem Zustand unterscheidet, auf den sich μ_i bezieht. Dagegen gehört der *Druckrest* von μ zu einem Übergang vom Normaldruck p_0 zum beliebigen Druck p bei konstanter Konzentration, und zwar *Grund*konzentration; er ist also definiert als

$$\Delta^p \boldsymbol{\mu}_i = \boldsymbol{\mu}_{i(p)} - \boldsymbol{\mu}_{i(p_0)}. \tag{2}$$

Die Normalarbeit $\mathfrak{R}$ soll sich dann, wenn solche Druckreste eingeführt werden, auf Übergänge zwischen Phasen beziehen, die in bezug auf *Konzentration und Druck normalisiert* sind; es ist also, beim Übergang des Stoffes i aus einer P-Phase in eine P'-Phase,

$$\mathfrak{R}_i = \boldsymbol{\mu}'_{i(p_0')} - \boldsymbol{\mu}_{i(p_0)}. \tag{3}$$

Allgemein gilt:

$$\mu_{i(p)} = \mu_{i(p_0)} + \Delta^p \mu_i + \mathfrak{k}_i . \tag{4}$$

Durch Gleichsetzen der $\mu_{i(p)}$ für die beiden Phasen P und P' ergeben sich, unter Einführung von (3), die allgemeinsten Gleichgewichtsbedingungen zwischen zwei Phasen eines binären Systems:

$$\mathfrak{k}'_1 + \Delta^p \mu'_1 = \mathfrak{k}_1 + \Delta^p \mu_1 - \mathfrak{K}_1 , \tag{5₁}$$

$$\mathfrak{k}'_2 + \Delta^p \mu'_2 = \mathfrak{k}_2 + \Delta^p \mu_2 - \mathfrak{K}_2 . \tag{5₂}$$

An *Grundzuständen der Konzentration* sind in unseren bisherigen Betrachtungen vier Arten aufgetreten, von denen wir nur zwei durch besondere Kennzeichen hervorhoben. Wir hatten eingeführt:

1. Für Gase (§ 14): Konzentration $x_i = 1$ mit den Eigenschaften des idealen Gaszustandes. Ein besonderes Zeichen für Größen, die sich auf diesen Zustand beziehen, bleibt überflüssig, da der Phasenindex der Gasphase eine Verwechslung ausschließt.

2. Für kondensierte Mischphasen:

a) Konzentration $x_i = 1$ mit den Eigenschaften der realen reinen Phase des Stoffes i. Ohne besonderes Zeichen (§ 15).

b) Konzentration x_i (oder m_i, c_i) $= 1$ mit den Eigenschaften der unendlich verdünnten Lösung des Stoffes i in einem anderen Stoff k. Zeichen: Punkt, z. B. $\dot{\mu}_i$, $\dot{\mathfrak{k}}_i$ (§ 15). Wir werden Größen, die auf diesen Zustand Bezug nehmen, oftmals einfach als „auf unendliche Verdünnung" bezogen bezeichnen.

c) Ordnungskonzentration mit den Eigenschaften der realen Ordnungsphasen. Zeichen: Doppelpunkt, z. B. $\ddot{\mu}_i$, $\ddot{\mathfrak{k}}_i$ (§ 21).

Jedem dieser Grundzustände werden nach der Definition $\mathfrak{k} = RT \ln a$ Aktivitäten zugeordnet.

Die Normaldruck-Festsetzungen können selbstverständlich, wie in (3) angedeutet, für die beiden Phasen unabhängig getroffen werden, die Normalkonzentrations-Festsetzungen für jeden Stoff in jeder Phase unabhängig.

Die Temperaturabhängigkeiten der $\mathfrak{K}$, die Temperatur- und Druckabhängigkeiten der $\mathfrak{k}$ und $\Delta^p \mu$ und die Konzentrationsbeziehungen zwischen den $\mathfrak{k}$ gehorchen den in § 11 diskutierten Beziehungen zu den entsprechenden Wärme- und Volumeffekten in leicht zu übersehender Verallgemeinerung.

Der Vorteil, den die Gleichungen (5) gegenüber den unzerteilten μ-Gleichungen bieten, liegt offenbar nur in einer Vorschrift zur zweckmäßigen Unterteilung der zu lösenden Gesamtaufgabe; dieser Vorteil tritt besonders deutlich hervor, wenn, wie in gewissen Grenzfällen, die $\frac{\mathfrak{k}}{RT}$ nur von den x, die $\frac{\Delta^p \mu}{RT}$ nur von p und (wie immer) die $\mathfrak{K}$ nur von T abhängen.

Formulierung der beiden Hauptprobleme. Die Gleichungen (5) stellen zwei Beziehungen her zwischen den Molenbrüchen x_1 oder x_2 beider Phasen, der Temperatur T und dem Druck p. Die mit ihrer Hilfe zu behandelnden Gleichgewichtsprobleme lassen sich trennen in solche, bei denen die Beziehung zwischen dem Druck und einer unabhängigen Gleichgewichtskonzentration bei konstanter Temperatur T gesucht wird [(p, x)-Kurven, Abschnitt a], und solche, bei denen der Druck konstant ist und die Beziehung zwischen einer Gleichgewichts- (Umwandlungs-) Temperatur und den Konzentrationen x bzw. x' der einen oder anderen Phase gesucht wird [(T, x)-Kurven, Abschnitt b].

a) Die Abhängigkeit der Gleichgewichtsdrucke (Partialdrucke) von den Konzentrationen.

Die Dampfdruckkurven flüssiger oder fester Mischphasen in der Nähe von $x_1 = 1$. Wir betrachten eine beliebige flüssige oder kristallinische Mischphase P im Gleichgewicht mit der Dampfphase P'. Die passenden Bezugszustände der Konzentration sind: in der kondensierten Phase für das „Lösungsmittel" 1 die reine reale Phase, für den „gelösten Stoff" 2 die auf $x_2 = 1$ extrapolierte „unendlich verdünnte" Lösung (punktierte Größen); in der Dampfphase für beide Stoffe jeweils die reine idealisierte Gasphase $x_1' = 1$ bzw. $x_2' = 1$. Als Normaldruck wählen wir speziell den Druck $p_0 = 1$ für die Gasphase. Die Normalarbeiten haben dann die Bedeutung

$$\mathfrak{K}_1 = \mu'_{1(p=1)} - \mu_{1(p_0)}, \quad \dot{\mathfrak{K}}_2 = \mu'_{2(p=1)} - \dot{\mu}_{2(p_0)}.$$

(Zur Unterscheidung versehen wir $\dot{\mathfrak{K}}_2$ mit einem Punkte, da an diesem Grundübergang eine punktierte Grundphase beteiligt ist.)

Aus (5_1) folgt für den Übergang des Stoffes 1:

$$\mathfrak{f}_1' + \Delta^p \mu_1' = \mathfrak{f}_1 + \Delta^p \mu_1 - \mathfrak{K}_1,$$

oder, da für ideale Gase $\Delta^p \mu' = RT \ln p$ ist [§ 13, Gleichung (12b)]:

$$\ln a_1' + \ln \pi = \ln a_1 + \frac{1}{RT} \Delta^\pi \mu_1 - \frac{1}{RT} \mathfrak{K}_1. \tag{6_1}$$

(Wir bezeichnen den Gleichgewichtsdruck wieder mit π.)

In der hieraus abzuleitenden Beziehung zwischen π, x_1 und x_1' wünscht man gewöhnlich die Temperaturfunktion $\mathfrak{K}_1$ dadurch zu eliminieren, daß man das Gleichgewicht zwischen kondensierter Phase und Dampf für die reine Substanz 1 als bekannt annimmt. Für dieses Gleichgewicht ergibt sich aus derselben Gleichung, mit $\mathfrak{f}_1 = 0$:

$$\ln a_1' + \ln \pi^{(1)} = \frac{1}{RT}\left(\Delta^{\pi^{(1)}} \mu_1 - \mathfrak{K}_1\right),$$

eine Gleichung, die den Gleichgewichtsdruck $\pi^{(1)}$ der reinen Phase 1 bei der Untersuchungstemperatur T bestimmt. a_1' und der Druckrest beziehen sich hier demgemäß auf den Gleichgewichtsdruck $\pi^{(1)}$. Subtrahiert man diese Gleichung von der vorhergehenden, so fällt $\mathfrak{K}_1$ heraus, und es treten rechts nur noch die Differenzen der Druckreste oder, was dasselbe ist, die Differenzen der μ-Werte des reinen Stoffes 1 zwischen den Drucken π und $\pi^{(1)}$ auf:

$$\ln a'_{1(\pi)} - \ln a'_{1(\pi^{(1)})} + \ln \pi - \ln \pi^{(1)} = \ln a_1 + \frac{1}{RT}\left(\mu_{1(\pi)} - \mu_{1(\pi^{(1)})}\right). \tag{7_1}$$

Die Produkte $(a_1' \cdot p)$, mit $p = \pi$ bzw. $\pi^{(1)}$, die man auf der linken Seite dieser Gleichung bilden könnte, sind identisch mit den LEWISschen „Fugazitäten" (s. § 14).

Für den Spezialfall des idealen Verhaltens des wirklichen Gases ergibt sich hieraus, mit $a_1' = x_1'$, $x'_{1(\pi^{(1)})} = 1$, $x_1' \pi = \pi_1$ (Partialdruck):

$$\frac{\pi_1}{\pi^{(1)}} = a_1 \cdot e^{\frac{\mu_{1(\pi)} - \mu_{1(\pi^{(1)})}}{RT}} \tag{7_2}$$

d. h. man erhält mit Vernachlässigung des Druckrestes der kondensierten Phase die Gleichungen (2) des § 20, speziell das RAOULTsche Gesetz[1]. Man sieht, daß Gleichung (6_1) insofern allgemeiner ist, als sie nicht nur die Abweichungen des Stoffes 1 vom idealen Gaszustand, sondern auch, durch a_1', eine etwaige Wechselwirkung zwischen den Dämpfen 1 und 2 berücksichtigt; auch der Druckrest der kondensierten Phase ist insofern von der gleichzeitigen Anwesenheit des anderen Dampfes abhängig, als der Druck π ja durch diesen mitbestimmt wird. In der Tat ist, beim Mitverdampfen des zweiten Stoffes und beim Auftreten von Wechselwirkungen zwischen den Dämpfen, eine isolierte Betrachtung der Gleichung (6_1) zur Bestimmung des Partialdruckes nicht mehr möglich, sondern diese Gleichung, in der außer den Eigenschaften der kondensierten Phase die Abhängigkeit der Aktivität a_1' des Dampfes von x_1', p und T bekannt sein muß (eventuell durch eine VAN DER WAALSschen Zustandsgleichung für das Gasgemisch), liefert nur *eine* der notwendigen Beziehungen zwischen π, x_1 und x_1, während die zweite Gleichgewichtsbedingung der Gleichung (5_2) zu entnehmen ist, der wir uns jetzt zuwenden.

Gleichung (5_2) erhält nach den getroffenen Festsetzungen die Form:

$$\mathfrak{k}_2' + \Delta^p \mu_2' = \mathfrak{k}_2 + \Delta^p \underset{\cdot}{\mu}_2 - \mathfrak{K}_2 .$$

Hier ist ein Ersatz von $\mathfrak{K}_2$ durch einen Normaldampfdruck nicht in ähnlicher Weise möglich. Mit Einführung der Aktivitäten $\underset{\cdot}{a}_2$ und a_2' erhalten wir nach Division mit RT:

$$\ln a_2' + \ln \pi = \ln \underset{\cdot}{a}_2 - \frac{1}{RT}(\mathfrak{K}_2 - \Delta^\pi \underset{\cdot}{\mu}_2), \tag{6_2}$$

woraus wieder mit der Spezialannahme $a_2' \cdot \pi = \pi_2$ (Partialdruck) und mit $(\mathfrak{K}_2 - \Delta^\pi \underset{\cdot}{\mu}_2) = RT \ln \mathbf{A}_2$ [2] das meist mit großer Annäherung gültige Gaslöslich-

[1] Daß der in (7_2) berücksichtigte, jedoch im RAOULTschen Gesetz vernachlässigte Druckrest der kondensierten Phase in manchen Fällen von erheblicher Bedeutung werden kann, zeige folgendes Beispiel (nach DRUCKER: Handb. d. Physik Bd. 10). Wir betrachten das System Wasser (1) — Wasserstoff (2) bei 0^0 C und einem Gesamtdruck $\pi = 1$ Atm. Der Partialdruck des Wasserdampfs π_1 (= 4,6 mm) ist neben dem des Wasserstoffs zu vernachlässigen. In der flüssigen Phase ist dann die Gleichgewichtskonzentration des Wasserstoffs $x_2 = 1{,}74 \cdot 10^{-5}$. Wir haben nach ($7_2$)

$$\ln \frac{\pi_1}{\pi^{(1)}} = \ln a_1 + \frac{1}{RT}(\mu_{1(\pi)} - \mu_{1(\pi^{(1)})}),$$

wo wir $\ln a_1 = \ln x_1 = \ln(1 - x_2) \cong -x_2$ setzen dürfen. Führen wir ein $\mu_{1(\pi)} - \mu_{1(\pi^{(1)})} = \frac{\partial \mu_1}{\partial p}(\pi - \pi^{(1)}) = v_1(\pi - \pi^{(1)})$, so finden wir mit $v_1 = v^{(1)} = 0{,}018$ l (Molvolum des reinen Wassers) und $\pi - \pi^{(1)} \cong 1$ Atm., sowie $R = 8{,}2 \cdot 10^{-2}$ l-Atm./Grad:

$$\ln \frac{\pi_1}{\pi^{(1)}} = -0{,}17 \cdot 10^{-4} + \frac{0{,}018 \cdot 1}{8{,}2 \cdot 10^{-2} \cdot 273} = -0{,}17 \cdot 10^{-4} + 8{,}1 \cdot 10^{-4},$$

also

$$\pi_1 = \pi^{(1)}(1 + 7.9 \cdot 10^{-4}).$$

Der Dampfdruck des Wassers steigt also infolge der Zugabe des Wasserstoffs. Demgegenüber würde die Anwendung des RAOULTschen Gesetzes $\frac{\pi_1}{\pi^{(1)}} = x_1$ zu dem fehlerhaften Resultat

$$\pi_1 = \pi^{(1)}(1 - 1{,}7 \cdot 10^{-5})$$

führen. Die Änderung des chemischen Potentials der kondensierten Phase mit dem Druck ist hier also von relativ sehr erheblichem, sogar vorzeichenänderndem Einfluß.

[2] Dieser allgemeinere Ausdruck für die Konstante $\mathbf{A}$ gestattet, ihre etwa vorhandene Druckabhängigkeit aus den Volumeffekten der unendlich verdünnten Lösung 2 in 1 zu berechnen. Von der völligen Übereinstimmung dieser Definition von $\mathbf{A}$ mit der durch Gleichung (6), § 20, gegebenen überzeugt man sich leicht, wenn man auf die Bedeutung der eingeführten Größen zurückgeht. Es ist nämlich $\mathfrak{K}_2 = \mu'_{2(p=1)} - \underset{\cdot}{\mu}_{2(p_0)}$ sowie $\Delta^\pi \underset{\cdot}{\mu}_2 = \underset{\cdot}{\mu}_{2(\pi)} - \underset{\cdot}{\mu}_{2(p_0)}$.

keitsgesetz (6a), § 20, speziell für $a_2 = x_2$, das HENRYsche Absorptionsgesetz folgt. Im allgemeineren Falle liefert Gleichung (6_2), in der wieder für den Dampf a_2' in Funktion von x_2', p und T bekannt sein muß, neben (6_1) die zweite Beziehung, welche den Druck π bei gegebener Temperatur mit den Konzentrationen x_2' und x_2 (oder x_1' und x_1) der beiden Phasen in Beziehung setzt.

Um explizite Formeln für die Beziehungen zwischen x_2 und x_2', x_2 und p oder x_2' und p zu erhalten, muß man die funktionellen Abhängigkeiten der a in die Formeln (6) einführen. Die Aufstellung der genauen Beziehungen macht keine prinzipiellen Schwierigkeiten. Wir wollen jedoch nur unter der Spezialannahme des idealen Gasverhaltens (und Vernachlässigung der Druckreste des Kondensats) eine Frage, nämlich den Gang des gesamten Dampfdrucks π mit der Fremdstoffkonzentration x_2, weiter verfolgen. Es wird dann, nach (7_1) und (6_2),

$$\pi = \pi_1 + \pi_2 = a_1 \pi^{(1)} + \frac{a_2}{\mathrm{A}_2}.$$

Für *nicht dissoziierende Substanzen* wird, bei kleinen $x_2 = x_2^*$, $a_1 = 1 - x_2^*$, $\underset{.}{a}_2 = x_2^*$, also

$$\Delta \pi = \pi^{(1)} - \pi = x_2^* \left(\pi^{(1)} - \frac{1}{\mathrm{A}_2}\right), \tag{8}$$

d. h. der Dampfdruck einer Mischphase, in der beide Komponenten verdampfen, wird bei kleinen Konzentrationen des Fremdstoffes erhöht oder erniedrigt gegen den Dampfdruck des reinen Lösungsmittels, je nachdem der Dampfdruck des Stoffes 2 in idealer Lösung der Konzentration 1 (dies ist nach § 20, S. 347, die Bedeutung von $\frac{1}{\mathrm{A}_2}$) größer oder kleiner ist als der Dampfdruck des reinen Stoffes 1. Bei idealen Gemischen, wo $a_1 = x_1$, $\underset{.}{a}_2 = x_2$ ist (§ 15), gilt das lineare Gesetz (8) im ganzen Konzentrationsbereich; $\frac{1}{\mathrm{A}_2}$ wird dann $= \pi^{(2)}$, der Dampfdruck steigt linear von $\pi^{(1)}$ auf $\pi^{(2)}$.

Bei Dissoziation des Stoffes 2 in der kondensierten Phase, Nichtdissoziation im Gaszustand (sonst wäre der Ansatz $a_2' \pi = \pi_2$ nicht erlaubt), wird nach § 21, Gleichung (5b) und (8), $\underset{.}{a}_2$ bei kleinen x_2^* von höherer Ordnung unendlich klein, so daß der Gesamtdampfdruck gleich dem Partialdampfdruck $\pi_1 = a_1 \cdot \pi^{(1)}$ wird, der sich ja zunächst mit wachsendem x_2 immer erniedrigt. Wir können hier nachtragen, daß die Dampfdruckerniedrigung $\pi^{(1)} - \pi_1$ durch eine dissoziierende Substanz, ebenso wie in § 20 für die Gefrierpunktserniedrigung besprochen wurde, durch die Summe der aus dem gelösten Stoff gebildeten freien Moleküle bestimmt ist, was entweder, wie dort, aus der Additivität kleiner Fremdstoffeinflüsse auf a_1 bzw. $\mathfrak{k}_1$ geschlossen werden kann oder aus dem durch Gleichung (5), § 21, bestimmten Ausdruck für den a_2-Wert dissoziierender Substanzen, zusammen mit Gleichung (6), § 21.

Die Dampfdruckkurven vollständig mischbarer binärer Systeme. Zur Behandlung dieses Falles würden zwar die allgemeinen Formeln (6) vollkommen ausreichen. Für das mittlere Konzentrationsgebiet und für die Grenze $x_2 \cong 1$ wird man aber nicht immer die bisherige Wahl für die Normalkonzentration des Stoffes 2 in 1 treffen wollen (punktierte Größen); es handelt sich also jetzt noch darum, die Formeln (6) für andere Wahl der Normalkonzentration umzuschreiben. Hierbei werden wir, da wir jetzt alle Druckeinflüsse mit berücksichtigen, zugleich die Beziehungen zwischen den $\underset{.}{a}$ und a, $\pi^{(i)}$ und $\frac{1}{\mathrm{A}_i}$ noch etwas genauer formulieren als im vorigen Paragraphen.

Wir schreiben in allen Gleichungen der Einfachheit halber $a_i' \cdot \pi = \pi_i$ bzw. $\pi^{(i)}$, indem wir entweder für die Gasphase ideales Verhalten annehmen oder uns unter den Größen π_i, $\pi^{(i)}$, ... eben diese verallgemeinerten Größen (die LEWISschen Fugazitäten) denken, die dann nicht mit den direkten Partialdrucken $x_i \pi$ und den Sättigungsdrucken $\pi^{(i)}$ zu identifizieren sind, sondern aus ihnen mit Hilfe der als bekannt angenommenen Abhängigkeiten $a_i(p, T, x)$ erst errechnet werden müssen. Dann nimmt Gleichung (6_1), auf die wir zurückgreifen wollen, folgende Gestalt an:

$$\ln \pi_1 = \ln a_1 + \frac{1}{RT}(\Delta^\pi \mu_1 - \mathfrak{K}_1). \qquad (9_1)$$

Eine andere Form derselben Gleichung erhalten wir aus (6_2), indem wir diese Gleichung auf den Stoff 1 anwenden, den wir auf den Grundzustand der idealen Lösung von 1 in 2 bezogen denken. Wir finden in unserer etwas veränderten Schreibweise:

$$\ln \pi_1 = \ln \underset{\cdot}{a}_1 - \frac{1}{RT}(\underset{\cdot}{\mathfrak{K}}_1 - \Delta^\pi \underset{\cdot}{\mu}_1). \qquad (10_1)$$

Die Identität der beiden Gleichungen (9_1) und (10_1) erkennt man ohne weiteres, wenn man sich an die Definition der auf der rechten Seite auftretenden Größen erinnert; $\underset{\cdot}{\mathfrak{K}}_1$ bedeutet natürlich die Differenz $\mu_{1(p=1)} - \underset{\cdot}{\mu}_{(p_0)}$ zwischen dem idealisierten Normalzustand des reinen Gases und dem Zustand der idealen Lösung 1 in 2 von Einheitskonzentration.

Aus diesen Gleichungen kann man nun sehr klar den Zusammenhang der Konstanten $\mathfrak{K}_1$ und $\underset{\cdot}{\mathfrak{K}}_1$ mit den Größen $\pi^{(1)}$ und $\frac{1}{\mathbf{A}_1}$ der reinen Dampfdruckformel und des HENRYschen Gesetzes entnehmen. Bezieht man die Gleichung (9_1) auf den Normaldruck p_0 und die Konzentration $x_1 = 1$, so bleibt auf der rechten Seite nur das Glied $\frac{\mathfrak{K}_1}{RT}$ übrig; auf der linken Seite steht dann derjenige Dampfdruck (im angenommenen allgemeineren Sinn) des reinen Stoffes 1, der bei der Untersuchungstemperatur im Gleichgewicht mit der reinen kondensierten Phase 1 von Druck p_0 wäre. Es handelt sich also hier um einen auf Normaldruck der kondensierten Phase reduzierten Dampfdruck, den wir zweckmäßig mit $\pi^{(1)}_{(p_0)}$ bezeichnen und der realisiert werden könnte, wenn man, wie in § 16, S. 307, besprochen, die kondensierte Phase etwa durch eine siebartige Presse unter einen von ihrem Dampfdruck abweichenden Druck bringen könnte. Mit der Definition

$$-\mathfrak{K}_1 = RT \ln \pi^{(1)}_{(p_0)}$$

wird also Gleichung (9_1) jetzt:

$$\ln \pi_1 = \ln a_1 + \ln \pi^{(1)}_{(p_0)} + \frac{\Delta^\pi \mu_1}{RT}. \qquad (9_1')$$

Ähnlich können wir in Gleichung (10_1), bei beliebigem Mischungsverhältnis x_1, die kondensierte Phase unter dem Druck p_0 im Gleichgewicht mit einer Dampfphase von abweichendem (durch die chemische Gleichgewichtsbedingung vorgeschriebenem) Dampfdruck annehmen. Es wird dann $\Delta^\pi \underset{\cdot}{\mu}_1 = 0$, und setzen wir hier

$$\underset{\cdot}{\mathfrak{K}}_1 = RT \ln \mathbf{A}_{1(p_0)},$$

so ist $\mathbf{A}_{1(p_0)}$ offenbar die Konstante des HENRYschen Gesetzes, wenn die kondensierte Phase künstlich unter Normaldruck gehalten wird. Aus Gleichung (10_1) folgt dann für das Gleichgewicht beim gemeinsamen Druck π

$$\ln \pi_1 = \ln \underset{\cdot}{a}_1 - \ln \mathbf{A}_{1(p_0)} + \frac{\Delta^\pi \underset{\cdot}{\mu}_1}{RT}. \qquad (10_1')$$

Schreibt man diese Gleichung in der Form:

$$\mathbf{A}_{1(p_0)} = \frac{\underset{\cdot}{a}_1}{\pi_1} \cdot e^{\frac{\Delta^\pi \mu_1}{RT}},$$

so erkennt man, daß man die eigentliche, druckunabhängige Konstante des allgemeinen Gasabsorptionsgesetzes $\mathbf{A}_{1(p_0)}$ aus dem Verhältnis der bei einem beliebigen äußeren Druck p bestimmten (eventuell verallgemeinerten) Partialdrucke und der Aktivitäten nicht direkt, sondern erst nach Reduktion mit einem druckabhängigen Glied gewinnt.

Durch Vergleich mit ($9_1'$) liest man die aus den Definitionen folgende Beziehung ab:

$$\ln \underset{\cdot}{a}_1 = \ln a_1 + \ln (\pi^{(1)}_{(p_0)} \cdot \mathbf{A}_{1(p_0)}) + \frac{1}{RT} (\Delta^\pi \mu_1 - \Delta^\pi \underset{\cdot}{\mu}_1), \tag{11}$$

die für Normaldruck der kondensierten Phase in die Gleichung (8b), § 21, übergeht, nur mit dem Unterschied, daß jetzt nicht der Dampfdruck $\pi^{(1)}$, sondern der normalisierte Dampfdruck $\pi^{(1)}_{(p_0)}$ einzusetzen ist.

Faßt man in Gleichung ($10_1'$) die beiden letzten Glieder der rechten Seite unter der Bezeichnung $-\ln \mathbf{A}_1$ zusammen ($\mathbf{A}_1$ druckabhängige HENRYsche „Konstante" bei beliebigem Druck p der kondensierten Phase), so geht diese Gleichung in die schon im vorigen Abschnitt (S. 363f.) diskutierte formal einfachste Gestalt über, und statt (11) findet man:

$$\ln \underset{\cdot}{a}_1 = \ln a_1 + \ln (\pi^{(1)}_{(p_0)} \cdot \mathbf{A}_1) + \frac{\Delta^\pi \mu_1}{RT} \tag{11a}$$

oder, wegen

$$\ln \pi^{(1)} = \ln \pi^{(1)}_{(p_0)} + \frac{\Delta^{\pi^{(1)}} \mu_1}{RT},$$

auch:

$$\ln \underset{\cdot}{a}_1 = \ln a_1 + \ln (\pi^{(1)} \cdot \mathbf{A}_1) + \frac{1}{RT} (\mu_{1(\pi)} - \mu_{1(\pi^{(1)})}). \tag{11b}$$

Welche von diesen Beziehungen man an Stelle der ungenauen Gleichung (6a), § 21, in Fällen, wo Druckeffekte in der kondensierten Phase eine Rolle spielen, benutzen will, hängt von der Art und Reihenfolge der Untersuchungen ab; die sauberste Trennung der verschiedenen Abhängigkeiten liefert jedenfalls Gleichung (11).

Durch Gleichsetzung der beiden Gleichungen ($9_1'$) und ($10_1'$), d. i. also an den verschiedenen Formen der Gleichung (11), kann man verfolgen, wie das für kleine Fremdkonzentrationen gültige Gesetz der Gasabsorption oder des Partialdrucks $\left(\underset{\cdot}{a}_1 \cong x_1^*,\ a_1 \cong \frac{x_1}{\pi^{(1)} \cdot \mathbf{A}_1}\ \text{für kleine}\ x_1\right)$ mit wachsendem x_1 schließlich in das Gesetz der Dampfspannungserniedrigung ($a_1 \cong x_1$, $\underset{\cdot}{a}_1 \cong x_1 \cdot \pi^{(1)} \cdot \mathbf{A}_1$) übergeht. Im ganzen spiegeln, wie schon im vorigen Paragraphen besprochen, die Dampfdruckkurven den Gang der Aktivitäten a_1 oder $\underset{\cdot}{a}_1$, nur mit verschiedenen Konstanten, wider.

Für den Stoff 2 ergeben sich, wie wohl kaum noch gesagt zu werden braucht, genau entsprechende Formeln ($9_2'$) und ($10_2'$) für die Dampfspannung.

Dampfdrucke geordneter Mischphasen. Die bisher besprochenen Aufteilungen der μ sind brauchbar in allen Fällen, wo entweder vollkommene Mischbarkeit in der kondensierten Phase vorliegt oder die Dampfdrucke für solche Zusammensetzungen untersucht werden sollen, die von der reinen Phase des einen oder anderen Stoffes durch keine Mischungslücken getrennt sind. Tritt noch eine (oder mehrere) besondere, durch Mischungslücken von den reinen

Stoffen getrennte Mischphase auf, so wird es sich wohl immer um kristallinische Phasen von der Art handeln, die wir im vorigen Paragraphen als geordnete Mischphasen bezeichneten. In diesem Falle wird man die Druck- und Konzentrationsreste der μ in der festen Phase, wie im § 21 besprochen, zweckmäßig auf die „Ordnungskonzentration“ dieser Mischphase beziehen, die durch das Äquivalentverhältnis $\nu_1 : \nu_2$ der beiden Stoffe gegeben ist, das der betreffenden „chemischen Verbindung“ entspricht, während für die Dampfphase P' alle Festsetzungen ungeändert bleiben. Die auf die Ordnungskonzentrationen $\underset{..}{x}_1 = \frac{\nu_1}{\nu_1 + \nu_2}$ und $\underset{..}{x}_2 = \frac{\nu_2}{\nu_1 + \nu_2}$ bezüglichen Größen μ, $\mathfrak{f}$ usw. werden durch zwei untergesetzte Punkte gekennzeichnet. $\mathfrak{K}_1$ und $\mathfrak{K}_2$ stellen dann die Arbeit beim Übergang des Stoffes 1 bzw. 2 aus der Mischphase von Ordnungskonzentration beim Normaldruck p_0 in die reine idealisierte Gasphase vom Druck 1 dar.

Aus (5_1) folgt dann für den totalen Gleichgewichtsdruck π

$$\mathfrak{f}_1' + \Delta^\pi \mu_1' = \underset{..}{\mathfrak{f}}_1 + \Delta^\pi \underset{..}{\mu}_1 - \mathfrak{K}_1 .$$

Gehen wir zu den Aktivitäten über und bezeichnen wieder abgekürzt das Produkt $a_1' \pi$ mit π_1 usw., gleichgültig, ob es sich um den wirklichen oder den in der besprochenen Weise idealisierten Partialdruck handelt, so erhalten wir hieraus die Gleichung:

$$\ln \pi_1 = \ln \underset{..}{a}_1 + \frac{\Delta^\pi \underset{..}{\mu}_1}{RT} - \ln \underset{..}{\mathbf{A}}_1 \tag{12}$$

mit $RT \ln \underset{..}{\mathbf{A}}_1 = \mathfrak{K}_1$, entsprechend wie früher. Es ist also

$$\pi_1 = \frac{\underset{..}{a}_1}{\underset{..}{\mathbf{A}}_1} \cdot e^{\frac{\Delta^\pi \underset{..}{\mu}_1}{RT}} . \tag{12a}$$

„*Der* (eventuell idealisierte) *Partialdruck* (jeder) *der Komponenten einer binären geordneten Mischphase wächst, bei gegebener Temperatur, proportional mit der auf den Ordnungszustand der Mischphase bezogenen Aktivität bei dem betreffenden Gleichgewichtsdampfdruck* π; außerdem tritt aber noch ein druckabhängiges Glied auf, das von dem Druckunterschied der für die Ordnungskonzentration gültigen μ (der $\underset{..}{\mu}$) bei dem Druck π und einem Normaldruck p_0, auf den sich die Konstante $\underset{..}{\mathbf{A}}_1$ bezieht, abhängt.“ Dieses druckabhängige Glied kann hier (ähnlich wie bei Flüssigkeiten oder Einstoffkristallen mit sehr geringer Aufnahmeneigung für Fremdstoffe, vgl. das Beispiel S. 385, Anm. 1), insofern eine größere Rolle spielen, als relativ kleine Abweichungen von der Ordnungskonzentration schon zu ungeheuren Steigerungen des totalen Dampfdruckes führen können.

Wendet man (12a) auf die Ordnungskonzentration an und bezeichnet den (idealisierten) Gleichgewichtsdampfdruck des Stoffes 1 für diesen Zustand mit $\underset{..}{\pi}_1$, den wirklichen totalen Dampfdruck mit $\underset{..}{\pi}$, so folgt, wegen $\underset{..}{a}_1 = 1$ in diesem Falle,

$$\underset{..}{\pi}_1 = \frac{1}{\underset{..}{\mathbf{A}}_1} \cdot e^{\frac{\Delta^{\underset{..}{\pi}} \underset{..}{\mu}}{RT}} .$$

Bis auf die Druckglieder besteht also bei den geordneten Mischphasen Gleichheit von $\underset{..}{\pi}_1$ und $\frac{1}{\underset{..}{\mathbf{A}}_1}$, was natürlich darauf beruht, daß hier kein anderer Konzentrationszustand als der der Ordnungskonzentration als Normalzustand auftritt.

Substituiert man die letzte Gleichung in (12a), so erhält man:

$$\pi_1 = \underset{..}{\pi}_1 \cdot \underset{..}{a}_1 \cdot e^{\frac{\underset{..}{\mu}_1(\pi) - \underset{..}{\mu}_1(\underset{..}{\pi})}{RT}} \tag{12b}$$

Verzichten wir bei der weiteren Diskussion dieser Gleichung — und der ihr genau analogen für den Stoff 2 — auf die Berücksichtigung der Druckglieder, so haben wir die sehr einfachen Beziehungen:

$$\left.\begin{aligned} \pi_1 &= \underset{..}{a}_1 \underset{..}{\pi}_1 \\ \pi_2 &= \underset{..}{a}_2 \underset{..}{\pi}_2 \end{aligned}\right\}. \tag{13}$$

Hier brauchen selbstverständlich die beiden Konstanten der Gleichungen, die Normaldampfdrucke $\underset{..}{\pi}_1$ und $\underset{..}{\pi}_2$, keineswegs gleich zu sein, sie können sich vielmehr um viele Zehnerpotenzen unterscheiden (vgl. Salzhydrate). Es ist ja, bei Vernachlässigung des Druckgliedes,

$$RT \ln \underset{..}{\pi}_1 = -RT \ln \underset{..}{\mathbf{A}}_1 = -\mathfrak{K}_1,$$

$$RT \ln \frac{\underset{..}{\pi}_2}{\underset{..}{\pi}_1} = -(\mathfrak{K}_2 - \mathfrak{K}_1)$$

bei Normaldruck. Die in den $\mathfrak{K}$ enthaltenen $\underset{..}{\mu}$-Werte hängen aber mit den Energien der beiden Stoffe im Kristallgitter der Ordnungsmischphase bei Ordnungskonzentration zusammen, und diese können für die beiden Stoffe außerordentlich verschieden sein.

Anwendung auf Ordnungsphasen 1 : 1. Übernehmen wir für diesen Fall die Gleichungen (18) des § 21 für die $\underset{..}{a}_1$ und $\underset{..}{a}_2$, so gelangen wir zu den Dampfdruckformeln:

$$\left.\begin{aligned} \pi_1 &= \underset{..}{\pi}_1 \left(\sqrt{1 + \left(\frac{\underset{..}{\Delta} x}{\alpha}\right)^2} + \frac{\underset{..}{\Delta} x_1}{\alpha}\right) \\ \pi_2 &= \underset{..}{\pi}_2 \left(\sqrt{1 + \left(\frac{\underset{..}{\Delta} x}{\alpha}\right)^2} + \frac{\underset{..}{\Delta} x_2}{\alpha}\right) \end{aligned}\right\}. \tag{14}$$

Die beiden Partialdrucke zeigen also den in Abb. 42, S. 376, verzeichneten Gang mit der reduzierten Konzentration $\frac{\underset{..}{\Delta} x_1}{\alpha} = -\frac{\underset{..}{\Delta} x_2}{\alpha}$. Demgemäß liegt auch der Partialdampfdruck jedes Stoffes, wie natürlich, in dem Gebiet oberhalb seiner Ordnungskonzentration über seinem Normaldampfdruck $\underset{..}{\pi}_1$ bzw. $\underset{..}{\pi}_2$, bei kleineren Konzentrationen darunter.

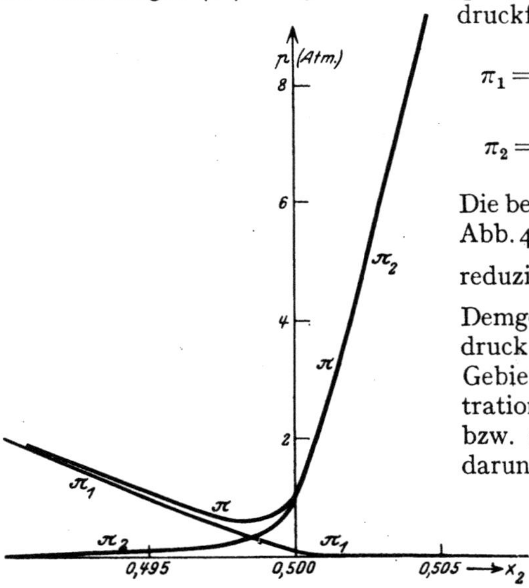

Abb. 43. Verlauf der Partial- und Totaldampfdrucke einer Ordnungsphase 1 : 1 für $\underset{..}{\pi}_1 = 0{,}1$ Atm., $\underset{..}{\pi}_2 = 1$ Atm., $\alpha = 10^{-3}$.

Um ein Bild von dem Verlauf des Totaldampfdruckes zu geben, der über einer geordneten Mischphase variabler Zusammensetzung herrschen würde, ist in Abb. 43 für einen bestimmten Fall außer den Partialdampfdrucken auch der Totaldampfdruck π eingezeichnet. Es ist angenommen, für die betreffende Temperatur, $\underset{..}{\pi}_1 = \frac{1}{10}$ Atm., $\underset{..}{\pi}_2 = 1$ Atm., $\alpha = 10^{-3}$, also nach (22), § 21, die Fehlordnungsarbeit $B = 2RT \ln 2 \cdot 10^3 = 15{,}2 \cdot RT$. Dies wäre für $T = 1000^0$ abs. eine Arbeit, die, in der üblichen Umrechnung, 1,32 Volt oder 30400 cal entspräche. Man sieht, daß unter dieser Voraussetzung die Einzeldampfdrucke sich in dem kleinen Konzentrationsintervall von $x_2 = 49{,}2$—$50{,}8$ Molprozent etwa verhundertfachen. Das Minimum des Dampfdruckes liegt unter den gemachten Annahmen bei einer Überschußkonzentration des Stoffes 1 von etwa $\Delta x = 1$ bis 2 Tausendstel. Aus dem Diagramm kann man zugleich entnehmen, in welchem Verhältnis man die Dämpfe der beiden Stoffe zu mischen hätte, um durch Kondensation eine Mischphase von Ordnungskonzentration oder von in bestimmter Weise abweichender Konzentration zu erhalten.

(p, x)-Kurven beim Gleichgewicht zweier nicht gasförmiger Phasen. Auch wenn die Phase P' keine Dampfphase, sondern eine zweite kondensierte Phase ist, die mit der ersten Mischphase im Gleichgewicht steht, können die Gleichungen (5), mit passender Wahl der Restarbeiten, ohne weiteres dazu verwendet werden, um bei gegebener Temperatur die Veränderung des Druckes mit der Konzentration in einer der Phasen, oder umgekehrt, zu bestimmen. Der Unterschied gegenüber den Dampfdruckgleichgewichten besteht darin, daß der Einfluß des Druckes jetzt auf beide Phasen im allgemeinen sehr gering ist; es werden hier die Druckreste $\Delta^p \mu$ der Mischphasen von Grundkonzentration sowie die Druckabhängigkeiten der $\mathfrak{f}$, also der Aktivitäten der kondensierten Phasen, maßgebend für die (p, x)-Kurven. Eben wegen der Geringfügigkeit des Druckeinflusses ist es jedoch im allgemeinen nicht möglich, bei einer konstanten Temperatur die Konzentrationen zweier koexistenter, nicht gasförmiger Phasen vermittels Druckänderungen über einen größeren Bereich hin zu variieren[1]. Man hat praktisch bei jeder Temperatur nur *eine* Gleichgewichtskonzentration aller Bestandteile in den beiden koexistenten Phasen und erreicht eine größere Variation der Konzentration nur durch Veränderung der *Temperatur*. Deshalb werden Druckeinflüsse, soweit sie überhaupt in Frage kommen, nur in der Weise diskutiert, daß man die Variation der (T, x)-Kurven mit dem Druck untersucht, was auf eine Untersuchung der Druckabhängigkeit der in diesen Beziehungen auftretenden „Konstanten" hinausläuft.

Temperaturabhängigkeit der allgemeinen (p, x)-Kurven. Der umgekehrte Fall, daß man in den (p, x)-Beziehungen (wo ihre Aufstellung lohnt) den Gang der auftretenden Parameter oder „Konstanten" mit der Temperatur zu untersuchen wünscht, steht natürlich mit dem Aufsuchen der (T, x)-Beziehungen bei diesen Systemen in engstem Zusammenhang. Ganz allgemein liefern ja die Gleichungen (5) eine Beziehung zwischen einer unabhängigen Konzentration x, p und T, und es ist nur eine Frage der Auflösungsform dieser Gleichungen, ob man sie als (p, x)-Beziehungen bei konstantem T oder (T, x)-Beziehungen bei konstantem p auffassen will. Betrachtet man, wie bisher, die aufgestellten Gleichungen als (p, x)-Beziehungen, so ist die Abhängigkeit von T in der Temperaturabhängigkeit der $\mathfrak{f}$ oder a, $\Delta^p \mu$ und $\mathfrak{K}$ enthalten, deren Temperaturgang und dessen Zusammenhang mit Wärmetönungen und spezifischen Wärmen in Kapitel C und D so ausführlich besprochen wurde, daß wir das hier nicht für die Einzelfälle zu wiederholen brauchen.

b) Die Abhängigkeit der Gleichgewichtstemperaturen von den Konzentrationen.

Siedetemperaturen von Mischphasen. Den Fall des Gleichgewichts mit einer gasförmigen Phase, der hierbei zur Diskussion steht, können wir nach dem vorhergehenden kurz abhandeln, da die Gleichungen ohne weiteres aus Abschnitt a)

[1] Dementsprechend enthalten die bekannten Tabellenwerke, z. B. LANDOLT-BÖRNSTEIN, überhaupt keine Angaben über Variation der Gleichgewichtskonzentration von kondensierten Mischphasen mit dem äußeren Druck.

übernommen werden können. Da man unter Siedetemperatur diejenige Temperatur versteht, bei der eine Phase einen Dampf von Normaldruck p_0, meist Atmosphärendruck, entsendet, können für die kondensierte Phase die Druckreste $\Delta^p \mu$ gleich 0 gesetzt werden, während für die Gasphase, für die wir den Normaldruck 1 beibehalten, $\Delta^p \mu_i' = R T \ln p_0$ wird. Man erhält aus Gleichung (6_1)

$$a_1' p_0 = a_1 \cdot e^{-\frac{\mathfrak{K}_1}{RT}} \tag{15_1}$$

und aus (6_2)

$$a_2' p_0 = a_2 \cdot e^{-\frac{\mathfrak{K}_2}{RT}} = a_2 \cdot e^{-\frac{\mathfrak{K}_2}{RT}} \tag{15_2}$$

[nach Gleichung (8a), § 21, und der Definition der $\mathfrak{K}$]. Die Produkte $a' p_0$ sind bei idealen Gasen gleich den Partialdrucken $p_0 x_1' = p_1$ und $p_0 x_2' = p_2$, im allgemeinen Falle unterscheiden sie sich jedoch von diesen Größen durch Beträge, die von den Konzentrationen x' und der Temperatur abhängen. Man wird dann die Beziehung zwischen den x und T nicht ohne kompliziertere Substitutionsverfahren aus den Gleichungen (15) ermitteln können. Wir beschränken uns auf den Fall der idealen Gase und erhalten dann durch Addition der beiden Gleichungen (15):

$$p_0 = a_1 \cdot e^{-\frac{\mathfrak{K}_1}{RT}} + a_2 \cdot e^{-\frac{\mathfrak{K}_2}{RT}} = a_1 \, e^{-\frac{\mathfrak{K}_1}{RT}} + a_2 \cdot e^{-\frac{\mathfrak{K}_2}{RT}}. \tag{16}$$

Sind hier die a als Funktionen von x und T und die $\frac{\mathfrak{K}}{RT}$ als Funktionen von T bekannt, so stellt Gleichung (16) den Zusammenhang zwischen Konzentration der kondensierten Phase und Siedepunkt für beliebige Mischungsverhältnisse dar. In den Grenzfällen $x_1 = 1$ und $x_2 = 1$ hat man natürlich die Siedepunkte der beiden reinen Stoffe.

Wir wollen die Auswertung von Gleichung (16) nur für den Fall kleiner x_2 durchführen, unter der speziellen Annahme $a_1 = 1 - x_2^*$, $a_2 = x_2^*$. Entwickelt man für diesen Fall die rechte Seite von (16) vom Siedepunkt $T = \vartheta^{(1)}$, $x_2 = 0$, des reinen Stoffes 1 aus nach $\Delta \vartheta = \vartheta - \vartheta^{(1)}$ und nach $\Delta x_2 = x_2^*$, so erhält man mit $e^{-\frac{\mathfrak{K}_1}{R\vartheta^{(1)}}} = p_0$ und mit Einführung der HENRYschen Konstante $\ln \mathbf{A}_2 = \frac{\mathfrak{K}_2}{RT}$ und Unterdrückung der zweiten und höheren Potenzen:

$$\frac{\mathfrak{W}_1}{R\,(\vartheta^{(1)})^2}\, p_0 \Delta \vartheta - p_0 \, x_2^* + \frac{1}{\mathbf{A}_2}\, x_2^* = 0 .$$

($\mathfrak{W}_1$, die zu $\mathfrak{K}_1$ gehörige Wärmetönung, ist gleich der Verdampfungswärme $\Lambda^{(1)}$ des reinen Stoffes 1.) Mithin ist:

$$\frac{\Delta \vartheta}{\vartheta^{(1)}} = \frac{R\,\vartheta^{(1)}}{\Lambda^{(1)}} \left(1 - \frac{1}{\mathbf{A}_2 p_0}\right) x_2^* . \tag{17}$$

Eine Siedepunktserhöhung oder -erniedrigung findet also statt, je nachdem die durch $\frac{1}{\mathbf{A}_2}$ ausgedrückte Flüchtigkeit des zugesetzten Stoffes größer oder kleiner als der Normaldruck ist, bei dem beobachtet wird. Im übrigen ist für die Siedepunktserhöhung die Verdampfungswärme des reinen Stoffes maßgebend.

Die Zusammensetzung der Dampfphase ist unter unseren Annahmen gegeben durch $x_2' : x_1' = \frac{x_2}{\mathbf{A}_2} : p_0 \, x_1$. Auch für die Frage der Anreicherung des Stoffes 2 in der Dampfphase ist also der Faktor $\frac{1}{\mathbf{A}_2 p_0}$ maßgebend. Allgemein läßt sich natürlich das Mischungsverhältnis in der Dampfphase ebenfalls aus (15) entnehmen.

Die Abänderung der Siedepunktsgleichungen durch Variation des ***Druckes*** läßt sich durch Einführung der $\Delta^p\mu$-Glieder, Gleichung (6), und Berücksichtigung der Druckabhängigkeit der Aktivitäten a_1 und a_2 bestimmen. Bequemer ist jedoch dann der Übergang zu den Dampfdruckkurven (p, x).

Schmelz- und Umwandlungskurven. Hierunter versteht man (T, x)-Kurven, gewöhnlich bei Atmosphärendruck, die den Zusammenhang zwischen der Schmelztemperatur oder Umwandlungstemperatur einer kristallinischen Mischphase P und den Konzentrationen x_1 oder x_2 dieser Phase darstellen. Die Zusammensetzung der koexistenten Phase P', die in den verschiedenen Unterfällen als Schmelze, Lösung oder allotrope kristallinische Mischphase bezeichnet wird, wird gleichzeitig durch entsprechende (T, x')-Kurven angegeben, aus denen sich die zu der jeweils untersuchten Temperatur T gehörigen Konzentrationswerte x_1' oder x_2' dieser Phase ablesen lassen. Für den reinen Stoff 1 oder 2, wo x_2' und x_2 bzw. x_1' und x_1 gleich 0 ist, laufen die beiden Kurven in den Schmelzpunkten $\vartheta^{(1)}$ und $\vartheta^{(2)}$ der beiden reinen Substanzen zusammen; im Mischungsgebiet können sie einen sehr verschiedenartigen Verlauf haben und entweder ganz oder nur teilweise realisierbar sein. Wir kommen auf diese Fragen sowie auf die Methoden zur Entwicklung der Schmelz- und Umwandlungskurven in Kapitel F und G zurück und behandeln zunächst die beiden (T, x)- und (T, x')-Beziehungen mit unseren analytischen Hilfsmitteln.

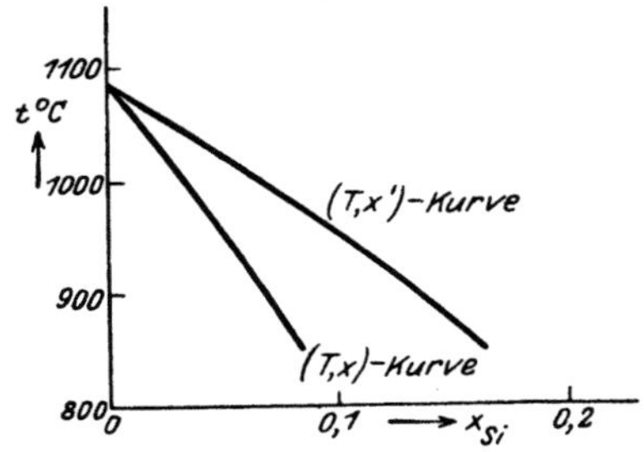

Abb. 44. Cu — Si-Schmelzkurven, nur teilweise realisierbar (schematisch).

Schmelzkurven fast reiner Stoffe $(x_1 \cong 1)$. Man bezeichnet den Umwandlungspunkt (T, x, x') zweier Mischphasen dann als einen Schmelzpunkt (meist bei Atmosphärendruck), wenn dieser Punkt durch ununterbrochene Stücke der (T, x)- und (T, x')-Kurven mit dem Schmelzpunkt eines der reinen Stoffe verbunden ist, was entweder nur für ein begrenztes Konzentrationsintervall der Fall sein kann (Abb. 44, Beispiel der Cu — Si-Legierung, wo bei etwa 850° C eine neue kristallinische Phase auftritt), oder auch, bei genügend ähnlichen Stoffen, im ganzen Konzentrationsgebiet (Abb. 45, Beispiel der Ni—Mn-Legierung).

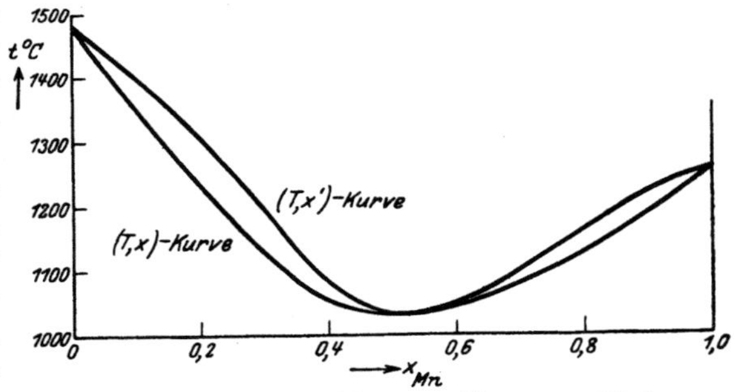

Abb. 45. Ni — Mn-Schmelzkurven, vollkommen realisierbar.

Wir beschäftigen uns zunächst mit den Verhältnissen in unmittelbarer Nähe des reinen Schmelzpunktes des Stoffes 1 (im Fall Abb. 45 können wir hierbei wahlweise Mn oder Ni als Stoff 1 wählen); wir erhalten dann eine auf Löslichkeit des Fremdstoffes in der festen Phase verallgemeinerte Theorie der ***Schmelzpunkts- oder Gefrierpunktserniedrigung***. Wir bemerken noch, daß sich alle folgenden Betrachtungen in gleicher Weise auf eine ***allotrope Umwandlung*** in eine andere Kristallphase beziehen, da von irgendwelchen spezifischen Eigenschaften kein Gebrauch gemacht wird.

Wir gehen auf die allgemeinen Gleichungen (5) zurück und wählen zweckmäßig als Grundkonzentrationen für den Stoff 1 in beiden Phasen je die reale reine Phase (1), für den Stoff 2 in beiden Phasen je die idealisierte Lösung 2 in 1 von den Konzentrationen $\dot{x}_2 = 1$, $\dot{x}'_2 = 1$ (punktierte Größen), als Normaldruck für beide Phasen den gleichen Druck p_0.

Dann bedeutet $\mathfrak{K}_1$ die Arbeit beim Übergang des Stoffes 1 aus den reinen Kristallen 1 in die reine Schmelze 1 unter Normaldruck p_0 (Funktion nur von T), $\dot{\mathfrak{K}}_2$ die Arbeit beim Übergang des Stoffes 2 aus seiner idealen Grundlösung in Kristallen des Stoffes 1 in seine ideale Grundlösung in der Schmelze des Stoffes 1 bei p_0 (Funktion nur von T).

Die Gleichungen (5) erhalten dann die Form:

$$\mathfrak{k}'_1 + \Delta^p \mu'_1 = \mathfrak{k}_1 + \Delta^p \mu_1 - \mathfrak{K}_1,$$
$$\dot{\mathfrak{k}}'_2 + \Delta^p \dot{\mu}'_2 = \dot{\mathfrak{k}}_2 + \Delta^p \dot{\mu}_2 - \dot{\mathfrak{K}}_2.$$

Die Bezugszustände sind so gehalten, daß sie, wenigstens in der Nähe des Schmelzpunktes 1, wirklich realisierbar sind[1], so daß die Größen $\mathfrak{K}$ nebst ihrem Temperaturgang (durch die $\mathfrak{W}$ und spezifischen Wärmen), die $\Delta^p \mu$ in Abhängigkeit von p und T, endlich die $\mathfrak{k}$ oder a in Abhängigkeit von x bzw. x', p und T für das ganze Gebiet in der Nähe des Schmelzpunktes 1 entweder direkt gemessen oder von einem Punkt aus, wo die betreffende Phase realisierbar ist, durch geringe Extrapolation der p-, T- oder x-Werte ermittelt werden können. Durch Konstantsetzen von p erhält man aus beiden Gleichungen den Zusammenhang zwischen T und x sowie T und x'.

Für den Fall $p = p_0$, auf den wir uns beschränken, fallen die $\Delta^p \mu$ fort, und wir erhalten, mit Einführung der Aktivitäten (indem wir die Gleichgewichtstemperatur wieder ϑ schreiben):

$$\frac{a'_1}{a_1} = e^{-\frac{\mathfrak{K}_1}{R\vartheta}}, \tag{18$_1$}$$

$$\frac{\dot{a}'_2}{\dot{a}_2} = e^{-\frac{\dot{\mathfrak{K}}_2}{R\vartheta}}. \tag{18$_2$}$$

Wir behandeln zunächst den Fall der Gefrierpunktserniedrigung eines praktisch den Fremdstoff nicht aufnehmenden Kristalls 1 ($a_1 = 1$) bei kleinen Fremdstoffzusätzen zu seiner Schmelze ($a'_1 < 1$). Es ergibt sich:

$$a'_1 = e^{-\frac{\mathfrak{K}_1}{R\vartheta}} \tag{19}$$

und daraus, zurückgehend auf $\mathfrak{k}'_1$:

$$\mathfrak{k}'_{1(p_0,\vartheta)} = -\mathfrak{K}_{1(\vartheta)} = \mathfrak{K}_{1(\vartheta^{(1)})} + \int_{\vartheta^{(1)}}^{\vartheta} \frac{\partial \mathfrak{K}_1}{\partial T} dT = \int_{\vartheta^{(1)}}^{\vartheta} \frac{\Lambda^{(1)}}{T} dT$$

[wegen $\mathfrak{K}_{1(\vartheta^{(1)})} = 0$]. $\vartheta^{(1)}$ bedeutet den Schmelzpunkt des reinen Stoffes bei p_0 und $\Lambda^{(1)}$ die Schmelzwärme des reinen Stoffes 1 bei p_0, in Abhängigkeit von T. Damit ist die Identität von (19) mit Gleichung (3), § 20, die als allgemeine Ausgangsgleichung zur früheren Bestimmung der Gefrierpunktserniedrigung diente, erwiesen.

Untersuchen wir nun, welche Änderungen in Gleichung (19) durch die Mitlöslichkeit des Fremdstoffes 2 in der Kristallphase eintreten. Wir beschränken

---

[1] An Stelle der idealen Grundlösungen treten natürlich in Wirklichkeit die unendlich verdünnten Lösungen.

uns dabei auf den Fall der ideal verdünnten Lösung und nehmen weder in der Schmelze noch im Kristall eine Dissoziation des Stoffes 2 an. Dann wird $a_1 = 1 - x_2^*$, und

$$\frac{a_1'}{a_1} = \frac{1 - x_2'^*}{1 - x_2^*} \cong 1 - x_2'^* + x_2^* .$$

Statt $x_2'^*$ tritt also jetzt in der (entsprechend vereinfachten) Gleichung (19) für die Gefrierpunktserniedrigung die Differenz $x_2'^* - x_2^*$ auf, oder $x_2'^* \left(1 - \frac{x_2^*}{x_2'^*}\right)$. Hier läßt sich aber das Korrektionsglied ohne weiteres aus (18_2) entnehmen, und indem wir auf die vereinfachte Gleichung (3a), § 20, für die Gefrierpunktserniedrigung $\Delta\vartheta$ zurückgreifen, erhalten wir jetzt:

$$\frac{\Delta\vartheta}{\vartheta^{(1)}} = x_2'^* \left(1 - e^{\frac{\mathfrak{K}_2}{R\vartheta^{(1)}}}\right) \frac{R\vartheta^{(1)}}{\Lambda^{(1)}} . \tag{20}$$

Hier kann das Exponentialglied größer oder kleiner als 1 sein, je nachdem die Arbeit $\mathfrak{K}_2$, um den Stoff 2 aus der Grundlösung im Kristall in die in der Schmelze zu bringen, positiv oder negativ, d. h. die Affinität des Kristalls oder der Schmelze zu dem Stoff 2 größer ist. Ist die des Kristalls größer, so kehrt, wie man sieht, $\Delta\vartheta$ sein Vorzeichen um; statt einer Schmelzpunkts*erniedrigung* haben wir eine Schmelzpunkts*erhöhung* durch den Fremdstoff. Das ist z. B. der Fall für die Zn—Cu-Legierung mit geringem Cu-Zusatz, oder für eine Mischung von KOH und wenig RbOH oder umgekehrt. Natürlich kommt auch der Grenzfall $\mathfrak{K}_2 \cong 0$ vor, in dem der Fremdstoff überhaupt keinen merklichen Einfluß auf den Schmelzpunkt hat (z. B. In—Pb-Legierung mit wenig Pb). Der weitaus häufigste Fall ist aber der, daß der Kristall sich infolge seiner Ordnungstendenz gegen die Aufnahme von Fremdmolekülen in weit höherem Maße sträubt als die Flüssigkeit; dann ist $\mathfrak{K}_2$ negativ und groß gegen $R\vartheta^{(1)}$, das Exponentialglied in (20) tritt nur als kleines Korrekturglied auf.

Durch x_2^* ausgedrückt, wird die Gefrierpunkts- oder Schmelzpunktserniedrigung nach (18_2):

$$\frac{\Delta\vartheta}{\vartheta^{(1)}} = x_2^* \cdot e^{-\frac{\mathfrak{K}_2}{R\vartheta^{(1)}}} \left(1 - e^{\frac{\mathfrak{K}_2}{R\vartheta^{(1)}}}\right) \frac{R\vartheta^{(1)}}{\Lambda^{(1)}} , \tag{20a}$$

also wird die Anfangsneigung $\frac{\Delta\vartheta}{x_2^*}$ der (T, x_2)-Kurve bei dem üblichen Fall negativer $\mathfrak{K}_2$-Werte *größer* als die der (T, x_2')-Kurve, meist sogar außerordentlich viel größer (praktisch senkrecht). Allgemein hat nach (20a) die Neigung der (T, x_2)-Kurve immer dasselbe Vorzeichen wie die der (T, x_2')-Kurve; ein für zusammengehörige (T, x_2)- und (T, x_2')-Werte ganz allgemein gültiger Satz, der aus (18_2) und der Tatsache folgt, daß die Aktivitäten nicht mit wachsenden Konzentrationen abnehmen können (Kapitel F; vgl. ferner § 31).

Die (T, x)-Kurven bezeichnet man üblicherweise als (s)-Kurven (solidus, fest; Zusammenhang zwischen den Konzentrationen der festen Phase und der Schmelztemperatur), die (T, x')-Kurven als (l)-Kurven (liquidus). Die (s)- und (l)-Kurven gehen also, vom Schmelzpunkt der reinen Substanz aus, entweder beide nach oben oder beide nach unten; immer liegt aber die (l)-Kurve über der (s)-Kurve, weil beim Durchgang von $\mathfrak{K}_2$ durch 0 gleichzeitig mit der Vorzeichenumkehr von $\Delta\vartheta$ auch durch den Exponentialfaktor von (20a) eine Umkehr in dem Größenverhältnis $\frac{\Delta\vartheta}{x_2}$ und $\frac{\Delta\vartheta}{x_2'}$ bewirkt wird.

Die weitere Diskussion der (s)- und (l)-Kurven verschieben wir auf Kapitel G, wo die verschiedenen möglichen Typen auf Grund später zu erörternden Zusammenhänge (Kapitel F) diskutiert werden sollen.

Den Einfluß des Druckes auf die Gestalt der allgemeinen Schmelzkurven (18) sowie auf die Konstanten der Grenzgesetze (20) hat man dadurch zu berücksichtigen, daß man überall $\mathfrak{K} + \Delta^p\mu' + \Delta^p\mu$ statt $\mathfrak{K}$ einsetzt und die $\Delta^p\mu$ durch die betreffenden Volum-Druck-Abhängigkeiten ausdrückt.

Die Konstanten der Schmelzpunktsbeeinflussung. Sind die beiden Konstanten $\Lambda^{(1)}$ und $\mathfrak{K}_2$ der Formeln (20) und (20a) nicht anderweitig bekannt, so kann man sie aus der Anfangsneigung der (s)- und (l)-Kurven nach diesen Gleichungen bestimmen. Die so gewonnene Konstante $\mathfrak{K}_{2(\vartheta^{(1)})}$ hat nun Beziehungen zu Konstanten anderer Grenzgesetze. $\mathfrak{K}_2$ ist seiner Definition nach gleich der Differenz $\mu_2' - \mu_2$ der beiden Grundlösungen (Kristall und Schmelze) unter Normaldruck. Nun ist $\mu^{(g_2)}$ (μ-Wert des Gases 2 unter idealisiertem Normaldruck) minus μ_2 für jede Phase die in den Dampfdruckberechnungen dieses Paragraphen [Gleichung (6_2)] als $\mathfrak{K}_2$ bezeichnete Größe, also:

$$\mathfrak{K}_2 = -(\mathfrak{K}_2' - \mathfrak{K}_2) = RT \ln \frac{\mathbf{A}_2}{\mathbf{A}_2'}, \tag{21}$$

wo $\mathbf{A}_2$ und $\mathbf{A}_2'$ die Konstanten des HENRYschen Gesetzes für Normaldruck der kondensierten Phase bezeichnen. Für $\mathfrak{K}_{2(\vartheta^{(1)})}$ sind speziell diese Konstanten bei der Temperatur $\vartheta^{(1)}$ einzusetzen. In den Gleichungen (20) tritt dann statt der Exponentialglieder das Verhältnis $\frac{\mathbf{A}_2'}{\mathbf{A}_2}$ oder $\frac{\mathbf{A}_2}{\mathbf{A}_2'}$ auf. In dieser Form sind die Schmelzpunktsgleichungen (20) 1890 von VAN'T HOFF angegeben worden[1]. Die Beziehung (21) ist eine von jenen, die die Konstanten verschiedenartiger Untersuchungen miteinander in Beziehung setzen oder auseinander zu berechnen gestatten.

Weiterhin kann $e^{-\frac{\mathfrak{K}_2}{RT}} = \frac{\mathbf{A}_2'}{\mathbf{A}_2}$ auch direkt als Verteilungskoeffizient $\mathbf{C}$ des Stoffes 2 zwischen der nahezu reinen flüssigen Phase und der nahezu reinen festen Phase des Stoffes 1 aufgefaßt werden.

Löslichkeitskurven fast reiner Stoffe. Der Unterschied zwischen dem Schmelzen einer kristallinischen Mischphase und dem „sich Auflösen" in einer solchen Phase ist thermodynamisch nicht streng zu fassen; man denkt zwar beim Schmelzen mehr an Fälle, in denen die flüssige Phase annähernd dieselbe Zusammensetzung besitzt wie die feste, bei Löslichkeit an Fälle, in denen die flüssige Phase im wesentlichen aus dem anderen Stoff besteht, doch handelt es sich hier offenbar nur um quantitative Unterschiede. Eine besser begründete Unterscheidung wird sich auf Grund des oben für die Schmelzkurve gegebenen Kriteriums geben lassen, indem man die (T, x)- und (T, x')-Kurven, auf denen der untersuchte Punkt liegt, bis zu höheren Temperaturen verfolgt; kommt man dabei, wie in Abb. 44 und 45, bis zu dem Schmelzpunkt des reinen Stoffes 1 oder 2, so wird man die Kurven als Schmelzkurven ansehen können. Dieser Fall braucht jedoch nicht immer vorzuliegen. Betrachtet man z. B. die (T, x)- und (T, x')-Kurven des Systems Kochsalz-wässerige Lösung, so haben sie, in dem realisierbaren Bereich, etwa die in Abb. 46 dargestellte Form: (Phase P = wässerige Lösung, Phase P' = Kristallphase; die Zuordnung $P \rightarrow$ solidus, $P' \rightarrow$ liquidus wird hier verlassen). Sie enden bei einer oberen Temperatur, wo sich das ganze Lösungswasser in Dampf verwandelt, der nunmehr mit der kristallinischen Phase P' (die überhaupt nicht merkliche Mengen Wasser aufnimmt) im Gleichgewicht

[1] Z. f. physik. Chem. Bd. 5, S. 322, 1890.

ist. In solchen Fällen spricht man nicht vom Schmelzen, sondern vom sich Lösen eines Stoffes; natürlich ist auch diese Art der Definition keine absolute, insofern als das Auftreten anderer Phasen noch sehr vom Druck abhängen kann.

Wir behandeln hier zunächst solche Fälle, in denen bei jeder Temperatur links von der linken und rechts von der rechten Kurve untersättigte Gebiete liegen, so daß, wie etwa im Falle der Abb. 46, alle Zustände der wässerigen Lösung mit kleinerem NaCl-Gehalt bis zum Gehalt 0 und alle Zustände der NaCl-Phase mit kleineren als dem (hier an sich schon sehr kleinen) Gleichgewichts-H_2O-Gehalt realisierbar sind. In solchen Fällen ergibt sich die Festsetzung der Konzentrationsbezugszustände ganz zwangläufig; man wird für die Phase, die das Konzentrationsgebiet x_2 von 0 bis zur (T, x)-Kurve ausfüllt, den Zustand $x_1 = 1$, x_2 unendlich verdünnt (und auf $x_2 = 1$ normalisiert), als Bezugszustand wählen, für die andere Phase den Zustand $x'_2 = 1$, x'_1 unendlich verdünnt. Wir haben dann: $\mathfrak{K}_1 = \overset{*}{\mu}'_1 - \mu_1$, $\mathfrak{K}_2 = \overset{*}{\mu}'_2 - \overset{*}{\mu}_2$. Wir bemerken noch, daß die Lösung (Phase P) auch hier keine flüssige zu sein braucht, daß aber andererseits auch Fälle vorkommen, in denen beide Phasen flüssig sind.

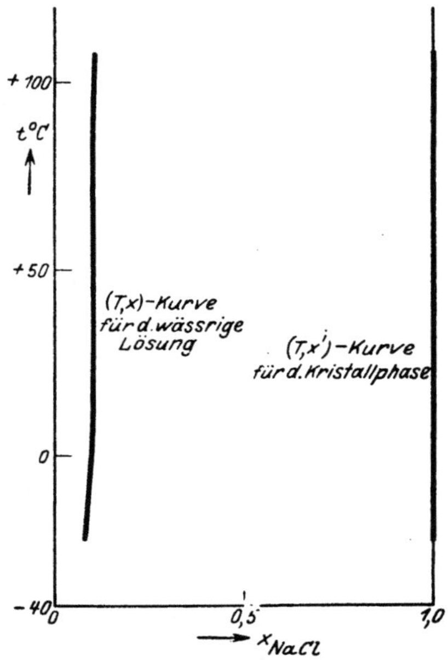

Abb. 46. Löslichkeitskurve NaCl—H_2O-Lösung.

Statt (18) erhalten wir hier, wieder unter Fortlassung der Druckglieder, auf ganz demselben Wege die Gleichungen:

$$\frac{a_1}{\overset{*}{a}'_1} = e^{\frac{\mathfrak{K}_1}{RT}}, \qquad (22_1)$$

$$\frac{\overset{*}{a}_2}{a'_2} = e^{\frac{\mathfrak{K}_2}{RT}}. \qquad (22_2)$$

Hier müssen, um die Kurven voraussagen zu können, die a als Funktionen von x bzw. x' und T, die $\mathfrak{K}$ als Funktionen von T bekannt sein. Ein Unterschied gegenüber der Schmelzkurve besteht darin, daß die Temperatur, von der aus man $\mathfrak{K}$ und a mit Hilfe der Umsetzungs- und Verdünnungswärmen sowie der spezifischen Wärmen nach T entwickelt, nicht durch das Problem bestimmt, sondern beliebig ist; bei Gleichgewichten, die sich in dieser Form bis zur Zimmertemperatur erstrecken, wird man wohl immer diese als Ausgangstemperatur wählen und auch für diese die a-Werte in Abhängigkeit von x bzw. x' zu bestimmen suchen.

Für den schon in § 20 behandelten Grenzfall $a'_2 = 1$ oder $\overset{*}{a}'_2 = 0$ [d. h. nach (22_2), $\mathfrak{K}_1$ unendlich groß] erhalten wir aus (22_2) die einfache Löslichkeitsbeziehung:

$$\overset{*}{a}_2 = e^{\frac{\mathfrak{K}_2}{RT}},$$

die bei Entwicklung von $\mathfrak{K}_2$ nach T von T_0 aus zu der dort angegebenen Gleichung (8) führt und eine der wichtigsten Beziehungen zur Bestimmung von Aktivitäten aus Standardwerten $\mathfrak{K}_{2(T_0)}$ und Wärmeeffekten (bei Lösung des Stoffes 2 in der reinen Phase 1) sowie Verdünnungs- und spezifischen Wärmen darstellt. Wir wollen jetzt sehen, wie unter denselben vereinfachenden Annahmen, die wir bei der Schmelzkurve gemacht hatten, die Löslichkeit des Stoffes 1 (etwa Wasser) in der Phase P' (etwa Äther) die obige Beziehung ändert. Wir finden, auf ganz entsprechendem Wege, bei hinreichend geringer gegenseitiger Löslichkeit [ξ Gleichgewichtskonzentrationen (Löslichkeiten) bei gegebenen p und T, analog den Bezeichnungen π und ϑ gewählt] aus (22_1) und (22_2):

$$\left.\begin{aligned} \xi_2 &= \left(1 - e^{-\frac{\mathfrak{K}_1}{RT}}\right) e^{\frac{\mathfrak{K}_2}{RT}} \\ \xi_1' &= e^{-\frac{\mathfrak{K}_1}{RT}} \end{aligned}\right\}. \tag{23}$$

Die durch endliche Werte $\mathfrak{K}_2$ bedingte Löslichkeit des Stoffes 1 (H_2O) in der Phase P' (Äther) hat also den Einfluß, die Löslichkeit des Stoffes 2 (Äther) in der Phase P (H_2O-Lösung) bei der betreffenden Temperatur herabzusetzen; dieser Einfluß sinkt, wie man sieht, unter 1%, wenn $\mathfrak{K}_1 > 4{,}6\,RT$ wird. Gleichzeitig sinkt die Konzentration des Stoffes 1 in der Phase P' unter 1%.

Ist, wie häufig, nur die Aufnahmefähigkeit der einen (meist kristallinischen) Phase P' für den anderen Stoff (1) sehr beschränkt, während die Phase P, wie in unserem Beispiel, Abb. 46, relativ große Mengen des Stoffes 2 aufnehmen und demnach starke Abweichungen der Aktivitäten von den Grenzgesetzen zeigen kann, so gilt statt (23), wie man leicht ableitet, die allgemeinere Gleichung:

$$\underset{\cdot}{a}_2 = \left(1 - a_1 \cdot e^{-\frac{\mathfrak{K}_1}{RT}}\right) e^{\frac{\mathfrak{K}_2}{RT}}. \tag{23a}$$

Da sich a_1 nach Gleichung (6), § 21, durch $\underset{\cdot}{a}_2$ ausdrücken läßt, hat man hier eine verallgemeinerte Gleichung zur Bestimmung von Gleichgewichtskonzentrationen — oder wenn diese bekannt sind, von Aktivitäten — vor sich, in denen der Einfluß der Aufnahme des Fremdstoffs durch das Lösungsmittel ausreichend genau berücksichtigt ist.

Bezugskonzentrationen in allgemeinen Fällen. Der Fall, daß die betrachtete Phase bei der Untersuchungstemperatur durch eine ununterbrochene Mischreihe mit einer der reinen Phasen zusammenhängt, ist im Gesamtbild der binären Zweiphasengleichgewichte nicht die Regel, sondern die Ausnahme. Schon in dem verhältnismäßig noch sehr einfachen Fall der Abb. 45 ist für die Schmelze [oberhalb der (T, x')-Kurve] in der Nähe des Minimums nur ein kleines, mit steigender Temperatur allmählich erweitertes Konzentrationsgebiet realisierbar; gänzlich unrealisierbar sind hier in der Nähe der Minimumstemperatur die Schmelzen der reinen Stoffe 1 und 2, da sie bei der betreffenden Temperatur weit unter den natürlichen Schmelzpunkten lägen. Es sind also in solchen Fällen auch die in den Gleichungen auftretenden $\mathfrak{K}$-Werte nicht direkt meßbar, ebensowenig natürlich die a-Werte bis zu den Grenzkonzentrationen $x_1 = 1$ oder $x_2 = 1$. In solchen Fällen bieten sich generell zwei Wege: entweder die Methode der Extrapolation aus dem der Messung zugänglichen in das nicht direkt realisierbare Gebiet oder die Wahl anderer Bezugszustände, die in der Nähe des Untersuchungsgebietes liegen und vollständig realisierbar sind.

Im Falle der Abb. 45 wäre wahrscheinlich die Extrapolationsmethode ohne allzu große Unsicherheit anwendbar. Es würde sich nämlich z. B. bei der Bestimmung von $\mathfrak{K}_1$ (Übergang fester Stoff 1 $\rightarrow$ reine Schmelze 1) nur um die Extrapolation der spezifischen Wärme der unterkühlten Schmelze 1 handeln, da $\mathfrak{K}_1$ ($= 0$) und $\mathfrak{W}_1$ ($= \Lambda^{(1)}$) für den Schmelzpunkt $\vartheta^{(1)}$ und die spezifischen Wärmen der reinen festen Phase für beliebige T direkt meßbar sind. Die Aktivitäten a_1' und $\underset{\cdot}{a}_2'$ der Schmelze wären bei $\vartheta^{(1)}$ noch bis $x_1 = 1$ realisierbar und aus Arbeiten oder Gleichgewichten bestimmbar und zu tieferen Temperaturen dann aus den im zugänglichen Bereich gemessenen spezifischen und Verdünnungswärmen extrapolierbar, ohne daß man den Bezugszustand wechseln müßte.

In mittleren Konzentrationsgebieten ist natürlich in Fällen, wie Abb. 45, die Bezugnahme auf die reine Phase 2, also die Kombination a_1', a_2' oder $\d{a}_1'$, a_2' oder schließlich $\d{a}_1'$, $\d{a}_2'$ ganz gleichberechtigt.

Andere Bezugszustände als die reinen Stoffe wird man dagegen in solchen Fällen wählen, wo die Extrapolation bis zu realisierbaren reinen Phasen entweder unmöglich oder unsicher oder unbekannt ist. Das wird vor allem dann der Fall sein, wenn die betreffende Mischphase, bei der Untersuchungstemperatur oder für das ganze zusammenhängende Existenzgebiet, von den reinen Phasen beiderseitig durch *Mischungslücken* getrennt ist. Die Trennung eines ganzen Existenzgebietes von dem der reinen Phasen scheint allerdings bei Flüssigkeiten nicht vorzukommen, so daß man also hier prinzipiell stets die eine oder andere reine Phase, wenn auch nicht immer bei der Untersuchungstemperatur, als Bezugszustand wählen könnte. Dagegen gibt es kristallinische Phasen, die in ihrem ganzen Existenzgebiet von den reinen Stoffen durch Mischungslücken getrennt sind, so etwa eine Cu—Zn-Legierung mit 36—55 % Zn-Gehalt, die nur in dem angegebenen (mit der Temperatur variabeln) Konzentrationsgebiet zwischen etwa 500 und 900° C existenzfähig ist, während sich bei Überschreiten dieses Gebietes entweder eine anders zusammengesetzte Schmelze oder ein Zn-ärmerer Mischkristall oder eine geordnete Mischphase Cu_2Zn_3 ausscheidet. In solchen, nicht selten vorkommenden Fällen wird man entweder auf eine Trennung der μ in nur temperaturabhängige Normalglieder und Restarbeiten überhaupt verzichten oder einen bequem realisierbaren Bezugszustand, von dem aus man etwa die $\mathfrak{K}$- und $\mathfrak{W}$-Werte zu bestimmen vermag, willkürlich herausgreifen. Für Phasen, die in das Gebiet der Zimmertemperatur hineinreichen, wird man natürlich die Bezugnahme auf einen bei Zimmertemperatur realisierbaren Zustand vorziehen.

Geordnete Mischphasen. Wir wollen nicht behaupten, daß das Auftreten vollständig abgeschlossener Mischungsgebiete, das die kristallinischen Phasen von den flüssigen zu unterscheiden scheint, *immer* mit einer erheblichen Tendenz zur Molekülbildung oder zu regelmäßiger Anordnung der beiden Atomarten im Gitter, also mit der Existenz weitgehend geordneter Mischphasen zusammenhängt. (Im Falle der erwähnten Cu—Zn-Legierung könnte man etwa an die beiden Mischphasen Cu_2Zn und CuZn denken, die ineinander, aber nicht in die weiteren Zusammensetzungen kontinuierlich überzugehen vermögen.) Es scheint aber, als ob doch in der überwiegenden Zahl der Fälle, wo ein stetiger Übergang zur reinen Phase nicht möglich ist, ein kontinuierlicher Zusammenhang mit einer (oder eventuell mehreren?) geordneten Mischphasen bestände, wenn nicht gar, wie sehr häufig, dieser Zusammenhang so ausgesprochen ist, daß eine merkliche Abweichung von der Ordnungskonzentration der betreffenden Mischphase überhaupt nicht beobachtet wird. In allen solchen Fällen bietet sich die Ordnungskonzentration einer derartigen Mischphase als der naturgegebene Konzentrationsbezugszustand dar, zumal dann, wenn die in § 21 vorgetragene Theorie der geordneten Mischphasen sich in größeren Konzentrationsgebieten bestätigen und auf Mischphasen allgemeiner Zusammensetzung erweitern lassen sollte. Werden wir dann, unter Zugrundelegung der Ordnungskonzentration als Bezugszustand, in den Grenzfällen verhältnismäßig einfache Gesetzmäßigkeiten zu erwarten haben, deren Konstanten wichtige Eigenschaften der Mischphase charakterisieren und von denen aus sich die komplizierten Fälle vielleicht allmählich aufschließen lassen? Als Beispiele dafür, wie auf Grund der anzunehmenden Ordnungstendenz und in speziellen Fällen auf Grund der in § 21 aufgestellten Aktivitätsbeziehungen (18) sich das Verhalten von Mischphasen im Gleichgewicht mit anderen Phasen angenähert voraussagen läßt, werden wir hier behandeln: die (l)-Schmelzkurve einer streng geordneten Mischphase, die (l)- und (s)-Kurve einer mäßig geordneten Mischphase, die Umwandlungskurven von geordneten Mischphasen in fast reine kristallinische Phasen und in andere geordnete Mischphasen.

Die (l)-Schmelzkurve einer streng geordneten Mischphase. Tritt eine geordnete Mischphase bereits bei so hoher Temperatur auf, daß sie mit der Schmelze koexistenzfähig ist, so ist die (l)-Schmelzkurve in einem mehr oder weniger großen Stück realisierbar. Wir nehmen zunächst an, die Ordnungstendenz der Mischphase sei so groß, daß bei allen mit ihr koexistenten Zusammensetzungen der Schmelze die Abweichungen von der Ordnungskonzentration sehr klein, wenigstens kleiner als 1 % sind. Dann beschränkt sich das wesentliche Interesse auf die Form der (l)-Kurve, d. h. die Beziehung zwischen Gleichgewichtstemperatur T und Gleichgewichtskonzentration x' der flüssigen Phase P' bei einem bestimmten Druck, den wir hier zunächst als Normaldruck p_0 annehmen wollen. Wir verwenden als Konzentrationsbezugszustand der festen Phase P die Ordnungskonzentration $\underset{..}{x}_1 = \frac{\nu_1}{\nu_1 + \nu_2}$, $\underset{..}{x}_2 = \frac{\nu_2}{\nu_1 + \nu_2}$ (die darauf bezüglichen Größen sind $\underset{..}{\mu}$, $\underset{..}{\mathfrak{f}}$, $\underset{..}{a}$ usw.), als Grundkonzentration der flüssigen Phase P' die gleichen Werte $\underset{..}{x}_1' = \frac{\nu_1}{\nu_1 + \nu_2}$, $\underset{..}{x}_2' = \frac{\nu_2}{\nu_1 + \nu_2}$ ($\underset{..}{\mu}'$, $\underset{..}{\mathfrak{f}}'$, $\underset{..}{a}'$ usw.). ν_1 und ν_2 sind die Äquivalentzahlen, mit denen die Stoffe 1 und 2 in der geordneten Mischphase vertreten sind. Dann ist $\mathfrak{A}_1$ bzw. $\mathfrak{A}_2$ die Arbeit beim Übergang des Stoffes 1 bzw. 2 aus der geordneten Mischphase in die flüssige Phase von der Zusammensetzung $\nu_1 : \nu_2$. Der hier für die flüssige Phase neu eingeführte Bezugszustand mit dem Konzentrationsverhältnis $\nu_1 : \nu_2$ hat dann besondere Vorteile, wenn ein solcher Zustand mit zu den realisierbaren Teilen der (l)-Kurve gehört, und speziell, wenn auch die flüssige Phase dieser Zusammensetzung infolge Molekülbildung die Eigenschaften einer teilweise geordneten Mischphase (Molekülphase) besitzt, dagegen den Nachteil, daß er bei Temperaturen unterhalb dieser ($x_1' = \underset{..}{x}_1$)-Gleichgewichtstemperatur nicht mehr direkt realisierbar, sondern nur noch durch Extrapolation theoretisch erreichbar ist. Die Formeln bei Zugrundelegung anderer Bezugszustände sind aber so einfach abzuleiten, daß wir uns mit dieser Wahl als Beispiel begnügen.

Die Gleichgewichtsbedingungen lauten dann nach (5):

$$\left.\begin{aligned} \underset{..}{\mathfrak{f}}_1' &= \underset{..}{\mathfrak{f}}_1 - \mathfrak{A}_1 \\ \underset{..}{\mathfrak{f}}_2' &= \underset{..}{\mathfrak{f}}_2 - \mathfrak{A}_2 \end{aligned}\right\}. \tag{24}$$

Aus der Beziehung $x_1 d\mathfrak{f}_1 + x_2 d\mathfrak{f}_2 = 0$, (25), § 11, folgt für die geordnete Mischphase, deren Mischungsverhältnis $x_1 : x_2$ praktisch konstant $= \nu_1 : \nu_2$ gesetzt werden kann, durch Integration von $\underset{..}{\mathfrak{f}} = 0$ an:

$$\nu_1 \underset{..}{\mathfrak{f}}_1 + \nu_2 \underset{..}{\mathfrak{f}}_2 = 0.$$

Durch Einsetzen in die obigen Gleichungen erhält man also:

$$\nu_1 \underset{..}{\mathfrak{f}}_1' + \nu_2 \underset{..}{\mathfrak{f}}_2' = -\mathfrak{A}, \tag{25}$$

wo auf der rechten Seite $\mathfrak{A}$ die Bedeutung der Arbeit beim Übergang der geordneten Mischphase in die Schmelze von der Ordnungskonzentration (bei der jeweiligen Untersuchungstemperatur) hat:

$$\mathfrak{A} = \nu_1 \mathfrak{A}_1 + \nu_2 \mathfrak{A}_2. \tag{25a}$$

Um (25) zu einer angenäherten Darstellung der Schmelzkurven zu verwenden, entwickeln wir $\mathfrak{A}$, oder besser $\frac{\mathfrak{A}}{RT}$, von der Temperatur $\underset{..}{\vartheta}$ aus, die der

Schmelze von der Grundkonzentration $\ddot{x}_1', \ddot{x}_2'$ entspricht. Bei dieser Temperatur $\ddot{\vartheta}$ ist definitionsgemäß die Arbeit der einzelnen Stoffe und somit auch der gesamten Verbindung beim Übergang in die kristalline Phase von der zugehörigen Konzentration gleich Null. Da nun die kristalline Phase wegen der Annahme der strengen Ordnung[1] praktisch stets in Ordnungskonzentration sich befindet, ist mit der hier zu verfolgenden Annäherung $\mathfrak{K}_{(\ddot{\vartheta})} = \mathfrak{K}_{(\ddot{\vartheta})}$, also wegen $\mathfrak{K}_{(\ddot{\vartheta})} = 0$ auch $\mathfrak{K}_{(\ddot{\vartheta})} = 0$. Indem wir von diesem Punkt aus $\frac{\mathfrak{K}}{RT}$ nach $\Delta T = \Delta \vartheta = \vartheta - \ddot{\vartheta}$ bis zur zweiten Potenz entwickeln, erhalten wir:

$$\frac{\mathfrak{K}}{RT} = -\int_{\ddot{\vartheta}}^{\vartheta} \frac{\mathfrak{W}}{RT^2}\, dT = \frac{\ddot{\Lambda}}{R\ddot{\vartheta}} \cdot \frac{\Delta\vartheta}{\ddot{\vartheta}} + \left\{ \frac{\ddot{\Lambda}}{R\ddot{\vartheta}} - \frac{c_p' - c_p}{2R} \right\} \frac{(\Delta\vartheta)^2}{\ddot{\vartheta}^2}. \tag{25b}$$

Hierbei bedeutet $\mathfrak{W}$ die der Arbeit $\mathfrak{K}$ entsprechende irreversible Wärmetönung pro Mol der geschmolzenen „Verbindung", $\ddot{\Lambda}$ die (reversible) Schmelzwärme im Schmelzpunkt $\ddot{\vartheta}$, c_p' und c_p sind die auf die molare Einheit der „Verbindung" bezogenen Wärmekapazitäten der Schmelze und der kristallinischen Phase; c_p' muß aus dem Verhalten oberhalb des Schmelzpunktes extrapoliert werden, falls die unterkühlte Schmelze nicht realisierbar ist.

Zur Auswertung von (25b) sind nunmehr noch die $\ddot{\mathfrak{k}}_1'$ und $\ddot{\mathfrak{k}}_2'$ durch die Δx und T auszudrücken. Bei der Entwicklung von $\frac{\ddot{\mathfrak{k}}}{RT}$ beschränken wir uns auf die Entwicklung nach x, indem wir der Einfachheit halber annehmen, daß die Temperaturabhängigkeit dieser Größe keine erhebliche Rolle spielt. Wir entwickeln:

$$\frac{\ddot{\mathfrak{k}}_2'}{R\vartheta} = \frac{1}{R\vartheta} \frac{\partial \mu_2'}{\partial x_2'}_{(\ddot{x}_2')} \cdot \Delta x_2' + \frac{1}{R\vartheta} \cdot \frac{\partial^2 \mu_2'}{\partial x_2'^2}_{(\ddot{x}_2')} \cdot \frac{(\Delta x_2')^2}{2}.$$

Hierbei bedeutet $\Delta x_2'$ die Differenz $x_2' - \ddot{x}_2'$. Die Differentialquotienten der rechten Seite sind ebenfalls bei der Ordnungskonzentration zu nehmen, wie der tiefgestellte Index $(\ddot{x}_2')$ andeutet. Wir schreiben zur Abkürzung:

$$\frac{1}{R\vartheta} \cdot \frac{\partial \mu_2'}{\partial x_2'}_{(\ddot{x}_2')} = \varphi, \quad \frac{1}{R\vartheta} \cdot \frac{\partial^2 \mu_2'}{\partial x_2'^2}_{(\ddot{x}_2')} = \chi, \tag{25c}$$

also:

$$\frac{\ddot{\mathfrak{k}}_2'}{R\vartheta} = \varphi \Delta x_2' + \frac{\chi}{2} (\Delta x_2')^2. \tag{25d}$$

Wendet man hier die Beziehung (27) des § 11 zwischen den $\frac{\partial \mathfrak{k}}{\partial x}$ zur Bestimmung von $\ddot{\mathfrak{k}}_1'$ an, so erhält man[2]:

$$\frac{\ddot{\mathfrak{k}}_1'}{R\vartheta} = -\frac{\nu_2}{\nu_1} \varphi \Delta x_2' - \left\{ \varphi \left(\frac{\nu_1 + \nu_2}{\nu_1} \right)^2 + \chi \frac{\nu_2}{\nu_1} \right\} \frac{(\Delta x')^2}{2}, \tag{25e}$$

wobei noch $(\Delta x')^2$ statt $(\Delta x_2')^2$ gesetzt ist, da diese Größe auch gleich $(\Delta x_1')^2$ ist.

[1] Von der Einschränkung, die in dieser Annahme liegt, werden wir uns später befreien können, indem wir als Bezugskonzentration nicht, wie hier, die Ordnungskonzentration wählen, sondern diejenige, bei der die Konzentration von Kristall und Schmelze gleich ist und die zugleich nach den allgemeinen Regeln von Kap. F das Maximum oder Minimum zweier zugehöriger Koexistenzkurven darstellt. Für diese Bezugskonzentration existiert stets eine Temperatur, die zugehörige Schmelztemperatur, bei der $\mathfrak{K} = \mathfrak{K} = 0$ ist, so daß die Entwicklung (25b) anwendbar wird.

[2] Da $\ddot{\mathfrak{k}}_1' = \int_0^{\Delta x_2'} \frac{\partial \ddot{\mathfrak{k}}_1'}{\partial x_2'}\, d(\Delta x_2') = -\int_0^{\Delta x_2'} \frac{x_2'}{x_1'} \frac{\partial \ddot{\mathfrak{k}}_2'}{\partial x_2'}\, d(\Delta x_2') = -R\vartheta \int_0^{\Delta x_2'} \frac{x_2'}{x_1'} [\varphi + \chi \Delta x_2']\, d(\Delta x_2')$,

wobei $\frac{x_2'}{x_1'} \cong \frac{\nu_2}{\nu_1} + \left(\frac{\nu_1 + \nu_2}{\nu_1} \right)^2 \Delta x_2'$.

Setzt man nun die beiden Ausdrücke (25d) und (25e) zusammen mit der Entwicklung (25b) in die durch RT dividierte Gleichung (25) ein, so ergibt sich:

$$\frac{(\nu_1+\nu_2)^2}{\nu_1}\varphi\frac{(\Delta x')^2}{2}=\frac{\Lambda}{R\vartheta}\cdot\frac{\Delta\vartheta}{\vartheta}+\left\{\frac{\Lambda}{R\vartheta}-\frac{c_p'-c_p}{2R}\right\}\frac{(\Delta\vartheta)^2}{\vartheta^2}\,. \tag{26}$$

Hieraus folgt, daß die Beziehung zwischen $\Delta\vartheta$ und $\Delta x_2'$ in erster Annäherung (Vernachlässigung des zweiten Gliedes der rechten Seite) *parabolischen Charakter* hat; wegen $\varphi > 0$ (Kapitel F) und $\Lambda > 0$ liegen alle Schmelzpunkte unterhalb ϑ, der Punkt (ϑ, x_1, x_2) ist der Scheitel einer Parabel, deren Achse parallel zur T-Achse nach unten zeigt.

Begnügen wir uns für die weitere Diskussion mit dem ersten Glied der rechten Seite, so erkennen wir, daß in der Parabel $\left(\frac{\Delta\vartheta}{\vartheta},\ \Delta x_2'\right)$ nur noch *eine* Konstante auftritt, welche die Kombination

$$\frac{\Lambda}{R\vartheta}\cdot\frac{\nu_1}{(\nu_1+\nu_2)^2}\cdot\frac{2}{\varphi}$$

enthält. Je größer diese Konstante ist, desto breiter ist die Parabel. Spitzbogige Schmelzkurven werden wir also desto eher zu erwarten haben, je kleiner die relativen Schmelzwärmen $\frac{\Lambda}{R\vartheta}$, je kleiner der ν-Bruch ist und vor allem, je größer der in erster Näherung für beide $\mathfrak{k}$-Werte maßgebende Faktor φ ist.

Spezialfall: auch die Schmelze ist eine, wenn auch weniger streng, geordnete Mischphase. Gleichung (26) ist ohne spezielle Annahmen über die Werte φ und χ der ersten und zweiten Differentialquotienten der $\frac{\mu'}{R\vartheta}$ nach den Konzentrationen x' der Schmelze abgeleitet. Wir wollen jetzt den Spezialfall betrachten, daß die Schmelze ebenfalls eine geordnete Mischphase im Sinne des § 21, nämlich eine geordnete Molekülphase ist. Dann ist, in der Nähe der Ordnungskonzentration, der Gang der μ' mit den x' auch in zweiter Näherung durch den Dissoziationsgrad α' (S. 375) festgelegt. Wir erhalten nach (20), § 21, im Fall $\nu_1 : \nu_2 = 1 : 1$ für die Summe der $\mathfrak{k}'$ den Ausdruck:

$$\mathfrak{k}_1' + \mathfrak{k}_2' = -4R\vartheta\cdot\left(\sqrt{\alpha'^2+(\Delta x')^2}-\alpha'\right).$$

An Stelle von (26) erhält man sodann, wobei das zweite Glied der rechten Seite sogleich weggelassen ist:

$$4\left(\sqrt{\alpha'^2+(\Delta x')^2}-\alpha'\right)=\frac{\Lambda\cdot\Delta\vartheta}{R\vartheta^2}\,. \tag{26a}$$

Dies ist die Gleichung einer *Hyperbel.* Die Asymptoten der Hyperbel haben dabei dieselbe Neigung, wie wenn ein beliebiger Fremdstoff den Schmelzpunkt erniedrigte. Für $|\Delta x'| \gg \alpha'$ kann man nämlich näherungsweise setzen:

$$\Delta\vartheta = 4\frac{R\vartheta^2}{\Lambda}\cdot\left(|\Delta x'|-\alpha'+\ldots\right).$$

Die Asymptoten schneiden sich in einem Punkte $\Delta x = 0$ und $\Delta\vartheta = -4\alpha'\cdot\frac{R\vartheta^2}{\Lambda}$. Dieser Punkt fällt mit dem Schmelzpunkt zusammen, wenn $\alpha' = 0$, also die Dissoziation der Verbindung in der Schmelze unendlich klein ist. Für endliche Dissoziation α' wird der Abstand des realen Schmelzpunktes vom Schnittpunkt der Asymptoten desto kleiner, je geringer der Dissoziationsgrad α' ist, und die Kurve ähnelt dann immer mehr einer geknickten Geraden. Noch besonders sei darauf hingewiesen, daß unter den hier gemachten Voraussetzungen positive und negative Abweichungen Δx vom idealen Mischungsverhältnis gleiche Werte für $\Delta\vartheta$ ergeben. Die Hyperbel liegt symmetrisch zur $\Delta\vartheta$-Achse.

Vergleich mit der Erfahrung. Vergleichen wir die Beziehungen (26) mit der Erfahrung, so finden wir die Aussage, daß die (l)-Kurve einer geordneten Mischphase eine mehr oder weniger spitzbogige Parabel bzw. Hyperbel ist, gut bestätigt. Abb. 47 zeigt am Beispiel der Phosphor-Schwefel-Mischung einen Fall, in dem eine ganze Auswahl von verschieden spitzen Bögen anzutreffen ist, die verschiedenen geordneten Mischphasen entsprechen[1]; zu beiden Seiten eines Maximums herrscht jeweils Gleichgewicht der Schmelze mit der kristallinischen Mischphase, die der Zusammensetzung im Maximum entspricht[2].

Daß die (l)-Schmelzkurven kristallinischer „Verbindungen" in erster Näherung einen parabolischen Verlauf haben, ist nun schon früher erschlossen worden; H. A. Lorentz und Stortenbecker[3] haben auf ganz anderem Wege gezeigt, daß im Schmelzpunkt $\ddot{\vartheta}$, wo die Verbindung mit der Schmelze von Ordnungskonzentration im Gleichgewicht ist, eine kleine Änderung der Zusammensetzung der Schmelze die Arbeit beim Übergang der ganzen Verbindung in die Schmelze in erster Ordnung nicht beeinflußt, woraus ein Gang der Schmelzpunkterniedrigung proportional $(\ddot{\Delta} x)^2$ bereits folgt.

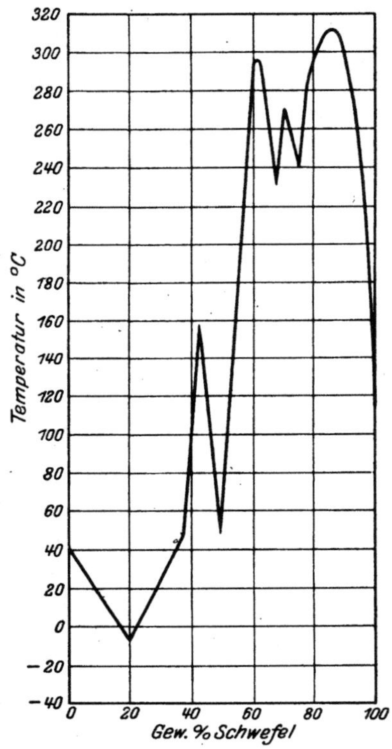

Abb. 47. Schmelzkurven von geordneten Mischphasen Phosphor-Schwefel.

Gleichung (26) geht aber über diesen Satz von Lorentz und Stortenbecker hinaus, indem sie gestattet, einen Zusammenhang zwischen der Form der Parabel und der oben angegebenen kombinierten Konstanten anzugeben. In dieser Konstanten ist $\frac{\ddot{\Delta}}{R\ddot{\vartheta}}$ direkt meßbar (wenn auch leider erst in einer sehr geringen Anzahl von Fällen bisher gemessen); der ν-Bruch ist durch die Zusammensetzung der „Verbindung" gegeben. Gleichung (26) kann also zu einer Bestimmung von φ dienen, was für die Kenntnis der in der flüssigen Schmelze zwischen den Atomen oder resistenten Gruppen der beiden Stoffe 1 und 2 wirksamen Kräfte von großer Bedeutung ist. Wir finden auf diesem Wege in einigen Beispielen von Verbindungen, deren Schmelzwärmen und (l)-Kurven bekannt sind, folgende φ-Werte:

Mischphase: JCl[4]: $\varphi = 40 - 60$

$H_2SO_4 \cdot H_2O$: $\varphi = 16 - 23$

NaPb: $\varphi = 13{,}5 - 14{,}9$.

Würde es sich in der Schmelze um eine ideale Mischung der betreffenden Stoffe handeln, so würde sich für das in diesen Fällen vorliegende Mischungsverhältnis 1 : 1, wie man leicht nach (25c) ausrechnet, $\varphi = 2$ ergeben. Die ge-

---

[1] Es sind auf der Abszisse nicht Molenbrüche, sondern Gewichtsprozente aufgetragen, die aber in anbetracht der eng beieinanderliegenden Atomgewichte (P : 31, S : 32) mit den Molenbruchprozenten fast übereinstimmen ($x = 0{,}5$ liegt etwa bei 51 % Schwefel).

[2] Wegen der vollständigen Diskussion derartiger Kurven vgl. Kap. G.

[3] Z. f. physik. Chem. Bd. 10, S. 183, 1892.

[4] Es handelt sich um die stabile Modifikation.

fundenen φ-Werte sind also 7—30mal „zu hoch". Diese Tatsache erweist sich bei näherer Prüfung doch als sehr plausibel; sie läßt sich nämlich (außer durch die Annahme von Wechselwirkungen zwischen den freien Atomen bzw. Atomgruppen) durch die bereits diskutierte Annahme einer weitgehenden *Assoziation* der in der Flüssigkeit vorhandenen Atome zu größeren Komplexen, in erster Linie zu den der Verbindungsformel der kristallinischen Mischphase entsprechenden molekularen Verbindungen (JCl, $H_2SO_4 \cdot H_2O$, NaPb) erklären.

In derartigen Fällen kann die Formel (26a), die wohl zuerst von J. J. VAN LAAR angegeben wurde, angewandt und hieraus der Dissoziationsgrad α' berechnet werden, sofern er sich klein gegen 1 ergibt, was die ausdrückliche Voraussetzung für die Ableitung der Formeln in § 21 war[1]. So findet man für JCl $\alpha' \sim 0{,}02$[2], was wenigstens der Größenordnung nach richtig sein dürfte. Für $H_2SO_4 \cdot H_2O$ liegen, infolge elektrolytischer Dissoziation der Schmelze, die Verhältnisse zu kompliziert, um eine Rechnung nach dem Massenwirkungsgesetz durchführen zu können. Für NaPb wird $\alpha' \sim 0{,}07$, ein Wert, der kaum noch als klein gegen 1 zu bezeichnen ist. Für flüssige Mischphasen organischer Stoffe liegen analoge Berechnungen vor allem von R. KREMANN und Mitarbeitern vor.

Der Fall $\varphi < 2$ kann natürlich auch eintreten, z. B. bei Systemen, deren Aktivitätskurven zu dem in Abb. 33 (S. 360) dargestellten Typus gehören. Ein solcher Fall dürfte z. B. bei der Mischphase Naphthalin-m-Dinitrobenzol 1 : 1 vorliegen, wo die kristallinische Phase anscheinend streng geordnet ist, während die (l)-Kurven praktisch horizontal verlaufen.

Eine Nachprüfung der Gleichung (26) würde eine gesonderte Bestimmung der μ-Werte oder Aktivitäten derartiger Schmelzen auf anderem Wege (durch Dampfdrucke, elektromotorische Kräfte oder ähnlich) verlangen, die anscheinend für die Fälle, in denen sowohl die Schmelzkurven wie die Schmelzwärme bekannt sind, noch nicht vorliegt.

Druckabhängigkeit der (l)-Kurven. Weicht man bei der Untersuchung der (l)-Kurven von dem Normaldruck p_0, für den $\mathfrak{K}$ bestimmt ist, ab, so ändert sich Gleichung (25) zunächst nur dadurch, daß zu $\mathfrak{K}$ ein Zusatzglied $\Delta^p \mu' - \Delta^p \mu$ hinzutritt, in dem die μ sich, ebenso wie die $\mathfrak{K}$, auf die Kombination $\nu_1 \mu_1 + \nu_2 \mu_2$ beziehen, also die chemischen Potentiale der gesamten „Verbindung" darstellen. Diese Druckreste werden dargestellt durch:

$$\int_{p_0}^{p} \frac{\partial v'}{\partial n}\, dp - \int_{p_0}^{p} \frac{\partial v}{\partial n}\, dp \cong \mathfrak{v}\, \Delta p\,,$$

wobei n die Molenzahl der ganzen Verbindung, $\mathfrak{v}$ die Volumänderung beim Schmelzen eines Moles der Verbindung in der Schmelzphase von Ordnungskonzentration bedeutet. An der Entwicklung der linken Seite von (25) ändert sich nichts, nur daß φ in Gleichung (26) jetzt die Bedeutung $\frac{1}{R\vartheta} \cdot \frac{\partial \mu_2'}{\partial x_2'}$ für die Werte (ϑ, p, x_2') statt (ϑ, p_0, x_2') hat. Vernachlässigen wir wieder die Temperaturabhängigkeit von φ (die sich in ähnlicher Weise wie hier die Druckabhängigkeit leicht berücksichtigen ließe), so können wir schreiben:

$$\varphi = \varphi_{(p_0)} + \frac{\partial \varphi}{\partial p}\, \Delta p\,,$$

[1] Durch Vergleich von (26) und (26a) sieht man, daß in diesem Falle gilt: $\alpha = \frac{1}{\varphi}$; vgl. auch (31).

[2] Bzw. ~ 0.04, wenn man berücksichtigt, daß dieser Dissoziationsvorgang nach der Formel $2\,JCl \rightleftharpoons J_2 + Cl_2$ verläuft und mit dem „Dissoziationsgrad" den Anteil der zerfallenen JCl-Moleküle ausdrücken will.

wobei noch $\frac{\partial \varphi}{\partial p} = \frac{1}{R\vartheta} \frac{\partial}{\partial p} \left(\frac{\partial \mu_2'}{\partial x_2'}\right) = \frac{1}{R\vartheta} \frac{\partial}{\partial x_2'} \left(\frac{\partial \mu_2'}{\partial p}\right) = \frac{1}{R\vartheta} \frac{\partial}{\partial x_2'} \left(\frac{\partial V'}{\partial n_2'}\right)$ aus den Volumeigenschaften zu bestimmen ist. Durch Einsetzen in (25) ergibt sich:

$$\frac{(\nu_1 + \nu_2)^2}{\nu_1} \left(\varphi_{(p_0)} + \frac{\partial \varphi}{\partial p} \Delta p\right) \frac{(\Delta x')^2}{2} - \frac{\mathfrak{v}}{R\vartheta} \Delta p = \frac{\Delta}{R\vartheta} \cdot \frac{\Delta \vartheta}{\vartheta}, \tag{27}$$

eine Gleichung, welche die Schmelzpunktsänderung durch Konzentrationsabweichung und durch Druckänderung zusammenfaßt. Hier bedeutet ϑ nach wie vor den Schmelzpunkt der Verbindung in der äquivalent zusammengesetzten Schmelze beim Druck p_0, $\Delta\vartheta$ die Schmelzpunktserniedrigung gegen *diesen* Punkt. Man sieht, daß auch bei abweichendem Druck der höchste Schmelzpunkt (kleinster positiver Wert von $\Delta\vartheta$) für $\Delta x' = 0$ erreicht wird; dies ist ein — schon oft hervorgehobenes — Kriterium dafür, daß es sich wirklich um den Schmelzpunkt einer „chemischen Verbindung" handelt. Wir würden sagen: um den Schmelzpunkt einer Phase mit so starker Ordnungstendenz, daß in Gleichung (25) mit hinreichender Annäherung die ν_1 und ν_2 statt der x_1 und x_2 gesetzt werden können.

Im übrigen erkennt man aus (27) leicht die beiden wichtigsten Momente des Druckeinflusses: die Veränderung des Schmelzpunktes der Ordnungsphase in der Ordnungsschmelze, entsprechend wie bei einer reinen Substanz, weiter aber die Breitenvariation der Schmelzparabel, abhängig von dem Druckkorrektionsglied $\frac{\partial \varphi}{\partial p} \Delta p$.

Die (s)-Kurven von Mischphasen großer Ordnungstendenz (Gitterstörungen). Obgleich bei den bisherigen Bestimmungen der (l)-Kurven von geordneten Mischkristallen die Annahme gemacht wurde, daß die kristallinische Phase ihre Ordnungskonzentration praktisch beibehält, ist es doch von Interesse, eben unter diesen Annahmen die *kleinen* Abweichungen von der Ordnungskonzentration zu untersuchen, die der geordnete Mischkristall im Gleichgewicht mit Schmelzen nicht äquivalenten Mischungsverhältnisses zeigt. Wenn nämlich die kleinen Überschußmengen des einen oder anderen Stoffes bei weiterer Abkühlung der Mischkristallphase nicht ausgeschieden werden[1], so bleiben sie in der kristallinischen Mischphase als Ursache von Gitterstörungen bestehen, und da bekannt ist, daß schon Gitterstörungen von $1:10^4$ Atomen die mechanischen Eigenschaften eines Kristalls erheblich beeinflussen, liegt hier wahrscheinlich ein mehr oder weniger großes mechanisch-technisches Interesse vor[2].

Wir gehen auf die noch ganz allgemein gültigen Formeln (24), S. 400, zurück. Die Entwicklungen (25 d) und (25 e) für $\frac{\mathfrak{k}_1'}{RT}$ und $\frac{\mathfrak{k}_2'}{RT}$ ergeben, indem wir uns mit den in $\Delta x'$ linearen Gliedern begnügen:

$$\frac{1}{R\vartheta} (\nu_2 \mathfrak{k}_2' - \nu_1 \mathfrak{k}_1') = 2 \nu_2 \varphi \Delta x_2'.$$

Durch Einsetzen in die Formeln (24) erhalten wir dann:

$$\frac{1}{R\vartheta} (\nu_2 \mathfrak{k}_2 - \nu_1 \mathfrak{k}_1) = 2 \nu_2 \varphi \Delta x_2' - \frac{1}{R\vartheta} (\nu_2 \mathfrak{K}_2 - \nu_1 \mathfrak{K}_1). \tag{28}$$

Hier ist das $\mathfrak{K}$-Glied der rechten Seite für den Schmelzpunkt ϑ bei der Ordnungs-

[1] Entweder weil kein stabilerer Zustand existiert oder weil der etwa stabilste Zustand, in dem die Zusatzmengen in einer anderen Phase ausgeschieden werden, wegen Hemmungswiderständen nicht erreicht wird.

[2] Man darf hierbei allerdings nicht das durch die Überschußmengen gestörte Gitter mit einem vollständig ungestörten Gitter vergleichen, da ja nach § 21, Schluß, auch ein ganz fremdstofffreies Gitter spontane Fehler, entsprechend seiner Fehlordnungskonstante α, enthält.

konzentration[1] $= 0$; bei der Entwicklung nach T treten Glieder proportional $\frac{\underset{..}{\Delta}\vartheta}{\underset{..}{\vartheta}}$ auf, die wegen $\underset{..}{\Delta}\vartheta \sim (\underset{..}{\Delta}x')^2$ [nach (26)] von höherer Ordnung klein sind und in erster Näherung vernachlässigt werden können. Für $\underset{..}{\mathfrak{k}}_2$ und $\underset{..}{\mathfrak{k}}_1$ können wir aber ganz die analoge Entwicklung ansetzen wie für die $\underset{..}{\mathfrak{k}}'$; bezeichnen wir den Ausdruck $\frac{\partial}{\partial x_2}\left(\frac{\mu_2}{RT}\right)$ für die Ordnungskonzentration $\underset{..}{x}_2 = \frac{\nu_2}{\nu_1+\nu_2}$ mit ψ, so wird

$$\frac{\underset{..}{\mathfrak{k}}_2}{R\vartheta} = \psi\,\underset{..}{\Delta}x_2$$

und

$$\frac{\underset{..}{\mathfrak{k}}_1}{R\vartheta} = -\frac{\nu_2}{\nu_1}\psi\,\underset{..}{\Delta}x_2$$

in erster Näherung. Es folgt also aus (28):

$$\psi\,\underset{..}{\Delta}x_2 = \varphi\,\underset{..}{\Delta}x_2', \tag{29}$$

d. h. die (s)-Kurve bildet ebenfalls in *erster Näherung eine Parabel, mit demselben Scheitelpunkt und derselben Achse wie die* (l)-*Kurve, jedoch mit seitlichen Abmessungen, die im Verhältnis* $\frac{\varphi}{\psi}$ *kleiner sind.* Zugleich sehen wir, daß als Bedingung dafür, daß die kristallinische Phase in weit stärkerem Maße als die Schmelze ihre Ordnung beibehält, die Forderung $\psi \gg \varphi$ zu stellen ist. Setzen wir (29) in (26) ein (welche Gleichung unter der Annahme $\psi \gg \varphi$ nach wie vor gültig ist), so erhalten wir direkt die Gleichung der (s)-Parabel:

$$\frac{(\nu_1+\nu_2)^2}{\nu_1}\cdot\frac{\psi^2}{\varphi}\cdot\frac{(\underset{..}{\Delta}x)^2}{2} = \frac{\underset{..}{\Delta}}{R\underset{..}{\vartheta}}\cdot\frac{\underset{..}{\Delta}\vartheta}{\underset{..}{\vartheta}}. \tag{30}$$

Vergleich mit der Erfahrung. (s)-Kurven von Mischkristallen mit starker Ordnungstendenz sind leider bis jetzt kaum gemessen worden; man hat in solchen Fällen auf die etwa auftretenden Konzentrationsabweichungen der Festphase

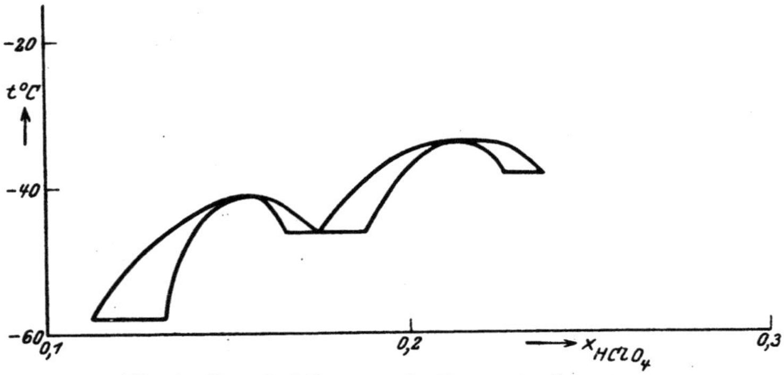

Abb. 48. (l)- und (s)-Kurven zweier Hydrate der Überchlorsäure.

kein Gewicht gelegt und einfach strenge Ordnung angenommen. Wir müssen deshalb als Beispiel für den parabolischen Charakter der (s)-Kurven Fälle nehmen, in denen immerhin die Öffnung der (s)-Parabel von derselben Größenordnung ist wie die der (l)-Parabel. In Abb. 48 sind die (l)- und (s)-Kurven von zwei

[1] Nach der (S. 401) gemachten Bemerkung ist diese Angabe nur für streng geordnete kristallinische Mischphasen richtig, aber nicht absolut genau. Alle hier anschließenden Folgerungen lassen sich aber, wie unter dem Titel „Weitere Bemerkungen zum Problem der Mischkristallschmelzkurven" (S. 407) erörtert werden wird, als erste Näherungen auf beliebig ungeordnete Mischphasen übertragen, wenn, entsprechend Anm. 1, S. 407, der Schmelzpunkt der für beide Phasen gleichen Konzentration, die mit der Ordnungskonzentration nicht zusammenzufallen braucht, als Ausgangspunkt gewählt wird.

Hydraten der Überchlorsäure $HClO_4$ dargestellt, von denen das eine einen Wassergehalt von etwa 5,5 Mol H_2O pro Mol $HClO_4$ besitzt, während das andere (mit 3,5 aq) bei der Ordnungskonzentration die Bestandteile $HClO_4$ und H_2O im Verhältnis 2 : 7 vereinigt. Man liest für die beiden Kurven etwa ein Verhältnis $\frac{\Delta x}{\Delta x'} = \frac{1}{2}$ ab, so daß Formel (29) nicht mehr ganz ausreicht. Immerhin werden wir annähernd annehmen können $\psi = 2\varphi$. Leider sind die Schmelzwärmen der beiden Hydrate anscheinend nicht bekannt, so daß eine Absolutbestimmung von φ und ψ nicht möglich ist. Die Abweichung von der Ordnungskonzentration geht hier bis zu maximalen $\Delta x =$ etwa $\frac{1}{25}$.

Weitere Beispiele, die insofern noch übersichtlicher sind, als keine elektrolytische Dissoziation in der Schmelze auftritt, sind z. B. die Schmelzdiagramme von Bi-Tl (LANDOLT-BÖRNSTEIN S. 549) und Au-Zn (LANDOLT-BÖRNSTEIN, 1. Ergänzungsband S. 230).

Weitere Bemerkungen zum Problem der Mischkristallschmelzkurven. Zur weiteren Verfolgung der sich anschließenden Fragen sei hier zunächst nur kurz bemerkt, daß man beim Aufgeben der Annahme $\psi \gg \varphi$ findet, daß die (l)- und (s)-Parabeln gegenüber (26) und (30) im Verhältnis $1 : \sqrt{1 - \frac{\varphi}{\psi}}$ auseinandergezogen werden. Der Fall $\varphi = \psi$ ist ein Grenzfall, in dem beide Kurven in horizontale Geraden ausarten. Jedoch auch der Fall $\varphi > \psi$ ist möglich und kann in genau der gleichen Weise wie der Fall $\varphi < \psi$ behandelt werden. Es zeigt sich, daß dann $\Delta\vartheta$ negativ wird, d. h. an Stelle einer Schmelzpunktserniedrigung haben wir jetzt zu beiden Seiten der Konzentration, für die der Schmelzpunkt einen Extremwert hat, eine Schmelzpunktserhöhung; die (l)-Parabel ist jetzt nach oben gerichtet und enger als die ebenfalls nach oben gerichtete (s)-Parabel, so daß, wie es sein muß, auch hier die (l)-Kurve über der (s)-Kurve liegt. Solche Fälle sind zwar bedeutend seltener, aber anscheinend nicht an die Existenz einer ununterbrochenen Mischkristallreihe gebunden (Typus III nach ROOZEBOOM); z. B. kommt bei Co/Fe auch ein Fall mit unterbrochener Mischkristallreihe vor. φ und ψ lassen sich hierbei aus der Breite der Parabeln und den Schmelzwärmen Δ in genau derselben Weise wie früher berechnen.

Bei dieser erweiterten Anwendung unserer Formeln für die (l)- und (s)-Kurven geordneter Mischphasen ist von den speziellen Beziehungen des § 21, die für geordnete Molekülphasen und Gitterphasen aufgestellt wurden, nichts benutzt, so daß der Übergang von streng geordneten zu vollkommen ungeordneten Mischkristallphasen ganz verwischt wird. In der Tat ergibt eine Revision unserer Voraussetzungen, daß keine andere spezielle Annahme mehr vorliegt, als die, welche in Formel (28) die Vernachlässigung der temperaturabhängigen $\mathfrak{K}$-Glieder erlaubte. Diese Annahme, die sich dort in der Weise auswirkte, daß $\Delta\vartheta$ proportional $(\Delta x')^2$ angenommen wurde, lautet verallgemeinert: $\frac{d\vartheta}{dx'}$ an der Stelle ϑ der Schmelzkurve gleich 0, d. h. es liegt ein Extremwert des Schmelzpunktes mit der Konzentration x' vor. Da unsere Formeln an keine weitere Annahme gebunden sind[1], enthalten sie somit (in ihrer durch den Faktor $\sqrt{1 - \frac{\varphi}{\psi}}$

[1] Die Annahme, daß auch die (T, x)-Kurve an derselben Stelle ϑ einen Extremwert hat und daß dies zugleich der Wert ist, für den im Gleichgewicht x_1 und x_2 gleich x_1' und x_2' wird, braucht nicht besonders eingeführt zu werden, sondern folgt schon aus $\frac{d\vartheta}{dx'} = 0$ und den Gleichgewichtsbedingungen. Wir werden diese Verhältnisse später (§ 31) noch besser übersehen, wenn wir die Differentialgleichungen der (s)- und (l)-Kurven diskutieren.

bzw. $\sqrt{\frac{\varphi}{\psi}} - 1$ verallgemeinerte Form) zugleich eine Theorie beliebiger Mischphasengleichgewichte, deren (T, x')-Kurven [und damit (T, x)-Kurven] einen Extremwert besitzen; φ und ψ bedeuten allgemeiner die Werte $\frac{1}{R\vartheta} \frac{\partial \mu_2}{\partial x_2}$ für diesen Extrempunkt. Sehr wichtig ist es hierbei, zu bemerken, daß dieser Extrempunkt im allgemeinen, d. h. bei nicht streng geordneten Mischphasen sowie erst recht bei ungeordneten kristallinischen Mischphasen, *keineswegs an der Stelle einer* (bzw. der) *Ordnungskonzentration* einer Gitter- bzw. Molekülphase zu liegen braucht[1], und zwar werden, wie man leicht einsieht, bei geordneten Mischphasen die Abweichungen des Extrempunktes von der Ordnungskonzentration im allgemeinen desto größer sein, je geringer die Ordnungstendenz, d. h. je kleiner ψ ist. Diese Verschiebung des Extrempunktes gegen die Ordnungskonzentration erklärt vielleicht in manchen Fällen die Schwierigkeit, zu einem gefundenen Extremwert eine „Verbindung" von einfachem Mischungsverhältnis anzugeben. Da jedoch andererseits bei Mischphasen mit starker Ordnungstendenz der Maximalwert des Schmelzpunktes nur für den (nicht realisierbaren) Fall unendlich großer ψ-Werte streng mit der Ordnungskonzentration zusammenfällt, besteht auch hierbei kein prinzipieller, sondern nur ein gradueller Unterschied zwischen den sog. „chemischen Verbindungen" und den beliebig mischbaren Mischkristallen, bei denen ein Extremwert des Schmelzpunktes auftritt. Ganz das gleiche gilt für die *Druckabhängigkeit* des maximalen Schmelzpunktes, die gelegentlich[2] als ausschlaggebendes Kriterium für die Nichtexistenz oder Existenz einer „chemischen Verbindung" eingeführt worden ist; auch hier gibt es nur graduelle Unterschiede.

Ganz anders liegt die Frage, wenn man Fälle betrachtet, in denen die den geordneten Mischkristall aufbauende „Verbindung" *resistent* ist; im Gleichgewicht beider Phasen muß sie das natürlich in beiden Phasen sein, falls sie es überhaupt sein soll. Dann liegt sowohl in der kristallinischen wie in der flüssigen Phase ein Dreistoffsystem vor: die beiden Komponenten und, als dritte unabhängige Stoffvariable, die resistente Verbindung. Fügt man zu einer Schmelze der reinen resistenten Verbindung die Komponente 1 oder 2 im Überschuß zu, so hat man natürlich eine Gefrierpunktserniedrigung wie bei einem reinen Stoff, d. h. mit endlicher Anfangssteigung zu erwarten; statt der Schmelzparabeln erhält man dann zwei ineinandergeschobene, eventuell unsymmetrische *Spitzen*. Zwei (symmetrische) Spitzen würden allerdings auch dann auftreten, wenn die Verbindung in der Schmelze nicht resistent, aber *vollkommen undissoziiert* wäre ($\varphi = \infty$)[3]; dies ist aber ein Grenzfall, der unendlich große Bildungsenergien der Verbindung verlangen würde und deshalb ebensowenig streng realisiert sein kann wie der Fall $\psi = \infty$.

Noch ziemlich ungeklärt scheinen die Verhältnisse in den nicht gerade seltenen Fällen, wo die (s)-Schmelzkurve derart unsymmetrisch ist, daß der betreffende Kristall z. B. nach der Seite der kleineren Konzentration des Stoffes 2 den Eindruck einer vollkommen geordneten Mischphase macht, während nach größeren Konzentrationen ziemlich erhebliche Konzentrationsabweichungen vorkommen (TlCa; MgAu; AlNi; $PbJ_2 \cdot PbBr_2$ usw.[4]). Ein solches Verhalten wird

[1] Die Theorie dieser Verschiebungen gegen die Ordnungskonzentration muß natürlich auf Ausgangsgleichungen aufgebaut werden, bei denen der Bezugspunkt der Konzentration nicht von vornherein in dem Extrempunkt gelegt wird.

[2] Vgl. z. B. R. RUER: Physik. Ztschr. Bd. 21, S. 79, 1920.

[3] Vgl. hierzu auch die instruktive Diskussion bei VAN DER WAALS-KOHNSTAMM: Lehrbuch, Bd. 2, S. 624.

[4] Vgl. LANDOLT-BÖRNSTEIN: Abschnitt 114 u. 118.

durch unsere Annäherungsbetrachtungen, die nur die ersten Ableitungen der μ berücksichtigen, nicht erfaßt; wir kommen gleich hierauf zurück.

Wir gehen zuvor noch auf den Zusammenhang zwischen der allgemeinen Größe ψ und der nur bei weitgehend geordneten Mischphasen definierbaren Größe α ein, die, beim Mischungsverhältnis 1 : 1, in Gleichung (18) und (22) des § 21 eingeführt wurde. Differentiiert man hier die Größe $\frac{\mathfrak{f}_2}{RT}$ nach x_2, so erhält man für die Ordnungskonzentration, wo $\Delta x = 0$ ist, den Wert $\frac{1}{RT}\frac{\partial \mathfrak{f}_2}{\partial x_2} = \frac{1}{\alpha}$, so daß nach (22), § 21

$$\psi = \frac{1}{\alpha} = 2e^{\frac{B}{2RT}} \tag{31}$$

wird. Die Bestimmung der (s)-Schmelzkurve [und in Fällen, wo ψ nicht sehr groß gegen φ ist, der (s)- und (l)-Kurven zusammen], gestattet also, die Fehlordnungsarbeit B in der kristallinischen Ordnungsphase anzugeben. Nimmt man an, daß in den Fällen, wo die (s)-Kurve wegen zu geringer Konzentrationsabweichungen nicht bestimmt wurde, $\psi > 10\varphi$ ist, und nimmt man die früher empirisch gefundenen φ-Werte (10—60) hinzu, so erkennt man, daß für die betreffenden Mischphasen $\frac{B}{RT}$ größer als $2 \cdot \ln 50$ bis $2 \cdot \ln 300$, d. h. größer als 8 bis 12 sein muß, was bei 300° abs. Arbeiten von 6000 cal oder 0,25 V, bei 600° abs. 12000 cal oder 0,5 V entsprechen würde usw. Sehr wahrscheinlich ist, daß in den meisten Fällen die Fehlordnungsarbeiten sogar noch erheblich größer sind.

Um das Verhalten der (s)- und (l)-Kurven in nächst höherer Ordnung zu untersuchen und dadurch auch der obigen Frage der Unsymmetrie näherzukommen, behandeln wir den Spezialfall, daß sowohl der feste Kristall wie die Schmelze eine geordnete Mischphase im Sinne von § 21 darstellen, so daß die Ansätze von § 21, Gleichungen (11) bis (22), für beide Phasen benutzt werden können. Hier sei nur das Ergebnis dieser etwas verwickelten Rechnungen, und zwar lediglich für den Fall $\nu_1 : \nu_2 = 1 : 1$, mitgeteilt. Sowohl die l-Kurve als auch die s-Kurve sind *Hyperbeln*, deren vier Asymptoten sich in einem Punkte schneiden. Dieser Punkt entspricht dem Schmelzpunkt der undissoziierbaren (also als resistent zu denkenden) Verbindung AB; der zugehörige Wert von Δx ist somit gleich 0. Aber im Gegensatz zu der früher unter der Annahme $\alpha_{\text{Kristallphase}} = 0$ abgeleiteten Gleichung liegen jetzt die Hyperbeln nicht mehr symmetrisch zur ϑ-Achse. Den Bedingungen für die Asymmetrie kann man in folgender Weise nachgehen. Das Verhältnis der Molenbruchkonzentration an freien Teilchen der ersten Komponente in der flüssigen Phase zu derjenigen in der festen Phase[1] kann als Verteilungskoeffizient der freien Teilchen der ersten Komponente betrachtet werden. Ebenso läßt sich ein entsprechender Verteilungskoeffizient für die zweite Komponente definieren. Wenn beide Verteilungskoeffizienten gleich sind, was jedoch als Ausnahmefall betrachtet werden muß, dann liegen die Hyperbeln symmetrisch zur ϑ-Achse und berühren einander in ihren Scheitelpunkten, die zugleich Maximalpunkte mit $\Delta x = 0$ sind. Für *verschiedene* Verteilungskoeffizienten liegen die Hyperbeln asymmetrisch zur ϑ-Achse. Die Berührung erfolgt jetzt nicht mehr im Scheitelpunkt, und es gilt für den Berührungspunkt[2] $\Delta x \neq 0$. Solange jedoch der Dissoziations- bzw. Fehlordnungsgrad α in der festen Phase gering ist, wird auch die Abweichung

[1] Wobei in beiden Fällen die undissoziierten bzw. wohlgeordneten Moleküle AB als Lösungsmittel betrachtet werden.

[2] Wo nach den allgemeinen Sätzen in § 31 beide Kurventeile horizontal verlaufen müssen.

des Berührungs- und Maximalpunktes von der idealen Zusammensetzung gering sein[1]. Wenn ein Verteilungskoeffizient sehr groß gegen den anderen ist, würden die erwähnten einseitig schiefen Kurven entstehen, bei welchen der eine Ast (Hyperbelasymptote) der s-Kurve praktisch eine senkrechte Gerade mit der Gleichung $\Delta x = 0$ (also parallel zur ϑ-Achse) darstellt.

Beispiele, die für eine genauere Durchrechnung geeignet wären, scheinen bisher nicht bekannt zu sein. Für eine derartige Rechnung sind die gewöhnlich aufgenommenen Schmelzdiagramme im allgemeinen zu ungenau. Außerdem dürfte aber auch sehr selten (nur bei ganz ausgesprochenen Molekülphasen) der Fall realisiert sein, daß ein nennenswerter Dissoziationsgrad bzw. Fehlordnungsgrad des Kristalls vorhanden ist, daß aber ebenso auch in der Schmelze der Dissoziationsgrad klein gegen 1 ist, was beides gleichzeitig erfüllt sein müßte.

(s)- und (s′)-Umwandlungskurven beliebiger binärer kristalliner Phasen. Wir betrachten zum Schluß den Zusammenhang zwischen Temperatur und Konzentration, wenn statt einer flüssigen und einer kristallinischen Phase zwei kristallinische Phasen miteinander im Gleichgewicht stehen. Fälle dieser Art erfordern keine besonderen Betrachtungen, wenn es sich um Phasen handelt, die von den ganz reinen Stoffen nicht durch Mischungslücken getrennt sind; wir können sie dann in jeder Beziehung ebenso behandeln wie flüssige Lösungen und auf diese Weise z. B. den Einfluß eines Fremdstoffzusatzes 2 auf die Umwandlungstemperatur zweier allotroper kristalliner Modifikationen des Stoffes 1 mit Hilfe der Gleichungen (18) bis (21) darstellen oder die gegenseitige Löslichkeit zweier kristalliner Phasen, die mit den reinen Stoffen 1 und 2 kontinuierlich zusammenhängen, mittels der Gleichungen (22) und (23). Statt der (s)- und (l)-Kurven haben wir hier je eine (s)- und (s′)-Kurve.

Ein weiterer Fall, in dem sich die für Schmelzen gewonnenen Resultate ohne weiteres auf zwei kristallinische Phasen übertragen lassen, ist der, wo eine geordnete Mischkristallphase mit einer anderen, weniger geordneten, kristallinen Phase im Gleichgewicht steht und ein Extremwert der (s)- [und (s′)]- Kurve im realisierbaren Gebiet auftritt. Dieser allerdings seltene Fall ist z. B. bei Legierungen Mg—Cd 1 : 1 realisiert ($\ddot{\vartheta} = 245{,}5^0$ C); er läßt sich mit Hilfe der Gleichungen (24) bis (31) behandeln.

Einige Bemerkungen müssen wir jedoch noch dem Gleichgewicht geordneter Mischphasen untereinander und mit an die reine Phase angrenzenden Mischkristallen widmen in den Fällen, wo der Extremwert $\ddot{\vartheta}$ mit der geschilderten Doppelparabel nicht realisierbar ist, sondern die Existenzgebiete beider Kristalle durch eine Mischungslücke getrennt sind. Besonders einfach liegen hier die Verhältnisse beim Gleichgewicht zweier Mischkristalle von verschiedener Ordnungskonzentration mit beiderseits starker Ordnungstendenz, wo die Abweichungen von der Ordnungskonzentration in allen Fällen nur gering sind. Man wird hier selbstverständlich für die geordneten Mischphasen ihre Ordnungskonzentration, für die an die reinen Phasen angrenzenden Mischkristalle die reine Phase als Bezugskonzentration wählen; dagegen existiert kein ausge-

[1] Diese Annahme ist es, die der auf (S. 407) durchgeführten Annäherungsrechnung zunächst zugrunde gelegt wurde. Hier ist übrigens wohl der Ort, darauf hinzuweisen, daß die (l)-Kurve [und ebenso die (s)-Kurve] sich unter den allgemeinsten Annahmen über das Verhalten zweier in einem Maximum sich berührender (l)- und (s)-Kurven *stets in erster Näherung als zur T-Achse symmetrische Parabeln darstellen werden, wenn man T und x von den Koordinaten ϑ_{max} und x_{2max} aus entwickelt.* Das folgt allgemein aus den Eigenschaften eines Kurven-Maximums (oder -Minimums). Daß wir hier Unsymmetrie zur T-Achse und Hyperbeln erhalten, rührt von der Verschiebung unseres Bezugspunktes ($\ddot{x}_2$, $\ddot{\vartheta}$) gegen (x_{2max}, ϑ_{max}) sowie von der Einführung einer zweiten (speziellen) Näherung für unsern Spezialfall her.

zeichneter T-Wert, und die Normalarbeiten $\mathfrak{K}_1$, $\mathfrak{K}_2$ oder $\mathfrak{K}$ werden nirgends gleich o. Das Interesse an den einfach zu behandelnden Fällen geringer Konzentrationsabweichungen liegt wohl wieder wesentlich auf dem Gebiet der Gitterstörungen, die sich in den im Gleichgewicht mit der einen oder anderen Phase entstandenen Kristallen oder geordneten Mischphasen ausbilden.

Gleichgewicht zweier stark geordneter Mischphasen. Ein solches Gleichgewicht haben wir schon S. 407 f. unter der Annahme behandelt, daß die Ordnungskonzentrationen der einen (festen) und der andern (flüssigen) geordneten Mischphase einander gleich sind. Das Folgende ist auf den Fall zugeschnitten, wo diese Ordnungskonzentrationen *verschieden sind.* Für beide Phasen P und P' wählen wir den gleichen Normaldruck p_0 und als Grundkonzentrationen die Ordnungskonzentrationen $\underset{..}{x}_1 = \frac{\nu_1}{\nu_1 + \nu_2}$, $\underset{..}{x}_2 = \frac{\nu_2}{\nu_1 + \nu_2}$ bzw. $\underset{..}{x}'_1 = \frac{\nu'_1}{\nu'_1 + \nu'_2}$, $\underset{..}{x}'_2 = \frac{\nu'_2}{\nu'_1 + \nu'_2}$. Dann stellt $\mathfrak{K}_1$ bzw. $\mathfrak{K}_2$ die Arbeit beim Übergang des Stoffes 1 bzw. 2 aus der Phase P von Ordnungskonzentration in die Phase P' von Ordnungskonzentration dar.

Aus (5) folgt allgemein:

$$\underset{..}{\mathfrak{k}}'_1 = \underset{..}{\mathfrak{k}}_1 - \mathfrak{K}_1\,,$$
$$\underset{..}{\mathfrak{k}}'_2 = \underset{..}{\mathfrak{k}}_2 - \mathfrak{K}_2\,.$$

Bedingung der stark geordneten Mischphasen ist nach (25):

$$\nu_1 \underset{..}{\mathfrak{k}}_1 + \nu_2 \underset{..}{\mathfrak{k}}_2 = 0\,,$$
$$\nu'_1 \underset{..}{\mathfrak{k}}'_1 + \nu'_2 \underset{..}{\mathfrak{k}}'_2 = 0\,.$$

Aus beiden Gleichungspaaren:

$$\nu'_1 \underset{..}{\mathfrak{k}}'_1 = - \frac{\nu_1 \mathfrak{K}_1 + \nu_2 \mathfrak{K}_2}{\frac{\nu_1}{\nu'_1} - \frac{\nu_2}{\nu'_2}} = - \nu'_2 \underset{..}{\mathfrak{k}}'_2\,,$$

$$\nu_1 \underset{..}{\mathfrak{k}}_1 = + \frac{\nu'_1 \mathfrak{K}_1 + \nu'_2 \mathfrak{K}_2}{\frac{\nu'_1}{\nu_1} - \frac{\nu'_2}{\nu_2}} = - \nu_2 \underset{..}{\mathfrak{k}}_2\,.$$

Hier sind die von $\mathfrak{K}$ und ν abhängigen Mittelglieder als Funktionen von T bekannt, wenn $\mathfrak{K}_1$ und $\mathfrak{K}_2$ einzeln in Abhängigkeit von T bekannt sind; wir bezeichnen diese Ausdrücke, unter Abspaltung des Vorzeichens, zur Abkürzung mit K' und K. Durch Division mit RT erhalten wir:

$$\left.\begin{aligned} \frac{\nu'_1 \underset{..}{\mathfrak{k}}'_1}{RT} &= - \frac{\nu'_2 \underset{..}{\mathfrak{k}}'_2}{RT} = - \frac{K'}{RT} \\ \frac{\nu_1 \underset{..}{\mathfrak{k}}_1}{RT} &= + \frac{\nu_2 \underset{..}{\mathfrak{k}}_2}{RT} = + \frac{K}{RT} \end{aligned}\right\}. \tag{32}$$

Will man diese Gleichungen zur Bestimmung der Zusammenhänge zwischen den Konzentrationsabweichungen $\Delta \underset{..}{x}'$ bzw. $\Delta \underset{..}{x}$ und T auswerten, so muß, wie man sieht, der Zusammenhang zwischen den $\frac{\underset{..}{\mathfrak{k}}}{RT}$ und $\Delta \underset{..}{x}$ bis zu Werten der $\left|\frac{\underset{..}{\mathfrak{k}}}{RT}\right|$ bekannt sein, die groß gegen 1 sind, da die $\left|\frac{K}{RT}\right|$ in der Regel groß gegen 1 sein werden. Die Benutzung des ersten Differentialquotienten $\frac{\partial \mu}{\partial \underset{\cdot}{x}}$ wird also im Gegensatz zu den früheren Fällen $\left(\text{wo } \frac{K}{RT} \text{ in erster Näherung} = 0 \text{ war}\right)$ nicht mehr genügen. Hier können jedoch unsere $\underset{..}{\mathfrak{k}}$-Berechnungen geordneter Mischphasen [aus (18), § 21] weiterhelfen, welche zeigen, daß bei hinreichend streng geordneten Mischphasen $\left(\frac{1}{RT}\cdot\frac{\partial\mu}{\partial x_{(x=\underset{..}{x})}}=\psi=\frac{1}{\alpha}\text{ hinreichend groß}\right)$, die $\frac{\underset{..}{\mathfrak{k}}}{RT}$-Werte für $\psi\cdot\underset{..}{\Delta}x\gg 1$ größenordnungsmäßig durch $\ln|\psi\Delta x|$ (vgl. S. 376) gegeben sind; diese Größenordnungsbeziehung wird auch für $\nu_1:\nu_2\neq 1$ gelten. Bezieht sich ψ auf $\frac{\partial\mu_2}{\partial x_2}$, so würde somit aus (32) folgen:

$$\left.\begin{aligned}-\ln\psi'\underset{..}{\Delta}x_1'\sim\ln\psi'\underset{..}{\Delta}x_2'\sim\frac{K'}{\nu_2'RT}\\-\ln\psi\underset{..}{\Delta}x_1\sim\ln\psi\underset{..}{\Delta}x_2\sim\frac{-K}{\nu_2RT}\end{aligned}\right\}.\tag{32a}$$

Löst man diese Gleichungen unter Benutzung von (31) nach den $\underset{..}{\Delta}x$ auf, so erhält man Gleichungen von der Form:

$$\ln\underset{..}{\Delta}x\sim-\frac{B}{2RT}\pm\frac{K}{\nu RT}.$$

Man sieht hieraus, daß eine Ordnungstendenz, die durch das Glied $-\frac{B}{2RT}$ gegeben ist, durch das $\frac{K}{\nu RT}$-Glied, das das Gleichgewicht mit der andern Phase herstellt, entweder unterstützt oder gestört werden kann. Es bedarf also noch einer näheren Diskussion, um zu entscheiden, ob die Fehlkonzentration $\underset{..}{\Delta}x$ beim absoluten Nullpunkt verschwindet.

Eine stark geordnete Mischphase und eine fast reine Kristallphase. Als Grundkonzentrationen wählen wir hier für P, die geordnete Mischphase, die Ordnungskonzentrationen $\underset{..}{x}_1=\frac{\nu_1}{\nu_1+\nu_2}$, $\underset{..}{x}_2=\frac{\nu_2}{\nu_1+\nu_2}$, für P', die fast reine Kristallphase des Stoffes 1, hinsichtlich des Stoffes 1 die reine Kristallphase dieses Stoffes, hinsichtlich des Stoffes 2 die extrapolierte ideale Lösung 2 in 1 (Punktgrößen). Dann ist

$\mathfrak{K}_1$ die Arbeit beim Übergang des Stoffes 1 aus der Phase P von Ordnungskonzentration in die reine Phase P',

$\mathfrak{K}_2$ die Arbeit beim Übergang des Stoffes 2 aus der Phase P von Ordnungskonzentration in die ideale Lösung des Stoffes 2 in der Kristallphase 1 von Einheitskonzentration.

Starke Ordnung der Mischphase ergibt [nach (25)]:

$$\nu_1\underset{..}{\mathfrak{k}}_1+\nu_2\underset{..}{\mathfrak{k}}_2=0.$$

Aus dieser Gleichung, zusammen mit den allgemeinen Ausgangsgleichungen (5), folgt zunächst für die Phase P':

$$\frac{\nu_1\mathfrak{k}_1'}{RT}+\frac{\nu_2\underset{..}{\mathfrak{k}}_2'}{RT}=-\frac{K}{RT}\tag{33}$$

mit $K=\nu_1\mathfrak{K}_1+\nu_2\mathfrak{K}_2$. Gleichung (33) zeigt, daß die Verunreinigung der reinen Kristallphase unter unseren Annahmen von dem Grade der Ordnungstendenz der Mischphase P unabhängig ist[1]; die (T, x')-Kurve ergibt sich ohne weitere Einschränkungen, wenn man die Abhängigkeit der Normalarbeit K von T und die Aktivitäten a_1' und a_2' der Kristallphase P' kennt. Beschränken wir uns

[1] Das gleiche gilt nach (32), wie man sieht, für das Gleichgewicht der geordneten Mischphasen untereinander.

auf den Fall der idealen verdünnten Lösungen, wo x_2' klein ist ($K \gg RT$!) und keine Dissoziation des Stoffes 2 in 1 stattfindet, so ist $a_2' = x_2'$, das $\mathfrak{k}_1'$-Glied (Rückwirkung des Fremdstoffes auf das chemische Potential μ_1 in der fast reinen Phase 1) kann vernachlässigt werden[1], und es ergibt sich:

$$x_2' = e^{-\frac{K}{\nu_2 RT}}. \tag{33a}$$

Auch hier nimmt also mit abnehmender Temperatur im stabilsten Gleichgewicht die Verunreinigung rapide mit der Temperatur ab; ein solcher Effekt ist z. B. für die mit der Temperatur abnehmende Löslichkeit des Kohlenstoffs in Eisen im Ferrit-Cementit-Gleichgewicht verantwortlich. Natürlich steht nichts im Wege, $\frac{K}{RT}$ von irgendeiner Normaltemperatur T_0 aus nach $T - T_0$ zu entwickeln; die dabei auftretende Wärmetönung $\mathfrak{W}$ ist die beim Lösen der Phase P von Ordnungskonzentration in der reinen Phase P' auftretende.

Für die geordnete Mischphase P findet man, wiederum unter Vernachlässigung des $\mathfrak{k}_1'$-Gliedes in den allgemeinen Ausgangsgleichungen:

$$\frac{\nu_2 \mathfrak{k}_2}{RT} = -\frac{\nu_1 \mathfrak{k}_1}{RT} = -\frac{\nu_1 \mathfrak{K}_1}{RT}. \tag{34}$$

Hier ist bemerkenswert, daß die bei hoher Reinheit der Phase P' ($a_2' \cong x_2'$, $\mathfrak{k}_1' \cong 0$) auftretenden Abweichungen der Mischphase P von der Ordnungskonzentration nur von der Arbeit $\mathfrak{K}_1$ abhängen, die notwendig ist, um den Stoff 1 aus der Phase P von Ordnungskonzentration zu entfernen und in den *reinen* Zustand P' zu bringen. Allerdings bestehen keine zwingenden Gründe, anzunehmen, daß diese Arbeit immer positiv sein wird und daß infolgedessen der Mischkristall eine Konzentrationsabweichung immer in Richtung des Überschusses an demjenigen Stoff hat, mit dessen fast reiner Phase er im Gleichgewicht ist.

In Analogie zu (32a) bestimmt auch hier wieder der Absolutbetrag und Temperaturgang von ψ im wesentlichen die Größenordnung der zu erwartenden Konzentrationsabweichungen.

Eine genauere Verfolgung der Gleichgewichtsbedingungen (34), unter Benutzung der genaueren $\mathfrak{k}$-Werte geordneter Mischphasen nach (18), § 21, soll an anderer Stelle gegeben werden.

§ 23. Wechselwirkung gelöster Stoffe.

Einführung. In der Chemie wässeriger Lösungen, der Metallchemie und Silikatchemie finden wir eine Fülle von außerordentlich wichtigen Problemen, bei denen mehr als zwei (wirklich oder fiktiv) unabhängige Bestandteile in einer Phase auftreten. In diesem Paragraphen wollen wir von den thermodynamischen Eigenschaften derartiger Phasen wesentlich die behandeln, die sich als einfache Gesetzmäßigkeiten theoretisch verstehen oder ableiten lassen, während das ungeheuere rein empirische Material, das in der Form von Druck- oder Temperatur-Gleichgewichtskurven ternärer und höherer Systeme aufgespeichert ist, erst später (§§ 27 und 30) an der Hand der geeigneten graphischen Darstellungsarten in Typenfällen erörtert werden soll.

---

[1] Beides gilt auch bei Mischungen heteropolarer Salze mit einem gemeinsamen Ion (vgl. §§ 21 und 23).

Wenn wir uns hier auf die theoretisch einigermaßen zugänglichen Fälle von Mehrstoffsystemen beschränken, bei denen also über die Abhängigkeit der Energie, der Freien Energie oder der chemischen Potentiale der einzelnen Stoffe von der Konzentration gesetzmäßige Beziehungen angebbar sein sollen, so befinden wir uns hier gewissermaßen am Rande eines Ozeans, dessen Weiten dem Senkblei bisher noch unergründbar geblieben sind. Die Küste, der Rand. von dem aus die Erforschung begonnen worden ist, wird durch die Spezialfälle gebildet, in denen die miteinander gemischten Stoffe einander in den wichtigsten thermodynamischen Eigenschaften nicht beeinflussen oder sich wenigstens nur so beeinflussen, daß ein im großen Überschuß vorhandenes „Lösungsmittel" mit jedem der gelösten Stoffe in Wechselwirkung tritt, aber nicht die gelösten Stoffe untereinander. Indem man von diesen Grenzfällen ausgeht und das Gebiet der beginnenden Wechselwirkung mehrerer Mischstoffe miteinander, speziell der „gelösten" Stoffe untereinander, der Betrachtung unterzieht, gelangt man dazu, das ganze Problem der mehr als binären Phasen als ein Problem der „Wechselwirkung gelöster Stoffe" zu betrachten.

Unter diesem Gesichtspunkt werden wir hier das Thema im wesentlichen behandeln. Wir gehen von Fällen praktisch fehlender Wechselwirkung (additiven Verhaltens) aus, um sodann zunächst solche Wechselwirkungen zu studieren, die zur Einstellung eines (vorher wirklich oder fiktiv gehemmten) Reaktionsgleichgewichts zwischen einander nicht beeinflussenden Stoffen innerhalb der Mischphase führen (Dissoziation und sonstige Umsetzungen im Sinne des klassischen Massenwirkungsgesetzes). Sodann behandeln wir das moderne Gegenbeispiel der rein polaren elektrischen Wechselwirkung ohne Assoziationseffekte (Theorie der starken Elektrolyte). Schließlich werden einige Arten von Wechselwirkungen außerhalb dieser typischen Fälle besprochen.

Um jedoch bei den Mehrstoffproblemen den Anschluß an die bisher benutzten Methoden (Ausbau und Zerlegung der $\mathfrak{K}$ und μ) nicht zu verlieren, wollen wir vorher (S. 414—417) noch einige Betrachtungen einschalten, die sich mit der allgemeinen Behandlung mehr als binärer Phasen beschäftigen.

Aufbauthermodynamik höherer Mischphasen. Soll die Thermodynamik einer höheren Mischphase für sich (U, S, F, G, μ) oder in ihrer Reaktion mit einer anderen Phase ($\mathfrak{K}$, $\mathfrak{L}$, $\mathfrak{W}$) untersucht werden, so steht natürlich nichts im Wege, die betreffenden thermodynamischen Größen, besonders die μ und $\mathfrak{K}$, in der in § 11, 14 und 15 besprochenen Weise aus Grundeffekten und Resteffekten zusammenzusetzen und jeden dieser Effekte aus Standardwerten bei bestimmten p und T sowie gegebenen spezifischen Wärmen und Volumeffekten aufzubauen $\left(\text{Gleichungen des § 10 und 11 für } \frac{\mu}{T}, \frac{\mathfrak{K}}{T} \text{ und } \frac{\mathfrak{k}}{T}\right)$. Jedoch begegnet ein solcher Versuch verschiedenen Schwierigkeiten: Es ist außerhalb gewisser Grenzgebiete und Spezialfälle meist nicht möglich, irgendeinen Mischungszustand von drei und mehr Stoffen als den Zustand der Normalkonzentration herauszuheben, ohne der ganzen Untersuchung dadurch eine unnötige rein methodisch bedingte Unsymmetrie zu geben. Ferner ist die Bestimmung der Rest-$\mathfrak{k}$ oder Aktivitäten höherer Mischungen, die in dem Schema wenigstens für eine Normaltemperatur und einen Normaldruck gebraucht werden, vielfach sehr schwierig, weil die Gleichgewichte, die zu dem Zweck zur Verfügung stehen, sich nicht über große Temperaturgebiete erstrecken (Ausnahmen sind Bestimmungen der Aktivitäten aus Partialdruckmessungen oder elektromotorischen Kräften). Endlich erschwert schon die bloße Zahl der unabhängigen Variabeln und der zur Darstellung der beobachteten Abhängigkeiten notwendigen Tabellen oder Funktionen die analytische Darstellung, so daß man in den meisten Fällen die Benutzung graphischer

Hilfsmittel vorziehen wird. Immerhin gibt es Spezialfälle, in denen die Methoden der Aufbauthermodynamik ohne weiteres anwendbar sind. Ein solcher Fall ist der folgende:

Geringer Zusatz eines dritten Stoffes. Man geht hier von einem festen Mischungsverhältnis der Stoffe 1 und 2, in flüssiger oder kristallisierter Phase, aus und denkt sich zu dieser binären Mischphase variable kleine Mengen eines 3. Stoffes hinzugefügt. Der gegebene Grundzustand für die thermodynamische Untersuchung ist hier natürlich die „reine Mischung" (1, 2), deren μ_1 und μ_2 sich aus Standardgrößen $\underset{.}{\mu}_{1(a)}$ und $\underset{.}{\mu}_{2(a)}$ [für irgendeinen gegebenen Ausgangszustand (a) von p und T] und Grundwerten der spezifischen Wärmen und Volumeffekte aufbauen lassen. Das thermodynamische und chemische Verhalten des Zusatzstoffes 3 läßt sich dann nach denselben Methoden behandeln und untersuchen, wie wenn es sich um Lösung in einer reinen Phase handelte (§ 15). Insbesondere gelten für μ_3 bei unendlicher Verdünnung dieselben Grenzgesetze wie für die Lösung in einem reinen Lösungsmittel: wenn der Stoff 3 in Form einer oder mehrerer resistenter Gruppen auftritt, die in dem Lösungsmittel (1, 2) noch nicht vorhanden sind, wird μ_3 für kleine $x_3^* = \frac{n_3^*}{n_1 + n_2 + n_3^*}$ negativ unendlich wie $RT \ln x_3^*$ bzw. bei Unterteilung in je ν Äquivalente verschiedener resistenter Gruppen wie $RT \sum \nu_j \ln \nu_j x_3^*$ [vgl. (7b), § 15]. Hierauf gründet sich, ebenso wie bei reinen Lösungsmitteln, eine Zerlegung von μ_3 in $\underset{.}{\mu}_3 + \mathfrak{k}_3$, wobei das Grund-$\mu$ sich auf den Zustand der idealen extrapolierten Lösung [3 in (1, 2)] von Einheitskonzentration bezieht und der Aufbau von $\underset{.}{\mu}_3$ aus Standardwerten $\underset{.}{\mu}_{3(a)}$ und $\underset{.}{w}_{3(a)}$, Volumbeiträgen $\underset{.}{v}_3$ und spezifischen Wärmen $\underset{.}{c}_{p\,3}$ in unendlicher Verdünnung in derselben Weise erfolgt wie im Falle reiner Lösungsmittel. Die Untersuchung der $\mathfrak{k}_3$ aus dem Gang mit x_3 bei einer Temperatur, den Verdünnungsvolumen $\mathfrak{v}_3$ und Verdünnungswärmen $\mathfrak{w}_3$ erfolgt ebenfalls nach genauer Analogie mit den reinen Lösungsmitteln.

Neue Beziehungen kommen dagegen ins Spiel, wenn man den Einfluß des Zusatzes 3 auf die μ_1 und μ_2 untersucht. Die Änderung dieser μ mit x_3 ist nicht, wie bei binären Phasen, durch den Gang von μ_3 mit x_3 allein gegeben, sondern es besteht nur die allgemeine Beziehung [§ 10, Gleichung (24)]:

$$x_1 \frac{\partial \mu_1}{\partial x_3} + x_2 \frac{\partial \mu_2}{\partial x_3} + x_3 \frac{\partial \mu_3}{\partial x_3} = 0, \tag{1}$$

wobei die Änderungen mit x_3 hier so zu verstehen sind, daß das Verhältnis der Stoffe 1 und 2 dabei konstant gehalten wird. In den wichtigsten Fällen wird der Stoff 3 sich nur als *eine* dem System (1, 2) fremde resistente Atomgruppe in der Lösung befinden, so daß zu setzen ist:

$$\mu_3 = \underset{.}{\mu}_3 + RT \ln x_3^* \tag{2}$$

und folglich

$$\frac{\partial \mu_3}{\partial x_3} = \frac{RT}{x_3^*}, \tag{3}$$

wodurch (1) übergeht in

$$x_1 \frac{\partial \mu_1}{\partial x_3} + x_2 \frac{\partial \mu_2}{\partial x_3} + RT = 0. \tag{4}$$

Diese Gleichung sagt jedoch nicht einmal über das Vorzeichen von $\frac{\partial \mu_1}{\partial x_3}$ und $\frac{\partial \mu_2}{\partial x_3}$ etwas aus, im Gegensatz zu der vollständigen Determiniertheit des entsprechenden Ausdruckes für Lösungen in einheitlichen Lösungsmitteln [vgl. § 10 Gleichung (24a)]. Das ist allerdings nach unseren allgemeinen Überlegungen in § 10 verständlich, nach denen bei einem Dreikomponentensystem drei unabhängige

$\frac{\partial \mu}{\partial x}$ existieren, von denen hier durch (3) erst eins bestimmt ist. Es ist aber leicht einzusehen, daß in unserem Spezialfall der kleinen x_3 in Wirklichkeit nur zwei unabhängige $\frac{\partial \mu}{\partial x}$ existieren, da die $\frac{\partial \mu_1}{\partial x_1}$ bis $\frac{\partial \mu_2}{\partial x_2}$ von den x_3 praktisch unabhängig sind und infolgedessen zwischen ihnen noch die spezielleren Beziehungen (24a), § 10 eines Zweikomponentensystems bestehen. Es müssen sich also alle $\frac{\partial \mu}{\partial x}$, speziell die $\frac{\partial \mu_1}{\partial x_3}$ und $\frac{\partial \mu_2}{\partial x_3}$, durch *eine* weitere $\frac{\partial \mu}{\partial x}$-Größe ausdrücken lassen. Diese Rechnung ist von C. WAGNER durchgeführt worden[1]; WAGNER führt die Größen $\frac{\partial \mu_1}{\partial x_3}$ und $\frac{\partial \mu_2}{\partial x_3}$ auf die durch eine zusätzliche Gleichgewichtsmessung (s. w. u.) bestimmbare Größe $\frac{\partial \mu_3}{\partial x_1}$ zurück; er erhält unter der Annahme $x_3 \ll 1$ und Gültigkeit von (2) die Beziehungen:

$$\frac{\partial \mu_1}{\partial x_3}_{\left(\frac{x_1}{x_2}\right)} = -RT \cdot \left(1 - x_2 \cdot \frac{1}{RT} \cdot \frac{\partial \mu_3}{\partial x_1}_{(x_3)}\right), \tag{5}$$

$$\frac{\partial \mu_2}{\partial x_3}_{\left(\frac{x_1}{x_2}\right)} = -RT \cdot \left(1 + x_1 \cdot \frac{1}{RT} \cdot \frac{\partial \mu_3}{\partial x_1}_{(x_3)}\right). \tag{6}$$

[μ_3 bedeutet hierbei, wie in (2), das von der Konzentration x_3 unabhängige Glied von μ_3.]

Die in diesen Ausdrücken auftretende charakteristische Größe $\frac{1}{RT} \cdot \frac{\partial \mu_3}{\partial x_1}$ hängt nun mit der Löslichkeitsbeeinflussung des reinen Stoffes 3 in (1, 2) durch Zusatz von 1 aufs engste zusammen; ist also diese Löslichkeitsbeeinflussung noch bekannt, so sind nach (5) und (6) die $\frac{\partial \mu_1}{\partial x_3}$ und $\frac{\partial \mu_2}{\partial x_3}$ nach Vorzeichen und Größe vollständig bestimmt. Ist ξ_3 die Löslichkeit (Gleichgewichtskonzentration) des reinen (festen oder mit bestimmtem Partialdruck im Gasraum vorhandenen) Stoffes 3 in (1, 2), so gilt nach der a. a. O. gegebenen Entwicklung:

$$\frac{\partial \ln \xi_3}{\partial x_1} = -\frac{1}{RT} \cdot \frac{\partial \mu_3}{\partial x_1}. \tag{7}$$

Hieraus ergibt sich, daß das chemische Potential des Stoffes 1 in der Mischung von konstantem Verhältnis der Stoffe 1 und 2 durch Zusatz von 3 desto stärker herabgesetzt wird, je größer die Zunahme der Löslichkeit von 3 bei Zugabe von 1 ist. Nimmt andererseits die Löslichkeit von 3 bei Zugabe von 1 ab, so kann sogar durch Zusatz von 3 das chemische Potential von 1 vergrößert werden. Entsprechende Überlegungen gelten für den zweiten Stoff.

Mit Hilfe der so gewonnenen Beziehungen lassen sich die Beeinflussungen der Gleichgewichte, für welche die μ_1 und μ_2 maßgebend sind, durch den Stoff 3 ohne weiteres behandeln, also z. B. die Dampfdruckänderung von 1 und 2 durch 3 oder die Änderung der Gleichgewichtstemperatur (Kristallisationspunkt) mit einer der beiden festen Phasen (1 bzw. 2) bei Zusatz von 3. Ebenso bietet die Berechnung der Temperatur, bei der die Summe der Partialdrucke gleich einem gegebenen äußeren Druck ist (Siedetemperatur), keine besonderen Schwierigkeiten. In allen diesen Fällen kann sowohl eine Erhöhung als auch eine Er-

[1] WAGNER, C.: Z. f. physik. Chem. Bd. 119, S. 53, 1926. Die dort gegebene Darstellung ist infolge einer etwas anderen Definition der Molenbrüche ein wenig abweichend. Für kleine Werte von x_3, für welche allein diese Überlegungen mit Rücksicht auf (2) gelten, sind die Unterschiede praktisch belanglos.

niedrigung des Partialdrucks, Gefrierpunktes oder Siedepunktes durch 3 stattfinden entsprechend dem Einfluß des Gliedes $\frac{1}{RT} \cdot \frac{\partial \mathfrak{f}_3}{\partial x_1}$. Über den Zusammenhang dieser Fragen mit den Molekulargewichtsbestimmungen des Stoffes 3 in (1, 2) vgl. C. WAGNER, a. a. O., sowie die unten angegebenen Literaturstellen[1].

Wird nicht das Mischungsverhältnis 1 und 2, sondern etwa μ_2 selbst durch Gleichgewicht mit einer reinen kristallinen Phase des Stoffes 2 konstant gehalten, während x_3 sich ändert, so tritt an Stelle von (1) die Gleichung

$$x_1 d\mu_1 + x_3 d\mu_3 = 0,$$

und wenn $\mathfrak{f}_3$ unabhängig von der Zusammensetzung des Lösungsmittels (1, 2) durch $RT \ln x_3^*$ gegeben ist, folgt hieraus:

$$\frac{1}{RT} x_1 d\mu_1 = -dx_3. \tag{8}$$

G. N. LEWIS, der diese Gleichung aufstellte[2], macht auf ihre völlige Analogie mit der Beeinflussung des μ eines reinen Lösungsmittels durch einen Fremdstoff aufmerksam. Da $\frac{dx_3}{x_1} = \frac{dn_3}{n_1}$ ist, ist die Änderung des μ_1 und damit der Aktivität a_1, des idealisierten Dampfdrucks p_1 usw. in der Tat die gleiche wie in einem reinen Lösungsmittel 1, dem die gleichen relativen Mengen $\frac{dn_3}{n_1}$ des Fremdstoffs zugeführt werden (Beispiel: Änderung des Dampfdrucks des Wassers in einer dauernd gesättigten Salzlösung bei Zusatz von Zucker).

Mehrstoffmischungen ohne Wechselwirkung. Indem wir, nach diesen etwas allgemeineren Vorbemerkungen, im folgenden unserer Untersuchung den Wechselwirkungsbegriff zugrunde legen, erweist sich als der gegebene Ausgangspunkt der Fall, wo die miteinander gemischten Stoffe überhaupt keine merkliche Wechselwirkung aufeinander ausüben. Nach den Ausführungen des § 15 ist dieser Fall, abgesehen von idealen Gasmischungen, namentlich in verdünnten Lösungen realisiert, wenn die Teilchen der gelösten Stoffe 2, 3 ... keine Fernwirkungen ausüben und chemische Reaktionen, die zwischen ihnen möglich sind, durch Hemmungen unterbunden werden[3]. In solchen Fällen ist der konzentrationsabhängige Anteil des chemischen Potentials der gelösten Stoffe 2, 3 ... i durch $RT \ln x_i$ gegeben, wenn so vorgegangen wird, daß jeder Molekülart der gelösten Stoffe ein besonderes chemisches Potential und eine besondere Molenzahl zugeschrieben wird (die Unterbestandteile einer Molekülart, die bei Aufhebung der angenommenen Dissoziationshemmung aus dieser entstehen könnten, gelten dabei natürlich als besondere Molekülarten). Wählen wir als Grundzustand der Konzentration speziell die auf Einheitskonzentration extrapolierte verdünnte Lösung der betreffenden Molekülart, so ist das μ eines gelösten Stoffes, falls alle Wechselwirkungen zwischen den gelösten Teilchen fehlen, gegeben durch

$$\mu_i = \underset{\cdot}{\mu}_i + RT \ln x_i. \tag{9a}$$

Ferner sahen wir in § 15, daß Mischungen flüssiger oder fester Körper existieren, die *im gesamten Mischungsbereich* diesen idealen Fall angenähert verwirklichen,

---

[1] Experimentelle Untersuchungen bei C. DRUCKER u. H. WEISSBACH: Z. f. physik. Chem. Bd. 117, S. 209, 1925. Weitere Untersuchungen über Änderung der gegenseitigen Löslichkeit zweier Flüssigkeiten sowie der kritischen Mischungstemperatur bei C. WAGNER: Z. f. physik. Chem. Bd. 132, S. 273, 1928.

[2] Z. f. physik. Chem. Bd. 61, S. 129, 1907; LEWIS u. RANDALL a. a. O. Kap. 20.

[3] Das Lösungsmittel 1 braucht hierbei kein reiner Stoff zu sein, sondern kann selbst eine beliebige Mischung sein, die jedoch in ihrer Zusammensetzung konstant sein muß und keine der gelösten resistenten Gruppen bereits enthalten darf.

die „idealen" oder „vollkommenen" Mischungen. Zwar kann hier von einem Fehlen der Wechselwirkungen zwischen den Komponenten im eigentlichen Sinne nicht die Rede sein. Doch genügt, wie in § 15 gezeigt wurde, die Bedingung, daß die molekularen Kräfte zwischen den Teilchen der gemischten Stoffe untereinander praktisch die gleichen sind wie zwischen den Teilchen der reinen Komponenten, um hinsichtlich des konzentrationsabhängigen Gliedes der μ_i zu denselben Folgerungen zu kommen wie beim Fehlen jeder Wechselwirkung. Für derartige ideale Mischungen gilt also

$$\mu_i = \boldsymbol{\mu}_i + RT \ln x_i\,, \tag{9b}$$

wenn als Grundzustand der reale Zustand der reinen Komponente i eingeführt wird ($\boldsymbol{\mu}_i = \mu^{(i)}$).

Reaktionen von sonst nicht in Wechselwirkung stehenden Bestandteilen einer Mischung. Massenwirkungsgesetz. Heben wir die wirklichen oder fiktiven Hemmungen auf, die zwischen verschiedenen, miteinander reaktionsfähigen, aber sonst nicht in Wechselwirkung stehenden Komponenten einer Mischung oder verdünnten Lösung vorliegen, so wird sich die anfänglich vorhandene Konzentration der reagierenden Stoffe und Reaktionsprodukte so lange ändern, bis die Bedingung $\mathfrak{K} = 0$ für die betreffende Homogenreaktion erfüllt ist. Gehorchen die Stoffe den Gleichungen (9a) oder (9b), so besteht im Gleichgewicht zwischen den Konzentrationen die Bedingung:

$$RT \textstyle\sum \nu_i \ln x_i = -\sum \nu_i \underset{\cdot}{\mu}_i \tag{10a}$$

bzw.

$$RT \textstyle\sum \nu_i \ln x_i = -\sum \nu_i \boldsymbol{\mu}_i\,, \tag{10b}$$

wobei die rechten Seiten in ihrer p- und T-Abhängigkeit durch Messung von Volumgrößen und spezifischen Wärmen der reinen Stoffe bzw. der unendlich verdünnten Partiallösungen bestimmt werden können. Das sind ganz die Verhältnisse, die wir bei den Reaktionen in idealen Gasgemischen (§ 17) vorfanden. Die Größe $-\frac{\sum \nu_i \underset{\cdot}{\mu}_i}{RT}$ oder $-\frac{\sum \nu_i \boldsymbol{\mu}_i}{RT}$ werden wir wieder als $\ln \mathbf{K}$, Gleichungen (10) als Ausdruck des Massenwirkungsgesetzes und $\mathbf{K}$ als Gleichgewichtskonstante (in Molenbrüchen) bezeichnen:

$$\textstyle\sum \nu_i \ln x_i = \ln \mathbf{K}\,. \tag{11}$$

Mit dieser Ableitung von (11) sind zugleich die Bedingungen für die Gültigkeit des Massenwirkungsgesetzes in nicht gasförmigen Mischungen genau umschrieben. Es genügt nicht die Annahme der fehlenden Wechselwirkung, sondern die reagierenden Stoffe müssen wirklich in dem durch die n_i bezeichneten Molekularzustand vorhanden sein, und die μ_i dürfen nicht anders als nach (9a) oder (9b) von den Einzelkonzentrationen abhängen.

Ein Beispiel für eine konzentrierte Mischung, in der nach Ablauf der Reaktion das Massenwirkungsgesetz in der Form (11) und demnach die Beziehung (9) recht gut erfüllt ist, ist schon sehr früh von BERTHELOT und PÉAN DE ST. GILLES untersucht worden; es ist die Reaktion von Essigsäure und Alkohol zu Äthylacetat und Wasser. Hier ist $\mathbf{K}$ praktisch konstant bei Konzentrationen der Stoffe, die von beliebigen Anfangszuständen aus erreicht werden[1].

Bei Abweichung der Reaktionsteilnehmer vom idealen Verhalten tritt natürlich, genau wie in § 17 schon besprochen wurde, an Stelle von (11) die Gleichung

$$\textstyle\sum \nu_i \ln \underset{\cdot}{a}_i \quad \text{bzw.} \quad \sum \nu_i \ln a_i = \ln \mathbf{K}\,. \tag{11'}$$

---

[1] Wegen weiterer Diskussion und Literaturangaben sei auf R. LORENZ: Das Gesetz der chemischen Massenwirkung, Leipzig 1927, verwiesen.

Assoziation und Dissoziation verdünnter Fremdstoffe in Lösungen. Mit der Besprechung der Gleichung (10a) oder des Massenwirkungsgesetzes (11) für reaktionsfähige Fremdstoffe, die in großer *Verdünnung* in einem Lösungsmittel gelöst sind, kommen wir in das Gebiet derjenigen Betrachtungen, die früher bei der Beurteilung des chemischen und elektrischen Verhaltens der Elektrolytlösungen eine große Rolle spielten (OSTWALDsches Verdünnungsgesetz) und diese Bedeutung für schwache Elektrolyte und neutrale zersetzbare Stoffe auch heute noch ungeschmälert behalten haben. Soweit es sich dabei um Stoffe handelt, deren assoziierter oder dissoziierter Zustand entweder (infolge genügender Reaktionshemmungen) durch chemische Analyse festgestellt oder durch Leitfähigkeitsmessungen elektrisch ermittelt oder durch typische optische, katalytische und andere Eigenschaften bestimmt werden kann, verfährt man bei der Bestimmung der Gleichgewichtskonstanten des Massenwirkungsgesetzes etwa in der Weise, daß man jeweils das Produkt $\Pi\,(x_i^{\nu_i})$ der bei der angenommenen Reaktion entstehenden und verschwindenden Molekülarten bildet und feststellt, ob es bei kleinen Konzentrationen hinreichend konstant ist. Ist das der Fall, so hat man damit die Konstante $\mathbf{K}$ des Massenwirkungsgesetzes der betreffenden Reaktion gefunden. Auf diese Weise sind z. B. die Dissoziationskonstanten schwacher Elektrolyte in wässerigen Lösungen in einem großen Umfange bestimmt und tabelliert worden (vgl. etwa LANDOLT-BÖRNSTEINS Tabellen), aber es sind auch Dissoziationskonstanten und Gleichgewichtskonstanten etlicher neutraler zerfallender Stoffe in verschiedenen Lösungsmitteln bekannt.

Für die Anwendung der tabellierten Angaben mag hierbei noch bemerkt werden, daß in Lösungen das Massenwirkungsgesetz meist für die molaren Konzentrationen in 1 l Lösungsmittel aufgestellt und die Massenwirkungskonstante für diesen Fall gegeben wird. Bezeichnet c_i das Verhältnis $\frac{n_i}{V}$, wobei V das in Litern gemessene Volum der Lösung bedeutet, so wird gewöhnlich als Gleichgewichtskonstante die Größe

$$\Pi\,(c_i^{\nu_i}) = \mathbf{K}_c \tag{11a}$$

angegeben, die, der Definition von c zufolge, mit der Molenbruchkonstanten $\mathbf{K}$ in der Beziehung steht (n = Summe aller Molenzahlen in der Lösung):

$$\mathbf{K}_c = \Pi\,(c_i^{\nu_i}) = \Pi\,(x_i^{\nu_i}) \cdot \left(\frac{n}{V}\right)^{\Sigma\nu} = \mathbf{K} \cdot (\text{Molenzahl pro Volumeinheit})^{\Sigma\nu}.$$

Für etwas größere Konzentrationen ist hiernach $\mathbf{K}_c$ schon wegen seiner Abweichung von der wirklichen Gleichgewichtskonstanten $\mathbf{K}$ keine strenge Konstante. Für hinreichende Verdünnungen kann man jedoch n gleich der Zahl der Mole Lösungsmittel in 1 Liter, d. h. gleich dem tausendfachen reziproken Molvolum des Lösungsmittels bei der betreffenden Temperatur setzen. Hiernach ist z. B. für wässerige Lösung und 25° C:

$$\mathbf{K}_c = \mathbf{K} \cdot \left(\frac{1000}{18{,}016} \cdot \frac{1}{1{,}00294}\right)^{\Sigma\nu} = \mathbf{K} \cdot (55{,}343)^{\Sigma\nu}.$$

Für Essigsäure in Wasser ist $\mathbf{K}_c = 1{,}84 \cdot 10^{-5}$ bei 25° (s. Kapitel H, 15. Beispiel), ν_2 für die Essigsäuremoleküle (im Sinne der Dissoziation) $= -1$, für die entstehenden Ionen ν_3 und ν_4 je $= +1$, also nach (11a) $\frac{c_3 \cdot c_4}{c_2} = 1{,}84 \cdot 10^{-5}$. Ist keins der Ionen im Überschuß vorhanden ($c_3 = c_4$) und führt man den Dissoziationsgrad α ein, so daß $c_3 = c_4 = \alpha \cdot c_0$, $c_2 = (1-\alpha)\,c_0$ wird (c_0 = gelöste Gesamtmenge), so wird $\frac{\alpha^2}{1-\alpha} = \frac{\mathbf{K}_c}{c_0}$. Also etwa für $c_0 = \frac{1}{1000}$ molare Lösung: $\frac{\alpha^2}{1-\alpha} = 1{,}84 \cdot 10^{-2}$, $\alpha = .1268$ oder 12,68%. Umgekehrt: Bildet man aus einem (durch Leitfähigkeitsmessungen direkt, wenn auch nicht ganz hypothesenfrei bestimmten) α-Wert und der zugehörigen Konzentration c_0 den Ausdruck $\frac{\alpha^2}{1-\alpha} c_0$, so gelangt man für ein gewisses Bereich kleiner Konzentration zu einem konstanten Wert $\mathbf{K}_c$, der für 25^0 C (und Atmosphärendruck) eben $= 1{,}84 \cdot 10^{-5}$ ist.

Die Anwendungen der Gleichungen (11) und (11a) sind besonders auf dem Gebiet der verdünnten wässerigen Lösungen außerordentlich zahlreich; wenn auch ihre Anwendung auf dem Gebiet der „starken" Elektrolyte sich nicht als streng zulässig erwiesen hat, so ist doch dem Massenwirkungsgesetz in seiner einfachen Form (11) bzw. (11a) auf dem Gebiet der schwachen Säuren und Basen noch ein hinreichend weites Anwendungsgebiet gesichert. Außer solchen Fragen wie nach der Dissoziation eines einzelnen Elektrolyten können durch mehrfache Anwendung des Massenwirkungsgesetzes[1] Fragen der Einwirkung zweier Säuren oder Basen mit gleichen oder ungleichen Ionenarten aufeinander, Fragen der Verteilung eines Basenradikals auf zwei Säureradikale und ähnliche auf dieser Grundlage beantwortet werden (ARRHENIUS, OSTWALD, NERNST u. a.). Bezüglich der Berechnung wichtigster Typenfälle verweisen wir auf NERNST[2].

Aktivitäten verdünnter Lösungen nach dem Massenwirkungsgesetz. In Strenge ist die Nachprüfung der erwähnten Anwendungen des Massenwirkungsgesetzes nur möglich, wenn die Konzentration jeder der reagierenden Teilchenarten getrennt in der Lösung bestimmt werden kann, was, bei chemisch-analytischen Methoden, eine Resistenz aller reagierenden Atomgruppen während der Manipulationen einer solchen Analyse voraussetzen würde. Häufig finden jedoch die partiellen Zersetzungen eines in eine Lösung gebrachten komplexen Fremdstoffes oder seine Assoziation mit anderen Fremdstoffmolekülen oder solchen der eigenen Art mit außerordentlich großer Geschwindigkeit statt. Dann ist eine Bestimmung seines molekularen Zustandes durch direkte chemische Analyse nicht möglich, es bleiben zur direkten Feststellung der Zahlen der dissoziierten und assoziierten Moleküle nur physikalische Methoden übrig, die nicht immer eindeutige Resultate liefern. Doch gibt es indirekte Wirkungen des Molekularzustandes gelöster Stoffe, die auch dann der chemisch-thermodynamischen Untersuchung zugänglich sind und die deshalb zur Prüfung dienen können, ob sich in einem gelösten Stoff ein Umsatz nach dem Massenwirkungsgesetz abspielt und wie gegebenenfalls die Konstante dieser Umsetzung ist. Es handelt sich hierbei um Schlüsse, die aus dem Konzentrationsgang des chemischen Potentials oder der Aktivität des betreffenden Fremdstoffs (als Ganzem) gezogen werden; die Einstellung eines Reaktionsgleichgewichts zwischen den Komponenten eines hinreichend verdünnten Fremdstoffs nach dem Massenwirkungsgesetz bedingt einen ganz bestimmten Gang der Aktivität des Fremdstoffs und auch des Lösungsmittels mit der Konzentration des Fremdstoffs.

Am wichtigsten sind wieder die Fälle, in denen entweder nur die Beeinflussung der Aktivität des Lösungsmittels in die Messung eingeht (Dampfdruckerniedrigung, Siedepunktserhöhung, Gefrierpunktserniedrigung des Lösungsmittels) oder nur die des gelösten Stoffes (Löslichkeit schwer löslicher Verbindungen, Verteilung eines Fremdstoffes zwischen zwei Lösungsmitteln, u. U. Partialdampfdrucke dissoziierender Fremdstoffe). Die Berechnung der Aktivitäten ist in beiden Fällen einfach. Die Aktivität des Lösungsmittels ist bei großen Verdünnungen eines in Molekülarten x_j zerfallenden Fremdstoffs durch $a_1 = 1 - \sum x_j$ gegeben (vgl. § 15, S. 290); es genügt also, nach dem Massenwirkungsgesetz für die angenommene

[1] Für die Massenwirkungskonstanten von Reaktionen, die sich aus anderen zusammensetzen lassen, gelten genau die in § 16 für Gase besprochenen Gesetzmäßigkeiten.

[2] Theoretische Chemie, Buch 3, Abschnitt Salzlösungen.

Reaktion die Gesamtsumme der jeweils vorhandenen Fremdstoffmoleküle (entsprechend dem Dissoziationsgrad) zu berechnen, um aus der Massenwirkungskonstanten der Reaktion für jede (hinreichend kleine) Konzentration die Aktivität a_1 des Lösungsmittels und damit z. B. dessen Gefrierpunktserniedrigung voraussagen zu können. Die Übereinstimmung der so gefundenen Daten mit den direkt beobachteten liefert ein neues wichtiges Kriterium für die Gültigkeit des Massenwirkungsgesetzes in dem betreffenden Fall.

Vielleicht von noch größerem Interesse, weil neue Konzentrationsabhängigkeiten auftreten, ist die Berechnung der Aktivität des Fremdstoffs selbst. Dissoziiert z. B. der Stoff 2 in je ν_j Bruchstücke seiner Komponenten $a, b \ldots j$, so können wir nach § 15 (7b) sein chemisches Potential für hinreichende Verdünnung darstellen in der Form:

$$\mu_2 = \underset{\cdot}{\mu}_2 + RT \ln \underset{\cdot}{a}_2 = \underset{\cdot}{\mu}_2 + RT \sum \nu_j \ln \nu_j x_j . \qquad (12)$$

Die x_j und damit die Aktivität $\underset{\cdot}{a}_2$ lassen sich aber mit Hilfe des Massenwirkungsgesetzes in Abhängigkeit von der Gesamtkonzentration x_2 (berechnet, als ob der gesamte Stoff 2 in undissoziierter Form vorläge) ausdrücken. Die Aussagen über den Konzentrationsgang der Aktivität des Stoffes 2, die man so erhält, kann man durch geeignete Messungen (z. B. über die Konzentrationsabhängigkeit des Verteilungskoeffizienten, wenn das Verhalten im anderen Lösungsmittel bekannt ist) direkt nachprüfen. Für die Dissoziation eines Fremdstoffs in zwei Bruchstücke a und b erhält man so (bei kleinen x_2):

$$\underset{\cdot}{a}_2 = x_a \cdot x_b = \alpha^2 \cdot x_2^2 , \qquad (12\,a)$$

wenn α der Dissoziationsgrad ist. Für große Dissoziationsgrade ($\mathbf{K} \gg x_2$) liefert das Massenwirkungsgesetz $\frac{\alpha_2}{1-\alpha} = \frac{\mathbf{K}}{x_2}$ den Ausdruck $\alpha \cong 1 - \frac{x_2}{\mathbf{K}}$. Also wird in 1. Näherung

$$\underset{\cdot}{a}_2 = \left(1 - \frac{2\,x_2}{\mathbf{K}}\right) x_2^2 . \qquad (12\,b)$$

Auf derselben Grundlage läßt sich, immer unter der Voraussetzung, daß zwischen den Komponenten der gelösten Stoffe keine andere Wechselwirkungen als eben die Reaktionen nach dem Massenwirkungsgesetz auftreten, auch der etwas kompliziertere Fall behandeln, wo zwei oder mehrere verschiedene Fremdstoffe (in kleiner Menge) gelöst sind, deren Dissoziationsprodukte zum Teil identisch sind (zwei schwach dissoziierende Salze mit einem gemeinsamen Kation oder Anion). In solchen Fällen muß für die Dissoziation jedes der gelösten Fremdstoffe Gleichgewicht herrschen, es treten also, unter unseren Annahmen, ebenso viele Massenwirkungskonstanten wie unabhängige Fremdstoffe auf, und die Aktivität jedes Fremdstoffes läßt sich, falls die verschiedenen Gleichgewichtskonstanten bekannt sind, in Abhängigkeit von der Konzentration aller Fremdstoffe berechnen.

Gleichgewicht mit einer festen Fremdphase. Das Löslichkeitsprodukt. Ist speziell die verdünnte Lösung im Gleichgewicht mit einem der „reinen" (dissoziationsfähigen) Fremdstoffe als Bodenkörper, etwa einer schwerlöslichen Säure, so ist dadurch für diesen Fremdstoff (2) sein gesamtes chemisches Potential μ_2 oder auch das mit μ_2 numerisch gleiche[1] chemische Potential μ_{ab} seines undissoziierten Anteils, d. h. die Konzentration x_{ab} (im allgemeineren Falle: die Aktivität $\underset{\cdot}{a}_{ab}$ oder auch a_{ab}) dieses Anteils gegeben. Die Dissoziationsprodukte, mit den Konzentrationen x_a und x_b, können gleichwohl durch Zusatz anderer

[1] Wegen der inneren Gleichgewichtsbedingung.

Stoffe mit partiell gleichen Komponenten (z. B. anderer Säuren) verändert werden; diese Veränderungen müssen jedoch immer der Bedingung genügen:

$$x_a \cdot x_b = \mathbf{K} \cdot x_{ab} = \text{Const.} \tag{13}$$

In dem speziellen Fall, wo es sich um elektrolytische Dissoziation von Salzen (Säuren, Basen) handelt, die in entgegengesetzt geladene Ionen a und b aufspalten, bezeichnet man die in Gleichung (13) auftretende, nur noch von der Temperatur (und in geringem Maße vom Druck) abhängige Konstante als Löslichkeitsprodukt **P** der betreffenden Ionen; natürlich tritt im allgemeineren Falle das Produkt $x_a^{\nu_a} \cdot x_b^{\nu_b}$ auf[1]. Die tabellierten Angaben für wässerige Lösungen (z. B. LANDOLT-BÖRNSTEIN Bd. 5, S. 224) sind, entsprechend wie bei den Dissoziationskonstanten, meist für die Molarkonzentrationen $c_+^{\nu_+} \cdot c_-^{\nu_-}$ in Molen pro Liter gegeben:

$$\mathbf{P} = c_+^{\nu_+} \cdot c_-^{\nu_-} = \mathbf{K}_c \cdot c_{ab} \,. \tag{13a}$$

Gewöhnlich schreibt man für einen Stoff $A_m B_n$, der in m Teile A und n Teile B dissoziiert, Gleichung (13a) in der Form:

$$\mathbf{P} = [A]^m \cdot [B]^n = \mathbf{K}_c \cdot [A_m B_n] \,. \tag{13b}$$

Die Beziehungen (13) gewinnen dann eine Bedeutung, wenn weitere Fremdstoffe mit den Dissoziationsprodukten A oder B zugefügt werden. Die erstmalige Bestimmung von **P** wird jedoch natürlich ohne Gegenwart anderer Fremdstoffe erfolgen, indem z. B. die Gesamtmenge c_2 des gelösten Stoffes 2 analytisch bestimmt und daraus, mit Hilfe des anderweitig gemessenen $\mathbf{K}_c$, aus (11a) die Konzentration c_{ab} und somit $\mathbf{K}_c \cdot c_{ab}$ ermittelt wird. Noch häufiger ist die Hinzuziehung direkter Bestimmungen von c_+ und c_- aus Leitfähigkeiten oder Potentialmessungen.

Verwendung finden die so bestimmten Größen **P** vor allem zu Voraussagen über die Zurückdrängung der Dissoziation eines Stoffes durch andere Stoffe mit gleichen Dissoziationsprodukten. Ist **P** für ein schwer lösliches Salz $A_m B_n$ bekannt und wird der gesättigten Lösung dieses Salzes ein anderes partiell dissoziiertes Salz $A_{m'} C_{n'}$ hinzugefügt, so wird, durch Vermehrung von $[A]$, die Konzentration $[B]$ zurückgedrängt, so daß $[A]^m \cdot [B]^n$ unverändert bleibt. Fälle solcher gegenseitiger Beeinflussung der Löslichkeit von Salzen (bei Anwesenheit eines oder mehrerer fester Bodenkörper) sind besonders eingehend von W. NERNST studiert, auf dessen Darstellung hier verwiesen werden kann[2].

Temperatur- und Druckabhängigkeit der Gleichgewichtskonstanten. $\ln \mathbf{K}$ steht mit den Grundarbeiten $\mathfrak{K} = \sum \nu_i \mu_i$ bzw. $\sum \nu_i \mu_i$ der betreffenden Reaktion nach (10) und (11) in dem Zusammenhang:

$$\ln \mathbf{K} = -\frac{\mathfrak{K}}{RT} \,.$$

Es gelten also nach § 11 die zu dem Fall der Gasreaktionen [§ 17, (8) und (9)] ganz analogen Beziehungen:

$$\frac{\partial \ln \mathbf{K}}{\partial T} = \frac{\mathfrak{W}}{RT^2} \,, \tag{14}$$

$$\frac{\partial \ln \mathbf{K}}{\partial p} = -\frac{\mathfrak{B}}{RT} \,, \tag{15}$$

---

[1] Daß in allen Fällen, wo das Massenwirkungsgesetz auf Ionendissoziation angewandt wird, die elektrischen Kräfte eine häufig sehr erhebliche Aktivitätskorrektur bedingen, wird weiter unten besprochen werden. Nur in sehr ionenarmen Lösungen können, wie es hier geschieht, die Ionenkonzentrationen an Stelle der Aktivitäten gesetzt werden.

[2] Theoretische Chemie, 3. Buch, Abschnitt Salzlösungen.

wobei $\boldsymbol{\mathfrak{W}}$ und $\boldsymbol{\mathfrak{V}}$ im Falle idealer Lösungen, ebenso wie bei idealen Gasen, auch mit der nicht normalisierten Wärmetönung und Volumänderung $\mathfrak{W}$ und $\mathfrak{V}$ der Reaktion identisch sind, da $\frac{\sum \nu_i \mathfrak{k}_i}{RT}$ weder von p noch von T abhängig ist.

Die Beziehungen (14) und (15) stellen allerdings gerade im Falle der verdünnten Lösungen meist keine Bereicherungen der thermodynamischen Daten dar, weil die Größen $\mathfrak{W}$ und $\mathfrak{V}$ wegen der hemmungslosen Einstellung der betreffenden Gleichgewichte in der Regel keiner direkten Prüfung zugänglich sind. So erscheint z. B. die Wärmetönung $\mathfrak{W}$ einer Dissoziation meist als reine Rechengröße. Ähnliches gilt vom Temperatur- und Druckgang des Löslichkeitsproduktes **P**, den man durch die Summe der Wärme- und Volumeffekte bei Lösung des undissoziierten Stoffes und nachfolgender vollständiger Dissoziation in einer zu (14) und (15) völlig analogen Weise ausdrücken kann.

Dissoziation des Lösungsmittels. Ehe wir den Voraussetzungs-und Vorstellungskreis des Massenwirkungsgesetzes verlassen, haben wir noch der zunächst paradoxen, jedoch in gewissen Fällen durch den Erfolg durchaus gerechtfertigten Anwendung dieser Vorstellungen auf „Reaktionen des Lösungsmittels mit sich selbst" zu gedenken, einer Anwendung, die übrigens schon bei Berechnung der Dissoziation in geordneten Molekülphasen, § 21, eine Rolle gespielt hat. In der Theorie der wässerigen Lösungen scheint es vor allem möglich, die sehr geringe spontane Dissoziation des reinen Wassers in H^+ und OH^--Ionen unter diesem Gesichtspunkt zu behandeln. Diese beiden Ionenarten (2 und 3) werden dabei als Fremdstoffe in dem aus undissoziierten (oder auch beliebig assoziierten) Wassermolekülen gebildeten Lösungsmittel (1) betrachtet; ihre Aktivität kann wegen der hohen Verdünnung (wenn nicht reichliche Anwesenheit von anderen Fremdstoffionen zu erheblicheren elektrischen Aktivitätskorrekturen Anlaß gibt) gleich der Konzentration gesetzt werden:

$$\mu_2 = \underset{\circ}{\mu}_2 + RT \ln x_2 ,$$
$$\mu_3 = \underset{\circ}{\mu}_3 + RT \ln x_3 .$$

Endlich wird für das Lösungsmittel selbst, unabhängig von seinem etwaigen Assoziationszustand,

$$\mu_1 = \underset{\circ}{\mu}_1 ,$$

da die Wirkung der kleinen Fremdstoffbeimischungen auf seine Aktivität zu vernachlässigen ist. Aus der Gleichgewichtsbedingung $\mu_2 + \mu_3 - \mu_1 = 0$ folgt, wenn noch (bei Ausschluß fremder H^+- und OH^--Ionen) $x_2 = x_3$ gesetzt wird:

$$\ln (x_2 \cdot x_3) = \ln x_2^2 = -\frac{\underset{\circ}{\mu}_2 + \underset{\circ}{\mu}_3 - \underset{\circ}{\mu}_1}{RT} = -\frac{\boldsymbol{\mathfrak{K}}}{RT} = \ln \mathbf{K}_w , \tag{16}$$

wenn $\boldsymbol{\mathfrak{K}}$ die Normalarbeit der Dissoziation und $\mathbf{K}_w$ die Dissoziationskonstante des reinen Wassers bedeutet. Bestimmungen von $\mathbf{K}_w$ nach verschiedenen Methoden liegen in großer Zahl vor; bezogen auf Mole/Liter ergibt sich $\mathbf{K}_w$ übereinstimmend gleich etwa $1{,}0 \cdot 10^{-14}$ bei 20^0 C, mit einer starken Temperaturabhängigkeit, die nach (14) auf hohe Dissoziationswärme deutet. Da sich der Ansatz (16) auch bei Hinzufügung fremder H^+- und OH^--Ionen (geringe Konzentration vorausgesetzt) praktisch stets bewährt hat, so wird man auf die Zulässigkeit seiner theoretischen Grundlage schließen können, d. h. man wird annehmen, daß sich in reinem Wasser ein Teil der H^+- und OH^--Gruppen der einzelnen Wassermoleküle in der Tat als „verdünnter Fremdstoff" in der Lösung befindet, d. h. in einem Zustand, der von dem Zustand der zum Molekül vereinigten H—OH-Gruppen vollständig abweicht. Denn die obigen Ansätze für $\underset{\circ}{\mu}_2$ und $\underset{\circ}{\mu}_3$ wären in dieser Form unmöglich, wenn zwischen den „freien" und den zu Wasser verbundenen H^+ und OH^- alle Übergangsstufen in merklicher Menge vorhanden wären. Beispiele, in denen diese Ansätze und damit die Beziehung (16) für die Dissoziation nicht zutreffen, sind denn auch in anderen Fällen reichlich vorhanden; viele geschmolzene Salze können als „vollständig" oder weitgehend dissoziiert betrachtet werden, ohne prinzipielle Unterscheidbarkeit des gebundenen und freien Zustandes der Ionen. Atomtheoretisch wird man mit BJERRUM[1] die saubere Unterscheidbarkeit dissoziierter und undissoziierter Bestandteile in einer reinen Lösung an die Bedingung geknüpft denken, daß zwischen zwei einander stark genäherten Komponenten so starke (insbesondere die Elektronenhüllen deformierende) gegenseitige Einwirkungen stattfinden, daß ein so verbundenes Paar auf weitere dissoziierte Teile in vollkommen anderer Weise einwirkt, als es jeder der Partner für sich tun würde. Nur dadurch wird überhaupt die Bildung in sich hinreichend abgeschlossener Atomgruppen (Moleküle) in einem dissoziationsfähigen (flüssigen oder festen) Stoff ermöglicht. (Vollkommene Molekülbildung, vgl. unsere schwach dissoziierten Molekülphasen in §§ 21 und 22, für die Entsprechendes vorauszusehen ist.) Auf derartige Gesichtspunkte scheint sich denn auch das abweichende Verhalten des Wassers gegenüber echten Salzschmelzen in der Tat zurückführen zu lassen.

Der Neutralisationsvorgang. Reaktionen verdünnter Fremdstoffe, an denen ein Partner teilnimmt, der seinerseits als Dissoziationsprodukt des Lösungsmittels auftritt, können unter dem Gesichtspunkt des Massenwirkungsgesetzes betrachtet werden, wenn die Dissoziationsprodukte (des Lösungsmittels) selbst als Fremdstoffe im Lösungsmittel gelten können und wenn im übrigen andere Wechselwirkungen zwischen den Reaktionsteilnehmern als die durch die betreffende Umsetzung charakterisierten nicht bestehen oder außer Betracht bleiben können. Das wichtigste Beispiel solcher Reaktionen sind gewisse Ionenreaktionen in wässerigen Lösungen, die in der Vereinigung eines Salzions mit dem entgegengesetzt geladenen Wasserion bestehen; sofern dabei das Molekül einer „schwachen" Säure oder Base entsteht, also (im Sinne der späteren Diskussion) ein Gebilde, für dessen Dissoziationsprodukte die chemische Wechselwirkung weit wichtiger ist als die elektrische Fernwirkung, kann man auf das betrachtete System das Massenwirkungsgesetz anwenden. Man kommt so zur Aufstellung von ebensoviel Massenwirkungsgleichungen, wie dissoziationsfähige Fremdstoffmoleküle (einschließlich des Lösungsmittelmoleküls, unabhängig von dessen Assoziationszustand) vorhanden sind, und kann, wenn diese Konstanten bekannt sind, die Konzentration jeder Molekülart bei gegebener Menge der Gesamtstoffe voraussagen.

Ohne auf diese im Prinzip einfache Berechnung im einzelnen einzugehen[2], wollen wir auf einige wichtige Erscheinungen hinweisen, die sich unter diesem Gesichtspunkt behandeln lassen. Es ist hier zunächst zu nennen der Neutralisationsvorgang, der in der Herabdrückung der H^+- und OH^--Konzentration einer wässerigen Lösung bis auf den durch (16) gegebenen natürlichen Dissoziationswert beruht. Es sei anfänglich in der Lösung eine starke Säure vorhanden, deren H^+-Konzentration (x_2) die natürliche des Wassers um viele Größenordnungen übersteigt. Dann werden zwar auch OH^--Ionen in der Lösung sein (x_3), aber nur in dem Maße, daß das Produkt $x_2 \cdot x_3$ gleich der Dissoziationskonstante $\mathbf{K}_w$ des reinen Wassers ist. Durch Hinzufügung einer Base wird x_3 vergrößert, x_2 verringert; bei fortgesetztem, allmählichem Hinzufügen von Base (Titration) durchschreitet man den Neutralitätspunkt, für den $x_2 = x_3 = \sqrt{\mathbf{K}_w}$

[1] Ergebnisse d. exakten Naturwiss. Bd. 5, S. 125, 1926.
[2] Vgl. auch hierzu NERNST: a. a. O.

ist. Das Erreichen gerade dieses Punktes kann man mit Hilfe gewisser Meßverfahren (Indikatoren, Potentialmessung u. a.) kenntlich machen.

Ist in diesem Zustand die Gesamtkonzentration x_S der Säure (ohne Rücksicht auf ihren Dissoziationszustand) gleich der Gesamtkonzentration x_B der Base? Sicher dann, wenn die Säure und Base in der Lösung praktisch vollkommen dissoziiert sind, denn dann stehen alle H^+- und OH^--Gruppen der Säure und Base entweder als freie Ionen oder für Wassermolekülbildung zur Verfügung, und da im Wasser stets gleiche Mengen H^+ und OH^- gebunden sind, ist die Gleichheit von x_2 und x_3 zugleich das Kriterium der Gleichheit von x_S und x_B. (Die Frage etwaiger Salzmolekülbildung spielt hierbei keine Rolle.) Anders liegen dagegen die Verhältnisse, wenn es sich um *schwache* Säuren oder Basen oder beide zugleich handelt, deren Dissoziationskonstanten klein sind. Es treten dann die Erscheinungen hervor, die unter den Namen Hydrolyse bekannt sind.

Hydrolyse. Solvolyse. Die Wirkung der Eigendissoziation des Lösungsmittels auf die Dissoziationsverhältnisse macht sich bei *schwachen* und sehr *verdünnten* Elektrolyten bereits dann bemerkbar, wenn es sich um die Auflösung einer reinen Säure oder Basis handelt. Es kann dann nämlich nicht mehr z. B. die Konzentration der H^+-Ionen und des Säureradikals einander gleich gesetzt werden, sondern es ist nur (aus Elektroneutralitätsgründen) die Konzentration der H^+-Ionen gleich der Summe aus den Konzentrationen der negativen Säureradikale und der freien, infolge der Eigendissoziation des Lösungsmittels vorhandenen OH^--Ionen. Zur richtigen Berechnung des Dissoziationsgrades muß man also die eigene Dissoziationskonstante des Wassers noch mit heranziehen; der Effekt liegt in der Richtung, daß die Dissoziation der schwachen Säure oder Basis durch die Eigendissoziation des Wassers etwas zurückgedrängt wird. Praktisch kommt dies allerdings nur selten in Frage; die aus dem Wasser schwer ganz zu entfernenden Verunreinigungen, vor allem CO_2, das sich selbst als Säure betätigt, haben in solchen Fällen meist einen weit größeren Einfluß.

Für Lösungen von *Salzen* schwacher Säuren bzw. schwacher Basen spielt jedoch die Eigendissoziation des Wassers eine wesentliche Rolle. Gehen wir von einem fingierten Anfangszustand aus, indem wir in theoretisch reines Wasser $\left([H^+] = [OH^-] = \sqrt{\mathbf{K}_w}\right)$ äquivalente Mengen von Kation B^+ und Anion A^- in Lösung gebracht denken. Im Fall einer endlichen Säuredissoziationskonstante (z. B. Essigsäure) wird sich dann ein gewisser Teil der Säureanionen mit den vorhandenen Wasserstoffionen zu undissoziierter Säure (HA) umsetzen, wobei die hierbei verschwindenden Wasserstoffionen durch weitere Dissoziation von Wassermolekülen in H^+ und OH^- nachgeliefert werden. Der Gesamtvorgang, der bezüglich des Anions durch die Gleichung:

$$A^- + H_2O = HA + OH^-$$

ausgedrückt werden kann, wird Hydrolyse genannt. Analoges gilt auch für das Kation.

Zur quantitativen Berechnung ist folgender Weg einzuschlagen. Wir beschränken uns dabei auf die Behandlung von Fällen, in denen praktisch keine Moleküle des undissoziierten Salzes in der Lösung auftreten. Für die einzelnen Dissoziationsgleichgewichte gelten folgende Massenwirkungsformeln[1]:

$$A^- + H^+ \rightleftharpoons HA: \qquad \frac{[H^+]\cdot[A^-]}{[HA]} = \mathbf{K}_s,$$

$$B^+ + OH^- \rightleftharpoons BOH: \qquad \frac{[B^+]\cdot[OH^-]}{[BOH]} = \mathbf{K}_b,$$

$$H^+ + OH^- \rightleftharpoons H_2O: \qquad [H^+]\cdot[OH^-] = \mathbf{K}_w.$$

[1] Es werden Bedingungen vorausgesetzt, unter denen die interionischen Kräfte vernachlässigt werden dürfen.

Ferner seien die Bruttokonzentration von Säureanion + undissoziierte Säure $c_s = [A^-] + [HA]$ und entsprechend für den basischen Bestandteil: $c_b = [B^+] + [BOH]$ gegeben (sie lassen sich aus den dem Wasser zugefügten Substanzmengen berechnen). Dabei wollen wir im allgemeinen Falle $c_s \neq c_b$ annehmen (Überschuß an Säure oder Base). Die Konzentrationen an $[OH^-]$, $[A^-]$, $[HA]$, $[B^+]$ und $[BOH]$ können dann in folgender Weise durch die gegebenen Bruttokonzentrationen und die noch zu berechnende Wasserstoffionkonzentration ausgedrückt werden.

$$[OH^-] = \frac{\mathbf{K}_w}{[H^+]},$$

$$[A^-] = \frac{c_s}{1 + \dfrac{[H^+]}{\mathbf{K}_s}},$$

$$[HA] = \frac{c_s}{1 + \dfrac{\mathbf{K}_s}{[H^+]}},$$

$$[B^+] = \frac{c_b}{1 + \dfrac{[OH^-]}{\mathbf{K}_b}} = \frac{c_b}{1 + \dfrac{\mathbf{K}_w}{[H^+]\cdot\mathbf{K}_b}},$$

$$[BOH] = \frac{c_b}{1 + \dfrac{\mathbf{K}_b}{[OH^-]}} = \frac{c_b}{1 + \dfrac{[H^+]\cdot\mathbf{K}_b}{\mathbf{K}_w}}.$$

Zur Berechnung von $[H^+]$ ist sodann die Elektroneutralitätsbedingung: Summe der Kationäquivalente = Summe der Anionäquivalente zu verwenden.

$$[H^+] + [B^+] = [OH^-] + [A^-].$$

Unter Benutzung der oben abgeleiteten Ausdrücke ergibt sich:

$$[H^+] + \frac{c_b}{1 + \dfrac{\mathbf{K}_w}{[H^+]\cdot\mathbf{K}_b}} = \frac{\mathbf{K}_w}{[H^+]} + \frac{c_s}{1 + \dfrac{[H^+]}{\mathbf{K}_s}}.$$

Falls ein Gemisch verschiedener Säuren und Basen vorliegt, sind in der letzten Gleichung für $[B^+]$ und $[A^-]$ die entsprechenden Summen einzuführen[1]. Bei der Auflösung nach der Unbekannten $[H^+]$ kann man im allgemeinen gewisse Vernachlässigungen vornehmen, wodurch die Aufgabe wesentlich erleichtert wird[2]. Durch Einsetzen in die oben gegebenen Formeln für $[OH^-]$, $[A^-]$, $[HA]$, $[B^+]$ und $[BOH]$ als Funktion der bekannten Bruttozusammensetzung und der soeben berechneten Größe $[H^+]$ erhält man sodann die vollständige Lösung der vorgelegten Aufgabe. Auf die einzelnen Spezialfälle und Folgerungen sei jedoch nicht näher eingegangen und hierfür auf die Lehrbücher der physikalischen Chemie verwiesen[3].

Da die Größe $[H^+]$, also die Wasserstoffion-Konzentration bzw. -aktivität, der Messung verhältnismäßig leicht zugänglich ist, spielt die Umkehr der Rechnung, bei der beispielsweise aus c_s, c_b, $\mathbf{K}_w$, $\mathbf{K}_b$ und $[H^+]$ mit Hilfe obiger Gleichungen $\mathbf{K}_s$ ermittelt wird, eine wichtige Rolle.

---

[1] Vgl. hierzu z. B. die Darstellung von K. TÄUFEL u. C. WAGNER: Z. f. angew. Chem. Bd. 40, S. 133, 1927.

[2] Gegebenenfalls kann die Lösung mit Hilfe des NEWTONschen Näherungsverfahrens oder auf graphischem Wege erledigt werden.

[3] Vgl. hierzu auch besonders L. MICHAELIS: Die Wasserstoffionenkonzentration I, 3. Aufl. Berlin 1927.

Ist die gebildete Säure oder Base flüchtig oder sehr schwer löslich, so wird natürlich die Hydrolyse Anlaß zu einem fortschreitenden Zersetzungsvorgang in der Lösung (Veränderung bei währendem Gleichgewicht). Die Selbstansäuerung von Aluminiumacetatlösung (essigsaure Tonerde) unter Ausfällung eines basischen Produktes ist hierfür ein bekanntes Beispiel.

Ist nicht Wasser, sondern ein anderer Stoff das H^+- oder OH^--Ionen abspaltende Lösungsmittel (Alkohol, Eisessig), so bezeichnet man den mit der Anlagerung dieser Gruppen an Säure- und Basenradikale verbundenen Vorgang allgemeiner als Solvolyse. Es liegt auf der Hand, daß der allgemeine Vorgang: Reaktion eines Fremdstoffes mit Selbstdissoziationsprodukten des Lösungsmittels nicht an die Mitwirkung von H^+- und OH^--Gruppen gebunden ist, sofern nur die Bedingung, daß sich die Dissoziationsprodukte als verdünnter Fremdstoff in der Lösung des undissozionierten Lösungsmittels verhalten, erfüllt ist.

Einen anderen, ebenfalls in diesem Zusammenhange betrachteten Vorgang, die Dissoziation eines in einem nichtwässerigen Lösungsmittel gelösten Salzes in seine saure und basische Komponente (Beispiel: Methylammoniumchlorid in CH_3NH_2 und HCl), möchten wir dagegen bei der hier gebrauchten Systematik nicht zu den solvolytischen Vorgängen rechnen, da er sich unter die Rubrik der einfachen Fremdstoffdissoziation in neutrale Komponenten einreihen läßt und nur die Massenwirkungskonstante *dieses* Vorganges für ihn maßgebend ist.

Elektrische Wechselwirkung der Ionen verdünnter starker Elektrolyte (Debye-Hückel-Theorie). Während bei allen bisherigen Betrachtungen eine Wechselwirkung der gelösten Teilchen nur bei ihrer unmittelbaren Berührung und nur in dem Falle berücksichtigt zu werden brauchte, wo diese Berührung zur Bildung eines neuen (nun wieder von Einwirkungen auf andere, etwas entfernte gelöste Teilchen freien) Moleküls führte, betrachten wir jetzt, einer anderen Entwicklung unseres Gebietes folgend, den entgegengesetzten Grenzfall, in dem überhaupt keine molekularen Umlagerungen stattfinden, wohl aber Wechselwirkungen der verschiedenen freien gelösten Teilchen aufeinander. Hierbei kann es sich natürlich nur um Fernwirkung der gelösten Teilchen aufeinander, also um polare elektrische Wirkungen handeln; unsere Betrachtungen beschränken sich also auf das Gebiet der Wechselwirkung elektrisch geladener Teilchen und, indem wir Molekülbildungen zunächst ausschließen oder wenigstens hinter den Effekten der elektrischen Wechselwirkung zurücktreten lassen, auf das Gebiet der sog. „starken Elektrolyte", die nach den Untersuchungen von Bjerrum, van Laar, Ghosh u. a. (um nur diejenigen der zeitlich vorangehenden Autoren zu nennen, die das Problem in größerem Umfang erfaßt haben[1]) als völlig dissoziiert angenommen werden können.

Da bei unendlicher Verdünnung die fraglichen Wechselwirkungen fortfallen, sind die Wechselwirkungsglieder in den chemischen Potentialen oder Aktivitäten derartiger Ionen vollständig bestimmt, wenn es gelingt, die auf den Wechselwirkungen beruhende Änderung von F, G oder den μ der einzelnen Ionenarten anzugeben, die mit der Verdichtung der Ionen von unendlicher Verdünnung bis zu dem in Wirklichkeit vorhandenen Konzentrationswert verbunden ist. Der Umstand, daß hier nur Fernwirkungen der Ionen aufeinander in Frage kommen, die einfachen Gesetzmäßigkeiten gehorchen, hat es ermöglicht, eine für größere Verdünnungen genaue Berechnung dieser Wechselwirkungsglieder zu geben; wir verdanken die Theorie in der vorliegenden Form Debye und Hückel, nach vorangehenden unvollkommeneren Rechnungen von Milner, P. Hertz und Ghosh.

---

[1] Literatur z. B. bei Brönsted: Trans. Faraday Soc. 1927, S. 416.

Die Berechnung des Wechselwirkungsbeitrages zu den μ_i der verschiedenen Ionen erfolgt in zwei Stufen. Zunächst wird das mittlere elektrische Potential ψ_i festgestellt, das von sämtlichen Ionen der Lösung im Mittel an der Stelle hervorgerufen wird, wo sich das hervorgehobene Ion der Sorte i gerade befindet. Dieses Potential ist nicht im Mittel $= 0$, sondern, da jedes Ion eines Vorzeichens die Ansammlung von Ionen des entgegengesetzten Vorzeichens in seiner Nähe begünstigt, von entgegengesetztem Vorzeichen wie die Ladung des Ions i. Man findet auf Grund des BOLTZMANNschen Verteilungsgesetzes und der POISSONschen Gleichung[1]:

$$\psi_i = -\frac{\varepsilon z_i \varkappa}{D},$$

wo ε die Elementarladung eines einwertigen Ions, z_i die Wertigkeit des betreffenden Ions, D die Dielektrizitätskonstante des Lösungsmittels und

$$\varkappa^2 = \frac{4\pi\varepsilon^2}{DkT}\sum \mathfrak{n}_j z_j^2$$

ist (k BOLTZMANNsche Konstante). Die in diesem Ausdruck über alle Ionensorten[2] zu summierende Zahl $\sum \mathfrak{n}_j z_j^2$, in der $\mathfrak{n}_j$ die (atomistische) Volumkonzentration (Ionen/cm^3), z_j die Wertigkeit jeder Ionensorte bedeutet, wird als „ionale Konzentration"[3] der Lösung bezeichnet. Sie stellt, wie man sieht, die einzige Funktion dar, in der die Konzentration der Ionen in die Berechnung von ψ_i eingeht.

Die zweite Stufe ist die Berechnung des elektrischen Anteils des chemischen Potentials des i^{ten} Ions aus dem angegebenen Wert von ψ_i. Die am einfachsten zu berechnende Größe[4] ist der elektrische Anteil $\mathfrak{k}_i^e$ der Arbeit bei der Überführung eines Ions (bzw. eines Mols Ionen) der Sorte i aus der unendlich verdünnten Lösung ($\psi_i = 0$) in die Lösung mit den ionalen Konzentrationen $\mathfrak{n}_j$. Man kann diese elektrische Arbeit in der Weise aufgewandt denken, daß man die einzelnen Ionen in der unendlich verdünnten Lösung allmählich „entlädt" und in der konzentrierteren Lösung allmählich „auflädt". Die dabei erforderliche Arbeit ist $\int\limits_0^{\varepsilon z_i} \psi_i \, de = \frac{\varepsilon \cdot z_i \cdot \psi_i}{2}$, da ψ_i selbst linear mit der Ladung anwächst (mit e ist die jeweilige Ladung des Ions bezeichnet). Bezogen auf ein Mol ($\mathfrak{F}$ statt ε) erhält man also:

$$\mathfrak{k}_i^e = -\frac{\mathfrak{F}\varepsilon z_i^2 \varkappa}{2D} = -\frac{\mathfrak{F}\sqrt{\pi}\,\varepsilon^2}{D\sqrt{DkT}} \cdot z_i^2 \sqrt{\sum \mathfrak{n}_j z_j^2}$$

oder, mit $k = \frac{R}{N}$, $1000\,\mathfrak{n}_j = c_j \cdot N$, $\varepsilon N = \mathfrak{F}$:

$$\mathfrak{k}_i^e = -\frac{\mathfrak{F}^2\sqrt{\pi}\,\varepsilon}{D\sqrt{DRT \cdot 1000}} z_i^2 \sqrt{\sum c_j z_j^2}. \tag{17}$$

---

[1] DEBYE u. HÜCKEL: Physik. Ztschr. Bd. 24, S. 193, 1923. Siehe auch die zusammenfassende Darstellung von E. HÜCKEL in: Ergebn. d. exakten Naturw., Bd. 3, S. 199, 1924.

[2] Wir benutzen hier als Index den Buchstaben j, um möglichst deutlich hervortreten zu lassen, daß hier alle überhaupt in der Lösung vorhandenen Ionensorten zu berücksichtigen sind, während der Index i nur eine einzige, beliebig herauszugreifende Ionenart bezeichnet.

[3] In der Praxis wird die „ionale Konzentration" durch die gewöhnlich mit Γ bezeichnete molare Größe $\sum c_j z_j^2$ gemessen, wo c_j die molare Konzentration der betreffenden Ionenart in 1 l Lösung bedeutet, oder durch $\sum m_j z_j^2$, wo m_j die Kilogrammolarität (Mole pro 1000 g Lösungsmittel) angibt. $\frac{1}{2}\Gamma$ wird als „Ionenstärke" (ionic strength) bezeichnet; diese Größe ist für vollständig dissoziierte einwertige Elektrolyte der Bruttokonzentration gleich und daher in der Anwendung besonders bequem.

[4] Vgl. BRÖNSTED: a. a. O., nach GÜNTELBERG.

Aus dieser wichtigen, allerdings für nur recht große Verdünnungen exakt gültigen Formel liest man sämtliche Gesetzmäßigkeiten, die die elektrischen Zusatzanteile der μ_i und damit der Aktivitäten und Aktivitätskoeffizienten betreffen, ohne weiteres ab. Die elektrisch bedingte Zusatzarbeit für eine Ionensorte i ist proportional:

1. der reziproken $\frac{3}{2}^{\text{ten}}$ Potenz der Dielektrizitätskonstante des Mediums (elektrischer Einfluß desto größer, je kleiner die Dielektrizitätskonstante!);

2. der reziproken Wurzel der absoluten Temperatur (Abnahme des Effektes bei höheren Temperaturen, soweit nicht die Abnahme der Dielektrizitätskonstante mit der Temperatur diesen Effekt kompensiert);

3. dem Quadrat der Wertigkeit der betreffenden Ionenart (sehr starker Effekt bei 2- und 3wertigen Ionen);

4. der Wurzel aus der ionalen Konzentration der Lösung (Gegenwart vieler und stark geladener weiterer Ionen vergrößert den Effekt).

Jeder andere spezifische Einfluß der verschiedenen Ionenarten wird bei dieser Annäherungsrechnung von der Theorie zunächst vernachlässigt in Übereinstimmung mit schon vorher gemachten Erfahrungen und Annäherungsansätzen[1]. Wird die Gesamtkonzentration, ohne Änderung der Art der Ionen, geändert, so wächst die Ionenstärke proportional mit der Konzentration; man erhält also das für dieses ganze Gebiet fundamentale und den Beobachtungen in der Tat entsprechende Ergebnis, daß bei hinreichenden Verdünnungen alle Wechselwirkungseffekte proportional mit der *Wurzel* aus der Konzentration anwachsen.

Die experimentelle Prüfung dieser für die Wechselwirkung der Ionen abgeleiteten Gesetze wird natürlich, zufolge der Neutralitätsbedingung, immer nur an neutralen Kombinationen von Ionen, also an gelösten Elektrolyten im ganzen, vorgenommen werden können. Wir berechnen zunächst das chemische Potential eines verdünnten *ein-einwertigen* vollkommen dissoziierten Elektrolyten (NaCl), wobei wir gleich zulassen wollen, daß die eine Ionenart (z. B. Cl^-) infolge Gegenwart anderer Elektrolyte eine größere Konzentration hat als die andere. Bezeichnen wir das chemische Potential des neutralen Stoffes (NaCl) mit μ_2, das der Ionen mit μ_+ und μ_- und machen wir für die Ionen, unter Vernachlässigung der elektrischen Wechselwirkung, zunächst den Ansatz für ideal verdünnte Lösungen (Index *), so erhalten wir (s. § 15 „Dissoziierende Stoffe"):

$$\mu_2^* = \mu_+^* + \mu_-^* = \underset{\cdot}{\mu}_+ + \underset{\cdot}{\mu}_- + RT \ln x_+^* + RT \ln x_-^* . \tag{18}$$

Wegen des Verschwindens von (17) bei verschwindender Ionenkonzentration c_j aller Ionen gibt diese Gleichung zugleich den Wert des gesamten μ_2 für verschwindende x_+ und x_- sowie bei Abwesenheit sonstiger Ionenarten an. Für endliche x und c_j ist dagegen:

$$\mu_2 = \mu_2^* + \mathfrak{k}_+^e + \mathfrak{k}_-^e ,$$

also nach (17) und (18) (mit $\underset{\cdot}{\mu}_+ + \underset{\cdot}{\mu}_- = \underset{\cdot}{\mu}_2$):

$$\mu_2 = \underset{\cdot}{\mu}_2 + RT \ln (x_+ \cdot x_-) - \frac{2 F^2 \sqrt{\pi\varepsilon}}{D \sqrt{DRT \cdot 1000}} \sqrt{\sum c_j z_j^2} . \tag{19}$$

Definiert man den Aktivitätskoeffizienten f_2 des ein-einwertigen Elektrolyten (vgl. § 20, S. 354) durch $\underset{\cdot}{a}_2 = f_2 x_+ x_-$, so daß für unendliche Verdünnung $f_2 = 1$ wird, so kann man aus (19) und der Definition der Aktivität $\underset{\cdot}{a}_2$ ($\mu_2 = \underset{\cdot}{\mu}_2 + RT \ln \underset{\cdot}{a}_2$) ablesen:

$$RT \ln f_2 = -\frac{2 F^2 \sqrt{\pi\varepsilon}}{D \sqrt{DRT \cdot 1000}} \sqrt{\sum c_j z_j^2} , \tag{20}$$

[1] Vgl. Brönsted: a. a. O.

eine Formel, die, wie man ohne weiteres sieht, ein Spezialfall der ganz allgemein gültigen Beziehung:

$$R T \ln f_2 = \sum \nu_i \mathfrak{k}_i^e \tag{21}$$

ist, in der ν_i die Zahl der Ionen der betreffenden Sorte i angibt, in die der untersuchte Elektrolyte zerfällt. Führt man statt f_2 den mittleren Ionenaktivitätskoeffizienten $f_\pm$ ein, so ist in unserem Falle ein-einwertiger Elektrolyte nach § 15, S. 298, und § 20, S. 354:

$$f_\pm = \frac{a_\pm}{\sqrt{x_+ \cdot x_-}} = \frac{\sqrt{a_2}}{\sqrt{x_+ \cdot x_-}} = \sqrt{f_2},$$

also

$$\ln f_\pm = -\frac{F^2 \sqrt{\pi}\, \varepsilon}{\sqrt{1000} \cdot (D R T)^{\frac{3}{2}}} \sqrt{\sum c_j z_j^2}\,. \tag{20a}$$

Ist nur der untersuchte ein-einwertige Elektrolyt in der Lösung, so ist $\Gamma = \sum c_j z_j^2 = 2 c_2$.

Durch (20) oder (20a) ist die Aufgabe der experimentellen Prüfung der Debye-Hückel-Theorie auf die Aufgabe der Messung von Aktivitätskoeffizienten starker Elektrolyte zurückgeführt. Hierzu kann jedes Verfahren dienen, in denen die Aktivitäten oder Aktivitätskoeffizienten eines solchen gelösten Stoffes eine Rolle spielen, also ungefähr alle in §§ 20—22 besprochenen Effekte. Man wird hierbei unterscheiden zwischen Fällen, in denen nur der untersuchte Elektrolyt in der Lösung vorhanden ist (sofern die elektrische Eigendissoziation des Lösungsmittels vernachlässigt werden kann), und den Fällen, in denen Beimischungen anderer starker Elektrolyte auftreten. Verfahren der erstgenannten Art sind[1]: Bestimmung der Partialdampfdrucke flüchtiger Elektrolyte (Halogenwasserstoffsäuren), Bestimmung von Verteilungskoeffizienten, falls die Aktivität im anderen Lösungsmittel bekannt ist, Dampfdruckerniedrigung des Lösungsmittels, Untersuchung elektromotorischer Kräfte in Zellen mit Elektrolytlösungen verschiedener Konzentration [vgl. § 20, Gleichung (13a) und das dort besprochene Beispiel der HCl-Lösung]. Zur Untersuchung des Einflusses zugeführter fremder Elektrolyte können ebenfalls Messungen elektromotorischer Kräfte dienen (Wasserstoff-Elektrode gegen Kalomel-Elektrode mit wässeriger HCl-Lösung variabler Konzentration, unter Beimengung variabler Mengen LiCl, NaCl usw.[2]); ein noch reicheres Material jedoch ergeben die Untersuchungen der Löslichkeit eines Elektrolyten, der als fester (praktisch reiner) Bodenkörper anwesend ist. Da hier a_2 oder $a_\pm$ durch den Bodenkörper vorgeschrieben ist, kann die Bestimmung der in Lösung gegangenen Mengen des Elektrolyten, unter Berücksichtigung der Anwesenheit anderer Ionen gleicher Art, nach der Beziehung:

$$\ln a_2 = \sum \nu_i \ln x_i + \ln f_2$$

zur Ermittlung des unbekannten f_2 aus dem bekannten $\ln a_2$ (bei sehr schwer löslichen Salzen einfach $= \sum \nu_i \ln x_i$ bei *fehlenden* Fremdelektrolyten) und den gemessenen x_i dienen[3].

Über das Ergebnis dieser experimentellen Prüfungen sei hier nur so viel gesagt, daß in einem Konzentrationsgebiet, das bei ein-einwertigen wässerigen Lösungen starker Elektrolyte bis rund $^1/_{100}$ Mol/Liter reicht, nicht nur das $\sqrt{c}$-Gesetz, sondern auch der Absolutwert der in (20) auftretenden Konstante der Theorie entsprechend gefunden wurde. Bei mehrwertigen Ionen ist an-

---

[1] Beispiele zu allen hier angegebenen Bestimmungsmethoden findet man ausführlich erörtert in Lewis u. Randall a. a. O.: Kap. 26.

[2] Lewis u. Randall: Kap. 28. [3] Lewis u. Randall: Kap. 28.

scheinend das Geltungsgebiet der Theorie bedeutend enger, doch konnte z. B. der Einfluß der Ladungszahl z_i und der Gesamtionenstärke sowie die Größe des numerischen Faktors entsprechend Gleichungen (17) und (20) experimentell bestätigt werden für Lösungen eines drei-dreiwertigen Salzes bis etwa zur ionalen Konzentration 0,005 (das entspricht im vorliegenden Fall einem Zusatz von NaCl im Betrag von etwa 0,002 Mol/Liter)[1]. Auch Beispiel 15, 16 und 17 des Kapitels H zeigen, wie sich das DEBYE-HÜCKELsche Grenzgesetz in verschiedenen Fällen bewährt. Über die bei höheren Konzentrationen auftretenden Abweichungen vgl. weiter unten[2].

Die Verdünnungswärmen starker Elektrolyte[3]. Das nach der DEBYE-HÜCKEL-Theorie zu erwartende Gesetz für die Verdünnungswärmen hinreichend verdünnter starker Elektrolyte leiten wir aus der Beziehung (23) des § 11, zwischen Restarbeiten $\mathfrak{k}$ und Restwärmen $\mathfrak{w}$ (bei konstantem Druck) in einfacher Weise ab. Hiernach ist:

$$\mathfrak{w} = -T^2 \frac{\partial}{\partial T} \frac{\mathfrak{k}}{T}.$$

Berücksichtigt man hier, daß die $RT \ln x$-Glieder in $\mathfrak{k}$ zu $\mathfrak{w}$ keinen Beitrag liefern, daß also nur die $\mathfrak{k}_i^e$-Glieder übrigbleiben, so erhalten wir:

$$\mathfrak{w}_2 = -T^2 \frac{\partial}{\partial T} \left\{ \frac{\Sigma \nu_i \mathfrak{k}_i^e}{T} \right\}. \tag{21}$$

Die Differentiation nach der Temperatur ist bei konstantem p und konstanter Zusammensetzung der Phasen, d. h. konstantem Molenbruch, durchzuführen. Vernachlässigt man jedoch die geringfügige Temperaturausdehnung der Lösung, so kann man die Volumkonzentration c_j in (17) bei der Differentiation als konstant betrachten und kann aus den $\frac{\mathfrak{k}_i^e}{T}$-Gliedern [nach (17)] die Größe $D^{-\frac{3}{2}} T^{-\frac{3}{2}}$ als einzige temperaturabhängige Größe heraussetzen. Deren Differentiation nach T ergibt ergibt folgenden temperaturabhängigen Faktor:

$$-\frac{3}{2} D^{-\frac{5}{2}} T^{-\frac{3}{2}} \frac{\partial D}{\partial T} - \frac{3}{2} D^{-\frac{3}{2}} T^{-\frac{5}{2}} = -\frac{3}{2} (DT)^{-\frac{3}{2}} \left\{ \frac{1}{D} \frac{\partial D}{\partial T} + \frac{1}{T} \right\}.$$

Folglich wird für einen in je ν_i-Ionen der Sorten i zerfallenden Elektrolyten:

$$\mathfrak{w}_2 = \frac{3}{2} \Sigma \nu_i \mathfrak{k}_i^e \left\{ 1 + \frac{T}{D} \frac{\partial D}{\partial T} \right\} \tag{22a}$$

oder, mit Einführung von f_2 nach (21):

$$\mathfrak{w}_2 = \left\{ 1 + \frac{T}{D} \cdot \frac{\partial D}{\partial T} \right\} \frac{3}{2} RT \ln f_2. \tag{22b}$$

Die (molare) integrale Verdünnungswärme Φ, die man beobachtet, wenn man eine Lösung, die n_2 Mol gelösten Stoff in n_1 Mol Lösungsmittel enthält, auf unendliche Verdünnung bringt, ist nun nach § 15, S. 293, gegeben durch $\Phi = -\frac{1 - x_2}{x_2} \mathfrak{w}_1 - \mathfrak{w}_2$. Nach (27), § 11, berechnet man $\mathfrak{w}_1$ aus $\mathfrak{w}_2$ mittels der

---

[1] Literatur bei BRÖNSTED: a. a. O.

[2] Einen zusammenfassenden Überblick über den neuesten Stand der DEBYE-HÜCKEL-Theorie und ihrer experimentellen Prüfung geben ULICH u. BIRR: Z. f. angew. Chem. Bd. 41, S. 443, 467, 1075 u. 1141, 1928.

[3] Vgl. hierzu die instruktive ausführliche Diskussion bei N. BJERRUM: Z. f. physik. Chem. Bd. 119, S. 145, 1926.

Beziehung $\mathfrak{w}_1 = -\int\limits_0^{x_2} \frac{x_2}{x_1} \frac{\partial \mathfrak{w}_2}{\partial x_2} d x_2$. Mit $c = 55{,}5 \cdot x_2$ erhalten wir dann, da $\mathfrak{w}_2$ proportional $c^{\frac{1}{2}}$ ist: $55{,}5\, \mathfrak{w}_1 = -\frac{1}{3} c\, \mathfrak{w}_2$. Also wird

$$\Phi = -\frac{55{,}5}{c} \mathfrak{w}_1 - \mathfrak{w}_2 = -\mathfrak{w}_2 \left(1 - \frac{1}{3}\right) = -\left(1 + \frac{T}{D} \frac{\partial D}{\partial T}\right) RT \ln f_2 . \quad (22c)$$

Da $\ln f_2$ im Bereich der DEBYE-HÜCKELschen Formeln stets negativ ist, wird das Vorzeichen von Φ durch dasjenige des Klammerausdrucks bestimmt. In Wasser ist $\frac{T}{D} \frac{\partial D}{\partial T}$ kleiner als -1, also muß bei der Verdünnung einer wässerigen Lösung eines starken Elektrolyten Wärme abgegeben werden. Und zwar soll diese Verdünnungswärme nach (20) einen Gang proportional der Wurzel aus der Konzentration des Elektrolyten besitzen. Für ein Dielektrikum mit starren Dipolmolekülen[1] $\left(D \sim \frac{1}{T}\right)$ würde dagegen das zweite Summenglied gleich -1, also der Gesamtfaktor $= 0$ werden.

Die bisherigen experimentellen Untersuchungen haben mit Sicherheit ergeben, daß auch bei ein-einwertigen Elektrolyten die erwarteten Gesetzmäßigkeiten oberhalb etwa 0,01—0,1 molar (in wässeriger Lösung) nicht mehr zutreffen. Für kleinere Konzentrationen sind die direkten Messungen sehr diffizil; neuere Untersuchungen von NERNST und seinen Schülern[2] und E. LANGE[3] und Mitarbeitern scheinen jedoch im Gebiet hinreichend großer Verdünnungen, wo die Effekte allerdings sehr klein werden, für die Gültigkeit dieser Beziehungen zu sprechen (die Unsicherheit unserer Kenntnis von $\frac{\partial D}{\partial T}$ läßt eine sehr genaue Voraussage des Proportionalitätsfaktors im $\sqrt{c}$-Ausdruck nicht zu).

Kompliziertere Ionenwechselwirkungen in Elektrolytlösungen. Durch das Massenwirkungsgesetz einerseits, die Theorie der elektrischen Ionenwechselwirkung andererseits ist, wie wir öfters betonten, nur ein kleinster Schritt von der Theorie der unendlich verdünnten Lösungen aus in das weite Gebiet der Wechselwirkungen getan. Der nächste nunmehr mögliche Schritt würde darin bestehen, daß man die DEBYE-HÜCKEL-Theorie auf die Wechselwirkungen der Ionen von solchen Elektrolyten anwendet, die notorisch nur zu einem größeren oder kleineren Bruchteil dissoziiert sind. Man hat dann für die Restarbeitskoeffizienten $\mathfrak{f}_i$ der betreffenden Ionenarten nicht einfach den Ausdruck $RT \ln x_i$, sondern den um $\mathfrak{f}_i^e$ nach (17) vermehrten Betrag einzusetzen, so daß $a_i = x_i f_i$ wird, wobei die f_i durch $RT \ln \mathfrak{f}_i^e$ nach (17) gegeben sind. Man erhält auf diese Weise verbesserte Massenwirkungsgesetze, die sich nicht auf die x, sondern auf die a beziehen und deren Konstanten $\mathbf{K}$ sich von den (in Wirklichkeit nur bei unendlichen Verdünnungen konstanten) Größen $\mathbf{K}$ des Konzentrationsmassenwirkungsgesetzes um Produkte $\Pi\,(f_i^{\nu_i})$ über alle an der Reaktion beteiligten Ionenarten (ν_i positiv oder negativ) unterscheiden. Auch auf diesem Gebiet hat die DEBYE-HÜCKEL-Theorie nach den Untersuchungen BRÖNSTEDs und seiner Schüler und anderen[4] unleugbare Erfolge aufzuweisen, natürlich immer nur bei Ionenstärken unter 0,01—0,1. Der wichtigste Effekt ist hier die Vergrößerung

---

[1] DEBYE, P.: Physik. Ztschr. Bd. 13, S. 97, 1912.

[2] NERNST: Ztschr. f. Elektrochemie Bd. 33, S. 428, 1927; NAUDÉ: Ztschr. f. Elektrochemie Bd. 33, S. 532, 1927; NERNST u. ORTHMANN: Z. f. physik. Chem. Bd. 135, S. 199, 1928.

[3] LANGE, E.: Fortschr. d. Chem., Physik u. physik. Chem. Bd. 19, H. 6, 1928.

[4] Literatur bei BRÖNSTED: a. a. O.

der Dissoziation eines schwachen Elektrolyten durch Hinzufügung ionenfremder starker Elektrolyte, welche nach (17) die Aktivität der dissoziierten Teilchen des schwachen Elektrolyten vermindern, eine seit langem empirisch bekannte Erscheinung („Neutralsalzwirkung"). Anwendungen dieser und verwandter Art werden in Beispiel 15 und 16 des Kapitels H gegeben.

Physikalisch von größtem Interesse ist die Frage, welche Wirkungen zunächst weiter zu berücksichtigen sind, wenn die Ionenkonzentrationen die angegebenen Grenzen überschreiten[1]. Der DEBYE-HÜCKEL-Effekt besteht, wegen der negativen $\mathfrak{k}_i^e$-Werte, in einer Verminderung der Aktivität der einzelnen Ionenarten, und infolgedessen auch eines ganzen gelösten Elektrolyten, gegenüber dem Falle fehlender Wechselwirkung. Was man bei höheren Elektrolytkonzentrationen beobachtet, ist bei typischen starken Elektrolyten in wässeriger Lösung vielfach eine Abschwächung dieses negativen Effektes, dem schließlich sogar ein positiver Effekt, also eine Vermehrung der Aktivität oft bis weit über den Normalwert $\underset{\bullet}{a} = x$ hinaus, folgen kann (vgl. z. B. das über HCl in § 20, S. 354, Gesagte). In nichtwässerigen Lösungen tritt dagegen eine Verstärkung des negativen Effektes in den Vordergrund, die aber auch in wässerigen Lösungen gelegentlich zu beobachten ist. Man kann auf verschiedene Weise versuchen, diese Erscheinungen physikalisch zu deuten. Zunächst liefern schon die ursprünglichen Grundlagen der DEBYE-HÜCKEL-Theorie einige Ansätze zu solchen Versuchen. Die Formel für ψ_i, S. 428, setzt voraus, daß im überwiegenden Teile des Gebietes, das für die Ansammlung des entgegengesetzten Ladungsüberschusses um ein Ion herum in Frage kommt, das von dem primären Ion und der entgegengesetzt geladenen Ionenatmosphäre herrührende Potential ψ der Bedingung genügt $\varepsilon\psi \ll kT$. Trifft dies nicht mehr zu, so ist der Ausdruck für ψ_i schon durch Korrekturglieder zu ergänzen, die eine stärkere Verminderung der Aktivität als das für sehr große Verdünnung gültig bleibende DEBYE-HÜCKELsche Grenzgesetz bedingen[2]. Wir bezeichnen diesen (verstärkenden) Effekt als „ψ- oder *Assoziationseffekt*".

Von R. H. FOWLER, der die statistische Theorie des Effektes von gewissen bei DEBYE und HÜCKEL gemachten „Verwischungsannahmen" befreit hat[3], wird ferner gezeigt, daß die korpuskulare Natur der Ladungen innerhalb der Ionenatmosphäre bei etwas größeren Konzentrationen Abweichungen von der DEBYE-HÜCKELschen Bestimmungsgleichung und demnach etwas andere Werte für ψ_i bedingt. DEBYE und HÜCKEL selbst behandeln als ersten weiteren Korrektureffekt die Tatsache, daß die Ionenansammlungen in der Ionenatmosphäre nicht, wie in den Voraussetzungen der Ableitung von ψ_i angenommen, den ganzen Raum bis zum Mittelpunkt des anziehenden Ions ungehindert erfüllen können, sondern nur bis zu einem durch die Größe des Ions und eventuell seiner Wasserhülle bestimmten Ionenradius r vordringen können („*Radiuseffekt*"). Sie leiten unter dieser Annahme für ψ_i den korrigierten Ausdruck ab[4]:

$$\psi_i = \frac{\varepsilon z_i \varkappa}{D} \cdot \frac{1}{1 + \varkappa r},$$

der merklich von dem früheren abweicht, sobald r nicht mehr klein gegen $\frac{1}{\varkappa}$ ist; $\frac{1}{\varkappa}$ hat, wie die Analyse ergibt, die Bedeutung der maßgebenden Dimension

[1] Vgl. hierzu ULICH u. BIRR: a. a. O.

[2] MÜLLER, H.: Physik. Ztschr. Bd. 28, S. 324, 1927, Bd. 29, S. 78, 1928; GRONWALL: Proc. Nat. Acad. Sci. Bd. 13, S. 198, 1927; GRONWALL, T. H., LA MER, V. K., u. K. LANDVED: Physik. Ztschr. Bd. 29, S. 353, 1928. In anderer Weise wurde der gleiche Korrektureffekt schon früher von BJERRUM behandelt (Kg. Danske Vid. Selsk. mat. fys. Medd. Bd. 7, S. 9, 1926), der ihm den Namen „Ionenassoziation" beilegte.

[3] Trans. Faraday Soc. Bd. 23, S. 434, 1927.

[4] Physik. Ztschr. Bd. 24, S. 192, 1923.

für den „Durchmesser der Ionenatmosphäre". Durch Vergleich der beobachteten Aktivitätskoeffizienten mit den nach der einfachen Theorie zu erwartenden kann man die Werte r dieser Ionenradien (in einer gewissen Kombination) zu bestimmen suchen. Man findet bei höheren Konzentrationen mitunter unmögliche Werte, nur in verhältnismäßig wenigen, anscheinend auf wässerige Lösungen beschränkten Fällen scheint der „Radiuseffekt" der allein ausschlaggebende zu sein. Jedenfalls liegt er in der Linie einer Verkleinerung der DEBYE-HÜCKEL-Effekte; der Aktivitätskoeffizient nimmt mit wachsender Konzentration langsamer ab als nach der einfachsten Theorie, entsprechend dem experimentellen Befund.

Um die mitunter beobachtete Umkehr im Gang des Aktivitätskoeffizienten der Elektrolyte, die *Vergrößerung* mit wachsender Konzentration, zu erklären, reichen jedoch diese Arten von Korrekturen nicht aus. Zur Erklärung dieses Effektes zieht HÜCKEL[1] gewisse *elektrische Wirkungen der Ionen auf das Lösungsmittel* heran, im wesentlichen folgender Art: erstens eine für alle Ionenarten gleichartige allgemeine Abstoßung der einzelnen Ionen, die darauf beruhen soll, daß die Ionen als Körper kleiner Dielektrizitätskonstante in einem Medium von meist größerer Dielektrizitätskonstante (DK) eingebettet, durch Influenz seitens des primären Ions eine abstoßende Wirkung erfahren (im Gegensatz zu der gewöhnlichen anziehenden Influenzwirkung auf Körper höherer DK); zweitens eine Vermi.. lerung und lokale Variation der DK des Lösungsmittels, indem in unmittelbarer Nähe aller Ionen infolge der dort herrschenden sehr großen Kräfte eine Art elektrischer Sättigung in der Orientierung der Dipolmoleküle des Wassers (und der sonstigen Dipolflüssigkeiten) auftritt. Formal werden beide Effekte in dem phänomenologischen Ansatz einer linearen Abnahme der DK des Lösungsmittels mit der Ionenkonzentration zusammengefügt[2]. Diese HÜCKELsche Korrektur („*DK-Effekt*") dürfte in einigen Fällen wie wässerigen HCl- und Alkalichloridlösungen eine wesentliche Rolle spielen, während sie in noch zahlreicheren Fällen durch andere Effekte, vor allem den an erster Stelle genannten Assoziationseffekt, gänzlich verdeckt wird.

Abgesehen von den bisher ausschließlich besprochenen *elektrischen* Wirkungen der Ionen aufeinander und auf das Lösungsmittel wird für die bei hohen Konzentrationen beobachteten Vergrößerungen des Aktivitätskoeffizienten ein rein *chemischer* (d. h. nach dem Massenwirkungsgesetz zu behandelnder) Effekt verantwortlich gemacht, der *Effekt der Hydratation* der Ionen. Dieser experimentell sehr vielseitig gestützte Effekt[3] hat in wässerigen Lösungen bei höheren Konzentrationen sicherlich eine Bedeutung; er bewirkt durch die chemische Bindung von Wasser- (allgemeiner: Lösungsmittel-) Molekülen an den gelösten Stoff eine Verringerung des freien Wassergehaltes und damit eine Vergrößerung des Verhältnisses der Fremdstoffmoleküle zu den Lösungsmittelmolekülen bzw. der Molenbrüche x. Das bedeutet in der Tat eine Vergrößerung der Aktivität bei höheren Konzentrationen über den ohne Hydration berechneten Wert hinaus. Da es sich hierbei um einen Effekt handelt, der leicht in erster Annäherung zu bestimmen ist und der auch für Nichtelektrolyte in Frage kommt, wollen wir ihn hier etwas ausführlicher und in allgemeinerem Zusammenhang behandeln;

---

[1] Physik. Ztschr. Bd. 26, S. 93, 1925.

[2] Eine solche Abnahme ist in der von HÜCKEL erwarteten Größenordnung durch neuere Messungen von WALDEN, ULICH und WERNER: Z. f. physik. Chem. Bd. 115, 116, 124 u. 129, später auch von FÜRTH, SACK, PECHHOLD u. a. festgestellt worden. Von anderer Seite wurden dagegen weit geringere Abnahmen gefunden. Die Ursache dieser Diskrepanz ist noch nicht aufgeklärt.

[3] Vgl. z. B. NERNST: Theoretische Chemie, 11.—15. Aufl., S. 447.

der Vergleich mit der Erfahrung wird uns dann allerdings zeigen, daß er bei verdünnten wässerigen Salzlösungen nur eine geringe Rolle spielt, wodurch aber der Einfluß der soeben erörterten elektrischen Korrekturen zahlenmäßig besser hervortreten wird.

Chemische Wechselwirkung mit dem Lösungsmittel: Hydratation, Solvatation. Hier müssen wir auf eine Frage zurückkommen, die bei Besprechung der ideal verdünnten Lösungen (§ 15) bereits Gegenstand der Behandlung war, die Frage nach dem Einfluß des Molekularzustandes des Lösungsmittels auf die chemischen Potentiale oder Aktivitäten gelöster Stoffe. Erinnern wir uns, daß wir den betreffenden Zustand der Lösung von einem gasförmigen Zustand aus durch Änderung von p und T ohne Phasenwechsel erreicht dachten und daß z. B. für einen Fremdstoff 2 in einem Lösungsmittel 1 die Konzentrationsabhängigkeit des chemischen Potentials im Gaszustand durch ein Glied $\mathfrak{k}_2 = RT\ln x_2$, $x_2 = \frac{n_2}{n}$, $n = n_1 + n_2$, gegeben war. Solange nun n_2 gegen n_1 vernachlässigt werden konnte, hätte eine veränderte Annahme über den Molekularzustand des Lösungsmittels 1 im Gaszustand (Assoziation oder Anlagerung an die Fremdstoffmoleküle) nur die Wirkung, $\mathfrak{k}_2$ um den konstanten Betrag $-RT\ln\sigma$ zu verändern, wenn durch die veränderte Annahme über den Molekularzustand von 1 die Zahl der freien Gasmoleküle 1 im Verhältnis $\sigma : 1$ geändert wurde. Es handelt sich also um ein von der Zahl der Fremdstoffteilchen unabhängiges Zusatzglied, das bei Übertragung des betreffenden $\mathfrak{k}_2$-Gliedes auf den flüssigen Zustand nur auf die Wahl des Bezugszustandes (Bedeutung der idealisierten Molenbruchkonzentration 1, Wert von μ_2) einen Einfluß hätte, dagegen die Gültigkeit des $\mathfrak{k}_2$-Ausdrucks selbst nicht berührt.

Geht man jedoch zu höheren Konzentrationen $\frac{n_2}{n}$ über, so ist n nicht mehr $\cong n_1$, und eine im Gaszustand auftretende molekulare Umgruppierung, welche der Umwandlung von n_1 in σn_1 freie Lösungsmittelmoleküle entspricht, verwandelt den Ausdruck $\frac{n_2}{n}$ in $\frac{n_2}{\sigma n_1 + n_2}$, so daß als Zusatzglied in $\mathfrak{k}_2$ ein Ausdruck $-RT\ln\frac{\sigma n_1 + n_2}{n}$, auftritt, der mit Einführung der auf den ursprünglichen Molekularzustand bezogenen Molenbrüche $x_2 = \frac{n_2}{n}$ und $x_1 = 1 - x_2$ den Wert $-RT\ln[\sigma + (1 - \sigma)\,x_2]$ erhält. Entsprechend der Abweichung des σ von 1 wird also die Abhängigkeit des $\mathfrak{k}_2$ von x_2 durch diese Änderung der Annahme über den Molekularzustand des Lösungsmittels im Gaszustand bei höheren Konzentrationen x_2 wesentlich beeinflußt.

Nun ist allerdings zu bemerken, daß bei höheren Fremdstoffkonzentrationen die Annahmen über die Molekularzustände des Ausgangsgases im allgemeinen überhaupt nicht mehr für das im flüssigen Zustand auftretende $\mathfrak{k}_2$-Glied maßgebend sind, da die w_2 und v_2, welche den Übergang vom Gaszustand zum flüssigen Zustand vermitteln, dann im allgemeinen selbst konzentrationsabhängig werden. Es ist aber klar, daß die Konzentrationsabhängigkeit dieser w_2 und v_2 verschieden ausfallen wird, je nach dem Molekularzustand, den man für die Übergangszustände und den Gaszustand der untersuchten Lösung annimmt. Läßt man aber die Fiktion gehemmter Molekülbildungen zu und nimmt insbesondere auch für die untersuchte Flüssigkeit die Existenz diskreter Molekularzustände an in den Verbindungen von Fremdstoff und Lösungsmittel sowie der Lösungsmittelmoleküle untereinander, so fällt eine bestimmte Quelle der Konzentrationsabhängigkeit von w_2 und v_2 fort, sofern man den Übergang zum Gaszustand unter dauernder Beibehaltung desjenigen Molekularzustandes vornimmt, der in der Flüssigkeit vorhanden ist. Es fallen nämlich die sekundären chemischen Umsetzungen fort, die in irgendeinem Übergangszustand bei ungehemmtem Gleichgewicht aller Moleküle dadurch auftreten müßten, daß die (bei konstantem Druck) hinzugefügten Fremdstoffatome die Volumkonzentration der Lösungsmoleküle verändern, indem sie sie teils verdrängen, teils chemisch binden und dadurch für das Reaktionsgleichgewicht der übrigen Moleküle unwirksam machen. Werden derartige chemische Umsetzungen, die zu Konzentrationsabhängigkeit der w_2 und v_2 Anlaß geben, durch die Annahme eines in bezug auf alle Molekülreaktionen gehemmten Übergangs von dem (in Wirklichkeit) vorliegenden flüssigen Zustand zum Gaszustand unterbunden, so erkennt man, daß dann nur noch „physikalische" Wechselwirkungen der Fremdstoffmoleküle aufeinander und auf die Lösungsmittelmoleküle zu Konzentrationsabhängigkeiten der w_2 und v_2 und damit zu einer Variation des für den Gaszustand berechneten $\mathfrak{k}_2$-Gliedes führen können. Diese werden aber, soweit es sich nicht um die im vorigen bereits erfaßten elektrischen Wechselwirkungen zwischen geladenen Teilchen handelt, erst in einem noch höheren Konzentrationsbereich des Fremdstoffzusatzes mit erheblicher Wirkung auftreten, so daß für Lösungsmittel, in denen überhaupt von molekularer Bindung des Fremdstoffs an die Lösungsmittelmoleküle oder der Lösungsmittelmoleküle aneinander gesprochen werden kann, der mit dem „richtigen" Molekularansatz des Gaszustandes berechnete $\mathfrak{k}_2$-Wert ohne Zweifel das Verhalten des Fremdstoffs in mäßig verdünnten Lösungen mit dem nächst erreichbaren Grad von Genauigkeit wiedergeben wird.

Bei der Berechnung dieses auf den richtigen Molekularzustand korrigierten $\mathfrak{k}_2$-Wertes denken wir uns zunächst den betreffenden Molekularzustand in der untersuchten Lösungsmittelphase von vornherein gegeben. Wir nehmen als einfachsten Fall an, daß nur eine Art von Fremdstoffmolekülen (also nicht etwa zwei Ionenarten) vorhanden sei und daß jedes dieser Moleküle ν_h Moleküle des Lösungsmittels chemisch angelagert habe (ν_h in Wasser gleich Hydratationszahl), während gleichzeitig sämtliche Lösungsmittelmoleküle zu ν_a-fachen Komplexen ihres chemisch einfachsten Moleküls, auf das die Berechnung der x zunächst bezogen ist, zusammengetreten seien (ν_a = Assoziationszahl). Bezeichnen wir das Verhältnis $\frac{n_2}{n_1^0 + n_2}$ mit x_2 (n_1^0 = Gesamtzahl der einfachsten Lösungsmittelmoleküle, unabhängig von ihrer molekularen Bindung), den nur durch Hydratation veränderten Molenbruch mit x_2^h, den nur durch Assoziation veränderten mit x_2^a, so findet man durch einfache Abzählung der jeweils vorhandenen Moleküle:

$$x_2^h = \frac{x_2}{1 - \nu_h x_2}$$

$$x_2^a = \frac{x_2}{1 + (\nu_a - 1)\, x_2}\,^{1}.$$

Sind beide Effekte gleichzeitig vorhanden, so findet man den wahren Molenbruch x_2^{ha} auf entsprechende Weise zu:

$$x_2^{ha} = \frac{x_2}{1 - (\nu_h + 1 - \nu_a)\, x_2}\,.$$

Hierbei ist ν_h die Zahl der *einfachen* (nicht assoziierten) Lösungsmittelmoleküle, die mit jedem Fremdmolekül verbunden sind. Für hinreichend kleine

[1] Hier ist ein konstanter Faktor ν_a gleich unterschlagen, da er bei Bildung von $\ln x_2^a$ nur zu einem von x_2 unabhängigen Beitrag führen würde, der in die Grundarbeit aufgenommen werden kann.

x_2 ist also der „Aktivitätskoeffizient auf Grund des *Molenbrucheffektes*", wie wir ihn nennen wollen, gegeben durch:

$$f_2^M = \frac{x_2^{ha}}{x_2} = 1 + (\nu_h + 1 - \nu_a)\, x_2\,. \tag{23}$$

Sind mehrere Fremdstoffmolekülarten 2, 3 ... i gelöst, so tritt an Stelle von (23), wie man leicht nachrechnet, die Beziehung:

$$f_i^M = 1 + (\nu_h + 1 - \nu_a) \sum x_i\,, \tag{23a}$$

wobei ν_h den Mittelwert $\frac{\sum \nu_{hi} x_i}{\sum x_i}$ der Hydratationszahlen aller Fremdstoffmoleküle bedeutet.

Noch ein zweiter Einfluß der Hydratation ist zu erwähnen: Denken wir uns den Stoff 2 einmal in unendlich verdünnter Lösung gelöst und hydratisiert, das andere Mal in einer endlich konzentrierten, so nimmt das zweite Mal das Lösungsmittel mit einem um $\mathfrak{f}_1 = RT\ln a_1$ geänderten μ an der (Lösungs-) Reaktion teil, so daß das Potential μ_2 des gelösten, hydratisierten Stoffs um $\nu_h RT\ln a_1$ vergrößert wird, wie man sieht, wenn man die Gleichung $\sum \nu\mu = 0$ auf das Hydratationsgleichgewicht anwendet. Das bedingt einen weiteren Aktivitätskoeffizienten des gelösten Stoffes, den wir als f^h, den „Aktivitätskoeffizienten des (eigentlichen) *Hydratationseffektes*" bezeichnen können, im Betrag von:

$$f_i^h = a_1^{-\nu_h}\,. \tag{24}$$

Da a_1 von der Größenordnung $1 - \sum x_i$ ist, also, mit dieser Annäherung,

$$f_i^h = 1 + \nu_h \sum x_i \tag{24a}$$

wird, sehen wir, daß f_i^h von derselben Größenordnung ist wie f_i^M und daß beide Effekte im gleichen Sinne wirken.

Eine weitere Besprechung dieses Effektes, der von BJERRUM aufgefunden[1] und schon mehrfach zur Berechnung von Hydratationszahlen angewandt wurde, können wir uns hier ersparen, da er mit dem von HÜCKEL berechneten „DK-Effekt", den wir schon oben, S. 434, erwähnten, verwandt ist, nur daß BJERRUM eine chemisch-stöchiometrisch abgegrenzte Hydratation, HÜCKEL eine auf elektrischen Kräften beruhende, allmählich verklingende im Auge hat. Es scheint, daß beide Auffassungen in den wenigen Fällen, wo sie angewandt werden konnten, zu formal einigermaßen ähnlichen Resultaten führen.

Die Aktivitätskoeffizienten nach (23), (23a) und (24) sind, wie es sein muß, für hinreichende Verdünnungen = 1, ergeben aber bei wachsender berechneter Konzentration x_2 bzw. $\sum x_i$ (indem zunächst die ν_{ha} und ν_a von den x als unabhängig angenommen werden) einen linearen Gang mit x_2 bzw. $\sum x_i$ mit einem Faktor, der bei hohen Hydratationszahlen ν_h erhebliche positive Werte annehmen kann, während eine Assoziation des Lösungsmittels nach (23a) im Sinne einer Verminderung des Aktivitätskoeffizienten wirkt.

Vergleich der verschiedenen Effekte bei Elektrolyten. Prüfung an der Erfahrung. Da die chemische Hydratation (allgemeiner: Solvatation) nach den vorliegenden Ergebnissen bei elektrisch geladenen Fremdstoffteilchen eine besonders große Rolle spielt, wollen wir, unter Annahme der Ausdrücke (23a) und (24a) für die Einzelionen und unter der weiteren Annahme $\nu_+^h = \nu_-^h = \nu_h$, den Ausdruck des mittleren Ionenaktivitätskoeffizienten $f_\pm$ für einen *ein-ein-*

---

[1] Z. f. anorg. u. allg. Chem. Bd. 109, S. 275, 1920; Z. f. physik. Chem. Bd. 104, S. 406, 1923.

wertigen vollständig dissoziierten Elektrolyten ermitteln. Wir finden, indem das Zusatzglied in (23a) klein gegen 1 angenommen wird:

$$\ln f_{\pm}^{M} = 2\,(\nu_h + 1 - \nu_a)\,x_2, \tag{23b}$$

wobei noch $\sum x_i = x_+ + x_-$ mit hinreichender Annäherung gleich dem doppelten Verhältnis $2x_2$ der im ganzen gelösten (undissoziiert berechneten) Elektrolytmoleküle zu der Summe dieser Moleküle und der einfachsten Lösungsmittelmoleküle gesetzt wurde. Entsprechend folgt aus (24a):

$$\ln f_{\pm}^{h} = 2\,\nu_h\,x_2. \tag{24b}$$

Es ist von hohem Interesse, den Gang des Aktivitätskoeffizienten nach (23b) und (24b) zu vergleichen mit dem Gang, der einerseits durch unvollständige Dissoziation des Elektrolyten, andererseits durch die elektrischen Wirkungen der Ionen nach der DEBYE-HÜCKEL-Theorie bedingt ist. Für den ersten Effekt erhalten wir aus (12b), wenn wir berücksichtigen, daß $\underset{\cdot}{a}_2 = \underset{\cdot}{a}_+ \cdot \underset{\cdot}{a}_- = \underset{\cdot}{a}_{\pm}^2$ (§ 15) ist, einen Aktivitätskoeffizienten f^{α}, der gegeben ist durch[1]:

$$\ln f_{\pm}^{\alpha} = -\frac{1}{\mathbf{K}} \cdot x_2. \tag{25}$$

Dagegen erhält man für die elektrische Wirkung (unter Annahme vollständiger Dissoziation) aus (20a), indem man noch $\sum c_j z_j^2 = c_+ + c_- = 2x_2 \cdot \frac{1000}{v}$ setzt $\left(v = \frac{V}{n}\right.$, Molvolum der Flüssigkeit, bezogen auf ein Mol einfachster Flüssigkeitsmoleküle + Elektrolytmoleküle$\left.\right)$ einen elektrischen Aktivitätskoeffizienten $f_{\pm}^{e}$:

$$\ln f_{\pm}^{e} = -\frac{F^2\sqrt{2\pi\varepsilon}}{(DRT)^{\frac{3}{2}}\,v^{\frac{1}{2}}}\sqrt{x_2}. \tag{26}$$

Die an sich ganz verschiedenen chemischen Vorgänge (M), (h) und (α) führen also alle zu einem linearen Gang des $\ln f_{\pm}$ mit x_2, während der elektrische Effekt (e) eine Abweichung mit $\sqrt{x_2}$ ergibt, die natürlich bei hinreichend kleinen Konzentrationen überwiegt.

Um den numerischen Vergleich mit vorhandenen Messungen von $\ln f_{\pm}$ für den Fall starker Elektrolyte durchzuführen, rechnen wir noch mit der für hinreichende Verdünnungen gültigen Beziehung $x_2 = m_2 \cdot \frac{18{,}02}{1000}$ die Gleichungen (23b), (24b) und (26) auf Kilogrammolaritäten um[2]. Der Faktor in (26) erhält dann, bei Anwendung dekadischer Logarithmen, für wässerige Lösungen bei 20° C, den Wert 0,500. Da (26) von Annahmen über den Molekularzustand der Ionen und des Lösungsmittels unabhängig ist, wird $\log f_{\pm}$ einfach gleich der Summe der Werte nach (23b), (24b) und (26); also ist:

$$\log f_{\pm} = 0{,}0156\,(2\,\nu_h + 1 - \nu_a)\,m_2 - 0{,}500\sqrt{m_2}. \tag{27}$$

Dieser theoretischen Annäherungsformel stehen folgende, nach Messungen von elektromotorischen Kräften, Gefrierpunktserniedrigungen und Löslichkeiten experimentell bis 0,1 molar gültig gefundenen Beziehungen für die mittleren

---

[1] Gültig für $x_2 \ll \mathbf{K}$.

[2] Die Aktivitätskoeffizienten bleiben, da sie, im Gegensatz zu den Aktivitäten, unabhängig von der Wahl des Grundzustandes sind, hierbei ungeändert.

Ionenaktivitätskoeffizienten einiger besonders genau untersuchter ein-einwertiger Elektrolyte gegenüber[1]:

LiCl	$0{,}50\, m_2 - 0{,}5 \sqrt{m_2}$,
NaCl	$0{,}49\, m_2 - 0{,}5 \sqrt{m_2}$,
KCl	$0{,}40\, m_2 - 0{,}5 \sqrt{m_2}$,
HCl	$0{,}63\, m_2 - 0{,}5 \sqrt{m_2}$,
KOH	$0{,}46\, m_2 - 0{,}5 \sqrt{m_2}$.

Der Faktor des 2. Gliedes entspricht, wie man sieht, ausgezeichnet der DEBYE-HÜCKEL-Theorie. Dagegen gibt Formel (27) für den Faktor des 1. Gliedes zu kleine Werte, wenn wir für ν_h Werte bis 10 einsetzen, die auf Grund verschiedenartiger Meßmethoden als die wahrscheinlichsten bzw. maximalen Zahlen für die „chemische" Hydratation anzusehen sind[2]. Berücksichtigen wir noch die sicher bestehende Assoziation des Wassers, indem wir ν_a gleich 2 bis 3 setzen, so ergeben sich für den Faktor Werte zwischen 0 und 0,3. Diese Diskrepanz mit den gefundenen Werten beweist, daß den weiteren im gleichen Sinne wirkenden Effekten, also dem nach HÜCKEL berechneten „DK-Effekt" und dem „Radiuseffekt", die wir früher (S. 433) erwähnten, in diesen Fällen erhebliche Bedeutung zukommt.

Unvollständige Dissoziation gibt nach (25) ebenso wie der „ψ- oder Assoziationseffekt" (S. 433) in erster Annäherung ein in m lineares Glied mit *negativem* Vorzeichen. Während diese Effekte also bei den hier tabellierten Salzen offenbar nicht in Erscheinung treten, sind sie im Falle der Alkalinitrate[3] überwiegend. Und zwar scheint dort die Annahme der unvollständigen Dissoziation die größere Wahrscheinlichkeit für sich zu haben. In nichtwässerigen Lösungen starker Elektrolyte, namentlich wenn die Dielektrizitätskonstante etwa unter 30 liegt, gewinnt die ψ-Korrektur allgemein die ausschlaggebende Bedeutung[4]. Weiter unten, S. 440, soll noch einiges mehr über nichtwässerige Lösungen gesagt werden.

Aussalzeffekt. Zum Schluß unserer Betrachtungen über die Wechselwirkungen von Ionen untereinander und mit dem Lösungsmittel in einer wässerigen Lösung diskutieren wir noch kurz einen bekannten Einfluß der Ionen auf das Verhalten von gelösten Nichtelektrolyten, den sog. Aussalzeffekt. Die Löslichkeit eines Nichtelektrolyten in wässeriger Lösung wird durch Zusatz eines Elektrolyten im allgemeinen verringert, eine Erscheinung, die als „Aussalzen" bezeichnet wird und auch mannigfache praktische Verwendung findet. Thermodynamisch gesprochen, bewirkt also der Elektrolytzusatz eine Erhöhung der Aktivität des gelösten Nichtelektrolyten. Bei flüchtigen Nichtelektrolyten wird demgemäß auch eine Vermehrung des Partialdruckes beobachtet. (Entsprechend der Beziehung $\sum \nu_i\, d\mu_i = 0$ wird gleichzeitig die Aktivität des zugesetzten Elektrolyten durch die Gegenwart des Nichtelektrolyten erhöht.)

Man kann diesen Effekt, ähnlich wie den „Hydratationseffekt" bei Ionen, S. 435ff., von zwei Seiten her theoretisch zu erfassen suchen. Einmal kann man nämlich die Hydratation des zugesetzten Elektrolyten zur Erklärung heranziehen. D. h. durch den Elektrolytzusatz wird ein Teil der Wassermoleküle gebunden, und daher steigt der Molenbruch des Nichtelektrolyten. Andererseits kann man aber auch davon ausgehen, daß Moleküle mit kleinerer Polarisierbarkeit als das Wasser, das seinerseits durch ein hohes Dipolmoment bei kleinem

[1] BRÖNSTED: a. a. O. Die Bestimmung der Aktivität der Salzsäure wird von uns in Beispiel 17 des Kap. H behandelt.

[2] Siehe z. B. ULICH: Trans. Faraday Soc. 1927, S. 388; ULICH u. BIRR: a. a. O.

[3] Siehe z. B. NERNST: Z. f. physik. Chem. Bd. 135, S. 237, 1928.

[4] ULICH u. BIRR: a. a. O.

Molekularvolumen ausgezeichnet ist, an Stellen hoher Feldstärke, also in der Nähe von Ionen, eine höhere potentielle Energie als an sonstigen Stellen der Lösung haben[1]. Die nächste Umgebung des Ions bleibt dem Nichtelektrolyten also praktisch versperrt.

Letztere Auffassung ergänzt die erstere insofern, als eben Wechselwirkungskräfte abstoßender Natur zwischen Elektrolyt und Nichtelektrolyt auch über die Sphäre der chemisch gebundenen Wassermoleküle hinaus vorhanden sind. Zugleich wird die wesentliche Natur der Wechselwirkungskräfte mit erfaßt. Die bisherigen Ansätze haben allerdings nur einen ungefähren Anhalt über die vorhandenen Effekte geliefert. Für die Darstellung ist man daher im wesentlichen auf empirische Daten angewiesen. Für mäßig konzentrierte Lösungen ergibt sich theoretisch wie experimentell ein Zusatzglied zur Restarbeit bzw. zu dem Logarithmus des Aktivitätskoeffizienten, das im wesentlichen proportional der Konzentration des Zusatzelektrolyten ist.

Das Gegenteil des Aussalzens findet man, wenn Moleküle hohen Dipolmoments wie Ammoniak oder Schwefeldioxyd in Wechselwirkung mit Ionen treten. Hier werden auch Aktivitätserniedrigungen beobachtet. Der Vorgang selbst wird in extremeren Fällen als „Komplexbildung" beschrieben.

Besonderheiten in nichtwässerigen Lösungsmitteln. Die bisherigen Betrachtungen sind stets so allgemein gehalten worden, daß sie prinzipiell auf beliebige Lösungsmittel anwendbar wären, doch sind die in Wirklichkeit vorhandenen quantitativen Verhältnisse bisher überwiegend an den in der Praxis wichtigsten Fällen wässeriger Lösungen erörtert worden. Es sollen deshalb hier noch in kurzen Zügen die Besonderheiten des Verhaltens nichtwässeriger Lösungen charakterisiert werden, wobei wir uns auf elektrolytische Dissoziation beschränken[2].

Die meisten nichtwässerigen Lösungen unterscheiden sich vom Wasser durch erheblich niedrigere Dielektrizitätskonstante. Eine andere Gruppe von Flüssigkeiten, die wir an zweiter Stelle betrachten wollen, besitzt als Charakteristikum eine starke elektrolytische Eigendissoziation. Beide Besonderheiten führen dazu, daß in solchen Medien gelöste Salze sich in eigenartiger Weise von typischen wässerigen Salzlösungen unterscheiden.

Niedrige Dielektrizitätskonstante hat besondere Stärke der interionischen Kräfte zur Folge, so daß die für $\varepsilon\psi \ll kT$ abgeleitete DEBYE-HÜCKELsche Näherung (S. 427 ff.) schon für kleine Konzentrationen nicht mehr genügt und der Aktivitätskoeffizient kleiner ausfällt als nach (20) berechnet („ψ- oder Ionenassoziationskorrektur" nach BJERRUM, H. MÜLLER und GRONWALL, vgl. S. 433). Nur bei extremen Verdünnungen behalten die DEBYE-HÜCKELschen Formeln ihre Gültigkeit. Der Einfluß der Ionenassoziation $\left(\text{höhere Potenzen von } \frac{\varepsilon\psi}{kT}\right)$ wird bei kleiner Dielektrizitätskonstante so übermächtig, daß in Lösungsmitteln der DK < 10 gelöste Salze hinsichtlich Gefrierpunktserniedrigung und Siedepunktserhöhung vielfach weitgehend assoziiert erscheinen, ja in extremen Fällen sogar den Eindruck von Kolloiden machen, d. h. überhaupt keine sicher meßbaren osmotischen Effekte mehr ergeben[3]. Die bei der Verdünnung dieser Lösungen zu gewinnende Arbeit ist also durch den übergroßen Einfluß der elektrischen Kräfte in extremen Fällen nahezu bis auf Null reduziert. Lösungen dieser Art zeigen außerdem den eigenartigen Effekt der „anomalen Leitfähigkeit", d. h. eines Wieder-

[1] Vgl. P. DEBYE u. J. Mc. AULAY: Physik. Ztschr. Bd. 26, S. 22, 1925; P. DEBYE: Z. f. physik. Chem. Bd. 130, S. 56, 1927.

[2] Eine ausführlichere zusammenfassende Darstellung geben ULICH u. BIRR: a. a. O.

[3] WALDEN: Molekulargrößen von Elektrolyten. Dresden u. Leipzig 1923; GROSS u. HALPERN: Physik. Ztschr. Bd. 26, S. 636, 1925. Es sei betont, daß das sonstige Verhalten dieser Lösungen die Annahme wirklichen kolloiden Zustandes ausschließt.

anstiegs der molekularen Leitfähigkeit mit steigender Konzentration, der wohl auf Ausbildung geordneter Ionenschwärme in der Lösung zurückzuführen ist (ULICH und BIRR, a. a. O.). In erheblichem Betrag unvollständige Dissoziation anzunehmen, besteht bisher in solchen Lösungen kein Anlaß, wenigstens soweit typische starke Elektrolyte in Betracht kommen [als solche dienen wegen der meist zu geringen Löslichkeit der Alkalihalogenide in der Regel Salze von vierfach substituierten Ammoniumbasen, z. B. $(C_2H_5)_4N \cdot J$]. Eine andere Gruppe von Salzen, nämlich die von WALDEN als „schwache" Salze bezeichneten, scheint aber nicht vollständig dissoziiert zu sein; zu ihnen gehören namentlich die niedriger als vierfach substituierten Ammoniumsalze [z. B. $H_2N(C_2H_5)_2 \cdot Cl$] und anorganische mehrwertige Salze. Es hängt weitgehend vom Lösungsmittel ab, ob diese Salze ein mehr „starkes" oder „schwaches" Verhalten zur Schau tragen. Z. B. begünstigt von den drei Lösungsmitteln fast gleicher Dielektrizitätskonstante: Ammoniak, Äthylalkohol und Aceton, nur das letzte schwaches Verhalten, während die beiden ersten mehr dem Wasser ähneln, wo deutliche Abweichungen vom typischen Verhalten starker Salze nicht häufig sind und hauptsächlich auf mehrwertige Salze ($ZnCl_2$, $CdSO_4$ u. dgl.) beschränkt erscheinen. Es ist klar, daß das unterschiedliche Verhalten der Lösungsmittel gegenüber der Bildung undissoziierter Moleküle überwiegend auf den Verschiedenheiten der Solvatationsenergie der Ionen (hier im Sinne der gesamten Wechselwirkungsenergie mit dem Lösungsmittel) beruhen muß. In der Tat neigen die Lösungsmittel, für die schwaches Verhalten vieler in ihnen aufgelösten Salze charakteristisch ist, in besonders geringem Grade zur Bildung kristallisierter Verbindungen mit Salzen. — In extremen Fällen machen Lösungen schwacher Salze mit steigender Konzentration zunehmend den Eindruck von Nichtelektrolytlösungen, z. B. in den osmotischen Effekten (normale Molekulargewichte!), in der Leitfähigkeit und der Änderung der Dielektrizitätskonstante mit der Konzentration. Es machte der älteren Auffassung besondere Schwierigkeiten, zu erklären, daß gerade die Lösungen von (auf Grund von Gefrierpunktsmessungen u. dgl.) als hochassoziiert angesehenen Salzen elektrolytisch leiten, während Lösungen der wenig assoziiert erscheinenden schwachen Salze praktisch Nichtleiter sind.

Mit diesen kurzen Bemerkungen über Lösungsmittel niedriger DK wollen wir uns begnügen und noch einige Aussagen über Salzlösungen in Lösungsmitteln hoher elektrolytischer Eigendissoziation machen. Als solche kommen neben Flüssigkeiten wie wasserfreie Schwefelsäure und Salpetersäure vor allem *geschmolzene Salze* in Betracht. Lösen wir in einem solchen Lösungsmittel Salze in geringer Konzentration auf, so braucht ein elektrisches Zusatzglied zu $\mathfrak{f}$ *nicht* berücksichtigt zu werden, denn die viel stärkere elektrische Wechselwirkung des gelösten Ions mit den an Zahl weitaus überwiegenden Ionen des Lösungsmittels ist schon in dem Grundpotential μ erfaßt; jedes Ion ist schon bei unendlich großer Verdünnung mit einer Ionenatmosphäre umgeben, die durch geringen Fremdstoffzusatz nicht merklich geändert wird. Es ist also zu erwarten, daß die klassischen Gesetze der verdünnten Lösungen (nötigenfalls unter Berücksichtigung chemischer Wechselwirkungen, die dem Massenwirkungsgesetz folgen) für Lösungen von Salzen in stark ionisierten Lösungsmitteln bis zu relativ erheblichen Konzentrationen Gültigkeit haben. Das hat das Experiment bestätigt, und es hat sich dabei gezeigt, daß, wenn typische Salze gelöst werden, diese sich in der Regel als praktisch vollständig dissoziiert erweisen[1]. Nicht anders liegen die Dinge natürlich, wenn sehr konzentrierte wässerige Salzlösungen als

[1] Literatur bei PH. GROSS: Z. f. anorg. Chem. Bd. 150, S. 339, 1926.

Lösungsmittel benutzt werden, wie von BRÖNSTED gezeigt wurde[1]. Einige Worte müssen noch gesagt werden über den Fall, daß der gelöste Fremdstoff eine Ionenart mit dem Lösungsmittel gemeinsam hat (vgl. auch § 21, S. 367/68). In diesem Falle wird das chemische Potential dieser einen Ionenart durch geringe Fremdstoffzusätze praktisch nicht geändert, man erhält also, wenn man die Änderungen von μ_1 (des Lösungsmittels) mit dem kleinen Zusatz eines vollständig in die Ionen A und B zerfallenen Salzes betrachtet (A sei die Ionenart, die schon im Lösungsmittel in großer Menge vorhanden ist), in erster Näherung: $\frac{\partial \mu_1}{\partial x_A} = 0$. $\mathfrak{k}_1$ ist also für große Verdünnungen nicht gleich $RT(\ln 1 - x_A - x_B)$, sondern nur gleich $RT\ln(1 - x_B) \cong -RTx_B$ zu setzen; d. h. für alle „osmotischen Effekte" (Gefrierpunktserniedrigung u. dgl.) ist nur die eine Ionenart des Fremdstoffes wirksam[2]. Die Effekte fallen also numerisch ebenso aus, wie wenn der Fremdstoff gänzlich undissoziiert wäre. In der Tat hat man früher aus solchen Beobachtungen (z. B. Gefrierpunktserniedrigung von KCl durch darin gelöstes NaCl) den Schluß gezogen, daß der Fremdstoff (NaCl) undissoziiert sei; diese Folgerung ist aber, wie wir nun sehen, keineswegs schlüssig. Eine Entscheidung, ob der zugesetzte Stoff dissoziiert ist oder nicht, erhält man jedoch in Fällen wie der Auflösung von $PbBr_2$ in geschmolzenem $PbCl_2$. Hier wird, wenn x_2 die zugesetzte (kleine) Menge $PbBr_2$ bezeichnet, bei Nichtdissoziation des Fremdstoffs $\mathfrak{k}_1 = -RTx_2$, bei vollständiger Dissoziation, da aus jedem Molekül zwei dem Lösungsmittel fremde Ionen entstehen, $\mathfrak{k}_1 = -2RTx_2$. Das Experiment ergab, daß nahezu der zweite Wert erreicht wird, womit eine weitgehende Dissoziation des zugesetzten Salzes erwiesen ist[3]. Es liegt nahe, aus Analogiegründen für den Fall KCl in NaCl erst recht eine weitgehende, ja sogar annähernd vollständige Dissoziation des KCl anzunehmen, zumal auch nichtthermodynamische Daten, wie die elektrische Leitfähigkeit, dies nahelegen und so ein befriedigendes Gesamtbild über das typische Verhalten geschmolzener Salze erhalten wird. Gleichwohl sind auch hier Fälle sehr geringer Dissoziation vorhanden, z. B. $HgCl_2$, und daher dürften auch Übergangstypen nicht fehlen[4].

Bemerkung über die allgemeine statistische Behandlung von Mischungen. Man wird sich die Frage vorlegen, welche charakteristischen Unterschiede bestehen zwischen der elektrischen Wechselwirkung verschiedener Ionen, die nach DEBYE-HÜCKEL zu $\ln f_\pm$-Werten proportional $\sqrt{x}$ führen (Gleichung 26), und der chemischen Wechselwirkung der Ionen untereinander oder mit dem Lösungsmittel, die nach (25), (23b) und (24b) zu einem Konzentrationsgang von $\ln f_\pm$ proportional x Anlaß gibt. Da an der gleichfalls elektrischen Natur dieser „chemischen" Wirkungen heute kein Zweifel mehr besteht, möchte man zunächst annehmen, daß der Unterschied in dem polaren, also auf Fernwirkungen eingestellten Charakter der Wechselwirkung zwischen Ionen beruht, während jede chemische Bindung wenigstens zum Teil auf die Wirkung von elektrischen Nahkräften zurückzuführen ist, wie sie durch Dipolanziehung, Polarisationseffekte und gegebenenfalls lokale Elektronenumgruppierung bedingt sein können. Diese Vermutung ist aber in dieser Form doch nicht ganz richtig, denn es sind Dissoziationsgleichgewichte zwischen Wasserstoffkern und Elektronen im verdünnten Gaszustand durchgerechnet (§ 17, S. 326), in denen die Wechselwirkung

[1] BRÖNSTED: Kgl. Danske Vid. Selsk. Medd. Bd. 3, S. 9, 1920; Z. f. physik. Chem. Bd. 98, S. 239, 1921; Bd. 103, S. 307, 1922.

[2] LEWIS u. RANDALL: Kap. 18, am Schluß.

[3] Wenn man von komplizierteren Annahmen über chemische Wechselwirkungen zwischen gelöstem Stoff und Solvens absieht, durch die sich schließlich auch dieser Befund andersartig erklären ließe.

[4] Vgl. WALDEN, ULICH und BIRR, Z. f. physik. Chem., Bd. 131, S. 31, 1927.

zwischen den Partnern ebenfalls als rein elektrisch polar angenommen wird, die aber trotzdem zu thermodynamischen Funktionen führen, die denen von mit Nahkräften aufeinanderwirkenden Gasen entsprechen[1]. Charakteristisch für die DEBYE-HÜCKEL-Theorie ist vielmehr: 1. die Vernachlässigung der Quanteneffekte, die in der geschilderten H-Dissoziationstheorie eine große Rolle spielen, 2. die Berücksichtigung der gleichzeitigen Wechselwirkung von mehr als zwei geladenen Teilchen miteinander, die in der erwähnten Dissoziationstheorie (wegen der quantitativ abgeänderten Verhältnisse) mit Recht unterschlagen wird. Für die chemische Behandlungsweise andererseits ist, wenigstens soweit das Massenwirkungsgesetz reicht, charakteristisch die Vernachlässigung der Kraftwirkungen aller nicht direkt an der Reaktion beteiligten Moleküle. Man wird hieraus schließen dürfen, daß die hier besprochenen Methoden Grenzfälle einer allgemeinen Methode sind, bei der sowohl die Quanteneffekte bei engerem Kontakt der wechselwirkenden Körper wie auch die Kraftfelder aller benachbarten Teilchen berücksichtigt werden.

§ 24. Schlußbemerkungen zu Kapitel E.

Umkehr der Problemstellung. Wir kommen zum Schluß auf unsere Bemerkungen über die Art der Problemstellung bei dem ganzen in diesem Kapitel behandelten Fragenkomplex der chemischen Thermodynamik zurück (S. 299). Wir sind von einer Auffassung ausgegangen, bei der wir uns die Arbeitskoeffizienten $\mathfrak{K}$ der untersuchten Umsetzungen aus dem Ergebnis andersartiger thermischer Messungen an dem gehemmt angenommenen System aufgebaut dachten, unter Zuhilfenahme von Konstantenbestimmungen und bekannten theoretischen Gesetzmäßigkeiten. Es ließen sich dann Gleichgewichte (Dampfdrucke, Gasgleichgewichte, Gefrierpunktserniedrigungen, Kristallgleichgewichte, Homogengleichgewichte in Lösungen) oder Affinitäten (speziell elektromotorische Kräfte) voraussagen und mit den direkt gemessenen Werten vergleichen. Je mehr wir jedoch von den bekannten Grenzfällen, etwa dem idealen Gaszustand oder der idealen verdünnten Lösung, in das Gebiet der realen Phasen mit ihren komplizierten und größtenteils unbekannten Gesetzmäßigkeiten vorrückten, desto mehr wurden direkte Messungen der Konzentrationsabhängigkeiten gewisser chemischer Affinitäten und Gleichgewichte dazu verwendet, um erst aus ihnen auf die elementaren Gesetzmäßigkeiten für die chemischen Potentiale oder Aktivitäten zurückzuschließen.

Ist nun aber, so wird man fragen, diese Umkehr der Fragestellung, die nichts direkt Meßbares vorauszusagen gestattet, sondern von Gemessenem ausgehend, auf Gesetzmäßigkeiten für die nicht direkt meßbaren chemischen Potentiale oder Aktivitäten Rückschlüsse zieht, nicht eine rein wissenschaftliche Neugierde, ohne Bedeutung für praktische Standpunkte und praktisches Handeln? Doch nicht. Die praktische Bedeutung dieser Forschungsweise ist wohl im wesentlichen durch zwei Stichworte zu kennzeichnen: „Möglichkeit von Extrapolationen“ und „Voraussage unbekannter Affinitäten und Gleichgewichte“ auf Grund der Schlüsse, die aus direkten Messungen anderer (aber natürlich irgendwie verwandter) Affinitäten und Gleichgewichte gezogen wurden. Über beides ein paar Worte.

Extrapolationen. Schon aus der Beziehung $\mathfrak{K} = \Sigma \nu \mu$ geht hervor, daß jede Affinität und damit jedes Gleichgewicht von den chemischen Potentialen unserer Stoffe, meist sogar in verschiedenen Phasen, abhängt. Nur indem man

[1] PLANCK, M.: Ann. d. Physik Bd. 75, S. 684, 1924, Gleichung (39).

die für $\mathfrak{K}$ gewonnenen Ergebnisse in Aussagen über die μ ummünzt, kann man hoffen, die Kompliziertheit der beobachteten Gesetzmäßigkeiten zu entwirren und zu einfacheren Aussagen vorzudringen. So sind z. B. die Gesetzmäßigkeiten, welche man bei der Verwendung starker Elektrolyte in bezug auf elektromotorische Kräfte, Gefrierpunktserniedrigungen, Löslichkeitsbeeinflussungen usw. beobachtet, erst einigermaßen durchschaut und zu brauchbaren Formeln verdichtet worden, nachdem das chemische Potential oder, nach LEWIS, die Aktivität der einzelnen Ionen in die Betrachtung eingeführt und die gewonnenen Ergebnisse zur Formulierung von Aussagen über diese Elementargrößen verwendet wurden. Es ist wohl außer Zweifel, daß man schon jetzt mit der gewonnenen Einsicht über die Elementargesetze der Wechselwirkung der Ionen untereinander und mit dem Lösungsmittel (Hydratation) für Stoffe und Konzentrationsgebiete, die in Wirklichkeit überhaupt noch nicht untersucht sind, die voraussichtlichen Gleichgewichte und etwa die elektromotorischen Kräfte gewisser Ketten mit einem viel größeren Grad von Wahrscheinlichkeit voraussagen kann als vor einer derartig wissenschaftlichen Durchdringung des Gebiets. Das ist das, was wir oben als die „Möglichkeit von Extrapolationen" bezeichneten. Wir können hierzu vielleicht noch die „Möglichkeit theoretischer Voraussagen" hinzurechnen, wie sie z. B. bei der Berechnung der Entropiekonstanten idealer Gase oder bei unserer Betrachtung geordneter Mischphasen [Gleichung (18), § 21] auftreten; auch diese Berechnungen beziehen sich auf die elementaren thermodynamischen Funktionen, nicht auf die Werte direkt beobachteter Affinitäten oder Gleichgewichte.

Voraussage unbekannter Affinitäten und Gleichgewichte. Hierunter verstehen wir in diesem Zusammenhang folgendes: Das chemische Potential μ oder die Aktivität a eines und desselben Stoffes in ein und derselben Lösung kann für die Affinitäten verschiedenartiger Reaktionen und damit auch für recht verschiedene Arten von Gleichgewichten eine Rolle spielen. So ist z. B. die Restarbeit $\mathfrak{k}_1$ oder die Aktivität a_1 des Lösungsmittels, bezogen auf die reine Lösungsmittelphase, nach § 20, Gleichung (2a), maßgebend für die Dampfdruckerniedrigung des Lösungsmittels, nach (3) für die Gefrierpunktserniedrigung, nach (4a) für den osmotischen Druck gegenüber dem reinen Lösungsmittel, und schließlich, vermöge der Beziehung, die zwischen dem Konzentrationsgang von μ_1 und dem μ_2 eines Fremdstoffes besteht, auch noch für eine ganze Reihe von Effekten, die mit dem Gleichgewicht mit einer Fremdstoffphase oder der EMK in galvanischen Ketten zusammenhängen. Ist nun aus einer von diesen Erscheinungen die Konzentrationsabhängigkeit von $\mathfrak{k}_1$ oder a_1 von $x_1 = 0$ an bis zu einer gewissen Konzentration bestimmt, so sind dadurch mehr oder weniger direkt auch alle anderen genannten Effekte in ihrer Konzentrationsabhängigkeit festgelegt und ohne weitere Messungen dieser Art vorauszubestimmen.

„Querzusammenhänge". Besondere Rolle des osmotischen Druckes. Wenn man in der letzten Betrachtung die Bestimmung der μ oder a als Zwischenglieder ausläßt, so kann man den Sachverhalt auch so formulieren: es bestehen direkte Zusammenhänge („Querzusammenhänge") zwischen Dampfdruckerniedrigung, Gefrierpunktserniedrigung, osmotischem Druck und verschiedenen Fremdstoffgleichgewichten und Affinitäten einer Lösung. Dieser Sachverhalt ist schon seit langem bekannt und bildet den wesentlichen Inhalt der früheren Aussagen über die für Lösungsgleichgewichte geltenden Gesetzmäßigkeiten. Wollte unsere Darstellung den Anspruch auf historische und sachliche Vollständigkeit erheben, so müßten wir, durch Elimination von $\mathfrak{k}_1$ bzw. a_1 aus den verschiedenen genannten Gleichungen, alle Beziehungen dieser Art explizite aufstellen. Wir sehen jedoch von der Besprechung dieser Art von Gesetzen ab, weil wir die jeweilige Zurückführung der Affinitäten und Gleichgewichte auf die elementarsten Größen, die thermodynamischen Potentiale oder Aktivitäten, für das beim heutigen Stand der Entwicklung Zweckmäßigste halten und uns die erwähnten kombinierten Gesetze in der gemeinsamen Zurückführung auf diese Elementargrößen schon gegeben denken. Ein etwas ähnlicher Standpunkt ist de facto seit längerer Zeit schon von vielen Autoren, etwa VAN'T HOFF und NERNST, eingenommen worden, die alle Erscheinungen in Lösungen einheitlich auf die Gesetze des osmotischen Druckes zurückzuführen, der ja nach Gleichung (4a), § 20, mit der Restarbeit $\mathfrak{k}_1$ des Lösungsmittels in engstem Zusammenhange steht. Immerhin erscheint uns auch dieser Spezialbezugnahme gegenüber, die durch ihr Zurückgehen auf die Gasgesetze an länger Bekanntes anschließt, das Zurückgreifen auf die thermodynamischen Elementargrößen, die chemischen Potentiale, als das Rationellste; als Meßgröße kommt der osmotische Druck doch nur relativ selten in Betracht, der genauere Zusammenhang (4) statt (4a), § 20, mit den chemischen Potentialen ist nicht ganz einfach, es wird ein Zweiphasengleichgewicht statt der Eigenschaften einer einzigen Phase betrachtet, und schließlich verführt die Anschaulichkeit des Begriffs doch auch leicht zu gewissen unberechtigten Vorstellungen und Extrapolationen. Wir haben deshalb auch davon abgesehen, den in der Literatur noch vielfach dem Aktivitätskoeffizienten zur Seite gestellten „osmotischen Koeffizienten" in unserer Darstellung (speziell der Theorie der starken Elektrolyte) zu benutzen[1].

Anschaulichkeit des Aktivitätsbegriffes. Übrigens muß hier hervorgehoben werden, daß auch in der Konkurrenz um die Anschaulichkeit der Aktivitätsbegriff keineswegs eine ungünstige Position hat. In dem Idealfalle, wo der osmotische Druck den Gasgesetzen folgt, ist ja die Aktivität einfach gleich der Konzentration, und in den anschließenden Konzentrationsbereichen tritt die Aktivität an die Stelle der Konzentration in allen bekannten Grenzgesetzen der verdünnten Lösungen für heterogene und homogene Gleichgewichte. Wem der Vergleich mit Gasgesetzen besonders naheliegt, der kann sich nach § 20 und 22 die Aktivität eines Stoffes in einer festen oder flüssigen Lösung durch dessen (idealisierten) Partialdampfdruck über der Lösung veranschaulichen, gemessen in Einheiten des betreffenden Partialdampfdruckes über der Lösung in ihrem jeweiligen Grundzustand. In allen Affinitätsfragen endlich kann wohl kaum eine direktere und anschaulichere Größe eingeführt werden als der von uns überall zugrunde gelegte Oberbegriff der Restarbeit, die ja (entgegengesetzt) gleich dem konzentrationsabhängigen Teil der Affinität des betreffenden Stoffes in der betreffenden Lösung ist.

Berechnung von Wärme- und Volumeffekten aus Arbeiten oder Gleichgewichten. Bei der bisher besprochenen Umkehr der Hauptfragestellung (Vorausberechnung der $\mathfrak{A}$ oder Gleichgewichte) hat es sich vor allem um das Problem der Konzentrationsabhängigkeit der μ gehandelt, also um die Größen $\frac{\partial \mu}{\partial x}$, die durch keine thermodynamische Beziehung mit direkt meßbaren Wärme- oder Volumeffekten verbunden sind. Ein etwas anderes Gesicht haben diejenigen, ebenfalls eine Umkehr der Hauptfrage darstellenden Probleme, bei denen aus direkt gemessenen $\mathfrak{A}$-Werten oder Gleichgewichten bei verschiedenen Temperaturen auf Wärmeeffekte oder aus gemessenen Druckabhängigkeiten der $\mathfrak{A}$ auf Volumeffekte geschlossen werden soll. Hier sind also in den entsprechenden differentiellen oder über ein größeres Temperatur- bzw. Druckbereich integrierten

[1] In Beispiel 17 des Kap. H wird allerdings ein Fall behandelt, wo sich bei der praktischen Ausführung von Berechnungen die Einführung des osmotischen Koeffizienten sehr empfiehlt. Es handelt sich dabei um die Umrechnung von a_1- in a_2-Werte.

thermodynamischen Beziehungen nicht z. B. die Größen $\mathfrak{W}$, $\mathfrak{S}$, $\mathfrak{V}$ als gegeben zu betrachten und z. B. die $\frac{\partial}{\partial T}\left(\frac{\mathfrak{K}}{T}\right)$ und $\frac{\partial \mathfrak{K}}{\partial p}$ daraus zu berechnen, sondern umgekehrt. Auf solche Umkehrungen der Fragestellung haben wir bei der Besprechung der Dampfdruckgleichungen (Verdampfungswärme aus Dampfdruckkurven), § 16, bei der Besprechung des NERNSTschen Theorems (Umwandlungswärme aus einem Gleichgewicht und dem NERNSTschen Theorem), § 12, bei der Diskussion der elektromotorischen Kräfte in wässerigen Lösungen (Verdünnungswärmen aus dem Temperaturgang einer EMK-Differenz), § 20, bei der Erörterung des Temperaturganges der Massenwirkungskonstanten in Gasen oder Lösungen (Reaktionswärme in Gasen, § 17, Dissoziationswärmen schwacher Elektrolyte, § 23) hingewiesen. Hierzu soll nur noch folgendes gesagt werden: Reaktionswärmen (und -Volumänderungen) haben, wo sie nicht direkt als meßbare Größen in Erscheinung treten, meist nicht ein solches praktisches Interesse, daß ihre genaue Berechnung auf Umwegen lohnend wäre. Und in der Tat wird man finden, daß in den genannten Beispielen die Berechnung eines Wärmeeffektes nur das scheinbare Ziel ist. In Wirklichkeit spielt der so errechnete Wärmeeffekt entweder nur die Rolle einer Rechnungsgröße, und das eigentliche Ziel ist etwa die Prüfung des NERNSTschen Theorems oder die Bestimmung einer Entropiekonstante oder die Nachprüfung einer Wechselwirkungstheorie; oder das, was man als Wärmeeffekt berechnet, soll in Wirklichkeit ein von den Konzentrationen unabhängiges Maß für die Affinität der betreffenden Umsetzung darstellen (wie bei der Dissoziationswärme schwacher Elektrolyte). In dieser letzten Anwendung wird aber an Stelle des Wärme- oder Energieeffektes, der ja nur den Temperaturgang von $\mathfrak{K}$ oder $\frac{\mathfrak{K}}{T}$ bestimmen kann, wohl immer besser ein direktes Affinitätsmaß, das von der Konzentration unabhängig ist, gesetzt, nämlich eine Grundarbeit $\boldsymbol{\mathfrak{K}}$, die statistisch aufs engste mit der elementaren Freien Energie der betreffenden Umsetzung zusammenhängt. Diese Wendung „vom Wärmeeffekt zur Grundarbeit" ist in einem speziellen Teil der Thermodynamik, nämlich der Theorie der Glühelektronenemission, wo die RICHARDSONsche „Austrittsarbeit" die Bedeutung einer derartigen Grundarbeit hat, schon weitgehend durchgeführt; sie wird sich wahrscheinlich auch in der Dampfdrucktheorie, der Dissoziationstheorie usw. mehr und mehr durchsetzen.

Der KIRCHHOFFsche Problemkreis. Auch mit den bis hierher aufgezählten Varianten ist natürlich die Art der chemisch-thermodynamischen Fragestellungen noch nicht erschöpft. Es mag hier z. B. noch der KIRCHHOFFsche Problemkreis gestreift werden[1], bei dem die Aufgabe darin besteht, aus gemessenen Verdünnungswärmen den Temperaturgang des relativen Dampfdrucks einer Lösung zu ermitteln oder umgekehrt. Die Hauptformel von KIRCHHOFF lautet, in der Bezeichnungsweise des § 20:

$$\mathfrak{w}_1 = -RT^2 \frac{\partial \ln \frac{\pi_1}{\pi^{(1)}}}{\partial T},$$

wobei π_1 der Partialdampfdruck des Lösungsmittels über der Lösung, $\pi^{(1)}$ der Dampfdruck des reinen Lösungsmittels ist. Diese Formel stellt sich, ähnlich wie eine oben besprochene Kategorie von Beziehungen, als Resultat der Elimination einer Restarbeit $\mathfrak{k}_1$ aus zwei verschiedenen Elementarformeln dar, von denen die eine [Gleichung (23), § 11] $\mathfrak{w}_1$ mit $\frac{\partial}{\partial T}\left(\frac{\mathfrak{k}_1}{T}\right)$ verknüpft, während die

[1] Eine recht ausführliche Diskussion der verschiedenartigen Formeln und Probleme z. B. bei CHWOLSON: Lehrbuch der Physik Bd. 3, S. 900—908, 1905.

andere [Gleichung (2), § 20] unter der Annahme idealer Gasgesetze die Dampfdruckänderung mit $\mathfrak{k}_1$ verbindet. Auch hier stellt die getrennte Verwendung dieser beiden elementaren Beziehungen wohl eine übersichtlichere Grundlage für überschlägige Berechnungen dar als die obige Kombinationsformel, die übrigens bisher wohl noch keine größere praktische Bedeutung erlangt hat.

Kombinationsreaktionen. Dagegen kann eine andere Kombination von Einzelergebnissen von großer praktischer Wichtigkeit sein, nämlich die Kombination von Ergebnissen der Affinitätsbestimmungen verschiedener Reaktionen, die sich zu einer neuen Reaktion vereinigen lassen. Auf diesen Fragenkomplex ist schon im § 6 hingewiesen worden; ein Beispiel dafür wird in Kapitel H, Beispiel 10, gegeben, wo gezeigt wird, wie der Affinitätswert der Verbrennung von fester Kohle mit Sauerstoff zu Kohlensäure oder Kohlenoxyd durch Messungen an Einzelreaktionen ermittelt wurde.

Kapitel F.

Gleichgewichtsbedingungen höherer Ordnung und Phasenstabilität.

§ 25. Die allgemeinen Gesetzmäßigkeiten.

Einleitung. Die Überlegungen dieses Kapitels der Thermodynamik stellen an den guten Willen des Lesers noch höhere Anforderungen als die bisher behandelten; welches kann der Lohn dieser Bemühungen sein, da doch die Behandlung sämtlicher thermodynamischer Fragen auf Grund der bisher eingeführten Begriffe, speziell der Gleichgewichtsbedingungen erster Ordnung, schon in erschöpfender Weise möglich scheint?

Um diese Frage zu beantworten und die eingehende Behandlung der besonders von W. Gibbs[1] in die Thermodynamik eingeführten Gleichgewichtskriterien höherer Ordnung zu rechtfertigen, haben wir auf die Überlegungen von I, § 7 zurückzugreifen und auf den Unterschied zwischen den Gleichgewichtsbedingungen erster und höherer Ordnung oder auf den Unterschied zwischen *Gleichgewicht* und *Stabilität* hinzuweisen. Es kann sehr wohl ein System in sich und mit seiner Umgebung im thermischen Gleichgewicht sein, die Kräfte innerhalb des Systems können den äußeren entgegengesetzt gleich sein, alle ungehemmten inneren Reaktionen können durch Erfüllung der Bedingungen $\mathfrak{R} = 0$ oder $\mu' = \mu''$ den Gleichgewichtsbedingungen erster Ordnung genügen, und es kann trotzdem das ganze System entweder überhaupt nicht existenzfähig sein (wie das mittlere Gebiet der van der Waalsschen Zustandsgleichung, Abb. 19, S. 92) oder auch ohne eigens herangeführte Katalysatoren von selbst in einen ganz anderen Zustand umschlagen, wie etwa, bei längerer Glühdauer, das System Eisen-Zementit in das System Eisen-Graphit.

Folgende Fragen werden uns in diesem Kapitel beschäftigen: „Welche über die thermodynamischen Differentialgleichungen und über die Gleichgewichtsbedingungen erster Ordnung hinausgehenden Eigenschaften muß ein System haben, um überhaupt existenzfähig zu sein?“ und: „Welche Eigenschaften muß ein thermodynamisches Gleichgewichtssystem haben, um die unter den gegebenen äußeren Bedingungen stabilste Konfiguration darzustellen?“ Die Be-

[1] Thermodynamische Studien, vgl. S. 3, Anm. 2.

antwortung der ersten Frage führt zu Vorzeichenaussagen über Differentialquotienten höherer Ordnung, die in § 28 zu einer Ableitung des LE CHATELIERschen Prinzips sowie zu Schlußfolgerungen über die Richtung gewisser unter äußeren Einwirkungen auftretender „Veränderungen bei währendem Gleichgewicht" herangezogen werden; die Beantwortung der zweiten Frage ist unerläßlich, wenn man die Bedingungen des Auftretens oder Nichtauftretens gewisser an sich bekannter Phasen unter vorgegebenen äußeren Verhältnissen studieren will.

Die besondere Rolle der Energiefunktion für die Gleichgewichtsbedingungen höherer Ordnung. Die wichtigsten der im folgenden zu ziehenden Schlüsse ließen sich aus den Betrachtungen von I, § 7 über das Vorzeichen der gegen innere Kräfte zu leistenden Arbeit $\mathfrak{D}A_h$, im Stabilitäts- und Labilitätsfall (S. 62), ableiten. Dieser vielleicht direktesten und anschaulichsten Methode ziehen wir jedoch hier, übrigens in Übereinstimmung mit GIBBS, PLANCK u. a., das Zurückgreifen auf die Gleichgewichtsbedingungen I, § 7, (4) und (5) für die thermodynamischen Funktionen S und U vor, erstens wegen des leichten Überganges zu anderen thermodynamischen Funktionen, die für die Beschreibung und graphische Untersuchung der Systeme bequem sind, sodann wegen gewisser thermischer Aussagen, die bei bloßer Betrachtung der Arbeitseffekte nicht abgeleitet werden können.

Als Ausgangspunkt der allgemeinen Überlegungen erweisen sich als besonders geeignet die Gleichgewichtsbedingungen I, § 7, (5) mit der Energiefunktion als dominierender Größe. Die Energiefunktion hat unter allen thermodynamischen Funktionen, in denen Arbeitskoordinaten, Arbeitskoeffizienten, Temperatur und Entropie wahlweise als unabhängige Variabeln auftreten, folgende hervorstechende Eigenschaft: ihr totales Differential läßt sich als Summe von Produkten $Y_1 dy_1 + Y_2 dy_2 + \ldots$ darstellen, bei denen die Koeffizienten Y $(= -p, \mathfrak{K}, \mu$ usw.) nur von den *spezifischen* Eigenschaften des betrachteten Systems, aber nicht von seiner Gesamtgröße oder Menge abhängen, dagegen die Differentiale dy $(= dV, d\lambda, dn)$ Änderungen von Größen bezeichnen, die proportional den vorhandenen oder umgesetzten Gesamtmengen sind; die Koeffizienten sind also sog. *Intensitätsvariabeln*, die Differentiale *Extensitätsvariabeln*[1].

Zum Beweis der aufgestellten Behauptung brauchen wir in $dU = \mathfrak{d}A + \mathfrak{d}Q$ nur $\mathfrak{d}Q$, wie es bei Betrachtung von benachbarten Gleichgewichtszuständen ja immer zulässig ist, durch TdS auszudrücken und $\mathfrak{d}A$ durch die Produkte aus Arbeitskoeffizienten und Differentialen der Arbeitskoordinaten. Da die Arbeitskoeffizienten (die verallgemeinerten „Kräfte") nur von den spezifischen Eigenschaften des Systems abhängen, die Arbeitskoordinaten V, λ, n dagegen die oben gekennzeichnete Eigenschaft der Extensitätsvariabeln haben, ist für das in $\mathfrak{d}A$ zusammengefaßte Teildifferential die Behauptung bereits erwiesen; für das letzte Glied TdS erkennt man aber ohne weiteres, daß T ebenfalls eine spezifische Eigenschaft des Systems ist, während S der Menge proportional, also eine Extensitätsvariable ist. Es besteht also in dieser Darstellung eine gewisse Analogie von T mit einer „Kraft" und von dS mit einer Verschiebung; in den folgenden Betrachtungen wird die Übersicht mitunter erleichtert, wenn man von dieser Analogie Gebrauch macht.

Die Darstellung:

$$dU = \Sigma K^x dx + TdS = \Sigma Y dy \tag{1}$$

läßt nun erkennen, daß U eine sogenannte „charakteristische Funktion" für die unabhängigen Variabeln x (Arbeitskoordinaten verschiedenster Art) und S ist.

[1] Diese durch die Natur der Sache gegebenen Bezeichnungen wurden z. B. von WI. OSTWALD vielfach angewendet.

Charakteristische Funktionen[1] eines thermodynamischen Systems mit gegebenen unabhängigen Variabeln (hier $x_1, x_2 \ldots S$) sind nämlich nach F. MASSIEU (Literatur z. B. bei G. H. BRYAN, Enz. d. math. Wiss. Bd. V, I, S. 107) dadurch gekennzeichnet, daß die Kenntnis ihrer Abhängigkeit von den betreffenden Variabeln die Bestimmung aller physikalischen und mechanischen Koeffizienten (wir präzisieren: aller thermodynamischen Effekte) gewährleistet. Und in der Tat sind durch die Abhängigkeit der Größe U von den x und S alle Arbeitseffekte (Änderung von U mit x bei konstanten Arbeitskoordinaten und S) sowie die ausgetauschte Wärme (Änderung von U mit S bei konstanten x) gegeben. Da die dx und dS unabhängig voneinander sind, ist die Darstellung (1) mit der Funktionaldarstellung:

$$dU = \frac{\partial U}{\partial x} dx + \ldots + \frac{\partial U}{\partial S} dS = \sum \frac{\partial U}{\partial y} dy$$

identisch; es wird also:

$$\left.\begin{aligned} K^x &= \frac{\partial U}{\partial x}_{(y \ldots, S)} \\ &\cdots\cdots \\ T &= \frac{\partial U}{\partial S}_{(x \ldots)} \\ \text{allgemein:} \quad Y_1 &= \frac{\partial U}{\partial y_1} \\ Y_2 &= \frac{\partial U}{\partial y_2} \\ &\text{usw.} \end{aligned}\right\} \tag{2}$$

Die allgemeinen charakteristischen Funktionen. Wir erkennen weiter, daß alle bisher betrachteten charakteristischen thermodynamischen Funktionen sich aus der Energiefunktion $U(x, \ldots S)$ durch Abziehen von Produkten oder Produktsummen von Intensitätsvariabeln und zugehörigen Extensitätsvariabeln ableiten lassen. So hat z. B. $F = U - TS$, $G = U - TS + pV$ diese Form; in den Φ und Ψ wird noch durch T dividiert. Es ist für das Folgende zweckmäßig, wenn wir allgemein „charakteristische Funktionen":

$$\chi = U - (y_\alpha Y_\alpha + Y_\beta y_\beta + \cdots) \tag{3}$$

einführen, die durch Subtraktion einer gewissen Summe von Produkten $y_\alpha Y_\alpha + y_\beta Y_\beta + \ldots$ (z. B. $y_\alpha = V$, $y_\beta = S$) aus U entstanden sind; diese Funktionen $\chi(y_1, y_2 \ldots Y_\alpha, Y_\beta)$ lassen sich dann, da statt $Y_\alpha dy_\alpha$ nunmehr, nach Abzug von $d(y_\alpha Y_\alpha)$, das Glied $-y_\alpha dY_\alpha$ auftritt, als charakteristische Funktionen mit den $y_1 \ldots Y_\alpha \ldots$ als unabhängigen Variabeln auffassen. (Die mit arabischen Ziffern gekennzeichneten unabhängigen Variabeln y bedeuten also verallgemeinerte Arbeitskoordinaten bzw. Extensitätsvariabeln, durch griechische Buchstaben sind dagegen Variabeln bezeichnet, bei denen die verallgemeinerten Arbeitskoeffizienten bzw. Intensitätsvariabeln als die Unabhängigen angesehen werden; man erkennt, daß nur die Funktion U ausschließlich Extensitätsvariabeln als Unabhängige enthält.) Es gilt also dann für eine allgemeine charakteristische Funktion $\chi(y_1 \ldots Y_\alpha \ldots)$:

$$d\chi = Y_1 dy_1 + \ldots - y_\alpha dY_\alpha - \ldots, \tag{4}$$

[1] Wir vermeiden mit Absicht den ebenfalls üblichen Ausdruck „Thermodynamische *Potentiale*", um dem GIBBSschen „Chemischen Potential", das selbst die *Ableitung* einer charakteristischen Funktion nach der Teilchenzahl ist, seine Sonderstellung zu belassen.

und es ist:

$$Y_1 = \frac{\partial \chi}{\partial y_1}, \quad Y_2 = \frac{\partial \chi}{\partial y_2}, \quad \ldots y_\alpha = -\frac{\partial \chi}{\partial Y_\alpha}, \quad y_\beta = -\frac{\partial \chi}{\partial Y_\beta}. \tag{5}$$

Ein wichtiger Fall des Überganges von Extensitätsvariabeln zu Intensitätsvariabeln, der bisher noch nicht aufgetreten ist, ist der Übergang von Teilchenzahlen n zu chemischen Potentialen μ als unabhängigen Variabeln; so etwas kann z. B. zweckmäßig sein, wenn man mit Systemen arbeitet, für die der μ-Wert eines Bestandteiles durch Koexistenz mit einer nahezu reinen Phase des betreffenden Stoffes konstant oder unabhängig gegeben ist. Wichtig ist ferner die Möglichkeit, an Stelle der Reaktionslaufzahl λ den zugehörigen Arbeitskoeffizienten $K^\lambda = \mathfrak{K}$ als unabhängige Variable einzuführen. Ist λ unabhängige Variable, so bedeutet dies, daß bei der Differentiation nach einer beliebigen anderen unabhängigen Variabeln λ konstant gehalten werden soll, die Einstellung des Gleichgewichtes also als gehemmt angenommen wird. Ist umgekehrt $\mathfrak{K}$ unabhängige Variable, so ist bei der Differentiation nach einer beliebigen anderen unabhängigen Variabeln $\mathfrak{K}$ konstant zu halten. Speziell für $\mathfrak{K} = 0$ soll also das Gleichgewicht während der vorgegebenen Veränderung eingestellt bleiben (vgl. hierzu Kapitel G). Für $\mathfrak{K} \neq 0$ wäre hierbei eine konstante äußere Kraft anzunehmen (z. B. gegengeschaltete elektromotorische Kraft eines Elementes). Dieser Fall ist jedoch praktisch ohne größere Bedeutung.

Allgemein ist zu beachten, daß beim Übergang von einer Extensitätsvariabeln y_n zu der zugehörigen Intensitätsvariabeln Y_n als unabhängiger Variabeln der Wert der übrigen in einem totalen Differential $d\chi$ auftretenden Koeffizienten $(Y_1 \ldots y_\alpha \ldots)$ sich nicht ändert (vgl. II, § 10, S. 130), wohl aber der Wert der zweiten Ableitungen, da hierbei unter Konstanthaltung anderer Variabeln differentiiert wird, indem jeweils die übrigen unabhängigen Variabeln bei der Differentiation konstant zu halten sind.

Nach der Regel der Vertauschbarkeit der Differentiationsreihenfolge ergeben sich hieraus weiter die Verallgemeinerungen der früher im F- und G-Stammbaum abgeleiteten Differentialbeziehungen; es ist:

$$\left.\begin{aligned} &\frac{\partial^2 \chi}{\partial y_1 \partial y_2} = \frac{\partial Y_1}{\partial y_2} = \frac{\partial Y_2}{\partial y_1}; \qquad \frac{\partial^2 \chi}{\partial Y_\alpha \partial Y_\beta} = -\frac{\partial y_\alpha}{\partial Y_\beta} = -\frac{\partial y}{\partial Y_\alpha} \\ &\frac{\partial^2 \chi}{\partial y_1 \partial Y_\alpha} = \frac{\partial Y_1}{\partial Y_\alpha} = -\frac{\partial y_\alpha}{\partial y_1}; \qquad \frac{\partial^2 \chi}{\partial y_2 \partial Y_\alpha} = \frac{\partial Y_2}{\partial Y_\alpha} = -\frac{\partial y_\alpha}{\partial y_2} \\ &\text{usw.} \end{aligned}\right\} \tag{6}$$

Ferner ist darauf zu achten, daß keine Intensitätsvariabeln als unabhängige Variabeln eingeführt werden, die in einem größeren untersuchten Bereich konstant bleiben (wie z. B. der Druck in zweiphasigen Einkomponentensystemen). Dann wäre nämlich $\frac{\partial Y}{\partial y}$ $\left(\text{hier } -\frac{\partial p}{\partial v}\right)$ gleich Null, also gewisse mit Y als unabhängiger Variabeln auftretende Differentialquotienten $\frac{\partial y}{\partial Y}$ unendlich groß und überhaupt das System durch Angabe der betreffenden Variabeln nicht ausreichend gekennzeichnet (vgl. S. 101, Anm. 1).

Die Gleichgewichtsbedingungen 1. Ordnung für beiderseitig veränderliches Gleichgewicht. Wir sind nunmehr vorbereitet, die Gleichgewichtsbedingungen höherer Ordnung in verhältnismäßig einfacher und sehr umfassender Weise abzuleiten, brauchen jedoch hierfür noch eine für unseren Zweck angepaßte allgemeinere Formulierung der Gleichgewichtsbedingungen 1. Ordnung. Wir betrachten ein System, aus einer oder mehreren Phasen, in dem alle hier ins Auge zu fassenden Veränderungen auch in entgegengesetzten Richtungen möglich sind (I, § 7, S. 61). Dann kann, wie früher abgeleitet, ein ungehemmtes Gleichgewicht für alle nicht von außen erfaßten[1] „Kräfte" des Systems nur dann herrschen, wenn die betreffenden inneren Arbeiten gleich Null sind (indifferentes Gleichgewicht 1. Ordnung oder „neutrales Gleichgewicht"). Um diese Gleichgewichtsbedingung 1. Ordnung für in entgegengesetzten Richtungen veränderliche Systeme durch eine Bedingung für Änderungen 1. Ordnung der Energiefunktion U darzustellen (was im folgenden gebraucht wird), haben wir nur dieselben Betrachtungen, die wir, bei unendlich kleinen Änderungen, S. 61 für $\mathfrak{d} A_h$ angestellt hatten, auf in 1. Ordnung unendlich kleine Änderungen von U anzuwenden und dabei von (5), S. 59 auszugehen. Man findet dann, daß für jede Änderung 1. Ordnung von U (wir bezeichnen diese Änderung mit δU), die an den nicht von außen angefaßten Variabeln eintritt, δU bei beiderseits möglichen Veränderungen im ungehemmten Gleichgewicht der inneren Veränderungen gleich Null sein muß, da es sonst mindestens in einer Richtung < 0 sein müßte[2].

Um die Gleichgewichtsbedingungen *höherer* Ordnung für U zu formulieren, ist es jedoch erwünscht, die Gleichgewichtsbedingung 1. Ordnung nicht auf Veränderungen der inneren Variabeln zu beschränken, sondern die äußeren mit zu erfassen. Das kann durch den schon in I, § 7 wiederholt angewandten Kunstgriff geschehen, daß die äußeren Angriffsstellen der Kräfte und Wärmereservoire mit in das System einbezogen werden, und zwar erlauben wir uns hier die Spezialisierung, daß wir als äußeres System für jede in dem ursprünglichen System enthaltene Phase eine Phase ganz gleicher Art vorsehen, deren Menge jedoch sehr groß gegen die der ursprünglichen Systemphasen ist („Außensystem" oder „Großphasensystem"). Diese äußeren Phasen mögen bei allen betrachteten Veränderungen mit der übrigen gesamten Außenwelt („Umgebung") nur in der Weise in Verbindung stehen, daß eine Verschiebung der Angriffspunkte des nunmehr erweiterten Systems gegen die Umgebung durch starre Fixierungen (z. B. konstantes Gesamtvolum) unmöglich gemacht und ferner die Entropie des Gesamtsystems durch passende Wärmeübertragung von oder nach der Umgebung in beliebig hoher Ordnung konstant gehalten wird[3]. Gehen wir dann von einem Gleichgewichtszustand des Innensystems in sich und mit dem (aus jeweils gleichartigen Großphasen

[1] Wir bedienen uns dieser abgekürzten Ausdrucksweise, um die „Kräfte" des Systems, die *nur infolge innerer Hemmungen* nicht zu Veränderungen führen (also die von 0 verschiedenen und nicht durch elektrische Spannungen kompensierten chemischen Kräfte $\mathfrak{K}$, ferner etwa innere Druckkräfte auf festgeklemmte Stempel usw.) von den Kräften zu unterscheiden, die sich *mit äußeren reibungslos ausbalanzieren*, wie innerer Druck gegen äußeres Gewicht, innere elektrische Spannung gegen von außen angelegte Spannung usw.

[2] Diese Bedingung $\delta U = 0$ für innere ungehemmte Veränderungen ist sogar noch etwas allgemeiner als die Forderung $\mathfrak{d} A_h = 0$, weil unter den inneren Änderungen in δU auch solche verstanden werden könnten, die in einem Entropieübergang zwischen verschieden temperierten Teilen des Systems beständen; die Energieänderung wäre dann etwa $T' dS' + T'' dS''$, und wenn die Änderung, wie in (5) S. 59 verlangt, bei konstanter Entropie stattfinden sollte, müßte $dS' = -dS''$, also die Energieänderung $\delta U = (T'' - T') dS'$ sein, und aus der Forderung $\delta U_{(S)} = 0$ würde sich $T'' = T'$ ergeben; vgl. auch die Ableitung derselben Forderung aus $\delta S = 0$, S. 187 Anm. 1. Wir wollen jedoch diese Verallgemeinerung, die mit verschiedenen Innentemperaturen des Systems operiert und hier nur zu bekannten Ergebnissen führt, nicht weiter verfolgen.

[3] Es handelt sich also hier nicht, wie bei Verwendung der Bedingungen für ΔS, S. 57, um ein *abgeschlossenes* Gesamtsystem, sondern, im Sinn der Gleichungen (5), S. 59, um ein System, dessen Entropie stets (durch Wärmeausgleich) auf einem konstanten Wert gehalten wird, um ein „isentropes" System. Von dieser für das Gesamtsystem zu stellenden strengen Bedingung, kann bei der Ableitung der Folgerungen für das Innensystem abgesehen werden, falls nur vermieden wird, bei den vorgenommenen Veränderungen des inneren Systems die spezifischen Eigenschaften des Außensystems merklich zu ändern, denn alle Wechselwirkungen des inneren Systems mit dem Außensystem werden sich dann in gleicher Weise abspielen. Die für das innere System zu ziehenden Folgerungen bleiben mithin dieselben (vgl. weiter unten).

bestehenden) Außensystem aus, so können wir die Gleichgewichtsbedingung 1. Ordnung $\delta U = 0$ nunmehr auch auf die Veränderungen des Innensystems an der Grenze gegen das Außensystem anwenden; allerdings haben wird dann z. B. unter den an dem Volum einer Phase des inneren Systems angreifenden Arbeitskoeffizienten nicht mehr den Druck (dieser Phase), sondern die Differenz zwischen Innendruck und Außendruck zu verstehen und unter dem an der Entropie des Innensystems angreifenden Arbeitskoeffizienten nicht die Temperatur, sondern die etwaige Temperaturdifferenz gegen das äußere System. Da nun δU für alle inneren Veränderungen (das sind hier alle überhaupt möglichen Veränderungen im Innern und an der Grenze des Innensystems) gleich Null sein soll, folgt, daß alle Koeffizienten der Verschiebungen der Extensitätsgrößen, d. h. alle Intensitätsgrößen (physikalische und chemische Kräfte, Temperaturdifferenzen) in 1. Ordnung gleich Null sein müssen. Diese Folgerung läßt sich, wie man leicht einsieht, auch auf den Teilchenübergang jeder Innenphase (i) nach der ihr benachbarten Großphase (a) anwenden; die daraus resultierende Beziehung $\mu^{(i)} = \mu^{(a)}$ ist zwar trivial, da es sich um eine gleich zusammengesetzte Phase handeln soll, doch führt die Betrachtung von Änderungen höherer Ordnung zu wichtigen Beziehungen.

Spezielle Eigenschaften des äußeren Systems und ihre allgemeinere Bedeutung. Das im vorhergehenden betrachtete spezielle Außensystem besitzt eine für die Änderungen höherer Ordnung fundamentale Eigenschaft: alle von dem Außensystem auf das Innensystem wirkenden Kräfte sowie die Temperatur sind, eben wegen der Größe des Außensystems, durch endliche Änderungen im Innern oder an der Grenze des Innensystems nicht zu verändern, bleiben also auch bei den zu betrachtenden Änderungen höherer Ordnung konstant. Das hat zur Folge, daß die mit der zu betrachtenden Zustandsänderung verbundenen Änderungen der resultierenden Intensitätsgrößen (z. B. $p^{(a)} - p^{(i)}$) an den Grenzen des Innen- und Außensystems, die durch Verschiebung der Extensitätsvariabeln des inneren Systems (z. B. Volumveränderung) eintreten, nur die Intensitätsgröße des Innensystems (hier $-p^{(i)}$) betreffen.

Es sind also bei sämtlichen im folgenden zu betrachtenden Veränderungen die Änderungen ΔY der Intensitätsgrößen an der Grenze zwischen Außen- und Innensystem in Strenge gleich den Änderungen $\Delta Y^{(i)}$ des Innensystems allein zu setzen; d. h. aber, daß in allen Gleichungen, in denen nur die *Änderungen* (nicht die Ausgangswerte) der Y auftreten, ***unter den Y die Intensitätsvariabeln des Innensystems allein verstanden werden können*** (natürlich mit dem richtigen Vorzeichen, das aber wiederum allein von der Definition der für die Veränderung maßgebenden Extensitätsvariabeln des Innensystems abhängt). Wir fügen zur völligen Klarstellung noch hinzu, daß bei diesen Änderungen höherer Ordnung das Gleichgewicht innerhalb des Innensystems und an der Grenze von Innen- und Außensystem *verlassen* wird; zur reversiblen Durchführung dieser Veränderungen wären Zusatz-„Kräfte“ 2. Ordnung an den inneren Reaktionen und an der Grenze von Innen- und Außensystem notwendig.

Ehe wir weitergehen, werden wir allerdings noch die Frage beantworten müssen, ob die Gleichgewichtsbedingungen höherer Ordnung, die wir auf diese Weise für die Eigenschaften von allgemeinen Phasen und Phasengleichgewichten ableiten wollen, dann auch eine über die so spezialisierte Wahl des Außensystems hinausgehende Bedeutung besitzen, wenn wir bei Ableitung dieser Bedingungen jene speziellen Voraussetzungen über die Eigenschaft des Außensystems gemacht haben. Diese Frage ist aus folgendem Grunde zu bejahen. Wir können uns in jedem, mit einer beliebigen Umgebung im Gleichgewicht stehenden Ein- oder Mehrphasensystem willkürlich einen Teil einer Phase oder kleine Teile mehrerer

Phasen herausgegriffen und zu einem thermodynamischen System vereinigt denken. Dieses System hat dann gegenüber dem Rest der Phasen (sofern diese Phasen überhaupt ursprünglich in hinreichender Menge — nach GIBBS „in Masse" — vorhanden waren) die Eigenschaften, die wir oben unserem Innensystem gegenüber dem ad hoc hinzugefügten Außensystem zugeschrieben hatten. Indem wir also die Gleichgewichtsbedingungen höherer Ordnung für unser Innensystem mit dem speziell gewählten Außensystem aufstellen, stellen wir in Wirklichkeit die Gleichgewichtsbedingungen kleiner Teile eines Systems gegenüber dem Gros des Systems selbst auf; und nach Anm. 3 S. 451 sind diese Gleichgewichtsbedingungen auch von der speziellen Art der Wechselwirkung des Gesamtphasensystems mit seiner Umgebung unabhängig, treffen also auf das Innere beliebiger Ein- oder Mehrphasensysteme zu. Da nun ein Gleichgewicht nicht bestehen kann, wenn es nicht zwischen allen herausgegriffenen Teilen des Systems gegenüber dem Systemrest besteht, so sind die auf diese Weise abgeleiteten Gleichgewichtsbedingungen höherer Ordnung zugleich die für die Existenz oder Koexistenz der betreffenden Phasen unbedingt notwendigen. Ja, wir können sogar behaupten, daß diese Gleichgewichtsbedingungen höherer Ordnung, soweit sie eine einzelne Phase betreffen, in keiner Weise durch Hemmungen überflüssig gemacht, ersetzt werden können; denn da jeder Systemteil einer homogenen Phase mit einem ihm gleichen größeren Gebilde in engster Wechselwirkung betreffs Volumveränderung, Teilchenverschiebung und Wärmeausgleich steht, lassen sich keine Hemmungen ersinnen, die das Verlassen des Anfangszustandes verhindern könnten, wenn diese „Gleichgewichtsbedingungen einer homogenen Phase in sich" nicht erfüllt sind. Ein wichtiges Beispiel dieser Art ist die Labilität des absteigenden Astes der VAN DER WAALSschen Kurve, S. 92, auf die wir übrigens in diesem Kapitel wiederholt zurückkommen; man erkennt, daß die dort unter der Annahme eines konstanten Außendruckes gezogene Schlußfolgerung der Labilität unabhängig von dieser Annahme auf jedes gegen das Gesamtvolum kleine Teilvolum anwendbar ist, da bei dessen Veränderung der „äußere" Druck sich im Verhältnis zum inneren beliebig wenig ändert.

Die Gleichgewichtsbedingungen 2. Ordnung. Das bisherige Ergebnis ist, daß für ein ein- oder mehrphasiges thermisches Gleichgewichtssystem die Energieänderung 1. Ordnung $\delta U = 0$ sein muß, sowohl bezüglich der inneren ungehemmten Veränderungen wie bezüglich der Effekte an den Grenzen des Systems, wenn hier die kombinierten Wirkungen des Innen- und Außensystems betrachtet werden. Aus der allgemeinen Gleichgewichtsforderung (5), S. 59, für ungehemmtes Gleichgewicht folgt dann, daß auch die Änderung 2. Ordnung $\Delta^2 U$ gleich oder größer als Null sein muß, damit das angenommene neutrale Gleichgewicht ein stabiles ist. Diese Änderung $\Delta^2 U$ bezieht sich zwar, streng genommen, nur auf konstante Arbeitskoordinaten und konstante Entropie an den äußeren Grenzen des Gesamtsystems (Innen- + Außensystem); bei den betrachteten Außensystemen kann sie jedoch, wie bemerkt, durch die Forderung der konstanten Arbeitskoeffizienten und Temperatur des Außensystems ersetzt werden.

Allgemein ist nun die Änderung einer Größe U, deren totales Differential durch einen Ausdruck $\Sigma Y dy$ gegeben ist, in der 2. Näherung bestimmt durch:

$$\Delta^2 U = (Y_1 + \tfrac{1}{2}\Delta Y_1) \cdot \Delta y_1 + (Y_2 + \tfrac{1}{2}\Delta Y_2)\,\Delta y_2 + \ldots, \tag{7}$$

wobei die Δy die sehr kleinen, aber nicht unendlich kleinen Änderungen der Extensitätsvariabeln y bedeuten, unter denen alle Verschiebungsvariabeln im Innern und an der Grenze des primären Systems verstanden sind.

Wegen $\delta U = 0$ fallen bei Betrachtung des Gesamtsystems (innen + außen) die Glieder $Y_1 \Delta y_1 + Y_2 \Delta y_2 + \ldots$ hier fort, so daß sich ergibt:

$$\Delta^2 U = \tfrac{1}{2} \Delta Y_1 \Delta y_1 + \tfrac{1}{2} \Delta Y_2 \Delta y_2 + \ldots$$

Da in dieser Gleichung die Y nur mit ihren Differenzen gegen den Ausgangszustand auftreten, können wir von nun an nach den früheren Bemerkungen unter allen Y die nur auf das Innensystem bezogenen Intensitätsvariabeln verstehen.

Nunmehr muß noch genauer festgelegt werden, unter welchen Bedingungen die Änderungen höherer Ordnung von $y_1, y_2 \ldots Y_1, Y_2 \ldots$ stattfinden sollen; diese Änderungen sind nämlich in höherer Ordnung verschieden, wenn z. B. statt einer Intensitätsgröße y_n die dazugehörige Extensitätsgröße Y_n konstant gehalten werden soll. Da wir unsere Folgerungen für ganz beliebige partielle Veränderungen des Systems mit willkürlicher wahlweiser Konstanthaltung der Extensitätsgrößen (z. B. konstantes Volum, Hemmung des Umsatzes einer Reaktion usw.) oder Intensitätsgrößen (konstanter Druck, Beibehaltung eines Reaktionsgleichgewichtes $\mathfrak{R} = 0$ usw.) durchführen wollen, so werden wir die obige Gleichung unter der allgemeinen Annahme weiterbehandeln, daß bei der speziell betrachteten Veränderung gewisse Extensitätsgrößen $y_1, y_2 \ldots$ konstant gehalten, also (im allgemeinen) die $Y_1, Y_2 \ldots$ verändert werden, dagegen für andere Variabeln $y_\alpha, y_\beta \ldots$ die Intensitätsgrößen $Y_\alpha, Y_\beta \ldots$ konstant bleiben und die y_α, y_β sich ändern. Je nach den in dieser Weise festgesetzten Bedingungen, unter denen wir die Änderung von U z. B. bei Änderung einer Extensitätsvariabeln y_3 untersuchen wollen, drücken wir nun zunächst einmal $\Delta^2 U$ außer durch Δy_3 durch die unabhängig angenommenen Änderungen aller jener Extensitätsvariabeln $y_1, y_2 \ldots$ und Intensitätsvariabeln $Y_\alpha, Y_\beta \ldots$ aus, die nachher bei der zu untersuchenden Veränderung konstant gehalten werden sollen; ändern wir dann in dem gebildeten Ausdruck von allen unabhängigen Variabeln nur Δy_3, so erhalten wir gerade die Änderung von U, die wir untersuchen wollten, und können auf diese die Bedingung $\Delta^2 U = 0$ anwenden.

Nach diesem Plan haben wir zunächst sämtliche ΔY_1 und Δy_α durch die $\Delta y_1, \ldots \Delta Y_\alpha, \ldots$ auszudrücken. Das ergibt:

$$\left.\begin{array}{l} \Delta Y_1 = \dfrac{\partial Y_1}{\partial y_1} \Delta y_1 + \ldots \dfrac{\partial Y_1}{\partial Y_\alpha} \Delta Y_\alpha + \ldots \\ \cdots\cdots\cdots\cdots\cdots \\ \Delta y_\alpha = \dfrac{\partial y_\alpha}{\partial y_1} \Delta y_1 + \ldots \dfrac{\partial y_\alpha}{\partial Y_\alpha} \Delta Y_\alpha + \ldots \\ \cdots\cdots\cdots\cdots\cdots \end{array}\right\} . \tag{8}$$

Die Differentiationen sind hierbei jeweils unter Konstanthaltung der übrigen unabhängigen Variabeln zu verstehen.

Durch Einsetzen dieser Beziehungen in den obigen Ausdruck für $\Delta^2 U$, ergeben sich Produkte, in denen jeweils zwei der unabhängigen Differentiale $\Delta y_1 \ldots \Delta Y_\alpha \ldots$ miteinander multipliziert erscheinen. Über die Koeffizienten der Δy_1 usw. mit anderen Δy ist nun hier zunächst nichts weiter zu sagen und ebensowenig über die Koeffizienten der Produkte ΔY_α usw. mit anderen ΔY; dagegen läßt sich von den Koeffizienten der gemischten Produkte $\Delta y_1 \cdot \Delta Y_\alpha$ usw. zeigen, daß sie verschwinden. Es treten nämlich z. B. als Koeffizienten des Produktes $\Delta y_1 \cdot \Delta Y_\alpha$ zwei Glieder auf: $\frac{1}{2} \frac{\partial Y_1}{\partial Y_\alpha}$ und $\frac{1}{2} \frac{\partial y_\alpha}{\partial y_1}$. Beide Glieder haben genau die Bedeutung der in den Gleichungen (6) auftretenden Differentialquotienten; sie sind also entgegengesetzt gleich und heben sich weg. Das gilt für alle Koeffizienten der Produkte von Intensitäts- und Extensitätsdifferentialen; $\Delta^2 U$ erhält also folgende vereinfachte Form[1]:

$$\left.\begin{aligned}\Delta^2 U = \frac{1}{2}\left\{\frac{\partial Y_1}{\partial y_1}\Delta y_1^2 + \left(\frac{\partial Y_1}{\partial y_2} + \frac{\partial Y_2}{\partial y_1}\right)\Delta y_1 \Delta y_2 + \frac{\partial Y_2}{\partial y_2}\Delta y_2^2 + \cdots\right\} \\ + \frac{1}{2}\left\{\frac{\partial y_\alpha}{\partial Y_\alpha}\Delta Y_\alpha^2 + \left(\frac{\partial y_\alpha}{\partial Y_\beta} + \frac{\partial y_\beta}{\partial Y_\alpha}\right)\Delta Y_\alpha \Delta Y_\beta + \frac{\partial y_\beta}{\partial Y_\beta}\Delta Y_\beta^2 + \cdots\right\}\end{aligned}\right\}. \tag{9}$$

Aus der Forderung, daß beide Klammerausdrücke bei keiner der unabhängigen Veränderungen (unter Nullsetzen der übrigen Veränderungen) negative Werte erreichen dürfen (was dem Fall des labilen Gleichgewichts entspräche), ergibt sich zunächst für die Koeffizienten sämtlicher Quadrate die Forderung, daß sie positiv (im Grenzfall des indifferenten Gleichgewichts oder in kritischen Phasen gleich Null) sein müssen:

$$\left.\begin{aligned}\frac{\partial Y_1}{\partial y_1} \geqq 0, \quad \frac{\partial Y_2}{\partial y_2} \geqq 0 \ldots \\ \frac{\partial y_\alpha}{\partial Y_\alpha} \geqq 0, \quad \frac{\partial y_\beta}{\partial Y_\beta} \geqq 0 \ldots\end{aligned}\right\}. \tag{10}$$

Für stabile Systeme hat die Änderung einer Extensitätsgröße und die Änderung der zugehörigen Intensitätsgröße das gleiche Vorzeichen, wobei es [wegen der Gültigkeit von (9) bei beliebiger Wahl der y_α usw.] *gleichgültig ist, welche der übrigen Extensitätsgrößen oder Intensitätsgrößen konstant gehalten werden.* Auf die speziellen Verhältnisse bei indifferenten Systemen sowie kritischen Phasen kommen wir in § 26 zurück.

Die gefundene Bedingung ist jedoch, wegen des Auftretens der Glieder mit $\Delta y_1 \cdot \Delta y_2$ usw., noch nicht ausreichend, um $\Delta^2 U$ immer positiv zu machen. Man findet aus der Theorie der quadratischen Form, daß noch gewisse Determinanten positiv sein müssen; bei je zwei unabhängigen Extensitätsvariabeln und Intensitätsvariabeln lauten z. B. die Zusatzbedingungen folgendermaßen:

$$\left.\begin{aligned}\frac{\partial Y_1}{\partial y_1}\cdot\frac{\partial Y_2}{\partial y_2} - \frac{\partial Y_1}{\partial y_2}\cdot\frac{\partial Y_2}{\partial y_1} \geqq 0 \\ \frac{\partial y_\alpha}{\partial Y_\alpha}\cdot\frac{\partial y_\beta}{\partial Y_\beta} - \frac{\partial y_\alpha}{\partial Y_\beta}\cdot\frac{\partial y_\beta}{\partial Y_\alpha} \geqq 0\end{aligned}\right\}. \tag{11}$$

Diese Bedingungen gehen über die Bedingungen (10) hinaus; ist jedoch je eine der Gleichungen der ersten Reihe von (10), z. B. $\frac{\partial Y_1}{\partial y_1} > 0$, und ferner die erste der Gleichungen (11) erfüllt, so ist es auch die zweite in (10): $\frac{\partial Y_2}{\partial y_2} > 0$; es treten im ganzen nicht mehr voneinander unabhängige Bedingungen als unabhängige Variabeln auf. Über die geometrische Deutung der Bedingungen (11) vgl. den Schlußabschnitt unter dem nächsten Titel (S. 457).

Interpretation und weitere Umformungen der Gleichgewichtsbedingungen 2. Ordnung. Die gefundenen Sätze werden wir sogleich durch ihre wichtigsten Spezialfälle illustrieren. Zuvor machen wir jedoch, in Wiederholung der Bemerkung S. 454 oben, noch einmal auf die Bedeutung der Größen Y aufmerksam, die sich auf die Effekte an den Grenzen des Innensystems gegen das Außen- („Großphasen-") System beziehen. Nach der ursprünglichen Bedeutung von (9) gelten die Bedingungen (10) und (11), soweit Veränderungen an der Grenze des Innen-

---

[1] In (9) sind die Ausdrücke $\frac{\partial Y_1}{\partial y_2}$ und $\frac{\partial Y_2}{\partial y_1}$ nach den allgemeinen Differentialbeziehungen untereinander gleich, nur aus Symmetriegründen ist die obige Schreibweise gewählt.

systems in Frage kommen, zunächst für die *Differenzen* der Intensitätsgrößen von Außen- und Innensystem, z. B. die Differenz von Außen- und Innendruck, die etwaige Differenz der Innen- und Außentemperatur usw., wobei jedoch als Extensitätsvariabeln die Verschiebungsgrößen des Innensystems (z. B. $\Delta\mathfrak{V}^{(i)}$, $\Delta S^{(i)}$) selbst auftreten können, die uns allein interessieren. Nun hatten wir jedoch das Außensystem so groß gewählt, daß der Außenanteil der Intensitätsvariabeln ($p^{(a)}$, $T^{(a)}$ usw.) auch bei allen Veränderungen höherer Ordnung ungeändert bleiben sollte. Infolgedessen sind alle in den Gleichungen (11) auftretenden dY_1 und dY_α mit dem entsprechenden dY-Anteil des Innensystems identisch; ist z. B. $dy_1 = d\mathfrak{V}^{(i)}$ und Y_1 ursprünglich $= p^{(a)} - p^{(i)}$, so ist dY_1 in allen Differentialquotienten von (10) und (11) gleich $-dp^{(i)}$ oder $= -dp$ für die betreffende Innenphase. Wir können also die Gleichungen (9) bis (11) auch so deuten, daß wir nicht nur alle darin auftretenden dy als Veränderungen der Koordinaten des Innensystems auffassen, sondern es sind auch alle dY, mit geeigneter Vorzeichenwahl, ausschließlich als Veränderungen der zu den dy gehörigen inneren Intensitätsgrößen zu deuten. Damit ist aber für die Gültigkeit von (9), (10) und (11) jeder Unterschied in der Behandlung von ursprünglich inneren Variabeln (z. B. λ) des betrachteten (Innen-) Systems und äußeren Variabeln (z. B. $\mathfrak{V}$, S oder Teilchenzahlen n) aufgehoben; die Beziehungen (10) und (11) gelten für beide Arten von Variabeln in gleicher Weise.

Eine weitere Bemerkung betrifft die mathematische Darstellung der Bedingung (9) unter Einführung der für die jeweilige Veränderungsart passenden charakteristischen Funktion χ des (Innen-) Systems. Führen wir in (9) die zu den $y_1 \ldots Y_\alpha \ldots$ gehörige Funktion χ ein, so ist nach (5) $Y_1 = \frac{\partial \chi}{\partial y_1}$ usw., $y_\alpha = -\frac{\partial \chi}{\partial Y_\alpha}$ usw., also:

$$\left.\begin{aligned} \Delta^2 U = \frac{1}{2}\left\{\frac{\partial^2\chi}{\partial y_1^2}\Delta y_1^2 + 2\frac{\partial^2\chi}{\partial y_1 \partial y_2}\Delta y_1 \Delta y_2 + \frac{\partial^2\chi}{\partial y_2^2}\Delta y_2^2 + \ldots\right\} \\ -\frac{1}{2}\left\{\frac{\partial^2\chi}{\partial Y_\alpha^2}\Delta Y_\alpha^2 + 2\frac{\partial^2\chi}{\partial Y_\alpha \partial Y_\beta}\Delta Y_\alpha \Delta Y_\beta + \frac{\partial^2\chi}{\partial Y_\beta^2}\Delta Y_\beta^2 + \ldots\right\}\end{aligned}\right\}. \qquad (9\text{a})$$

Hier bedeutet der erste Klammerausdruck der rechten Seite die gesamte Änderung 2. Ordnung der Funktion $\chi\,(y_1 \ldots Y_\alpha \ldots)$ bei konstant gehaltenen Y_α, Y_β usw. und der zweite Ausdruck den negativen Betrag der gesamten Änderung von χ bei konstant gehaltenen y_1, y_2 usw. Wir können also schreiben:

$$\Delta^2 U = \Delta^2 \chi_{(Y_\alpha, Y_\beta \ldots)} - \Delta^2 \chi_{(y_1, y_2 \ldots)} > 0 \qquad (12)$$

für stabiles Gleichgewicht.

Damit ist zugleich die allgemeinste Formulierung der Gleichgewichtsbedingungen 2. Ordnung für Systeme, in denen wahlweise irgendwelche Extensitätsvariabeln und Intensitätsvariabeln als Unabhängige benutzt werden, gegeben: *Stabiles Gleichgewicht herrscht immer dann, wenn die Änderung 2. Ordnung der dem Problem angepaßten charakteristischen Funktion χ bei konstanten Intensitätsvariabeln, vermindert um die Änderung 2. Ordnung derselben Funktion χ bei konstanten Extensitätsvariabeln, größer als Null ist*[1]. Man erkennt auch hieraus, daß die Energiefunktion als charakteristische Funktion eine ausgezeichnete Rolle spielt; nur wenn die Änderung von χ bei konstanten Extensitätsvariabeln gleich Null ist, d. h. wenn keine Intensitätsgrößen als unabhängige Variabeln auftreten

[1] Vgl. hierzu z. B. VAN DER WAALS-KOHNSTAMM: Lehrbuch der Thermostatik, 3. Auf Leipzig 1928.

reduziert sich bei Vornahme *aller* unabhängigen Veränderungen die in (12) auftretende Differenz der $\Delta^2\chi$ auf das erste Glied, das dann $= \Delta^2 U$ wird.

Beschränkt man sich dagegen jeweils auf die Veränderungen der $y_1 \ldots$ bei konstanten $Y_\alpha \ldots$, so erkennt man aus (12), daß dann stets in (12) das zweite Glied der rechten Seite, das ja nur die Veränderungen von χ durch die Änderungen der $Y_\alpha \ldots$ enthält, verschwindet.

Werden bei der betrachteten Veränderung gewisse unabhängige Intensitätsvariabeln $Y_\alpha \ldots$ konstant gehalten, so ist die Bedingung des stabilen Gleichgewichts die, daß die Änderung 2. Ordnung der angepaßten charakteristischen Funktion χ bei bloßer Variation der übrigen Extensitätsvariabeln $y_1 \ldots$ größer als Null ist. In diesem eingeschränkten Fall spielt also die jeweilig angepaßte Funktion χ in den Gleichgewichtsbedingungen 2. Ordnung dieselbe Rolle wie die Energie im Fall der allgemeinsten Veränderungen.

Für die Bedingung (12) gelten natürlich genau dieselben Bemerkungen über den Sinn der Änderungen von $Y_1 \ldots Y_\alpha \ldots$ wie für (9); bei der Untersuchung der Änderungen 2. Ordnung ist wegen der angenommenen Konstanz der äußeren „Kräfte" nur die Änderung der an den Grenzen auftretenden inneren „Kräfte" (negativer Druck, Temperatur, Teilchenzahlen) zu berücksichtigen. Die Differentialbeziehungen höherer Ordnung, die sich aus (12) ableiten, sind natürlich genau identisch mit den Differentialbeziehungen (10) und (11).

Wir notieren noch die Form, welche die Bedingungen (10) unter Einführung von $Y_1 = \frac{\partial \chi}{\partial y_1}, \ldots y_\alpha = -\frac{\partial \chi}{\partial Y_\alpha}$ (nach 5) annehmen:

$$\left.\begin{array}{l} \dfrac{\partial^2 \chi}{\partial y_1^2} \geqq 0 \\ \ldots\ldots\ldots \\ \dfrac{\partial^2 \chi}{\partial Y_\alpha^2} \leqq 0 \\ \ldots\ldots\ldots \end{array}\right\}. \tag{10a}$$

An Stelle von (11) wäre zu schreiben:

$$\left.\begin{array}{l} \dfrac{\partial^2 \chi}{\partial y_1^2} \cdot \dfrac{\partial^2 \chi}{\partial y_2^2} - \left(\dfrac{\partial^2 \chi}{\partial y_1 \partial y_2}\right)^2 \geqq 0 \\ \dfrac{\partial^2 \chi}{\partial Y_\alpha^2} \cdot \dfrac{\partial^2 \chi}{\partial Y_\beta^2} - \left(\dfrac{\partial^2 \chi}{\partial Y_\alpha \partial Y_\beta}\right)^2 \geqq 0 \end{array}\right\}. \tag{11a}$$

Von diesen Forderungen führt besonders die 1. Gruppe bei graphischen Darstellungen der jeweilig angepaßten Funktion χ zu einem wichtigen geometrischen Kriterium; Stabilität besteht nur, wenn die *Krümmung* der Kurve $\chi = f(y_1)$ (bei konstanten $y_2 \ldots Y_\alpha \ldots$) gegen die y_1-Achse konvex ist. Etwa (z. B. durch Extrapolation von Zustandsgleichungen) auftretende konkave Teile einer solchen Kurve würden gegen unendlich benachbarte Zustände labil, also überhaupt nicht realisierbar sein.

Für Funktionen χ von zwei Extensitätsvariabeln hat man sich χ als Ordinate über einer y_1, y_2-Ebene dargestellt zu denken. Dann liefern die zwei Bedingungen $\frac{\partial^2 \chi}{\partial y_1^2} > 0$ und $\frac{\partial^2 \chi}{\partial y_2^2} > 0$ die Forderung, daß sowohl die χ, y_1-Kurve (Schnitt senkrecht zur y_2-Achse), wie die χ, y_2-Kurve (Schnitt senkrecht zur y_1-Achse) nach oben gekrümmt sind. Gleichwohl wäre dann noch in einem Schnitt senkrecht zu irgendeiner schrägen Geraden der y_1, y_2-Ebene eine Krümmung nach unten möglich. Dies wird nun durch die Bedingung (11), besonders (11a), ausgeschlossen, welche, geometrisch gedeutet, die Forderung aufstellt, daß *die beiden*

Hauptkrümmungsachsen der $\chi(y_1, y_2)$-Fläche nach oben gerichtet sein müssen. Damit ist bekanntlich für jeden beliebigen Vertikalschnitt durch die χ-Fläche der Charakter einer „Krümmung nach oben" gesichert. Zugleich erkennt man, daß nur bei Erfüllung dieser erweiterten Bedingung das Unterschreiten der in dem betrachteten Punkt durch die beiden Tangenten gelegten Berührungsebene seitens der χ-Fläche ausgeschlossen ist.

Für mehr als zwei Variabeln von der Art der y_1 könnte man diese Resultate auf die Hauptkrümmungsmasse in mehr als dreidimensionalen Räumen übertragen.

Beispiele für die Vorzeichengleichheit der Änderungen von Extensitätsvariabeln und zugehörigen Intensitätsvariabeln. Wir gehen nunmehr zu den in Aussicht gestellten Anwendungen der Beziehungen (10) über, indem wir nacheinander verschiedene Extensitätsvariabeln und dazugehörige Intensitätsvariabeln betrachten; die Systeme, denen sie angehören, und die übrigen Nebenbedingungen, unter denen diese Änderungen stattfinden, können dabei nach dem Vorhergehenden ganz beliebig sein.

1. Entropie und Temperatur. Es gilt nach (10): $\frac{\partial T}{\partial S} > 0$ oder $\frac{\partial S}{\partial T} > 0$. Das bedeutet (vgl. z. B. F- und G-Stammbaum), daß das System unter allen Umständen (bei konstantem Volum oder bei konstantem Druck, bei gehemmtem wie bei ungehemmtem innerem Gleichgewicht) eine positive Wärmekapazität (positive spezifische Wärme) haben muß, d. h. bei Wärmezufuhr (Vermehrung der Entropie) muß die Temperatur zunehmen. Über Sonderfälle, wo $\frac{\partial T}{\partial S} = 0$ ist, vgl. den folgenden Titel.

2. Volum und Druck. Für stabile Phasen ist im allgemeinen $\frac{\partial p}{\partial v} < 0$[1], d. h. bei Zunahme des Volums nimmt der Druck ab, und zwar sowohl für isotherme wie für adiabatische Vorgänge, für gehemmtes wie für ungehemmtes inneres Gleichgewicht usw. Über den Sonderfall $\frac{\partial p}{\partial v} = 0$ vgl. ebenfalls den folgenden Titel sowie § 26.

3. Teilchenzahl und chemisches Potential. Für die Teilchenzahl n als Extensitätsvariable und das chemische Potential μ als zugehörige Intensitätsvariable bedeutet die Forderung $\frac{\partial \mu}{\partial n} > 0$, daß das chemische Potential bzw. die Aktivität bei Erhöhung der Teilchenzahl stets zunimmt, wovon bereits früher (§ 21) Gebrauch gemacht worden ist[2]. Über den Sonderfall $\frac{\partial \mu}{\partial n} = 0$ siehe ebenfalls später.

---

[1] Man beachte, daß der zum Volum gehörige Arbeitskoeffizient der Druck mit *umgekehrtem* Vorzeichen ist.

[2] Auf Grund von § 27, Gleichung (1), gilt:

$$\frac{\partial \mu_1}{\partial x_1}_{(T,p)} = (n_1 + n_2) \cdot \left(\frac{\partial \mu_1}{\partial n_1} - \frac{\partial \mu_1}{\partial n_2}\right).$$

Nach § 10, (23), gilt ferner:

$$n_1 \cdot \frac{\partial \mu_1}{\partial n_1} + n_2 \cdot \frac{\partial \mu_2}{\partial n_1} = 0 .$$

Nach Gleichung (8) ist $\frac{\partial \mu_2}{\partial n_1} = \frac{\partial \mu_1}{\partial n_2}$. Somit ergibt sich:

$$\frac{\partial \mu_1}{\partial x_1} = (n_1 + n_2) \cdot \left(1 + \frac{n_1}{n_2}\right) \cdot \frac{\partial \mu_1}{\partial n_1} = \frac{n_1 + n_2}{1 - x_1} \cdot \frac{\partial \mu_1}{\partial n_1}$$

Der Satz von der Vorzeichengleichheit der Änderungen von Extensitätsvariabeln und zugehörigen Intensitätsvariabeln wird ferner noch im folgenden für die Formulierung des Prinzips vom kleinsten Zwang nach LE CHATELIER-BRAUN sowie für die Veränderungen bei währendem Gleichgewicht eine erhebliche Rolle spielen.

Indifferentes Gleichgewicht. Die vorstehenden allgemeinen Ableitungen gelten, wie bemerkt, sowohl für einphasige wie für mehrphasige Systeme. Bei letzteren tritt nun allerdings nach den Ausführungen in §§ 8 und 9 eine gewisse Beschränkung in der Wahl der unabhängigen Variabeln ein, die wir berücksichtigen mußten, um zu erreichen, daß die benutzten Ableitungen nach den unabhängigen Variabeln immer endlich und stetig angenommen werden konnten. Somit ist es ausgeschlossen, daß in den Stabilitätskriterien unendlich große Werte vorkommen. Hingegen kann gerade bei mehrphasigen Systemen die Ableitung einer Intensitätsgröße nach der zugehörigen Extensitätsgröße gleich Null sein. Wie im einzelnen noch an Hand eines speziellen Beispieles in § 26 gezeigt werden soll, sind in diesem Falle zunächst auch die höheren Glieder der Entwicklung von χ nach den Potenzen der Variationen der unabhängigen Variabeln zu berücksichtigen, analog wie das auch in der Theorie der Maxima und Minima üblich ist. Ein Sonderfall tritt jedoch bei mehrphasigen Systemen insofern ein, als hier alle höheren Ableitungen einer Intensitätsvariabeln nach der zugehörigen Extensitätsvariabeln gleich Null werden können. Betrachten wir z. B. ein Zweiphasengleichgewicht für *eine* resistente Gruppe. Aus vorhergehenden Abschnitten wissen wir bereits, daß in diesem Falle zu einer vorgegebenen Temperatur ein ganz bestimmter Gleichgewichtsdruck gehört. Nehmen wir also Temperatur und Volum als unabhängige Variable, so bleibt bei Änderung des Volums der Druck konstant und es ändert sich lediglich das Mengenverhältnis der beiden Phasen, bis eine derselben verschwindet; dann erst verhält sich das System wie die übrigbleibende Einzelphase. Es liegen hier alle Merkmale des indifferenten Gleichgewichts beliebig hoher Ordnung in bezug auf Veränderungen des Volums bei konstant gehaltener Temperatur vor (I, § 7). Denn bei willkürlicher Änderung des Volums und konstant gehaltener äußerer Kraft (Druck) entsteht keine Kraftresultante, die das System in den Ausgangszustand zurückbringen könnte. Analog liegen die Verhältnisse für Entropie und Druck als unabhängige Variabeln. Bei konstant gehaltenem Druck ändert das System durch Wärmezufuhr seine Temperatur nicht, sondern es findet lediglich eine Verschiebung des Mengenverhältnisses der beiden Phasen statt. Als Beispiel hierfür sei etwa an flüssiges Wasser und Wasserdampf als koexistente Phasen erinnert.

Bedingungen des ungehemmten Gleichgewichts gegenüber beliebig abgeänderten Zuständen. Unsere bisherigen Betrachtungen betrafen die Stabilität einer oder mehrerer Phasen gegenüber unendlich benachbarten Zuständen unter der Annahme des neutralen Gleichgewichts. Das zweite in der Einleitung hervorgehobene Problem, die Beurteilung eines gegebenen Ein- oder Mehrphasensystems auf seine Umwandlungsfähigkeit in vollständig andere Phasen gleicher oder abgeänderter Zahl, läßt sich mit diesen Hilfsmitteln noch nicht behandeln, sondern erfordert einen Überblick gewissermaßen von etwas höherer Warte. Da,

---

Hierdurch ist bewiesen, daß für stabiles Gleichgewicht $\frac{\partial \mu_1}{\partial x_1}$ stets positiv ist. Ebenso läßt sich zeigen, daß $\frac{\partial \mu_2}{\partial x_1}$ stets negativ ist. Die Verschiedenheit des Vorzeichens von $\frac{\partial \mu_1}{\partial x_1}$ und $\frac{\partial \mu_2}{\partial x_1}$ folgt auch ohne weiteres aus der Beziehung (24a), § 10:

$$x_1 \cdot \frac{\partial \mu_1}{\partial x_1} + (1 - x_1) \frac{\partial \mu_2}{\partial x_1} = 0\,.$$

wie wir S. 62 abgeleitet haben, beim Übergang zu nicht vorhandenen Phasen die Gleichgewichtsbedingung 1. Ordnung $\mathfrak{d} A = 0$ oder $\delta U_{(S)} = 0$ bereits nicht erfüllt zu sein braucht, werden wir von dieser Annahme abstrahieren müssen; ferner werden wir sogleich endlich verschiedene Zustände miteinander vergleichen, da hierdurch, bei $\delta U \neq 0$, keine weitere Komplikation eintritt. Wir leiten diese allgemeineren Beziehungen ihres großen Interesses halber nach zwei verschiedenen Methoden ab.

1. Einbeziehungsmethode. Wenn ein System, bestehend aus einer Phase oder mehreren Phasen, in einem Zustand I mit einem endlich verschiedenen Zustand II des gleichen Systems verglichen werden soll, so müssen sowohl für den Zustand I wie für den Zustand II sämtliche unabhängigen Variabeln festgelegt sein, um die beiden Zustände zu definieren. Man kommt nun für die Praxis damit aus, daß man Zustände I und II vergleicht, die sich in bezug auf die inneren (gehemmten) Variabeln, z. B. die Laufzahl einer inneren Reaktion, unterscheiden, in denen aber entweder alle von außen angegriffenen[1] Extensitätsvariabeln (Gesamtvolum, Gesamtentropie[2], Teilchenzahlen) gleich sind, oder in denen statt gewisser äußerer Extensitätsvariabeln gewisse äußere „Kräfte" (negativer Druck, Temperatur, chemische Potentiale) *die gleichen Werte haben.* Bei konstanten äußeren *Extensitäts*variabeln brauchen wir uns hierbei um die Wechselwirkung mit der Umgebung nicht zu kümmern; werden aber gewisse *Intensitäts*variabeln, z. B. der Druck, die Temperatur, ein chemisches Potential, in beiden Fällen gleich angenommen, so ergänzen wir, wie in den früheren Betrachtungen, unser System durch ein Großphasensystem (mit jeweils gleichen Werten der p, T oder μ) zu einem Totalsystem, das seinerseits keinerlei Änderungen seiner totalen Extensitätsvariabeln erfährt. Gleichwohl kann dann, wie früher, bei genügender Größe des Außensystems auch bei beliebig großen Änderungen der inneren Extensitätsvariabeln die Konstanz der p, T, μ usw. gewahrt bleiben.

Werden dann die Zustände I und II von Innensystem + Außensystem miteinander verglichen, so lautet für dieses Totalsystem (Index $^{(t)}$) nach I, § 7 (5) die Bedingung des ungehemmten Gleichgewichts: $\Delta U^{(t)} > 0$. Da sich $U^{(t)}$ aus den Energien $U^{(i)}$ des Innensystems und $U^{(a)}$ des Außensystems zusammensetzt, folgt hieraus:

$$\Delta U^{(i)} + \Delta U^{(a)} > 0 .$$

Nun wird bei Konstanthaltung aller von außen angegriffenen Extensitätsgrößen des Innensystems an $U^{(a)}$ nichts geändert, $\Delta U^{(a)}$ ist gleich Null. Wird jedoch eine dieser Extensitätsgrößen geändert, so geschieht das nach unseren Voraussetzungen unter Konstanthaltung der betreffenden Intensitätsgröße; es wird also dann z. B. bei Vergrößerung einer inneren y_α-Arbeitskoordinate $\Delta U^{(a)} = -y_\alpha \Delta Y_\alpha = -\Delta(y_\alpha Y_\alpha)$ und bei Vergrößerung der Entropie $S^{(i)}$ des Innensystems: $\Delta U_a = -T\Delta S^{(i)} = -\Delta(TS^{(i)})$ (da ja wegen der konstanten Gesamtentropie $\Delta S^{(a)} = -\Delta S^{(i)}$ sein soll). Allgemein wird also:

$$\Delta U^{(a)} = -\Delta\{y_\alpha Y_\alpha + y_\beta Y_\beta + \dots\},$$

und die Bedingung des ungehemmten Gleichgewichtes lautet allgemein, wenn wir jetzt wieder U statt $U^{(i)}$ schreiben:

$$\Delta U - \Delta\{y_\alpha Y_\alpha + y_\beta Y_\beta + \dots\} > 0, \tag{13}$$

---

[1] Die Bedeutung dieser Ausdrucksweise haben wir auf (S. 451) erläutert.

[2] In dem — praktisch kaum bedeutungsreichen — Fall, wo das System aus Teilen verschiedener Temperatur besteht, die gegeneinander abgeschlossen sind, würde man die Teilentropien der Systeme konstanter Temperatur als getrennte unabhängige Extensitätsvariabeln einzuführen haben.

oder, wenn wir die den entsprechenden $y_\alpha, y_\beta \ldots$ zugeordnete Funktion χ einführen,

$$\Delta \chi (y_1, \ldots Y_\alpha \ldots) > 0 \text{ bei konstanten } Y_\alpha,\ Y_\beta \ldots \tag{14}$$

„*Von zwei Zuständen eines Systems, die sich in bezug auf gewisse innere (gehemmte) Variabeln unterscheiden, bei denen aber entweder die von außen angegriffenen Extensitätsvariabeln oder Intensitätsvariabeln gleichgehalten werden, ist jeweils derjenige Zustand gegenüber einem beliebig verschiedenen anderen im ungehemmten Gleichgewicht, dessen zugeordnete charakteristische Funktion bei Konstanthaltung der betreffenden äußeren Variabeln den kleineren Wert hat.*“

Es muß also beim Vergleich zweier Zustände mit gleichen $\mathfrak{V}$, S, n die Energie U des stabileren Zustandes den kleineren Wert haben, beim Vergleich zweier Zustände mit gleichen $\mathfrak{V}$, T, n die freie Energie $F = U - TS$, bei gleichen p, T, n das GIBBSsche thermodynamische Potential $G = U + p\mathfrak{V} - TS$ usw.

2. *Grenzeffektmethode.* Geht man von der allgemeinen Bedingung (2), S. 54 für irreversible Prozesse aus, so haben wir beim Übergang von einem gehemmteren Zustand I zu einem ungehemmteren Zustand II die Forderung:

$$\Delta S - \int_{\mathrm{I}}^{\mathrm{II}} \frac{\mathfrak{d}Q}{T} > 0. \tag{15}$$

$\mathfrak{d}Q$ bedeutet hier das Element der Wärmemenge, die beim Übergang vom I. zum II. Zustand mit der Umgebung (bzw. einem Außensystem) ausgetauscht wird. Findet nun bei dem Übergang *kein* Wärmeaustausch mit der Umgebung statt, so ist $\int_{\mathrm{I}}^{\mathrm{II}} \frac{\mathfrak{d}Q}{T} = 0$; findet ein Wärmeaustausch bei konstanter Temperatur statt, so ist $T\int_{\mathrm{I}}^{\mathrm{II}} \frac{\mathfrak{d}Q}{T} = Q_{\mathrm{I} \to \mathrm{II}}$[1].

In beiden Fällen gilt die Beziehung:

$$T\int_{\mathrm{I}}^{\mathrm{II}} \frac{\mathfrak{d}Q}{T} = \Delta U - \mathfrak{D}\mathfrak{A},$$

wenn $\mathfrak{D}\mathfrak{A}$ die Arbeit der von außen an dem System angreifenden Kräfte (negativer Druck; chemische Potentiale) bedeutet. Mithin folgt aus (15) in beiden Fällen als Irreversibilitätsbedingung für den Übergang I → II[2]:

$$\Delta U - T\Delta S - \mathfrak{D}\mathfrak{A} < 0. \tag{16}$$

Führt man nun noch die weitere Spezialisierung ein, daß die Zustände I und II entweder in den von außen angefaßten Arbeitskoordinaten gleich sind ($\mathfrak{D}\mathfrak{A} = 0$) oder der Übergang sich bei konstanten „Kräften“ vollzieht ($\mathfrak{D}\mathfrak{A} = \sum K^x \Delta x$), so folgt, indem man die $T\Delta S$ und $K^x \Delta x$ wieder unter der Bezeichnung $Y_\alpha \Delta y_\alpha = \Delta (y_\alpha Y_\alpha)$ zusammenfaßt und den Richtungssinn umkehrt:

$$\Delta U - \Delta\{y_\alpha Y_\alpha + y_\beta Y_\beta + \ldots\} > 0 \tag{13a}$$

für ungehemmtes Gleichgewicht.

---

[1] Dagegen keineswegs $= T\Delta S$, da ja die Möglichkeit irreversibler Übergänge von I nach II hier ausdrücklich in Betracht gezogen wird.

[2] Hier kann im Falle des fehlenden Wärmeüberganges für T sogar eine ganz beliebige der beim Übergang I → II etwa durchlaufenen Zwischentemperaturen gewählt werden, da $\Delta U - \mathfrak{D}\mathfrak{A}$ dann gleich Null ist.

Diese Gleichung ist mit Gleichung (13) und (14) weitgehend äquivalent. Allerdings gilt nach der hier gegebenen Ableitung die Gleichung (13a) bei ***veränderlichem*** T nur für den Fall des fehlenden Wärmeüberganges an die Umgebung, während in (13) und (14) der entsprechende Fall an die Konstanz von S gebunden sein sollte. Man erkennt jedoch, daß das kein Widerspruch ist. Es führt zwar die erste Nebenbedingung (wegen $\Delta U = \mathfrak{D}\mathfrak{A}$) zu der Forderung $\Delta S > 0$ für irreversible Vorgänge, bei denen keine Wärme ausgetauscht wird, und die zweite Nebenbedingung führt zu der Forderung: $\Delta U - \mathfrak{D}\mathfrak{A} > 0$ für irreversible Vorgänge, bei denen S konstant gehalten wird; beide Forderungen sind aber, wie aus den Überlegungen S. 58/59 hervorgeht, vollkommen miteinander verträglich (und durch einen Zusatzprozeß ineinander überzuführen). Die an sich etwas kompliziertere Ableitung von (14) hat den Vorteil, daß sie die Entropie sogleich in völliger Analogie zu den Arbeitskoordinaten des Systems als unabhängige Variable einführt.

Für konstantes T, wo (13) und (13a) völlig äquivalent sind, gehen beide in die schon S. 62 abgeleitete Bedingung $-\mathfrak{D}A_h < 0$ (für ungehemmtes Gleichgewicht) über; beide Gleichungen haben dann nämlich (im umgekehrten Richtungssinn) die Form (16), und in dieser Gleichung bedeutet die linke Seite die bei reversiblem Übergang von I nach II an den inneren (gehemmten) Extensitätsvariabeln des Systems zu leistende äußere Arbeit $\mathfrak{D}A_h$. Es muß also bei irreversiblem Übergang $\mathfrak{D}A_h < 0$ sein, die Bedingung des ungehemmten Gleichgewichtes ist $-\mathfrak{D}A_h < 0$.

Phaseninstabile Systeme. Ihre wichtigste Anwendung finden die im vorangehenden aufgestellten Sätze auf das Problem der Stabilität oder Instabilität eines aus einer Phase oder mehreren koexistenten Phasen bestehenden Systems. Da in bezug auf die inneren Eigenschaften der Systeme keine speziellen Voraussetzungen gemacht wurden, können die angegebenen Kriterien auch dann angewendet werden, wenn etwa zwei Zustände verglichen werden, von denen der eine homogen ist, der andere jedoch zwei- oder mehrphasig; speziell ist es von Interesse, solche Systeme bei gleichen Extensitätsvariabeln (Gesamtvolum, Gesamtentropie) oder Intensitätsvariabeln (Druck, Temperatur, chemisches Potential) miteinander zu vergleichen. Stellt sich heraus, daß von zwei durch die gegebenen äußeren Bedingungen vollkommen festgelegten Systemen das eine einen größeren Wert der entsprechenden χ-Funktion besitzt als ein anderes, das sich durch die Art oder Anzahl der Phasen vom ersten unterscheidet, so weiß man, daß das erste System, wenn überhaupt, nur infolge von Hemmungen existenzfähig ist, da es nach unseren Kriterien bei Abwesenheit von Hemmungen spontan in das andersphasige System übergehen müßte. Gleichwohl unterscheiden sich diese „phaseninstabilen"[1] Systeme insofern von den früher betrachteten gegen unendlich kleine Veränderungen instabilen Systemen, als ihre Instabilität sich auf die Bildung neuer, in dem System bisher noch nicht vorhandener Phasen bezieht. Da es, besonders beim Übergang zu kristallinen Körpern, der geeigneten Anordnung einer verhältnismäßig großen Zahl von Elementarteilchen bedarf, um die neue Phase mit den annähernden Eigenschaften einer Phase „in Masse" vorzubilden, ist es verständlich, daß z. B. unterkühlte Flüssigkeiten bis zu ziemlich starken Abweichungen vom Gleichgewichtspunkt existenzfähig sind. Dagegen sind für den Übergang einer kristallinen in eine flüssige Phase kaum Hem-

---

[1] Die bisherige chemische Literatur gebrauchte an Stelle von „phaseninstabil" meist den Ausdruck „metastabil". Da dieser Ausdruck jedoch in der modernen Physik vorwiegend für verzögerte Umwandlungen freier Atome (z. B. Parhelium) verwendet wird, hielten wir es für notwendig, das hier Gemeinte durch einen präziseren Ausdruck zu kennzeichnen.

mungen bekannt, da die Anordnung der Flüssigkeitsteilchen leichter gelegentlich im Kristall vorgebildet werden kann als umgekehrt. Ferner kann der Übergang zu einer Gasphase durch die endliche Zeit, die zur Verdampfung notwendig wäre, verzögert sein, und umgekehrt können Dämpfe mit ziemlich hohem Übersättigungsgrad existieren, solange keine „Keime" der flüssigen oder festen stabileren Phase die Umwandlung beschleunigen.

Im Anschluß hieran sei noch erwähnt, daß ein Zustand II zwar stabiler als ein Zustand I sein kann, jener Zustand II selbst jedoch ebenfalls phaseninstabil in bezug auf einen dritten. So ist z. B. bei $^1/_{100}$ Atm. Druck und — 1^0 C Wasserdampf phaseninstabil in bezug auf den Übergang in flüssiges Wasser, dieses aber wiederum instabiler als Eis. Es ist somit möglich, daß der erste phaseninstabile Zustand zunächst in den zweiten Zustand übergeht, der selbst aber instabil in bezug auf einen dritten ist, und daß erst nach mehr oder weniger langer Zeit sich der Übergang in diesen letzten Zustand vollzieht. Ebenso ist aber auch der direkte Übergang von I in III möglich. Die primäre Ausbildung phaseninstabiler Zustände mit nachfolgendem sekundärem Übergang in stabilere hat Wi. Ostwald direkt zu einer Formulierung der „Stufenregel" geführt. Ein näheres Eingehen hierauf erübrigt sich jedoch, weil ein wesentlicher Teil dieser Aussagen nicht thermodynamischer Natur ist und ein näheres Verständnis eine andersartige Fragestellung unter Heranziehung molekularstatistischer Vorstellungen erfordert.

Die bisherigen Beispiele beziehen sich auf den Totalübergang einer Phase in eine andere. Jedoch können natürlich ebensogut Fälle mit verschiedener Phasenzahl auftreten. Es sei hier nur an übersättigte Lösungen erinnert.

In allen diesen Fällen kann sich der phaseninstabile Zustand halten, solange die Phasen des zweiten Zustandes noch nicht vorhanden sind. Sowie jedoch die Phasen des stabileren Zustandes in geringer Menge vorhanden sind, setzt ein spontaner Übergang ein, der mit mehr oder weniger großer Geschwindigkeit zur Erreichung des Gleichgewichts des stabileren Zustandes führt. Besonders ausgeprägte Verzögerungserscheinungen pflegen bei der Umwandlung einer festen Phase in eine andere aufzutreten (z. B. rhombischer und monokliner Schwefel oder rotes und gelbes Quecksilberjodid). Diese Fälle erfordern für die beobachtende Thermodynamik insofern besondere Aufmerksamkeit, weil stabile oder phaseninstabile, jedoch zeitlich konstante Zustände vorgetäuscht werden können, während in Wirklichkeit ein sich zeitlich langsam veränderndes System vorliegen kann, dessen Änderungsdauer nicht klein gegen die Beobachtungszeit ist (S. 19).

Geometrische Darstellung und Gleichgewichtsbedingungen höherer Ordnung. Die im vorhergehenden abgeleiteten Gleichgewichtsbedingungen höherer Ordnung erlauben eine sehr einfache Anwendung, wenn man die geometrische Darstellung zu Hilfe nimmt. Eine natürliche Beschränkung tritt hier allerdings insofern ein, als aus Gründen der Anschaulichkeit nur eine Darstellung im höchstens dreidimensionalen Raum in Frage kommt. Falls nur eine unabhängige Extensitätsvariable y_1 vorliegt, denke man sich in einem ebenen rechtwinkligen Koordinatensystem y_1 als Abszisse und die charakteristische thermodynamische Funktion χ als Funktion hiervon als Ordinate aufgetragen. Die Forderung (11a) bedeutet sodann, daß die χ-Kurve gegen die Abszissenachse konvex ist. Konkave Teile zeigen Labilität gegen unendlich kleine Veränderungen an. In diesem Falle kann jedoch an die χ-Kurve eine Doppeltangente gelegt werden; die Berührungspunkte entsprechen den zwei Zuständen des Systems, die miteinander, wie in §§ 26 und 27 noch näher erläutert wird, koexistierende Phasen bilden können. Sind die Werte der unabhängigen Extensitätsvariabeln des Gesamtsystems vorgegeben, so kann man mit diesen Werten verträgliche Zweiphasensysteme bilden, deren Extensitätsvariabeln (z. B. Volum, Entropie, Teilchenzahlen) sich aus denjenigen der Einzelphasen zusammensetzen. Die Verbindungsgerade stellt dann die Werte der charakteristischen thermodynamischen Funktion χ des heterogenen Systems variabler Zusammensetzung dar; und dieses heterogene System ist im ganzen Bereich stabiler (kleinerer Wert von χ) als die homogene Phase, weil ein Punkt auf dieser Geraden tiefer liegt als der entsprechende auf der Kurve der homogenen Phasen. Hierauf wird in den beiden folgenden Paragraphen an Hand spezieller Beispiele noch näher eingegangen werden.

Im Falle von zwei unabhängigen Extensitätsvariabeln y_1 und y_2 ist in einem dreifach-rechtwinkligen Koordinatensystem χ in Form einer Fläche als Funktion von y_1 und y_2 darzustellen. Die Forderungen (10a) und (11a) bedeuten sodann, daß die Fläche im stabilen Teil konvex sein muß. Konkav-konvexe bzw. konkave Teile zeigen Labilität (in bezug auf eine oder beide Variable) an. Dann ist es aber möglich, an die χ-Fläche eine Doppelberührungsebene zu legen. Die beiden Berührungspunkte repräsentieren die koexistierenden Phasen, und die Verbindungsgerade stellt den Wert von χ für das heterogene Gemisch der koexistierenden Phasen dar. Auch hierauf wird in § 27 noch näher eingegangen werden.

Für mehr als zwei unabhängige Extensitätsvariabeln ist die geometrische Darstellung nicht mehr möglich, da man in diesem Falle nicht mit dem dreidimensionalen Raum auskommen würde. Es empfiehlt sich unter Umständen, statt der Extensitätsvariabeln die entsprechenden Intensitätsvariabeln zu unabhängigen Variabeln zu machen. Das hat besonders dann Vorteile, wenn vorgegebene konstante Werte der Intensitätsvariabeln vorliegen; außerdem müssen im ungehemmten Gleichgewicht in allen Phasen des Systems die Werte der Intensitätsvariabeln die gleichen sein, während diejenigen der Extensitätsvariabeln erst durch Addition der Werte der einzelnen Phasen gebildet werden.

§ 26. Phasenstabilität in Einstoffsystemen.

Die im vorhergehenden Paragraphen erhaltenen allgemeinen Ergebnisse wenden wir nunmehr auf spezielle Systeme an und beginnen mit der Besprechung der Stabilitätsbedingungen gegenüber unendlich benachbarten Zuständen, unter Benutzung der χ-Funktionen. Wir betrachten in § 26 zunächst den einfachsten Fall: Systeme, die nur eine einzige resistente Gruppe enthalten.

Entropie und Volum als unabhängige Variabeln. Als unabhängige Variabeln können zunächst Entropie und Volum gewählt werden. Die Masse des Systems sei konstant. Es wird also ein sog. engeres System betrachtet, bei dem kein Stoffaustausch mit der Umgebung stattfindet. Die Hinzunahme der unter diesen Umständen durch Variation der Teilchenzahl bezüglich des chemischen Potentials möglichen Veränderungen bringt insofern nichts Neues, als die relative Zusammensetzung stets gleichbleibt, der Molenbruch ist identisch gleich 1. Die Forderungen für stabiles Gleichgewicht nach § 25, (10a) und (11a), lauten:

$$\frac{\partial^2 U}{\partial S^2} \geqq 0; \quad \frac{\partial^2 U}{\partial V^2} \geqq 0; \quad \frac{\partial^2 U}{\partial S^2} \cdot \frac{\partial^2 U}{\partial V^2} - \left(\frac{\partial^2 U}{\partial S \partial V}\right)^2 \geqq 0. \qquad (1)$$

Von diesen drei Bedingungen ist nach S. 455 entweder die erste oder die zweite überschüssig, wenn die dritte erfüllt ist.

Die nähere Diskussion dieser Bedingungen sei jedoch unterlassen, da die üblichen Zustandsgleichungen nicht mit der Entropie und dem Volum als unabhängigen Variabeln aufgestellt werden.

Temperatur und Volum als unabhängige Variabeln. Wir gehen nunmehr zu Temperatur und Volum als unabhängigen Variabeln über. Die charakteristische Funktion ist somit die Freie Energie bei konstantem Volum $F = U - TS$. Die Stabilitätsforderungen lauten nach § 25, (10a):

$$\frac{\partial^2 F}{\partial T^2} \leqq 0 \quad \text{und} \quad \frac{\partial^2 F}{\partial v^2} \geqq 0 \tag{2}$$

oder (vgl. den F-Stammbaum):

$$\frac{\partial S}{\partial T} \geqq 0 \quad \text{und} \quad \frac{\partial p}{\partial v} \leqq 0. \tag{3}$$

Die erste Bedingung ist vom molekular-statistischen Standpunkt so selbstverständlich, daß Phasen mit $\frac{\partial S}{\partial T} < 0$ bisher noch nicht einmal theoretisch konstruiert worden sind; in allen Fällen ergibt sich vielmehr die spezifische Wärme für endliche Temperaturen durchweg als wesentlich positive Größe.

Es bleibt somit allein das Vorzeichen von $\frac{\partial p}{\partial v}$ zu diskutieren. Als weitere Grundlage wählen wir die sich aus molekular-theoretischen Überlegungen ergebende, hier auf 1 Mol bezogene Zustandsgleichung von VAN DER WAALS (vgl. II, § 3):

$$\left(p + \frac{a}{v^2}\right)\left(v - b\right) = RT. \tag{4}$$

Wie man aus der graphischen Darstellung von Abb. 49 ersieht, ergibt diese Gleichung für bestimmte Werte der Temperatur (unterhalb der sog. kritischen Temperatur) und des Volums positive Werte für $\frac{\partial p}{\partial v}$. Dieser Teil (punktiert gezeichnet) stellt somit einen labilen Teil dar.

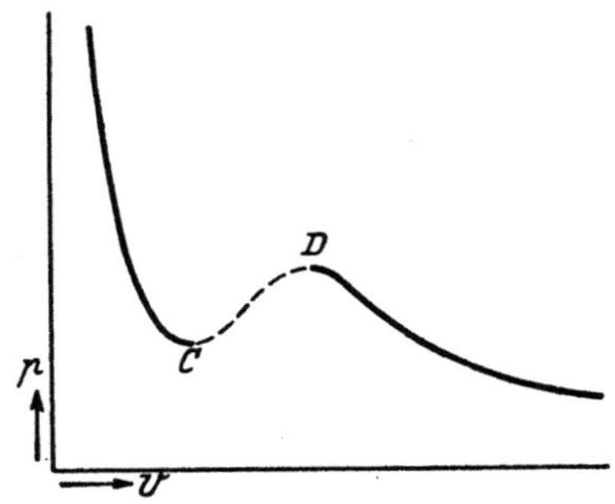

Abb. 49. p-v-Diagramm eines Einstoffsystems auf Grund der VAN DER WAALSschen Zustandsgleichung unterhalb der kritischen Temperatur.

Für die Punkte C und D ist die Stabilität nicht ohne weiteres zu entscheiden, weil $\frac{\partial p}{\partial v} = 0$ ist. Hier ist die Entwicklung für $\Delta^2 F_{(T)}$ weiterzutreiben:

$$\Delta^2 F_{(T)} = \frac{1}{2!}\,\frac{\partial^2 F}{\partial v^2}\cdot(\Delta v)^2 + \frac{1}{3!}\,\frac{\partial^3 F}{\partial v^3}\cdot(\Delta v)^3 + \frac{1}{4!}\,\frac{\partial^4 F}{\partial v^4}\cdot(\Delta v)^4 + \cdots$$

In den genannten Punkten fällt also das erste Glied weg. Falls der Koeffizient des zweiten Gliedes $\frac{\partial^3 F}{\partial v^3} \neq 0$ ist, ist der Zustand aber ebenfalls labil, weil der Ausdruck je nach dem Vorzeichen von Δv sowohl positiv wie negativ werden kann. Der erste nicht verschwindende Differentialquotient von F nach v muß vielmehr gerader Ordnung und positiv sein, damit $\Delta^2 F_{(T)} > 0$ und das Gleichgewicht stabil ist; entsprechend muß der erste von Null verschiedene Differentialquotient von p nach v ungerader Ordnung und negativ sein. Auf Grund dieser Überlegungen sind die Zustände, die durch die Punkte C und D in Abb. 49 charakterisiert sind, als labil zu bezeichnen, weil $\frac{\partial^3 F}{\partial v^3} = -\frac{\partial^2 p}{\partial v^2} \neq 0$ ist.

Anders liegen hingegen die Verhältnisse für den Punkt E in Abb. 50 (Wendepunkt mit horizontaler Wendetangente; vgl. Kurve T_3 in Abb. 19, S. 92). Hier ist ebenfalls $\frac{\partial^2 F}{\partial v^2} = -\frac{\partial p}{\partial v} = 0$, aber gleichzeitig $\frac{\partial^3 F}{\partial v^3} = -\frac{\partial^2 p}{\partial v^2} = 0$ und $\frac{\partial^4 F}{\partial v^4} = -\frac{\partial^3 p}{\partial v^3} > 0$; somit ist dieser Zustand stabil. Er steht jedoch insofern an der Grenze von Labilität und Stabilität, als eine kleine Änderung der anderen unabhängigen Variabeln, der Temperatur T, genügt, um ein Gebiet zu erreichen, das in bezug auf Variationen des Volums labil ist. Mit diesem Sonderfall werden wir uns später noch ausführlicher beschäftigen (s. unter kritischen Phase, S. 470).

Koexistente Phasen. Wir gehen nunmehr für unser System mit einem resistenten Bestandteil der Frage der Phaseninstabilität nach, indem wir auf unser System die für den Vergleich mit endlich verschiedenen Zuständen in § 25 entwickelte Methode anwenden. Wir fragen zunächst, welcher Zustand eigentlich stabil ist, wenn wir Temperaturen und Volume vorgeben, die Zuständen zwischen den Punkten C und D in Abb. 49 entsprechen würden; wir nehmen hiermit die schon S. 93 besprochene Frage mit erweiterten Mitteln wieder auf.

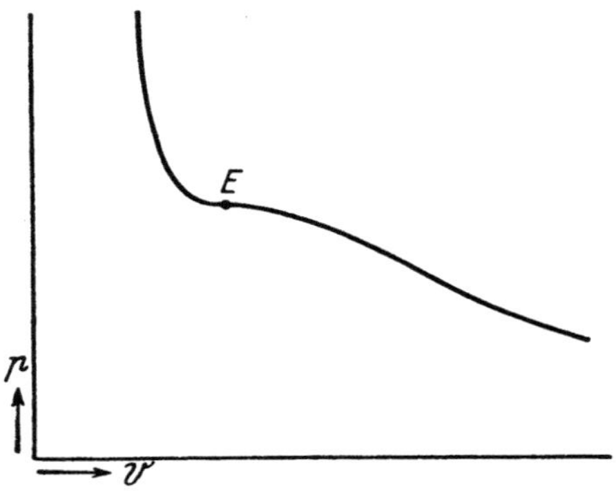

Abb. 50. p-V-Diagramm eines Einstoffsystems bei der kritischen Temperatur.

Es wurde schon in § 25 darauf aufmerksam gemacht, daß eine vorgegebene Extensitätsgröße nicht nur durch ein homogenes System realisiert werden kann, sondern auch durch ein heterogenes System, in dem die Summe der Extensitätsgrößen der Einzelphasen gleich der insgesamt vorgegebenen ist. Es ist somit, da der einphasige Zustand mit gegebenem T und V hier nicht stabil ist, nach einer Lösung zu suchen, die zunächst einem zweiphasigen System entspricht. Die Einzelphasen seien durch ein bzw. zwei Striche rechts oberhalb der einzelnen Bezeichnungen gekennzeichnet. Die Gleichgewichtsbedingungen lauten sodann:

$$\pi' = \pi'', \tag{5}$$

$$\mu' = \mu'', \tag{6}$$

ferner gilt:

$$V' + V'' = V. \tag{7}$$

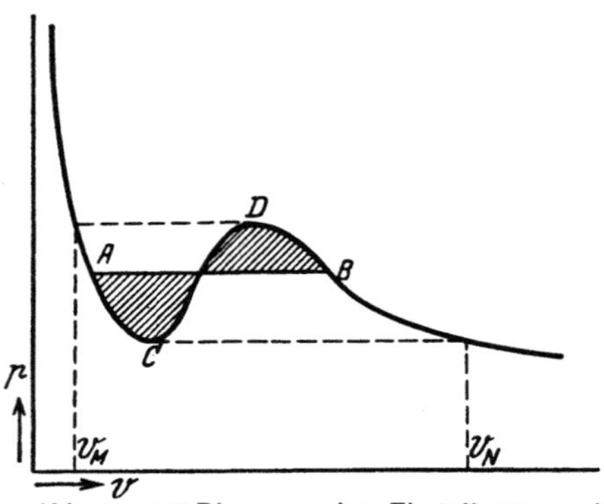

Abb. 51. p-V-Diagramm eines Einstoffsystems mit koexistierenden Phasen: Flüssigkeit (A) und Dampf (B).

Die Lösungen ermitteln wir zunächst an Hand des Druck-Volum-Diagramms in Abb. 51. Die Gleichheit des Drucks beider Phasen kann offenbar ohne weiteres realisiert werden, wenn das vorgegebene Volum zwischen V_M und V_N liegt. Aber zur Koexistenz zweier verschiedener Phasen gehört auch noch die Bedingung, daß deren chemische Potentiale gleich sind. Wie aus § 10, (21) hervorgeht, kann das chemische Potential einer Einkomponentenphase gleich dem GIBBSschen Potential G dividiert durch die Molenzahl gesetzt werden. Da $G = F + pV$ ist, kann man also setzen:

$$\mu = \frac{F + p \cdot V}{n}. \tag{8}$$

Durch Differentation nach V erhalten wir:

$$\frac{\partial \mu}{\partial V} = \frac{1}{n} \frac{\partial F}{\partial V} + \frac{1}{n} \cdot p + \frac{V}{n} \frac{\partial p}{\partial V} = \frac{V}{n} \cdot \frac{\partial p}{\partial V}. \tag{9}$$

Die Gleichheit der chemischen Potentiale in beiden Phasen bedeutet somit das Verschwinden folgenden Integrals, wobei als Grenzen die Volume der beiden Phasen einzusetzen sind.

$$\mu'' - \mu' = \int_{V'}^{V''} \frac{\partial \mu}{\partial V}\, dV = \frac{1}{n} \int_{V'}^{V''} V \cdot \frac{\partial p}{\partial V}\, dV. \tag{9a}$$

Nach den Regeln der partiellen Integration können wir hierfür auch schreiben

$$\mu'' - \mu' = \frac{1}{n} \left[\pi (V'' - V') - \int_{V'}^{V''} p\, dV \right], \tag{9b}$$

wobei für die Drucke der beiden koexistierenden Phasen der Gleichgewichtsdruck π eingesetzt worden ist. Dieser Ausdruck (9b) soll also gleich 0 sein. Diese Bedingung kann auch in der Form ausgesprochen werden, daß verlangt wird, eine Gerade parallel zur V-Achse so durch die p-V-Kurve zu legen, daß die in Abb. 51 schräg schraffierten Flächenstücke einander gleich sind. Die Schnittpunkte A und B mit der p-V-Kurve repräsentieren sodann die koexistierenden Phasen.

Wir erhalten somit das Resultat, daß das System dann bei der gegebenen Temperatur im (neutralen) Gleichgewicht ist, wenn zwei koexistierende Phasen vorhanden sind, welche die auf diese Weise bestimmten Volume V' und V'' haben. Durch Division mit den Molenzahlen können wir hierfür auch die spezifischen Volumina v' und v'' einführen. Die Verteilung der Gesamtmenge n auf die beiden Phasen wird sodann durch folgendes Gleichungssystem bestimmt:

$$n' + n'' = n, \tag{10}$$

$$n' v' + n'' v'' = V. \tag{11}$$

Die Auflösung ergibt:

$$n' = \frac{n v'' - V}{v'' - v'}, \tag{12a}$$

$$n'' = \frac{V - n v'}{v'' - v'}. \tag{12b}$$

Man sieht ohne weiteres, daß eine sinnvolle Lösung dieser Gleichungen (mit $\gg v'' > v'$) nur dann möglich ist, wenn $V > V'$ und $V < V''$ ist, d. h. wenn das durch V und n gegebene mittlere spezifische Volum zwischen den spezifischen Volumen der Flüssigkeit und des Dampfes liegt.

Graphische Darstellung mit Hilfe der Freien Energie. Abhängigkeit vom Volum. Für das in dieser Weise aus der Zustandsgleichung und dem Gesamtvolum V (sowie T) bestimmte Zweiphasengleichgewicht, zu dessen Auffindung nur die bekannten Gleichgewichtsbedingungen 1. Ordnung gebraucht wurden, haben wir nunmehr die Frage zu beantworten, ob es, im Sinne von § 25, einen phasenstabileren Zustand darstellt als das betreffende Einphasensystem. Wir prüfen dies für den betrachteten Zustand wie für alle anderen Zustände des VAN DER WAALSschen Einkomponentensystems, indem wir bei der gegebenen Temperatur die Freie Energie als Funktion des Volums auf graphischem Wege untersuchen und feststellen, welches System bei gegebenem V (und T) den kleinsten Wert der Freien Energie besitzt. Zur Gewinnung der Freien Energie aus der Zustandsgleichung (bei der gegebenen Temperatur) benutzen wir einfach die Beziehung: $\frac{\partial F}{\partial V} = -p$; folglich: $F = -\int p\, dV$ mit zunächst unbestimmter Integrationskonstante. Letztere können wir etwa dadurch festlegen, daß wir alles auf einen bestimmten Normalwert des Volums beziehen und nur mit den Differenzen der

Freien Energie gegenüber diesem Normalzustand rechnen. Das Ergebnis dieser Integration ist in Abb. 52 in qualitativer Form wiedergegeben. Kurve 1 (oberhalb der sog. kritischen Temperatur) ist überall konvex, der homogene Zustand also stabil, und es besteht nicht die Möglichkeit eines heterogenen Gleichgewichts, weil keine Doppeltangente an diese Kurve gelegt werden kann. In Kurve 2 (unterhalb der kritischen Temperatur) sind die labilen Zustände dadurch gekennzeichnet, daß das betreffende Kurvenstück gegen die Abszisse konkav ist $\left(\frac{\partial^2 F}{\partial \mathfrak{V}^2} < 0\right)$[1]. Durch die Konkavität der im übrigen konvexen Kurve ist aber die Möglichkeit gegeben, an diese Kurve eine Doppeltangente (strichpunktiert) zu legen. Die beiden Berührungspunkte A und B, die notwendigerweise auf dem konvexen Teil der Kurve liegen, repräsentieren nun, wie sich zeigen läßt, die soeben bestimmten koexistierenden Phasen. Denn zunächst folgt aus der Gleichheit der Neigung der Kurve in beiden Punkten $\left(\frac{\partial F}{\partial \mathfrak{V}}\right)_A = \left(\frac{\partial F}{\partial \mathfrak{V}}\right)_B$ die Gleichheit der Drucke. Aber auch die andere Koexistenzbedingung verschiedener Phasen, die Gleichheit der chemischen Potentiale, ist erfüllt. Denn für die Differenz der chemischen Potentiale ist nach (8) zu setzen:

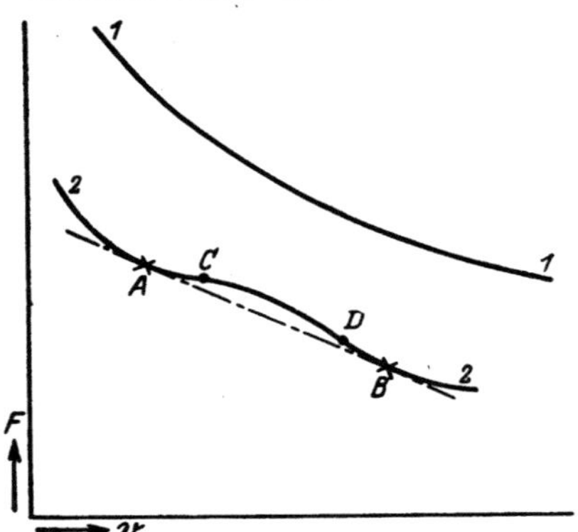

Abb. 52. F-$\mathfrak{V}$-Diagramm eines Einstoffsystems oberhalb und unterhalb der kritischen Temperatur (Kurve 1 und 2).

$$\mu'' - \mu' = \frac{1}{n}(F_B + \pi \mathfrak{V}'') - \frac{1}{n}(F_A + \pi \mathfrak{V}') .$$

Aus der geometrischen Darstellung folgt jedoch:

$$F_B - F_A = (\mathfrak{V}'' - \mathfrak{V}') \cdot \frac{\partial F}{\partial \mathfrak{V}} = -(\mathfrak{V}'' - \mathfrak{V}') \cdot \pi .$$

Daraus folgt ohne weiteres $\mu'' - \mu' = 0$.

Die Freie Energie des heterogenen Systems wird nun in Abhängigkeit vom Gesamtvolum $\mathfrak{V}$ durch die Gerade AB dargestellt. Denn für jede Einzelphase ist deren Freie Energie F' bzw. F'' gleich der Freien Energie f' bzw. f'' pro Volumeinheit, multipliziert mit dem Phasenvolum $\mathfrak{V}'$ bzw. $\mathfrak{V}''$. Also:

$$F = f'\mathfrak{V}' + f''\mathfrak{V}''.$$

Da nun nach (11) und (12):

$$d\mathfrak{V}'' = \frac{\mathfrak{V}''}{\mathfrak{V}'' - \mathfrak{V}'} d\mathfrak{V},$$

$$d\mathfrak{V}' = -\frac{\mathfrak{V}'}{\mathfrak{V}'' - \mathfrak{V}'} d\mathfrak{V}$$

ist, so ist offenbar F für das Zweiphasensystem im Gebiet zwischen A und B linear von $\mathfrak{V}$ abhängig, also durch die Gerade AB gegeben. Da ferner die Mengenzunahmen dn'' und dn' den $d\mathfrak{V}''$ bzw. $d\mathfrak{V}'$ proportional sind, läßt sich auch aus dem Diagramm ohne weiteres ablesen, daß die Abstände desjenigen Punktes, der dem Zweiphasensystem entspricht, von den Berührungspunkten A und B der Doppeltangente sich wie die Mengen der entsprechenden Phasen verhalten müssen. Statt der Abstände selbst sind ebensogut die Projektionen dieser Abstände auf die Koordinatenachsen verwendbar.

Koexistenz mit festen Phasen. Die Ermittlung koexistierender Phasen für vorgegebene Temperatur und Gesamtvolume an Hand des Diagramms der

[1] Über die Bedeutung der Punkte C und D als Wendepunkte vgl. diesen Paragraphen, S. 465.

Freien Energie läßt sich verallgemeinern, indem gleichzeitig auch noch die Möglichkeit der Koexistenz mit *festen* Phasen berücksichtigt wird. Die Freie Energie der festen Phasen in Abhängigkeit vom Volum (bei gegebener Temperatur) läßt sich auf Grund ihrer Zustandsgleichung ebenfalls ohne weiteres angeben, wobei allerdings die noch unbestimmte Integrationskonstante unter Bezugnahme auf denselben Normalzustand wie bei der flüssig-gasförmigen Phase festzulegen ist, was praktisch aus Beobachtungen über die Koexistenz mit einer Phase, deren Freie Energie relativ zum Normalzustand bekannt ist, geschehen wird. Die Form der F-Kurve ist in diesem Falle wegen $\frac{\partial^2 F}{\partial v^2} = -\frac{\partial p}{\partial v}$ nach der Charakterisierung S. 96 des festen Zustandes eine außerordentlich spitze Parabel, deren Achse praktisch parallel zur Ordinatenachse verläuft. Kann somit eine Doppeltangente an die F-Kurve der festen Phase und an diejenige der amorphen Phase (Teil des flüssigen oder Teil des gasförmigen Aggregatzustandes) gelegt werden, so stellen die Berührungspunkte die koexistierenden Phasen fest-flüssig bzw. fest-gasförmig dar. An Hand des Diagramms ist jedoch zu untersuchen, inwieweit metastabile Zustände vorliegen, indem etwa die Doppeltangente für die Koexistenz von flüssiger und gasförmiger Phase noch tiefer verläuft und somit diese Zustände als die stabilsten zu gelten haben.

Auf eine nähere Diskussion dieser Gleichgewichte sei jedoch an dieser Stelle verzichtet, da diese Form der Darstellung für Systeme mit kondensierten Phasen aus folgenden Gründen kein besonderes Interesse hat. Zunächst muß betont werden, daß die bisher wiedergegebenen Diagramme im Interesse der Darstellbarkeit außerordentlich stark schematisiert sind. Z. B. beträgt für Wasser von 100^0 das Verhältnis des spezifischen Volums von Flüssigkeit und Dampf 1 : 1700, für den Tripelpunkt sogar 1 : 205000! Nichtsdestoweniger sind schematisierte Diagramme sehr zweckmäßig, um Aufschluß über die möglichen Mehrphasengleichgewichte zu erhalten. Aber zugleich ist von einem anderen Gesichtspunkt ein Einwand gegen die Zweckmäßigkeit dieser Darstellung zu erheben. Bei der Wahl der unabhängigen Variabeln erweist es sich als zweckmäßig, von vornherein auf die Bedingungen des Experiments Rücksicht zu nehmen. Bei der Untersuchung von Gasen ist es nun tatsächlich zweckmäßig, Temperatur und Volum als unabhängige Variabeln anzusehen, da diese vom Experimentator in willkürlicher Weise festgelegt werden und alle anderen Größen, insbesondere der Druck, als Funktionen der ersteren erhalten werden. Aber sobald kondensierte Phasen in Frage kommen, wird unter den Bedingungen des Experiments im allgemeinen nicht mehr das Volum, sondern statt dessen der Druck vorgegeben und entsprechend variiert. Infolgedessen ist es auch für theoretische Untersuchungen das Gegebene, die Gleichgewichte zwischen kondensierten Phasen in Abhängigkeit von Temperatur und Druck als unabhängigen Variabeln zu studieren[1].

Darstellung der Koexistenzbedingungen in Abhängigkeit von Temperatur und Volum. Wir haben im vorhergehenden die bei *einer gegebenen Temperatur* möglichen Zustände kennengelernt. Die Gesamtheit dieser Erfahrungen können wir nunmehr auch in Abhängigkeit von der Temperatur betrachten.

Wir kommen dabei zu einer Darstellung der Freien Energie in der Weise, daß in einem rechtwinkligen Koordinatensystem in der Grundebene die unabhängigen Variabeln V und T aufgetragen werden und senkrecht hierzu die Freie Energie F. Koexistierende Phasen, die ja durch gleiche T-Werte charakterisiert sind, werden dann jeweils durch die Berührungspunkte von Doppeltangenten

[1] Vgl. hierzu auch die Darlegungen bei VAN DER WAALS-KOHNSTAMM: Lehrbuch der Thermostatik. Leipzig 1927.

an die Schnittkurven der F-Fläche mit einer Fläche senkrecht zur F-Achse (in $F, \mathfrak{V}$-Ebenen) dargestellt. Ein vereinfachtes Diagramm erhält man, wenn man an Stelle der räumlichen Darstellung die Projektion der einzelnen Berührungspunkte von Doppeltangenten auf die Grundebene vornimmt, so daß man ein $\mathfrak{V}$-T-Diagramm der koexistenzfähigen Phasen erhält. Hierbei gehen natürlich die Angaben über Druck und Entropie verloren, die bei der räumlichen Darstellung aus den Neigungen der F-Fläche abgelesen werden können. Ein derartiges Diagramm unter alleiniger Berücksichtigung der flüssigen und gasförmigen Phase ist in Abb. 53 schematisch wiedergegeben; zwei senkrecht übereinanderliegende Kurvenpunkte stellen dabei die Volume der bei der betreffenden Temperatur koexistenten Phasen bei gegebener Gesamtmenge dar.

Kritische Phase. Aus Abb. 53 ist ersichtlich, daß nur unterhalb einer bestimmten Temperatur das zweiphasige System existenzfähig ist. Ferner sieht man, daß mit zunehmender Temperatur die spezifischen Volume sich immer weniger unterscheiden. In dem durch einen Kreis bezeichneten Punkte, der die obere Temperaturgrenze des heterogenen Systems angibt, werden schließlich die beiden Phasen identisch. Die einheitliche Phase, die diesem Punkt zugehört, wird als kritische Phase bezeichnet (vgl. II, § 3). Ihr Volum wird als kritisches Volum, die Temperatur als kritische Temperatur sowie der Druck als kritischer Druck bezeichnet. Man spricht auch vom kritischen Punkt als Zusammenfassung der notwendigen spezifischen Bestimmungsgrößen der kritischen Phase. Besonders sei darauf hingewiesen, daß für Einstoffsysteme sämtliche spezifischen Bestimmungsgrößen der kritischen Phase festliegen.

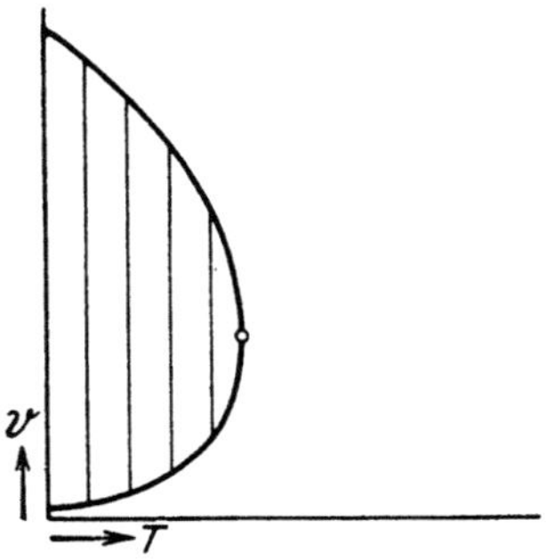

Abb. 53. $\mathfrak{V}$-T-Diagramm eines Einstoffsystems in der Umgebung des kritischen Punktes.

Genaueren Aufschluß erhalten wir noch durch Betrachtung der (zeichnerisch nicht wiedergegebenen) F-$\mathfrak{V}$-T-Raumfigur. An die F-$\mathfrak{V}$-Kurven in F-$\mathfrak{V}$-Ebenen bei verschiedenen Temperaturen lassen sich unterhalb der kritischen Temperatur Doppeltangenten legen. Die Berührungspunkte, welche die koexistierenden Phasen repräsentieren, rücken bei steigender Temperatur immer näher aneinander und fallen schließlich bei der kritischen Temperatur in einen einzigen Punkt zusammen. In diesem kann eine Tangente mit Berührung höherer Ordnung an die F-$\mathfrak{V}$-Kurve gelegt werden, weil nämlich $\frac{\partial^2 F}{\partial \mathfrak{V}^2} = 0$ und $\frac{\partial^3 F}{\partial \mathfrak{V}^3} = 0$ ist, entsprechend $\frac{\partial p}{\partial \mathfrak{V}} = 0$ und $\frac{\partial^2 p}{\partial \mathfrak{V}^2} = 0$ (vgl. oben S. 465). Oberhalb der kritischen Temperatur ist keine Doppeltangente an die F-$\mathfrak{V}$-Kurve mehr möglich; folglich tritt auch nur noch eine Phase auf. (Wie erwähnt bleiben feste Phasen unberücksichtigt.)

Von den besonderen Erscheinungen, die beim kritischen Punkt zu beobachten sind, sei nur die folgende näher besprochen. Gegeben sei ein Einstoffsystem mit gasförmiger und flüssiger Phase unterhalb der kritischen Temperatur. Die Temperatur werde bei konstantem Volum allmählich erhöht. Dem entspricht ein Fortschreiten auf einer Parallele zur T-Achse in Abb. 53. Schließlich wird man an die Grenze des heterogenen Gebietes gelangen, und das bedeutet im allgemeinen, daß das Volum der einen Phase immer kleiner wird, bis es schließlich bei derjenigen Temperatur verschwindet, die dem Schnittpunkt der Parallelen zur T-Achse mit der $\mathfrak{V}$-T-Kurve in Abb. 53 entspricht. Der Beobachter bemerkt also, daß der Meniskus als sichtbare Grenze der beiden Phasen immer höher oder tiefer rückt, bis er schließlich an der Gefäßwand verschwindet. Ist das vorgegebene Volum jedoch gleich dem kritischen Volum der eingeschlossenen

Stoffmenge, so werden sich die beiden Phasen immer ähnlicher, bis sie schließlich im kritischen Punkt identisch werden, ohne daß man sagen kann, welche der beiden Phasen zugunsten der anderen verschwindet. In der Nähe des kritischen Punktes wird der Meniskus wegen der immer größer werdenden Ähnlichkeit beider Phasen zusehends undeutlicher, und außerdem bildet sich infolge von Dichteschwankungen eine für die kritische Phase charakteristische Opaleszenz aus. Auf die Theorie dieser Schwankungserscheinungen kann hier nicht näher eingegangen werden, da es sich hier um ein molekularstatistisch zu interpretierendes Phänomen handelt. Die hierfür wesentlichen Bestimmungsgrößen können allerdings teilweise aus thermodynamischen Überlegungen gewonnen werden. Es sei hier nur darauf hingewiesen, daß der Ausdruck (12), § 25, für $\Delta^2 U$ für herausgegriffene Teilgebiete einer kritischen Phase in bezug auf Volum-, d. h. Dichteänderungen wesentlich kleiner als sonst ist, weil $\frac{\partial^2 F}{\partial V^2} = 0$ und $\frac{\partial^3 F}{\partial V^3} = 0$; das erste nicht verschwindende Glied der Reihenentwicklung für $\Delta^2 U$ enthält daher den Faktor $(\Delta v)^4$, so daß $\Delta^2 U$ sehr klein für mäßig kleine Δv werden kann und somit zur Erzielung erheblicher Dichteschwankungen nur ein sehr kleiner Energieaufwand gehört.

An und für sich dürften die kritischen Erscheinungen nur dann zu erwarten sein, wenn das vorgegebene spezifische Volum genau gleich dem kritischen Volum ist. Da jedoch die V-T-Kurve in Abb. 53 im kritischen Punkt parallel zur V-Achse verläuft, beobachtet man praktisch auch noch bei etwas anderen Volumen die kritischen Erscheinungen.

Temperatur und Druck als unabhängige Variabeln. Es werde ein Einstoffsystem betrachtet, in dem durch die Versuchsbedingungen p und T willkürlich festzulegen sind. Die charakteristische thermodynamische Funktion ist in diesem Falle das thermodynamische Potential $G = U - TS + pV$. Die Stabilitätskriterien gegenüber unendlich benachbarten Zuständen lauten:

$$\frac{\partial^2 G}{\partial T^2} \leqq 0; \quad \frac{\partial^2 G}{\partial p^2} \leqq 0; \quad \frac{\partial^2 G}{\partial T^2} \cdot \frac{\partial^2 G}{\partial p^2} - \left(\frac{\partial^2 G}{\partial T\, \partial p}\right)^2 \geqq 0. \tag{13}$$

Am wichtigsten ist wieder $\frac{\partial^2 G}{\partial p^2} = \frac{\partial V}{\partial p} \leqq 0$. Aus Abb. 49 ist ersichtlich, daß für vorgegebene Werte des Druckes nach der Zustandsgleichung Zustände mit $\frac{\partial V}{\partial p} > 0$ berechnet werden, die jedoch auf Grund des Stabilitätskriteriums auszuschließen sind. Gleichzeitig sieht man aber auch, daß zu diesen p-Werten jeweils auch noch zwei andere Werte des Volums gehören, es ist nunmehr festzustellen, welche Zustände stabil und welche phaseninstabil sind. Diese Frage ist im vorhergehenden nur für das Labilitätsgebiet zwischen C und D ausdrücklich beantwortet, wir wollen sie hier völlig unabhängig behandeln. Zu diesem Zweck untersuchen wir die Funktion G näher. Über ihre Druckabhängigkeit können wir ohne weiteres Aufschluß erhalten, indem wir $G = \int \frac{\partial G}{\partial p} dp = \int V dp$ an Hand des p-V-Diagramms in Abb. 49 ausrechnen. Das etwas eigenartige Ergebnis ist in Abb. 54 wiedergegeben. Da an zwei Stellen $\frac{\partial V}{\partial p} = \pm \infty$ **ist,**

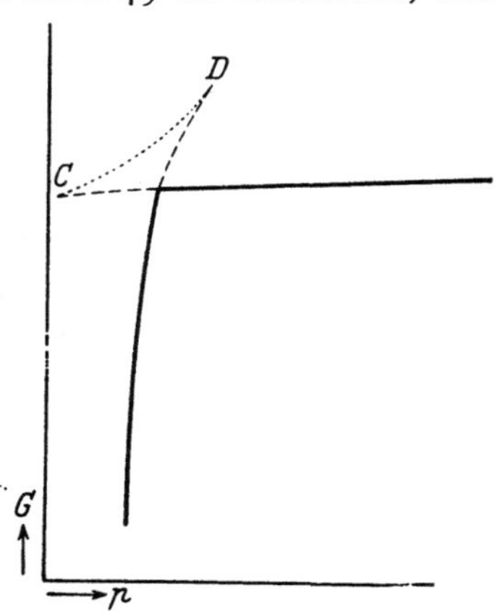

Ab. 54. G-p-Diagramm eines Einstoffsystems im Sinne der VAN DER WAALSschen Zustandsgleichung unterhalb der kritischen Temperatur.

zeigt die G-Kurve zwei Spitzen. Der zwischen diesen liegende labile Teil $\left(\frac{\partial^2 G}{\partial p^2} > 0;\right.$ konvexer[1] Teil der Kurve$\left.\right)$ ist punktiert gezeichnet. Gleichzeitig sind auch zwei zwar gegen Nachbarzustände stabile, aber phaseninstabile Teile vorhanden, da es Zustände gibt, die kleinere G-Werte haben. Diese Teile sind gestrichelt. Von den ausgezogenen stabilen Teilen entspricht der linke der Flüssigkeitsphase. Dann folgt ein Knickpunkt, wo das Volum unbestimmt ist. Das entspricht auch der früheren Darstellung, insofern dort ebenfalls zu einer Vielheit vorgegebener Volume nur ein einziger Gleichgewichtsdruck gehört. Weiterhin schließt sich in Abb. 54 die Kurve für die Gasphase nach rechts an.

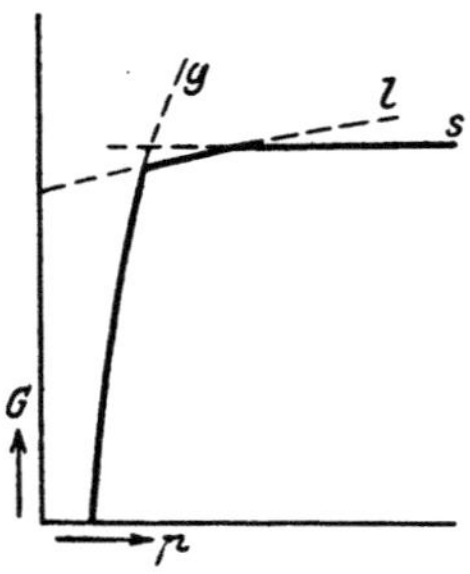

Abb. 55. G-p-Diagramm eines Einstoffsystems oberhalb der Temperatur des Tripelpunktes.

In Abb. 54 läßt sich, wie bemerkt, der Unterschied zwischen den labilen und den nur phaseninstabilen Zuständen eines Stoffes, der der VAN DER WAALSschen Zustandsgleichung gehorcht, besonders klar erkennen, während in Abb. 52, wo der Übergang durch den Wechsel von konvexer zu konkaver Krümmung in Kurve 2 gegeben ist, die Übergangspunkte, C und D, die den Punkten C und D in Abb. 49 entsprechen, nur sehr unscharf (als Wendepunkte der Kurve 2) markiert sind. Gleichwohl geht aus beiden Darstellungen im Prinzip der grundlegende Unterschied jener Zustandsgebiete der VAN DER WAALSschen (und ähnlicher) Stoffe hervor, der z. B. in der Darstellung Abb. 19, S. 92, Kurve T_2, die Kurvenstücke $A_2 M_2$ und $B_2 N_2$ von dem Mittelstück $M_2 N_2$ unterscheidet: bei $M_2 N_2$ handelt es sich um ein gegen unendlich benachbarte Zustände labiles, also überhaupt nicht realisierbares Gebiet, während die Äste $A_2 M_2$ und $B_2 N_2$ nur phaseninstabil, also von phasenstabilen Zuständen her, je nach den Versuchsbedingungen mehr oder weniger weit verfolgbar sind, wie schon S. 93 unten hervorgehoben wurde.

G-p-Diagramm für weitere Phasen. In ein gleiches Diagramm können nunmehr auch, bei der gleichen Temperatur, die G-Kurven anderer Phasen gezeichnet werden. So stellt Abb. 55 ein typisches Zustandsdiagramm für Temperaturen oberhalb des Tripelpunktes (III, § 16) dar, in Abhängigkeit von dem auf dem Sytem lastenden Druck. Bei kleinen Drucken ist nur die Gasphase stabil (Kurve g), dann folgt ein Schnittpunkt mit der Kurve (l) der flüssigen Phase (somit Koexistenz beider Phasen); dann kommt ein Kurventeil der flüssigen Phase allein, ein Koexistenzpunkt für flüssige und feste Phase und schließlich die feste Phase allein (Kurve s). Darüber verlaufen jeweils die (nur angedeuteten) gestrichelten Kurven phaseninstabiler Zustände. Weiterhin stellt Abb. 56 das Diagramm für eine Temperatur unterhalb des Tripelpunktes dar. In diesem Falle ist die flüssige Phase bei allen in Betracht kommenden Drucken phaseninstabil. Das kommt daher, weil die Neigung der G-Kurve für die feste Phase kleiner als für die flüssige Phase angenommen wird, d. h. daß die feste Phase bei gleichen Drucken das kleinere Volum hat. Das ist zwar meistens der Fall, jedoch beim Wasser gerade umgekehrt. In diesem Falle wird daher bei Temperaturen oberhalb des Tripel-

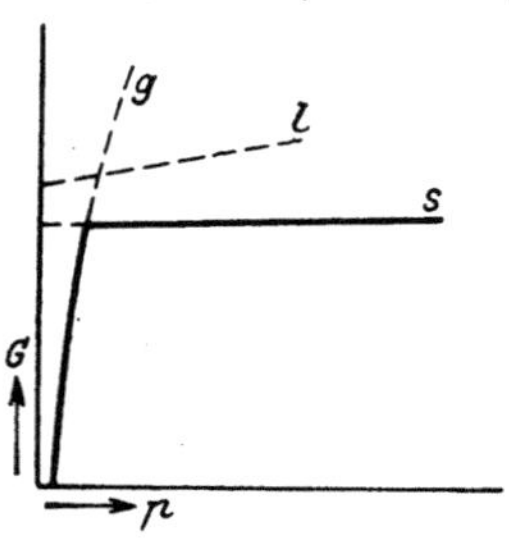

Abb. 56. G-p-Diagramm eines Einstoffsystems unterhalb der Temperatur des Tripelpunktes.

[1] Wir erinnern daran, daß nach § 25 bei der Wahl von *Intensitäts*variabeln als Unabhängigen die gegen die betreffende Achse *konkaven* Teile der betreffenden Kurve *stabil*, die konvexen labil sind.

punktes die *feste* Phase bei der betreffenden Temperatur durchweg metastabil sein, bei Temperaturen unterhalb des Tripelpunktes aber wird die s-Kurve von der l-Kurve bei höheren Drucken geschnitten, so daß nur in einem gewissen, beiderseits abgegrenzten Druckgebiet die s-Kurve die stabilste ist. Abb. 57 gibt schließlich die Verhältnisse für den Tripelpunkt wieder, d. h. für diejenige Temperatur, wo bei einem gewissen Druck drei Phasen koexistieren. Sollte diese Abbildung den Fall des Wassers wiedergeben, so wären die Bezeichnungen l und s einfach zu vertauschen.

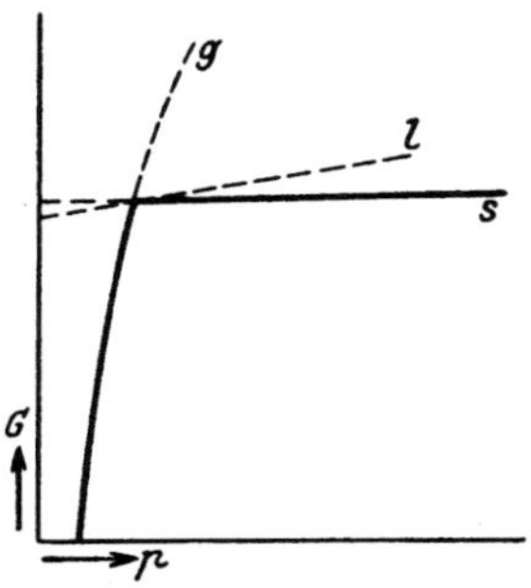

Abb. 57. G-p-Diagramm eines Einstoffsystems bei der Temperatur des Tripelpunktes.

Die G-Kurven der flüssigen und festen Phasen weisen eine gewisse Krümmung auf entsprechend der Kompressibilität (Druckabhängigkeit der Volume). Dies läßt es als möglich erscheinen, daß sich die Gleichgewichtskurven beider Phasen zweimal schneiden und daß es somit bei einer vorgegebenen Temperatur zwei verschiedene Drucke gibt, bei denen beide Phasen miteinander im Gleichgewicht stehen, was z. B. im Falle des Glaubersalzes ($Na_2SO_4 \cdot 10\,H_2O$) tatsächlich beobachtet worden ist.

Wie bereits erwähnt, ist es möglich, daß *mehrere feste Modifikationen* vorhanden sind. Die entsprechenden G-Kurven lassen sich in die besprochenen Diagramme ohne weiteres einführen. Im einzelnen kommen wir auf die Stabilitätsverhältnisse von verschiedenen Modifikationen noch zurück, nachdem wir auch den Einfluß der Temperatur berücksichtigt haben.

Der quantitative Wert dieser Darstellung für Gleichgewichte unter Beteiligung der *Gasphase* ist nicht allzu groß, ebenfalls weil (wie schon auf S. 469 ausgeführt) die spezifischen Volume der koexistierenden Phasen von ganz verschiedener Größenordnung sind und gleiches somit auch für die Neigung der G-Kurven zur p-Achse gilt. Immerhin kann man doch eine gewisse qualitative Übersicht erhalten. Wesentlich günstiger liegen hingegen die Verhältnisse zur Darstellung der Stabilitätsverhältnisse *kondensierter* Phasen in ihrer Abhängigkeit vom Druck. Hier können derartige Diagramme im Zusammenhang mit den später zu besprechenden analogen Temperaturdiagrammen zur bequemen und übersichtlichen graphischen Rechnung benutzt werden, wenn Druck-Volum-Diagramme sowie Temperatur-Entropie-Diagramme für die Einzelphasen sowie gewisse Übergangsgrößen vorliegen. Auf die praktische Durchführung dieser Rechnung wollen wir jedoch erst nach Besprechung der Temperaturabhängigkeit zu sprechen kommen (S. 475).

Einfluß der Temperatur bei gegebenem Druck. Wir untersuchen nunmehr die Abhängigkeit der zu einem bestimmten Druck gehörigen G-Werte stabiler und metastabiler Phasen von der Temperatur. Mit zunächst unbestimmter Integrationskonstante gewinnen wir G als Funktion der Temperatur durch Bildung des Integrals $G = \int \frac{\partial G}{\partial T}\, d\,T = -\int S\, d\,T$.

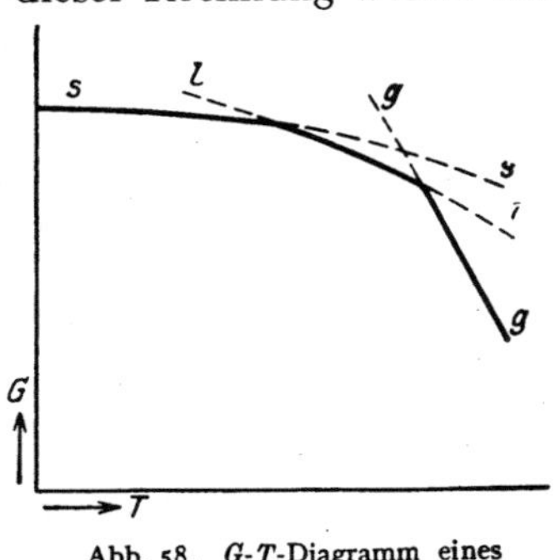

Abb. 58. G-T-Diagramm eines Einstoffsystems oberhalb des Drucks des Tripelpunktes.

Einige Typen von Kurven sind in beistehenden Kurvenbildern wiedergegeben. Nach Abb. 58 ist bei tiefer Temperatur zunächst der feste Zustand der stabilste (Kurve s). Dann geht der feste Stoff in den flüssigen über (Kurve l) und dieser wiederum in den gasförmigen (Kurve g). Das Gleichgewicht der festen Phase mit der Gasphase (Schnittpunkt g, s) ist phaseninstabil. Unter anderen Umständen (niedriger Druck, vgl. Abb. 59) geht die feste Phase vor Erreichung des Schmelzpunktes in die Gasphase über. Das Gleichgewicht zwischen fester und flüssiger Phase sowie zwischen flüssiger und Gasphase ist dann phaseninstabil. Den Übergang zwischen beiden Fällen sehen wir in Abb. 60, wo der vorgegebene Druck gerade der zur Koexistenz dreier Phasen im Tripelpunkt gehörige ist.

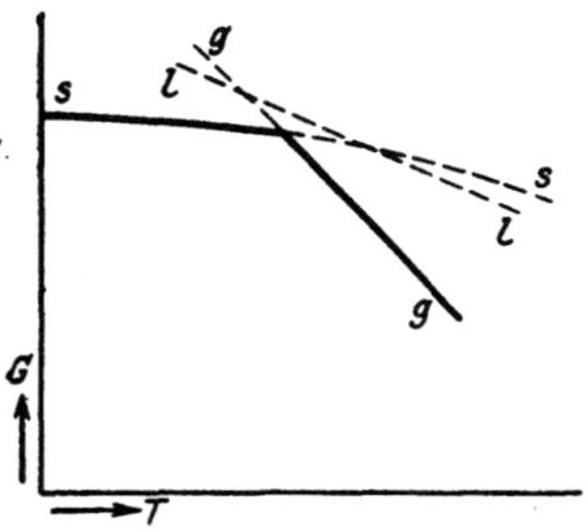

Abb. 59. G-T-Diagramm eines Einstoffsystems unterhalb des Drucks des Tripelpunktes.

Bei Punkten, die zwei koexistierenden Phasen entsprechen, ist die Entropie unbestimmt, analog wie das Volum bei Betrachtung des G-p-Diagramms. Auch das ist notwendig, da die Entropien koexistierender Phasen im allgemeinen nicht gleich sind und das Mengenverhältnis beliebig sein kann. Es lassen sich hier jedoch die Werte der Entropie zu beiden Seiten der Koexistenzpunkte ablesen, und diese entsprechen den Entropiedifferenzen beim vollständigen Übergang einer Phase in die andere.

Verschiedene Modifikationen in der festen Phase (Allotropie: Monotropie und Enantiotropie). Es sind zahlreiche Fälle bekannt, wo mehrere Modifikationen der festen Phase existieren (z. B. rhombischer und monokliner Schwefel, rotes und gelbes Quecksilberjodid, die verschiedenen Eisarten von G. TAMMANN, fünf verschiedene Modifikationen des Ammoniumnitrats). Hier kann die G-Kurve der einen Modifikation gänzlich oberhalb derjenigen einer anderen festen Modifikation verlaufen. Ebenso liegt diese Kurve dann oberhalb der stabilen Teile der G-Kurven des flüssigen und des gasförmigen Aggregatzustandes (vgl. hierzu etwa Abb. 58, wo man sich oberhalb des ganzen ausgezogenen Teils der s-Kurve noch eine s'-Kurve verlaufend denke). Denn die letzten Kurven verlaufen steiler, weil die Entropie hier größer ist als bei den festen Modifikationen (positive Schmelz- und Verdampfungswärme). Diese Modifikation ist also bei dem vorgegebenen Druck für alle Temperaturen phaseninstabil. Man spricht dann von Monotropie (z. B. Diamant, weißer Phosphor). Das bezieht sich aber nur auf den vorgegebenen Druck. Bei anderen Drucken können wesentlich andere Verhältnisse auftreten (vgl. für Diamant § 12, S. 237). *Schneiden* die G-Kurven der bei tieferen Temperaturen stabileren Modifikationen die G-Kurven der zunächst bei tiefen Temperaturen phaseninstabilen, so sind letztere bei höheren Temperaturen stabil. In derartigen Fällen eines Stabilitätswechsels mit der Temperatur spricht man von Enantiotropie. Auch das bezieht sich nur auf einen ganz bestimmten Druck. Wird von Monotropie und Enantiotropie schlechthin gesprochen, so ist Atmosphärendruck gemeint.

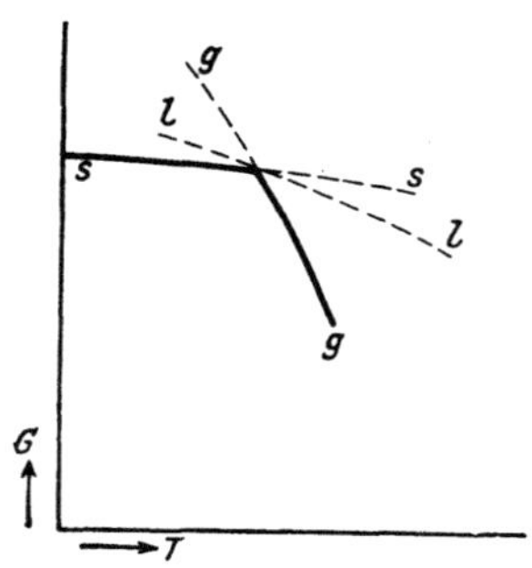

Abb. 60. G-T-Diagramm eines Einstoffsystems beim Druck des Tripelpunktes.

Es kann im allgemeinen dahingestellt bleiben, wodurch die Verschiedenheit der Modifikationen verursacht ist. Es kann einmal eine verschiedene Anordnung derselben resistenten Gruppen in Kristall vorliegen. Andererseits ist es aber auch möglich, daß resistente Gruppen aus gleichen Elementarbestandteilen, aber von verschiedenem Bau oder verschiedener Gesamtmenge (letzteres vermutlich beim Phosphor; chemische Konstitution bei sog. tautomeren Verbindungen) vorliegen. Diese Möglichkeiten lassen sich jedenfalls als Grenzfälle aus dem Erfahrungsmaterial herausschälen, wobei jedoch ihre scharfe begriffliche Unterscheidung zur Zeit, ja wahrscheinlich sogar prinzipiell, unmöglich ist. Falls verschiedene resistente Gruppen gleicher elementarer Zusammensetzung vorhanden sind, zwischen denen unter den Versuchsbedingungen praktisch das Gleichgewicht eingestellt ist [ungehemmtes (Homogen-) Gleichgewicht], hat man in Phasenstabilitätsfragen so zu rechnen, als ob nur eine resistente Gruppe vorhanden wäre. Falls jedoch das innere Gleichgewicht gehemmt ist, hat man kein unäres, sondern ein sog. pseudobinäres System vor sich, das sich von einem gewöhnlichen binären System dadurch unterscheidet, daß man durch geeignete Behandlung (z. B. Zugabe von Katalysatoren) die Hemmung der gegenseitigen Umwandlung aufheben kann. Hierdurch kommen recht verwickelte Erscheinungen zustande, auf die jedoch nur aufmerksam gemacht sei, ohne näher darauf einzugehen[1].

Methoden zur quantitativen Ausarbeitung des G-T-Diagramms. Im vorhergehenden war erwähnt worden, daß G als Funktion der Temperatur durch Bildung des Integrals $G = -\int S\,dT$ mit zunächst unbestimmter Integrationskonstante berechnet werden könne. Aber für die praktische Durchführung dieses Gedankens stoßen wir hier insofern auf eine Schwierigkeit, als wir über den absoluten Wert der Entropie in zahlreichen Fällen überhaupt nicht und in anderen nur mit erheblicher Unsicherheit unterrichtet sind. Aber wir können die Entropie des Normalzustandes S_0, auf den wir alle G-Werte beziehen wollen, beliebig annehmen, da hierdurch die Ordinaten für alle Phasen bei einer bestimmten Temperatur um den gleichen Betrag TS_0 verschoben wird. Sowohl die Lage der Schnittpunkte der verschiedenen Kurven (Koexistenzpunkte verschiedener Phasen) als auch die Differenzen der G-Werte für vorgegebene Werte von Druck und Temperatur bleiben ungeändert, und das ist schließlich alles, was für die Richtigkeit des Zustandsdiagramms erforderlich ist. Die konsequente Durchführung dieser Rechnungen schließt sich somit ganz an die Darstellung in den vorhergehenden Kapitel D und E an, wo ebenfalls vielfach nur mit Differenzen gegenüber gewissen Grundzuständen als Restgliedern gearbeitet wurde[2]. Die dort angegebenen Rechenmethoden erlauben somit eine bequeme Kombination mit den hier angegebenen graphischen Hilfsmitteln, wobei letztere eine vorzügliche Übersichtlichkeit des Rechnungsganges sowie der Ergebnisse ermöglichen.

Graphische Darstellung von G in Abhängigkeit von Temperatur und Druck. Die Erfahrungen der getrennten Untersuchung des Einflusses von Druck und Temperatur auf die G-Werte und damit auf die Stabilität der einzelnen Phasen lassen eine einfach zusammenfassende geometrische Darstellung zu. Zunächst können wir in einem dreifach rechtwinkligen Koordinatensystem Temperatur und Druck in der Grundebene sowie die Funktion G senkrecht hierzu auftragen. Die Neigung der G-Fläche gegen die Koordinatenebenen der unabhängigen Variabeln geben uns sodann die zugehörigen Werte von Entropie und Volum. Die Schnittkurve von je zwei G-Flächen ergibt uns, da G, für ein Einstoffsystem von gegebener Menge, proportional μ ist, die Koexistenzkurve der zugehörigen Phasen, und ebenso ist der Koexistenzpunkt von drei Phasen als Schnittpunkt der drei G-Flächen zu erkennen. Statt dieser räumlichen Darstellung kann man als vereinfachtes Diagramm auch lediglich die Kurven für die Koexistenz je zweier Phasen auf die Grundebene projizieren und verzichtet damit auf eine

[1] Vgl. besonders A. Smits: Die Theorie der Allotropie. Leipzig 1921.

[2] Gleiches gilt für die Volume. Diese sind zwar ihrem Absolutwerte nach bekannt. Doch bietet die Einführung von Differenzen gegenüber einem Normalvolum den Vorteil, daß die zeichnerische Genauigkeit erhöht wird.

Angabe der Werte für die Funktion G (bzw. der Differenzen), sowie der Volume und Entropien. Man erhält aber so einen einfachen Überblick über die Stabilität und Koexistenzmöglichkeiten der einzelnen Phasen. Eine einzige Phase entspricht einer zweifachen Mannigfaltigkeit von Punkten in der p-T-Ebene (Zustandsfeld). Die Begrenzungskurven der einzelnen Zustandsfelder geben uns die Koexistenzbedingungen für je zwei Phasen wieder. Das Zusammentreffen dreier Zustandsfelder stellt uns die Tripelpunkte dar.

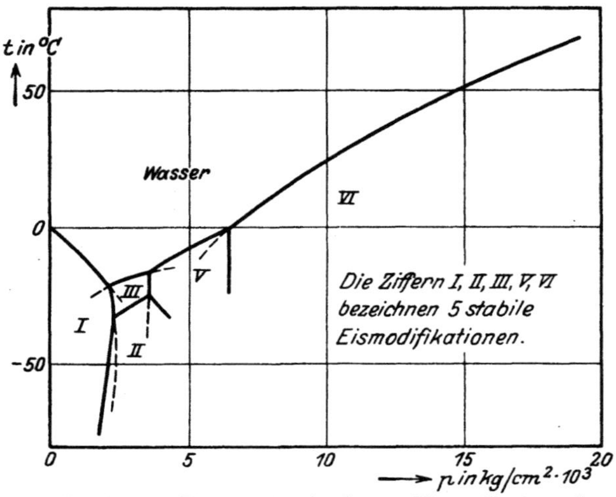

Abb. 61. T-p-Diagramm für das System: Wasser (flüssige und feste Teilchen).

Abb. 61 gibt ein derartiges Diagramm für Wasser und die fünf stabilen Eismodifikationen I, II, III, V und VI nach Untersuchungen von TAMMANN und von BRIDGMAN wieder (s. auch Beispiel 1 des Kapitels H). Phaseninstabile Modifikationen und Gleichgewichte spielen hier übrigens eine große Rolle (vgl. die gestrichelten Kurven) und haben die Erforschung des stabilen Zustandsdiagramms, das unsere Abbildung bringt, sehr erschwert.

§ 27. Phasenstabilität in Mehrstoffsystemen.

Wahl der unabhängigen Variabeln. Wir gehen nunmehr zu Zwei- und Mehrstoffsystemen über und haben in diesem Falle auch die Veränderlichkeit in der stofflichen Zusammensetzung zu berücksichtigen. Zunächst könnten die Mengen der resistenten Gruppen selbst als unabhängige Variabeln eingeführt werden. Aber es ist zu bedenken, daß bei einer Variation aller unabhängigen Extensitätsvariabeln im Verhältnis ihrer vorgegebenen Anfangswerte ($\Delta y_1 : \Delta y_2 : \ldots = y_1 : y_2 : \ldots$) und Konstanthaltung der unabhängigen Intensitätsvariabeln die spezifischen Eigenschaften des Systems, d. h. auch die abhängigen Intensitätsvariabeln, nicht geändert werden. Man kommt daher mit einer unabhängigen Variabeln weniger aus, als der Anzahl der resistenten Gruppen entspricht (vgl. III, §§ 8 und 10). Im vorhergehenden Paragraphen wurde einfach die Menge der *einen* vorhandenen resistenten Gruppe als konstant angenommen. Bei Zweistoffsystemen sei die Gesamtmenge als konstant betrachtet, so daß die Menge der ersten Komponente allein als unabhängige Extensitätsvariable benutzt werden kann. Wie schon früher, kann auch der Molenbruch der ersten Komponente $x_1 = \frac{n_1}{n_1 + n_2}$ als unabhängige Variable benutzt werden. Durch diese Angabe ist auch derjenige der zweiten Komponente ohne weiteres als Ergänzung zu 1 gleich $1 - x_1$ bestimmt. (Eine andere Wahl der unabhängigen Variabeln ist natürlich möglich, doch nur in Sonderfällen zweckmäßig.)

Wenn wir ein System haben, das gerade aus x_1 Mol der ersten Komponente und $1 - x_1$ Mol der zweiten Komponente besteht, so bedeutet die Differentiation nach x_1 den Grenzwert des Differenzenquotienten für den Übergang von einem System der Zusammensetzung: [x_1 Mol der 1. Komponente, $1 - x_1$ Mol der

2. Komponente] zu einem System der Zusammensetzung: [$x_1 + dx_1$ Mol der 1. Komponente, $1 - (x_1 + dx_1)$ Mol der 2. Komponente].

Für 1 Mol Gesamtmenge ist hierbei $dx_1 = dn_1$, $dx_2 = dn_2$, also gilt:

$$\frac{\partial}{\partial x_1} = \frac{\partial}{\partial n_1} - \frac{\partial}{\partial n_2} \text{ (für 1 Mol Gesamtmenge).} \tag{1}$$

Betrachten wir speziell die Freie Energie des Systems, die der Menge des Gesamtsystems proportional ist, so tritt noch ein Faktor $n = (n_1 + n_2)$ auf der rechten Seite hinzu[1]. Es ist jedoch vielfach üblich, an Stelle von F die auf 1 Mol bezogene Funktion $\frac{F}{n_1 + n_2} = \frac{F}{n} = f$ zu betrachten [vgl. § 10, (19)], so daß dieser Faktor wegfällt. Diesem Brauch wollen wir uns hier anschließen. Unter dieser Voraussetzung ist somit zu setzen:

$$\frac{\partial f}{\partial x_1}_{(v)} = \frac{\partial F}{\partial n_1}_{(v)} - \frac{\partial F}{\partial n_2}_{(v)} = \mu_1 - \mu_2. \tag{2}$$

Von dem Variabelnpaar Entropie und Temperatur wählen wir aus praktischen Gründen, wie schon im vorhergehenden, stets die Temperatur als unabhängige Variable. Ferner ist es teilweise zweckmäßig [wie in (2)], das Volum als unabhängige Variable zu wählen. In anderen Fällen ist jedoch der Druck vorzuziehen.

Temperatur, Volum und Molenbruch der einen Komponente als unabhängige Variabeln. Diese Wahl der unabhängigen Variabeln ist dann besonders zweckmäßig, wenn auch unter den Versuchsbedingungen das Volum die primär veränderliche Größe ist, wie das z. B. für die Untersuchung von Gasen und deren Gleichgewichten mit flüssigen Phasen, insbesondere auch den hierbei auftretenden kritischen Erscheinungen, der Fall ist (vgl. S. 469). Die Gleichgewichtsbedingungen höherer Ordnung für die Stabilität der Einzelphase lauten gemäß § 25, (10a) und (11a):

$$\frac{\partial^2 F}{\partial T^2} \leqq 0, \tag{3}$$

sowie ferner:

$$\frac{\partial^2 F}{\partial V^2} \geqq 0; \quad \frac{\partial^2 F}{\partial x_1^2} \geqq 0; \quad \frac{\partial^2 F}{\partial V^2} \cdot \frac{\partial^2 F}{\partial x_1^2} - \left(\frac{\partial^2 F}{\partial V \partial x_1}\right)^2 \geqq 0. \tag{4}$$

Auch für Mischphasen gibt die kinetische Theorie keinen Anlaß zur theoretischen Diskussion von Phasen, bei denen der Bedingung (3) nicht genügt sein könnte. Somit sind allein die Bedingungen (4) zu diskutieren. Auch hier erweist sich die geometrische Darstellung von großem Nutzen. Wir denken uns, zur Untersuchung des Systems bei einer bestimmten gegebenen Temperatur, in einem dreifach rechtwinkligen Koordinatensystem das molare Volum $v = \frac{V}{n}$ und den Molenbruch x_1 in der Grundebene sowie die molare Freie Energie f als Funktion dieser Größen, senkrecht hierzu aufgetragen. Die Forderung (4) bedeutet sodann, daß die f-Fläche im stabilen Gebiet gegen die Grundfläche konvex sein muß. Ist diese Forderung nicht erfüllt, so ist der betreffende Zustand labil, und die f-Fläche ist konkav-konkav oder konkav. Dann läßt sich aber an die f-Fläche auch eine Doppelberührungsebene legen. *Die Berührungspunkte repräsentieren sodann die Eigenschaften von* (mit je 1 Mol vorhandenen) *koexistenten*

---

[1] Man kann dies auch folgendermaßen zeigen: Es ist $\frac{\partial F}{\partial x_1} = \frac{\partial F}{\partial n_1} \cdot \frac{d n_1}{d x_1} + \frac{\partial F}{\partial n_2} \cdot \frac{d n_2}{d x_1}$; da nun $dn_1 = (n_1 + n_2)\, dx_2$ und $dn_2 = (n_1 + n_2)\, dx_2 = -(n_1 + n_2)\, dx_1$ ist, erhält man: $\frac{\partial F}{\partial x_1} = \left(n_0 + n_2\right)\left(\frac{\partial F}{\partial n_1} - \frac{\partial F}{\partial n_2}\right)$.

Phasen. Der Beweis wird wie folgt geführt. Die dem Berührungspunkt A zugehörigen Größen x_1 und v seien durch den Phasenindex $'$, die dem Punkt B zugehörigen durch $''$ gekennzeichnet. In den Punkten A und B muß sein:

$$\frac{\partial f'}{\partial v} = \frac{\partial f''}{\partial v} = -\pi\,, \tag{5}$$

$$\frac{\partial f'}{\partial x_{1\,(v)}} = \frac{\partial f''}{\partial x_{1\,(v)}} = \mu_1' - \mu_2' = \mu_1'' - \mu_2''\,. \tag{6}$$

Durch Gleichung (5) ergibt sich die Gleichheit der Drucke (π). Für die Koexistenz der Phasen ist weiterhin aber auch die Gleichheit der chemischen Potentiale zu zeigen, was aus (6) vorläufig noch nicht zu ersehen ist. Aus geometrischen Gründen muß sein:

$$f' - f'' = (v' - v'') \cdot \frac{\partial f}{\partial v} + (x_1' - x_1'') \cdot \frac{\partial f}{\partial x_{1\,(v)}}\,. \tag{7}$$

Für $\frac{\partial f}{\partial v}$ und $\frac{\partial f}{\partial x_1}$ auf der rechten Seite von (7) sind hierbei die Ausdrücke (5) und (6) einzuführen. In die linke Seite können wir aber einführen[1]:

$$f = x_1 \cdot \mu_1 + (1 - x_1) \cdot \mu_2 - p \cdot v\,. \tag{8}$$

Sodann ergibt sich:

$$\begin{aligned} x_1'\mu_1' + (1 - x_1') \cdot \mu_2' - \pi v' - x_1''\mu_1'' - (1 - x_1'') \cdot \mu_2'' + \pi v'' \\ = -(v' - v'') \cdot \pi + x_1' \cdot (\mu_1' - \mu_2') - x_1'' \cdot (\mu_1'' - \mu_2'') \end{aligned} \tag{9}$$

oder:

$$\mu_2' = \mu_2'' \tag{10a}$$

und in Verbindung mit (6) auch:

$$\mu_1' = \mu_1''\,. \tag{10b}$$

Hierdurch ist gezeigt, daß auch die chemischen Potentiale in den beiden angenommenen Phasen gleich sind. Somit ist sämtlichen Koexistenzbedingungen 1. Ordnung Genüge geleistet.

Die Freie Energie eines heterogenen Gleichgewichtssystems der koexistenten Phasen wird sodann, für variable Mengen beider Phasen (aber immer für 1 Mol Gesamtmenge), durch die Verbindungsgerade der Berührungspunkte der Doppelberührungsebene dargestellt. Die relativen Mengen der koexistenten Phasen sind hierbei ohne weiteres abzulesen. Sie verhalten sich zur Gesamtmenge wie die Abstände des repräsentierenden f-Punktes von den Berührungspunkten zum Abstand der Berührungspunkte voneinander bzw. wie die entsprechenden Projektionen auf die Koordinatenachsen, d. h. wie $(v - v') : (v'' - v)$ oder wie $(x_1 - x_1') : (x_1'' - x_1)$.

Unter gewissen Bedingungen rücken die Berührungspunkte der Doppelberührungsebene immer mehr zusammen und fallen schließlich in einen einzigen Punkt, in dem somit eine Tangente mit Berührung dritter Ordnung an die F-Fläche gelegt werden kann. Das bedeutet, daß hier zwei Phasen identisch werden. Die betreffende Phase wird entsprechend wie bei Einstoffsystemen als *kritische Phase* bezeichnet. Als besondere Untersuchungsmethode sei für diesen Fall auf die zunächst von KORTEWEG[2] entwickelte Theorie der Falten hingewiesen, welche die geometrischen Bedingungen für den Übergang von konvexen Teilen

---

[1] Es ist nach § 10, Gleichung (19) und (21): $g = \frac{G}{n} = x_1\mu_1 + (1 - x_1)\,\mu_2$. Daraus folgt $\frac{f}{n} = \frac{G - pV}{n}$ wie oben Gleichung (8).

[2] Sitzungsberichte der K. Akademie der Wissenschaften zu Wien Bd. 98, S. 1154, 1889.

einer Fläche in konkav-konvexe usw. näher untersucht. Die zunächst rein geometrischen Untersuchungen ermöglichen eine Übersicht über die verschiedenen Möglichkeiten von Entmischungserscheinungen. Als markanteste Unterschiede sind zu erwähnen die Fälle, in denen lediglich eine Spaltung in eine gasförmige und eine flüssige Phase erfolgt (z. B. Wasser-Alkohol), sowie diejenigen, bei denen zwei flüssige Phasen auftreten (z. B. Wasser-Äther). Letztere können übrigens auch noch mit einer gasförmigen Phase koexistieren. Das bedeutet, daß an die F-Fläche sogar eine Tangentialebene mit drei verschiedenen Berührungspunkten gelegt werden kann, die den drei koexistierenden Phasen entsprechen. Auf diese Überlegungen (wesentlich qualitativer Natur) sei jedoch hier nicht näher eingegangen und dafür auf die kürzlich erschienenen zusammenfassenden Darstellungen verwiesen[1].

Die Berücksichtigung fester Phasen und ihrer Gleichgewichte mit flüssigen bzw. gasförmigen Phasen ist ebenfalls möglich. Die Flächen der Freien Energie der festen Phasen pflegen mehr oder weniger spitze Paraboloide zu sein, da sowohl ihr Volum als auch ihre Zusammensetzung im allgemeinen von den äußeren Umständen wenig abhängt. Auch hierauf sei jedoch im einzelnen nicht näher eingegangen, da für Gleichgewichte zwischen kondensierten Phasen schon mit Rücksicht auf die Beobachtungsbedingungen zweckmäßiger der Druck als unabhängige Variable gewählt wird (vgl. S. 469).

Schließlich sei noch darauf hingewiesen, daß die *Projektion* der Berührungspunkte der Doppelberührungsebene auf die Grundebene eine vereinfachte Darstellung der Koexistenzbedingungen bezüglich der v und x liefert, wie sie aus den empirisch gewonnenen Daten konstruiert werden kann. Hierbei sind jedoch auch noch die Verbindungsgeraden je zweier Berührungspunkte mitzuzeichnen, um nicht nur die Grenzen des heterogenen Gebietes, sondern auch die miteinander koexistierenden Phasen zu erkennen, da diese sich im allgemeinen sowohl hinsichtlich ihres spezifischen Volums als auch in bezug auf ihre Zusammensetzung unterscheiden.

Soll gleichzeitig auch die Temperatur berücksichtigt werden, so kann diese als dritte Koordinate eingeführt werden, so daß eine T-v-x-Raumfigur ein vollständiges Bild dieser Bestimmungsdaten der möglichen Mehrphasengleichgewichte gibt.

Schnitte in den betreffenden Ebenen geben sodann ein T-x-Diagramm für vorgegebenes Molvolum sowie ein T-v-Diagramm für vorgegebene Zusammensetzung des Gesamtsystems. Derartige zunächst empirische Darstellungen sind praktisch von großer Bedeutung, indem sie ohne weiteres den Zustand eines Systems und seine Veränderungen bei Variation der äußeren Bedingungen (unabhängigen Variabeln) abzulesen gestatten.

Temperatur, Druck und Molenbruch der einen Komponente als unabhängige Variabeln. Bei der Wahl dieser unabhängigen Variabeln wird die Darstellung von G schon als Funktion von x_1 allein für den flüssig-gasförmigen Zustand sehr verwickelt (vgl. VAN DER WAALS-KOHNSTAMM, loc. cit.). Eine erhebliche Vereinfachung tritt jedoch ein, wenn der Druck so hoch bzw. die Temperatur so niedrig ist, daß die Gasphase instabil ist, so daß nur die unteren Kurventeile, nämlich die des flüssigen Zustandes, sowie die des festen Zustandes in Betracht zu ziehen sind.

Für die graphische Darstellung denken wir uns zunächst für konstante Temperatur und konstanten Druck in einem ebenen rechtwinkligen Koordinaten-

[1] VAN DER WAALS-KOHNSTAMM: Lehrbuch der Thermostatik, 3. Aufl. Leipzig 1928; PH. KOHNSTAMM, Thermodynamik der Gemische, Handb. d. Physik Bd. X, S. 223. Berlin 1926.

system $g = \frac{G}{n}$ als Funktion von x_1 allein dargestellt. In diesem Falle lassen sich die chemischen Potentiale der Komponenten in besonders einfacher Weise aus dem Diagramm ablesen. Nach Gleichung (1) ist nämlich:

$$\frac{\partial g}{\partial x_{1(p)}} = -\left(\frac{\partial g}{\partial x_2}\right)_p = \frac{\partial g}{\partial n_{1(p)}} - \frac{\partial g}{\partial n_{2(p)}} = \mu_1 - \mu_2 . \tag{11}$$

Gleichzeitig ist aber auch nach (21), § 10:

$$g = x_1 \mu_1 + (1 - x_1)\mu_2 = (1 - x_2)\mu_1 + x_2 \mu_2 . \tag{12}$$

Aus diesen beiden Gleichungen folgt durch elementare Rechnung, daß eine an die g-Kurve gelegte Tangente auf den Ordinatenachsen die Stücke μ_1 und μ_2 abschneidet. Unter „Ordinatenachsen" sind hierbei die auf der x_2-Achse in den Punkten $x_2 = 0$ und $x_2 = 1$ errichteten Lote zu verstehen (vgl. hierzu Abb. 62).

Es ist bekannt, daß in Zweistoffsystemen vielfach zwei flüssige Phasen koexistieren (z. B. Wasser-Äther). In diesem Fall ist ein Teil der (aus Zustandsgleichungen berechneten) g-Kurve konkav gegen die Abszissenachse, und die

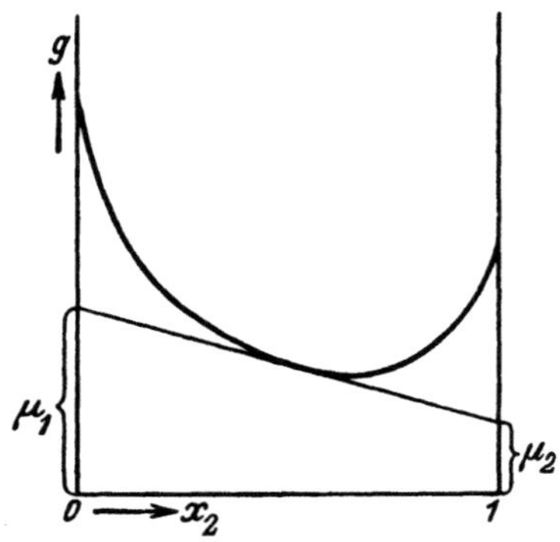

Abb. 62. g-x-Diagramm einer Phase eines Zweistoffsystems und geometrische Veranschaulichung der chemischen Potentiale μ_1 und μ_2.

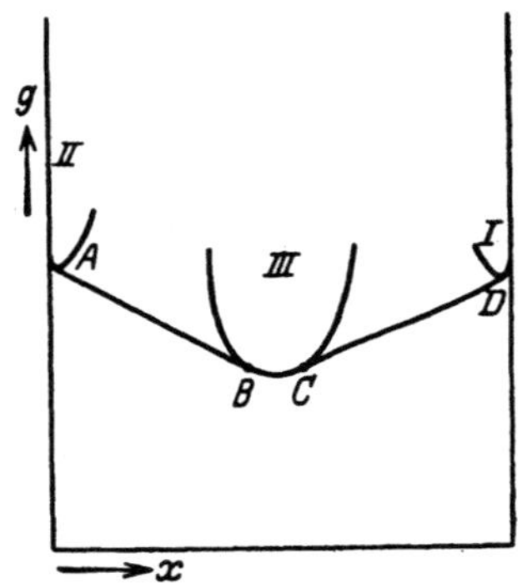

Abb. 63. g-x-Diagramm eines Zweistoffsystems mit zwei nahezu reinen Phasen der Komponenten (I und II) und einer stabilen geordneten Mischphase.

entsprechenden Zustände sind daher labil. Die koexistenten Phasen des stabilen Systems werden auch in diesem Falle als die Berührungspunkte einer Doppeltangente erhalten. Ebenso ist die Berücksichtigung der festen Phasen ganz analog wie früher. Eine Besonderheit sei jedoch näher betrachtet, die durch das Auftreten von festen Mischphasen ausgezeichneter Zusammensetzung (vgl. §§ 21, 22) entsteht. Entsprechend ihrem kleineren oder größeren Fehlordnungsgrad bzw. Dissoziationsgrad finden sich in der Mitte der x-Achse[1] mehr oder weniger spitze parabelähnliche Kurventeile. Entsprechend ihrer relativen Lage zu den g-Kurven der übrigen Phasen können diese Mischphasen sodann als stabile Zustände erhalten werden. Abb. 63 gibt die g-Kurven für ein System wieder, wo sowohl die nahezu reinen festen Phasen der Komponenten als auch eine Mischphase ausgezeichneter Zusammensetzung im Verhältnis 1 : 1 auftritt. Die Punkte A und B charakterisieren das Gleichgewicht zwischen nahezu reiner Phase des Stoffes 2 mit der Mischphase, die Punkte C und D entsprechend mit der reinen Phase des Stoffes 1. Würde die g-Kurve der Mischphase höherliegen, so könnte diese im stabilen Zustand nicht mehr auftreten. Der stabile Zustand für mittlere x würde vielmehr ein heterogenes System aus den nahezu reinen Phasen der Kom-

[1] Wir verstehen im folgenden unter x immer die Größen x_2.

ponenten sein (vgl. Abb. 64). Denkt man sich die g-Kurven sowohl der festen Phasen als auch der Mischphase sehr steil verlaufend, so kann man die Bedingung für das stabile Auftreten der letzteren so formulieren, daß der Minimalwert von g der Mischphase kleiner als die g-Werte der reinen festen Phasen sein muß. Die Übertragung auf andere Mischungsverhältnisse ($\nu_1 : \nu_2 \lesseqgtr 1 : 1$) liegt auf der Hand. Setzt man näherungsweise für den Minimalwert von g der Mischphase:

$$g = \underset{..}{x}_1 \mu_1 + (1 - \underset{..}{x}_1)\,\mu_2\,, \tag{13}$$

worin $\underset{..}{x}_1 = \frac{\nu_1}{\nu_1 + \nu_2}$ die Ordnungskonzentration bedeutet, so ist für die Stabilität der Mischphase gegenüber der entsprechenden Stoffverteilung auf die „reinen" Phasen zu fordern:

$$\underset{..}{x}_1 \mu_1 + (1 - \underset{..}{x}_1)\,\mu_2 < \underset{..}{x}_1 \mu_1 + (1 - \underset{..}{x}_1)\,\mu_2\,. \tag{14}$$

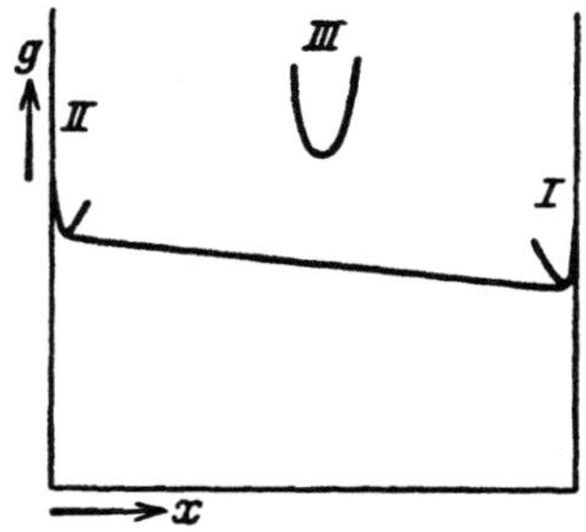

Abb. 64. g-x-Diagramm eines Zweistoffsystems mit zwei festen, nahezu reinen Phasen der Komponenten (I und II) und einer phaseninstabilen geordneten Mischphase (III).

Sind mehrere Mischphasen zu berücksichtigen, so können einige von ihnen auch dadurch phaseninstabil sein, daß das heterogene System aus einer nahezu reinen Phase und einer Mischphase bzw. aus zwei Mischphasen stabiler ist wegen des kleineren Wertes von g. Ein schematisches Beispiel ist in Abb. 65 gegeben. Hier sind nur die Mischphasen I bis IV als stabile Zustände möglich; V kann, wenn überhaupt, nur als phaseninstabiler Zustand realisiert werden.

Stabilität von Mischphasen ausgezeichneter Zusammensetzung (chemische Verbindungen; geordnete Mischphasen). Wir behandeln im folgenden diesen Spezialfall nochmals vom praktischen Standpunkt, um auch besonders die Einführung der früher benutzten Restgrößen in die graphische Darstellung zu zeigen. Als Ordinate im g-x-Diagramm kann nämlich an Stelle von $g = x_1\mu_1 + (1 - x_1)\,\mu_2$ die Größe Γ (eine *Restfunktion* des GIBBSschen thermodynamischen Potentials pro Mol, g) eingeführt werden, deren Definition lautet[1]:

$$\Gamma = g - [(1 - x_2)\,\mu_1 + x_2\mu_2] = (1 - x_2)\,RT\ln a_1 + x_2\,RT\ln a_2 = (1 - x_2)\,\mathfrak{k}_1 + x_2\,\mathfrak{k}_2\,. \tag{15}$$

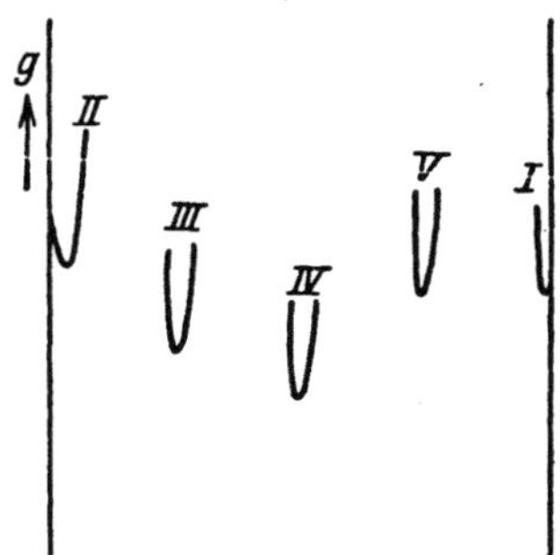

Abb. 65. g-x-Diagramm eines Zweistoffsystems mit zwei festen, nahezu reinen Phasen der Komponenten, zwei stabilen geordneten Mischphasen (III und IV) und einer phaseninstabilen geordneten Mischphase (V).

Zu den Abszissenwerten $x_2 = 0$ und $x_2 = 1$ gehören somit die Ordinatenwerte $\Gamma = 0$. Es sei ferner die häufig zutreffende Annahme gemacht, daß die Löslichkeit der 1. Komponente in der nahezu reinen Phase der 2. Komponente so gering ist, daß diese Phase überhaupt praktisch durch einen Punkt $x_2 = 1$ und $\Gamma = 0$ dargestellt werden kann. Tatsächlich liegt jedoch ein kleines Kurvenstück analog Abb. 65 vor, dessen Ausdehnung allerdings in der Zeichnung vernachlässigt werden kann. An dieses Kurvenstück können ferner, ohne merkliche Änderung der Abszisse, Tangenten der verschiedensten Neigung gelegt werden, deren Schnittpunkte mit

[1] Alle Symbole sind im Sinne der früheren Bezeichnungsweise benutzt: μ_1 und μ_2 chemische Potentiale der reinen Phasen, a_1 und a_2 Aktivitäten bezogen auf die reinen Phasen als Bezugszustand, $\mathfrak{k}_1$ und $\mathfrak{k}_2$ die entsprechenden Restarbeiten, ebenfalls *für alle Zustände bezogen auf die reinen Stoffe als Normalzustände* ($\mathfrak{k}_1 = 0$ für den reinen Stoff 1, $\mathfrak{k}_2 = 0$ für den reinen Stoff 2). Die Darstellung durch x_2 statt x_1 ist die weiterhin stets bevorzugte.

den Ordinatenachsen übrigens, entsprechend den Überlegungen zu Abb. 62, gleich den Restgrößen $\mathfrak{k}_1$ und $\mathfrak{k}_2$ wären: $\mathfrak{k}_2$ praktisch unabhängig von der Tangentenneigung, $\mathfrak{k}_1$ sehr stark variierend. Ebenso sei angenommen, daß die Kurventeile der nahezu reinen Phase des 2. Stoffes sowie der sonst noch auftretenden Mischphasen praktisch durch Punkte dargestellt werden können, indem die empirisch feststellbaren Abweichungen kleiner als die Fehler der graphischen Darstellung sind. Die Tangenten sind in allen diesen Fällen ohne strenge Angabe der Konzentrationsabweichungen unbestimmt, denn schon in § 22 wurde darauf hingewiesen, daß die chemischen Potentiale der Komponenten in einer chemischen Verbindung mit geringem Dissoziationsgrad bzw. in einer geordneter Mischphase geringen Fehlordnungsgrades unbestimmt sind, sofern nicht die Zusammensetzung entsprechend genau definiert ist. Das ganze Γ-x-Diagramm besteht somit, wie in Abb. 66 für einen später zu behandelnden Spezialfall dargestellt, für die normalerweise durchzuführenden Untersuchungen aus einer Reihe von Punkten

mit den Abszissenwerten:	$0,\ \underset{\cdot\cdot}{x}_2',\ \underset{\cdot\cdot}{x}_2'',\ \ldots\ 1$
und den Ordinatenwerten:	$0,\ \Gamma',\ \Gamma'',\ \ldots\ 0.$

Steht nun die nahezu reine Phase des durch den Punkt $x_2 = 0$ charakterisierten Stoffes 2 im Gleichgewicht mit der Mischphase von der Zusammensetzung $\underset{\cdot\cdot}{x}_2'$, so ist das beiden Phasen gemeinsame chemische Potential der 1. Komponente natürlich gleich dessen Wert in der reinen Phase des 1. Stoffes (μ_1), die Restarbeit $\mathfrak{k}_1$ also gleich 0. Die Restarbeit für die 2. Komponente $\mathfrak{k}_2^{(\mathrm{I})}$ für das Gemisch des fast reinen Stoffes 1 mit der geordneten Mischphase von der Zusammensetzung $\underset{\cdot\cdot}{x}_2$, dessen Zustand wir mit I bezeichnen, wird nach dem früheren durch den Schnittpunkt der Doppeltangente mit der Ordinatenachse $x_2 = 1$ bestimmt. Praktisch kann hierbei an Stelle der Doppeltangente die durch die Punkte $x_2 = 0$, $\Gamma = 0$ und $x_2 = \underset{\cdot\cdot}{x}_2'$; $\Gamma = \Gamma'$ gelegte Gerade genommen werden.

Umgekehrt können wir aber auch die für die Beurteilung Stabilitätsfragen maßgebende Größe Γ' bestimmen, wenn uns $\underset{\cdot\cdot}{x}_2'$ sowie $\mathfrak{k}_2^{(\mathrm{I})}$ (genügend genau) bekannt ist. Die Größe $\underset{\cdot\cdot}{x}_2'$, d. h. die stöchiometrische Zusammensetzung der geordneten Mischphase, kann durch chemische Analyse dieser mechanisch abgesonderten Phase erhalten werden. (Praktisch ebenso wichtig ist die Ermittlung aus Zustandsdiagrammen, worauf in § 31 noch näher einzugehen ist.) Zur Bestimmung der Restarbeit $\mathfrak{k}_2^{(\mathrm{I})}$ kann der Partialdruck des 2. Stoffes im Gleichgewicht reine Phase + Mischphase benutzt werden, falls dieser hinreichend groß ist. Das ist z. B. der geeignete Weg zur Ermittlung von $\mathfrak{k}_2^{(\mathrm{I})}$ für Systeme wie Wasser + wasserfreies Salz, Salz + Ammoniak, Metall + Chlor, Metall + Sauerstoff. Die Restarbeit ist einfach gleich $RT \ln \frac{\pi_2}{\pi^{(2)}}$, wobei π_2 den Partialdampfdruck dieser Komponente über den vorgegebenen Phasen bedeutet und $\pi^{(2)}$ nach der Definition von $\mathfrak{k}_2$ denjenigen der reinen Phase des 2. Stoffes (vgl. Anm. vorige Seite). Für Metallmischphasen mit den beiden Komponenten A und B im Mengenverhältnis $\nu_1' : \nu_2'$ könnte die Restarbeit aus galvanischen Ketten vom Typus[1]:

$A_{\nu_1'} B_{\nu_2'}$ im Gleichgewicht mit A	Salz von B: BX (geschmolzen oder in Lösung)	B

[1] Es sei angenommen, daß die Aktivität von BX überall dieselbe ist und die an der linken Grenzfläche in Lösung gehende Menge von A (Reaktion: $BX + A = AX + B$) zu vernachlässigen ist. Dann ist die Differenz der Potentialsprünge von BX gegen B und gegen $A_{\nu_1'} B_{\nu_2'} + A$ durch die Differenz der chemischen Potentiale μ_2 in B und in der Elektrodenkombination der linken Seite gegeben.

erschlossen werden, da die elektromotorische Kraft E zu der Restarbeit unter in der Anmerkung angegebenen Voraussetzungen in folgender Beziehung steht [Spezialfall von (11), § 20]:

$$\nu E F = \mathfrak{t}_2^{(\mathrm{I})}$$

(ν elektrochemische Wertigkeit von A in dem Zwischenelektrolyten AX; F elektrochemisches Äquivalent). Für die praktische Durchführung ist allerdings zu bemerken, daß die angegebene Kette wirklich Gleichgewichtspotentiale zeigen muß, was bei Zimmertemperatur im allgemeinen nicht leicht zu erreichen ist.

Nach einer der angegebenen Methoden kann also zunächst der Punkt x_2', Γ' gefunden werden. Ganz entsprechend läßt sich aber auch der Punkt x_2'', Γ'' einer zweiten geordneten Mischphase ($''$) ermitteln, wenn die Restarbeit $\mathfrak{t}_2^{(\mathrm{II})}$ für ein System: Phase x_2' + Phase x_2'' (im gegenseitigen Gleichgewicht) bekannt ist. Dieser Punkt liegt auf der durch die Punkte x_2', Γ' und $x_2 = 1$, $\Gamma = \mathfrak{t}_2^{(\mathrm{II})}$ gelegten Geraden und besitzt die Abszisse $x_2 = x_2''$.

Dieses Verfahren läßt sich natürlich auch rechnerisch durchführen. Die geometrischen Bedingungen führen zu folgender algebraischen Formulierung:

$$\left.\begin{aligned}
\Gamma' &= x_2' \cdot \mathfrak{t}_2^{(\mathrm{I})} \\
\Gamma'' &= \frac{1 - x_2''}{1 - x_2'} \cdot \Gamma' + \frac{x_2'' - x_2'}{1 - x_2'} \cdot \mathfrak{t}_2^{(\mathrm{II})} \\
\Gamma''' &= \frac{1 - x_2'''}{1 - x_2''} \cdot \Gamma'' + \frac{x_2''' - x_2''}{1 - x_2''} \cdot \mathfrak{t}_2^{(\mathrm{III})} \\
&\ldots\ldots\ldots\ldots
\end{aligned}\right\} . \qquad (16)$$

Falls auch die Aktivitäten bzw. Restarbeiten für die zweite Komponente bekannt sind, ist eine Kontrolle dadurch möglich, daß die einzelnen Γ-Werte in umgekehrter Reihenfolge mit Hilfe der $\mathfrak{t}_1$-Werte berechnet werden.

Die hier beschriebene Methode einer Bestimmung der für Stabilitätsfragen maßgebenden Werte von g bzw. Γ in geordneten Mischphasen durch Messung von Aktivitäten bzw. Restarbeiten in Zweiphasengleichgewichten ist unseres Wissens in der bisherigen Literatur noch nicht bekannt. Wir geben im folgenden zur Erläuterung noch ein spezielles Anwendungsbeispiel.

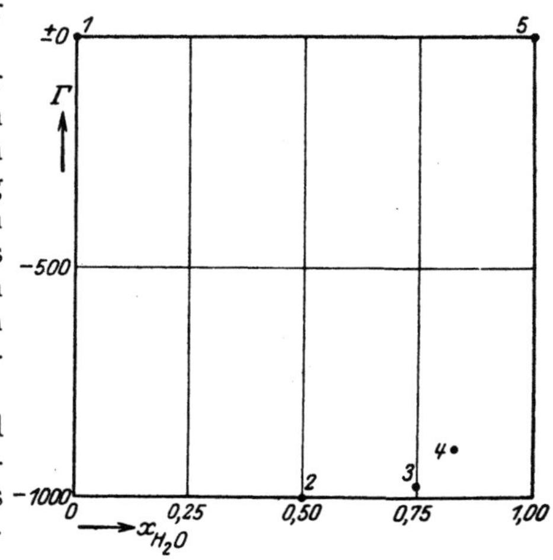

Abb. 66. Γ-x-Diagramm des Systems Kupfersulfat-Wasser für 25° C.

Anwendungsbeispiel. Als Beispiel seien hier die Ergebnisse einer Berechnung der Γ aus Partialdrucken für das System Wasser — Kupfersulfat in Tabelle 1 sowie in Abb. 66 wiedergegeben. Der Einfachheit halber wurde hierbei das Gebiet der flüssigen Mischphase weggelassen, das zwischen $x_{H_2O} = 0{,}98$ und $x_{H_2O} = 1{,}00$ den stabilsten Zustand des Systems darstellt.

Tabelle 1.

Mischphasen ausgezeichneter Zusammensetzung im System: Wasser + Kupfersulfat

(Temperatur: 25° C; Druck: 1 Atm.).

Nr.	Zusammensetzung der Mischphase	x_{H_2O}	π_{H_2O} (mm Hg)	$\mathfrak{k}_{H_2O}$ (cal)	Γ (cal)
1	$CuSO_4$ fest	0,00			0
2	$CuSO_4 \cdot H_2O$ (fest)	0,50	0,8	— 2006	— 1003
3	$CuSO_4 \cdot 3H_2O$ (fest)	0,75	4,7	— 960	— 982
4	$CuSO_4 \cdot 5H_2O$ (fest)	0,83	7,0	— 724	— 896
5	H_2O (flüssig)	1,00	23,8	0	0

Zu Abb. 66 sei noch bemerkt, daß sich hieraus auch ohne weiteres die Restarbeiten für phaseninstabile Gleichgewichte ablesen lassen. Angenommen z. B., es handle sich um Phase 2 und 4 ($CuSO_4 \cdot H_2O$ und $CuSO_4 \cdot 5H_2O$) im Gleichgewicht, so ist entsprechend dem oben Ausgeführten durch die betreffenden Punkte eine Gerade zu legen, welche die Ordinatenachse $x_{H_2O} = 1$ in einem Punkte schneidet, dessen Abstand von der Abszissenachse der Restarbeit der ersten Komponente für dieses Gleichgewicht entspricht ($= -840$ cal). Der Partialdruck des Wasserdampfes über dem Gemisch $CuSO_4 \cdot H_2O + CuSO_4 \cdot 5H_2O$ berechnet sich daraus zu: $\pi^{H_2O} \cdot e^{-\frac{840}{RT}} = 5{,}8$ (mm Hg).

Stabilitätsbedingung für geordnete Mischphasen. Gemäß den früheren Ausführungen sind nur diejenigen Phasen stabil, deren Punkte im Γ-x-Diagramm unterhalb der Verbindungsstücke der übrigen Punkte liegen; andernfalls kann diese Phase nur als instabiler Zustand erhalten werden. Inbesondere müssen die Γ-x-Punkte der Mischphasen unterhalb der Verbindungsgeraden der Punkte der reinen Phasen liegen, also $\Gamma < 0$. Aber diese Bedingung ist nur notwendig, nicht hinreichend. Eine Mischphase ist ebenfalls metastabil, wenn die Verbindungsstrecke benachbarter Mischphasen tiefer verläuft (vgl. hierzu Abb. 65). Bezüglich der Restarbeiten ergibt sich hieraus durch elementare Rechnung die interessante und einfache Stabilitätsbedingung: $\mathfrak{k}_2^{I} < \mathfrak{k}_2^{II} < \mathfrak{k}_2^{III} < \ldots < 0$.

Diese Überlegungen erweisen sich von besonderer Bedeutung für das Verständnis der chemischen Verbindungszahlen, wenn man zu deren Ermittlung, wie allgemeinüblich, die beobachteten stabilen Mischphasen ausgezeichneter Zusammensetzung heranzieht. Man sieht ohne weiteres, daß für die Stabilität einer Verbindung bestimmter Verbindungszahlen nicht nur ihr thermodynamisches Verhältnis zu den reinen Stoffen, sondern ebenso zu den anderen vorhandenen Verbindungen bestimmend ist[1].

***T-p-x*-Phasendiagramme für Zweistoffsysteme.** Auf die im vorhergehenden exemplifizierte Weise ist es möglich, aus den irgendwie gegebenen g- oder μ-Funktionen der in Frage kommenden Phasen durch graphische Konstruktion die x-Werte der einzelnen koexistierenden Phasen für vorgegebene Temperatur und vorgegebenen Druck zu finden, und zwar sowohl für stabiles wie für phaseninstabiles Gleichgewicht[2]. Die so erhaltenen Resultate können sodann dazu verwendet werden, in einer T-p-x-Raumfigur die geometrischen Orte der koexistierenden Phasen anzugeben[3]. Meist wird allerdings nur das zweidimen-

---

[1] Vgl. H. G. Grimm u. K. F. Herzfeld: Z. angew. Ch. Bd. 37, S. 249, 1924; Z. f. Physik Bd. 19, S. 141, 1923. H. G. Grimm: Hdb. d. Ph. XXIV, S. 499, 1926.

[2] Hierbei sind auch die verschiedenen Modifikationen der festen Phasen zu berücksichtigen.

[3] Die Darstellung der ganzen $g(p, T, x)$-Funktion wäre hier natürlich vierdimensional.

sionale T-x-Diagramm benutzt, da der Druckeinfluß von untergeordnetem Interesse ist. Abb. 67 zeigt ein derartiges Zustandsdiagramm mit einer flüssigen Phase (Zustandsfeld I), den nahezu reinen festen Phasen der Komponenten (II und III) sowie einer festen Mischphase (IV). In den schraffierten Feldern ist das heterogene System derjenigen beiden angrenzenden Phasen stabil, deren Zusammensetzung durch den Schnittpunkt einer Horizontalen $T = \text{Const}$ mit den Begrenzungslinien der angrenzenden Zustandsfelder homogener Phasen angezeigt wird. Für T-x-Werte, die der Linie AB bzw. CD entsprechen, sind drei koexistente Phasen möglich (I, II, IV bezüglich I, III, IV).

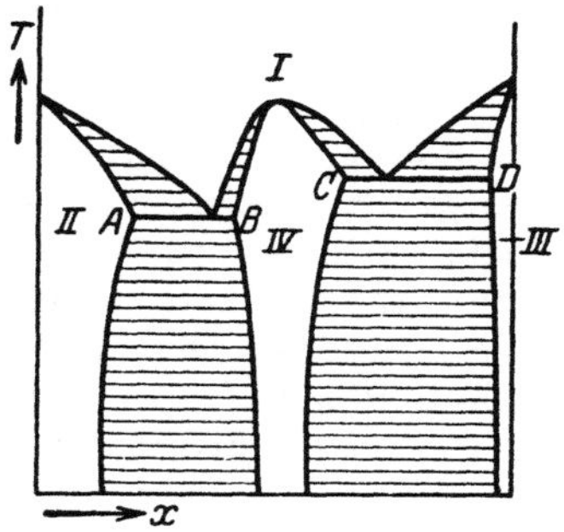

Abb. 67. T-x-Diagramm eines Zweistoffsystems mit einer flüssigen Phase (I), zwei festen, nahezu reinen Phasen der Komponenten (II und III) und einer geordneten Mischphase (IV).

Dreistoffsysteme. Mehrphasengleichgewichte in Dreistoffsystemen lassen sich in analoger Weise behandeln. Um mit zwei unabhängigen Extensitätsvariabeln (x_1, x_2) auszukommen, wird man Temperatur und Druck konstant halten, sich also einer Darstellung bedienen, in der p, T, x_1, x_2 als unabhängige Variabeln auftreten. Die geometrische Darstellung der Zusammensetzung $n_1 : n_2 : n_3$ des Systems erfolgt in diesem Fall zweckmäßigerweise mit Hilfe des sog. GIBBSschen Dreiecks. In einem gleichseitigen Dreieck von der Höhe 1 ist die Summe der Abstände eines beliebigen Punktes von den drei Seiten gleich 1. Infolgedessen kann durch die Lage eines Punktes innerhalb eines gleichseitigen Dreiecks die Zusammensetzung derart repräsentiert werden, daß die Abstände von den drei Seiten gleich den Molenbrüchen x_1, x_2, x_3 der Komponenten sind. (Eine gleichberechtigte Darstellung ist die, in der statt der Abstände die Projektionen der drei „Höhen" auf die Dreieckseiten als Repräsentanten der Molenbrüche genommen werden, wobei die Länge einer Dreieckseite gleich 1 zu setzen ist.)

Senkrecht zur Dreieckfläche kann man sodann die Funktion g für gegebene Werte von T und p auftragen und die koexistenten Phasen durch Doppelberührungsebenen an die g-Flächen suchen. Die Punkte der koexistenten Phasen können wieder auf die Grundebene projiziert werden, wobei gleichzeitig durch Verbindungsgerade auch die miteinander koexistierenden Phasen zu kennzeichnen sind. Wird eine Schar von derartigen Dreiecken für verschiedene Temperaturen, aber konstanten Druck übereinander aufgebaut, so entsteht eine T-x-Raumfigur, die ein vollständiges Bild für konstanten Druck gibt, was für praktische Zwecke das Wichtigste ist.

Allgemeine Bemerkungen über die Darstellung von Mehrphasengleichgewichten. Die hier wiedergegebenen Überlegungen sind rein deduktiv und setzen eine genaue Kenntnis der thermodynamischen Eigenschaften des angenommenen Systems voraus, die ihren zusammenfassenden Ausdruck in der charakteristischen thermodynamischen Funktion finden. Diese Voraussetzung ist nun im allgemeinen nicht erfüllt. Trotzdem sind diese Überlegungen von großer Bedeutung. Einmal gestatten sie eine Voraussage der überhaupt möglichen Erscheinungen. Zum anderen können aus empirisch gewonnenen p, T, x-Werten koexistenter Phasen, wie auf rechnerischem Wege (Kapitel E), so auch durch geometrische Konstruktion, Rückschlüsse auf die thermodynamischen Eigenschaften der Einzelphasen gemacht werden. Als einfachster Fall sei etwa die Bestimmung des Molekulargewichtes eines Stoffes in verdünnter Lösung aus der Gefrierpunktserniedrigung erwähnt.

Die eigentliche zahlenmäßige Auswertung und genauere Analyse hat allerdings auf rechnerischem Wege im Sinne der Ausführungen in § 22 und § 23 zu erfolgen. Die geometrische Darstellung spielt bei dieser quantitativen Aufgabe nur die Rolle eines bequemen Hilfsmittels, um rasch einen Überblick zu erhalten. Insbesondere ist die Tangentenmethode zur Ermittlung koexistierender Phasen viel zu ungenau. Aber wie gerade die Erörterungen über die Stabilität von Mischphasen zeigen, kann das Wesentliche durch die graphische Darstellung weit bequemer als auf rechnerischem Wege erfaßt werden.

Die empirische zahlenmäßige oder geometrische Darstellung der Mehrphasengleichgewichte genügt natürlich auch ohne jede thermodynamische Zusatzbetrachtung, um die in der Darstellung aufgezeichneten Daten (p, T, x-Werte koexistenter Phasen) eines vorgelegten Systems in dem untersuchten Bereiche ohne weiteres abzulesen. Theoretisch muß natürlich vor jeder solchen Darstellung die Zahl der notwendigen Bestimmungsgrößen (unabhängigen Variabeln) geklärt werden. Die Thermodynamik hat allerdings auch bei dieser sehr eingeschränkten Aufgabenstellung eine gewisse Mission, insofern sie zu einer Kritik der oftmals experimentell nicht ganz einfachen Beobachtungen herangezogen werden muß[1].

§ 28. Das Le Chatelier-Braunsche Prinzip.

Fragestellung. Die folgenden Betrachtungen leiten bereits zu den Gedankengängen von Kapitel G: „Veränderungen bei währendem Gleichgewicht" über. Mit diesem Ausdruck bezeichnen wir alle Veränderungen von thermischen Gleichgewichtssystemen, *bei denen das chemische Gleichgewicht* für Homogenreaktionen, vor allem aber für Durchgangsreaktionen zwischen verschiedenen Phasen *für alle betrachteten Veränderungen dauernd aufrechterhalten bleibt*; obwohl wir uns also vorstellen, daß die Reaktionen hemmbar und demgemäß die Systeme aus dem betreffenden chemischen Gleichgewicht heraus in andere abweichende Zustände verfolgbar sind, betrachten wir nur diejenigen Veränderungen, die das System bei Aufrechterhaltung der chemischen Gleichgewichtsbedingungen erfahren kann, und fragen speziell nach den Beziehungen der dann die Veränderungen des Systems charakterisierenden Differentiale dp, dT, dx', dx'' usw. zueinander. Da hierbei für die Eigenschaften chemischer Gleichgewichtssysteme natürlich keine neuen Erkenntnisse herausspringen werden, die wir nicht schon durch die früher (Kapitel C und E) vorgenommene Einführung der chemischen Gleichgewichtsbedingungen 1. Ordnung zwischen den gehemmt angenommenen und somit zunächst in weiterem Sinne variierbaren Systemen ableiten konnten, so ist es im wesentlichen die Benutzung der Vorzeichenaussagen des § 25, die uns hier noch einige neue oder wenigstens verallgemeinerte Einsichten vermitteln wird.

Bei dieser Sachlage sind wir in einiger Verlegenheit, wo wir die Le Chatelier-Braunschen Überlegungen dieses Paragraphen am besten einzuordnen haben. Es handelt sich hier um eine eigenartig spezialisierte Fragestellung, die zwar ebenfalls Veränderungen bei währendem Gleichgewicht betrifft, also die Systeme *nicht* in gehemmte Zustände hineinverfolgt; jedoch wird nicht allgemein nach den Beziehungen der dann für das System charakteristischen Änderungen zueinander gefragt, sondern nur folgendes Teilproblem gestellt. Man denkt sich

[1] Eine eingehendere Darstellung der Mehrphasengleichgewichte findet man besonders bei G. Tammann: Lehrbuch der heterogenen Gleichgewichte. Braunschweig 1924; H. W. B. Roozeboom: Die heterogenen Gleichgewichte vom Standpunkt der Phasenlehre (fortgesetzt von A. H. W. Aten, E. H. Buchner, F. A. H. Schreinemakers). Braunschweig 1900—1918; A. Findlay: Einführung in die Phasenlehre, 2. Aufl. Leipzig 1925.

das ein- oder mehrphasige System primär durch die Veränderung irgendeiner Extensitätsvariabeln ($\mathfrak{V}$, S, λ) etwas verändert. Dann wird sich auch die zu der gewählten Extensitätsvariabeln gehörige Intensitätsvariable ($-p$, T, $\mathfrak{K}$) etwas verändern. Neben den so einander zugeordneten Änderungen des Extensitäts- oder Intensitätswertes einer betrachteten „Hauptvariabeln" wird nun noch das Verhalten einer „Nebenvariabeln" untersucht, für welche die Bedingung besteht, daß bei Änderung der betrachteten Hauptvariabeln ihr *Intensitätswert* konstant gehalten wird, wogegen ihr Extensitätswert (besonders handelt es sich um Reaktionslaufzahlen λ) in einer durch diese Bedingungen vorgeschriebenen Weise „nachgibt". Es wird nach der *Richtung* dieses Nachgebens (z. B. nach dem Vorzeichen von $d\lambda$) gefragt, und zwar speziell *im Hinblick auf die Wirkung, die dieses Nachgeben auf die Beziehung zwischen den Extensitäts-* und *Intensitätswerten der Hauptvariabeln hat.*

Man erkennt, daß für den Fall, wo die Nebenvariable eine Reaktionslaufzahl ist, also ein chemischer Arbeitskoeffizient bei Änderung der Hauptvariabeln konstant gehalten wird, hier der typische Charakter einer „Veränderung bei währendem Gleichgewicht" hervortritt. Auch die Tatsache, daß diese „Veränderung bei währendem Gleichgewicht" zur Feststellung eines Richtungseinflusses mit einer Veränderung bei *gehemmtem* Gleichgewicht ($d\lambda = 0$) *verglichen* wird, unterscheidet diese Betrachtung nicht grundsätzlich von denen des Kapitels G; denn auch dort werden, wie wir sehen werden, durch Bildung partieller Ableitungen nach den Teilchenzahlen, oder bei gehemmten Teilchenzahlen, Schritte 1. Ordnung in vom Gleichgewicht abweichende Zustände vorgenommen. Doch bestehen folgende Unterschiede gegenüber der allgemeinen Fragestellung des „währenden Gleichgewichts": 1. Es wird nicht nach den allgemeinen Beziehungen sämtlicher abhängiger zu sämtlichen unabhängigen Änderungen bei währendem Gleichgewicht gefragt, sondern nur eine Teilfrage beantwortet. 2. Es werden nicht nur wie in Kapitel G Änderungen im inneren Gleichgewicht (Intensitätsvariable $= 0$) betrachtet, sondern auch Änderungen bei konstanten von außen angreifenden Kräften (z. B. konstanter EMK). 3. Die konstant gehaltenen Intensitätsvariabeln brauchen überhaupt keine chemischen Arbeitskoeffizienten $\mathfrak{K}$ zu sein, sondern es kann sich auch um konstante Temperatur oder konstanten Druck (als Nebenintensitätsvariable) handeln, so daß als Nebenextensitätsvariable die Entropie bzw. das Volum auftritt. Besonders der letzte Umstand weist darauf hin, daß das LE CHATELIER-BRAUNsche Prinzip mit der Frage der *inneren* Gleichgewichtsbedingungen in keinem engen Zusammenhang steht, sondern nur die allgemeinen Eigenschaften der in § 6 eingeführten thermischen Gleichgewichtssysteme voraussetzt, bei denen es wahlweise möglich ist, irgendwelche (im Sinne von § 25 definierten) Extensitäts- oder Intensitätsvariabeln bei einer Veränderung konstant zu halten. Die eigentliche Grundlage des Prinzips bilden, wie wir sehen werden, die in § 25 aus den Gleichgewichtsbedingungen höherer Ordnung abgeleiteten Vorzeichenaussagen über die Änderung einer Intensitätsvariabeln mit der zugehörigen Extensitätsvariabeln und umgekehrt.

Ableitung des Prinzips von LE CHATELIER-BRAUN. Wir wenden uns nunmehr der Ableitung des Prinzips zu und beginnen mit einer im wesentlichen formalmathematischen Untersuchung. Für ein beliebiges System mit den unabhängigen Extensitäts- bzw. Intensitätsvariabeln $y_1, y_2 \ldots y^*$; $Y_\alpha, Y_\beta \ldots$, seien uns zunächst die Ableitungen der auftretenden abhängigen Größen nach den unabhängigen Extensitätsvariabeln $y_1, y_2 \ldots y^*$ und Intensitätsvariabeln Y_α, $Y_\beta \ldots$ bekannt. Wir fragen nach den einzelnen Ableitungen, wenn wir an Stelle einer bestimmten Extensitätsvariabeln („Nebenvariabeln") y^* die entsprechende

Intensitätsvariable Y^* als unabhängige Variable wählen. Während zunächst also alle Ableitungen (ausgenommen natürlich die Differentiation nach y^* selbst) bei konstantem y^* zu nehmen sind, ist beim Wechsel der unabhängigen Variabeln Y^* konstant zu nehmen. Zur Lösung der gestellten Aufgabe schreiben wir dY^* als totales Differential mit den unabhängigen Variabeln $y_1, y_2 \ldots y^*, Y_\alpha, Y_\beta \ldots$, wobei ein beigesetztes y^* darauf hinweist, daß die einzelnen Differentationen bei konstantem y^* zu nehmen sind. Die Konstanthaltung der anderen unabhängigen Variabeln ist als selbstverständlich nicht besonders gekennzeichnet.

$$dY^* = \frac{\partial Y^*}{\partial y_1}_{(y^*)} dy_1 + \frac{\partial Y^*}{\partial y_2}_{(y^*)} dy_2 + \ldots + \frac{\partial Y^*}{\partial y^*} dy^* + \frac{\partial Y^*}{\partial Y_\alpha}_{(y^*)} dY_\alpha + \frac{\partial Y^*}{\partial Y_\beta}_{(y^*)} dY_\beta + \ldots \tag{1}$$

Um die Veränderung von y^* mit einer der unabhängigen Extensitätsvariabeln y_i bzw. einer unabhängigen Intensitätsvariabeln Y_ι bei konstantem Y^* (und konstanten übrigen unabhängigen Variabeln) zu erhalten ($i \neq \iota$!), sind in (1) die entsprechenden Größen dY^*, dy_1, $dy_2 \ldots dY_\alpha$, dY_β, ... (ausgenommen dy_i bzw. dY_ι) gleich Null zu setzen. Alsdann erhält man (die Variable, die primär verändert wird, setzen wir im Differential der linken Seite der Deutlichkeit wegen als oberen Index):

$$dy^{*(y_i)}_{(\iota_1 \ldots Y^*, Y_\alpha, Y_\beta \ldots)} = - \frac{\dfrac{\partial Y^*}{\partial y_i}_{(y^*)}}{\dfrac{\partial Y^*}{\partial y^*}_{(y_i)}} dy_i \tag{2a}$$

$$dy^{*(Y_\iota)}_{(y_1 \ldots Y^*, Y_\alpha, Y_\beta \ldots)} = - \frac{\dfrac{\partial Y^*}{\partial Y_\iota}_{(y^*)}}{\dfrac{\partial Y^*}{\partial y^*}_{(Y_\iota)}} dY_\iota . \tag{2b}$$

Unter Benutzung der Beziehung (6) aus § 25 können wir für viele Fälle zweckmäßiger auch schreiben:

$$dy^{*(y_i)}_{(y_1 \ldots Y^*, Y_\alpha, Y_\beta \ldots)} = - \frac{\dfrac{\partial Y_i}{\partial y^*}_{(y_i)}}{\dfrac{\partial Y^*}{\partial y^*}_{(y_i)}} dy_i , \tag{3a}$$

$$dy^{*(Y_\iota)}_{(y_1 \ldots Y^*, Y_\alpha, Y_\beta \ldots)} = + \frac{\dfrac{\partial y_\iota}{\partial y^*}_{(Y_\iota)}}{\dfrac{\partial Y^*}{\partial y^*}_{(Y_\iota)}} dY_\iota . \tag{3b}$$

Um nun den Einfluß festzustellen, den die Konstanthaltung von Y^* statt y^* auf die Änderung eines der abhängigen Y_i mit den unabhängigen (Hauptvariabeln) y_i oder der abhängigen y_ι mit den unabhängigen (Hauptvariabeln) Y_ι hervorruft, denken wir uns jetzt die totalen Differentiale der abhängigen Intensitätsvariabeln Y_i bzw. Extensitätsvariabeln y_ι in Abhängigkeit von den ursprünglichen Variabeln $dy \ldots dy^*$, dY_α, $dY_\beta \ldots$ hingeschrieben. Die Veränderung der Y_i mit den y_i *bei konstantem* Y^* erhält man sodann, indem man alle Differentiale mit Ausnahme von $d y_i$ und $d y^*$ gleich Null setzt und für $d y^*$ den Wert (3a) einsetzt, der für konstant gehaltenes Y^* gilt. Man erhält:

$$d Y_i = \frac{\partial Y_i}{\partial y_i}_{(y^*)} d y_i + \frac{\partial Y_i}{\partial y^*}_{(y_i)} d y^* \tag{4a}$$

$$= \left(\frac{\partial Y_i}{\partial y_i}_{(y^*)} - \frac{\left(\frac{\partial Y_i}{\partial y^*}\right)^2_{(y_i)}}{\frac{\partial Y^*}{\partial y^*}_{(y_i)}} \right) d y_i, \tag{5a}$$

$$\frac{\partial Y_i}{\partial y_i}_{(Y^*)} = \frac{\partial Y_i}{\partial y_i}_{(y^*)} - \frac{\left(\frac{\partial Y_i}{\partial y^*}\right)^2_{(y_i)}}{\frac{\partial Y^*}{\partial y^*}_{(y_i)}}. \tag{6a}$$

Ganz entsprechend ist die Berechnung von $\frac{\partial y_\iota}{\partial Y_\iota}_{(Y^*)}$ durchzuführen:

$$d y_\iota = \frac{\partial y_\iota}{\partial Y_\iota}_{(y^*)} d Y_\iota + \frac{\partial y_\iota}{\partial y^*}_{(Y_\iota)} d y^* \tag{4b}$$

$$= \left(\frac{\partial y_\iota}{\partial Y_\iota}_{(y^*)} + \frac{\left(\frac{\partial y_\iota}{\partial y^*}\right)^2_{(Y_\iota)}}{\frac{\partial Y^*}{\partial y^*}_{(Y_\iota)}} \right) d Y_\iota, \tag{5b}$$

$$\frac{\partial y_\iota}{\partial Y_\iota}_{(Y^*)} = \frac{\partial y_\iota}{\partial Y_\iota}_{(y^*)} + \frac{\left(\frac{\partial y_\iota}{\partial y^*}\right)^2_{(Y_\iota)}}{\frac{\partial Y^*}{\partial y^*}_{(Y_\iota)}}. \tag{6b}$$

Nach diesen formalmathematischen Überlegungen diskutieren wir den physikalischen Inhalt der erhaltenen Formeln. Wir wollen hierbei ausdrücklich die ja nur theoretisch existenzfähigen labilen Systeme ausschließen und uns auf stabile bzw. nur *phasen*instabile Systeme beschränken. Dann aber ist nach (10), § 25:

$$\frac{\partial Y^*}{\partial y^*} \geqq 0. \tag{7}$$

Den Fall des indifferenten Gleichgewichts (Näheres vgl. S. 494), in dem der Ausdruck (7) gleich 0 ist, schließen wir aus; dann ist $\frac{\partial Y^*}{\partial y^*}$ eine stets positive Größe. Diese aus den Gleichgewichtsbedingungen 2. Ordnung folgende Feststellung ist *die einzige physikalische Annahme,* aus der die gleich zu formulierenden Sätze fließen; alles übrige beruht ja nur auf mathematischen Umformungen.

Wir schließen aus $\frac{\partial Y^*}{\partial y^*} > 0$, daß der Nenner der Brüche in (3a) und (3b) sowie in (4a) bis (6b) stets positiv ist. Gleichzeitig ist aber der Zähler der Brüche in (5a) bis (6b) stets positiv, weil er als Quadrat einer reellen Größe geschrieben werden kann. Somit erhalten wir das allgemeine Ergebnis, daß in allen praktisch existenzfähigen, nicht indifferenten, thermodynamischen Gleichgewichtssystemen *die Veränderung einer beliebigen Intensitätsvariabeln mit der zugehörigen Extensi-*

tätsvariabeln kleiner wird, wenn wir an Stelle einer (weiteren) unabhängigen Extensitätsvariabeln die zugehörige Intensitätsvariable als konstant ansehen [Gleichung (5a) bzw. (6a)]. Entsprechend Gleichung (5b) bzw. (6b) wird dagegen *die Änderung einer Extensitätsvariabeln mit der zugehörigen Intensitätsvariabeln vergrößert, wenn wir an Stelle von (weiteren) Extensitätsvariabeln die zugehörigen Intensitätsvariabeln konstant halten.* Die umgekehrten Sätze gelten für den Übergang von *Intensitäts-* zu *Extensitäts*variabeln als unabhängigen Variabeln, doch sind diese von geringerer Bedeutung, so daß ihre ausdrückliche Formulierung hier unterbleiben soll.

Eine vielleicht noch etwas anschaulichere Formulierung der Gleichung (5a) [in der wir uns jetzt immer die Vorzeichenaussage (7) bereits enthalten denken wollen] ergibt sich, wenn man die Eintragung der Gleichung (2a) in die Gleichung (4a) in der Formulierung des Gedankenganges zum Ausdruck bringt. Man denkt sich primär gegeben die Änderung einer der Extensitätsvariabeln y_1, y_2 usw., falls alle anderen unabhängigen Variabeln y_1, $y_2 \ldots y^*$, Y_α, $Y_\beta \ldots$ dabei konstant gehalten werden. *Die Abänderung dieser Nebenbedingungen* in dem Sinne, daß statt einer der weiteren Extensitätsvariabeln y^* *die zugehörige Intensitätsvariable konstant gehalten,* also y^* entsprechend verändert wird, ist durch das 2. Glied von (4a) bestimmt, das nach (2a) und (7) *negativ* ist. Bezeichnen wir die Konstanthaltung einer „Nebenvariabeln" y^* (Volum, Entropie, Reaktionslaufzahl) in etwas allgemeinerem Sinne als früher als „Hemmung" dieser Variabeln, dagegen die Veränderung, die bei Konstanthaltung der betreffenden Neben„kraft" (Druck, Temperatur, Arbeitskoeffizient, letzterer besonders im Falle $\mathfrak{K} = 0$) unter dem Einfluß der Hauptveränderung $d y_i$ auftritt, als ein „Nachgeben" dieser Nebenvariabeln, so können wir diesen Befund so aussprechen: *„Beim Nachgeben irgendeiner Nebenvariabeln ist die Änderung der Haupt„kraft" durch die Hauptvariable immer kleiner als bei Hemmung dieser Nebenvariabeln."*

Endlich kann man auch von der Vorstellung einer gewissen Beharrungstendenz der durch die Hauptvariable zu einer Änderung gezwungenen Haupt-„kraft" ausgehen und sagen:

„Der Zwang zu einer Veränderung, der einer „Kraft" des Systems durch die Änderung der zugehörigen (Haupt-) Variabeln aufgedrückt wird, wird durch das „Nachgeben" jeder[1] *weiteren Variabeln des Systems verkleinert."*

Oder, mit dem Ton auf der Veränderung der Nebenvariabeln:

„Bei der Änderung einer Extensitätsvariabeln eines thermischen Gleichgewichtssystems werden die zum Nachgeben fähigen weiteren (Extensitäts-) Variabeln automatisch so geändert, daß ihre Änderung die Auswirkung der mit der ursprünglichen Variabeln vorgenommenen Änderung auf die Änderung der dazugehörigen Intensitätsvariabeln verkleinert."

Namentlich diese sozusagen teleologische Formulierung ist unter dem Namen Prinzip von LE CHATELIER-BRAUN, auch als *Prinzip vom kleinsten Zwang* oder *Prinzip vom beweglichen Gleichgewicht,* bekannt; es wurde von LE CHATELIER (1884) zunächst gefunden und von BRAUN (1888) dann näher begründet.

Die bisherigen Formulierungen beziehen sich durchweg auf primäre Änderungen von *Extensitäts*variabeln (y_i). Die in (4b) bis (6b) enthaltenen Sätze über den Einfluß des Nachgebens von Nebenvariabeln auf die Änderung einer (Haupt-) Extensitätsvariabeln bei primärer Änderung der zugehörigen (Haupt-)

[1] Man kann ja, nachdem eine y^*-Variable durch Konstanthalten des Y^* bei der betreffenden Änderung zu einer Y-Variabeln (Y_α usw.) geworden ist, auf jede weitere von y_i verschiedene Extensitätsvariable von neuem die obigen Überlegungen anwenden.

*Intensitäts*variabeln gestatten eine ganz analoge Formulierung; wir geben nur den der letzten obigen Formulierung entsprechenden Satz:

„*Bei der Änderung einer Intensitätsvariabeln eines thermischen Gleichgewichtssystems werden die zum Nachgeben fähigen weiteren (Extensitäts-) Variabeln automatisch so geändert, daß ihre Änderung die Auswirkung der mit der ursprünglichen Intensitätsvariabeln vorgenommenen Änderung auf die dazugehörige (Haupt-) Extensitätsvariable verkleinert.*“

Man kann ferner folgende Fragestellung anwenden. Wir ändern zunächst bei konstanter Nebenvariabeln y^* eine (Haupt-) Extensitätsvariable y_i und geben sodann die Hemmungen in bezug auf die Nebenvariable y^* auf. Es wird gefragt, in welcher Richtung durch dieses Nachgeben y^* geändert wird. Die (im vorangehenden bereits enthaltene) Antwort lautet, y^* ändert sich in dem Sinne, daß die zunächst eingetretene Veränderung der Intensitätsvariabeln Y_i *teilweise wieder rückgängig* gemacht wird. Diese Formulierung ist der vorigen bei währendem Gleichgewicht äquivalent, dürfte jedoch im Hinblick auf die praktische Anwendung weniger zweckmäßig sein.

Beispiele zum Prinzip von LE CHATELIER-BRAUN. Wir erläutern im folgenden die bisher nur ganz allgemein formulierten Aussagen an einer Reihe von Beispielen. Als gemeinsamen Gesichtspunkt heben wir hervor, daß überall Vorzeichenaussagen für eine Ableitung auf Grund des bekannten Vorzeichens einer anderen zu machen sind, wobei, statt auf das soeben formulierte Prinzip, auch direkt auf die Vorzeichenaussagen der Zwischengleichungen (3a) und (3b) zurückgegriffen werden kann, falls wir uns hier die Vorzeichenaussage (7) eingetragen denken. Für die praktische Anwendung bemerken wir hierbei noch, daß sowohl das Vorzeichen des Zählers auf der rechten Seite primär bekannt sein kann und wir daraufhin auf das Vorzeichen der Größe auf der linken Seite schließen, als auch umgekehrt das Vorzeichen der letzteren Größe primär bekannt sein kann und das Vorzeichen des Zählers auf der rechten Seite als Ergebnis erhalten wird. Da wir zur Ableitung des Prinzips und der Gleichungen (3a) und (3b) nichts über die Aussagen des § 25 Hinausgehendes verwendet haben, gewinnen wir hierbei an realen Erkenntnissen nichts Neues; das Nachfolgende ist vielmehr lediglich eine Erläuterung des Prinzips zu einer formal abgeänderten und in vielen Fällen bequemen Erlangung von bereits bekannten Vorzeichenaussagen.

Wärmeeffekte bei Volum- bzw. Druckänderungen. Wir haben einen homogenen Körper und verkleinern dessen Volum, so daß der Druck steigt[1]. Die Temperatur (als Nebenintensitätsvariable) soll hierbei konstant gehalten werden, und es wird nach der Richtung des hierbei stattfindenden Wärmeübergangs gefragt. Im Sinne des oben entwickelten Prinzips hat der Wärmeübergang (Änderung der Nebenextensitätsvariabeln dS) in einer solchen Richtung zu erfolgen, daß hierdurch der Druckzuwachs vermindert wird. Bei Körpern, deren Druck sich durch Wärmeeinfuhr erhöht, d. h. die sich bei Wärmezufuhr unter konstantem Druck ausdehnen, wird daher bei Volumverminderung bzw. Druckerhöhung bei konstanter Temperatur Wärme nach außen abgegeben werden, während umgekehrt Wärme von außen aufgenommen wird, wenn bei Wärmezufuhr Volumverminderung erfolgt (z. B. Wasser unterhalb 4^0 C).

Weiterhin können wir aber auch ohne weiteres folgern, daß bei gehemmtem Entropieaustausch (adiabatischem Prozeß) im ersten Falle eine Temperaturerhöhung, im letzten Falle eine Temperaturerniedrigung stattfindet[2].

[1] Ebensogut könnte natürlich auch eine Druckvermehrung als primär gegebene Größe angesehen werden.

[2] Folgerungen dieser bereits S. 490 angedeuteten Art wären abzuleiten, indem man das System von vornherein als Funktion der Neben*intensitäts*variabeln Y^* auffaßt und alle Rechnungen (1) bis (6b) mit konstanten y^* für die dY^* ausführt.

Wir stellen ferner fest, daß die Kompressibilität $\frac{1}{v} \cdot \frac{\partial v}{\partial p}$ eines Körpers bei isothermem Vorgang (d. h. Nachgeben der Nebenvariabeln S) größer ist als bei adiabatischem Vorgang.

Spezialfälle sind bereits im II. Teil behandelt worden.

Änderung eines chemischen Gleichgewichts mit der Temperatur. Nach obigem Prinzip muß bei zunehmender Temperatur (als Hauptintensitätsvariabeln) ein chemisches Gleichgewicht sich in Richtung des wärmeverbrauchenden Reaktionsablaufes verschieben, da durch das „Nachgeben" der Reaktionslaufzahl (als Nebenvariabeln) dann die Temperaturänderung bei vorgebener Wärmezufuhr (Entropieänderung) verkleinert wird. Formelmäßig erhalten wir auf Grund von (3b) folgenden quantitativen Zusammenhang:

$$\frac{\partial \lambda}{\partial T}_{(\mathfrak{R})} = \frac{\frac{\partial S}{\partial \lambda}_{(T)}}{\frac{\partial \mathfrak{R}}{\partial \lambda}_{(T)}}. \tag{8}$$

Nach früheren Überlegungen (§§ 4 und 5) ist aber $\frac{\partial S}{\partial \lambda} = \mathfrak{S} = \frac{\mathfrak{L}}{T}$, wobei $\mathfrak{L}$, das wir wegen $\mathfrak{R} = 0$ auch mit $\varDelta$ bezeichnen können, die bei einem Einheitsumsatz aufgenommene Wärme bedeutet (in der sonst üblichen Bezeichnungsweise gleich der „Wärmetönung" mit umgekehrten Vorzeichen). Da nun der Nenner $\frac{\partial \mathfrak{R}}{\partial \lambda}_{(T)}$ positiv ist, muß das Vorzeichen der Veränderung der Reaktionslaufzahl mit der Temperatur entgegengesetzt dem Vorzeichen der Wärmetönung des Vorgangs sein (quantitative Behandlung in §§ 17 und 23: VAN'T HOFFsche Reaktionsisochore).

Dementsprechend ist auch $\frac{\partial T}{\partial S}_{(\mathfrak{R})} < \frac{\partial T}{\partial S}_{(\lambda)}$ bzw. $\frac{\partial S}{\partial T}_{(\mathfrak{R})} > \frac{\partial S}{\partial T}_{(\lambda)}$, d. h. die Wärmekapazität $T \cdot \frac{\partial S}{\partial T}$ bei konstant gehaltenem $\mathfrak{R}$ ist größer als bei konstant gehaltenem λ.

Das gilt für alle möglichen Arten von Reaktionen. Als einfachstes Beispiel betrachten wir eine *Durchgangsreaktion in einem Einstoffsystem mit zwei Phasen* bei konstantem Volum, wobei uns die Reaktionslaufzahl $\lambda = \xi$ den Stoffübergang zwischen zwei Phasen anzeigt. Bei Temperatursteigerung findet dann ein Stoffübergang in dem Sinne statt, daß Entropie (Wärme) von außen aufgenommen wird. Im System fest/flüssig tritt also teilweises Schmelzen ein, in den Systemen fest/gasförmig bzw. flüssig/gasförmig teilweises Verdampfen. Analoges gilt auch für das Gleichgewicht zwischen verschiedenen Modifikationen der festen Phase (vgl. auch CLAUSIUS-CLAPEYRONsche Gleichung, §§ 16 und 29).

Bei dem *gasförmigen Homogengleichgewicht* $J_2 \rightleftharpoons 2\,J$ (Reaktionslaufzahl γ) erfordert die isotherme Dissoziation des Jods in Atome Zufuhr von Wärme, folglich ist $\frac{\partial S}{\partial \gamma}$ positiv, folglich auch $\frac{\partial \gamma}{\partial T}$, d. h. bei höherer Temperatur verschiebt sich das Gleichgewicht zugunsten der freien Jodatome. Das gilt sowohl für konstanten Druck wie für konstantes Volum, da sowohl $\frac{\partial S}{\partial \gamma}_{(p)}$ als auch $\frac{\partial S}{\partial \gamma}_{(v)}$ positiv ist. Bei den meisten Dissoziationsvorgängen liegen die Verhältnisse völlig analog.

Wenn aber ausnahmsweise die Entropieänderung $\mathfrak{S}$ für zunehmende Dissoziation negativ ist, muß die Dissoziation bei Temperatursteigerung abnehmen. Bei reinen Gasreaktionen ist dieser Fall allerdings praktisch kaum auffindbar, weil die Dissoziation bei allen in Betracht kommenden Drucken praktisch vollkommen sein würde[1].

Anders liegen jedoch die Verhältnisse in *Lösungen*. Es gibt eine Reihe von Säuren, deren Dissoziationsgrad bzw. Dissoziationskonstante mit der Temperatur abnimmt, z. B. Essigsäure (oberhalb 25° C).

Temperatur °C	Dissoziationskonstante der Essigsäure (Mol/Liter)
25	$1{,}84 \cdot 10^{-5}$
100	$1{,}11 \cdot 10^{-5}$
156	$0{,}54 \cdot 10^{-5}$
218	$0{,}17 \cdot 10^{-5}$
306	$0{,}014 \cdot 10^{-5}$

Nach LE CHATELIER-BRAUN folgern wir hieraus, daß die Dissoziation der Essigsäure in wässeriger Lösung ein Vorgang ist, der, da das „Nachgeben" der betreffenden Reaktionslaufzahl bei steigender Temperatur mit einer Abnahme der Dissoziation verbunden ist, in *dieser* Richtung des Reaktionsablaufs einen Wärmeverbrauch (Verminderung der primären Temperaturänderung) zur Folge hat, so daß also die Dissoziation mit positiver Wärmetönung (Wärmeabgabe) verbunden ist.

Wir geben weiterhin einige Beispiele für *Übergangsreaktionen in Zweistoffsystemen*. Der Temperaturkoeffizient der Löslichkeit hat nach (8) das umgekehrte Vorzeichen wie die (abgegebene) Lösungswärme [exakter: letzte Lösungswärme, vgl. § 31, S. 513]. In dem am häufigsten vorkommenden Fall negativer Lösungswärme steigt daher die Löslichkeit (z. B. fester Stoffe in flüssigen Phasen) mit der Temperatur an. In einer Reihe von Fällen wird aber auch eine Abnahme der Löslichkeit bei höherer Temperatur gefunden (insbesondere bei Salzen in Wasser innerhalb gewisser Temperaturbereiche), und wir schließen dann auf eine positive Lösungswärme.

Umgekehrt ist die Lösungswärme von Gasen in flüssigen oder festen Phasen im allgemeinen positiv (im Sinne einer Wärmeabgabe) und der Temperaturkoeffizient der Löslichkeit infolgedessen negativ. Das entgegengesetzte Verhalten zeigt Wasserstoff im Gleichgewicht mit gewissen Metallen. Im letzteren Falle ist daher die Lösungswärme negativ.

Befindet sich die nahezu reine, feste Phase eines Stoffes 1 im Gleichgewicht mit einer flüssigen Phase, die nur verhältnismäßig geringe Mengen anderer Stoffe enthält, so spricht man im allgemeinen nicht mehr von Löslichkeits-, sondern von Schmelzpunkts- oder Gefrierpunktsbeeinflussung (§ 20). In diesem Falle ist die Entropieänderung für den Übergang des Stoffes 1 aus der festen Phase in die flüssige Phase stets positiv (gleich der durch T dividierten Schmelzwärme). Daher findet bei Temperaturerhöhung stets ein Übergang des Stoffes 1 in die flüssige Phase statt. Diese wird hierdurch verdünnter, und das entspricht der früher festgestellten Tatsache, daß Zusätze der flüssigen Phase die Gleichgewichtstemperatur mit der nahezu reinen festen Phase stets heraufsetzen.

In analoger Weise ist auch die Siedepunktserhöhung durch gelöste Stoffe zu behandeln.

Man kann ferner aus dem LE CHATELIER-BRAUNschen Prinzip die bereits in § 22 konstatierte Tatsache qualitativ ableiten, daß die Gefrierpunkts-

[1] In dem für den gesuchten Effekt relativ günstigen Fall der Dissoziation einer Molekel in zwei Atome lautet die NERNSTsche Näherungsformel [nach § 19, (10b)]:

$$\log \mathbf{K}_p = -\frac{\mathfrak{W}}{4{,}57\,T} + 1{,}75 \log T$$

$\left(\mathbf{K}_p = \frac{p_1^2}{p_2}\right.$ für Drucke in Atmosphären$\left.\right)$. Falls $\mathfrak{W}$, das in diesem Falle konzentrations- und druckunabhängig und mit $\varDelta$ identisch ist, einen negativen Wert hat, wird $\mathbf{K}_p > 10^{1{,}75 \log T}$, also für Zimmertemperatur: $\mathbf{K}_p > 2 \cdot 10^4$, und bei einem Gesamtdruck von 1 Atm. wird der Partialdruck der undissoziierten Molekeln: $p_2 < 5 \cdot 10^{-5}$.

erniedrigung bzw. Siedepunktserhöhung kleiner ausfallen muß, wenn der Fremdstoff auch in der festen Phase bzw. in der Gasphase in nennenswertem Maße auftritt. Bekanntlich kann in diesem Falle die Veränderung der Gleichgewichtstemperatur sogar das entgegengesetzte, Vorzeichen aufweisen, als oben unter der Annahme des Gleichgewichtes mit nahezu reinen Phasen des Stoffes 1 abgeleitet wurde (§ 22).

Fall des indifferenten Gleichgewichts. Eine besondere Betrachtung erfordert der bisher ausgeschlossene Fall: $\frac{\partial \mathfrak{K}}{\partial \lambda} = 0$. Dann wird sowohl $\frac{\partial \lambda}{\partial T}_{(\mathfrak{K})}$ als auch $\frac{\partial S}{\partial T}_{(\mathfrak{K})}$ unendlich. Z. B. denken wir uns ein Einstoffsystem in zwei Phasen bei konstantem Druck. In diesem Falle hat es keinen Sinn, eine Variation von T unter Konstanthaltung von p und $\mathfrak{K}$ vorzuschreiben. Steigern wir die Temperatur, so verschwindet vielmehr zunächst die Phase mit der kleineren Entropie vollständig. Es vollzieht sich also ein Stoffübergang, der eine Entropievergrößerung soweit als möglich bedingt, nur daß der Bedingung: $\mathfrak{K}$ konstant, nicht mehr Genüge geleistet werden kann[1]. Der Fall $\frac{\partial \mathfrak{K}}{\partial \lambda} = 0$ kann ferner, wie wir in § 28 sahen, im Gleichgewicht mit kritischen Phasen eintreten. Auch dann findet, ohne resultierende Temperaturänderung, ein Stoffübergang in dem Sinne statt, daß Wärme aufgenommen wird, gegebenenfalls jedoch unter Aufspaltung der kritischen Phase in zwei andere.

Änderung eines chemischen Gleichgewichts mit dem Druck. Bei Drucksteigerung muß sich ein chemisches Gleichgewicht — wieder tritt die Reaktionslaufzahl als Nebenvariable auf — allgemein in Richtung des volumvermindernden Reaktionsablaufes verschieben. Auf Grund von (3b) erhalten wir folgende quantitative Formulierung[2]:

$$\frac{\partial \lambda}{\partial p}_{(\mathfrak{K})} = -\frac{\frac{\partial v}{\partial \lambda}_{(p)}}{\frac{\partial \mathfrak{K}}{\partial \lambda}_{(p)}}. \tag{9}$$

Wie bereits früher ausgeführt wurde, ist $\frac{\partial v}{\partial \lambda} = \mathfrak{V}$, also gleich der Volumänderung für einen Einheitsumsatz bei konstantem Druck. Da der Nenner $\frac{\partial \mathfrak{K}}{\partial \lambda}_{(p)}$ stets positiv ist, muß das Vorzeichen der Änderung der Reaktionslaufzahl mit dem Druck entgegengesetzt dem Vorzeichen der bei konstantem Druck durch die Reaktion auftretenden Volumänderung sein (quantitative Behandlung in §§ 17 und 23).

Wir führen im folgenden einige Beispiele an. Haben wir ein *Gasdissoziationsgleichgewicht,* etwa $J_2 \rightleftharpoons 2\,J$, so beanspruchen die Dissoziationsprodukte entsprechend der größeren Molzahl bei gleichem Druck das größere Volum ($\mathfrak{V}$ positiv). Daher muß bei Druckzunahme die Dissoziation abnehmen. Sowohl bei reinen Gasreaktionen als auch bei solchen unter Beteiligung kondensierter Phasen verschiebt sich ganz allgemein das Gleichgewicht bei Druckzunahme

---

[1] Man kann das auch so auffassen, daß hier die Konstanthaltung der Nebenintensitätsvariabeln $\mathfrak{K}$ (statt der Mengen der einzelnen Phasen, im gehemmten Gleichgewicht) der Änderung der Hauptintensitätsvariabeln T einen *unendlich großen* Widerstand entgegensetzt, bis eine der Phasen aufgebraucht ist.

[2] Das Minuszeichen kommt dadurch herein, daß der *Druck mit umgekehrtem Vorzeichen* als Intensitätsvariable bzw. Arbeitskoeffizient zu nehmen ist.

nach der Seite der kleineren Molzahl in der Gasphase. Bei den nachfolgend aufgeführten Beispielen:

$$N_2 + 3H_2 \rightleftharpoons 2NH_3,$$
$$4HCl + O_2 \rightleftharpoons 2H_2O + 2Cl_2,$$
$$2CO(g) \rightleftharpoons C(s) + CO_2(g),$$

erfolgt also bei Drucksteigerung eine Änderung der Reaktionslaufzahl im Sinne der von links nach rechts verlaufenden Reaktion, eine Feststellung von größten technischen Konsequenzen. Der Druckeinfluß auf die Ammoniaksynthese wird in Beispiel 9 des Kapitels H behandelt.

Tritt keine Änderung der Molzahl ein, wie z. B. für die Reaktion:

$$H_2 + J_2 \rightleftharpoons 2HJ,$$

so tritt bei nicht zu hohem Gesamtdruck praktisch auch keine Volumänderung mit Veränderung der Reaktionslaufzahl auf, und die Lage des Gleichgewichts ist infolgedessen unabhängig vom Druck.

Für die Gasphase liegen die Verhältnisse insofern besonders einfach, als die spezifischen Volume (pro Mol) aller Reaktionsteilnehmer in der Gasphase in erster Näherung gleich sind und die Volume der kondensierten Phasen neben diesen vernachlässigt werden können. Anders liegen jedoch die Verhältnisse für Reaktionen, an denen nur kondensierte Phasen beteiligt sind. Als Beispiel führen wir an, daß die Dissoziation organischer Säuren in wässeriger Lösung mit einer Verminderung des Volums der Lösung verbunden ist (sog. Elektrostriktion infolge der Wechselwirkung der Ionen mit den Molekülen des Wassers). Infolgedessen muß bei Steigerung des Druckes der Dissoziationsgrad zunehmen. Ferner wird sich der Verteilungskoeffizient eines Stoffes zwischen zwei flüssigen Phasen bei Steigerung des Druckes in dem Sinne ändern, daß mehr in diejenige Phase geht, in welcher der zu verteilende Stoff das geringere Partialvolum aufweist.

Ebenfalls besonders zu betrachten ist auch hier der Fall: $\left(\frac{\partial \mathfrak{K}}{\partial \lambda}\right)_{(p)} = 0$, da dann sowohl $\left(\frac{\partial \lambda}{\partial p}\right)_{(\mathfrak{K})}$ als auch $\left(\frac{\partial v}{\partial p}\right)_{(\mathfrak{K})}$ unendlich werden. Wir können hierfür völlig auf den vorigen Titel: Fall des indifferenten Gleichgewichts, verweisen. Betrachten wir ein Einstoffsystem in zwei Phasen bei konstanter Temperatur, so ist keine Variation des Druckes möglich, ohne daß eine der beiden Phasen verschwindet. Bei Steigerung des Druckes wird vielmehr zunächst die Phase mit dem größeren spezifischen Volum aufgebraucht. Auch hier vollzieht sich also ein Stoffübergang, der, soweit als überhaupt möglich, eine Verringerung des Gesamtvolums zur Folge hat.

Änderung eines chemischen Gleichgewichts durch Stoffzusätze. Gegeben sei eine Mischphase, in der Gleichgewicht in bezug auf eine gewisse *Homogenreaktion* mit der Reaktionslaufzahl γ besteht. Gefragt wird nach der Veränderung von γ (als Nebenextensitätsvariabeln) bei Zusatz dn_i irgendeines Stoffes (i). Nach dem oben entwickelten Prinzip muß γ sich in der Weise ändern, daß das chemische Potential μ_i (als Hauptintensitätsvariable) bzw. die Aktivität des zugesetzten Stoffes verkleinert wird. Auf Grund von (3a) gilt der formelmäßige Zusammenhang[1]:

$$\left(\frac{\partial \gamma}{\partial n_i}\right)_{(\mathfrak{K})} = -\frac{\left(\frac{\partial \mu_i}{\partial \gamma}\right)_{(n_i)}}{\left(\frac{\partial \mathfrak{K}}{\partial \gamma}\right)_{(n_i)}} = -\frac{RT\frac{\partial \ln a_i}{\partial \gamma}}{\left(\frac{\partial \mathfrak{K}}{\partial \gamma}\right)_{(n_i)}}. \tag{10}$$

[1] Daß in (10) nur das konzentrationsabhängige Glied von μ_i nach γ ausdifferenziert zu werden braucht, folgt daraus, daß die Änderung von γ bei konstantem p und T erfolgen soll, so daß das Grundglied von μ_i nicht betroffen wird.

Wenn der zugesetzte Stoff einer von den Reaktionsteilnehmern selbst ist, verschiebt sich also das Gleichgewicht nach der entgegengesetzten Seite, da hierdurch eine Verminderung der Konzentration des Zusatzstoffes und folglich auch seiner Aktivität erfolgt (Massenwirkungsgesetz). Im Falle des Gleichgewichts:

$$CH_3COOH \rightleftharpoons CH_3COO^- + H^+$$

(wässerige Lösung) bewirkt also ein Zusatz von Essigsäure (CH_3COOH) eine Neubildung von Wasserstoffion und Acetation. Zugabe eines der letzteren Stoffe bewirkt hingegen eine Verschiebung im umgekehrten Sinne (Zurückdrängung der Dissoziation durch überschüssige Wasserstoff- oder Acetationen, vgl. Beispiel 15, Kapitel H). Entfernung eines der genannten Stoffe hat die entgegengesetzte Wirkung. Gleichbedeutend hiermit ist aber auch ein Zusatz von Stoffen, die mit den angeführten Reaktionsteilnehmern eine Bindung eingehen können. Zugabe von Ammoniak (NH_3) bewirkt infolge der Reaktion:

$$NH_3 + H^+ \rightleftharpoons NH_4^+$$

einen Verbrauch an Wasserstoffionen, und demgemäß muß eine teilweise Neudissoziation von Essigsäure eintreten.

Aber auch scheinbar an der Reaktion unbeteiligte Stoffe müssen das Gleichgewicht verschieben, wenn durch Änderung der Reaktionslaufzahl sich deren Aktivität ändert. Am einfachsten liegt der Fall, wenn der zuzusetzende Stoff als Lösungsmittel für die Reaktionsteilnehmer aufgefaßt werden kann. In verdünnten Lösungen gilt dann der Satz, daß die Verminderung der Aktivität des Lösungsmittels proportional der Molzahl der gelösten Stoffe ist (§ 15). Folglich verschiebt Zugabe des Lösungsmittels (= Verdünnung) das chemische Gleichgewicht nach der Seite der größeren Molzahl der Fremdmoleküle hin, d. h. in Richtung von deren Dissoziation. Wir haben hier also ein völlig analoges Verhalten wie für Gase bei Volumänderungen. Wir weisen besonders auf die Zunahme der Dissoziation mit der Verdünnung bei allen typischen Dissoziationsgleichgewichten hin, z. B. $CH_3COOH \rightleftharpoons CH_3COO^- + H^+$. Gleiches gilt aber auch für den Vorgang der Hydrolyse (vgl. § 23); in einer Lösung von Natriumacetat ($Na^+ + CH_3COO^-$)lautet die den Vorgang im wesentlichen bestimmende Gleichung[1]:

$$CH_3COO^- + H_2O \rightleftharpoons CH_3COOH + OH^-.$$

Verdünnung bewirkt daher ein Fortschreiten der Reaktion zugunsten der Reaktionsteilnehmer auf der rechten Seite.

Ähnlich, wenn auch etwas verwickelter, liegen die Verhältnisse bei anderen Zusätzen. Bringen wir z. B. einen Nichtelektrolyten in die wässerige Lösung einer teilweise dissoziierten Säure, so wird die Dissoziation in der Regel zurückgehen, weil die Aktivität des zugesetzten Nichtelektrolyten im allgemeinen durch die elektrolytische Spaltung des Elektrolyten erhöht wird (sog. Aussalzeffekt; vgl. § 23). Umgekehrt wird Zusatz eines indifferenten Elektrolyten in geringer Menge die Dissoziation des ursprünglichen Elektrolyten erhöhen, weil in verdünnten Lösungen die Aktivität des zugesetzten Elektrolyten durch die Wechselwirkung mit den Ionen der dissoziierenden Säure vermindert wird (dieser Effekt und die Umkehr, die in besonderen Fällen auftritt, wird in Beispiel 15 und 16 des Kapitels H behandelt).

[1] Da auf der linken Seite der obigen Gleichung nur ein Fremdstoffmolekül steht, auf der rechten dagegen zwei, handelt es sich hier um einen Prozeß mit Vermehrung der Fremdmolekülzahl.

Vorstehende Überlegungen können natürlich auf beliebig konzentrierte Systeme angewandt werden, doch sind bestimmte Aussagen insofern weniger leicht möglich, als die Veränderungen der Aktivität des Zusatzstoffes nicht allgemein bekannt sein werden.

Schließlich sei noch der Einfluß von Zusätzen auf *Übergangsreaktionen* besprochen. Am einfachsten liegen die Verhältnisse, wenn es sich um Stoffübergang zwischen der nahezu reinen Phase und einer beliebigen Mischphase handelt (Lösungsgleichgewicht); es sei angenommen, daß auch der Zusatzstoff praktisch nur in letzterer Phase vorhanden ist. Dann gewinnen wir die Aussage, daß ein Zusatz löslichkeitserhöhend wirkt, wenn sein chemisches Potential durch den gelösten Stoff in der Mischphase verkleinert wird. Verminderung des chemischen Potentials bzw. der Aktivität können wir aber auch als Erhöhung einer verallgemeinerten Löslichkeit auffassen, d. h. als derjenigen Konzentration, die dem Gleichgewicht mit einer Phase von gegebenem chemischen Potential dieses Stoffes entspricht. Infolgedessen läßt sich der Sachverhalt auch in der Form aussprechen, daß ein Zusatzstoff die Löslichkeit erhöht, wenn auch der gelöste Stoff die Löslichkeit des Zusatzstoffes erhöht, und umgekehrt[1].

Weitere Anwendungen. Mit vorstehender Behandlung der für die chemische Thermodynamik besonders wichtigen Fälle, sind die Anwendungsmöglichkeiten des Prinzips von LE CHATELIER-BRAUN längst nicht erschöpft. Wir weisen hier nur kurz auf Vorzeichenaussagen bei folgenden Fragen hin: Temperaturabhängigkeit der Dielektrizitätskonstante und dielektrische Wärmeeffekte; kapillarelektrische Erscheinungen (vgl. II. Teil, § 9); Konzentrationspolarisation bei galvanischen Ketten; Adsorptionsvorgänge und Veränderung der Oberflächenspannung durch Zusätze. Sogar für Erscheinungen nicht mehr rein statischer Natur wie bei der Thermoelektrizität erweisen sich, innerhalb des Gültigkeitsbereiches thermodynamischer Näherungsansätze, diese Überlegungen als fruchtbar.

Wenn mehrere Gleichgewichte irgendwelcher Art nebeneinander vorliegen, treten keine Schwierigkeiten auf, sofern jede Reaktion isoliert betrachtet werden kann. Es gibt jedoch auch Fälle, wo zwei Reaktionen miteinander verkoppelt sind, wie z. B. bei der stufenweisen Dissoziation zweibasischer Säuren:

$$H_2A \rightleftharpoons H^+ + HA^-$$
$$HA^- \rightleftharpoons H^+ + A^{--}.$$

Wenn hier die Dissoziationswärme der 1. und 2. Teilreaktion verschiedenes Vorzeichen haben, ist eine qualitative Behandlung im vorstehenden Sinne nicht mehr möglich. Die Behauptung, daß bei Einstellung des Gleichgewichts Temperaturerhöhung insgesamt wärmeverbrauchende Vorgänge bedingt, führt zu keiner Aussage über die Änderung der Konzentration der einzelnen Reaktionsteilnehmer. Nur in Sonderfällen, wo die eine Reaktion auch bei qualitativer Betrachtung ohne weiteres zu vernachlässigen ist, wird das Ergebnis eindeutig. In allen anderen Fällen müssen die betreffenden Gleichgewichte wirklich quantitativ durchgerechnet werden, z. B. in dem angeführten Falle, indem man zunächst die Temperaturabhängigkeit der einzelnen Dissoziationskonstanten ausrechnet.

---

[1] An Stelle dieser auf spezielle Gleichgewichte bezogenen Formulierung sei auch auf die allgemeinere

$$\frac{\partial \mu^*}{\partial n_i}_{(n^*)} = \frac{\partial \mu_i}{\partial n^*}_{(n_i)}$$

hingewiesen, die eine unmittelbare Folgerung aus Gleichung (6) in § 25 ist und bereits in § 10 erhalten wurde.

Kapitel G.

Veränderungen bei währendem Gleichgewicht.

§ 29. Allgemeine Kennzeichnung der Veränderungen bei währendem Gleichgewicht.

Fragestellung. Wir behandeln in diesem letzten theoretischen Kapitel unseres Buches die besonderen Beziehungen, die zwischen den Änderungen der Variabeln eines thermodynamischen Systems bestehen, wenn die Änderung unter Aufrechterhaltung einer oder mehrerer chemischer Gleichgewichtsbedingungen, speziell *unter Aufrechterhaltung der Gleichgewichtsbedingungen koexistenter Phasen,* vor sich geht. Da wir die Bedingungen, die im ungehemmten Gleichgewicht für Homogen- oder Durchgangsreaktionen erfüllt sein müssen, schon in Kapitel C studiert und in Kapitel E vielfach angewandt haben, führt uns diese Betrachtungsweise, wie schon im Eingang zu § 28 erwähnt, nicht zu prinzipiell neuen Ergebnissen. Immerhin sind die *Einschränkungen,* die wir uns in der Untersuchung der Systeme auferlegen, wenn wir uns nur auf der Linie des betreffenden chemischen Gleichgewichts fortbewegen, so charakteristisch, daß wir uns die zusammenhängende Behandlung dieser Fragestellung für ein besonderes Schlußkapitel vorbehalten haben.

Eine geometrische Veranschaulichung. Man macht sich den Unterschied gegenüber der früheren allgemeineren Betrachtungsweise am besten an einem geometrischen Bilde klar. Man denke sich zwei Phasen eines Zweistoffsystems, die man etwa bei gegebenem Druck in Abhängigkeit von der Temperatur und Zusammensetzung studieren will. Dann würden nach unserem bisherigen Verfahren alle thermodynamischen Eigenschaften der beiden Phasen, repräsentiert durch die spezifischen GIBBSschen Funktionen g, in Abhängigkeit von T und einem Molenbruch *x über einen zweidimensionalen T, x-Bereich hin* verfolgt werden; die Funktion g dachten wir uns als Ordinate über einer T, x-Ebene aufgetragen und erhielten so für jede Phase eine vollständige g (T, x)-Fläche. Wollten wir von dieser allgemeinen Untersuchung der beiden Phasen zu der Untersuchung der Koexistenzzustände beider Phasen übergehen, so hatten wir uns eine geometrische Konstruktion (Anlegen einer doppelt berührenden Tangente in jedem Schnitt senkrecht zur T-Achse) durchgeführt zu denken, durch die insgesamt von den beiden g-Flächen je eine *Kurve* abgetastet wurde, die nunmehr für jede Temperatur den Zustand (die Konzentration) der betreffenden Phase festlegte, die mit einer zweiten Phase (von ebenfalls festgelegter Konzentration) koexistenzfähig war.

In diesem Gebilde und für den hier herausgegriffenen Spezialfall würde nun die Einschränkung, die wir uns nunmehr auferlegen wollen, darin bestehen, daß wir uns um das thermodynamische Verhalten der beiden Phasen (also ihre g-Werte) *außerhalb* der Koexistenzkurve gar nicht kümmern, sondern allein um die beiden Koexistenzkurven selbst, und auch das nur insofern, als wir, von zwei zugeordneten Punkten der beiden Koexistenzkurven ausgehend, die *Richtung* der Kurven im T, x-Diagramm festlegen wollen, d. h. das Verhältnis $dx : dT$, das die zueinandergehörigen Änderungen von dx und dT längs der Koexistenzkurven besitzen. Wir wollen hier also, kurz gesagt, die *Differentialgleichungen der T, x-Kurven* aufsuchen und feststellen, welche thermodynamischen Größen wir kennen müssen, um diese Differentialgleichungen aufstellen und aus ihnen die Verhältnisse $\frac{dx'}{dT}$ und $\frac{dx''}{dT}$ berechnen zu können. Die Veränderungen längs dieser T, x-Kurve sind es, die wir in diesem Fall als „Veränderungen bei währendem Gleichgewicht" bezeichnen wollen.

An dem gleichen Beispiel können wir noch eine weitere allgemeine Feststellung machen. Wir bemerken, daß das thermodynamische Interesse hier nicht eigentlich auf der Frage liegt: Wie ist, von gegebenen Koexistenzpunkten (T, x'; T, x'') ausgehend, das Verhältnis $\frac{dx'}{dT}$ und $\frac{dx''}{dT}$? Diese Frage wäre rein phänomenologischer Art und würde sich am besten durch Tabellierung oder die bekannten graphischen Darstellungen von Koexistenzkurven zusammengehöriger Phasen (Schmelzkurven von Legierungen usw.) beantworten und für den Gebrauch fixieren lassen. Gefragt wird vielmehr nach einer Möglichkeit der *Vorausberechnung* der $\frac{dx'}{dT}$ und $\frac{dx''}{dT}$ aus anderweitig gegebenen thermodynamischen Daten oder nach den *gesetzmäßigen Beziehungen zwischen den* $\frac{dx}{dT}$ *und den thermodynamischen Eigenschaften der koexistenten Phasen.* Was muß von den Eigenschaften koexistenter Phasen bekannt sein, um von einem gegebenem Koexistenzpunkt (T, x'; T, x'') aus auf einen benachbarten Koexistenzpunkt ($T + dT$, $x' + dx'$; $T + dT$, $x'' + dx''$) schließen zu können?

Aus unserem geometrischen Konstruktionsprinzip können wir auch diese Frage sogleich beantworten. Es müssen offenbar die Eigenschaften der g-Flächen *in unmittelbarer Nachbarschaft der Koexistenzpunkte* bekannt sein, um die Berührungspunkte der bei $T + dT$ an die Fläche gelegten Doppeltangente und damit die benachbarten Koexistenzpunkte feststellen zu können. Über diese allgemeine Feststellung hinaus können wir jedoch noch leicht einsehen, daß unter den erforderlichen Eigenschaften der g-Fläche nicht nur ihre Neigungen $\frac{\partial g}{\partial x}$ und $\frac{\partial g}{\partial T}$ in den beiden Koordinatenrichtungen verstanden sein können; diese Neigungen bestimmen ja nur die Orientierungen der beiden Berührungs*ebenen* in den anfänglichen Koexistenzpunkten, und da die Berührung einer Geraden mit einer Ebene unbestimmt ist, gestatten sie nicht die Festlegung eines weiteren Punktes. *Vielmehr müssen Änderungen 2. Ordnung, also Krümmungen der beiden Flächen gegeben sein,* um benachbarte Berührungspunkte bestimmen zu können; damit hängt zusammen, daß für die Differentialgleichungen bei währendem Gleichgewicht gerade die in § 25 besprochenen, für Änderungen höherer Ordnung maßgebenden Größen $\frac{\partial Y}{\partial y}$, speziell $\frac{\partial \mu}{\partial n}$ oder $\frac{\partial \mu}{\partial x}$ eine Rolle spielen und daß aus den gewonnenen Vorzeichenaussagen über diese Größen sich wichtige Aussagen über den Sinn der Veränderungen bei währendem Gleichgewicht ableiten lassen[1].

An dem gewonnenen Resultat, das wir ohne Mühe verallgemeinern werden, ist nun für uns das Wichtige, daß hier wie im allgemeineren Fall der ganzen $g(T, x)$-Flächenbetrachtung Untersuchungen der Eigenschaften koexistenter Phasen notwendig sind, die *aus den Koexistenzkurven beider Phasen herausführen*; anstatt von einem Punkt (T, x') nur zu dem benachbarten Koexistenzpunkt ($T + dT$, $x' + dx'$) zu gehen, muß man z. B. zur Untersuchung von $\frac{\partial g^2}{\partial x^2}$ die

[1] Nur in dem gewissermaßen entarteten Fall der Einstoffsysteme, wo ja $\mu = g$ ist, treten Ableitungen 1. Ordnung von g auf. Hier ist aber, bei p und T als Variabeln, die Koexistenzkurve auch durch eine vereinfachte Bedingung, nämlich den *Schnitt zweier g-Flächen* bestimmt. In diesem Falle genügen jedoch auch geometrisch die Orientierungen der Berührungsebenen, um die Richtung der Schnittkurve, und damit das Verhältnis $\frac{dp}{dT}$ beim Übergang zu einem benachbarten Koexistenzpunkt festzulegen.

Koexistenzkurve verlassen und irgendwie schräg dazu bei konstantem T in Richtung wachsender x auf der betreffenden g-Fläche ein wenig fortschreiten. Das heißt aber, daß man, wie zur Auswahl der Gleichgewichtszustände aus einer größeren Mannigfaltigkeit von Zuständen, so auch zur Bestimmung eines benachbarten Koexistenzpunktes von einem gegebenen Koexistenzpunkt aus, *das betrachtete System*, hier wenigstens infinitesimal, *in vom Gleichgewicht abweichende, also in bezug auf die betreffende Umsetzung gehemmte Zustände hinein verfolgen muß, um über die Lage des benachbarten Koexistenzpunktes eine Aussage machen zu können.*

Allgemeine analytische Formulierung. Nachdem wir so die wichtigsten Merkmale unserer Methode an einem speziellen geometrischen Beispiel klargemacht haben, wollen wir, anstatt dieses Beispiel schrittweise zu verallgemeinern, den bequemeren und allgemeineren Weg einer analytischen Übersicht über die auftretenden differentiellen Bedingungsgleichungen einschlagen. Wir werden ein System erörtern, das zwar in bezug auf eine oder mehrere zu betrachtende innere Veränderungen (Durchgangsreaktionen; im allgemeinen Fall auch Homogenreaktionen oder innere Volumverschiebungen oder Entropieverschiebungen) im Gleichgewicht ist; jedoch von dem gewählten Punkt aus in jeden Nachbarzustand des allgemeineren (also gehemmten) Systems verschoben werden kann. Durch diese Verschiebungen sind außer den sonstigen thermodynamischen Größen und deren Veränderungen auch speziell die *totalen Differentiale derjenigen Intensitätsvariabeln des Systems*, in Abhängigkeit von den unabhängig gewählten Extensitäts- oder Intensitätsvariabeln (des allgemeineren, gehemmten Systems), *angebbar*, die in dem betrachteten Gleichgewicht gleich Null angenommen waren und *deren Veränderungen* zu dem später zu untersuchenden benachbarten Gleichgewichtszustand ebenfalls *gleich Null sein müssen.* Drückt man nun die Differentiale dieser inneren Intensitätsvariabeln, speziell die $d\mathfrak{K}$, durch die Differentiale aller unabhängigen Variabeln des allgemeineren (gehemmten) Systems aus, so entsteht durch die (oder durch jede) Forderung $d\mathfrak{K} = 0$ eine Bedingungsgleichung zwischen den Differentialen der vorher als unabhängig betrachteten Variabeln des Systems. Diese Bedingungsgleichung (oder dieses System von Bedingungsgleichungen) bestimmt die Differentialgleichung der betrachteten Koexistenz-„Kurve“.

Man erkennt aus dieser allgemeinen Formulierung die Mannigfaltigkeit der Formen, welche die auftretenden Differentialbedingungen annehmen können. Erstens können die inneren Intensitätsgrößen, deren Änderung im währenden Gleichgewicht gleich Null gesetzt wird, verschiedener Art sein: es kann sich um die Arbeitskoeffizienten von Durchgangsreaktionen in Ein- oder Mehrstoffsystemen handeln, es können Homogenreaktionen bei währendem Gleichgewicht verfolgt werden; es können jedoch auch, wenn nicht ein für alle Phasen gemeinsamer Druck von vornherein als unabhängige Variable gewählt wird, aus der Druckbedingung des währenden Gleichgewichts $d(p'' - p') = 0$ weitere Bedingungen zwischen den dann auftretenden Variabeln des allgemeineren Systems (unabhängige Teilvolume V' und V'') aufgestellt werden, ähnlich aus $d(T'' - T') = 0$ für die unabhängigen Teilentropien. Noch mannigfaltiger als die Wahl der den Gleichgewichtsbedingungen zu unterwerfenden Intensitätsgrößen, die ja immer innere, d. h. nicht von außen „angefaßte“ sein müssen, ist die Wahl der unabhängigen Variabeln, durch die das allgemeinere System charakterisiert wird und deren Differentiale dann einschränkenden Bedingungsgleichungen unterworfen werden. Man kann, wenn man eine Auskunft über die Beziehungen bei spezifischen Veränderungen in erweiterten Systemen wünscht (wie in dem gewählten geometrischen Beispiel), die $\mathfrak{K}$ als Funktionen der spezifischen Variabeln

p, T, x oder c_1, c_2, T usw. der beteiligten Phasen auffassen; will man jedoch auch die Beziehungen zwischen den Veränderungen aller extensiven Größen verfolgen, z. B. der Mengen einzelner Phasen in engeren Systemen, so könnte man auch die $\mathfrak{R}$ als Funktionen der das System vollständig bestimmenden Extensitätsvariabeln ($\mathfrak{V}$, S, λ, n usw.) einführen und hierauf die Bedingung $d\mathfrak{R} = 0$ anwenden. Die letzte Darstellung würde natürlich besonders da anzuwenden sein, wo die Veränderungen des Systems, wie bei zwei Phasen eines Einstoffsystems von konstanter Temperatur, ohne Änderung der spezifischen Eigenschaften der Phasen vor sich gehen. Allerdings erweist es sich praktisch wohl immer am zweckmäßigsten, wenn man von den ja stets gültigen Beziehungen zwischen den Änderungen der spezifischen Variabeln ausgeht und die dazugehörigen Änderungen aller Extensitätsgrößen aus den gegebenen Nebenbedingungen (insbesondere des „engeren Systems") ermittelt.

Der Fall der Durchgangsreaktionen. Die praktisch überwiegende Bedeutung haben Untersuchungen der Veränderungen bei währendem Gleichgewicht in bezug auf Durchgangsreaktionen, also beim Gleichgewicht koexistenter Phasen, speziell in Mehrstoffsystemen[1]. In diesem Falle läßt sich $\mathfrak{R}$ (ebenso wie die etwa eingeführte innere Intensitätsgröße $p'' - p'$), wie wir wissen, als Differenz der Intensitätsgrößen μ'' und μ' der beiden beteiligten Phasen darstellen und die Bedingung $d\mathfrak{R} = 0$ als Bedingung der Gleichheit der Änderungen $d\mu'$ und $d\mu''$ (ebenso $dp'' = dp'$ und gegebenenfalls $dT'' = dT'$).

Umkehr der Fragestellung. Zum Schluß dieser allgemeinen Bemerkungen weisen wir noch darauf hin, daß natürlich auch aus *beobachteten* zugeordneten Differentialwerten (z. B. dx und dT) im währenden Gleichgewicht Schlüsse gezogen werden können auf die Werte gewisser Differentialquotienten im gehemmten System, wenn ein Teil dieser Differentialquotienten bekannt ist; es ist ja die Eigenschaft aller thermodynamischen Beziehungen, daß sie sich vorwärts und rückwärts lesen und auflösen lassen. Speziell werden hier Differentialquotienten $\frac{\partial \mu}{\partial x}$ $\left(\text{oder } \frac{\partial \mathfrak{k}}{\partial x}\right)$ aus gemessenen $\frac{\partial x}{\partial T}$ und Reaktionswärmen bestimmbar sein, so wie wir ja auch früher die Untersuchung von Gleichgewichten an Stelle einer direkten Bestimmung von chemischen Arbeitskoeffizienten setzen konnten. Untersuchungen dieser Art haben wir in Wirklichkeit in §§ 16—22 gelegentlich schon angetroffen, indem bei Lösungsgleichgewichten zunächst die Koexistenzbedingungen für einen ausgezeichneten Punkt (etwa den Schmelzpunkt der reinen Phase bei Normaldruck) gegeben waren und nunmehr von diesem Punkt aus mit Gefrierpunktserniedrigungen (d. h. eben: Übergang zu benachbarten Gleichgewichtszuständen) und sonstigen, möglichst leicht zu erhaltenden Effekten (Entropie- und Volumdifferenzen) weitergerechnet wurde; die so gewonnenen Ergebnisse ließen sich dann zur Bestimmung von Molekulargewichten gelöster Stoffe, d. h. allgemeiner: zur Bestimmung der Konzentrationsabhängigkeit von Aktivitäten oder Restarbeiten, benutzen.

Endlich sei noch bemerkt, daß wir bei Einstoffsystemen die Gleichung $d\mathfrak{R} = 0$ schon direkt einmal angewendet haben (§ 16, S. 301), um daraus die Clausius-Clapeyronsche Gleichung abzuleiten, die einen Spezialfall der Beziehungen darstellt, welche die Veränderungen bei währendem Gleichgewicht charakterisieren.

---

[1] Es hängt das u. a. damit zusammen, daß die zu betrachtenden gehemmten Zustände hier einfach Zustände der reinen abgetrennten Phasen sind, während in Homogengleichgewichten die Hemmung trotz der gleichzeitigen Gegenwart aller reagierenden Stoffe vorhanden sein muß.

§ 30. Veränderungen bei währendem Gleichgewicht in Einstoffsystemen.

Übersicht. Wir betrachten vorwiegend die Veränderungen bei währendem *Zweiphasen*gleichgewicht, z. B. von Flüssigkeit und Dampf oder Kristall und Schmelze. Wir haben dann ein vollständiges Gleichgewicht (III, § 8), in dem durch eine spezifische Variable, z. B. die Temperatur, alle anderen spezifischen Variabeln bestimmt sind. Wird der beiden Phasen gemeinsame Druck neben der Temperatur als spezifische Variable eingeführt, so handelt es sich nur um die Bestimmung von $\frac{dp}{dT}$ bei währendem Gleichgewicht. Werden dagegen die spezifischen Volume v' und v'' beider Phasen neben T eingeführt, so sind $\frac{dv'}{dT}$ und $\frac{dv''}{dT}$ $\left(\text{sowie daraus } \frac{dv''}{dv'}\right)$ zu bestimmen; hierzu kann entweder zu der Gleichung $d\mathfrak{K} = 0$ $[\mathfrak{K} \doteq f(v', v'', T)]$ noch die Gleichung $dp' = dp''$ hinzugenommen werden, oder, noch einfacher, man benutzt die Zustandsgleichungen $v' = f'(p, T)$ und $v'' = f''(p, T)$, um aus den vorher berechneten zueinander gehörigen dp und dT die dv' und dv'' zu bestimmen. Das letztgenannte Verfahren wird sich auch bei der Berechnung der $\frac{ds'}{dT}$ und $\frac{ds''}{dT}$ empfehlen, wodurch die spezifischen Wärmen der einzelnen Phasen bei denjenigen gleichzeitigen Temperatur- und Druckänderungen bestimmt werden, die der Koexistenz zweier Phasen entsprechen.

Wird außer nach den Änderungen der *spezifischen* Variabeln auch noch nach den Änderungen von *Extensitätsgrößen* des Systems, wie dem Gesamtvolum, der Gesamtentropie oder den Mengen der einzelnen Phasen gefragt, so müssen noch weitere Angaben gemacht werden, um das Verhalten des Systems bei Temperaturänderung eindeutig festzulegen; bei Betrachtung eines engeren Systems (mit konstanter Gesamtmenge) hatten wir ja z. B. in III, § 9, S. 201 abgeleitet, daß bei vollständigen Systemen eine unabhängige Variable mehr vorhanden ist und demnach in ihrer Änderung bei Veränderungen des Systems direkt oder indirekt festgelegt werden muß als bei bloßer Betrachtung spezifischer Veränderungen des Systems. In unserem Falle erweist es sich bei dieser Fragestellung am zweckmäßigsten, durch die gegebene, das Verhalten der dritten Variabeln festlegende Nebenbedingung (z. B. Konstanthaltung des Volums oder der Entropie) zunächst *die dazugehörige Veränderung der Durchgangsreaktionslaufzahl* $d\xi$ $(= dn'' = -dn')$ festzulegen und die Veränderungen aller übrigen abhängigen Extensitätsgrößen (z. B. Gesamtwärmekapazität des Systems) durch dp, dT und $d\xi$ auszudrücken. In dieser Weise lassen sich leicht alle Beziehungen zwischen intensiven und extensiven Änderungen bei währendem Gleichgewicht in Einstoffsystemen ableiten.

Clausius-Clapeyronsche Formel für Einstoffsysteme. Um die zunächst gesuchte Beziehung zwischen dp und dT abzuleiten, stellen wir, wie übrigens schon in III, § 16 ausgeführt, die Gleichung $d\mathfrak{K} = 0$ für $\mathfrak{K}$ in Funktion von p und T auf. Da es sich hierbei um zueinandergehörige Veränderungen eines Gleichgewichtsdruckes π (z. B. Dampfdruck) und einer Gleichgewichtstemperatur ϑ handelt, schreiben wir gleich $d\pi$ und $d\vartheta$. Wir erhalten:

$$d\mathfrak{K} = \frac{\partial \mathfrak{K}}{\partial T} d\vartheta + \frac{\partial \mathfrak{K}}{\partial p} d\pi = 0\,.$$

Da hier $\frac{\partial \mathfrak{K}}{\partial T}$ nach (18), § 4 allgemein $= -\frac{\mathfrak{L}}{T}$ ist und da $\mathfrak{L}$ wegen $\mathfrak{K} = 0$ die Bedeutung unserer Umwandlungswärme Λ (S. 301) hat, wird $\frac{\partial \mathfrak{K}}{\partial T} = -\frac{\Lambda}{T}$. Ferner ist $\frac{\partial \mathfrak{K}}{\partial p}$ nach (16), § 4 gleich $\mathfrak{V}$, also gleich $v'' - v'$. So ergibt sich:

$$-\frac{\Lambda}{T} d\vartheta + \mathfrak{V}\, d\pi = 0$$

$$\frac{d\pi}{d\vartheta} = \frac{\Lambda}{T \cdot \mathfrak{V}} = \frac{\Lambda}{T\,(v'' - v')}\,. \tag{1}$$

Dieselbe Gleichung hätten wir natürlich auch aus der Bedingung $d\mu' = d\mu''$ ableiten können, wobei die Beziehungen des § 10 für $\frac{\partial \mu}{\partial T}$ und $\frac{\partial \mu}{\partial p}$ sowie die Gleichung $\Lambda = T\,(s'' - s')$ zu benutzen gewesen wären. Ohne diese letzte Gleichung hätte sich die ebenfalls wichtige Form:

$$\frac{d\pi}{d\vartheta} = \frac{s'' - s'}{v'' - v'} \tag{2}$$

ergeben. Da $s = -\frac{\partial g}{\partial T}$ und $v = \frac{\partial g}{\partial p}$ ist, finden wir hier die in § 29 Anm. S. 499 gemachte Bemerkung bestätigt, daß zur Bestimmung der spezifischen Änderungen $d\pi$ und $d\vartheta$ längs der Koexistenzkurve hier nur die Kenntnis von Ableitungen 1. Ordnung von g, speziell von zwei spezifischen Extensitätsgrößen der beiden Phasen, notwendig ist.

Es sei noch auf eine andere Ableitung der Clausius-Clapeyronschen Gleichung hingewiesen, die scheinbar die Koexistenzbedingung nicht benutzt. Geht man von einem engeren Zweiphasensystem eines reinen Stoffes aus und berücksichtigt, daß im währenden Gleichgewicht alle Veränderungen an diesem System durch die Änderungen des Gesamtvolums und der Temperatur ebenso bestimmt sind wie in einem homogenen System, so kann man auf das Zweiphasensystem die Beziehung (21a), I, § 8 anwenden:

$$L^{v} = T \frac{\partial p}{\partial T}_{(v)}\,.$$

Da nun unabhängig von jeder Nebenbedingung $\frac{\partial p}{\partial T}$ in unserem Fall $= \frac{d\pi}{d\vartheta}$ sein muß und da $L^{v} = \Lambda \cdot \frac{d\xi}{dV} = \frac{\Lambda}{\mathfrak{V}}$ ist, ergibt sich auch hieraus Gleichung (1).

Hier erweist sich jedoch die in der Annahme $\frac{\partial p}{\partial T}_{(v)} = \frac{d\pi}{d\vartheta}$ enthaltene Voraussetzung $\frac{\partial p}{\partial V}_{(T)} = 0$ gerade als charakteristisch für die Koexistenz der beiden Phasen, da diese Voraussetzung nur erfüllt ist, wenn die μ-Werte beider Phasen sich bei der Änderung des Gesamtvolums bei konstanter Temperatur nicht ändern.

Temperaturabhängigkeit der spezifischen Volume koexistenter Phasen. Zunächst wurden die Intensitätsvariabeln T und p als unabhängige spezifische Variabeln gewählt. Wollen wir auch Veränderungen von *spezifischen Extensitätsvariabeln* der Einzelphasen untersuchen, so könnten wir, wie in der Übersicht besprochen, so vorgehen, daß wir uns $\mathfrak{K}$ oder μ', μ'' sowie p' und p'' in Abhängigkeit von derartigen spezifischen Extensitätsvariabeln (spezifische Entropie bzw. spezifisches Volum) gegeben denken und in diesen Variabeln die Bedingungsgleichungen des währenden Gleichgewichts aufstellen. Wir untersuchen zunächst den Zusammenhang zwischen Temperatur und spezifischem Volum. Zur Aufrechterhaltung der Koexistenz müssen die Bedingungen erfüllt sein:

$$\left.\begin{aligned} dp' &= dp'' \\ d\mu' &= d\mu'' \end{aligned}\right\}, \tag{3}$$

oder explizite formuliert:

$$\frac{\partial p'}{\partial T}\cdot dT + \frac{\partial p'}{\partial v'}\cdot dv' = \frac{\partial p''}{\partial T}\cdot dT + \frac{\partial p''}{\partial v''}\cdot dv'' \tag{4a}$$

$$\frac{\partial \mu'}{\partial T}\cdot dT + \frac{\partial \mu'}{\partial v'}\cdot dv' = \frac{\partial \mu''}{\partial T}\cdot dT + \frac{\partial \mu''}{\partial v''}\cdot dv''. \tag{4b}$$

Die Zusammenhänge zwischen den dv', dv'' und dT könnten dann mit Hilfe dieser beiden Gleichungen so ausgewertet werden, daß z. B. durch eine vorgegebene differentielle Änderung der Temperatur auch die differentiellen Änderungen der spezifischen Volume jeder der beiden koexistierenden Phasen bestimmt sind[1]. Wir benutzen zur Ableitung dieser Beziehungen jedoch noch einfacher den anderen bereits besprochenen Weg, bei dem wir uns auf die oben abgeleitete Beziehung für $\frac{dp}{dT}$ stützen, also die Koexistenzbeziehungen nur durch die CLAUSIUS-CLAPEYRONsche Gleichung einführen. Wir gehen aus von:

$$dv' = \frac{\partial v'}{\partial T}_{(p)}\cdot dT + \frac{\partial v'}{\partial p}_{(T)}\cdot dp = \frac{\partial v'}{\partial T}_{(p)}\cdot dT + \frac{\partial v'}{\partial p}_{(T)}\cdot\frac{d\pi}{d\vartheta}\cdot dT$$

und finden, durch Einsetzen von (1):

$$\left(\frac{dv'}{dT}\right)_{\text{koex}} = \frac{\partial v'}{\partial T}_{(p)} + \frac{\Lambda}{T\cdot\mathfrak{V}}\cdot\frac{\partial v'}{\partial p}_{(T)}. \tag{5a}$$

Ganz entsprechend ergibt sich:

$$\left(\frac{dv''}{dT}\right)_{\text{koex}} = \frac{\partial v''}{\partial T}_{(p)} + \frac{\Lambda}{T\cdot\mathfrak{V}}\cdot\frac{\partial v''}{\partial p}_{(T)}. \tag{5b}$$

Handelt es sich speziell um die Koexistenz von flüssiger und gasförmiger Phase in hinreichender Entfernung vom kritischen Punkt, so ist für die flüssige Phase wegen ihrer geringen Kompressibilität das erste Glied der letzten Gleichungen zu vernachlässigen. Ebenso lassen sich für die Gasphase wesentliche Vereinfachungen vornehmen, wenn die Gültigkeit der idealen Gasgesetze angenommen werden kann sowie das spezifische Volum der Flüssigkeit (v') gegen dasjenige der Gasphase (v'') vernachlässigt wird. Alsdann können wir setzen:

$$\frac{\partial v''}{\partial T}_{(p)} = \frac{\partial}{\partial T}\left(\frac{RT}{p}\right) = \frac{R}{p} = \frac{v''}{T}$$

$$\frac{\partial v''}{\partial p}_{(T)} = \frac{\partial}{\partial p}\left(\frac{RT}{p}\right) = -\frac{RT}{p^2} = -\frac{v''^2}{RT}.$$

Wir erhalten dann durch Einsetzen in (5b):

$$\left(\frac{dv''}{dT}\right)_{\text{koex}} = \frac{v''}{T}\left(1 - \frac{\Lambda}{RT}\right). \tag{5c}$$

Da in größerer Entfernung vom kritischen Punkt $\Lambda \gg RT$ zu sein pflegt, sieht man hieraus, daß das spezifische Volum des gesättigten Dampfes sich in entgegengesetzter Richtung (wachsende Dichte!) und in bedeutend höherem Betrage mit der Temperatur ändert als bei einem Gase unter konstantem Druck.

---

[1] Prinzipiell ist es natürlich auch möglich, dv' oder dv'' als primär gegeben anzusehen; doch ist diese Art der Fragestellung nicht von Bedeutung.

Die Gleichungen (5a) und (5b) sind allgemein als Differentialgleichungen der Koexistenzkurven in dem in § 26 besprochenen v-T-Diagramm eines Einstoffsystems zu deuten (vgl. Abb. 53).

Spezifische Wärme koexistenter Phasen. Wir fragen nunmehr nach der Erhöhung der spezifischen Entropien ds' und ds'' für eine vorgegebene Erhöhung der Temperatur dT bei währendem Gleichgewicht. Zur Berechnung ist zu setzen:

$$ds' = \frac{\partial s'}{\partial T}_{(p)} \cdot dT + \frac{\partial s'}{\partial p}_{(T)} \cdot dp = \frac{\partial s'}{\partial T}_{(p)} \cdot dT + \frac{\partial s'}{\partial p}_{(T)} \cdot \frac{d\pi}{d\vartheta} \cdot dT.$$

Unter Einführung von (vgl. G-Stammbaum):

$$\frac{\partial s}{\partial p}_{(T)} = -\frac{\partial v}{\partial T}_{(p)}$$

sowie von Gleichung (1) können wir hierfür auch schreiben:

$$\left(\frac{ds'}{dT}\right)_{\text{koex}} = \frac{\partial s'}{\partial T}_{(p)} - \frac{\Lambda}{T \cdot (v'' - v')} \cdot \frac{\partial v'}{\partial T}_{(p)}. \tag{6}$$

Beachten wir weiter, daß $T\frac{ds}{dT}$ die spezifische Wärmeaufnahme der betreffenden Phase unter den gewählten Nebenbedingungen bedeutet, so erhalten wir für die „spezifische Wärme bei währendem Gleichgewicht" c_{koex} jeder der beiden Phasen, folgende Werte:

$$c'_{\text{koex}} = T\left(\frac{ds'}{dT}\right)_{\text{koex}} = c'_p - \frac{\Lambda}{v'' - v'} \cdot \frac{\partial v'}{\partial T}_{(p)} \tag{7a}$$

$$c''_{\text{koex}} = T\left(\frac{ds''}{dT}\right)_{\text{koex}} = c''_p - \frac{\Lambda}{v'' - v'} \cdot \frac{\partial v''}{\partial T}_{(p)}. \tag{7b}$$

Handelt es sich um die Koexistenz von kondensierten Phasen mit der Gasphase, so ist für die kondensierte Phase das zweite Glied praktisch zu vernachlässigen, weil die Volumausdehnung mit der Temperatur außerordentlich gering ist. Die spezifische Wärme der koexistenten Phase ist somit in diesem Falle praktisch gleich der spezifischen Wärme bei konstantem Druck. Anders hingegen für die koexistierende Gasphase. Hier kann der Ausdruck (7b) sowohl positiv wie negativ sein. In letzterem Falle wird nämlich bei Temperaturerhöhung durch die automatisch zunehmende Kompression des Dampfes mehr Wärme frei als zur Erwärmung bei konstantem Druck verbraucht würde.

Nachfolgend sind die numerischen Daten für Wasserdampf bei 100° C angeführt[1].

$$\begin{aligned}
c''_p &= 0{,}47 \quad (\text{cal/g} \cdot \text{Grad}) \\
\Lambda &= 538{,}7 \quad (\text{cal/g}) \\
v'' &= 1674{,}0 \quad (\text{cm}^3/\text{g}) \\
v' &= 1 \quad (\text{cm}^3/\text{g}) \\
\frac{\partial v''}{\partial T}_{(p)} &= 4{,}813 \quad (\text{cm}^3/\text{g} \cdot \text{Grad}) \\
c''_{\text{koex}} &= 0{,}47 - 1{,}55 = -1{,}08 \ (\text{cal/g} \cdot \text{Grad}).
\end{aligned}$$

Bei der Anwendung auf gesättigte Dämpfe verwendet man im allgemeinen zweckmäßiger noch eine andere Formel, da sowohl die spezifische Wärme des

[1] Vgl. M. PLANCK: Vorlesungen über Thermodynamik, 6. Aufl., S. 154—158. Berlin und Leipzig 1921.

gesättigten Dampfes als auch dessen Temperaturausdehnung bei konstantem Druck[1] nicht ganz einfach zu ermittelnde Größen sind. Es gelingt, c''_{koex} durch die spezifische Wärme der kondensierten Phase und die Temperaturabhängigkeit der Verdampfungswärme Λ auszudrücken, indem man die Beziehung:

$$\frac{\Lambda}{T} = \mathfrak{S} = s'' - s'$$

bei währendem Gleichgewicht nach T differenziert. Man erhält[2]:

$$-\frac{\Lambda}{T^2} + \frac{1}{T}\left(\frac{d\Lambda}{dT}\right)_{\text{koex}} = \left(\frac{ds''}{dT}\right)_{\text{koex}} - \left(\frac{ds'}{dT}\right)_{\text{koex}} = \frac{1}{T}\cdot(c''_{\text{koex}} - c'_{\text{koex}}) \tag{8}$$

oder nach (7a) und (7b):

$$-\frac{\Lambda}{T^2} + \frac{1}{T}\left(\frac{d\Lambda}{dT}\right)_{\text{koex}} = \frac{1}{T}\cdot(c''_p - c'_p) - \frac{\Lambda}{T\cdot(v''-v')}\cdot\left[\frac{\partial v''}{\partial T}_{(p)} - \frac{\partial v'}{\partial T}_{(p)}\right]. \tag{9}$$

Wir verfolgen jedoch (9) nicht weiter, sondern drücken nach (8) c''_{koex} durch c'_{koex} aus, wobei wir noch die oben begründete Annäherungsannahme $c'_{\text{koex}} = c'_p$ für die kondensierte Phase machen. Es ergibt sich:

$$c''_{\text{koex}} = c'_p + \left(\frac{d\Lambda}{dT}\right)_{\text{koex}} - \frac{\Lambda}{T}. \tag{10}$$

c'_p sowie die übrigen Glieder dieser Gleichung, nämlich die Verdampfungswärme und ihr Temperaturkoeffizient bei währendem Gleichgewicht, sind relativ leicht meßbar und deshalb findet man Formel (10) häufiger angegeben als (7b).

Für Wasserdampf von 100° C gelten folgende Daten:

$$\begin{aligned}
c'_p &= \quad 1{,}01 \ (\text{cal/g}\cdot\text{Grad})\\
\Lambda &= 538{,}7 \ (\text{cal/g})\\
T &= 373 \quad (\text{Grad})\\
\left(\frac{d\Lambda}{dT}\right)_{\text{koex}} &= -0{,}64 \ (\text{cal/g}\cdot\text{Grad})\\
c_{\text{koex}} &= \quad 1{,}01 - 0{,}64 - 1{,}44 = -1{,}07.
\end{aligned}$$

Letzterer Wert stimmt mit dem oben erhaltenen überein.

Verhalten gesättigter Dämpfe bei vorgegebener Änderung des Volums. Anschließend an die vorstehenden Überlegungen untersuchen wir noch das Ver-

---

[1] Näherungsweise kann man für die Gasphase die Gültigkeit des idealen Gasgesetzes annehmen. Für Wasserdampf bei 100° C würde sich ergeben (auf 1 g bezogen):

$$v'' = \frac{1}{18{,}02}\cdot\frac{RT}{p}; \quad \frac{\partial v''}{\partial T}_{(p)} = \frac{R}{18{,}02\cdot p} = \frac{82{,}04}{18{,}02\cdot 1} = 4{,}553\,.$$

Durch unmittelbare Messung wird hingegen der oben angegebene Wert 4,813 gefunden. Die idealen Gasgesetze gelten also für Wasserdampf verhältnismäßig schlecht, worauf auch in Beispiel 2 des Kapitel H eingegangen wird.

[2] Nach Einführung des idealen Gasgesetzes kann für Gleichung (9) näherungsweise auch geschrieben werden:

$$\left(\frac{d\Lambda}{dT}\right)_{\text{koex}} \cong c''_p - c'_p.$$

Der hierbei auftretende Fehler ist allerdings wegen der Differenzbildung recht erheblich. Für Wasserdampf von 100° C ergibt sich nämlich:

$$\left(\frac{d\Lambda}{dT}\right)_{\text{koex}} = -0{,}64; \quad c''_p - c'_p = 0{,}47 - 1{,}01 = -0{,}54\,.$$

hältnis von Entropieänderung und Volumänderung eines gesättigten Dampfes bei währendem Gleichgewicht. Wir können setzen:

$$\left(\frac{d s''}{d v''}\right)_{\text{koex}} = \frac{\left(\frac{d s''}{d T''}\right)_{\text{koex}}}{\left(\frac{d v''}{d T}\right)_{\text{koex}}}. \tag{11}$$

Der Nenner des Bruches der rechten Seite ist stets negativ, das Vorzeichen des Zählers kann positiv oder negativ sein. Ist die spezifische Wärme c''_{koex} des betrachteten Dampfes positiv, so muß nach (11) bei Vergrößerung des spezifischen Volums (also bei sinkender Gleichgewichtstemperatur) Wärme nach außen abgegeben werden. Wird der Vorgang der spezifischen Volumvergrößerung, statt dessen adiabatisch vollzogen, so bleibt die Temperatur höher als dem gesättigten Dampf bei dem vorgegebenen Volum entspricht, d. h. es entsteht ungesättigter Dampf. Umgekehrt wird bei adiabatischer spezifischer Volumverminderung der Dampf übersättigt und es kann sich die flüssige Phase ausbilden. Ein derartiges Verhalten zeigt z. B. Ätherdampf. Ist hingegen die spezifische Wärme des gesättigten Dampfes negativ, wie für Wasserdampf bei 100^0 C, so muß bei Expansion zur Aufrechterhaltung der Koexistenzbedingungen Wärme zugeführt werden; daher wird bei adiabatischer Expansion der Dampf übersättigt, entsprechend wird bei adiabatischer Kompression der Dampf ungesättigt. Dieses Verhalten ist z. B. für das Arbeiten der Dampfmaschine von Interesse. Analog verhalten sich die Dämpfe von Azeton und Schwefelkohlenstoff. Bei gewissen Stoffen (z. B. Alkohol) wechselt übrigens das Vorzeichen der spezifischen Wärme des gesättigten Dampfes mit der Temperatur.

Verhalten engerer Zweiphasensysteme im währenden Gleichgewicht. Die *spezifischen* Änderungen in Zweiphasensystemen von gegebener Gesamtmenge brauchen wir nicht besonders zu untersuchen, da sie durch die vorangehende Berechnung bereits gegeben sind. Dagegen kann hier noch nach Veränderungen der Menge der einzelnen Phasen im währenden Gleichgewicht gefragt werden, ferner nach den Änderungen des Gesamtvolums und der Gesamtentropie, falls noch durch eine weitere Zusatzbedingung (vgl. die Übersicht am Anfang dieses Paragraphen) das Verhalten des Systems festgelegt ist. Wir studieren zunächst die beiden Fälle, daß bei der Temperatursteigerung das Gesamtvolum konstant gehalten wird (isochores Verhalten bei währendem Gleichgewicht) und daß die Gesamtentropie konstant gehalten wird (adiabatisches Verhalten bei währendem Gleichgewicht). In beiden Fällen berechnen wir gemäß unserem Plan zunächst die Änderung der Durchgangslaufzahl ξ, die wir neben p und T als dritte unabhängige Variable eingeführt denken.

Für $V =$ const haben wir außer der allgemeinen Koexistenzbedingung noch $dV = 0$ zu setzen, also:

$$\left.\begin{aligned} dV &= dV' + dV'' = d(n'v') + d(n''v'') \\ &= n'\left(\frac{dv'}{dT}\right)_{\text{koex}} \cdot dT + v'\,dn' + n''\cdot\left(\frac{dv''}{dT}\right)_{\text{koex}} \cdot dT + v''\,dn'' = 0 \end{aligned}\right\}. \tag{12}$$

Setzt man hierin $d\xi = -dn' = dn''$, so folgt:

$$\left(\frac{d\xi}{dT}\right)_{V,\,\text{koex}} = -\frac{1}{v''-v'}\cdot\left[n'\cdot\left(\frac{dv'}{dT}\right)_{\text{koex}} + n''\left(\frac{dv''}{dT}\right)_{\text{koex}}\right]. \tag{13}$$

Um die Entropieänderung $\left(\frac{dS}{dT}\right)_{V,\,\text{koex}}$ bzw. die Größe $T\cdot\left(\frac{dS}{dT}\right)_{V,\,\text{koex}}$, d. h. die Wärmekapazität des gesamten engeren Zweiphasensystems im währenden

Gleichgewicht bei konstantem Volum zu bestimmen, brauchen wir nur dS analog zu (12) durch dT und $d\xi$ auszudrücken.

$$\left.\begin{aligned} T\left(\frac{dS}{dT}\right)_{v,\,\text{koex}} &= L^T_{\text{koex}} = n' c'_{\text{koex}} + s' T\left(\frac{dn'}{dT}\right)_{v,\,\text{koex}} + n'' c''_{\text{koex}} + s'' T\left(\frac{dn''}{dT}\right)_{v,\,\text{koex}} \\ &= n'\left[c'_{\text{koex}} - \frac{\Lambda}{v''-v'}\left(\frac{dv'}{dT}\right)_{\text{koex}}\right] + n''\left[c''_{\text{koex}} - \frac{\Lambda}{v''-v'}\left(\frac{dv''}{dT}\right)_{\text{koex}}\right] \end{aligned}\right\}. \tag{14}$$

Aus dieser Beziehung läßt sich z. B. die spezifische Wärme eines „nassen Dampfes" von gegebenem Mengenverhältnis der in Tropfenform und Dampfform vorhandenen Substanz bei konstantem Volum errechnen.

Soll umgekehrt S an Stelle von V konstant sein, so ist die zu (12) analoge Gleichung $dS = 0$ anzusetzen:

$$dS = dS' + dS'' = n'\left(\frac{ds'}{dT}\right)_{\text{koex}} dT + s'\,dn + n''\left(\frac{ds''}{dT}\right)_{\text{koex}} dT + s''\,dn'' = 0. \tag{15}$$

Hieraus folgt unter Einführung von (7d) und (7b) sowie von $\Lambda = T(s'' - s')$ der Ausdruck:

$$\left(\frac{d\xi}{dT}\right)_{S,\,\text{koex}} = -\frac{1}{\Lambda}\cdot\left[n' c'_{\text{koex}} + n'' c''_{\text{koex}}\right]. \tag{16}$$

Ferner erhält man analog zu (14):

$$\left.\begin{aligned} \left(\frac{dV}{dT}\right)_{S,\,\text{koex}} &= n'\left[\left(\frac{dv'}{dT}\right)_{\text{koex}} - \frac{(v''-v')}{\Lambda} c'_{\text{koex}}\right] \\ &\quad + n''\left[\left(\frac{dv''}{dT}\right)_{\text{koex}} - \frac{(v''-v')}{\Lambda} c''_{\text{koex}}\right] \end{aligned}\right\}. \tag{17}$$

Letztere Gleichung gibt somit die Größe der notwendigen Volumänderung für vorgebene Temperaturänderung bei adiabatischer Expansion bzw. Kompression.

Ferner kann man $\left(\frac{d\xi}{dS}\right)_{v,\,\text{koex}}$ sowie $\left(\frac{d\xi}{dS}\right)_{S,\,\text{koex}}$ durch Division von (13) und (14) bzw. (16) und (17) berechnen. Der letztere Ausdruck ergänzt das qualitative Ergebnis, das auf S. 507 in Anschluß an Gleichung (11) über das Verhalten von gesättigten Dämpfen bei adiabatischer Expansion bzw. Kompression erhalten wurde.

Diese Rechnungen mögen zur Erläuterung der Methode genügen. Bedeutend einfachere Verhältnisse erhält man, wenn *Konstanthaltung von p oder T* bei der Veränderung des engeren Systems vorgeschrieben ist; dann ist bei währendem Gleichgewicht auch die andere dieser beiden Größen unveränderlich und ξ einzige unabhängige Variable. Dann wird z. B. $dV = (v'' - v')\,d\xi$, $dS = \frac{\Lambda}{T}\,d\xi$, so daß durch eine vorgegebene Änderung einer der drei Größen V, S oder ξ die beiden übrigen bestimmt sind. Speziell ergibt sich hieraus für $T\left(\frac{dS}{dV}\right)_{p,\,\text{koex}} = L^v$ der bei der zweiten Herleitung der CLAUSIUS-CLAPEYRONschen Gleichung (S. 503) schon benutzte Wert $\frac{\Lambda}{v''-v'}$, und umgekehrt läßt sich die Reaktionswärme Λ bei Kenntnis der spezifischen Volume aus der latente Volumwärme des Zweiphasensystems von konstantem p und T berechnen.

Dreiphasengleichgewichte in Einstoffsystemen. Sollen drei Phasen eines Einstoffsystems miteinander im Gleichgewicht sein, so ist keine Variation der Intensitätsvariabeln oder der spezifischen Bestimmungsgrößen der einzelnen Phasen mehr möglich, wie bereits in § 8 auseinandergesetzt wurde. Bei willkürlicher Änderung von Temperatur oder Druck muß daher mindestens eine der Phasen verschwinden. Bei willkürlicher Änderung der Entropie (durch Wärmeaustausch) und des Volums des Gesamtsystems, finden lediglich Stoffübergänge zwischen den drei Phasen statt, bis eine derselben aufgebraucht ist. Die Größe dieser Stoffübergänge ist durch folgende Gleichungen bestimmt:

$$\left.\begin{aligned} dn' + dn'' + dn''' &= 0 \\ v'dn' + v''dn'' + v'''dn''' &= dV \\ s'dn' + s''dn'' + s'''dn''' &= dS \end{aligned}\right\}. \tag{18}$$

Im Bedarfsfall lassen sich hieraus durch Auflösung mit Hilfe von Determinanten die Massenveränderungen der einzelnen Phasen ohne weiteres angeben.

§ 31. Veränderungen bei währendem Gleichgewicht in Mehrstoffsystemen.

Allgemeines über Zweiphasengleichgewichte in Zweistoffsystemen. Wir gehen nunmehr zu Mehrstoffsystemen über und behandeln zunächst als einfachsten Fall: zwei Komponenten in zwei Phasen. Gemäß unserm auch auf Zweistoffsysteme anwendbaren allgemeinen Plan (S. 502, § 30), werden wir zunächst die Beziehungen zwischen den Änderungen der *spezifischen* Bestimmungsgrößen ermitteln. Wählen wir hierfür die Temperatur, den Druck und die beiden Zusammensetzungen x_2' und x_2'' der koexistenten Phasen, so lauten die einschränkenden Bedingungsgleichungen für die Veränderungen bei währendem Gleichgewicht: $d\mathfrak{K}_1 = 0$ und $d\mathfrak{K}_2 = 0$, oder:

$$d\mu_1' = d\mu_1'', \tag{1a}$$

$$d\mu_2' = d\mu_2''. \tag{1b}$$

Entwickeln wir diese Differentiale nach den unabhängigen Variabeln dT, dp, dx_2' und dx_2'', so folgt hieraus:

$$\frac{\partial \mu_1'}{\partial T} dT + \frac{\partial \mu_1'}{\partial p} dp + \frac{\partial \mu_1'}{\partial x_2'} dx_2' = \frac{\partial \mu_1''}{\partial T} dT + \frac{\partial \mu_1''}{\partial p} dp + \frac{\partial \mu_1''}{\partial x_2''} dx_2'' \tag{2a}$$

$$\frac{\partial \mu_2'}{\partial T} dT + \frac{\partial \mu_2'}{\partial p} dp + \frac{\partial \mu_2'}{\partial x_2'} dx_2' = \frac{\partial \mu_2''}{\partial T} dT + \frac{\partial \mu_2''}{\partial p} dp + \frac{\partial \mu_2''}{\partial x_2''} dx_2''. \tag{2b}$$

Die Differentiationen der μ nach den x_2 sind hierbei, wie S. 221, so zu rechnen, daß sich die x_1 gleichzeitig um entgegengesetzte Beträge verändern.

Nach (12) und (13), § 10, gilt:

$$\frac{\partial \mu_1}{\partial T} = -\frac{\partial S}{\partial n_1} = -s_1$$

$$\frac{\partial \mu_2}{\partial T} = -\frac{\partial S}{\partial n_2} = -s_2$$

Analog ist nach (10) und (13), § 10:

$$\frac{\partial \mu_1}{\partial p} = v_1$$

$$\frac{\partial \mu_2}{\partial p} = v_2.$$

Endlich kann nach (24a), § 10, gesetzt werden:

$$\frac{\partial \mu_2}{\partial x_2} = -\frac{1 - x_2}{x_2} \cdot \frac{\partial \mu_1}{\partial x_2}, \tag{3a}$$

ferner unter Benutzung von (11) aus § 27:

$$\frac{\partial^2 g}{\partial x_2^2} = -\frac{\partial \mu_1}{\partial x_2} + \frac{\partial \mu_2}{\partial x_2}. \tag{3b}$$

Sodann folgt:

$$\frac{\partial \mu_1}{\partial x_2} = -x_2 \cdot \frac{\partial^2 g}{\partial x_2^2} \tag{4a}$$

$$\frac{\partial \mu_2}{\partial x_2} = (1 - x_2) \cdot \frac{\partial^2 g}{\partial x_2^2}. \tag{4b}$$

Mit Einführung all dieser Beziehungen gehen die Gleichungen (2a) und (2b) über in:

$$-s_1' dT + v_1' dp - x_2' \frac{\partial^2 g'}{\partial x_2'^2} dx_2' = -s_1'' dT + v_1'' dp - x_2'' \frac{\partial^2 g''}{\partial x_2''^2} dx_2'' \tag{5a}$$

$$-s_2' dT + v_2' dp + (1 - x_2') \frac{\partial^2 g'}{\partial x_2'^2} dx_2' = -s_2'' dT + v_2'' dp + (1 - x_2'') \frac{\partial^2 g''}{\partial x_2''^2} dx_2''. \tag{5b}$$

Aus diesen Gleichungen sind, bei Kenntnis der partiellen Entropien, der partiellen Molvolume, sowie der Größen $\frac{\partial^2 g}{\partial x_2^2}$ für beide Phasen, alle Beziehungen abzuleiten, die zwischen den dp, dT und beiden dx bei währendem Gleichgewicht bestehen; insbesondere sind, wenn eine dieser vier spezifischen Veränderungen $= 0$ gehalten wird, die übrigen drei durch eine von ihnen bestimmt.

Führen wir noch statt der Differenzen $s'' - s'$ und $v'' - v'$ die Werte ein[1]:

$$\left.\begin{aligned} s_1'' - s_1' &= \mathfrak{S}_1 = \frac{\Lambda_1}{T} \\ s_2'' - s_2' &= \mathfrak{S}_2 = \frac{\Lambda_2}{T} \end{aligned}\right\} \tag{6}$$

und

$$\left.\begin{aligned} v_1'' - v_1' &= \mathfrak{B}_1 \\ v_2'' - v_2' &= \mathfrak{B}_2 \end{aligned}\right\}, \tag{7}$$

so erhalten wir die mit (5a) und (5b) äquivalenten Gleichungen:

$$-\mathfrak{S}_1 dT + \mathfrak{B}_1 dp - x_2'' \frac{\partial^2 g''}{\partial x_2''^2} dx_2'' + x_2' \frac{\partial^2 g'}{\partial x_2'^2} dx_2' = 0, \tag{8a}$$

$$-\mathfrak{S}_2 dT + \mathfrak{B}_2 dp + (1 - x_2'') \frac{\partial^2 g''}{\partial x_2''^2} dx_2'' - (1 - x_2') \frac{\partial^2 g'}{\partial x_2'^2} dx_2' = 0. \tag{8b}$$

Diese Gleichungen hätten sich noch direkter aus den Gleichungen $d\mathfrak{K}_1 = 0$ und $d\mathfrak{K}_2 = 0$ unter Benutzung entsprechender Hilfsbeziehungen ergeben.

Die Zusammensetzung der koexistenten Phasen als Funktion der Temperatur. Zunächst wollen wir den Druck als konstant betrachten ($dp = 0$). Dann können wir aus (8a) und (8b) dx_2' und dx_2'' durch dT bestimmt ansehen. Wir multiplizieren (8a) mit $1 - x_2''$, (8b) mit x_2'' und addieren. Hierbei fallen die Glieder mit dx_2'' weg. Aus der resultierenden Gleichung wird dx_2' berechnet (Gleichung 9a).

[1] Es ist wieder wegen $\mathfrak{K} = 0$ zu setzen: $\mathfrak{L} = \Lambda$.

In analoger Weise wird zur Berechnung von dx_2'' das Differential dx_2' eliminiert, indem (8a) mit $1 - x_2'$, (8b) mit x_2' multipliziert und addiert wird. Als Ergebnis folgen die beiden Gleichungen:

$$\left(\frac{dx_2'}{dT}\right)_{\text{koex}} = -\frac{x_2''\mathfrak{S}_2 + (1 - x_2'')\mathfrak{S}_1}{(x_2'' - x_2')\cdot\frac{\partial^2 g'}{\partial x_2'^2}} = -\frac{x_2''A_2 + (1 - x_2'')A_1}{(x_2'' - x_2')\cdot T\cdot\frac{\partial^2 g'}{\partial x_2'^2}}, \tag{9a}$$

$$\left(\frac{dx_2''}{dT}\right)_{\text{koex}} = -\frac{x_2'\mathfrak{S}_2 + (1 - x_2')\mathfrak{S}_1}{(x_2'' - x_2')\cdot\frac{\partial^2 g''}{\partial x_2''^2}} = -\frac{x_2'A_2 + (1 - x_2')A_1}{(x_2'' - x_2')\cdot T\cdot\frac{\partial^2 g''}{\partial x_2''^2}}. \tag{9b}$$

Als besonderen, bereits früher eingehend behandelten Spezialfall erwähnen wir hierzu: $x_2'' = 0$ oder $x_1'' = 1$, d. h. die eine Phase ($''$) enthält praktisch nur die eine Komponente. Dann erhalten wir die ähnlich schon in § 20 abgeleiteten Formeln für den Gang der Löslichkeit fester Stoffe mit der Temperatur oder nach Integration diejenigen für Gefrierpunktserniedrigung sowie Siedepunktserhöhung durch nicht flüchtige Zusätze.

Die hier abgeleitete Formeln unterscheiden sich jedoch insofern von denjenigen in § 20, als dort nicht der Molenbruch x_2' der koexistierenden Mischphase als Funktion der Temperatur erhalten wurde, sondern die zugehörige Restarbeit. Wir gehen dem Zusammenhang beider Darstellungen für den praktisch wichtigen Fall der Löslichkeit des reinen Stoffes 2 näher nach und wollen die Äquivalenz beider Formeln zeigen. Für den zu betrachtenden Spezialfall ($x_2'' = 1$) erhält (9a) folgende Form:

$$\left(\frac{dx'}{dT}\right)_{\text{koex}} = -\frac{A_2}{(1 - x_2')\cdot T\cdot\frac{\partial^2 g'}{dx_2'^2}} \tag{9a'}$$

Einführung von (4b) ergibt:

$$\frac{\partial^2 g'}{\partial x'^2} = \frac{1}{1 - x_2'}\cdot\frac{\partial\mu_2'}{\partial x_2'} = \frac{1}{1 - x_2'}\cdot\frac{\partial\mathfrak{k}_2'}{\partial x_2'}.$$

Wir setzen ferner für A_2 als Übergangswärme des Stoffes 2 aus der Mischphase in die reine Phase des Stoffes 2 dessen letzte Lösungswärme $\lambda_{(\text{sätt})}$ (S. 292) mit umgekehrtem Vorzeichen, weil diese als Übergangswärme in der entgegengesetzten Richtung definiert ist. Unter gleichzeitiger Benutzung der auf S. 292 und 293 entwickelten Zusammenhänge ist zu setzen:

$$A_2 = -\lambda_{(\text{sätt})} = -(\lambda_{(x_2=0)} + \mathfrak{w}_2).$$

Nunmehr können wir für die Änderung der Restarbeit der zweiten Komponente in der Mischphase unter Aufrechterhaltung der Koexistenzbedingungen folgenden Ausdruck aufstellen[1]:

$$d\left(\frac{\mathfrak{k}_2'}{T}\right) = \left[\frac{\partial}{\partial T}\left(\frac{\mathfrak{k}_2'}{T}\right)_{x_2'} + \frac{\partial}{\partial x_2'}\left(\frac{\mathfrak{k}_2'}{T}\right)_T\cdot\left(\frac{\partial x_2'}{dT}\right)_{\text{koex}}\right]dT = \left[-\frac{\mathfrak{w}_2}{T^2} + \frac{\lambda_{(\text{sätt})}}{T^2}\right]dT = \frac{\lambda_{(x_2=0)}}{T^2}dT. \tag{10}$$

Durch Differentation von (8), § 20 erhalten wir aber dasselbe Resultat[2] und damit ist die Äquivalenz beider Entwicklungen gezeigt. Gleichzeitig sieht man auch den inneren Grund, warum in § 20 nicht eine Formel für die unmittelbar

[1] Man beachte: $\frac{\partial}{\partial T}\left(\frac{\mathfrak{k}_2'}{T}\right) = -\frac{\mathfrak{w}_2}{T^2}$ [§ 11 (23) sowie S. 292].

[2] Über Vorzeichendefinition vgl. S. 348 im Anschluß an (8), § 20.

zu beobachtende Löslichkeit als Funktion der Temperatur erhalten wurde, was gerade in praktischer Hinsicht am wichtigsten erscheinen könnte. Formel (10) kann nämlich ohne weiteres integriert werden, weil die rechte Seite lediglich Funktion der Temperatur ist, während eine Trennung der Variabeln T und x_2' in (9a) nicht ohne weiteres zu erreichen ist. Gerade auf die Erlangung integrierter Formeln zur Überbrückung endlicher Intervalle mit unmittelbar meßbaren Größen kam es uns aber in § 20 an.

Wie schon auf S. 293 erwähnt, können erste und letzte Lösungswärme entgegengesetzte Vorzeichen haben. Z. B. ist für Natriumhydroxyd gegenüber Wasser die erste Lösungswärme stark negativ (große Wärme*abgabe* beim Lösungsvorgang). Trotzdem nimmt die Löslichkeit mit steigender Temperatur zu, weil die letzte Lösungswärme, die in (9a) auftritt ($\Lambda_2 = -\lambda_{(\text{sätt})}$), negativ ist. Die durch die absolute Temperatur dividierte Restarbeit bzw. die Aktivität[1] einer gesättigten Natriumhydroxydlösung muß hingegen mit steigender Temperatur abnehmen.

Neigungen der Solidus- und Liquidus-Kurven. Für die weiteren Folgerungen sei zunächst festgestellt, daß in den Gleichungen (9a) und (9b) im Nenner die Größe $\frac{\partial^2 g}{\partial x_2^2} = -\frac{\partial \mu_1}{\partial x_2} + \frac{\partial \mu_2}{\partial x_2}$ nach § 25, S. 458 und 459, *stets positiv ist,* falls, wie immer, nicht existenzfähige labile Systeme ausgeschlossen sind. Infolgedessen ist *durch das Vorzeichen der im Zähler stehenden Wärmeübergänge sowie des Gliedes $x_1'' - x_1'$ im Nenner das Vorzeichen des gesamten Ausdrucks bestimmt.* Das Vorzeichen des Zählers ist von Fall zu Fall verschieden. Im allgemeinen erfordert der Übergang jedes Stoffes von einer festen in eine flüssige Phase und ebenso der Übergang von einer festen oder flüssigen in eine gasförmige Phase, Zufuhr von Wärme; wählen wir die bei höherer Temperatur beständige Phase als (')-Phase, so sind also für die Übergänge (') → ('') die Übergangswärmen Λ_1 und Λ_2 negativ. Auf einige bemerkenswerte Ausnahmen (Lösungswärme von Salzen in wässeriger Lösung sowie von gasförmigem Wasserstoff in Metallen) wurde bereits in § 28 hingewiesen. Von diesen Sonderfällen sei jedoch zunächst abgesehen. Dann erhalten wir zunächst das Resultat, daß $\frac{dx'}{dT}$ und $\frac{dx''}{dT}$ im allgemeinen dasselbe Vorzeichen haben[2]. Dieses sowie die folgenden Beziehungen illustrieren wir am einfachsten an den schon in § 27 besprochenen T-x-Diagrammen. Die reziproken Werte: $\frac{dT}{dx'}$ und $\frac{dT}{dx''}$ sind sodann gleich den Tangenswerten der Neigungswinkel der einzelnen Kurven. Betrachten wir das in Abb. 67 (S. 485) wiedergegebene Schmelzdiagramm, so sehen wir, daß entsprechend der aufgestellten Beziehung, die zu einer Temperatur (Ordinatenwert) gehörenden Neigungswinkel der s-Kurve und der l-Kurve[3] dasselbe Vorzeichen aufweisen. Gleichzeitig können wir noch mehr aussagen. Wird die flüssige Phase durch den Phasenindex ('), die zugehörige koexistente feste Phase durch ('') gekennzeichnet, dann sind, wie wir oben feststellten, Λ_1 und Λ_2 im allgemeinen negativ. Folglich ist nach (9a) und (9b) *das Vorzeichen von* $\frac{dT}{dx'}$ *und* $\frac{dT}{dx''}$ *das gleiche wie das Vorzeichen von* $(x'' - x')$. Beginnen wir das erwähnte Diagramm von links nach rechts fortschreitend daraufhin zu betrachten, so sehen wir,

[1] Man beachte: $\frac{\partial}{\partial T}\left(\frac{\mathfrak{f}_2'}{T}\right) = R\frac{\partial \ln a_2'}{\partial T}$.

[2] Wir verstehen im folgenden unter den x immer die Größen x_2.

[3] Als s-Kurve (s = solidus = fest) wird, wie in § 22 die T-x-Kurve der koexistenten festen Phase, als l-Kurve (l = liquidus = flüssig) die T-x-Kurve der koexistenten flüssigen Phase bezeichnet.

daß bei kleinen Werten von x zunächst ein Gleichgewicht zwischen der flüssigen Phase und der festen Phase der zweiten Komponente vorhanden ist, wobei $x'' < x'$, folglich $\frac{dT}{dx'}$ und $\frac{dT}{dx''}$ negativ ist, d. h. die Temperatur sinkt bei zunehmenden x' bzw. x''. Dann tritt als neue feste ('')-Phase eine chemische Verbindung der Komponenten bzw. eine geordnete Mischphase mit höherem Gehalt an 1 als die Schmelze auf. Hier ist also zunächst $x'' - x'$ positiv, folglich $\frac{dT}{dx'}$ und $\frac{dT}{dx''}$ positiv. Schließlich wird $x'' - x'$ gleich Null, folglich $\frac{dT}{dx'}$ und $\frac{dT}{dx''}$ ebenfalls gleich Null. Sowohl die s-Kurve wie die l-Kurve durchlaufen ein Maximum. Bei weiterem Fortschreiten nach rechts wird sodann $x'' < x'$ und entsprechend $\frac{dT}{dx'}$ und $\frac{dT}{dx''}$ negativ. Schließlich besteht dann noch ein Gleichgewicht zwischen der flüssigen Phase und der nahezu reinen festen Phase der ersten Komponente; bezeichnen wir in diesem Gebiet die fast reine feste Phase mit (''), so ist hier $x'' > x'$, daher $\frac{dT}{dx'}$ sowie $\frac{dT}{dx''}$ positiv. Als Beispiel für ein anders geartetes Schmelzdiagramm sei auf Abb. 68 hingewiesen (Typus Natriumnitrat/Silbernitrat). Zustandsfeld I bezeichnet die flüssige Phase, II die feste Phase der zweiten Kom-

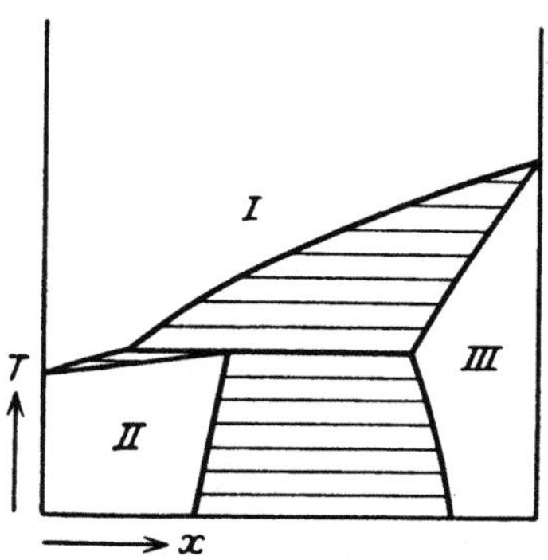

Abb. 68. T-x-Diagramm eines Zweistoffsystems mit einer flüssigen Phase (I) und zwei festen Phasen (II und III) begrenzter Mischbarkeit.

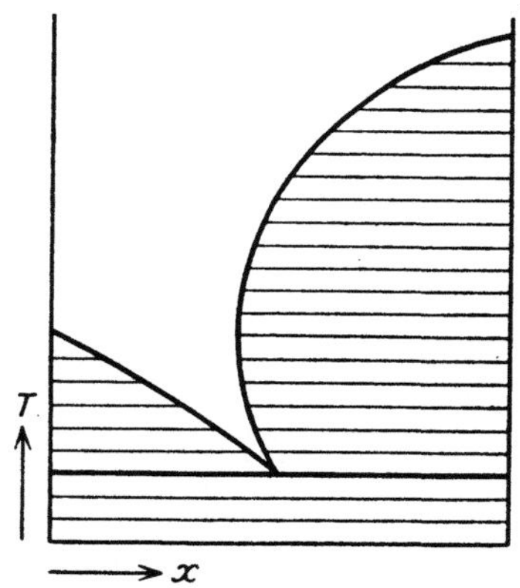

Abb. 69. T-x-Diagramm eines Zweistoffsystems mit rückläufiger Liquidus-Kurve.

ponente, III die feste Phase der ersten Komponente. Hier ist im ganzen Gebiet x' (flüssige Phase) kleiner als der zugehörige x''-Wert der koexistenten festen Phase. Infolgedessen weisen auch die Koexistenzkurven der flüssigen und festen Phasen (nicht aber die der festen Phasen unter sich!), notwendig eine positive Neigung gegen die Abszissenachse auf.

Falls die bisherigen Annahmen über das Vorzeichen des Zählers (Wärme*aufnahme* beim Übergang in die flüssige Phase) in (9a) bzw. (9b) nicht erfüllt sind, treten sog. rückläufige Gleichgewichtskurven auf. Ein schematischer Fall ist in Abb. 69 wiedergegeben. Wie schon erwähnt, findet er sich vor allem bei Systemen Salz/Wasser. Auf die in realen Fällen noch vorhandenen weiteren Komplikationen sei an dieser Stelle nicht näher eingegangen. In Abb. 69 treten die s-Kurven nicht besonders in Erscheinung, weil sie als senkrecht verlaufende Geraden gezeichnet sind, entsprechend der Annahme, das die einzelnen festen Phasen innerhalb der Darstellungsgenauigkeit als rein angesehen werden können. Im Sinne der Formeln (9a) und (9b) ist der nahezu senkrechte Verlauf der s-Kurven dadurch bedingt, daß $\frac{\partial^2 g''}{\partial x''^2}$ sehr groß ist (vgl. hierzu die g-x-Diagramme in § 27). Folglich ist auch $\frac{dT}{dx''}$ sehr groß.

Ganz analoge Betrachtungen gelten auch für das Gleichgewicht zwischen kondensierten Phasen und der Gasphase, da hier ebenfalls im allgemeinen anzunehmen ist, daß Stoffübergang nach der Gasphase Zufuhr von Wärme erfordert (Λ_1 und Λ_2 bzw. $\mathfrak{S}_1$ und $\mathfrak{S}_2$ positiv). Auf derartige Diagramme wird später noch im einzelnen einzugehen sein. In der Nähe des kritischen Punktes finden sich allerdings auch abweichende Verhältnisse. Im einzelnen sei jedoch nicht näher darauf eingegangen und auf die Darstellungen bei VAN DER WAALS-KOHNSTAMM[1] verwiesen.

Koexistenzkurven von zwei flüssigen (oder festen) Phasen. Wesentlich anders liegen die Verhältnisse für das Gleichgewicht zwischen *zwei flüssigen* Phasen (bzw. zwei festen Mischphasen). Hier kann über das Vorzeichen von $\frac{dT}{dx'}$ und $\frac{dT}{dx''}$ nichts allgemein vorausgesagt werden, da ja beide Phasen zunächst gleichberechtigt sind. Sehr häufig wird der in Abb. 70 wiedergegebene Typus eines T-x-Diagramms beobachtet. Dieser Fall läßt sich am einfachsten dadurch charakterisieren, daß man sagt, die Löslichkeit jeder der beiden flüssigen Phasen in der anderen nimmt mit steigender Temperatur zu, bis schließlich beide Phasen miteinander identisch werden.

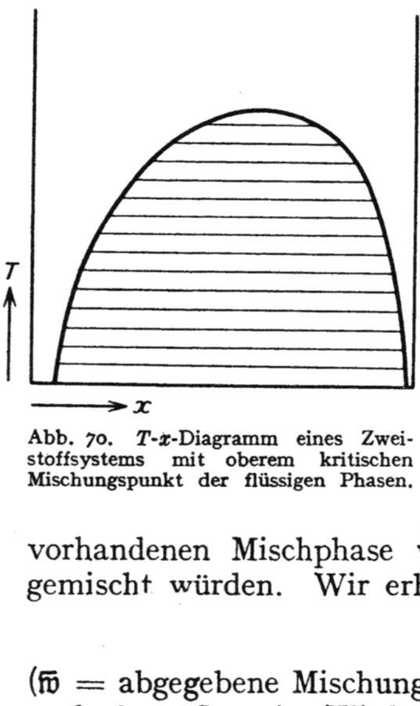

Abb. 70. T-x-Diagramm eines Zweistoffsystems mit oberem kritischen Mischungspunkt der flüssigen Phasen.

Ein näheres Verständnis dieses Falles auf Grund gegebener thermischer Größen ist auf Grund folgender Überlegungen möglich. Werden $1 - x_2$ Mol der reinen Phase der ersten Komponente mit x_2 Mol der reinen Phase der zweiten Komponente isobar und isotherm, aber irreversibel vermischt, so ist diese (positive oder negative) irreversible Mischungs-Wärmeaufnahme, die mit $\overline{\mathfrak{w}}$ bezeichnet sei, ebenso groß, als wenn x_2 Mol von 2 und $x_1 = 1 - x_2$ Mol der in relativ viel größerer Menge vorhandenen Mischphase von der Zusammensetzung x_1, x_2, irreversibel zugemischt würden. Wir erhalten also:

$$\overline{\mathfrak{w}} = (1 - x_2)\,\mathfrak{w}_1 + x_2\,\mathfrak{w}_2 \tag{11a}$$

($\overline{\mathfrak{w}}$ = abgegebene Mischungswärme pro Mol mit umgekehrtem Vorzeichen; vgl. auch § 15, S. 295). Wird andererseits die Vermischung bei gleichem Anfangs- und Endzustand reversibel durchgeführt, so ergibt sich für die Summe der hierbei zuzuführenden Arbeit und Wärme folgender Ausdruck, der nach (8), § 5, dem obigen Wert gleichzusetzen ist:

$$\overline{\mathfrak{w}} = [(1 - x_2)\,\mathfrak{k}_1 + x_2\,\mathfrak{k}_2] + T\,[(1 - x_2)\,\mathfrak{s}_1 + x_2 \cdot \mathfrak{s}_2]\,. \tag{11b}$$

Alle Restgrößen $\mathfrak{k}_1, \mathfrak{s}_1, \mathfrak{w}_1$ bzw. $\mathfrak{k}_2, \mathfrak{s}_2, \mathfrak{w}_2$ beziehen sich hierbei auf die beiden reinen Stoffe 1 bzw. 2 als Bezugszustand.

Durch Differentation nach x_2 folgt:

$$\left.\begin{aligned} \frac{\partial \overline{\mathfrak{w}}}{\partial x_2} &= \mathfrak{k}_2 - \mathfrak{k}_1 + \left[(1 - x_2)\frac{\partial \mathfrak{k}_1}{\partial x_2} + x_2 \frac{\partial \mathfrak{k}_2}{\partial x_2}\right] \\ &\quad + T(\mathfrak{s}_2 - \mathfrak{s}_1) + T\left[(1 - x_2)\frac{\partial \mathfrak{s}_1}{\partial x_2} + x_2 \frac{\partial \mathfrak{s}_2}{\partial x_2}\right] \end{aligned}\right\}. \tag{11c}$$

[1] Lehrbuch der Thermostatik, 3. Aufl. Leipzig 1928.

Im letzteren Ausdruck sind zunächst die in eckigen Klammern stehenden Ausdrücke nach § 11, (27) gleich Null zu setzen. Alsdann erhält man durch Kombination der beiden letzten Gleichungen folgende Ergebnisse:

$$T\mathfrak{s}_1 = -\mathfrak{k}_1 + \bar{\mathfrak{w}} - x_2 \frac{\partial \bar{\mathfrak{w}}}{\partial x_2}, \tag{12a}$$

$$T\mathfrak{s}_2 = -\mathfrak{k}_2 + \bar{\mathfrak{w}} + (1 - x_2) \frac{\partial \bar{\mathfrak{w}}}{\partial x_2}. \tag{12b}$$

Diese Werte, auf beide koexistenten Mischphasen angewandt, sind nunmehr in (9a) und (9b) einzuführen, wobei zu beachten ist, daß

$$\mathfrak{S}_1 = s_1'' - s_1' = (\boldsymbol{s}_1 + \mathfrak{s}_1'') - (\boldsymbol{s}_1 + \mathfrak{s}_1') = \mathfrak{s}_1'' - \mathfrak{s}_1'$$
$$\mathfrak{S}_2 = s_2'' - s_2' = (\boldsymbol{s}_2 + \mathfrak{s}_2'') - (\boldsymbol{s}_2 + \mathfrak{s}_2') = \mathfrak{s}_2'' - \mathfrak{s}_2'$$

ist, sowie wegen der gleichen Bezugszustände für beide koexistenten Mischphasen und zufolge der Gleichheit der μ:

$$\mathfrak{k}_1'' = \mathfrak{k}_1' \quad \text{und} \quad \mathfrak{k}_2'' = \mathfrak{k}_2'.$$

Sodann erhält man:

$$\left(\frac{d x_2'}{d T}\right)_{\text{koex}} = \frac{1}{T \cdot \dfrac{\partial^2 g'}{\partial x_2'^2}} \cdot \left\{\frac{\partial \bar{\mathfrak{w}}'}{\partial x_2'} - \frac{\bar{\mathfrak{w}}'' - \bar{\mathfrak{w}}'}{x_2'' - x_2'}\right\}, \tag{13a}$$

$$\left(\frac{d x_2''}{d T}\right)_{\text{koex}} = \frac{1}{T \cdot \dfrac{\partial^2 g''}{\partial x_2''^2}} \cdot \left\{\frac{\partial \bar{\mathfrak{w}}''}{\partial x_2''} - \frac{\bar{\mathfrak{w}}'' - \bar{\mathfrak{w}}'}{x_2'' - x_2'}\right\}. \tag{13b}$$

Die in geschwungenen Klammern stehenden Größen finden an Hand eines $\bar{\mathfrak{w}}$-, x-Diagramms eine anschauliche Deutung. Diese Ausdrücke können nämlich (Abb. 71) gedeutet werden als Differenzen zwischen den Tangenswerten der $\bar{\mathfrak{w}}$, x_2-Kurvensteigungen an je einem der Koexistenzpunkte Q' und Q'' und den Tangenswerten der von Q' nach Q'' gezogenen Sehne. Abb. 71 gilt für den Fall, daß die Mischungswärme im ganzen Bereich negativ, $\bar{\mathfrak{w}}$ also positiv ist; dann ist für den Punkt Q' (kleineres x_2) die gekennzeichnete Differenz positiv, für Q'' (größeres x_2) negativ[1]. In diesem Falle muß also nach (13) bei Erhöhung der Temperatur, der Gehalt an der zweiten Komponente in der (′)-Phase, mit dem kleineren x_2-Wert, zunehmen, während er in der anderen Phase abnimmt. D. h. *beide Phasen nähern sich in ihrer Zusammensetzung bei Steigerung der Temperatur.* Falls die Flüssigkeit nicht vorher verdampft, beobachten wir sodann einen oberen kritischen Mischungspunkt (vgl. Abb. 70). Ist hingegen die Mischungswärme positiv, also $\bar{\mathfrak{w}}$ negativ, so beobachten wir gerade das umgekehrte Verhalten. Auch solche Fälle sind bekannt, z. B. Triäthylamin und Wasser.

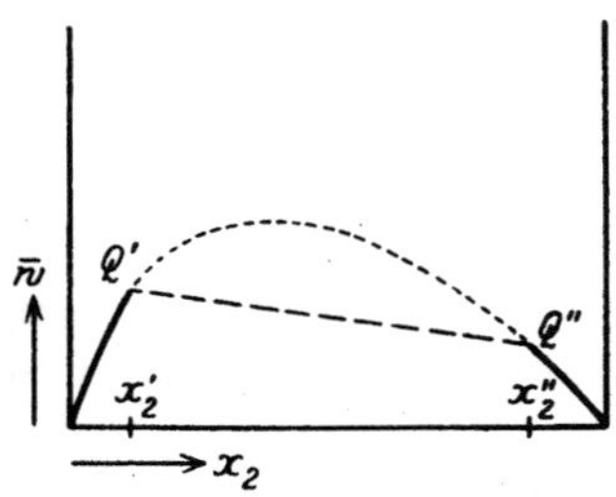

Abb. 71. Mischungswärme ($\bar{\mathfrak{w}}$) für die flüssigen Phasen eines Zweistoffsystems als Funktion der Zusammensetzung (x_2).

Als besonders merkwürdige Beispiele, die sowohl den ersten wie den zweiten Spezialfall in verschiedenen Temperaturgebieten repräsentieren, seien die Ge-

[1] Der Kurvenverlauf im phaseninstabilen Gebiet ist punktiert gezeichnet, die Sehne gestrichelt; es ist bei der Zeichnung des vollständigen $\bar{\mathfrak{w}}$-, x-Diagramms natürlich wieder angenommen, daß die Mischphase in phaseninstabile Gebiete hinein verfolgt werden kann.

mische mit geschlossener Löslichkeitskurve (Abb. 72) erwähnt, z. B. Nikotin und Wasser. Bei einer gewissen Temperatur (Punkte C und D) weisen hier die nach (13a) und (13b) zu berechnenden $\frac{dx}{dT}$ den Wert Null auf. Die Zweiphasenkurve in Abb. 72 verläuft daher in diesen Punkten senkrecht zur Abszissenachse. Das ist offenbar dann der Fall, wenn der eine der in geschwungenen Klammern stehenden Ausdrücke in (13a) bzw. (13b) gleich Null ist oder, wenn in dem entsprechenden $\mathfrak{w}$-, x-Diagramm die Richtung der Kurventangente in einem der Punkte Q' oder Q'' mit der entsprechenden Sehne $Q'Q''$ zusammenfällt, was natürlich einen Wendepunkt in der $\mathfrak{w}$-, x_2-Kurve zwischen Q' und Q'' voraussetzt. Im einzelnen sei hierauf nicht näher eingegangen, jedoch darauf hingewiesen, daß die hierfür in Betracht kommenden Temperaturen, die den Punkten C und D in Abb. 72 entsprechen, keineswegs für beide koexistenten Phasen identisch sind, wenn sie auch im allgemeinen nicht allzuweit voneinander entfernt liegen.

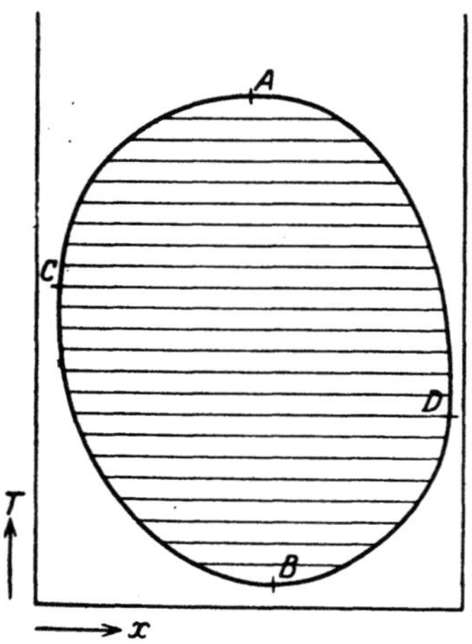

Abb. 72. T-x-Diagramm eines Zweistoffsystems mit geschlossenem Entmischungsgebiet der flüssigen Phasen.

Die Zusammensetzung der beiden koexistenten Phasen als Funktion des Druckes. In ganz analoger Weise kann man nach der Änderung der Zusammensetzung der koexistenten Phasen bei Veränderungen des Druckes bei konstanter Temperatur fragen. In den Formeln (5a) und (5b) ist dann dT an Stelle von dp gleich Null zu setzen. Die Auflösung führt zu folgendem Ergebnis:

$$\left(\frac{dx_2'}{dp}\right)_{\text{koex}} = \frac{x_2''(v_2''-v_2') + (1-x_2'')(v_1''-v_1')}{(x_2''-x_2')\cdot\frac{\partial^2 g''}{\partial x_2'^2}}, \tag{14a}$$

$$\left(\frac{dx_2''}{dp}\right)_{\text{koex}} = \frac{x_2'(v_2''-v_2') + (1-x_2')(v_1''-v_1')}{(x_2''-x_2')\cdot\frac{\partial^2 g''}{\partial x_2''^2}}. \tag{14b}$$

Diese Gleichungen bzw. ihre Reziproken, die die Dampfdruckänderungen mit der Konzentration je einer der beiden Phasen angeben, können wir ebenfalls als Verallgemeinerungen der Gleichungen schon früher behandelter Spezialfälle betrachten: Dampfdruckänderung verdünnter Lösungen flüchtiger und nichtflüchtiger Stoffe mit der Konzentration des Fremdstoffes (über die auch hier auftretenden Unterschiede in der Behandlungsweise gegenüber § 20 gelten analoge Bemerkungen wie auf S. 511/12). Geometrisch können diese Gleichungen als Differentialgleichungen für die Kurven in den schon früher in § 27 besprochenen p-x-Diagrammen aufgefaßt werden.

Im besonderen sei darauf aufmerksam gemacht, daß $\frac{dx'}{dp}$ und $\frac{dx''}{dp}$ unendlich bzw. $\frac{dp}{dx''}$ sowie $\frac{dp}{dx''}$ gleich Null werden, wenn $x''-x'=0$ ist, d. h. beide Phasen gleiche Zusammensetzung haben. Für $x''=x'$ ist somit sowohl für die (p, x)-Kurve wie für die (p, x'')-Kurve ein Extremum im p-x-Diagramm (x als Abszisse) zu erwarten; d. h. beide Kurven berühren sich mit horizontaler Tangente. Speziell für die Koexistenz zwischen flüssiger und gasförmiger Phase erhalten wir, da die Nenner von (9) und (14) gleichzeitig gleich 0 werden und die Vorzeichen der Δ und $v''-v'$ beide positiv sind, ein Minimum im p-x-Diagramm, wenn ein

Maximum im T-x-Diagramm vorliegt. Umgekehrt entspricht einem Maximum im p-x-Diagramm ein Minimum im T-x-Diagramm. Dieser Satz wird als Regel von KONOWALOW-GIBBS bezeichnet. Er wurde 1878 von GIBBS sowie 1881 von KONOWALOW theoretisch abgeleitet und von letzterem an Hand experimenteller Daten diskutiert.

Daraus, daß die Partialvolume für die Gasphase im allgemeinen wesentlich größer als für die flüssige Phase sind, können wir ferner aus (14a) bzw. (14b) weiter folgern, daß die Steigungen der (p, x)-Kurven koexistenter Phasen in zugehörigen Koexistenzpunkten $(p' = p'')$ stets das gleiche Vorzeichen haben, sowie ferner, daß der Gesamtdruck steigt, wenn wir die Konzentration der in der Gasphase in relativ größerer Menge vorhandenen Komponenten (flüchtigere Komponente) erhöhen. Dieser Satz wurde ebenfalls von KONOWALOW gefunden. Er ist freilich, ebenso wie die KONOWALOW-GIBBSsche Regel, nur dann gültig, wenn die über das Verhältnis der spezifischen Volume gemachte Annahme zutrifft. Tatsächlich werden in der Nähe des kritischen Punktes auch abweichende Erscheinungen beobachtet (vgl. Abb. 73)[1].

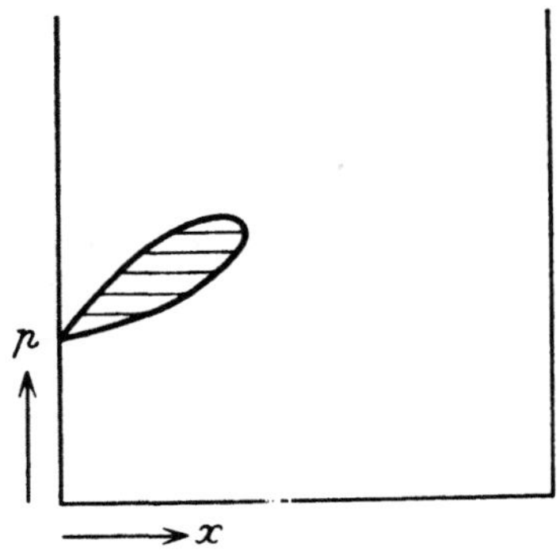

Abb. 73. p-x-Diagramm eines Zweistoffsystems im kritischen Gebiet.

Unter Umständen kann es bequem sein, die Formeln (14a) und (14b) auch noch in anderer Gestalt zu schreiben. Falls das Gesamtvolum vom Druck wenig abhängt, wie bei kondensierten Phasen, betrachten wir zweckmäßigerweise statt der partiellen Molvolume v_1, v_1'' und v_2', v_2'' beider Phasen, besser die totalen Molvolume v' und v'' in Funktion der Zusammensetzung als gegebene Größen und erhalten dann die zu (13a) und (13b) analogen Formeln:

$$\left(\frac{d x_2'}{d p}\right)_{\text{koex}} = -\frac{1}{\dfrac{\partial^2 g'}{\partial x_2'^2}} \cdot \left\{\frac{\partial v'}{\partial x_2'} - \frac{v'' - v'}{x_2'' - x_2'}\right\} \tag{15a}$$

$$\left(\frac{d x_2''}{d p}\right)_{\text{koex}} = -\frac{1}{\dfrac{\partial^2 g''}{\partial x_2''^2}} \cdot \left\{\frac{\partial v''}{\partial x_2''} - \frac{v'' - v'}{x_2'' - x_2'}\right\}. \tag{15b}$$

Zur Diskussion dieser Formeln sei auf das über die Formeln (13) Gesagte verwiesen. Bei dem geringen praktischen Interesse des Druckeinflusses auf die Koexistenzbedingungen kondensierter Phasen erübrigt es sich, näher hierauf einzugehen.

Temperaturabhängigkeit des Koexistenzdrucks für konstante Zusammensetzung der einen koexistenten Phase. Die Gleichungen (8a) und (8b) können wir auch dazu benutzen, um bei gegebener Veränderung der Temperatur dT nach der Veränderung des Druckes dp zu fragen, *wenn die Zusammensetzung der einen Phase konstant bleibt* $(d x_2' = 0)$. Wir erhalten folgendes Ergebnis:

$$\left(\frac{dp}{dT}\right)_{\text{koex}, (x_2')} = \frac{x_2'' \mathfrak{S}_2 + (1 - x_2'')\, \mathfrak{S}_1}{x_2'' \mathfrak{B}_2 + (1 - x_2'')\, \mathfrak{B}_1} = \frac{x_2'' \Lambda_2 + (1 - x_2'')\, \Lambda_1}{T[x_2'' \mathfrak{B}_2 + (1 - x_2'')\, \mathfrak{B}_1]}. \tag{16}$$

Diese Formel, die ein gewisses Analogon der CLAUSIUS-CLAPEYRONschen Formel § 30, (1) für Zweistoffsysteme darstellt, können wir insbesondere als Ausdruck für die Temperaturabhängigkeit des Dampfdrucks (Summe der Partialdrucke) einer flüssigen oder festen Mischphase (') auffassen, deren Molenbruch x_2'

[1] Im einzelnen siehe VAN DER WAALS-KOHNSTAMM: a. a. O.

konstant bleibt, während die Zusammensetzung des Dampfes im Ausgangskoexistenzpunkt durch x_2'' gegeben ist.

Gleichzeitig können wir auch aus (8a) und (8b) die Veränderung in der Zusammensetzung der anderen koexistenten Phase $d x_2''$ finden. Wir erhalten:

$$\left(\frac{d x_2''}{d T}\right)_{\text{koex}, (x_2')} = \frac{1}{\frac{\partial^2 g''}{\partial x_2''^2}} \cdot \frac{\mathfrak{V}_1 \cdot \mathfrak{S}_2 - \mathfrak{V}_2 \cdot \mathfrak{S}_1}{x_2'' \mathfrak{V}_2 + (1 - x_2'') \mathfrak{V}_1}. \tag{17}$$

Da wir für das Gleichgewicht zwischen flüssiger und gasförmiger Phase die spezifischen Volume der flüssigen Phase gegen diejenigen der Gasphase vernachlässigen können und überdies im allgemeinen für die Gasphase die spezifischen Partialvolume einander gleich sowie gleich dem spezifischen Gesamtvolum setzen ($\mathfrak{V}_1 = \mathfrak{V}_2$), läßt sich letztere Formel folgendermaßen vereinfachen:

$$\left(\frac{d x_2''}{d T}\right)_{\text{koex}, (x_2')} = \frac{1}{\frac{\partial^2 g''}{\partial x_2''^2}} \cdot (\mathfrak{S}_2 - \mathfrak{S}_1) = \frac{1}{\frac{\partial^2 g''}{\partial x_2''^2}} \cdot \frac{\Lambda_2 - \Lambda_1}{T} \tag{18}$$

(für Dampfgleichgewichte).

Bei Temperaturerhöhung steigt somit über einem Kondensat von gegebenem Mischungsverhältnis der relative Gehalt derjenigen Komponente, welche die größere Verdampfungswärme aufweist. Im übrigen kann hier nach (3b) und der Formel auf S. 279 der Nenner, der sich auf die Gasphase bezieht, noch folgendermaßen entwickelt werden:

$$\frac{\partial^2 g''}{\partial x_2''^2} = \frac{\partial \mu_2''}{\partial x_2''} - \frac{\partial \mu_1''}{\partial x_2''} = \frac{R T}{x_2 (1 - x_2)}.$$

Ganz dieselben Entwicklungen gelten auch für ausgezeichnete Systeme, in denen $x'' = x'$ ist. Da jedoch dann nach (14a) und (14b) der Druck sich nicht mit Konzentration einer der Phasen, sondern nur mit der Temperatur ändert, bleibt (16) hier auch unabhängig von der Bedingung $x_2' = \text{const}$ gültig.

Dreiphasengleichgewicht in Zweistoffsystemen. Zur Untersuchung der spezifischen Variationsmöglichkeiten für ein Zweistoffsystem mit drei koexistenten Phasen liegt es nahe, an die Gleichungen (1a) und (1b) anzuknüpfen und für die Variationen folgendes Gleichungssystem anzusetzen:

$$d\mu_1' = d\mu_1'' = d\mu_1'''$$
$$d\mu_2' = d\mu_2'' = d\mu_{2}''' .$$

Das sind vier voneinander unabhängige Gleichungen mit insgesamt fünf Unbekannten (p, T, x', x'', x'''). Wenn somit eine spezifische Variation gegeben ist, sind die vier übrigen hierdurch bestimmt (vollständiges oder monovariantes Gleichgewicht, S. 198). Diese Aufgabe kann man sich jedoch durch folgenden von GIBBS eingeführten Kunstgriff wesentlich erleichtern, indem man neben p und T *die chemischen Potentiale an Stelle der Molenbrüche als unabhängige Variable einführt.* Wenn nämlich, wie in diesem Falle, alle unabhängigen Variabeln Intensitätsvariabeln sind, wird die in § 25 allgemein definierte charakteristische thermodynamische Funktion:

$$\chi = U - [TS - p\mathfrak{V} + n_1\mu_1 + n_2\mu_2] \tag{19}$$

gleich Null, weil U nach § 10, Gleichung (21) ($G = n_1\mu_1 + n_2\mu_2$) und der Definition von $G (= U - TS + p\mathfrak{V})$ gleich dem in eckigen Klammern stehenden

Ausdruck ist[1]. Folglich ist auch das totale Differential der charakteristischen thermodynamischen Funktion χ gleich Null:

$$d\chi = \frac{\partial \chi}{\partial T} dT + \frac{\partial \chi}{\partial p} dp + \frac{\partial \chi}{\partial \mu_1} d\mu_1 + \frac{\partial \chi}{\partial \mu_2} d\mu_2 = 0 \qquad (20)$$

oder nach Umformung[2] im Sinne von § 25, Gleichung (5):

$$-S dT + V dp - n_1 d\mu_1 - n_2 d\mu_2 = 0. \qquad (21)$$

Durch Division mit der Summe der Molzahlen der Komponenten kann man zu spezifischen Größen übergehen:

$$-s dT + v dp - (1 - x_2) d\mu_1 - x_2 d\mu_2 = 0. \qquad (22)$$

Eine derartige Gleichung gilt nun für jede Phase des Systems, und wenn diese koexistent sind und bleiben sollen, müssen die Variationen der Intensitätsvariabeln in allen Phasen gleich sein. Wir haben daher so viel unabhängige Gleichungen (21) bzw. (22), als das System Phasen enthält, und in jeder dieser Gleichungen treten die gleichen Differentiale dp, $d\mu_1$ usw. auf. Ist speziell die Zahl der Komponenten um eine geringer als die Anzahl der Phasen, wie im vorliegenden Falle, so können wir das auftretende homogene System der drei Gleichungen mit den vier Differentialen dp, dT, $d\mu_1$, $d\mu_2$ z. B. derart auflösen, daß wir dp, $d\mu_1$, $d\mu_2$ als Unbekannte betrachten und diese durch die als gegeben angenommene Variation der Temperatur dT ausdrücken. Die Zahl der Unbekannten dp, $d\mu_1$, $d\mu_2$ entspricht auf diese Weise gerade der Zahl der Gleichungen, d. h. der Druck und die chemischen Potentiale (und damit auch die Zusammensetzung der drei Phasen) sind durch T vollkommen bestimmt, wie es bei $\alpha + 1$ Phasen nach der Phasenregel (§ 8) ja auch sein muß[3]. Die Veränderung der chemischen Potentiale, $d\mu$, mit der Temperatur, interessiert im allgemeinen nicht, sondern wesentlich ist vor allem die Veränderung des Gleichgewichtsdruckes $d\pi$ mit der Temperatur $d\vartheta$. Zur Lösung mit Hilfe von Determinanten sei das Gleichungssystem (mit $x_2' = x'$) in folgender Ordnung geschrieben:

$$-v' dp + (1 - x') d\mu_1 + x' d\mu_2 = -s' dT \qquad (22\text{a})$$

$$-v'' dp + (1 - x'') d\mu_1 + x'' d\mu_2 = -s'' dT \qquad (22\text{b})$$

$$-v''' dp + (1 - x''') d\mu_1 + x''' d\mu_2 = -s''' dT. \qquad (22\text{c})$$

Hieraus folgt das Ergebnis:

$$\frac{d\pi}{d\vartheta} = \begin{vmatrix} s' & 1 - x' & x' \\ s'' & 1 - x'' & x'' \\ s''' & 1 - x''' & x''' \end{vmatrix} : \begin{vmatrix} v' & 1 - x' & x' \\ v'' & 1 - x'' & x'' \\ v''' & 1 - x''' & x''' \end{vmatrix}. \qquad (23)$$

---

[1] Daß eine charakteristische Funktion für alle Werte ihrer Variabeln gleich 0 ist, steht nicht im Widerspruch mit der Tatsache, daß die Kenntnis ihrer funktionalen Abhängigkeit von den Variabeln alle Arbeits- und Wärmeeffekte des Systems zu berechnen gestattet. Denn die $\frac{\partial \chi}{\partial T}$, $\frac{\partial \chi}{\partial p}$ usw. sind ja keineswegs gleich 0, es besteht nur zwischen ihnen eine Beziehung von der Form (20), die durch die Homogenitätseigenschaft der betrachteten Phase § 10) bedingt ist, welche ja auch Voraussetzung für die Gültigkeit von § 10 (21) ist.

[2] Es ist $\frac{\partial \chi}{\partial \mu_i} = -n_i$, ebenso wie $\frac{\partial \chi}{\partial p} = V$ ist.

[3] Man beachte, daß die Einführung gleicher $d\mu_1$ und $d\mu_2$ in allen Phasen die explizite Benutzung der Gleichungen $d\mathfrak{R} = 0$ oder $d\mu' = d\mu'' = d\mu'''$ ebenso ersetzt, wie früher die Einführung gleicher dp die Auswertung von $dp' = dp''$.

Da aber eine Determinante ihren Wert nicht ändert, wenn zu den Elementen einer Kolonne diejenigen einer anderen addiert werden, kann man hierfür auch schreiben:

$$\frac{d\pi}{d\vartheta} = \begin{vmatrix} s' & 1 & x' \\ s'' & 1 & x'' \\ s''' & 1 & x''' \end{vmatrix} : \begin{vmatrix} v' & 1 & x' \\ v'' & 1 & x'' \\ v''' & 1 & x''' \end{vmatrix} \tag{24}$$

oder auch in ausführlicher Schreibweise:

$$\frac{d\pi}{d\vartheta} = \frac{x'(s''-s''') + x''(s'''-s') + x'''(s'-s'')}{x'(v''-v''') + x''(v'''-v') + x'''(v'-v'')} \,. \tag{25}$$

Zur näheren Klarstellung der Effektbedeutung der in Zähler und Nenner von (25) stehenden Ausdrücke kann man setzen: $v' = x_1' v_1' + x_2' v_2'$ usw. und dann die Ausdrücke im Zähler und Nenner zu Entropie- bzw. Volumänderungen bei gewissen partiellen Übergangsreaktionen kombinieren (vgl. S. 523). Einfacher ist jedoch das weiter unten beschriebene Verfahren mit einer „Übergangsreaktion ohne Konzentrationsänderung".

Wenn auch nach den Veränderungen in der *Zusammensetzung* einer der koexistenten Phasen für eine vorgegebene Änderung der Temperatur (oder des Druckes) gefragt wird, so ist das gesuchte dx [etwa der Phase (')] durch die zunächst feststellbaren Größen $d\mu$, dp, dT auszudrücken. Dies gelingt, indem wir das Gleichungssystem (21) noch durch die folgende bekannte Gleichung ergänzen:

$$d\mu_1' = \frac{\partial \mu_1'}{\partial T} dT + \frac{\partial \mu_1'}{\partial p} dp + \frac{\partial \mu_1'}{\partial x'} dx' = -s_1' dT + v_1' dp + \frac{\partial \mu_1'}{\partial x'} dx' \,. \tag{26}$$

Wir erhalten sodann zusammen mit den drei Gleichungen (21) ein Gleichungssystem von vier Gleichungen für die fünf Differentiale: dT, dp, $d\mu_1$, $d\mu_2$, dx', von denen wir die übrigen bestimmen können, wenn eins von ihnen als gegeben angenommen wird. Falls wir dx' durch dT ausdrücken wollen, schreiben wir das Gleichungssystem in folgender Form:

$$\left.\begin{aligned} -\frac{\partial \mu_1}{\partial x} dx' - v_1' dp + 1 \cdot d\mu_1 \qquad\qquad &= -s_1 dT \\ -v' dp + (1-x') d\mu_1 + x' d\mu_2 &= -s' dT \\ -v'' dp + (1-x'') d\mu_1 + x'' d\mu_2 &= -s'' dT \\ -v''' dp + (1-x''') d\mu_1 + x''' d\mu_2 &= -s''' dT \end{aligned}\right\} . \tag{27}$$

Die Auflösung dieser Gleichungen nach $\left(\frac{dx'}{dT}\right)_{\text{koex}}$ führt zu einer Voraussage über Veränderung der Zusammensetzung in einer der Mischphasen mit der Temperatur; die analoge Berechnung von $\left(\frac{dx'}{dp}\right)_{\text{koex}}$ kann z. B. für geologische Probleme Bedeutung haben.

Die allgemeine Clausius-Clapeyronsche Gleichung für vollständige Systeme. Gleichung (25) hat mit der Clausius-Clapeyronschen Gleichung (1) oder (2), § 30 für $\frac{d\pi}{d\vartheta}$ in vollständigen Einkomponentensystemen insofern eine gewisse Ähnlichkeit, als auf der rechten Seite ebenfalls spezifische Entropien im Zähler, spezifische Volume im Nenner stehen. Wir werfen die Frage auf, ob sich allgemein für vollständige Systeme ($\beta = \alpha + 1$, S. 198, S. 201) eine zu der Clausius-Clapeyronschen analoge Gleichung aufstellen läßt und, wenn ja, welche Effektbedeutung hierbei die auftretenden Entropie- und Volumausdrücke haben.

Wir können diese Frage sehr allgemein beantworten, wenn wir vorübergehend statt der spezifischen Veränderungen in erweiterten Systemen die totalen Veränderungsmöglichkeiten in engeren vollständigen Systemen irgendwelcher Art in den Bereich unserer Betrachtung ziehen. S. 202 hatten wir bereits die Tatsache besprochen, daß in solchen Systemen eine totale Veränderungsmöglichkeit mehr vorhanden ist als die Zahl der spezifischen Veränderungsmöglichkeiten, die ja auf *eine* (dp oder dT) reduziert ist. Diese weitere Veränderungsmöglichkeit besteht in einer Übergangsreaktion bei konstanter Temperatur (und demgemäß konstantem Druck), bei der keine spezifischen Veränderungen der beteiligten Phasen auftreten. (Es sind ja alle Zusammensetzungen ebenfalls durch p oder T eindeutig festgelegt.) Wir hatten darauf hingewiesen, daß eine solche „Übergangsreaktion ohne Konzentrationsänderung" nicht nur in vollständigen Einstoffsystemen möglich ist (Übergang Wasser ⟶ Dampf usw.), sondern auch in Mehrstoffsystemen. Es handelt sich hierbei um Übergangsreaktionen, die, wie wir in Verallgemeinerung der Bemerkungen S. 202 feststellen, für die gleichzeitig auftretenden Veränderungen der Komponenten der verschiedenen Phasen die Bedingung erfüllen:

$$\left.\begin{array}{l} dn_1' : dn_2' : \ldots = x_1' : x_2' : \ldots \\ dn_1'' : dn_2'' : \ldots = x_1'' : x_2'' : \ldots \\ dn_1^{(\beta)} : dn_2^{(\beta)} : \ldots = x_1^{(\beta)} : x_2^{(\beta)} : \ldots \end{array}\right\}. \tag{28}$$

Es sind das Bedingungen, die zusammen mit den Forderungen $\sum_\beta dn_i^{(\beta)} = 0$ für jede Komponente 1, 2, ... die sämtlichen dn_i aller β Phasen zu einem gegebenen dn_i in bestimmte Beziehung setzen, also eine ganz bestimmte relative molare Umsetzung zwischen den Phasen festlegen. (Allerdings bleibt, wie prinzipiell ja in jeder Reaktionsgleichung, ein normierender Faktor für die Umsatzgleichung willkürlich.) Derartige „Übergangsreaktionen ohne Konzentrationsänderungen" — wir wollen ihre Laufzahlen mit $[\xi]$, ihre Arbeitskoeffizienten mit $\mathfrak{R}^{[\xi]}$ bezeichnen — treten in vollständigen engeren Systemen von selbst ein, wenn irgendeine extensive Veränderung (z. B. durch Volumänderung oder Wärmezufuhr) bei konstanter Temperatur (und demgemäß konstantem Druck) vorgenommen wird, denn es ist das ja die einzige Veränderung, die mit der Konstanthaltung aller spezifischen Bestimmungsgrößen, die durch $p = \text{const}$ gefordert wird, verträglich ist.

Für die Übergangsreaktionen ohne Konzentrationsänderungen gilt nun, im Gegensatz zu beliebigen anderen ξ-Reaktionen bei konstantem p und T, die Beziehung:

$$\frac{\partial \mathfrak{R}^{[\xi]}}{\partial [\xi]}_{(p,\, T)} = 0. \tag{29}$$

Nun können wir jede Reaktionsgröße $\mathfrak{R}^{[\xi]}$, wenn wir von einem vollständigen System gegebener Temperatur ausgehen, jedoch zunächst nicht Veränderungen bei währendem Gleichgewicht betrachten, als bestimmt ansehen durch den (für alle Phasen gemeinsam angenommenen) Druck p, die Temperatur T und die Zusammensetzungen aller Phasen. Werden die Zusammensetzungen nur auf dem Wege über die betrachtete (beliebige) Übergangsreaktion ξ geändert, so gilt:

$$d\mathfrak{R}^{\xi} = \frac{\partial \mathfrak{R}^{\xi}}{\partial T} dT + \frac{\partial \mathfrak{R}^{\xi}}{\partial p} dp + \frac{\partial \mathfrak{R}^{\xi}}{\partial \xi} d\xi. \tag{30}$$

Hier bedeuten die Koeffizienten von dT und dp die Änderungen bei konstanter Zusammensetzung, also auch speziell bei konstanten Teilchenzahlen aller Phasen;

infolgedessen sind sie mit den Ausdrücken $-\mathfrak{S}^{\xi}$ oder $-\frac{A^{\xi}}{T}$ sowie $\mathfrak{B}^{\xi}$ der betreffenden (zunächst beliebigen) ξ-Reaktion identisch. $\frac{\partial \mathfrak{K}^{\xi}}{\partial \xi}$ ist im allgemeinen nicht gleich 0, da die ξ-Reaktion die Zusammensetzung der Phasen ändert; betrachten wir aber speziell die oben eingeführte Übergangsreaktion $[\xi]$ ohne Konzentrationsänderungen, so gilt Gleichung (29), und aus (30) folgt:

$$d\mathfrak{K}^{[\xi]} = -\mathfrak{S}^{[\xi]}\,dT + \mathfrak{B}^{[\xi]}\,dp. \tag{31}$$

Wenden wir nun auf diese Gleichung die Bedingung des währenden Gleichgewichts $d\mathfrak{K}^{[\xi]} = 0$ bei Veränderung einer der spezifischen Variabeln p oder T an, so folgt aus (31), indem wir zugleich wieder $d\pi$ und $d\vartheta$ statt dp und dT schreiben:

$$\frac{d\pi}{d\vartheta} = \frac{\mathfrak{S}^{[\xi]}}{\mathfrak{B}^{[\xi]}} = \frac{A^{[\xi]}}{T\cdot\mathfrak{B}^{[\xi]}}. \tag{32}$$

„*Die* Clausius-Clapeyron*sche Gleichung gilt allgemein in vollständigen Systemen, wenn als Reaktionsgrößen die der ‚Übergangsreaktion ohne Konzentrationsänderung' eingesetzt werden.*"

Die Bedeutung dieses Satzes beruht natürlich darin, daß man die Reaktionsgrößen $\mathfrak{S}$ und $\mathfrak{B}$ der $[\xi]$-Reaktion aus bekannten, nur von spezifischen Eigenschaften abhängigen Elementarreaktionsgrößen zusammensetzen und so zu einer Voraussage über die Änderung des Dampfdruckes π mit der Temperatur gelangen kann. Speziell läßt sich für ein Dreiphasensystem mit zwei Komponenten die $[\xi]$-Reaktion folgendermaßen zusammensetzen. Man bringt $(x''' - x'')\cdot d[\xi]$ Mol einer im Verhältnis der (')-Phase zusammengesetzten Menge beider Komponenten nach der Phase ('), $(x' - x''')\cdot d[\xi]$-Mol von der Zusammensetzung der Phase ('') nach (''), $(x'' - x')\cdot d[\xi]$-Mol von der Zusammensetzung der Phase (''') nach ('''). Dann ist die Bedingung der unveränderten spezifischen Zusammensetzung aller Phasen von vornherein gewährleistet, weil jede Phase nur Stoff erhält, der bereits richtig zusammengesetzt ist. Die Bedingungen des engeren Systems (konstante Gesamtmenge 1 und 2) sind jedoch ebenfalls erfüllt, weil der Gesamtumsatz bezüglich Stoff 2 gleich $(x'''x' - x''x' + x'x'' - x'''x'' + x''x''' - x'x''')d[\xi] = 0$ ist, und ebenso für den Stoff 1.

Bezeichnen wir, wie im vorigen Abschnitt, den Entropie- und Volumzuwachs, den jede einzelne Phase erhält, wenn ihr eine Menge dn gleicher Zusammensetzung zugeführt wird, mit $s\,dn$ und $v\,dn$, so können wir also unsere Größen $\mathfrak{S}^{[\xi]}$ und $\mathfrak{B}^{[\xi]}$ folgendermaßen ausdrücken:

$$\mathfrak{S}^{[\xi]}\,d[\xi] = [(x''' - x'')s' + (x' - x''')s'' + (x'' - x')s''']\,d[\xi],$$

oder, nach Umformung:

$$\mathfrak{S}^{[\xi]} = x'(s'' - s''') + x''(s''' - s') + x'''(s' - s'') \tag{33a}$$

und analog:

$$\mathfrak{B}^{[\xi]} = x'(v'' - v''') + x''(v''' - v') + x'''(v' - v''). \tag{33b}$$

Vergleicht man diese Ausdrücke mit (25) und (32), so erkennt man, daß diese beiden Gleichungen identische Aussagen liefern, daß demnach schon (25) als Clausius-Clapeyronsche Gleichung eines dreiphasigen Zweikomponentensystems aufzufassen ist, und zwar für die „Übergangsreaktionen ohne Konzentrationsänderung".

Einige spezielle Anwendungen der allgemeinen Clausius-Clapeyronschen Gleichung für vollständige Zweikomponentensysteme. 1. *Stöchiometrisch zusammengesetzte Phasen.* Wir betrachten den Spezialfall, in dem alle koexistenten Phasen derartige Tendenz zur Reinerhaltung oder zur Aufrechterhaltung stöchiometrischer Verhältnisse haben, daß *jede* überhaupt in merklichem Betrage vorkommende Reaktion die vorerwähnten Eigenschaften einer „Übergangsreaktion ohne Konzentrationsänderung" besitzt. Soweit es sich dabei nicht um kristallinische reine Phasen handelt, werden wir es mit streng geordneten Mischphasen im Sinne von § 20 zu tun haben; falls eine Gasphase auftritt, muß allerdings die Bedingung erfüllt sein, daß nur eine der Komponenten einen merklichen Dampfdruck hat und die andere praktisch nicht als Dampf auftritt.

Ein einfachstes uns bereits bekanntes Schulbeispiel ist das Dreiphasengleichgewicht $CaCO_3(s)$, $CaO(s)$, $CO_2(g)$. Die Zersetzungsreaktion $CaCO_3(s) \rightarrow CaO(s) + CO_2(g)$ ist hier jene Übergangsreaktion ohne Konzentrationsänderung; infolgedessen hat es keinen Zweck, die $\mathfrak{S}^{[\xi]}$ oder $\Lambda^{[\xi]}$ weiter zu zerlegen, sondern man bestimmt einfach die Umwandlungswärme dieser Reaktion, indem man z. B. bei konstantem p und T durch Volumvergrößerung einen gewissen Umsatz der gewünschten Art herbeiführt. ($\mathfrak{B}^{[\xi]}$ ist wesentlich durch die Entstehung neuen Gasvolums bestimmt, kann also entweder gemessen oder auch mit genügender Annäherung berechnet werden.) Auf Grund derartiger Messungen ist dann eine Voraussage über die Dampfdruckänderung des Systems mit der Temperatur möglich, und umgekehrt kann aus der Dampfdruckänderung auf die Reaktionswärme der Zersetzung geschlossen werden.

Ein anderes Beispiel, in dem *zwei* feste Phasen streng geordnete Mischphasen sind, ist die Zersetzung eines kristallwasserhaltigen Salzes in eine niedrigere Hydrationsstufe und Wasserdampf; z. B. $CuSO_4 \cdot 5\,H_2O(s) \rightarrow CuSO_4 \cdot 3\,H_2O(s) + 2\,H_2O(g)$. Auch hier läßt sich durch Volumvergrößerung die gekennzeichnete Zersetzung einleiten, $\Lambda^{[\xi]}$ und $\mathfrak{B}^{[\xi]}$ messen und so nach (32) die Änderung des Zersetzungsdruckes des Wasserdampfes mit der Temperatur voraussagen.

2. *Zwei reine Phasen, eine Mischphase.* Wir betrachten das vollständige Gleichgewicht: festes Silbernitrat ('), wässerige Lösung von Silbernitrat (''), Wasserdampfphase ('''). Hier weiß man zwar von vornherein angenähert, welche Mengen Wasserdampf bei einer Volumvergrößerung unter konstantem Druck verdampfen werden, aber nicht, welche Mengen Silbernitrat sich bei Volumvergrößerung lösen werden. Es würde also unübersichtlich sein, die direkt gemessenen Reaktionsgrößen der „Übergangsreaktion ohne Konzentrationsänderung" der Berechnung von $\frac{d\pi}{d\vartheta}$ zugrunde zu legen, und wir werden auf die Zerlegung von $\mathfrak{S}^{[\xi]}$ und $\mathfrak{B}^{[\xi]}$, d. h. auf Formel (25) zurückgreifen müssen. Ist Wasser der erste, Silbernitrat der zweite Stoff, so wird $(x_2' =)\, x' = 1$, $x''' = 0$, also:

$$\frac{d\pi}{d\vartheta} = \frac{s'' - s''' + x''(s''' - s')}{v'' - v''' + x''(v''' - v')}.$$

In dieser Form erweist sich allerdings die Gleichung noch nicht als brauchbar zur Diskussion, weil z. B. $s'' - s'''$ keine einfache Reaktionsbedeutung hat. Wir können den Zähler jedoch in folgender Weise auf die Einzelreaktion zwischen der (')- und ('')-Phase sowie ('')- und (''')-Phase zurückführen. Es ist $s' = s_2'$, $s'' = x_1'' s_1'' + x_2'' s_2''$, $s''' = s_1'''$. Also wird (mit $x_2 = x$, $x_1 = 1 - x$):

$$s'' - s''' + x''(s''' - s') = x''(s_2'' - s_2') - (1 - x'')(s_1''' - s_1'').$$

Hier haben nun die Größen der rechten Seite eine ganz bestimmte Reaktionsbedeutung: $s_2'' - s_2'$ ist die durch T dividierte Umwandlungswärme pro Mol gelösten Silbernitrats = letzte Lösungswärme mit umgekehrtem Vorzeichen,

$s_1''' - s_1''$ ist die durch T dividierte Verdampfungswärme des Wassers aus der Silbernitratlösung. Ganz entsprechend treten im Nenner die Volumeffekte dieser Reaktionen auf.

Nun ist $s_2'' - s_2'$ positiv, bei der Lösung des Silbernitrats im Wasser wird Wärme aufgenommen. Ebenso ist die Verdampfungswärme des Wassers aus der Lösung, $T(s_1''' - s_1'')$, positiv. Die resultierende Übergangswärme bei konstanter Konzentration erscheint also als Differenz zweier positiver Größen; es hängt von dem Betrage der einzelnen Übergangswärmen sowie von der Konzentration x'' des Nitrats in der Lösung ab, ob die gesamte Übergangswärme positiv oder negativ ist. In Wirklichkeit ist nun bei tieferen Temperaturen, wo x'' klein ist, das Verdampfungsglied überwiegend, also die gesamte Übergangswärme $\Lambda^{[\xi]}$ negativ; bei höheren Temperaturen nimmt dagegen wegen des positiven Vorzeichens der aufgenommenen Lösungswärme die Löslichkeit des Silbernitrats nach den Regeln der Zweiphasengleichgewichte zu, infolgedessen steigt x'', und es wird ein Punkt erreicht, wo $\Lambda^{[\xi]} = 0$ wird, um sodann zu positiven Werten überzugehen. Da $\mathfrak{V}^{[\xi]}$ wegen des Überwiegens des mit negativem Vorzeichen auftretenden Gasgliedes im Nenner immer negativ ist, ist also $\frac{d\pi}{d\vartheta}$ zunächst wie bei Dampfgleichgewichten in Einkomponentensystemen positiv, geht dann aber durch Null hindurch, und schließlich nimmt der Dampfdruck bei weiterer Temperaturerhöhung wieder ab.

3. *Eine reine Phase, eine geordnete Mischphase, eine ungeordnete Mischphase.* Ein anderer singulärer Punkt in der Dampfdruckkurve tritt bei folgendem vollständigem Zweikomponentengleichgewicht auf: (′) geordnete Mischphase $CaCl_2 \cdot 6H_2O$(s), (″) ungeordnete Mischphase wässerige $CaCl_2$-Lösung, (‴) Gasphase Wasserdampf. Ist 2 wieder das (wasserfreie) Salz, 1 die H_2O-Gruppe, so ist $(x_2''' =)\ x''' = 0$, also nach (25):

$$\frac{d\pi}{d\vartheta} = \frac{x'(s'' - s''') + x''(s''' - s')}{x'(v'' - v''') + x''(v''' - v')}.$$

Hier wird für $x' = x''$ der Nenner gleich $x'(v'' - v')$, also gegenüber den sonst auftretenden Gasvolumwerten sehr klein und für Werte $x' \sim x''$, wo das Glied $(x'' - x')\,v'''$ diesen Restwert kompensiert, streng gleich Null. $\frac{d\pi}{d\vartheta}$ wird also bei nahezu gleicher Zusammensetzung von kristallwasserhaltigem Salz und wässeriger Lösung, d. h. in der Nähe der Schmelztemperatur des unzersetzt schmelzenden Salzes, die ihrerseits vom Druck wenig abhängt, unendlich groß, d. h. es ist oberhalb dieser Temperatur auch bei noch so großem Druck nicht mehr möglich, alle drei Phasen koexistent zu erhalten. In der Tat nähern wir uns bei dem unzersetzten Schmelzen eines Salzes den Verhältnissen in einem Einstoffsystem, wo bei Variation der Temperatur nur zwei Phasen koexistent bleiben können.

Die bisherigen Betrachtungen dieses Abschnittes dienten der Ermittlung von Beziehungen zwischen den spezifischen Veränderungsmöglichkeiten in Dreiphasensystemen mit zwei Komponenten. Wenden wir dieselbe Fragestellung auch auf Vierphasensysteme an, so erweist sie sich als gegenstandslos; in solchen Systemen können nach der Phasenregel (S. 197) keine spezifischen Änderungen ohne Auflösung der Phasen auftreten. Dagegen sind auch auf Vierphasensysteme die Fragen nach den möglichen *extensiven* Änderungen in mehrphasigen Zweistoffsystemen anwendbar; diesen Fragen wollen wir uns jetzt noch allgemein zuwenden, ehe wir mit einigen kurzen Betrachtungen über Drei- und Mehrstoffsysteme unsere gesamten theoretischen Erörterungen beschließen.

Verhalten engerer Mehrphasensysteme mit zwei Komponenten. Wir tragen zunächst noch nach, daß nach Ermittlung der dp, dx usw. die Änderungen der spezifischen Volume und Entropien der einzelnen Phasen, wie bei Einstoffsystemen, am zweckmäßigsten wieder aus den Zustandsgleichungen der einzelnen Phasen $v = f(p, T, x)$ und $s = f(p, T, x)$ bestimmt werden. Um außer all diesen spezifischen Größen auch die Änderungen aller Extensitätsgrößen (z. B. Volum, Entropie, Stoffmenge einer Phase) berechnen zu können, müssen wir jedoch im allgemeinen noch weitere Versuchsbedingungen des Systems festlegen. Für den zunächst zu behandelnden Fall der Systeme mit gegebener Gesamtmenge (engere Systeme) müssen nach S. 200 die Versuchsbedingungen so festgelegt sein, daß durch sie außer den spezifischen Bestimmungsgrößen noch $\beta - \alpha$ weitere totale Veränderungsmöglichkeiten des engeren Systems bestimmt sind.

Der Fall $\beta < \alpha$, eine Phase mit zwei Komponenten, interessiert uns hier nicht. Für das Zweiphasensystem sind nach dieser Regel alle Veränderungen durch die spezifischen Veränderungsmöglichkeiten gegeben; wenn diese durch die Versuchsbedingungen festgelegt sind, ist keine weitere Abgabe nötig.

Bei *Dreiphasensystemen*, den soeben behandelten vollständigen Zweikomponentensystemen, ist noch eine Variable willkürlich, es muß also noch eine weitere Versuchsbedingung gegeben sein (z. B. Konstanthaltung des Gesamtvolums oder der Gesamtentropie bei der Temperaturänderung). Durch diese weitere Nebenbedingung ist aber dann die Veränderung aller extensiven Größen des Systems (der Teilchenzahlen der drei Phasen, des Gesamtvolums, aller Teilvolume, der Gesamtwärmekapazität usw.) vollständig bestimmt, wenn man von einem System mit gegebenen Extensitäts- und Intensitätsvariabeln ausgeht.

Die rechnerische Bearbeitung der geschilderten Aufgabe wird man entweder durch symmetrische Behandlung aller Bedingungsgleichungen durchführen können; da bei gegebenen spezifischen Eigenschaften alle extensiven Änderungen durch die Änderungen der Teilchenzahlen dn_i aller Phasen bestimmt sind, wird man für die dn_i die beiden Bedingungen der konstanten Gesamtmenge sowie die dritte, ebenfalls in den dn_i auszudrückende Nebenbedingung (z. B. $dV = 0$) aufstellen und die weiteren drei Gleichungen für die dn_i aus den drei gegebenen spezifischen Änderungen dx', dx'', dx''' entnehmen. Eine anscheinend elegantere Behandlungsmethode bietet sich jedoch unter Benutzung der oben eingeführten Reaktionslaufzahlen $[\xi]$ ohne Konzentrationsänderungen. Man kann davon ausgehen, daß jedes dn_i gleich $d(n x_i)$ gesetzt werden kann, mithin in zwei Glieder $n\,dx_i$ und $x_i\,dn$ zerlegbar ist. Von den Gliedern $x_i\,dn$ kann weiter ein Teil von der Form $x_i \frac{\partial n}{\partial [\xi]} d[\xi]$ abgespalten werden. Dieser Teil enthält die einzigen nicht durch die dx_i bestimmten Veränderungen. Spezialisiert man nämlich auf den Fall, daß alle $dx_i = 0$ gesetzt werden, so sind die dn der drei Phasen, wie wir wissen, in der Tat in dieser Weise darstellbar, und da zu diesen Gliedern bei nicht verschwindenden dx_i die dx_i-Glieder additiv hinzutreten müssen, ist die Behauptung bewiesen. Man wird also alle das extensive Verhalten des Systems betreffenden Aufgaben analog wie bei den vollständigen Einkomponentensystemen (§ 30, Übersicht, S. 502) in der Weise lösen können, daß man die gegebene Nebenbedingung durch $d[\xi]$ (und die bei gegebenem dT eindeutigen dx und dp) ausdrückt, daraus $d[\xi]$ bestimmt und mit diesem Wert in alle anderen extensiven Größen eingeht. Besonders hervorzuheben ist, daß hiernach bei Untersuchung von gesamter Volumänderung und gesamter Wärmekapazität des Systems außer den spezifischen Größen und deren konstanten Änderungen nur die oben eingeführten Kombinationsgrößen $\mathfrak{B}^{[\xi]}$ und $\mathfrak{S}^{[\xi]}$ bzw. $\Lambda^{[\xi]}$ in die Rechnung eingehen.

Bei *Vierphasensystemen* mit zwei Komponenten, wo keine Änderungen irgendwelcher spezifischer Größen vorkommen können, sind $\beta - \alpha = 2$ unabhängige Extensitätsänderungen möglich. Hierfür kann man die $[\xi]$-Variablen von je zwei Dreiphasensystemen wählen, die in den Vierphasensystemen enthalten sind, etwa der Phasen 1 2 3 und 2 3 4. Es müssen dann zwei äußere Nebenbedingungen (z. B. vorgeschriebene Volumänderung bei konstanter Gesamtentropie) gegeben sein, um die beiden Größen $d[\xi_{1\,2\,3}]$ und $d[\xi_{2\,3\,4}]$ festzulegen, aus denen sich dann alle anderen Extensitätsänderungen bestimmen lassen.

Engere Zweiphasengleichgewichte. Hier haben wir, wie oben erwähnt, den Sonderfall vor uns, daß die Mengenänderungen eines gegebenen engeren Systems durch die spezifischen Änderungen vollständig bestimmt sind, die ihrerseits durch zwei der Größen dx', dx'', dp oder dT gegeben sind. Wir wollen die Rechnung für den Fall der Veränderung der Temperatur bei konstantem Druck soweit durchführen, daß wir die Mengenänderungen durch die dx' ($= dx_2'$) und dx'' ($= dx_2''$) ausdrücken, die ihrerseits entweder direkt gegeben, oder in den besprochenen Spezialfällen durch (9) oder (14) in Abhängigkeit von dT oder dp dargestellt sein können, wobei an Stelle dieser Formeln natürlich auch das empirisch erschlossene T, x oder p, x Zustandsdiagramm treten kann. Die in einem engeren System zu bestimmenden Stoffübergänge sind: $-dn_1' = dn_1''$ und $-dn_2' = dn_2''$. Sie können mit den dx_2' und dx_2'' auf folgende Weise in Beziehung gesetzt werden. Es gilt:

$$dx_2' = d\left(\frac{n_2'}{n_1' + n_2'}\right) = \frac{n_1' \cdot dn_2' - n_2' \cdot dn_1'}{(n_1' + n_2')^2} \tag{34a}$$

$$dx_2'' = d\left(\frac{n_2''}{n_1'' + n_2''}\right) = \frac{n_1'' \cdot dn_2'' - n_2'' \cdot dn_1''}{(n_1'' + n_2'')^2}\,. \tag{34b}$$

Hier drücken wir die dn_1', dn_2', dn_1'' und dn_2'' durch die beiden unabhängigen Reaktionslaufzahlen (nicht $[\xi]$-Laufzahlen!):

$$d\xi_1 = dn_1'' = -dn_1'$$

und

$$d\xi_2 = dn_2'' = -dn_2'$$

aus und lösen die Gleichungen (34a) und (34b) nach den $d\xi$ auf. Indem wir noch $n_1' + n_2' = n'$, $n_1'' + n_2'' = n''$ einführen, erhalten wir eine Beziehung, in der die $d\xi$ durch die dx_2' und dx_2'', die n' und n'' sowie die Verhältnisse $\frac{n_1'}{n} = x_1' = 1 - x_2'$ usw., also letzthin durch die x_2' und x_2'' ausgedrückt sind.

Nun sind aber in einem seinem spezifischen Zustande nach gegebenen engeren Zweikomponentensystem mit zwei Phasen die Gesamtmengen n' und n'' beider Phasen durch die molare Menge des ersten und zweiten Stoffes zusammen vollständig bestimmt. Es muß also möglich sein, die Mengen n' und n'' durch die Gesamtmenge n und die Molenbrüche auszudrücken. Diese nicht nur für die Zwischenrechnung wichtige Beziehung ergibt sich in folgender Weise. Führen wir die Größe $x_2 = \frac{n_2}{n}$ als Verhältnis der Gesamtmenge des Stoffes 2 beider Phasen zur Gesamtmenge der Stoffe 1 und 2 beider Phasen ein, so gelten folgende beiden Gleichungen:

$$n_2' + n_2'' = x_2' n' + x_2'' n''$$

$$n_2' + n_2'' = n_2 = x_2 n = x_2 n' + x_2 n''\,.$$

Durch Vergleich der rechten Seiten folgt:

$$n' : n'' = (x_2'' - x_2) : (x_2 - x_2'),$$

und wenn man noch die Beziehung $n' + n'' = n$ verwendet:

$$n' : n'' : n = (x_2'' - x_2) : (x_2 - x_2') : (x_2'' - x_2'). \tag{35}$$

Diese Beziehung, deren Bedeutung als „*Hebelarmbeziehung*" wir noch bei der geometrischen Diskussion besprechen werden, gestattet, n' und n'' durch die Konzentrationen und die Gesamtmenge n auszudrücken. Geht man mit dieser Beziehung in die nach den $d\xi$ aufgelösten Gleichungen (34) ein, so ergibt sich schließlich:

$$d\xi_1 = -\frac{n}{(x_2'' - x_2')^2}\{(x_2'' - x_2)(1 - x_2'')\,dx_2' + (x_2 - x_2')(1 - x_2')\,dx_2''\} \tag{36a}$$

$$d\xi_2 = -\frac{n}{(x_2'' - x_2')^2}\{(x_2'' - x_2)\,x_2''\,dx_2' + (x_2 - x_2')\,x_2'\,dx_2''\}. \tag{36b}$$

Aus diesen Beziehungen folgt, daß wir bei den unter irgendwelchen Versuchsbedingungen auftretenden Veränderungen des Systems u. a. dann besonders große Umsetzungen $d\xi_1$ und $d\xi_2$ zu erwarten haben, wenn die Konzentrationen x_2' oder x_2'' (und damit natürlich auch x_1' und x_1'') sich stark ändern. Der praktisch wichtigste Fall ist hier der der Veränderungen mit der Temperatur bei konstantem Druck; wir werden besonders große ξ-Umsetzungen in dem Zweiphasensystem und damit auch besonders große Wärmeeffekte $\Lambda_1 d\xi_1 + \Lambda_2 d\xi_2$ sowie Volumänderungen $\mathfrak{V}_1 d\xi_1 + \mathfrak{V}_2 d\xi_2$ zu erwarten haben, wenn $\frac{dx_2'}{dT}$ oder $\frac{dx_2''}{dT}$ groß sind. Ein anderer Grund für besonders starke ξ-Umsetzungen kann in der Ähnlichkeit der Zusammensetzung beider Phasen liegen, denn dann wird in (36) der Nenner sehr klein, im Grenzfall gleicher Zusammensetzung gleich Null. Wir kommen auf beide Fälle sogleich bei der graphischen Diskussion der Verhältnisse im T-x-Diagramm zurück.

Graphische Diskussion der Veränderungen in einem engeren Zweistoffsystem bei konstantem Druck. Wir suchen jetzt in einem (T, x)-Diagramm das Verhalten eines engeren Zweistoffsystems mit der Temperatur zu verfolgen, wobei uns besonders der Übergang aus einem Einphasensystem sowie von einem Zweiphasensystem in ein Dreiphasensystem interessiert. Wir gehen aus von einer so hohen Temperatur des Systems, daß die vorhandenen Gesamtmengen n_1 und n_2 hierbei in einer stabilen homogenen (meist flüssigen oder gasförmigen) Phase gemischt sind (Punkt A der Abb. 74). Bei Erniedrigung der Temperatur bleibt die Zusammensetzung dieser homogenen Phase so lange ungeändert, bis der Punkt B einer Koexistenzkurve erreicht ist, dem der Punkt B'' der Koexistenzkurve einer zweiten dazugehörigen Phase entspricht. Bis zum Punkt B verläuft also die Spur unseres engeren Systems vertikal nach unten. Unterhalb der Temperatur, die dem Punkt B entspricht, teilt sich jedoch die homogene Phase, und zwar in folgender Weise. Die Zusammensetzung des gesamten engeren Systems bleibt unverändert, sie werde

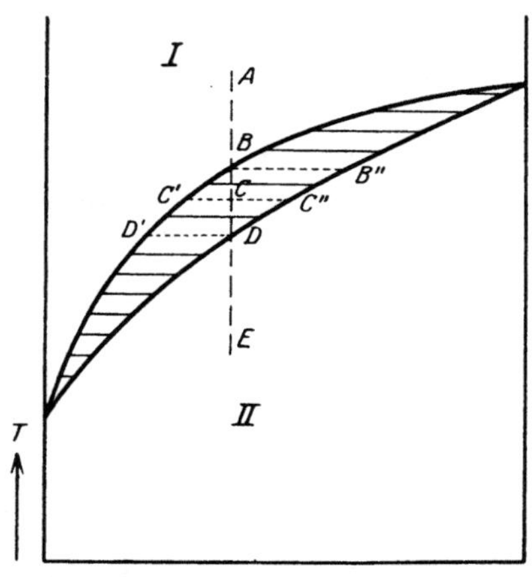

Abb. 74. T-x-Diagramm eines Zweistoffsystems mit einer flüssigen Phase (I) und einer kontinuierlichen Reihe von Mischkristallen (II).

in dem betrachteten Gebiet durch einen Punkt C des T-x-Diagramms repräsentiert. In Wirklichkeit kann das System bei der entsprechenden Temperatur jedoch nur aus zwei getrennten Phasen bestehen, deren Zusammensetzung den Punkten C' und C'' entspricht. Die Mengenverteilung auf die beiden koexistenten Phasen kann nun nach der soeben abgeleiteten Beziehung (35) aus der Länge der Strecken $C'C$ und CC'' direkt abgelesen werden. Es gilt nämlich nach (35):

$$n' : n'' = CC'' : C'C. \tag{37}$$

Dies ist die Beziehung, die auch zwischen den Massen oder Kräften besteht, die an einem ungleicharmigen Hebelarm mit dem Stützpunkt C und den Lastpunkten C' und C'' angreifen müssen, um den Hebel im Gleichgewicht zu halten; in Anlehnung an dieses Bild bezeichnet man die Gleichung (37) oder (35) auch als *Hebelarmbeziehung*.

Im Punkt B ist der eine Hebelarm gleich Null, das System ist also, wie es sein muß, noch in der ursprünglichen Phase konzentriert. Bei weiterer Senkung der Temperatur wandert jedoch entsprechend der Verlängerung des einen, der relativen Verkürzung des zweiten Hebelarms immer mehr Masse zu der zweiten Phase hinüber. Ist die Temperatur erreicht, bei der die Vertikale ABC die zweite Koexistenzkurve in D schneidet, so ist der zweite Hebelarm gleich Null geworden, also alle Masse in der zweiten Phase vereinigt. Im allgemeinen wird diese zweite Phase von der ersten verschieden sein; in gewissen Fällen kann sie jedoch kontinuierlich in die erste übergeführt werden, nämlich in den Fällen rückläufiger Gleichgewichtskurven (Abb. 69 und 73).

Wird das System dann noch weiter abgekühlt, so bleibt in dem in Abb. 74 vorausgesetzten Fall das System homogen im Zustand der nunmehr erreichten Phase bestehen.

Ehe wir zur Besprechung andersartiger Fälle übergehen, wollen wir den im Punkt B auftretenden Wärme- und Volumeffekten noch unsere Aufmerksamkeit schenken. Während bis zu dem Punkt B nur die spezifische Wärme der homogenen Phase für die Wärmeaufnahme, der Ausdehnungskoeffizient der homogenen Phase für die Volumänderung maßgebend war, treten vom Punkt B an die Effekte $\Lambda_1 \frac{d\xi_1}{dT} + \Lambda_2 \frac{d\xi_2}{dT}$ sowie $\mathfrak{B}_1 \frac{d\xi_1}{dT} + \mathfrak{B}_2 \frac{d\xi_2}{dT}$ zu den Effekten der homogenen Phasen hinzu. Da die Änderungen $\frac{dx_2'}{dT}$ und $\frac{dx_2''}{dT}$, von denen die $\frac{d\xi}{dT}$ abhängen, bei Erreichen einer Koexistenzkurve sogleich mit endlichem Betrage einsetzen, vergrößern sich beim Durchgang durch den Punkt B die Wärmeaufnahme und die Volumausdehnung des Gesamtsystems mit der Temperatur unstetig um endliche Beträge. Trägt man also z. B. die gesamte Wärmekapazität bei konstantem Druck l^T und die Volumänderung $\frac{dV}{dT}$ des Systems in besonderen Diagrammen als Funktion von T auf, so zeigen die betreffenden Kurven Unstetigkeiten bei der dem Punkt B zugeordneten Temperatur; trägt man dagegen das Volum selbst und den Wärmeinhalt des Systems oder eine damit gekoppelte Größe als Funktion der Temperatur auf, so zeigen die betreffenden Kurven bei der Temperatur T_B Änderungen ihrer Steigung, also *Knicke*. Es ist also, ohne jede Einsicht in das Innere des Systems, möglich, aus derartigen Kurven die Temperaturen T_B zu bestimmen, bei denen das engere System von der betrachteten Gesamtzusammensetzung die Koexistenzkurve erreicht. Führt man dieses Verfahren für eine ganze Reihe von engeren Systemen von schrittweise veränderter Gesamtzusammensetzung durch, so kann man auf diese Weise alle Wertepaare (x_2', T) einer ganzen (T, x')-Kurve erhalten. Die Punkte der (T, x'')-Kurve gewinnt man in Fällen der Abb. 74 aus einer bei weiterer Senkung der

Temperatur erreichten analogen Knickstelle (Punkt D), wo die komplexen Wärme- und Volumeffekte wieder in die einfachen einer homogenen Phase übergehen.

Mit diesen Ausführungen haben wir die prinzipielle Theorie der *thermischen und dilatometrischen Koexistenzkurvenanalyse* besprochen, die zum Aufsuchen der Koexistenzkurven, besonders von flüssigen und festen Metallegierungen, das wichtigste experimentelle Mittel darstellt. Auf die besondere Technik dieser Verfahren kann allerdings im Rahmen dieses Buches nicht eingegangen werden.

Besonders auffallende Wärme- und Volumeffekte bei Temperaturänderungen treten, wie wir im vorangehenden Abschnitt erwähnten, dann auf, wenn die $\frac{d x_2}{d T}$ besonders groß sind. Das ist dann der Fall, wenn die Neigung $\frac{d T}{d x_2}$ der Koexistenzkurve im T-x-Diagramm besonders flach ist; flach verlaufende Teile von Koexistenzkurven werden also (bei gleicher Größenordnung der elementaren Wärme- und Volumeffekte) leichter und genauer durch thermische oder dilatometrische Analyse festzulegen sein als sehr steil verlaufende (wie z. B. die Soliduskurven von fast reinen Phasen oder streng geordneten Mischphasen). Wegen des ebenfalls schon erwähnten Einflusses des Nenners in (35) werden ferner Koexistenzkurven, deren zugeordnete Punkte bei ähnlichen Konzentrationen liegen, ceteris paribus auffallendere Effekte ergeben als koexistente Phasen sehr verschiedener Zusammensetzung. Beide Ursachen für große Phasenumwandlungseffekte vereinigen sich bei den ohne Änderung ihrer Zusammensetzung ineinander übergehenden Phasen; hier ist sowohl $x_2'' = x_2'$ wie auch nach (9) $\frac{d T}{d x_2}$ und $\frac{d T}{d x_2''}$ gleich Null. In der Tat zieht sich hier das Temperaturintervall, in dem der Übergang von einer Phase in die andere stattfindet, auf einen Punkt zusammen (vgl. z. B. Abb. 75 Punkt G), so daß die Änderungen des Wärmeinhaltes und des Volums mit der Temperatur für diesen Temperaturpunkt wie in Einstoffsystemen unendlich groß werden.

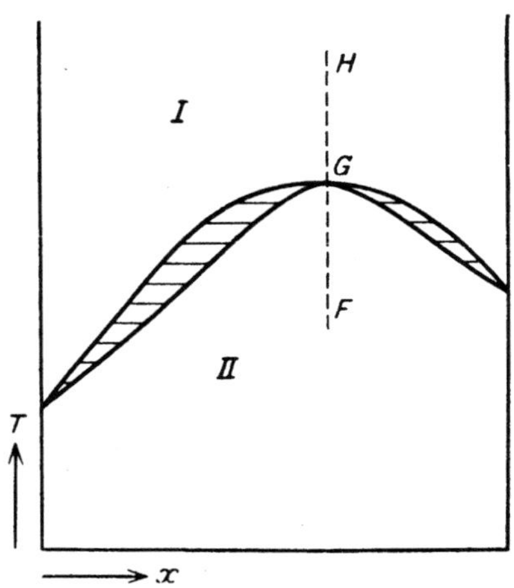

Abb. 75. T-x-Diagramm eines Zweistoffsystems mit einer flüssigen Phase (I) und einer kontinuierlichen Reihe von Mischkristallen (II) mit Maximum der Schmelzpunktskurve.

Wir wenden uns jetzt dem Fall zu, daß das zunächst auftretende zweiphasige System in ein Dreiphasengleichgewicht übergeht. Das ist z. B. bei dem in Abb. 76 wiedergegebenen T-x-Diagramm dann der Fall, wenn die Zusammensetzung zwischen den Punkten M und N liegt. Wir verfolgen etwa das Verhalten eines Systems, das zunächst durch den Punkt A repräsentiert wird. Bei Erniedrigung der Temperatur wird die Koexistenzkurve der Phase I mit der Phase II im Punkt B erreicht. Bei weiterer Temperaturerniedrigung findet infolgedessen eine Aufspaltung des Systems in zwei koexistente Phasen statt (Punkt C bzw. C' und C''). Schließlich wird der Punkt D erreicht, wo drei Phasen miteinander im Gleichgewicht sein können, die den Punkten P (Phase I), M (Phase II) und N (Phase III) entsprechen. Unterhalb dieser Temperatur sind nur noch die Phasen II und III im stabilen Gleichgewicht nebeneinander möglich. Infolgedessen findet zunächst bei konstanter Temperatur ein Stoffübergang derart statt, daß eine Aufspaltung der Phase I in die koexistenten Phasen II und III eintritt. Bei weiterer Temperaturerniedrigung bleibt das System zweiphasig, nur verschieben sich die

Zusammensetzungen der koexistenten Phasen I und II zu immer geringeren Gehalten der fremden Komponente (z. B. Punkt E des Gesamtsystems, koexistente Phasen E'' und E''').

Einen derartigen Typus findet man sehr häufig für das Gleichgewicht zwischen einer Schmelze (Phase I) und dem mehr oder minder reinen Phasen der Komponenten (Phase II und III). Der Dreiphasenpunkt P wird als *eutektischer Punkt* bezeichnet. Die koexistierende flüssige Phase wird eutektische Schmelze, das mechanische Gemenge der koexistierenden festen Phasen „*Eutektikum*" genannt. Für das entsprechende Gemisch Eis/Salz ist auch der Ausdruck *Kryohydrat* gebräuchlich. Diesen mechanischen Gemengen kommt abgesehen vom eutektischen Punkt selbst keinerlei thermodynamische Bedeutung zu. Infolge der besonderen Kristallisationsbedingungen zeigen jedoch die *mechanischen*

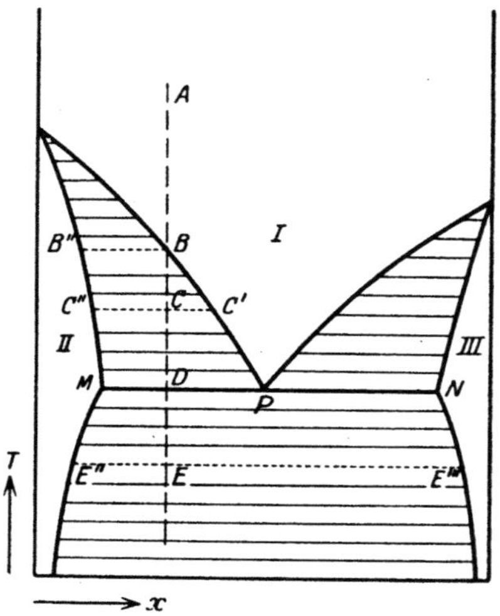

Abb. 76. T-x-Diagramm eines Zweistoffsystems mit einer flüssigen Phase (I) und den festen nahezu reinen Phasen der Komponenten (II und III).

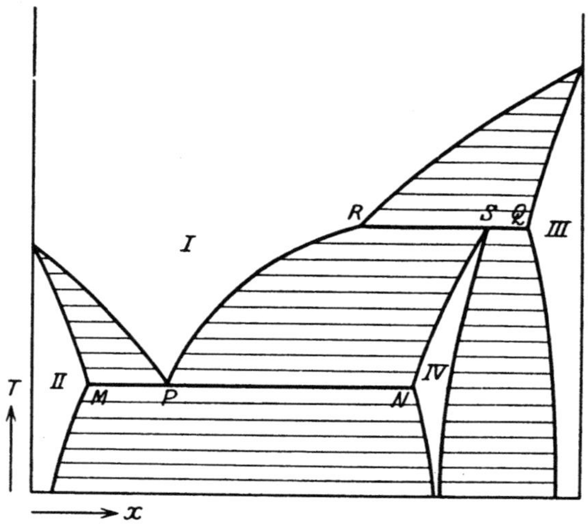

Abb. 77. T-x-Diagramm eines Zweistoffsystems mit einer flüssigen Phase (I) und *nahezu reinen* festen Phasen der Komponenten (II und III) sowie einer inkongruent schmelzenden Verbindung (IV).

Eigenschaften der Eutektika in metallischen Systemen gewisse Eigenarten, die mit den besonderen dynamischen Bedingungen einer nicht allzulangsam durchgeführten eutektischen Kristallisation zusammenhängen (Auftreten sehr vieler innig durcheinander vermengter Kristallite der beiden festen Phasen).

Ein schon in § 27 wiedergegebenes Schmelzdiagramm (Abb. 67) weist zwei derartige eutektische Punkte auf. Zwischen beiden liegt ein Maximum der T-x-Kurven. Dieses Diagramm kann als Kombination derjenigen von Abb. 75 und Abb. 76 aufgefaßt werden; infolgedessen erübrigt sich eine ausführliche Diskussion.

Ein besonderes Verhalten zeigt noch das in Abb. 77 wiedergegebene Diagramm eines Systems mit einer „inkongruent schmelzenden Verbindung". Die Verbindung bzw. geordnete Mischphase (Zustandsfeld IV) ist in diesem Falle mit keiner flüssigen Phase (Zustandsfeld I) gleicher Zusammensetzung koexistent. Infolgedessen weist auch weder die s-Kurve noch die l-Kurve ein Maximum auf. Nachfolgend sind kurz die beim Abkühlen einer homogenen Phase I in einem solchen System zu beobachtenden Erscheinungen zusammengestellt[1].

[1] Die Bezeichnungen x_Q, x_S usw. bedeuten die Bruttozusammensetzungen x, die den Punkten Q, S usw. der Abb. 77 entsprechen.

1. $1 > x > x_Q$. Zunächst Gleichgewicht zwischen der flüssigen Phase I und der festen Phase III, dann homogene Phase III, bei tieferer Temperatur heterogenes System mit den Phasen III und IV.

2. $x_Q > x > x_S$. Zunächst Gleichgewicht zwischen flüssiger Phase und der festen Phase III, Dreiphasengleichgewicht I + III + IV, Aufbrauch der flüssigen Phase bei konstanter Temperatur. Gleichgewicht zwischen den Phasen III und IV.

3. $x_S > x > x_N$. Zunächst Gleichgewicht zwischen I und III. Dreiphasengleichgewicht I + III + IV. Phase III verschwindet. Gleichgewicht zwischen IV und I. Homogene Phase IV, bei tieferer Temperatur eventuell Entmischung in IV und III oder in IV und II.

4. $x_N > x > x_R$. Gleichgewicht zwischen III und I. Dreiphasengleichgewicht I + III + IV. Zweiphasengleichgewicht I + IV. Dreiphasengleichgewicht I + II + IV. Zweiphasengleichgewicht II + IV.

5. $x_R > x > x_P$. Phase III tritt jetzt überhaupt nicht mehr auf. Zunächst Gleichgewicht zwischen I und IV. Dreiphasengleichgewicht I + II + IV. Zweiphasengleichgewicht II + IV.

6. $x = x_P$. Eutektische Kristallisation bei der Temperatur T_P. Dreiphasengleichgewicht I + II + IV. Dann Zweiphasengleichgewicht II + IV.

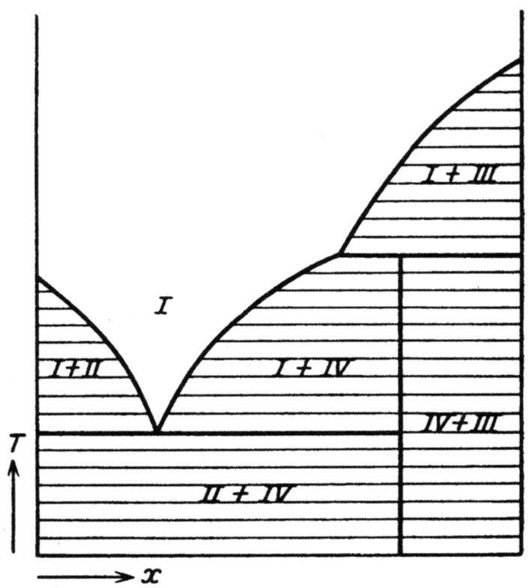

Abb. 78. *T-x*-Diagramm eines Zweistoffsystems mit einer flüssigen Phase (I) und den *praktisch reinen* festen Phasen der Komponenten (II und III) sowie einer inkongruent schmelzenden Verbindung (IV).

Wie schon öfter bemerkt, weisen die festen Phasen häufig ein so geringes Lösungsvermögen gegenüber Fremdstoffen auf, daß vielfach die betreffenden Zustandsfelder praktisch zu geraden Linien in den Diagrammen degenerieren. Das System in Abb. 78 ist unter der Voraussetzung nahezu reiner fester Phasen gezeichnet, entspricht aber im übrigen ganz dem vorstehend behandelten System in Abb. 77.

Mehrphasige Zweistoffsysteme mit variabeln Gesamtmengen (Theorie der fraktionierten Destillation). Bisher haben wir angenommen, daß die Gesamtmasse des Systems konstant ist. Praktisch spielen jedoch auch solche Vorgänge eine große Rolle, bei denen der Stoff einer der Phasen aus dem Gleichgewicht dauernd entfernt wird, wie z. B. die Gasphase ('') bei der Destillation einer flüssigen Phase ('). Für die Stoffänderungen der zurückbleibenden Phase erhalten wir dann folgenden quantitativen Ansatz:

$$\frac{-dn_2'}{-dn_1'} = \frac{1 - x_2''}{x_2''}. \tag{38}$$

Unter Benutzung von (34a) folgt weiter:

$$dx_2' = -(x_2' - x_2'')\frac{dn'}{n'}. \tag{39}$$

$\left(-\frac{dn'}{n'}\right.$ ist relative Verminderung der Gesamtmolenzahl durch Abdampfen.$\left.\right)$ Also wächst x_2', wenn $x_2' > x_2''$, d. h. die Zusammensetzung der flüssigen Phase verschiebt sich derart, daß derjenige Bestandteil angereichert wird, der in der flüssigen Phase bereits in größerer Konzentration vorhanden ist als in der Gasphase. Wir folgern weiter für die Fälle, in denen die Änderung der Koexistenztemperatur T mit der Änderung der Zusammensetzung eindeutig gekoppelt ist:

$$dT = -\left(\frac{dT}{dx_2'}\right) \cdot (x_2' - x_2'') \cdot \frac{dn}{n}. \tag{40}$$

Wendet man diese Beziehung auf isobare Veränderungen an und verwendet demgemäß die Aussage über das (positive) Vorzeichen von $\frac{dx_2'}{dT} \cdot (x_2' - x_2'')$ gemäß (9a), so gelangt man zu dem Satz: *Bei isobarer Destillation eines binären Gemisches steigt die Siedetemperatur.*

Die Steigerung findet ihre Grenze bei derjenigen Zusammensetzung, die einem Maximum entspricht, wenn ein solches vorhanden ist. Dann wird nämlich in (40) sowohl $\frac{dT}{dx_2'}$, als auch $x_2' - x_2''$ gleich Null, das Gemisch geht bei konstanter Temperatur und Zusammensetzung in den Dampfzustand über.

Liegen die Verhältnisse etwa so wie in dem Diagramm in Abb. 79, so besteht der Destillationsrückstand aus der ersten Komponente in nahezu reinem Zustand. Gehört hingegen das T-x-Diagramm zum Typus in Abb. 75, so hinterbleibt ein Gemisch, dessen Zusammensetzung der Maximaltemperatur entspricht.

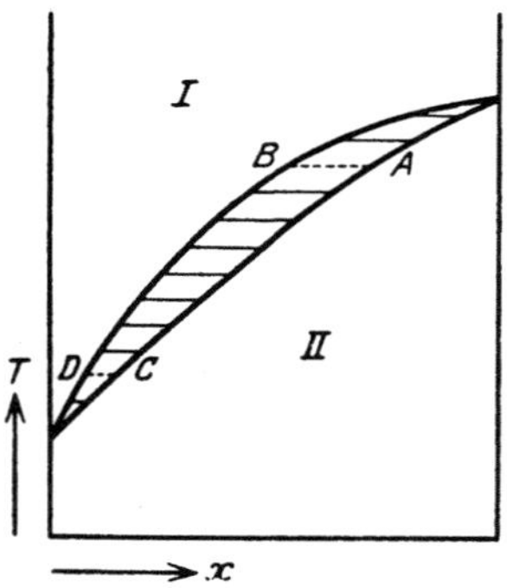

Abb. 79. T-x-Diagramm eines Zweistoffsystems mit einer gasförmigen Phase (I) und einer flüssigen Phase (II).

Diese Verhältnisse sind für die Durchführung von Stofftrennungen durch fraktionierte Destillation und Rektifikation von grundlegender Bedeutung. Auf Grund vorstehender Erörterungen erscheint es verhältnismäßig einfach, den höher siedenden Bestandteil bzw. das Gemisch mit Maximalsiedepunkt als Destillationsrückstand in mehr oder minder reiner Form zu erhalten. Aber einerseits ist nach (39) der relative Gewinn an Reinheit des weniger flüchtigen Bestandteils bei dieser primitiven Versuchsanordnung nur so lange befriedigend, als die Koexistenzpunkte von Flüssigkeit und Dampf noch großen horizontalen Abstand besitzen, andererseits fehlt die Möglichkeit zur Abtrennung des leichter siedenden Bestandteils in annähernd reiner Form. Im Sinne der letzteren Aufgabe liegt ein Verfahren, bei dem der abdestillierende Dampf in einem sog. Dephlegmator oder Kondensator abgekühlt wird, so daß sich teilweise eine flüssige Phase rückbildet, die wieder in das Destillationsgefäß zurückgeleitet wird. Entspricht die zu destillierende Flüssigkeit dem Punkt A in Abb. 79 und wird die Kondensation bei einer tieferen Temperatur entsprechend der Geraden CD vorgenommen, so entspricht der aus dem Kondensator austretende Dampf in seiner Zusammensetzung dem Punkt D, aus dem dann durch noch tiefere Kühlung die flüssige Phase dieser Zusammensetzung erhalten werden kann. Durch entsprechende Wahl der Temperatur im Kondensator hat man somit die Möglichkeit, den leichter siedenden Bestandteil in verhältnismäßig reiner Form anzureichern. Die Möglichkeit dieser Abtrennung findet allerdings dann eine Grenze, wenn Gemische mit Minimumsiedepunkt vorliegen. Hier kann im Kondensator bestenfalls nur das Gemisch in einer Zusammensetzung erhalten werden, die dem Minimumsiedepunkt entspricht.

Die im Kondensator niedergeschlagene Flüssigkeit (Rücklauf) kommt bei der geschilderten noch primitiven Versuchsanordnung direkt in die Destillationsblase zurück. Dann aber würde die Vorrichtung im Verhältnis zum Bedarf an Heizwärme und Kühlwasser noch sehr unökonomisch arbeiten. Eine bessere Ausnutzung wird erzielt, wenn man den flüssigen Rücklauf mit den aus der Destillationsblase kommenden Dämpfen im Gegenstromprinzip in möglichst innige Berührung bringt, was im Laboratorium durch Destillationsaufsätze, in der Technik durch sog. Kolonnen erreicht wird. Da der Rücklauf in seiner Zusammensetzung an leicht Siedendem wesentlich reicher ist, als dem Gleichgewicht mit den entgegenkommenden Dämpfen entspricht (vgl. Abb. 79), wird hierbei ein Stoffübergang derart stattfinden, daß Leichtsiedendes aus dem Rücklauf in den Dampf und umgekehrt Schwersiedendes aus dem Dampf in den Rücklauf übergeht. Durch diese Anordnung wird der in den Kondensator gelangende Dampf von vornherein an Leichtsiedendem stärker angereichert und die Wirkung der Destillation sowohl in bezug auf die Reinheit der Fraktionen als auch auf die ökonomische und zeitliche Ausnutzung wesentlich verbessert.

Infolge der großen praktischen Bedeutung technischer Stofftrennungen hat sich hier ein umfangreiches Sondergebiet der technischen Thermodynamik entwickelt. Maßgebender Gesichtspunkt ist hierbei nicht nur die Möglichkeit einer Stofftrennung bis zu dem gewünschten Reinheitsgrad, sondern vor allem auch die Berücksichtigung der auftretenden Wärmeeffekte, die neben anderen Faktoren (Anlagekosten usw.) den ökonomischen Nutzeffekt einer derartigen Anlage bestimmen. In diesem Buch, das in erster Linie den thermodynamischen Grundlagen gewidmet ist, muß auf die nähere Besprechung dieser Spezialfragen verzichtet werden, zumal eingehende Darstellungen von anderer Seite vorliegen[1].

Eine besondere Besprechung erfordern noch Systeme mit *zwei kondensierten Phasen* neben der Dampfphase. An dieser Stelle sei nur das Auftreten zweier flüssiger Phasen in Betracht gezogen. Das in Abb. 76 zunächst für das Gleichgewicht zwischen festen und flüssigen Phasen wiedergegebene T-x-Diagramm veranschaulicht auch diesen völlig analog liegenden Fall. Haben wir ein heterogenes Gemisch der Phasen II und III, so kann sich zunächst im Sinne der vorstehenden Überlegungen die Temperatur bei konstantem Druck nicht ändern. Im übrigen wird für Gemische rechts vom Dreiphasenpunkt schließlich die Phase II, für Gemische links vom Dreiphasenpunkt die Phase III verschwinden, dann verhält sich das System wie jedes andere zweiphasige System.

Destillation bei konstanter Temperatur und variablem Druck kommen als Methode der rationellen Stofftrennung wohl kaum in Frage. Dieses Verfahren ist aber für die laboratoriumsmäßige Untersuchung von Verbindungen aus einer flüchtigen und einer nicht flüchtigen Komponente von großer Bedeutung. Es handelt sich hierbei insbesondere um die Verbindungen bzw. geordneten Mischphasen aus Salzen und Wasser, Ammoniak, Schwefelwasserstoff u. a. Ein allgemeines schematisches Beispiel zeigt das (p, x)-Diagramm Abb. 80. Die einzelnen Phasen sind folgendermaßen bezeichnet: I = Gasphase; II = flüssige Mischphase; III = feste Mischphase von der annähernden Zusammensetzung AB_2; IV = feste Mischphase von der annähernden Zusammensetzung AB; V = nahezu reine Phase der Komponente A. Meist sind die festen Phasen jedoch von singulärer Zusammensetzung, so daß die Zustandsfelder zu praktisch senkrechten Geraden degenerieren. Als Beispiel hierfür ist das Diagramm für das schon in § 27 erwähnte System Kupfersulfat/Wasser in Abb. 81 wiedergegeben.

---

[1] In erster Linie sei auf den kürzlich erschienenen Band der Sammlung Chemische Technologie in Einzeldarstellungen hingewiesen: K. THORMANN: Destillieren und Rektifizieren. Leipzig 1928. Vgl. ferner: C. VON RECHENBERG: Einführung in fraktionierte Destillation in Theorie und Praxis. Leipzig 1923; E. HAUSBRAND: Die Wirkungsweise der Rektifizier- und Destillierapparate, 4. Aufl. Berlin 1921.

Gehen wir zunächst von einer gerade gesättigten Lösung (ohne Bodenkörper) im Gleichgewicht mit der Gasphase aus (Punkt M in Abb. 80). Beim Abpumpen des Dampfes bewegt sich sodann das System bei konstantem Druck auf der Geraden MN. Drei Phasen sind miteinander im Gleichgewicht vorhanden: Gesättigte Lösung, feste Verbindung AB_2 sowie die Gasphase. Im Punkt N verschwindet die flüssige Phase und das System wird zweiphasig. Infolgedessen sinkt der Druck bei Abpumpen rasch ab, bis das System im Punkt O angelangt ist, wo die Phase AB als neue Phase hinzutritt. Bei weiterem Abpumpen geht sodann die Verbindung AB_2 bei konstantem Druck in AB über, bis der Punkt P erreicht ist. Weiterhin ist das System zweiphasig und der Druck sinkt auf der Kurve PQ rasch ab. Q ist der Dreiphasenpunkt mit der Phase A. Das

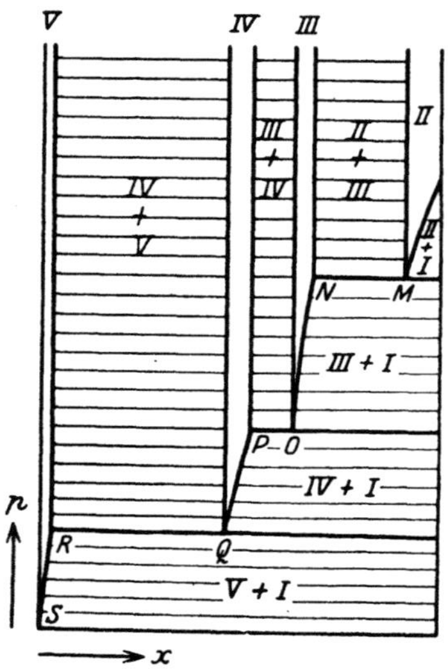

Abb. 80. p-x-Diagramm eines Zweistoffsystems mit einer gasförmigen Phase (I) und den nahezu reinen festen Phasen der Komponenten (II und V) sowie zweier Verbindungen (III und IV).

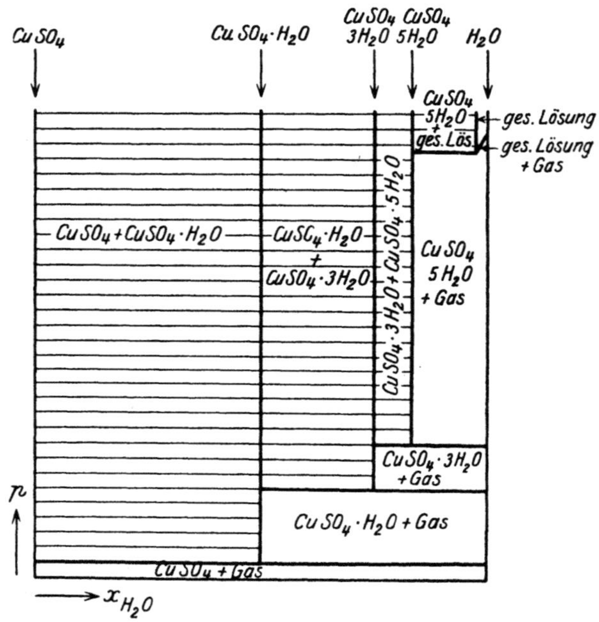

Abb. 81. p-x-Diagramm für das System Kupfersulfat—Wasser.

System bewegt sich längs der Geraden QR, bis auch die Phase AB aufgebraucht ist, um schließlich auf der Kurve RS gegen Null abzufallen. Durch Aufsuchen einer derartigen Zersetzungskurve bei konstanter Temperatur und die Feststellung der einzelnen Knickpunkte einer Druck-Zeit-Kurve ist man somit in der Lage, bestimmte Aussagen über die Zahl der Phasen des Bodenkörpers zu machen. Sehr häufig sind dabei die Zustandsfelder der homogenen Phasen des Bodenkörpers so schmal, daß sie praktisch als gerade Linien im Diagramm erscheinen bzw. ihre Breite der Beobachtung überhaupt entgeht. Genauere Untersuchungen über p-x-Diagramme sind vor allem in neuerer Zeit von W. Biltz, G. Hüttig und ihren Schülern als Beiträge zur systematischen Verwandtschaftslehre ausgeführt worden. Gerade hieraus geht hervor, daß die Zustandsfelder der einzelnen Phase durchaus nicht immer so schmal zu sein brauchen, wie man bisher vielfach angenommen hat, und daß demnach auch bei festen chemischen Verbindungen eine endliche Variation der im übrigen stöchiometrischen Zusammensetzung als stabiler Zustand auftritt. Auf die theoretische Behandlung dieser Fragen ist bereits in § 22 sowie in § 27 dieses Buches eingegangen worden.

Ausgangsdaten und Folgerungen beim Studium währender Phasengleichgewichte. Zum Schluß unserer Betrachtungen über die Zweistoffgleichgewichte und als Überleitung zu den letzten kurzen Bemerkungen über Mehrstoffsysteme, wollen wir uns nach dem Wirrwarr der besprochenen Probleme und Sätze auch hier auf das Grundprinzip unserer ganzen Darstellung besinnen und die Frage zu beantworten versuchen: welche Eigenschaften eines mehrphasigen Zweistoffsystems müssen direkt gemessen und welche können aus thermodynamischen Gesetzen abgeleitet werden, um alle sein thermodynamisches Verhalten charakterisierender Effekte voraussagen zu können?

Mit dieser Frage an sämtliche besprochenen Gedankengänge dieses Paragraphen heranzutreten, ist deshalb besonders schwer, weil es sich zum großen Teil um halbqualitative nur auf den Vorzeichenaussagen des § 25 beruhende Feststellungen handelt. Immerhin lassen sich einige für die Beurteilung der Ausgangsdaten und der Problemstellung wichtige Gesichtspunkte herausfinden.

Allgemein kann bei Mehrphasengleichgewichten entweder nur gefragt werden nach den Beziehungen zwischen den spezifischen Variabeln (bzw. deren Veränderungen), die bei währendem Gleichgewicht bestehen müssen, d. h. nach den Koexistenzkurven, oder es kann außerdem noch nach Werten der extensiven Variabeln gefragt werden, d. h. Verteilung des gegebenen Stoffes auf die Phasen, eintretende Umsetzungen bei Veränderungen und damit verbundene Wärme- und Volumeffekte. In der Frage der *Koexistenzkurven* hat sich nun ergeben, daß unsere ursprüngliche Fragestellung: Vorausbestimmung der „Richtungen" $\frac{dp}{dx}$, $\frac{dp}{dT}$, $\frac{dx}{dT}$ usw. aus Eigenschaften des gehemmten Systems in der Umgebung des Koexistenzpunktes, praktisch nur selten Bedeutung gewonnen hat; vielmehr ist die direkte Bestimmung und graphische Darstellung von Koexistenzkurven, sei es durch direkte Messung zusammengehöriger spezifischer Variabeln, sei es durch thermische oder dilatometrische Analyse, hier als gegebene experimentelle Grundlage zu betrachten. Daß die berechneten Differentialgleichungen der Koexistenzkurven nicht in größerem Umfange zum Ersatz direkter Messungen oder zur Extrapolation in unbekannte Gebiete benutzt werden, liegt, wie man leicht erkennt, daran, daß in diesen Gleichungen als Koeffizienten Größen auftreten, die schon in einem noch im Meßbereich liegenden Koexistenzpunkt nicht einfach direkt zu messen, kaum aber in unbekannte Konzentrations-, Temperatur- und Druckgebieten sicher zu extrapolieren sind. Es sind das nämlich, wie man z. B. aus den Gleichungen (5) und (8) entnimmt, nicht nur die Reaktionsgrößen $\mathfrak{V}_1$, $\mathfrak{V}_2$ und $\mathfrak{S}_1$, $\mathfrak{S}_2$ bzw. $\varLambda_1$, $\varLambda_2$ der beiden Stoffübergänge aus einer Phase in die andere, sondern außerdem noch die Größen $\frac{\partial \mu}{\partial x}$ oder $\frac{\partial^2 g}{\partial x^2}$, welche die Kenntnis einer Abhängigkeit der chemischen Potentiale (oder Restarbeiten) von der Konzentration in beiden Phasen voraussetzen.

Immerhin ist hier der Ort, darauf hinzuweisen, daß *alle diese Größen durch thermodynamische Untersuchungen, die jeweils nur eine der beteiligten Phasen betreffen, prinzipiell meßbar sind.* Die $\mathfrak{V}_1$ z. B. sind als Differenzen $v_1'' - v_1'$ der partiellen Molvolume zweier Phasen ohne weiteres dadurch meßbar, daß man in beiden Phasen eine gewisse Menge des reinen Stoffes 1 löst (oder fortnimmt) und die Volumänderungen dilatometrisch untersucht; bei der Differenzbildung hebt sich das Eigenvolum des reinen Stoffes heraus, und man erhält die Größe $v_1'' - v_1'$. Analog für $\mathfrak{V}_2$. Aber auch die Reaktionswärmen $\varLambda_1$ und $\varLambda_2$ lassen sich auf ganz ähnliche Weise feststellen. Man geht davon aus, daß diese Größen, wegen $\mathfrak{A} = 0$ für die Koexistenzzustände, zugleich mit den irreversibeln

Reaktionswärmen $\mathfrak{W}_1$ und $\mathfrak{W}_2$ identisch sind; diese kann man, analog wie die $\mathfrak{V}_1$ und $\mathfrak{V}_2$, gleich $w_1'' - w_1'$ usw. setzen und als Differenzen der irreversibeln Lösungswärmen der reinen Stoffe 1 und 2 in den Mischphasen direkt experimentell bestimmen. Druck- und Temperaturextrapolationen der v_1 und w_1 usw. sind aus Ausdehnungs- und Kompressibilitätsmessungen der (erweiterten) reinen Phasen bzw. aus spezifischen Wärmen zu entnehmen.

Was endlich die Frage der Konzentrationsabhängigkeiten, speziell der $\frac{\partial \mu}{\partial x}$-Glieder betrifft, so hat man diese Glieder früher wohl oder übel als Unbekannte betrachtet und nur die Vorzeichenaussagen des § 25 zur Beurteilung ihrer Rolle in den Differentialgleichungen der Koexistenzkurven herangezogen. Vielleicht wird aber dieser Standpunkt bei weiterer experimenteller und theoretischer Durchdringung des Gebietes doch nicht ganz beibehalten zu werden brauchen, und man wird aus einer eingehenderen Kenntnis der Aktivitäten gemischter Stoffe heraus wenigstens zu gewissen Abschätzungen der $\frac{\partial \mu}{\partial x}$ (auch für nicht gasförmige Phasen) gelangen können, soweit nicht direkte Untersuchungen, etwa auf Grund von Messungen elektromotorischer Kräfte, vorliegen. Umgekehrt wird es sich künftig vielleicht öfter als lohnend erweisen, in Differentialgleichungen z. B. von der Form (9) neben den direkt beobachteten $\frac{\partial x}{\partial T}$ die Wärmeeffekte nach der oben angegebenen Methode gesondert zu bestimmen, um dadurch auf einem neuen Wege zu einer Kenntnis des Konzentrationsganges der Aktivitäten oder Restarbeiten in der Nähe von Gleichgewichtskurven zu gelangen.

In diesem Paragraphen sind derartige allgemeine und exakte Auswertungen der Differentialgleichungen der Koexistenzkurven noch nicht besprochen worden. Wir haben uns vielmehr, in Anlehnung an die klassischen Arbeiten besonders von Gibbs und Planck, in den allgemeinen Fällen, wo die $\frac{\partial \mu}{\partial x}$ oder $\frac{\partial^2 g}{\partial x^2}$ in den Gleichungen auftreten, mit Vorzeichenfeststellungen begnügt und sind hierbei nur in den Spezialfällen, wo die Faktoren $(x_2'' - x_2')$ von $\frac{\partial^2 g}{\partial x^2}$ [in Gleichung (9), (13), (14), (15)] verschwinden, zu quantitativen Aussagen $\left(\frac{\partial T}{\partial x}\right.$ usw. $= 0$, Auftreten von Extremwerten$\left.\right)$ gelangt. Eine ausgezeichnete Rolle spielen, wie wir nachträglich bemerken, diejenigen Beziehungen, in denen keine $\frac{\partial \mu}{\partial x}$-Werte, sondern nur spezifische Volum- und Wärmeeffekte auftreten; hier handelt es sich, wie besonders deutlich aus unserer zweiten Ableitung der Clausius-Clapeyronschen Gleichung für vollständige Systeme hervorgeht, um Differentialgleichungen, bei denen die Ausgangsbedingung eine Gleichung $d\mathfrak{K}^{[\xi]} = 0$ war, in der $\frac{\partial \mathfrak{K}^{[\xi]}}{\partial [\xi]} = 0$ gesetzt werden konnte, so daß damit von vornherein die Konzentrationsabhängigkeit der $\mathfrak{K}$ oder μ aus den Gleichungen ausscheidet. In diesen Differentialgleichungen [(25) oder (32)] treten, wie wir gesehen haben, nur gewisse einheitliche Kombinationen $\Lambda^{[\xi]}$ und $\mathfrak{B}^{[\xi]}$ der elementaren Wärme- und Volumeffekte zwischen den (drei) Phasen auf. Das hindert freilich nicht, daß zur praktischen Vorausbestimmung dieser Größen im allgemeinen auf jenes oben beschriebene Verfahren der gesonderten Bestimmung der $v_1 \ldots w_2$ aus Reaktionen mit reinen Stoffen 1 oder 2 wird zurückgegriffen werden müssen; die von uns ausdrücklich behandelten Spezialfälle boten allerdings die Vereinfachung, daß sich schon die Reaktionen zwischen den koexistenten Phasen durchweg als Reaktionen zwischen einem reinen Stoff und einer Mischphase auffassen ließen.

Die S. 517 hervorgehobene Analogie der Gleichung (16) für die Dampfdruckkurve einer Mischphase vorgegebener Zusammensetzung mit der CLAUSIUS-CLAPEYRONschen Gleichung werden wir in dem nunmehr gefundenen Zusammenhang ebenfalls als durch den Fortfall des $\frac{\partial^2 g}{\partial x^2}$-Gliedes charakterisiert betrachten können.

Die in unserem Rückblick bisher gestreiften Probleme bezogen sich durchweg auf die Auswertung der Differentialgleichungen für die *spezifischen* Variabeln in Mehrphasengleichgewichten. Was muß nun außerdem an Eigenschaften bekannt sein, um das gesamte thermodynamische Verhalten, und in Systemen mit Stoffaustausch mit der Umgebung die in Wirklichkeit auftretenden Stoffänderungen (z. B. bei fraktionierter Destillation) voraussagen zu können?

Für das äußere thermodynamische Verhalten eines *stofflich konstanten* (engeren) *Systems* ist die Antwort sehr einfach; da das System nur durch Volumarbeit und Wärmeaustausch auf die Umgebung wirkt, genügt, bei p und T als Variabeln, die Angabe der Änderungen des Gesamtvolums und der Gesamtentropie beim Durchlaufen der möglichen Veränderungen des Systems im währenden Gleichgewicht. Wir haben schon besprochen, daß die Änderungen dieser extensiven Größen sich außer durch die Zustandsgleichungen der Einzelphasen durch die Angabe der zwischen den Phasen übergehenden Mengen beider Stoffe bestimmen lassen; als Faktoren der elementaren Übergangsreaktionen treten auch hier wieder nur jene Größen $\mathfrak{B}_1 \ldots \Lambda_2$ auf, deren Untersuchung wir bereits besprochen haben.

Die stofflichen Übergänge zwischen den Phasen eines engeren Zweikomponentensystems erweisen sich bei *zwei Phasen* durch die anfänglich gegebene Menge beider Phasen und die spezifischen Änderungen längs der Koexistenzkurven als vollständig bestimmt; es wäre also z. B. möglich, bei Kenntnis der $\mathfrak{B}_1 \ldots \Lambda_2$ und der spezifischen Wärme- und Volumgleichungen der Einzelphasen alle thermodynamischen Effekte eines derartigen Systems aus den Steigungen der x'-T- und x''-T-Kurven vorauszusagen. Zweifellos hat eine solche Voraussage z. B. für die Beurteilung des Wärmebedarfs von metallurgischen Veredelungsprozessen eine größere Bedeutung.

In *vollständigen* Systemen und in *Übergangspunkten* genügt, wie wir sahen, die Kenntnis der spezifischen Veränderungsmöglichkeiten nicht, um das thermodynamische Verhalten eines gegebenen Systems zu bestimmen. Es war nicht ohne Interesse, festzustellen, daß sich das zur Festlegung aller extensiven Änderungen noch fehlende Glied in vollständigen Systemen auf die Bestimmung der Änderung einer (und in Übergangspunkten auf die Änderung von zwei) wohldefinierten kombinierten Reaktionslaufzahl $[\xi]$ zurückführen ließ, die Veränderungen ohne Konzentrationsänderung der Phasen entspricht. Es wurde darauf aufmerksam gemacht, daß zur Bestimmung der Änderung dieser Reaktionslaufzahl noch eine (bzw. zwei) Nebenbedingung gegeben sein mußte. Die Bestimmung der mit der Änderung dieser Laufzahl verbundenen Volum- und Wärmeeffekte $\mathfrak{B}^{[\xi]}$ und $\Lambda^{[\xi]}$ ließ sich jedoch auf die Messung der Elementargrößen v_1, w_1 usw. aller Phasen ohne weiteres zurückführen; es traten ja in (33a) und (33b) nur die spezifischen Größen v und s der Phasen auf, die sich ja nach (21), § 10 und der Schlußbemerkung S. 221 allgemein aus $x_1 v_1 + x_2 v_2$ bzw. $x_1 s_1 + x_2 s_2$ zusammensetzen lassen. Da ferner stets nur Entropiedifferenzen auftreten, die sich wegen $\mathfrak{K} = 0$ für alle Übergänge auch als Differenzen der w darstellen lassen, sind somit auch hier alle Volum- und Wärmeeffekte auf die x, v_i und w_i zurückgeführt. Auch für das thermodynamische Verhalten eines mehr als zweiphasigen Zweistoffsystems ist also hiermit die Frage nach den zur Voraussage des thermodynamischen Verhaltens hinreichenden Grundlagen geklärt.

Allerdings muß noch hervorgehoben werden, daß die hier herangezogenen Grunddaten $\left(v_1, s_1\right.$ usw. und gegebenenfalls die $\frac{\partial \mu}{\partial x}$, längs der Koexistenzkurven$\left.\right)$ *mehr Material liefern, als man umgekehrt aus den Koexistenzkurven* und dem thermodynamischen Verhalten engerer Systeme bei ihrem Durchlaufen *ableiten kann*; treten doch immer nur gewisse Kombinationen all dieser Größen in den spezifischen Differentialgleichungen und in den Gleichungen für die Wärme- und Volumeffekte auf. Doch scheint der Frage, wie man Messungen im währenden Gleichgewicht als Bestandteil einer Versuchsreihe zur Feststellung der Einzelgrößen v_1, $s_1 \ldots \frac{\partial \mu}{\partial x}$ der beteiligten Phasen verwerten kann, keine praktische Bedeutung zuzukommen, abgesehen vielleicht von dem oben erwähnten Fall einer indirekten Bestimmung der $\frac{\partial \mu}{\partial x}$ in einem Zweiphasensystem aus den v_1, s_1 usw. und den $\frac{d x}{d T}$ der Koexistenzkurven.

Die Frage der Volum- und Wärmeeffekte in *Systemen mit laufender Stoffabtrennung* oder Stoffzufuhr (speziell Destillation oder Kondensation) wird bei Kenntnis der Koexistenzkurven und der elementaren Reaktionsgrößen v_1, $s_1 \ldots$ oder $\mathfrak{V}_1 \ldots \Lambda_2$ ebenfalls nur noch die Bestimmung der Mengenumsetzungen an der betreffenden Phasengrenzfläche erfordern. Ein Spezialfall dieser Art ist in den Gleichungen (38) und (39) behandelt, die zusammen mit (35) alle Umsetzungen und damit auch die Wärme- und Volumeffekte durch die fortgeführten Gesamtmengen auszudrücken gestatten. Wir betreten hier den Boden der wärmewirtschaftlichen Beurteilung von Destillations- und Rektifikationsprozessen; auch in Zweistoffsystemen mit fortlaufender Destillation und Kondensation, wie sie neuerdings zur Herstellung von Kühlmaschinen ohne mechanisch bewegte Teile verwendet werden, spielen derartige Wärmeeffekte eine ausschlaggebende Rolle.

Drei- und Mehrstoffsysteme. Im vorstehenden betrachten wir einen Ausschnitt aus dem weiten Gebiet der Lehre von den heterogenen Gleichgewichten in Zweistoffsystemen. Nur die Grundzüge sind entwickelt und einige besonders charakteristische Beispiele für die Diskussion von Ergebnissen der allgemeinen theoretischen Untersuchung herangezogen worden. Die Zahl der zu behandelnden Fälle müßte für Drei- und Mehrstoffsysteme noch weit größer gewählt werden, um auch nur einigermaßen eine Einführung geben zu können. Hierauf sei jedoch ganz verzichtet und auf die am Schluß von § 27 angegebene Literatur verwiesen.

Statt dessen wollen wir für Mehrstoffsysteme noch einige allgemeine Regeln aufstellen, die sich als Verallgemeinerungen der für Zweistoffsysteme abgeleiteten ohne Mühe ergeben.

Wir gehen von den nur einer spezifischen Variation fähigen *vollständigen Systemen* mit $\alpha + 1$ Phasen aus. Für diese hatten wir schon S. 522 in völliger Allgemeinheit eine der CLAUSIUS-CLAPEYRONschen analoge Gleichung (32) abgeleitet, die die Änderung des Dampfdruckes mit der Temperatur aus dem Verhältnis der Reaktionswärme $\Lambda^{[\xi]}$ zum Reaktionsvolum $\mathfrak{V}^{[\xi]}$ abzuleiten gestattet. Wir wollen hier nur noch eine Bemerkung darüber hinzufügen, welcher Art die hier auftretende „Übergangsreaktion ohne Konzentrationsänderung" bei Dreistoffsystemen mit vier Phasen ist. Man leitet die Totalumsetzungen $d n' \ldots d n''''$, die die einzelnen Phasen in engeren Systemen bei einer Änderung $d[\xi]$ erleiden müssen, für diesen Fall ziemlich einfach in folgender Weise ab. Setzen wir

$dn' = y' d[\xi] \ldots dn'''' = y'''' d[\xi]$, so muß jeweils die Summe der mit $d[\xi]$ verbundenen Änderungen jedes Stoffes: $dn_i' + dn_i'' + dn_i''' + dn_i''''$ gleich Null werden. Es gelten also drei Gleichungen von der Form:

$$x_i' y' + x_i'' y'' + x_i''' y''' + x_i'''' y'''' = 0,$$

je eine für jede Stoffart. Berücksichtigt man weiter, daß für jede Phase $x_1 + x_2 + x_3 = 1$ ist, so kann man eine der drei Gleichungen auch durch die Gleichung $y' + y'' + y''' + y'''' = 0$ (Summe der drei einzelnen Gleichungen) ersetzen und erhält dann durch Determinantenauflösung für das Verhältnis der y die Beziehung:

$$y' : y'' : y''' : y'''' = - \begin{vmatrix} x_2'' & x_2''' & x_2'''' \\ x_3'' & x_3''' & x_3'''' \\ 1 & 1 & 1 \end{vmatrix} : \begin{vmatrix} x_2' & x_2''' & x_2'''' \\ x_3' & x_3''' & x_3'''' \\ 1 & 1 & 1 \end{vmatrix} : \cdots \tag{41}$$

Damit ist aber die Art der Umsetzung bis auf einen ja stets unbestimmt bleibenden Faktor vollständig festgelegt und somit auch die Regel, nach der die Reaktionsgrößen $\Delta^{[\xi]}$ und $\mathfrak{B}^{[\xi]}$ aus den elementaren partiellen Volum- und Entropieeffekten der einzelnen Phasen zusammenzusetzen sind. Ganz analog kann man bei fünf Phasen mit vier Stoffen vorgehen usw.

Sollen in vollständigen Mehrstoffsystemen jedoch auch die Änderungen der Konzentrationen mit der Temperatur oder dem Gleichgewichtsdruck aus den Elementareffekten der Volum- und Entropieänderungen sowie den $\frac{\partial \mu}{\partial x}$ berechnet werden, so wird man von dem vollständigen Bedingungsschema ausgehen müssen, das die Gleichheit der $d\mu_i$ in allen Phasen benutzt, und zwar empfiehlt sich auch bei Mehrstoffsystemen die Aufstellung von Gleichungen der Form:

$$d\chi = -S\,dT + V\,dp - (n_1 d\mu_1 + n_2 d\mu_2 + n_3 d\mu_3 + \ldots) = 0 \tag{42}$$

für alle Phasen, analog (20). Geht man hier durch Division mit der Gesamtmenge n der betreffenden Phase zu den spezifischen Gleichungen analog (22) über und nimmt dann noch zwei nach den dp, dT, dx_2 und dx_3 entwickelte $d\mu$-Gleichungen für die untersuchte Phase hinzu, so gelangt man zu einem Gleichungssystem für die $dx_2, dx_3, \ldots$ der betreffenden Phase im währenden vollständigen Gleichgewicht, ausgedrückt durch die abhängige Veränderung dp oder dT, in Analogie zu dem einfacheren Gleichungssystem (27).

Die Untersuchung von *engeren Mehrstoffsystemen mit $\alpha + 2$ Phasen* reduziert sich wie bei den Zweistoffsystemen auf die Frage nach der Art der beiden dann noch möglichen voneinander unabhängigen Übergangsreaktionen ohne Konzentrationsänderung. Hier kann offenbar ebenfalls die bei Zweistoffsystemen angewandte Überlegung benutzt werden, wonach die [ξ-]Reaktionen zwischen zwei beliebigen verschiedenen Gruppen von je $\alpha + 1$-Phasen, die in dem $\alpha + 2$-Phasensystem enthalten sind, als die beiden unabhängigen Übergangsreaktionen ohne Konzentrationsänderung gewählt werden können. Da wir die dn aller zu einer $(\alpha + 1)$-Gruppe gehörigen Phasen nach Gleichung (41) oder deren Verallgemeinerung durch die $d[\xi]$ dieser Phasengruppe ausdrücken lernten, sind damit auch in $\alpha + 2$-Phasen alle dn und dn_i durch zwei $d[\xi]$ ausdrückbar und somit auch die Änderungen aller Extensitätsgrößen auf die $d[\xi]$ und die spezifischen Größen $v' \ldots s^{(\alpha+2)}$ zurückgeführt. In Aufgabe und Methode besteht vollständige Analogie zu dem Zweistoffsystem.

In den „unvollständigen" *Gleichgewichtssystemen mit α Phasen*, den *divarianten Gleichgewichten* mit zwei spezifischen Veränderungsmöglichkeiten, sind, wie in den Zweistoffsystemen, die $\frac{d x_i}{d T}$ und $\frac{d x_i}{d p}$ aller Phasen oder die $\frac{d p}{d T}$ bei Festhaltung eines Molenbruches x_i einer Phase aus den $\alpha (\alpha - 1)$-Bedingungsgleichungen $d\mu_i' = d\mu_i'' = d\mu_i''' = d\mu_i^{(\alpha)}$ aller Phasen abzuleiten. Als Koeffizienten treten hier wieder die v_i, s_i und $\frac{\partial \mu_i}{\partial x_i}$ aller Phasen auf, wobei durch das Auftreten einer gemäß S. 221 mit α stark ansteigenden Zahl von $\frac{\partial \mu}{\partial x}$ allerdings die Verhältnisse rasch verwickelter werden, ohne daß irgendwelche prinzipiellen Schwierigkeiten auftreten. Soweit es sich bei Ableitung dieser Differentialgleichungen nur um Vorzeichenaussagen aus den Vorzeichen der $\frac{\partial \mu}{\partial x}$ nach § 25 handelt, ist es übrigens meist bequemer und angemessener, mit geometrischen Darstellungen zu arbeiten; für die (T, x_1, x_2, x_3)-Kurve eines ternären Dreiphasensystems bei konstantem Druck ergeben sich z. B. gewisse Aufschlüsse schon dadurch, daß man über dem Gibbsschen Dreieck des ternären Systems (vgl. § 27, S. 485) die T-Flächen je zweier koexistenter Phasen konstruiert denkt. Diese Flächen schneiden die Seitenflächen $(T, x_1, x_2; T, x_2, x_3; T, x_3, x_1)$ des Gibbsschen Prismas in den aus dem Studium der Zweistoffsysteme bekannten Koexistenzkurven der Systeme (1, 2), (2, 3) und (3, 1); indem man berücksichtigt, daß die gesuchten Koexistenzkurven der divarianten ternären Gleichgewichtssysteme die Schnittkurven der zwischen diesen Kurven ausgespannten Zweiphasenkoexistenzflächen darstellen müssen, lassen sich bereits gewisse Typeneinteilungen der möglichen Koexistenzkurven geben.

Handelt es sich bei diesen Vorzeichenberechnungen und Typenfeststellungen nur um qualitative Aussagen, so gibt es doch bei den divarianten Mehrstoffsystemen wie bei den entsprechenden Zweistoffsystemen auch gewisse Beziehungen, in die die Werte der $\frac{\partial \mu}{\partial x}$ nicht eingehen, weil ihre Koeffizienten in den Gleichungen verschwinden. Diese Aussagen, Verallgemeinerungen der Maximum-Minimum-Folgerungen aus den Gleichungen (9) und (14) für Zweistoffsysteme mit zwei Phasen, lassen sich am übersichtlichsten, im Anschluß an Gibbs, aus dem Schema der α Gleichungen (42), $d\chi = 0$, für alle (α) Phasen des Systems ableiten. Setzt man in diesen Gleichungen wahlweise dp oder $dT = 0$, so erhält man ein Gleichungsschema von α linearen Gleichungen zwischen den dT und $d\mu$ bzw. dp und $d\mu$, aus dem man dT oder dp durch eins der $d\mu$ ausdrücken kann. Hier tritt als Faktor die Determinante aller n_i auf:

$$\begin{vmatrix} n_1' & n_2' & n_3' \ldots n_\alpha' \\ n_1'' & n_2'' & n_3'' \ldots n_\alpha'' \\ \ldots & \ldots & \ldots \\ n_1^{(\alpha)} & n_2^{(\alpha)} & n_3^{(\alpha)} \ldots n_\alpha^{(\alpha)} \end{vmatrix} \tag{43}$$

Wird diese Determinante gleich Null, so ändert sich im währenden Gleichgewicht weder T bei konstantem p noch p bei konstantem T mit den Variationen $d\mu$ irgendeiner der vorhandenen Phasen, d. h. auch mit keiner der Ursachen, die in einer Phase notwendig eine Variation der μ hervorzurufen pflegen. Derartige Ursachen sind nun insbesondere die Änderungen irgendeiner zu dem betreffenden μ_i zugeordneten Konzentration x_i der Phase; wir wissen ja, daß $\frac{\partial \mu_i}{\partial x_i} d x_i$ stets positiv und endlich ist, gleichgültig, welche Bedingungen gleichzeitig für die übrigen Variabeln bestehen. Also wird beim Verschwinden der Determinanten (43) $\left(\frac{dT}{dx_i}\right)_{(\text{koex}, p)}$ und $\left(\frac{dp}{dx_i}\right)_{(\text{koex}, T)}$ für die Veränderung irgendeines Molenbruches irgendeiner Phase unter irgendwelchen die übrigen x_i der Phase betreffenden Nebenbedingungen gleich Null, d. h. die Gleichgewichtstemperatur hat dann bei konstantem Druck ein Maximum oder Minimum als Funktion der Zusammensetzungen aller Phasen und ebenso der Gleichgewichtsdruck bei konstanter Temperatur.

Nun verschwindet aber eine Determinante immer dann, wenn zwei Reihen in ihr einander gleich oder proportional sind oder durch Umformung einander gleich gemacht werden können. Wir werden also die erwähnten Extremeigenschaften der T, x- oder p, x-Kurven erstens dann zu erwarten haben, wenn zwei der vorhandenen in ihrer spezifischen Zusammensetzung völlig übereinstimmen. Weiter aber auch dann, wenn in einer der vorhandenen Phasen die n_i aus Beträgen zusammengesetzt werden können, die mehreren anderen Phasen entnommen, aber für jede dieser Phasen den in der Phase selbst enthaltenen Partialmengen proportional sind. [Die Determinante (43) läßt sich dann bis auf einen abzuspaltenden Faktor wieder als Determinante mit zwei gleichen Zeilen darstellen.] Wir erhalten hiernach Extremwerte von T bzw. p mit der Zusammensetzung jeder der Phasen auch dann, wenn sich nur irgendeine der Phasen *aus passend kombinierten Mengen* der übrigen Phasen in richtiger Zusammensetzung *aufbauen läßt.* Offensichtlich handelt es sich hier um den wiederholt besprochenen Fall der Übergangsreaktionen ohne Konzentrationsänderungen; während aber im Fall der $\alpha + 1$-Phasen eine, und bei $\alpha + 2$-Phasen zwei derartige Übergangsmöglichkeiten immer existieren, gilt es bei α-Phasen im allgemeinen keine derartigen Übergänge, sie werden vielmehr nur bei singulärem Werte der Zusammensetzungen aller Phasen möglich.

Um die Frage des Maximums, Minimums oder Wendepunktes der T, x-oder p, x-Kurven zu entscheiden, müßten allerdings noch die zweiten Ableitungen $\frac{\partial^2 T}{\partial x_i^2}$ bzw. $\frac{\partial^2 p}{\partial x_i^2}$ studiert werden; das wollen wir jedoch nicht mehr unternehmen.

Die wenigen hier ausgeführten Betrachtungen werden gleichwohl die bemerkenswertesten allgemeinen Gesetzmäßigkeiten bei währendem Mehrphasengleichgewicht in Mehrstoffsystemen schon erfaßt haben. Bei allem, was die möglichen Fragestellungen, die Ausgangsdaten und die zu verwendende Methode betrifft, können wir wohl auf das in dem letzten Abschnitt über Zweistoffsysteme Gesagte verweisen. Im übrigen wird dieser spröde Stoff erst am speziellen Problem in seiner Mannigfaltigkeit und seinen inneren Gesetzmäßigkeiten voll zu erfassen sein.

Kapitel H.

Beispiele zur Anwendung der chemischen Thermodynamik.

In diesem Schlußkapitel werden einige umfangreichere Beispiele zur Anwendung der Thermodynamik auf chemische Probleme besprochen. Und zwar wird hierbei das Interesse am chemischen Objekt möglichst in den Vordergrund gerückt und es werden in geeigneten Fällen wirtschaftlich bedeutsame Reaktionen bevorzugt. Besonders gilt dies vom Abschnitt II, Reaktionen mit Gasgemischen, wo der Ammoniakbildungsprozeß, die Verbrennung der Kohle u. a. behandelt wird. Dagegen müssen wir bezüglich metallurgischer, hüttenchemischer und silikatchemischer Anwendungen auf die allgemeinen Kapitel, besonders E, F und G, verweisen.

Daneben war der Wunsch nach thermodynamischer Mannigfaltigkeit und Vielseitigkeit für die Auswahl der Beispiele maßgebend; reiches Material lieferte hier u. a. das Gebiet der wässerigen Lösungen und Elektrolytketten. Wir bemühten uns, die Zahlengrundlagen auf den Stand der Gegenwart zu bringen und die modernste Literatur besonders zu beachten. Als zwanglose Einteilung, die sowohl der thermodynamischen Behandlung als auch dem chemischen Charakter gerecht wird, ergab sich eine Unterteilung in drei Abschnitte: I. Reaktionen zwischen reinen Phasen, II. Reaktionen mit Gasgemischen, III. Reaktionen mit Lösungen.

I. Reaktionen zwischen reinen Phasen.

A. Einstoffsysteme.

1. Beispiel: Die Tripelpunkte des Wassers.

Nach der Phasenregel (§§ 8 und 9) vermögen α unabhängige Bestandteile in maximal $\alpha + 2$ Phasen ungehemmt nebeneinander zu bestehen, also ist im Falle $\alpha = 1$ die Koexistenz von drei Phasen möglich. Dann ist allerdings Druck und Temperatur vollständig bestimmt. Es gibt also auch einen Druck und eine Temperatur, wo flüssiges Wasser, Eis und Wasserdampf gleichzeitig bestehen können. Dieser Temperaturpunkt fällt nicht ganz mit dem Nullpunkt der Celsius-Temperaturskala zusammen, da dieser definitionsgemäß die Gleichgewichtstemperatur von Eis und Wasser bei einem Druck von 760 mm Quecksilber darstellt, der Dampfdruck des Wassers bei dieser Temperatur aber nur 4,579 mm Hg beträgt. Es wird die Aufgabe gestellt, die Schmelztemperatur des Eises im Tripelpunkt zu berechnen.

Da Druckänderungen von einigen Millimetern Hg sich in der Schmelztemperatur nur sehr geringfügig auswirken, können wir hinreichend genau den Dampfdruck 4,579 mm auch bei der Berechnung der Tripelpunkttemperatur zugrunde legen, was sich nachträglich, bei Betrachtung des Endresultats, noch als voll berechtigt erweisen wird. Die diesem Dampfdruck entsprechende Schmelztemperatur des Eises gewinnt man leicht aus der Schmelztemperatur bei Atmosphärendruck (273,2° abs.) durch Anwendung der Gleichung von CLAUSIUS-CLAPEYRON [Gleichung (2), § 16 und (1), § 30], welche die Änderung der Gleichgewichtstemperatur ϑ mit dem Druck p in Beziehung zur reversibeln Übergangswärme Λ und der mit dem Übergang verbundenen Volumänderung $\mathfrak{B}$ bringt:

$$\frac{d\vartheta}{dp} = \frac{\vartheta \cdot \mathfrak{B}}{\Lambda}. \qquad (1)^{1}$$

Nun ist beim Übergang von 1 g Eis[2] in Wasser bei 0° C: $\mathfrak{B} = -v^{(s)} + v^{(l)} = -1{,}0908 + 1{,}00013 = -0{,}0907\ \text{cm}^3$; $\Lambda = +79{,}68$ cal. Man findet also unter Umrechnung der Kalorien in Kubikzentimeteratmosphären (Faktor 41,31):

$$\frac{d\vartheta}{dp} = -\frac{273{,}2 \cdot 0{,}0907}{79{,}68 \cdot 41{,}31} = -0{,}00753\ \text{Grad/Atm.}$$

Wird also der Druck von 760 auf 4,579 mm Hg erniedrigt ($\Delta p = -755{,}4/760$ Atm.), so *erhöht* sich der Schmelzpunkt um $\Delta\vartheta = 0{,}00753 \cdot \frac{755{,}4}{760} = 0{,}00748^0$.

---

[1] Die Numerierung der Gleichungen erfolgt in diesem Kapitel für die einzelnen Beispiele getrennt.

[2] Die Bezugsmenge fällt bei Bildung des Verhältnisses $\frac{\mathfrak{B}}{\Lambda}$ heraus.

Der Tripelpunkt Eis—Wasser—Dampf liegt demnach bei $t = +0{,}00748^0$ C; der Dampfdruck des Wassers ist hierbei noch kaum merklich gegenüber dem bei 0^0 geändert und beträgt $p = 4{,}581$ mm Hg. Diese Abänderung des Gleichgewichtsdruckes ist so klein, daß sie auf das Resultat unserer Rechnung keinen Einfluß hat.

Durch die Untersuchungen TAMMANNS (1900) und BRIDGMANS (1912) ist festgestellt worden, daß unter hohen Drucken noch andere, dichtere Eismodifikationen bestehen, so daß es noch mehr Tripelpunkte des Wassers gibt (s. § 26, S. 476, Abb. 61). So koexistiert flüssiges Wasser mit je zwei festen Modifikationen (Eis I und III) bei $t = -22^0$, $p = 2200$ kg/cm², ferner mit Eis III und V bei $t = -17^0$, $p = 3700$ kg/cm², und endlich mit Eis V und VI bei $t = 0^0$ und $p = 6300$ kg/cm². Zu diesen Phasenpaaren gehört eine Anzahl weiterer Tripelpunkte, bei denen drei feste Modifikationen miteinander im Gleichgewicht stehen. Dagegen scheint die Möglichkeit der Koexistenz von zwei festen Phasen mit Dampf in nur aus H_2O bestehenden Systemen nicht vorhanden zu sein.

2. Beispiel: Berechnung der Standard-Bildungsarbeiten und -wärmen von Eis und Wasserdampf aus denen des flüssigen Wassers.

In der Tabelle der $\mathfrak{A}$- und $\mathfrak{W}$-Werte, die wir in § 6, S. 184, gegeben haben, sind als bequeme Rechengrößen neben den Werten der Bildungsarbeit und -wärme für H_2O(l) auch die für H_2O(g) und H_2O(s) enthalten, die also die reversible Arbeit bzw. irreversible Wärmetönung angeben, die beim Zusammentreten von Wasserstoff- und Sauerstoffgas (von Atmosphärendruck und 25° C) zu Wasser*dampf* und *Eis*, von Atmosphärendruck und 25° C, zu beobachten wäre. Natürlich ist es nicht möglich, diese Zahlen durch direktes Experiment zu ermitteln, da Wasserdampf und Eis unter solchen Bedingungen gar nicht existenzfähig sind. Wenn man jedoch aus den in § 6 besprochenen Gründen die Standardisierung dieser Reaktionen gleichwohl für zweckmäßig hält, ist man auf Extrapolationen angewiesen. Die Art dieser Extrapolationen ist für die Gasphase durch die Standardbedingungen eindeutig vorgeschrieben: unter Wasserdampf von 25° C und Atmosphärendruck haben wir uns ein Gas mit der spezifischen Wärme des beliebig verdünnten H_2O-Gases vorzustellen, das der Zustandsgleichung des idealen Gases folgt. Für die auf 25° C extrapolierte feste Phase sind jedoch keine Extrapolationsvorschriften vorgesehen. Prinzipiell kann nun eine solche Extrapolation von gemessenen (oder aus Messungen berechneten) Bildungsgrößen auf die gesuchten Standardwerte auf beliebige Weise erfolgen, wenn nur bei Anwendung dieser Werte auf reale Fälle die gleiche Rechnungsweise wieder benutzt wird. Immer, wenn man zu experimentell prüfbaren Resultaten gelangt, wird sich dann die bei der Extrapolation begangene Willkür aus den Ansätzen herausgehoben haben. Trotzdem wird man natürlich Extrapolationsmethoden anwenden, die sich möglichst genau an die gegebenen Verhältnisse anlehnen.

Am rationellsten gehen wir so vor, daß wir die Standardarbeiten und -wärmen für den Übergang von flüssigem Wasser in die genannten fiktiven Phasen berechnen, da die Standardbildungsarbeit und -wärmetönung des *flüssigen* Wassers (unter Normalbedingungen) aus Messungen (s. 7. Beispiel) gut bekannt ist. Mit der Berechnung dieser Übergangsgrößen können wir daher unsere Aufgabe an dieser Stelle als gelöst betrachten.

a) Das Gefrieren des Wassers unter Normalbedingungen. Betrachten wir zunächst den Übergang $H_2O(l) \rightarrow H_2O(s)$ unter Normalbedingungen. Da uns bei $T = 273^0$[1] und Atmosphärendruck sowohl die Wärmetönung $\mathfrak{W} = \Delta$ (= — 79,68 cal pro Gramm oder — 1436 cal pro Mol), als auch die Arbeitsleistung $\mathfrak{K}$ (= 0) der Umsetzung bekannt ist, bauen wir von hier aus weiter und bilden [s. § 11 Gleichung (3) und (6b)]:

$$\mathfrak{W} = \mathfrak{W}_{(273)} + \int_{273}^{T} \sum \nu_i c_p^{(i)} \, dT, \tag{1}$$

und

$$\frac{\mathfrak{K}}{T} = \frac{\mathfrak{K}}{T}_{(273)} - \int_{273}^{T} \frac{\mathfrak{W}}{T^2} \, dT. \tag{2}$$

$\sum \nu_i c_p^{(i)}$ berechnet sich bei 0^0 zu $- c_p^{(l)} + c_p^{(s)} = - 18{,}11 + 9{,}10$. Der c_p-Wert von flüssigem Wasser ändert sich im betrachteten Intervall nur wenig. Er sinkt mit steigender Temperatur verlangsamt ab, bis 25^0 C auf 17,98 (zwischen 30 und 35^0 C durchläuft er ein Minimum). Weiter haben wir über die Extrapolation der spezifischen Wärme des Eises eine Festsetzung zu treffen und finden es am bequemsten und sicherlich nicht unvernünftig, diese Extrapolation so vorzunehmen, daß die Differenz gegen die spezifische Wärme des flüssigen Wassers konstant bleibt. Wir erhalten also $\sum \nu_i c_p^{(i)} = \text{const} = - 9{,}01$, und demgemäß:

$$\mathfrak{W} = \mathfrak{W}_{(273)} + \sum \nu_i c_p^{(i)} (T - 273) = + 1026 - 9{,}01 \cdot T$$

$$\mathfrak{W}_{(298)} = - 1661 \text{ cal}.$$

Ferner:

$$\frac{\mathfrak{K}}{T} = \frac{\mathfrak{K}}{T}_{(273)} - \int_{273}^{T} \frac{dT}{T^2} (1026 - 9{,}01 \cdot T),$$

$$\frac{\mathfrak{K}}{T} = \frac{\mathfrak{K}}{T}_{(273)} + 1026 \left(\frac{1}{T} - \frac{1}{273}\right) + 9{,}01 \cdot \ln \frac{T}{273},$$

$$\mathfrak{K} = 0 + 1026 - 1026 \cdot \frac{T}{273} + 9{,}01 \cdot T \cdot \ln \frac{T}{273},$$

$$\mathfrak{K}_{(298)} = 1026 - 1120 + 235 = + 141 \text{ cal}.$$

Um bei 25^0 und Atmosphärendruck ein Mol flüssiges Wasser reversibel in Eis zu verwandeln, müßte man ihm also den geringen Arbeitsbetrag von 141 cal zuführen und gleichzeitig die reversible Wärme $\mathfrak{W} - \mathfrak{K} = 1802$ cal entfernen.

b) Die Verdampfung des Wassers unter Normalbedingungen. Die reversible Arbeit beim Übergang von *flüssigem Wasser in Wasserdampf* unter Normalbedingungen berechnet man am einfachsten aus dem Gleichgewichtsdampfdruck des Wassers bei 25^0, der zu 23,756 mm Hg bestimmt wurde. Dem Übergang von Wasser in Dampf von diesem Druck bei 25^0 C entspricht also die Arbeit $\mathfrak{K} = 0$. Nimmt man nun an, daß der Dampf sich bei dieser Temperatur und diesem Druck mit genügender Annäherung als ideales Gas verhält[2], so hat man ihn sich jetzt (nach der Definition der Standard-$\mathfrak{K}$ und $\mathfrak{W}$-Werte unter Beibehaltung des idealen Gaszustandes) auf 760 mm Druck komprimiert zu denken, wobei man die reversible Arbeit $RT \cdot \ln \frac{760{,}0}{23{,}756} = 2052$ cal zuzuführen hätte.

---

[1] Der Kürze halber schreiben wir hier und im folgenden, wenn es sich darum handelt, den Nullpunkt der Celsiusskala in absoluten Graden auszudrücken, einfach 273^0 statt des des genauen Wertes 273,2; dementsprechend auch für 25^0 C: $T = 298^0$ statt $298{,}2^0$ usw. Gemeint sind stets die genaueren Werte.

[2] Daß diese Annahme berechtigt ist, wird im Beispiel 3 (S. 549) gezeigt.

Es ergibt sich also für die Reaktion $H_2O(l) \rightarrow H_2O(g)$ unter Normalbedingungen $\mathfrak{K} = +2052$ cal[1].

Die *Verdampfungswärme* Λ des Wassers bei 25° ist der Messung zugänglich. Sie ist mit der gesuchten Standardwärmetönung $\mathfrak{W}$ der Reaktion $H_2O(l)_{(298°, 1\,Atm.)} \rightarrow H_2O(g)_{(298°, 1\,Atm.)}$ deshalb identisch, weil bei dem wirklichen Gleichgewichtsdruck von ca. 24 mm der Wasserdampf sich noch hinreichend wie ein ideales Gas verhält, und weil sich die Wärmefunktion dieses Gases bei idealisierter Kompression auf 1 Atm. nicht ändert.

Die genauste Bestimmung von Λ erfolgt jedoch mit Hilfe der CLAUSIUS-CLAPEYRONschen Gleichung in der Form:

$$\Lambda = \vartheta \cdot \mathfrak{V} \cdot \frac{d\pi}{dT}.$$

$\mathfrak{V}$ ist hier natürlich die Volumänderung beim Verdampfen von 1 Mol Wasser, also nicht zu verwechseln mit dem in Anm. 1 gemeinten Volumeffekt.

Für $t = 25°$ findet man aus den Messungen der Phys.-Techn. Reichsanstalt: $\frac{d\pi}{dT} = +1{,}416 \frac{\text{mm Hg}}{\text{Grad}}$. Ferner nimmt 1 Mol H_2O-Dampf beim Gleichgewichtsdruck 780,26 l ein, ein Volum, dem gegenüber das Molvolum des flüssigen Wassers (0,018 l) fast vollständig verschwindet. Also wird $\mathfrak{V} = 780{,}24$ l. Wir erhalten damit, und mit $\vartheta = 298{,}2$, sowie nach Umrechnung in Kalorien:

$$\Lambda = 298{,}2 \cdot 780{,}24 \cdot \frac{1{,}416}{760} \cdot 24{,}205,$$

wobei der Divisor 760 die Umrechnung der Millimeter in Atmosphären, der letzte Faktor die der Literatmosphären in Kalorien bewirkt. Die Ausrechnung ergibt den gesuchten Wert $\Lambda = \mathfrak{W} = 10493$ cal.

c) Berechnung von Grundwärmetönungen $\mathfrak{W}$ aus beobachteten Verdampfungswärmen Λ bei nichtidealem Gasverhalten. Extrapolation auf andere Temperaturen. Wir schließen diese an sich selbständige Aufgabe hier an, weil sie als Kontrollmethode für die soeben durchgeführte Berechnung von $\mathfrak{W}$ benutzt werden kann. Man kann nämlich daran denken, $\mathfrak{W}_{(298)}$ aus der Grundwärmetönung $\mathfrak{W}_{(373)}$ der Wasserverdampfung bei 100° C, die sehr genau feststellbar ist, mit Hilfe einer zu (1) analogen, jedoch auf die Grundwerte bezogenen Aufbauformel [Gleichung (17), S. 228] zu berechnen:

$$\mathfrak{W}_{(298)} = \mathfrak{W}_{(373)} - \sum \nu_i \int_{298}^{373} c_{p_i}\, dT. \tag{3}$$

---

[1] Man kann diese Berechnung etwas ausführlicher auch folgendermaßen darstellen: Nach dem G-Stammbaum ist $\frac{\partial \mathfrak{K}}{\partial p} = \mathfrak{V}$, also

$$\mathfrak{K}_{(p=760)} = \mathfrak{K}_{(p=23,76)} + \int_{23,76}^{760} \mathfrak{V}\, dp.$$

Für die bei diesem Prozeß der Drucksteigerung auftretende Volumänderung $\mathfrak{V}$ brauchen wir nur den Dampf zu berücksichtigen, da dessen Volumänderung (pro Mol) dabei nach vielen Litern, die der Flüssigkeit nur nach kleinen Bruchteilen eines Kubikzentimeters zählt. Also ist $\int_1^2 \mathfrak{V}\, dp = \int_1^2 v^{(k)}\, dp = \int_1^2 \frac{RT}{p}\, dp = RT \ln \frac{p_2}{p_1}$, bei Annahme von idealem Gasverhalten. Es folgt also

$$\mathfrak{K}_{(p=760)} = 0 + RT \ln \frac{760{,}0}{23{,}756}$$

wie oben.

Da $\mathfrak{W}_{(373)}$, aus der direkt gemessenen Verdampfungswärme bei Atmosphärendruck, Λ_{373} berechnet werden muß, treten hierbei die beiden eben gekennzeichneten Aufgaben auf.

Die sehr genau bekannte Verdampfungswärme bei Atmosphärendruck Λ_{373} (die wegen $\mathfrak{A} = 0$ mit $\mathfrak{W}_{373}$ identisch ist) des Wassers beträgt 9700 cal/Mol. Würde man $\Lambda_{(373,\ 1\,\mathrm{Atm})} = \mathfrak{W}_{(373,\ 1\,\mathrm{Atm})}$ setzen, also für den wahren Wasserdampf von 100^0 C und 1 Atm. die idealen Gasgesetze als gültig ansehen, so würde man erhebliche Fehler begehen, da die (hauptsächlich von teilweiser Assoziation herrührenden) Abweichungen des Wasserdampfes von den idealen Gasgesetzen bei 100^0 und Atmosphärendruck recht beträchtlich sind. Das kann man schon daraus ersehen, daß das Molvolum des Wasserdampfes unter diesen Bedingungen nur 30,104 l beträgt, statt des theoretischen Wertes 30,628. (Dagegen gehorcht der Wasserdampf unter dem niedrigen Gleichgewichtsdruck bei 25^0 C, wie bemerkt, mit viel größerer Annäherung dem idealen Gasgesetz.) Sehr auffallend ist dementsprechend auch die starke Abhängigkeit der Molwärme c_p vom Druck und (bei nicht zu kleinen Drucken in der Nähe von 100^0) ihre *Abnahme* mit der Temperatur. So wird z. B. angegeben:

für $t = 110^0$, $p = {}^1/_2$ Atm.: $c_p = 8{,}47$; $p = 1$ Atm.: $c_p = 8{,}66$;

für $t = 130^0$, $p = {}^1/_2$ Atm.: $c_p = 8{,}41$; $p = 1$ Atm.: $c_p = 8{,}56$.

Auf den Druck 0 extrapoliert erhält man dagegen im ganzen Bereich von 100 bis 160^0 Werte bei 8,3, und im Bereich zwischen 25^0 und 100^0 C einen mittleren Wert 8,2 cal/Grad; diesen Wert und nicht den wahren des realen Gases, haben wir später in (3) einzusetzen.

Nach § 11, Gleichung (15) und § 16, S. 305, gilt nun:

$$\mathfrak{W}_{(373)} = \mathfrak{W}_{(373)} - \mathfrak{w}_{(373)},$$

wo die „Restwärme" $\mathfrak{w}$ die Wärmetönung darstellt, die beobachtet werden würde, wenn 1 Mol Wasserdampf von 100^0 und Atmosphärendruck aus dem idealisierten in seinen realen Zustand überginge.

Nach (6), § 14, läßt sich $\mathfrak{w}$ aus den Volumabhängigkeiten berechnen:

$$\mathfrak{w} = -T^2 \int_0^p \frac{\partial}{\partial T}\left(\frac{v^{(g)}}{T}\right) dp\,. \tag{4}$$

Drücken wir, wie Lewis und Randall (Thermodynamik, Kapitel 17) in andern Fällen vorschlagen, $v^{(g)}$ durch $\frac{RT}{p} - \alpha$ aus, wo α, wie die Erfahrung lehrt, bei nicht zu hohen Drucken einen konstanten, nur von der Temperatur abhängigen Wert besitzt, so gestaltet sich die Berechnung von $\mathfrak{w}$ sehr einfach. In der Umgebung von $t = 100^0$ läßt sich, wie wir fanden, α für Wasserdampf bei niedrigen Drucken annäherungsweise wiedergeben durch $\alpha = \frac{T}{12 \cdot T - 3680}$ Liter. Wir erhalten also für $\mathfrak{w}$ bei 100^0 C und 1 Atm.:

$$\mathfrak{w}_{(373^0,\ 1\,\mathrm{Atm.})} = -373^2 \int_0^1 \frac{\partial}{\partial T}\left\{\frac{R}{p} - \frac{1}{12 \cdot T - 3680}\right\} dp$$

$$= -373^2 \int_0^1 \frac{12}{(12 \cdot T - 3680)^2}\, dp = -\frac{373^2 \cdot 12}{(12 \cdot 373 - 3680)^2} = -2{,}61 \text{ Liter-Atm.}$$

$$= -63 \text{ cal.}$$

$$\mathfrak{W}_{(373)} = \mathfrak{W} - \mathfrak{w} = 9700 - (-63) = 9763 \text{ cal.}$$

Damit ist der erste Teil der gestellten Aufgabe erledigt.

Zur Berechnung von $\mathfrak{W}_{298}$ aus $\mathfrak{W}_{373}$ mit Hilfe von (3) haben wir nur noch die normalisierten spezifischen Wärmen der flüssigen und gasförmigen Phase einzuführen. $c_p^{(g)}$ hatten wir bereits zu 8,2 cal/Grad festgestellt; $c_p^{(l)}$ ist gleich dem direkt beobachteten Wert $c_p^{(l)}$ des Wassers bei Atmosphärendruck, der im ganzen für uns hier in Betracht kommenden Temperaturbereich durch einen konstanten mittleren Wert von 18,04 ersetzt werden kann. Mithin folgt:

$$\mathfrak{W}_{(298)} = 9763 + \int_{373}^{298} (8{,}2 - 18{,}04)\, dT = 9763 + (-9{,}8) \cdot (-75) = 10498 \text{ cal.}$$

Dieser Wert stimmt mit dem unter b) gefundenen recht genau überein; auch der (etwas weniger genau meßbare) kalorimetrisch bestimmte Wert $\Lambda_{(298)} = 10490$ cal ist sehr ähnlich, was ja auch in Hinsicht auf den niedrigen Dampfdruck des Wassers bei 25° (geringe Abweichungen vom idealen Verhalten, $\mathfrak{w} \cong 0$) zu fordern ist.

Zurückblickend stellen wir noch fest, daß wir bei Nichtberücksichtigung der Abweichungen des unter Atmosphärendruck stehenden Wasserdampfs vom idealen Gaszustand zwei Fehler begangen hätten: 1. Vernachlässigung von $\mathfrak{w}$ bei 100° C, wodurch das Endresultat um 60 cal zu niedrig ausgefallen wäre und 2. Anwendung eines zu hohen $c_p^{(g)}$, etwa 8,6, was einen Fehler von 30 cal im selben Sinne bewirkt hätte. Derartige Fehler liegen in diesem Falle weit außerhalb der Grenzen der Meßgenauigkeit.

3. Beispiel: Berechnung der Chemischen Konstante des Wasserdampfs.

Wir benutzen wieder den soeben ausführlich behandelten Fall der Wasserverdampfung, um die Berechnung der Chemischen Konstanten eines Gases aus einem gemessenen Dampfdruck, sowie aus spezifischen und Umwandlungswärmen, im Beispiel durchzuführen. Wir gehen hierbei aus von Gleichung (7a), § 16:

$$\left.\begin{aligned} \log \pi = & -\frac{\Lambda_{(0)}}{4{,}573 \cdot T} + \frac{5 + r}{2} \cdot \log T + \frac{1}{4{,}573} \int_0^T \frac{dT}{T^2} \int_0^T c_z\, dT \\ & - \frac{1}{4{,}573} \int_0^T \frac{dT}{T^2} \int_0^T c_p'\, dT + C + C_r + \frac{s_{z(0)} - s_{(0)}'}{4{,}573}. \end{aligned}\right\} \quad (1)$$

Hier ist π ein Dampfdruck (in Atmosphären) und T die zugehörige Temperatur, $\Lambda_{(0)}$ die aus einer gemessenen Verdampfungswärme Λ auf den absoluten Nullpunkt extrapolierte Wärmetönung, r die Zahl der Rotationsfreiheitsgrade der Wasserdampfmoleküle ($r_{H_2O} = 3$), c_z der von inneren Schwingungen herrührende temperaturveränderliche Teil der Molwärme des Dampfes, c_p' die Molwärme des Kondensats. Alle diese Größen sind der Messung zugänglich, so daß, wenn noch nach dem NERNSTschen Theorem $s_{(0)}' = 0$ gesetzt wird, die Summe der auf das Gas bezüglichen konstanten Glieder $C + C_r + \frac{s_{z(0)}}{4{,}573} = \overline{C}$ aus unserer Gleichung (1) berechnet werden kann. $\overline{C}$ hängt nach § 13, (11) und (17a), sowie § 17, (11) mit den absoluten Gaskonstanten des betreffenden Gases folgendermaßen zusammen:

$$\overline{C} = C + C_r + \frac{s_{z(0)}}{4{,}573} = 0{,}4343\,(i + i_r + \ln g_{(0)}) - 6{,}0057. \quad (2)$$

Bei der Anwendung der Gleichung (1) auf Wasserdampf müssen wir berücksichtigen, daß sie ideales Gasverhalten voraussetzt, also nur bei niederen Temperaturen (kleinen Gleichgewichtsdrucken) in dieser Form verwendet werden darf. Allerdings würde nach den Ausführungen von § 16, S. 305, die Berücksichtigung des nichtidealen Verhaltens keine Schwierigkeit machen. Wählen wir jedoch als Temperatur $T = 25^0\,C = 298{,}2^0$ abs., so ist der Dampfdruck so gering, daß wir kaum einen Fehler begehen, wenn wir ideales Verhalten annehmen. Wir werden diesbezüglich erst am Schluß der Rechnung eine Abschätzung vornehmen. Es ist bei dieser Temperatur π zu 23,756 mm bestimmt. Die niedrige Temperatur verschafft uns ferner den Vorteil, daß die von den inneren Schwingungen herrührende Molwärme c_s (sie läßt sich durch eine PLANCK-EINSTEINsche Funktion des Arguments $\frac{2300}{T}$ darstellen, s. unten S. 557) erst von der Größenordnung 10^{-1} bis 10^{-2} ist und das Doppelintegral darüber praktisch verschwindet.

Bei der Auswertung der Gleichung (1) begegnen wir noch der Schwierigkeit, daß diese Gleichung unter der Annahme einer bis $T = 0$ einheitlichen Phase aufgestellt war, während wir das Wasser nur bis 0^0 C herab verfolgen können und dann mit Eis weiter rechnen müssen. Wir weisen deshalb auf die S. 237 oben gemachte Bemerkung hin, wonach man in allen derartigen Fällen den Übergang in eine andere Phase durch die Annahme einer in einem verschwindenden Temperaturintervall sehr stark anwachsenden spezifischen Wärme der betreffenden Phase ersetzen kann. Wir brauchen jedoch diesen Grenzübergang nicht in extenso durchzuführen, weil für unser Beispiel der in dieser Weise aufgefaßte Wert

$$\int_0^T \frac{d\,T}{T^2} \int_0^T c_p'\, d\,T = \frac{F'}{T}$$

[F ist die NERNSTsche Funktion nach (12), S. 236] bereits in den Tabellen von H. MIETHING[1] in der gewünschten Form enthalten ist, in denen auf Veranlassung von W. NERNST für zahlreiche Substanzen diese Funktion, auch über Umwandlungspunkte der untersuchten Phasen hinweg, berechnet und tabelliert wurde[2]. Für Wasser bei 298^0 hat dieser $\frac{F'}{T}$-Ausdruck den Wert 1,76 cal/Grad.

Bevor wir jedoch mit Hilfe dieses Wertes (1) auswerten können, haben wir noch $A_{(0)}$ zu berechnen. Hierbei können wir von dem oben im Beispiel 2 berechneten Wert für 25^0 C, im Mittel 10495 cal, ausgehen (der bereits für ideales Gasverhalten: $A_{(298)} = \mathfrak{W}_{(298)} = \mathfrak{W}_{(298)}$ gilt) und die Gleichung:

$$A_{(0)} = \mathfrak{W}_{(0)} = \mathfrak{W}_{(298)} - \int_0^{298} \sum \nu_i\, c_p^{(i)}\, d\,T \tag{3}$$

benutzen, müssen aber ebenfalls dabei das Auftreten des Umwandlungspunktes Eis—Wasser beim Abkühlen von 298^0 auf 0^0 abs. berücksichtigen. Hierbei

[1] MIETHING, H.: Tabellen zur Berechnung des gesamten und freien Wärmeinhalts fester Körper. Abh. d. dtsch. Bunsen-Ges. Nr. 9. Halle 1920.

[2] Unser F' ist dort mit $-(A - A_0)$ bezeichnet. Über die wirkliche Durchführung dieser Berechnungen kann man aus dem auf S. 236 Gesagten das Nötige entnehmen; der Umwandlungspunkt fügt zu dem in Gleichung (8b), S. 235 berechneten $\mathfrak{K}$-Wert, der ja auch der Ableitung unserer Gleichung (1) zugrunde liegt, ein Glied $\mathfrak{S}_{umw} \cdot (T - T_{umw})$ für die betreffende Phase hinzu, so daß in $\mathfrak{K} = \mathfrak{W}_{(0)} - \sum \nu_i F_i$ [nach (8b) und (12), § 12] oberhalb der Umwandlungspunkte Funktionen F_i' auftreten, die jene Zusatzglieder enthalten. Gerade diese $\frac{F'}{T}$ sind aber in den MIETHINGschen Tabellen aufgeführt.

kommt nach S. 236 zu dem nach (3) berechneten $\mathfrak{W}$ noch die Umwandlungswärme im Umwandlungspunkt der betreffenden Phase hinzu. Auch diese Berechnung brauchen wir jedoch nicht explizit durchzuführen, weil in den MIETHINGschen Tabellen die in dieser Weise ergänzte NERNSTsche Funktion $E = \int_0^T c_p\, d\, T$ (S. 236) für das Eis-Wasser-System bereits (unter der Bezeichnung $U - U_0$) tabelliert ist. Durch Interpolation findet man $E'_{(298)} = 3198$ cal. Um (3) auszuwerten, brauchen wir also nur noch $\int_0^{298} c_p^{(g)}\, d\, T$ zu berechnen, das wegen $c_z \cong 0$ einfach den Wert $c_p^0 \cdot T = \frac{5+r}{2} \cdot R\, T = \frac{8}{2} R\, T$ annimmt. Wir erhalten dann aus (3):

$$A_{(0)} = \mathfrak{W}_{(298)} - \int_0^{298} c_p^{(g)}\, d\, T + E'_{(298)}\,, \tag{4}$$

oder nach Einsetzung der Zahlenwerte:

$$A_{(0)} = 10495 - \tfrac{8}{2} R \cdot 298 + 3198 = \mathbf{11328}\ \text{cal}^1.$$

Das Integral mit c_z können wir, wie oben schon erwähnt, auch in Gleichung (1) vernachlässigen. Da wir den Dampfdruck π (in Atmosphären) aus Beispiel 2 ebenfalls kennen, sind dann alle Zahlenwerte außer der Sammelkonstante $\bar{C}$ in Gleichung (1) bekannt; wir finden:

$$\log \frac{23{,}756}{760} = -\frac{11\,328}{4{,}573 \cdot 298} + \frac{8}{2} \cdot \log 298 - \frac{1{,}76}{4{,}573} + \bar{C}\,,$$

also

$$\bar{C} = -1{,}5050 + 8{,}3082 - 9{,}0980 + 0{,}385 = -\mathbf{1{,}910}.$$

Wollen wir endlich noch den Einfluß des nichtidealen Verhaltens des Wasserdampfes abschätzen, so brauchen wir nach § 16, S. 305 und § 14, (14), nachdem wir bereits ein Standard-$\mathfrak{W}$ und ein für unendliche Verdünnung geltendes c_p^0 benutzten, in Gleichung (1) nur an Stelle von $\log \pi$ zu schreiben $\log (a \cdot \pi)$ und den Wert von

$$\log a = \frac{0{,}4343}{R\,T}\, \mathfrak{f}^{(g)} = \frac{0{,}4343}{R\,T} \int_0^{\pi} (v^{(g)} - v)\, d\, p$$

zu ermitteln. Setzen wir wieder wie S. 546 mit LEWIS $v^{(g)} = \frac{R\,T}{p} - \alpha = v - \alpha$, wo α nach den Zahlenwerten in LANDOLT-BÖRNSTEINs Tabellen beim Sättigungsdruck $= 2{,}68$ l ist und vom Druck unabhängig angenommen wird, so folgt, wenn wir alles in Litern und Atmosphären ausdrücken:

$$\log a = -\frac{0{,}4343}{RT} \cdot \alpha \cdot \pi = -\frac{0{,}4343 \cdot 2{,}68}{0{,}08204 \cdot 298} \cdot \frac{23{,}756}{760} = -0{,}00149.$$

$\bar{C}$ wird durch Berücksichtigung dieser Korrektur also nur um 0,001 kleiner, mithin $= -\mathbf{1{,}911}$. Da in den theoretischen Wert von $\bar{C}$ der nicht sehr genau be-

---

[1] Wir hätten, anstatt $A_{(0)}$ numerisch zu berechnen, auch den Ausdruck (4) in Formel (1) einsetzen und dann die Integrale $T \int_0^T \frac{d\,T}{T^2} \int_0^T c_p'\, d\,T + \int_0^T c_p'\, d\,T$ nach (7), § 11, zu $T \int_0^T \frac{c_p'}{T}\, d\,T$ zusammenfassen können. Wir hätten dann in den MIETHINGschen Tabellen die Summe $-(A - A_0) + (U - U_0)$ bilden müssen.

kannte Wert der Trägheitsmomente des H_2O-Moleküls eingehen würde, ist ein direkter Vergleich mit der Theorie nicht möglich.

Eine Berechnung zahlreicher Chemischer Konstanten von Gasen, die EUCKEN, KARWAT und FRIED[1] durchgeführt haben, weicht insofern von dem hier befolgten Wege ab, als diese Autoren außer den spezifischen Wärmen eine ganze *Reihe* von Gleichgewichtsdrucken als primäre Meßgrößen voraussetzen, aus deren Gesamtheit sie dann $A_{(0)}$ sowie gleichzeitig $\overline{C}$ berechnen. Die Beschränkung auf eine einzige Meßtemperatur fällt also weg und alle zur Verfügung stehenden experimentellen Werte finden gleichmäßige Berücksichtigung. Doch würde die Darstellung dieses komplizierteren Verfahrens in diesem Buche zu weit führen.

B. Mehrstoffsysteme.

4. Beispiel: Die Reaktion $Pb + 2\,AgCl \rightarrow PbCl_2 + 2\,Ag$.

Es soll aus rein thermischen Daten der Arbeitskoeffizient $\mathfrak{K}$ dieser Reaktion bei 290° abs. und Atmosphärendruck bestimmt werden. Als Beispiel für die Anwendung thermodynamischer Formeln auf kondensierte Systeme ist diese Reaktion deshalb besonders gut geeignet, weil sie nicht nur in thermischer Hinsicht gut erforscht ist, sondern auch in der galvanischen Zelle die Messung ihres Arbeitskoeffizienten mit großer Genauigkeit direkt vorgenommen werden konnte.

Bei Gültigkeit des NERNSTschen Theorems soll für kondensierte Systeme gelten [§ 12, Gleichung (9) und (10)]:

$$\mathfrak{K} = \mathfrak{W}_{(0)} - \sum \nu_i T \int_0^T \frac{dT}{T^2} \int_0^T c_p^{(i)}\, dT + \sum \nu_i \int_{p_0}^{p} v^{(i)}\, dp\,, \tag{1}$$

$$\mathfrak{W} = \mathfrak{W}_{(0)} + \sum \nu_i \int_0^T c_p^{(i)}\, dT\,. \tag{2}$$

In Anbetracht der geringen mit einer solchen Reaktion verknüpften Volumänderung $\sum \nu_i v^{(i)}$ kann das Druckintegral in (1) vernachlässigt werden.

Die Wärmetönung unserer Reaktion ist bei 290° kalorimetrisch bestimmt worden zu -24880 cal. [Aus den Bildungswärmen (s. die $\mathfrak{W}$- und $\mathfrak{K}$-Tafel S. 187) finden wir den leidlich übereinstimmenden Wert: $+2 \cdot 30500 - 85700 = -24700$ cal.] Die spezifischen Wärmen der Reaktionsteilnehmer sind bis zu sehr tiefen Temperaturen hinab gemessen. Die ihnen zugehörigen Integrale $\int_0^T c_p\, dT$ und $\int_0^T \frac{dT}{T^2} \int_0^T c_p\, dT$ finden sich zusammengestellt in den schon zitierten Tabellen von H. MIETHING; wir entnehmen ihnen folgende Werte:

	Pb	AgCl	$PbCl_2$	Ag
$\int_0^{290} c_p\, dT$:	1593	2792	4068	1316
$\int_0^{290} \frac{dT}{T^2} \int_0^T c_p\, dT$:	9,91	13,34	19,38	5,33

[1] Z. f. Physik Bd. 29, S. 1, 1924.

Wir erhalten somit für $\mathfrak{W}_{(0)}$ nach (2):

$$\mathfrak{W}_{(0)} = -24880 - (-1593 - 2 \cdot 2792 + 4068 + 2 \cdot 1316),$$

$$\mathfrak{W}_{(0)} = -24880 + 477 = -24403 \text{ cal}.$$

Weiter für $\mathfrak{K}$ nach (1):

$$\mathfrak{K} = -24403 - T(-9{,}91 - 2 \cdot 13{,}34 + 19{,}38 + 2 \cdot 5{,}33),$$

$$\mathfrak{K}_{(290)} = -24403 + 290 \cdot 6{,}55 = -22500 \text{ cal}.$$

Läßt man die Reaktion in einer galvanischen Zelle vor sich gehen, so ist die dabei auftretende elektromotorische Kraft E nach § 3, S. 156, gegeben durch $\mathfrak{K} \cdot 4{,}1842 = 2 \cdot 96494 \cdot E$ oder $\mathfrak{K} = 2 \cdot 23062 \cdot E$, wobei der Faktor 4,1842 die Umrechnung der Kalorien auf Voltcoulomb bewirkt, während $2 \cdot 96494$ die Zahl der bei der Umsetzung von Pb mit 2 AgCl beförderten Ladungen in Coulomb (entsprechend der Entladung von 2 Mol Ag^+- und der Aufladung von 1 Mol Pb^{++}-Ionen) darstellt. Daraus folgt: $E = -0{,}4880$ V. Das Minuszeichen bedeutet, daß die Reaktion, bei der Blei in Lösung geht, freiwillig, d. h. unter Arbeitsleistung abläuft (vgl. § 6, S. 182), daß also der Bleipol negativ ist.

Galvanische Ketten, in denen derartige Umsetzungen reversibel ablaufen, lassen sich in der Tat herstellen und gestatten häufig ganz besonders genaue Messungen. In unserm Falle würde die Zelle nach dem Schema

$$Pb \mid PbCl_2(s) - AgCl(s) \mid Ag$$

zusammengesetzt werden, d. h. aus zwei Halbelementen bestehen, deren eines aus einer Bleielektrode und einer gesättigten (in der Regel wässerigen) Lösung von Bleichlorid mit $PbCl_2$-Bodenkörper besteht, während das andere ebenso durch eine Silberelektrode mit gesättigter Silberchloridlösung und AgCl-Bodenkörper gebildet wird („Elektroden zweiter Art“, vgl. S. 355). Außerdem wird ein unbeteiligtes Salz, z. B. KCl, in relativ erheblicher Konzentration allen Teilen der Elektrolytlösung gleichmäßig zugesetzt, dessen Lösung zugleich die Verbindung zwischen den beiden Halbelementen herstellt. Dadurch wird erreicht, daß die Lösung, obwohl auf der einen Seite an $PbCl_2$, auf der andern an AgCl gesättigt, doch in Hinblick auf den Stromtransport überall praktisch identisch, nämlich eine KCl-Lösung ist, so daß keine Flüssigkeitspotentiale auftreten; die Ionen der schwer löslichen und durch den gleichionigen Zusatz in ihrer Löslichkeit noch stark herabgesetzten Salze $PbCl_2$ und AgCl treten eben an Zahl hinter den Ionen der KCl gänzlich zurück. Wenn eine solche Zelle Strom liefert, geht links Pb als Pb^{++} in Lösung, während sich rechts Ag^+ auf der Silberelektrode niederschlägt. Da aber die Lösungen, die die beiden Elektroden umspülen, in Gleichgewicht mit festem $PbCl_2$ bzw. AgCl stehen, muß sich links $PbCl_2$ niederschlagen, bis der Überschuß beseitigt, rechts AgCl in Lösung gehen, bis die verlorengegangene Ag^+-Menge ersetzt ist. Im Endeffekt hat man also in der Tat nichts, als rechts bzw. links die beiden Vorgänge.

$$Pb(s) + 2\,Cl(aq) \rightarrow PbCl_2(s) \quad \text{und} \quad 2\,AgCl(s) \rightarrow 2\,Ag + 2\,Cl(aq),$$

die in Summa die in der Überschrift bezeichnete Reaktion ergeben.

Der wohl beste gemessene EMK-Wert unserer Zelle ist (nach Lewis und Randall) $-0{,}4901$ V. Der Unterschied gegen den berechneten Wert $-0{,}4880$ V entspricht 97 cal, ein Betrag, der durchaus innerhalb der kalorimetrischen Meßfehler liegt. Der gemessene E-Wert liegt den in unserer $\mathfrak{K}$-Tabelle für AgCl und $PbCl_2$ angegebenen Zahlen zugrunde.

Mit Hilfe der HELMHOLTZschen Gleichung $\frac{\partial \mathfrak{K}}{\partial T} = - \frac{\mathfrak{L}}{T}$ können wir eine Kontrolle der kalorimetrisch gemessenen Wärmetönung $\mathfrak{W}_{(290)}$ vornehmen. BRÖNSTED fand: $\frac{\partial E}{\partial T} = + 0{,}000165$ Volt/Grad, mithin wird $\frac{\partial \mathfrak{K}}{\partial T} = + 0{,}000165 \cdot \frac{2 \cdot 96494}{4{,}1842}$ $= 7{,}61$ cal/Grad, $\mathfrak{L} = -290 \cdot 7{,}61 = -2207$ cal. Daraus finden wir $\mathfrak{W} = \mathfrak{K} + \mathfrak{L}$ $= -22603 - 2207 = -24810$ cal statt des direkt gemessenen Wertes 24880 cal (bei Benutzung des durch elektromotorische Messung gefundenen Wertes von $\mathfrak{K}$)[1].

5. Beispiel: Die Reaktionen [Chinhydron + H_2 → 2 Hydrochinon] und [2 Chinon + H_2 → Chinhydron].

Diese Reaktionen zwischen festen Körpern und einem Gase (von Atmosphärendruck) sind unlängst durch E. SCHREINER[2] bearbeitet worden. Sie sind bei Zimmertemperatur reversibel durchführbar, es können also ihre Arbeitskoeffizienten und Entropieumsätze $\mathfrak{S}$ direkt gemessen werden. Betrachtet man die Festkörper als NERNSTsche Körper, so kann man aus $\mathfrak{S}$ und den bis $T = 0$ gemessenen spezifischen Wärmen aller Reaktionsteilnehmer auf die Absolutentropie bzw. die Chemische Konstante des H_2 schließen. Darin soll die Aufgabe bestehen.

Die Möglichkeit, die genannten Reaktionen reversibel durchzuführen, beruht darauf, daß man Wasserstoff von Atmosphärendruck vermittels einer gewöhnlichen Wasserstoffelektrode in eine galvanische Kette eintreten läßt, an deren anderer Elektrode Wasserstoff im Gleichgewicht mit je zweien der genannten Körper steht. Gemessen wird die EMK dieser Kette bei verschiedenen Temperaturen. Der Mechanismus ist dabei folgender: Chinon und Hydrochinon sind die beiden Komponenten des Chinhydrons; je ein Chinon- und ein Hydrochinonmolekül bilden in kristallisiertem Zustand ein Chinhydronmolekül. Auch in wässeriger Lösung, wenn Chinon und Hydrochinon gleichzeitig gelöst sind, besteht für diese Reaktion ein ungehemmtes Gleichgewicht:

$$\text{Chinhydron} \rightleftharpoons \text{Hydrochinon} + \text{Chinon}, \qquad \text{(a)}$$

das sich natürlich auch einstellt, wenn man festes Chinhydron selbst auflöst.

Die Konzentration und Aktivität eines der drei Stoffe ist also durch die der beiden anderen festgelegt. Gleichzeitig besteht aber auch Gleichgewicht zwischen Chinon, Hydrochinon und gelöstem Wasserstoff, gemäß der Reaktionsgleichung:

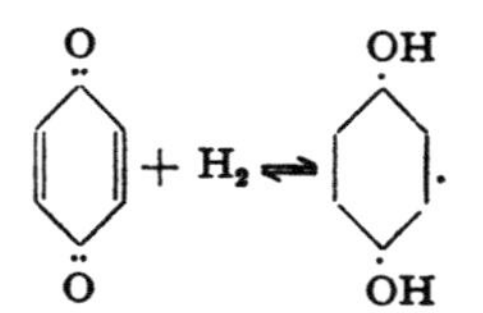

Chinon Hydrochinon (b)

Durch dieses Gleichgewicht wird, bei gegebener Konzentration von Chinon und Hydrochinon, in der Lösung sowie einer in sie eingetauchten Platin- oder Goldelektrode eine ganz bestimmte Aktivität des gelösten Wasserstoffs festgelegt, die einem außerordentlich kleinen Wasserstoffpartialdruck über der Lösung entspricht. Die Elektrode arbeitet also wie eine gewöhnliche Wasserstoff-

[1] Wegen weiterer Anwendungen des NERNSTschen Theorems auf kondensierte Systeme sei auf den Artikel von F. SIMON: Handb. d. Physik Bd. 10 verwiesen, wo eine ganze Reihe von Fällen an Hand des modernsten Zahlenmaterials behandelt wird.

[2] Z. f. physik. Chem. Bd. 117, S. 57, 1925.

elektrode von sehr kleinem Druck; bemerkenswert an ihr ist die große Geschwindigkeit, mit der bei Stromdurchgang an der Elektrode in H^+-Ionen übergeführter oder aus H^+-Ionen entstandener Wasserstoff durch die Einstellung des Gleichgewichts (b) nachgeliefert bzw. beseitigt wird. Die dadurch bedingte Beständigkeit des Wasserstoffpotentials auch bei Durchgang der unvermeidlichen geringen Meßströme macht die Elektrode für Meßzwecke geeignet, so daß sie heute wegen ihrer apparativen Einfachheit besonders gern zur Messung von Wasserstoffionenaktivitäten angewandt wird.

Ist die die Elektrode umgebende Lösung gleichzeitig mit *Chinhydron* und *Chinon* gesättigt, so ist dadurch wegen der Reaktion (a) auch die Aktivität des Hydrochinons, und wegen des Gleichgewichts (b) auch die H_2-Aktivität in der Lösung sowohl wie in der Elektrode eindeutig festgelegt und bei Gegenwart beider Bodenkörper nur noch mit der Temperatur (und dem Druck) variabel[1].

Führt man nun negative Ladungen aus dem äußeren Stromkreis zu einer solchen Elektrode, so wird festes Chinon in Lösung gehen und festes Chinhydron sich ausscheiden müssen, da ja durch H^+-Entladung H_2 an der Elektrode entsteht und also die Reaktion (b) beständig im Sinne des H_2-Verbrauchs (nach rechts) und, infolge der dadurch bedingten Hydrochinonbildung, (a) im Sinne der Chinhydronbildung (nach links) ablaufen muß. Kombiniert man jetzt, wie eingangs angedeutet, die betrachtete „Chino-Chinhydron-Elektrode" (so genannt, weil der Elektrolyt gleichzeitig an Chinon und Chinhydron gesättigt ist) mit einer gewöhnlichen Wasserstoffelektrode zu einer Kette, so wird bei der genannten Stromrichtung an dieser gewöhnlichen Wasserstoffelektrode Wasserstoff von Atmosphärendruck verschwinden (in H^+ übergehen), an jener „Chino-Chinhydron-Elektrode" aber eine äquivalente Menge festes Chinon in festes Hydrochinon verwandelt werden. Wird die H^+-Aktivität in beiden Elektrodenflüssigkeiten gleich gemacht[2], so erhalten wir in Summa die Reaktion:

$$2\ \text{Chinon (s)} + H_2(\text{g, 1 Atm.}) \longrightarrow \text{Chinhydron (s)}\,. \qquad \text{(c)}$$

Umgekehrt, geben wir zu der gesättigten Chinhydronlösung *Hydrochinon* als Bodenkörper („Hydro-Chinhydron-Elektrode"), so wird sich, wenn H^+-Ionen an der Elektrode entladen werden, festes Chinhydron auf dem Wege über die Lösung in festes Hydrochinon verwandeln müssen, um die H_2-Gleichgewichtskonzentration in der Lösung und Elektrode wieder herzustellen. Im ganzen läuft dann also, wenn wir wieder mit einer Wasserstoffelektrode gleicher H^+-Aktivität kombinieren, die Reaktion ab:

$$\text{Chinhydron (s)} + H_2(\text{g, 1 Atm.}) \longrightarrow 2\ \text{Hydrochinon (s)}\,. \qquad \text{(d)}$$

Bei den beiden Vorgängen (c) und (d) sind die in Lösung ablaufenden Primärreaktionen, nämlich die Reduktion von Chinon durch den entstandenen überschüssigen Wasserstoff zu Hydrochinon nach (b), formelmäßig identisch, aber wegen der verschiedenen Aktivität des H_2, die den beiden Festkörpergleich-

[1] Wegen der Homogengleichgewichte in bezug auf die beiden besprochenen Reaktionen sind von den vier Stoffen (Chinon, Hydrochinon, Chinhydron, H_2), die im Wasser gelöst sind, nur zwei unabhängige Bestandteile im Sinne von S. 195. Mit Wasser und den beiden festen Phasen haben wir also ein Dreistoffsystem mit drei Phasen vor uns, in dem nur zwei spezifische Variable (p und T) willkürlich wählbar sind.

[2] In diesem Punkte liegt eine Schwierigkeit, da das gelöste Chinhydron usw. einen Einfluß auf die H^+-Aktivität hat, den SCHREINER auf Grund weiterer Versuche korrigieren mußte. Es muß, wie uns scheint, immerhin mit der Möglichkeit gerechnet werden, daß, auf Grund der Unsicherheit dieser Korrektur, der Temperaturkoeffizient der EMK, der für die spätere Rechnung bestimmend ist, um ein oder selbst einige Prozente fraglich ist.

gewichten entspricht, quantitativ verschieden, wie es ja auch bei den verschiedenen Endresultaten beider Reaktionen der Fall sein muß.

Beispielsweise fand SCHREINER für die Reaktion (d), daß sich die EMK (in Volt) bei Zimmertemperatur (t in Celsiusgraden) durch die Formel:

$$E = -0{,}62892 + 0{,}0006882 \cdot t \tag{1}$$

wiedergeben läßt. (Das negative Vorzeichen soll bedeuten, daß beim Ablaufen der Reaktion im Sinne der Gleichung (d) elektrische Arbeit nach außen abgegeben wird.) Für $t = 17^0$, $T = 290^0$, folgt also $E = -0{,}61722$ V, $\mathfrak{K} = -0{,}61722 \cdot 2 \cdot 23062 = -28470$ cal (da 2 Mol H^+-Ionen bei der Reaktion entladen werden.) Ferner [nach (13), § 16] $-\frac{\mathfrak{L}}{T} = 2\mathcal{F}\frac{\partial E}{\partial T} = +6{,}882 \cdot 10^{-4} \cdot 2 \cdot 23062$, $\mathfrak{L} = -9206$ cal, endlich $\mathfrak{W} = \mathfrak{K} + \mathfrak{L} = -37676$ cal.

Sind nun die Absolutentropien der beiden festen Stoffe bei der Reaktionstemperatur aus Messungen der spezifischen Wärmen und unter Annahme des NERNSTschen Theorems bekannt, so kann auch die des Wasserstoffgases bei dieser Temperatur berechnet werden, da

$$\mathfrak{L} = T\mathfrak{S} = T\sum \nu_i s^{(i)} \tag{2}$$

ist. Nach den von SCHREINER gegebenen, auf Messungen von F. LANGE[1] beruhenden Tabellen[2] finden wir $s_{(290)} = s_{(0)} + \int_0^{290} \frac{c_p}{T}\, dT$, mit $s_{(0)} = 0$, für

Chinhydron: $s_{(290)} = 68{,}38$;

Hydrochinon: $s_{(290)} = 33{,}05$;

Chinon: $s_{(290)} = 39{,}12$.

Wir erhalten also für die Reaktion (d):

$$s^{(H_2)} = -\frac{\mathfrak{L}}{T} - s^{(\text{Chinh.})} + 2 s^{(\text{Hydroch.})} = +\frac{9206}{290} - 68{,}38 + 2 \cdot 33{,}05 = 29{,}47. \tag{3}$$

Andererseits gilt für die Entropie eines idealen Gases (und das ist der Wasserstoff bei 290^0 und 1 Atm.) nach (26), § 13:

$$s^{(t)} = \frac{5+r}{2} R \ln T + \int_0^T \frac{c_t}{T}\, dT - R \ln p + R\left(i + i_r + \frac{5+r}{2} + \ln g_{(0)}\right) \tag{4}$$

oder, wenn man den Druck in Atmosphären mißt:

$$s^{(t)} = c_p^0 \ln T + \int_0^T \frac{c_t}{T}\, dT - R \ln p_{\text{Atm.}} + c_p^0 + 4{,}573 \cdot \bar{C}, \tag{4a}$$

---

[1] Z. f. physik. Chem. Bd. 110, S. 343, 1924.

[2] Tabelliert sind von SCHREINER: $\int_0^T c_p\, dT$ und $\int_0^T \frac{dT}{T^2} \cdot \int_0^T c_p\, dT$; daraus findet man nach (7), § 11, und (6), S. 101, s zu:

$$s = \int_0^T \frac{c_p}{T}\, dT = \frac{1}{T}\int_0^T c_p\, dT + \int_0^T \frac{dT}{T^2}\int_0^T c_p\, dT.$$

wobei wir noch, wie schon beim 3. Beispiel, c_p^0 statt $\frac{5+r}{2}R$ und [Gleichung (2), S. 547] $\overline{C} = 0{,}4343\,(i + i_r + \ln g_{(0)}) - 6{,}0057$ eingeführt und für $\frac{R}{0{,}4343}$ den Zahlenfaktor 4,573 geschrieben haben. Da für Wasserstoff die Rotationswärme für tiefe Temperaturen verschwindet, setzt SCHREINER $r = 0$, also $c_p^0 = \frac{5}{2}R$ und zählt die Molwärme der Rotation dem temperaturveränderlichen Teil der Molwärme c_z zu (s. S. 565 unten). Er tabelliert ferner, nach Auswertung der über die spezifische Wärme des Wasserstoffs vorliegenden Messungen, die Funktionen

$w - w_{(0)} = \int_0^T c_p\,d\,T = T c_p^0 + \int_0^T c_z\,d\,T$ (mit $U - U_0$ bezeichnet) sowie

$$c_p^0 \ln T + \int_0^T \frac{d\,T}{T^2}\int_0^T c_z\,d\,T$$

(die in Analogie zu der bei kondensierten Stoffen üblichen Bezeichnungsweise mit $-\frac{A - A_0}{T}$ oder $\int_0^T \frac{d\,T}{T^2}\int_0^T c_p\,d\,T$ bezeichnet wird). Nun ist (da $c_p = c_p^0 + c_z$):

$$\frac{1}{T}\int_0^T c_p\,d\,T + c_p^0 \ln T + \int_0^T \frac{d\,T}{T^2}\int_0^T c_z\,d\,T = c_p^0 + c_p^0 \ln T + \int_0^T \frac{c_z}{T}\,d\,T \tag{5}$$

[nach Gleichung (7), § 11], also sind die von SCHREINER tabellierten Funktionen Bestandteile von $s^{(g)}$ nach (4a), so daß wir ihre Zahlenwerte direkt zum Aufbau von $s^{(g)}$ benutzen können. Es wird angegeben für $T = 290^0$: „$U - U_0$“ $= 1704$, also ist $\frac{1}{290}\int_0^{290} c_p\,d\,T = 5{,}88$; ferner „$-\frac{A - A_0}{T}$“ $= 28{,}63$. Wir finden, wenn wir diese Zahlen in (4a) einsetzen und noch $p = 1$ Atm. berücksichtigen:

$$s^{(H_2)} = 5{,}88 + 28{,}63 + 4{,}573\,\overline{C}. \tag{6}$$

Da nun nach dem experimentellen $\mathfrak{S}$-Wert gemäß (3) $s^{(H_2)} = 29{,}47$ sein soll, folgt für $\overline{C}$ aus (g):

$$\overline{C} = \frac{29{,}47 - 5{,}88 - 28{,}63}{4{,}573} = -1{,}10.$$

Ganz analog läßt sich die Rechnung für Reaktion (c) durchführen. Für $\overline{C}$ ergab sich hier das gleiche Resultat $-1{,}09$ bis $1{,}11$, das mit dem aus dem Verdampfungsgleichgewicht (analog der von uns als Beispiel 3 gebrachten Rechnung am Wasserdampf) gefundenen Wert $-1{,}09$ vollständig übereinstimmt. Es ist das anscheinend eine der besten bisher beigebrachten Bestätigungen des NERNSTschen Theorems. Dazu ist allerdings zu bemerken, daß man gerade im Fall des Wasserstoffs, wie in § 13 und besonders § 17, S. 317, erörtert, Grund zu der Annahme hat, daß das (effektive) Quantengewicht $g_{(0)}$ im festen Zustand bei $T = 0$ von 1 verschieden ist. Der hier erhaltene Befund würde also nicht die in § 12 erwähnte nächstliegende Deutung des NERNSTschen Theorems zulassen, wonach sich bei $T = 0$ die beteiligten festen Körper im Zustand völliger Ordnung befinden (Quantengewicht 1), sondern es müßte durch Kondensation des Wasserstoffs sowohl am Chinhydron unter Bildung von Hydrochinon, wie auch am Chinon unter Bildung von Chinhydron jedesmal das (bei der Extrapolation der spezifischen Wärme im Effekt auftretende) Quantengewicht dieser

Kondensate um das effektive Quantengewicht $g_{(0)}$ des festen Wasserstoffs erhöht werden. Da jedoch das H_2-Molekül z. B. im Hydrochinon nach Formel (b), S. 552) atomar aufgespalten ist, wird man hier kaum die Deutung für plausibel halten, die R. N. FOWLER für den festen Wasserstoff annimmt, daß nämlich auch hier das Wasserstoffmolekül bei $T = 0$ in den Rotationszuständen 0 und 1 in dem Mengenverhältnis 1 : 3 vorhanden ist. — Wegen der auf S. 553, Anm. 1, erwähnten Korrektur wird man übrigens wohl noch weitere Nachprüfungen abwarten müssen, ehe man diese Schlußfolgerungen als genügend gesichert ansieht. 1% Fehler in $\frac{dE}{dt}$ bedingt in $\overline{C}$ einen Fehler von 0,07.

Kalorimetrisch wurde gefunden (als kleine Differenz der sehr großen Verbrennungswärmen) für Reaktion (d): $\mathfrak{W}_{(290)} = -38110$, in befriedigender Übereinstimmung mit dem oben aus dem Temperaturkoeffizienten der EMK berechneten Werte -37676.

6. Beispiel: Die thermische Dissoziation des Calciumkarbonats.

Eine andere Betrachtungsweise der Reaktionen zwischen mehreren kondensierten Phasen und einer reinen Gasphase wollen wir am Beispiel der $CaCO_3$-(Calcit-) Dissoziation $CaCO_3 \rightarrow CaO + CO_2$ durchführen. Es handelt sich um die Vorausberechnung eines Zersetzungsdruckes bei hohen Temperaturen aus Wärmemessungen, die im wesentlichen bei tieferen Temperaturen durchgeführt sind. Da in unserem Beispiel diese Berechnung durch direkte Druckmessung nachgeprüft werden kann, ist zugleich eine Kritik der eingeführten Annahmen möglich.

a) Temperaturgang des Zersetzungsdruckes aus Wärmemessungen. Wir nehmen zunächst im Sinne der üblichen Auffassung an, daß es sich hier um eine „Reaktion zwischen reinen Substanzen" handelt. In § 16, S. 308, wurde gezeigt, daß sich solche Fälle ganz wie die Zweiphasenumsetzung eines Einkomponentensystems auffassen lassen. In der Tat haben wir dann ein sog. vollständiges System vor uns (2 Bestandteile in 3 Phasen), das also ebenso wie etwa das System Wasser und Dampf (1 Bestandteil in 2 Phasen) bei jeder vorgegebenen Temperatur einen ganz bestimmten Gleichgewichtsdruck besitzt und umgekehrt. Die CLAUSIUS-CLAPEYRONsche Gleichung, die die Änderung dieses Gleichgewichtsdruckes π mit der Temperatur T angibt, hat dann nach § 16, (10) oder § 31, (32) die Form:

$$\frac{d\pi}{dT} = \frac{\Lambda}{T \cdot \mathfrak{V}}, \tag{1}$$

wo $\mathfrak{V} = \sum \nu_i v^{(i)}$ die Volumänderung beim Reaktionsablauf (in unserem Falle: $-v_{CaCO_3} + v_{CaO} + v_{CO_2}$), Λ die dabei auftretende Umwandlungswärme (bei konstantem Druck) bedeutet. Beim Gleichgewichtsdruck π ist diese bekanntlich auch gleich der irreversibeln Wärmetönung $\mathfrak{W}$ zu setzen, da ja dann die chemische Arbeit $\mathfrak{R} = 0$ ist. Doch ist Λ auch gleich dieser irreversibeln Wärmetönung $\mathfrak{W}$ bei jedem anderen Druck p (aber gleicher Temperatur) aller Phasen, solange nur für die festen Phasen die Kompressionswärme zu vernachlässigen ist und für die Gasphase die idealen Gasgesetze mit genügender Annäherung gelten.

Da wir nun, unter Vernachlässigung der zwischen den festen Stoffen bestehenden Volumdifferenz $\mathfrak{V} = + v_{CO_2}$ setzen dürfen, erhalten wir mit $v_{CO_2} = \frac{RT}{\pi}$ (ideales Gasgesetz) aus (1):

$$\frac{d \ln \pi}{dT} = \frac{\mathfrak{W}}{RT^2}, \tag{2}$$

eine Gleichung, die wir an der Erfahrung prüfen wollen. Als gemessene Wärmetönung steht uns der Wert $\mathfrak{W}_{(298)} = +42600$ cal[1] zur Verfügung. Wählen wir nun z. B. $T = 1000^0$ abs., so müssen wir $\mathfrak{W}_{(1000)}$ nach:

$$\mathfrak{W}_{(1000)} = \mathfrak{W}_{(298)} + \int_{298}^{1000} \sum \nu_i c_p^{(i)}\, dT \tag{3}$$

berechnen.

Nach Messungen von MAGNUS[2] ist die mittlere Molwärme $\bar{c}_p$, definiert durch

$$\bar{c}_p = \frac{1}{T_2 - T_1} \int_{T_1}^{T_2} c_p\, dT,$$

im Bereich zwischen $T = 290^0$ und 1030^0 für CaO: $\bar{c}_p = 11{,}78$, für $CaCO_3$: $\bar{c}_p = 26{,}35$. Für diese beiden Substanzen ist also $\int_{298}^{1000} c_p \cdot dT = \mathbf{702 \cdot 11{,}78}$ bzw. $\mathbf{702 \cdot 26{,}35}$. Für CO_2 geben LEWIS und RANDALL eine Potenzreihe an: $c_p^{(CO_2)} = 7{,}0 + 7{,}1 \cdot 10^{-3} \cdot T - 1{,}86 \cdot 10^{-6} \cdot T^2$, die bei Zimmertemperatur und darüber Gültigkeit haben soll. Daraus folgt $w_{(1000)} - w_{(298)}$ für CO_2 zu **7550** cal. Wir können auch die von EUCKEN[3] gegebene Darstellung mit PLANCK-EINSTEINschen Funktionen φ benutzen. Danach ist

$$c_p^{(CO_2)} = \frac{7}{2} R + 2\varphi\left(\frac{900}{T}\right) + 2\varphi\left(\frac{3400}{T}\right). \tag{4}$$

Die häufig benötigten Integrale $\frac{1}{T}\int_0^T \varphi\left(\frac{\Theta}{T}\right) dT$ und $\int_0^T \frac{dT}{T^2} \int_0^T \varphi\left(\frac{\Theta}{T}\right) dT$ finden sich tabelliert in den Büchern von NERNST[4], EUCKEN[5], Handb. d. Physik, Bd. X, S. 364, LANDOLT-BÖRNSTEIN, Erg.-Bd. u. a. Wir finden dort $\frac{1}{T}\int_0^T \varphi\left(\frac{\Theta}{T}\right) dT$ für $\frac{\Theta}{T} = \frac{900}{298} = 3{,}02$ zu $0{,}308$, für $\frac{\Theta}{T} = \frac{3400}{298} = 11{,}4$ zu $0{,}0003$; ferner für $\frac{900}{1000}$ zu $1{,}224$, sowie für $\frac{3400}{1000}$ zu $0{,}233$. Daraus folgt:

$$\left.\begin{aligned} \int_{298}^{1000} c_p^{(CO_2)} \cdot dT &= \int_0^{1000} c_p^{(CO_2)} \cdot dT - \int_0^{298} c_p^{(CO_2)} \cdot dT \\ &= (6950 + 2448 + 466) - (2070 + 180 + 0) = \mathbf{7614}\ \text{cal} \end{aligned}\right\} . \tag{5}$$

Wählen wir als ungefähres Mittel der beiden so erhaltenen Werte für das CO_2-Integral in (3) **7600** cal, so erhalten wir aus (3):

$$\mathfrak{W}_{(1000)} = 42600 - 702 \cdot 26{,}35 + 702 \cdot 11{,}78 + 7600 = 40000\ \text{cal}.$$

Hieraus ergibt sich nach (2):

$$\frac{d \ln \pi}{dT}_{(1000)} = \frac{40000}{R \cdot 10^6} = 0{,}0202.$$

---

[1] BÄCKSTRÖM: J. Amer. Chem. Soc. Bd. 47, S. 2444, 1925.
[2] Physik. Z. Bd. 14, S. 5, 1913.
[3] EUCKEN u. FRIED: Z. f. Physik Bd. 29, S. 39, 1924.
[4] NERNST: Die theoretischen und experimentellen Grundlagen des neuen Wärmesatzes. Halle 1924. Hier wie auch im Handb. d. Physik und LANDOLT-BÖRNSTEINS Tabellen sind die Tabellen für drei Freiheitsgrade gegeben, also für 3φ in unserer Schreibweise.
[5] EUCKEN: Grundriß der physikalischen Chemie. Leipzig 1924.

Die direkten Messungen ergeben ziemlich auseinandergehende Werte. Aus den wohl genauesten (von JOHNSTON, J. Am. Ch. Soc. Bd. 32, S. 938, 1910, sowie SMYTH und ADAMS, J. Am. Ch. Soc. Bd. 45, S. 1167, 1923) folgt der Wert 0,0208. Die Ursache der Diskrepanzen ist nach HÜTTIG und LEWINTER[1] darin zu suchen, daß die Zusammensetzung der festen Phasen etwas variabel ist. Hierdurch werden gewisse Voraussetzungen unserer Berechnung hinfällig; zwar nicht die Existenz eines nur von der Temperatur abhängigen Zersetzungsdruckes und die nach § 31 ganz allgemeine Gültigkeit von Gleichung (1), wohl aber die Extrapolation von $\mathfrak{W}$ nach (3) mittels der spezifischen Wärmen der reinen Substanzen. Ferner ist auch zu berücksichtigen, daß bei Beginn der Zersetzung des Calcits möglicherweise eine CaO-Anreicherung der $CaCO_3$-Phase ohne sofortiges Auftreten einer dritten (CaO-) Phase vorliegen kann; dann wird natürlich der Zersetzungsdruck nicht mehr eine bloße Temperaturfunktion sein. Auch wird, wenn variable Zusammensetzungen der festen Phasen möglich sind, die Herstellung des Gleichgewichts in ganz anderer Weise durch langsame Diffussionsvorgänge in den Festphasen verzögert als bei invariabeln Festphasen. Allgemein zeigt sich immer häufiger, daß Systeme, die früher als aus „reinen Stoffen" bestehend angenommen wurden, dies doch nicht in Strenge sind.

b) Bestimmung des absoluten Zersetzungsdruckes nach dem NERNSTschen Theorem. Wir wollen am Beispiel der $CaCO_3$-Dissoziation noch eine etwas andere Aufgabe studieren, indem wir zunächst wieder von der Komplikation durch die Veränderlichkeit der Festphasen absehen. Es handelt sich darum, bei einer vorgegebenen Temperatur den Zersetzungsdruck seiner Absolutgröße nach zu berechnen, oder zu einem vorgegebenen Zersetzungsdruck — z. B. 1 Atm. — die Gleichgewichtstemperatur zu finden. Würde man die Gleichung (2) integrieren, indem man $\mathfrak{W}$ mit Hilfe der spezifischen Wärmen als Funktion von T ausdrückt, so würde jedoch noch ein Faktor (eine Chemische Konstante) unbekannt bleiben.

Zu einer vollständigen Bestimmung des Zersetzungsdruckes gelangen wir auf Grund von Wärmemessungen und der Konstante $\bar{C}$ des CO_2-Gases mit Hilfe des NERNSTschen Theorems, indem wir von der Gleichung

$$\mathfrak{K} = \sum \nu_i \mu^{(i)} \tag{6}$$

ausgehen und für die beiden festen Reaktionsteilnehmer

$$\frac{\mu}{RT} = \frac{w_{(0)}}{RT} - \int_0^T \frac{dT}{RT^2} \int_0^T c_p \, dT \tag{7}$$

setzen [mit Vernachlässigung der Druckabhängigkeit, s. § 12, (8b)]. Für die gasförmige Komponente, bei der wir Gültigkeit der idealen Gasgesetze annehmen, ist nach (27a), § 13:

$$0{,}4343 \cdot \frac{\mu^{(\mathfrak{g})}}{RT} = 0{,}4343 \cdot \frac{u_{(0)}^{(\mathfrak{g})}}{RT} - \frac{c_p^0}{R} \log T - 0{,}4343 \int_0^T \frac{dT}{RT^2} \int_0^T c_z \cdot dT + \log p_{\text{Atm.}} - \bar{C}, \tag{8}$$

wobei wir sogleich die Umformungen vorgenommen haben, die mit der Zählung von p in Atmosphären und der Einführung dekadischer Logarithmen verbunden sind. Wegen der Bedeutung von c_p^0 und $\bar{C}$ sei auf S. 547 Gleichung (2) und S. 555 oben

[1] Z. f. angew. Chem. Bd. 41, S. 1034, 1928.

verwiesen. Im ganzen ergibt sich also $\left(\text{mit } \frac{0{,}4343}{R} = \frac{1}{4{,}573}\right)$ aus (6), (7) und (8), analog zu (27c), § 13, und ähnlich (6), § 16:

$$\left.\begin{aligned} \frac{\mathfrak{K}}{4{,}573 \cdot T} &= \frac{\mathfrak{W}_{(0)}}{4{,}573 \cdot T} - \nu^{(g)} \frac{c_p^0}{R} \cdot \log T \\ &\quad - \sum \nu_i \int_0^T \frac{dT}{4{,}573 \cdot T^2} \int_0^T c^{(i)} \cdot dT + \nu^{(g)} \cdot \log p - \nu^{(g)} \cdot \bar{C}, \end{aligned}\right\} \quad (9)$$

wobei $c^{(i)} = c_z$ für das Gas, $c^{(i)} = c_p^{(i)}$ für die kondensierten Phasen ist. Für das Zersetzungsgleichgewicht ($\mathfrak{K} = 0$, $p = \pi$) folgt endlich:

$$\nu^{(g)} \log \pi = -\frac{\mathfrak{W}_{(0)}}{4{,}573 \cdot T} + \nu^{(g)} \frac{c_p^0}{R} \log T + \sum \nu_i \int_0^T \frac{dT}{4{,}573 \cdot T^2} \int_0^T c^{(i)} \cdot dT + \nu^{(g)} \cdot \bar{C}. \quad (10)$$

Um $\mathfrak{W}_{(0)}$ aus $\mathfrak{W}_{(298)}$ zu bestimmen [analog (3)], brauchen wir außer dem in (5) schon berechneten Integral über $c_p^{(CO_2)}$ (= 2070 + 180 cal) noch die Werte $w_{(298)} - w_{(0)}$ für $CaCO_3$ und CaO, die nach den Tabellen von Miething 3710[1] bzw. 1610 cal betragen. Dann ist also:

$$\left.\begin{aligned} \mathfrak{W}_{(0)} &= \mathfrak{W}_{(298)} - \sum \nu_i \left(w_{(298)}^{(i)} - w_{(0)}^{(i)}\right) \\ &= 42600 + 3710 - 1610 - 2250 = 42450 \text{ cal}. \end{aligned}\right\} \quad (11)$$

$\bar{C}$ ist von Eucken, Karwat und Fried aus Messungen des Verdampfungsgleichgewichts der Kohlensäure bestimmt worden, auf demselben Wege, den wir oben im 3. Beispiel an der Wasserverdampfung dargestellt haben. Man erhält $\bar{C} = 0{,}91$. Bei Gültigkeit des Nernstschen Theorems müßte man mit diesem Werte auch die Dissoziationsdrucke des $CaCO_3$ befriedigend darstellen können.

Für die Auswertung des Doppelintegrals in (10) reichen bei hohen Temperaturen die Miethingschen Tabellen nicht aus, wir müssen daher von irgendeiner Temperatur T_0 ab Interpolationsformeln für die Molwärmen der Kondensate benutzen. Da jedoch von Bäckström (s. o.) eine Interpolationsformel für die ganze Summe $\sum \nu_i c_p^{(i)}$ unserer Reaktion im Bereich von 0—1000° C aufgestellt worden ist, und zwar:

$$\sum \nu_i c_p^{(i)} = 3{,}34 - 1{,}378 \cdot 10^{-2} \cdot T + 4{,}13 \cdot 10^{-6} T^2, \quad (12)$$

so ist es am bequemsten, eine Zerlegung des Aufbaus (9) in zwei Temperaturgebiete nicht nur für die beiden kondensierten Phasen [für CO_2 würde ja die bis zu sehr hohen Temperaturen ausreichende Formel (4) zur Verfügung stehen], sondern für die ganze Reaktion durchzuführen und als Zwischentemperatur $T_0 = 298°$ zu wählen, da für diese Temperatur der $\mathfrak{W}$-Wert der Reaktion bekannt ist.

Wir benutzen demgemäß Gleichung (9) direkt nur zur Bestimmung von $\left(\frac{\mathfrak{K}}{T}\right)_{(p,\, T_0)}$ und gehen dann zur Temperatur T bei konstantem Druck nach (6b), § 11 weiter, indem wir setzen ($\mathfrak{W}_0$ abgekürzt für $\mathfrak{W}_{(p,\, T_0)}$):

$$\left(\frac{\mathfrak{K}}{T}\right)_{(p,\, T)} = \left(\frac{\mathfrak{K}}{T}\right)_{(p,\, T_0)} - \frac{\mathfrak{W}_0}{T_0} + \frac{\mathfrak{W}_0}{T} - \int_{T_0}^T \frac{dT}{T^2} \int_{T_0}^T \sum \nu_i c_p^{(i)} dT. \quad (13)$$

[1] Mit einer Abänderung nach Eucken: Z. f. physik. Chem. Bd. 100, S. 159, 1922.

Berücksichtigen wir noch den Faktor $\frac{1}{4{,}573}$ in (9), der demgemäß auch in (13) vorzusetzen ist, so erhalten wir durch Addition der auf $T = 298$ angewandten Gleichung (9) und der zwischen $T_0 = 298$ und T gültigen Gleichung (13) die endgültige Zahlengleichung für $\frac{\mathfrak{R}}{T}$, die, gleich 0 gesetzt und analog (10) nach $\nu^{(g)} \cdot \log \pi$ aufgelöst, folgende Zahlengleichung für den Zersetzungsdruck ergibt [$\nu^{(g)} = 1$, $\mathfrak{W}_{(0)}$ gemäß (11), c_p^0 gemäß (4), $T_0 = 298$, $\mathfrak{W}_0 = \mathfrak{W}_{(298)} = 42600$, $\overline{C} = 0{,}91$, $\sum \nu_i c_p^{(i)}$ für den (T_0, T)-Bereich gemäß (12)]:

$$\left.\begin{aligned}\log \pi = &- \frac{42450 - 42600}{4{,}573 \cdot 298} - \frac{42600}{4{,}573 \cdot T} + \frac{7}{2} \log 298 + \sum \nu_i \int_0^{298} \frac{dT}{4{,}573 \cdot T^2} \int_0^T c^{(i)} \cdot dT \\ &+ 0{,}91 + \int_{298}^{T} \frac{dT}{4{,}573 \cdot T^2} \int_{298}^{T} (3{,}34 - 1{,}378 \cdot 10^{-2}\, T + 4{,}13 \cdot 10^{-6}\, T^2)\, dT\end{aligned}\right\} . \quad (14)$$

Die Werte des 1. Doppelintegrals entnehmen wir für $CaCO_3$ und CaO den MIETHINGschen Tabellen (bzw. den Angaben von EUCKEN); sie betragen 11,17 bzw. 3,54. Für CO_2 finden wir mit Benutzung der PLANCK-EINSTEINschen Funktionen der Gleichung (4) für c_z den Wert des Doppelintegrals zu 0,20. Im ganzen haben wir also:

$$\sum \nu_i \int_0^{298} \frac{dT}{4{,}573 \cdot T^2} \int_0^T c^{(i)} \cdot dT = \frac{1}{4{,}573} (-11{,}17 + 3{,}54 + 0{,}20) .$$

Mit diesem Werte und nach Ausrechnung des zweiten Integrals und Zusammenfassung des Ganzen erhalten wir endlich aus (14):

$$\log \pi = -\frac{9226}{T} + 1{,}682 \cdot \log T - 1{,}508 \cdot 10^{-3}\, T + 1{,}51 \cdot 10^{-7}\, T^2 + 4{,}03 . \quad (15)$$

Mit dieser Formel sind die in Tabelle 1 unter „ber." aufgeführten $\log \pi$-Werte ermittelt, denen unter „exp." die bei denselben Temperaturen beobachteten Werte gegenübergestellt sind. (π muß bei Anwendung unserer Formel in Atmosphären gerechnet werden.)

Tabelle 1.

T	900°	1000°	1100°	1200°	1300°	1400°	1500° abs.
$\log \pi$ (ber.)	−2,49	−1,51	−0,72	−0,07	+0,47	+0,92	+1,30
$\log \pi$ (beob.)	−2,30	−1,24	−0,48	+0,18	+0,73	+1,18	+1,54
(ber.) − (beob.)	−0,19	−0,27	−0,24	−0,25	−0,26	−0,26	−0,24

Der Vergleich zeigt, daß unsere Formel, die doch nur auf Messungen des Dampfdrucks der reinen Kohlensäure, von spezifischen Wärmen und einer Wärmetönung beruht, den Dissoziationsdruck des $CaCO_3$ angenähert wiederzugeben vermag. Jedoch zeigt sich eine konstante Differenz von etwa 0,24 im $\log \pi$, d. h. der wirkliche Dampdfruck ist um etwa 75% größer als der berechnete. Auch bei Bestimmungen der Zersetzungstemperatur macht sich dieser Fehler deutlich geltend; z. B. ist die Temperatur, bei der der CO_2-Druck über $CaCO_3$ 1 Atm. beträgt, bei der also unter Atmosphärendruck stürmische Zersetzung eintritt, ähnlich dem Sieden einer Flüssigkeit, nach unserer Formel (15) etwa 1210° abs., in Wirklichkeit aber nur 1170° abs.[1]. Sieht man von den von HÜTTIG

[1] Auch hier schwanken die Ergebnisse der zahlreichen neueren Messungen zwischen den verhältnismäßig weiten Grenzen 1155° und 1180° abs. Nur die von HÜTTIG (s. oben) angegebene Ursache macht diese Diskrepanzen verständlich.

herangezogenen Ursachen dieser Diskrepanz ab, so könnte man daran denken, den Fehler in der Übertragung der Chemischen Konstanten 0,91 der Kohlensäureverdampfung auf unsere Reaktion zu sehen, d. h. die Nichtanwendbarkeit des NERNSTschen Theorems zu vermuten. Wie man sieht, würde mit $\overline{C} = 1{,}15$ ein sehr guter Anschluß der Formel zu erzielen sein. Wie schon früher erwähnt, haben EUCKEN und FRIED[1] in der Tat in zahlreichen Fällen diese Folgerung als unabweisbar angesehen. Allerdings erhalten diese Autoren gerade in dem hier behandelten Fall einen befriedigenden Anschluß mit $\overline{C} = 0{,}91$. Doch kommt dies daher, daß sie mit einer um fast 3% niedrigeren Wärmetönung rechnen, die wohl durch die neueren Messungen BÄCKSTRÖMS als überholt angesehen werden muß.

c) **Anwendung der NERNSTschen Näherungsformel.** Gleichung (10b), § 19, ergibt in unserem Falle der $CaCO_3$-Dissoziation ($\nu_j = \nu_{CO_2} = +1$):

$$\log \pi = -\frac{\mathfrak{W}}{4{,}6 \cdot T} + 1{,}75 \cdot \log T + C^*. \tag{16}$$

Hier ist $\mathfrak{W}$ ein Meßwert bei Zimmertemperatur, also 42600 cal, und $C^* = 3{,}0$. Wir erhalten damit für die Temperatur, bei der der Zersetzungsdruck $\pi = 1$ Atm. wird: $T = 1120^0$, mit einer für Annäherungsbetrachtungen befriedigenden Genauigkeit. Bemerkenswerterweise ist die Annäherung kaum schlechter, als sie mit der vollständigen Gleichung (14), bei Einsetzen der aus Dampfdruckmessungen an fester Kohlensäure erschlossenen Chemischen Konstanten, erreicht wurde.

II. Reaktionen mit Gasgemischen.

Zu dieser Gruppe gehören unsere wichtigsten technischen Reaktionen, und es ist daher eine Hervorkehrung technischer Gesichtspunkte besonders am Platze.

7. Beispiel: Die Wasserbildung aus den Elementen.

Als erste Aufgabe stellen wir uns die Berechnung der bei der Knallgasreaktion:

$$2\,H_2 + O_2 \rightarrow 2\,H_2O$$

bei Zimmertemperatur und Atmosphärendruck maximal zu gewinnenden Arbeit. Diese Größe hat als einer der wichtigsten Standardwerte chemischer Arbeiten ein hohes Interesse für die theoretische Chemie. Daneben ist auch ein technisches Interesse zu konstatieren, etwa in Hinblick auf den Nutzeffekt eines mit wasserstoffhaltigen Gasgemischen betriebenen Explosionsmotors oder auf die allerdings noch nicht mit technischem Erfolg durchgeführte Nutzbarmachung dieser Arbeit mittels galvanischer Zellen. Wir können unsere Betrachtung auf die zur Bildung *gasförmigen* Wassers (von Zimmertemperatur und idealisiertem Atmosphärendruck) führende Reaktion beschränken, da wir die mit dem Übergang $H_2O(g) \rightarrow H_2O(l)$ verbundenen thermodynamischen Effekte schon im zweiten Beispiel besprochen haben.

Uns stehen zur Lösung unserer Aufgabe zwei Wege offen: entweder die ausschließliche Benutzung von Wärmeeffekten bei normalen Temperaturen. Dann müssen wir uns bei irgendeiner Temperatur noch einen Arbeitswert dieser Gasreaktion oder die Daten eines ungehemmten Gleichgewichts verschaffen;

[1] Z. f. Physik Bd. 29, S. 36, 1927.

hierzu kann eine mit physikalischen Methoden[1] durchgeführte Analyse des H_2-O_2-H_2O-Gleichgewichtsgemisches bei hoher Temperatur (wo die thermische Dissoziation des Wassers merkliche Beträge annimmt) dienen. Oder wir können absolute Nullzustände benutzen und absolute (aus Verdampfungsgleichgewichten gewonnene) Chemische Konstanten, so daß außer diesen Konstanten nur rein thermische Messungen in die Rechnung eingehen. Dann bietet die Hinzunahme von Gleichgewichtsbestimmungen bei hoher Temperatur eine Möglichkeit, die Richtigkeit des errechneten Arbeitswertes nachzuprüfen. Es seien im folgenden beide Wege nacheinander beschritten.

a) **Benutzung eines konventionellen Ausgangszustandes.** Wir wollen hier also die Aufgabe lösen, von einem bei hohen Temperaturen gemessenen Arbeitskoeffizienten (Gleichgewicht) ausgehend den $\mathfrak{K}$-Wert bei Zimmertemperatur durch Auswertung thermischer Daten zu bestimmen.

Wir gehen aus von der Darstellung, die nach § 17, (12) für den Arbeitskoeffizienten einer in einem Gasgemisch vom Druck p ablaufenden Reaktion gilt:

$$\frac{\mathfrak{K}}{RT} = \frac{\mathfrak{K}}{RT} + \sum \nu_i \frac{\mathfrak{k}_i}{RT} = -\ln \mathbf{K} + \sum \nu_i \ln a_i. \tag{1}$$

Hierbei ist nach § 17, (3) und (4):

$$-\ln \mathbf{K} = \frac{\mathfrak{K}}{RT} = \frac{\mathfrak{K}_{(T_0)}}{RT_0} - \int_{T_0}^{T} \frac{\mathfrak{W}}{RT^2} \cdot dT + \bar{\nu} \cdot \ln p. \tag{2}$$

Die Grundarbeit $\mathfrak{K}$ bedeutet die bei der Reaktion zwischen den reinen, idealisierten Gasen aufgenommene Arbeit; die Einzelgase stehen dabei je unter demselben Druck p, unter dem bei der betrachteten wirklichen Reaktion das Gemisch steht. T_0 ist die (hohe) Ausgangstemperatur, bei der ein Affinitätswert gemessen wurde ($T < T_0$!). Werden die Grundgrößen $\mathfrak{W}$ und c_p aus Messungen entnommen, so müssen diese bei so niedrigen Drucken angestellt sein, daß der ideale Gaszustand praktisch erreicht ist; unter dieser Bedingung darf $\mathfrak{W}$ auch durch Messungen an Gas*gemischen* ermittelt werden, da für ideale Gase die Mischungswärme $\mathfrak{w}$ verschwindet (§ 14).

Nach ROTH beträgt die Wärmetönung der Reaktion $H_2 + \frac{1}{2}O_2 \rightarrow H_2O(l)$ bei 25° C — 68330 cal. Die Abweichungen des H_2-O_2-Gasgemisches vom idealen Gaszustand bedingen an diesem Werte keine merkliche Korrektur. Für die Entstehung von 1 Mol Wasserdampf von idealem Verhalten aus flüssigem Wasser bei 25° C berechneten wir oben (Beispiel 2) eine Wärmeabsorption von 10494 cal. Wir finden also für die Reaktion $2H_2 + O_2 \rightarrow 2H_2O(g)$: $\mathfrak{W} = 2 \cdot (-68330 + 10494) = -115672$ cal.

Für die in Frage kommenden Wärmekapazitäten geben LEWIS und RANDALL[2] folgende Formeln an, die für die verdünnten Gase von Zimmertemperatur bis zu hohen Temperaturen gültig sind:

$$\begin{aligned} H_2 &: c_p = 6{,}50 + 0{,}0009 \cdot T \\ O_2 &: c_p = 6{,}50 + 0{,}0010 \cdot T \\ H_2O &: c_p = 8{,}81 - 0{,}0019 \cdot T + 0{,}0_5222 \cdot T^2. \end{aligned}$$

[1] Chemische Analysenmethoden kommen nur in Frage, wenn der chemische Eingriff so rasch erfolgt, daß das Gasgemisch in dieser Zeit als ein gehemmtes angesehen werden darf, — eine Forderung, die bei heißen Gasen kaum erfüllbar ist.

[2] Auf Grund von kritisch gesichteten Messungen anderer Autoren. J. Amer. Chem. Soc. Bd. 34, S. 1128, 1912.

Also ist

$$\sum \nu_i c_{p_i} = +2 \cdot c_p^{(H_2O)} - 2 \cdot c_p^{(H_2)} - c_p^{(O_2)} = -1{,}88 - 0{,}0066 \cdot T + 0{,}0_5444 \cdot T^2. \quad (3)$$

Wir erhalten also zunächst:

$$\mathfrak{W} = \mathfrak{W}_{(298)} + \int_{298}^{T} \sum \nu_i c_{p_i} \cdot dT = -115670$$

$$+ \int_{298}^{T} (-1{,}88 - 0{,}0066 \cdot T + 0{,}0_5444 \cdot T^2)\, dT.$$

$$\mathfrak{W} = -114855 - 1{,}88 \cdot T - 0{,}0033 \cdot T^2 + 0{,}0_5148 \cdot T^3. \quad (4)$$

Mit diesem Ausdruck gehen wir in (2) ein und erhalten (mit $\bar{\nu} = -1$):

$$-\log \mathbf{K} = \frac{\mathfrak{K}_{(T_0)}}{4{,}573 \cdot T_0} - \frac{1}{4{,}573} \int_{T_0}^{T} \left(-\frac{114855}{T^2} - \frac{1{,}88}{T} - 0{,}0033 + 0{,}0_5148 \cdot T\right) dT \Bigg\} - \log p. \quad (5)$$

Wir brauchen jetzt nur für eine einzige Temperatur T_0 den Wert $\mathfrak{K}$ zu bestimmen, um hieraus eine Gleichung zu erhalten, die $\log \mathbf{K}$ für jede Temperatur zu berechnen gestattet. Speziell können Gleichgewichtskonzentrationsbestimmungen benutzt werden, da nach (1) im Gleichgewicht ($\mathfrak{K} = 0$): $\frac{\mathfrak{K}}{RT} = -\sum \nu_i \ln a_i$ ist. Liegen, wie in unserem Falle, zahlreiche experimentelle Gleichgewichtsbestimmungen in einem ausgedehnten Temperaturgebiet vor, so ist es natürlich richtiger, die Rechnung so durchzuführen, daß die Formel den besten Anschluß an *alle* Meßwerte ergibt. Wir wollen jedoch der Einfachheit halber einen beliebigen herausgreifen und nehmen nach NERNST und v. WARTENBERG für $T_0 = 1561^0$ den Dissoziationsgrad des Wasserdampfes unter einem Gesamtdruck von 1 Atm. zu $3{,}40 \cdot 10^{-4}$ als experimentell gegeben an. Da wir bei so hoher Temperatur und so geringem Druck die idealen Gasgesetze als sicher gültig ansehen dürfen, können wir die Molenbrüche an Stelle der Aktivitäten einsetzen; wir erhalten dann aus (1) mit $\mathfrak{K} = 0$:

$$-\frac{\mathfrak{K}_{(T_0)}}{4{,}573 \cdot T_0} = \log \mathbf{K}_{(T_0)} = \sum \nu_i \log x_i = -2 \log x_{H_2} - \log x_{O_2} + \log x_{H_2O}. \quad (6)$$

Da unter den genannten Bedingungen von 1 Mol H_2O jeweils $3{,}40 \cdot 10^{-4}$ Mol dissoziiert sind und dabei $3{,}40 \cdot 10^{-4}$ Mol H_2 und $1{,}70 \cdot 10^{-4}$ Mol O_2 gebildet haben, ist:

$$x_{H_2} = \frac{3{,}40 \cdot 10^{-4}}{1 + 1{,}70 \cdot 10^{-4}},$$

$$x_{O_2} = \frac{1{,}70 \cdot 10^{-4}}{1 + 1{,}70 \cdot 10^{-4}},$$

$$x_{H_2O} = \frac{1 - 3{,}40 \cdot 10^{-4}}{1 + 1{,}70 \cdot 10^{-4}}.$$

und somit [nach Einsetzung in (6)]:

$$-\frac{\mathfrak{K}_{(1561)}}{4{,}573 \cdot 1561} = \log \mathbf{K}_{(1561)} = (+2 \cdot 3{,}468 + 3{,}770 + 0) = 10{,}71. \quad (7)$$

Diesen Wert sowie $T_0 = 1561$ setzen wir in unsere Gleichung (5) ein und erhalten nach Auflösen des Integrals:

$$-\log \mathbf{K} = -10{,}71 - \frac{114855}{4{,}573 \cdot T} + \frac{114855}{4{,}573 \cdot 1561} + \frac{1{,}88}{1{,}986} \log T - \frac{1{,}88}{1{,}986} \cdot \log 1561 + \frac{0{,}0033 \cdot T}{4{,}573} - \frac{0{,}0033 \cdot 1561}{4{,}573} - \frac{0{,}0_674 \cdot T^2}{4{,}573} + \frac{0{,}0_674}{4{,}573} \cdot 1561^2 - \log p,$$

$$\left.\begin{aligned}\log \mathbf{K} = -\frac{25118}{T} + 0{,}947 \cdot \log T + 0{,}0_3721 \cdot T - 0{,}0_6162 \cdot T^2 \\ -\log p + 1{,}63\end{aligned}\right\}. \qquad (8)$$

Diesen Ausdruck könnten wir in (1) einsetzen und würden dann in:

$$\frac{\mathfrak{K}}{4{,}573 \cdot T} = -\log \mathbf{K} + \sum \nu_i \log a_i \qquad (9)$$

eine Gleichung erhalten, die die Affinität der Wasserbildung für jedes Mischungsverhältnis (sofern die zugehörigen Aktivitäten bekannt sind) und jeden Gesamtdruck bei Temperaturen oberhalb von etwa 0^0 C zu berechnen gestattet.

Betrachten wir jedoch speziell die Bildung von reinem idealisiertem Wasserdampf aus reinem idealisierten Wasserstoff und Sauerstoff bei $T = 298^0$ und einem Druck p von 1 Atm. für jedes Gas, so ist, da die Gase als idealisiert angenommen werden, weder ein Mischungsglied noch eine Aktivitätskorrektur zu berücksichtigen und wir finden, indem wir (9) auf $T = 298^0$, $a_i = 1$, $\mathfrak{K}_{(298)} = \boldsymbol{\mathfrak{K}}_{(298)}$ spezialisieren:

$$\frac{\boldsymbol{\mathfrak{K}}_{(298)}}{4{,}573 \cdot 298} = -\frac{25118}{298} + 0{,}947 \cdot \log 298{,}2 + 0{,}0_3721 \cdot 298{,}2 - 0{,}0_6162 \cdot 298^2 + 1{,}63$$

$$\boldsymbol{\mathfrak{K}}_{(298)} = -114855 + 3190 + 290 - 20 + 2220 = -\mathbf{109175}\ \text{cal}. \qquad (10)$$

Nach S. 544f. kann bei dem Übergang von 2 Mol Wasserdampf von Atmosphärendruck in flüssiges Wasser bei $T = 298$ noch eine chemische Arbeit von $2 \cdot 2052$ cal gewonnen werden. Insgesamt müßte also die bei dieser Temperatur reversibel durchgeführte Vereinigung von 2 Mol H_2 und 1 Mol O_2 (beide von Atmosphärendruck) zu *flüssigem* Wasser mit einem chemischen Arbeitseffekt von

$$\boldsymbol{\mathfrak{K}}_{(298)} = -113280\ \text{cal}$$

verknüpft sein, so daß bei reversibler Führung des Prozesses etwa 83% der gesamten Energieänderung (136660 cal) in Form von Arbeit nutzbar gemacht werden könnte. Eine galvanische Zelle, in der sich diese Reaktion reversibel abspielt, sollte also (bei 25^0 C) eine EMK

$$\mathbf{E} = \frac{113280}{4 \cdot 23062} = \mathbf{1{,}228}\ \text{Volt}$$

liefern (da ein Formelumsatz mit der Beförderung von $4 \cdot F$ Coulomb verbunden ist). Bekanntlich ergibt aber die gewöhnliche „Knallgaskette" nur Werte, die fast $^1/_{10}$ V kleiner sind, als der so berechnete; und zwar kommt dies daher, daß die Sauerstoffelektrode nicht reversibel arbeitet, was seine chemische Ursache in der (irreversibeln) Bildung von Platinoxyden haben dürfte[1], welche die elektro-

[1] Siehe z. B. FOERSTER: Elektrochemie wässeriger Lösungen, 2. Aufl., S. 164ff. u. 280ff. — Die Abweichungen vom idealen Gaszustand können keine Rolle spielen, da H_2 und O_2 sich bei Zimmertemperatur und Atmosphärendruck wie ideale Gase verhalten und der (idealisierte) Wasserdampf aus der Gesamtreaktion herausfällt.

motorische Wirksamkeit vermitteln. Bei höherer Temperatur (mit Glas und Porzellan als Elektrolyten) konnte dagegen HABER Werte der EMK beobachten, die den theoretischen sehr nahe kommen.

Der Arbeitswert der Wasserbildung bei niederen Temperaturen, speziell für $T = 298^0$, ist von LEWIS und RANDALL (z. T. auch von BRÖNSTED) in sehr gründlicher Weise auch aus einigen Umwegreaktionen (unter Benutzung der Dissoziation des Silberoxydes, des Quecksilberoxydes und des DEACON-Gleichgewichts) ermittelt worden. Die Übereinstimmung ist in allen Fällen eine sehr gute. Als wahrscheinlichster Mittelwert ergab sich der zu unserem obigen Resultat sehr gut passende Wert $\mathfrak{R} = -113120$ cal; die Hälfte dieses Wertes, der Bildung von 1 Mol flüssigem Wasser entsprechend, ist in unsere $\mathfrak{R}$-Tabelle aufgenommen.

b) Verwendung des absoluten Nullzustandes und des NERNSTschen Theorems. In diesem Falle brauchen wir zur Berechnung unseres Arbeitswertes keine Gleichgewichtsbestimmung heranzuziehen. Dagegen ist die Bestimmung der spezifischen Wärmen bis $T = 0$ hinab und die Angabe der Chemischen Konstanten notwendig.

Wir haben nach § 17, Gleichung (1), (2) und (3), unter der für unsere Idealreaktion gültigen Annahme des idealen Gasverhaltens:

$$\frac{\mathfrak{R}}{RT} = -\ln \mathbf{K} + \sum \nu_i \ln x_i\,,$$

$$\ln \mathbf{K} = -\frac{\mathfrak{R}}{RT} = -\frac{\mathfrak{U}_{(0)}}{RT} + \sum \nu_i \frac{5+r^{(i)}}{2} \ln T + \sum \nu_i \int_0^T \frac{dT}{RT^2} \int_0^T c_z^{(i)} \cdot dT$$
$$- \bar{\nu} \cdot \ln p + \sum \nu_i \left(i + i_r + \ln g_{(0)}\right)^{(i)}. \tag{11}$$

Rechnen wir p in Atmosphären und führen dekadische Logarithmen ein, so erhalten wir [mit der Definition von $C_K = \sum \nu\, \overline{C}^{(i)}$ nach (11), § 17, und (2), S. 547 dieses Kapitels]:

$$\frac{\mathfrak{R}}{4{,}573 \cdot T} = -\log \mathbf{K} + \sum \nu_i \log x_i = +\frac{\mathfrak{U}_{(0)}}{4{,}573 \cdot T} - \sum \nu_i \frac{5+r^{(i)}}{2} \log T$$
$$- \sum \nu_i \int_0^T \frac{dT}{4{,}573 \cdot T^2} \int_0^T c_z^{(i)}\, dT + \bar{\nu} \log p - C_K + \sum \nu_i \log x_i\,. \tag{12}$$

Für die chemischen Konstanten $\overline{C}$ und die Molwärmen $c_p = c_p^0 + c_z$, wo $c_p^0 = \frac{5+r}{2} \cdot R$, setzen wir die von EUCKEN[1] benutzten Werte. Diese sind:

$$\left.\begin{array}{llll} & \overline{C} & c_p^0 & c_z \\ H_2: & -1{,}09 & \frac{5}{2} R & \varphi\left(\frac{430}{T}\right) + \varphi\left(\frac{5000}{T}\right) \\ O_2: & +0{,}540 & \frac{7}{2} R & \varphi\left(\frac{3600}{T}\right) \\ H_2O: & -1{,}935 & \frac{8}{2} R & \varphi\left(\frac{2300}{T}\right) + 2\varphi\left(\frac{5800}{T}\right) \end{array}\right\}. \tag{13}$$

Für H_2 ist dabei berücksichtigt, daß bei tiefen Temperaturen die Rotationswärme verschwindet, so daß $r^{(H_2)} = 0$ gesetzt ist. $\varphi\left(\frac{430}{T}\right)$ gibt den Anteil der

[1] EUCKEN, KARWAT u. FRIED: Z. f. Physik Bd. 29, S. 1, 1924; EUCKEN u. FRIED: ebenda Bd. 29, S. 36.

Rotationswärme an c_p wieder; dieser hat bei $T = 500^0$ seinen endgültigen Wert R bis auf etwa 5 % erreicht. Will man eine Formel benutzen, die nur für Temperaturen über 400^0 abs. gilt, so ist es natürlich praktischer, den Abfall der Rotationswärme zu ignorieren und mit $c_p = \frac{7}{2} R + \varphi\left(\frac{5000}{T}\right)$, $\overline{C} = -3{,}685$ zu rechnen. Wir erhalten also:

$$C_K = -2 \cdot 1{,}935 + 2 \cdot 1{,}09 - 0{,}540 = -2{,}23, \tag{14}$$

$$\sum \nu_i \frac{5 + r^{(i)}}{2} = 2 \cdot \frac{8}{2} - 2 \cdot \frac{5}{2} - \frac{7}{2} = -\frac{1}{2}. \tag{15}$$

Von den φ-Funktionen ist bei tiefen Temperaturen (z. B. $T = 300^0$) nur $\varphi\left(\frac{430}{T}\right)$ merklich; wir können also setzen:

$$\sum \nu_i c_z^{(i)} \text{ für tiefe Temperaturen} = -2\varphi\left(\frac{430}{T}\right); \tag{16}$$

$$\left.\begin{aligned} &\sum \nu_i c_z^{(i)} \text{ für hohe Temperaturen} = 2\varphi\left(\frac{2300}{T}\right) \\ &+ 4\varphi\left(\frac{5800}{T}\right) - \varphi\left(\frac{3600}{T}\right) - 2\varphi\left(\frac{430}{T}\right) - 2\varphi\left(\frac{5000}{T}\right) \end{aligned}\right\}. \tag{16a}$$

Nunmehr wird:

$$\left.\begin{aligned} \mathfrak{U}_{(0)} = \mathfrak{W}_{(0)} &= \mathfrak{W}_{(298)} - \int_0^{298} \sum \nu_i c_p^{(i)} dT = -115670 + \frac{1}{2} R \cdot 298 + 2\int_0^{298} \varphi\left(\frac{430}{T}\right) dT \\ &= -115670 + 296 + 528 = -114850 \text{ cal} \end{aligned}\right\}. \tag{17}$$

[Daß diese Größe mit der nach Gleichung (4) formal für $T = 0$ geltenden fast identisch ist, ist natürlich nur ein Zufall, da ja die dort für c_p eingesetzten Werte für Temperaturen unter 0^0 C keine Gültigkeit mehr haben.]

Für log **K** erhalten wir bei tiefen Temperaturen nach (12), (14), (15), (16), (17) und mit $\bar{\nu} = -1$:

$$\log \mathbf{K} = \frac{114850}{4{,}573 \cdot T} - \frac{1}{2} \log T - \frac{2}{4{,}573} \int_0^T \frac{dT}{T^2} \int_0^T \varphi\left(\frac{430}{T}\right) \cdot dT + \log p - 2{,}23, \tag{18}$$

also speziell für $T = 298{,}2^0$ und $p = 1$:

$$\left.\begin{aligned} \log \mathbf{K}_{(298)} &= \frac{114850}{4{,}573 \cdot 298} - \frac{1}{2} \log 298 - \frac{2}{4{,}573} \cdot 0{,}536 - 2{,}23 \\ &= 84{,}24 - 1{,}24 - 0{,}23 - 2{,}23 = 80{,}54 \end{aligned}\right\} \tag{19}$$

$$\mathfrak{K}_{(298)} = -4{,}573 \cdot T \cdot \log \mathbf{K} = -109805 \text{ cal}.$$

Dieser Wert stimmt nicht vollständig mit dem in (10) gefundenen, 109175, überein, der, wie wir sahen, durch die Erfahrung bestens bestätigt wird. Nach EUCKEN (s. d.) liegt hier ein Widerspruch zum NERNSTschen Theorem vor. Besseren Anschluß soll man erhalten, wenn man für C_K einen um 0,51 kleineren Wert, also $-2{,}74$, setzt. In der Tat finden wir dann:

$$\log \mathbf{K} = 80{,}03; \quad \mathfrak{K} = -109110 \text{ cal}.$$

Um unsere Formel auch an einem bei hohen Temperaturen direkt gemessenen Gleichgewicht zu prüfen, benutzen wir das oben schon verwendete Beobachtungsresultat bei $T = 1561^0$. Für diese Temperatur und $p = 1$ Atm. erhalten wir:

$$\left.\begin{aligned} \log \mathbf{K}_{(1561)} &= + \frac{114850}{4{,}573 \cdot 1561} - \frac{1}{2} \log 1561 + \int_0^{1561} \frac{dT}{4{,}573 \cdot T^2} \int_0^T \sum \nu_i c_z^{(i)} \cdot dT - 2{,}23 \\ &= + 16{,}09 - 1{,}60 \\ &\quad + \frac{1}{4{,}573} (2 \cdot 0{,}519 + 4 \cdot 0{,}048 - 0{,}207 - 2 \cdot 2{,}823 - 2 \cdot 0{,}081) \\ &\quad - 2{,}23 \\ &= + 16{,}09 - 1{,}60 - 1{,}05 - 2{,}23 = + 11{,}21 , \end{aligned}\right\} \quad (20)$$

an Stelle des experimentell gefundenen Wertes $+ 10{,}71$. Wiederum erhalten wir einen sehr viel besseren Wert, wenn wir die Reaktionskonstante $-2{,}74$ für C_K einführen, nämlich $10{,}70$. Vergleicht man die Zahlenwerte der einzelnen Summanden in den Ausdrücken für log **K** bei 298^0 und 1561^0 abs. [Gleichung (19) und (20)], so sieht man, daß an dem starken Abfall von log **K** in diesem Temperaturintervall bei weitem mehr das Kleinerwerden des $\frac{1}{T}$-Gliedes als das Anwachsen der $\log T$- und c_z-Glieder beteiligt ist. Man würde also, wenn man log **K** gegen $\frac{1}{T}$ aufträgt, annähernd eine gerade Linie erhalten.

c) **Verwendung der Nernstschen Näherungsformel.** Diese ergibt nach (10b), § 19, und bei Einführung der Konstanten $\mathbf{K}_p$ (§ 17, S. 314):

$$\log \mathbf{K}_p = - \frac{\mathfrak{W}}{4{,}6 \cdot T} + \bar{\nu} \cdot 1{,}75 \log T + \sum \nu_i C_i^* ,$$

also, mit:

$$\mathfrak{W} = -115670, \quad \bar{\nu} = -1, \quad \sum \nu_i C_i^* = -2 \cdot 1{,}5 - 3{,}0 + 2 \cdot 3{,}0 = 0 ,$$

$$\log \mathbf{K}_p = + \frac{25200}{T} - 1{,}75 \log T .$$

Hieraus ergibt sich für $T = 1561^0$: $\log \mathbf{K}_p = 10{,}5$ und für $T = 298^0$: $\log \mathbf{K}_p = 80{,}2$, in bemerkenswerter Übereinstimmung mit dem experimentellen Werten 10,71 und 80,1.

8. Beispiel: Die Bildung von Stickoxyd aus Luft.

Wir wenden uns jetzt der Betrachtung der endothermen Reaktion $N_2 + O_2 \rightarrow 2NO$, zu, die in neuerer Zeit vorübergehend eine große technische Bedeutung erlangte, obwohl sie erst bei extrem hohen Temperaturen in technisch lohnendem Maße abläuft. Ihre thermodynamische Behandlung wird dadurch rechnerisch sehr vereinfacht, daß die Reaktionsteilnehmer: N_2, O_2 und NO bis zu den höchsten zugänglichen Temperaturen so nahe gleiche spezifische Wärmen haben, daß bei einer Überschlagsbetrachtung einfach $\sum \nu_i c_p^{(i)} = 0$ gesetzt werden darf. Ferner ist $\bar{\nu} = 0$. Die Wärmetönung, zu $+ 43200$ cal bestimmt, ist also unabhängig von der Temperatur. Die Anwendung des Nernstschen Theorems führt dann nach Gleichung (12) des vorigen Beispiels zu der sehr vereinfachten Gleichung (wenn wir durchweg Gültigkeit des idealen Gasgesetzes annehmen):

$$\log \mathbf{K} = - \frac{43200}{4{,}573 \cdot T} + C_K . \qquad (1)$$

Als Chemische Konstanten sind nach SIMON bzw. EUCKEN (s. d.) einzusetzen (c_p^0 ist in allen Fällen $\frac{7}{2}R$):

	$\overline{C}$
N_2 :	$-0{,}11$
O_2 :	$+0{,}54$
NO:	$+0{,}52$

$C_K = \sum \nu_i \overline{C}^{(i)}$ ist also gleich $+0{,}61$. Die mit diesem Wert errechneten Gleichgewichtskonstanten ergeben sich durchweg etwas *kleiner* als die experimentell bestimmten, so daß EUCKEN auch hier wieder einen Beweis gegen die Anwendbarkeit des NERNSTschen Theorems als gegeben ansieht. Besseren Anschluß ergibt die Konstante $C_K = +0{,}95$. Mit diesem (empirischen) Werte finden wir für die im elektrischen Lichtbogen technisch erreichbaren Temperaturen folgende **K**-Werte:

$T =$	4500^0	4000^0	3500^0	3000^0
K $=$	0,071	0,039	0,018	0,006.

Mit diesen empirischen **K**-Werten wollen wir jetzt rückwärts die (ihnen zugrunde liegenden) Dissoziationswerte bei diesen Temperaturen bestimmen.

Nehmen wir an, daß stets Luft als Ausgangssubstanz verwendet wird und die Reaktion sich bei Atmosphärendruck abspielt, so ist vor Beginn der Reaktion $p_{O_2} = 0{,}21$, $p_{N_2} = 0{,}79$ Atm. Während des Ablaufs der Reaktion und auch im Gleichgewicht gelten dann — weil immer je $\frac{1}{2}$ Molekül O_2 und N_2 verschwindet, wenn 1 Molekül NO entsteht — die Beziehungen:

$$p_{O_2} = 0{,}21 - \tfrac{1}{2} p_{NO},$$
$$p_{N_2} = 0{,}79 - \tfrac{1}{2} p_{NO}.$$

Also ist, da wir ja bei einem Gesamtdruck $p = 1$ die Molenbrüche x_i mit den Partialdrucken $p \cdot x_i = p_i$ vertauschen können,

$$\mathbf{K} = \frac{x_{NO}^2}{x_{O_2} \cdot x_{N_2}} = \frac{p_{NO}^2}{(0{,}21 - \frac{1}{2}p_{NO})(0{,}79 - \frac{1}{2}p_{NO})}. \tag{2}$$

Hieraus berechnet sich, wenn man **K** als klein gegen 1 ansieht, in erster Annäherung:

$$p_{NO} = 0{,}407 \cdot \sqrt{\mathbf{K}} - 0{,}25\,\mathbf{K}.$$

Mit dieser Gleichung erhalten wir folgende Werte:

$T =$	4500^0	4000^0	3500^0	3000^0
$100 \cdot p_{NO} =$	9,1	7,0	5,0	3,0 Atm.

Die Zahlen $100 \cdot p_{NO}$ geben zugleich den Gehalt des Reaktionsgemisches an NO in Molprozenten an.

Wie man sieht, fällt die Ausbeute an NO mit sinkender Temperatur ab. Es ist also einerseits eine möglichst hohe Temperatur der Rentabilität günstig; andererseits muß man aber berücksichtigen, daß im allgemeinen, je höher die maximal erreichte Temperatur ist, desto länger die Abkühlung des Gasgemisches dauert, und daß ihm also um so mehr Zeit gegeben wird, sich auf Gleichgewichte, die niedrigeren, bei der Abkühlung durchlaufenen Temperaturgraden entsprechen, einzustellen. Theoretisch ist zwar natürlich trotzdem die höchste erreichte Maximaltemperatur immer mit der höchsten Ausbeute verbunden. Praktisch wird es aber doch irgendeine Grenztemperatur T_g geben, jenseits deren die Reaktion so schnell verläuft, daß man auch bei noch so hohen erreichten Maximaltemperaturen immer nur die der Temperatur T_g entsprechende Ausbeute erzielen kann, so daß also eine nennenswerte Überschreitung dieser Temperatur T_g keinen Nutzen bringt. Auf jeden Fall ist es klar, daß bei der technischen Durchführung des Verfahrens eine möglichst große Abkühlungsgeschwindigkeit anzustreben ist, damit die technische Grenztemperatur T_g möglichst weit hinaufgerückt wird. Durch welche Mittel dies in praxi erreicht wird — das zu besprechen ist hier nicht der Ort. Es sei nur auf eine interessante, aus der Entstehungszeit dieser Industrie stammende Diskussion dieser Probleme verwiesen, die HABER in seinem bekannten Werke über die Thermodynamik technischer Gasreaktionen[1] anstellt.

Die NERNSTsche *Näherungsformel* (10b), § 19, nimmt für unsere Reaktion die einfache Gestalt an:

$$\log \mathbf{K}_p = -\frac{43\,200}{4{,}6\cdot T} = -\frac{9400}{T}, \tag{3}$$

sie ergibt also, wie der Vergleich mit (1) zeigt, Werte, die um den Betrag 0,95 zu negativ liegen; dies führt z. B. bei 4000^0 abs. zum Werte $\mathbf{K} = 0{,}0044$ statt 0,039, ein recht ungünstiges Resultat.

9. Beispiel. Die Ammoniaksynthese aus den Elementen.

Die Gasreaktion:

$$3\,H_2 + N_2 \rightarrow 2\,NH_3$$

gehört zu den wirtschaftlich bedeutungsvollsten und chemisch bestuntersuchten; die thermodynamische Voraussage ihrer Ausbeute bei höheren Temperaturen und Drucken ist bekanntlich für ihre wirtschaftliche Durchführung mitentscheidend gewesen. In dieser Richtung sind namentlich die großen Forschungsarbeiten von HABER[2] zu nennen und die Fortführung, die sie in neuester Zeit durch das Fixed Nitrogen Research Laboratory in Washington[3] gefunden haben. Bei unserer Diskussion dieser Reaktion wollen wir auf die in den LEWIS-RANDALL-Tabellen festgelegten bequemen Reaktionsdaten zurückgreifen, da wir bei den vorausgegangenen Beispielen sowohl die Anwendung des NERNSTschen Theorems als auch die Berechnung der Standard-$\mathfrak{K}$-Werte aus einem gemessenen Gleichgewicht unter Zuhilfenahme rein thermischer Größen genügend besprochen haben.

a) Temperatur- und Druckeinfluß auf Gleichgewicht und Ausbeute bei Annahme von idealem Gasverhalten der Reaktionsteilnehmer. Bei Zimmertemperatur und darüber und bei niedrigen Drucken gehorchen die spezifischen Wärmen folgenden Gleichungen:

$$H_2: c_p = 6{,}50 + 0{,}0009\cdot T$$
$$N_2: c_p = 6{,}50 + 0{,}0010\cdot T$$
$$NH_3: c_p = 8{,}04 + 0{,}0007\cdot T + 0{,}0_551\cdot T^2.$$

Daher ist:

$$\sum \nu_i c_p^{(i)} = 2\,c_p^{(NH_3)} - 3\,c_p^{(H_2)} - c_p^{(N_2)} = -9{,}92 - 0{,}0023\cdot T + 0{,}0_4102\cdot T^2.$$

[1] München u. Berlin 1905.
[2] HABER und Mitarbeiter: Z. f. Elektrochem. Bd. 20 u. 21, 1914 u. 1915.
[3] Zitate weiter unten.

Die gemessenen $\mathfrak{W}$-Werte (zwischen 0 und 659° C, HABER und Mitarbeiter) lassen sich am besten wiedergeben durch die Gleichung:

$$\left.\begin{array}{l}\mathfrak{W} = -19000 + \int\limits_0^T \sum \nu_i c_p^{(i)} \cdot dT = -19000 - 9{,}92 \cdot T - 0{,}00115 \cdot T^2 + \\ \quad + 0{,}0000034 \cdot T^3\end{array}\right\}. \quad (1)$$

Da die Messungen bei niedrigen Drucken ausgeführt wurden, können wir $\mathfrak{W}$ mit dem Normalwert $\boldsymbol{\mathfrak{W}}$ identifizieren, der für die Reaktion zwischen idealisierten reinen Gasen gilt.

Wenden wir diesmal die druckunabhängige Konstante $\mathbf{K}_p$ an, so haben wir nach § 17, (1) (3), (4) und (5a), die Beziehungen:

$$\frac{\mathfrak{K}}{4{,}573 \cdot T} = -\log \mathbf{K}_p + \sum \nu_i \log p_i,$$

$$-\log \mathbf{K}_p = \frac{\boldsymbol{\mathfrak{K}}_{(p_0)}}{4{,}573 \cdot T} = \frac{\boldsymbol{\mathfrak{K}}_{(p_0,\, T_0)}}{4{,}573 \cdot T_0} - \int\limits_{T_0}^{T} \frac{\boldsymbol{\mathfrak{W}}}{4{,}573 \cdot T^2}\, dT. \quad (2)$$

Wenn wir nun für $\boldsymbol{\mathfrak{K}}_{(p_0 T_0)}$ die Standardbildungsarbeit aus unserer $\boldsymbol{\mathfrak{K}}$-Tabelle (— 3910 cal) einsetzen (die wir unserer Reaktionsgleichung gemäß mit 2 multiplizieren müssen) und für $\boldsymbol{\mathfrak{W}}$ Formel (1), so erhalten wir aus (2):

$$-4{,}573 \cdot \log \mathbf{K}_p = -\frac{19000}{T} + 9{,}92 \ln T + 0{,}00115 \cdot T - 0{,}0_5 17 \cdot T^2 - 19{,}21. \quad (3)$$

Mit dieser Formel können wir für jede Temperatur im Gültigkeitsbereich der c_p-Gleichungen die Werte von log $\mathbf{K}_p$ ausrechnen, die wir weiterhin zur Ausbeutebestimmung benutzen wollen. Es dürfte jedoch von Interesse sein, an diesem Beispiel den Einfluß der verschiedenen temperaturabhängigen Glieder auf log $\mathbf{K}_p$ zu studieren, da wir hier ein anderes Verhalten finden, als in den vorhergehenden Beispielen, in denen bei nicht extrem hohen Temperaturen der Einfluß des $\frac{1}{T}$-Gliedes ganz überwiegt. Tabelle 2 enthält für eine Reihe von Temperaturen sowohl die nach Formel (3) berechneten log $\mathbf{K}_p$-Werte selbst, als auch die Zahlenwerte der einzelnen Glieder von log $\mathbf{K}_p$, die nach ihrer Temperaturabhängigkeit als $\frac{1}{T}$-, log T-, T- und T^2-Glied bezeichnet werden.[1]

Tabelle 2.

t (°C)	300	400	500	600	700	850	1000
$1/T$-Glied	+ 7,25	+ 6,17	+ 5,37	+ 4,76	+ 4,27	+ 3,70	+ 3,26
log T-Glied	—13,48	—14,11	—14,43	—14,69	—14,93	—15,24	—15,51
T-Glied	— 0,14	— 0,17	— 0,19	— 0,22	— 0,24	— 0,28	— 0,32
T^2-Glied	+ 0,12	+ 0,17	+ 0,22	+ 0,28	+ 0,35	+ 0,47	+ 0,60
log $\mathbf{K}_p$	— 2,05	— 3,74	— 4,83	— 5,67	— 6,35	— 7,15	— 7,77
$\mathbf{K}_p$	$8{,}9 \cdot 10^{-3}$	$1{,}8 \cdot 10^{-4}$	$1{,}5 \cdot 10^{-5}$	$2{,}1 \cdot 10^{-6}$	$4{,}5 \cdot 10^{-7}$	$7{,}1 \cdot 10^{-8}$	$1{,}7 \cdot 10^{-8}$

Man sieht aus dieser Tabelle, daß zunächst (bei tiefen Temperaturen) $\mathbf{K}_p$ bei Temperatursteigerung um 100° um beinahe zwei Zehnerpotenzen abnimmt, in der Nähe von 1000° C aber nur um $\frac{1}{2}$ Zehnerpotenz; während bei 300° C etwa $\frac{2}{3}$ des starken Abfalls durch das $\frac{1}{T}$-Glied und $\frac{1}{3}$ durch das log T-Glied bedingt wird, die übrigen Glieder dagegen an der Veränderung nur einen ver-

[1] Durch Addition von $\frac{19{,}21}{4{,}573} = 4{,}20$ zur Summe der vier von T abhängigen Glieder erhält man die log $\mathbf{K}_p$ der vorletzten Zeile.

schwindenden Anteil haben, ist bei 1000° der Einfluß des T^2-Gliedes dem des log T-Gliedes näher gekommen, und man erkennt, daß bei weiterem Temperaturanstieg sein Einfluß auf den Temperaturgang von $\mathbf{K}_p$ stark hervortreten, der des log T-Gliedes aber fast bedeutungslos werden wird.

Von besonderem Interesse ist nun der *Druckeinfluß* auf die Gleichgewichtslage. Da im Gleichgewicht:

$$\log \mathbf{K}_p = \bar{\nu} \log p + \sum \nu_i \log x_i \tag{4}$$

ist, $\bar{\nu}$ aber bei unserer Reaktion -2 beträgt, so läßt sich voraussehen, daß bei gegebener Temperatur Drucksteigerung eine Vergrößerung von $\sum \nu_i \log x_i$, also eine Zunahme des Gleichgewichtsmolenbruchs des entstehenden Stoffes (NH_3) und eine Abnahme der x der verschwindenden Stoffe (N_2, H_2) zur Folge haben muß. *Es kann also der Einfluß einer Temperatursteigerung*, die ja (bei konstantem p) wegen des starken Abfalls von log $\mathbf{K}_p$ eine Abnahme der Gleichgewichts-NH_3-Konzentration bewirkt, *durch eine Druckerhöhung kompensiert werden.* Diese Tatsache ist für die technische Durchführung der Reaktion von größter Bedeutung; denn bei den tiefen Temperaturen, bei denen die Gleichgewichtskonstante relativ groß ist, also die NH_3-Gleichgewichtskonzentration günstig liegen muß, lassen sich die Reaktionshemmungen nicht überwinden, bei den hohen Temperaturen aber (400° C und darüber), bei denen die Reaktion zu genügend schnellem Ablauf zu bringen ist, würde die NH_3-Ausbeute ohne Drucksteigerung viel zu klein sein, um die technische Durchführung lohnend zu machen.

Wir wollen nun, um die technisch günstige Wirkung der hohen Drucke genauer kennenzulernen, für einige Temperaturen und Drucke die Gleichgewichts-Ammoniakkonzentrationen ausrechnen. Dabei nehmen wir zunächst in allen Fällen die Gültigkeit der idealen Gasgesetze an, müssen jedoch damit rechnen, daß wir dann bei Drucken von Hunderten von Atmosphären einen recht erheblichen Fehler begehen.

Gehen wir von einem Gasgemisch aus, das, vor Beginn der Reaktion, Stickstoff und Wasserstoff im Verhältnis der Reaktionsgleichung enthält (also 3 Mol H_2 und 1 Mol N_2 in einem gewissen Volum), und haben sich, nach Erreichung des Gleichgewichts, η Mol NH_3 gebildet, so ist, wie die Reaktionsgleichung aussagt:

$$x_{NH_3} = \frac{\eta}{4-\eta}, \quad x_{H_2} = \frac{3 - \frac{3}{2}\eta}{4-\eta}, \quad x_{N_2} = \frac{1 - \frac{1}{2}\eta}{4-\eta}.$$

Drücken wir die Molenbrüche der beiden anderen Gase durch den des NH_3 aus, so haben wir, da nach der eben für x_{NH_3} aufgestellten Gleichung $\eta = \frac{4\,x_{NH_3}}{1 + x_{NH_3}}$ ist,

$$x_{H_2} = 3 \cdot \frac{1 - x_{NH_3}}{4}, \quad x_{N_2} = \frac{1 - x_{NH_3}}{4},$$

Mithin wird:

$$\frac{x_{NH_3}^2}{x_{H_2}^3 \cdot x_{N_2}} = \frac{x_{NH_3}^2}{\frac{3^3}{4^4}(1 - x_{NH_3})^4} = 9{,}48 \cdot \frac{x_{NH_3}^2}{(1 - x_{NH_3})^4}.$$

Die Ammoniakgleichgewichtskonzentration hängt also unter diesen Voraussetzungen mit $\mathbf{K}_p$ und dem Druck nach (4) durch die Beziehung zusammen:

$$\frac{x_{NH_3}^2}{(1 - x_{NH_3})^4} = p^2 \cdot \frac{\mathbf{K}_p}{9{,}48}. \tag{5}$$

D. h. bei kleinen Ausbeuten ($x_{NH_3} \ll 1$) wächst x_{NH_3} bei gegebener Temperatur proportional dem Druck, bei größeren zunehmend langsamer. Wir können aus dieser Formel leicht die NH_3-Konzentrationen für die gewünschten Fälle berechnen (Tabelle 3). Und zwar stellen die Molenbrüche x im Falle idealer Gase zugleich die Volumanteile der auf gleichen Druck umgerechneten Reaktionsteilnehmer dar.

Tabelle 3.

t (°C)	log $\mathbf{K}_p$	x_{NH_3}				
		$p =$ 1	30	100	300	600 Atm.
400	—3,736	0,0044	0,106	0,248	0,429	0,546
450	—4,326	0,0022	0,059	0,159	0,315	0,431
500	—4,830	0,0012	0,035	0,101	0,225	0,334
600	—5,670	0,0005	0,014	0,043	0,113	0,188

Man sieht in Tabelle 3, daß bei Drucksteigerung von 1 auf 100 Atm. die Ausbeute, wenn auch nicht proportional dem Druck, so doch auf das 70—90fache steigt, dagegen wenn der Druck noch weiter auf das 6fache erhöht wird, nur noch in viel geringerem Maße, z. B. auf das 2,7fache bei 450°. Die ausschlaggebende Bedeutung der Hochdrucktechnik (die hier erstmalig vor die Aufgabe gestellt wurde, Apparate zu konstruieren, welche bei beginnender Rotglut mehrere 100 Atm. Überdruck aushalten) wie auch der Katalysatoren (die die Temperatur möglichst niedrig zu halten gestatten sollen) für die technische Ammoniaksynthese geht aus Tabelle 3 aufs deutlichste hervor.

Wir wollen noch die im Experiment gefundenen NH_3-Ausbeuten mit den von uns berechneten vergleichen (Tabelle 4). Und zwar benutzen wir bei 1 und 30 Atm. Messungen von HABER und seinen Mitarbeitern, bei 30, 100, 300 und 600 Atm. Messungen des Fixed Nitrogen Research Laboratory[1]. Die mit einem * bezeichneten Werte sind mit Interpolationsformeln berechnet.

Tabelle 4. Volumteile NH_3 im Gleichgewicht.

t °C	$p =$ 1		30			100		300		600 Atm.	
	ber.	gef.	ber.	gef. H.	gef. F.N.R.L.	ber.	gef.	ber.	gef.	ber.	gef.
400	0,0044	0,0044*	0,106	0,107*	0,101	0,248	0,251	0,429	0,470*	0,546	0,652*
450	0,0022	—	0,059	—	0,058	0,159	0,164	0,315	0,355	0,431	0,536
500	0,0012	0,0013*	0,035	0,036*	0,035	0,101	0,104	0,225	0,262	0,334	0,421
600	0,0005	0,0005*	0,014	0,014	0,014*	0,043	0,045*	0,113	0,138*	0,188	0,231*

b) Die Beeinflussung der Ausbeute durch die Abweichungen vom idealen Gasverhalten. Die Zusammenstellung in Tab. 4 zeigt, daß für Drucke bis 30 Atm. die Übereinstimmung sehr befriedigend ist, und daß auch bei 100 Atm. die Abweichungen erst wenige Prozente betragen. Dagegen treten bei noch höheren Drucken sehr erhebliche Unterschiede auf, und zwar in dem Sinne, daß die experimentell gefundenen Konzentrationen wesentlich höher sind als die berechneten. Offenbar ist die Ursache für diese Differenzen in dem Versagen der idealen Gasgesetze zu suchen. Nach den Ausführungen in § 17, S. 320 und in § 14 gilt im Falle nichtidealer Gase Formel (4) nicht für die Molenbrüche x_i, sondern für die Aktivitäten a_i, die mit den x_i durch die Aktivitätskoeffizienten $f_i = \frac{a_i}{x_i}$ verknüpft sind. Diese wieder kann man aus Meßdaten erschließen mittels der Beziehung (12), § 14:

$$\ln f_i = \frac{1}{RT} \int_0^p (v_i - v)\, dp, \tag{6}$$

[1] LARSON u. DODGE: J. Amer. Chem. Soc. Bd. 45, S. 2918, 1925; LARSON: ebenda Bd. 46, S. 367, 1926.

in der v_i das partielle Molvolum des Stoffes i in der Gasmischung, $\boldsymbol{v}$ des Molvolum desselben Stoffes in seinem idealisierten Zustand vom Druck p bedeutet.

Man müßte also für die interessierenden (NH_3, H_2, N_2)-Gasgemische die partiellen Molvolume der drei Gase in Abhängigkeit vom Druck kennen. Derartige Messungen sind jedoch noch nicht veröffentlicht worden, sie wären ja auch bei höheren Temperaturen nur ausführbar, wenn man die Reaktion wahlweise vollständig hemmen könnte. Nun geht aber aus einer von RANDALL und SOSNICK[1] jüngst gegebenen Übersicht hervor, daß man nur selten große Fehler begehen wird, wenn man in Gasgemischen genau wie in idealen Lösungen Additivität der Volume annimmt. Speziell für Stickstoff-Wasserstoff-Gemische haben die im Fixed Nitrogen Research Laboratory[2] ausgeführten Messungen ergeben, daß bei Temperaturen über 200° C selbst bei hohen Drucken (bis 1000 Atm.) die Partialvolume vom Mischungsverhältnis fast ganz unabhängig sind. Wenn auch für Mischungen dieser Gase mit dem sich so ganz anders verhaltenden Dipolgas Ammoniak diese Regel sicherlich viel schlechter gilt, so wollen wir sie doch versuchsweise auch auf solche Mischungen anwenden. Dann können wir in Gleichung (6) das Partialvolum v_i beim Druck p durch das Molvolum des betreffenden reinen Gases $v^{(i)}$ beim gleichen Druck ersetzen und also $\ln f_i$ für jedes der drei Gase durch Volummessungen am *reinen* Gas bestimmen (d. h. wir setzen $\ln f_i = \ln a^{(i)}$ beim gleichen Druck).

Bezeichnen wir nun die wahre, mit $\sum \nu_i \log a_i$ gebildete Gleichgewichtskonstante mit $\mathbf{K}_p^a$, dagegen die mit Molenbrüchen statt Aktivitäten gebildete, durch (4) definierte Konstante mit $\mathbf{K}_p^x$, so ist, wegen des erwähnten Zusammenhangs zwischen a_i und x_i:

$$\log \mathbf{K}_p^a = \log \mathbf{K}_p^x + 2 \log f_{NH_3} - 3 \log f_{H_2} - \log f_{N_2}. \tag{7}$$

Da nun die Messungen zeigen, daß bei erhöhten Drucken und über Zimmertemperatur für H_2 und N_2 durchweg $v > \boldsymbol{v}$, also $\log f$ positiv ist (im Sinne der VAN DER WAALSschen Theorie überwiegt bei diesen Gasen der Einfluß der Raumbeanspruchung durch die Moleküle), dagegen bei NH_3 bis zu 500° hinauf v in weitem Druckbereich kleiner als $\boldsymbol{v}$ bleibt, also $\log f$ negativ ist (hier überwiegt die gegenseitige Anziehung der Moleküle), so sieht man zunächst rein qualitativ, daß bei allen drei Gasen die Abweichungen vom idealen Gasgesetz in demselben Sinne wirken, nämlich $\log \mathbf{K}_p^x$ größer als $\log \mathbf{K}_p^a$ zu machen. Nun ist die Größe, die wir in Tabelle 2 berechnet haben, $\mathbf{K}_p^a$, was dagegen die chemische Analyse nach (5) ergibt, ist $\mathbf{K}_p^x$. Es ist also klar, daß die oben (Tabelle 3 und 4) aus $\mathbf{K}_p^a$ berechneten Ausbeuten hinter den wirklich gefundenen zurückbleiben müssen.

Um den Unterschied von $\log \mathbf{K}_p^a$ und $\log \mathbf{K}_p^x$ auch zahlenmäßig zu bestimmen, wollen wir auf alle drei Gase die VAN DER WAALSsche Gleichung anwenden, obwohl diese das wirkliche Verhalten der Gase, vor allem des Ammoniaks, nur in ganz groben Umrissen wiedergeben kann[3]. Mit den aus den kritischen Daten berechneten VAN DER WAALSschen Konstanten:

$$H_2: a = 0{,}245 \cdot 10^6, \quad b = 26$$
$$N_2: a = 1{,}345 \cdot 10^6, \quad b = 38{,}6$$
$$NH_3: a = 4{,}18 \cdot 10^6, \quad b = 37{,}0$$

[1] J. Amer. Chem. Soc. Bd. 50, S. 967, 1928.

[2] BARTLETT und Mitarbeiter: J. Amer. Chem. Soc. Bd. 49, S. 687 u. 1955, 1927, Bd. 50, S. 1275, 1928; MERZ u. WHITTACKER: ebenda Bd. 50, S. 1522, 1928.

[3] Mit komplizierteren Formeln, die der wahren Zustandsgleichung näherkommen, hat GILLESPIE: J. Amer. Chem. Soc. Bd. 48, S. 28, 1926 gerechnet.

(pro Mol, Druck in Atmosphären, Volum in Kubikzentimetern) finden wir für $p = 300$ Atm., $T = 273 + 400^0$ an Stelle des idealen Molvolums $184\ \mathrm{cm}^3$ folgende Werte für v: $v^{(H_2)} = 208$, $v^{(N_2)} = 204{,}5$, $v^{(NH_3)} = 152\ \mathrm{cm}^3$. Nun können wir nach (1a), § 14, für jedes Gas $\mathfrak{f}^{(i)}$ bzw. $RT \ln a^{(i)}$, das nach unserer Annahme gleich $RT \ln f_i$ des Gases im Gemisch gesetzt wird, berechnen, und zwar ist:

$$\log f_i = \log \frac{RT}{p\,(v^{(i)} - b^{(i)})} + 0{,}4343 \left[\frac{b^{(i)}}{v^{(i)} - b^{(i)}} - \frac{2\,a^{(i)}}{RT \cdot v^{(i)}}\right]. \tag{8}$$

Wir finden so für 400^0 C: $\log f_{H_2} = +\,0{,}053$, $\log f_{N_2} = +\,0{,}042$, $\log f_{NH_3} = -\,0{,}088$. Nach (7) folgt dann:

$$\log \mathbf{K}_p^x = -\,3{,}74 + 0{,}176 + 0{,}159 + 0{,}042 = -\,3{,}36\,.$$

Berechnet man mit diesem Wert nach (5) x_{NH_3}, so erhält man 0,50, also einen Wert, der zwar höher liegt als der gefundene (0,47), aber doch mit ihm besser übereinstimmt, als der ohne Berücksichtigung der Abweichungen vom idealen Gaszustand berechnete (0,43). Daß die Übereinstimmung nicht noch besser ist, liegt teils an der Anwendung der VAN DER WAALSschen Gleichung, teils an der willkürlichen Gleichsetzung von mit $v^{(i)}$. Man darf wohl als sicher annehmen, daß beim Vermischen von Ammoniak mit einem Stickstoff-Wasserstoff-Gemisch die VAN DER WAALSsche Assoziation der NH_3-Moleküle geringer wird, also v_{NH_3} über $v^{(NH_3)}$ hinaus anwächst. $\log f_{NH_3}$ dürfte also positiver sein als angesetzt wurde, wodurch an x_{NH_3} eine Korrektur nach unten bedingt wird.

c) Die NERNSTsche Näherungsformel. Diese Formel gibt für die Ammoniaksynthese:

$$\log \mathbf{K}_p = +\,\frac{22\,000}{4{,}6 \cdot T} - 2 \cdot 1{,}75 \cdot \log T + (-\,3 \cdot 1{,}5 - 3{,}0 + 6{,}0)$$

$$= \frac{4\,800}{T} - 3{,}50 \cdot \log T - 1{,}5\,.$$

Man erhält damit für:

$t =$	300	500	700	1000^0 C
$\log \mathbf{K}_p =$	$-\,1{,}8$	$-\,4{,}7$	$-\,6{,}5$	$-\,8{,}2$

statt der durch das Experiment bestätigten, früher (Tabelle 2) berechneten Werte:

$\log \mathbf{K}_p =$	$-\,2{,}05$	$-\,4{,}83$	$-\,6{,}35$	$-\,7{,}77$.

Diese Übereinstimmung ist für eine erste Orientierung durchaus befriedigend.

10. Beispiel: Die Verbrennung der Kohle.

Dieses Beispiel einer Reaktion zwischen einer festen, reinen Phase und einem Gasgemisch ist wohl der für die Technik wichtigste chemische Prozeß überhaupt; ihr Arbeitswert ist für fast alle unsere Dampf- und Verbrennungskraftmaschinen direkt oder indirekt maßgebend. Kompliziert erscheint sie, verglichen mit den vorhergehenden, deswegen, weil Sauerstoff mit Kohle auf zwei Weisen, nämlich:

$$\text{(I)}\qquad C + O_2 \rightarrow CO_2$$

$$\text{(II)}\qquad 2\,C + O_2 \rightarrow 2\,CO$$

reagieren kann, und weil diese beiden Reaktionen nicht durch spezifisch wirkende Reaktionshemmungen oder Katalysatoren getrennt voneinander zum Ablaufen gebracht werden können. Die zu einer thermodynamischen Behandlung des Problems nötigen Wärmetönungen und Gleichgewichtsbestimmungen kann man also nur auf Umwegen beschaffen, und zwar führt die Betrachtung der beiden folgenden Reaktionen zum Ziel:

(III) $2\,CO_2 \rightarrow 2\,CO + O_2$ (Gleichung der Kohlensäuredissoziation)

und

(IV) $C + CO_2 \rightarrow 2\,CO$ (sog. BOUDOUARDsche oder Generatorgasreaktion).

Man sieht leicht, daß man diese Reaktionen nur in geeigneter Weise zusammenzusetzen braucht, um die von uns an die Spitze gestellten zu erhalten, nämlich:

$$(IV) - (III) = (I)$$
$$2\,(IV) - (III) = (II)\,.$$

Erwähnt sei noch, daß man bei Hinzunahme der Reaktion der Wasserdissoziation:

$$(V) \quad 2\,H_2O \rightarrow 2\,H_2 + O_2$$

auch noch die bei der technisch wichtigen Wassergasreaktion ablaufenden Vorgänge thermodynamisch erfassen kann, nämlich:

$$\tfrac{1}{2}\{2\,(IV) - (III) + (V)\}: C + H_2O \rightarrow CO + H_2$$

und

$$\tfrac{1}{2}\{(V) - (III)\}: H_2O + CO \rightarrow H_2 + CO_2\,.$$

Doch wollen wir uns mit dieser Erweiterung unseres Gegenstandes nicht näher befassen.

Technische Fragestellungen thermodynamischer Art angesichts dieses Komplexes von Reaktionen sind etwa: Wie groß ist die bei Ablauf der Reaktionen (I) und (II) sowie der (im Gegensinn gerechneten) Reaktion (III) zu gewinnende Arbeit bei Zimmertemperatur? (Wichtig zur Beurteilung des Wirkungsgrades von Kraftmaschinen, die diese Verbrennungen als Kraftquelle haben)[1]. Ferner: Wie groß sind dieselben $\mathfrak{K}$-Werte bei anderen Temperaturen (im Hinblick auf die Möglichkeit der Reduktion irgendwelcher Oxyde, z. B. bei metallurgischen Prozessen)? Wie groß ist die bei irgendwelchen Temperaturen und Drucken bei der Einwirkung von Sauerstoff auf Kohle entstehende CO- und CO_2-Menge (einerseits in Hinblick auf die Gewinnung von möglichst reinem CO-Gas für die chemische Industrie, andererseits um die zur möglichst vollständigen Verbrennung der Kohle, nämlich zu CO_2, günstigen Bedingungen festzustellen)? Ferner die analoge Frage nach der günstigsten H_2-Ausbeute im Wassergasprozeß. Bekanntlich hat die technische Gewinnung von Kohlenoxyd und Wasserstoff auf diesen Wegen heute, im Zeitalter der katalytischen Verfahren (Ammoniak-, Methan-, Methanolgewinnung, „Kohleverflüssigungsverfahren" nach BERGIUS, FR. FISCHER, I. G. Farbenindustrie) eminente Bedeutung erlangt.

Es würde den Rahmen dieses Buches überschreiten, wollten wir auf alle diese Fragen auch nur annähernd mit der Ausführlichkeit eingehen, die ihrer technischen Bedeutung entspricht[2]. An früheren Beispielen haben wir bereits zur Genüge gezeigt, wie aus einem gemessenen Gleichgewicht und thermischen Messungen (oder auf rein thermischem Wege mit Hilfe des NERNSTschen Theorems) Arbeitswerte bei allen Temperaturen ermittelt werden können. Wir wollen uns daher hier wieder die Diskussion des Weges, auf dem man zur Festlegung der Konstanten dieser Arbeitswerte gelangte, ersparen und von den auf diese Weise gewonnenen Zahlen unserer $\mathfrak{K}$- und $\mathfrak{W}$-Tabelle ausgehen, um speziell aus ihnen die Werte der Gleichgewichtskonstanten bei allen Temperaturen abzuleiten. Wir

[1] Oder auch zur Berechnung der EMK des vielerstrebten „Brennstoffelementes" (s. FÖRSTER: Elektrochemie wäßriger Lösungen).

[2] Einen gedrängten Überblick gibt u. a. die Monographie von H. MENZEL: Die Theorie der Verbrennung. Dresden und Leipzig 1924.

werden dann für jeden Wert der äußeren Variabeln die chemische Zusammensetzung unseres Systems im Gleichgewicht voraussagen können.

Wir finden aus unserer $\mathfrak{K}$- und $\mathfrak{W}$-Tabelle ($T = 298^0$, idealisierter Druck von 1 Atm. für alle in reinem Zustand gedachten gasförmigen Reaktionsteilnehmer):

$$\text{für Reaktion (I):}\ \mathfrak{K}^{\mathrm{I}} = -94260,\ \mathfrak{W}^{\mathrm{I}} = -94250, \tag{1}$$

$$\text{für Reaktion (II):}\ \mathfrak{K}^{\mathrm{II}} = -65020,\ \mathfrak{W}^{\mathrm{II}} = -52300. \tag{2}$$

An diesen Zahlen fällt auf, daß für die Verbrennung zu Kohlensäure (I) die maximal zu leistende Arbeit zufällig so gut wie identisch mit der Wärmetönung ist, während bei der Verbrennung zu Kohlenoxyd erheblich mehr Arbeit gewonnen werden könnte als bei irreversibeln Ablauf Wärme in Freiheit gesetzt wird. — Als „Kohle" ist hier immer Graphit anzunehmen.

Für die spezifischen Wärmen verwenden wir die einfachen Formeln:

$$c_p \text{ für } O_2 \text{ und } CO:\ 6{,}50 + 0{,}0010 \cdot T,$$

$$c_p \text{ für } CO_2:\ 7{,}0 + 0{,}0071 \cdot T - 0{,}0_5186 \cdot T^2,$$

deren Geltungsbereich sich auf Temperaturen oberhalb Zimmertemperatur erstreckt. Für Graphit könnten wir die MIETHINGschen Tabellen benutzen; nach LEWIS und RANDALL darf man zwischen 0^0 C und 2000^0 C setzen:

$$c_p \text{ für Graphit: } 1{,}1 + 0{,}0048 \cdot T - 0{,}0_512 \cdot T^2,$$

was für die Anwendung vielleicht bequemer ist.

Wir erhalten dann für die Grundwärmetönungen bei beliebigen Temperaturen oberhalb Zimmertemperatur:

$$\mathfrak{W}^{\mathrm{I}} = -94250 + \int_{298}^{T} (-0{,}60 + 0{,}0013 \cdot T - 0{,}0_666 \cdot T^2)\, dT,$$

$$\mathfrak{W}^{\mathrm{II}} = -52280 + \int_{298}^{T} (+4{,}30 - 0{,}0086 \cdot T + 0{,}0_524 \cdot T^2)\, dT,$$

oder zusammengefaßt:

$$\mathfrak{W}^{\mathrm{I}} = -94110 - 0{,}60 \cdot T + 0{,}0_365 \cdot T^2 - 0{,}0_622 \cdot T^3, \tag{3}$$

$$\mathfrak{W}^{\mathrm{II}} = -53200 + 4{,}30 \cdot T - 0{,}0_243 \cdot T^2 + 0{,}0_68 \cdot T^3. \tag{4}$$

Weiter ergibt sich für die Normalgröße $\mathfrak{K}_{(p_0)}$ nach § 18, (5):

$$\frac{\mathfrak{K}_{(p_0)}}{T} = \frac{\mathfrak{K}_{(p_0,\,298)}}{298} - \int_{298}^{T} \frac{\mathfrak{W}_{(p_0)}}{T^2}\, dT.$$

Mit Einsetzung der für beliebige idealisierte Drucke p_0 geltenden Werte (1) und (3) gibt das:

$$\frac{\mathfrak{K}^{\mathrm{I}}}{T} = -\frac{94260}{298} - \frac{94110}{T} + \frac{94110}{298} + 0{,}60 \cdot \ln T - 0{,}60 \cdot \ln 298 - 0{,}0_365 \cdot T$$
$$+ 0{,}0_365 \cdot 298 + 0{,}0_611 \cdot T^2 - 0{,}0_611 \cdot 298^2$$

oder:

$$\frac{\mathfrak{K}^{\mathrm{I}}}{T} = -\frac{94110}{T} + 0{,}60 \cdot \ln T - 0{,}0_365 \cdot T + 0{,}0_611 \cdot T^2 - 3{,}74 \tag{5}$$

und ebenso aus (2) und (4):

$$\frac{\mathfrak{K}^{\mathrm{II}}}{T} = -\frac{53200}{T} - 4{,}30 \cdot \ln T + 0{,}0_243 \cdot T - 0{,}0_64 \cdot T^2 - 16{,}40. \tag{6}$$

Nach (24b), § 18, ist nun im Gleichgewicht:

$$-\frac{\mathfrak{K}}{4{,}573 \cdot T} = \log \mathbf{K}_p = \Sigma \nu_{g_i} \cdot \log p_i\,, \tag{7}$$

wenn wir die Gase als ideal ansehen [andernfalls müßten wir schreiben: $\Sigma \nu_{g_i} \cdot \log (f_i p_i)$]. Wir erhalten daraus:

$$\mathbf{K}_p^{\mathrm{I}} = \frac{p_{CO_2}}{p_{O_2}} = \frac{x_{CO_2}}{x_{O_2}}\,, \tag{8}$$

$$\mathbf{K}_p^{\mathrm{II}} = \frac{p_{CO}^2}{p_{O_2}} = p \cdot \frac{x_{CO}^2}{x_{O_2}}\,. \tag{9}$$

$\mathbf{K}_p^{\mathrm{I}}$ und $\mathbf{K}_p^{\mathrm{II}}$ sind nach (7) und (5) bzw. (6) als Temperaturfunktionen gegeben.

Wir wollen nun annehmen, daß ein sauerstoffhaltiges Gasgemisch an die Kohle herantritt und mit ihr reagiert, so lange, bis sich für beide Reaktionen (I) und (II) das Gleichgewicht eingestellt hat. Unsere Aufgabe ist, aus unseren Gleichungen für die $\mathbf{K}_p$ die Gleichgewichtskonzentrationen zu ermitteln.

Besaß das vor Beginn der Reaktion hinzugegebene Gasgemisch die Konzentrationen $x_{CO_2} = 0$, $x_{CO} = 0$, $x_{O_2} = q$ ($q = 1$ für reinen Sauerstoff, $q = 0{,}21$ für Luft), so gilt die aus den Reaktionsgleichungen folgende Beziehung[1]:

$$x_{O_2} + x_{CO_2} + \tfrac{1}{2}(q+1)\, x_{CO} = q\,. \tag{10}$$

Aus den drei Gleichungen (8), (9) und (10) kann man für jede Temperatur und jeden Gesamtdruck p die drei Unbekannten x_{CO_2}, x_{CO} und x_{O_2} ausrechnen.

Es zeigt sich nun, daß die Konstanten $\mathbf{K}^{\mathrm{I}}$ und $\mathbf{K}^{\mathrm{II}}$ im ganzen in Frage kommenden Temperaturgebiet (unsere Gleichungen können ja nur bis etwa $T = 3000^0$ hinauf Gültigkeit beanspruchen) so große Werte haben, daß im Gleichgewicht bei nicht ganz extremen Drucken eine meßbare Menge Sauerstoff überhaupt nicht vorhanden sein kann. Da sonach die Bestimmung von x_{O_2} im allgemeinen[2]

[1] Gleichung (10) erhält man durch folgende Überlegung: Sind n_{CO} und n_{CO_2} die Mengen CO bzw. CO_2 nach einem gewissen Ablauf der Reaktion, n_a die Menge O_2 vor Beginn, n_b die konstante Menge unbeteiligten Gases, so ist nach dem gedachten Reaktionsablauf noch an O_2 vorhanden: $n_a - n_{CO_2} - \frac{1}{2} n_{CO}$, an Gas insgesamt: $n_{O_2} + n_{CO_2} + n_{CO} + n_b = n_a + \frac{1}{2} n_{CO} + n_b$. Es ist also

$$x_{O_2} = \frac{n_a - n_{CO_2} - \frac{1}{2} n_{CO}}{n_a + n_b + \frac{1}{2} n_{CO}} = \frac{n_a}{n_a + n_b + \frac{1}{2} n_{CO}} - x_{CO_2} - \tfrac{1}{2} x_{CO}\,.$$

Ferner ist nach Definition:

$$q = \frac{n_a}{n_a + n_b}\,.$$

sowie, da sich die Molenbrüche zu 1 ergänzen:

$$\frac{n_b}{n_a + n_b + \frac{1}{2} n_{CO}} = 1 - x_{O_2} - x_{CO_2} - x_{CO}\,.$$

Aus diesen drei Gleichungen eliminiert man n_a, n_b, n_{CO} und erhält Gleichung (10).

[2] Eine Ausnahme bildet vielleicht die Reduktion von Metalloxyden durch CO—CO_2-Gemische. Hier kann es von Interesse sein, den Gleichgewichtsdruck des Sauerstoffes, der ja nach Einstellung des Gleichgewichts gleich dem der Oxyde sein muß, zu kennen. Allerdings braucht der so berechnete Partialdruck nicht streng mit dem Sauerstoff-Partialdruck des betreffenden ein- oder zweiphasigen Bodenkörpers von gegebenem Sauerstoffgehalt übereinzustimmen, da der Kohlenstoffgehalt der Gasphase ja seinerseits den Kohlenstoffgehalt des Bodenkörpers und damit auch dessen chemisches Sauerstoffpotential zu beeinflussen vermag. Vgl. zu diesem Fragenkomplex z. B. die wichtigen Arbeiten von R. Schenck, Z. f. anorg. Chem. 167, 254 und 315, 1927.

kein Interesse hat, wird man die Gleichungen (8) und (9) so kombinieren, daß x_{O_2} daraus eliminiert wird. Man erhält dann:

$$\mathbf{K}_p^{IV} = \frac{\mathbf{K}_p^{II}}{\mathbf{K}_p^{I}} = p \cdot \frac{x_{CO}^2}{x_{CO_2}}, \tag{11}$$

eine Gleichung, die auch aus der Reaktionsformel (IV) und deren Zusammensetzbarkeit aus (I) und (II) (gemäß § 17, S. 314f.) abgeleitet werden kann.

Berücksichtigen wir, daß sich Gleichung (10) mit $x_{O_2} \cong 0$ zu der Beziehung

$$x_{CO_2} + \tfrac{1}{2}(q+1)\, x_{CO} = q \tag{10a}$$

reduziert, so erhalten wir, indem wir (11) und (10a) nach den beiden Unbekannten x_{CO_2} und x_{CO} auflösen:

$$x_{CO} = \sqrt{\frac{q}{p} \cdot \frac{\mathbf{K}^{II}}{\mathbf{K}^{I}} + \left(\frac{(q+1)}{4p} \cdot \frac{\mathbf{K}^{II}}{\mathbf{K}^{I}}\right)^2} - \frac{(q+1)}{4p} \cdot \frac{\mathbf{K}^{II}}{\mathbf{K}^{I}}, \tag{12}$$

$$x_{CO_2} = q - \tfrac{1}{2}(q+1) \cdot x_{CO}. \tag{13}$$

Mit diesen beiden Gleichungen können wir aus den Gleichgewichtskonstanten die Gleichgewichtskonzentrationen ermitteln.

In Tabelle 5 bringen wir zunächst den Temperaturgang von $\mathfrak{K}^{I}$ und $\mathfrak{K}^{II}$ nach (5) und (6) sowie der Größen $\log \mathbf{K}_p^{I}$ und $\log \mathbf{K}_p^{II}$ [aus den $\mathfrak{K}$ nach (7) berechnet] einzeln, da deren Temperaturgang besonders interessant ist. Sodann $\log \frac{\mathbf{K}_p^{II}}{\mathbf{K}_p^{I}} = \log \mathbf{K}_p^{IV}$. Endlich folgen die im Gleichgewicht vorhandenen Molenbrüche von CO und CO_2, berechnet nach (12) und (13) für $p = 1$ Atm., $q = 0{,}21$, also atmosphärischer Luft entsprechend. (Diese Molenbrüche sind zugleich identisch mit den Partialdrucken bei 1 Atm. Gesamtdruck und mit den Volumbruchteilen bei gleichem Druck.)

Tabelle 5.

T	$\mathfrak{K}^{I}$	$\log \mathbf{K}_p^{I}$	$\mathfrak{K}^{II}$	$\log \mathbf{K}_p^{II}$	$\log \mathbf{K}_p^{IV}$	x_{CO}	x_{CO_2}
298	-94260	$+69{,}06$	-65020	$+47{,}64$	$-21{,}42$	$9 \cdot 10^{-12}$	0,210
500	-94260	$+41{,}23$	-73730	$+32{,}25$	$-8{,}98$	$1{,}5 \cdot 10^{-5}$	0,210
750	-94260	$+27{,}47$	-84600	$+24{,}66$	$-2{,}81$	0,0175	0,199
1000	-94240	$+20{,}62$	-95430	$+20{,}86$	$+0{,}26$	0,276	0,053
2000	-94190	$+10{,}31$	-137350	$+15{,}03$	$+4{,}72$	0,347	$2{,}3 \cdot 10^{-6}$
3000	-93920	$+6{,}84$	-176900	$+12{,}90$	$+6{,}06$	0,347	$1{,}0 \cdot 10^{-7}$

Auffallend ist an diesen Zahlen, daß die Affinität der Reaktion (I), Verbrennung zu Kohlensäure, mit der Temperatur nahezu unveränderlich ist, während die der Reaktion (II), Verbrennung zu Kohlenoxyd, mit der Temperatur gewaltig ansteigt. So kommt es, daß zwar bei tiefen Temperaturen die bei der Entstehung von 1 Mol CO_2 aus den Elementen freiwerdende Arbeit diejenige, die bei der Bildung von 2 Mol CO abgegeben werden kann, bedeutend übertrifft, daß sich aber noch unter 1000^0 abs. beide Werte ausgleichen und bei noch höheren Temperaturen das umgekehrte Verhältnis eintritt wie bei Zimmertemperatur. Die Ursache dafür liegt allein in dem Umstand, daß bei der Reaktion (II) die Anzahl der gasförmigen Moleküle zunimmt. Diese bewirkt den hohen positiven Wert der $\sum \nu_i c_p^{0(i)} = 4{,}30$, welcher, im Glied $4{,}30 \cdot T \cdot \ln T$, Gleichung (6), fast ausschließlich für das starke Anwachsen von $-\mathfrak{K}^{II}$ verantwortlich zu machen ist (die anderen Glieder gleichen sich weitgehend aus). Dieses Sichschneiden der $\mathfrak{K}^{I}$ und $\mathfrak{K}^{II}$-Kurve in der Nähe von 700° C findet seine Auswirkung in den Zahlen für log $\mathbf{K}^{IV}$, der Gleichgewichtskonstante der Generatorgasreaktion, und den Molenbrüchen x_{CO} und x_{CO_2}. Bei $T = 750°$ abs. ist im Generatorgasgleichgewicht noch über 11 mal soviel Kohlensäure vorhanden als Kohlenoxyd, bei $T = 1000°$ abs. aber schon $5^1/_2$ mal soviel CO als CO_2. Während bei $T = 500°$ der CO-Gehalt im Gleichgewicht noch praktisch $= 0$ ist, gilt bei etwas über 1000° abs. dasselbe für den CO_2-Gehalt. Die Werte 0,210 für x_{CO_2} und 0,347 für x_{CO} sind die Maximalwerte, die bei der gegebenen Ausgangszusammensetzung ($q = 0{,}21$) diese Werte überhaupt erreichen können. Man braucht, um dies zu kontrollieren, in Gleichung (12) nur $\mathbf{K}^{II} \gg \mathbf{K}^{I}$ und in Gleichung (13) $x_{CO} = 0$ zu setzen. Druckerhöhung wirkt der CO-Bildung entgegen. In welchem Maße, erkennt man an folgenden Zahlen: Bei 100 Atm. Gesamtdruck ist nach (12) und (13) bei $T = 1000°$: $x_{CO} = 0{,}189$, $x_{CO_2} = 0{,}096$, dagegen bei 1 Atm. Gesamtdruck: $x_{CO} = 0{,}276$, $x_{CO_2} = 0{,}053$. Der CO-Gehalt hat also bei 100 Atm. um etwa $^1/_3$ abgenommen. — Die Größe von log $\mathbf{K}_p^{II}$ bei 3000° zeigt, daß auch bei so hoher Temperatur Sauerstoff noch nicht in merklicher Menge im Verbrennungsgleichgewicht zugegen ist, womit die unsere Rechnung vereinfachende Annahme nachträglich gerechtfertigt ist.

Die NERNSTsche *Näherungsformel* gibt (vgl. § 19):

$$\log \mathbf{K}_p^{IV} = -\frac{42000}{4{,}6 \cdot T} + 1{,}75 \log T + 3{,}0,$$

also für

$T =$	500	1000	2000
$\log \mathbf{K}_p =$	$-10{,}7$	$-0{,}9$	$+4{,}2$

statt der oben berechneten (und experimentell bestätigten) Werte:

$\log \mathbf{K}_p =$	$-8{,}98$	$+0{,}26$	$+4{,}72$.

Hier ist also die Annäherung nur eine recht beschränkte.

11. Beispiel: Maximale Verbrennungstemperaturen.

Eine von den bisherigen abweichende, aber technisch ebenfalls wichtige und interssante Fragestellung ist die nach der bei einem Verbrennungsvorgang maximal zu erreichenden Temperatur. Als maximale Temperatur (T_m) wird diejenige bezeichnet, die man erreicht, wenn jegliche Wärmeabgabe an die Umgebung vermieden wird, eine Forderung, die für kleine Raumteile (z. B. den Kern von Flammen) oder sehr rasch verlaufende Verbrennungen (Explosionen) meist mit ziemlicher Annäherung zu erfüllen sein wird, solange die Wärmeabgabe vorwiegend durch Wärmeleitung oder Konvektion erfolgt. Bei sehr hohen Temperaturen wird allerdings die mit T^4 zunehmende Strahlung die experimentelle Realisierung der Maximaltemperatur erschweren.

Zur Berechnung von T_m ist also ein bei konstantem Druck adiabatisch (ohne Wärmeaustausch mit der Umgebung) erfolgender irreversibler Verbrennungsvorgang zu verfolgen. Dann ist (vgl. § 5) $W = \text{const}$ oder:

$$dW = 0,$$

also, da sich sowohl die Reaktionslaufzahl λ als auch die Temperatur ändert, wegen § 5, (7) und (12):

$$\mathfrak{W} \cdot d\lambda + l^T \cdot dT = 0. \qquad (1)$$

Wenn wir nun von der Ausgangstemperatur T_0 bis T_m und entsprechend über den Reaktionsablauf von $\lambda = 0$ bis $\lambda = \lambda_m$ integrieren (wobei λ_m den Grad des Stoffumsatzes angibt, der zu der Gleichgewichtszusammensetzung bei der Temperatur T_m führt[1]), so erhalten wir:

$$-\int_0^{\lambda_m} \mathfrak{W} \cdot d\lambda = \int_{T_0}^{T_m} l^T \cdot dT. \qquad (2)$$

Da sich nun bei konstantem Druck mit Änderungen von W wie mit Energieänderungen operieren läßt (vgl. § 5, S. 166/167), können wir uns den Endzustand T_m auch so erreicht denken, daß zunächst der stoffliche Umsatz bis zum Betrage λ_m isotherm bei der Temperatur T_0 abläuft. Dabei ändert sich W um $-\int_0^{\lambda_m} \mathfrak{W}_{(T_0)} d\lambda_m$. Sodann erwärmen wir das System, während die stoffliche Zusammensetzung ungeändert bleibt, auf die Temperatur T_m. Dabei ändert sich W um $\int_{T_0}^{T} l^T\, dT$, wobei aber speziell l^T die Wärmekapazität des durch den Wert λ_m der Reaktionslaufzahl stofflich charakterisierten Systems bedeutet. Wegen $\Delta W = 0$ müssen auch diese beiden Effekte für den Übergang $\lambda \to \lambda_m$, $T \to T_m$ einander gleich sein. Setzen wir jetzt speziell voraus, daß sich die Reaktion zwischen reinen Stoffen oder idealen Gasen abspielt, so ist $\mathfrak{W}_{(T_0)} = \mathfrak{W}_{(T_0)}$ unabhängig von λ (es treten ja keine Restwärmen $\mathfrak{w}$ auf) und l^T gleich der Summe der mit den Molenzahlen n multiplizierten Molwärmen c_p. Die Molenzahlen n sind durch den Wert λ_m der Reaktionslaufzahl festgelegt. Unsere Grundformel nimmt also die Gestalt an:

$$-\mathfrak{W}_{(T_0)} \cdot \lambda_m = \sum n_{i(\lambda_m)} \cdot \int_{T_0}^{T_m} c_p^{(i)} \cdot dT. \qquad (3)$$

Einfach ist die Auswertung dieser Formel nur im Falle praktisch vollständigen Reaktionsablaufs, wie er z. B. bei der Verbrennung von Kohlenstoff (Graphit) zu Kohlenoxyd ($2\,C + O_2 \to 2\,CO$) eintritt. Gehen wir von $T_0 = 298^0$ abs. und einem stöchiometrischen Gemisch aus, so ist nach Beispiel 10, Gleichung (2), $\mathfrak{W}_{(T_0)} = -52300$ cal, $\lambda_m \cong 1$, $\sum n_{i(\lambda_m)} = n_{CO} = 2$, $c_p^{(CO)} = 6{,}50 + 0{,}0010 \cdot T$. Wir erhalten also:

$$52300 = 13{,}00 \cdot T_m + 0{,}0010 \cdot T_m^2 - 13{,}00 \cdot 298 - 0{,}0010 \cdot 298^2,$$

$$T_m = 3420^0.$$

Nach dem auf S. 578f. Gesagten ist in der Tat auch bei so hoher Temperatur unsere Voraussetzung, daß die Reaktion eine praktisch vollständige ist, erfüllt, da weder eine merkliche Bildung von CO_2 stattfinden kann, noch die Sauerstoffgleichgewichtskonzentration praktisch in Frage kommt. Doch wird die starke Strahlung verhindern, daß in einem Kohlenstaub-Sauerstoff-Gebläse tatsächlich so hohe Temperaturen erreicht werden.

Wird die stöchiometrische *Luft*menge zur Verbrennung benutzt, so sind im Reaktionsgemisch neben 1 Mol O_2 noch $\frac{79}{21} = 3{,}76$ Mol N_2 vorhanden. Dann

[1] Wir erinnern daran, daß wir mit $\lambda = 1$ den vollen Umsatz gemäß der Reaktionsgleichung bezeichnen wollten. Wenn wir nun ein System voraussetzen, das ebensoviel Mole enthält, wie die Reaktionsformel angibt, das also z. B., wenn die Formel des Verbrennungsvorganges $2\,H_2 + O_2 \to 2\,H_2O$ lautet, vor Beginn der Reaktion aus 2 Mol H_2 und 1 Mol O_2 zusammengesetzt ist („stöchiometrisches Gemisch"), so ist stets $\lambda_m \leqq 1$.

ist $\sum n_{i(\lambda_m)} \cdot c_p^{(i)} = 2 c_p^{(CO)} + 3{,}76 \cdot c_p^{(N_2)}$. Da $c_p^{(N_2)} \cong c_p^{(CO)}$ gesetzt werden kann, erhalten wir jetzt:

$$52\,300 = \int_{298}^{T_m} 5{,}76\,(6{,}50 + 0{,}0010\,T) \cdot d\,T,$$

$$T_m = 1530^0.$$

Das Beispiel zeigt den enormen abkühlenden Einfluß aller die stöchiometrische Zusammensetzung überschreitenden Gasbeimischungen.

Auch wenn $\lambda_m < 1$, ließe sich Gleichung (3) prinzipiell auswerten. Man müßte mit Hilfe der Reaktionsgleichung die Beziehung zwischen λ und den n (und x) aufstellen, und dann mit der Beziehung $\mathfrak{K} = 0$ die x als Funktion der Temperatur T_m ausdrücken. Doch werden sich im allgemeinen sehr unhandliche Formeln ergeben.

Dem technischen Charakter des Problems angemessener ist ein Annäherungsverfahren, das sich geeigneter Tabellen für die spezifischen Wärmen und Reaktionsabläufe (λ) bedient. Die Möglichkeit der Tabellierung ist dadurch gegeben, daß bei allen technisch wichtigen Verbrennungsvorgängen nur H_2O und CO_2 als Verbrennungsprodukte entstehen, die allerdings bei hoher Temperatur z. T. in H_2, CO und O_2 dissoziieren. Man kann also in allen solchen Fällen die Reaktionen $2\,H_2 + O_2 \rightarrow 2\,H_2O$ und $2\,CO + O_2 \rightarrow 2\,CO_2$ als die einzigen ansehen, die nicht bis $\lambda = 1$ ablaufen. Man verwendet dann praktischerweise mittlere Wärmekapazitäten bzw. Molwärmen, definiert durch $\bar{c}_{p(T_1, T_2)} \cdot (T_2 - T_1) = \int_{T_2}^{T_1} c_p \cdot d\,T$. Diese finden sich für die wichtigsten in Frage kommenden Gase (CO_2, H_2O, O_2, N_2, CO, H_2, Luft) tabelliert und zwar mit der unteren Temperatur $T_1 = 0^0$ C. Für jedes andere T_1 erhält man dann die mittlere Molwären, wie man durch Einsetzen der ihnen entsprechenden Integrale leicht sieht, aus der Formel

$$\bar{c}_{p(273, T_2)} \cdot (T_2 - 273) = \bar{c}_{p(273, T_1)} \cdot (T_1 - 273) + \bar{c}_{p(T_1, T_2)} \cdot (T_2 - T_1).$$

Liegt T_1 im Bereich der Zimmertemperatur, so wird man den Unterschied gegen 0^0 C in der Regel vernachlässigen.

Gleichung (3) nimmt dann die Gestalt an:

$$-\mathfrak{W}_{(T_0)} \cdot \lambda_m = \sum n_{i(\lambda_m)} \cdot \bar{c}^{(i)}_{p(T_0, T_m)} \cdot (T_m - T_0). \qquad (4)$$

Man verfährt nun bei ihrer Auswertung so, daß man zunächst vollständigen Reaktionsablauf (d. i. vollständige Verbrennung zu CO_2 und H_2O) annimmt, mit $\lambda_m = 1$ und den entsprechenden n (also z. B. bei der Verbrennung von 2 Mol H_2 mit der stöchiometrischen Luftmenge: $n_{H_2O} = 2$, $n_{N_2} = 3{,}76$), und T_m mit Hilfe von aus Tabellen entnommenen $\bar{c}_p$-Werten berechnet, die irgendeiner geschätzten Temperatur entsprechen. Sodann sucht man in anderen Tabellen[1] auf, zu wieviel Prozent die Verbrennungsprodukte (CO_2, H_2O) bei diesem T_m und ihrem Partialdruck dissoziiert sind. Dieser Rückbildung von verbrennbaren Gasen (CO, H_2) entspricht ein Wärmeeffekt $\mathfrak{W}'_{(T_0)}$, um den $\mathfrak{W}_{(T_0)}$ zu vermindern ist. Mit dem so korrigierten $\mathfrak{W}_{(T_0)}$ und den für den unvollständigen Verbrennungsgrad berechneten n (man muß also jetzt auch die spezifischen Wärmen der Dissoziationsprodukte CO, H_2, O_2 berücksichtigen) berechnet man die zweite Annäherung für T_m und so fort.

Ein Beispiel möge dies veranschaulichen. Es soll die maximale Temperatur bei der Verbrennung von H_2 mit der stöchiometrischen Menge Luft bei Atmo-

---

[1] Tabellen und Kurvenbilder hierfür hat H. MENZEL, Die Theorie der Verbrennung, Dresden und Leipzig 1924, berechnet.

sphärendruck berechnet werden. Vor Beginn der Verbrennung ist dann $n_{H_2} = 2$, $n_{O_2} = 1$, $n_{N_2} = 3{,}76$. Die Temperatur des unverbrannten Gasgemisches sei $T_0 = 298^0$. Dann ist nach S. 562 $\mathfrak{W}_{(T_0)} = -115670$ cal. Nehmen wir vollständige Verbrennung zu H_2O an ($\lambda_m = 1$), so ist $n_{H_2O(\lambda_m)} = 2$, $n_{N_2(\lambda_m)} = 3{,}76$. Im Temperaturbereich 2000 bis 3000° C, in dem wir T_m vermuten, liegt $\bar{c}_{p(273, T_m)}$ für H_2O zwischen 10,4 und 12,9, für N_2 zwischen 7,9 und 8,4. Wir wollen also zunächst die Werte 11 bzw. 8 einsetzen. Dann ist nach (4):

$$115670 = (2 \cdot 11 + 3{,}76 \cdot 8)\,(T_m - 298),$$

und wir erhalten die *erste Näherung*:

$$T_m = 2520^0 \text{ abs.}$$

Bei dieser Temperatur und einem Partialdruck von $\frac{2}{5{,}76} = 0{,}35$ Atm. ist H_2O nach MENZELS Kurvenbild zu etwa 6% dissoziiert. Für die Berechnung der zweiten Annäherung haben wir dann: $\bar{c}_p^{(H_2O)} = 10{,}92$, $\bar{c}_p^{(N_2)} = \bar{c}_p^{(H_2)} = \bar{c}_p^{(O_2)} = 7{,}97$. Wir erhalten also (da die Verbrennung nur zu 94% abläuft):

$$115670 \cdot 0{,}94 = [n_{H_2O} \cdot \bar{c}_p^{(H_2O)} + (n_{N_2} + n_{H_2} + n_{O_2}) \cdot \bar{c}_p^{(N_2)}] \cdot (T_m - 298),$$

$$115670 \cdot 0{,}94 = [2 \cdot 0{,}94 \cdot 10{,}94 + (3{,}76 + 2 \cdot 0{,}06 + 0{,}06) \cdot 8{,}01] \cdot (T_m - 298),$$

und daraus als *zweite Annäherung*:

$$T_m = 2380^0.$$

Bei dieser Temperatur ist der Dissoziationsgrad des H_2O (der Partialdruck ist jetzt $\frac{2 - 2 \cdot 0{,}06}{5{,}82} = 0{,}323$) 4,1%, $\bar{c}_p^{(H_2O)} = 10{,}68$, $\bar{c}_p^{(N_2)} = \bar{c}_p^{(H_2)} = \bar{c}_p^{(O_2)} = 7{,}95$. Wir erhalten:

$$115670 \cdot 0{,}959 = [2 \cdot 0{,}959 \cdot 10{,}68 + (3{,}76 + 2 \cdot 0{,}041 + 0{,}041) \cdot 7{,}95] \cdot (T_m - 298),$$

und somit als *dritte Näherung*:

$$T_m = 2459^0.$$

Mit der *vierten Näherung* $T_m = 2419^0$ abs. ($t = 2146^0$ C) ist ein praktisch endgültiger Wert erreicht.

Etwas komplizierter wird die Rechnung, wenn bei der Verbrennung sowohl H_2O als auch CO_2 entstehen, die sich bei der Dissoziation gegenseitig beeinflussen. Derartige Berechnungon hat POLLITZER[1] durchgeführt. Wir geben (Tabelle 6) die von ihm erhaltenen Zahlen, die, soweit experimentelles Material vorliegt, befriedigend bestätigt wurden (Temperaturen in *Celsiusgraden*).

Tabelle 6.

Vorgang und Wärmetönung	Verbrennung mit Sauerstoff			Verbrennung mit Luft		
	Dissoz.-Grad in %		t_m	Dissoz.-Grad in %		t_m
	CO_2	H_2O	Grad C	CO_2	H_2O	Grad C
1. $H_2 + \frac{1}{2}O_2 \rightarrow H_2O$; $\mathfrak{W} = -57600$ cal. . .	—	28,2	3150	—	4,4	2130
2. $CO + \frac{1}{2}O_2 \rightarrow CO_2$; $\mathfrak{W} = -68000$ cal. . .	50,5	—	2675	15,4	—	2095
3. $\frac{1}{3}CH_4 + \frac{2}{3}O_2 \rightarrow \frac{1}{3}CO_2 + \frac{2}{3}H_2O$; $\mathfrak{W} = -63600$ cal. . .	79,4	19,2	3020	12,5	1,7	1950
4. $\frac{1}{3}C_2H_2 + \frac{5}{6}O_2 \rightarrow \frac{2}{3}CO_2 + \frac{1}{3}H_2O$; $\mathfrak{W} = -100700$ cal. . .	80,5	20,3	3105	26,4	4,3	2200
5. $\frac{1}{3}C_2H_2 + \frac{1}{3}O_2 \rightarrow \frac{2}{3}CO + \frac{1}{3}H_2$; $\mathfrak{W} = -35500$ cal. . .	—	—	4030	—	—	—
6. Leuchtgas + $0{,}65\,O_2 \rightarrow 0{,}3\,CO_2 + 0{,}7\,H_2O$; $\mathfrak{W} = -64000$ cal. . .	80,6	20,2	3030	14,0	1,9	1975

[1] Z. angew. Chem. 35, 683 (1922).

Bemerkenswert ist in dieser Zusammenstellung, daß die unvollständige Verbrennung des Acetylens zu CO und H_2 eine wesentlich höhere Temperatur erreichen läßt als die sog. „vollständige“ zu CO_2 und H_2O. In Wahrheit verläuft diese letztere aber nur höchst unvollständig, und die große unverbrauchte Menge O_2 wirkt nur als Ballast, der die Flamme abkühlt. Verschiedene Umstände, vor allem die starken Strahlungsverluste, dürften allerdings bewirken, daß in der Acetylen-Sauerstoff-Schweißflamme sich die praktisch erreichbare Maximaltemperatur ziemlich tief unter 4000° C einstellt.

III. Reaktionen mit Lösungen.

12. Beispiel: Benzol-Naphthalin-Gemische.

Als erstes Beispiel für das Verhalten von Lösungen wählen wir Benzol-Naphthalin-Mischungen, also Gemische zweier Stoffe, die viel chemische und physikalische Ähnlichkeit miteinander haben, und von denen wir nach dem in § 15 Gesagten erwarten dürfen, daß sie „ideale Mischungen“ ergeben, natürlich nur in gewisser Annäherung, die um so weniger befriedigen wird, je feiner die angewandten Meßmethoden sind. Wir wollen im folgenden einiges an diesen Mischungen gesammelte Beobachtungsmaterial besprechen, und dabei inbesondere die Schmelzkurven der fast reinen Komponenten in diesen idealen Mischungen aus den Schmelzwärmen beider Stoffe berechnen.

Definitionsgemäß sollen nach § 15 und § 21 ideale Mischungen die Forderungen $a_1 = x_1$, $a_2 = x_2$, die sonst nur für kleine Konzentrationen x_1^* bzw x_2^* zutreffen können, im *ganzen* Konzentrationsgebiet erfüllen. Es wird dann die durch T dividierte Restarbeit $\frac{\mathfrak{k}}{T} = R \ln a = R \ln x$, also temperatur- und druckunabhängig, mithin müssen, wegen der Beziehungen $\frac{\partial}{\partial T}\left(\frac{\mathfrak{k}}{T}\right) = -\frac{\mathfrak{w}}{T^2}$ und $\frac{\partial}{\partial p}\left(\frac{\mathfrak{k}}{T}\right) = \frac{\mathfrak{v}}{T}$, die Mischungswärmen und -volumeffekte $\mathfrak{w}$ und $\mathfrak{v}$ verschwinden. Oder anders ausgedrückt: Die partiellen Wärmeinhalte und Volume der beiden Komponenten einer idealen Mischung müssen gleich denjenigen der reinen (flüssigen) Komponenten sein (wegen $w_1 = w^{(1)} + \mathfrak{w}_1$ und $v_1 = v^{(1)} + \mathfrak{v}_1$, mit $\mathfrak{w}_1 = 0$ und $\mathfrak{v}_1 = 0$). Lösen wir *festes* Naphthalin in Benzol, so werden wir also Wärme- und Volumeffekte erwarten, die sehr nahe gleich der *Schmelz*wärme bzw. Schmelzvolumänderung des Naphthalins bei der betreffenden Temperatur sind; dasselbe muß für jede Lösung des Naphthalins in anderen Flüssigkeiten gelten, die mit Naphthalin ideale Mischungen bilden. Für die Lösungswärmen hat GEHLHOFF[1] diese Voraussagen bestätigt. Er erhielt bei der Auflösung von Naphthalin in Benzol, Äther, Anilin usw. Lösungswärmen bei 4400 bis 4800 cal/Mol, während die Schmelzwärme 4560 cal beträgt. Daß Mischungen von Flüssigkeiten wie Benzol-Äther, Benzol-Toluol, die auch sonst (z. B. durch ihre Dampfdruckkurven, s. § 21) sich nahezu ideal verhalten, durch sehr kleine Volum- und Wärmeeffekte beim Mischen bzw. Verdünnen ausgezeichnet sind, ist auch durch anderweitige Messungen bekannt[2].

Anderen idealen Mischungen gegenüber unterscheiden sich Naphthalin-Benzol-Gemische dadurch, daß sie unter Atmosphärendruck bei keiner Temperatur in allen Mischungsverhältnissen stabil sind, deswegen weil stets der eine Bestandteil den flüssigen Zustand zu verlassen strebt. So sind bei Temperaturen unter 80,09°, dem Schmelpunkt des Naphthalins, naphthalinreiche Gemische mit

---

[1] Z. f. physik. Chem. Bd. 98, S. 252, 1921.

[2] Insbesondere durch G. C. SCHMIDT, Z. f. physik. Chem. Bd. 121, S. 221, 1926.

abnehmender Temperatur immer weniger existenzfähig; bei Temperaturen über 79,2°, dem Siedepunkt des Benzols, fallen dagegen die benzolreichen Gemische mehr und mehr aus. Trotzdem kann nicht bezweifelt werden, daß Naphthalin und Benzol bei allen Temperaturen vollständig mischbar wären, wenn es gelänge, das Naphthalin genügend zu unterkühlen, das Benzol genügend zu überhitzen, oder wenn man zu anderen Drucken als Atmosphärendruck überginge. Besonderes Interesse werden in einem solchen Falle die Gleichgewichtskurven der flüssigen Mischung einerseits mit festem Naphthalin, andererseits mit Benzoldampf finden. Nach der Phasenregel muß ja in einem solchen Zweikomponentensystem, wenn zwei Phasen koexistent sein sollen und der Druck als Atmosphärendruck vorgegeben ist, zu jeder Konzentration eine bestimmte Gleichgewichtstemperatur gehören. Handelt es sich um Gleichgewicht mit Benzoldampf (Naphthalin geht, verglichen mit Benzol, nur spurenweise in die Dampfphase über), so ist diese die Siedetemperatur der benzolreichen Lösung, man wird die Kurve (die Temperatur gegen die Zusammensetzung der Lösung aufgetragen) als *Siedepunkts*kurve des Benzols bei wachsendem Zusatz von Naphthalin bezeichnen. Handelt es sich um das Gleichgewicht einer flüssigen Mischung mit festem Naphthalin, so wird man entweder die betreffende Gleichgewichtstemperatur als Gefrierpunkt des Naphthalins bei einem gewissen Zusatz von Benzol bezeichnen, oder man wird die betreffende Gleichgewichtskonzentration als die Löslichkeit des Naphthalins in Benzol bei der gegebenen Temperatur ansprechen, also je nach der Betrachtungsweise von einer *Gefrierpunkts*- oder *Löslichkeits*kurve reden.

Zur Betrachtung der *Gefrierpunkts*- oder *Löslichkeitskurven* von Naphthalin-Benzol-Gemischen gehen wir von der noch allgemein gültigen Formel (3), § 20 aus:

$$\int_{\vartheta^{(1)}}^{\vartheta} \frac{\Lambda^{(1)}}{T} \cdot dT = \mathfrak{f}_{1(p,\vartheta)}, \tag{1}$$

in der $\vartheta^{(1)}$ die Schmelztemperatur des reinen Stoffes 1, ϑ diejenige Temperatur bedeutet, bei der das flüssige Gemisch mit Kristallen des Stoffes 1 im Gleichgewicht steht, $\Lambda^{(1)}$ die Schmelzwärme des reinen Stoffes 1, alles beim konstanten Druck p. Wir setzen nun $\mathfrak{f}_{1(p,\vartheta)} = R\vartheta \cdot \ln x_1$ und lösen das Integral in derselben Weise auf wie in § 20 S. 339, d. h. wir nehmen $\Lambda^{(1)}$ als temperaturunabhängig an und brechen die Entwicklung von $\ln\left(1 - \frac{\vartheta^{(1)} - \vartheta}{\vartheta^{(1)}}\right)$ nach dem ersten Glied ab. Dann erhalten wir:

$$-\Lambda^{(1)} \cdot \frac{\vartheta^{(1)} - \vartheta}{\vartheta^{(1)}} = R\vartheta \cdot \ln x_1, \tag{2}$$

eine Formel, die sich von (3a), § 19, nur dadurch unterscheidet, daß wir $\ln x_1 = \ln(1 - x_2)$ nicht mit einer nur für kleine x_2 zulässigen Annäherung gleich $-x_2$ gesetzt haben; wir wollen ja jetzt alle x-Werte in Betracht ziehen. Wir hätten übrigens auch leicht die genauere Entwicklung des Integrals, (3c), § 20, benutzen können. Doch sind in unserem Falle die $c_p^{(l)}$ und $c_p^{(s)}$ so wenig voneinander verschieden, daß wir die Λ als konstant ansehen und die erste Näherung Gleichung (2) allein berücksichtigen wollen.

Kennen wir die Schmelzwärmen ($\Lambda^{(1)} = 2370$, $\Lambda^{(2)} = 4560$ cal/Mol) und Schmelzpunkte ($\vartheta^{(1)} = 5{,}48^0$, $\vartheta^{(2)} = 80{,}09^0$) von reinem Naphthalin (Stoff 2) und reinem Benzol (Stoff 1), so gestattet uns Gleichung (2) sowie die analoge für den Stoff 2 aufzustellende, zu jeder Konzentration x_1 bzw. $x_2 = 1 - x_1$ die Temperatur ϑ auszurechnen, bei der die Schmelze dieser Konzentration mit dem reinen Stoff 1 bzw. 2 im Gleichgewicht steht. Tragen wir diese Temperaturen gegen die x auf, so erhalten wir die Kurven der Abb. 82.

Die eingetragenen Punkte sind die von SCHRÖDER[1], der erstmalig unsere Gleichung (2) ableitete, gemessenen Sättigungskonzentrationen von Naphthalin in Naphthalin-Benzol-Gemischen bei den betreffenden Temperaturen. Der Schnittpunkt der beiden Kurven, die dem Gleichgewicht der flüssigen Mischung einerseits mit festem Benzol, andererseits mit festem Naphthalin entsprechen, das ist der eutektische Punkt, wo die Lösung beim Erstarren gleichzeitig Naphthalin- wie Benzolkristalle abscheidet, läßt sich leicht berechnen. Ist die zugehörige Konzentration des Stoffes 2 x_E, die zugehörige Temperatur ϑ_E, so müssen die beiden Gleichungen:

$$\left.\begin{aligned} \ln(1 - x_E) &= -\frac{\Lambda^{(1)}}{R}\cdot\frac{\vartheta^{(1)} - \vartheta_E}{\vartheta^{(1)}\cdot\vartheta_E} \\ \ln x_E &= -\frac{\Lambda^{(2)}}{R}\cdot\frac{\vartheta^{(2)} - \vartheta_E}{\vartheta^{(2)}\cdot\vartheta_E} \end{aligned}\right\} \quad (3)$$

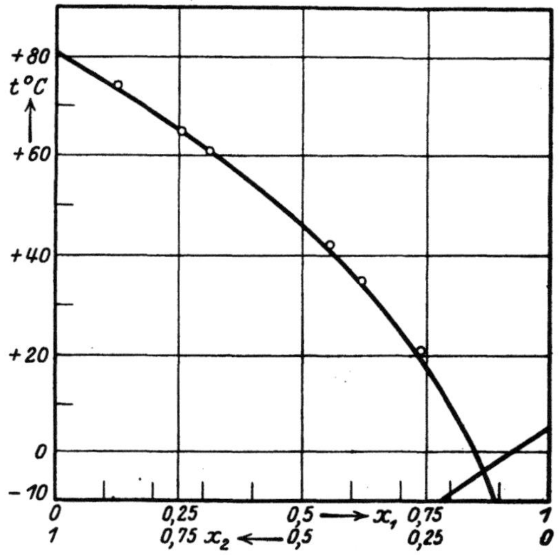

Abb. 82. Gefrierpunkts- bzw. Löslichkeitskurve von Benzol (1)-Naphthalin(2)-Gemischen.

gleichzeitig erfüllt sein. Man kann also aus ihnen x_E sowie ϑ_E berechnen und findet in unserem Falle für ϑ_E den Wert $-3{,}56^0$, während als eutektische Temperatur $-3{,}48^0$ *beobachtet* wurde[2].

Durch ein entgegengesetztes Verfahren hat SCHRÖDER (s. d) die Formel (2) geprüft: Er hat aus gemessenen Paaren ϑ und x, bei Kenntnis der reinen Schmelzpunkte die Λ berechnet und konstant sowie mit den empirisch bekannten Λ übereinstimmend gefunden. So ergaben die Löslichkeitsmessungen von Naphthalin in Naphthalin-Benzol-Lösungen für Naphthalin Λ zwischen 4500 und 4700 cal, die in Naphthalin-Chlorbenzol-Lösungen 4350—4600 cal, die an Naphthalin-Tetrachlorkohlenstoff-Lösungen 4400—5100 cal. Die Schmelzwärme des Naphthalins wurde dagegen direkt zu 4560 cal bestimmt. Diese Übereinstimmung ist zugleich eine Bestätigung der aus (2) abzuleitenden interessanten Folgerung, daß bei einer gegebenen Temperatur ϑ Naphthalin sich in allen idealen Gemischen zu derselben Molenbruchkonzentration löst.

Noch deutlicher können wir diese Gesetzmäßigkeiten prüfen, wenn wir Gleichung (2) in der Form schreiben:

$$\ln x_1 = -\frac{\Lambda^{(1)}}{R\,\vartheta} + \frac{\Lambda^{(1)}}{R\,\vartheta^{(1)}}\,. \tag{4}$$

Diese Gleichung zeigt, daß zwischen dem Logarithmus der Löslichkeit und der reziproken absoluten Temperatur ein geradliniger Zusammenhang $\log x = -\frac{\Lambda}{4{,}57\cdot T}$ $+$ const bestehen muß[3], den wir zu einer graphischen Darstellung benutzen

---

[1] Z. f. physik. Chem. Bd. 11, S. 457, 1893.

[2] WASHBURN und READ, Pro. Nat. Acad. Sci. Bd. 1, S. 191, 1915; s. auch WASHBURN, Principles of Physic. Chem., S. 206. New York 1921.

[3] HILDEBRAND und JENKS: J. Amer. Chem. Soc. Bd. 42, S. 2180, 1920.

können (Abb. 83). Die beiden eingezeichneten Geraden sind die nach der Formel berechneten Löslichkeiten von Naphthalin und *p*-Dibrombenzol ($\Lambda^{(1')} = 4790$ cal, $\vartheta^{(1')} = 360^0$ abs.) in idealen Gemischen. Die eingezeichneten Punkte sind die von SCHRÖDER (s. d.) in den angegebenen Stoffen bei verschiedenen Temperaturen gefundenen Löslichkeiten, oder, wie wir es ja auch ausdrücken können, die bei Zugabe der Mengen $x_2 = 1 - x_1$ erhaltenen reziproken absoluten Gefrierpunkte des Naphthalins bzw. Dibrombenzols. Wir sehen, daß die Löslichkeiten des Naphthalins in den drei angeführten Lösungsmitteln sehr nahe die erwartete ist, ebenso die des Dibrombenzols in Benzol, daß dagegen dessen Löslichkeit in Äthylalkohol viel zu gering ausfällt. Nur in der Grenze für sehr kleine Alkoholkonzentrationen scheinen sich die gefundenen Werte der berechneten Geraden zu nähern, wie es auch sein muß, da unsere Formel ja für verdünnte Lösungen nicht dissoziierender Substanzen (hier Alkohol in geschmolzenem Dibrombenzol) auf jeden Fall die richtigen Gefrierpunktserniedrigungen ergeben sollte.

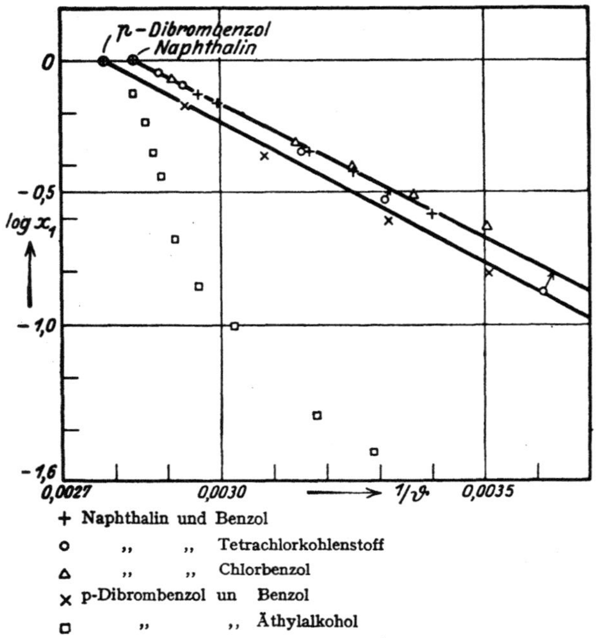

Abb. 83. Löslichkeit von Naphthalin und p-Dibrombenzol in verschiedenen Lösungsmitteln in Abhängigkeit von der Temperatur.

Natürlich läßt sich eine zu (2) ganz analoge Formel für den *Siedepunkt* einer idealen Mischung ableiten, nur daß im Zähler der linken Seite statt der Gefrierpunkts*erniedrigung* $\vartheta^{(1)} - \vartheta$ die Siedepunkts*erhöhung* $\vartheta - \vartheta^{(1)}$ eintritt, eine Vorzeichenumkehr, die davon herrührt, daß jetzt die Wärmeaufnahme beim Übergang Lösung $\rightarrow$ Nachbarphase (Verdampfungswärme) mit Λ bezeichnet wird, während vorher mit Λ die beim Übergang Nachbarphase $\rightarrow$ Lösung auftretende Wärmetönung (Schmelzwärme) gemeint war. Man bevorzugt konventionell gerade diese Reaktionsrichtungen in der Bezeichnung, weil beide mit Wärmeaufnahmen (in unserm Bezeichnungssystem also positiven Größen) verbunden sind. WASHBURN und READ[1] fanden, daß die Siedepunkte von Naphthalin-Benzol-Lösungen bis zu Konzentrationen $x_{\text{Napht.}} = 0{,}20$ der so erhaltenen Siedepunktsformel genügen. Ist z. B. $x_2 = x_{\text{Napht.}} = 0{,}172$, $x_1 = 0{,}828$, so wird die Siedepunktserhöhung (indem wir den Siedepunkt gleich $79{,}2^0$ C $= 352{,}4^0$ abs. und die Verdampfungswärme bei dieser Temperatur mit 7370 cal einführen):

$$\Delta\vartheta = \vartheta - \vartheta^{(1)} = -\frac{R\,\vartheta\,\vartheta^{(1)}}{\Lambda^{(1)}}\ln x_1 = -4{,}57\cdot\frac{352{,}4\cdot\vartheta}{7370}\cdot\log 0{,}828\,.$$

Setzen wir als erste Annäherung $\vartheta = 360^0$ abs., so erhalten wir $\Delta\vartheta = 6{,}44^0$. Wir haben sodann als zweite Annäherung $\vartheta = 352{,}4 + 6{,}44 = 358{,}8^0$ und finden mit diesem Wert $\Delta\vartheta = 6{,}43^0$. Experimentell ergab sich $\Delta\vartheta = 6{,}37^0$.

Eine weitere oft an die Spitze der Betrachtungen gestellte Eigenschaft der idealen Lösungen ist die Gültigkeit des HENRYschen Gesetzes für die Partial-

[1] WASHBURN und READ: J. Amer. Chem. Soc. Bd. 41, S. 734, 1919.

dampfdrucke. Eine Nachprüfung ist an dem hier betrachteten System nicht möglich; nach den Ausführungen, die in § 21 dazu gegeben wurden, ist sie unter den „Anwendungen“ übrigens entbehrlich.

In neuerer Zeit haben auch die *Wärmekapazitäten* von angenähert idealen Mischungen Bearbeitung gefunden[1]. Wir stellten oben fest, daß die partiellen Wärmeinhalte w_i in idealen Mischungen gleich denen der reinen Komponenten $w^{(i)}$ sein müssen. Soll diese Regel in einem gewissen Temperaturintervall gelten, so müssen auch die $\frac{\partial w}{\partial T}$ einander gleich, also $c_{p\,i} = c_p^{(i)}$ sein. Tatsächlich trifft dies für Benzol-Toluol-, Chlorbenzol-Brombenzol-, Chloroform-Tetrachlorkohlenstoff- und Benzol-Tetrachlorkohlenstoff-Mischungen angenähert zu.

Das besonders einfache Verhalten idealer Mischungen rechtfertigte es sicher, bei ihnen zu verweilen und zu untersuchen, inwieweit wirkliche Gemische ihnen nahekommen. Das Resultat ist ein bemerkenswert günstiges, so daß die Anwendung dieser einfachen Regeln in experimentell noch unerforschten Fällen als erste Annäherung häufig gute Dienste leisten wird[2].

13. Beispiel: Wässerige Mannit- und Rohrzuckerlösungen.

Wir finden an Mannitlösungen die Gesetze der *idealen verdünnten Lösungen* weitgehend erfüllt und durch ausgezeichnete Experimentaluntersuchungen nachgewiesen. Die *Dampfdruckerniedrigung* studieren wir an den Messungen, die Frazer, Lovelace und Rogers[3] bei 19,8° durchführten[4]. In Tabelle 7 stellen wir zusammen: In Spalte 1 die gemessenen Dampfdruckänderungen $\Delta\pi = \pi^{(1)} - \pi$, in Spalte 2 die relativen Dampfdruckänderungen $\frac{\Delta\pi}{\pi^{(1)}}$ (π ist der Dampfdruck des Wassers über der Lösung, $\pi^{(1)} = 17{,}31$ mm Hg der über reinem Wasser bei der Versuchstemperatur), in Spalte 3 die zugehörigen Molenbrüche des Mannits.

Tabelle 7. Dampfdruckerniedrigung von wässerigen Mannitlösungen.

$\Delta\pi$ (mm Hg)	$\frac{\Delta\pi}{\pi^{(1)}}$	x_2	$\Delta\pi$ (mm Hg)	$\frac{\Delta\pi}{\pi^{(1)}}$	x_2
0,0307	0,00178	0,00177	0,1863	0,01077	0,01062
0,0614	0,00355	0,00355	0,2162	0,01250	0,01234
0,0922	0,00533	0,00531	0,2478	0,01432	0,01408
0,1227	0,00709	0,00706	0,2791	0,01611	0,01580
0,1536	0,00887	0,0088	0,2792	0,01612	0,01582
0,1860	0,01075	0,0105	0,3096	0,01789	0,01754

Das Raoultsche Gesetz, das die Gleichheit der Spalten 2 und 3 fordert $\left[\S\ 20,\ (2\text{b})\colon \frac{\Delta\pi}{\pi^{(1)}} = x_2\right]$, ist also bis $x = 0{,}01$ praktisch vollständig, darüber bis auf wenige Prozente erfüllt.

Auch das ideale Gesetz der *Gefrierpunktserniedrigung* (van't Hoffsches Gesetz) wollen wir an Mannitlösungen veranschaulichen. Nach (3b), § 20, gilt für wässerige Lösungen $\frac{\Delta\vartheta}{m} = \Delta_M = 1{,}858^0$, wo $\Delta\vartheta$ die beobachtete Gefrierpunktserniedrigung, m die zugehörige Konzentration in Molen pro 1000 g Wasser,

[1] Williams und Daniels: J. Amer. Chem. Soc. Bd. 47, S. 1490, 1925.

[2] Zu weiterer Einführung in das Gebiet der idealen Lösungen und anschließender Fälle, speziell unter dem Gesichtspunkt der Zweiphasengleichgewichte, ist die zu rascher Orientierung besonders geeignete Monographie von Hildebrand, Solubility, zu empfehlen. New York 1924.

[3] J. Amer. Chem. Soc. Bd. 42, S. 1793, 1920.

[4] Wegen der Meßtemperatur vgl. Lewis und Randall, S. 236 der deutschen Ausgabe.

Δ_M eine Konstante ist. Tabelle 8 bringt die von amerikanischen Forschern[1] gefundenen Resultate.

Diese Messungen ergeben eine ausgezeichnete Bestätigung des VAN'T HOFFschen Gesetzes, $\frac{\Delta\vartheta}{m}$ ist im Mittel genau 1,858. Würden wir die Messungen in umgekehrter Fragestellung zu einer Molekulargewichtsbestimmung des Mannits verwenden, z. B. die Gefrierpunktserniedrigung von 0,0525°, die eine Lösung von 5,151 g Mannit in 1000 g Wasser zeigt, so würden wir mit Hilfe der VAN'T HOFFschen Formel schließen, daß diese Lösung $\frac{0{,}0525}{1{,}858} = 0{,}02829$ Mol enthält, daß also das Molgewicht $\frac{5{,}151}{0{,}02829} = 182{,}1$ ist, genau wie es der aus chemischen Gründen dem Mannit zugeschriebenen Formel $C_6H_8(OH)_6$ entspricht.

Tabelle 8. Gefrierpunktserniedrigung wässeriger Mannitlösungen.

x_2	m	$\Delta\vartheta$ (Grad)	$\frac{\Delta\vartheta}{m}$
0,000072	0,00402	0,0075	1,864
0,000085	0,00472	0,0087	1,838
0,000152	0,00842	0,0157	1,864
0,000253	0,01404	0,0260	1,852
0,000405	0,02249	0,0417	1,855
0,000510	0,02829	0,0525	1,858
0,00129	0,06259	0,1162	1,857
0,00215	0,1197	0,2225	1,861
0,00486	0,2709	0,505	1,865
0,00975	0,5460	1,019	1,866

Einen unmittelbaren Vergleich der Resultate der beiden Tabellen 7 und 8 stellen wir am einfachsten an, indem wir die Aktivitäten des Wassers aus ihnen berechnen. Für die Dampfdrucke gilt nach §20, (2) (mit Vernachlässigungen, die auch bei hohen Konzentrationen ganz belanglos sind, solange nur die Dampfdrucke genügend klein sind, was ja in unserem Beispiel der Fall ist): $R\,T \ln \frac{\pi}{\pi^{(1)}} = \mathfrak{k}_1$, oder mit $\mathfrak{k}_1 = R\,T \ln a_1$:

$$a_1 = \frac{\pi}{\pi^{(1)}} = 1 - \frac{\Delta\pi}{\pi^{(1)}}. \tag{1}$$

Für die Gefrierpunktserniedrigung haben wir nach § 20, (3) mit Berücksichtigung der ebenda gegebenen Entwicklungen (3c) und (3d):

$$\mathfrak{k}_{1\,(p,\,\vartheta^{(1)})} - \frac{\Delta\vartheta}{\vartheta^{(1)}}\left(\mathfrak{k}_{1\,(p,\,\vartheta^{(1)})} - \mathfrak{w}_1\right) = -\frac{\Lambda^{(1)}}{\vartheta^{(1)}}\Delta\vartheta + \frac{c_p^{(1)} - c_p^{(s)}}{2\,\vartheta^{(1)}}(\Delta\vartheta)^2 + \cdots \tag{2}$$

Wegen der Bedeutung der hier auftretenden Größen sei auf § 20, S. 341 f. verwiesen. Die Verdünnungswärme $\mathfrak{w}_1$ wollen wir außer acht lassen. Wir erhalten dann, wenn wir Glieder höherer Ordnung in $\Delta\vartheta$ nicht berücksichtigen[2]:

$$-\ln a_1 = \frac{1}{R\,\vartheta^{(1)2}}\left\{\Lambda^{(1)}\cdot\Delta\vartheta + \left(\frac{\Lambda^{(1)}}{\vartheta^{(1)}} - \frac{c_p^{(1)} - c_p^{(s)}}{2}\right)(\Delta\vartheta)^2\right\}. \tag{3}$$

Setzen wir hier (vgl. Beispiel 2) $\vartheta^{(1)} = 273{,}2^0$, $\Lambda^{(1)} = +1436$ cal, $c_p^{(1)} - c_p^{(s)} = 9{,}01$, so folgt:

$$\ln a_1 = -0{,}009690\cdot\Delta\vartheta - 0{,}0000051\cdot(\Delta\vartheta)^2. \tag{3a}$$

Das zweite Glied spielt bei den hier betrachteten Messungen nur eine verschwindend kleine Rolle.

---

[1] ADAMS, HALL und HARKINS, BRAHAM: J. Amer. Chem. Soc., 1915, 1916, 1919.

[2] Zunächst folgt links $\ln a_1 \cdot \left(1 - \frac{\Delta\vartheta}{\vartheta^{(1)}}\right)$. Statt nun die rechte Seite durch den Klammerausdruck zu dividieren, können wir sie hier nach bekannten Rechenregeln mit $1 + \frac{\Delta\vartheta}{\vartheta^{(1)}}$ multiplizieren und erhalten obigen Ausdruck (3).

Nach diesen Formeln wurden aus den Zahlen der Tabellen 7 und 8 die a_1-Werte berechnet und in Abb. 84 als Kreise ⊙ und liegende Kreuze × eingetragen gegen x_2, den Molenbruch des Mannits. Sie liegen mit Ausnahme der letzten Punkte, die ein wenig nach unten abweichen, auf der ausgezogenen Geraden $a_1 = 1 - x_2$; nach den idealen Grenzgesetzen soll ja $a_1 = x_1 = 1 - x_2$ sein. Daß die nach beiden Methoden gewonnenen Werte so gut übereinstimmen, könnte verwunderlich erscheinen, da sich ja die aus den Dampfdruckmessungen bestimmten auf 20° C, die aus den Gefrierpunktsmessungen auf 0° beziehen. Jedoch ist nach Gleichung (17), § 14, $\frac{\partial \ln a_1}{\partial T} = -\frac{\mathfrak{w}_1}{RT^2}$ und $\mathfrak{w}_1$ ist bei den hier in Frage kommenden Konzentrationen verschwindend klein — verglichen mit RT^2. Daher macht der Unterschied von 20° auf $\ln a_1$ fast nichts aus.

Mit stehenden Kreuzen sind in Abb. 84 Aktivitäten des Wassers in *Rohrzucker*lösungen eingetragen, die aus Messungen des *osmotischen Drucks*[1] bei 25° gewonnen wurden. Einerseits soll dadurch an den Zusammenhang des osmotischen Drucks mit den anderen soeben besprochenen Eigenschaften der Lösungen (Dampfdruckverminderung, Gefrierpunktserniedrigung) erinnert werden, den wir am besten auf dem Wege über a_1 erkennen. Nach § 20, Gleichung (4a) und den an diese anschließenden Ausführungen ist nämlich, mit sehr geringen Vernachlässigungen, der osmotische Druck:

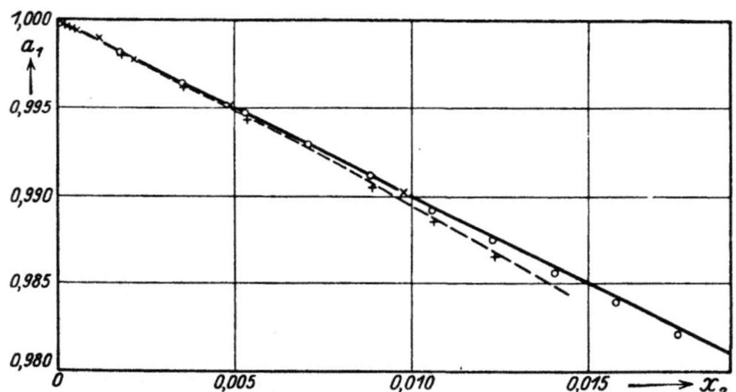

° Aktivität des Wassers in Mannitlösungen aus Dampfdruckmessungen.
× desgl. aus Gefrierpunktsmessungen.
+ Aktivität des Wassers in Rohrzuckerlösungen aus Messungen des osmotischen Drucks.

Abb. 84. Aktivität des Wassers in Mannit- und Rohrzuckerlösungen.

$$P = -\frac{\mathfrak{f}_1(p_0)}{v^{(1)}}, \qquad (4)$$

wo p_0 im vorliegenden Falle den Atmosphärendruck, $v^{(1)}$ das Molvolum des reinen Wassers bei der Versuchstemperatur bedeutet. Also ergibt sich:

$$\ln a_1 = \frac{P v^{(1)}}{RT} = 7{,}37 \cdot 10^{-4} \cdot P \qquad (5)$$

bei 25° C für Wasser[2]. Andererseits soll in Abb. 84 gezeigt werden, daß Zuckerlösungen die Gesetze der idealen verdünnten Lösungen erheblich schlechter befolgen als Mannitlösungen. Das ist übrigens auch durch Messungen anderer Forscher nach verschiedenartigen Verfahren nachgewiesen worden. Die einfachste Erklärung dafür ist die, daß Rohrzucker hydratisiert ist, und zwar lassen sich Messungen zahlreicher Autoren nach verschiedenen Methoden übereinstimmend durch die Annahme deuten, daß Rohrzucker in verdünnter Lösung mit etwa 6 Molekülen Wasser verbunden ist[3]. Eine andere Behandlungsweise der Abweichungen von den idealen Gesetzen ist hierdurch natürlich keineswegs

[1] MORSE, Amer. Chem. J. Bd. 45, S. 600, 1911.

[2] $R = 82{,}04\ \mathrm{cm}^3 \cdot \mathrm{Atm/Grad.}$, $v^{(1)} = 18{,}016 \cdot 1{,}00138 = 18{,}041\ \mathrm{cm}^3$.

[3] Siehe namentlich SCATCHARD: J. Amer. Chem. Soc. Bd. 43, S. 2406, 1921. Dort auch weitere Literatur. Daß auch Überlegungen nichtthermodynamischer Art die Hydratation des Rohrzuckers sicherstellen, ergibt sich u. a. aus Arbeiten von EINSTEIN: Ann. d. Physik Bd. 19, S. 301, 1906, über die Viskosität und von FREUNDLICH und SCHNELL: Z. f. physik. Chem. Bd. 133, S. 157, 1928, über die Oberflächenspannung von Rohrzuckerlösungen.

ausgeschlossen. Bezeichnen wir mit x_1 und x_2 nach wie vor die Molenbrüche, wie sie ohne die Annahme einer Hydratation berechnet werden, mit x_1^h und x_2^h die bei Vorliegen einer solchen geltenden wahren Molenbrüche, und nehmen wir weiter an, daß die Aktivität a_1 gleich diesem *wahren* Molenbruche ist, so wird nach den Ausführungen § 23, S. 436, wenn wir die Hydratationszahl $\nu_h = 6$ setzen, $x_2^h = \frac{x_2}{1 - 6\,x_2}$ und $a_1 = x_1^h = 1 - x_2^h = 1 - \frac{x_2}{1 - 6\,x_2}$. Das gibt für kleine x_2 annäherungsweise $a_1 = 1 - x_2 - 6\,x_2^2$. Die dieser Formel entsprechende Kurve ist in Abb. 84 gestrichelt eingezeichnet. Man sieht, daß die auf die Rohrzuckerlösungen bezüglichen Meßpunkte (+) nur noch ganz wenig unter ihr liegen[1].

14. Beispiel: Verteilung von Benzoesäure zwischen Wasser und Benzol.

Dieses Anwendungsbeispiel für die Sätze vom Verteilungsgleichgewicht (§ 20, S. 349f.) ist insofer nein komplizierteres, als Benzoesäure in Wasser und Benzol nicht im gleichen Zustand existiert, also ein konstantes Verhältnis der Gesamtkonzentrationen im Verteilungsgleichgewicht nicht bestehen kann. In verdünnten wässerigen Lösungen ist die Benzoesäure teilweise in Ionen dissoziiert. In Benzol fällt die elektrolytische Dissoziation weg, dagegen findet mit steigender Konzentration eine zunehmende Assoziation zu Doppelmolekülen statt, die in Wasser bei höheren Konzentrationen sicherlich auch vorhanden ist, aber bei den hier in Frage kommenden kleinen Konzentrationen ganz vernachlässigt werden darf. Nach dem NERNSTschen Verteilungsgesetz (10a), § 20, muß also im Gleichgewicht ein konstantes Teilungsverhältnis für die einzelnen Molekülarten, z. B. für die Einfachmoleküle C_6H_5COOH bestehen. (Strenggenommen gilt dieser Satz allerdings nicht für das Konzentrations-, sondern für das Aktivitätsverhältnis. Wir können jedoch erwarten, daß die Aktivitätskorrekturen für die neutralen Molekülarten bei den gestellten Genauigkeitsanforderungen belanglos bleiben, solange wir Konzentrationen von etwa 1 molar nicht überschreiten, vgl. auch voriges und nächstes Beispiel.) Die Aufgabe, die vor einer Prüfung des NERNSTschen Satzes an diesem Beispiel zu lösen ist,

---

[1] Die prinzipiell wichtige Berechnung der Aktivität des Lösungsmittels bei Solvatation des gelösten Stoffes sei hier noch etwas allgemeiner durchgeführt, wobei auch noch die Assoziation des Lösungsmittels gleich mit berücksichtigt sei. Haben die Bezeichnungen x_1, x_2 und ν_h wieder die Bedeutung wie oben, und ist ν_a die Assoziationszahl des Lösungsmittels, wie S. 436 definiert, so ist nach S. 437, Gleichung (23a) und (24a), die Aktivität des gelösten Stoffes in Annäherung für kleine x_2 gegeben durch

$$a_2 = x_2 f_2 = x_2 [1 + (2\,\nu_h + 1 - \nu_a)\,x_2],$$

d. h. es ist $\ln f_2 \cong (2\,\nu_a + 1 - \nu_h)\,x_2$. Benutzen wir nun die aus (21), § 14, gebildete Gleichung

$$(1 - x_2)\frac{\partial \ln f_1}{\partial x_2} + x_2 \frac{\partial \ln f_2}{\partial x_2} = 0,$$

so folgt:

$$\ln f_1 = -\int_0^{x_2} \frac{x_2}{1 - x_2}\frac{\partial \ln f_2}{\partial x_2}\,d x_2 \cong -\int_0^{x_2} \frac{x_2}{1 - x_2}(2\,\nu_h + 1 - \nu_a)\,d x_2 \cong -\frac{1}{2}(2\,\nu_a + 1 - \nu_a)\,x_2^2.$$

Also ist

$$a_1 = x_1 f_1 = (1 - x_2)\left[1 - \frac{1}{2}(2\,\nu_h + 1 - \nu_a)\,x_2^2\right] \cong 1 - x_2 - x_2^2\left(\nu_h - \frac{\nu_a - 1}{2}\right).$$

Dabei ist die Integration sowohl wie auch die weitere Berechnung mit den für $x_2 \ll 1$ erlaubten Abkürzungen durchgeführt. Wie man sieht, ergibt unsere Endformel mit $\nu_h = 6$ und $\nu_a = 1$ (fehlende Assoziation) den Ausdruck $a_1 = 1 - x_2 - 6\,x_2^2$, also denselben, den wir oben im Text berechnen.

besteht also in der Berechnung der wirklichen Konzentrationen der einzelnen Molekülarten der Benzoesäure in beiden Phasen.

Schreiben wir die auf die wässerige Phase bezogenen Größen ohne Phasenindex, die für die Benzolphase geltenden mit einem Strich, und bezeichnet der Stoffindex 2a die Einfachmoleküle der Benzoesäure, so soll also

$$\frac{m_{2a}}{m'_{2a}} = C \tag{1}$$

eine nur von Temperatur und Druck abhängige Konstante sein. (An Stelle der Molenbrüche, die in (1) eigentlich stehen sollten, setzen wir die ihnen für genügend kleine Konzentrationen proportionalen Kilogrammolaritäten m.) Ist nun im Wasser der Dissoziationsgrad α, in Benzol der Assoziationsgrad (d. i. der Bruchteil eines Mols, der zu Doppelmolekülen assoziiert ist) β', und sind m_2 bzw. m'_2 die Gesamtkonzentrationen, berechnet unter der Annahme einfachen Molekulargewichts, so finden wir $m_{2a} = m_2(1-\alpha)$, $m'_{2a} = m'_2(1-\beta')$. Also wird aus (1):

$$\frac{m_2}{m'_2} = C\,\frac{1-\beta'}{1-\alpha}. \tag{2}$$

Für nicht zu kleine Konzentrationen wird die Dissoziation im Wasser sehr klein, die Assoziation im Benzol annähernd vollständig, also $1-\alpha \cong 1$ und $\beta' \cong 1$. Wendet man die Massenwirkungsgleichung [§ 23, (11)] auf die Assoziation der Benzoesäure im Benzol an, so wird:

$$\frac{\text{Konzentr. d. Doppelmoleküle}}{(\text{Konzentr. d. Einfachmoleküle})^2} = \frac{\frac{1}{2}\beta' m'_2}{[m'_2(1-\beta')]^2} = K'. \tag{3}$$

Dann wird für sehr weitgehende Assoziation $(1-\beta')$ proportional $\frac{1}{\sqrt{m'_2}}$, und zwar gleich $\frac{1}{\sqrt{m'_2}} \cdot \sqrt{\frac{1}{2K'}}$ [nach Gleichung (5) für $K' \gg 1$], und wir erhalten aus (2) die Beziehung:

$$\frac{m_2}{\sqrt{m'_2}} = \text{const} = C \cdot \sqrt{\frac{1}{2K'}}. \tag{4}$$

Tabelle 9 gibt in den ersten beiden Spalten die bei 10° C gemessenen zusammengehörigen m_2- und m'_2-Werte und in der dritten Spalte zur Prüfung des abgeleiteten Zusammenhangs den Quotienten $\frac{m_2}{\sqrt{m'_2}}$[1]. Man sieht, daß der Quotient bei den höheren Konzentrationen gut konstant wird. Der Vergleich der ersten und zweiten Spalte zeigt deutlich, wie mit wachsender Konzentration die fortschreitende Assoziation der Benzoesäure im Benzol die Verteilung der Gesamtsubstanz auf die beiden Phasen für das Wasser immer ungünstiger werden läßt, was eben durch Gleichung (4) quantitativ erfaßt wird.

Tabelle 9.

m_2	m_2'	$\frac{m_2}{\sqrt{m_2'}}$	$m_2(1-\alpha)$	$\xi = \frac{[m_2(1-\alpha)]^2}{m_2'}$	$\eta = \frac{m_2(1-\alpha)}{m_2'}$
0,00176	0,0059	0,0228	0,00146	0,000359	0,2458
0,00230	0,0098	0,0233	0,00196	0,000394	0,2010
0,00337	0,0194	0,0242	0,00295	0,000449	0,1521
0,00461	0,0362	0,0242	0,00413	0,000472	0,1142
0,00729	0,0893	0,0244	0,00666	0,000497	0,0746
0,00995	0,1661	0,0244	0,00921	0,000510	0,0554
0,01154	0,2246	0,0244	0,01072	0,000513	0,0478

[1] Messungen von HENDRIKSON: Z. f. anorg. Chem. Bd. 13, S. 73, 1897.

Begnügen wir uns nicht mit den gemachten vereinfachenden Annahmen, sondern wollen wir eine genauere Rechnung durchführen, so können wir $1-\alpha$ als bekannt ansehen, da die Dissoziationskonstante der Benzoesäure in Wasser nach verschiedenen Methoden gemessen ist. In der vierten Spalte unserer Tabelle sind gleich die Konzentrationen der undissoziierten Moleküle in Wasser $m_2(1-\alpha)$ aufgeführt. Wenn wir diese Größen anstatt m_2 in (4) einführten, so würden wir einen weiteren Genauigkeitsgrad bei der Prüfung des Verteilungssatzes erzielen. Es würde sich dann aber zeigen, daß der so gebildete Ausdruck erheblich weniger konstant wäre, als der einfache Ausdruck $\frac{m_2}{\sqrt{m_2'}}$. (Er steigt von 0,0190 auf 0,0228.)

Es ist nun aber noch nötig, an Formel (4) eine weitere Korrektur anzubringen, nämlich die Annahme $1-\beta' \ll 1$ bzw. $\mathbf{K}' \gg 1$ fallen zu lassen. Wir erhalten dann eine Gleichung, die uns gestattet, die Assoziationsgrade β' bzw. die Assoziationskonstante $\mathbf{K}'$ der Benzoesäure in Benzol zugleich mit der Verteilungskonstanten $\mathbf{C}$ aus unseren Messungen zu ermitteln. Zu diesem Zwecke lösen wir die β' mit $\mathbf{K}'$ verknüpfende Massenwirkungsgleichung (3) nach β' auf und erhalten:

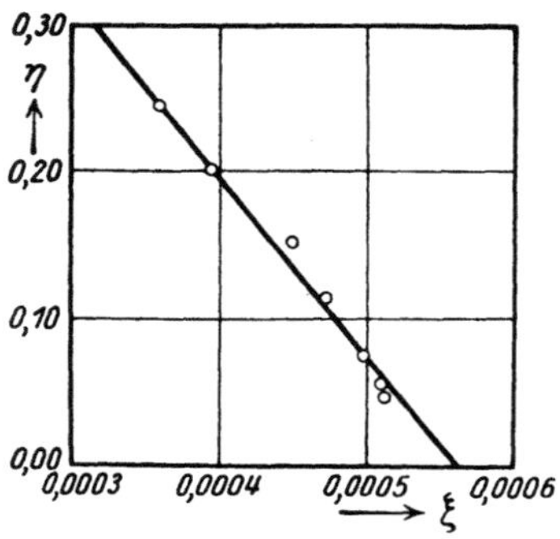

Abb. 85. Prüfung des NERNSTschen Verteilungssatzes an Benzoesäure in Wasser und Benzol.

$$1-\beta' = \frac{1}{4\mathbf{K}'m_2'}\left(\sqrt{1+8\mathbf{K}'m_2'}-1\right). \qquad (5)$$

Es wird also nach (2):

$$\mathbf{C} = \frac{m_2(1-\alpha)\cdot 4\mathbf{K}'}{\sqrt{1+8\mathbf{K}'m_2'}-1}. \qquad (6)$$

Umformung ergibt:

$$\frac{[m_2(1-\alpha)]^2}{m_2'}\cdot\frac{2\mathbf{K}'}{\mathbf{C}} + \frac{m_2}{m_2'}(1-\alpha) - \mathbf{C} = 0, \qquad (7)$$

eine Gleichung, die mit $[m_2(1-\alpha)]^2 \cdot \frac{1}{m_2'} = \xi$ und $m_2(1-\alpha)\cdot\frac{1}{m_2'} = \eta$ eine Gerade im ξ-η-Diagramm bestimmt. In Spalte 5 und 6 der Tabelle 9 sind die ξ und η tabelliert, Abb. 85 zeigt das ξ-η-Diagramm mit den eingetragenen Meßwerten und der besten hindurchgelegten Geraden. Man findet daraus $\mathbf{C} = 0{,}69$, $\mathbf{K}' = 421$. Der reziproke Wert von $\mathbf{K}'$, die Dissoziationskonstante der Benzoesäuredoppelmoleküle in Benzol, ergibt sich zu $2{,}38\cdot 10^{-3}$. $\frac{\mathbf{C}}{\sqrt{2\mathbf{K}}}$, der Ausdruck, der nach der einfachen Formel (4) annäherungsweise gleich $\frac{m_2}{\sqrt{m_2'}}$ sein sollte, ist dann 0,0238. Für die verdünnteren Benzollösungen ergeben sich mit $\mathbf{K}' = 421$ nach (5) nichtassoziierte Anteile $1-\beta'$ bis über $\frac{1}{3}$ der Gesamtmenge. Es zeigt sich daraus, daß die erste Annäherung $1-\beta' = \frac{1}{\sqrt{2m'\mathbf{K}'}}$, mit der zunächst gerechnet wurde, nur sehr roh ist, und daß die gute Konstanz der dritten Spalte in Tab. 9 einer zufälligen Kompensation der beiden gemachten Vernachlässigungen zugeschrieben werden muß. Man wird freilich einwenden, daß die mit zwei frei wählbaren Konstanten ausgestattete Formal (7) nach Abb. 85 durch die Versuchsresultate nicht in zwingender Weise gefordert wird, und daß von einer sicheren Bestätigung der gemachten Ansätze somit bei diesem Beispiel nicht gesprochen werden kann. Erst wenn der Wert von $\mathbf{K}'$ durch Messungen anderer Art, z. B. Bestimmung der Gefrierpunktserniedrigung von

Benzoesäure-Benzol-Lösungen, die aber bisher noch nicht mit genügender Genauigkeit ausgeführt wurden, gestützt werden würde, könnte man von einem sicheren Gültigkeitsnachweis des NERNSTschen Verteilungssatzes in diesem Falle sprechen.

Natürlich gibt es einfachere Fälle in genügender Zahl, in denen eine zuverlässige Prüfung des NERNSTschen Verteilungssatzes angestellt werden konnte. Trotzdem schien gerade dieses Beispiel mit seiner Verquickung von zwei Homogen- und einem Heterogengleichgewicht besonders lehrreich und seine Aufnahme in diese Sammlung daher gerechtfertigt.

15. Beispiel: Wässerige Essigsäure-Natriumacetat-Lösungen.

Für den Dissoziationsvorgang einer schwachen Säure vom Typ der Essigsäure:

$$\mathrm{HS} \rightleftharpoons \mathrm{H}^+ + \mathrm{S}^-$$

(wo HS die undissoziierte Säure, S^- das Säureanion bedeutet) wird man vielfach, wie in § 23, S. 419 [Gleichung (11a)], ausgeführt, einen Massenwirkungsausdruck der Form:

$$\mathbf{K}_c = \frac{c_{\mathrm{H}^+} \cdot c_{\mathrm{S}^-}}{c_{\mathrm{HS}}} \tag{1}$$

konstant, d. h. bei gegebener Temperatur, gegebenem Druck und Lösungsmittel von der Gesamtkonzentration der Säure unabhängig finden, jedoch nur solange die „Ionenstärke" der Lösung (s. S. 428, Anm. 3) so klein ist, daß die elektrische Aktivitätskorrektur klein bleibt. Allgemein, bei beliebigen Konzentrationen und Ionenstärken, kann man nur die Konstanz des Ausdrucks:

$$\mathbf{K}_a = \frac{a_{\mathrm{H}^+} \cdot a_{\mathrm{S}^-}}{a_{\mathrm{HS}}} \tag{2}$$

erwarten. In verdünnten Lösungen werden sich vor allem die Aktivitäten der *Ionen* von deren Konzentrationen durch einen „elektrischen" Aktivitätskoeffizienten nach DEBYE-HÜCKEL [§ 23, (20)] unterscheiden, dessen Logarithmus der Quadratwurzel aus der Ionenstärke proportional ist, ferner durch „chemische" Aktivitätskoeffizienten und zweite Näherungen des elektrischen Gliedes, deren Logarithmen nach § 23, S. 438, der Konzentration selbst proportional gesetzt werden können. Für die Aktivitätskoeffizienten von ungeladenen Molekülen (hier HS) kommen nur Glieder der letzteren Art in Frage, die man vielfach vernachlässigen kann. In solchem Falle darf man also a_{HS} in weitem Konzentrationsbereich durch c_{HS} ersetzen. Führen wir unter dieser Voraussetzung die Konzentrationen und Aktivitätskoeffizienten in (2) ein, so erhalten wir:

$$\mathbf{K}_a = \frac{c_{\mathrm{H}^+} \cdot f_{\mathrm{H}^+} \cdot c_{\mathrm{S}^-} \cdot f_{\mathrm{S}^-}}{c_{\mathrm{HS}}} = \frac{c_{\mathrm{H}^+} \cdot c_{\mathrm{S}^-} \cdot f_{\pm}^2}{c_{\mathrm{HS}}}, \tag{3}$$

wenn wir noch, wie früher (§ 15, S. 298 und § 23, S. 430), statt der einzelnen Aktivitätskoeffizienten einen mittleren Ionenaktivitätskoeffizienten $f_{\pm}$ benutzen. Nach den Ausführungen von § 23, S. 430 und 438, ist nun das DEBYE-HÜCKELsche Glied von $\log f_{\pm}$, wenn wir die Zahlenwerte einsetzen und die „Ionenstärke" $\frac{1}{2}\Gamma = \frac{1}{2}\sum c_j z_j^2$ als Konzentrationsmaß anwenden (die Summe über alle Ionenarten erstreckt), in Wasser bei 20° C bei großer Verdünnung gegeben durch $-0{,}500\sqrt{\frac{1}{2}\Gamma}$. (Betrachten wir eine Lösung, in der die Säure HS als einziger Elektrolyt enthalten ist, so ist speziell $\frac{1}{2}\Gamma = c_{\mathrm{H}^+} = c_{\mathrm{S}^-}$, also gleich der Konzentration des dissoziierten Anteils $c_2 \cdot \alpha$, wenn wir mit c_2 die Gesamtkonzentration der Säure, mit α den Dissoziationsgrad bezeichnen.) Im ganzen erhalten wir dann aus (1) und (3):

$$\log \mathbf{K}_a = \log \mathbf{K}_c - 1{,}00 \sqrt{\tfrac{1}{2}\Gamma} + B\Gamma . \qquad (4)$$

Über die individuelle Konstante B ist theoretisch nur wenig Sicheres bekannt (vgl. § 23, S. 438f.). Jedenfalls zeigt Formel (4), daß, solange wir das in Γ lineare Glied vernachlässigen können, Zusatz eines Neutralsalzes (Vergrößerung von Γ) auf Essigsäure dissoziationserhöhend wirken muß, denn (das variable) $\mathbf{K}_c$ wächst mit wachsendem Γ immer mehr über (das konstante) $\mathbf{K}_a$, den Wert, dem es bei verschwindend kleiner Ionenstärke zustrebt, hinaus, was nach (1) gleichbedeutend ist mit einer Zunahme des dissoziierten Anteils auf Kosten des undissoziierten.

Wir wollen diese Voraussage nachprüfen an Messungen, die COHN, HEYROTH und MENKIN[1] an Essigsäure-Natriumacetat-Mischungen ausgeführt haben. Sie bestimmten die Wasserstoffionenaktivitäten solcher Lösungen durch Messungen elektromotorischer Kräfte, worüber zunächst noch Einiges zu sagen ist. Alle derartige Bestimmungen gehen auf Messung der EMK von H^+-Ionenkonzentrationsketten zurück. Hat man die Potentiale, die an Flüssigkeitsgrenzflächen ihren Sitz haben, eliminiert, so entspricht nach § 20, S. 356 der elektrische Arbeitswert $E \cdot \mathcal{F}$ einer solchen Kette einfach der Differenz der $\mathfrak{f}$-Werte der beiden Lösungen, es ist also, wenn wir diese mit einem bzw. zwei Strichen bezeichnen, das Aktivitätsverhältnis des H^+-Ions in ihnen gegeben durch:

$$\ln \frac{a'_{H^+}}{a''_{H^+}} = \frac{E\mathcal{F}}{RT} . \qquad (5)$$

Kennt man nun die Aktivität in der *einen* Lösung (man nehme z. B. an, es sei eine äußerst verdünnte HCl-Lösung, in der die Aktivität gleich der Konzentration gesetzt oder nach der DEBYE-HÜCKELschen Grenzformel berechnet werden kann), so kann man die H^+-Aktivität in der anderen durch eine EMK-Messung und Anwendung von (5) ermitteln. In praxi kombiniert man die Wasserstoffelektrode, für deren Elektrolyten man die a_{H^+} zu bestimmen wünscht, mit gewissen bequem herzustellenden Bezugselektroden, die ein für allemal an einer Wasserstoffelektrode bekannter H^+-Aktivität geeicht wurden[2]. Die Größen $-\log a_{H^+}$ sind unter der Bezeichnung „p_H" oder „*Wasserstoffexponent*" bekannt und viel gebraucht.

Aus den nach diesem Verfahren gefundenen Wasserstoffionen*aktivitäten* der Essigsäure-Acetat-Mischungen kann man die Wasserstoffionen*konzentrationen* berechnen, wenn die zugehörigen Aktivitätskoeffizienten bekannt sind. Diese wurden von verschiedenen Autoren für andere Lösungen, z. B. von Salzsäure, bestimmt, und man kann deren Werte übernehmen, wenn man annimmt, daß in Lösungen von genügend kleiner Ionenstärke die Aktivitätskoeffizienten nur von dieser, nicht aber von der Art der anwesenden Ionen bestimmt werden. Sicherlich trifft diese Annahme nur in erster Näherung zu, doch wird sie nur kleine Fehler in c_{H^+} bedingen[3]. Zur Berechnung von $\mathbf{K}_c$ nach (1) fehlt alsdann nur noch

[1] J. Amer. Chem. Soc. Bd. 50, S. 696, 1928.

[2] Daß in Wirklichkeit der Anschluß an Lösungen genau bekannter H^+-Aktivität, z. B. an äußerst verdünnte HCl-Lösungen, aus experimentellen Gründen noch nicht ganz sichergestellt ist, tut hier nichts zur Sache. Es könnten infolge der hier noch bestehenden Unsicherheit alle bisher überhaupt gemessenen a_{H^+}-Werte um einen kleinen konstanten Faktor falsch sein.

[3] Die DEBYE-HÜCKELschen Grenzformeln reichen in dem hier betrachteten Konzentrationsgebiet nicht mehr aus und ihre Erweiterung auf konzentrierte Lösungen ist, wie wir in § 23, S. 432ff. sahen, infolge ihrer Kompliziertheit zahlenmäßig noch zu unsicher, so daß die Fehler des hier eingeschlagenen experimentellen Verfahrens in Kauf genommen werden müssen.

c_{S^-} und c_{HS}. Die Acetationen stammen größtenteils von dem (vollständig dissoziierten) Natriumacetat, dessen Konzentration (c_3) durch die Herstellung der Lösung gegeben ist, und zum kleineren Teil aus der Essigsäure. Es ist also $c_{S^-} = c_3 + c_{H^+}$, da ja jedem H^+-Ion ein S^--Ion korrespondiert, vorausgesetzt, daß die durch die Eigendissoziation des Wassers gebildeten H^+-Ionen nicht ins Gewicht fallen, was bei den hier betrachteten Konzentrationen gar nicht in Frage kommt. c_{HS} ist, unter der gleichen Voraussetzung, gleich $c_2 - c_{H^+}$, wenn mit c_2 die Totalkonzentration der Essigsäure bezeichnet wird.

Der Gang der Rechnung werde an einem Zahlenbeispiel erläutert. An einer Lösung, die $c_2 = 0{,}072$ Mol Essigsäure und $c_3 = 0{,}008$ Mol Natriumacetat im Liter enthielt, wurde $\log a_{H^+}$ zu $-3{,}746$, also a_{H^+} zu 0,000179 ermittelt. Die Ionenstärke dieser Lösung ist $\frac{1}{2}\Gamma = \frac{1}{2}\sum c_j z_j^2 = \frac{1}{2}(c_{Na^+} + c_{S^-} + c_{H^+}) = \frac{1}{2}(0{,}008 + 0{,}00818 + 0{,}00018) = 0{,}0082$ (indem wir für c_{H^+} mit für diesen Zweck genügender Genauigkeit a_{H^+} einsetzen). Der mittlere Ionenaktivitätskoeffizient einer HCl-Lösung von dieser Ionenstärke ist, wie im übernächsten Beispiel gezeigt wird, 0,913. Übernehmen wir diese Zahl auch auf unsere Lösung, so ist $c_{H^+} = \frac{a_{H^+}}{0{,}913} = 0{,}000196$. Dann wird also nach (1):

$$\mathbf{K}_c = \frac{0{,}000196 \cdot 0{,}00820}{0{,}0718} = 2{,}24 \cdot 10^{-5}.$$

Abb. 86 zeigt die nach den Messungen der genannten Autoren in dieser Weise berechneten $\log \mathbf{K}_c$-Werte aufgetragen gegen die Wurzel aus der Ionen-

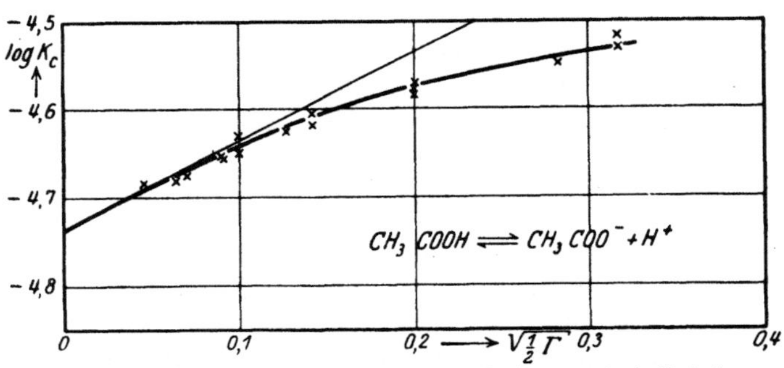

Abb. 86. Anstieg der Dissoziationskonstante mit der Ionenstärke in Essigsäure-Natriumacetat-Mischungen.

stärke. Man sieht, daß die $\log \mathbf{K}_c$ für kleine Ionenkonzentrationen in der Tat in eine Gerade einlaufen, die unter dem von Gleichung (4) geforderten Neigungswinkel ansteigt. Der Grenzwert für verschwindendes Γ ist $-4{,}735$, entsprechend $\mathbf{K}_a = 1{,}84 \cdot 10^{-5}$. An dem zahlenmäßig durchgeführten Beispiel sei auch im Einzelnen aufgezeigt, wie der Acetatzusatz die Dissoziation der Essigsäure und damit c_{H^+} beeinflußt. Wäre kein Acetat zugesetzt, so wäre die Essigsäure in 0,072 molarer Lösung nach (1) mit $\mathbf{K}_c = 1{,}84 \cdot 10^{-5}$ zu 1,59 % dissoziiert, d. h. c_{H^+} wäre gleich $0{,}072 \cdot 0{,}0159 = 0{,}00114$. Setzt man nun 0,008 molar Acetat zu und sieht zunächst die Ionenkräfte als nicht vorhanden an, d. h. rechnet wiederum nach (1) mit $\mathbf{K}_c = 1{,}84 \cdot 10^{-5}$, so erhält man $c_{H^+} = 1{,}62 \cdot 10^{-4}$, also eine *Zurückdrängung der Dissoziation durch den gleichionigen Zusatz* um fast eine Zehnerpotenz. In Wirklichkeit ergibt sich aber, wie wir sahen, $c_{H^+} = 1{,}96 \cdot 10^{-4}$, also eine 20proz. Steigerung infolge der Wirksamkeit der Ionenkräfte.

16. Beispiel: Beeinflussung der Hydrolyse von Salzen dreiwertiger Basen durch Zugabe von Neutralsalzen.

Im folgenden soll noch an einem weiteren Beispiel gezeigt werden, wie ein chemisches Gleichgewicht durch Änderung der Ionenstärke einer Lösung verschoben wird. Es handelt sich um die Hydrolyse von Salzen dreiwertiger Basen. Stoffe wie Chrom-, Eisen-, Aluminiumhydroxyd gehören nicht zu den starken Basen, ihre Salze werden also nach den Ausführungen in § 23, S. 425, in wässeriger Lösung hydrolysieren, in ähnlicher Weise, wie etwa NH_4Cl in Lösung teilweise nach

$$\left.\begin{array}{ll} NH_4Cl + H_2O \rightarrow NH_4OH + HCl & \\ \text{oder} \quad NH_4^+ \rightarrow NH_3 + H^+ & \end{array}\right\} \qquad (a)$$

in Base und Säure zerfällt, so lange, bis sich das Hydrolysegleichgewicht eingestellt hat, für das die in § 23 aufgestellten Formeln gelten. Der jetzt betrachtete Fall ist durch die Dreiwertigkeit der Basen und durch die Tendenz ihrer Ionen zur Komplexbildung etwas komplizierter; es kommen 3-, 2- und 1-wertige Cr-Ionen in Betracht. Sieht man jedoch von stark alkalischen Lösungen ab, so handelt es sich praktisch nur um die erste Hydrolysenstufe, die man durch folgende chemische Formel darstellen kann:

$$\left[Cr(H_2O)_6\right]^{+++} \rightleftharpoons \left[Cr^{OH}_{(H_2O)_5}\right]^{++} + H^+ . \qquad (b)$$

Daß diese Komplexionen tatsächlich in der Lösung vorliegen, wollen wir hier als durch chemische und physikochemische Untersuchungen sichergestellt hinnehmen. Das Hydroxo-Ion $\left[Cr^{OH}_{(H_2O)_5}\right]^{++}$ ist eine schwache Base, deren geringe Neigung, gemäß $\left[Cr^{OH}_{(H_2O)_5}\right]^{++} + H_2O \rightarrow [Cr(H_2O)_6]^{+++} + OH^-$ zu reagieren, eben die Ursache dafür ist, daß das Gleichgewicht (b) soweit nach der rechten Seite der Reaktionsgleichung verschoben ist, daß die Lösung schwach sauer reagiert, ähnlich wie die geringe Tendenz von NH_3, in NH_4^+ überzugehen, zur Folge hat, daß eine NH_4Cl-Lösung durch Einstellung des Gleichgewichts (a) schwach sauer reagiert.

Brönsted[1] hat nun auf die völlige formale Analogie der Reaktion (b) mit der Dissoziationsgleichung einer Säure aufmerksam gemacht und direkt vorgeschlagen, jeden Stoff als „Säure" zu bezeichnen der H^+-Ionen abzugeben vermag, gleichviel ob er, wie das $[Cr(H_2O)_6]^{+++}$-Ion oder das NH_4^+-Ion [das ja, wie in Gleichung (a) angegeben, nach $NH_4^+ \rightleftharpoons NH_3 + H^+$ dissoziieren kann] geladen oder wie das Essigsäuremolekül CH_3COOH ungeladen ist. Entsprechend ist dann als „Base" jeder Stoff zu betrachten, der H^+-Ionen aufzunehmen vermag, also das $\left[Cr^{OH}_{(H_2O)_5}\right]^{++}$-Ion ebenso wie NH_3 und CH_3COO^-. Wir wollen uns dieser Anschauung hier anschließen, denn sie gestattet uns, unsere Aufgabe in einer bequemen und zugleich sehr instruktiven Analogie zum vorigen Beispiel zu behandeln.

Wir kommen also dazu, unsere durch Gleichung (b) repräsentierten Hydrolysereaktionen (die sich natürlich ebenso für das $[Fe(H_2O)_6]^{+++}$- und $[Al(H_2O)_6]^{+++}$-Ion, aber auch für etwas anders gebaute Ionen wie $\left[Co^{(H_2O)}_{(NH_3)_5}\right]^{+++}$ usw. formulieren läßt) als Sonderfälle der allgemeinen Säuredissoziationsgleichung:

$$\underset{\text{Säure}}{S} \rightleftharpoons \underset{\text{Base}}{B} + H^+$$

[1] Rec. Trav. chem. Pays-Bas Bd. 42, S. 718, 1923; J. Physic. Chem. Bd. 30, S. 777, 1926; Ber. Bd. 61, S. 2049, 1928.

zu betrachten, in der den Molekülen der „Säure" S wie der „Base" B ganz beliebige Ladungen jeglichen Vorzeichens z_S und z_B zugeschrieben werden können, die durch die Beziehung:

$$z_S = z_B + 1 \tag{1}$$

verknüpft sind. (In dem soeben besprochenen Fall der Essigsäure war $z_S = 0$, $z_B = -1$.) Dieses verallgemeinerte Schema liefert anstatt der Gleichung (3) des vorigen Beispiels die Beziehung:

$$\mathbf{K}_a = \frac{c_{H^+} \cdot c_B \cdot f_{H^+} \cdot f_B}{c_S \cdot f_S} \tag{2}$$

oder, mit (1), Beispiel 15:

$$\log \mathbf{K}_a = \log \mathbf{K}_c + \log f_B + \log f_{H^+} - \log f_S\,. \tag{3}$$

Nun ist, wie wir durch Vergleichung der Formeln (17) und (20), § 23, S. 428 und 429 (welch letztere auf einwertige Ionen spezialisiert ist) sehen können (vgl. auch S. 593), der Aktivitätskoeffizient eines z-wertigen Ions in wässeriger Lösung bei 20° C in der Grenze gegeben durch:

$$\log f = -0{,}500 \cdot z^2 \sqrt{\tfrac{1}{2}\Gamma}\;;$$

also wird

$$\log f_B + \log f_{H^+} - \log f_S = -0{,}500 \sqrt{\tfrac{1}{2}\Gamma}\,(z_B^2 + 1 - z_S^2) = 0{,}500 \cdot 2\, z_B \sqrt{\tfrac{1}{2}\Gamma}$$

[bei Berücksichtigung von (1)]. Wenn wir noch ein lineares Glied hinzunehmen, wird aus (3):

$$\log \mathbf{K}_a = \log \mathbf{K}_c + z_B \sqrt{\tfrac{1}{2}\Gamma} + B\Gamma\,. \tag{4}$$

(Bei Temperaturen, die von 20° C wesentlich abweichen, ist vor dem Wurzelglied natürlich noch ein von 1 abweichender Zahlenfaktor zu beachten.)

Man sieht, daß (4), Beispiel 15, nur ein Spezialfall von (4) ist mit $z_B = -1$. Im Falle der NH_4^+-Dissoziation ($z_B = 0$) sollte das Wurzelglied verschwinden, ein Einfluß von Salzzusätzen auf die Säuredissoziation des NH_4^+-Ions und damit auf das Hydrolysegleichgewicht von Ammonsalzlösungen sollte also bei kleineren Konzentrationen nicht bestehen. Der innere Grund dafür liegt darin, daß Zahl und Wertigkeit der geladenen Teilchen durch diese Dissoziation nicht geändert wird. Bei der Säuredissoziation eines dreifach geladenen Aquoions, wie des Hexaquochromiions, ist aber $z_B = +2$, d. h. Vergrößerung von Γ *verkleinert* $\mathbf{K}_c$, stabilisiert also die dreifach geladenen Ionen und verringert die Hydrolyse. Und zwar letzten Endes deswegen, weil ein dreifach geladenes Ion ein negativeres elektrisches Zusatzglied zum thermodynamischen Potential der Lösung gibt, als ein doppelt- und ein einfachgeladenes Ion zusammen (wegen des Auftretens von z_i^2 in (17), § 23, S. 428; 3^2 ist größer als $2^2 + 1^2$).

Wir haben also hier den Fall vor uns, daß die Debye-Hückelsche Theorie für formal ganz ähnliche Vorgänge dem Vorzeichen und dem Betrage nach verschiedene Beeinflussung durch den Totalsalzgehalt der Lösung (genauer: die Ionenstärke der Lösung) vorhersagt, denn im Falle der Essigsäuredissoziation soll, wie wir schon bestätigt fanden, $\log \mathbf{K}_c$ in der Grenze mit $\sqrt{\tfrac{1}{2}\Gamma}$ ansteigen, im Falle der $[Cr(H_2O)_6]^{+++}$-Dissoziation aber mit $2\sqrt{\tfrac{1}{2}\Gamma}$ abfallen. Eine Bestätigung auch dieser Voraussage wäre also ein besonders schöner Beleg für den großen Wert dieser Theorie. Brönsted und seinen Mitarbeitern[1] ist es gelungen,

[1] Brönsted und King: Z. f. physik. Chem. Bd. 130, S. 699, 1927; Brönsted u. Volqvartz: ebenda Bd. 134, S. 97, 1928.

die Forderung der Theorie für die „Säuredissoziation" oder die Hydrolyse dreiwertiger Aquoionen nachzuprüfen.

Es war zu diesem Zweck nötig, die wahren Ionenkonzentrationen c_S, c_B und c_{H^+} in den untersuchten Lösungen zu ermitteln, um den Ausdruck $\mathbf{K}_c$ berechnen zu können. Dies geschah in den meisten Fällen durch Messung von Wasserstoffionenkonzentrationen mit Hilfe von durch H^+-Ionen katalytisch beeinflußbaren Reaktionen. Es kann hier nicht darauf eingegangen werden, wie experimentell nachgewiesen wurde, daß die Reaktionsgeschwindigkeiten in diesen Fällen tatsächlich ein Maß der Wasserstoffionen*konzentrationen* sind, bzw. wie andere Einflüsse auf die Reaktionsgeschwindigkeiten rechnerisch oder experimentell ausgeschaltet werden konnten. Die Übereinstimmung der mit Hilfe verschiedener katalysierter Reaktionen gewonnenen Werte beweist, daß tat-

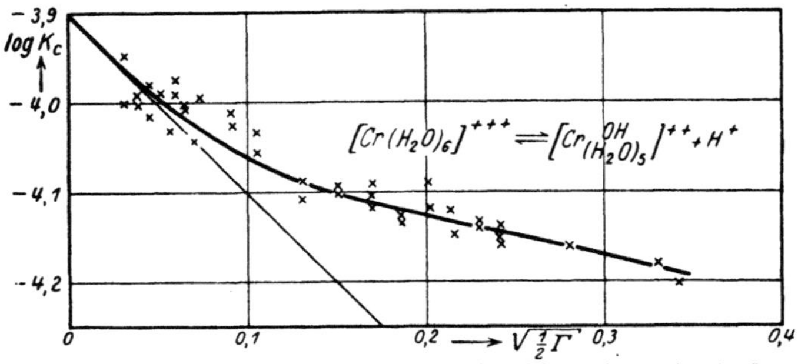

Abb. 87. Abfall der Dissoziationskonstante des Hexaquochromi-Ions mit ansteigender Ionenstärke.

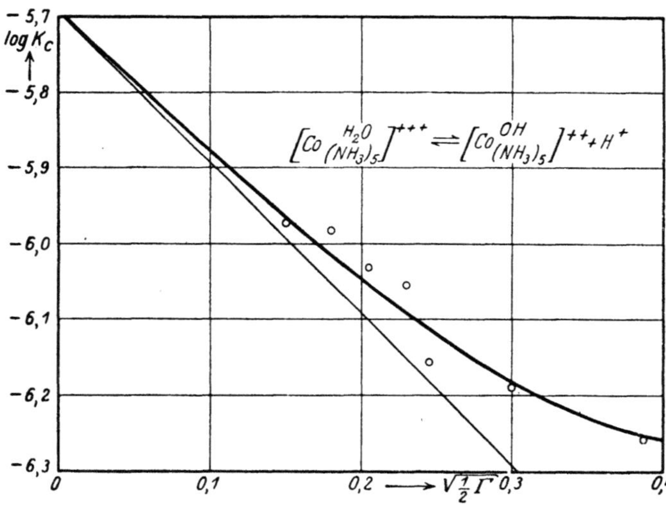

Abb. 88. Abfall der Dissoziationskonstante des Aquopentamminkobalti-Ions mit ansteigender Ionenstärke.

sächlich die c_{H^+} richtig ermittelt wurde. Kennt man noch die gesamte ursprünglich zugegebene „Säure"-Konzentration c_2, so sind auch c_S und c_B bekannt (es ist $c_B = c_{H^+}$, soweit nicht noch anderweit H^+-Ionen der Lösung zugegeben wurden, und $c_S = c_2 - c_B$). Damit sind alle Daten zur Prüfung der Gleichung (4) gegeben, wenn noch die Konzentrationen der sonstigen etwa vorhandenen Ionenarten, die zur Variation von Γ zugesetzt werden, bekannt sind. Abb. 87 und 88 geben die so für die Säuredissoziation des $[Cr(H_2O)_6]^{+++}$-Ions und des $[Co^{H_2O}_{(NH_3)_5}]^{+++}$-Ions gefundenen log $\mathbf{K}_c$-Werte wieder, aufgetragen gegen die Wurzel aus der Ionenstärke der jeweils benutzen Lösungen. Die Geraden sind die der theoretischen Grenzneigung $-2\sqrt{\frac{1}{2}\Gamma}$ entsprechenden. Man sieht, daß die Kurven, um die sich die Meßwerte scharen, für kleine Ionenstärken tatsächlich in diese Geraden einmünden. Ein Vergleich mit der für die Essigsäuredissoziation geltenden Abb. 86, die im gleichen Maßstab wie 87 und 88 gezeichnet ist, zeigt aufs deutlichste den großen Unterschied dieser Fälle, der von der Theorie in der Grenze richtig erfaßt wird. Die Abweichungen von der Grenzgeraden erfolgen in allen drei Fällen in dem Sinne einer Verkleinerung des elektrischen Aktivitätseffektes, also so, als ob „Hydratations"-, „DK"- oder „Ionenradiuseffekte" überwiegenden Einfluß hätten (vgl. § 23, S. 433—438). Man ist allerdings zur Zeit noch weit davon entfernt, bei solchen komplizierten Systemen genaueren theoretischen Einblick in die zu erwartenden Abweichungen von den Grenzgesetzen zu haben.

17. Beispiel: Aktivität wässeriger HCl-Lösungen.

a) Bestimmung der Aktivität aus EMK-Messungen. Nach § 20, S. 353ff. kann die Aktivität einer binären Elektrolytlösung sehr exakt bestimmt werden durch EMK-Messungen an Ketten, bei denen die beiden Ionen des Elektrolyten gleichzeitig an den beiden Elektroden in die Lösung übergehen oder diese verlassen. Betrachten wir z. B. das Element:

$$(Pt)H_2/\text{HCl-Lösung}/AgCl,\ Ag,$$

d. h. ein Element, das aus einer wasserstoffumspülten Platinelektrode und einer mit Chlorid bedeckten Silberelektrode zusammengesetzt ist, mit einer HCl-Lösung (die Konzentration betrage m_2 Mol pro Kilogramm Wasser) als Elektrolyten, so ist der sich in ihm freiwillig abspielende stromliefernde Prozeß:

$$\tfrac{1}{2}\,H_2(g) + AgCl(s) \rightarrow Ag(s) + HCl(aq)$$

bzw.

$$\tfrac{1}{2}\,H_2 + AgCl \rightarrow Ag + H^+ + Cl^-.$$

Der Vorgang an der linken Elektrode (dem negativen Pol des Elements) ist also:

$$\tfrac{1}{2}\,H_2 + \oplus \rightarrow H^+,$$

der an der rechten Elektrode (dem positiven Pol):

$$AgCl + \ominus \rightarrow Ag + Cl^-.$$

Die Arbeit, die bei dem Gesamtvorgang zugeführt wird, läßt sich schreiben:

$$\mathfrak{R} = \mu^{(Ag)} + \mu_{HCl} - \tfrac{1}{2}\,\mu^{(H_2)} - \mu^{(AgCl)}. \qquad (1)$$

Für μ_{HCl} können wir einsetzen $\mathring{\mu}_{HCl} + RT\cdot\ln a_{HCl}$ oder $\mathring{\mu}_{HCl} + 2RT\cdot\ln a_\pm$, wenn $a_\pm$ die mittlere Aktivität der H^+- und Cl^--Ionen bezeichnet. Die elektromotorische Kraft E derartiger Zellen, die sich nur durch die Konzentration der Salzsäure unterscheiden, während der Druck des Wasserstoffs über der Platinelektrode ungeändert bleibt, wird sich also, gemäß der Beziehung $-\mathfrak{R} = z\mathfrak{F}E$ (das Minuszeichen erklärt sich daraus, daß $\mathfrak{R}$ die zugeführte Arbeit, $z\mathfrak{F}E$ aber die abgegebene elektrische Energie bedeutet; z ist gleich 1, da beim Ablaufen des Vorgangs an jeder Elektrode *ein* Äquivalent Ionen umgesetzt wird) und Gleichung (1) ausdrücken lassen durch:

$$E = \mathbf{E} - \frac{2RT}{\mathfrak{F}}\ln a_\pm\ , \qquad (2)$$

entsprechend Gleichung (13), § 20. Durch Einführung des mittleren Ionenaktivitätskoeffizienten $f_{\pm} = \frac{a_{\pm}}{m_2}$ (wir benutzen hier als Bezugszustand der Lösung nicht die idealisierte Molenbruchkonzentration 1, sondern die idealisierte Kilogrammolarität 1; m_+ und m_- sind bei binären vollständig dissoziierten Elektrolyten gleich m_2) erhält man:

$$E + \frac{2RT}{F} \cdot \ln m_2 = \mathbf{E} - \frac{2RT}{F} \ln f_{\pm} \tag{3}$$

entsprechend Gleichung (13a), § 20. In der Grenze für kleine Konzentrationen wird nach § 23, S. 430 und 438, $\ln f_{\pm}$ proportional $-\sqrt{m_2}$; ist uns also der Ausdruck auf der linken Seite unserer Gleichung (3) durch Messungen für mehrere Konzentrationen m_2 bekannt, so brauchen wir seine Werte nur gegen $\sqrt{m_2}$ in ein Koordinatensystem einzutragen, um eine Kurve zu erhalten, die bei kleinen m_2 geradlinig wird und unter einem durch die DEBYE-HÜCKELschen Formeln gegebenen Winkel beim Werte **E** auf die Ordinatenachse trifft. Eine solche Konstruktion liefert also mit einem Schlage die Grund-EMK **E** und die $f_{\pm}$ für jede Konzentration.

Wir wollen diese Methode anwenden auf sehr genaue Messungen, die NOYES und ELLIS[1], LINHART[2] und SCATCHARD[3] an der Wasserstoff-Silberchlorid-Kette bei Atmosphärendruck des Wasserstoffs ausgeführt haben. Da ihre Meßtemperatur 25° C war, ist der Faktor des DEBYE-HÜCKELschen Ausdrucks für $\log f_{\pm}$ [mit $\frac{1}{2}\Gamma$ als Konzentrationsmaß] 0,505. Mit $R = 0{,}8309$ Joule/Grad, $T = 298{,}2$, $F = 96494$ Coulomb ergibt sich:

$$E + 0{,}1183 \log m_2 = \mathbf{E} - 0{,}1183 \log f_{\pm}\ , \tag{4}$$

und als Grenzgesetz:

$$E + 0{,}1183 \log m_2 = \mathbf{E} + 0{,}0597 \sqrt{m_2}\,. \tag{4a}$$

Für einige Fälle besonders hoher Verdünnung seien die Zahlen hier tabelliert (Tabelle 10). Spalte 1 und 2 enthalten die m_2 und die zugehörigen gemessenen elektromotorischen Kräfte E, Spalte 3 den Ausdruck der linken Seite unserer Gleichung (4a), Spalte 4 das Glied $0{,}0597 \cdot \sqrt{m_2}$, Spalte 5 das durch Substraktion von Spalte 3 und 4 erhaltene **E**. Die Messungen stammen von LINHART. Man sieht, daß die **E**-Werte für kleine m_2 um den Wert 0,2224 pendeln.

Tabelle 10.

m_2	E	$E + 0{,}1183 \cdot \log m_2$	$0{,}0597 \cdot \sqrt{m_2}$	**E**
0,000136	0,6805	0,2231	0,0007	0,2224
0,000242	0,6514	0,2236	0,0009	0,2227
0,000483	0,6161	0,2238	0,0013	0,2225
0,001000	0,5791	0,2242	0,0019	0,2223
0,004826	0,5002	0,2262	0,0041	0,2221
0,00965	0,4658	0,2274	0,0059	0,2215

Bei größeren Konzentrationen kann Formel (4a) nicht mehr gelten; um hier die Verhältnisse darzustellen, tragen wir den Ausdruck $E + 0{,}1183 \cdot \log m_2$ gegen $\sqrt{m_2}$ auf (Abb. 89). Man sieht, wie sich die Kurve bei kleinen Konzentrationen der Geraden der Gleichung (4a) anschmiegt, daß sie aber bei größeren m_2-Werten von dieser Geraden nach unten abweicht, ja sich nach Durchlaufung eines Maximums der Abszisse wieder zuwendet. Ein solches Verhalten würde

[1] J. Amer. Chem. Soc. Bd. 39, S. 2532, 1917.
[2] ebenda Bd. 41, S. 1175, 1919.
[3] ebenda Bd. 47, S. 641, 1925.

positiven, in der Grenze der Konzentration proportionalen Gliedern im Ausdruck für $\log f_{\pm}$ entsprechen, wie sie in § 23, S. 433ff. besprochen wurden. Bei $\sqrt{m_2} > 1{,}3$ wird $\log f_{\pm}$ positiv, also $f_{\pm}$ größer als 1.

Die im Beispiel 15 benötigte Aktivität des Wasserstoffions in einer Lösung der Ionenstärke 0,0082 können wir unserer Abbildung entnehmen, wenn wir die Wasserstoffaktivität mit der mittleren Ionenaktivität $a_{\pm}$ identifizieren. (Im Bereich der DEBYE-HÜCKELschen Grenzformel, in dem wir uns mit diesem Wert der Ionenstärke fast noch befinden, trifft diese Annahme sicher zu; weiterhin werden im allgemeinen Verschiedenheiten auftreten, deren Ausmaß noch

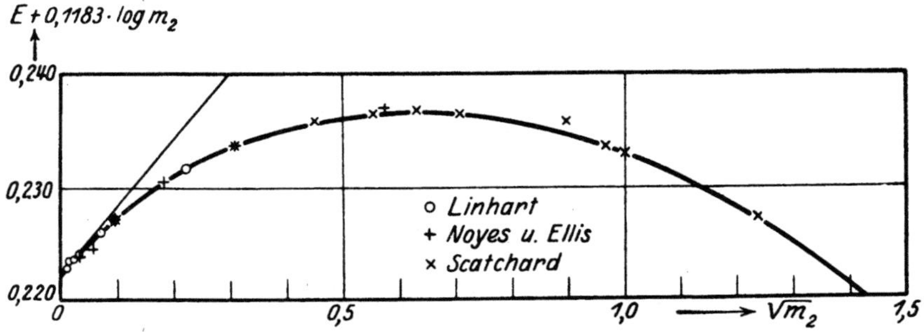

Abb. 89. Zur Bestimmung der Aktivität wässeriger Salzsäure aus EMK-Messungen.

ungewiß ist.) Die Ionenstärke ist bei 1-1-wertigen Elektrolyten gleich der Molarität. Wir finden in der Abbildung für $\sqrt{m_2} = \sqrt{0{,}0082} = 0{,}0905$: $E + 0{,}1183 \log m_2 = \mathbf{E} - 0{,}1183 \log f_{\pm} = 0{,}2271$, also $\log f_{\pm} = \frac{0{,}2224 - 0{,}2271}{0{,}1183}$ $= -0{,}0397$, $f_{\pm} = 0{,}913$. In dieser Weise können wir für den ganzen untersuchten Konzentrationsbereich die $f_{\pm}$-Werte berechnen und tabellieren. Man findet, daß diese sich bis $m_2 = 0{,}10$ hinauf durch

$$\log f_{\pm} = -0{,}505 \cdot \sqrt{m_2} + 0{,}63\, m_2 \tag{5}$$

wiedergeben lassen (s. S. 439).

b) Bestimmung der Aktivität aus Gefrierpunktsmessungen. Wir wollen die so erhaltenen Aktivitätskoeffizienten vergleichen mit denjenigen, die aus *Gefrierpunktsmessungen* an wässerigen HCl-Lösungen von RANDALL und VANSELOW[1] berechnet werden können. Nach § 20, Gleichung (3) und (3c), sowie Gleichung (3) und (3a) des 13. Beispiels hängt der Aktivitätskoeffizient des Wassers (Stoff 1) in einer verdünnten Lösung bei 0° C mit der Gefrierpunktserniedrigung $\Delta\vartheta$, die dieser Lösung eigentümlich ist, zusammen nach:

$$\ln a_1 = -\frac{\Lambda^{(1)}}{R\vartheta^{(1)2}} \cdot \Delta\vartheta = -0{,}009690 \cdot \Delta\vartheta. \tag{6}$$

Die nach dieser Formel aus den Gefrierpunktsmessungen bestimmten Werte von a_1 können bei kleinen Konzentrationen auch für 25° C als gültig angesehen werden, da nach (17), § 14, $\frac{\partial \ln a_1}{\partial T} = -\frac{\mathfrak{w}_1}{RT^2}$ ist und $\mathfrak{w}_1$ erst für eine ca. $^1/_2$ molare HCl-Lösung den Wert 1 cal erreichen dürfte. Bis zu dieser Konzentration kann sich also a_1 von 0 bis 25° C nur um ca. $^1/_{100}$% ändern.

Zur Berechnung der a_2 oder $f_{\pm}$ aus den zugehörigen a_1 steht uns Gleichung (18), § 14, zur Verfügung:

$$x_1 \cdot d \ln a_1 = -x_2 \cdot d \ln a_2. \tag{7}$$

---

[1] J. Amer. Chem. Soc. Bd. 46, S. 2418, 1924.

Diese gibt, mit Berücksichtigung von $\frac{x_1}{x_2} = \frac{55{,}51}{m_2}$ und von Formel (6),

$$d \ln a_2 = \frac{55{,}51}{m_2} \cdot 0{,}009690 \cdot d\,(\Delta\vartheta)\,.$$

Es ist natürlich angängig, durch ein graphisches oder numerisches Verfahren diese Funktion zu integrieren und so zu jedem m_2 aus dem zugehörigen $\Delta\vartheta$ den Wert von $\ln a_2 = 2 \ln a_\pm = 2 \ln (m_2 f_\pm)$ zu ermitteln. Man wird sich praktischerweise dazu des im Buche von LEWIS und RANDALL, Kapitel 23, beschriebenen Verfahrens bedienen. Im vorliegenden Falle, wo für $\ln f_\pm$ eine Funktion der Form $\ln f_\pm = -A \cdot \sqrt{m_2} + B \cdot m_2$ aus theoretischen Gründen für das Gebiet verdünnter Lösungen wahrscheinlich gemacht ist, ist es aber rationeller, sich dieses analytischen Zusammenhangs von vornherein zu bedienen. Man führt am besten einen „osmotischen Koeffizienten" φ ein, der den Quotienten der tatsächlich *gefundenen* Gefrierpunktserniedrigung und der bei vollständiger Dissoziation in ν Ionen, aber Fehlen aller Wechselwirkungen zu *erwartenden* ausdrückt. Diese letztere ist nach (3a) und (3b), § 20, gegeben durch $\Delta_M \cdot \nu m_2 = \frac{1}{55{,}51} \cdot \frac{R\,\vartheta^{(1)2}}{\Delta^{(1)}} \cdot \nu m_2 = \frac{\nu \cdot m_2}{55{,}51 \cdot 0{,}009690} = 1{,}859 \cdot \nu m_2$. Also ist

$$\varphi = \frac{\Delta\vartheta}{1{,}859 \cdot \nu m_2}. \tag{8}$$

In unserem Falle eines binären Elektrolyten ist $\nu = 2$, dann wird $\ln a_1 = -\frac{2 m_2 \varphi}{55{,}51}$ und [nach (7)] $d \ln a_2 = 2\,d\varphi + \frac{2\varphi}{m_2} d m_2$, sowie

$$d \ln f_\pm = d\varphi + (\varphi - 1) \cdot d \ln m_2. \tag{9}$$

Setzen wir jetzt:

$$1 - \varphi = \alpha \cdot \sqrt{m_2} - \beta \cdot m_2 \tag{10}$$

(statt $1 - \varphi$ schreiben LEWIS und RANDALL j), so ist die Integration von (9) leicht ausführbar und gibt, in Einklang mit der Forderung der Theorie,

$$\ln f_\pm = -3\alpha \sqrt{m_2} + 2\beta m_2. \tag{11}$$

Vergleich mit der theoretischen Formel von DEBYE und HÜCKEL zeigt, daß α den Wert $\frac{0{,}486 \cdot 2{,}303}{3} = 0{,}373$ bei 0° haben sollte[1]. Übereinstimmung mit (5) würde bestehen, wenn außerdem β etwa gleich $\frac{0{,}63 \cdot 2{,}30}{2} = 0{,}73$ ausfallen würde.

Wir können nun den Vergleich der kryoskopischen Daten mit den EMK-Messungen in der Weise durchführen, daß wir aus den gemessenen $\Delta\vartheta$-Werten die $(1 - \varphi)$-Werte nach (8) berechnen, diese in ein Koordinatensystem eintragen und prüfen, ob sie sich durch eine Gleichung der Form (10) mit $\alpha = 0{,}373$, β gleich etwa 0,73 wiedergeben lassen, wie es sein müßte, wenn aus den Gefrierpunktsmessungen dieselbe Formel (5) für $\log f_\pm$ folgen sollte, wie aus den EMK-Messungen. Abb. 90 zeigt den Befund: die ansteigende Gerade ist die Grenztangente, die ausgezogene Kurve entspricht der Formel:

$$1 - \varphi = 0{,}373 \cdot \sqrt{m_2} - 0{,}73 \cdot m_2\,.$$

---

[1] Der Faktor von $\sqrt{\frac{1}{2}\Gamma}$ im DEBYE-HÜCKELschen Ausdruck für $\log f_\pm$, den wir bei 20° schon mit dem Wert 0,500 kennenlernten, beträgt bei 0° 0,486.

Die von RANDALL und VANSELOW nach ihren Messungen berechneten $(1-\varphi)$-Werte schmiegen sich bis $m_2 = 0{,}05$ dieser Kurve an. Weitere Übereinstimmung ist nicht zu erwarten, da ja in dem Ausdruck für $\ln a_1$ die höheren Potenzen von $\Delta\vartheta$ weggelassen wurden.

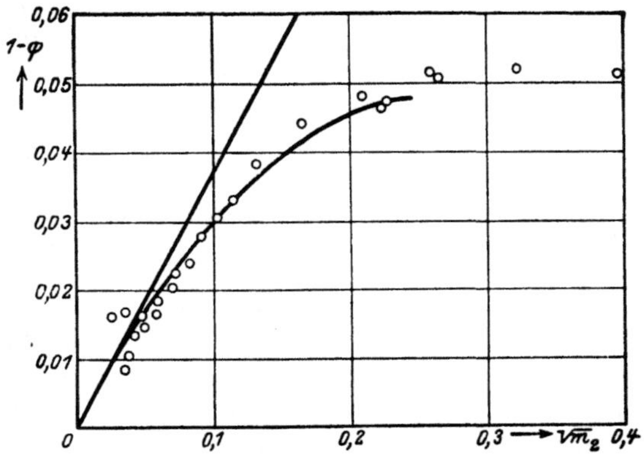

Abb. 90. Osmetische Koeffizienten wässeriger HCl-Lösungen.

c) Normalpotential und Standardbildungsarbeit. Zum Schluß sei noch darauf hingewiesen, daß der gefundene **E**-Wert 0,2224 die Standardbildungsarbeit $\mathfrak{R}$ der wässerigen Salzsäure berechnen ließe, wenn noch die Standardbildungsarbeit des Silberchlorids bekannt wäre, etwa durch Messsungen an der Kette $(Pt)Cl_2/HCl/AgCl$, Ag. Doch liegen derartige Messungen anscheinend noch nicht vor, im Gegenteil wurde $\mathfrak{R}_{AgCl}$ aus der von uns hier besprochenen Wasserstoff-Silberchlorid-Kette berechnet mit Hilfe des anderweit (aus Messungen an Chlor-Kalomel- und Wasserstoff-Kalomel-Ketten) ermittelten $\mathfrak{R}$-Wertes der Salzsäure. Unser **E**-Wert läßt sich deshalb ohne weiteres zur Berechnung von Standardwerten verwenden, weil er die EMK einer Wasserstoff-Silberchlorid-Kette mit Standardeigenschaften der beteiligten Stoffe, nämlich mit HCl der Aktivität 1 und mit Wasserstoff von Atmosphärendruck (für den sich eine Korrektur auf ideales Gasverhalten erübrigt) darstellt. Der zu unserem **E** gehörige $\mathfrak{R}$-Wert beträgt $-0{,}2224 \cdot 96494 \cdot \frac{1}{4{,}184} = -5130$ cal. Übernehmen wir aus der LEWIS-RANDALLschen Tabelle der $\mathfrak{R}$-Werte $\mathfrak{R}_{HCl(aq)} = -31367$, so folgt:

$$\mathfrak{R}_{AgCl} = -31367 + 5130 = -26237 \text{ cal.}$$

18. Beispiel: Der Bleiakkumulator.

In diesem technisch vielbenutzten Element, das nach dem Schema:

$$Pb,\ PbSO_4/H_2SO_4(aq)/PbO_2,\ Pb$$

gebaut ist, findet bei der Stromlieferung (Entladung) die wechselseitige Oxydation und Reduktion des null- und vierwertigen Bleis zur zweiwertigen Stufe statt, insgesamt also der Vorgang:

$$Pb + PbO_2 + 2\,H_2SO_4 \rightarrow 2\,PbSO_4 + 2\,H_2O;$$

bei der Aufladung kehrt sich der Vorgang um. Da die festen Stoffe Pb, PbO_2 und $PbSO_4$ bei gegebener Temperatur und gegebenem Druck, sofern sie rein sind, mit unveränderlichem chemischem Potential auftreten, kann die EMK lediglich durch Konzentrationsänderung der wässerigen Schwefelsäure variieren, und es muß dann gelten (da E der *abgegebenen* Arbeit entspricht):

$$\mathrm{E} = \mathbf{E} + \frac{RT}{2F} \cdot \ln \frac{a^2_{H_2SO_4}}{a^2_{H_2O}} = \mathbf{E} + \frac{RT}{F} \cdot \ln \frac{a_{H_2SO_4}}{a_{H_2O}} \qquad (1)$$

(z, die Zahl der pro Formelumsatz an jeder Elektrode umgesetzten Ladungen, ist bei obiger Formulierung des Reaktionsablaufs 2). Die EMK des Akkumulators ist also um so größer, je konzentrierter die Schwefelsäure ist. Um die

Richtigkeit der Gleichung zu prüfen, ist die Kenntnis der Aktivitäten nötig, die man bei hohen Konzentrationen am einfachsten aus Dampfdruckmessungen ableitet. Die Berechnung der Aktivitäten aus Gefrierpunktsmessungen, wie sie LEWIS und RANDALL (Kapitel 27 ihres Buches) mit Berücksichtigung der spezifischen und Verdünnungswärmen [Formel (3c) und (3d), § 20] ausgeführt haben, kommt nur für einen Teil des technisch interessierenden Konzentrationsbereichs in Frage. DOLEZALEK[1] war der erste, der aus Dampfdruckmessungen an Schwefelsäurelösungen die Konzentrationsabhängigkeit der EMK von Bleisammlern berechnete und damit die Annahme stützte, daß die sich in ihm abspielende reversible Reaktion der obigen Formel entspricht. Gegenwärtig steht neueres Zahlenmaterial zur Verfügung.

Der Dampfdruck, den man über Wasser-Schwefelsäure-Mischungen mißt, rührt praktisch ausschließlich vom Wasserdampf her. Der Schwefelsäurepartialdruck ist bei Zimmertemperatur selbst über reiner Schwefelsäure unmeßbar klein. Da man bei den kleinen Wasserdampfdrucken, die bei 25^0 in Frage kommen, Gültigkeit der idealen Gasgesetze für den Dampf annehmen kann, ist nach den Ausführungen in § 22, S. 384f., und nach Gleichung (2), § 20:

$$\mathfrak{f}_1 = RT \cdot \ln a_1 = RT \cdot \ln \frac{\pi_1}{\pi^{(1)}}, \tag{2}$$

wenn der Stoffindex 1 das Wasser bezeichnet und mit π_1 der Gleichgewichtsdruck über der Lösung, mit $\pi^{(1)}$ der über reinem Wasser gemeint ist. Nach diesem einfachen Zusammenhang lassen sich die a_1 aus den Dampfdruckmessungen von BRÖNSTED[2], die im Bereich kleiner Konzentrationen von GROLLMANN und FRAZER[3] verbessert wurden, berechnen. In der Tabelle 11 sind in der zweiten Spalte die Logarithmen von a_1 aufgeführt, die zu den in der ersten Spalte angegebenen Schwefelsäurekonzentrationen m_2 (in Kilogrammolaritäten) gehören.

Zur Berechnung der a_2 steht dann wieder wie im vorigen Beispiel die aus Gleichung (18), § 14, folgende Integralgleichung zur Verfügung:

$$\log a_2 = -\int \frac{x_1}{x_2} \cdot d \log a_1 = -\int \frac{x_1}{x_2} \cdot d \log \frac{\pi_1}{\pi^{(1)}}. \tag{3}$$

Im Bereich hoher Konzentrationen, wo die Grenzgesetze für die Aktivitäten nichts nützen, wendet man am besten ein graphisches Integrationsverfahren an, also Aufzeichnung der $\frac{x_1}{x_2}$ gegen die $\log \frac{\pi_1}{\pi^{(1)}}$ und Integration der so erhaltenen Kurve[4]. Sehr bequem ist auch die numerische Integration mit Differenzenschema[5]. Eine Integration von $x_2 = 0$, d. i. $\log \frac{\pi_1}{\pi^{(1)}} = 0$ an, ist so natürlich nicht möglich, da ja $\frac{x_1}{x_2}$ dann unendlich wird. Man kann also auch keine Absolutwerte von $\log a_2$ erhalten, sondern nur Differenzen dieser Größen. Man erteilt darum irgendeiner der Lösungen, für die man π_1 gemessen hat, einen willkürlichen Wert von $\log a_2$ und findet dann durch das Integrationsverfahren für alle anderen Lösungen nicht die wahren a_2, sondern diese mit einer konstanten Größe multipliziert. Indem man jetzt für einen dieser Werte den anderweit (z. B. durch Gefrierpunktsmessungen) ermittelten wahren Wert einsetzt, erfährt man den Betrag der Konstanten und kann die Absolutwerte der a_2 berechnen. Auf diesem

---

[1] Z. f. Elektrochemie Bd. 4, S. 349, 1898.
[2] Z. f. physik. Chem. Bd. 68, S. 693, 1910.
[3] J. Amer. Chem. Soc. Bd. 57, S. 712, 1925.
[4] Durch einfaches Abmessen oder besser durch graphische Konstruktion der Integralkurve (s. z. B. v. SANDEN: Prakt. Analysis. Leipzig: B. G. Teubner).
[5] v. SANDEN: s. d.; RUNGE-KÖNIG: Numerisches Rechnen. Berlin: Julius Springer.

Wege sind die log a_2 erhalten worden, die in der dritten Spalte unserer Tabelle 11 aufgeführt sind, und zwar für die Konzentrationen von $m_2 = 4$ an. Für verdünntere Lösungen sind die von LEWIS und RANDALL aus Gefrierpunktsmessungen berechneten Aktivitäten eingesetzt; die nach Gleichung (3) berechneten Aktivitäten wurden mit einem solchen Faktor multipliziert, daß sie im Gebiet zwischen 3 und 5 molar mit den von LEWIS und RANDALL mitgeteilten übereinstimmen. Spalte 4 der Tabelle enthält dann die Ausdrücke $\frac{RT}{\mathfrak{F}} \ln \frac{a_2}{a_1} = 0{,}05915 \cdot \log \frac{a_2}{a_1}$, um die nach (1) die in Spalte 5 aufgeführten gemessenen E-Werte[1] vermindert werden müssen, damit sich (Spalte 6) die Normal-EMK **E** ergibt. Man sieht, daß **E** in dem ganzen großen Konzentrationsbereich gut konstant herauskommt, wodurch die Richtigkeit der Gleichung (1) sowie der Berechnung bewiesen wird. Alle Daten beziehen sich auf 25° C.

Tabelle 11.

m_2	$\log a_1$	$\log a_2$	$\frac{RT}{\mathfrak{F}} \ln \frac{a_2}{a_1}$	E	**E**
0,25	—0,004	—3,76	—0,222	1,826	2,048
0,50	—0,008	—3,16	—0,186	1,870	2,056
0,75	—0,012	—2,80	—0,165	1,895	2,060
1,00	—0,017	—2,50	—0,147	1,915	2,062
2,00	—0,042	—1,61	—0,093	1,969	2,062
3,00	—0,073	—0,88	—0,048	2,010	2,058
4,00	—0,110	—0,26	—0,009	2,047	2,056
5,00	—0,154	+0,25	+0,024	2,080	2,056
6,00	—0,203	+0,75	+0,056	2,114	2,058
7,00	—0,259	+1,20	+0,086	2,142	2,056
8,00	—0,320	+1,64	+0,116	2,165	2,049

Der Mittelwert von **E**: 2,056 V, entspricht der Arbeit, die gewonnen werden kann, wenn bei 25° C Blei und Bleisuperoxyd mit in Wasser gelöster Schwefelsäure der Aktivität $a = 1$ reagieren und dabei reines Wasser sowie festes Bleisulfat bilden. Diese Arbeit ist, wenn wir die oben angegebene Reaktionsformel zugrunde legen, $-\mathfrak{K} = 2\mathfrak{F}\,\mathbf{E} = \frac{2 \cdot 96494 \cdot 2{,}056}{4{,}1842} = 94840$ cal.

Es ändert übrigens an den Betrachtungen nichts, wenn wir die Reaktionsgleichung so formulieren, daß nicht 2 Mol H_2SO_4, sondern 4 Mol H^+ und 2 Mol SO_4^{--} umgesetzt werden. Es tritt dann an Stelle von $a_{H_2SO_4}$ in (1) das damit nach den Festsetzungen von § 15 identische Produkt $a^2_{H^+} \cdot a_{SO_4^{--}}$ oder der Ausdruck $a^3_{\pm}$, wo $a_{\pm}$ die mittlere Aktivität der Ionen bedeutet.

Auch die Anwendung der HELMHOLTZschen Formel [s. § 5, (14), oder § 5, (8) zusammen mit § 16, (13)] hat eine gewisse historische Bedeutung für die Aufklärung der sich im Bleisammler abspielenden Reaktion. Sie gestattet, aus der EMK und ihrem Temperaturkoeffizienten die Wärmetönung der Reaktion zu berechnen, da:

$$\mathfrak{K} - T\frac{\partial \mathfrak{K}}{\partial T} = -z\mathfrak{F}\left(\mathrm{E} - T\frac{\partial \mathrm{E}}{\partial T}\right) = \mathfrak{W}. \qquad (4)$$

Mit Benutzung der in Tabelle 11 tabellierten E und der von THIBAUT (s. d.) gemessenen $\frac{\partial \mathrm{E}}{\partial T}$ erhalten wir also die Wärmetönung der Reaktion bei 25° C und können diese mit der aus thermochemischen Daten kombinierten ver-

[1] Messungen von KENDRICK: Z. f. Elektrochemie Bd. 7, S. 53, 1900, und von THIBAUT: ebenda Bd. 19, S. 881, 1913.

gleichen. Aus Bildungswärmen können wir die Normalwärmetönung $\mathfrak{W}$, die unserem $\mathfrak{K}$ entspricht, in folgender Weise aufbauen:

$$\mathfrak{W} = 2\mathfrak{W}_{PbSO_4} + 2\mathfrak{W}_{H_2O} + \mathfrak{W}_{PbO_2} - 2\mathfrak{W}_{H_2SO_4} - 2\lambda_{(0)H_2SO_4}, \quad (5)$$

wobei $\mathfrak{W}_{H_2SO_4}$ die Bildungswärme reiner flüssiger Schwefelsäure, $\lambda_{(0)H_2SO_4}$ die „erste Lösungswärme" der Schwefelsäure in Wasser ist, die ja, wegen des Verschwindens der Restwärme $\mathfrak{w}$ in idealen Lösungen, auch gleich der Lösungswärme in der idealisierten Grundlösung ist (s. hierzu § 15, S. 292). Die jedem anderen E-Wert entsprechenden $\mathfrak{W}$-Werte sind dann gegeben durch:

$$\mathfrak{W} = \mathfrak{W} + 2\mathfrak{w}_1 - 2\dot{\mathfrak{w}}_2; \quad (6)$$

$\mathfrak{w}_1$ und $\mathfrak{w}_2$ sind die „Restwärmen" des Wassers (1) bzw. der Schwefelsäure (2), die aufgenommen werden, wenn 1 Mol dieser Stoffe aus der betreffenden Grundphase (reines Wasser bzw. idealisierte Schwefelsäurelösung) in die betrachtete reale Wasser-Schwefelsäure-Mischung übergeht. Wie man $\mathfrak{w}_1$ und $\dot{\mathfrak{w}}_2$ aus gemessenen Verdünnungs- und Lösungswärmen berechnen kann, ergibt sich aus § 15. Sie sind in unserem Falle auf der Grundlage einer Arbeit BRÖNSTEDS[1] von LEWIS und RANDALL berechnet und tabelliert worden (Thermodynamik, Kapitel 8, Tabelle 7).

Als Bildungswärmen werden angegeben (in Kilogrammkalorien[2]): $\mathfrak{W}_{PbSO_4} = -218{,}8$, $\mathfrak{W}_{H_2O} = -68{,}3$, $\mathfrak{W}_{PbO_2} = -65{,}0$, $\mathfrak{W}_{H_2SO_4} = -192{,}2$; ferner ist $\lambda_{(0)H_2SO_4}$ nach BRÖNSTED $= -20{,}20$ Cal. Jedoch sind die Zahlen für $PbSO_4$ und PbO_2 auf ca. 2000 cal unsicher; so wird für $PbSO_4$ auch $\mathfrak{W} = 216{,}2$ angegeben. Wir finden also nach (5):

$$\mathfrak{W} = -437{,}6 - 136{,}6 + 65{,}0 + 384{,}4 + 40{,}40 = -84{,}4 \text{ Cal.}$$

(Mit dem niedrigeren Wert für $\mathfrak{W}_{PbSO_4}$ folgt nur $\mathfrak{W} = -79{,}2$ Cal.) Für eine Lösung der Konzentration $m_2 = 3{,}00$ (Molenbruch $x_2 = 0{,}0513$) finden wir aus der genannten Tabelle im Buche von LEWIS und RANDALL: $\mathfrak{w}_1 = -0{,}045$, $\dot{\mathfrak{w}}_2 = +4{,}23$ Cal. Also wird für diese Konzentration nach (6):

$$\mathfrak{W} = -84{,}4 - 0{,}09 - 8{,}46 = -92{,}9 \text{ Cal (oder } -87{,}7).$$

Andererseits ist $E = 2{,}010$, $\frac{\partial E}{\partial T} = +2{,}7 \cdot 10^{-4}$; also ist

$$-zF\left(E - T\frac{\partial E}{\partial T}\right) = -\frac{2 \cdot 96494}{1000 \cdot 4{,}1842}(2{,}010 - 298 \cdot 2{,}7 \cdot 10^{-4}) = -89{,}4 \text{ Cal}.$$

Innerhalb der Genauigkeit der gemessenen Wärmetönungen ist also Übereinstimmung vorhanden.

---

[1] Z. f physik. Chem. Bd. 68, S. 693, 1910.

[2] LANDOLT-BÖRNSTEIN: Tabellen; Chemiker-Kalender.

Namenverzeichnis.

Sachverzeichnis.

Übersicht der wichtigeren Bezeichnungen.

Die Zahlen geben die Seiten an, auf denen die betreffende Bezeichnung eingeführt und erläutert wird.

$\mathbf{A}$ Atomgewicht 142.
$\mathbf{A}$ Absorptionskoeffizient 346.
A vom System aufgenommene Arbeit 13.
a Konstante der VAN DER WAALSschen Gleichung 91.
a absolute Entropiekonstante idealer Gase 255.
a_r Entropiekonstante der Rotation 256.
a_i Aktivität des Stoffes i 283, 284.
aq in (unendlich viel) Wasser gelöst.
B molare Fehlordnungsarbeit 379.
b Konstante der VAN DER WAALSschen Gleichung 91.
$\mathfrak{C}$ Verteilungskoeffizient 349, 350.
C Konstante der VAN DER WAALSschen Gleichung 91.
C, C_0, C_k, C_r, $\bar{C}$ verschiedene Arten chemischer Konstanten 258, 259, 316, 259, 547.
C^*, C^{**} konventionelle chemische Konstante 333, 334.
C_p Wärmekapazität bei konstantem Druck 84, 101.
C_v Wärmekapazität bei konstantem Volum 69.
c Volumkonzentration (Litermolarität) 196.
c_p spezifische Wärme (meist pro Mol) bei konstantem Druck 84, 101.
c_{pi} partielle Molwärme des Stoffes i bei konstantem Druck 217.
$\mathfrak{c}_{pi}$ partielle Molwärme des Stoffes i bei konstantem Druck in einer Mischphase von Grundkonzentration 228.
c_v spezifische Wärme (meist pro Mol) bei konstantem Volum 69.
c_z spezifische Zusatzwärme von Gasen mit Oszillations- und Elektronenenergie.
D Dielektrizitätskonstante 428.
$\mathfrak{d}A$ infinitesimale vom System aufgenommene Arbeit 15.
$\mathfrak{d}Q$ infinitesimale vom System aufgenommene Wärme 15.
$\mathfrak{D}Q$ sehr kleine aber endliche vom System aufgenommene Arbeit 61.
E elektromotorische Kraft 118, 155.
E Normalpotential 157.
E NERNSTsches Integral $\int_0^T c_p\,dT$ 236.
E Elastizitätskoeffizient 98.
e— 1 Mol Elektronen 182.
e Basis der natürlichen Logarithmen.
e durchgegangene elektrische Ladung 117.
F NERNSTsches Integral $T\int_0^T \frac{dT}{T^2}\int_0^T c_p\,dT$ 236.
F Freie Energie 125.
$\mathcal{F}$ FARADAY-Äquivalent 155.
f Freie Energie pro Mol 218.
f_i Aktivitätskoeffizient des Stoffes i 284.
G GIBBSsches thermodynamisches Potential 129.
g GIBBSsches thermodynamisches Potential pro Mol 218.
g Quantengewicht 245, 262.
g gasförmig.
h PLANCKsches Wirkungsquantum 210.
i Index zur Bezeichnung eines beliebigen Stoffes.
i, i_0, i_r verschiedene Arten chemischer Konstanten 258, 259.
J Trägheitsmoment 260.
j Index zur Bezeichnung eines beliebigen Stoffes, insbesondere Bruchstück eines dissoziierenden Stoffes 297.
j resultierende Impulsquantenzahl 263.
$\mathbf{K}$, $\mathbf{K}_c$, $\mathbf{K}_p$, $\mathbf{K}_x$ Konstante des Massenwirkungsgesetzes 311, 312, 314.
K^x Arbeitskoeffizient nach der Variabeln x 67.
$\mathfrak{K}$ Chemischer Arbeitskoeffizient 159.
$\mathfrak{K}$ Chemischer Arbeitskoeffizient von Grundreaktionen 179, 227.
$\mathfrak{K}$ Standardbildungsarbeit, pro Mol 180.
k BOLTZMANNsche Konstante 86.
k Index zur Bezeichnung von kritischen Größen 94.
$\mathfrak{k}_i$ Arbeit bei einer Restreaktion des Stoffes i, pro Mol 228.
L^x Wärmekoeffizient nach der Variabeln x bei konstantem Volum 67.
$\mathfrak{L}_{(v)}$ Chemischer Wärmekoeffizient bei konstantem Volum 159.

$\mathfrak{Q}$ Chemischer Wärmekoeffizient bei konstantem Druck 162.
l flüssig.
l^x Wärmekoeffizient nach der Variabeln x bei konstantem Druck 101.
M Molekulargewicht 80, 142.
M Masse 80.
m Kilogramm-Molarität 291.
N LOSCHMIDTsche Zahl 86.
n_i Zahl der Mole des Stoffes i 69, 142.
$n = \sum_i n_i$ 89.
P Löslichkeitsprodukt 422.
P osmotischer Druck 343.
$\mathfrak{P}$ Zahl der Realisierungsmöglichkeiten 210.
p Druck 69.
p_i Partialdruck des Stoffes i 90.
Q vom System aufgenommene Wärme 13.
R Gaskonstante 80, 81.
r Zahl der Rotationsfreiheitsgrade.
S Entropie 53.
S Aufbauentropie 205.
$\mathfrak{S}$ Entropieänderung bei einem chemischen Vorgang unter konstantem Druck 162.
$\mathfrak{S}_{(v)}$ Entropieänderung bei einem chemischen Vorgang unter konstantem Volum 159.
$\boldsymbol{\mathfrak{S}}$ Entropieänderung bei einer Grundreaktion 227.
s molare Entropie 218.
s_i partielle molare Entropie des Stoffes i in einer Mischphase 216.
$\boldsymbol{s}_i$ partielle molare Entropie des Stoffes i in einer Mischphase von Grundkonzentration 228.
$\mathfrak{s}_i$ Entropieänderung bei einer Restreaktion des Stoffes i, pro Mol 228.
s fest.
s, s_k Quantenzahlen des Elektronen- und Kerndralls 263, 264.
T absolute Temperatur 33.
U Innere Energie 51.
U Aufbauenergie 205.
$\mathfrak{U}$ Energieänderung bei einem chemischen Vorgang 159.
$\boldsymbol{\mathfrak{U}}$ Energieänderung bei einer Grundreaktion 311.
u Innere Energie pro Mol 218.
$\mathfrak{u}_i$ Energieänderung bei einer Restreaktion des Stoffes i, pro Mol 320.
V Potentialdifferenz in Volt 324.
v Volum 69.
$\mathfrak{V}$ Volumänderung bei einer chemischen Reaktion 162.
$\boldsymbol{\mathfrak{V}}$ Volumänderung bei einer Grundreaktion 228.
v spezifisches Volum (Molvolum) 218.
v_i partielles Molvolum des Stoffes i in einer Mischphase 216.
$\boldsymbol{v}_i$ partielles Molvolum des Stoffes i in einer Mischphase von Grundkonzentration 228.
$\mathfrak{v}_i$ Volumeffekt bei einer Restreaktion des Stoffes i, pro Mol 228.
W GIBBSsche Wärmefunktion 166.
$\mathfrak{W}$ chemische Wärmetönung bei konstantem Druck (abgegebene Wärme positiv gerechnet) 167.
$\boldsymbol{\mathfrak{W}}$ Wärmetönung einer Grundreaktion (abgegebene Wärme positiv gerechnet) 179, 227.
$\mathfrak{W}$ Standardbildungswärme pro Mol 180.
$\mathfrak{W}_M$ molare Mischungswärme 295.
w molare Wärmefunktion 218.
w_i partielle molare Wärmefunktion des Stoffes i in einer Mischphase 217.
$\boldsymbol{w}_i$ partielle molare Wärmefunktion des Stoffes i in einer Mischphase von Grundkonzentration 228.
$\mathfrak{w}_i$ Wärmetönung bei einer Restreaktion des Stoffes i, pro Mol 228.
x Arbeitskoordinate 48, 70.
x_i Molenbruch des Stoffes i 193.
x_i^* kleiner Betrag von x_i 357.
Y verallgemeinerter Arbeitskoeffizient, Intensitätsvariable 449.
y verallgemeinerte Arbeitskoordinate, Extensitätsvariable 48, 70, 449.
Z molare Zustandssumme 269.
z Arbeitskoordinate 48, 70.
z Zahl der elektrochemischen Äquivalente 156.

α mechanisches Wärmeäquivalent 14.
α thermischer Ausdehnungskoeffizient 97.
α Zahl der unabhängigen Bestandteile 193, 195.
α Dissoziationsgrad 313.
α Fehlordnungsgrad 375, 377.
β Zahl der Phasen 193.
Γ ionale Konzentration 428.
Γ-Raum = GIBBSscher Phasenraum 209.
γ Laufzahl von Homogenreaktionen 154.
γ, γ_0, γ_r verschiedene Arten chemischer Konstanten 257, 259.
Δ_M molare Gefrierpunktserniedrigung 340.
$\Delta_p\mu_i$ Druckrest von μ_i 382.
Δx_i Abweichung des Molenbruchs x_i von der Ordnungskonzentration 373.
η Wirkungsgrad 30.
η beliebige Zustandsvariable 49.
ϑ Gleichgewichtstemperatur 199.
ϑ Temperatur in beliebiger Skala 26.
$\varkappa$ Kompressibilitätskoeffizient 98.
Λ reversible Übergangswärme 301.
Λ integrale Lösungswärme 293.
λ differentielle Lösungswärme 292.
λ Reaktionslaufzahl 151.
μ_i chemisches Potential des Stoffes i 213.
$\boldsymbol{\mu}_i$ chemisches Potential des Stoffes i in einer Mischphase von Grundkonzentration 228.
ν_i Reaktionsäquivalentzahl des Stoffes i 151.
$\bar{\nu} = \sum_i \nu_i$ 311.

ξ beliebige Zustandsvariable 49.
ξ Reaktionslaufzahl von Übergangsreaktionen 154.
ξ Gleichgewichtskonzentration 398.
π Gleichgewichtsdruck 198.
σ Oberflächenspannung 111.
σ Symmetriezahl 260.
τ Kennziffer der Quantenzustände 269.
Φ PLANCKsche charakteristische Funktion 170.
Φ integrale Verdünnungswärme 293.
Ψ Charakteristische Funktion $-\frac{F}{T}$ 172.
χ verallgemeinerte charakteristische Funktion 449.
ω Oberfläche 111.

Indexbezeichnungen:

Änderung bei Variation einer Variabeln x: K^x, $(\mathfrak{d}A)^x$.

Änderung bei Konstanthaltung einer Variabeln x: $\mathfrak{S}_{(x)}$, $\mathfrak{d}A_{(x)}$, $\frac{\partial v}{\partial T}_{(x)}$.

Speziell: $\mathfrak{K}_{(273)}$ = $\mathfrak{K}$-Wert bei $T = 273^0$.

$U_{(0)}$ = Innere Energie bei $T = 0^0$.

$\mathfrak{S}_{(p_0, T_0)}$ = Entropieänderung bei einem bestimmten Druck- und Temperaturwert, auch $\mathfrak{S}_0$ abgekürzt (vgl. S. 224, 254).

Funktionsbezeichnung: $Q(\vartheta)$ (= Wärmeaufnahme in Abhängigkeit von der Temperatur).

Phasenbezeichnung: $v^{(1)}$ (= Molvolum des reinen Stoffes 1), $\mu^{(s)}$, $\mu^{(NaCl)}$, (s) feste, (l) flüssige, (g) gasförmige Phase. Zur Unterscheidung von Mischphasen: μ', μ''.

Stoffbezeichnung: v_1 partielles Molvolum des Stoffes 1 in einer Mischphase,
p_1 Partialdruck des Stoffes 1,
μ_+, μ_- chemische Potentiale von Ionen in Mischphasen,
$\mu_\pm$ mittleres chemisches Potential der positiven und negativen Ionen eines binären Elektrolyten.

Bezeichnung der Konzentrations-Grundzustände s. namentlich S. 383.

F-Stammbaum.

Variable	x			y		
1. Generation	K^x			K		
Variable	xx	xy	xT	xy	yy	
2. Generation	$\frac{\partial K^x}{\partial x}$	$\frac{\partial K^x}{\partial y}$	$\frac{\partial K^x}{\partial T}$	$\frac{\partial K^y}{\partial x}$	$\frac{\partial K^y}{\partial y}$	
Variable	....	....	.... xTT	....	....	.
3. Generation	....	....	.... $\frac{\partial^2 K^x}{\partial T^2}$	....	....	.

G-Stammbaum.

Variable	p				y					
1. Generation	v				K^y					
Variable	pp	py	pz	pT	yp	yy	yz	yT	zp	
2. Generation	$\frac{\partial v}{\partial p}$	$\frac{\partial v}{\partial y}$	$\frac{\partial v}{\partial z}$	$\frac{\partial v}{\partial T}$	$\frac{\partial K^y}{\partial p}$	$\frac{\partial K^y}{\partial y}$	$\frac{\partial K^y}{\partial z}$	$\frac{\partial K^y}{\partial T}$	$\frac{\partial K^z}{\partial p}$	
Variable	....	....	....	.... pTT	....	....	....	.... yTT	....	.
3. Generation	....	....	....	.... $\frac{\partial^2 v}{\partial T^2}$	....	....	....	.... $\frac{\partial^2 K^y}{\partial T^2}$	....	.

Tafel I.

F

y	T				
	$-S$				
yT $\frac{\partial K^y}{\partial T}$	Tx $-\frac{L^x}{T}$	Ty $-\frac{L^y}{T}$	TT $-\frac{L^T}{T}$		
. . . yTT . . . $\frac{\partial^2 K^y}{\partial T^2}$	. . . .	. . . .	TTx $-\frac{\partial}{\partial x}\left(\frac{L^T}{T}\right)$	TTy $-\frac{\partial}{\partial y}\left(\frac{L^T}{T}\right)$	TTT $-\frac{\partial}{\partial T}\left(\frac{L^T}{T}\right)$

G

z			T						
K^z			$-S$						
zy $\frac{\partial K^z}{\partial y}$	zz $\frac{\partial K^z}{\partial z}$	zT $\frac{\partial K^z}{\partial T}$	Tp $-\frac{l^p}{T}$	Ty $-\frac{l^y}{T}$	Tz $-\frac{l^z}{T}$	TT $-\frac{l^T}{T}$			
. . . . . .	. . . .	. . . . zTT . . . . $\frac{\partial^2 K^z}{\partial T^2}$	. . . .	. . . .	. . . .	TTp $-\frac{\partial}{\partial p}\left(\frac{l^T}{T}\right)$	TTy $-\frac{\partial}{\partial y}\left(\frac{l^T}{T}\right)$	TTz $-\frac{\partial}{\partial z}\left(\frac{l^T}{T}\right)$	TTT $-\frac{\partial}{\partial T}\left(\frac{l^T}{T}\right)$

Verlag von Julius Springer in Berlin.

GPSR Compliance

The European Union's (EU) General Product Safety Regulation (GPSR) is a set of rules that requires consumer products to be safe and our obligations to ensure this.

If you have any concerns about our products, you can contact us on ProductSafety@springernature.com

In case Publisher is established outside the EU, the EU authorized representative is:

Springer Nature Customer Service Center GmbH
Europaplatz 3
69115 Heidelberg, Germany

Batch number: 10683525

Printed by Printforce, the Netherlands